强国钢铁书系 | 共和国钢铁脊梁丛书

中国线材制品

ZHONGGUO XIANCAI ZHIPIN

◎ 中国钢结构协会线材制品行业分会　编

北　京
冶　金　工　业　出　版　社
2024

内容提要

本书为“强国钢铁书系——共和国钢铁脊梁丛书”之一。全书分为七篇，从行业技术设备、工艺流程、产品标准、质量等专业发展历程，企业发展历程，研究院所及中介机构的大力支持，行业组织的尽心服务诸多方面对我国线材制品行业的发展情况进行了全方位、多角度的阐述，既有行业发展总结，也有前沿技术展现；既有存在问题的剖析，也有未来发展趋势预测，具有较高的科学性、实用性和参考性。

本书可供线材制品行业广大从业者阅读参考。

图书在版编目（CIP）数据

中国线材制品 / 中国钢结构协会线材制品行业分会编. -- 北京：冶金工业出版社，2024. 10. --（共和国钢铁脊梁丛书）. -- ISBN 978-7-5240-0019-8

Ⅰ. TG356. 4+5

中国国家版本馆 CIP 数据核字第 2024FY8311 号

中国线材制品

出版发行	冶金工业出版社	**电　话**	(010)64027926
地　址	北京市东城区嵩祝院北巷 39 号	**邮　编**	100009
网　址	www. mip1953. com	**电子信箱**	service@ mip1953. com

责任编辑　李培禄　于昕蕾　美术编辑　彭子赫　版式设计　郑小利
责任校对　王永欣　责任印制　禹　蕊
北京捷迅佳彩印刷有限公司印刷
2024 年 10 月第 1 版，2024 年 10 月第 1 次印刷
787mm×1092mm　1/16；43. 75 印张；1005 千字；682 页
定价 298. 00 元

投稿电话　(010)64027932　投稿信箱　tougao@cnmip. com. cn
营销中心电话　(010)64044283
冶金工业出版社天猫旗舰店　yjgycbs. tmall. com
（本书如有印装质量问题，本社营销中心负责退换）

丛书编委会

《中国线材制品》编委会

丛书总序

中国共产党的成立，是开天辟地的大事变，深刻改变了近代以后中华民族发展的方向和进程，深刻改变了中国人民和中华民族的前途和命运，深刻改变了世界发展的趋势和格局。中国共产党人具有钢铁般的意志，带领全国人民无惧风雨，凝心聚力，不断把中国革命、建设、改革事业推向前进，中华民族伟大复兴展现出前所未有的光明前景。

新中国钢铁工业与党和国家同呼吸、共命运，秉持钢铁报国、钢铁强国的初心和使命，从战争的废墟上艰难起步，伴随着国民经济的发展而不断发展壮大，取得了举世瞩目的辉煌成就。炽热的钢铁映透着红色的基因，红色的岁月熔铸了中国钢铁的风骨和精神。

1949 年，鞍钢炼出了新中国第一炉钢水；1952 年，太钢成功冶炼出新中国第一炉不锈钢；1953 年，新中国第一根无缝管在鞍钢无缝钢管厂顺利下线；1956 年，新中国第一炉高温合金在抚钢试制成功；1959 年，包钢试炼出第一炉稀土硅铁合金；1975 年，第一批 140 毫米石油套管在包钢正式下线；1978 年，第一块宽厚钢板在舞钢呱呱坠地；1978 年，第一卷冷轧取向硅钢在武钢诞生……1996 年，中国钢产量位居世界第一！2020 年中国钢产量 10.65 亿吨，占世界钢产量的 56.7%。伴随着中国经济的发展壮大，中国钢铁悄然崛起，钢产量从不足世界千分之一到如今占据半壁江山，中国已成为名副其实的世界钢铁大国。

在走向钢铁大国的同时，中国也在不断向钢铁强国迈进。在粗钢产量迅速增长的同时，整体技术水平不断提升，形成了世界上最完整的现代化钢铁工业体系，在钢铁工程建设、装备制造、工艺技术、生产组织、产品研发等方面已处于世界领先水平。钢材品种质量不断改善，实物质量不断提升，为"中国制造"奠定了坚实的原材料基础，为中国经济的持续、快速发展提供了重要支撑。在工业强基工程中，服务于十大领域的 80 种关键基础材料中很多是钢铁材料，如海洋工程及高技术船舶用高性能海工钢和双相不锈钢、轨道交通用高性能齿轮渗碳钢、节能和新能源领域用高强钢等。坚持绿色发展，不断提高排放标准，在节能降耗、资源综合利用和改善环境方面取得明显进步。到 2025 年年底前，重点区域钢铁企业基本完成、全国 80%以上产能将完成国内外现行标准的最严水平超低排放改造。2006 年以来，在满足国内消费需求的同时，中国钢铁工业为国际市场提供了大量有竞争力的钢铁产品和服务；展望未来，中国钢铁将有可能率先在绿色低碳和智能制造方面实现突破，继续为世界钢铁工业的进步、为全球经济发展做出应有的贡献。

今年是中国共产党成立 100 周年，是“十四五”规划的开局之年，也是顺利实现第一个百年目标、向第二个百年目标砥砺奋进的第一年。为了记录和展现我国钢铁工业改革与发展日新月异的面貌、对经济社会发展的支撑作用、从钢铁大国走向钢铁强国的轨迹，在中国钢铁工业协会的支持下，冶金工业出版社联合陕钢集团、中信泰富特钢集团、太钢集团、中国特钢企业协会、中国特钢企业协会不锈钢分会、中国废钢铁应用协会等单位共同策划了“强国钢铁书系”之“共和国钢铁脊梁丛书”，包括《中国螺纹钢》《中国特殊钢》《中国不锈钢》和《中国废钢铁》，以庆祝中国共产党成立 100 周年。

写书是为了传播，正视听、展形象。进一步改善钢铁行业形象，应坚持三个面向。一是面向行业、企业内部的宣传工作，提升员工的自豪感、荣誉感，树立为了钢铁事业奉献的决心和信心；二是面向社会公众，努力争取各级政府和老百姓的理解和支持；三是面向全球，充分展示中国钢铁对推进世界钢铁业和世界经济健康发展做出的努力和贡献。如何向钢铁人讲述自己的故事，如何向全社会和全世界讲述中国钢铁故事，是关乎钢铁行业和钢铁企业生存发展的大事，也是我们作为中国钢铁工业大发展的亲历者、参与者、奋斗者义不容辞的时代责任！

希望这套丛书能成为反映我国钢铁行业波澜壮阔的发展历程和举世瞩目的辉煌成就，指明钢铁行业未来发展方向，具有权威性、科学性、先进性、史料性、前瞻性的时代之作，为行业留史存志，激励今人、教育后人，推动中国钢铁工业高质量发展，向中国共产党成立 100 周年献礼。

中国钢铁工业协会党委书记、执行会长

2021 年 10 月于北京

前　言

为了回顾中国线材制品行业和代表性企业的发展历程，总结取得的辉煌成就，展望今后发展愿景，中国钢结构协会线材制品行业分会（以下简称分会）秘书处提议，经分会常务理事会审议，决定与冶金工业出版社联合组织编写《中国线材制品》一书，并纳入共和国钢铁脊梁丛书。

为完成此项工作，分会聘请行业上级领导及专家作为指导顾问，成立了以分会八届常务理事组成的《中国线材制品》编写委员会，当期四位轮值理事长任编委会主任，常务理事任委员，邀请相关人士为特邀委员；成立以分会秘书长、副秘书长为骨干的编写工作小组。

《中国线材制品》编委会研究确定了编写大纲、编写内容以及编写工作分工、时间进度安排等编写工作方案。编写小组走访了重点企业，聆听了有关各方的意见及建议，完善了编写方案；走访了部分技术专家和老同志，了解、收集相关情况和资料，落实了具体编写工作。

编写工作小组召开编写工作会议，按照职责分工，召集相关企业和人员收集整理有关素材，起草相关章节，编撰汇集、汇总到秘书处，送常务理事审查、修改、编辑成稿，呈送专家审查，报常务理事会审定，最后送出版社审稿、出版发行。

贵州钢绳股份有限公司、江苏狼山钢绳股份公司、江苏神王集团钢缆公司、江阴科宇电器公司、天津荣程联合金属制品公司、宝钢集团南通线材制品公司、天津华源线材制品公司、青岛特钢股份公司、天津高盛钢丝绳公司、威海银兴预应力线材公司、天津万达远扬科技公司、天津银龙预应力材料股份公司、辛集市澳森特钢集团公司、鞍钢钢绳公司、咸阳宝石钢管钢绳有限公司、江苏沙钢钢铁公司、江苏赛福天集团股份公司、宁波贝时特金属制品公司、湖南湘钢金属材料公司、陕钢集团产业创新研究院有限公司、法尔胜路桥科技有限公司、江苏效玄机电科技公司、南通市产品质量监督检验所、宁夏恒力钢丝绳公司、中钢集团郑州金属制品研究院以及天津线材制品协会参加了《中国线材制品》的编写工作并给予了大力支持；该书的编写工作不仅得到了各有关单位和人员的鼎力支持和辛勤工作，也得到了行业上级部门、行业内外老同志、分会会员企业、非会员企业和有关人员的大力支持和帮助，对此一并表示诚挚的感谢！

在此，借中国钢结构协会线材制品行业分会编制《中国线材制品》之际，行业分会常务理事会代表行业分会感谢各有关部门的领导、专家学者、历届新老会员单位以及业内企业家、工程技术人员为中国线材制品行业得以持续快速发展所做出的贡献。

《中国线材制品》内容跨度时间长、涉及内容多，众多专家、学者和有关人员建言献策、提供素材，做出了辛勤努力和贡献。分会编写人员怀揣对行业的敬意，努力尽心组织编写，但毕竟受专业和时间所限，难免会有片面、遗漏或不妥之处，敬请行业内外同仁及广大读者批评指正。

中国钢结构协会线材制品行业分会

2024 年 5 月

目　　录

第一篇　总　　论

第二篇　专业发展历程

第三篇　行业取得辉煌成就

第四篇　企业发展历程

第五篇 行业发展支撑

第六篇　行业协会

第七篇　中国线材制品行业大事记

第一篇
总　论

线材制品的产品广泛应用于交通、煤炭、石油、电力、冶金、化工、港口、船舶、海洋工程、航空航天、工程机械、汽车、桥梁、起重、国防、水利等领域。线材及制品产量、出口量和出口额居世界前列，一些重要用途的线材制品实现了由进口到出口的转变。

中国的线材制品行业雏形源于日伪时期，也是日本帝国主义对我国进行疯狂的经济掠夺的产物；中华人民共和国成立前，线材制品企业遭到严重破坏、陷入瘫痪。中华人民共和国成立初期，全国粗钢产量仅 15.8 万吨，线材制品产量更是寥寥无几。在中国共产党的领导下，团结工商界等各方力量，经过恢复、调整、公私合营等措施，国营企业奠定了线材制品行业的基础和基本格局。改革开放后，通过引进、消化、吸收等措施，我国线材制品行业进入了快速发展壮大的历史时期，确立了中国的线材制品大国地位，并迈入建设线材制品强国的发展进程。

中国的线材制品行业即线材（盘条）深加工行业，自改革开放后，进行了大规模的、多轮次的、较高水平的升级改造，生产工艺技术装备、主要产品产能规模、质量水平全面提高，不断驶入快速发展轨道。国企的改革、外资的进入、民间资本的投入，涌现出一批上市公司、催生出一批合资企业、壮大了一批民营企业，使行业内企业所有制成分由单一国有为主发展为多元化的格局，实现了行业快速发展。

中国的线材制品企业在不断快速发展的同时也在不断地调整和变迁，有的企业主动调整重组，或被动兼并收购，或经营调整退出市场，有的发展壮大、做专做精、涅槃重生。更可喜的是我国线材制品行业队伍得到了不断的扩充，涌现出一批新生力量迅猛发展，有的已成为中国乃至世界线材制品行业的主力军，甚至是领军者。他们在中国线材制品行业曾写下浓墨重彩的一笔，这些企业对促进中国线材制品行业发展的贡献是不可抹灭的，历史会牢记这些企业曾经的奉献和功劳。为此，借中国钢结构协会线材制品行业分会（以下简称分会）编制《中国线材制品》之际，行业分会常务理事会代表行业分会感谢各有关部门的领导、专家学者、历届新老会员单位以及业内企业家、工程技术人员为中国线材制品行业得以持续快速发展所做出的贡献。

回顾我国线材制品行业发展进程，重在以史为镜，加强行业的创新发展和升级换代，以科技创新引领并开创中国线材制品行业发展的新纪元，早日建成线材制品强国。

第一章　我国线材制品行业雏形阶段

第一节　新中国成立前

从20世纪初开始，以天津一绳、鞍钢钢绳、上海二钢、大连钢丝厂、昆明钢铁厂为代表的企业历经数十年的缓慢发展才逐步形成我国线材制品行业的雏形。如1908年，民族资本投资白银1万两引进日本拔丝制钉设备和技术，建立了天津铁丝铁钉厂，生产黑铁丝、圆钉。1927年，华商投资5000银元在天津创办东和制钉厂。1935年日本人在天津开办中山钢业所，先后建成制钉、铅丝工场、刺丝工场和生产盘条的小型轧钢场。1939年，日本人在天津陈塘庄开办兴亚钢业株式会社（天津一绳前身），生产钢丝绳、镀锌铁丝、刺铁丝、螺钉等。大成五金厂前身是大成贸易行，1939年建于广州。天津一金属（前身北洋铁线工厂）建于1938年，生产镀锌铁丝；天津三金属（前身元记亚铅铁丝制造厂）建于1937年，生产镀锌铁丝和圆钉；天津五金属（前身中山钢业所小型部）建于1936年，生产镀锌铁丝和圆钉。至新中国成立前夕，天津线材制品厂家共有86户，多数是私营厂和作坊，主要生产镀锌铁丝、黑铁丝、圆钉、窗纱、罗网等。

东北特钢大连钢丝厂始建于1905年，堪称中国特钢的“摇篮”。1916年进和商会在大连千代田町三十三番地开设工厂，制造道钉、铆钉。1929年从日本和美国引进制钉机、拔丝机的设备生产钢丝等产品。1947年，苏军把进和商社和大华矿业株式会社移交我方，将进和商社更名为大连金属制造厂，将大华矿业株式会社更名为大连炼钢厂。1948年，大连金属制造厂与大连炼钢厂合并，更名为大连钢铁厂。在设备、人员奇缺的情况下，恢复生产，积极支援全国解放战争、抗美援朝战争，由1948年的年产3吨，到1953年增加到年产199吨。

鞍钢钢绳前身是日伪满洲制钢株式会社，1938年9月8日建厂，1940年与满洲钢索株式会社合并。1946年被国民党政府接管改名为鞍山钢铁有限公司管线所钢绳厂。工厂遭受严重破坏，陷入瘫痪。

上海第二钢铁厂的前身亚细亚钢业株式会社黄兴路压延工场始建于1942年，1995年转制为上海二钢公司，是国内第一家线材生产企业，被称为“中国线材工业的摇篮”。

昆明钢铁厂的前身是中国电力制钢厂和云南钢铁厂，始建于1939年，抗日战争期间，中国电力制钢厂为四川自贡盐井生产了吊取盐卤用的钢丝绳，为有关部门提供冷拔钢丝。

第二节　新中国成立后经济恢复发展的计划经济时代

1948年2月鞍山解放后，于当年12月局部恢复生产。鞍钢钢绳是国内最早生产钢丝绳的厂家，被称为“中国钢丝绳工业的摇篮”。在产品品种、生产技术、质量管理、工艺装备和安全环保方面都取得了快速进步，先后援建了包头钢厂、宁夏钢绳厂、湘潭钢厂、湖北二汽，为这些公司的发展打下了坚实的基础，也为新中国的钢绳工业做出了突出贡献。

天津解放后，1951 年在天津建成大成五金机械厂，生产镀锌铁丝、钢钉并加工拔丝机和制钉机。天津钢厂二分厂（天津一绳前身）当年生产低碳钢丝 1050 吨。1950 年为我国盐都自贡市生产出第一根盐井钢丝绳，1952 年生产出第一根航空用钢丝绳。1955 年，大成五金机械厂等众多私营企业实现了公私合营。1956 年天津市五金线材工业公司成立，将公私合营初期的 169 个厂合并为 32 个厂，主要产品有黑铁丝、镀锌铁丝、电焊条、中高碳钢丝、钢丝绳、铜丝、铜网、窗纱、罗底、各种圆钉。为此，天津成为全国线材制品行业聚集区中历史最久、门类最全、品种最多、工厂最多、产量最大的区域，也使我国线材制品行业初具雏形。因此，天津被称为“中国线材制品工业的基地”。

1956~1959 年期间，大连钢丝厂的合金钢丝扩产后，1959 年即生产弹簧、碳工、焊接、不锈、结构、电阻、滚珠、针布、冷顶、磨光等十大类钢丝 19475 吨。大连钢丝厂是我国最早的特殊钢钢丝生产基地。1964 年国家决定把大连钢厂、七五二所和钢丝厂一部迁往“大三线”，其中钢丝部分迁往陕西钢厂。

第二章　我国线材制品行业起步发展阶段

新中国成立后，国家百废待兴，三年恢复期后，工业建设开始起步、布局、打基础。“一五”期间，冶金工业部、一机部联合组团完成对苏联、匈牙利钢丝、钢丝绳工业的技术考察，还从苏联、匈牙利、民主德国引进直进式拉丝机、带反拉力拉丝机、大型合绳机等，分别调配在石嘴山钢铁厂、湘钢钢丝绳厂、遵义金属制品厂使用。并在各地大布局地建成鞍钢钢绳、天津一绳等一批十多个钢丝绳骨干企业。还组建了厂所合一的遵义金属制品研究所（中钢制品院前身）。

1952 年，鞍钢钢绳厂在恢复生产时是以经验的工艺数据分层捻股，生产的钢丝绳全为点接触股结构。为使钢丝绳各股实现线接触，技术人员用手摇计算机和放大样等方法精确计算各种参数，试制出国内第一根线接触钢丝绳。1953 年鞍钢钢绳厂开始研制国内第一根点接触三角股钢丝绳，1955 年试制成功，并于 1966 年试制成功线接触三角股钢丝绳。同时，鞍钢钢绳厂也是国内第一条电铲用钢丝绳、第一条扁钢丝绳、第一条索道用钢丝绳的诞生地。

1956 年合作化时期，武汉市第一钢丝棕麻绳生产合作社、武汉市第二钢丝棕麻绳生产合作社、桥口区第三麻绳生产合作社，以及公私合营的和成钢丝麻绳厂、新建钢丝麻绳厂和建华麻绳厂简称为“三社三厂”。1958 年 9 月 1 日，武汉市汉阳区委工业部将“三厂三社”合并，成立武汉市国营汉阳钢丝绳厂，后经过改革调整更名为武钢钢丝绳厂。

1956 年靠竹壳合作社转型发展起来的江苏狼山钢丝绳股份公司，1965 年起生产手制钢丝绳，1968 年建第一条热处理炉，从上钢二厂购置旧捻制设备，开始了机制钢丝绳的生产，同年更名南通钢丝绳厂，为后续发展打下基础。

1958 年起，上海二钢公司在大力发展线材的同时，积极开拓线材制品的生产，至此成为国内集线材和线材制品于一体的重要生产基地。1956~1964 年，先后有多家企业并入上海二钢，成为生产线材、钢丝、钢丝绳等线材制品的专业工厂，经过多年的装备改造和技术革新，开发多项线材、线材制品生产新工艺，为后续发展奠定基础。

湘钢制品始建于 1958 年，是国内最早的制品基地之一，依托湘钢的原料优势，产品品种、规格较齐全，享有“江南一枝花”的美誉。

1959 年，天津钢厂密封分厂（天津预一前身）手工捻制出我国第一根密封钢丝绳样品。冶金工业部为填补空白，减少对国外密封绳的依赖，投资 982 万元，于 1960 年开始建设密封钢丝绳生产线，1963 年正式投产。1966 年，根据冶金工业部决定，将该厂 400 多名职工和生产密封钢丝绳主要设备迁往宁夏石嘴山钢厂（宁夏中能恒力前身）。

1963 年，天津预一接受试制预应力钢丝任务，1964 年为南京长江大桥建设生产出我国第一根预应力钢丝，标志着我国预应力制品由此诞生。但是直到 20 世纪 80 年代中期，我国预应力制品年生产能力仅约 1 万吨，预应力制品生产仅处于基础阶段，生产工艺水平较低，只能生产普通松弛级别的预应力制品。

1964 年 9 月，江苏江阴江海公社“渔业社”将所属绳网厂划出，建立澄江制绳生产合作社，此为法尔胜泓昇集团的前身。1966 年 12 月，合作社首次试制成功第一条手摇钢丝绳，开始了由麻绳到钢绳的升级换代。1969 年，合作社自行购置旧设备配套形成一条土法钢丝绳生产线，年生产钢丝绳 3. 37 万吨，从此企业开始由生产麻绳转型为生产钢丝绳。1971 年，澄江制绳生产合作社更名为江阴钢丝绳厂，吹响了争取钢丝绳行业地位的号角。1978 年，江阴钢丝绳厂生产出中国第一条胶带用镀锌钢丝绳，结束了中国胶带用钢丝绳依赖进口的历史。

贵州钢丝绳集团公司始建于 1966 年，其前身是中央“三线建设”重大决策下建成的“八七厂”。曾用名为遵义金属制品厂、贵州钢绳厂，是冶金工业部直属企业，是国内线材制品生产基地之一。

20 世纪 60 年代初，根据对国外轮胎内部结构的剖析，我国开始子午线轮胎的研制和开发，钢帘线生产也同时起步。1964 年，上海大中华橡胶厂生产出第一条子午线轮胎，从此，子午线轮胎随着我国汽车工业和交通运输业的发展而逐步地发展起来。20 世纪 70 年代，高丽制钢、韩国晓星、东京制钢、普利司通等开始生产胎圈钢丝。改革开放之前，国内生产胎圈钢丝的规模还很小，只有上海钢丝、江阴钢丝、湖北钢丝、天津二绳、沈阳线材等几家中小企业。

从 20 世纪 70 年代初开始，国内研制铝包钢丝及绞线产品。湘潭电缆厂与上海电缆研究所合作，研究开发了用铝带压结法生产铝包钢丝的工艺。1976 年，天津市大成五金厂承接国家研制任务，用“旋转式连续温挤压包覆法”生产铝包钢丝获得了成功。

20 世纪 70 年代后期，我国钢丝绳行业加强了对线接触钢丝绳、不松散钢丝绳、不旋转钢丝绳、填塑钢丝绳、胶带钢丝绳、编织防扭钢丝绳、异型股钢丝绳、密封钢丝绳、扁钢丝绳、压实类钢丝绳及石油钻采、海洋工程、沿海港口装卸等专用钢丝绳品种、结构和性能的研究开发，由此，基本奠定了我国钢丝绳行业乃至整个线材制品行业的发展格局。

到改革开放之前，我国线材制品行业通过二十多年的起步、布局、打基础，形成以天津为聚集地的北方地区和以江苏、上海为聚集地的南方地区发展格局，为改革开放之后我国线材制品行业的快速发展壮大奠定了比较扎实的基础。

第三章 我国线材制品行业快速发展阶段

改革开放后，我国线材制品行业逐步驶入快车道，外资的引进，民间资本的投入，使行业内企业所有制成分由单一国有为主发展为国有、股份、民营、国内合资、中外合资、国外独资等多元化的格局，促进了行业的快速发展。

1978 年改革开放后，上海二钢从国外引进先进的 45°无扭高速轧机，生产高强度、高精度、大卷重的优质盘条，开创了中国线材生产自动化、高速化的先河，解决了制品加工中的效率、质量瓶颈问题，大大推动了国内制品行业的发展。

改革开放为江阴钢丝绳厂带来产品创新和出口的发展机遇。1980 年，出口第一批钢丝绳，标志钢丝绳开始进军国际市场。1983 年，研制生产出被称为线材制品的皇冠产品——子午线轮胎用钢帘线，结束此项产品依赖进口的历史。

第一节 行业整体步入快速发展阶段

一、行业进行了大规模、较高水平的升级改造

1987 年江西新华引进意大利、法国低松弛预应力钢丝及钢绞线生产机组，转年即 1988 年中国第一条低松弛预应力钢绞线在江西新华建成投产。

1991~1995 年“八五”期间天津的线材制品企业进行了大规模的技术改造，引进了一大批具有 20 世纪 90 年代国际先进水平的生产线和代表国内先进水平的设备。

1992 年天津钢厂引进美国摩根公司具有 20 世纪 90 年代国际先进水平的高速线材轧机一套，为天津线材制品的发展提供了可靠的原料保证。

天津一绳自 1991~1995 年先后引进先进装备进行两期技术改造。引进日本的钢丝绳锻打设备、从德国引进的国内第一条捻股——预张拉生产线，可生产为 OTIS 电梯配套的电梯钢丝绳，取得 OTIS 总部认可，同时取得 OTIS 亚太地区指定供应商资格。

1992 年天津第一预应力钢丝公司引进意大利低松弛预应力钢绞线生产线及配套设施，其属国内先进水平。接着 1994 年引进管桩钢丝生产线，是全国七条管桩钢丝生产线之一。该公司 1995 年又引进加拿大的喷丸除锈项目，是国内第一家，其技术水平国内领先。同期天津第二预应力钢丝公司，引进德国年产 1 万吨低松弛预应力钢绞线生产线及配套设施。

1992 年天津大成五金厂引进英国 BWE 公司和霍尔顿公司年产 5000 吨铝包钢丝生产线，包括引进 2 套挤压机和先包后拔的生产工艺技术装备，可生产铝包钢丝，可挤压中心铝管式光纤、生产铝包光纤，即可生产光纤覆合架空地线等产品。其装备水平达到国内先进水平。

1995 年天津钢丝厂引进世界先进的镀锌-铝稀土合金（Galfan）生产线，并加入国际铅锌组织，为国内唯一一家被许可生产该产品的厂家。1995 年天津第一金属制品厂通过技术改造新增 5000 吨高压胶管钢丝生产线，增设拉丝、电镀、热处理等设备。1995 年底中钢制品院率先从加拿大进口燃油管式炉加热—油淬火—低温流动粒子炉回火连续生产线；1996 年天津栜华特种钢丝公司从意大利引进当时具有世界先进水平的感应加热油淬火回火弹簧钢丝生产线，是国内唯一一条生产线。

从 2000 年开始，上海二钢线材制品进入了快速发展阶段，先后引进了专业生产桥梁缆索用钢丝生产线和油回火悬架弹簧钢丝生产线，实现了预应力钢丝、钢绞线和油回火弹簧钢丝由“制造”到“创造”的跨越。

二、催生出一批合资企业

1986 年香港巍华金属制品公司与江西省国际信托公司、新余钢铁公司三家投资成立了江西新华金属制品公司，也是冶金行业第一家中外合资公司。

比利时贝卡尔特公司自 1992 年在江苏省江阴市建立起了第一家合作企业以来，在中国不断扩大市场规模，累计投资 10 亿欧元。目前在中国 10 余个城市拥有 19 个运营场所，中国区员工接近 9000 人。

1993 年上海二钢有限公司与香港恒辉世纪有限公司合资成立上海申佳金属制品有限公司，主要生产预应力混凝土用钢丝及钢绞线等线材制品。

1995 年香港栜华公司与天津金属制品厂合资成立的天津栜华特种钢丝公司，是国内第一家生产弹簧钢丝的合资企业。

1997 年上海二钢有限公司与比利时贝卡尔特公司合资成立上海贝卡尔特应用材料科技（上海）公司，主要生产混凝土用钢纤维。

2002 年香港高力公司与天津冶金集团成立天津高力一绳钢丝绳公司，2005 年英国布顿注资控股，公司更名为布顿（天津）钢丝绳公司，2009 年香港高力集团再次控股增资到 70.5%，更名为天津高盛钢丝绳公司，成为国内生产电梯钢丝绳的专业公司。

三、涌现出一批上市公司

主要包括：江西新华金属制品股份公司，1996 年在上交所上市，是中国冶金行业第一家上市公司；宁夏恒力公司，1998 年改制上市，是中国钢丝绳生产厂家中的第一家股票上市公司；江阴法尔胜股份公司，1999 年在上海证券交易所 A 股上市；湖北福星科技股份有限公司，1999 年 6 月 18 日在深交所上市；四川大西洋焊接材料股份有限公司，2001 年 2 月 27 日在上交所上市；贵绳股份有限公司，2004 年在上交所上市；江苏兴达钢帘线股份有限公司，2006 年 12 月 21 日在香港上市；河南恒星科技股份有限公司，2007 年 4 月 27 日在深交所上市；巨力索具股份公司，2010 年在深交所上市；天津银龙预应力材料股份有限公司，2015 年在上交所上市；江苏赛福天索具股份有限公司，2016 年在上交所上市；山东大业股份有限公司，2017 年 11 月 13 日在上交所上市。

第二节 各类产品规模、水平显著提升

一、钢丝绳产品进军高端

贵州钢绳、鞍钢钢绳、天津钢线钢缆、上海二钢、湘钢钢绳、宁夏恒力、咸阳宝石等国有企业，在发挥各自原有品种和品牌优势的基础上，进行了大规模的改造，在重要用途钢绳、矿用绳、索道绳、石油绳、电梯绳等品种的生产规模和市场占有率方面实现了新的突破，成绩显著，实践验证了国有老企业经过深化改革，焕发出新的活力。随着国家经济体制改革的不断深化，具有相当规模的一批多种经济成分组成的股份制企业和民营企业应运而生，发展迅速，表现出强劲的生命力。江阴法尔胜、南通狼山、无锡赛福天、巨力索具，以及天津、南通等地区的一批企业都实现了快速、高质量发展。而以比利时贝卡尔特、韩国高丽制钢、中国香港高力、美国维尔卡以及英国布顿等为代表的外资企业的资本注入，加快了中外合资和外商独资企业的发展速度，显著提升了钢丝绳生产工艺技术装备和产品档次，为我国线材制品行业的快速发展注入了新的活力。

行业内企业不断加大科技投入力度，加快技术创新步伐，形成了以重要用途钢丝绳、优质钢丝绳、粗直径钢丝绳、特殊结构钢丝绳为代表的一批高档产品，部分或全部替代了进口产品，并开始进入国际市场，从而也使进口量逐年减少，出口量逐年递增。其中，三角股绳、电铲绳、索道绳、密封绳、胶带绳、电梯绳、石油绳等重要用途钢丝绳几乎全部实现了国产化。同时，国家标准与国际标准接轨，部分主要产品标准经过修订后，达到了国际先进水平，促进了行业生产、技术装备、工艺标准、管理水平等各项工作标准的提高，促使产品质量和档次都迈上一个新台阶。与此同时，业内涌现出一批各具特色的钢丝绳行业领军企业。

目前，我国钢丝绳行业提供的汽车起重用钢丝绳，变幅钢丝绳和伸缩臂用钢丝绳，海洋石油天然气工业用厚镀锌、高强度、高韧性、粗直径、超长度钢丝绳，大型悬索桥梁和空间结构的多层结构密封钢丝绳，高速电梯用钢丝绳，载人航天工程用不锈钢钢丝绳等特殊用途钢丝绳的品种结构得到了快速发展，产品质量也得到了很大提高，但与世界钢丝绳强企相比还有一定差距。

二、预应力制品迅猛增加

江西新华、天津预一分别于 1988 年和 1992 年先后引进意大利的低松弛预应力钢绞线、钢丝生产线投产，随之国内一些制品厂家也从意大利引进了生产线，大幅度提高了预应力产品的强度等级和低松弛性能。期间，国产 82B 盘条质量不断提高，迅速实现原料的国产化；武汉、上海、江苏等地装备企业相继开发了拉丝机、绞线机和稳定化生产线，促成了我国钢绞线生产设备的国产化。此时，国内高速公路、高速铁路、城市立交建设对预应力制品的需求快速增长，使得预应力制品行业进入快速发展期。2000 年后，预应力制品行业日臻成熟，成套国产化设备的生产能力、技术参数也满足产品指标需求，产品实物质

量满足基础建设工程需要。

这一时期，我国预应力制品行业取得了令全球瞩目的成绩，产品应用领域越来越广。如 1×7-ϕ21.60 毫米大规格预应力钢绞线的应用，预应力钢材在煤矿巷道领域中的应用，核电及 LNG 工程用钢绞线在高、低温环境中的应用，桥梁缆索用热镀锌钢丝、热镀锌钢绞线在大跨度悬索桥、斜拉桥上的应用，等等。核电、LNG 工程、高速铁路轨道板、天文台、大跨度斜拉索桥、奥体大型场馆等高端应用领域的高端预应力产品实现国产化，预应力制品行业具备了研发和生产全系列、全规格预应力钢材制品的能力。“华龙一号”三代核电站、FAST 射电望远镜、港珠澳大桥、三峡水利枢纽以及覆盖全国的高速铁路和新机场建设无不留下国产预应力钢材制品的印记。

三、橡胶骨架用钢丝制品借力发展

20 世纪 80 年代末至 90 年代中期，上海钢丝厂、江苏兴达、青岛钢丝厂、湖北钢丝绳厂、沈阳钢丝厂、嘉兴东方钢帘线、中国贝卡尔特投资项目等相继竣工投产，形成了我国第一批六家生产钢帘线的骨干企业，也形成了年产近 5 万吨的钢帘线生产能力。但中国市场每年还要进口大部分钢帘线，中国轮胎子午化率也只有不到 20%，而西方一些发达国家已达到 95%以上。2000 年初至 2008 年末，中国钢帘线产业发展速度明显加快，钢帘线生产企业达到了 20 家，2010 年中国钢帘线年产能达到 100 万吨以上。轮胎子午化率也迅速提升到 80%，但与国外发达国家比还是有差距。2009~2014 年短短六年间，国内又涌跃出了一批新的钢帘线生产企业，使中国一跃成为当今世界最大的钢帘线生产国和出口国，年产能达到 200 万吨以上，轮胎子午化率达到近 90%，已经接近国外平均子午化率 90%的水平。继贝卡尔特之后，江苏兴达、山东胜通、福星科技、江苏骏马、东台磊达、恒星科技、滕州东方也成长为全球钢帘线行业中有影响力的企业。

比利时贝卡尔特于 1992 年和江阴钢绳厂合资在中国江阴建立第一家工厂生产镀青铜胎圈钢丝，2000 年之后，韩国高丽制钢、韩国晓星等企业也在中国投资建厂生产胎圈钢丝，使生产厂家从 30 多家发展到 70 多家，其中我国生产厂家有 40 多家。期间，江苏兴达、江苏胜达、山东大业等生产厂家逐渐成长，制造胎圈钢丝的技术逐渐成熟。世界胎圈钢丝产量从 2001 年的 28.5 万吨发展到 2017 年的 200 万吨左右，其中我国产量 90 万吨左右，占全球市场的 45%，市场占有量已跃居世界第一。

随着中国制造业技术的蓬勃发展，钢丝绳输送带行业也开始快速发展，目前国内以法尔胜为代表的输送带用钢丝绳的产能已经占到全球产能的 50%以上。中国每年大量地向世界出口输送带用钢丝绳，带动了输送带用钢丝绳企业的发展和技术进步。

20 世纪 80 年代，钢丝已经开始作为骨架材料应用于胶管行业，钢丝增强胶管从 2000 年开始获得飞速发展。2004 年，贝卡尔特在沈阳投资建厂。随着贝卡尔特将胶管钢丝技术特别是大直径钢丝的拉拔技术带到中国并快速发展，为国内培养了大批技术人才，国内胶管钢丝厂家也在短短的十多年里得到了快速的发展，特别是近 5 年来发展更为迅速，基本形成了我国自主的胶管钢丝产业，其中发展较为快速的有兴达、苏闽、恒星科技等企业。

四、优质钢丝合力发展

20世纪90年代，中钢制品院引进管式炉加热油淬火粒子炉回火连续生产线，天津棣华、湖南斯普菱成功生产了我国油淬火回火高级弹簧钢丝，告别了我国油淬火回火高级弹簧钢丝长期依靠进口的局面。中兴盛达生产的高级弹簧钢丝由过去单一的硅锰硅铬系列，发展为多合金元素的高级弹簧钢丝，最大强度等级达到2100兆帕。宝通制品2100兆帕的悬架弹簧用钢丝已提供给弹簧制造公司试用，又投入新建了汽车发动机弹簧用钢丝制造生产线，向更高的钢丝生产领域进军。宝通制品研发的“2060兆帕级悬索桥主缆用锌铝合金镀层钢丝”和“桥梁缆索用锌铝镁合金镀层耐腐蚀钢丝”通过了全国桥梁专家评审。

20世纪80年代，天津焊丝厂从意大利引进了焊丝镀铜生产线，开始向市场提供盘状镀铜焊丝，从此，我国 CO_2 气体保护焊丝的生产得到了快速发展。进入21世纪后，中兴盛达的焊丝产品有气体保护焊丝、埋弧焊丝、氩弧焊丝、药芯焊丝、无缝药芯焊丝、不锈钢焊丝、焊剂等多个类别。天津钢丝厂1995年从美国引进年产2万吨热镀GALFAN®（锌-5%铝-混合稀土合金镀层）钢丝生产线，2006年引进了新西兰EMW电磁抹拭镀锌技术。

东北特钢1999年为国家国庆阅兵式提供了87项特殊用途钢丝。为某飞机制造公司成功研制特殊用途超长度磨光直条合金弹簧钢丝，为某军工项目提供军用特种焊丝，装甲车、坦克天线用弹簧钢丝替代进口，8000米无焊接录井用不锈钢丝为国内独家产品。中钢制品院多次承担天宫一号、二号、嫦娥工程以及大运飞机、舰载机等航空军工钢丝及钢丝绳的研发及产品研制。

五、技术装备全面升级

线材制品的生产装备水平有了大幅提高，直进式拉丝机、大轴承股绳机、双捻机、明火加热技术、变频调速技术、钢丝绳预张拉技术、镀锌内加热和电磁抹拭技术等得到推广，一大批有实力的企业装备水平达到或接近国际先进水平。大盘重工序间周转技术的普遍推广，为连续化、高速化打下了坚实的基础；高效节能的热处理炉窑技术解决了传统燃煤马弗炉热效率低、温度波动大、环境污染严重的问题；煤粉自控加热炉、燃油或燃气明火加热炉、蓄热式加热炉、电加热管式炉、卡电加热等设备与技术得到开发应用，使生产热效率成倍增加；直进式拉丝机的国产化开发应用打破了高速拉丝机的国外垄断，价格不断降低，性能不断提高，已在越来越多的企业成功应用；大轴承股绳机、钢帘线双捻机的开发应用，提高了钢丝绳、钢帘线的生产效率；智能化、精准化的自动控制技术，实现了线材制品生产的技术装备和产品全面升级。

第三节　助力国家建设快速进步

行业的产品被广泛应用于国民经济建设的诸多领域。产品广泛应用于高铁、高速公路、机场、高层建筑、大型场馆、水库等基础建设和煤炭、石油、冶金、港口、化工、船舶、海洋工程、航空航天、工程机械、核电工程、精密仪器、医疗器械、汽车、桥梁、电梯、起重、电力、橡胶、军工、国防、旅游、水利、轻工等领域。港珠澳大桥、北盘江大桥、胶州湾跨海大桥、杭州湾跨海大桥、浙江西堠门大桥、湖南矮寨大桥、苏通大桥、神舟八号、神舟九号、神舟十号、神舟十一号、天宫一号、天宫二号、嫦娥工程、大运飞机、舰载机、京珠高速公路、蒙华铁路、沪昆高铁、青藏铁路工程、上海中心大厦、上海东方明珠电视塔、上海 F1 方程式赛车场、FAST 射电望远镜、国家大剧院、北京奥运场馆、大兴国际机场、南水北调、三峡工程、黄河小浪底工程、张家界观光电梯、南极科考船、武广电气化铁路工程、秦川核电站、岭澳核电站、溪洛渡水电站工程、白鹤滩水电站、“华龙一号”三代核电站、中油 CPP601 铺管船等，无不留下行业产品的身影。

当前我国线材制品行业已进入成熟期，线材产量、出口量和出口额居世界前列。一些重要用途的线材制品实现了由依靠进口到大量出口的转变，充分显示了我国线材制品深加工实力的增强。

第四节 涌现出一批杰出人物，做出杰出贡献

中国线材制品行业从无到有、从少到多、历尽艰辛，现在正处于从多到好的积累期，是质的升华阶段，是线材制品大国向线材制品强国转变的关键阶段。这期间涌现出 30 名杰出企业家和 58 名技术专家，并在纪念中国钢结构协会线材制品行业分会成立 30 年之际受到表彰，在他们的辛勤努力下，荣获了 155 项省部级以上科技成果，制定、参与制修订 304 项国际标准、国家标准、行业标准、团体标准，其产品在一大批国家重点工程上应用，有的国内首创、有的世界前列，助力国家各个领域建设高速度、高质量迅猛发展。

这一发展历程，浸透着线材制品人几十年来的辛勤付出和心血，尤其是那些呕心沥血志在创业，图谋发展的企业家和技术专家更是值得行业同仁钦佩。借此编写《中国线材制品》之际，对在线材制品行业发展历程中涌现出的杰出企业家、杰出技术专家和为行业发展做出杰出贡献的各级领导以及全体线材制品人表示深深的敬意和崇敬之情。

第四章　我国线材制品行业转型升级阶段

行业内的一些短板制约着我国线材制品行业向质量效益型的转化。长期以来，我国线材制品行业基本走的是数量效益型的发展思路，多路大军洋枪土炮齐上战场，战役胜利了，自伤也很大。而特种兵作战，武器精良，针对性强，伤亡很少。这就是数量效益型模式与质量效益型模式的根本区别。数量效益型经济发展模式存在着固有的短板，解决了这些短板才能为实现质量效益型转化扫清障碍。

第一节　从大到强差距在缩小

从线材制品大国迈向线材制品强国有一段艰辛的路要走。我国线材制品在总量及品种的产能、产量、销量上拥有多项世界第一，这也是线材制品大国的由来。已经“大”了，便认为下一级台阶就是“强”，于是提出强国梦。在被视为高技术含量的线材制品领域，我们与强国之间的差距仍然不小。我国是线材制品大国，无可非议，但是“强”不仅仅是体现在产品的科技水平上，更是一个行业、一个企业诸因素的综合性考量。包括：装备水平（单机水平、自动化程度、检测设备水平）、人力资源配置（技术人员水平、工人水平、劳动效率）、工艺水平、管理水平、产品水平等。应正视我国线材制品行业现状，补齐短板，缩短与强国的差距。线材制品强国之建设是长期的艰巨过程。建成线材制品强国是业界同仁的共同梦想，而梦想转化为现实需做的功课太多。我国线材制品行业现状是“大”+“局部强”+“大部较弱”。正视问题才能解决问题，开创我国线材制品行业的发展新纪元。

第二节　产品结构调整优化在路上

普通档次产品产能过剩，高端产品能力不足。国内线材制品行业快速发展，逐步壮大起来，但固有的一些问题仍然根深蒂固地存在。除钢帘线外，其他线材制品品种的集中度较低，规模小、档次低、质量差的小企业数量较多，且行业整体布局失衡、规模效应差、集团化程度低、退出市场难度大，制约着集约化的发展，影响着线材制品行业整体竞争能力。国内外市场高低档次产品市场价格两极分化。我国线材制品出口恰恰是主要集中在技术含量低、产品性能不高、出口价格偏低、出口效益不高的普通档次产品上，而技术含量高、产品性能优、出口价格好、出口效益可观的高档次产品却是我们的弱项。行业产能严重过剩，市场竞争激烈，企业效益差，尤其以预应力制品、钢丝绳过剩问题突出。中小企业只满足于简单重复的低水平循环生产，主观上没有自主创新的意愿；很多企业虽有创新意愿，但由于受其实力上的差距和人才匮乏的影响，自我创新能力和新产品研发能力严重不足；而一些具有创新和开发能力的大型企业，受企业战略思维和发展定位所限，在新技术应用和自我创新方面的进展也相对缓慢，导致高端产品能力不足。

第三节 上下游衔接协作在加强

线材与线材制品上下游之间的衔接有待改进。我国拥有世界一流的线材生产线，但部分高品质专用线材仍需进口，在基础研究、品种结构、性能指标和质量稳定等方面与线材强国有差距。在钢丝绳用线材上，国内线材厂主要是按照国家或企业标准生产线材，而国外的线材厂是为钢丝绳生产企业做订制版，根据需要修改和更新已有的参数。线材企业至今还没有形成高端制绳钢丝用盘条的稳定供应，钢绳用料以“大路货”为主的格局依旧；在钢帘线用线材上，国内能够生产质量稳定和更高级别产品的线材厂仍然不多。与国外先进水平比，我国钢帘线用线材的成材率、各项技术参数稳定性方面仍有差距；在预应力用线材上，2000 兆帕以上级别用线材开发较少，大规格高强度缆索钢丝用线材有的还需进口；在弹簧钢线材上，我国用线材直接拉拔成品的弹簧钢丝弹性不足、疲劳性能差，汽车阀门弹簧用线材还不十分过关；在焊接钢线材上，国内的焊接材料品种还主要集中于价格及附加值较低的中低端，而工业发达国家主要集中于价格及附加值较高的中高端。在产品开发方面，上、下游对接不够畅通，高科技含量和高附加值产品的研发应用周期过长。

第四节 装备环保水平在提高

企业工装设备参差不齐。行业内总体上有 40%左右的企业工装设备达到国际先进水平，主要在钢帘线、切割钢丝、金刚线碳钢母线、胎圈钢丝、高压胶管钢丝、PC 钢丝钢绞线、二氧化碳气保焊丝和部分高档钢丝绳产品的生产方面。而相当一部分钢丝绳、低碳钢丝、弹簧钢丝、丝钉制造业作坊式生产，采用池子酸洗，滑轮式或大水箱拉丝，燃煤马弗炉铅浴（或正火）热处理，生产线短，工艺路线周转次数多，检测手段简陋，“三废”排放不达标。局部地区企业仍有“三废”排放，特别是缺乏磷化渣的科学利用、处理，这依然是行业的共性技术难题。

第五章 我国线材制品行业发展愿景

我国线材制品行业与世界线材制品强国相比，实际上是与世界线材制品诸多强国相比，在所有领域与诸强一争高下是不现实的。国际上已公认在某领域能达到30%的领先即可视为在这一领域的主导地位。有针对性地、可以实际操作地实施我国线材制品强国进程，需有针对性地选择某些线材制品强国强企为目标，从实际出发制订路线图，分阶段地实施赶超目标，来促进强国梦的实现。建成线材制品强国绝非一蹴而就，需聚能、聚力、同心、协力，有舍有得地持续努力。不仅在材料研究、工艺研究上有所突破，更要在企业管理、企业文化上有所突破，有所创新。

第一节 高质量绿色发展谋篇布局

确定建设线材制品强国的行业规划发展目标。我国受自然环境、物质资源储备、综合国力、世界经济多种要因的作用，不可能在所有门类都成为该领域的世界强国。线材制品类属钢铁行业，是钢铁门类里的分支，钢铁的强国之路会反作用于线材制品行业，促进线材制品强国之路的发展进程。建设线材制品强国早已成为业内共识，我国线材制品行业也具备由线材制品生产大国转化为线材制品生产强国的基本条件。行业分会有责任集行业仁人志士之智慧，将实现线材制品强国之进程纳入行业的发展规划之中。将口号落实到可以分阶段操作的建设线材制品强国的实施方案和具体措施之中。

第二节 产学研合作创新拓展

发挥各企业技术中心优势，开展合作攻关和产品研发、工艺研究。加强线材制品领域的理论研究、产品研发、工艺研究工作，是行业内综合性及专业性大型企业的职责和义务。在这方面已做了大量工作的贝卡尔特、法尔胜、银龙、巨力索具，以及贵州钢绳、中兴盛达等为数不少的国家级、省市级企业技术中心均具实力，一同构成开展线材制品科研工作的基本队伍。各企业技术中心优势各异，一旦拧成一股绳将产生最大效能。因此，开展合作攻关很有必要。应针对共选项目涉及的攻关内容确定参加项目的企业技术中心以及具体人员，共同确定攻关课题、找出攻关难点、制定攻关路线、明确攻关目标，开展协力攻坚式的理论研究、新品研发和工艺研究。

第三节 瞄准高精特新产品

从技术创新入手，加强品牌建设，攀登部分高精尖产品制高点。技术创新是品牌经营的基础，优质的产品质量是品牌经营的保证，技术进步是品牌生存与发展的靠山。从英国布顿的三角股钢丝绳，奥地利托飞宝的索道钢丝绳品牌来看，品牌不仅需要高度，更需要历史的沉淀、时间的积累、持之以恒的坚守。技术进步要以产品升级为先导，以制定、推行具有世界先进水平的国际标准为聚力点和突破点。“促进中国制造上水平，既要在改造传统制造上‘补课’，同时还要瞄准世界产业技术发展前沿。”

海洋工程需要高技术含量的海工钢丝绳作为支撑。研发应用具有高耐腐蚀性、高疲劳性的海洋打捞、海洋系泊等钢丝绳产品是个切入点。海工钢丝绳一般都需要镀锌加工，对钢丝绳破断拉力的要求也很高，跨过这个门槛绝非易事。在高端粗绳检测手段上，增加大吨位破断拉力试验机，用检测结果提升粗绳标准水平、评价粗绳生产过程质量，以数据认识粗绳品质。

在电梯、航空、大型机械开采吊装、起重、矿井提升等特种钢丝绳的细分领域中，采取差异化策略，着眼于细分市场的发展，通过优化产品结构、加大新品研发力度，向着高技术含量、高性价比、高使用寿命的压实、填塑、包塑、异型、复合结构钢丝绳方向发展，建立具有生产经营特色、技术研发优势和细分市场资源优势地位的企业。

公路桥梁、跨海跨江桥梁、空间结构场馆等建设需要更多的诸如粗直径、复合结构、全密封等高强度、高韧性钢丝绳新材料的推广应用，以具有特种金属功能的钢丝绳新材料去加快基础材料的升级换代。在向特殊用途高档次钢丝绳市场进军过程中，应当根据企业自身发展需要，坚持有所为有所不为的原则。

高强度、大规格、高延性、防腐蚀已成为预应力制品发展趋势。抗拉强度向高强度级别发展，如 2000 兆帕以上，甚至是 2400 兆帕级钢绞线的开发，使用玻璃纤维、碳纤维、芳纶纤维等增强纤维材料；向更大型化发展，可开发应用 $1\times19-\phi28.60$ 毫米、$1\times19-\phi34.60$ 毫米规格；对在一般使用条件下的钢绞线，防腐要求越来越高，应发展环氧涂层、锌-铝镁合金镀层；拓展 1×19 结构多层丝钢绞线在大跨度桥梁、港口码头、深基坑开挖和住宅建设等领域的推广应用。

橡胶骨架用钢丝制品生产企业要将产品升级放在首位，把提高橡胶骨架材料档次和稳定性作为产品结构调整的重中之重，研究开发高端新骨架材料的应用，同时防止同质化发展。钢帘线发展路线是：轻量化、耐久性、可翻新回收。需要钢帘线企业加大研发力量，开发出新一代的钢帘线产品；胎圈钢丝发展路线是：绿色钢丝、超高强度钢丝、钢丝表面质量增强、钢丝与橡胶黏合力增强、异形钢丝等；胶带钢丝绳发展路线是：提高输送带使用寿命、纬线直径更细、强度更高，输送带更轻、更节能；胶管钢丝发展路线是：更高的脉冲寿命和爆破压力、更好的柔韧性能、更轻的质量、扁平钢丝的使用、使用钢丝绳增强材料、减少胶料使用、提高胶管的柔韧性、直径更小的胶管。

钢丝涂镀层产品将迎来升级换代的重大变革，建设高效、节能、环保、质量效益型企业是必然趋势。有条件的钢丝涂镀产品生产企业要在组织模式、生产方式、装备水平、工艺技术上进一步引进和创新。组织模式上，与上下游厂家共同联合研发新材料、新产品、新技术、新装备；生产方式和工艺上，实现高频、高速，拉拔-镀锌一次成型，三元合金镀层的应用；装备和管理上，实现设备智能化、信息化、管理现代化，产品质量和运行成本的监控等。

线材产品要升级换代、提质降耗。开发超高强度钢帘线和切割钢丝用盘条，研究防止超高强度钢丝分层的技术，研究零断丝钢帘线生产工艺技术，提高线材可拉拔性和降低模具消耗技术；缆索钢丝应开发接近 DLP 处理的高强度高性能线材；研究防止 PC 钢棒延迟断裂的线材；开发高性能冷镦钢新产品，如高强度螺栓用冷镦钢和免退火、非调质螺栓用钢，进入高级别冷镦钢市场，也要加强研究珠光体冷镦钢；对直接用线材拉拔成品的弹簧钢丝，改善线材组织性能，加强悬架簧和阀门簧的基础研究，研发高性能悬架簧线材，并结合帘线钢的超纯净钢生产技术，研发阀门钢线材和下游工序的生产工艺，如弹簧成型技术等；焊接钢用线材向高附加值焊接材料方面发展，加强对焊接工艺和组织性能的研究，开发生产高附加值焊接用钢。

第四节　智能制造提升质效水平

生产工序各个环节，通过物联网、大数据等新技术与生产制造的深度融合，利用人机交互、多工序的关联优化技术，对线材制品生产车间现有装备、运营管理模式进行全面优化，构建实时互联、柔性制造、高效协同的“智能制造”体系，形成订单、计划、操作、设备、质量、库存、统计分析均在操作盘上进行，实现生产从自动化、信息化向智能化转变，从销售产品到销售产品+服务转变，实现向用户提供解决方案。

综上所述，线材制品行业是传统产业，当前面临的任务是产业转型升级，是从低附加值向高附加值升级，从高能耗高污染向低能耗低污染升级，从粗放型向集约型升级。升级是一个系统工程，需要线材、制品和装备企业的同心协力。连续化、自动化、智能化是线材制品行业今后技术和装备发展的方向。做好线材制品行业产品和技术升级的切入点，关注航天航空、轨道交通、海洋工程、智能装备等高端装备制造业等国民经济各领域对金属材料的新需求、对线材制品产品的新需求。通过研发新产品、新工艺、新技术，实现产品的更新换代、实现产品的转型升级、满足下游各领域建设不断增长的新需求。同时，通过市场化法则辅以行业调控，不断提高行业准入门槛，规范行业有序发展。借助“中国制造2025”的东风，中国线材制品行业一定会在相关部门领导、专家、学者的关怀帮助指导下，在业内外同仁的协同努力下，通过线材制品人的攻坚克难、不懈奋斗、趁势起航，直驶线材制品强国梦的彼岸。

第二篇

专业发展历程

第一章 线 材

第一节 线材生产及发展历程

一、概述

线材是热轧型钢中断面尺寸最小的一种，因以盘卷交货，故又称为盘条。线材是钢铁工业的重要产品之一，广泛应用于国民经济生产的方方面面，线材的用途主要归纳为两种，一是作为建筑材料用，二是作为拉丝的原料。

据史书与考古研究发现，国内最早的线材历史可以追溯到2000多年前，古人利用锤锻方法所制造的金属丝，该研究直接证明了我国是最早进行线材生产的国家之一。

据记载，第一台线材轧机在17世纪已经问世，是由锻坯成材。而比较正规的线材轧机在18世纪中期才出现，由粗轧及精轧两列横列式轧机组成。为了进一步解决产品品种及质量问题，英国在1862年建成了第一台连续式轧机。到20世纪50年代，随着机械制造、电气传动及控制水平的提高，线材轧制速度达36米/秒，轧制规格ϕ5.5～13毫米，尺寸公差±0.5毫米，盘重为500千克左右，一套轧机年产量在30万～50万吨。自此国外线材制品在品种质量、综合力学性能、应用范围方面才逐步得到飞跃发展。

在近代，中国线材的生产和应用发生了较大的变化。20世纪初期，中国采用西方技术引进机器设备，开始进行机械化生产，在80年代以前，受世界局势及我国工业实际情况的影响，线材行业发展缓慢，工艺装备落后，生产效率低，年产能不足1000万吨，线材产品主要以进口为主；在80年代之后，国外设备的引进、国产设备的自主研发，使生产效率、产品质量得到大幅度提高，线材行业自此进入了高速发展阶段。1985年，鞍钢从美国引进二手摩根高速线材轧机，并于1987年建成投产；同时期，马钢引进一条全新的德国生产摩根轧机，从此我国开始进入线材行业高速发展阶段。到2023年为止，国内高速线材生产线已达400条以上，年产能达2.0亿吨以上，其中工业线材产能为1亿吨以上，2022年工业线材的实际产量为8000万吨以上。

在我国线材行业高速发展的这些年生产线越建越多，产量快速增长，随着产量的大幅度增加，在装备上也越来越先进，尤其是近十几年新上的生产线，很多都装备了当今世界上最先进的设备和工艺。在设备上追求高速、单线、无扭、微张力、控制冷却组合，在产品上追求高精度、高品质、大盘重等特点。目前，我国已成为世界上拥有高速线材生产线最多、产量最大的国家，线材产量占世界线材总产量的60%以上。

在我国线材快速增长的同时，产能已相对过剩，主要是普通品种线材产能过剩，而部分高附加值的专用线材在产品标准、品种结构及性能质量等方面与国外高端产线相比尚存在一定的差距，导致了目前我国线材行业在一些高端产品上还需要进口，如弹簧钢、轴承钢等特钢产品。加强产品研发，提高质量控制稳定性、调整品种结构，提升工艺技术的研发水平，智能化、数字化能力的提升，还需要努力，是我国线材在今后较长时期内的发展方向。

二、装备发展

我国线材轧机布置形式经历了横列式、复二重、半连续式、连续式到高速无扭控冷轧机的发展过程。横列式线材轧机，目前在国内已经淘汰，但在20世纪60~70年代，是我国线材产品生产制造的主要设备。这种轧机的轧制速度慢，终轧速度从每秒几米到十几米不等；盘重低，最大盘重在200千克以下；自动化程度低，工作环境恶劣。横列式轧机布置图如图2-1-1所示。

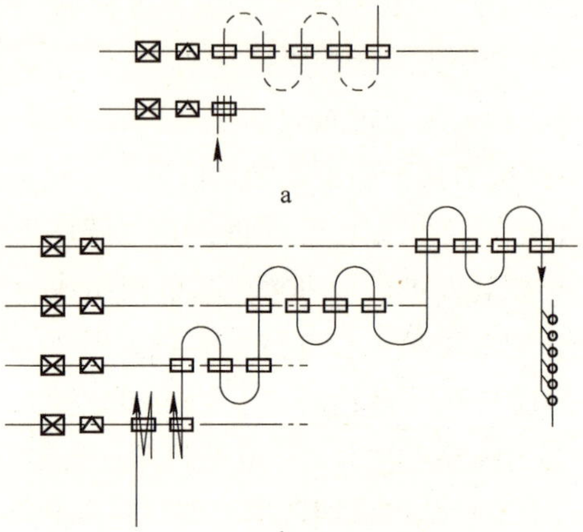

图2-1-1 横列式轧机布置图

a—二列式；b—多列式

因此后来在横列式轧机的基础上发展出了复二重轧机、半连续式轧机等布置形式，如图2-1-2和图2-1-3所示，虽然轧制工艺有所发展，但仍未摆脱横列式轧机的束缚，还有很多缺点与不足，但在当时的工业环境下，如上钢二厂的复二重连续式轧机、湘钢的全跟踪式轧机，仍是20世纪六七十年代国内先进生产力的代表。

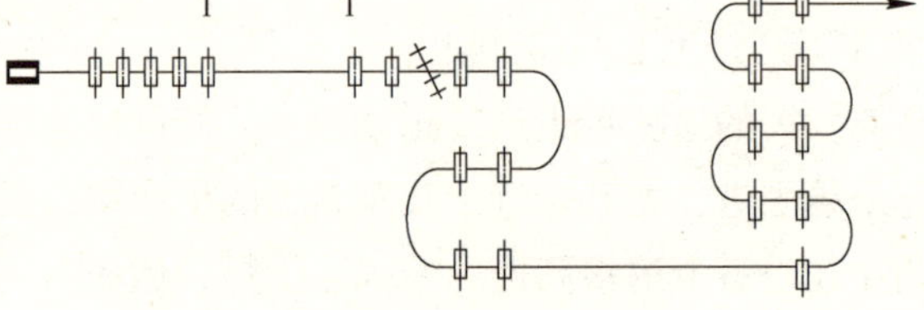

图2-1-2 复二重轧机布置图

1—粗轧机组；2—中轧机组；3—精轧机组

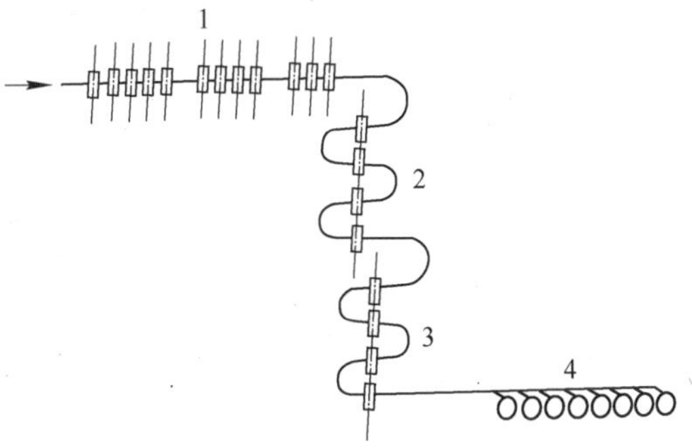

图 2-1-3 半连续式轧机布置图

1—粗轧机组；2—中轧机组；3—精轧机组；4—卷线机

20 世纪 80 年代开始，发达国家逐步放宽了钢铁行业的技术封锁。1985 年鞍钢采购二手美国摩根设备，并于 1987 年建成投产，同时马钢引进一条全新的德国生产的摩根轧机，从此我国线材行业开始进入高速发展阶段。

摩根轧机布置与横列式轧机相比，自动化水平有明显的提高，利用先进的活套控制技术、导卫技术，顶侧交 45°精轧机组技术，结合电气自动化控制系统，实现了微张力、无扭转控制轧制，突破了横列式轧机事故率高、轧制速度慢、精度低的壁垒，使最大轧制速度提高到 50 米/秒以上，经改造后最大轧制速度可达 90 米/秒。但早期的摩根轧机受多线轧制影响，仍遗留了部分设计缺陷，粗、中轧机组采用连续式轧机布置、导卫为扭转式，生产过程中易产生划伤、折叠、耳子、结疤等轧制缺陷。

20 世纪 90 年代，我国天钢、安阳、包钢、湘潭等钢厂引进了一批单线高速线材轧机，粗、中轧机组采用平立交替式布置，配套顶交 45°精轧机组技术，使线材的生产能力、质量控制水平有了较大提升，最大轧制速度突破 100 米/秒。

2000 年前后，宝钢、杭钢引进新一代的高速线材轧机，在精轧机组的基础上，增加了减定径机组，至此我国线材的布置形式正式与国际接轨。而哈飞、西航、中冶等我国装备制造业的龙头企业，在此过程中不断参与建设，学习先进经验，自主研发设计的线材生产线在伊犁钢铁、榆钢、山东永锋等企业运行良好，最大轧制速度达到 100 米/秒。随着线材行业的不断发展，盘条的尺寸精度控制能力从 A 级提升到 C 级，盘条的直径从 ϕ6. 5~13. 0 毫米逐步发展到 ϕ5. 0~26. 0 毫米，并出现了多工艺配置的大盘卷生产线，极限规格上限达到 ϕ50 毫米以上，并实现了棒、线材的协同生产。尺寸精度的提升、最小极限规格的扩展为下游产业降低加工费用，为行业节能环保提供了保障；最大极限规格的扩展使盘条的应用范围获得极大的提升。

图 2-1-4 为典型线材产线的工艺流程图，以鞍钢线材厂为例，鞍钢线材 1 号生产线为一拖三产线，粗中轧为三线扭转轧制；线材 2 号生产线为单线，粗中轧为平立交替轧机。以鞍钢线材 2 号生产线为例，典型的线材生产工艺流程为：钢坯→上料台架→加热炉→高压水除鳞→粗轧→中轧→预精轧→精轧→减定径→吐丝→控冷→集卷→挂卷→打包→入库。

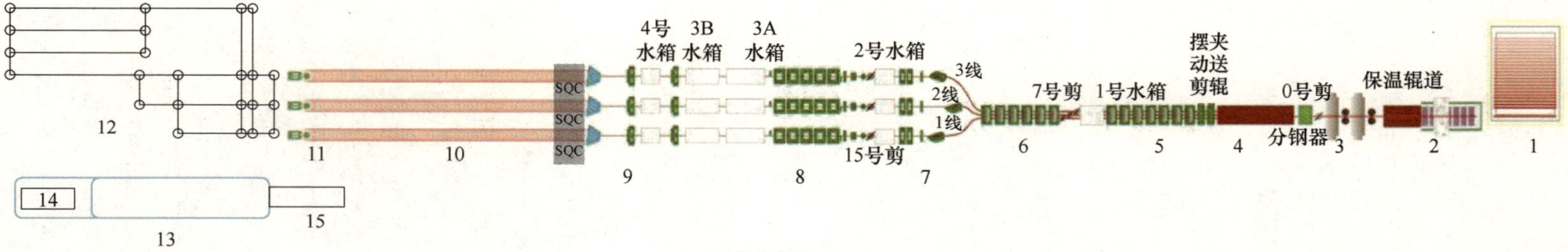

1号生产线

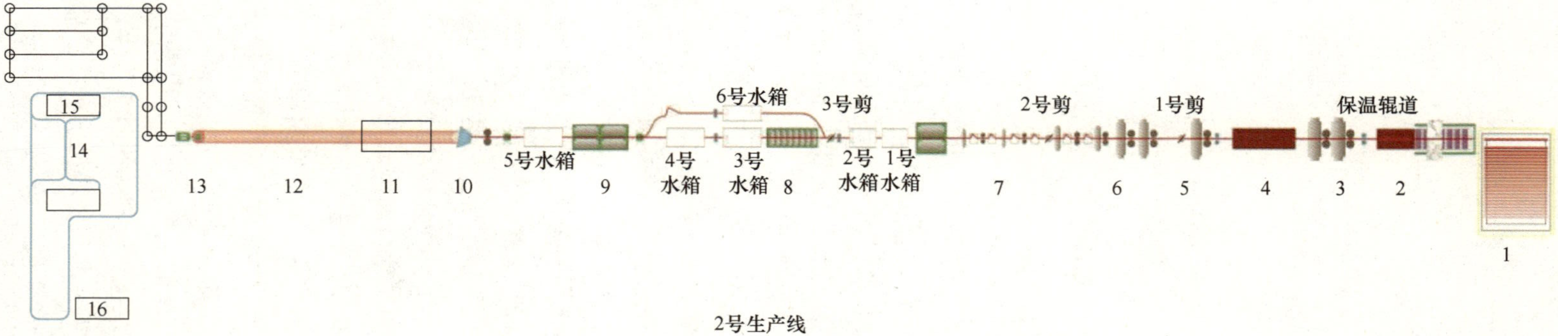

2号生产线

图2-1-4　典型线材产线工艺流程图（鞍钢）

1号生产线(一拖三产线)：1—加热炉；2—高压水除鳞机；3—开坯机；4—三通保温辊道；5—粗轧机组；6—中轧机组；7—预精轧机组；8—精轧机组；9—吐丝机；10—斯太尔摩辊道；11—集卷筒；12—立式卷芯架；13—运输链；14—打包机；15—卸卷站；

2号生产线(单线)：1—加热炉；2—高压水除鳞机；3—粗轧一组；4—脱头辊道；5—粗轧二组；6—中轧机组；7—预精轧机组；8—精轧机组；9—双模块轧机；10—吐丝机；11—EDC水浴韧化处理；12—斯太尔摩辊道；13—集卷筒；14—运输链；15—打包机；16—卸卷站

生产高端优质的盘条往往需要全流程工装的保障，以鞍钢、宝钢、兴澄特钢和神户制钢为例，对全流程的生产工艺流程及装备进行对比，具体见表 2-1-1。

表 2-1-1　生产工艺流程对比

厂家	生产工艺流程
鞍钢	铁水脱硫预处理→转炉冶炼→LF 精炼→VD（RH）→320 毫米×410 毫米大方坯连铸→连轧→钢坯修磨→高速线材轧制
宝钢	铁水三脱→转炉冶炼→LF 精炼→RH 精炼→320 毫米×425 毫米大方坯连铸→连轧→钢坯修磨→高速线材轧制
兴澄特钢	铁水三脱→转炉冶炼→LF 精炼→VD（RH 处理）→390 毫米×510 毫米大方坯连铸→连轧→钢坯修磨→高速线材轧制
神户制钢	铁水三脱→转炉冶炼→炉后扒渣→LF 精炼→RH 精炼→380 毫米×600 毫米大方坯连铸→连轧→钢坯修磨→高速线材轧制

从上述生产工艺流程可以看出，各家总体的生产流程相似，都是采用“转炉→炉外精炼→大方坯连铸→连轧→线材轧制”的两火成材技术生产高端线材产品，但具体的设备及工艺存在一定的差异，见表 2-1-2。

表 2-1-2　工艺装备对比

项目	鞍钢	神户制钢	宝钢	兴澄特钢
铁水预处理	铁水脱硫	铁水三脱	铁水脱硫、脱磷	铁水脱硫、脱磷
冶炼	100 吨转炉	240 吨转炉	150 吨电炉	150 吨转炉
精炼	LF+VD（RH）	LF+RH，氩气密封	LF+RH	LF+RH
中间包加热	无	有	无	有
连铸	320 毫米×410 毫米	380 毫米×600 毫米	320 毫米×425 毫米	390 毫米×510 毫米
电磁搅拌	结晶器电磁搅拌 末端电磁搅拌	结晶器电磁搅拌 末端电磁搅拌	结晶器电磁搅拌 末端电磁搅拌	结晶器电磁搅拌 末端电磁搅拌
钢坯压下	重压下	重压下	轻压下	轻压下
钢坯缓冷	无	有	有	有
在线火焰清理	无	有	有	有
钢坯清理	有清理设备	有清理设备	有清理设备	有清理设备
	无超声波探伤	有超声波探伤	有超声波探伤	有超声波探伤
钢坯加热	汽化冷却	汽化冷却	汽化冷却	汽化冷却
	智能烧钢	智能烧钢	智能烧钢	智能烧钢
线材轧制	减定径轧机	减定径轧机	减定径轧机	减定径轧机
	ϕ5.0~25 毫米	ϕ5.0~22 毫米	ϕ5.0~26 毫米	ϕ4.5~25 毫米
	控制轧制	控制轧制	控制轧制	控制轧制

续表 2-1-2

项目	鞍钢	神户制钢	宝钢	兴澄特钢
线材控冷	EDC 冷却+斯太尔摩冷却	斯太尔摩冷却	斯太尔摩冷却	EDC 冷却+斯太尔摩冷却
	无缓冷	在线感应加热缓冷	无缓冷	在线集卷缓冷
卷形控制	立式运输系统	PF 线运输	PF 线运输	PF 线运输
在线表面质量检测	无	涡流探伤	涡流探伤+热眼	热眼
球化处理	无	无	无	有

下面选取典型的线材生产设备进行介绍。

（1）加热炉。加热炉是线材生产的钢坯加热设备，对钢坯进行加热达到要求的温度后进行轧制生产，钢坯通常被加热到 900~1200 ℃，主要目的是降低钢坯在轧制过程中的变形抗力，便于轧制变形。高线生产所用的加热炉一般为连续式加热炉，由于坯料断面不大，通常为 140~220 毫米方坯，长度为 8~12 米，为了降低头尾温差，多采用侧进侧出方式。随着行业的发展，目前钢坯在炉内的运行方式主要为步进式，推钢式加热炉逐渐被淘汰，步进式加热炉烧钢温度均匀，更适合高速线材生产工艺和产品质量要求。随着轧机能力的提高和工业炉技术的发展，连续加热炉逐步演变为多点供热和多段控制的大容量加热炉，并在加热炉上应用了高效燃烧器和智能控制燃烧技术，以及先进的节能技术和材料。这不仅大大提高了加热炉的加热能力，也改善了加热质量，而且大幅度降低了燃料消耗和燃料燃烧带来的大气污染。自从计算机技术在加热炉上被采用，连续加热炉的自动化水平得到了新的提高，智能烧钢系统近年来在各线材厂应用广泛，不但控制精度高，而且能够节能降耗。

（2）粗中轧机组。钢坯在轧机上通过轧辊的孔槽经过若干道次的轧制，被轧成所需的断面形状和尺寸，粗中轧机组简单来说就是对钢坯进行粗加工，使钢坯快速加工到适宜精加工的尺寸，粗中轧机组单道次压下量较精轧机组大，因此对轧机刚度要求高，通常轧辊、电机较大，目前单线生产的高速线材轧机粗中轧机组共有闭口式轧机、无牌坊轧机、紧凑式轧机和悬臂式轧机等四种形式，而使用较普遍的为平-立式闭口轧机和平-立式无牌坊轧机，而且平-立式无牌坊轧机有逐渐取代平-立式闭口轧机的趋势。

（3）预精轧机。预精轧机组其主要作用一是继续缩小轧件断面尺寸，二是提高轧件精度，为轧件进入精轧机做准备。预精轧机组一般为 4 机架布置，也有布置 2 架的。预精轧机的工艺要求为单线、无张力轧制，所以要求轧机单独传动，这样调整灵活，换转方便，高速线材轧机的预精轧机是由二中轧机组分化演变出来的，是高速轧机的一大进步。因为预精轧机提高了向精轧机输送的轧件精度，从而提高了线材成品精度并减少了精轧机组的故障。

自 20 世纪 70 年代末期，高速线材轧机预精轧采用单线无扭无张力轧制，对应每组粗轧机设置一组预精轧机，在预精轧机组前后设置水平侧活套，而预精轧道次间设置垂直上活套。这种工艺方式较好地解决了向精轧供料精度的问题。实际生产情况说明，预精轧采用 4 道次单线无扭无张力轧制，轧制断面尺寸偏差能达到不超过±0.2 毫米，而其他方式仅能达到±(0.3~0.4)毫米。

20世纪80年代后期，专营线材轧机的几个大公司把高速无扭精轧机技术移用于预精轧，即用一组集体传动的无扭悬臂辊轧机实现短机架间距无扭微张力轧制，同样为了工艺稳定，辊环采用高耐磨材料制作，通常为碳化钨材质。这样的工艺和设备条件，改变规格是通过调整中轧来料断面实现的，推出这种预精轧技术的有V型预精轧机组和平-立预精轧机组，目前国内高线的预精轧机组普遍采用这两种形式或这两种形式相结合。

（4）精轧机。高速线材轧机的精轧机组是最具特色的关键设备，部分没有减定径轧机的产线，精轧机组是轧件轧制变形为成品的最后一道工序，因此它的技术质量水平决定整套线材轧机的水平。

从高速轧机的诞生与发展看，不论哪一种形式的轧机都追求实现高速高质，而要达到高速都必须解决高速运转所产生的振动问题，摩根轧机是最早的高速轧机的机型之一，由于设计合理，摩根轧机几乎最集中地体现了“高速”对轧机的要求，即无扭、无接轴、小辊径、振动小（摩根机组轧钢时最大振幅为0.025~0.051毫米），这种轧机由美国摩根公司研制而成，一般由10个机架组成。在减定径轧机投入使用前，一般精轧机组都按照10机架配置，减定径机组投入使用后，精轧机组的配置已减少到8机架。目前国内已有多家企业可以生产制造100米/秒速度的高速线材轧机，实现了线材关键装备国产化。

（5）双模块机组（减定径机组）。双模块机组（减定径机组）的主要作用是提高盘条的尺寸精度。为进一步提高轧机利用率，降低金属消耗，简化操作，实现以最低成本生产出高质量的产品，达涅利公司推出了双模块高速精轧机组，摩根公司推出了减定径机组，国内也制造出了自己的减定径机，将高速线材生产技术推向新阶段。

双模块/减定径机组的出现，给优质特殊钢线材生产带来巨大效益，具体表现在产品规格大，尺寸精度高。盘条通常规格范围为ϕ5.5~20毫米，使用双模块/减定径机组使ϕ4.5~5.0毫米和ϕ24~25毫米的成品生产成为可能，尺寸精度可控制在±0.15毫米以内；轧制速度高达120米/秒，可提高生产小规格产品时的小时产量，单线大规格机小时产量可达120吨；轧机利用系数不小于90%，成材率不小于97%，分别比传统轧机提高5%和0.5%；全部产品可实现低温轧制，产品性能好，并可节能降耗。双模块/减定径机组已成为高速线材生产的核心设备，它可实现对线材尺寸精度、表面质量、轧制温度的控制，从而实现线材较高的实物质量要求。

（6）在线检测设备。随着线材行业的发展，对盘条的质量要求持续提高，除了更为严格的材质、加工工艺、尺寸和理化性能外，表面缺陷也成为一个重要的质量指标，表面缺陷是影响成材率、影响拉丝厂使用的主要因素之一，表面缺陷在轧钢厂引起的盘条废品约占产线总废品量的50%，因此在盘条热态高速轧制过程中，及时获得盘条的表面质量信息已成为提高产品质量的重要方式。

虽然冷态检测的技术手段相当多，然而冷态检测发现生产质量问题已无时效性，无法及时修正生产工艺，甚至盘条有可能流入下游用户，目前热态检测技术主要分为涡流检测和影像检测两种，表面检测设备目前已成为各钢厂生产的主流设备，尤其是生产汽车用钢盘条的产线，表面检测设备的检验结果通常会作为盘条质量的判定依据。

（7）控冷设备。自20世纪60年代世界第一条线材在线控制冷却线问世以来，各种新的线材控冷方法和工艺不断出现。迄今为止，世界上已经投入应用的各种线材控冷工艺装置至少有十多种，充分体现了世界各国20多年来为改善线材产品性能而作出的巨大努力及高速轧机线材生产中控冷工艺的演变和发展。从各种工艺的布置和设备特点来看，不外乎两种类型：一类是采用水冷加运输机散卷风冷（或空冷及其他介质水盐冷却），这种类型中较典型的工艺有美国的斯太尔摩冷却工艺、英国的阿希洛冷却工艺、德国的施罗曼冷却工艺及意大利的达涅利冷却工艺等；另一类是水冷后不用散卷而自然风（空）冷，以及其他介质或用其他布圈方式冷却，诸如ED法和EDC法沸水冷却、流态床冷却、DP法竖井冷却等，这一类冷却方式用在大盘卷生产线上。

三、质量发展

由于国家经济的快速发展和信息技术的突飞猛进，制造业日益增大。产品迭代呈现环保化、节能化、小型化和高速化的趋势，作为制品生产的基础原材料，线材具有规格精密、强度高、塑性好、尺寸稳定等特性，适用于制造精密的机械零件和强度要求高的配件，对性能及组织的均匀性有较高的要求。由于线材的用途广泛，因此市场对它们的质量要求也是多种多样的，根据不同的用途，对力学强度、冷加工性能、热加工性能、易切削性能和耐磨耗性能等也各有偏重。总的要求是：质量稳定性越来越高、内部质量均匀，根据深加工的种类，材料本身应具有合适的组织性能，以减少深加工工序，提高最终产品的使用性能。

经过30年的发展，面对同质化竞争激烈的今天，线材由追求产能向追求高品质、多品种产品方向发展，现高速线材产品普遍要求的特点是材质纯净化、质量稳定化。同时随着我国冶炼技术的不断提升，线材品种结构越来越向高端化、专用化发展，从普碳钢发展到钢帘线、钢丝绳、预应力钢绞线等品种专用材；从低强钢发展到2000兆帕桥索钢、12.9级冷镦钢等高强钢；从建筑材发展到焊接、耐候、切削、不锈等功能性用钢。线材行业的不断发展使大量品种实现国产化、顶替进口，为我国城市建设、装备制造、航天航空等领域的发展做出重大贡献。

线材产品在使用过程中主要有以下几方面要求：

（1）化学成分的控制精确度要高，波动小。化学成分的稳定性决定了线材组织性能的稳定性，在制品加工中对热处理制度和钢丝性能也有显著影响。对于高端产品来说，要求C的波动范围控制在±0.01%以内，即不超过0.03%的波动范围；Si、Mn的波动范围不超过0.05%；其他微合金的波动范围也根据钢种不同而有不同的要求。可以说，对化学成分的控制能力是钢厂冶炼水平的一个重要标志。

（2）均匀度要高，偏析小。偏析一般包括C、Mn偏析，P、S偏析。偏析对于线材的深加工性能影响较大，尤其是帘线钢、冷镦钢、弹簧钢、轴承钢等品种，对于成分偏析都有严格要求。

（3）纯净度高。钢的纯净度也是反映钢材质量的一个重要标志。钢的纯净度通常由钢中有害元素含量以及非金属夹杂物的数量、形态和尺寸来评价。对于线材产品的大部分品种来说，钢中的P、S、O、N、H等残余元素都是有害元素，在标准中也做了规定。以帘线钢为例，一般要求钢中的P控制在0.015%以下，S控制在0.010%以下，脆性夹杂物尺寸不大于15微米，塑性夹杂物尺寸不大于30微米，N含量不大于0.0070%，O含量不大于0.0030%，Al含量不大于0.005%。国内外各先进高线厂家在实际控制中更加严格，以保证产品质量的稳定性。

（4）表面缺陷少或无缺陷。线材表面缺陷主要包括表面脱碳、表面裂纹和划伤、结疤、耳子、折叠等缺陷。根据钢种和用途的不同，对于表面脱碳的要求有所差异，一般帘线钢要求表面脱碳层深度控制在1%直径以下，高应力弹簧钢要求不大于0.5%直径；而对于表面裂纹和表面划伤，一般要求深度控制在0.1毫米以下，合金冷镦钢要求更严格，一般要控制在0.05毫米甚至0.03毫米以下。

（5）个性化控制线材组织性能。对于线材产品，生产企业通过技术和装备升级，采用个性化措施控制线材组织性能，满足客户差异化使用场景的需求。如SWRCH35K，用于制作连杆、轴等结构件时，强度要求提高；用于制作螺栓、螺母等标准件，要求线材具有优异的韧性，利于冷镦成型；同时在一些其他的使用场景对组织的均匀度也要求十分严格。

（6）通条性能差异或同圈性能差异小。性能差异是反映线材组织性能稳定性的主要指标。它是一个钢铁企业冶炼和轧制水平的综合体现。由于线材本身的性能，如强度、塑性会对深加工用户的加工过程和最终产品性能产生较大影响，所以用户对于线材的性能差异是非常关心的。对于帘线钢和钢绳用钢来说，一般要求总体强度控制在±40兆帕以内，通条性能差异小于50兆帕。

（7）产品无有害组织。线材产品的有害组织是根据不同产品来区分的。如帘线钢、预应力钢、钢绳用钢等是以索氏体为主，其有害组织主要包括网状渗碳体、网状铁素体、贝氏体、马氏体等；冷镦钢的有害组织主要有魏氏组织、带状组织等。这些有害组织会在用户深加工过程中导致钢丝断裂、开裂、性能不达标等缺陷，因此要避免在线材产品中出现。

（8）产品尺寸精度高。线材的原始尺寸精度对用户的后续深加工是有影响的。如果精度较差，线材外形不圆，会在后续的拉拔过程中导致应力集中，轻者加速磨具损耗，重者会导致线材表面拉裂，产生废品。对于帘线钢来说，由于成品钢丝较细（0.15~0.35毫米），尺寸精度的影响就更加重要。因此，帘线钢的尺寸精度一般要控制在±0.20毫米，不圆度不大于0.30毫米。除了帘线钢以外，其他线材产品也需要减少拉拔道次，降低加工损耗。

（9）包装要牢固，防护能力好。线材成品在发往用户的过程中，适宜的产品防护设计和合理的运输环节设计，会减少在这些环节产生划伤、包装破损、线卷变形等问题，保证线材质量。

（10）产品再加工的工序减量化。线材产品在用户使用过程中，通常要经过深加工，包括酸洗磷化、拉拔、热处理、冷镦等工序。采用在线球化、EDC、DPL等热处理技术，减少用户的加工工序，降低用户的使用成本，也是企业重点开发的课题。

四、产品发展

随着工业的发展，线材的应用领域越来越广，线材制品对线材品种质量的要求越来越严格，也越来越专业化，这促进了线材的发展。线材产品不论是规格还是品种都越来越多。工业线材根据用途可分为精细钢丝用钢（帘线、钢丝绳）、冷镦钢、预应力用钢、低碳拉丝钢、焊丝钢、弹簧钢、轴承钢等品种。

（一）精细钢丝用钢

1. 帘线钢

所谓帘线钢是指生产钢丝帘线用盘条，就是可以用来生产细钢丝，然后捻制成钢丝帘线的专用盘条，这种专用盘条，直径一般为小于 ϕ5.0～6.5 毫米，含碳量在 0.65%～0.95%，抗拉强度为 1000～1400 兆帕，且波动值不大于 100 兆帕。它是附加值很高，采用特殊加工工艺生产的线材-盘条。盘条的盘重 0.8～2.5 吨。盘条的尺寸公差一般要求±(0.2～0.3)毫米。钢质要求纯净，夹杂物特别是 SiO_2、Al_2O_3 和氮化物等脆性夹杂物尽可能少，夹杂物一般尺寸应在 10 微米以下，少量可在 10～15 微米。盘条只允许有轻微偏析，晶粒度 6 级以上，表面不得有裂纹、折叠、铁瘤、锈斑和粗糙表面等缺陷，允许脱碳层不能大于横截面积的 3%，深度小于 0.15 毫米。盘条质量不仅影响成品帘线的力学和物理性能，而且还影响钢丝在拉拔和捻制中的工艺性能。

因此，对制造钢帘线钢具有下列要求：帘线钢要求化学成分均匀，其中 C、Mn、Si 成分波动要小，对 S、P 及其他微量元素的含量也有严格的限制。盘条生产后，要经过时效（夏季 15 天，冬季 20 天以上，以消除内应力）后，方可投入使用。

随着我国钢帘线的国产化和轮胎工业的迅猛发展，我国钢帘线用钢的总产能已超过 200 万吨。为适应轮胎轻量化发展需求，钢帘线向着高强化方向发展。国内高强度钢帘线的应用已经普及，超高强度钢帘线已开始应用；国外已生产出超高强度钢帘线和特高强度钢帘线。

自 2000 年以来，我国钢厂加快了对帘线钢盘条的研发生产力度，已成功研制 90 级别超高强度帘线钢。未来几年 90 级别的超高强度级别帘线钢将成为主流产品。制造子午线轮胎骨架材料的钢帘线盘条，要求严格的化学成分范围控制，严格的夹杂物类型、尺寸、形状及数量控制，凝固过程成分偏析尽量降至最低，均匀的金相组织及良好的表面质量，是衡量钢铁企业生产技术水平先进与否的重要指标之一。

国内钢厂的生产已经可以满足大部分钢帘线盘条市场的需求，但仍有一部分有特殊要求的高端钢帘线盘条需要进口，比如：对疲劳寿命以及强度有较高要求的钢帘线盘条，尤其是用于外缠丝的产品（规格极细、有特殊扭转要求、抗冲击）。从成材率、材料稳定性方面来考虑，很多钢帘线厂家仍然会选择进口材料。其中，日本新日铁住友、神户制钢在进口钢帘线盘条中所占比例较大。

钢帘线是线材制品中的高技术含量产品，不但生产装备昂贵，生产工艺也非常繁杂，是线材制品中质量要求最为严格的产品之一，所以是最难生产的品种。钢帘线在加工过程中，其单丝直径小至0.15毫米，从ϕ5.5毫米的线材开始拉拔，长度延伸达1344倍，而在随后的双捻中还要经受扭转、弯曲和拉伸等一系列变形。在工艺稳定的情况下，凡是断头率高、力学性能不合格等情况，通常与线材质量有关；同时，钢帘线作为汽车轮胎的橡胶骨架材料，要承受弯曲拉伸复合交变载荷及冲击载荷等；因此，必须选用最优质线材方能满足高强度、抗疲劳、耐冲击等性能要求，所以原料的选择对钢帘线的加工性能和使用性能起着决定性的作用。帘线钢按含碳量分为70~90级，对应不同的强度级别及用途。

70级盘条以满足用户普通强度级别的精细钢丝帘线以及帘线外绕丝的需求为目标，盘条拉拔直径达到0.14~0.15毫米，钢丝强度为2800~3000兆帕。需重点解决盘条残余元素含量、夹杂物、偏析、表面质量控制稳定性等问题，提高其冷加工性能。

80级盘条以满足用户高强度级别的精细钢丝的质量需求为目标，盘条拉拔直径达到0.20~0.22毫米，钢丝强度为3300~3500兆帕。需重点解决盘条残余元素含量、夹杂物塑性化、偏析、网状渗碳体、表面质量控制稳定性等问题，降低盘条在精细钢丝加工过程的断丝率，提高钢帘线的应用性能。

90级精细丝及高强胶管钢丝用盘条的开发以满足用户超高强度级别的精细钢丝和胶管钢丝为目标，盘条拉拔直径为0.30~0.50毫米，钢丝强度接近4000兆帕。需重点解决盘条网状渗碳体、偏析、组织控制等问题，提高盘条冷加工性能。

2. 钢丝绳用钢

重要用途钢丝绳多为线接触、面接触、多层股及特殊结构钢丝绳，它的使用条件恶劣、苛刻，因而生产难度大，技术要求高，交货条件严，对线材的质量也相应提出了严格的要求。钢丝绳失效的主要原因是磨损、疲劳，所以对线材质量要求无非是综合力学性能要好，对表面质量、内部质量、尺寸精度等都应有相应的要求。例如，力学性能一般都以抗拉强度分级，钢丝绳强度要求越来越高，现已普遍使用1870~1960兆帕级甚至更高的钢丝绳。一般的办法是提高含碳量，加粗线材直径来增大总压缩率。但这样就会损害钢丝的塑性、韧性。国外钢丝绳用钢丝的抗拉强度已达2100兆帕级别，他们在钢丝生产工艺上采用多道次小压下、强化冷却的工艺路线，既保证高强度又保证高韧性，因此对线材的力学性能也提出了要求。这里对线材力学性能的通条性提出了更高要求，所以化学成分波动要小，轧钢工艺要稳定。为提高钢丝耐磨、耐疲劳、耐蚀等性能，对线材的表面缺陷、脱碳层、金相组织都应明确规范。

（二）冷镦钢

冷镦钢主要用于各类型螺栓、螺母、铆钉等紧固件，几乎应用于国民经济中的各个领域，冷镦钢根据应用领域及强度级别从3.6~12.9共分为10个等级，国内总需求量约在890万吨。

目前，国内外高强冷镦钢以硼系和铬系两大类钢为主，含硼高强冷镦钢的主要特点是，由于碳和合金元素含量低，冷加工性能良好，生产部分产品时轧材可以直接拉拔和冷镦加工，不需要预先球化退火处理，节约了螺栓的制造成本。但是，由于硼钢的抗回火稳定性差，因此用硼钢制作的高强度螺栓的延迟断裂敏感性较大。因此，硼钢成分设计的基本原则是降低含碳量，改善钢的变形能力，结合加入适量的 Cr、Mn 等合金元素，进一步提高硼钢的淬透性。

为了保证冷镦钢产品的实物质量，在冶炼、连铸生产工艺控制方面，要开发无缺陷铸坯生产工艺，控制钢质纯净度和锭型偏析，包括采用铁水脱硫和脱磷处理，动态轻压下、电磁搅拌、铸坯超声波探伤、铸坯在线火焰清理、铸坯缓冷等。热轧工艺方面，要研究高精度烧钢加热工艺，并研究优化二级自动化控制轧制模型以及控冷工艺模型，加强导卫导槽及吐丝管控制，防止表面划伤，轧后通过在线热眼、涡流探伤等装置进行检查，避免缺陷产品流入下游。

另外，对于强度级别大于 12.9 级的超高强度螺栓钢，具有很好的市场发展前景，极具生产潜力。发展超高强度螺栓钢其关键思路是：

（1）发展二次硬化钢，它比一般调质钢强度高 200~400 兆帕，为此应用了 Mo_2C、VC 碳化物析出控制理论。

（2）在采用电加热处理和循环热处理作奥氏体细晶化热处理同时，借鉴国外钢的 Nb 细晶化作用。

（3）采用加 Mo 使用 Mo 偏聚在奥氏体晶界，通过低能电子衍射和晶界温度计算证明强化了原子相的晶界。

（4）充分应用 V、Ti 碳化物的氢陷阱作用。

（三）弹簧钢

弹簧钢是制造业的安全件，对质量稳定性要求严格。弹簧产品主要消费市场包括交通运输、日用五金、仪器仪表及电子电器、工矿配件以及海外出口。交通运输市场包括为汽车、摩托车、柴油机和铁道等行业提供配套和维修件弹簧。我国弹簧产品将向着高强度、高寿命、轻量化、小型化、异形件、组合件方向发展。为提高材料的强度，降低材料腐蚀疲劳，在钢中增加多种碳化物元素，以第二相粒子强化基体，加入 Cr、V 等合金元素，细化晶粒，增加弹簧钢的强度；通过渗氮处理和喷丸处理后，提高疲劳强度；采用降碳、加镍以减少、延迟和抑制腐蚀坑的产生。生产过程严格控制脱碳，确保表面质量。

（四）焊丝钢

焊接材料的发展对我国装备制造业进一步发展十分关键，随着我国钢铁生产能力的不断扩大，焊丝用钢生产量也不断提高。到 2021 年我国焊接材料产量约 498 万吨，焊丝产量 324 万吨，居世界第一位。焊接材料广泛应用于机械、冶金、汽车制造、能源、造船、化工、航空航天、建筑、桥梁、交通运输、军工等制造行业，是钢铁产品连接方式中不可缺少的辅助材料，并随着钢铁表观消费量的增加而增长。其中汽车制造业、集装箱加工和工程机械类产品使用实心气保焊丝的比例超过 95%，而造船、锅炉和金属结构用实心气保焊丝相对较少，多用药芯焊丝或埋弧焊丝。焊丝具有焊接质量高和连续化生产的特点，将会逐步占据焊接材料的主导地位，其占焊材消费量的比例将超过 60%。随着焊接工艺方法的迅速发展，对焊缝外观及形状、熔敷效率、低温冲击吸收功、飞溅性能、抗裂性能等提出了更高的要求。

焊丝钢通常需要加入 Mn、Ti、Mo、B、Cr 等合金元素，保证焊缝的焊接性能。为保证能适应对不同材料的焊接，需要在线材轧后采取不同冷却工艺。为适应不同强度匹配，对于不同级别的焊丝钢，通常采用传统的缓冷工艺进行控制。

（五）预应力用钢

预应力制品包括预应力钢丝、预应力钢绞线、桥梁缆索用热镀锌钢丝、预应力镀锌钢绞线等产品。预应力制品作为预应力结构的骨架材料，是承力和实施预应力的基本单元，对建筑结构的安全、美观、成本起着决定性的作用。我国预应力制品起步于 20 世纪 60 年代，随着中国交通、能源等基础建设的持续高速发展，我国预应力制品行业经历了起步奠定基础、快速发展量变和消化吸收、自主创新阶段，已成为世界预应力制品的制造大国，并开启了迈向预应力制品制造强国的质变历程。

预应力混凝土用钢绞线是大型结构建筑（如跨海桥梁、水利工程、矿山工程等）用钢。随着现代化的发展，国家加大对桥梁、高速铁路以及高层建筑的投资和建设，同时也对预应力钢的要求越来越高。

通常预应力钢绞线特别是高等级预应力钢绞线采用的原料为碳含量在 0.8%以上的过共析高碳（合金）盘条，经过连续拉拔获得具有加工硬化效果的高强度钢丝，因此，不仅需要盘条原料的原始组织性能高，还要求钢质纯净度高，偏析程度低等特点。如果盘条抗拉强度低，则拉拔后钢丝的力学性能无法满足要求；如果盘条残余应力过大则易造成拉拔断丝、线架脆断等现象；如果钢中夹杂物等级高、夹杂尺寸大则易造成扭转合股时劈裂现象发生。

（六）轴承钢

用于制作在不同工况环境下各类滚动套圈（圆钢）和滚动体（以盘条为主）的钢统称轴承钢，广泛应用于机械制造、铁路运输、汽车制造、国防工业等国民经济各个领域。由于轴承承受强冲击和交变载荷的工作特点，其对化学成分的均匀性、非金属夹杂物的含量和分布、碳化物的分布都有十分严格的要求。轴承钢种类很多，基本上可以分为高碳铬轴承钢、渗碳轴承钢、中碳轴承钢、不锈轴承钢、高温轴承钢及无磁轴承钢等系列。21 世纪初期，中国轴承钢粗钢产量约为 92 万吨，2015 年达到 258 万吨，2023 年预计将超过 450 万吨，中国已经成为最大的轴承钢生产地和最大的轴承市场。

五、未来线材产品发展方向

近年来，随着我国优化产业结构步伐的不断迈进，供给侧改革的深入发展，线材行业已度过了粗制滥造、生产无序扩张的粗放阶段，朝着集约化、智能化、绿色化的方向发展。在“双碳”目标的驱动下，推广线材绿色发展，促进线材生产制造标准化、绿色化、多元化、智能化、高质化、高效化已经成为推动线材产业高质量发展，解决线材行业转型问题的重要途径。

从现状看，我国线材行业规模为世界领先，但在产品的质量上存在级别低、稳定性差等问题，在高端产品上的体现尤为突出，使得线材高端产品仍然还要进口。因此，精品化、高端化是我国线材产品质量发展的重要方向。具体来讲，实现线材产品的高强度、高疲劳、高质量、无缺陷是线材产品向高端化转型的主要着力点。

以超高强度钢绞线用盘条为例，随着钢水纯净化、微合金强化、控轧控冷等先进技术在钢铁企业的逐步应用，具有高强度与良好塑性的高碳珠光体钢得到迅速发展。目前，1860 兆帕级钢绞线已实现商品化批量生产。钢绞线的强度级别不断提升，国内外已经在研制开发 2300 兆帕级钢绞线。国内已批量生产 2100 兆帕级桥梁缆索用盘条，并成功研制出 2300 兆帕级钢绞线用盘条。从市场需求上看，超高强度钢绞线用盘条正向着高纯净度、高表面质量、高延迟断裂性能方向发展。

高强化是线材产品发展的重要方向，随着汽车、摩托车等交通运输工具对轻量化的需求越来越高，线材的高强化也成为了市场趋势，通过减少线材的用量，可以提高交通工具的燃油效率，减少环境污染。

下面对未来线材行业发展的其中几个主要趋势进行简介。

（一）连铸直轧技术

连铸坯直轧技术分连铸坯直接热轧（简称 CC-HDR）和连铸坯直接轧制（简称 CC-DR），前者是钢坯不经过加热炉，仅经电磁感应装置补热，然后直接送入轧机进行轧制；后者是钢坯既不需要加热，也不需要补热，直接送入轧机进行轧制。连铸直轧技术的优点显而易见，首先省去了加热炉，没有了加热炉燃料消耗，实现了节能减排，经济效益、环境效益及社会效益非常明显；第二避免了铸坯因在加热炉长时间停留造成的烧损，提高了钢材成材率；第三减少了加热炉运行成本和维护成本。我国钢铁行业目前已进入边际利润时代，节能减排成为硬性指标，连铸直轧技术在大幅降低生产成本的同时，更能实现节能减排，对钢铁企业和社会具有积极的意义。但连铸直轧工艺是一个涉及从冶炼、连铸到轧制整个生产过程的系统工程，这要求钢铁企业结合自身的特点，因地制宜地开展连铸直轧工艺，不断提升企业的管理水平和自动化水平，使连铸直轧技术为企业创造出尽可能大的效益。图 2-1-5 为线材连铸直轧技术示意图。

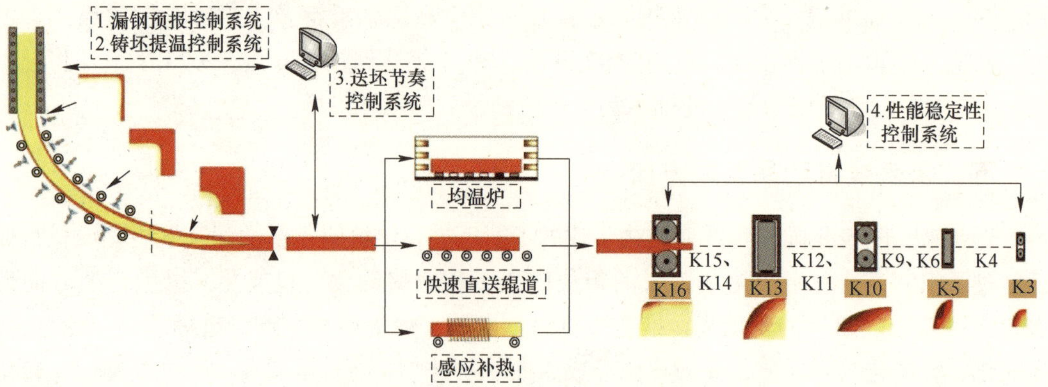

图 2-1-5　线材连铸直轧技术示意图

（二）电炉短流程炼钢

电炉短流程炼钢不仅投资少、建设周期短、生产组织灵活，而且更环保、更节能、更降碳。据调研，与传统高炉—转炉长流程炼钢相比，我国电炉短流程炼钢吨钢能耗和二氧化碳排放量分别降低50%和减少73%。即使与完成超低排放改造的长流程企业相比，吨钢颗粒物、二氧化硫、氮氧化物排放量也分别降低70%、85%、75%以上。

业内普遍认为发展电炉炼钢是实现钢铁行业低碳绿色发展的必然趋势，国家相关部门也出台诸多政策引导电炉炼钢发展，受政策导向和行业低碳转型发展需要，近年我国电炉炼钢发展势头较快。

2016~2022年置换新建电炉炼钢产能达1.1亿吨，占置换新建炼钢产能的27%，全国电炉钢总产能也因此增加至1.9亿吨，且主要分布在华东和中南地区。值得注意的是，尽管短流程电炉炼钢更节能降碳，但受废钢资源、用电成本以及电极价格等诸多因素的影响，目前我国电炉短流程炼钢企业生产成本较长流程企业高30%左右，缺乏成本竞争优势，企业的经营效益、开工率、产能利用率等状况并不乐观。碳减排正逐渐成为世界钢铁发展主要驱动因素，“绿色钢铁革命”正在将世界钢铁技术创新和产业变革的演进趋势推向新的高度。

作为钢铁生产大国，我国应不断夯实电炉钢发展的资源、能源和技术基础，持续优化电炉钢发展的政策环境、市场空间和推进机制，有序引导电炉短流程炼钢发展，鼓励引导废钢资源流向全废钢电炉短流程，逐步调整全行业的铁素资源结构、产品结构和流程结构，有利于中国钢铁工业在国际低碳竞争中赢得主动，实现我国钢铁工业碳中和的总体战略。

（三）产业延伸

随着我国国民经济的高速发展、工业化进程的加快、居民生活水平的提高，中国已逐步成为世界的装备制造业和机械加工业中心，全国能源、交通、建筑、轻工、装备制造业及机械加工业用特种和高端线材制品将大幅度增加。线材制品市场需求的这些变化为建设线材深加工项目提供了广泛的市场空间。

长期以来，我国钢铁工业重视生产、建设、经营，轻视与下游行业用户的协调合作，重视制造产品，轻视提供服务，与下游产业的融合程度低，钢铁产品研发、生产和应用环节的联系不紧密。导致下游行业用钢材产品升级缓慢、钢铁新产品找不到用户。通过延伸产业链，可以直接了解主业的产品适用性，更好更快地改进和优化产品质量，从而可以更有效地促进主业的产品升级换代。

线材延伸产业可以提高综合管理水平延伸产业链也就意味着除产品以外的理念、管理方式、服务模式等多个方面，都要直接与延伸加工流域对接，因此，就可以将下游的精细管理模式前延至钢铁主业领域，从而助推主业综合品质的攀升。

（四）数字化智能工厂

数字化钢铁工厂是当前钢铁行业发展的必由之路，对未来钢铁行业的发展有着非常大的价值，通过数字化的设计与交付之后，整体以数字化运维模式为基础的钢铁企业数字化知识平台和运维管理系统，可以大大提升企业的管理效率，生产效率和效益也将随之提升。钢铁行业的数字化十分关键，以数字化平台为基础，在调度管理、设备运维、安全管理、工艺仿真等多方面提供有效的服务，为后续的智能化建设工作奠定坚实的基础。数字生产平台是一个集成了可视化的、多维数据的集成和整合的体系。当前，数字生产平台在钢铁生产中还很少见，只有一些比较自主的生产流水作业中使用了 3D 显示技术。在建立以三元建模的钢铁企业数字运营系统中，以静态文档数据、动态监控数据、结构化生产数据等为基础进行数据支持。一般的 3D 数字厂房的建造思想主要有两个方面：（1）以 Digital 传输技术为基础的技术。设计资料和 BIM 模型是以设计资料为基础的，采用单一的代码规范，实现了设计参数、施工记录、采购信息等的无缝连接。在完成产品交付后，通过与企业的实时数据库进行连接，并通过信息管理系统，对整个生产过程进行数据的监控；（2）3D 可视技术。其来源主要有 BIM 和非工程类的 3-D 两种。在此基础上，对 BIM 建模进行了简化，然后将 BIM 建模引入 Unity3D 系统，实现软件的定制化。大数据是一种以大量不同的思维方式储存在不同媒体中，通过获取、存储、管理、分析和控制多种存储媒体中的大量信息而获得的信息。大数据不仅仅是因为它的规模，还因为它的数据规模、它的多样性和实时性对它的价值产生了巨大的影响。产业数据是今后钢铁行业发展的一个重要趋势。特别是在智能化生产上，已经累积了大量工业数据，在天车、一键炼钢、工业机器人应用等各方面都有了巨大的进展。智能制造设备是先进制造技术、信息技术和人工智能技术的有机结合，是制造行业的重要组成部分。不同于常规的 CNC 设备，它不仅是一个紧密而复杂的机电集成的体系，它还要求具有自感知、自适应、自诊断和自决策等智能化特性，以满足不同的生产需求，也减少了人的因素对质量稳定性的影响。

（五）立体仓库

立体仓库，也被称为自动仓库或智能仓库，是一种利用先进技术和设备，以垂直空间为基础的现代仓储系统。立体仓库的核心理念是最大限度地利用垂直空间，提高仓库的存储密度和效率。它采用自动化设备和系统，实现了高度自动化的仓储和物流操作，大大提升了仓库的工作效率和准确性。

智能仓储项目不仅要选用先进的自动化设备，信息的自动化也是其中的关键环节。从工业到货（或产品下线）开始，一直到出库装车，整个流程均可实现产品信息的自动采集和处理。自动化设备执行具体的操作和指令，完成货品的搬运和存储质量。由于线材盘卷成品需要占用大量的土地资源来存储，并且发货时需要工人熟记各个钢种所存放的位置，当发货产品在下层时，还需要对存储区域进行倒货；另外，由于线材盘卷所占面积较大，很大一批产品都是露天存放，不利于产品品质的保护，通过立体仓库自动化升级改造可以降低成本、提高效率、改善产品质量。

第二节 线材拉拔前表面处理

一、概述

(一) 无酸洗拉拔定义

线材拉拔前表面处理技术主要为无酸洗拉拔技术，该技术是指用线材或盘条进行冷加工前，不用酸液去除线材或盘条表面氧化铁皮的生产技术。

代替酸洗的技术需要用到机械除鳞（氧化皮）技术，具体方法如弯曲、钢刷或砂带打磨、抛丸等方法去除氧化皮，包括这些方法的组合。去除氧化皮后的技术还有压力润滑涂覆、磷化、涂硼砂或皮膜剂等，第一种技术最环保但有一定难度，后面三种技术有较多应用，其中磷化分为浸泡磷化和在线磷化，在线磷化较多采用电解磷化。

合金钢盘条有人用不去氧化皮直接拉拔的方法，拉拔一两道可以做到氧化皮不脱落。

(二) 为什么会用无酸洗拉拔技术

不选择酸洗技术或放弃酸洗技术的常见原因有如下几种：一是所在区域不允许使用酸洗或不允许排放含氯离子的废水；二是当地用酸洗技术废酸处理成本太高；三是想同时放弃酸洗和磷化成本，生产低成本产品；四是盘条浸泡酸洗线投资太高。

历史最久的无酸洗拉丝技术是弯曲剥壳+钢刷及弯曲剥壳+蒸汽（美国），这些技术在低碳钢丝、镀锌丝及钢丝绳热处理前半成品丝拉拔应用了较长时间。

20 世纪 80 年代日本企业在德州投资的工厂采用了抛丸技术生产预应力钢绞线，同样的技术近几年在中国也有应用，主要的不满意是模具寿命缩短了，但抛丸技术在有些产品仍在持续应用，用在难酸洗特种不锈钢材料上有非常显著的优势，可以大大缩短酸洗时间。新余的新华股份于 2002 年开始逐步实现铝包钢丝生产全流程去除酸碱，也不需磷化等涂层，大约两年后在预应力钢绞线拉丝机上也应用了该技术，当时的技术拉拔速度低于 5 米/秒，因不适合进口拉丝机就放弃了。

天津春鹏和威海银兴是国内较早大规模采用无酸洗技术生产钢绞线的，并持续坚持到现在。目前钢绞线的无酸洗拉丝过程较多采用了在线磷化，而镀锌钢丝采用皮膜剂涂层更加成功，因为镀前需要清除涂层，磷化并不是理想的技术。

(三) 无酸洗拉拔技术的原理

无酸洗拉拔技术的原理是利用了氧化物的特性。碳素钢盘条表面氧化铁皮主要为 FeO、Fe_3O_4、Fe_2O_3 三种氧化物的混合物。FeO 一般在最底层，Fe_3O_4 在中间，外表为 Fe_2O_3。铁的氧化反应为：

$$Fe \rightarrow FeO \rightarrow Fe_3O_4 \rightarrow Fe_2O_3$$

碳钢盘条三种氧化物的主要差异见表 2-1-3。

表 2-1-3 铁氧化反应产物的性能

氧化物名称	氧化亚铁	四氧化三铁	氧化铁
分子式	FeO	Fe_3O_4	Fe_2O_3
酸溶性	最容易溶解	难溶于酸	难溶于酸
其他特性	有点弹性变形能力	脆，耐磨，磁性	脆，耐磨

从特性可以看出，减少氧化亚铁比例就可以利用其“脆”的特性对盘条进行弯曲除鳞，弯曲带来的表面延展使氧化皮断裂和剥落，而提高轧钢吐丝温度就可以增强氧化，实现这个目的。

如果采用酸洗技术，则倾向于氧化亚铁越多越好，用相对更低的吐丝温度去实现。弯曲剥壳不适应这种氧化皮。机械除鳞就对付不了氧化亚铁吗？不是的，如果采用抛丸、砂带打磨技术，这都不是问题，几百微米直径钢丸的撞击能去除各种氧化物，砂带打磨过程中的碳化硅粒对氧化皮有微切削作用。

无酸洗拉拔光去除氧化皮是不够的，钢基体表面直接接触钨钢拉丝模会产生剧烈的摩擦，甚至粘连，模具会很快地损坏。

二、除氧化皮技术

无酸的去除氧化皮技术路线有以下三类。

（一）利用氧化皮脆的特性

盘条通过滚轮组实现在两个互相垂直平面上的弯曲变形，大部分表面出现延展变形，使大部分氧化皮断裂和崩落，可去除碳钢 80%以上的氧化皮。这个方法不能去除氧化亚铁层和铁锈。

这种技术常被称为“弯曲剥壳”，是一种历史很长的技术，最大的优势是成本低，主要成本是辊轮磨损和电耗，“弯曲剥壳”会增大第一道电机的负载，取决于材料的软硬，每吨电耗大约在 10 千瓦·时。“弯曲剥壳”常用于要求不高的低碳钢丝，因为不能去除氧化亚铁层，品质要求高时“弯曲剥壳”只能作为预处理技术，后面需结合其他技术，如钢刷、砂带打磨或抛丸，提高清洁度。

“弯曲剥壳”的关键技术是选择适当的辊轮槽底直径，槽底直径的经验设计值是盘条直径的 18~20 倍。

（二）采用“微切削”技术

归类为“微切削”的机械除鳞技术有抛丸、砂带打磨和钢刷打磨。

抛丸技术分在线抛丸和整件抛丸两种，在线抛丸设备投资低但处理成本更高。整件喷丸机采用涡轮喷头将钢丸喷射到盘条表面，可以彻底清洁表面，除去氧化层。工作时盘卷被放置在两个旋转臂上。一个旋转臂在抛丸舱内进行处理作业，另一个旋转臂在抛丸舱外卸下处理完的盘卷并装上待处理的带氧化铁皮的盘卷。旋转臂是电动的并安装在一个旋转门上。旋转门通过旋转把处理完的盘卷转出并自动把未处理的带氧化铁皮的盘卷转入抛丸舱内。整个周期完成后，操作者从旋转臂上把处理完的盘卷取下再把下一卷待处理盘卷放在旋转臂上。钢丸尺寸一般选 25~45 微米。

砂带机通常用在“弯曲剥壳”之后，是利用环形砂带环绕前进盘条连续打磨的一种机器，砂带被主动张紧辊带动运转，张紧辊组又绕盘条转动，打磨掉盘条表面的氧化皮及锈蚀产物。这种技术最早由德国推出，国内大规模使用的经验是从焊丝生产开始的，然后是铝包钢丝、碳钢及合金钢丝、不锈钢丝等产品。常用砂带为 80 目左右，微粒大致尺寸=25. 4/80=0. 32 毫米。

德国 KOCH 的床垫钢丝生产线中采用弯曲+砂带+涂层技术实现了成品速度 30 米/秒的拉拔，免去酸洗磷化过程。

钢刷技术利用弯曲的硬钢丝束来刮擦盘条表面，也是装在“弯曲剥壳”之后，钢刷的布置有三种形式。（1）盘刷：在三个互成 120°的面上旋转摩擦盘条；（2）柱形刷：成对旋转摩擦盘条；（3）板刷：成对夹住盘条，装在两个互成 90°的面上，设计上刷磨损后能自动跟进。

（三）增加脆性氧化皮比例

20 世纪末在德国钢厂订购盘条时，钢厂就问处理工艺是酸洗还是机械除鳞，可以按照工艺控制氧化皮特性。钢厂产生的氧化皮应使其最适应机械除鳞技术。适合机械除鳞的氧化皮能大片剥离，脱落得很干净，差的情况是碎片化剥落，有较多氧化物残留在盘条表面。高碳钢氧化皮厚度在 27 微米以下时，剥离率随厚度增加迅速升高。鞍钢的研究表明将吐丝温度由 860~900 ℃提高到 900~940 ℃，并将吐丝后盘条冷速由 10~13 ℃/秒提高 13~17 ℃/秒，盘条氧化铁皮的可除鳞性得到了改善。

所有无酸洗去氧化皮技术有一个共同缺点，就是盘条本身的弱磁性能吸住氧化铁粉末，会增大模具消耗速度，后续在线磷化时会增大磷酸的消耗。可以用热水冲洗或蒸汽冲刷改善这个问题，还可以采用更耐磨的模具以提高生产效率。

三、盘条在线磷化技术

机械除鳞之后，能用在线磷化的话就不需要任何特别拉拔技术。盘条在线磷化技术分两类，即电解磷化及传统磷化。拉丝用磷化技术是 1934 年发明的，目前基本都采用锌系磷化，锌系磷酸盐涂层不仅与基体结合牢固、拥有微孔结构，而且热学性能稳定，具有很好的延展性。在拉拔过程中，粗糙的磷化膜能有效地携带润滑剂进入模具中，高温下软化的润滑剂渗透到磷化膜的微孔中，润滑剂和磷化膜一起避免了钢丝与模具的直接摩擦，起到了良好的润滑作用。传统磷化用于在线过程时，需要提高温度或用其他方法加速，以便在很短的时间内完成，而电解磷化最快可以在 5 秒钟左右就完成。

传统磷化同时有三种化学反应：酸洗反应、成膜反应及沉渣反应，磷酸锌盐溶于酸性液体而不溶于水，酸洗反应使邻近氢离子浓度下降，磷酸盐因此沉淀在钢表面，而酸洗反应产生的亚铁离子与磷酸根结合产生难溶的渣。传统磷化技术需要将盘条缠绕在一对轮子上多圈以延长磷化时间，这种技术产生的磷化膜均匀性不够理想，不适合外观均匀性要求较高的产品，而电解磷化这方面就更好，原理更简单，阳极板有产生氧气的反应，阴极（钢）上有产氢气反应，同时出现膜沉淀过程。电解磷化有产渣量很少的优点。

四、无磷的无酸洗拉丝技术

氧化皮除干净后还要结合不同的涂层技术或润滑技术才能有效使用，有些区域严格禁止磷排放，所以不得不考虑无磷的无酸洗拉丝技术。没有磷化就需要一种替代涂层，去增加粉的携带能力，隔离模具与钢丝，延长模具寿命。

涂层所用材料常见三种类型：硼砂、皮膜剂及特殊拔丝粉。

第一，硼砂在 20 世纪 60 年代就开始在湘潭钢铁使用，代替更早的石灰涂层，取得了改善润滑、提高拉丝速度和减少灰尘的效果。除磷后的盘条通过热硼砂液，干燥后表面形成一个可增强带粉能力的硼砂涂层。有一种硼砂工艺的浓度是（180±15）克/升，温度为 90~95 ℃，如果和拉丝机之间空间够长可以自然干燥，很短就需要热风干燥。硼砂干燥后十水合硼砂涂层变成五水合硼砂涂层，此类涂层更适合拉拔。加少量的磷酸三钠可以改善润滑、耐腐蚀性，并消除硬水带来的沉淀。

第二，皮膜剂是一种混合无机盐产品，可以直接用于硼砂设备中，清除干净换掉涂层材料即可。在线涂皮膜也是以除鳞盘条通过热液的方式上涂层，需要热风干燥。好的皮膜剂润滑改善效果比硼砂更好，耐热、耐磨且延展性好。

使用硼砂或皮膜剂的共同优点是钢丝上残余涂层比磷化更容易去除，这对需要上镀层或高分子涂层的产品来说是很有价值的，成本比磷化更低。这类技术适合做镀铜焊丝、进热处理的半成品及镀锌钢丝等，做钢绞线产品时应避免降低钢绞线耐蚀性。

第三种技术是直接涂覆润滑剂，这需要粉的特性与涂覆温度和压力配合，通常采用钙钠混合粉，适度冷却确保有足够的温度，通过粉夹及压力模技术提高涂覆压力。这种技术做得比较好的时候，第一道卷筒上的钢丝目视可见完全被粉包裹，掉落或大量飘扬都没做好。第一道能做到这个效果后面至少两道的润滑就没问题，后面如果继续采用粉夹和压力模就能保持好润滑，如果工作模能采用一些涂纳米金刚石的模具，工作寿命可以延长很多。

因为盘条氧化皮的可除鳞性控制得很好，南美某钢绞线生产企业采用紧凑式除鳞机加上压力润滑技术，在 2010 年前就实现了 12.5 毫米 0.82C%盘条拉拔 5.05 毫米钢丝速度长期保持 7 米/秒的纪录，机器为 9 道的 1200 拉丝机。

五、无酸洗拉丝——抛丸除锈案例

随着环保的要求和相关技术水平的提高，非酸除锈技术不断成熟，涌现了多种机械除锈的方式，目前线材抛丸除锈发展较为迅速，以覆盖面广、效果好、成本低的特性被企业接受。

国内企业自主研发的自动散料线材抛丸技术装备，已走在世界前列，各项技术指标也处于领先地位，也引得一些国外企业效仿。如平开门式双工位盘圆线材抛丸机，可处理线径 ϕ5.5~42 毫米，处理一卷 2.5 吨的直径 5.5 毫米原材料只需 10 分钟左右，大大降低了生产成本，环保颗粒物排放最低可做到 5 毫克/米^3（远低于国家标准 80 毫克/米^3）以下，并且在不断研发的过程中成本是呈下降趋势。目前该种自动散料线材抛丸技术装备，已销往国内外。

六、无酸洗拉丝——在线机械除锈案例

在线机械除锈工艺包括液压矫直机、弯曲剥壳机、刷毛除锈机、超声波表调清洗机、在线磷化等工序。液压矫直机，通过增加液压矫直机上下、左右弯曲轮组数量和驱动力，提高效果，氧化皮的去除率可以达到 90%以上，同时增加氧化皮回收装置，防止粉尘二次污染。弯曲剥壳机，能对盘条从 0°~120°进行 S 形不同程度弯曲，使坚实的氧化皮剥离盘条母体。刷毛除锈机，通过四组可调整与盘条间隙的钢丝毛刷，刷掉盘条表面难以去除的残余氧化皮及由于盘条存放期间产生的二次锈迹，除锈效率接近 100%。增加一套布袋除尘装置以解决扬尘问题。超声波表面清洗机，由上清洗槽及下沉淀槽组成，上清洗槽带超声波清洗设备，下沉淀槽内清洗水循环利用，不外排，定期捞取沉淀物回收。在线磷化，采用新研制的磷化液，实现高温磷化到常温磷化的转变，磷化废渣产生量仅为传统磷化工艺的 10%~20%。

无酸洗成套拉拔设备布置：上料架→液压矫直机→弯曲剥壳机→刷毛除锈机→超声波表调清洗→在线磷化→水洗→在线硼化（皂化）→干燥（干燥机）→拉丝机。以钢绞线生产企业为例，吨钢绞线前处理生产成本从 60 元/吨降至 28 元/吨。磷化渣产生量降低 80%，降低 0.8kg/吨。已制定了《钢丝无酸洗拉拔预处理技术要求》（YB/T 4730—2019）行业标准，于 2019 年 11 月，由工业和信息化部发布实施。

第三节　钢筋及焊网

一、冷轧带肋钢筋发展历程

（一）概述

1. 什么是冷轧带肋钢筋

冷轧带肋钢筋是热轧圆盘条经冷轧后，在其表面带有沿长度方向均匀分布的横肋的钢筋。钢筋外形呈二面肋和三面肋，钢筋横肋呈月牙形，四面肋横肋的纵截面应为月牙状并且不应与横肋相交。

2. 冷轧带肋钢筋分类及代号

冷轧带肋钢筋按延性高低分为两类：

（1）冷轧带肋钢筋（CRB）。

（2）高延性冷轧带肋钢筋（CRB+抗拉强度特征值+H）。C、R、B、H 分别为冷轧（cold rolled）、带肋（ribbed）、钢筋（bar）、高延性（high elongation）四个词的英文首位字母。

冷轧带肋钢筋的公称直径范围为 4~12 毫米。

（二）发展历程

1. 国外冷轧带肋钢筋发展概述

1968 年德国、荷兰、比利时研制成功冷轧带肋钢筋，1973 年起其在德国、奥地利、意大利、美国、英国等得到了大量发展应用。国际标准化组织（ISO）也制定了国际标准。作为一种建筑钢材，纳入了各国的混凝土结构规范，在这些国家，冷轧带肋钢筋已广泛用于建筑工程、高速公路、机场、市政、水电管线中。1994 年，欧共体年产量 450 万吨。新加坡和马来西亚也早已在建筑工程和市政工程中广泛应用冷轧带肋钢筋，仅新加坡冷轧带肋钢筋的年使用量就在 15 万吨以上。

冷轧带肋钢筋各国大都以焊网的形式用于工程中，少量用直条钢筋在现场绑扎。不论是直条钢筋还是焊网，都实行工厂化生产，按施工进度要求分批送到施工现场，钢筋工只需按图铺放，不需要再作任何加工。

2. 国内冷轧带肋钢筋发展概述

我国自 20 世纪 80 年代后期起，开始引进冷轧带肋钢筋生产设备。先后有南京、苏州、上海、青岛、沧州、昆明等地分别从德国、意大利等国引进 11 套设备。20 世纪 90 年代中期又有安徽、广东、江苏等省的合资或外商独资企业，从国外引进几条生产线。国家科委已将冷轧带肋钢筋列入国家重点推广项目。建设部将它纳入“九五”期间建筑业重点推广的 10 项新技术之一（包含在“高效钢筋和预应力混凝土技术”项目内）。1997 年 8 月，建设部将国家跨世纪重大技术推广工作命名为“广厦工程”，冷轧带肋钢筋的推广作为“广厦工程”的先期启动项目最先开始实施，足见国家对冷轧带肋钢筋推广的重视。

（三）产品的特点及应用

1. 冷轧带肋钢筋的特点

冷轧带肋钢筋是一种高强度的建筑材料，其抗拉强度、抗压强度和屈服强度都比普通钢筋要高出很多。同时，冷轧带肋钢筋还具有良好的焊接性，冷轧带肋钢筋以三面光圆为主，椭圆度要更高一些，光圆表面没有形成纵肋，能够与其他材料进行焊接，可焊度更强，形成更加稳固的结构。

此外，冷轧带肋钢筋的形状设计合理，能够减少构件之间的接头数量和施工难度，提高施工效率。

2. 冷轧带肋钢筋相关标准

国家标准：GB/T 13788—2017《冷轧带肋钢筋》。

3. 冷轧带肋钢筋的应用

冷轧带肋钢筋主要用于加固混凝土结构、钢筋混凝土结构以及框架结构等。冷轧带肋钢筋的应用大都以网片的形式出现，尤其是焊接网片，广泛应用于建筑、桥梁、隧道等工程领域。

二、钢筋焊接网发展历程

（一）概述

钢筋焊接网是一种新型、高性能结构材料，也是一种高效施工技术。钢筋焊接网指在工厂的专用焊接设备上把相同或不同直径的纵向和横向钢筋分别以一定间距垂直排列，全部交叉点均用电阻点焊在一起的钢筋网片。

钢筋焊接网母材有 CRB550 冷轧带肋钢筋、CRB600H 冷轧带肋钢筋、热轧带肋钢筋、热轧光圆钢筋。钢筋焊接网材料及产品如图 2-1-6 所示。

图 2-1-6　钢筋焊接网材料及产品

（二）发展历程

1. 国外钢筋焊接网发展概况

（1）美国钢筋焊接网是1901年美国人佩里申请生产了钢筋篱笆网机器的专利，这一专利的申请标志着美国焊接网的诞生，最初的十来年里，焊接网主要在公路上少量试用。1910年在纽约建十余栋小高层房屋，用三角形网孔的钢筋网。到20世纪20年代仍在作对比试验，包括多种钢筋网片。到20世纪30年代建一些高层及超高层（帝国大厦等）。到20世纪40年代第二次世界大战期间钢铁限制，制造军用网。20世纪50~70年代焊网大量用于高速公路（11万多公里）。美国焊网初期花样比较多，逐渐淘汰到主要两种（光面、带肋）。

1971年美国混凝土规范（ACI 318）正式直接规定了焊接网的内容。美国焊接网一直以冷加工钢筋为主，在一些标准、手册中占有一定内容。光面钢筋焊点力应达0.5屈服力值。近20年，光面钢筋发展到格网，直径达20毫米左右（对焊点要求很严），在美国及国外得到一定应用，效果很好。几十年来，美国对焊接网材料及构件进行了大量试验研究，其深度与广度与欧洲各有千秋。带肋钢筋直径范围：5.64毫米（25毫米^2）→19.2毫米（290毫米^2）。美国近些年大量常用级别为70级（70000磅力/英寸^2 即485兆帕）。美国对带肋（光面）焊网的关注点是焊点强度、拉力值及外形（肋）。

（2）1920年左右，德国研制出高强度碳化钨模具，为钢筋深加工创造条件。焊接网用钢筋大致控制在下面几个阶段：1929年研制出光面冷拔钢筋，屈服强度达500兆帕。之后研制出三面压凹痕的冷轧钢筋，这种钢筋屈服强度也达500兆帕，大约到1970年焊网就用得不多了。1968年研制出三面带肋冷轧钢筋，是焊接网的最主要钢种。德国人很敏锐地注意到这个钢种作焊接网大有前途，开始广泛深入系统试验。加工方法基本有冷拔、冷轧及冷拉。

对材料及构件大量试验，包括拉伸、焊点抗剪、疲劳、构件抗弯、构件延性、黏结锚固、抗锈蚀、耐久性、低温回火、防火性能等。德国在20多年时间焊网试验花费4000多万美金。1972年冷轧带肋钢筋焊接网进入德国钢筋标准DIN 488，同年进入德国混凝土规范DIN 1045。但德国人用起来持谨慎态度，设计强度取286兆帕。从1973年开始这种焊网逐渐在欧洲推广。根据Jeger公司统计，1994年欧洲10国焊网占钢筋平均比例为26.85%。从1972年到1999年大约20年时间达26%。

（3）其他国家。在亚太地区焊接网也得到一定发展。日本在1960年就制定了焊接网产品标准，在混凝土设计规范中作了相应的规定，在现浇楼板构件中已大量应用。澳大利亚早已制定了焊接网生产标准，新加坡的焊接网应用较早，目前新加坡BRC公司是亚太地区钢筋焊接网最大的生产制造企业，马来西亚焊接网应用很普遍，其他如印度尼西亚、巴基斯坦、泰国、印度等也建有焊网厂。

从国外的发展形式看，焊接网不仅在发达国家得到大量应用，就是在发展中国家也逐渐得到较多的应用。

2. 中国钢筋焊接网发展概况

在国内，焊接网成为钢筋深加工的有效途径，日益受到重视。自 20 世纪 90 年代以来，钢筋焊接网在我国也得到迅速发展，并被建设部列为“九五”十大重点推广项目之一，具有极大的发展潜力和广阔的市场前景。

中国最早是在 1984 年新加坡召开亚洲线材展览会，德国厂商展示了冷轧带肋钢筋产品及焊网技术，中国代表从此了解到这项新技术。几年时间，冷轧带肋钢筋技术迅猛发展，主要用于预应力空心板。生产厂家常在 600 家以上，最高达 1000 家。从小直径钢筋看，整个 20 世纪 90 年代是冷轧带肋钢筋的天下。

20 世纪 80 年代后期从国外引进焊网设备，随后，国产设备逐渐增多。2010 年焊接网产品标准第 3 版（GB/T 1499. 3—2010）已发布。2014 年焊接网使用规程第 3 版（JGJ 114—2014）已实施。目前，我国焊网行业已进入一个稳定发展阶段，软件、硬件配套齐全。据不完全统计，截至 2023 年全国焊网产量达 200 多万吨，厂家 120 家左右。从京津、长三角、珠三角为主的分布区扩大到中南、西北、西南、东北等地。

（三）产品特点及应用

1. 钢筋焊接网的特点

（1）提高工程品质。钢筋焊接网是按照国际上通用的设计和工艺，由自动化生产线制造而成，生产过程以严格的品质管理，网格尺寸、钢筋规格等品质要求可得到有效控制，不会有工地人员绑扎遗漏、绑扎错误或偷工减料的情形发生，网片刚度大、弹性好、浇灌混凝土时，钢筋不易局部弯折，混凝土保护层厚度易于控制，而且均匀，因而明显提高工程品质。

（2）具备先进性。钢筋工程的现场工作，大部分转到专业化工厂进行，替代人工绑扎钢筋，有利于提高建筑工业化水平，符合中国建筑业的发展方向。

（3）提高抗裂能力。钢筋焊接网的制造以电流使其纵横钢筋交叉点焊接到一起，整片网间隔尺寸整齐均一，其应力传递均匀，荷载可均匀传布于整个混凝土结构之上，可防止裂缝的发生。另外，焊接网的受力筋和分布筋可采用较小直径，配之以较密的钢筋间距，此外纵筋和横筋成网状结构，共同起黏结锚固作用，有利于防止混凝土裂缝产生和发展。依实际试验结果，道路铺设钢筋网比不铺钢筋网，能够减少 75%以上裂缝发生。

（4）提高施工效率。使用钢筋网可省去现场绑扎等时间，平均每吨钢筋可以节省 16 个工时。举例来说：以每平方米配置 10 千克钢筋量的混凝土加强结构而言，传统钢筋所需的工时每个人每一吨需要 22 小时，而使用钢网只需 6 小时，整体而言钢筋网可以节省 1/2 到 3/4 的工时。这有利于后续混凝土施工等安排，缩短施工工期，因工期缩短而节省的各种费用更大，同时节省大量的加工场地，有利于文明施工和环境保护，综合经济效益较好。

（5）焊接网具有较好的综合经济效益。CRB550 焊网抗拉强度提高到 550 兆帕以上，设计强度 400 兆帕，结合绑丝减少、现场加工损耗，综合节省钢筋用量 5%~8%，综合降低钢筋工程造价 10%左右。

2. 钢筋焊接网相关标准

（1）国家标准：GB/T 1499.3—2022《钢筋混凝土用钢　第 3 部分：钢筋焊接网》。

（2）行业标准：JGJ 114—2014《钢筋焊接网混凝土结构技术规程》。

（3）国家标准：GB/T 41748—2022《钢筋焊接质量评价方案》。

（4）产品图集：17G309《钢筋焊接网混凝土结构构造详图》。

3. 钢筋焊接网的应用范围

钢筋焊接网适用于工业与民用建筑房屋、市政工程、公路桥梁、高速公路、高速铁路、港口、码头、机场、水利设施、电力坝基、边坡加固、地下管廊、隧道、工业厂房地面、加工配送厂地面等。

钢筋焊接网应用领域案例：

（1）高速铁路：京沈高铁、郑阜高铁、赣深高铁、商合杭高铁、成贵高铁等。

（2）高速公路：太行山高速、延崇高速、呼和浩特绕城高速、大兴机场高速等。

（3）商业建筑：北京鸟巢水立方、中央电视台、雄安新区城市管廊、澳港弯华堂 1 号、富士胶片制造（深圳）、浙江三澳、广西防城港、蜂巢能源工厂、五粮液酿酒车间、建鼎电子厂房等。

（4）公路桥梁：铜陵长江公铁大桥、嘉陵江大桥、东明黄河大桥等。

（5）矿山项目：姑山矿、白象山矿等。

钢筋焊接网应用领域案例如图 2-1-7~图 2-1-16 所示。

图 2-1-7　高铁焊网铺装

图 2-1-8　高速桥面焊网铺装

图 2-1-9 商建大厦楼层板焊网铺装（一）

图 2-1-10 商建大厦楼层板焊网铺装（二）

图 2-1-11 商建大厦剪力墙焊网铺装

图 2-1-12 商建大厦焊网吊装

图 2-1-13 体育场看台焊网铺装

图 2-1-14 污水处理厂焊网铺装

图 2-1-15 电缆沟地面焊网铺装

图 2-1-16 厂房地面焊网铺装

第二章 钢 丝

第一节 钢丝生产及发展历程

一、概述

（一）产品定义

钢丝是以钢铁盘条作原料的深加工产品，是线材延伸的高附加值产品，其产品品种规格繁多、生产工序多及工艺流程长，综合性能指标要求较严，技术含量较高，主要通过表面处理、拉拔、热处理（或稳定化处理）、涂镀层等工序，得到高性能的钢丝类产品。其广泛应用于矿山、冶金、高层建筑、海洋工程、桥梁隧道（斜拉桥与悬索桥）、汽车、大型水利工程、大型体育场馆、光伏工程、船舶制造、钢结构工程、高铁及航天航空等领域。

（二）产品分类及应用

钢丝是包含许多品种的非标准术语。包括低碳钢、中碳钢、高碳钢、合金钢及不锈钢，常规截面为圆形，还有方形、六角形、矩形、梯形、Z 形、椭圆形等异型截面（扁丝为一种特殊类型，一般不归入异型钢丝）。钢丝产品形态包括直条、盘卷及工字轮（轴）装卷等。

钢丝可从不同维度做分类，如材质、用途、状态、截面形状、截面尺寸、加工方式、热处理方式、抗拉强度等。国家标准 GB/T 341—2008《钢丝分类及术语》中有详细的标准分类。本书中钢丝分类按金属制品行业惯例依据用途来分类介绍。

二、钢丝生产技术

钢丝生产是钢材冷加工中最典型的，也是最为复杂的生产。它是以热轧线材为原料，经过表面准备、拉拔、热处理、镀或涂层等四大主要工序加工而成。按照成品钢丝不同的需要，对钢丝表面要求较高的还需对线材做扒皮或磨光等辅助工序。

（一）表面准备

线材表面准备的目的是去除氧化皮和涂覆润滑载体。金属氧化铁皮的存在会造成钢丝表面缺陷和磨具过早损坏，甚至会堵塞模具的膜孔，致使拉丝模断裂、报废。去除氧化铁皮的方法有机械法和化学法两种，也有把两种方法结合使用的。

1. 除氧化皮

A 间歇式酸洗工艺

去除氧化铁皮的化学法就是采用酸洗去除线材表面的氧化铁皮。所谓酸洗就是把成捆的线材，全部浸入酸溶液中。当成捆的线材浸入酸液中，线材表面的氧化铁皮就与酸接触而起化学反应。同时酸液也通过氧化铁皮的裂缝和孔隙而与其中的所有氧化物及铁基体接触而起反应。如氧化铁皮包括氧化铁、三氧化二铁、四氧化三铁以及铁，与盐酸进行化学反应，生成二氯化铁、三氯化铁、水和微量氢气，达到除去氧化铁皮的功效。由于该酸洗方法是将成捆的线材浸入酸槽中，酸洗的效率提高，要靠增加盐酸的浓度、要靠提高酸液的温度、要靠不断地扰动，这些手段都会增加酸的消耗、增加酸雾的产生、增加能源的消耗，增大环境污染。随着技术进步，已研发出在线封闭式酸洗工艺。

B 在线机械去锈工艺

一是液压矫直机。思路来自钢筋矫直机。第一代矫直机由 n 组定轮与 $n-1$ 组动轮上下、左右弯折盘条使氧化皮崩裂、松散、破碎脱离盘条母体。经过实验测定液压矫直机对氧化皮的去除率可以达到93%~97%，差别与来自不同钢厂生产的盘条表面氧化皮厚度与致密程度有关。

二是弯曲剥壳机。由于矫直机不能百分之百地去除致密性、附着性强的氧化皮，开发出弯曲剥壳机，其能对盘条从0°~120°进行S形不同程度弯曲，使坚实的氧化皮剥离盘条母体。

三是刷毛除锈机。开发出钢丝刷毛除锈机，通过四组可调整与盘条间隙的钢丝毛刷，刷掉盘条表面难以去除的残余氧化皮及由于盘条存放期间产生的二次锈迹。刷毛机刷掉的氧化皮颗粒细微，形成扬尘，为此增加一套布袋除尘装置。

四是砂带除锈机。利用砂带表面磨削砂粒的磨削原理将钢丝表面的氧化皮磨削去除。

对于不同钢厂盘条及不同要求，以上设备组合使用，以取得最佳的除锈效果及最佳经济效益指标，最常用的是机械除锈后跟一个轻酸洗，既降低完全酸洗的酸用量，又能提高机械除锈的效果。

C 超声波清洗工艺

超声波清洗机由上清洗槽及下沉淀槽组成，上清洗槽带超声波清洗设备，下沉淀槽内清洗水循环利用，不外排，定期捞取沉淀物回收。

超声波清洗原理是将超声波导体放在清洗槽两侧或底部，使用超声波发生器产生超声波，从而向清洗槽内溶液发射超声波并由溶液将超声波传导至钢丝；以溶液中溶解的气体为核心，产生无核气泡，声波每振动一次，气泡随之产生膨胀、爆破的过程，瞬间在溶液内将以很大的力相互撞击，当这种撞击和爆破的过程产生于钢丝基体表面和表面附着物之间时，会将其从钢丝基体上剥离。当超声波用于清洗氧化皮时，一般需在清洗水内添加有机酸或磷酸以提高其去除氧化皮的能力。由于氧化皮与酸发生反应后产生疏松，会迅速被超声波清除掉。如果超声波作用于清除线材、钢丝表面的固体污物、附着物时会添加不同的添加剂如清洗剂。国内一些企业已将超声波清洗技术应用在热处理—磷化、热镀锌等连续作业生产线上。

如氧化皮清洗工艺：放线→明火加热→铅淬火→超声波清洗→热水洗→磷化→热水洗→烘干→收线。

如润滑剂清洗工艺：放线→超声波清洗→热水洗→涂助镀剂→烘干→热镀锌→收线。

D　喷丸机

喷丸主要通过高速运动的丸粒击打零件表面的氧化皮，使之破碎、疏松并掉落、剥离，产生去氧化皮的作用，又称喷砂。丸粒材质一般为钢质、铸铁等。

喷丸工艺分在线和离线两种方式。离线用于整卷盘条的氧化皮去除，目前在预应力钢丝钢绞线上应用较多，一般可在十几分钟内将整盘盘条表面的氧化皮通过喷丸去除，需要配合后续的离线水洗、大池子磷化工艺使用。在线喷丸则直接对展开成直线式的钢丝表面在圆周上间隔 120°的 3 个方向进行击打，确保丸粒能够击打钢丝整个圆周面。一般配合清洗、烘干、涂层、拉拔等工艺装备组成连续生产线。喷丸易产生微细氧化皮粉尘，需配合布袋除尘器等装置使用。

E　隧道型封闭式酸洗磷化工艺

隧道型封闭式酸洗磷化工艺流程图如图 2-2-1 所示。

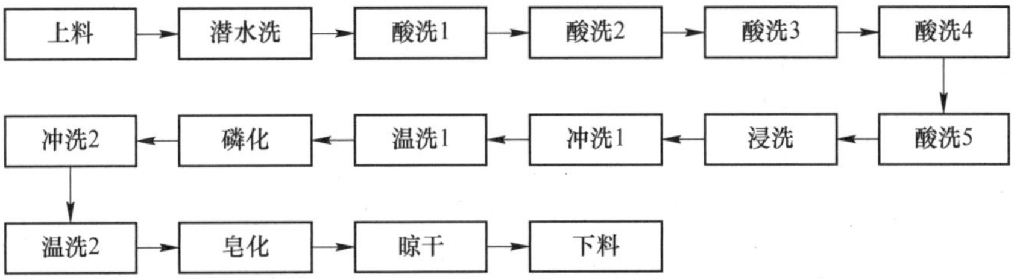

图 2-2-1　盘条酸洗磷化工艺流程图

此工艺原理是先通过潜水洗将盘条表面的污渍进行清洗；再将盘条依次浸泡在 3 ~ 5 个数量不等的独立的浓度梯度增加的酸洗槽中，酸液与盘条氧化铁皮产生化学反应，以此除去氧化铁皮，具体离子化学反应方程式如下：

$$FeO + 2H^{+} = H_2O + Fe^{2+} \tag{2-2-1}$$

$$Fe_2O_3 + 6H^{+} = 3H_2O + 2Fe^{3+} \tag{2-2-2}$$

此反应为分子级别的反应，通过控制酸洗时间、酸液浓度可达到除去氧化铁皮而不伤钢基的目的，此种方式处理后的盘条氧化铁皮去除率高、表面均匀光滑；除去氧化铁皮后对盘条进行浸洗及冲洗 1，除去表面的残酸；后将盘条浸入温洗 1，对盘条预加热；再将盘条进行中高温磷化（磷化反应见式（2-2-3）和式（2-2-4）），表面形成一层致密、均匀的黑色或灰黑色磷化膜；磷化后的盘条再进入冲洗 2，除去表面残余磷化液；再浸入温洗 2

对盘条进行第二次预加热；后将盘条浸入皂化槽池，进一步中和盘条表面残余酸性溶液，同时改善后续拉拔润滑效果；最后进行晾干及下料。

$$Fe^{2+} + 3Zn(H_2PO_4)_2 = FeZn_3(PO_4)_3 + 2H^+ + 3H_3PO_4 \quad (2\text{-}2\text{-}3)$$

$$3Zn(H_2PO_4)_2 = Zn_3(PO_4)_2 + 4H_3PO_4 \quad (2\text{-}2\text{-}4)$$

酸洗磷化后的盘条不仅具有良好的防腐效果，更主要的是在后续拉拔过程中可以作为拉丝粉的载体，便于拉丝粉附着在盘条表面，有助于润滑，提高拉丝速度，对钢丝进行保护，并且拉拔后的钢丝表面还会留有1.5~2.5克/米^{2}的磷化膜，此层磷化膜能在后续的加工或使用过程中对钢丝或绞线具有一定的防腐作用。

使用隧道型封闭式酸洗磷化自动生产线进行盘条的表面处理，如图2-2-2所示。该生产线为封闭式生产线，有酸雾吸收/回收装置，通过电脑进行控制，具有工艺稳定性好、生产效率高、对环境污染小等优点，生产出来的磷化盘条质量完全满足拉拔的需要。

图2-2-2 盘条酸洗磷化生产线

2. 涂覆润滑载体

润滑涂层是指线材或钢丝表面经过处理或化学作用，在其表面附上一层涂层，其作用是钢丝在拉拔时，涂层可黏附润滑剂载入拉丝模内。该涂层也称载体，是线材经过酸洗、水洗后进行表面准备的最后一道工序。

润滑载体也是确保钢丝顺利拉拔和钢丝质量的基础条件，尤其是多道次拉拔，必须要有良好的润滑载体。润滑涂层在非金属涂层方面，有物理方法和化学方法两类。物理方法包括石灰涂层、硼砂涂层、水玻璃涂层，化学方法包括磷酸盐涂层、草酸盐涂层、黄化涂层。国内外比较通用的是磷化膜涂覆后加上皂液、石灰或硼砂液浸渍后烘干等方法。

A 磷化膜涂覆

磷酸盐处理又称为磷化，是把线材浸入特定成分的磷酸盐溶液中，经过一定时间在线材表面得到一层不溶性的磷酸盐膜，此过程称之磷化。根据不同厂家、不同产品的不同要求，磷化层的厚度不同，分别有厚磷化层和薄磷化层。

磷酸盐处理液分为锌系、锰系、钙系及复合系。目前采用最多、最有代表性的磷酸锌系处理液，它是以内含磷酸二锌、硝酸锌、磷酸为主剂的弱酸性溶液。磷化液中掺入杂质会影响磷化膜的形成，抗腐蚀性能也有所降低，其中混入硫酸根、盐酸根时影响最大。磷酸盐溶液中硫酸含量不能超过 3 克/升，盐酸含量不能超过 5 克/升。因此，在磷化时，把线材从酸池中吊入磷化槽前，必须将残留酸冲洗干净。

B 硼砂膜涂覆

线材经过酸洗后，浸涂一定浓度的硼砂溶液，使线材表面获得一定厚度的硼砂层，成为硼砂涂层。硼砂涂层作为润滑载体适宜高速拉拔。

硼砂与线材黏着性好、不易剥落，并且硼砂溶液呈碱性，可以与线材表面残留的酸发生中和反应，起到一定程度的防锈作用。硼砂资源丰富，成本低廉。硼砂在常温水中溶解度大，在拉拔、涂层线材时、搬运过程中，无灰尘飞扬，方便管理，不会造成环境污染。但是硼砂吸潮性强，几乎无法自然存放，通常必须设有专门的干燥设施。硼砂与磷酸盐一样属于无机盐类，因此，用于半成品拉拔会造成以后热处理上堵塞马弗炉孔及挂铅的弊端。

C 黄化-石灰膜涂覆

黄化是一种润滑载体，适用于线材及半成品钢丝的拉拔。常用于拉拔后需要镀层处理的钢丝。

将酸洗处理好的线材，经过水洗后放入锈化池中，喷以雾水。保持一定时间，由于空气中的氧和线材表面残余酸的电化腐蚀作用，使线材表面生成一层黄绿色的氢氧化亚铁薄膜，时间长一些会转化成氢氧化铁膜。由于这种薄膜不致密，有许多小针孔，因此它可以黏附润滑剂，作为润滑载体，并且自身也可以起润滑作用。

黄化处理时，线材在锈化池中的时间根据线材直径大小而定，夏季停留时间为 3~5 分钟，冬季停留时间为 8~10 分钟。铅浴淬火或拉拔总压缩率大的线材，线材在锈化池中停留时间要长一些。

黄化处理时，必须保持线材的湿润，切忌“干锈”否则润滑效果反而降低。黄化处理往往与石灰涂层合并使用，即先经过黄化处理后再涂石灰。

（二）钢丝拉拔

经表面准备后的线材，通过轧尖机，将端部轧细，继而通过比线材直径小的硬质合金模具，在拉丝机拉拔力和模壁压力的作用下，在模孔中进行塑性变形，从而获得与模孔断面形状相同的钢丝。

为保证钢丝的性能和拉丝工序的顺利进行，必须要有相应的拉丝机、润滑剂、冷却条件、模具、对焊机等和熟练的操作技能相配合。由于钢丝种类繁多，这就要根据钢丝的不同要求，合理选择拉拔道次和防止各种拉丝缺陷，以保证钢丝质量。

钢丝拉拔过程是金属材料的“加工硬化”过程，除“形变硬化”与形变量有关外，还存在着“实效硬化”现象，它主要与冷却有关。因而冷却、润滑、模具被称为拉丝过程的三大要素。

1. 拉丝模具

拉丝模是由模芯和模套两部分组成。模芯多是由硬质合金制成，由于它虽有很高的硬度和抗压强度，但是其抗拉强度和抗冲击性能差，脆性较大。为了使模芯在工作中不易破碎，必须在模芯工作前施一定的预应压力，以抵消工作时所受的张应力，所以在模芯外镶一模套，两者之间采用过盈配合，使模套给模芯预加一定的压应力。模套一般采用中碳钢、碳素工具钢制成，或用高碳铁粉压制制成。

目前拉丝模孔型结构主要有曲线型和直线型。

A 曲线型拉丝模具

日前有些拉丝厂家采用曲线型拉丝模。入口锥，它使线材顺利进入工作锥；润滑锥，其作用是积蓄润滑剂，在线材前进时，该锥体有一定的油契作用，使线材表面形成致密的均匀的润滑膜，并压入工作锥。工作锥是线材生产塑性变形的区域；工作锥角度过小，则线材与模壁接触面积大，增大了摩擦阻力，使拉拔力增大；若工作锥过大，一方面在同一拉拔速度下，使变形程度大，金属晶格严重扭曲，造成线材力学性能下降，另一方面造成模壁正压力过大，于是产生摩擦，过热而恶化润滑条件。工作锥度选取原则，含碳量高或较硬的线材，取值较小，反之取值较大。定径带要求为圆形直筒、无锥度，目的是控制线材尺寸和表面粗糙度，补偿工作锥末端的磨损，控制出线时线材的尺寸稳定性，不至于发生摇晃振动和竹节变形。定径带过长，会使摩擦力增大，温度升高，影响模具寿命；定径带过短，则拉丝模使用寿命不长。低碳或较柔软的线材，定径带可选择较短；中高碳线材即较硬的线材，定径带可选择较长。湿式润滑拉拔较干式润滑拉拔定径带要短些。出口锥，开口为圆锥形，便于散热，保护定径带不致破裂，线材出线时不被拉伤。

此种孔型结构工艺成熟、操作比较简单、设备制造费用较低，但是此种类型拉丝模使用寿命不长。

B 直线型拉丝模具

西方发达国家及国内一些厂家多采用直线型拉丝模。拉丝模孔型各部分的剖面线必须是直线，模具各部分的交接部分为一明显夹角的交界面，取消润滑锥，润滑膜的建立引向入口锥和工作锥，并且加长工作锥高度，运用更小角度的工作锥，上半部分采用“契角效应”原理，在线材表面形成更致密的润滑膜，以利于高速拉拔。定径带呈直线圆筒状，角度为零。它具有模具使用寿命长、拉拔速度快等优点。

2. 拉丝润滑

在拉拔过程中，线材表面与模壁之间会产生摩擦，为了减少或降低摩擦，要使用润滑剂。影响润滑效果的因素不仅包括润滑剂本身的性能，而且还有线材的变形程度、线材的变形速度、线材的材质、拉拔温度、线材表面的涂层、模具的质量等外界因素。其中最主要的是润滑剂本身的性能和表面涂层。润滑剂质量不好、线材变形程度大、变形速度快、表面涂层差、冷却差等因素都会造成拉拔温度升高、润滑剂失效。

润滑分为湿式润滑和干式润滑。湿式润滑即采用液体润滑剂，如皂液、油脂、乳化液等；干式即采用固体润滑剂，如拉丝粉、肥皂粉、石墨、二硫化钼、滑石粉等。润滑状态分为边界润滑、流体润滑和混合润滑。

边界润滑，是润滑剂没有形成完整的流体膜，摩擦时表面之间普遍地处于固体摩擦状态，润滑膜厚度仅为0.1微米，对于硬脂酸类的润滑介质，其分子中极性基因与线材接触时，吸附在线材表面上，分子中的非极性基因取向排列形成边界相，起着润滑的作用。

流体润滑的特征是在线材与模孔的接触面之间加注流体润滑剂，将两者之间由一层厚度在2~5毫米的润滑膜完全分开，该膜似流体一样，其连续而不间断，润滑效果相当显著。

混合润滑，当流体润滑膜的厚度不足以把摩擦时的表面完全分隔，局部有断续的摩擦时，称为混合式润滑。它常用于干式拉丝。

在生产过程中，为了提高润滑效果，常使用压力模，又称装配模和旋转模。压力模它的结构特点是润滑剂进入模孔前，先通过加压管，在管内线材与管壁间隙为0.15~0.20毫米，在线速度100~300米/分时，对润滑剂产生巨大压力，从而加大润滑膜的厚度，减少边界混合式润滑，增加流体润滑，从而较少摩擦。

对于液体润滑剂可采用液体压力润滑，由于液体润滑剂可循环使用，故有降温冷却的作用，其方式与压力嘴式拉丝模相似。

旋转模的特点是通过电机将模具旋转，一是可起到搅拌润滑剂，增加吸附性和润滑剂的散热降温，二是减少模具的摩擦，提高模具的使用寿命，提高线材表面质量。

（三）钢丝拉拔生产工艺技术

线材拉拔生产前要制定拉拔工艺，拉拔工艺的制定包括拉拔路线和确定拉拔次数。在拉拔过程中，线材截面逐道减少的顺序和各道模孔直径的大小称为拉拔路线。从线材到成品钢丝整个拉丝过程中，经过热处理、表面处理，到拉拔的总的次数称为拉拔次数，它取决于线材直径大小和成品钢丝尺寸，截面复杂程度，以及其他有关的拉拔条件。

1. 拉拔参数的确定

成品钢丝拉拔的总压缩率确定，应根据它所需要的力学性能来选取。通常都要求钢丝具有较高的综合力学性能，既有足够的强度，又要有一定的韧性，而对不同含碳量的线材，其最佳韧性在某一总压缩率条件下所对应的强度也是不同的。因此，从理论上讲，应根据不同强度来选取钢种。但在实际生产中，由于钢种过多，给生产管理带来了挑战，并且在同样钢种的化学成分范围内，也可能有不同的选择。此外，被拉拔线材直径的不同，压缩率的选择也有所不同。

总压缩率超过一定数值后，会使钢丝韧性急剧下降，达不到产品标准要求，因此总压缩率的选择既是钢丝强度达到要求，又得到较高的韧性前提下，是中间热处理次数最少，工艺循环周期最短。

在总的压缩率既定的前提下，为提高生产率、缩短生产周期，力求采用大的部分压缩率，在采用固定速比的拉丝机生产，部分压缩率往往又被设备条件所限制。因此，在实际生产中，对于低碳线材根据理论计算的部分压缩率，一次可能的最大值为45%~47%，但实际生产中很少采用高于40%的压缩率。

为了确保韧性，必须根据工艺条件如水冷、润滑等条件，采用多道次较小的部分压缩率，这是由于较小的压缩率，如采用13%~15%的拉拔，可以使钢丝的索氏体内渗碳体片能进行塑性弯曲及沿钢丝轴向旋转，直到90%时仍可保证原索氏体形态沿拉拔方向伸长而不会破裂，若较高的部分压缩率，如30%进行拉拔时，一开始就可能在钢丝内部观察到渗碳片的破碎，导致钢丝产生脆性，这是造成钢丝扭裂的原因之一。

部分压缩率的分配原则，从有利于线材拉拔中的润滑及成品钢丝表面质量出发，目前普遍采用第一道和最后一道的拉拔选取较小的部分压缩率，第二道或第三道选取最大压缩率，随后平稳或逐道减少的分配原则。这种分配方式对钢丝韧性有利，特别是在扭转试验时，由于表面质量好，易于获得平整断口。对于成品钢丝的力学性能要求不高的，部分压缩率的分配可根据具体情况做适当调整，但一般仍遵循上述分配原则。

总之，部分压缩率也要在保证钢丝韧性前提下，按钢丝品种适当选择。其中对力学性能要求不高的低碳线材，最大部分压缩率可以在35%~40%；对于制绳等高碳线材，最大部分压缩率在25%~26%；而对于表面扭裂要求较高的碳素弹簧线材，最大部分压缩率在19%~23%。

前面介绍了拉拔工艺制定的原则，以及各类型拉拔路线的制定方法。在实际生产中，如何确定拉拔次数，又怎样结合现场设备、工艺条件进行拉拔路线的计算，使产品达到所要求的技术性能？下面举例说明。

选用70号钢、直径6.5毫米热轧线材，生产1.0毫米的制绳钢丝，钢丝强度1670兆帕。

一是确定总压缩率，根据冷拉钢丝强度计算总压缩率为75%，计算铅淬火原料直径为2.0毫米，计算拉拔次数。制定工艺过程：

6.5毫米线材→表面处理→第一次拉拔→4.0毫米钢丝压缩62%；

4.0毫米正火→表面处理→第二次拉拔→2.0毫米钢丝压缩75%；

2.0毫米淬火→表面处理→第三次拉拔→1.0毫米钢丝压缩75%；

1.0毫米钢丝→成品。

二是制定半成品拉拔路线。

（1）6.50毫米线材到4.00毫米钢丝的拉拔线路。经过计算为：6.50毫米→5.65毫米→4.96毫米→4.43毫米→4.00毫米。

（2）4.00毫米钢丝到2.00毫米钢丝的拉拔线路。经过计算为：4.00毫米→3.43毫米→2.85毫米→2.38毫米→2.00毫米。

（3）2.00毫米钢丝到1.00毫米钢丝的拉拔线路。经过计算为：2.00毫米→1.85毫米→1.63毫米→1.42毫米→1.25毫米→1.12毫米→1.00毫米。

由于线材特别是高速线材在生产过程中，采用了控制冷却和线材表面处理新工艺，线材的表面质量、内部组织、力学性能、尺寸公差等综合性能，较普通线材有很大的改善，其承受深加工的变形程度和拉拔后钢丝的力学性能均有较大提高。有的生产厂家用线材直接拉拔生产成品钢丝。因此，我们在设计具体生产工艺时，应充分利用高速线材的优势和潜力，合理地确定总压缩率、部分压缩率，在保证产品质量的前提下，尽可能减少工艺循环次数，提高生产效率，降低生产成本。

2. 先镀后拉拔

某些品种的钢丝，如航空钢丝绳用钢丝、轮胎钢丝、钢帘线钢丝、高压胶管钢丝、镀锌绳用钢丝等，要求在成品钢丝拉拔前，用电镀或热镀方法在其表面上镀上一层锌或铜，或者说，在钢丝表面已经镀上一层锌或铜后，再拉拔的工艺，称为先镀后拔的钢丝生产工艺。

采用先镀后拔的工艺，能获得既带有光亮、又能防腐的钢丝表面，同时获得具有良好的力学性能的钢丝。因为，若成品钢丝采用先拉后镀，特别是镀锌，则钢丝的抗拉强度损失较多，大约下降12%，扭转和弯曲下降得更多，为25%~35%。导致成品钢丝达不到性能要求。

采用先镀后拔的工艺，能获得牢固而光滑的镀层钢丝。这种镀层既可作为润滑载体，增加拉拔中润滑性能，又可满足产品对表面的要求。

采用先镀后拔的工艺，可有利于热处理后直接与镀锌、镀铜工序组成连续作业线，缩短生产周期、降低劳动强度，提高生产效率。

但是由于是两种金属同时在被拉拔，容易产生质量问题。一是两种金属变形量不同，造成锌层不均匀；二是拉拔前钢丝强度越高，两种金属差距越大，增加锌层剥落的可能性；三是拉丝模变形区角度增大，加大了不均匀变形，不利于锌层顺利通过。

3. 多道次连续拉拔

连续式拉丝机是线材或钢丝在拉拔过程中连续拉拔多道。即线材或钢丝要经过几个模具连续进行拉拔，这样的设备称连续式拉丝机，简称连拉机。按照线材或钢丝拉拔速度和相应卷筒线速度的关系，连拉机可分为无滑动连拉机和滑动连拉机两种。

无滑动连拉机，线材或钢丝的拉拔速度与相应的卷筒的线速度相等，即拉拔过程中，线材或钢丝与卷筒之间无相对滑动，如滑轮式、活套式、直进-积线式等。

滑动连拉机，线材或钢丝的拉拔速度与相应的卷筒的线速度不相等，即拉拔过程中，线材或钢丝与卷筒之间有相对滑动，如水箱拉丝机。

在连拉机上进行生产，线材或钢丝在拉拔过程中，每一道次拉拔通过模具的金属材料的秒流量应该相等。配模计算就是根据各种连拉机特点，确定线材或钢丝直径逐道减小的数值。

（四）钢丝热处理

钢丝热处理的主要目的有两个，一是满足钢丝加工性能的需要；二是为满足钢丝最终性能的热处理，包括成品钢丝的工艺性能和最终理化性能的要求。

1. 热处理分类

根据钢丝的用途和品种，以及对钢丝的物理性能和力学性能的不同要求，碳素钢丝的热处理分为以下几种。

A 正火处理

将线材或钢丝加热到A_{c3}或A_{cm}以上一定的温度，保温一段时间，随后在空气中进行冷却，以获得珠光体组织的热处理方式，称为正火处理。

正火处理往往作为碳素钢丝的中间处理过程，而不作为钢丝拉制的成品处理，即为拉制半成品钢丝而进行的处理，主要目的在于软化钢丝。

B 等温淬火处理

将线材或钢丝加热到A_{c3}或A_{cm}以上的温度，保温一段时间，随后在熔融的铅、盐、碱、沸水或沸腾粒子等恒温介质中进行冷却转变，以获得索氏体组织的热处理方式称为等温淬火处理，又称索氏体化处理。由于目前国内大多数厂家，冷却介质仍采用熔融的铅，所有工厂中习惯称为铅淬火。也有用熔盐、沸水作为淬火介质的，俗称盐淬火或沸水淬火。

在生产高碳钢丝时，一般采用索氏体化处理作为拉拔成品钢丝，如轮胎钢丝、碳素弹簧钢丝、重要用途钢丝绳用钢丝等采用铅淬火。

C 退火处理

退火处理的目的，一是消除热轧线材中的组织缺陷，包括非平衡组织、粗大晶粒等，促使力学性能均匀；二是消除由拉拔过程引起的硬化和脆性，提高其塑性和韧性，以利于加工过程继续进行；三是保证成品钢丝获得所需要的力学性能和金相组织。退火是作为软化钢丝的一种有效手段，通常可分为球化退火、再结晶退火等。

D 回火处理

将线材或钢丝加热到A_{c1}以下某一温度，保温一定时间，然后以一定的冷却速度冷却到室温的处理，称为回火处理。

钢丝回火处理，是将冷拉后钢丝加热到250~370 ℃，其中预应力钢丝是拉拔后回火，通常用铅浴加热，铅浴温度400~450 ℃，保温短时间冷却。

回火处理的目的，消除不均匀残余应力，使钢丝的抗拉强度、屈服极限和伸长率增加，并增大其抗蠕变性能。

钢丝的回火分为下列三种：

（1）低温回火。回火温度为150~250 ℃。这是对于经淬火后要求保持高硬度、高强度好耐磨性的工件或钢丝所采用的。

（2）中温回火。回火温度 350～650 ℃。这是为保证高的屈服强度和一定的韧性，得到回火屈氏体。

（3）高温回火。回火温度为 500～650 ℃。高温回火得到回火索氏体。高温回火几乎完全消除淬火应力，并使钢丝可得到高强度和高韧性最良好配合的力学性能。

应当指出，碳素钢丝在回火时，钢丝的韧性并不总是随着回火温度升高而增加。若淬火钢丝在 230～370 ℃范围内回火时，往往冲击韧性值远低于 230 ℃回火的韧性，这一现象称为第一类回火脆性（以区别于某些合金钢丝在 500～600 ℃回火时产生的第二类回火脆性）。引起韧性降低的原因，一是与残余奥氏体向马氏体转变有关；二是与碳化物从马氏体析出有关。因此，在实际应用中，淬火的钢丝应避免在上述温度范围内回火，以免降低钢丝的韧性。

E 调质处理

淬火+高温回火称为调质处理。即钢丝加热到 A_{c3} 或 A_{cm} 以上适当的温度，在淬火介质中（钢丝一般用油）急冷，然后在熔盐或熔铅以及其他中性介质中加热到低于 A_{c_1} 以下的某一温度进行回火。因调质处理采用油作为淬火介质，故工厂中常称为油淬火。

调质处理采用的回火温度较高（400～500 ℃），以便获得回火索氏体组织。故具有较高的强度、弹性和良好的韧性、耐疲劳性能。调质处理常作为成品钢丝的最终热处理，它广泛应用于各种弹簧钢丝，如发动机阀门簧、压缩机气阀弹簧、汽车离合器和油嘴弹簧，以及纺织用弹性针布钢丝的最终热处理上。

经过这一热处理的成品钢丝，在高的抗拉强度下具有良好的弹性、平直性、韧性和耐疲劳性能，并且金相组织和物理性能稳定，承受的工作温度也优于冷拔钢丝。

2. 钢丝热处理炉

A 马弗炉加热

奥氏体连续加热炉，通常采用装有马弗孔砖的加热炉。钢丝受热是通过马弗孔砖的传热获得的间接加热，因此，这类加热炉的热效率很低、加热速度慢，但操作简单。另一种是不用马弗孔砖的明火加热设备。钢丝直接靠炉膛及火焰的辐射和对流传热。它与马弗炉相比，具有热效率高、加热速度快、炉内气氛可控、补炉切炉费用低等优点，已经有逐步替代马弗炉的趋势。

B 沸腾粒子炉

沸腾粒子炉（沸腾床或流化床）的基本原理是依靠一定速度的气流，使固体颗粒层流态化。例如，在一隔热容器中装入一定直径的细小锆砂、刚玉或石英砂等固体颗粒，再从容器底部可透气的绝热板的细孔中通过适当的气流，这时固体颗粒被气流翻起，全部处于悬浮的运动状态，形成一个固体颗粒呈悬浮运动的空间，如同液体沸腾。当底部通入煤气和空气混合气体时，燃烧的煤气使流化的粒子层具有一定的温度，流态层就可以供热处理的钢丝加热或者作为冷却介质。

C　感应加热处理

感应加热处理的原理是将工件放入空心铜管绕制的感应器中，然后向感应器通入一定频率的交流电，以产生交变磁场，于是工件内就会产生频率相同的感应电流，使工件迅速加热到要求的温度。电流频率分为工频（50 赫兹）、中频（500~1000 赫兹）、高频（10^5~10^6 赫兹），制品行业多数使用中频感应加热。

（五）钢丝镀层

钢丝及其制品在生产、运输、储存和使用过程中，处处都易遭受腐蚀，加上其断面较小，因而增大了与周围介质接触的表面积，故腐蚀对它们的危害就显得更为突出。钢丝镀涂层的主要目的是提高钢丝的防腐性能和某些特殊性能的要求。金属覆盖在钢丝上称为“镀”。非金属覆盖称为“涂”。常用的金属镀层方法有三种：热浸镀、电镀和化学镀。非金属涂层包括塑料、环氧树脂等一般都用熔涂或静电喷涂，是新近发展的涂层。

1. 钢丝热镀锌

钢丝热镀锌，分为低碳钢丝镀锌和中、高碳钢丝镀锌。上述两类钢丝镀锌其工艺稍有不同，如图 2-2-3 所示。

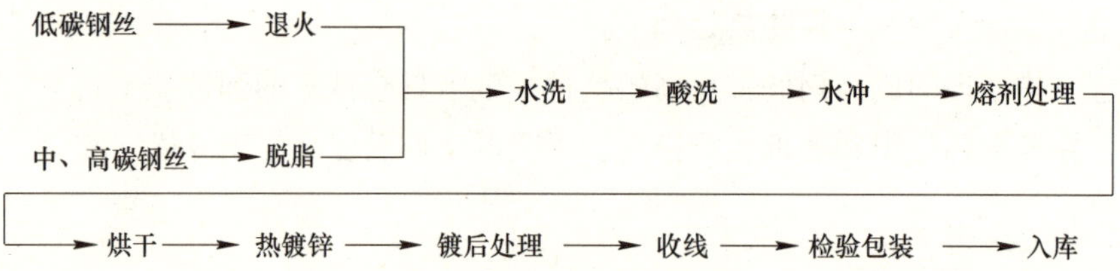

图 2-2-3　钢丝镀锌工艺

低碳钢丝镀锌前要进行退火，以消除拉拔时产生的加工硬化现象，保证产品的加工性能和低电阻系数等性能。

中、高碳钢丝镀锌前，首先应进行脱脂处理，因钢丝拉拔后，表面不可避免地会沾有油污、皂粉等残余润滑剂以及由于存放不当产生的锈斑。这些沾在一起，并紧紧地包在钢丝表面，单靠酸洗是难以洗净的。故中、高碳钢丝在镀锌前必须进行脱脂处理，钢丝的脱脂处理常采用化学脱脂、电化学脱脂、低温加热烧除等。

低碳钢丝自退火炉中出炉后，自然冷却到 300~500 ℃，然后进入水槽，使钢丝表面一部分氧化铁皮在水中冷却时自动爆裂脱落，以减轻酸洗工作量。

中、高碳钢丝脱脂处理后，也必须用水冲洗，其目的是为了进一步除掉残留在钢丝表面的脱脂溶液，以利于酸洗工序顺利进行。

低碳及中、高碳钢丝进入酸洗是进一步除掉钢丝表面氧化铁皮与其他污物，并可活化表面。经过酸洗后的钢丝表面常沾有残酸及“黑灰”，因此尚需再次用水冲洗，以便进一步提高钢丝表面的清洁度。

镀前处理最后工序是进入锌锅前的溶剂处理即涂助镀剂，这是为了防止钢丝在进入锌锅前再次被氧化。

钢丝浸入熔融的锌液中，锌与钢丝表面进行扩散反应，生成锌-铁合金层，并随后在钢丝引出时，表面将黏附一层纯锌层。

按照镀锌钢丝用途不同或镀锌钢丝锌层厚度要求不同，钢丝从锌锅中引出方式也有所不同，分别有垂直引出方式、斜向引出方式。

为了进一步防止镀锌层在储存及运输过程中产生“白锈”，在镀锌丝出锌锅后，还要经过铬盐钝化处理。

2. 钢丝热镀铝

铝镀层具有许多锌镀层所没有的特性，因此用途正日益广泛。现在工业较发达国家镀铝钢材的产量约为镀锌钢材产量的2%。铝镀层与相同厚度的锌镀层相比，在大气暴露试验中约为锌层腐蚀量的10%；在海洋性大气条件下，约为锌镀层的20%。铝镀层对氧化性酸、氧化性盐具有一定的耐腐蚀性，对一部分有机酸也具有一定的抗腐蚀性，但是不耐强酸及强碱的腐蚀。当有氯离子存在时，也最易产生孔蚀。但是要注意，在常温下的自来水、蒸馏水中经过数小时后，铝与铁的极性会相互颠倒，即铝比铁的电位还要高，因此不能起到做阳极牺牲而保护铁的作用。可是在海水中，特别是在有氯离子根或硫酸根存在的水溶液中，此种极性颠倒的现象是不会发生的，因而铝可起到作为阳极牺牲保护钢铁的作用。

镀铝工艺与前述的镀锌工艺基本相同，但是由于铝的熔点较高，又极易氧化，因此在溶剂处理即生产操作上与镀锌还是有些区别。

在镀铝工艺中，为了防止钢丝被氧化，将钢丝在还原气氛中，如75%的氢气、25%氮气的氛围中预热，使钢丝表面氧化膜还原成纯铁，随后再通过一个充满还原气氛并插入铝池内的斜槽进入铝锅，以保证钢丝在进入铝锅前不与空气接触。这种设备规模较大，而且操作也非常不方便，因此在钢丝镀铝生产工艺中尚未被广泛使用。

采用水溶液溶剂处理法，由于操作比较简单，因此被广泛使用。使用的溶剂要易溶于水，对钢丝的洗净能力要大，且烘干后要能得到较致密的皮膜，以防止钢丝的再氧化。特别是当钢丝浸入铝锅时，要求有激烈地分解氧化铝的能力。为此多采用氯化物及氟化物的混合物，作为溶剂原料。

镀铝作业的操作温度为650~700 ℃，由于在此温度下生成脆性的铝化铁层的速度极快，因此给镀铝操作带来了很大的困难。由于镀铝操作温度较高，对钢丝的力学性能影响较大，为提高钢丝强度，必须采取先镀后拔工艺，来增高其镀后钢丝的强度。

3. 钢丝热镀锌铝合金

从20世纪90年代起，国内就有一些专家和学者致力于Galfan合金镀层（热镀锌铝合金）的研究和应用，近些年已有多家企业开始生产。热镀锌铝合金生产工艺有单浸镀和双浸镀两种。

单浸镀法工艺流程：

放线→前处理→助镀→热浸镀锌铝合金

单浸镀工艺的最大优点是工艺流程短，能耗、物耗少，锌锅内成分和镀层显微组织容易控制。但是由于锌层薄以及表面漏镀问题，到目前为止采用的不多。

双浸镀法，即先将较薄的纯锌镀层镀于钢丝表面，然后再将锌-铝合金热镀到较薄的纯锌镀层基体上。镀较薄的纯锌又可以分为电镀和热镀。

双浸镀法工艺流程：

放线→前处理→助镀→镀锌→冷却→热镀锌铝合金→冷却→收线

对钢丝来说，双浸镀工艺的优点：一是先镀锌后镀锌铝合金可避免漏镀，二是得到的镀层较厚，提高耐蚀性能。其缺点：一是工艺流程长，锌锅中成分控制较困难，二是能耗、物耗较高。

4. 钢丝电镀锌

电镀锌的过程实际就是电解的过程。即在外加直流电源的作用下，产生电解反应。阳极为金属锌板，通电后金属锌失去电子生成带正电荷的锌离子而溶解；钢丝作为阴极，通电后锌离子在钢丝表面上得到电子还原为金属锌。随着电解过程的进行，许许多多的金属锌原子在钢丝表面发生电结晶过程，使其在钢丝表面上形成锌的金属晶体，即形成锌层。

电镀锌工艺流程：

钢丝→电解碱洗→水洗→电解酸洗→水洗→电镀→水洗→烘干→收线

5. 钢丝化学镀铜及镀青铜

作为润滑涂层用或为了其他目的的化学镀铜，其工艺流程与上述的电镀工艺基本相同，但尚需在溶液中按不同比例加入硫酸锡或羽毛状锡片，使钢丝表面得到青铜镀层。控制锡的加入量，镀层可获得从白色锡到黄铜色以至于到青铜色、紫铜色。

6. 钢丝电镀铜及镀黄铜

钢丝电镀铜多为用于润滑涂层，而钢丝电镀黄铜普遍用于橡胶轮胎、高压胶管及运输带等钢帘线用高强度钢丝方面。目前广泛采用的电镀工艺有氰化法、焦磷酸电镀及热扩散等。

7. 钢丝电镀锌与热镀锌的比较

电镀锌对钢丝表面进行处理后，直接进入电镀槽；而热镀锌在进入锌锅前要进行溶剂处理。在表面准备处理中，电镀锌要求较高，因为电镀是靠钢丝作为电极进行电解反应。电镀锌生产速度较快，适于细规格钢丝。

电镀是通过外加电源，用电沉积的方式获得的锌层，铁与锌的组织均不会发生变化，因此，获得的镀层是细致的纯锌晶粒所组成。而热镀锌则是靠物理的热扩散作用形成的镀层，要形成铁锌合金层，并借此使钢丝与锌层结合。

电镀锌是靠控制电镀参数来调节锌层厚度，理论上最高上锌量可达到 1200 克/米^2，热镀锌的直引法和斜引法一般为 300 克/米^2。另外，电镀锌锌层均匀性好，可获得良好的致密性、较强的结合力。

电镀锌在室温下处理，不会生成合金层，因此除氢脆外，对钢丝力学性能无影响；而热镀锌因为要在一定温度下进行，必然会降低钢丝的力学性能，如强度、扭转、弯曲等。正是由于这个原因，高强度镀锌钢丝通常采用电镀锌工艺来生产。

电镀锌的锌损耗小，而热镀锌几乎约有一半的锌要损耗在锌渣中，损耗较大。但是电镀锌的设备较复杂、维护工作量大，从整个镀锌成本上核算，电镀锌远高于热镀锌。

（六）钢丝连续生产作业线

热处理、酸洗和涂层是钢丝生产的必要环节。前者是钢丝内在组织上为拉拔提供良好的塑性和成品获得所要求的力学性能，后者是表面上净化与涂敷润滑层，使拉拔得以顺利进行，并为提高拉丝速度创造有利条件。

国外钢丝工业较发达的国家，20 世纪 50 年代就出现了连续作业线的新工艺。我国 20 世纪 60 年代末，也实现了热处理→酸洗→涂层连续作业线。多年来实践证明这一工艺较间歇式的作业方式具有许多优点，主要体现在生产效率的提高。

连续作业线及结构。由于热处理→酸洗→涂层连续作业线，只是将热处理和酸洗两个工序有机地结合起来，因而所遵循的理论与间歇式操作仍然是一致的。

钢丝热处理连续作业线的主要炉型结构有：

（1）电接触加热→铅浴淬火→酸洗→磷化作业线；

（2）明火加热炉→铅浴淬火→酸洗→磷化作业线。

按照连续机组上的涂层性质不同，可分为连续涂硼砂、水玻璃、镀锌、镀铜等。这些作业线在国内外已经大量应用于实际生产中。

典型的连续作业线生产工艺流程：

大盘放线→加热→铅淬火→水冷却→酸洗→水冲洗→碱洗→热水冲洗→磷化→水冲洗→烘干→收线

三、发展经历

明代大百科全书《天工开物》第一次出现了中国人对拉丝的描述，书中插图有人工抽线拉拔，桌子上还有两卷铁丝。采用的模具是钻有眼的铁板，拉拔用的铁条是捶打而成的。

第二次世界大战之前的中国钢丝工业起步于鞍山、大连、天津和上海，目前光面钢丝工业大量分布在长三角和天津地区，在江西、湖南、贵州、河北、陕西、河南等省则较集中分布在少数城市，目前仅西藏自治区没有发现有此类企业。光面钢丝中需求规模最大的为冷镦钢丝，近几年的年需求都超过 1000 万吨，建筑市场所需绑扎黑铁丝需求也较大，部分被镀锌钢丝替代，特别的项目还有采用退火软态不锈钢丝做钢筋绑扎的。

1908年民族资本投资了天津铁丝铁钉厂，这应该是中国最早的现代钢丝企业。

1929年进和商会开始在大连生产铁钉，1939年开始做弹簧钢丝和焊条丝，是中国最早生产弹簧钢丝的地方。该厂曾以东北特殊钢集团股份有限公司的全资子公司大连特殊钢丝有限公司存在，归属沙钢集团后成为非独立法人工厂，产品有不锈钢丝、轴承钢丝及其他一些合金钢丝等。

1937~1938年日本人在天津投资的兴国株式会社，后来为天津钢丝绳厂，该厂应该是中国最早的钢绳厂之一，宁夏石嘴山钢丝绳厂、湘潭钢铁厂钢绳厂、贵州钢绳厂等工厂的建设都有天津钢绳厂的支援。工厂地址在天津市河西区大沽南路1001号（陈塘庄津海桥西侧海河南侧）。

1939年鞍山建成年产4000吨的日满洲制钢株式会社，是鞍钢集团钢绳厂的前身，目前生产“鞍钢牌”各类钢丝、钢丝绳产品。

1942年投资的亚细亚钢铁厂，做镀锌铁丝和钉子，是上海二钢前身，二钢曾经有丰富的产品品种，有自己的线材轧制厂，进入宝钢后关闭了热轧厂和老的制品厂，将钢绞线及油淬火钢丝的产线搬迁南通后注册为宝通，1999年在南京投资了生产冷镦钢丝的合资企业宝日，2011年宝钢在江苏海门注册成立了宝钢精密金属，2014年投资了南京宝日钢丝制品有限公司南通分公司，这几个企业以及后续加入宝钢集团的武钢江北公司，都归属于成立于2007年的宝钢金属有限公司。

20世纪40年代一个香港商人投资了天津大成五金，生产镀锌铁丝。后来该企业为国内最早开发铝包钢丝的企业，并成为中兴盛达的一部分。

1958年湘钢钢丝绳厂建成，从苏联采购了部分民主德国设备，地处湘潭市中心高新区。湖南湘钢钢丝绳有限公司和20世纪90年代建成的湖南湘辉金属制品有限公司是湘潭钢铁集团有限公司下属全资子公司，两公司合并后于2018年12月注册成为湖南湘钢金属材料科技有限公司（简称湘钢金属）。

1965年在宁夏建成五四厂，为中国最早的密封钢丝绳生产厂，1976年改为石嘴山钢铁厂，后来又更名为宁夏恒力钢丝绳股份有限公司等，1998年在上海上市（SH：600165）。

1965年在四川江油建成长城特钢，产品包括特钢钢丝等，投产于1972年，是我国重点特殊钢科研、生产基地和四川省大型骨干企业。1994年，其控股子公司（长城特殊钢股份有限公司）在深圳证券交易所上市，证券代码为000569，简称长城股份，目前属于攀钢集团。

1966年在中央“三线建设”重大战略决策下诞生，由湘钢、鞍钢和上钢二厂三方支援下建成贵州遵义八七厂，曾用名“遵义金属制品厂”和“贵州钢绳厂”，现在为全球最大的钢丝绳生产企业贵州钢绳（集团）有限责任公司，产品有巨龙牌钢丝、钢丝绳及PC钢绞线三个系列。

1968~1969年建成新余钢厂的钢丝车间及江西钢厂六分厂，生产琴钢丝、子弹用钢丝、焊条、不锈钢丝、预应力钢丝、弹簧钢丝及弹簧钢带等产品，1998年江西钢厂和新余钢铁厂合并，钢丝厂合并管理，1999年新华股份（600782）通过配股将股东拥有的钢丝厂纳入，2009年为了引进外资，新余钢铁将所有生产钢丝的三家工厂纳入新注册的新余贝佳，产品包括碳素弹簧钢丝、铝包钢丝、汽车件用低碳钢丝、筛网钢丝等，2011 年更名为贝卡尔特新余金属制品有限公司，2018 年更名为新钢金属制品有限公司，2022 年控股企业新钢集团成为宝武集团的一部分，所以钢丝制品企业纳入金属制品事业部。

1992 年比利时贝卡尔特集团投资进入中国，给中国带来了许多新产品和新技术，带动了中国钢丝工业的发展，在光面钢丝方面显著提升了新余山凤牌碳素弹簧钢丝的品质水平。

1994 年中国台湾企业投资的江阴元泰不锈钢制品有限公司，地区技术水平的提高，带动了江阴地区不锈钢丝生产的投资，后来该公司成为法尔胜旗下企业之一。

1995 年冷镦钢丝行业的代表企业晋亿实业股份有限公司在浙江嘉善注册成立，晋亿实业是在上海上市的台资企业，同时在中国台湾、广东、上海和山东有企业，属于全球较大规模的冷镦钢丝企业之一。目前浙江嘉善和海盐、河南济源及河北等地冷镦钢丝生产规模都较大。日系及德系汽车供应链中都能见到来自日本及德国的冷镦钢丝企业投资。

四、取得辉煌成就

碳素弹簧钢丝市场的变化反映了许多制造行业的繁荣程度，如果考虑低端到高端的所有品种，年需求可能接近百万吨，中国市场上采用酸洗盘条直接拉拔的“生丝”占比较高，高端需求低于 10%。中国此类钢丝的主要产地集中在江西新余、江苏江阴及南通，常规产品直径范围从 0.06 毫米到 12 毫米，满足了国内制造业 98%以上的需求。

国产化表现出色的一个品种是轴承钢丝，2018 年的一个报道中说兴澄特钢轴承钢已连续九年位列世界轴承钢产销量第一。兴澄特钢高标准轴承钢总氧含量（T[O]）能够稳定控制在 5×10^{-6}以下（国标 T[O]$\leqslant12\times10^{-6}$，国际高标准 T[O]$\leqslant6\times10^{-6}$），粒径大于 2 微米的夹杂物指数小于 1.0，这一质量指标世界领先。2022 年国内轴承钢年产量约为 350 万吨，其中兴澄特钢轴承钢产量约为 90 万吨，其中近 80%供应国际知名轴承制造商。从 2010~2022 年，兴澄特钢向世界知名轴承企业累计供应轴承钢将近 500 万吨。瑞典斯凯孚，德国舍弗勒，日本 NSK、NTN，法国 SNR 等世界知名轴承制造商都是兴澄特钢长期而稳定的战略客户。

冷轧带肋钢筋 20 世纪 80 年代末在国内开始生产，10 多年来，特别是近几年，得到迅速发展，成为建设部重点推广的新钢种。冷轧带肋钢筋的迅速发展，为焊接网的发展提供良好条件。我国焊接网产品标准已于 1995 年 12 月起实施，对于指导生产、保证产品质量具有重要的意义。使用规程也于 1998 年 2 月正式施行，对于加速推广应用起积极促进作用。早期引进了少量欧洲产设备，后来有了国产设备，钢丝用辊模高速拉拔，自动化线上完成网片的焊接，大幅度减少了建筑工程现场绑扎钢筋的需求。

钢丝行业在装备水平上不断提升，高速连续拉丝机、先进水箱机及热处理连续线得到广泛的应用，更高效的加热炉、伺服直驱拉丝机得到广泛应用，一部分产品成功应用无酸洗拉丝技术，水浴淬火在橡胶骨架材料的生产上得到了广泛的应用。近几年最大的一个变化是环保压力下关闭了大批的老式酸洗线和铅浴淬火线，大量新投资的隧道式盘条自动化酸洗线在江浙、江西、湖南、湖北、天津、山西、河南、山东等地出现，甚至有江苏能达线材制品有限公司和江西新鑫金属材料科技有限公司这种酸洗热处理服务平台先后出现。

为了解决普通磷化的磷化渣危废处理问题，开发了用于钢丝连续磷化的电解磷化工艺，可解决、部分解决常规在线磷化生产线长、速度低、磷化渣多的问题。采用直流低压、大电流电解法促进加快磷化反应，缩短磷化时间。电解法解决了磷化反应的时间问题，由初始 2~5 分钟缩短到在线 8~12 秒钟的时间。开发适合电解磷化用的磷化液，实现了在线磷化，更是极大缩短在线磷化时间，并实现高温磷化到常温磷化的转变，固废磷化废渣产生量仅为传统磷化工艺的 10%~20%甚至更低，变化量取决于盘条表面氧化皮的去除程度，带入磷化液中的氧化皮越多，磷化渣就相应地增多。

五、展望未来发展

按照目前的人口趋势、国际贸易冲突及房地产市场形势，中国碳素弹簧钢丝行业规模未来预期不会有太大的增长，甚至有可能下滑。对国内企业来说，还有机会通过提升品质替代一部分进口材料，而品质的提升需要钢厂和钢丝企业的共同努力。

由于人口老龄化，中国未来会缺少建筑工人，人工成本会不断上升，能减少人工消耗的冷轧带肋钢筋网片的应用会得到大幅度的发展。

影响钢丝行业未来发展的主要外部影响因素有：经济增速的放慢、美国政策对全球供应链的巨大影响、人口老龄化和出生率下降以及贸易政策的变化，这些因素会影响需求规模和结构，如欧盟碳足迹政策的推行，会使整个供应链的能效成为重要竞争力，远洋运输带来的碳排放增加会抑制一些贸易机会的形成。

第二节 钢 纤 维

一、概述

钢纤维是钢材料经一定工艺制成的、能随机、均匀地分布于混凝土或砂浆中短而细的纤维。按工艺类型分为 5 类：钢丝冷拉型、钢板剪切型、钢锭铣削型、钢丝削刮型和熔抽型。按形状分为平直型和异型。按成型方式分为黏结成排型和单根散装型，如图 2-2-4 和图 2-2-5 所示。

图 2-2-4 黏结成排冷拉型

图 2-2-5 单根散装钢丝冷拉型

钢纤维直接取代传统混凝土里的钢筋，减少钢材和混凝土的用量，提高混凝土抗压、抗冲击、抗裂、抗渗和耐磨性能。

钢纤维加固混凝土的概念可以追溯到公元前200年人们使用牲畜毛发或植物秸秆来加固牲畜圈舍、建造房屋。钢纤维混凝土的研究应用出现在1900年前后，首次应用于1940年，由平直型钢纤维加固机场跑道；1960年现代意义上的钢丝钢纤维问世，1970年贝卡尔特发明两端弯钩的钢纤维用于提高与混凝土的握裹力；1974年贝卡尔特发明了水溶性胶黏结成排的佳密克丝®钢丝纤维3D用于改善钢纤维的分散性；2004年贝卡尔特为佳密克丝®产品引入环保镀锌涂层；2014年贝卡尔特推出全新4D、5D产品引领着钢纤维行业的发展。

二、世界钢纤维材料现状及发展

钢纤维的发展已走过100年的历史。目前全球产量达几十万吨，很多发达国家的钢纤维都是规模化生产，采用先进的工艺和设备，这些设备具有线速度高、噪声小、体积小、操作自动化程度高等特点。黏结成排冷拉钢丝纤维因其抗拉强度高、长径比高、与混凝土有良好的握裹力、和易性好和搅拌无结团等优势成为全球用量最高的一类。

近十多年国外的钢纤维混凝土理论研究飞速发展，制定出钢纤维产品质量标准ISO 13270，发布于钢纤维相关的混凝土结构设计模型标准《Model Code 2010 for Structure》，许多国家也相继发布钢纤维混凝土设计标准，如德国、荷兰、丹麦等。钢纤维被广泛应用于工业地坪、地铁、隧道、结构构件、水泥制品和水利工程等基础设施项目上。

三、我国纤维材料现状及发展

国内钢纤维的研究和应用发展已有半个世纪，取得了较好的成就。钢纤维被用于建筑地坪、水利工程和交通隧道等领域。制定出钢纤维材料标准和各种相关的钢纤维应用标准，如产品质量标准《混凝土用钢纤维》，试验标准《纤维混凝土试验方法标准》，应用标准《纤维混凝土结构技术应用规程》《建筑地面设计规范》《钢纤维混凝土桩承地坪技术规程》等。

目前国内有100多家钢纤维生产企业，生产工艺和质量参差不齐，大部分钢纤维生产属于小规模，甚至作坊式生产，并不能达到规模生产，厂家没有严格的原材料、生产工艺、产品质量控制体系。一些钢纤维厂家以生产黏结成排钢纤维为主，但由于缺乏严格的质量控制和胶水质量问题，成排纤维的质量差，分散不均匀。当前国内只有少数钢纤维厂家获得ISO 9001质量认证、ISO 14000环境体系认证和CE一级认证，能保证稳定的生产工艺和产品质量。

四、国内外对比

当前国内的钢纤维混凝土设计方法还停留在十多年前的水平，理论计算采用影响系数而受限于试验样本，影响系数不能完全科学地反映钢纤维的增强性能，所以设计的结果不是偏保守就是偏不安全，阻碍了钢纤维混凝土在很多领域的应用。大部分厂家的原材料质量不稳定，生产工艺落后，设备简单，仍停留在小作坊阶段，对钢纤维和钢纤维混凝土强度缺乏检验检测手段。目前看，无论是理论研究还是生产水平都落后于发达国家，需要投入资源快步地赶上并超越发达国家水平。

五、未来发展趋势

钢纤维作为一个节能环保的产品在未来有着巨大的发展潜力。在中国，钢纤维地坪面积占总工业地坪面积约4%，所以未来发展空间很大。此外，机场建设、核电设施等领域也将成为新的应用领域。国外钢纤维的应用领域除了地坪、铺面、隧道，正向着越来越多的建筑结构领域进发，如楼板结构、抗震结构、钢纤维混凝土3D打印构件等。钢筋加钢纤维的混合应用能成倍地提高混凝土性能，这也将是今后研究与应用的方向。

六、发展目标

为加快钢纤维在国内的应用发展，需要升级小作坊的生产方式，通过规模化生产来提高生产质量，保证稳定的钢纤维性能。生产商与高校一起投入更多的研究，对落后的标准进行修编，制定出真正科学和实用的设计施工规范，研发出先进精准便于使用的钢纤维掺量和分散性的检测设备，来保证稳定的钢纤维混凝土力学性能。

第三节 弹簧钢丝

一、概述

弹簧是一种常用的弹性工作元件，也是各种机械设备和仪器仪表上的基础零件。它在周期性弯曲、扭转交变应力下工作，能产生较大的弹性变形，因而能把机械能或动能转变成变形能，或把变形能转变为动能、机械能。它适用于缓冲或减震、机械的储能以及控制运动方向（如气门、离合器、制动器、调节器）。弹簧在各种工业领域及人们日常生活中具有无法取代的作用。

各种机械、电器、仪器、仪表离不开弹簧，一辆轿车上弹簧的种类就有上百种，家庭中的弹簧更是不计其数。从尺寸和质量上看，小弹簧只有米粒大小，而大弹簧的质量有几十千克；价值从民用的几厘、几分钱到价值几万、几十万元的航天飞行器专用弹簧，不一而足。

制造弹簧的主要原料是弹簧钢丝。在线材制品生产中，弹簧钢丝占有很重要的地位。弹簧钢丝在数量上占工业线材、钢丝产量的5%左右。

（一）基本概念

弹簧钢丝是用于做弹簧（spring）或钢丝型件（wire form）的钢丝。

（二）分类

弹簧钢丝按不同的生产工艺、化学成分和用途可分为10余种。

按照用途分为民用、工业、航空航天，或直接用用途来分类钢丝，如床垫弹簧钢丝、减震器弹簧钢丝、悬挂簧弹簧钢丝、发动机气门簧钢丝等。

按制造工艺分类，如冷拉弹簧钢丝（拉拔前经过或不经过退火、正火、铅浴淬火等中间热处理）、镀锌弹簧钢丝、油淬火弹簧钢丝等。

按化学成分可分为碳素、合金、不锈钢；使用上分低温、中温和高温工作环境，受力状态不同分静载荷和动载荷等。

按品种、标准和规格的不同，弹簧钢丝的抗拉强度等级可在1000~3000兆帕范围。圆形弹簧钢丝的直径范围在0.08~20毫米。

按截面形状不同，一般为圆形，也有长方形、方形、卵形等形状。

按成品钢丝形状不同，一般是一卷卷交付，也有按直条交付的情况。

弹簧钢丝2021~2023年年产量在190万~210万吨。

二、发展历程

国内弹簧钢丝经历了一个以冷拉、直拉生产普通弹簧钢丝、铅淬火弹簧钢丝，到开始油淬火-回火中高档弹簧钢丝的生产发展过程。

（一）起步标志

1937年，中国弹簧制造有限公司成立，标志着中国弹簧钢丝产品正式进入弹簧生产。直到20世纪70年代，中国国产弹簧钢丝生产工艺以直拉、冷拉为主，拉丝装备为独罐拉丝机，后期部分采用滑轮式拉丝机；热处理手段以井式炉进行正火、退火软化热处理为主；已可生产琴钢丝等经过铅淬火热处理的高档钢丝。

（二）起步阶段

20世纪70年代开始，以首特为代表的线材制品生产企业根据国内市场需要，率先建成我国第一条油淬火钢丝试验生产线，并围绕到CrV、60Si2Mn、65Mn等材料开展了一系列油淬火钢丝生产工艺的研究，实现了工业化批量生产。同期参与研究的有北京钢铁学院、天津大学、天津压缩机气阀弹簧攻关组、北京特殊钢厂等单位。生产试验装备大体上分两种形式：一种是电接触加热+铅浴回火连续式生产线；另一种是管式炉加热+铅浴回火连续式生产线。

因国内盘条质量欠佳等问题的长期困扰，我国油淬火钢丝的产品质量、生产技术和装备一直没有获得突破性进展。国产油淬火钢丝的表面质量、冶金质量、通条性能和可靠性不高的问题长期制约着我国弹簧行业的发展。

20世纪90年代以前，坚持进行油淬火钢丝生产的企业共有3家：首特、陕钢和中钢制品院中试二厂，其中陕钢20世纪80年代中后期因种种原因停止生产。

（三）发展阶段

20世纪90年代中期，我国确定了大力发展轿车工业的战略目标。当时天津和上海两个城市率先引进了轿车生产线，形成天津与日本合资生产“夏利”牌轿车；上海与德国大众合资生产“桑塔纳”轿车。当时天津冶金局紧紧抓住汽车行业发展的历史机遇，研究确定生产与汽车行业相配套的产品，即确定了汽车悬架簧弹簧钢丝生产项目。得益于早期油淬火回火弹簧钢丝研发课题、持续规模生产、试制，为国内汽配市场、主机市场长期供货，中钢制品院也将主要关注度放在悬架簧和气门簧弹簧钢丝方面。

1995 年底中钢制品院中试二厂率先进口加拿大 R. D 公司“燃油管式炉加热→油淬火→低温流动粒子炉回火”连续生产线一条；随后天津棣华（1995 年，经国家经贸委批准，组建了天津市冶金第一家中外合资企业，即天津棣华特殊钢丝有限公司，定向为国内轿车配套生产汽车悬架簧高级弹簧钢丝）和湖南斯普菱进口感应加热淬回火连续生产线各一条，南京东吴和上海银淞两家金属制品生产企业也利用国产装备各组建一条感应加热淬回火钢丝生产线。宝钢集团上海二钢 2001 年引进两条油淬火回火弹簧钢丝生产线（悬架簧钢丝和气门簧钢丝生产线），并遍招国内油淬火回火弹簧钢丝方面的专家进行研发生产（2002 年投产）。

其中，中钢制品院中试二厂从加拿大引进的生产线是世界上第一条采用粒子炉回火替代铅回火的淬回火生产线，投资约 2000 万元人民币，可同时处理 8 根钢丝，规格 ϕ6 ~ 16 毫米，年生产能力 1 万吨。从替代铅回火方面该生产线在当时具有较强的前瞻性。天津棣华生产线是 1996 年投资 2700 万元从意大利引进的，是当时具有世界先进水平的感应加热油淬火回火弹簧钢丝生产线，也是当时国内第一条感应线，可生产 ϕ6 ~ 15 毫米高级弹簧钢丝，年生产能力达到 1 万吨。

这些生产线的建成，使我国油淬火钢丝的产品规格迅速拓展到 ϕ14 毫米左右（中试二厂最大可生产 ϕ16 毫米），钢丝盘重可达 1 吨以上，设备总生产能力已经超过 3 万吨，装备水平已经接近或达到 20 世纪 90 年代世界先进水平，产品各项技术指标均达到国外同类产品水平，从而告别了我国油淬火回火高级弹簧钢丝长期依靠进口的局面。中国油淬火弹簧钢丝这一时期的发展也见证了中国汽车工业的发展，为振兴民族工业做出了贡献。从品种上看，生产的高级弹簧钢丝由过去单一的硅锰硅铬系列，发展为多合金元素的高级弹簧钢丝，60Si2Mn、55CrSi、65Mn、50CrV、60Si2Cr 等产品的工艺技术都已经成熟，强度等级从原来的中低强度提升为高强度，最大强度等级可达到 2100 兆帕。尤其是选用进口原料生产的油淬火钢丝在市场上深受用户好评，性能价格比得到大多数弹簧厂的认可。之后，越来越多的公司、装备介入到了油淬火回火弹簧钢丝的生产中。

同期，国内生产弹簧钢盘条品种少，品质低，可生产弹簧钢盘条的企业很少，能够生产汽车用弹簧钢盘条的特钢企业有两家，分别为首钢特殊钢公司和江苏锡钢集团有限公司，生产的弹簧钢盘条盘重分别为 150 千克和 350 千克左右；天津钢厂虽然引进了美国摩根五代高速盘条轧机，可以生产出盘重约 2000 吨的弹簧钢盘条，但因采用的是平炉炼钢，缺少关键工序和关键装备配套，无法生产中高端弹簧钢盘条。国内企业只能从韩国、日本等进口高端弹簧钢盘条。

1999 年，宝钢针对流程短板和轧机落后问题，对症施策，引进炉外精炼、磁粉探伤、钢坯剥皮等关键装备，确立了“炼钢→精炼→轧钢→探伤剥皮→精整→高速轧线”的全流程设计方案，重点解决了钢质纯净度和表面质量，提高了国产弹簧钢盘条质量（2021 年宝钢弹簧钢盘条销售量突破 11 万吨，占中高端市场份额 50% 以上）。

2004 年我国重点企业统计中，碳素弹簧钢线材产量为 81 万吨，约占线材产量的 2.1%。在生产厂家中产量前 5 家的市场占有率达到 98.9%，其他厂家产量比较分散。2004 年我国重点企业统计中，合金弹簧钢线材企业产量约为 3.9 万吨，约占线材产量的 0.1%，前 5 个的市场份额占近 96%。

2004 年我国弹簧钢丝生产企业大约有 150 家，产量 27 万吨，2005 年产量 30 万吨，约需线材 31 万吨，合金弹簧钢线材产量为 4.5 万吨，而需求为 6.5 万吨，供需缺口有 2 万吨左右，主要靠进口解决。

这一时期，国产高档油淬火回火气门弹簧钢丝的生产原料主要依赖进口，且国家每年对钢材进口配额的限制又使进口渠道不通畅，生产高档油淬火—回火气门弹簧钢丝的原料时常难以保证。

宝钢是国内领先企业，但和日本神户制钢相比，在大方坯技术、夹杂物无害化处理、材料的均匀性等方面尚有差距。对弹簧疲劳寿命影响最大的表面缺陷、脱碳两项指标难以达到国外同类产品水平。

同期，油回火弹簧钢丝材质成分也经历了一个碳素到低合金钢的发展：最初的油淬火回火弹簧钢丝以碳素钢为主，后来出现了低合金钢。低合金钢在保持足够韧性的情况下具有非常高的强度和弹性，在温度升高时仍具稳定性。欧洲通常只使用 CrV 合金钢，因为其表面质量优于 CrSi 合金钢，而且 CrV 钢的表面脱碳和表面缺陷敏感性低。即使如此，气门簧失效的主要原因依然是表面缺陷。随着剥皮技术的发展，表面缺陷问题解决了，失效的主要原因由表面转移到内部的非金属夹杂物。

气门簧工作温度的升高引起了从 CrV 钢向 CrSi 钢的转移，不仅由于 CrSi 钢强度更高，而且由于 Si 含量高具有抗热性能。另外，硅合金钢具有更好的高应力稳定性，因而形成了逐步取代 CrV 合金钢的趋势，这类钢以 SAE9254 为代表。SAE 是美国汽车工程师协会的简称，92 代表铬硅钢，54 代表平均含碳量。

原材料、装备的发展也对普通弹簧钢丝带来较大的影响：由于热轧线材工艺、装备的提升，一般经斯太尔摩控轧控冷生产的弹簧钢盘条索氏体量达 80%以上，如果强度合适的话可以不进行铅淬火等热处理而直接拉拔，总压缩率可达到 90%以上。由于冷拉弹簧钢丝的生产历史悠久以及成本较低，至今在弹簧行业仍占有较大的市场份额。典型产品琴钢丝尺寸精度高、综合性能好，在细规格领域性能优于油淬火回火钢丝；民用产品如床垫弹簧钢丝中低档采用无热处理的冷拉工艺、高档采用铅淬火的冷拉工艺生产，满足不同成本要求、不同档次的床垫产品。

（四）创新发展阶段

2007 年中钢制品院改进并确立生产工艺流程“弹簧钢盘条放线→表面处理→盘条剥皮→中间热处理→表面处理→拉拔→油淬火—回火→涡流探伤→检验→包装”，重点完善了盘条剥皮和成品钢丝涡流探伤工艺，同期也进行了水淬火替代油淬火的环保淬火工艺的研发。通过引进关键设备、持续研发，实现涡流在线探伤在气门簧钢丝生产中的国产化、产业化，以水代油清洁生产工艺也逐步稳定并实现在悬挂簧钢丝上的产业应用并申请了专利。

宝钢集团南通线材制品有限公司传承和延续了二钢历史，于2009年5月于南通成立，同年将原上海二钢一条悬架钢丝生产线搬迁到南通，2012年正式达产，2013~2016年开始公司每年新增加一条钢丝生产线，到2017年已经有6条悬架弹簧钢丝生产线和一套气门弹簧钢丝生产线，年产能6.4万吨，生产规格ϕ1.5~20毫米，年产能居全国首位。钢丝的强度等级不断提高，目前2000兆帕的大规格淬火钢丝已大批量生产，占年产量的50%以上。为适应汽车轻量化要求，公司积极开发更高等级的钢丝，成功开发2100兆帕悬架弹簧用钢丝。宝通制品油回火弹簧钢丝制造的高品质汽车弹簧，目前已进入上海大众、通用、一汽大众等汽车制造企业，广泛应用于中高档轿车，并出口美国、加拿大、巴西等海外高端市场，已成为我国最大的油回火悬架簧钢丝产品供应商。

2012年天津冶金集团中兴盛达钢业有限公司投资1.2亿元，从英国进口了一条水淬火回火弹簧钢丝生产线，也开始了水淬火弹簧钢丝的生产开发。

法尔胜泓昇集团承接了法尔胜-贝卡尔特在特种钢丝上的两家之长，形成了产能10万吨、销量7万吨的规模。粗规格琴钢丝系列产品性能优越，基本可以替代进口。通过持续引进消化吸收，通过上下游、辅机、辅料等全行业的共同努力，通过原材料、拉丝装备、润滑剂、先进热处理生产线、在线检测、磨光/剥皮/喷丸/电解磷化工艺装备的应用，国内油淬火回火钢丝的生产得到了全方位的提升，产品也被广泛应用于中高档轿车、高速铁路机车、地铁机车、大型施工机械、电力工程、国防工业等领域，中国金属制品企业在油回火弹簧钢丝的制造上，走出了引进—消化—吸收—创新之路。

中国汽车行业的快速发展，也给了油淬火回火高档弹簧钢丝快速发展的市场空间。

2003~2022年中国乘用车销量及增长率如图2-2-6所示。中国乘用车销量从2008年600

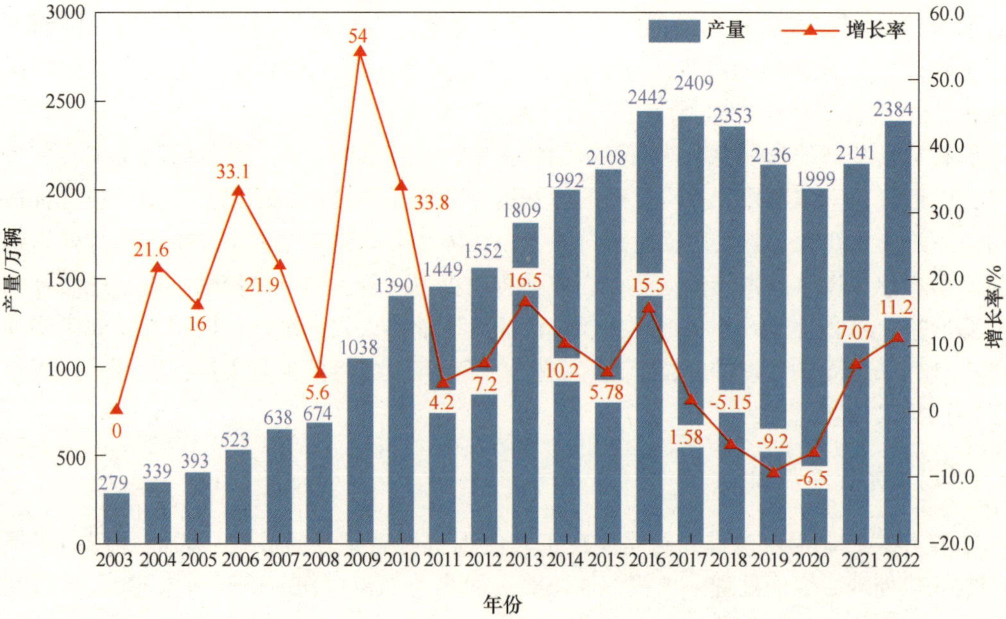

图2-2-6 2003~2022年中国乘用车销量及增长率

多万辆到2016年最高峰2442万辆，8年增长了约3倍，近几年由于经济、国际形势、疫情等原因有所回落，但仍稳定维持在2400万辆左右。按照一辆车10~15千克的油淬火回火悬架簧钢丝和1.2千克的气门弹簧，油淬火回火弹簧钢丝年需用量保守估计在30万吨以上。

有专家分析，中国乘用车产量已连续多年全球第一，虽然不再有高速增长，但也不会出现断崖式下降。同时随着中国新能源车的发展和在乘用车中所占比重的增加，油淬火回火弹簧钢丝用量会持续稳定发展。2023年7月3日，中国第2000万辆新能源汽车在广汽埃安生产线下线，从第1辆到第1000万辆用了14年，从第1000万辆到第2000万辆仅用了17个月，中国汽车正迈入规模化、全球化的高质量发展新阶段。其中2022年比亚迪新能源汽车销量高达186万辆，位列全球第一，与第二名特斯拉足足有55万辆差距。比亚迪股份9月1日在港交所公告，前8月销量179.22万辆，同比增长82.16%。比亚迪新能源汽车从第1辆到第100万辆用了13年，从第100万辆到第300万辆仅用了18个月，从第300万辆到第500万辆仅用了9个月。

中国油淬火回火弹簧钢丝生产企业目前分三个梯队，第一梯队是以铃木加菲腾等外资、合资企业为主的企业，产品最终用户主要是国内主流主机厂，部分出口；第二梯队是以中钢制品院、宝通线材等为主的国内本土头部企业，部分产品参与主机厂的竞争；第三梯队主要服务国产汽车、摩托车的配套、维修市场。

目前部分产品仍需进口或其生产用的原材料仍需进口。如高端车用内燃机气门弹簧的材料为了达到其可靠性指标要求，很多主机厂指定采用进口材料。即中低档普通弹簧材料供过于求，高档产品（高强度、高应力、异形件、特种材料）部分可满足国内需求，部分仍需进口。

三、取得成就

弹簧作为储能、弹性元件，用于国民经济各行各业，据专家统计我国各类弹簧产品共有21个大类，1600多个品种，年生产几十亿甚至上百亿件弹簧，作为生产弹簧的原材料——弹簧钢丝从产品到装备、原辅材料等经历了一个进口、引进、消化吸收、追赶、并跑、部分领跑的阶段。

在整个发展过程中，以中钢制品院为代表的国内众多的弹簧钢丝上下游企业做出了较大的贡献。

（一）从无到有

20世纪70年代以首特为代表的线材制品生产企业根据国内市场需要，围绕50CrV、60Si2Mn、65Mn等材料开展了一系列油淬火钢丝生产工艺的研究，实现了工业化批量生产。同期参与研究的有北京钢铁学院、天津大学、天津压缩机气阀弹簧攻关组、北京特殊钢厂等单位。

（二）从有到跟跑

由中钢集团郑州金属制品研究院主办的“全国高应力弹簧钢丝生产技术研讨会”在郑

州召开。在会上，中钢制品院中试二厂向弹簧行业宣布，1995年底要引进一条高应力油淬火钢丝生产线，生产国内急需的各种高应力油淬火钢丝新材料，1995年底从加拿大进口燃油管式炉加热—油淬火—低温流动粒子炉回火连续生产线一条并开始稳定生产；随后天津棣华和湖南斯普菱引进感应加热淬回火连续生产线各一条，南京东吴和上海银淞两家金属制品生产企业也利用国产装备各组建一条感应加热淬回火钢丝生产线。先进生产线的引进标志着中国油淬火回火钢丝的生产研发走上了一个新台阶，实现了真正意义上的近现代油淬火钢丝生产。

同期，宝钢率先提高了钢质纯净度和表面质量，使国产弹簧钢盘条质量得到较大改善，初步满足国内弹簧钢材料方面的大部分需求。

这一时期一些成就：

1998年，油淬火回火硅锰合金弹簧钢丝，获郑州市市科技进步三等奖。

1999年，引进国外关键设备开发轿车悬架簧用调质处理弹簧钢丝，获河南省科技进步二等奖。

2002年，轿车高应力气门簧用弹簧钢丝的应用开发，获冶金科学技术二等奖、郑州市科技进步二等奖、河南省科技进步三等奖。

（三）从并跑到领跑

以2007年中钢制品院率先在国内实现在线涡流探伤国产化、产业化，水代油的清洁化淬火生产获批专利、实现产业化应用的研发成绩为契机，国内众多油淬火回火弹簧钢丝生产研发企业在深挖市场，丰富产品线、开发新产品，完善提高原辅材料、装备、工艺方面开始了如火如荼的发展，实现了弹簧钢丝产品的国产替代到部分产品超越的并跑+领跑。

这一时期一些成就：

2013年，2000兆帕级悬架簧钢丝的开发，获冶金科技进步三等奖、河南省科技进步二等奖。

2020年，可调弹性系数弹簧的开发与应用，获河南省科技进步三等奖。

2021年，高稳定性沉淀硬化型超高强度不锈弹簧钢丝研制，获河南省国防科技进步二等奖。

2023年，超高强韧弹簧钢丝生产关键技术开发及应用，获河南省科技进步奖三等奖。

四、未来发展

弹簧钢丝的未来发展是由弹簧应用方面传导过来的如轻量化、环保化、生态化和对异型截面钢丝（如梯形、矩形、椭圆形、卵形等）以及高应力、高精度、高可靠性的要求。

首先体现在弹簧材料上：（1）新的钢种材料的开发：吸收国外经验，与国外钢种牌号接轨，适应用户工况的新材料；（2）炼钢水平的提高：弹簧钢材料的精炼、超高纯净度及非金属夹杂物的控制。

其次体现在钢丝拉拔加工中：（1）剥皮技术的应用；（2）喷丸的应用；（3）电解磷化等环保型表面处理技术的应用；（4）钢丝加工过程中表面质量的控制。

再次是热处理水平的控制：（1）高水平的油淬火—回火热处理生产线的引进、研发；（2）热处理工艺的控制即抗拉强度、塑性的一致性的控制；（3）贯通式加旋转式涡流探伤及其他在线检测技术、装备的应用。

中国弹簧钢丝的发展经历了从无到有，从跟跑到并跑到部分领跑，基本满足了我国国民经济对弹簧材料的需求。新能源汽车的发展、“一带一路”倡议的实施、“国际国内双循环”等给我们弹簧钢丝产品提出了新的要求和机遇，也带来了更广阔的市场。

第四节 切割钢丝

一、概述

随着全球气候变暖等环境问题的日益严重，开发新能源和可再生能源的意义重大。新能源一般包括水能、风能、太阳能、生物质能、地热能和核能，其中风能、太阳能和生物质能具有可循环再生性能又称为“可再生能源”。随着电子、半导体的发展，太阳能除了直接利用其光照热能外，还可通过半导体材料直接将光能转换成电能，建立太阳能光伏发电站。光伏发电是利用半导体界面的光生伏特效应而将光能直接转变为电能的一种技术。这种技术的关键元件是太阳能电池。太阳能电池经过串联后进行封装保护可形成大面积的太阳电池组件，再配合上功率控制器等部件就形成了光伏发电装置。从经济、能效方面考虑，太阳能电池目前最常用的是“硅晶体电池片”，它是由晶体硅薄片（厚度 0.16~0.10 毫米，边长为 125 毫米×125 毫米或 156 毫米×156 毫米的单晶硅或多晶硅片）为基板，采用半导体微电子技术，在基片上生成 PN+结阵列，通过制作正、负电极，生成保护层、反射层、烧结底板，封装而成。

为了应对能源供应的日渐紧张，光伏发电作为一种无污染且可再生的资源，发展速度异常迅猛。制造太阳能电池的太阳能级晶体硅片普遍采用线切割技术。多线切割机（multi-wire-saw），简称线锯，适用于大批量加工大直径的超薄硅晶片，能够切出质量优良的规定厚度的硅晶薄片。

用于切割硅片的钢丝即为硅片切割钢丝。硅片切割钢丝经历了一个从镀黄铜光面钢丝到金刚石固结钢丝的发展过程。

硅片切割钢丝是硅片切割过程中的损耗品，切片材料损失（刀缝）与切割钢丝直径有重要关系，钢丝用量与切割量成一定比例关系，近年来太阳能光伏发电的发展催生了硅片切割钢丝的发展，硅片切割钢丝的耐用度、细线径化提高了硅片的成品率、降低了成本，也促进了硅光伏发电技术的发展。目前产业化应用的单晶硅、多晶硅光伏发电转换效率为 20%、17%左右。

成品硅片切割钢丝直径非常细小、超高强度、韧性良好，且要求一根钢丝具有超长的长度（大于 250 千米），并保证切割过程中不能发生断丝，因此，制造钢丝一般选用碳质量分数 0.80%~1.0%的专用盘条，并对钢材冶炼水平尤其是各类非金属夹杂物的数量、尺寸等有较高质量要求。硅片切割钢丝专用盘条是在帘线钢基础上研发的，国内帘线钢冶炼质量水平近几年进步显著，但与国外先进水平相比还略有差距，某国进口切割钢丝专用盘条主要有 KSC82、KSC90 及 KSC92E 等牌号。

二、发展历程

（一）起步阶段

硅片的传统加工方法是用高速旋转的金刚石砂轮进行外圆切割或内圆切割，如图 2-2-7 所示。外圆刀片刚性差，刀口摆动难以控制，为增强刀片刚度，只能加厚刀片，这样一来切割刀缝加宽，材料浪费量加大，切割质量差，很难切出超薄晶硅片，因此，外圆切割很快被内圆切割取代。内圆切割具有如下优势：（1）切片精度高。直径 300 毫米晶片厚度差仅为 0.01 毫米；（2）灵活的可调性。切片时可进行径向和厚度调整，特别适用于小批量、多规格加工。和外圆切割一样，内圆切割只能单片加工，也无法克服切口宽、材料浪费大、晶片表面损伤层厚和生产效率低的缺点。同时受圆锯片结构的限制，对于大直径（$\phi \geqslant 300$ 毫米）和小厚度（$\delta \leqslant 0.3$ 毫米）晶硅片，内圆切割从产量到质量均无法满足大型、快速、高精度、高效率、集成化的生产要求。

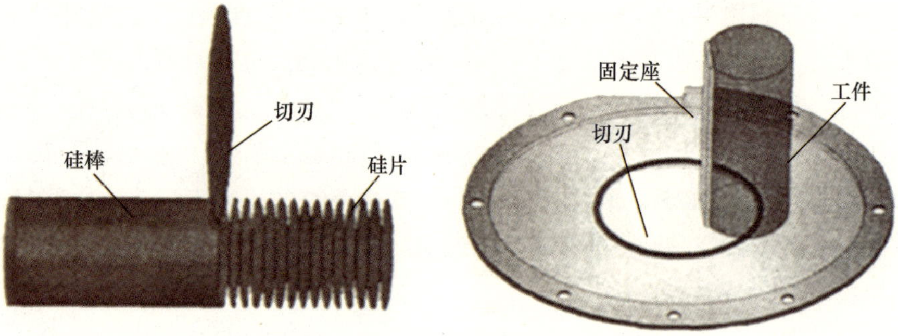

a　　　　b

图 2-2-7　多晶硅和单晶硅片的切割

a—外圆切割；b—内圆切割

多线切割是应集成化生产需求开发的一种高效切割技术，其原理如图 2-2-8 所示。

如图 2-2-8 所示，把一根细长钢丝缠绕在工字轮 1 和 3 上，两端收放线系统对钢丝施加一定的张力，中间装有若干个张力控制轮 2，用以控制钢丝的刚度；定位导向辊 4 上刻有数千条等距线槽，使往复缠绕的钢丝形成等间距排列。工字轮 1 和 3 有节奏地高速旋转，实现钢丝往复运动。设备配有切割液喷洒系统，切割液由表面活性剂（聚乙烯醇）、碳化硅磨料和油基添加剂组成。切割时将切割液喷洒到钢丝上，切割进给机构匀速运动，把晶硅棒 5 压向高速往返运动的钢丝；快速运动的钢丝可对钢丝和晶硅棒接触面中间的碳化硅磨料产生一定的压力并带动其移动，对晶硅棒产生磨削切割作用，从而切出一组符合要求的晶硅片。这种加工方式必须保证硅片一次切割成型，如果中间断丝则需要退出硅棒进行二次切割，二次切割难免使硅片厚薄不均或形成台阶，而成为次品或废品，所以要严格控制单丝长度，防止中间断丝。

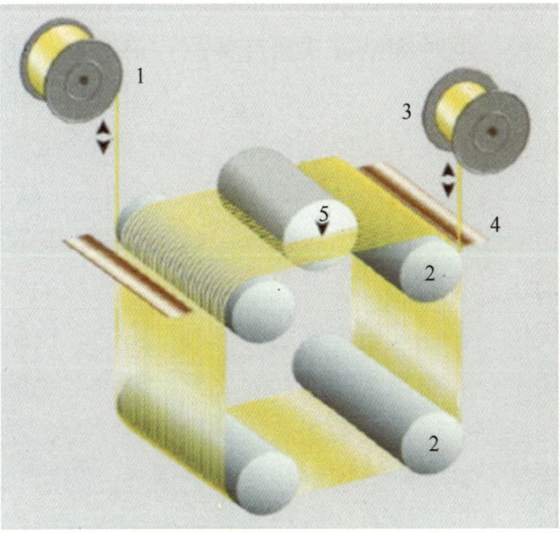

图 2-2-8 切割钢丝多线切割示意图

1，3—工字轮；2—张力控制轮；4—定位导向辊；5—晶硅棒

多线切割的优势：切割效率高，一批次可切割数千片，每小时可切割 2000~13000 厘米^2 晶片；材料损耗少，可切割直径 300 毫米以上晶硅棒，晶硅片表面损伤程度低等。但是多线切割也有其自身难以克服的缺点：切片一次定形，中间无法调整厚度；多线切片风险大，成功率与切割线的质量密切相关，一旦断线有可能造成整根硅棒报废。线切割方式同样适用于超硬材料、贵重宝石、集成电路硅片的切割。

多线切割技术的产生和发展，使硅片大规模低成本生产成为可能，也为光伏发电的发展带来了极大的促进作用。

这一阶段钢丝原料要求是 86、92 等钢帘线专用盘条；钢丝的直径为 0. 10 毫米、0. 12 毫米、0. 14 毫米、0. 18 毫米，以 0. 12 毫米为主；抗拉强度为 3600~4000 兆帕，伸长率大于 2%；单卷工字轮钢丝长度定尺，一般单丝长度为 450 千米，卷绕在 ϕ255 毫米×ϕ115 毫米×320 毫米的工字轮上或其他规格的线盘上。

（二）发展阶段

起步阶段的硅片切割工艺为游离磨料线锯切割技术，即在切割的同时向锯丝供应带有磨料的砂浆，利用钢丝对钢丝和硅料中间的磨料的压力带动磨料移动并对硅料产生切割作用。但其锯缝损耗大，切割大尺寸坯料时磨料难以进入长而深的切缝中，切割效率低，而且浆液难以回收，环境污染严重。另外，由于锯切作用基于切割线、磨料及晶体硅之间的三体磨损原理，磨料必然作用于切割线，从而缩短了其使用寿命。为了解决游离磨料切割方式存在的问题，越来越多的人开始研究固结磨料切割技术。固结磨料切割技术主要集中在树脂结合剂金刚石和电镀金刚石技术。

国外金刚石切割线的研究较成熟，如日本 2006 年成功将金刚石切割线投入工业化生产，至 2009 年已占日本国内切片市场的 90%。国内金刚石线切割技术起步较晚，2009 年开始用于蓝宝石的切割，技术不断进步，逐步推广应用，目前是蓝宝石最主要的切割方式。而在晶硅领域，由于传统切割设备改造不成熟、配套切割工艺不完善等原因，2014 年以前一直处于试验推广阶段。两种固结方式研究并行，对电镀金刚石切割线研究较多，树脂结合剂金刚石切割线相关研究较少。开始有利用日本引进技术生产的树脂固结金刚石切割线企业，也有利用国内技术转化生产电镀金刚石切割线的企业，产品已推向市场，但国外进口产品仍占主导地位。

树脂结合剂金刚石切割线是以树脂结合剂作为中间桥梁，将金刚石磨粒固结在芯线表面，形成固结金刚石切割线。其制作方法是将含有金刚石磨粒的树脂涂覆在芯线表面，经过加热或者紫外光照射固化。根据采用树脂结合剂类型不同，树脂结合剂金刚石切割线可分为热固化树脂结合剂金刚石切割线和紫外光固化树脂结合剂金刚石切割线。热固化树脂结合剂金刚石切割线的制造方法通常是使用热固性酚醛类树脂，通过加热将磨粒固结在芯线表面。紫外光固结树脂结合剂金刚石切割线是基于紫外光树脂快速固化机理，将金刚石磨粒快速固结在芯线表面。电镀金刚石切割线就是以电镀金属为结合剂，通过金属的电沉积作用把金刚石磨料固结在芯线表面。由于树脂结合剂金刚石切割线有对磨粒把持力低、耐热性差、耐磨性差等问题，很快退出了硅片切割领域。因此现在金刚线一般也泛指电镀金刚线。金刚线用到的金刚石磨料的尺寸一般为几微米到几十微米。

2012 年前后，国内最大的硅片切割企业隆基股份开始从砂浆切割技术转向金刚线切割技术。当时，金刚线切割技术还不成熟，因为它成本昂贵，没有完整产业链，技术也掌握在少数日本厂商手里，隆基是中国光伏行业第一个吃螃蟹的人。在隆基的带领下，这项技术被越来越多的厂商使用。到 2014 年，金刚线切割技术的产业链开始走向成熟，隆基着手将旗下所有切片机升级为金刚线切割机，且国内硅片切割企业至 2016 年底全部完成了金刚线多线切割技术及装备的升级。金刚线昂贵的成本，却使国内众多金属制品企业看到了金刚线的丰厚利润，纷纷开始研发金刚线生产技术，并迅速跨过了树脂固结和电镀金刚石的技术研发、选择过程，开始正式发力电镀金刚石的金刚线生产。

相对于游离磨料线锯切割技术，金刚石切割线切割硬脆材料有许多优点：切片薄、效率高、加工表面损伤小、节约材料等，切割工艺简单、生产成本低、切割效率高，切割液采用纯水，对环境污染小，能实现切损硅粉的回收。基于以上优点，金刚石线切割一出现即迅速发展并成为硅片切割主流，国内硅片切割钢丝的生产也于 2016 年底、2017 年初全部完成了从切割钢丝向金刚线切割钢丝的升级换代。

（三）创新阶段

金刚线的生产难点主要是金刚石微粉处理、金刚线母线生产、电镀。

随着国内金刚线生产工艺、装备的研发，技术人员储备等到 2016 年底、2017 年初基本完成，金刚线的生产正式步入了百花齐放、新工艺新装备层出不穷的创新发展阶段。这一时期各个金刚线生产企业加大研发投入，从金刚石微粉的处理、粒径控制，到金刚线母线的生产，到电镀装备的研发，再到电镀工艺的迭代、在线机器视觉检测研发应用，使国内金刚线的产能、质量迅速提高，价格、成本持续下降，目前碳钢金刚线常用线径已达 38 微米，价格是 2014 年前后的 1%，正在进行 36 微米乃至更小线径研发，预计碳钢可加工极限为30微米。

出于对金刚线线径细线化的极限追求，国内钨丝制造企业也于2019年正式开始进入金刚线生产序列，进行钨丝金刚线的研发、生产，目前大概有2000万千米的设计产能，部分金刚线生产企业如杨凌美畅、硅片切割企业如高测股份等均进行了钨丝金刚线的小批量试生产和在硅片切割上的试用，但钨丝原料、生产的高成本限制了钨丝金刚线的发展。极致性的金刚线细线化追求只对硅锭切割时切割缝宽窄造成的材料损耗有影响，因此，钨丝金刚线的细线化带来的成本的提高（不光是碳钢金刚线原料、生产成本，还包括硅片切割机升级等费用）如果能与硅料切割损耗形成一个平衡，将会对碳钢金刚线造成较大的替代影响。

目前国产金刚线已完全替代进口并有出口。其中，金刚线生产的几大原辅材料、装备中：（1）金刚石微粉：中国一直是世界上工业用金刚石生产大国和强国，在微粉企业、金刚线生产企业共同努力下已完全满足国内需求并紧跟金刚线细线化持续跟进研发；（2）金刚线母线用高质量盘条：一直处于进口状态并垄断在日本、德国少数几个外国钢铁企业，由于金刚线线径、性能的极致追求，造成了母线对盘条材料成分、组织、夹杂等方面的极致要求，国内盘条生产企业目前还无法满足金刚线母线生产需求；（3）电镀装备和电镀工艺：在国内如恒星等企业的不懈努力研发、快速迭代下均取得突破，产能、效率、操作性、在线检测等方面全面超越进口生产线，有力地支撑了国内对金刚线价格、性能、细线化的需求。

目前金刚线母线用高质量盘条是整个金刚线生产链条中的关键材料，但由于质量、性能要求高，总体用量低（目前年需用量在5000~8000吨），在一定程度上限制了国内钢厂对此类高质量盘条的生产、研发。随着国内钢帘线用盘条等高质量盘条在成分、组织、夹杂控制方面的发展，估计会很快解决。另外，中国在钨矿储量、钨丝生产方面具有较高的水平，细线化钨丝如果能突破成本关，钨丝金刚线母线替代碳钢金刚线母线也可成为避开金刚线母线用高质量盘条这一关键材料的替代方案。

三、取得成就

1997年，高纪凡创立天合光能，1998年河北的苗连生成立英利新能源有限公司，2001年1月无锡市主导无锡小天鹅集团、山禾制药等8家企业，筹资600万美元，与施正荣合创无锡尚德太阳能有限公司，中国正式步入光伏行业。

2004年德国政府修订了《可再生能源法》，率先对光伏发电大力补贴，此举让光伏在德国及整个欧洲出现了爆炸式的需求，也为国内的光伏企业带来了蓬勃生机。2006年，中国太阳能硅片的出货量达到了399.4兆瓦，比2005年增长了177.6%；2007年，中国已经成为生产太阳能电池最多的国家，产量从400兆瓦一跃升到1088兆瓦；2009年我国生产太阳能光伏电池超过4 000兆瓦，2010年达到7 000兆瓦，占到全球产量的40%。中国生产的太阳能电池95%以上出口到国外，在产品的成本和质量上已经达到国际水准，具有较强的国际竞争力。

一直到2012年，国内硅片行业采用砂浆切割工艺和多线砂浆切割机，最具代表性的生产消耗品——切割钢丝也在这一时期得到了长足发展，国内切割钢丝从进口到自产到供大于求，迅速达到了顶峰。这一阶段企业纷纷布局切割钢丝的生产，在生产工艺、装备方面迅速成长，但生产用原料盘条因国内总体用量较少，虽然利润较高，但成本、技术要求也较高，国内钢厂基本不提供，仍需进口。这一阶段中国硅片用切割钢丝实现了从无到有和国产化替代。

2012 年作为光伏产业的分水岭，隆基股份在李振国和钟宝申的主推下，开始从砂浆切割技术转向金刚线切割技术，并于 2014 年完成装备升级，国内其他切割硅片企业也于 2016 年底、2017 年初完成升级，至此中国光伏产业全面进入金刚石切割线时代。

金刚线最早由日本厂商开发并实现产业化，2007 年开始用于蓝宝石切割，2010 年用于光伏晶体硅片切割，2014 年之前金刚线全部由日本企业垄断，价格长期维持在 0. 4~0. 5 美元/米（约合人民币 3 元/米），2014~2016 年美畅股份、高测股份、岱勒新材的金刚线产品快速替代日本进口产品，并形成了完全的自有知识产权，基本完成了金刚线生产工艺、装备的研发，人才的储备过程，实现了金刚线的从无到有。

此后，我国光伏一骑绝尘，持续领跑。2021 年，我国光伏新增装机规模达到 54. 88 吉瓦，再创历史新高。累计装机更是突破 3 亿千瓦大关，连续 7 年稳居全球首位。

2022 年，全年光伏产业链各环节产量再创历史新高，全国多晶硅、硅片、电池、组件产量分别达到 82. 7 万吨、357 吉瓦、318 吉瓦、288. 7 吉瓦，同比增长均超过 55%。行业总产值突破 1. 4 万亿元人民币。全年光伏产品出口超过 512 亿美元，光伏组件出口超过 153 吉瓦。我国光伏新增装机规模达到 86. 4 吉瓦，同比增长 57%；太阳能基建新增发电装机容量（基本等同于并网装机容量）达到 87. 41 吉瓦。

在部分工艺、装备方面实现超越，实现了领跑，有资料表明目前世界金刚线主要由中国大陆生产。如早期进口、仿制的电镀金刚石生产线最大 6 线（线数直接决定了金刚线生产效率），恒星自主研发、自主知识产权的电镀金刚石线 8 线、12 线、16 线等进行了快速迭代，目前 16 线已成功进入产业化，配备有自主穿线工艺技术、机器视觉测量检测系统，在世界上也是先进序列。目前国内金刚线产能直逼 2 亿千米，价格在 40 元/千米，与 2014 年相比降低了 100 倍；碳钢金刚线线径常用 38 微米、40 微米，正在研发 36 微米线径，逐步逼近碳钢金刚线极限线径 30 微米。30 微米钨丝金刚线已开始量产并应用（总体份额低于 10%），预计随着成本持续降低，相关技术、应用（硅片切割机升级更新）会持续放大，最终碳钢、钨丝金刚线会在上下游的成本、技术方面形成一个平衡并保持一个较为稳定、合理的市场份额。

四、未来发展

未来金刚线的发展主要在线径、强度方面持续向更高级别发展，也会在金刚线微粉粒径分布、表面活化处理、预镀层、锋锐度、附着力、金刚线母线原材料、生产工艺等方面进行相关深入研发。随着太阳能光伏事业的发展，不可或缺的金刚线消耗品也会随着逐步扩大规模。

第五节 涂镀层钢丝

一、概述

为保护钢铁及其制品免受腐蚀侵害，延长其使用寿命，在其表面镀覆耐用腐蚀金属是一种行之有效的好方法。经过长时期的开发研究和应用，耐腐蚀金属镀层的生产技术已日趋成熟，有多种镀层，可供不同的使用条件和工作环境加以选择。钢丝涂镀层以后，使用寿命大大延长，其产品得到广泛应用，包括一般用途镀锌钢丝、电力通信用镀锌钢丝、铠装电缆用镀锌钢丝、桥梁缆索用高强度镀锌钢丝以及锌铝混合稀土合金镀层钢丝、镀黄铜钢帘线、胶管用镀铜钢丝、镀紫铜的气体保护焊用焊丝、涂塑钢丝等。

二、钢丝涂镀层技术发展历程

（一）镀锌

锌是广泛应用于钢铁制品的防护镀层，也是最早被采用的钢铁制品表面防护镀层。据统计，全世界年生产的锌一半用于腐蚀防护领域。

镀锌钢丝从实现方式上分为热浸镀（俗称热镀）、电化学镀（俗称冷镀）两种方式。

自 1836 年热镀锌开始工业生产以来，随着钢铁工业的发展，世界防护钢铁制品中，镀锌防护约占 25%，其中热镀锌占 95%。世界镀锌防护总量中，镀锌钢丝占有 2.5%的比率。

2000 年我国仅电缆行业输电线路钢芯铝绞线用镀锌钢丝的需求量就达 20 万吨，架空地线（镀锌钢绞线）约 10 万吨。纯锌镀层有把钢基体与外界隔开的屏障防护作用，还有优异的牺牲阳极防护作用。锌的电极电位比钢低，为-0.76 伏，从而使处于腐蚀环境中的纯锌镀层成为牺牲阳极，而使作为阴极的钢基体得到保护。

我国热镀锌技术的发展经历了粗放式发展和高质量、自动化、信息化发展两个阶段。

粗放式发展阶段为从 20 世纪五六十年代到 20 世纪末。这一阶段的特点是高能耗、低效率、劳动力密集性。体现在工艺技术装备水平低，除了几十家大中型骨干企业实现了大盘重连续化生产外，大多数小企业还是沿用 20 世纪五六十年代陈旧落后设备，热处理设备采用马氟炉、煤窑式退火；表面处理采用裸露式酸洗；抹拭方式主要采用炭末、石棉夹、锌驳力、电磁抹拭方式，燃煤铁锌锅，DV 值只有 20～50 米/秒，成品小盘重。专业工程技术人员少，劳动生产率低。

高质量、自动化、信息化发展阶段，始于进入 21 世纪。随着信息技术的普及，镀锌钢丝行业新技术层出不穷，自动化快速发展。工艺装备上，已基本上实现了燃气明火控制气氛加热，实现了数显、自动控温，自主调节加热炉的还原气氛，陶瓷锌锅已实现了电（燃气）内加热，PLC 控制，温差达到±0.5 ℃；从上锌量的控制方式看，已采用了世界一流水平的电磁抹拭、氮气气刀抹拭及锌层自动检测系统，高锌层上锌量控制到±15 克/米^2；前处理表面清洗设备全部实行在线封闭酸洗，同时由于大盘重盘条的批量生产，也为热镀锌钢丝的大盘重工字轮恒张力放线、梅花式倒立收线或工字轮收线创造了良好的前提条件。

在镀锌钢丝产品中，电镀锌防护也占有一定的比例。电镀的过程实际就是电解的过程。即在外加直流电源的作用下，产生电解反应。阳极为金属，通电后金属失去电子生成带正电荷的金属离子而溶解；钢丝作为阴极，通电后金属离子在钢丝表面上得到电子还原为金属。随着电解过程的进行，许许多多的金属原子在钢丝表面发生电结晶过程，使其在钢丝表面上形成金属晶体，即形成金属镀层。

因此，电镀锌时，在酸性电解液中锌板成为阳极不断被溶解，带正电荷的锌离子在钢丝阴极上得到电子后变为锌原子沉积在钢丝表面上。根据生产实践，电镀液为硫酸锌盐溶液，这种溶液因具有成分简单、性能稳定、电流效率高和允许使用较高的电流密度及沉积速度快的优点，从而为生产厂广泛采用。产品一般应用于防腐要求不高、外观光滑度要求较高的领域，如工艺丝、网丝等。

（二）镀铝

由于钢铁制品使用条件和环境的要求，当人们在寻求更耐腐蚀镀层时，很自然地想到了铝。1937 年，美国链缆公司建成了世界上第一条镀铝生产线，随后美国伯利恒钢铁公司及日本、英国也相继建设了类似的生产线。但当时用普通热镀锌技术生产的铝镀层产品，由于存在着较多问题而没有取得实质的进展。

1982 年，日本兴国钢公司引进瑞士快速凝固镀铝新工艺后建成了一条高速镀铝生产线（镀速达 300 米/分，镀层厚度可达 300 微米），技术才有了新的突破。我国长沙矿冶研究院在“七五”期间对快速凝固热镀铝技术也进行过研究开发。试验表明，在各种大气中热镀铝钢丝的抗蚀性是热镀锌钢丝的 3~5 倍。这是因为铝的化学性质十分活泼，很容易与空气中的氧生成一层结构致密的 Al_2O_3 保护膜，可防止自身的氧化继续进行。同时生成的 Al_2O_3 膜使整个体系电阻增加，于是随着腐蚀电流的降低而使镀层腐蚀速率减缓。由于铝的熔点为 660 ℃，热镀铝的温度在 700 ℃以上，因此镀后钢丝的力学性能明显下降，加上缠绕性能差和再加工的局限性，从而使热镀铝钢丝的推广应用受到了限制，目前铝包钢丝正逐步替代热镀铝钢丝，应用前景广阔。

（三）锌铝合金镀层

近年来，锌-5%铝混合稀土合金镀层以及锌-10%铝混合稀土合金镀层作为一种新型镀层，因其防腐能力强而受到广泛重视和应用。其镀层使用寿命在 70~80 年，是普通热镀锌寿命的 3 倍以上，其钢丝产品广泛应用于沿海及高污染地区高压及特高压输电线路用架空导线及地线、河道防洪石笼网及护坡、畜牧焊网等方面。

因为锌和铝在液态能无限互溶，又不形成金属间化合物，所以研究既有铝镀层的稳定性又有锌镀层的电化学保护性能的新合金镀层是大势所趋。锌铝合金成分有多种配比，但具代表性的、国际公认的、有产品标准可遵循的是：

（1）55%Al-1. 6%Si-43. 4%Zn 镀层。这种镀层是美国伯利恒钢铁公司于 1958 年开始研制的，经过 13 年的各种大气暴露挂试，证明其抗蚀性能是纯锌镀层的 2~6 倍，广泛应用于钢板和带钢。

（2）Zn-5%Al-RE 合金镀层。这种新型合金镀层的抗蚀能力是纯锌镀层 2~3 倍，同时仍保持镀锌钢丝一样的力学性能，因而为镀层钢丝生产企业所普遍采用，得到用户的认可和欢迎。

锌-5%铝-稀土合金镀层开始由美国内陆钢铁公司于 1963 年进行研究，我国台湾籍专家李禾参与了这项研究工作。1963~1967 年之间，在实验室内进行了各种不同成分的热浸镀层钢片试验，发现锌中铝含量为 0.1%~17.5%时，镀层都有良好的延展性能，并对钢基体具有阴极保护作用。但当铝含量超过 17.5%时，合金与钢基体所生成的扩散层突然加厚，合金镀层变脆，于是把锌铝合金的成分目标控制在铝含量 17.5%以下。经过盐雾试验和 SO_2 气体腐蚀试验，证明抗蚀能力以 Zn-5%Al 为最佳。此后他们将 Zn-5%Al 和纯锌镀层试片放在两辆汽车的底盘上，分别在美国中西部地区试验了 3 年 2 个月。美国中西部地区冬季降雪量很大且空气中盐分较多，实际暴露试验证明，锌-5%铝镀层的抗蚀性能是纯锌镀层的 2 倍以上。

20 世纪 70 年代初，内陆钢铁公司在实验室建成了一条速度为 24.38 米/分的钢带热浸镀作业线，拟将这种新型镀层应用于生产中。但热镀后表面质量不理想。1979 年，内陆钢铁公司将这项技术转让给国际铅锌研究组织（ILZRO），ILZRO 资助比利时列日冶金研究中心（CRM）继续进行试验，经过添加 Sb、Be、Ca、Cd、Ce、La、Pb、Me、Si、Sn、Ti 等 11 种微量元素的试验，发现加入铈和镧混合稀土元素后，能取得光滑均匀无光的镀层。各种大气中的 5 年暴露试验表明，其抗蚀性能是同厚度纯锌镀层的 2~3 倍。用双镀法进行了钢丝热浸镀锌-5%铝-稀土合金工业性批量生产试验，并对所获得的试样进行了全面的性能检测，将这一科研成果转化为生产力。

但作为锌-铝混合稀土的镀层比传统工艺的纯锌钢丝镀层工艺复杂，目前国际上仍普遍采用 1983 年法国 Fical 公司研发的双镀法生产，即先将钢铁制品浸入纯锌溶液中，使制品表面形成铁锌合金层，以此为介质，再浸镀一次锌-铝混合稀土溶液，德国、美国、日本、加拿大等国相继都建设了锌-5%铝-稀土（Galfan）合金镀层钢丝生产线。目前天津、南通等多家企业采用此技术生产。锌-铝混合稀土合金的熔锅是电（燃气）内加热传导型的陶瓷锅，一般采用氮气气刀抹拭，镀层光滑、无锌瘤，作业环境清洁、无污染。

锌、锌-铝-稀土合金镀层的表面处理方式从炭末、夹块、石棉夹、气吹、气体保护到电磁抹拭等不同方式不断变化、发展适应不同的要求。

（四）镀铜

铜或铜合金镀层是钢丝表面除镀锌外应用较多的镀层。

采用电镀技术进行钢丝镀铜时，电镀液中铜板作为阳极不断被溶解，带正电荷的 Cu^{2+} 离子沉积在作为阴极的钢丝表面上。因铜的电极电位为+0.334 V，铁的电极电位为-0.44 V，钢丝在 Cu^{2+} 离子溶液中会因铜和铁之间的电势自动产生置换反应，即铁因低电位失去电子氧化成为铁离子进入镀液，铜离子得到电子还原析出铜原子附着在钢丝表面，即化学镀铜。

化学镀铜速度快，镀层薄，镀层附着力差，工艺简单，需消耗硫酸铜等铜盐。电镀铜消耗铜阳极（铜板）和电能，速度快，镀层附着力好，易实现厚镀铜。

当在溶液中按不同比例加入硫酸锡或羽毛状锡片，会使镀铜层中掺杂入锡成分使钢丝表面得到青铜镀层。控制锡的加入量，镀层可获得从白色锡到黄铜色以至于到青铜色、紫铜色。

镀铜层中掺杂入锌则可形成黄铜镀层。镀黄铜可采用氰化镀黄铜和热扩散镀黄铜。氰化镀指镀液中同时含有铜、锌离子，在电镀时按比例同时沉积在钢丝表面形成黄铜层，阳极是一定比例的铜锌合金板；热扩散镀黄铜则是先镀铜，再镀锌，随后经 450 ℃左右的热扩散使原先独立的铜锌层中的铜、锌原子互相迁移、扩散形成黄铜镀层。因氰化镀黄铜需要用到氰化钠，毒性大，电流效率低，目前已停用。

钢丝表面镀铜层的作用主要有：（1）润滑。多采用化学镀铜，用作拉丝润滑层。（2）防蚀。钢丝表面致密的铜层可防止钢丝氧化。（3）其他金属镀层底层。如镀镍、铬前的镀铜底层，以提高镀镍、铬的结合力。（4）提高橡胶结合力。一般用在轮胎钢丝、胶管钢丝上，钢丝表面的铜层、铜锌层（黄铜）、铜锡层（青铜）在橡胶硫化过程中可提高钢丝与橡胶的结合力。（5）导电。铜具有较好的导电性，表面覆铜钢丝既有较好的导电性（利用电流的趋肤效应）又有比纯铜丝较高的抗拉强度，可用于大跨度输电；电镀、包覆法均可生产。（6）装饰。镀铜层在干燥的空气中有较好的稳定性，可用作室内装饰。

当镀铜用于气体保护焊丝时，在拉拔生产过程中主要起润滑作用，在焊丝运输、仓储过程中起防蚀作用，在焊接使用过程中起润滑作用（有利于焊丝顺畅地通过送丝管、焊嘴），也有人认为还起到一定的导电作用。一般采用化学镀工艺生产。

（五）非金属保护涂层

钢丝除金属保护镀层外，还有非金属保护涂层。金属制品行业钢丝产品用得最多的是涂塑。涂塑方法一般有流动浸渍法（流化床）、静电喷涂法、熔射法、挤塑法。涂层材料主要有聚乙烯、聚丙烯等 PE、PVC 材料和双酚类环氧树脂。

钢丝涂塑的研究始于 20 世纪 50 年代。1952 年联邦德国最早提出流化床涂敷工艺，1962 年法国研制成功静电粉末喷涂装置，中国上海于 1968 年开始试验塑料静电喷涂工艺，采用聚乙烯粉喷涂仪器设备外壳；1987 年冶金工业部金属制品研究院从日本引进一套自动彩色涂塑机，用于国产高速公路用防护围栏。

经过几十年的努力，钢丝涂塑设备及涂塑材料均获得较大发展，涂塑工艺日趋成熟。涂塑低碳钢丝已广泛应用于生产、生活领域，如包装捆扎线、围栏网、涂塑钢丝编织品等，而后又开发了涂塑中、高碳钢丝，应用于制造钢丝绳等。涂塑钢丝除具有钢丝的高强度、高韧性外，由于涂覆了塑料层而具有耐酸、碱、盐等介质腐蚀的能力，同时兼有装饰性、电气绝缘性等综合性能，涂塑钢丝的使用寿命为涂漆钢丝的 3~5 倍，超过镀锌钢丝。在许多方面，可以代替传统的涂漆和金属镀层产品，广泛应用于家居、园艺绑扎、水利工程、城市河道建设、核电工程、山体护坡等方面。

三、产品介绍

随着科学技术的进步，钢丝镀层技术日臻成熟，涂镀层钢丝产品不断丰富，特别是锌/锌-5%铝合金镀层钢丝产品，规格从 ϕ0.08~10.0毫米，强度从350~2700兆帕，锌层厚度从5~600克，应用领域也不断扩大，应用的行业有汽车、军工、桥梁建筑、电力通信、畜牧、农业、水利、园林、文教等。

（一）通讯线用镀锌低碳钢丝

通讯线用镀锌低碳钢丝为适用于电报、电话、有线广播及信号传递等传输线路用镀锌低碳钢丝。执行标准为GB 346—84《通讯线用镀锌低碳钢丝》。通讯线的第一个国家标准GB 346—64《架空通讯用镀锌低碳钢丝》，所以通讯线也常被俗称为“架空线”。通讯线和一般用途的镀锌低碳钢丝比较具有强度适中、韧性好、电阻低、锌层质量高、锌层均匀性好、锌层牢固性强、锌层表面钝化处理后耐腐蚀性能提高、使用寿命长等便于施工等优点，在用途上可替代铜材通讯线。

通讯线表面的镀锌层就是通过热镀锌的工艺完成的。通讯线的用途是替代铜材通讯线传递信号，并需要长距离架设形成传输线路。所以从使用方面就决定了通讯线产品需要考核的性能指标要多于、高于普通用途镀锌低碳钢丝。下面就从技术指标、工艺和设备特点、产品发展过程等几个方面进行比较。

（1）通讯线标准与国内其他镀锌低碳钢丝标准的比较。我国有关镀锌低碳钢丝执行的原国家标准有GB 346—84《通讯线用镀锌低碳钢丝》、GB 3081—82《一般用途热镀锌低碳钢丝》、GB 3082—82《铠装电缆用低碳镀锌钢丝》、GB 3083—82《重要用途低碳钢丝》、GB 3084—82《棉花打包用低碳镀锌钢丝》。从以上标准技术指标的比较可以看出，其中普通用途的热镀锌低碳钢丝一般应用于捆绑、牵拉及编织等，使用特点是用途广泛，使用环境无特殊要求，使用寿命相对较短。而通讯线要求就不一样了，要满足架空线路安装和使用的力学性能和防大气腐蚀，其中包括沿海和南方地区的空气潮湿及北方地区严寒时不受覆冰影响等，并且使用寿命越长越好，更主要的是要保证信号传递的通讯功能。

（2）我国通讯线标准与国际先进国家通讯线标准的比较。国际上通讯线用镀锌低碳钢丝的标准有很多，如英国BS 182—72《电话及电报用镀锌铜丝》，美国ASTM A111—80《电话及电报线路用镀锌铁丝》，日本JIS G3531—1985《输出电信线》，苏联ГОСТ 1668—73《架空通讯线路用镀锌钢丝》，联邦德国DIN48300—70《电信架空线用线材》。从我国通讯线标准与以上各国通讯线标准技术指标比较中可以看出：1）钢丝直径及允许偏差：标准规定我国标准与各国标准基本持平，并略高于一些标准；2）抗拉强度：标准规定我国标准低于联邦德国标准，高于其他国家标准；3）伸长率：我国标准高于苏联和美国标准，其他国家标准没有要求；4）锌层质量：除苏联标准要求过低外，我国标准规定与其他国家标准规定持平；5）锌层均匀性（硫酸铜试验）：我国标准与英国、日本标准持平，高于苏联标准；6）锌层附着牢固性（缠绕实验）：我国标准和英国及苏联标准持平，高于日本标准。

通过对比可以看出我国的通讯线标准与国际上先进国家的通讯线标准总体水平持平，达到了一般国际水平标准。按照 GB 346—84 标准生产的合格产品是能达到国际同类产品水平的。

（3）热镀锌低碳钢丝的生产工艺的比较。由于产品用途不同，生产的工艺流程不可能完全一样，普通的热镀锌低碳钢丝生产工艺流程如下：半成品上线→正火（或退火）→空冷→水洗→酸洗（盐酸洗）→水冲洗→溶剂处理（助镀）→烘干→热镀锌→(镀后处理)→收线→试验检查与包装→入库。流程中的（镀后处理）是各企业根据产品需求采用的工艺有所不同。以通讯线例，因为产品需要高抗腐蚀能力，镀后处理就增加了钝化工艺。钝化工艺包括（热镀锌)→风水冷却→水洗→纯化→热水洗→(收线)。

通讯线在邮电、铁路等行业的应用，特别是农村与老百姓生活密切相关。我国地域辽阔，自新中国建立以来，党和政府一直重视着农村有线广播网的建设，到了 20 世纪 70 年代我国农村有线广播网已遍及全国农村的公社、大队，有的地区直接进到农户家中。党的方针政策、农业的科技知识、社会新闻、文化娱乐等都是通过有线广播传输的，是广大农民了解外部世界最方便的途径。到了 20 世纪 70 年代末期全国每年新建、维修有线广播网所需要的通讯线就要 3 万~4 万吨。进入了 20 世纪 80 年代随着全国经济的复苏，通讯线的需求量逐年增加，对质量的要求也逐步提高。

天津原第五金属制品厂作为通讯线研发生产的龙头企业，在通讯线的生产过程中一直高标准严要求，因为一直保持着产品的高质量，在 1980 年和 1985 年两次获得国家优质产品质量银质奖，也多次获冶金工业部和天津市优质产品称号，“金山牌”通讯线行销全国。

进入 21 世纪以来，随着光纤、移动互联网等新的通讯技术开发和应用，用于通讯的架空网线越来越少，作为通讯用途的镀锌低碳钢丝也就完成了历史使命。钢丝的热镀锌作为一种金属防腐蚀的方法还会继续被使用，钢丝热镀锌的工艺和方法短时期还不会消失，但像通讯线这样厚镀层高质量的产品就不会存在了，相关标准已被替代，但希望生产这种高质量产品的工艺能够被记录下来，给后来的研究者们留下一些可参考的资料。

每一种材料、产品、技术都会随着历史的发展被新的发现所代替，这是历史发展的必然规律，只愿这些被替代品不要被后人遗忘。

（二）超细规格镀锌钢丝

ϕ0.08~0.15 毫米的镀锌钢丝，用于气液过滤网等工业市场领域。产品生产工序流程复杂，需要经过 50 余道次模具拉拔，4 次热处理，对于模具、润滑等工装、辅材要求非常高，拉拔后的钢丝半成品强度只有 500 兆帕左右，对于热处理工艺的准确性、镀锌生产线员工技能的熟练程度要求非常高，产品生产难度大、产量低，很多厂家力不从心。

上海宝章、天津华源是生产细规格镀锌钢丝的专业企业，特别是天津华源深耕金属线材制品领域 30 多年，是国内较早从事金属线材制品的企业之一。具有完善的研发生产体系，配备热镀生产线、电镀生产线、GF 生产线等先进生产线 40 多条，产品覆盖了镀、涂、包、绞、编及表面处理的精细延伸制品。先后主导、参与编写了 T/CISA 041—2020

《口罩用镀锌钢丝》、GB/T 3082—2008《铠装电缆用热镀锌或热镀锌-5%铝混合稀土合金镀层低碳钢丝》、GB/T 3428《架空绞线用镀锌钢丝》国家标准，YB/T 5294—2009《一般用途低碳钢丝》、YB/T 5357—2009《钢丝镀层 锌或锌-5%铝合金》等多项标准，在行业拥有一定的话语权。产品 80%以上销往全球 70 多个国家和地区。

（三）高强度、高防腐镀锌或锌-5%铝合金镀层钢丝

在高压输电及通讯行业中，ϕ1.57~5.00 毫米的镀锌钢丝广泛用于架空铝线加强芯、拉线、地线、预绞丝金具等用途。随着技术的不断发展，为了提高线路寿命，减少钢铝比（减少输电电损），高强度、高防腐的产品应运而生。在高防腐方面，厚锌层和锌铝合金镀层为两个主要的发展方向，纯锌镀层钢丝最厚可以达到 824 克/米^2，强度最高可达 2060 兆帕，国外高强度、锌铝合金镀层的项目也越来越多，正在逐渐成为发展趋势。天津华源、河南恒星、咸阳宝石等企业已经成功研制出高强度镀锌钢丝，并已投入市场。随着国家“一带一路”的推进，将进一步增加国际市场的需求量。国内也在积极推进高强度、厚合金镀层钢丝在电力行业的应用。

预应力混凝土制品中会用到大量预应力钢丝。由于预应力钢丝是冷加工钢材，具有高强度，表面易受损伤，比普通碳素钢对介质腐蚀和应力腐蚀更为敏感。特别是钢丝断面积小，又长期在高应力下工作，因受外裹混凝土的材料性质、密实度、缺陷、冷凝水、受力状态下的裂缝以及结构物使用环境等因素的影响，产生应力腐蚀开裂致使预应力构件失效的危险性很大。镀锌层对钢丝基体可起有效的保护作用。镀锌预应力钢丝适用于桥梁拉索和污水池等腐蚀较严重的工程结构。

高强度、高防腐镀锌或锌铝合金镀层钢丝还广泛应用于大型斜拉桥、悬索桥缆索。随着钢厂冶炼技术的发展，钢丝生产企业技术能力的提升，法尔胜、江阴华新、宝通线材等企业已经成功开发出高强度桥梁缆索用锌/锌-5%铝合金镀层钢丝，强度最高可达 2100 兆帕，产品在国内得到广泛应用，如苏通大桥、平塘大桥、南沙大桥、虎门二桥等项目，还出口到国际市场，同时也支持我国的桥梁技术走向了世界前列。

四、未来发展

经过近三十年的发展，我国钢丝涂镀产品技术与一些发达国家相比，在工艺技术水平、装备状况上已经十分接近，在国际市场上同台竞争。但是在工艺设备的自主创新、品种结构上，我们还有差距，还要在组织模式、生产方式、装备水平、工艺技术上进一步创新。

生产组织上要创新。当今世界已经由竞争走向竞合，必须抱团取暖。钢丝生产企业、盘条企业、设备厂家需要共同联合起来，面对市场需求研发新材料、新产品、新技术、新装备。如天津华源与北京首钢研发的 1006 优质线材生产超细规格镀锌钢丝、BP05 专用线材生产爆破线专用镀锌钢丝，奥盛公司与沙钢共同研制 SWRS82B、SWRS82B-T、SWRS87B-T 线材生产桥梁缆索用镀锌钢丝等，产品质量完全可以与世界同行业相媲美。

生产技术上要创新。沸腾粒子炉热处理技术，感应加热技术，DV 值能达到 80 以上，高频、高速是发展的方向，目前该技术在国内江阴地区个别企业已有应用。作业方式还有提升的空间，拉拔-镀锌连续生产线也是未来研究的方向。三元及多元合金镀层作为世界最先进的技术，在增加橡胶的黏合性方面，已开始使用在钢帘线和胎圈钢丝上，在高耐腐蚀方面，如镀锌铝-镁合金、锌铝-镁稀土合金等，正在替代普通镀锌、镀锌-铝钢丝。

装备智能化、管理现代化。运用云平台、大数据、信息化管理，通过互联网和云数据实现设备随时监控随时提取数据，随时掌握工序的现场状况、产品质量、成本运行数据，实现生产管理的自动化、智能化。伴随着大数据、智能化需求，一些装备制造企业研发出数字化、智能化设备，很受设备用户欢迎。

面临着目前国内的环保形势和制造业高质量发展的要求，钢丝涂镀层产品将迎来升级换代的重大变革，此行业必定会走向高效、节能、环保。

第六节 胎圈钢丝

一、概述

（一）胎圈钢丝

胎圈钢丝，是一种表面镀有青铜或紫铜，含碳量为 0.80%~0.85%，用于加强轮胎胎圈的钢丝。胎圈钢丝产品如图 2-2-9 和图 2-2-10 所示。

图 2-2-9 胎圈钢丝在工字轮上

图 2-2-10 捆扎后的胎圈钢丝产品

（二）胎圈钢丝作用

由于胎圈钢丝和橡胶制成的钢丝圈使外胎紧密固定在轮辋上，在轮胎行驶中钢丝圈承受拉伸、压缩、扭转及离心作用力。胎圈钢丝用于各种类型轮胎，包括轿车轮胎、载重轮胎、航空轮胎、摩托车轮胎和自行车轮胎。

（三）胎圈钢丝特性

胎圈钢丝具有强度高、韧性好、疲劳性能优和直线性良好等优点。由于胎圈钢丝在轮胎中要承受极其复杂的交变负荷和冲击负荷，要求不仅要具有较高的强度和良好的耐疲劳性能，还要具有抗冲击、伸长率大、扭转次数高和残余扭矩低等特性。

随着轮胎性能的不断提高，胎圈钢丝不仅要与橡胶牢固地黏合在一起，同时，随着轮胎适用于不同的汽车，轮胎对胎圈钢丝直径的要求也变得多样化，主要集中在 ϕ0.70~3.0毫米。

为保证胎圈与轮胎更好地黏合在一起，胎圈钢丝的镀层有高锡和低锡之分，Sn 含量大于 4%为高锡，Sn 含量小于 4%为低锡，为适应不同用途的胶料而选择不同锡含量的钢丝来确保黏合力。

根据不同结构的轮胎，胎圈钢丝分为普通强度和高强度，以加强轮胎与轮辋的固定作用。

随着胎圈钢丝的强度不断提高，可以减少胎圈钢丝的用量，使轮胎的质量降低，减少轮胎的滚动阻力，节省能耗，并降低轮胎的生产成本；还具有高的屈强比，可以减小钢丝的蠕变性，从而延长轮胎的寿命。胎圈钢丝在轮胎中的位置如图 2-2-11 所示。

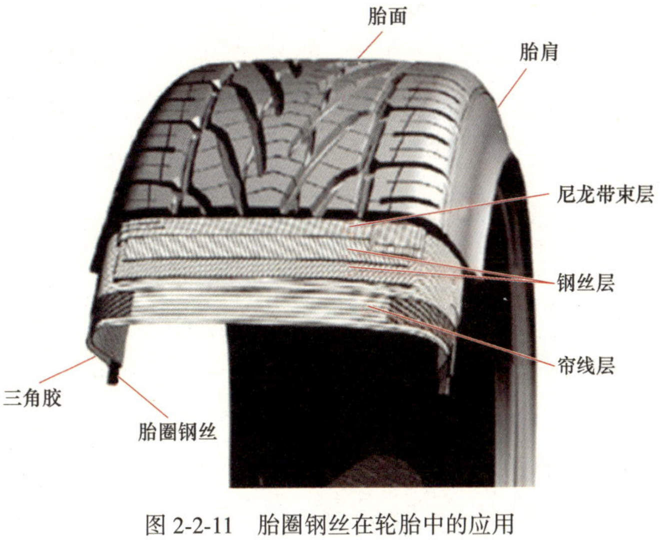

图 2-2-11 胎圈钢丝在轮胎中的应用

二、发展历程

（一）国际

据文献记录最早的胎圈钢丝出现在 1905 年，当时的胎圈钢丝为扁平的无镀层的钢丝，直到 1928 年，包有胶带的胎圈才开始出现。因考虑到钢丝与橡胶的黏合作用，有了镀青铜钢丝。镀青铜胎圈钢丝可以起到很好的轮胎与轮辋的固定作用。

第二次世界大战期间，胎圈钢丝发展缓慢，很长时间都是轮胎厂自供，没有专门的胎圈钢丝生产厂家。直到20世纪50年代，比利时贝卡尔特开始建立工厂正式生产直径为0.70~3.0毫米的镀青铜胎圈钢丝，年产量6200吨，成为最早的胎圈钢丝供应商之一。随着欧美经济的发展，贝卡尔特于20世纪60~70年代在美国、西班牙等地建立胎圈钢丝生产基地，逐渐开发了黄铜、紫铜、青铜等不同镀层以及低碳、高碳等不同强度的胎圈钢丝，为现代胎圈钢丝的发展做出了贡献。

20世纪70年代，高丽制钢、韩国晓星、东京制钢、普利司通等开始生产胎圈钢丝。

（二）国内

改革开放之前，国内生产胎圈钢丝的规模还很小，只有上海钢丝、江阴钢丝、湖北钢丝、天津二绳、沈阳线材等几家中小企业。随着中国改革开放和经济的快速发展，一些外资企业来华投资。比利时贝卡尔特于1992年在中国江阴建立第一家工厂生产镀青铜胎圈钢丝，2000年之后，韩国高丽制钢、韩国晓星等企业也在中国投资建厂生产胎圈钢丝。

20世纪90年代~21世纪初，中国成为世界线材制品行业投资热潮之地，生产厂家从原来的30多家发展到现在的70多家，其中我国胎圈钢丝生产厂家有40多家。期间，江苏兴达、江苏胜达、山东大业、浙江天伦、山东胜通等生产厂家逐渐成长，我国制造胎圈钢丝的技术逐渐成熟。

世界胎圈钢丝产量从2001年的28.5万吨发展到2017年的200万吨左右，其中我国2017年胎圈钢丝产量大约在90万吨，占全球市场的45%，市场占有量已跃居世界第一。从全球胎圈钢丝生产厂家来看，高丽制钢胎圈钢丝占全球市场份额的22%，贝卡尔特胎圈钢丝占全球市场份额的15%，中国企业山东大业一跃成为世界第三胎圈钢丝供应商，约占全球市场份额的13%。

（三）产品变化

自胎圈钢丝问世以来，在结构、载荷和黏合力方面有了很大的发展和变化。

一是胎圈钢丝规格和结构变化。胎圈钢丝从较细规格、单一规格直径0.96毫米、1.00毫米向多规格（直径0.70~3.0毫米）、多品种发展。冷拉胎圈钢丝逐步淘汰并过渡到回火胎圈钢丝，从普通强度胎圈钢丝升级到高强度甚至超高强度胎圈钢丝，同时也出现了异型胎圈钢丝。镀层从镀紫铜发展到镀低锡青铜和高锡青铜。还有的企业在研究镀镍铜、镀锌、复合镀铜、多元化镀层等胎圈钢丝。

二是胎圈钢丝在轮胎中要承受极其复杂的交变载荷及冲击载荷，从而对胎圈钢丝性能提出了更高要求。胎圈钢丝不但要强度高、抗疲劳性能好，同时要求耐冲击、延伸高、扭转高等特性。于是胎圈钢丝制造企业对材质选择起着决定性作用，特别对线材的钢种、成分含量及纯净度的要求更加苛刻。

三是胎圈钢丝必须与橡胶具有较高的黏合力和附胶率。早期，紫铜胎圈钢丝与橡胶黏合力差，钢圈容易脱胶，如今发展到青铜胎圈钢丝，其黏合力高而稳定，钢圈附胶均匀牢固。到目前为止，胎圈钢丝镀层还是以镀青铜为主，并根据轮胎企业橡胶配方的不同，采用低锡青铜或高锡青铜，大多数韩国和日本轮胎企业使用高锡青铜。

三、展望未来

随着环保意识的增强，绿色轮胎的呼声越来越高。胎圈钢丝需要向轻量化、耐久化、绿色化的路线发展。

一是绿色胎圈钢丝。未来钢丝表面无铅残留是必然趋势，铅浴淬火必然要被淘汰，被无污染的介质取代。

二是超高强度胎圈钢丝。采用更高强度胎圈钢丝会减轻胎圈质量，减小轮胎滚动阻力，以更高强度的胎圈钢丝来取代现有的高强度和普通强度的胎圈钢丝是必然的。因此，对胎圈钢丝的原材料选材和热处理工艺提出了更严格的要求。

三是胎圈钢丝表面质量增强，100%挂胶。胎圈钢丝挂胶的多少影响着轮胎质量。所以，未来胎圈钢丝表面挂胶100%是发展趋势，这对钢丝表面的处理提出了更加严格的要求。从钢丝拉拔、酸洗处理、镀铜处理、涂敷有机树脂等方面都需要做到最佳。

四是黏合力增强。胎圈钢丝与橡胶黏合性能好，轮胎质量会相应提高。反之，轮胎在使用过程中胎圈易产生钢丝圈松散、钢丝刺出，甚至会造成胎圈爆破等危害人身财产安全的事故。因此，增强黏合力是胎圈钢丝永恒不变的方向。

五是异型钢丝。截面积为矩形或其他形状钢丝的特点是能使固定轮胎和轮辋的作用力更加牢靠。现在部分国际企业生产出矩形钢丝，国内有极少量的企业正在研究开发，此类产品的量产是未来的发展方向之一。

第七节 胶管钢丝

一、概述

胶管选用特种合成橡胶制成，被广泛应用于工程机械、采矿、冶金、石油、化工、汽车、航空、建筑、医疗、家用电器等领域，也称橡胶软管。胶管钢丝作为橡胶软管的重要骨架材料，可以大大提高胶管的性能。其所起的作用是：保持胶管形状和尺寸的稳定性，抗机械损伤和支承负荷，满足胶管所需的脉冲性能、柔性、增强压力等性能要求。

一般胶管中钢丝比重会占总重的10%。胶管使用的骨架材料按照承压能力分为维纶、尼龙、聚酯、芳纶、钢丝等多种。钢丝作为骨架材料应用于胶管中已有几十年的历史，技术较为成熟。

胶管的结构主要由耐液体的合成橡胶内胶层、中胶层、多层增强层、耐天候的合成橡胶外胶层组成。内胶层具有使输送介质承受压力，保护钢丝或线纤维不受侵蚀的作用，外胶层保护增强层不受损伤，增强层是骨架材料，作用是保证胶管的使用压力。

目前，从全球范围看，橡胶骨架材料仍以钢丝、聚酯、锦纶和强力人造丝四大材质为主，且钢丝骨架年耗用量占首位。

二、发展历程

胶管的问世已有150多年，早在1763年，法国麦奎尔即用橡胶制出胶管并用在医疗上。1768年哥罗赛特将橡胶溶解涂在布上，首先造出了类似现代结构的胶管，开创了橡胶复合制品的先河。

根据胶管生产制造的工艺和应用，胶管钢丝分为编织用钢丝和缠绕用钢丝。编织用钢丝直径一般小于0.38毫米，强度也多为普通强度，缠绕钢丝的直径大于0.38毫米，强度等级也更高。

胶管钢丝作为液压橡胶软管的增强材料，具有良好的疲劳性能和稳定的强度，优良的镀层（黄铜）与橡胶充分黏合，制成的胶管承压力高、脉冲性能优越、耐曲绕性和耐疲劳性优良、管体结合紧密、使用柔软、压力下变形小。

胶管钢丝直径一般在0.25~0.80毫米，其中0.25~0.38毫米规格钢丝与钢帘线钢丝生产工艺大致相同，而较大规格的胶管钢丝随着强度级别的提高，需要更大直径的钢丝。大直径钢丝的热处理、电镀、拉拔等对工艺与设备都有较高的要求。

我国胶管行业发展近40年，胶管钢丝的发展历程也是随着胶管行业的起伏而变化的。20世纪80年代，钢丝已经开始作为骨架材料应用于胶管行业，钢丝增强胶管从2000年开始获得飞速发展，在性能和质量、工艺及装备水平上都有了很大的提高，作为增强材料的钢丝也迅猛发展，特别是编织用钢丝的产能大幅提升，国内几家主要的钢丝制造商快速开展扩产项目来满足市场需求。

2008年受到金融风暴的影响，胶管行业业绩迅速下滑，儿近低谷，胶管生产已经陷入了开工越多亏损越多的困境。随之而来的胶管钢丝的使用大幅下滑，国内部分正在准备扩建的胶管生产厂家也纷纷停止投资。同时编织胶管用钢丝产能过剩，缠绕胶管用钢丝产能明显不足，出现了结构性产能过剩。

随着金融风暴的结束，国内外煤炭、冶金等相关行业相继出现回暖并逐步复苏，特别是我国相继出台积极稳健的财政货币政策，机械冶金行业快速恢复，并伴随着企业结构升级，相应的胶管钢丝的需求也随之增大，结构上也发生了变化，缠绕胶管用钢丝的需求明显加大。

2004年，贝卡尔特在沈阳投资建厂，经过几次扩产，产能已经达到2.5万吨/年。沈阳工厂生产的胶管钢丝种类齐全，包括编织钢丝、缠绕钢丝等30多个结构，每个结构包括普通强度、高强度、超高强度3种强度级别。

随着贝卡尔特将胶管钢丝技术特别是大直径钢丝的拉拔技术带到中国并快速发展，培养了大批技术人才，国内胶管钢丝厂家也在短短的10多年里得到了快速的发展，特别是近5年来发展更为迅速，基本形成了我国自主的胶管钢丝产业，其中较为快速的有兴达、苏闽、恒星科技等企业。

三、展望未来

随着采矿、冶金、机械等行业的发展，对胶管性能要求越来越高，要具有更高的脉冲寿命、更高的爆破压力、更好的柔韧性能、更轻的质量。这也对胶管用钢丝提出了更高的要求，胶管钢丝未来的发展方向是：

一是扁平钢丝。钢丝之间面接触代替点接触，在编织胶管使用中，钢丝之间具有更小的接触应力，减小钢丝在胶管工作中的扭转行为，胶管因此而具有更高的爆破压力和脉冲寿命。

二是钢丝绳材料的应用。使用钢丝绳增强材料，增强层将既柔韧又有足够的增强能力，将钢丝增强层从 2 层减少到 1 层，可以减少投资成本，减少胶料使用，提高胶管的柔韧性，生产出直径更小的胶管。

第八节 铝包钢丝

一、概述

（一）产品定义

铝包钢丝是包裹铝层的碳素钢丝，常规截面为圆形，也有梯形等异型截面。铝层厚度一般在半径的 5%~25%范围，详细数据可检索相关产品标准。铝包钢丝的交货形态一般为工字轮（轴）装，也有线卷形式。

铝包钢表面的铝层是用热挤压的方式包裹上去的，拉拔技术也有其特殊性，采用压力模拉拔，增压管超过 100 毫米长，粉的消耗量较大。压力模拉拔过程还能改善铝层的同心度和厚度均匀性。

（二）产品分类及应用

铝包钢丝主要按导电率分类，常规分类有 20.3%IACS、27%IACS、30%IACS 和 40% IACS 四种。100%IACS 导电率对应的材料为完全退火的纯铜。在中国市场中还有 14%、23%、35%等特殊导电率级别。

因铝层带来的导电和耐腐蚀特性，铝包钢丝主要应用是用作架空输电裸线中的地线和导线加强芯（替代镀锌钢绞线及镀锌铝合金线），用作安装架空线所需的预绞丝和架空复合光纤地线，高导电率的铝包钢线还用作输电用绞线。

铝包钢丝因为导电性能好被应用到牧场电网和机场围栏，在葡萄及火龙果种植、大型通讯天线、格宾网也有一些应用。铝包钢丝在葡萄园应用的寿命达 30 年以上，远优于镀锌钢丝和镀锌铝合金钢丝，在保持张力的能力上又高于高分子材料线。其应用于河岸治理及建筑效果设计的格宾网时，具有结实和耐腐蚀的特性。

二、发展历程

20 世纪 50 年代日本日立首先推出铝包钢丝，目前流行的挤压包覆法是英国研究机构在 20 世纪 70 年代首次申请相关专利。而我国从 20 世纪 70 年代初开始研制铝包钢丝及绞线产品，由于相对欧美发达国家起步较晚，所以我国采取了“跨越式”的发展方式，铝包钢丝的生产技术只经历了“铝带压结法”和“旋转式连续温挤压法”两个阶段。

20 世纪 70 年代，湘潭电缆厂与上海电缆研究所合作，研究开发了用铝带压结法生产铝包钢丝的工艺。铝带压结法，是把铝丝轧成窄带并制成 U 形截面，再将经表面清洁的钢丝压入铝带中加热轧紧合缝，通过轧辊使铝带压紧被包覆的钢丝，形成良好的结合。这种方法会出现由于压合不牢固造成接缝处开裂等缺陷，并且生产效率较低、成本相对较高，因而未能实现大规模的生产应用。

1976 年，天津市大成五金厂承接国家研制课题，用“旋转式连续温挤压包覆法”生产铝包钢丝获得了成功。该工艺是利用有效的挤压力在挤压腔内使铝杆变形并包覆到钢丝上，实现了连续无缝包覆。由于无焊缝，使钢与铝的结合力好，可经受扭转试验不开裂。但当时没有拉拔包覆钢丝的设备，只能直接包覆到成品规格，如 $\phi 3.0$ 毫米或 $\phi 3.2$ 毫米的成品规格。当时设备挤压轮结构方式为单轮单槽，模腔尺寸小，生产的产品规格小，生产效率很低。产品用来替代架空通讯用镀锌低碳钢丝，主要用于农村有线广播线及无线广播系统的天线。当时的冶金工业部和天津市经委于 1985 年 11 月在浙江省绍兴市召开了由天津大成五金厂研制的旋转式连续挤压工艺及广播通讯用铝包钢丝鉴定会。老式机器做的铝包钢结合力不够好，出现过脱铝问题。

20 世纪 80 年代，我国铝包钢产品开始逐步被推广应用，在国内各地电力、广播邮电线路上试挂运行，并经过严寒酷暑等恶劣环境使用条件的验证，取得了良好的效果。在此期间，产品开始用于长江、厦门海峡等大跨度高压输电线及电气化铁路接触网等工程。1987 年，上海电缆研究所和天津市大成五金厂合作研制出第一代国产化光纤复合架空地线（OPGW），同年第一条连续挤压包覆铝包钢绞线（19 股）在天津塘沽海边 11 万伏线路试挂成功。但受当时生产装备及技术水平限制，铝包钢产品的质量和性能与发达国家相比存在着较大的差距。

20 世纪 90 年代，河北、江苏、天津、江西等地的铝包钢生产企业先后从英国、意大利、美国等国家引进了铝包钢丝的最新生产设备和技术。1991 年，国家火炬计划和冶金工业部重点科研攻关计划中确定了研制不同导电率、强度和高结合力铝包钢绞线的主攻方向。华北电力设计院根据国家重点工程沙昌二回 500 千伏线路工程的需要，为解决大档距输电、地线屏蔽和地线热容量等问题，确定研制具有较高耐温性能的铝包钢绞线做良好导体地线。华北电力设计院与天津市大成五金厂等单位共同合作，依据国际 IEC 和美国 ASTM 标准，研制生产了 JLBGJ-120 型铝包钢绞线，成功地应用于我国首条采用铝包钢绞线的 500 千伏北京沙河至昌平输电线路中。

1992 年，常州市电线电缆厂在上海电缆所指导下，引进英国 BWE 公司生产线，1994 年投产，第一批铝包钢芯铝绞线成功地应用于海南省洋浦经济开发区的 132 千伏高压输电线路上，产品质量顺利地通过了工程发包方——德国西门子公司的检验。

1995 年，邢台电缆厂引进英国包覆机，不过所做的产品为与铝包钢线类似的铁路用铝包钢接触线。

1994 年天津市大成五金厂投资建设了“年产 5000 吨铝包钢丝及铝包钢绞线项目”，从英国 BWE 等公司引进了铝包钢旋转式连续温挤压生产线。该设备挤压轮结构方式为单轮双槽，两根铝杆同时进挤压机，进铝量大、包覆速度快，生产效率高，工艺稳定。从意大利 M. FRIGERIO 公司引进一台直线式拉丝机，该拉丝机采用双金属同步变形技术，钢-铝复合材同步拉拔加工变形，在工艺技术上达到了当时的世界先进水平，填补了我国铝包钢拉拔技术的空白，可以生产多种规格包覆产品。

1996 年，大连铁道学院的连续挤压工程研究中心主持完成的辽宁省科技攻关项目“电缆连续包覆技术及设备研究”，生产出中国第一套国产铝包钢挤压包覆设备，通过了辽宁省科委主持的鉴定，后来新华股份购买过一套，短期生产了几年的新余万田也是用了大连的设备。

1996 年，江西新华进口英国包覆机，第二年投产，1999 年通过了科技厅组织的新产品鉴定，也通过了铁道部电建所组织的承力索用铝包钢绞线鉴定。初期的产品主要用于跨江输电工程。如襄樊大跨越、舟山大跨越及一些 220 千伏线路工程，产品供给外资的 OPGW 生产企业（如阿尔卡特等），还有电气化铁路的承力索。

2003 年，中天科技集团投资设立铝包钢线厂，挺进铝包钢复合金属材料和导线领域，开发了填补国内空白的最大截面积的铝包钢绞线。

三、取得辉煌成就

新华金属在铝包钢技术上做出过许多创新，在引进英国技术的基础上，早在 2013 年第一家成功地应用砂带机等技术，全流程不用任何酸，甚至将铝杆的碱洗也停掉了，为行业的清洁生产做出了重要贡献。

中天科技为全球最大的 OPGW 生产企业，也是最大的铝包钢丝客户，拥有九条包覆线。中天科技在国内最早开发了殷瓦钢铝包钢丝，利用殷瓦钢低线膨胀系数的优点，用于有高温运行需要的升级改造线路。中天科技连续 11 次中标黄河大跨越等国家电网特高压工程，铝包钢绞线供货量达到 15 万吨。2013 年，铝包钢线厂向国家电网溪洛渡左岸-浙江金华±800 千伏特高压直流输电线路工程赣江大跨越标段交付 1100 吨绿色铝包钢绞线。

2022 年黄山创想超过中天科技，成为目前全球最大的铝包钢丝工厂，拥有 20 条包覆线，月产能达 1 万吨，2023 年预计产量为 10 万吨。桥索材料的开发经验也带动了铝包钢强度的提升，目前 20. 3%导电率可以做 1650 兆帕的高强度铝包钢。

四、展望未来发展

电力市场中 OPGW 结构设计中目前还没有能替代铝包钢线的材料。铝包钢丝的制造成本要明显高于镀锌钢丝，所以只有在其优势特性很重要的场合才会有拓展机会，比如机场、高铁及高速公路的围网，用铝包钢网的寿命要远超过镀锌+静电粉末涂层的产品，铝包钢的寿命预计在 30 年以上，而后者厂家最多保证 10 年寿命。

铝包钢丝在格宾网及防山坡落石网应用上有一些机会，但产品优势不能发挥，不具备显著优势，价格还更贵。铝包钢丝在边境电网应用上有很多优势，但已错失很多市场机会。类似的市场有海外牧场电网，但对交付形式、系统设计和服务有一些现有企业不熟悉的东西。

第九节 桥梁缆索钢丝

一、概述

桥梁缆索用热镀锌或锌铝合金钢丝（hot-dip zinc-aluminium coated steel wires for bridge cables），简称“桥梁缆索钢丝”，是通过锌（或锌铝合金）熔池镀上锌（或锌铝）镀层的钢丝，主要应用于桥梁的缆（拉）索、锚固拉力构件、提升和固定用拉力构件的建筑物和其他土木工程中。

桥梁缆索钢丝产品国家标准号为GB/T 17101。

桥梁缆索钢丝作为桥梁“生命线”，有着重要质量指标要求，包括尺寸、力学性能、工艺性能、镀层性能、伸直性能和表面质量等，与桥梁缆索的制作、施工和服役表现息息相关。

（一）尺寸

桥梁缆索钢丝的线径主要为ϕ5.0~7.0毫米。按施工和服役特点，斜拉索中主要设计采用ϕ7.0毫米钢丝，尺寸相对固定；悬索桥主缆则根据大桥跨度、承重载荷要求进行设计计算，采用5毫米系列非整数值的线径，如南沙大桥（ϕ5.0毫米、ϕ5.20毫米钢丝）、鹦鹉洲大桥（ϕ5.25毫米钢丝）、南京四桥（ϕ5.35毫米钢丝）、深中通道（ϕ6.0毫米钢丝）、杨泗港长江大桥（ϕ6.20毫米钢丝）。尺寸方面也有不圆度、直径偏差要求，有利于单根索股（±0.03毫米）、整根主缆钢丝平均线径（±0.01毫米）的精准控制。

（二）力学性能

钢丝的力学性能主要有抗拉强度、塑性延伸强度、断后伸长率、弹性模量、扭转性能、松弛性能等。

（三）工艺性能

工艺性能涉及钢丝的反复弯曲、缠绕、抗拉伸疲劳、墩头性能等，是主要的塑韧性指标范畴。

（四）镀层性能

镀层性能主要有单位面积镀层质量、镀层附着力、镀层均匀性、镀层成分等，是耐蚀能力的关键指标。

二、发展经历

桥梁缆索钢丝的发展，与国内桥梁建设相辅相成，共同将亚洲桥梁建设推向高峰（世界桥梁建设的第三次高峰），以下从20世纪90年代开始，按10年为一个阶段划分。

（一）起步阶段（2000年之前）

我国第一座现代悬索桥为1995年12月28日建成通车的汕头海湾大桥，主桥结构体系为三跨154米+452米+154米混凝土加劲箱梁的悬索桥，其主缆钢丝采用的是由意大利进口的ϕ5.1毫米-1600兆帕热镀锌钢丝。

西陵长江大桥，中国湖北省宜昌市境内连接南北两岸的过江通道，位于三峡大坝中轴线下游4.5公里处，是长江上的第一座悬索桥。“一跨过长江”是西陵长江大桥最重要的技术特点，大桥全长1118.66米，主跨900米，跨度在当时位居国内同类型桥梁第一，被誉为“神州第一跨”。1996年建成通车。该桥主缆采用由英国布顿（Bridon）公司生产的ϕ5.0毫米-1600兆帕热镀锌钢丝。

上海南浦大桥是中国上海市境内连接黄浦区与浦东新区的过江通道，位于黄浦江水道之上，为上海内环高速架路组成部分之一。南浦大桥为斜拉桥，主跨423米，始建于1988年，于1991年11月19日工程竣工，于1991年12月1日通车运营。该桥斜拉索用钢丝采用的是由德国蒂森（Thyssen）公司生产的ϕ5.1毫米-1600兆帕热镀锌钢丝。

国内使用的桥梁缆索用热镀锌钢丝，在1993年以前全部依赖进口。

随着国内规划的桥梁项目如雨后春笋般地拔地而起，桥梁钢丝需求迅猛增加，当时较早成立的桥梁缆索钢丝企业有：上海申佳（上海二钢合资）、江阴华新钢缆等，国产钢丝逐步替代进口，主要的悬索桥代表项目有1995年通车的虎门大桥（ϕ5.20毫米-1600兆帕，主跨888米）、1997年通车的江阴大桥（ϕ5.35毫米-1600兆帕，主跨1385米）和重庆鹅公岩大桥（ϕ5.22毫米-1600兆帕，主跨660米）等；早期的斜拉桥代表性项目有1994年上海徐浦大桥（ϕ7.0毫米-1600兆帕）、1995年钱江三桥（ϕ7.0毫米-1620兆帕）、1998年南京长江二桥（ϕ7.0毫米-1670兆帕）、1999年荆州长江大桥（ϕ7.0毫米-1600兆帕）等。

虎门大桥，中国广东省境内一座连接广州市南沙区与东莞市虎门镇的跨海大桥，位于珠江狮子洋之上，为珠江三角洲地区环线高速公路南部联络线（莞佛高速公路）的组成部分。线路全长15.76千米，主桥全长4.6千米；桥面为双向六车道高速公路，设计速度120千米/时。该桥于1992年10月28日动工建设，于1997年6月9日建成通车，于1999年4月20日通过竣工验收。该桥主缆钢丝采用ϕ5.2毫米-1600兆帕热镀锌钢丝。在该工程中，主缆首次部分采用了国内生产的热镀锌钢丝（江阴华新+上海申佳），并将国产钢丝与进口钢丝进行了相关产品质量指标的对比，国产钢丝质量不低于进口的德国钢丝。

江阴大桥，国内跨度最大的悬索桥（主跨1385米），当时列“世界第四”。江阴大桥的主要承重和传力构件——主缆索股长度约2180米。每条主缆由169条主缆索股组成，两端边跨各另加8条辅助索。每条索股（含背索）均由127根ϕ5.35毫米镀锌钢丝组成。每条主缆中跨21463丝，边跨22479丝。每条索股（含锚具、锚板）重约50吨。全桥共有169×2条主缆索股和8×4条背索，理论钢丝用量16780吨。江阴大桥综合考虑各方面因素，选用了英国布顿（Bridon）和国产的桥梁钢丝（江阴华新），钢丝质量和技术指标参考国内外同类材料的先进水平制定。

至此，国内生产的大桥缆索用钢丝走上了部分替代进口的道路。1997 年，国内已经基本实现桥梁缆索热镀钢丝的国产化，主要企业江阴华新钢缆、上海申佳、九江钢铁公司起草制定了 GB/T 17101—1997《桥梁缆索用热镀锌钢丝》。这个阶段的桥梁钢丝，以虎门大桥建设为标志，让桥梁钢丝“舶来品”成为了历史，但原料盘条仍全桥引进日本新日铁 S82B-DLP 盘条（盘条投标）。

（二）发展阶段（2000~2010 年）

阳逻大桥，武汉市的东大门，主缆索股采用 ϕ5. 35 毫米-1670 兆帕镀锌钢丝，主桥总体布置为北边跨 250 米+主跨 1280 米+南边跨 440 米，南塔高 169. 215 米，北塔高 166. 215 米，主缆矢跨比为 1/10. 5；加劲梁采用的钢箱梁高 3 米，宽 38. 5 米（含风嘴）。北引桥 5×55 米，南引桥 70 米×4+65 连续刚构+3 联-5 孔×55 米。阳逻大桥为当时武汉市长江上唯一一座悬索桥，“一桥一景”，有利于张扬武汉个性魅力，丰富人文景观，提升武汉整体形象，也圆了江城人民在长江上建悬索桥的梦想。

润扬长江公路大桥，南汉主桥采用主跨 1490 米的单孔双铰钢箱梁悬索桥，主塔高 215. 58 米，建成时其跨度位列中国第一、世界第三；北汉桥采用 176 米+406 米+176 米的三跨双塔双索面钢箱梁斜拉桥，引桥均采用预应力混凝土连续箱梁桥；润扬长江公路大桥设计使用寿命为 100 年。南汉桥主缆矢跨比 1/10，主缆中心横向间距为 34. 3 米，主缆采用 PPWS 法架设，每根主缆有 184 根 PPWS 索股，每股由 127 根直径 5. 30 毫米、强度为 1670 兆帕的镀锌高强钢丝组成，空隙率在索夹处为 18%，索夹外为 20%，主缆外径分别为 895 毫米、906 毫米，长度为 2582 米，全桥主缆钢丝总重为 2. 1 万吨。该桥主缆钢丝全部采用国产 ϕ5. 30 毫米-1670 兆帕热镀锌钢丝（进口新日铁 S82B 盘条）。

柳州红光大桥，位于广西柳州市城中区与柳南区交界处江面，处于柳州市中心城区，工程于 2002 年 9 月 30 日正式开工建设，2004 年 8 月 28 日建成通车。大桥全长 1040 米，宽 27 米，设双向四车道，主桥为钢板梁悬索桥，跨度 380 米，此类主梁截面在美国塔科马悬索桥曾遭遇风毁倒塌，60 年来国际上再无应用案例。国内著名悬索桥设计师徐恭义博士主持重新研究设计，并在红光大桥上实践应用，赢得国内外同行关注与广泛赞誉。该桥率先采用了 ϕ5. 0 毫米-1770 兆帕镀锌钢丝，盘条采用宝钢 B82MnQL，为国内首个 1770 兆帕桥梁钢丝应用工程。

西堠门大桥，全路线里程为 5452 米，大桥总长 2588 米、接线长 2864 米，跨江部分长 1650 米，采用（578+1650+485）米跨径布置。加劲梁梁宽 36 米（外到外），高 3. 5 米；塔柱标高 5950 米（距塔底 37. 5 米）以上 15 米高度范围内。2005 年 5 月 20 日动工兴建，2009 年 12 月 25 日通车运营。全桥共设 2 根主缆，抗拉强度不小于 1770 兆帕，每根索股含 127 根钢丝。该桥与当时世界上最大的悬索桥——明石海峡大桥主缆索股钢丝强度、规模相当，桥梁钢丝用原料为宝钢、新日铁各占 50%。

2010 年前，国产宝钢盘条及钢丝加工技术能力迅速提升，为随后的多座大型桥梁建设提供有力保障，如泰州大桥 ϕ5. 2 毫米-1670 兆帕、南京四桥 ϕ5. 25 毫米-1770 兆帕、鹦鹉洲大桥 ϕ5. 25 毫米-1770 兆帕等，国产盘条生产的钢丝在主缆中全桥应用，真正意义实现了钢丝完全自主。

这个阶段的产品标准方面，2007~2008 年对 GB/T 17101—1997 进行了修订，修订中得到了国内钢厂、钢丝企业的广泛讨论，包括新日铁、三井物产人员（以法尔胜双友东纲的日方专家身份参加讨论会）。该标准的审定会于 2008 年 4 月 24~25 日在北京召开，12 个单位 19 名代表参会，确定了桥梁钢丝性能指标中“低松弛+高扭转”的要求，标准达到国际先进水平。随后业内上海二钢专家孙金茂等发表了《GB/T 17101—1997 修订中两种体系的碰撞》论文，客观记录了当时钢丝技术路线、指标发展的分歧和技术创新过程。标准修订中的博弈，除产品标准化本身之外，背后表达的商业竞争气氛也浓烈，甚至是国家之间的市场份额博弈。

GB/T 17101—2008《桥梁缆索用热镀锌钢丝》标准发布后，广泛被后期的各类悬索桥、斜拉桥设计采标。

（三）超越阶段

桥梁建设经过 10 多年的蓬勃发展，跨度不断增大，钢丝性能指标不断提升，对桥梁缆索的使用寿命要求也不断提高，已经出现 100 年、120 年的长寿命要求，为此需要桥梁缆索钢丝不断提高耐腐蚀性能，特别是跨海大桥，主要从镀层合金化方面提升耐腐蚀性能，如 Al 元素添加。

2004 年，绥芬河市新华街复合防腐型平行钢丝项目，由上海二钢联合浦江缆索开发应用，采用了锌-5%铝合金镀层钢丝。

2013 年，法尔胜江苏双友东纲开发了 ϕ7. 0 毫米-1860 兆帕锌-5%铝合金镀层钢丝，钢丝抗腐蚀性能为传统热镀锌的 2 倍以上，应用于港珠澳大桥斜拉索。

2018 年建成通车的南沙大桥共设置两座跨江大桥，分别是：采用双塔双跨悬索桥（主跨 658 米+1688 米+522 米）的坭洲水道桥，采用双塔单跨悬索桥（主跨 360 米+1200 米+480 米）的大沙水道桥。其中主跨 1688 米的坭洲水道桥建成后将成为世界第一跨度钢箱梁悬索桥，主缆钢丝采用 1960 兆帕锌铝合金镀层钢丝。相对 1770 兆帕钢丝可以节省约 11%的钢丝用量，减小了大跨度悬索桥塔锚结构、索鞍索夹结构质量，大大减小悬索桥上部结构制造安装的施工难度和工程量，是一项兼有结构创新和材料创新的成果。国内大型钢厂（宝钢、青钢、兴澄特钢）、钢丝厂（法尔胜东纲、南通宝钢制品、江阴华新）、设计院、缆索厂（法尔胜缆索、上海浦江缆索）、桥梁建设单位等进行了桥梁缆索全产业链的技术攻关和创新，成功开发出高等级盘条及 ϕ5. 0 毫米-1960 兆帕超高强度锌-5%铝合金镀层钢丝，全桥应用约 3 万吨钢丝。

武汉杨泗港长江大桥，悬索主缆采用了 ϕ6. 2 毫米、强度 1960 兆帕、锌-5%铝合金镀层钢丝约 3. 3 万吨；沪苏通长江公铁大桥、商合杭大桥，斜拉索采用了 ϕ7. 0 毫米、强度 2000 兆帕、锌-5%铝合金镀层钢丝约 1. 8 万吨。

深中通道项目，进行了新型镀层主缆钢丝的腐蚀疲劳破坏机理研究，开发了锌铝多元合金镀层（锌铝镁、锌 10%铝）超高强度大直径主缆钢丝，应用了 3. 4 万吨超高强 ϕ6 毫米-2060 兆帕主缆钢丝，提高耐久性寿命 50%；保障了主缆的抗腐蚀能力，解决了海洋环境下大型悬索桥主缆的腐蚀疲劳问题。

马鞍山公铁两用长江大桥（巢马大桥，在建），是巢马城际铁路控制性工程，主桥采用主跨（2×1120）米三塔钢桁梁斜拉桥，总长 3248 米，为世界上首座双主跨超 1000 米的三塔斜拉桥，同时也是世界上最长联钢桁梁斜拉桥。设计采用 ϕ7.0 毫米、强度 2100 兆帕、锌-5%铝合金镀层钢丝约 2.4 万吨。

2015~2018 年，冶金信息标准研究院牵头国内企业法尔胜东纲、江阴华新、浦江缆索等单位广泛讨论，制定了 ISO 19203《大桥缆索用热镀锌及锌铝合金镀层钢丝》和 ISO 19427《悬索桥主缆用预制平行钢丝索股》国际标准，并分别于 2018 年和 2019 年出版发行，从而实现了对全球缆索产业的引领，解决了中国悬索产品和技术走出去的技术贸易壁垒，打开了走向世界的大门。至此，国内生产的大桥缆索用钢丝走上了全面超越阶段，桥梁缆索钢丝的技术水平也达到国际领先水平行列。

2018 年，GB/T 17101《桥梁缆索用热镀锌或锌铝合金钢丝》再次修订，进一步对超高强度、高扭转、高耐腐蚀镀层指标进行规定，陈华青等发表《GB/T 17101 再次修订中的技术问题讨论》。

（四）引领阶段

随着缆索承重桥梁跨度的增大、承载能力要求的提升，以及对桥梁使用寿命要求的提高，近年来，为进一步保证桥梁缆索的服役性能，我国的桥梁缆索钢丝在直径、强度和镀层防腐技术方面都发挥了引领发展的作用。

1. 悬索桥主缆钢丝直径的引领发展

国际上最早的悬索桥主缆索股钢丝直径为 4.0 毫米左右，如美国的布鲁克林大桥主缆钢丝直径为 4.67 毫米；威廉斯堡大桥主缆钢丝直径为 4.88 毫米；曼哈顿大桥、熊山大桥、中哈德逊大桥、华盛顿大桥等主缆钢丝直径为 4.98 毫米。随着冶金技术的迅速发展，5.0 毫米级的高强钢丝在大跨度悬索桥主缆上得到广泛应用，如日本的明石海峡大桥、来岛大桥等。JTG/TD 65-05—2015《公路悬索桥设计规范》规定：主缆用镀锌高强度钢丝的直径宜在 4.5~5.5 毫米内。因此，国内早期建设的大多数悬索桥，其主缆钢丝直径一般在 5.0~5.5 毫米之间，如西陵长江大桥的主缆钢丝直径为 5.0 毫米，虎门大桥的主缆钢丝直径为 5.2 毫米，江阴长江大桥的主缆钢丝直径为 5.35 毫米。

为增强主缆的防腐能力，最直接的方法就是增大主缆钢丝直径。有关研究通过计算分析不同直径的主缆钢丝在锈蚀工况下对结构受力的影响，研究了钢丝直径与主缆长效耐久性的关系。分析结果表明：（1）当钢丝直径为 5.0 毫米时，若发生 1 毫米深度锈蚀后，钢丝有效面积为原面积的 0.36，截面削减率为 64%，应力已为未锈蚀应力的 2.78 倍，此时钢丝应力已超过其抗拉强度（以主缆安全系数取 2.5 考虑）；（2）当钢丝直径为 8.0 毫米时，若发生 1.0 毫米深度锈蚀后，钢丝有效面积为原面积的 0.563，截面削减率为 43.7%，其应力为未锈蚀应力的 1.78 倍，此时钢丝仍有一定的安全度；（3）当钢丝发生同样深度锈蚀时，钢丝直径越大，其锈蚀后的截面削减率越小，承载力损失越少。

基于以上研究，我国率先开展大直径主缆钢丝的研发与应用推广。杨泗港长江大桥主缆最终采用了抗拉强度1960兆帕、直径6.20毫米高强钢丝，开创了6.0毫米系列大直径高强钢丝在悬索桥主缆中应用的先河。国内其他采用6.0毫米以上大直径高强钢丝主缆的悬索桥还有伍家岗长江大桥（主缆钢丝直径为6.0毫米，强度达到1860兆帕）、深中通道伶仃洋大桥（主缆钢丝直径为6.0毫米）。此外，近年来国外悬索桥主缆也逐渐采用大直径高强钢丝，如土耳其伊兹米特海湾大桥（New Izmit Bay Bridge）的主缆钢丝直径为5.91毫米，挪威哈罗格兰德大桥（Halogaland Bridge）的主缆钢丝直径为5.96毫米。

2. 钢丝强度的引领发展

受冶金技术的制约，国外早期建设的悬索桥，所使用的主缆钢丝强度级别基本在1570兆帕以下，如美国的布鲁克林大桥，主缆钢丝强度为1096兆帕；威廉斯堡大桥，主缆钢丝强度为1489兆帕；熊山大桥、中哈德逊大桥，主缆钢丝强度为1482兆帕；华盛顿大桥，主缆钢丝强度为1517兆帕。这一现象一直持续到20世纪90年代。20世纪90年代后期开始，随着钢丝制造技术的发展和悬索桥跨度的增加，悬索桥主缆钢丝的强度得到了快速发展，1670兆帕级、1770兆帕级、1860兆帕级乃至更高强度级别的热镀钢丝取代了原先的1570兆帕级热镀钢丝，成为悬索桥主缆钢丝的主流产品。如丹麦大贝尔特桥，主缆采用1670兆帕级高强热镀钢丝；日本明石海峡大桥，主缆采用1770兆帕级热镀钢丝；韩国李舜臣大桥主缆采用了1860兆帕高强热镀钢丝；韩国新千禧大桥和天使大桥的主缆采用了1960兆帕高强热镀钢丝。土耳其伊兹米特海湾大桥、1915恰纳卡莱大桥主缆也采用了1960兆帕高强热镀钢丝。目前国际上强度最高的桥梁缆索钢丝为1960兆帕热镀锌钢丝。

国内在建悬索桥中，深中通道伶仃洋大桥主缆采用了公称抗拉强度为2060兆帕的高强热镀钢丝，南京仙新路过江通道的主缆钢丝强度为2100兆帕，而张皋过江通道将计划采用强度高达2200兆帕的超高强热镀钢丝作为悬索桥主缆。随着高强热镀钢丝在国内大跨度桥梁中的成功应用，我国国家标准GB/T 17101—2019《桥梁缆索用热镀锌或锌铝合金钢丝》中，取消了1570兆帕级高强热镀钢丝，钢丝强度级别共4种，分别为1670兆帕、1770兆帕、1860兆帕和1960兆帕。标准编制单位已申请对该标准进行修订，计划将2000兆帕以上强度级别的高强热镀钢丝纳入该标准中。

3. 钢丝镀层的引领发展

据计算，我国每年钢铁腐蚀量约为1.2亿吨，钢铁腐蚀不仅会造成超过5000亿元的经济损失，还会损伤钢材的功效，引发严重的安全事故，因此钢铁防腐技术一直是国家发展的重点关注领域。悬索桥是跨越能力最强的桥梁，也是目前跨径2000米以上的特大型桥梁的唯一桥型。主缆是悬索桥的生命线，其钢丝的腐蚀问题严重威胁着桥梁的使用安全，尤其在海洋环境下，钢丝腐蚀以及由于腐蚀引起的腐蚀疲劳断裂问题更加突出。当前随着悬索桥跨径的增大和建设地点的自然环境日趋复杂，对主缆用钢丝的耐久性提出了更高的要求。因此，提升主缆用热镀钢丝的耐久性成为国内外悬索桥缆索技术未来发展的重要趋势。

以往悬索桥钢丝采用热镀锌进行防腐钢丝。热镀锌是将拉拔后的光面钢丝以一定的牵引速度浸入熔融的锌液中，钢丝表面覆盖纯锌层和通过原子间作用形成的锌-铁合金层。钢铁热镀锌过程中，液锌和铁反应导致钢基表面层化学成分与组织结构发生变化，其过程是固态金属与液态金属的反应和扩散过程。因为镀层厚度较大，且镀层属于阳极保护，所以钢基镀锌后耐腐蚀性能大大提高，中间合金层的存在，使镀层与钢基结合牢固，不容易脱落。热镀工艺与其他金属防护方法相比，在镀层电化学保护性、致密性、耐久性、免维护性、镀层与基体结合力、经济性以及热镀工艺对钢件形状、尺寸的适应性、生产的高效性方面具有得天独厚的优势。但是镀锌层的常规厚度仍远远不能达到高湿高盐、大温差区域的耐蚀性需求。另外，锌是一种比较贫乏的金属资源，随着锌资源的不断消耗，以及人们对钢材使用长寿化要求的不断提高，耐蚀性更好的 Zn-Al-Re 及 Zn-Al-Mg 等多元合金镀层产品得到开发。

因此，随着桥梁跨径的增加和设计寿命的提高，主缆钢丝热镀防腐技术发展的趋势为传统的纯锌热浸镀向锌基多元合金化热浸镀方向发展。

三、取得辉煌成就

采用镀锌钢丝制作的桥梁缆索先后应用到徐浦大桥、虎门大桥、江阴大桥、鹦鹉洲大桥、苏通大桥、港珠澳大桥、深中通道伶仃洋大桥（深中通道）、巢马城际铁路马鞍山公铁两用长江大桥等国家重点工程。

四、展望未来发展

现代缆索承重桥梁是一项高新技术含量较大的工程，反映出一个国家的材料发展水平、设计技术水平、试验手段、工程经验和工业加工能力等。桥梁缆索钢丝作为缆索承重桥梁的核心基础材料，其发展水平更是制约着现代缆索承重桥梁的发展。世界发达国家如美国、欧洲各国、日本等在这一领域中均有相当高水平的成就，领先我国达数十年之久。改革开放后，经过近 30 年的追赶，目前我国的桥梁缆索钢丝技术已经达到国际领先水平，并引领国际发展。

当前中国桥梁建设正站在一个新的发展起点上，我国已经是世界第一桥梁大国，但是桥梁发展还存在不少问题，比如桥梁安全长寿方面，再如跨海通道和复杂山区桥梁建设也面临许多挑战，桥梁工程如何实现高质量发展任务非常艰巨。向更大跨度进行探索与实践，始终是推动桥梁工程发展的不竭动力。缆索承重桥梁以发挥高效的缆索受拉承载特性，引领跨度发展。可持续设计理念的兴起，要求加强桥梁全寿命设计意识，并通过具体研究为实施措施提供理论依据。因此下一步将开发强度更高、耐久性更好的高性能系列缆索钢丝产品。

第十节 预应力钢丝

一、概述

（一）产品定义

预应力钢丝为由优质高碳钢热轧盘条经热处理和冷加工制成的适用于预应力混凝土配筋要求的钢丝的统称。此类钢丝钢的含碳量为 0.65%~0.85%，硫磷含量均小于 0.035%。钢丝的抗拉强度一般在 1470 兆帕以上，其强度级别已逐步从以 1470 兆帕、1570 兆帕为主，过渡到以 1670~1860 兆帕为主。钢丝直径在 3 毫米以上，并已逐步从以 3~5 毫米为主，过渡到以 5~7 毫米为主。预应力钢丝是应用于预应力混凝土的一种钢丝，采用碳素钢冷拔制成的圆线。多数预应力钢丝需要经过“稳定化处理”以获得低松弛特性，产品形态有直条和盘卷两类，根据应用设计的需要可以是光面的或有涂层或镀层的。

（二）产品分类及应用

预应力钢丝可以按应用、表面特征、涂镀类型、强度等级、加工状态及产品形态进行分类，按应用分类的只是预应力钢丝中的一部分，如管道钢丝、轨枕钢丝和电杆钢丝等，其他分类如下。

1. 产品分类

按表面特征的分类：分为光面、刻痕、螺旋肋三类。

按涂镀类型的分类：分为光面、镀锌、镀锌铝合金、镀锌铝镁合金、涂环氧等类型。

按强度的分类：无镀层的预应力强度等级有 1470 兆帕、1570 兆帕、1670 兆帕、1770 兆帕和 1860 兆帕，桥梁拉索用镀锌钢丝强度等级可以到 2160 兆帕级。

按材质的分类：分为碳素钢和不锈钢两大类，不锈钢可采用奥氏体-铁素体双相钢。

按产品形态的分类：分为直条和盘卷两大类。

2. 产品应用

预应力钢丝从 20 世纪 20 年代开始工业性生产和应用，经过几十年的发展，已形成具有不同特性适用于不同对象的系列产品，包括冷拉钢丝、矫直回火钢丝、低松弛钢丝、镀锌钢丝和刻痕钢丝等。这些产品和以其捻制成的预应力钢绞线已成为世界上使用最广泛的预应力钢材品种。

（1）冷拉钢丝：高碳钢热轧圆盘条经铅浴淬火后拉拔而成的光圆钢丝。由于未经矫直回火处理，其伸长率较低。钢丝成卷交货，盘径为 500~1000 毫米。多用于铁路轨枕及混凝土压力水管。中国生产的冷拉钢丝直径多为 3 毫米，少量为 4 毫米、5 毫米。生产时根据成品规格及性能要求选定钢号和盘条直径，拉拔前进行铅溶淬火，线温为 890~930 ℃，铅温为 460~500 ℃。等温淬火后强度提高至 1080~1180 兆帕，金相组织转变为综合性能优良的索氏体组织。为保证成品的表面质量，且便于拔制，淬火后的盘条需经酸洗、磷化或涂镀等工序。

（2）矫直回火钢丝：冷拉钢丝经矫直回火处理而成。矫直回火温度为 460~500 ℃，主要作用是消除拉拔时产生的内应力。与冷拉钢丝相比，矫直回火钢丝的屈服强度有所提高，延性和应力松弛性能均有改善。产品以大盘卷供货，盘径为 1.5~2 米。开卷后伸直性好，可单根或编束施工，广泛用于制造各种类型的预应力混凝土构件。

（3）低松弛应力钢丝：冷拉钢丝经过稳定化处理（即在张力下进行回火处理）而成，以可降低应力松弛命名。应力松弛是预应力钢材的重要特性，即在保持恒定长度的条件下受拉元件的应力损失，其量值以应力损失与初始应力的百分比值表示，称为松弛率。在工程应用中，预应力钢材的应力松弛损失在结构构件总的预应力损失中所占的比重相当大，因此通过稳定化处理降低松弛率是提高钢丝使用性能的有效方法。进行稳定化处理时张力为（0.4~0.5）σ_b，回火温度控制在 350~400 ℃之间。由于钢丝在热张拉状态下产生 0.9%~1.3%的微小应变，使其在外力作用下防位错转移的能力提高，表现为钢丝的弹性极限、屈服强度显著提高，应力松弛率降低至矫直回火钢丝的 1/3~1/4。在相同条件下使用，可使预应力筋中的剩余应力提高 10%~15%。因此近十余年来，低松弛钢丝的生产和应用获得长足的发展。

（4）镀锌钢丝：采用热镀锌工艺在预应力钢丝表面镀上 250~350 克/米的锌层而成。由于预应力钢丝是冷加工钢材，其强度高，表面易受损伤，比普通碳素钢对介质腐蚀和应力腐蚀更为敏感。特别是钢丝断面积小，又长期在高应力下工作，因受外裹混凝土的材料性质、密实度、缺陷、冷凝水、受力状态下的裂缝以及结构物使用环境等因素的影响，产生应力腐蚀开裂致使预应力构件失效的危险性很大。镀锌层对钢丝基体可起有效的保护作用。镀锌钢丝适用于桥梁拉索和污水池等腐蚀较严重的工程结构。

预应力钢丝品种规格很多，一般按表面形状可分为光圆、刻痕和螺旋肋三种，应用于预应力混凝土制品如轨枕、轨道板、输配水管道、电杆等工民建筑。

我国预应力钢丝起步于 1963 年，天津钢厂所属钢丝厂，为满足南京长江大桥引桥预应力混凝土梁的需要，通过矫直回火工艺生产出 ϕ5.0 毫米预应力钢丝，产品质量达到英国标准要求，满足了引桥建设需要，标志着我国预应力钢丝制品由此诞生。同年又研发成功了刻痕钢丝，供铁路轨枕和建工部门应用。

1984 年天津钢厂所属钢丝厂从意大利引进了预应力钢丝稳定化处理生产线，开始生产 ϕ4.0~7.0 毫米低松弛预应力钢丝。直到 20 世纪 90 年代初，我国预应力钢丝只能生产抗拉强度 1570 兆帕级，直径在 ϕ4.0~7.0 毫米，大部分为普通松弛的预应力钢丝。

二、发展经历

1928 年法国人 Eugène Freyssinet 申请了预应力混凝土技术专利，1941 年发明了张拉用扁千斤顶，已故北京专家杜拱辰介绍 20 世纪 40 年代北京丰台桥梁厂就首次尝试了生产预应力混凝土铁路桥梁。中国于 1956 年开始推广预应力混凝土。20 世纪 50 年代，主要采用冷拉钢筋作为预应力筋，生产预制预应力混凝土屋架、吊车梁等工业厂房构件。20 世纪

70 年代，在民用建筑中开始推广冷拔低碳钢丝配筋的预应力混凝土中小型构件。

生产预应力钢丝所用释放残余应力技术，最早是调直后通过四百多摄氏度的铅浴加热来完成，中国从 1984 年才开始有进口的设备，采用了张力+加热的残余应力释放技术，靠大牵引轮牵引钢丝过一道模，将带拉拔张力的钢丝通过中频感应加热设备，经加热释放应力后进入水冷槽冷却。

高碳钢的预应力钢丝起步于 20 世纪 60 年代，直径为 3. 0~5. 0 毫米，强度等级不超过 1570 兆帕，天津钢厂最早采用 80 钢生产的预应力钢丝做成了钢绞线，1963 年首次应用于南京长江大桥的建设，用在引桥的预应力混凝土梁上。天津在 1984 年引进第一条低松弛预应力钢丝生产线。

20 世纪 70 年代，江西新余钢厂师从天津钢厂，开始投资生产预应力钢丝，用于南方的铁路轨枕及桥梁。20 世纪 70 年代的时候，新余钢厂建设厂电影院时就采用了预应力混凝土屋面板，在同济大学教授的指导下完成。1992 年引进了低松弛预应力钢丝生产线，2014 年停线。

目前国内生产光面预应力钢丝最大的企业有天津的银龙股份和山东的鑫大地，银龙是发明螺旋肋预应力钢丝的企业。目前光面预应力钢丝的主要应用是铁路轨枕、压力管道及电杆等，ϕ10 毫米粗的预应力钢丝已成为常用产品。

镀锌预应力钢丝是上钢二厂首家开发，后来加入宝钢搬迁到南通，第二家是法尔胜投资的合资企业。1998 年建成通车的虎门大桥为我国第一座大跨径悬索桥，其主缆钢丝采用德国进口与法尔胜生产的两种钢丝，钢丝直径为 5. 2 毫米，强度为 1600 兆帕。到了 21 世纪初，随着我国一批千米级悬索桥润扬长江大桥、舟山西堠门大桥、泰州长江大桥的规划建设，桥梁缆索的强度先后提高到了 1670 兆帕和 1770 兆帕，其钢丝防腐采用国际上通用热镀锌防腐。2004 年建成通车的润扬长江大桥主缆采用了直径为 5. 4 毫米、强度为 1670 兆帕热镀锌钢丝，彻底实现了桥梁缆索钢丝的国产化，完全替代了进口。

三、取得辉煌成就

中国预应力钢丝材料的强度从 3 毫米、5 毫米的 1470 兆帕起步，发展到今天 5 毫米可以做到 2160 兆帕，7 毫米可以做到 2000 兆帕，而且是镀锌或镀锌铝合金的产品。应用从预应力混凝土制品、低等级楼板发展到超大型桥梁的桥索，取得了令人瞩目的成绩。

1992 年新华金属与深圳太阳管道合作开发了中国首批 PCCP 管道，提供其中的冷拔预应力钢丝。

天津银龙从 20 世纪 90 年代起配合铁路部门开发了高铁轨枕所需的预应力钢丝，并投资开发了高铁轨枕产品，为中国高铁建设做了重大贡献。

1990~1993 年，天津银龙公司研发成功了螺旋肋预应力钢丝模具，拉拔出世界上第一根预应力螺旋肋钢丝。1995 年申报专利，并纳入 GB/T 5223—1995《预应力混凝土用钢丝》中。

螺旋肋钢丝是经过冷拉塑性变形在钢丝表面沿长度方向拉拔成连续凸起的 4 条螺旋肋，混凝土可以镶嵌在肋条中，极大提高黏结握裹力，克服了光圆钢丝黏结握裹能力差，刻痕钢丝为提高握裹力，采用机械压痕形式，部分损失力学性能的缺陷，受到了混凝土制品行业一致青睐，出口到德国、英国、澳大利亚、南美及东南亚等各国家和地区。

1998 年原铁道部文件规定，预应力混凝土轨枕首选钢丝为 ϕ7.0 毫米低松弛螺旋肋预应力钢丝，1998~2007 年我国铁路系统完成了六次大提速，螺旋肋钢丝发挥了不可替代作用。

制品行业 2003 年完成了低松弛螺旋肋预应力钢丝产品从 ϕ4.0~12.0 毫米系列化。高强度、大规格螺旋肋钢丝研制成功，2006 年研发 ϕ10.0 毫米、1570 兆帕螺旋肋热处理钢筋成功应用于我国第一条高速铁路——京津城际客运专线使用。我国具有自主知识产权、国际领先水平的高铁 CRTSⅢ型轨道板，受力主筋都使用 ϕ10.0 毫米螺旋肋钢丝，为我国铁路行业发展做出突出贡献。

20 世纪 90 年代末，为发展我国输配水工程，引进国外预应力钢筒混凝土管（简称 PCCP）设备和技术，天津预一、天津银龙等制品厂试制成功符合国际标准的 PCCP 钢丝，因其质量要求高，用量大，已经成为预应力钢丝主要产品之一，历经十几年发展提高，中国 PCCP 钢丝从原料控制气体成分，到控温拉拔，生产线配备自动在线测温系统，任何点温度不超过 150 ℃，氢脆敏感性时间由国外标准的 75 小时延长到 100 小时。在我国南水北调、辽西北、新疆、河南等重大引水工程应用中取到良好效果。

自螺旋肋预应力钢丝普遍推广以来，在我国混凝土制品生产厂，基本淘汰了光圆和刻痕钢丝，不少工厂为出口需要生产两面、三面、四面刻痕钢丝。目前我国生产预应力钢丝，其品种规格、产品质量、工艺管理、生产设备等已达到国际先进水平。

到了 2007 年，世界上首座超 1000 米的斜拉桥——苏通长江大桥建成通车，其斜拉索强度达到 1770 兆帕，该桥斜拉索全部由法尔胜提供。2009 年通车的舟山西堠门大桥主跨 1650 米，当时位居悬索桥世界第二、中国第一，其中钢箱梁全长在悬索桥中居世界第一。该桥主缆采用与当时世界第一的悬索桥——日本明石海峡大桥同等技术水平的主缆钢丝，该钢丝由法尔胜等企业提供。至此，我国桥梁缆索达到了国际先进水平。

20 世纪 90 年代以来，我国建设了百余座大跨度缆索桥梁（悬索桥、斜拉桥和拱吊桥），一批国际一流的大跨度桥梁，代表我国正在成为世界桥梁建设的大国和强国，桥索所用钢丝从全部进口逐渐过渡到部分进口和全部国产化。

港珠澳大桥设计寿命 150 年，其斜拉索要求采用高强、耐久的 ϕ7.0 毫米-1860 兆帕锌铝合金镀层钢丝斜拉索，该技术要求为国际首创。在此基础上，法尔胜又联合国内大型钢厂、设计院、桥梁建设单位等进行了桥梁缆索全产业链的技术攻关和创新，先后开发出了 ϕ5.0 毫米-1960 兆帕、ϕ7.0 毫米-2000 兆帕锌铝合金镀层钢丝、盘条及缆索成套技术，实现了大桥缆索的完全国产化。

四、展望未来发展

桥梁设计者一直在追求尽可能大跨度地跨越江海，解决了一处又一处的交通瓶颈，剩下的工程中总会有一些更难实现跨越的地理条件。超过 1000 米的跨越悬索和斜拉索的自重会给结构带来巨大的负荷，给施工带来更大的难度，桥索的超高强度一部分是用来承受自身质量，所以期望桥索不仅更强劲，还要更轻，提高强度是一方面，发展新材料是另外一种选择。

钢铁技术的发展使钢丝的强度不断升高，材料的含碳量从0.82%提升到0.98%左右，价格也在攀升。轻量化和耐腐蚀的需求给予碳纤维索一些机会，需要我们去探索其应用的价值。

投资巨大的桥梁工程设计寿命会在100年以上，所以桥索的耐久性也成为必然的考虑。钢索的耐久性并不仅依赖金属镀层，桥索设计实际有一个复合防护体系，甚至有能自动监测的智能索，钢铁材料因长时间应用带来的易获得和可靠性，仍将占据主要市场。在海洋环境的项目中，双相钢材料及碳纤维材料会获得一些市场机会。

第十一节　管桩钢丝（PC钢棒）

一、概述

预应力混凝土用钢棒（PC钢棒），主要用作高强度预应力混凝土管桩（PHC）的配筋，也叫管桩钢丝，是由日本高周波热炼株式会社于1955年研发并开始生产的一种技术含量很高的预应力钢材，1964年获准日本专利，属于预应力强度级别中的中间强度级。由于它具有高强度、高韧性、低松弛、与混凝土握裹力强、良好的可焊接性、镦锻性、节材等特点，在国内、外已被广泛应用于管桩、电杆、高架桥墩、铁路轨枕等预应力构件中。

产品规格：ϕ7.1毫米、ϕ9.0毫米、ϕ10.7毫米、ϕ12.6毫米、ϕ14毫米。

产品标准：GB/T 5223.3—2017《预应力混凝土用钢棒》、JISG 3137—1994。

PC钢棒的主要原材料是无扭控冷热轧盘条。PC钢棒主要工艺流程如图2-2-12所示。

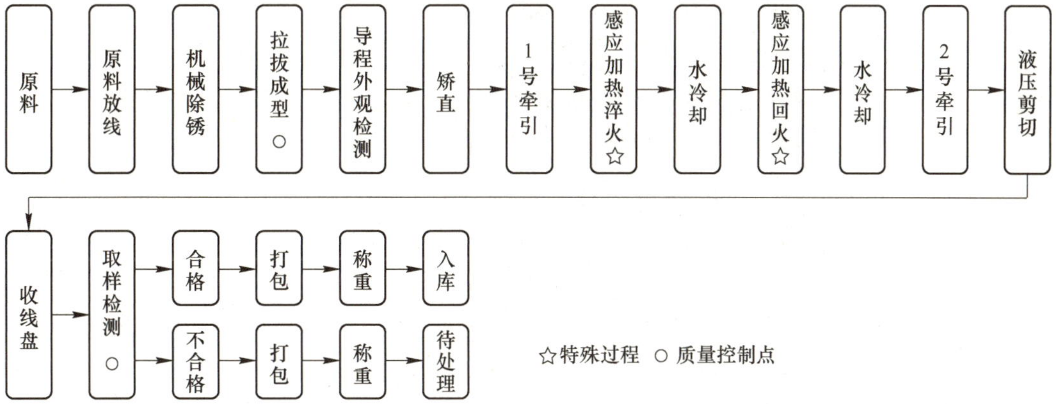

图2-2-12　PC钢棒主要工艺流程图

二、发展经历

PC钢棒在我国起步较晚，在20世纪80年代末期开始引进该产品的生产技术，但当时在国内真正能批量稳定生产的并不多，年实际产量也不过2万~4万吨，造成我国管桩厂所用PC钢棒以及原材料盘条大部分需要从日本、韩国和澳大利亚进口，只有少数部分国产。

生产PC钢棒所采用的钢种及盘条在我国是从20世纪90年代开始研制开发的，借鉴国外生产PC钢棒所用钢种的技术条件，结合国内实际情况，各大钢厂虽做了大量工作，但产品质量在不同程度上存在着一定问题，经过长时间的实践与探讨，各钢厂基本统一了钢种的技术条件。1997年后盘条质量趋于稳定，确定了30MnSi作为PC钢棒产品主要用钢。后来经过多次技术创新与改进，成功开发出增加了V、B等微量合金的45Si2Cr。目前国内各大钢厂如宝钢、鞍钢、首钢、五矿、九江、包钢、柳钢等都能生产质量稳定的预应力钢棒用高性能盘条。近年来随着PC钢棒生产厂家产量的不断提升，市场竞争的不断加剧，出现了如常熟市龙腾特种钢有限公司、广东毅马集团有限公司、江苏延展金属制品有限公司等企业向上游拓展，企业自建年产60万~100万吨的30MnSi高线，以满足企业发展的需求，并逐渐形成新的趋势。

PC钢棒生产装备也经历了从引进、进口到迅速国产化到目前引领发展的阶段。

20世纪90年代，国内PC钢棒产品设备主要是通过从国外引进，一般为从盘条到成品的连续生产线。如天津市第一预应力钢丝有限公司、沈阳超力钢筋有限公司、珠海和盛特种钢有限公司等厂家分别从法国O. T. T、德国SKET等公司引进PC钢棒生产线约10条，其设备水平在当时无疑是国际先进的，为该行业的发展做了重要贡献。但由于PC钢棒的生产主要分布在中国及东南亚，欧洲的设备制造商缺乏该产品的生产实践和进一步的研究发展，目前来看其工艺装备存在着一定的不足和缺陷，设备技术指标及产能很低，如：珠海和盛特种钢有限公司在1994年从法国O. T. T引进的PC钢棒设备，ϕ10.7毫米产品设计速度36米/分，产能1.55吨/时。

20世纪90年代末期，国内全固态感应加热电源取得了突破性发展，值此良机，国内从事PC钢棒技术研究开发的专业厂家和公司，与从事感应加热设备研发制造的专业厂家强强联合，包括：天津（恒久通达）凯东机械有限公司、浙江大学三伊电气电子工程公司、保定红星高频设备有限公司、保定三正电气设备有限公司、清华大学电力电子厂、河北博宏感应技术股份有限公司、天津金能电力电子有限公司等企业，集多年生产、研发经验，借鉴进口PC钢棒生产线的先进技术，结合国产生产线的经验教训，按照进口生产线的设计思路，采用先进的控制技术和进口元器件，研制开发的PC钢棒生产线，其技术水平从逐步接近到实现超越进口生产线，规避和解决了进口生产线存在的问题。经过十多年的开发、迭代，国内企业从2005年开始，在PC钢棒产品工艺、技术与装备等方面全面替代进口。

目前较新较先进装备为2021年由天津凯东机械有限公司与保定三正电气设备有限公司共同设计开发的全数字智能化PC钢棒高速生产线，其各项生产参数在原有基础上大幅提高，ϕ10.7毫米产品设计速度达到120米/分，产能5.1吨/时；截止到2023年，在广东毅马集团有限公司与江苏建华管桩有限公司等PC钢棒生产企业已实现多线（21条生产线）连续（2年半）稳定运行。

三、取得辉煌成就

21 世纪初，随着我国经济建设的飞速发展和人民生活水平明显提高，基础建设在我国已经是最重要的经济增长点。PC 钢棒生产质量的不断提高和价格的下降，加之人们对建筑钢材高性能价格比带来的一系列好处的深入认识，PC 钢棒的应用越来越普遍，需求量也在稳步地增长。2000 年广东省建设厅出台强制性文件规定，凡建造楼房必须打管桩（管桩必须要用 PC 钢棒）。根据 2000 年估算，我国 PC 钢棒的年消耗量可能会达到 50 万吨。生产 PC 钢棒产品有广阔的市场潜力和发展前景，经济效益明显。

近二十多年，PC 钢棒产品需求急剧加大，截止到 2023 年，广东市场 PC 钢棒生产线约 200 多条，年产量约 300 万吨；江浙市场 PC 钢棒生产线约 300 多条，年产量约 450 万吨；全国市场 PC 钢棒生产线总量约 600 多条，年产量约 900 万吨，产品规格以 ϕ9.0 毫米、ϕ10.7 毫米为主；ϕ12.6 毫米、ϕ14 毫米产品需求逐渐出现增长趋势；在产品的应用方面，PC 钢棒产品在保持原有管桩需求的同时，近 2 年在光伏产业的市场需求出现持续增长趋势，尤其是在新疆、宁夏、内蒙古等地区市场需求增加显著。目前完全满足国内 PC 钢棒产品市场的需求并有创新性应用发展。

在国内未引进 PC 钢棒生产线之初，国内的一些科研机构、企业就已着手研制开发 PC 钢棒生产线。当时的研制开发基本属于“闭门造车”，加之 20 世纪 90 年代初我国感应加热行业只能生产低频率的中频炉和电子管的高频炉，严重制约了 PC 钢棒生产线的技术水平。无论从生产能力、节能及自动控制诸方面远远落后于国外引进的设备水平。短短三十余年，我国 PC 钢棒产品在规模、质量等方面取得了快速进步，PC 钢棒设备在生产能力、数字化、智能化、自动控制、可靠性、稳定性、节能环保等诸多方面全面达到或超越国外设备的水平。

四、展望未来

随着下游领域或行业需求的不断提高、需求的多样化，市场竞争的日趋激烈，要求 PC 钢棒制造厂商避免低成本、低质量、低价格的恶性竞争，注重以科技为先导，以产品质量为中心，加强企业管理，降低成本，拓宽 PC 钢棒的应用领域，加强企业、大专院校和科研机构的技术交流与合作，进一步提高 PC 钢棒的工艺装备和技术水平，提高产品质量档次，将我国的 PC 钢棒行业推向新的高度。

第十二节 焊 丝

一、概述

焊丝作为一种高效焊接材料已经得到广泛应用。近年来，我国焊接材料的产量、消耗量随着国民经济的发展一直保持增长趋势。目前，我国已建立起包括各类实心焊丝、药芯焊丝、烧结焊剂、特种焊材等新型焊材的完整生产体系。具有高耗能、低效率、环境污染重等问题的手工焊条占比逐年下滑，气体保护焊丝和埋弧焊丝等焊材的比例在大幅增加，成为焊接实现自动化、智能化的主导型焊材。但它的发展也承受着来自环保、质量、成本等方面的巨大压力，为应对挑战，业界不断推出生产新技术、新工艺。

以下主要介绍碳钢、低合金钢熔化极 CO_2 气体保护焊和埋弧焊所用焊丝。

二、我国焊丝发展历程

（一）气保护实心焊丝的应用及其发展过程

气保护实心焊丝是20世纪50年代发展起来的一种高效焊接材料。具有焊接效率高、成本低、焊接变形小、适用范围广以及焊后清渣量小等优点，大量应用于碳钢、低合金钢和不锈钢材料的焊接。对不同厚度工件的全位置焊接具有良好的适用性。易于实现焊接自动化生产，带动了焊接机器人的推广应用，近二十年来发展迅速。

目前它已经替代手工焊条成为国内焊接材料产销量最大的品种。2020年国内气保护实心焊丝产量为198万吨，在焊材总量中占比43.5%。气保护实心焊丝中产销量最大的品种是ER50-6，它的制造工艺水平代表着焊丝产业的基础能力。

回顾国内气保护实心焊丝的发展历程，可以大致分为四个阶段。

1. 探索阶段

1966年初冶金工业部给天津钢厂下达研制H08Mn2SiA焊接用钢丝的任务，至1967年天津钢厂完成了从冶炼、轧制到拉拔成品的全过程试验，工艺逐步定型，可以按YB 199—63标准或技术协议批量生产。当时作为天津钢厂的制品分厂承担着最终拉拔成型部分，成为国内第一个生产焊接用钢丝的厂家。后来由于隶属关系的变化，厂名也多次变更，分别为“天钢制品厂”“天津市第五金属制品厂”“天津市焊丝厂”“天津市焊接材料有限公司”“天津冶金集团中兴盛达钢业有限公司焊材分公司”等。

我国气体保护焊焊接工艺方法是从20世纪50年代末开始的。在前十几年间推广过程中进展缓慢，应用范围小。20世纪70年代中后期全国各行业开始大力推广气体保护焊。1976年底当时的一机部就召开了全国行业内部的气体保护焊焊接经验交流会，会上多家企业分别发表了 CO_2 气体保护焊焊接工艺在实际生产中的应用成果和经验，起到了推广作用。1977年12月1日代替YB 199—63标准的国家标准GB 1300—77《焊接用钢丝》颁布并实施。H08Mn2SiA等钢种被纳入了新的标准，这更有利于气体保护焊和埋弧焊的应用和推广，天津市第五金属制品厂是标准起草单位之一。1981年11月当时的六机部在广州召开了“CO_2 焊接技术座谈会-焊接切割交流网工作会议”，36个单位的代表参加。会上上海造船厂、沪东船厂、466厂、广州造船厂、九院11所、上海机电设计院、天津钢厂、华东电焊机等单位作了 CO_2 气体保护焊在船舶等产品建造过程中推广和应用经验的发言。会上还就推广 CO_2 气体保护焊的技术经济价值和必要性、推广 CO_2 气体保护焊中存在的主要问题、CO_2 气体保护焊推广应用的措施和建议进行了充分的讨论和总结。20世纪80年代初期全国的气体保护焊和埋弧焊的应用和焊丝的生产进入了一个新的阶段。CO_2 气体保护焊焊接工艺真正意义的应用起步从此开始。

从1967年至20世纪80年代我国焊丝的主要生产厂都集中在原冶金工业部下属的企业，如天津钢厂制品厂、北京特殊钢厂、陕西特殊钢厂、上海第二钢厂、江西特殊钢厂等。其中天津钢厂制品厂生产的焊丝从产量到质量都是第一的。

2. 起步阶段

从20世纪80年代中期至90年代后期，国内改革开放带来焊材行业的快速发展。国内焊材企业先后从国外引进了气体保护实心焊丝的多种生产装备和工艺，国内科研院所参与消化、吸收、仿制的设备建立了国产实心焊丝生产的设备平台。

当时国内气体保护焊焊丝各生产厂家生产工艺差不多，生产设备也主要依靠滑轮式拉丝机，没有层绕打轴设备，镀铜方式采用成捆浸泡式化学镀铜，先镀后拔，捆状涂油包装。工艺流程是：上线→机械去锈→化学去锈（酸洗）→拉拔→退火→酸洗→中拔→退火→酸洗→化学镀铜→细拔（成品）→包装→入库。

这样工艺生产的焊丝成品表面镀铜层不够均匀，不够致密，导电稳定性差影响焊接操作。由于拉丝设备、退火设备性能落后，两次退火不仅浪费了能源、二次退火至成品的拉拔道次少总压缩率偏小，导致成品焊丝强度偏低，刚性不足，影响焊机自动送丝不够均匀，也影响了焊机效率的充分发挥。这样的工艺很难生产高强度焊丝，影响了焊丝品种的发展。随着国民经济的不断发展，高强度、高韧性的气体保护焊焊丝的需求量不断提高，现有的工艺和设备已无法完成。

还有各焊丝生产厂出厂的焊丝均以散卷捆扎、涂油防锈包装交货。用户在使用前都必须进行除油、除锈、绕卷后才能上焊机使用，给用户带来了很大的麻烦。同时这样状态的焊丝根本无法考核松弛直径和翘距等指标。这就要求焊丝成品必须层绕交货。而焊丝层绕的设备要求能根据丝的张力、钢丝直径的精度及轴径的变化自动无级调速，并全程测重等。焊丝层绕机的关键技术包括排线机构的设计技术、焊丝的校直技术、焊丝张力控制技术、机组停机过程控制、整机制造技术等。当时国内还没有厂家能生产满足上述要求的层绕机器。

根据形势发展的需要天津钢厂制品厂凭借多年来在焊丝生产中的优势，借助改革开放的有利时机，于1983年提出了《引进技术装备改造气体保护焊丝生产工艺并增产年5000吨项目》的可行性研究报告。项目内容其中就包括引进国外的先进设备、工艺和技术，经过调研和与国情的综合考虑最终确定引进意大利的焊丝生产线和联邦德国的层绕机。具体的技术特点如下。

引进的焊丝生产线的工艺流程：

上线（ϕ6.5毫米）→机械去锈→蒸汽去锈→硼化→烘干→初拔（ϕ4.0~4.5毫米）→收线（倒立式）→退火→机械去锈→中拔（ϕ1.8~2.7毫米）→收线（倒立式）→湿拔→脱脂→清洗→镀铜→清洗→光亮拉拔→缠轴→检验→包装→入库

工艺及其特点：

（1）拉拔前处理与初拔。采用机械去锈与拉拔连续的一体机方式。盘圆先通过机械除磷辊和钢丝刷进行机械除锈，再通过高压蒸汽逆向吹来完成除锈。随后进行硼化处理，使盘圆表面涂上牢固的硼化膜，再通过热风烘干进行初拉拔，其中第一罐装有旋转式拉丝模。其特点是：

1）用机械去锈代替了化学去锈。

2）采用去锈拉拔一体机方式，大大提高了生产效率。

3）在第一罐采用旋转模有利于润滑。

4）拉线机是双卷筒的，能解决钢丝拉拔过程的轴向扭转问题。

5）卷筒和拉丝模都能通过风和水直接冷却。

6）倒立式下线机可不停机换落子。

（2）均匀退火。合理的热处理工艺和先进的炉体装备是保证产品质量的关键。每组热处理炉都由预热炉、加热炉和缓冷却三部分组成。炉温可自动控制，火焰在炉膛内旋转流动，炉腔内温差小于5 ℃，全过程罐内氮气气体保护，加热炉余热进入预热炉充分利用能源。其特点是：

1）罐内全过程氮气保护，使退火后的钢丝无氧化，在中拔拉拔前不用化学去锈。

2）热处理后钢丝的综合力学性能非常好，可一直拉拔至成品，不用二次退火。

3）炉体结构合理，充分利用余热降低了能耗。

（3）中拔。退火后的钢丝直接中拔。其中第一罐装有旋转模。每一罐都是双卷筒，下线为倒立式。

（4）湿拔、镀铜和光亮拉拔。经中拔拉拔后，再经过水箱式湿拔→五格槽（脱脂、清洗、镀铜、清洗、光亮拉拔）→层绕（工字轮）→下线。

湿拔机无级调速，可旋转90°便于操作，箱体内装有冷却装置，可保护润滑液温度不至于过高。层绕机可与湿拔机同步运转，并装有数字式长度计数器，以保证质量。其特点是：

1）该工艺是先拔后镀，表面质量要好于国内传统的工艺先镀后拔。

2）拉拔→镀铜→层绕连续可大大提高生产效率。

意大利焊丝生产线中的层绕机是与湿拔机同步的，这样的优点就是效率高，比单独层绕工艺少了一道工序，缺点就是不能满足层绕。

（5）联邦德国的层绕机是需要先将成品焊丝绕到大工字轮上，然后将工字轮放在层绕机的放线机上放线通过张力装置、校直装置、排线装置、成品焊丝盘完成层绕。是当时国际上最先进的层绕机，也成为国内日后层绕机研发的样机。

引进设备及工艺对国内焊丝发展产生一定的影响。引进的焊丝生产线与当时国内焊丝生产相比，其工艺和设备的先进性有以下几个方面。

一是用物理去锈方式代替了化学去锈。二是初拔、中拔、精拔、层绕等工序之间再制品的存贮运输采用倒立式下线于高落子或工字轮等大盘重方式。与滑轮式拉丝机花篮式下线绑扎成捆的方式相比生产效率提高，操作更简便。三是均匀退火采用预热、加热、缓冷却、全过程氮气保护，既节能又保证产品质量。四是五格槽单线镀铜方式解决了成捆浸泡镀铜，镀层不匀的难题。五是水箱拉丝机模具可随主体90°翻转，大大缩短了换模时间。

六是焊丝成品层绕盘状包装，解决了用户焊接前除油处理等问题，便于气体保护焊的推广。

该项目于1985年通过验收并投入使用，并于当年H08Mn2SiA气体保护焊丝获得国家质量奖的银质奖。

20世纪80年代中后期全国焊丝的需求量明显增加，国内许多生产电焊条的企业也纷纷上马焊丝项目，其中引进项目所占比例很大，全国焊丝生产上了新的台阶，这一时期焊丝生产企业多数为老的国有企业。

进入20世纪90年代随着改革的进一步深化，市场经济的逐步兴起，焊丝的发展也得到广泛关注，当时一些乡镇企业和民营企业也加入了焊丝生产行列。但当时全国焊丝生产现状是20世纪80年代引进国外先进设备的焊丝生产厂都还在消化吸收及总结发展阶段，专业焊丝生产设备的制造厂家几乎没有，全国焊丝生产的技术人员也不多。所以新增焊丝厂家多数都模仿引进的工艺和技术，有的厂家直接购买翻版的设备，如前面提到的五格镀铜槽设备就被大量采用。虽然当时国内焊丝产能有了提高，但质量相差还是很大的，这也是一种产品发展所要经过的一个必然过程，引进设备和工艺的技术路线对整个焊丝生产的发展还是起到很大作用的。为进入21世纪全国焊丝生产的蓬勃发展奠定了基础。

同时以青钢、首钢和酒钢为代表的钢厂积极研发焊丝用盘条，提供了原材料保障。中日合资唐山松下焊机公司的成立引进了国外成熟的机型，提供了可靠的焊接平台。各地举办的CO_2焊接新技术推广会和历年的北京埃森国际焊接展深化了业界对实心焊丝应用的认识。中国台湾锦泰公司推出的高质量气体保护实心焊丝占得市场先机、引发市场投资热潮等多种利好因素的推动建立了相对完备的焊丝生产和应用体系。

3. 快速增长阶段

在2000~2020年期间，国内实心焊丝产销进入快速增长阶段。焊接高效率的旺盛需求和焊接工艺自动化程度的提高都极大地拉动了实心焊丝的国内消费市场，同时实心焊丝出口量也在逐年递增。到2016年实心焊丝的产量已经与手工焊条相当，各占40%左右。随后它超过手工焊条成为焊材中占比最大的品种。焊材行业出现了天津金桥、天津大桥、江苏华通、四川大西洋、山东聚力和山东索力得等一批实心焊丝产量超10万吨的企业。

随着焊丝产业的快速发展，相关的焊丝标准也不断更新。

实心焊丝相关标准有GB/T 14957—94《熔化焊用钢丝》；GB/T 14958—94《气体保护焊用钢丝》；GB/T 8110—2020《熔化极气体保护电弧焊用非合金钢及细晶粒钢实心焊丝》；GB/T 5293—2018《埋弧焊用非合金钢及细晶粒钢实心焊丝、药芯焊丝和焊丝-焊剂组合分类要求》。

GB/T 14957—94和GB/T 14958—94标准是由原冶金工业部提出，是代替GB 1300—77《焊接用钢丝》标准的。GB 1300—77是我国第一个焊丝专用的国家标准，在此之前焊丝的生产是参照YB 199—63《焊条用钢丝》标准，而YB 199—63标准中钢种种类比较少，如当时推广的H08Mn2SiA钢种就没有，在实际生产中供需双方还要签订“技术协议”。

GB/T 8110—2020 标准是由全国焊接标准化技术委员会提出并归口，其所代替标准的历次版本为 GB/T 8110—87、GB/T 8110—1995、GB/T 8110—2008《气体保护焊用碳钢、低合金钢焊丝》。

GB/T 5293—2018 标准是由全国焊接标准化技术委员会提出并归口，其所代替标准的历次版本为 GB/T 5293—1985、GB/T 5293—1999《埋弧焊用碳钢焊丝和焊剂》。

药芯焊丝相关标准有 GB/T 10045—2018《非合金钢及细晶粒钢药芯焊丝》、GB/T 17493—2018《热强钢药芯焊丝》。

GB/T 10045—2018 标准是由中国机械工业联合会提出，由全国焊接标准化技术委员会归口，其所代替的历次版本为 GB/T 10045—88、GB/T 10045—2001《碳钢药芯焊丝》。

GB/T 17493—2018 标准是由全国焊接标准化技术委员会提出并归口，其所代替的历次版本为 GB/T 17493—1998、GB/T 17493—2008《低合金钢药芯焊丝》。

焊丝作为一种焊接材料要适应各领域各行业的需求，实心焊丝和药芯焊丝国家标准的更新就是国内焊丝生产进步的缩影，从开始的苏联体系到美国体系到现在的 ISO 体系，我国的焊丝生产正在与国际先进水平接轨。从最初的单一品种向多品种全方位转变。

2000 年在唐山召开的全国焊丝应用推广会，来自全国各地的代表进行了广泛交流，参加人数和地区及代表的行业都超过了以往的推广会，为新世纪我国焊丝发展起了一定作用。

4. 绿色化优质发展阶段

在 2019 年北京埃森国际焊接展会上，杭州星冠公司推出的焊丝高速镀铜生产线采用电化镀铜技术，以无酸洗、无碱洗、无涂硼作为环保工艺宣传亮点，将成品拉丝速度提高到 30 米/秒，引起了业内极大的关注。随后上海效玄和河南西工等公司也相继推出了各自的焊丝高速镀铜生产线。产品在天津金桥、常州华通和天津大桥等公司开始试用，一批焊丝新项目也选用了该机型，实心焊丝生产向环保生产模式转型，开始进入绿色化优质发展新阶段。

（二）药芯焊丝的应用及其发展过程

1994 年天津三英焊业股份有限公司成立，成为我国第一家依靠国内自主研发设备规模生产药芯焊丝的厂家。

药芯焊丝相比实心焊丝有综合成本低、效率高、工时消耗少、美观易清理等优点。我国是从 20 世纪 70 年代建设宝钢开始认识和使用药芯焊丝，直到 90 年代初药芯焊丝基本依靠进口。

20 世纪 80~90 年代初期全国各科研机构、大学、焊丝生产厂都在研制药芯焊丝，如北京钢铁研究总院等。当时各研制单位也是各具特色的。1991 年东北工学院（现东北大学）就研究了一种由热轧盘条生产药芯焊丝的新工艺，首先将盘条轧成厚壁 V 型材，再装粉后经过轧制由 V 型成型为 O 型，最后拉拔成型 ϕ2 毫米×0.5 毫米（直径×壁厚）。

药芯焊丝的生产和应用在我国虽然晚于实心焊丝，但发展速度很快，特别是随着关键技术和装备的突破，如填充率的稳定把控，高速轧、拉一体机设备的制造等，都为药芯焊丝生产的发展提供了很好的保障。

目前国内生产的药芯焊丝主要还是有缝焊丝，而有缝药芯焊丝存在扩散氢高、抗吸潮性差、易生锈、运输储存困难等问题，会对药芯焊丝的焊接工艺性、焊缝金属的性能和抗裂性产生不利影响。目前国际发达国家已开始广泛使用更高端的无缝药芯焊丝，无缝药芯焊丝相对于有缝药芯焊丝具有超低扩散氢、抗吸潮性强、裂纹敏感性低，可以实施镀铜处理、导电嘴磨损量小、耐锈性能优秀、电弧稳定、运输储存方便等优点。无缝药芯焊丝成为国内焊丝生产下一个奋斗目标。

药芯焊丝在实际生产过程中的技术、工艺、装备、操作等方面与实心焊丝的生产过程还是有一些区别的。

首先实心焊丝生产全过程是标准的线材制品生产流程，从前期处理到拉拔与其他线材制品生产工艺基本相同，生产装备从主机到辅机，从润滑剂到模具等也无太大差别，只要能达到不同产品标准要求就行。主要原料是热轧盘条。

而药芯焊丝的主要原料是钢带和药粉，钢带经过表面清洗和轧制到一定形状后填充药粉，再将药粉包裹在中间轧制成圆形后拉拔至成品。拉拔过程可以分段拉拔也可以轧拉一体完成。并且在拉拔过程中部分道次可以用辊模代替拉拔模。药粉填充率的稳定、准确的把控是考核药芯焊丝产品质量的重要指标之一。

其次，实心焊丝的化学成分在冶炼完成之后就无法改变了，实心焊丝的应用范围取决于本身的化学成分，俗称“牌号”，而实际应用中各行业、各种需要，甚至特殊用途实心焊丝根本无法满足，化学成分中如果合金元素过多，在生产过程中加工硬化反应会非常明显，根本无法形成规模生产。

而药芯焊丝就不同了，微量的合金元素可以直接加入药粉中，从而达到焊接的要求。但这就要求从业的技术人员不仅要精通传统的线材制品加工还要掌握一定的焊接专业知识。

三、我国焊丝产业发展面临的挑战和机遇

据不完全统计，近10年我国焊接材料年总产量保持在400多万吨，见表2-2-1。从产品结构上来看，近年来焊条占比下降至35%左右；气保护实心焊丝产量处于稳定增加的趋势，占比在43%~45%；药芯焊丝总量稳中有升，但未发生结构性转变，占比稳定在10%以上；埋弧焊材产量基本稳定在45万~55万吨，占比10%~12%，见图2-2-13。

表2-2-1 2013~2022年中国焊接材料产量 （万吨）

年份	焊条	气保护实心焊丝	药芯焊丝	埋弧焊材		总产量
				焊丝	焊剂	
2013	205	165	39	22.5	28.5	460
2014	195	160	40	22	28	445
2015	175	158	35	20.7	26.3	415
2016	165	160	30	19.7	25.3	400

续表 2-2-1

年份	焊条	气保护实心焊丝	药芯焊丝	埋弧焊材		总产量
				焊丝	焊剂	
2017	160	170	31	20	26	407
2018	156	180	35	21	23	415
2019	152	185	40	21	22	420
2020	160	198	46	24	27	455
2021	150	210	51	26	29	466
2022	148	202	52	27	30	459

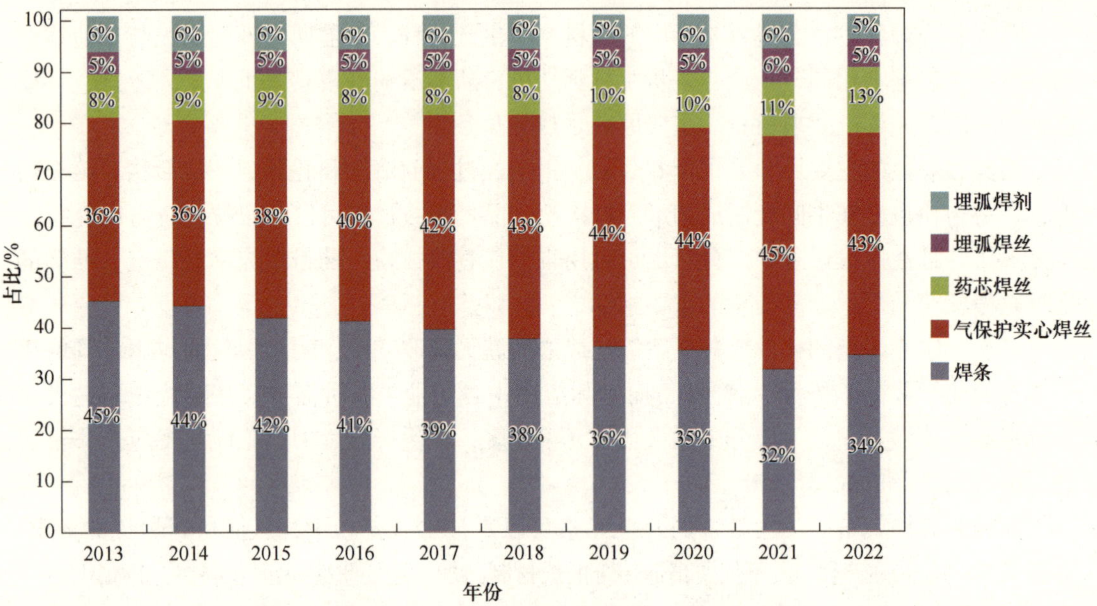

图 2-2-13 2013～2022 年中国各类焊接材料产量占比

近 10 年，我国焊材进口总量总体呈下降趋势，一定程度说明国产焊材的高质量发展有所突破。但进口产品附加值较高，高端焊材产品自主化供应仍有较大空间。

气保护实心焊丝在我国焊材总量占比已从 2011 年的 32%增长到 2022 年的 43%，随着自动化焊接设备的广泛使用，气保护实心焊丝需求逐年增加。机器人自动焊更对焊丝品质的稳定性要求较高。响应国家对经济转型升级的要求，绿色环保型无镀铜焊丝将是发展趋势。以高强钢实心焊丝和铝合金焊丝为代表的有色金属焊丝在轻量化结构焊接方面需求也将日益增长，如高强钢实心焊丝、无镀铜实心焊丝、耐候钢实心焊丝、铝及铝合金焊丝、低温钢实心焊丝、实心焊丝绿色环保高效制备技术。

我国实心焊丝产业经过 20 余年的高速增长，虽产销量已居世界首位，但世界经济发展放缓的外部环境和国内经济转型的过程，使我国实心焊丝产业发展面临绿色环保、质量水平提升和控制成本三方面的挑战。

国家的环保政策限制使实心焊丝生产企业面临污水处理和废料排放的巨大成本，新上焊丝项目面临难以通过环评而不能开工的困境，解决实心焊丝生产的环保问题首当其冲。

提高实心焊丝的技术水平和质量稳定性一直是困扰国内焊材企业的难题，焊丝的质量问题尤其表现在焊丝的送丝稳定性、焊接飞溅和焊缝成型等方面，国内一些高端制造业所需的焊丝仍需采用进口高端品牌产品，并且在焊丝、焊机和焊接工艺优化组合获得最佳焊接效果的能力上，国内企业的差距更大。

提升企业的产品市场竞争力，加大市场份额的压力促使各厂家在提高焊丝生产效率、降低人工和辅料成本上下功夫，这也是目前企业工艺技术创新的重点。

药芯焊丝是世界焊材发展中突出的亮点，是第四代最先进的焊接材料，有着高质量、高效率，易实现半自动化、自动化和智能化焊接，节省成本等独特优点，进入21世纪以来，我国药芯焊丝产业正以崭新的面貌面向世界。药芯焊丝，尤其是高性能药芯焊丝在中国尚处于发展初期，极具发展潜力，发展速度较快，药芯焊丝的技术发展也正在向智能化、自动化、高效环保的方向转变。目前国内的药芯焊丝大致可分为以下几种。

(1) 结构钢用药芯焊丝：碱性药芯焊丝、金属粉芯药芯焊丝、耐候钢药芯焊丝、高强高韧药芯焊丝、耐磨药芯焊丝、气电立焊药芯焊丝、自保护药芯焊丝。

(2) 不锈钢药芯焊丝。

(3) 特种焊丝：长输管线建设用药芯焊丝、高锰低温钢用药芯焊丝、COT耐蚀钢药芯焊丝、铝合金药芯焊丝、钴基药芯焊丝、镍基药芯焊丝。

今后我国焊材行业的发展趋势将是总量保持相对稳定，实心焊丝继续逐渐取代手工焊条，占比可能达到60%，接近工业发达国家水平，产量较目前仍有50万吨左右的增量空间，所以实心焊丝产业仍是各大焊材企业竞争的主战场。企业面对激烈的市场竞争环境，综合考虑国家产业政策、企业规模、产品和企业定位、品牌效应和创新能力等多方面因素，选择适合自身的发展模式至关重要。

贯彻新发展理念，推进高质量发展，是企业提升核心竞争力时代主题，也是焊材行业由大变强的必然选择。致力于实现产业链、供应链、创新链深度融合，保持产业发展定力，协同提升、稳定增长，围绕优质高效焊接材料生产，通过实施结构合理化、供给高端化、转型数字化、发展绿色化以及行业标准化等一系列举措，系统运用多学科、多领域、多专业工艺技术，在产品质量可能性、稳定性、一致性下功夫，推动焊材行业向数字化、智能化、绿色化方向快速发展，为我国常规焊材的质量稳定、降本增效，以及高端焊材的自动化生产提供坚实的基础。

第十三节 不锈、轴承钢丝

一、概述

我国线材制品行业起步较晚，20世纪30年代后期在天津、鞍山、大连等地才兴建几个小厂，只能生产低碳钢丝、钢钉等，1949年以前线材制品能力不足3000吨。1950～

1980 年，经过 30 年的艰苦努力，在全国已建起 300 多家线材制品企业，分布于全国各大中城市，已形成几十家产量为上万吨的骨干企业，中高碳线材制品年产量为 35.8 万吨，再加上低碳制品为 100 万吨，线材制品年总产量为 135.8 万吨。

进入 20 世纪 80 年代以后，我国线材制品行业进入了高速发展的快车道。制品行业抓住了这千载难逢的机遇，以科技进步为导向，勇敢地走出国门，大胆地投入资本，引进了国外的先进工艺技术装备，通过消化、吸收、创新，不断地发展壮大自己，创造了线材制品行业辉煌业绩。特别是 2000 年以来，国内各企业采用技术改造、引进及合资合作等方式使优质钢丝产品水平和装备水平得到了迅速提升。

二、发展历程

（一）不锈钢丝

东北特殊钢集团是我国最早生产特殊钢钢丝的企业之一，始建于 1916 年，在抗日战争时期、解放战争时期、计划经济时代，始终是国内特殊钢钢丝生产的缔造者和领跑人，也是行业的引领者；当时国防科工委 80%的特种钢丝主要依靠大连特钢供应，100%新产品钢丝在此研发试制，始终是国家军工制造企业的重点供应商。历史上多次荣获省部级、国家级奖项。1960~1990 年公司研制的 2Cr19Ni9、2Cr13、3Cr13、0Cr17Ni7Al、1Cr18Ni9Ti 等不锈钢丝，广泛应用于汽轮机叶片、医疗器械弹簧、枪械弹簧、航空用弹簧等关键零部件，为我国的军工事业保驾护航。进入 21 世纪，公司的多种不锈钢丝应用到载人航天和月球探测工程为代表的国家重大航天科技专项上，见证了中国航天“神舟”“长征”等各型号产品的辉煌历程，取得了数百项标志性成果。同时为中国航空工业系研发歼击机、歼击轰炸机、轰炸机、运输机、教练机、侦察机、直升机、强击机、通用飞机、无人机等飞行器专用不锈钢丝。在 2015 年 9 月 3 日纪念抗日战争胜利 70 周年阅兵式上，中国航空工业研制生产的歼-11 战斗机、歼-10A 战斗机、歼-15A 舰载战斗机、轰-6K 远程轰炸机、直-19 武装直升机、直-10 武装直升机、直-8 直升机和空警-500 预警机都使用了东北特殊钢集团的多种不锈钢丝，编队飞越天安门广场，接受了党和国家领导人以及全国人民的检阅。

法尔胜泓昇集团旗下法尔胜泓昇不锈钢制品有限公司成立于 2006 年，主要从事不锈钢丝及制品、焊接材料、不锈钢标准件、碳钢制品、合金钢制品的制造、加工、销售。2018 年不锈钢丝的产销量达到约 4 万吨，在国内不锈钢丝制造厂商中名列前茅，产品已经在高端游艇、汽车和华龙一号核电项目中得到广泛应用。

（二）轴承钢丝

东北特殊钢集团轴承钢丝代表牌号 GCr15、52100、100Cr6 等，可生产规格为 ϕ1.6~16.0 毫米的钢丝，氧含量可达 10×10^{-6}以下，Ti 含量 30×10^{-6}以下，年生产量可达 1 万吨，模铸轴承钢丝市场占有率 80%以上。2004 年获得由中国钢铁工业协会颁发的《冶金产品实物质量金杯奖》，2006 年获得由辽宁省质量技术监督局及辽宁省名牌战略委员会颁发的

《辽宁省名牌产品》称号，2010 年获得由哈尔滨轴承集团颁发的 2009 年度《优秀供应商》称号，2012 年获得由中国钢铁工业协会颁发的《冶金产品实物质量金杯奖》，2014 年获得《冶金行业品质卓越产品》称号，2015 年再次获得《辽宁省名牌产品》称号，2016 年再次获得《冶金产品实物质量金杯奖》。

东北特殊钢集团生产的轴承钢钢丝，经钢丝生产用户加工使用，认为产品质量一直很稳定，各项指标都达到了标准要求，普遍使用较好，价格合理，使用寿命高，为用户带来了良好的经济效益，用户愿与公司长期合作，共同推进国内轴承钢丝事业的发展。

三、发展方向

（一）不锈钢丝的发展方向

我国不锈钢的生产与应用相对落后，随着我国国民经济的发展，特别是合资企业的介入，国内市场与国际市场逐步接轨，我国奥氏体不锈钢已完成从含有稳定化元素 Ti 的钢向低碳和超低碳钢的过渡。目前钢丝行业除航空部门仍保留使用 1Cr18Ni9Ti 外，0Cr19Ni9（304）、0Cr17Ni12Mo（316）已成为钢丝的主导产品。以氮代碳，发展含氮不锈钢，在奥氏体不锈钢中 N 和 C 有许多共同特性，N 也是稳定奥氏体元素，N 与 Mn 结合能取代比较贵的 Ni，N 稳定奥氏体的作用比 Ni 大，与 C 相当。N 代 Ni 的比例约为 0.025∶1。一般认为 N 可取代 2.5%~6.5%的 Ni。

在奥氏体中 N 也是最有效的固溶强化元素之一。N 与 Cr 的亲和力要比 C 与 Cr 的亲和力小，奥氏体钢很少见到 Cr_2N 的析出。因此 N 能在不降低耐蚀性能的基础上，提高不锈钢强度，研制含 N 不锈钢是近年来不锈钢工业的趋势。

铁素体不锈钢具有良好的耐蚀性能和抗氧化性能，其抗应力腐蚀性能优于奥氏体不锈钢，价格比奥氏体不锈钢便宜，但存在可焊性差、脆性倾向比较大的缺点，生产和使用受到限制。20 世纪 60 年代初期的研究已经证明，铁素体钢的高温脆性、冲击韧性、可焊性都与钢中的间隙元素含量有关，通过降低钢中碳和氮的含量，添加 Ti、NB、Zr、Ta 等稳定化元素，添加 Cu、Al、V 等焊缝金属韧化元素三种途径，可以改善铁素体钢的可焊性和脆性。另外，超级奥氏体钢、超级马氏体不锈钢及抗菌不锈钢都是今后的发展方向。

（二）轴承钢丝的发展方向

为了提高轴承钢硬度、抗塑性变形能力及耐磨性能，以美国为代表的轴承钢生产企业发展了高碳 GCr15 轴承钢，含碳量水平控制在 0.98%~1.05%，比我国的相应钢种提高了 0.03%。为了提高轴承钢性能稳定性，美国和德国将 Cr 元素含量控制在 1.40%~1.60%，S、P 元素的实物控制水平分别达到不大于 0.008%和不大于 0.015%。主要通过残余元素及有害元素的控制、夹杂物的控制、碳化物的控制来提高产品质量。

为减少金属消耗和表面脱碳，国外在轴承钢丝的热处理方面，普遍采用气体保护方法。热处理炉型以大吨位强对流气体保护钟罩式炉和整盘连续式气体保护退火炉为主，近年来还发展了短周期连续式退火炉（STC 炉）。

在拉丝工艺装备方面，采用以大盘重连续拉拔、大盘重收线为主的连续化、专业化生产，不仅提高了轴承钢丝生产效率，而且提高了钢丝质量的稳定性。为了减少环境污染，以欧洲国家为主，在轴承钢丝表面清理方面，采用以喷丸为主的机械除鳞方法代替酸洗工艺，并将表面清理与拉丝工序联合起来，形成多工序联合的专业化生产线，大大简化了轴承钢丝的生产。

第三章 钢 绞 线

第一节 钢绞线生产技术与发展

一、概述

钢绞线按材质和制造工艺可分为预应力钢绞线、镀锌钢绞线、铝包钢绞线、不锈钢绞线等。

镀锌钢绞线：盘条经拉拔、热镀锌后捻制而成，结构有1×3、1×7、1×19、1×37。其直径范围为3.0~28.0毫米，强度范围为1270~1670兆帕及不同的锌层级别等技术参数和要求，主要用于架空电力地线、通讯电缆、吊架、悬挂、栓系及固定物体等用的热镀锌钢绞线。

铝包钢绞线：经挤压包覆、拉拔加工后的铝包钢丝捻制而成，结构有1×3、1×7、1×19、1×37，直径范围为5.6~33.6毫米，电导率为20%AC、23%AC、27%AC、30%AC、33%AC、40%AC，破断拉力为10.44~662.84千牛。主要用于架空电力线路的地线、导线及电气化铁路承力索。

不锈钢绞线：不锈钢盘条经拉拔后捻制而成，结构有1×3、1×7、1×19、1×37、1×61、1×91。其直径范围为5.0~48.0毫米，强度范围为1180~1520兆帕，主要用于吊架、悬挂、栓系、固定物体及地面架空线、建筑用拉索、缆索用的钢绞线。

上述产品均有相应的国家标准和行业标准，其制造工艺相类似，本章以预应力钢绞线为代表进行钢绞线的描述。

预应力钢绞线是一种预应力混凝土结构中的重要材料，通过施加预先的拉力来增加混凝土的承载能力和抗震性能。

预应力钢绞线的生产技术对于确保其质量和性能至关重要。预应力钢绞线的生产工艺包括原材料暨线材或称盘条的预处理、线材或盘条的表面处理、拉拔减径、涂脂、绞制形成绞线、绞线拉伸定型、收线、包装。线材或称盘条的预处理即去除线材表面的油污和锈蚀，去除的方法有酸洗法、机械除锈法等。拉拔减径，是钢绞线生产的重要组成部分，目前一般采用连续拉拔工艺，直到达到要求的直径。拉拔要制定拉拔工艺技术参数、要选好拉拔设备和拉丝模，拉拔过程中需要控制好拉拔速度和拉拔力度，以确保成品钢丝的尺寸和力学性能。

拉拔后的成品钢丝需要进行涂脂处理，以提高其表面的光滑度和耐腐蚀性。涂脂工艺通常采用浸渍法，即将钢丝浸渍在热熔的脂剂中，并通过振动刮板的作用，使涂脂剂均匀附着在钢丝表面。

绞制成绞线，即涂脂后的钢丝经过绞线机绞制成型，即将多根钢丝捻绞合在一起，形成一个均匀紧密的结构，即钢绞线的基本结构。在绞制成型过程需要控制绞制的绞距和绞向，以确保绞线的外形和尺寸符合要求。绞制成绞线后，需要进行拉伸和定型处理，然后收线、包装。

按照钢绞线表面涂层分为光面钢绞线、镀锌钢绞线、镀锌铝合金钢绞线、环氧涂层钢绞线、铝包钢绞线，按照松弛性能分为一般松弛钢绞线、低松弛钢绞线，按照强度级别分为一般强度钢绞线、高强度钢绞线。还有无黏结、缓黏结钢绞线。下面以预应力钢绞线为例说明其生产技术进步、发展趋势和展望未来。

二、钢绞线生产技术进步

（一）原料的进步

在 20 世纪 60~80 年代，制造预应力钢丝和钢绞线的索氏体化盘条是通过铅淬火热处理工艺获得的。20 世纪 90 年代，随着高速线材轧机的引进，高速无扭控冷索氏体化处理工艺替代了高污染、高能耗的铅淬火热处理工艺，索氏体化盘条开始得到广泛的应用。在此时期，沙钢、包钢、首钢、邢钢、天钢等多家钢铁企业相继开发出了各种规格、不同强度级别的预应力制品专用盘条，并通过研发高品质钢种、优化生产工艺等手段，大大提高了高碳钢盘条的稳定性和索氏体化率，索氏体化率现已达到 90%以上。盘条的吨位也由 70~100 千克发展为 2.4 吨；规格从 ϕ6.5~9.0 毫米发展为 ϕ6.5~16.0 毫米。高性能和微合金化盘条，达到了国际一流水平，实现了预应力制品原料的全部国产化。

（二）拉丝的进步

钢绞线的生产，其中核心是钢丝的生产，从 20 世纪 60 年代至今，生产钢丝的拉丝设备经历了从单卷筒拉丝机至活套式连续拉丝机到直进式连续拉丝机等阶段，卷筒直径由 560 毫米达到 1200 毫米；卷筒数量由 1 个发展到 8 个发展到 9 个；最大进线直径由 ϕ9.0 毫米发展到 ϕ16.0 毫米；拉拔速度由 0.86~2 米/秒发展到 14 米/秒，生产效率得以极大地提升。以生产 ϕ5.0 毫米钢丝为例，单卷筒拉丝机每小时产量约为 1.1 吨，而直进式拉丝机约为 7.8 吨。

（三）强度级别的进步

“七五”之前，我国预应力制品强度都在 1570 兆帕级别以下。为赶超国际先进水平，填补我国高强度预应力制品的空白，天津预一等单位承担了国家“七五”攻关课题，研究出“80 钢加硅”的专用钢种，成功生产出了 1670 兆帕、1760 兆帕普通松弛级别或低松弛级别的高强度预应力制品，并且提高强度的同时松弛值也大幅度降低。因此该项目为当时不具备稳定化处理设备的厂家生产优质的高强度低松弛预应力制品创造了条件，促进了当时的行业进步。

（四）热处理工艺技术的进步

预应力制品最早的生产工艺是矫直铅浴回火处理。随着稳定化处理生产线的引进，感应加热中频炉的功率现已达到 800 千瓦，采用双张力轮式稳定化处理生产线，生产速度达到 140 米/秒。感应加热的稳定化处理工艺替代了矫直铅浴回火工艺，使预应力制品的松弛值由普通松弛值的 8%降低到了低松弛值的 2.5%以下，这是一次重大的工艺变革。低松弛预应力制品以承载负荷大、自重轻、使用寿命长等优点得到工程领域的关注，获得了更加广泛的应用。国内自主设计的“跳绳加管绞”和“跳绳加筐篮”式捻股机被成功应用，确保了 1×19 结构钢绞线的生产，实现了 1×7 和 1×19 不同结构钢绞线的单独生产，体现了预应力行业装备的进步。

三、发展趋势

随着预应力混凝土构件工程设计和施工技术的不断完善和提高，其对预应力制品适用性要求也越来越高，高强度、粗规格、高延性、防腐蚀已成为预应力制品发展趋势。

（1）预应力钢绞线的抗拉强度向高强度级别发展，以更节省钢材，如 2000 兆帕以上，甚至是 2400 兆帕级钢绞线的开发，使用玻璃纤维、碳纤维、芳纶纤维等增强纤维材料。

（2）预应力钢绞线的规格向更大型化发展，以简化施工和提高结构的耐久性。如 1×7 钢绞线已开发 ϕ22 毫米规格。由于铁路、公路桥梁向高速、重载、大跨度方向发展，预应力钢绞线可开发应用 1×19-ϕ28.6 毫米、1×19-ϕ32.0 毫米。

（3）预应力钢绞线耐腐蚀技术研究。在海洋性气候、化工厂等严重腐蚀环境中使用的预应力钢绞线要求防腐涂（镀）层，现在对在一般使用条件下的钢绞线，防腐要求也越来越高，除传统的镀锌外，还应发展各种耐腐蚀涂层，如环氧涂层、锌-铝合金镀层等。

（4）进一步拓展预应力钢材产品的应用领域。扩大 1×19 结构多层丝钢绞线的应用领域，尝试在大跨度桥梁、港口码头、深基坑开挖等领域推广应用。建议预应力钢材产品在住宅建设市场推广应用，有利于降低建筑层高和提高建筑利用面积，相应减少非预应力结构件数量与造价，减少基础投资费用，还可以简化施工工序，节省模板和混凝土浇注的工作量，从而加快工程施工进度等。

（5）随着国内高速公路和高铁交通网络的日趋完善，国家基础建设在 2020 年后会逐步减少，投资力度下降，钢绞线市场将进一步萎缩。到 2030 年国家对高速公路和铁路投资力度只有目前的一半，钢绞线产能过剩问题也将进一步恶化，届时市场竞争会更加白热化。

四、展望未来

我国的预应力制品行业作为传统的制造业，在几十年的发展中，经历了从无到有，从国产化到自主创新的阶段，走出了辉煌，凝聚了几代人艰苦卓绝的努力，取得了令世界瞩目的成绩。但是，几十年来预应力制品行业的快速发展，呈级数似的量变历程，并没有真正引起行业态势的质变，辉煌之下更多的是简单的数字堆积，行业的产能过剩、环境污染、市场萎缩等。量变是喜悦的过程，质变是痛苦的过程。在茫然沉思中，行业的质变历程已经悄悄开启，初见成效，这将是一个较漫长的过程，需经风雨后方能见彩虹。

第二节　铝包钢绞线

一、概述

（一）产品定义

铝包钢绞线是铝包钢丝绞合而成的绞线产品。产品交付形式主要是工字轮，也有少量定尺线卷订购的情况，用作拉线甚至木材堆的固定线。1×3 和 1×7 结构的铝包钢绞线采用管式绞线机制造。更多线数的绞线采用“笼绞”（行星式绞线机）生产。

（二）产品分类及应用

和铝包钢丝一样，铝包钢绞线也可以按电导率分类，常规分类有 20. 3%IACS、27%IACS、30%IACS 和 40%IACS 四种。100%IACS 电导率对应的材料为完全退火的纯铜。在中国市场中还有 14%IACS、23%IACS、35%IACS 等特殊导电率级别。

另一种分类是按照结构，如 1×3、1×7、1×19、1×37 等，如图 2-3-1 所示。

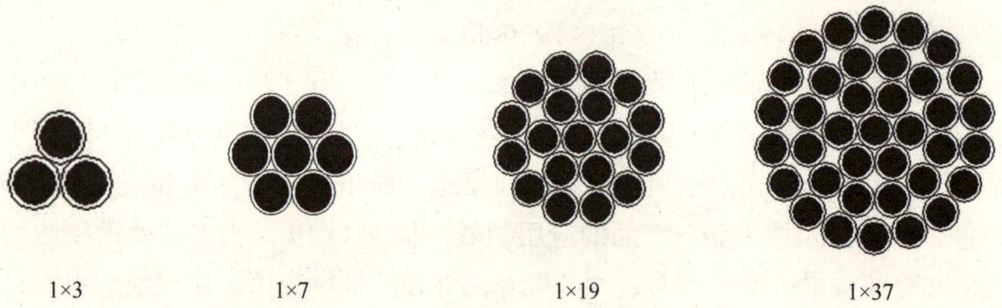

图 2-3-1　铝包钢绞线按结构分类

二、发展经历

20 世纪 70 年代从天津开始研发铝包钢生产技术，大成五金自研设备生产出铝包钢线，因技术不成熟，没有形成规模。

20 世纪 90 年代，河北邢台、江苏常州、天津、江西新余、湖南湘潭等地的铝包钢生产企业先后从英国、意大利、美国等国家引进了铝包钢丝的最新生产设备和技术。

天津市大成五金厂投资建设了“年产 5000 吨铝包钢丝及铝包钢绞线项目”，从英国 BWE 公司引进了铝包钢旋转式连续温挤压生产线。该设备挤压轮结构方式为单轮双槽，两根铝杆同时进挤压机，进铝量大、包覆速度快，生产效率高，工艺稳定。从意大利

M. FRIGERIO 公司引进一台直线式拉丝机，该拉丝机采用双金属同步变形技术，钢-铝复合材同步拉拔加工变形，在工艺技术上达到了当时的世界先进水平，填补了我国铝包钢拉拔技术的空白，可以生产多种规格包覆产品。

1992 年，常州市电线电缆厂在上海电缆所指导下，引进英国 BWE 公司生产线。

1995 年，邢台电缆厂引进英国包覆机，不过所做的产品为与铝包钢线类似的铁路用铝包钢接触线。

1996 年，大连铁道学院的连续挤压工程研究中心主持完成的辽宁省科技攻关项目“电缆连续包覆技术及设备研究”，生产出中国第一套国产铝包钢挤压包覆设备，通过了辽宁省科委主持的鉴定，后来新华股份购买过一套，短期生产了几年的新余万田也是用了大连的设备。

1996 年，江西新华进口英国包覆机，转年投产，1999 年通过了科技厅组织的新产品鉴定，也通过了铁道部电建所组织的承力索用铝包钢绞线鉴定。初期的产品主要用于跨江输电工程，如襄樊大跨越、舟山大跨越及一些 220 千伏线路工程。

2003 年中天科技投资国产铝包钢设备开始为其迅速增长的 OPGW 业务提供材料。

2009 年黄山诚意（现在的创想）开始生产铝包钢，目前已拥有 20 套包覆机，为全球最大的铝包钢厂。

三、取得辉煌成就

1991 年，华北电力设计院与天津市大成五金厂等单位共同合作，依据国际 IEC 和美国 ASTM 标准，研制生产了 JLBGJ-120 型铝包钢绞线，成功地应用于我国首条采用铝包钢绞线的 500 千伏北京沙河至昌平输电线路中。

1994 年投产，常州电缆第一批铝包钢芯铝绞线成功地应用于海南省洋浦经济开发区的 132 千伏高压输电线路上，产品质量顺利地通过了工程发包方——德国西门子公司的检验。

1996 年，国家“九五”规划出台，在铁路建设上投资 2500 亿元，其中新建电气化铁路 2600 千米，并把占全国 2/3 运量的路段逐步改造为电气化铁路。随着国家电气化铁路的发展，铝包钢承力索得到了越来越多的应用。载流承力索应用于电气化铁路接触网线路中，承担着输电和悬挂机车滑道线的双重作用。由于铁路的特殊作业条件和环境，要求承力索在各种气候条件变化下，都能够保证正常良好送电，并达到耐腐蚀、长寿命的要求。应铁道部要求，天津市大成五金厂和铁道部第三勘测设计院等单位共同完成了承力索产品设计、工艺试制和试挂运行等工作。产品从强度、导电率级别等性能都满足了设计要求，完全可替代进口产品。

1998 年新华金属的铝包钢绞线用于兰州铁路局兰西水电段的夏官营-兰州 60 千米和兰州西-天水 75 千米大修换线工程。2000 年大成五金的铝包钢芯铝绞线和铝包钢绞线的载流承力索成功应用于武昌-广州铁路电气化改造工程，工程全长约 700 千米，使用铝包钢承力索 1550 吨。

2007 年 9 月 18 日开建的舟山跨海输电工程，采用了新华金属提供的铝包钢绞线，单根产品最重达到了 16 吨，创造了中国乃至世界电网建设史上多项纪录，铁塔高度 370 米，最大档距为2756米，仅次于挪威海峡大跨越的4570米，被称为“舟山大跨越”和“亚洲第一跨”。

2008年江西新余产铝包钢绞线用于我国第一条1000千伏特高压线路作地线，即从山西省长治变电站（山西省长治市长子县石哲镇），经过河南省南阳开关站，止于湖北省荆门变电站（湖北省荆门市沙洋县沈集镇），该线路连接华北、华中电网，全长654公里，动态投资200亿元，2009年1月6日工程正式投入运行。

2013年，中天科技铝包钢线厂向国家电网溪洛渡左岸-浙江金华±800千伏特高压直流输电线路工程赣江大跨越标段交付1100吨铝包钢绞线。

四、展望未来发展

铝包钢的稳定市场将持续存在于电力市场中的OPGW、地线及一些大跨越导线中。新能源的大规模投资、沿海核电及液化天然气储罐的大量投资，会减少未来西电东送的投资机会，但是，在新兴市场国家还有很多机会，大量使用铝包钢丝的OPGW已是高压输电的标准地线，在热带地区铝包钢作为地线和芯线都比镀锌钢丝更有优势。

第三节　低松弛预应力钢绞线

一、概述

（一）产品定义

低松弛预应力钢绞线是应用于预应力混凝土结构的钢绞线产品，采用稳定化处理（低温热张拉），具备应力松弛率较低的特点。产品形态为精密排线的盘卷。

预应力钢绞线主要采用含碳量0.82%左右的碳素钢，生产高强度钢绞线时需要提高含碳量和添加铬、硅等合金元素。在日本及美国市场还有采用双相钢的预应力钢绞线。

（二）产品分类及应用

预应力钢绞线有如下几种分类：

（1）按结构分类：3丝绞线（图2-3-2）、7丝绞线（图2-3-3）及19丝绞线（图2-3-4），其中7丝绞线中有一种特别的模拔绞线或压缩绞线（图2-3-5）。

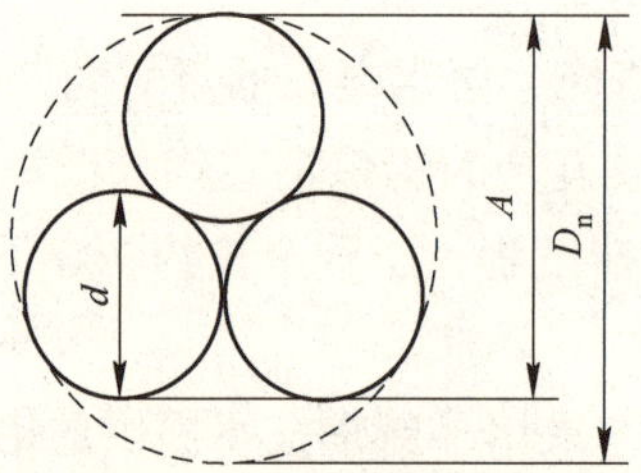

图2-3-2　1×3结构钢绞线

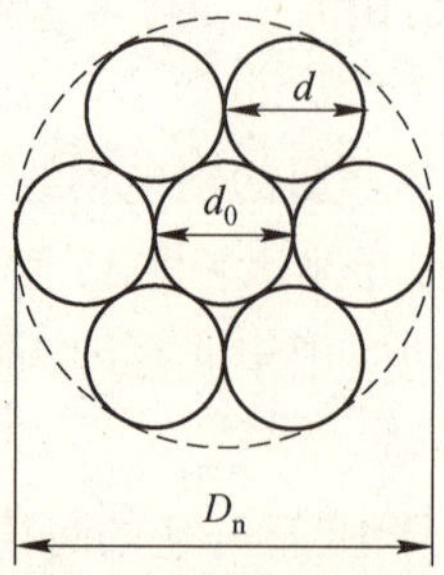

图2-3-3　1×7结构钢绞线

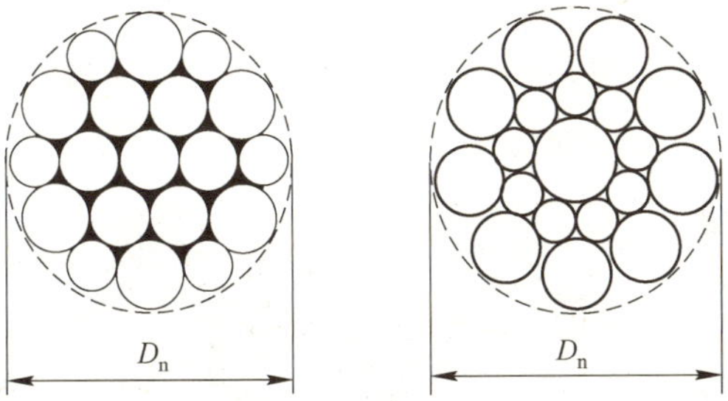

图 2-3-4 1×19 结构瓦林吞钢绞线

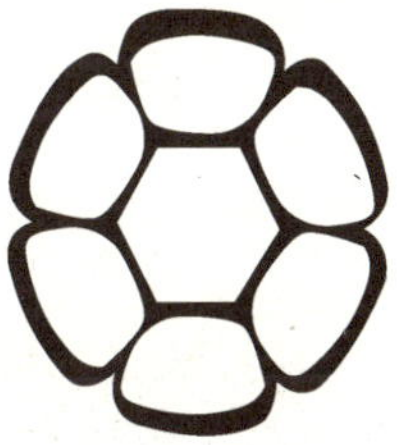

图 2-3-5 1×7 结构模拔钢绞线

（2）按表面涂镀层分类：有光面（无镀层）、镀锌、镀锌铝合金、涂环氧树脂或涂聚氨酯。

（3）按直径或强度分类：在此不一一列举，在中国市场上应用最多的就是 15.2 毫米的 7 丝 1860 兆帕级光面钢绞线，最高强度达 2400 兆帕级。

预应力钢绞线的主要用途是预应力混凝土结构（桥梁、建筑、耐压大型容器），包括现浇和预制的、先张及后张的，也用于结构受张力的索（如桥索、建筑索、风电塔内部的索、光伏支架拉索）、岩土锚固、多层停车场边沿拦阻索等。

二、发展经历

我国预应力制品起步于 20 世纪 60 年代，随着交通、能源等基础建设的持续高速发展，我国预应力制品行业经历了起步奠定基础、快速发展量变和消化吸收、自主创新阶段，发展到原料、工艺、设备等都相对成熟，市场严重供大于求阶段，已成为世界预应力制品的制造大国，并开启了迈向预应力制品制造强国的质变历程。

1963 年，天津钢厂所属的钢丝厂为满足国家自行设计建造南京长江大桥预应力混凝土梁的技术需求，开发生产出了第一根预应力钢绞线，该产品采用管式绞线机及铅浴回火技术，产品质量达到了英国标准的要求，满足了南京长江大桥引桥建设的需要，也标志着我国预应力制品由此诞生。

直到 20 世纪 80 年代中期，我国预应力制品仍只有普通松弛级别，钢绞线规格主要有 1×7-ϕ15.70 毫米、1×7-ϕ15.20 毫米，强度级别主要为 1470～1570 兆帕，盘条需要铅淬火处理，钢绞线展放后不能完全伸直，切断时会散头，年生产能力大约为 1 万吨，只有天津一家制品企业生产，原材料只有天津钢厂线材厂一家能生产预应力钢绞线用的 80 号钢盘条，盘重约 300 千克左右。

1988 年，江西新华研究国内预应力钢材技术水平同国际水平存在的巨大差距，同时基于对中国基础建设未来飞速发展的研判，第一家引进了意大利的低松弛预应力钢绞线生产技术和生产线，图 2-3-6 为拉丝机，图 2-3-7 为绞线机。当年实现投产，年产能 1.2 万吨。为推广新的预应力技术，江西新华在 1991～1995 年期间，每年派总工程师去国外参加预应力行业国际会议和展览，大量从美国后张协会、PTI 及国际组织 FIP 购买技术规范，翻译后送给国内各大设计院及大学，并帮助各大实验室完善钢绞线测试技术，赠送夹具图纸给试验机厂，编写应用指南赠送给施工企业，为中国钢绞线市场的成长铺垫了良好的条件。新华钢绞线也在开封黄河大桥上第一次得到运用。三十多年的发展，新华已经发展为预应力钢材技术先进、规格齐全、年产能达到50万吨的行业领先企业之一。

图 2-3-6 拉丝机

图 2-3-7 绞线机

大约1990年，鞍山钢丝厂为第二家引进低松弛预应力钢绞线设备的企业。随着市场需求的迅速扩大，1993年钢绞线出现了短期的供应短缺，价格暴涨，这刺激了许多企业的投资追随，江阴华新、上海申佳、天津预一、预二等企业先后引进了国外生产线，这一时期主要以国有或者合资企业为主要发展力量，截至2000年，我国钢绞线年需求在35万吨左右，国产钢绞线的品质满足了中国大规模基础建设的需求。20世纪90年代后期，上海申佳、江阴华新、九江奥胜、天津环钟等企业还先后从意大利等国引进了热镀锌生产线，开发了热镀锌钢绞线，主要运用于桥梁拉索制造。

2000~2008年间，我国预应力钢绞线产业经历了第一个快速发展时期，众多国有企业加入其中，武钢、湘辉、贵绳、辽宁通达、天津钢线钢缆、高力、法尔胜、威海银兴等企业迅速崛起，产品型号规格也不断丰富：环氧喷涂钢绞线、镀锌无黏结钢绞线、高强度、19丝钢绞线等相继问世。国内产能迅速得到扩张，据估计截至2007年底，我国钢绞线产能在200万吨左右。

2008年金融危机以后，我国快速发展的高速铁路建设和不断完善的高速公路网建设支撑了钢绞线行业新一轮发展，高速铁路大量采用桥梁，许多路线的桥梁长度占总长比在50%~75%之间，这使得铁路需求由次要角色逐步上升为与公路接近的主要角色，其他如核电站、液化天然气储罐、天文台、矿山支护、光伏柔性支架、风塔等运用市场也不断得到发展，但占比不大。这一时期的发展主要是以民营企业快速扩张为基础，以区域为中心，集团型企业全国抢占布局生产网点，新兴企业立足熟悉的区域市场，以新天钢、春鹏、银龙、宇恒等为代表的天津产业集群，占据了我国产能的约1/3；江苏、山东、河北合计占1/3；其余地区占1/3的三分天下格局。这一时期，也产生了几个行业的超大企业，如江西新华、新天钢、辛集澳森、春鹏集团等，产能都在50万吨上下。这一时期的设备以国产为主，工艺多数采用无酸洗工艺，具有投资小、见效快、环保压力小等特点。热镀锌钢绞线方面，2000年以后又有上钢二厂、江阴法尔胜、江西新华、宝泽龙等企业新建生产线，生产技术也由单锅热镀锌发展为双锅镀锌铝合金，成倍增加了防腐能力。

原料方面，1988~1990 年的中国钢绞线原料主要是新日铁的 SWRH82B，马钢高线投产后，1989 年新华与宝钢合作，开发 82B 钢坯送马钢轧制，单件盘重提升到 2 吨以上，后来宝钢用全流程工艺提供了优质的钢绞线原料，并由铸锭模式过渡到连铸技术。沙钢很快发展成国内规模最大且品质稳定的 82B 供应商，随着钢绞线企业对 82B 盘条需求的快速发展，武钢、包钢、湘钢、新钢、渤海湾钢厂等众多钢企，也成功开发出来质量符合要求的盘条，目前我国 82B 盘条市场呈现沙钢为龙头，各钢企延伸加工或短距离区域化销售的特点。

设备方面，2000 年后武汉、上海、江苏等地装备企业相继开发了拉丝机、绞线机和稳定化生产线，促成了我国钢绞线生产设备的国产化，促成许多低资本投资人进入了钢绞线生产行业，谋求短平快发展，同时满足了国内高速增长的钢绞线需求。新华、法尔胜、宝通、天津国企等仍坚持用效率更高的意大利生产设备，谋求扩大规模和提高效率。自动酸洗线开始在相对大规模的企业设计运行，单条自动封闭式隧道酸洗线年产能从 20 万吨起步，发展到了 40 万吨。2000 年后少部分企业因环保压力转向无酸洗技术生产钢绞线，因拉拔速度不高和管控要求更加严谨，大多数企业没有采用。

钢绞线行业随着多轮快速增长，目前已经进入生产原料相对区域化、生产设备基本国产化、生产工艺相对成熟、生产规模严重过剩的阶段，截至 2021 年，我国进口和国产钢绞线生产线约 280 条，总设计产能 880 万吨，2020 年行业实际产量 620 万吨，达到历史顶峰。主要为Ⅱ级低松弛、1860 兆帕强度级别，并已开发出 2060 兆帕、2160 兆帕、2230 兆帕、2360 兆帕强度级别的多规格钢绞线，产品实物质量满足建设工程需要。2021 年以后，钢绞线行业新建投资明显下降，市场需求也在逐渐萎缩，行业进入了一个淘汰、兼并、重组的新阶段，未来只有经历市场的洗礼，才能进入新的健康发展阶段。

三、取得辉煌成就

（一）生产规模

国内市场规模的一些数据可以反映中国预应力钢绞线行业的发展情况，1994 年的增速高峰确保了已有企业的达产，1995 年有多地新产能投产，1995 年全国年产大约 7.5 万吨，到 2008 年金融危机期间，约 210 万吨，2020 年达到顶峰 620 万吨，2022 年 600 万吨左右，图 2-3-8 为增长曲线。

2004 年左右中国成为全球最大的预应力钢绞线市场，至 2016 年完成了持续的高速增长，与中国基础设施建设规模增速最高期对应，2016 年之后市场需求进入相对较稳定的时期，处于成熟期。

（二）产品应用

中国市场上预应力钢绞线的最早应用是铁路桥，20 世纪 90 年代高速公路高速发展时期，几乎所有桥梁都采用了预应力混凝土结构，产生了巨量的需求。应用低松弛预应力钢绞线比较早的项目是上海的广电中心和南昌印钞厂，商品住宅仅在广东局部有一定规模的

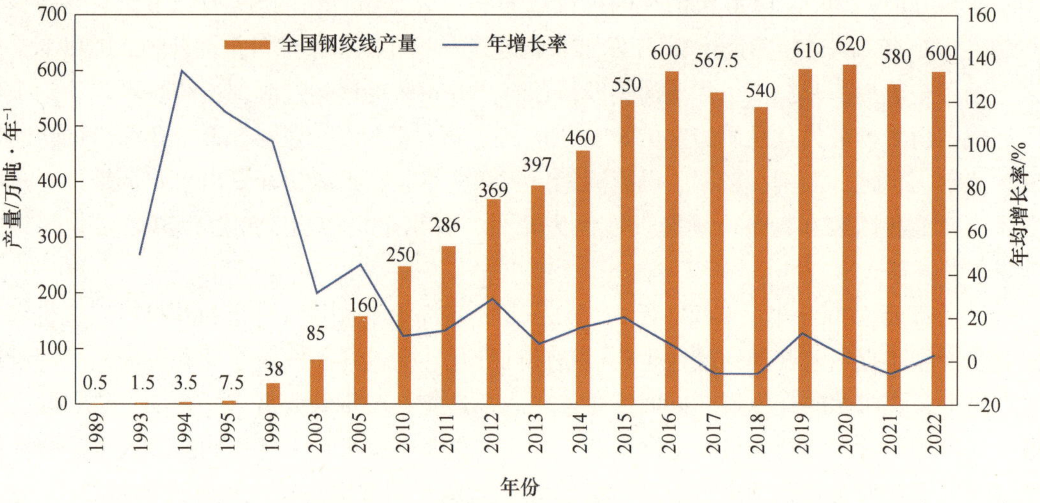

图 2-3-8 中国预应力钢绞线年产量

应用，工业建筑上有用于后张预应力混凝土板的、机库无缝大地坪的，预制构件如双 T 板的应用没有普及。第二类巨量需求来自高铁工程，中国两万多千米高铁几乎全部在高架桥上。

中国市场的需求主要依赖高速公路、市政桥梁及高铁工程的支撑，房地产及工业建筑贡献较小，水利水电工程有不少需求但占比不高，煤矿、核电、LNG 储罐、风电等能源领域总体规模占比不高，但有些特殊需求，如煤矿地下矿井支护锚索需要高张力，所以采用如 1×7-ϕ21.60 毫米这种大规格预应力钢绞线，核电行业轻易不让新供应商进入，在核电钢绞线国产化第一个项目中，新华花费七年的时间完成大量核电配套实验，在最后的商务阶段被后来加入的竞争者抢去订单，就此再也没有拿到核电订单。LNG 工程需要多液氮低温锚索试验，江西新华首先在加拿大和美国的得克萨斯拿到多个储罐的订单，后续在国内接单就非常顺畅。

中国比较值得骄傲的与钢绞线应用相关的工程成果有：论规模是发达的高速公路及高铁网络，论材料技术是核电、“FAST”国家天文台、LNG、风电、超大桥梁、超级水利工程中预应力材料的全面国产化。

（三）产品发展

预应力钢绞线的品种最初为 1×7-ϕ12.0 毫米和 1×7-ϕ15.0 毫米，强度在 1570 兆帕级别以下，20 世纪 70 年代成功生产了 1×2 和 1×3 结构的钢绞线产品，1×7-ϕ15.20 毫米结构规格一直是应用最多的代表性产品。

江西新华在 20 世纪 90 年代就做出了 1960 兆帕强度级的预应力钢绞线。

1995 年以前，国内使用的预应力镀锌钢绞线完全依赖进口，1996 年上海成功开发了桥梁缆索用热镀锌钢绞线，并先后成功应用于国内重点工程上，开创了国内第三代斜拉索的先河。

2010 年，1×19 结构钢绞线研制成功，打破了传统的 1×7 两层丝结构，解决了 1×7 结构钢绞线因受原料直径限制无法实现大规格和高强度的不足，体现了预应力行业生产技术的进步。

2000 年前，国内外生产使用的镀锌钢绞线强度级绝大部分为 1770 兆帕，国内钢缆企业从 2008 年开始研发生产 1860 兆帕镀锌钢绞线，特别是通过技术攻关取得了先镀后拔技术的突破后，1860 兆帕级产品目前已成为在该领域的主导型号，2017 年完成了 2000 兆帕级产品的开发，已经在多个工程中得到运用。镀层方面，从前期的热镀锌发展到 Galfan 镀锌铝稀土镀层材料，其合金成分为 Zn-5%Al-RE，其耐蚀性为纯锌镀层的 2~3 倍，近年为提高镀层防腐蚀性能，Zn-10%Al-RE、Zn-5%Al-Mg 及 Zn-10%Al-Mg 等镀层相继开发出来，防腐措施方面，进一步加工出镀锌无黏结钢绞线、镀锌无黏结注蜡钢绞线等。镀锌钢绞线强度的提升，镀层结构的多样化，加强防腐工艺的开发，大大提高了其使用寿命，丰富了其运用领域，斜拉桥拉索、桥梁吊索、光伏柔性支架、海洋风电等领域不断得到扩展。

历经发展，中国的预应力钢绞线现已有光面、刻痕、镀锌、无黏结、涂环氧树脂、缓黏结等多个品种；结构 1×2、1×3、1×7、1×19 四种结构，产品规格小的有 1×2-ϕ2. 90 毫米，最粗的为 1×19-ϕ28. 60 毫米。预应力钢绞线如图 2-3-9 所示。随着钢厂不断推出新的预应力钢绞线用原料，钢绞线国标 GB/T 5224—2023 版已经将 2360 兆帕纳入标准规范，但市场中主流型号仍然是 1×7-ϕ15. 2 毫米-1860 兆帕。

图 2-3-9　预应力钢绞线

四、展望未来发展

因材料的经济性和供应能力巨大，未来 1×7-ϕ15. 2 毫米-1860 兆帕钢绞线仍将是中国市场中的主流产品，如用于非大型建筑，12. 7 毫米有应用潜力，强度级别的提高，在一些材料空间受限的工程有比较大的优势，但从性价比来看，尚不具备大规模替代 1860 兆帕级的条件，随着钢绞线强度的上升，材料的应力腐蚀敏感性会提高许多，对预应力体系的设计及施工质量要求较高。

钢绞线拉索因具有单根张拉施工和能单根更换的优点，在最近的十多年中逐渐成为国际上斜拉索的主流，镀锌钢绞线+内涂层（油脂或石蜡）+HDPE 护套型式的拉索材料被国际桥梁界称为第三代拉索，最近 5 年已成为斜拉索的主要材料之一。

与低碳政策对应的相关趋势是，需要更耐久的混凝土、钢筋和预应力索，即使普通环境也需要高耐久性。耐久不全依赖材料上的保护层，也需要良好的结构中的保护体系、材料在施工现场的良好保护及优秀的灌浆质量配合。碳纤维钢绞线及双相不锈钢钢绞线在重腐蚀区域会有一些应用机会，2015 年越南就有一座大桥应用了碳纤维索，国内如矮寨特大悬索桥应用的碳纤维复合绞线为 1×7-ϕ12. 5 毫米，锚索 N1 结构采用 12-24 碳纤维绞线束，设计张拉力为 2100 千牛，锚索 N2 结构采用 12-9 碳纤维绞束，设计张拉力为 850 千牛。不锈钢预应力钢绞线已出现美国标准 ASTM A1114—20，强度等级为 1655 兆帕，近期研究的耐候钢钢绞线，强度也达到了 1500 兆帕以上，这些新技术新工艺的研发，将更进一步提升我国预应力钢绞线的技术水平。

第四章 钢 丝 绳

第一节 钢 丝 绳

一、概述

钢丝绳是以热轧高碳线材为主要原料，经过拉拔、捻股、合绳而成的深加工产品。1834 年欧洲人奥鲁勃特发明了世界上第一根钢丝绳，始建于 1938 年的鞍钢钢绳、1939 年的天津一绳是我国早期的钢丝绳生产企业。近 5 年来，全球钢丝绳年需求量约 2500 万吨，中国市场需求约 500 万吨，占比 20%。2018 年全球钢丝绳不同应用领域消费量市场份额中“石油和天然气”与“渔业和海洋”用钢丝绳的量分别占比“28. 33%”和“10. 61%”，如图 2-4-1 所示。石油和天然气中包含了海洋石油和天然气、港口机械装备统计所需用钢丝绳。目前，我国生产钢丝绳企业、品种、规格、产能均有了长足发展，基本满足了国民经济各领域的需求。

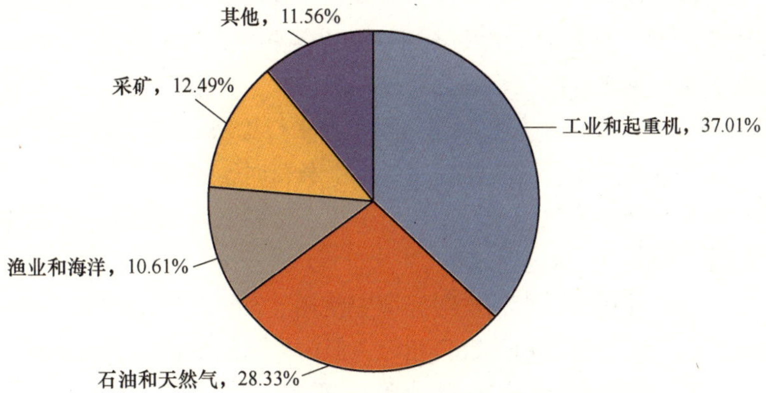

图 2-4-1 2018 年全球钢丝绳不同应用领域市场份额

（一）钢丝绳分类

钢丝绳可以按照所用钢丝材质、钢丝绳表面状态、钢丝绳捻制方法、钢丝绳用途等进行分类。

1. 按照材质分类

钢丝绳按材质可以分为两种：（1）碳素钢钢丝绳，以优质碳素结构钢钢丝为原料捻制而成。(2) 不锈钢钢丝绳，以不锈钢钢丝为原料制造捻制而成。

2. 按照表面状态分类

钢丝绳按表面状态可以大致分为以下四种：(1) 磷化涂层钢丝绳，简称磷化钢丝绳，制绳钢丝表面先做磷化，磷化后捻制前钢丝不进行冷拉加工，直接捻制股绳。(2) 镀锌钢丝绳，对制绳钢丝表面进行镀锌，包括热镀锌和电镀锌两种方法，镀锌后的钢丝捻制股绳。(3) 涂塑钢丝绳，在钢丝绳外表面或股绳外表面涂覆一定厚度的塑料，包括聚乙烯、聚丙烯、聚氨酯等。(4) 光面钢丝绳，经过热处理和表面准备的原料冷拉后得到的制绳钢丝，钢丝不再经过任何表面处理直接捻制股绳。

3. 按照钢丝绳捻向分类

按照钢丝绳的捻向和股中钢丝的捻向，可以大致分为以下四种：(1) 右同向捻 (zZ) 钢丝绳，指钢丝在股中的捻向和股在钢丝绳中的捻向相同且均为右捻。(2) 左同向捻 (sS) 钢丝绳，指钢丝在股中的捻向和股在钢丝绳中的捻向相同且均为左捻。(3) 右交互捻 (sZ) 钢丝绳，指股中的钢丝左捻 (s) 和股在钢丝绳中右捻 (Z)。(4) 左交互捻 (zS) 钢丝绳。指股中的钢丝右捻 (z) 和股在钢丝绳中左捻 (S)。

4. 按照钢丝接触状态分类

按股中相邻层钢丝之间的接触状态分为点接触、线接触或面接触三种。

(1) 点接触钢丝绳。点接触是股中各层钢丝为非平行捻制，层与层之间的钢丝呈点接触状态。当受载荷时，由于点接触钢丝之间接触应力大，严重影响其使用寿命。

(2) 线接触钢丝绳。线接触是股中各层钢丝为平行捻制，同一层以及层与层之间的钢丝逐根紧密相贴，螺旋线呈平行线接触状态。当受载荷时，由于线接触钢丝之间接触应力比点接触应力小得多，其线接触钢丝绳使用寿命比点接触钢丝绳要长。线接触钢丝绳主要分为以下三种以及三种形式的组合形式。

一是西鲁式，也称外粗式，在钢丝绳标记中使用“S”表示。该类结构钢丝绳的股绳通常由两层钢丝组成，内外两层钢丝数目相等，但内外两层钢丝的直径不同，外层钢丝较粗并且位于内层两根较细钢丝之间形成的“谷”间。

二是瓦林吞式，也称粗细式，在钢丝绳标记中使用“W”表示。该类结构钢丝绳的股绳通常由两层钢丝组成，内层是直径相等的钢丝组成，外层是由大、小两种直径钢丝间隔搭配组成，外层较粗钢丝位于内层钢丝之间形成的“谷”间，外层较细钢丝位于内层钢丝之间形成的“峰”上。

三是填充式，在钢丝绳标记中使用“Fi”表示。该类结构钢丝绳的股绳通常由两层钢丝组成，外层钢丝的数目是内层钢丝数目的两倍，内层钢丝位于外层钢丝之间形成的“谷”部，在内外两层钢丝形成的较大的缝隙中填充较细的钢丝，填充钢丝的数目与内层钢丝数目相等。

线接触结构的钢丝绳除了上述三种基本结构形式以外，更多的、更为复杂的是以上述三种最基本线接触结构为基础，复合和派生出的各种线接触结构钢丝绳。如西鲁-瓦林吞式、西鲁-填充式、西鲁-瓦林吞式-西鲁等。

此外，还有点接触和线接触组合的点-线接触钢丝绳。

（3）面接触钢丝绳。面接触捻制过程中，经过锻打、辊轧、模拔等方式，使同一层和层与层之间的钢丝之间都以螺旋面相互接触。面接触钢丝绳的优良性能：一是面接触钢丝绳的金属密度大，因而破断拉力高，在直径和强度相同的情况下，破断拉力要比普通钢丝绳更高。二是面接触钢丝绳的钢丝为非圆形，钢丝绳表面平滑，使用时与各种滑轮、绳槽的接触面积增大，接触应力减小，耐磨损能力较大提高。三是面接触钢丝绳的股绳表面光滑，钢丝之间的缝隙极小，各种腐蚀介质不易进入，因而面接触钢丝绳的耐腐蚀性能较好。四是面接触钢丝绳结构紧密，耐压性能好，不易变形，结构伸长较小，如密封钢丝绳。

密封钢丝绳属于单捻钢丝绳，是由圆钢丝经过多层点接触或线接触捻制的股作为绳芯，在绳芯外面包捻一层或多层异型钢丝而形成的单捻钢丝绳，其断面为圆形。密封钢丝绳的主要用途：用于索道、大型电铲、悬索桥、斜拉桥、铁塔、大型空间建筑、钻井平台、缆索起重机等领域。

与圆股钢丝绳相比，密封钢丝绳具有以下特点：1）金属断面系数大，承载能力强；2）弹性模量高，弯曲刚度大；3）抗侧压能力强，钢丝绳结构稳定；4）承受径向负荷时结构不易破坏；5）抗旋转能力高；6）表面光滑；7）密封性好，耐腐蚀等特点。

我国密封钢丝绳于1959年在天津钢厂调试生产，1963年起正式生产，天津钢厂采用热轧、形状尺寸波动较大的异形盘条，经过烧煤的加热炉热处理后通过整体多次拉拔，整体模拉拔成Z形钢丝，钢丝强度980～1170牛/毫米^2。宁夏恒力钢丝绳股份有限公司从1972年起历时6年的异形钢丝辊轧新工艺研究取得成果，完成了原料以圆形盘条取代异形盘条，加工工具以轧辊取代拉丝模的工作方式，让国内密封钢丝绳生产技术得到了进一步提升。时至2000年国内完全自主研发生产多结构、多规格的密封钢丝绳。如贵绳集团等企业经过多年刻苦研制，实现了密封钢丝绳全模拉拔工艺，产品经检测各项技术性能指标优于冶金行业标准，达到国内领先、国际先进水平。自主掌握了在空间结构用锌铝稀土合金镀层密封索领域，从设计到制造技术全流程的新工艺技术，填补国内空间结构用密闭索技术空白，进一步将这一产品推入国际市场，其产品远销土耳其、加拿大等国家。2022年成功研发了1960兆帕高强度镀锌铝稀土合金密封钢丝绳吊索，达到了国际先进水平，成功地将高强度密封钢丝绳吊索应用于牂牁江特大悬索桥上，突破了悬索桥主缆用高强钢丝的关键技术瓶颈。

5. 按绳股截面形状分类

按绳股截面形状可分为圆股、三角股、椭圆形股和扁股等。与圆股相比三角股、椭圆形股和扁股具有较高的强度，与卷筒或滑轮绳槽的接触性能好，使用寿命长，但制造较复杂。

6. 按用途分类

钢丝绳按照用途分类，主要包括一般用途钢丝绳、电梯用钢丝绳、机械提升用钢丝绳、港口用钢丝绳、船舶用钢丝绳、海洋工程用钢丝绳、海上石油平台用钢丝绳、石油钻井用钢丝绳、矿山用钢丝绳、煤矿用钢丝绳、渔业用钢丝绳、缆索用钢丝绳、汽车用钢丝绳、航空航天用钢丝绳，以及汽车、摩托车操纵用钢丝绳等。

（二）钢丝绳用原材料

1. 钢丝

钢丝绳使用过程中需要承受交变载荷的作用，其使用性能主要由钢丝力学性能、钢丝表面状态和钢丝绳结构决定。钢丝材质包括碳素钢或合金钢，通过冷拉而成，钢丝断面有圆型或异型，异形横断面钢丝主要用于密封钢丝绳的生产，具有较高的抗拉强度和韧性，并对钢丝进行适宜的表面处理以满足不同使用环境条件的需求。

2. 钢丝绳绳芯

钢丝绳绳芯的主要作用是对钢丝绳起到支撑作用，以达到稳定的断面结构。绳芯包括钢芯和纤维芯，纤维芯包括天然纤维芯和合成纤维芯，天然纤维芯如剑麻、黄麻、棉线等，合成纤维芯包括聚乙烯和聚丙烯长丝等。天然纤维芯可以储存较多的润滑脂，对钢丝绳起到润滑作用，延长钢丝绳使用寿命。

3. 钢丝绳润滑脂

钢丝绳捻制过程中喷涂润滑脂，其主要作用有两个，一是对钢丝绳进行润滑减缓钢丝表面的磨损，二是润滑脂可以将钢丝表面与空气中的氧气隔离，对钢丝绳发生氧化锈蚀起到抑制作用。

（三）钢丝绳生产工艺技术

钢丝绳的生产包括拉丝、捻股及合绳三个基本工序。

生产钢丝绳的拉丝，首先对钢丝表面做去污处理，然后进行一次或多次的拔拉，使其达到目标直径的一种工艺技术。

1. 拉丝

在拉丝前要对钢丝表面做去污处理。包括用酸液洗去钢丝表面锈蚀物和轧皮的过程和采用机械方法去除钢丝表面的锈蚀物和轧皮的过程，把线材表面的氧化物剥离，以免铁锈等杂质影响拉拔，损坏拉丝模具。磷化通俗地说就是把材料浸入磷酸盐溶液中，使其表面获得一层不溶于水的磷酸盐薄膜的工艺。在一定程度上防止腐蚀。

拉丝主要指冷拔丝。普通的线材或盘条，让它通过比它的直径小一点的孔中强行拉过，则线材或钢丝的直径就会变小，长度会伸长，不断重复这样的加工过程，则线材或钢丝的直径就会进一步变小。产生这种塑性变形以后的线材硬度会增加，塑性会基本消失。不要求塑性，只要求强度的场合，可以直接使用这样的钢材。

回火：因为线材或钢丝的分子结构已经发生变化，只有回火再次还原钢丝内部的结构。以便于再次拉丝，这样不易断裂，而且能拉到想要的强度。强度就是通常说的抗拉强度。强度是钢丝拉丝拉出来的，不是热处理出来的，这就是钢丝绳工艺和机械加工工艺最大的区别。

一般的强度：1470 牛/毫米^2、1570 牛/毫米^2、1670 牛/毫米^2、1770 牛/毫米^2、1870 牛/毫米^2、1960 牛/毫米^2。强度越高，拉力越强，但是韧性越差。因此，在钢丝绳选型上应选择合适的强度。不能一味高强度。高强度钢丝绳拉力是强的，但是在耐磨度和柔韧性方面比较弱。

2. 捻股

卷线工序：将钢丝线盘，重新卷在捻股机的工字轮上；也可将钢丝从拔丝机后直接卷到工字轮上。捻股将钢丝捻成绳股。捻股机有筐篮式、轴管式、无管式和双捻机等。

捻股的类型、结构和用途。钢丝绳的类型、结构、原料和生产工艺取决于用途。一般钢丝绳用直径 0.1~6.0 毫米圆断面的碳素钢丝。捻制密封和半密封钢丝绳时，采用 Z 形和其他异型钢丝。钢丝绳的类型按用途分为悬吊桥梁用绳和矿用绳、架空索道用承载绳、传动装置用牵引绳、电梯用绳、捆扎和拖编货物用系扎绳等。钢丝绳的品种不断增多，结构日益复杂，除采用各种涂层钢丝外，还使用不锈钢丝和双金属钢丝。为确保钢丝绳使用的安全性和可靠性，要求钢丝绳有足够的强度、良好的挠性、捻制的密实性、抗压性、耐磨性、耐腐蚀性和抗疲劳强度等，其中强度最为重要。

钢丝绳的截面结构有点接触圆股、线接触圆股、面接触圆股、异型股、单层股不旋转、密封及扁平等。其中面接触圆股钢丝绳是靠捻股机的牵引力将线接触绳股通过拔丝模或辊模拔制而成的。通过拉模，绳股变形前和变形后的截面捻股中有涂油和镀层两种防腐措施。

（1）点接触圆股。点接触钢丝绳的股绳是由直径相同的钢丝分层捻制的，股内各层钢丝的捻角相等而捻距不等，股内各层钢丝之间呈点接触状态。由几根点接触的股绳围绕绳芯捻制成为点接触钢丝绳。由于点接触绳股的内层钢丝之间呈点接触，使其内部接触应力大、耐疲劳能力差，钢丝绳的金属面积小、破断拉力低；但是组成钢丝绳的钢丝规格较少，生产管理较容易。

（2）线接触圆股。线接触钢丝绳的股绳内部，不仅是同层钢丝之间线接触，而且各相邻层钢丝之间也是呈线接触状态，因而得名线接触。线接触股绳内各种不同直径钢丝之间存在着一定的比例关系。股内各层钢丝的捻距相等而捻角不等。

线接触钢丝绳是由线接触的股绳围绕绳芯捻制而成的。由于线接触股绳的钢丝之间呈线接触，使其内部接触应力较小、耐疲劳能力较点接触较好，钢丝绳的金属面积较大、破断拉力相对较高。但组成钢丝绳的钢丝规格较多、生产管理较为复杂。

线接触钢丝绳的构造比点接触钢丝绳复杂，最基本的有三种结构形式。西鲁式股绳的结构通式为：外层钢丝数+内层钢丝数+中心丝。瓦林吞式股绳的结构通式为：外层粗钢丝的数目/外层细钢丝数目+内层钢丝数目+中心丝。填充式股绳的结构通式为：外层钢丝数目+填充钢丝数目+内层钢丝数目+中心丝。

（3）面接触圆股。面接触钢丝绳的股内同层及各层钢丝之间呈面接触状态，它是线接触钢丝绳的进化。由于面接触钢丝绳是线接触钢丝绳的进化，它内部钢丝之间的接触状态由线变成了面状，因此它不但具有线接触钢丝绳的所有优点，而且还具有内部钢丝接触应力小、金属密度大的特点。面接触钢丝绳的优良性能归纳如下：

一是面接触钢丝绳的金属密度大，因而破断拉力高，在直径和强度相同的情况下，破断拉力要比普通钢丝绳高 10%~25%。

二是由于面接触钢丝绳的钢丝为非圆形，钢丝绳表面平滑，使用时与各种滑轮、绳槽的接触面积增大，接触应力减小，耐磨损能力较大提高。

三是面接触钢丝绳内各钢丝之间呈面接触状态，使用时钢丝之间的应力也减小，特别是磨拉面接触钢丝绳，钢丝的残余应力得以大部分消除。但是必须指出的是面接触钢丝绳中的钢丝存在棱角，可以成为应力集中点，但此负面影响较小，所以面接触钢丝绳的耐疲劳性能较普通钢丝绳有明显提高。

四是面接触钢丝绳的股绳表面光滑，钢丝之间的缝隙极小，各种腐蚀介质不易进入，因而面接触钢丝绳的耐腐蚀性能较好。

五是面接触钢丝绳结构紧密，耐压性能好，不易变形，结构伸长较小。

3. 合绳

在合绳机上将绳股围绕绳芯中心线作螺旋线排列生产钢丝绳的工艺过程。合绳要严格按照钢丝绳制造工艺规定进行。合绳机选定后，应认真选配合绳用股，股的规格、结构、捻向、长度等应满足钢丝绳制造卡片的要求。股选定后，将载股工字轮安装在合绳机的工字轮轮架上。合绳工序中工字轮的安装、股的穿线方法、捻制参数的调整及捻制操作与捻股时的相同。

合绳与捻股相比，仅在捻制工艺上有所不同。钢丝绳的捻制分为单捻钢丝绳的捻制、双捻钢丝绳的捻制和三捻钢丝绳的捻制三种类型。

单捻钢丝绳捻制方法和捻制工艺与相同结构的股的捻制方法和捻制工艺基本相同，区别仅在于在单捻钢丝绳中，围绕绳芯外的各捻制层的钢丝捻向是交替变化的，捻向则按外层钢丝的捻向确定。密封钢丝绳属单捻钢丝绳，捻制方法与捻制圆股单捻钢丝绳相似，其不同点在于，捻制时必须保证绳芯外的异型钢丝大面始终朝向钢丝绳的外表面。密封钢丝绳绳芯外异型钢丝的捻制一般在专用设备上完成。

双捻钢丝绳通常由 2 根、3 根、4 根、6 根、7 根、8 根股捻制而成。最多可达到 36 股，品种多，结构较复杂，是应用最广泛的钢丝绳。应用最普遍的是由 6 根股组成的双捻钢丝绳。中细规格的双捻钢丝绳可采用管式捻股机捻制。粗规格钢丝绳，特别是同向捻钢丝绳，采用筐篮式合绳机捻制。异型股钢丝绳可采用专用设备捻制，也可在普通合绳机上将圆形股变形成异型股后捻制成钢丝绳。面接触钢丝绳可采用异型钢丝绳捻制法制造，也可采用塑性压缩法制造。塑性压缩法是在捻股时将圆形股经受拉拔或辊压，使股中钢丝产生塑性变形，改变股内钢丝的接触状态，然后用这种股捻制成钢丝绳。

三捻钢丝绳的捻制与双捻钢丝绳的捻制相同，只是捻制次数增加了。

所有钢丝绳都应捻制成不松散的。钢丝绳的不松散性能通过合绳时对捻制股进行预变形实现。金属绳芯的钢丝绳也可以采用热处理方法获得不松散性能。为了改善钢丝绳的力学性能和不松散性能，除合绳时对股进行预变形外，捻股和合绳时还广泛采用股矫直工艺，以消除钢丝绳的捻制应力。

在合绳机的牵引轮和收线装置之间设有钢丝绳涂油槽，对钢丝绳涂油。钢丝绳涂油后经排线机构均匀地缠绕在收线机构的工字轮上。捻制完毕后，钢丝绳的绳头用软钢丝扎紧并固定在工字轮轮盘上。

涂油。所有钢丝绳都必须涂油。纤维芯浸油，要求油脂能够保护纤维芯不腐烂、不锈蚀钢丝，滋润纤维，并从内部润滑钢丝绳。表面涂油使绳股中所有钢丝表面都均匀地涂上一层防锈润滑油脂，其中对摩擦提升和矿水大的矿井用绳，要涂增磨和抗水性强的黑油油脂；其他用途则涂成膜性强、防锈性能好的红油油脂，并要求油层薄，便于在操作过程中保持清洁。

镀层。有镀锌、镀铝、涂尼龙或塑料等。镀锌又分钢丝先镀后拔的薄镀层和钢丝拔后镀锌的厚镀层，厚镀层的力学性能比光面钢丝绳有所降低，宜在严重腐蚀环境中使用。镀铝钢丝绳比镀锌钢丝绳更耐腐蚀、耐磨、耐热，主要用于渔业拖网船舶及含 H_2S 的矿井等，采用先镀后拔法生产。涂尼龙或塑料的钢丝绳分涂绳和涂股后合绳两种。前者用于静索，后者用于动索。

（四）钢丝绳的应用和管理

由于钢丝绳的独特性能，迄今为止国内外还未找到一种更理想的产品来全面或在一个领域内替代钢丝绳，因而，钢丝绳在冶金、矿山、石油天然气钻采、机械、化工、航空航天等领域成为必不可少的部件或材料，其质量也被国内多个行业所关注，并投入大量人力、物力进行钢丝绳使用研究和产品开发工作，对钢丝绳的结构选择、日常使用、维护保养、更换报废等各个环节制定了很多规程和细则。

（1）煤矿、起重、汽车起重机、桥式起重机、电梯等行业都对钢丝绳结构选择、日常使用、维护保养、更换报废等方面作出切实可行的规定。

（2）煤炭等行业把对钢丝绳的检查纳为日常必要的安全生产检查管理内容。

（3）一批钢丝绳检验和报废实用规范有效实施。

二、发展历程

我国钢丝绳的生产是从 20 世纪三四十年代起步，五六十年代开始进行规划性的发展布局，七八十年代实现了大跨度的发展，又经过 90 年代不断地调整、完善和提高，到了 21 世纪的今天，整个行业呈现出一派生机勃勃的繁荣景象。新中国成立以来，我国钢丝绳行业取得了令人瞩目的成就，随着工艺技术装备水平的不断提高，品种结构的不断变化，产品质量的不断优化，行业内涌现了一批具备一定生产规模、工艺装备先进、生产效率高、人员素质高、产品质量好、生产成本低、管理机制先进、经济效益好的钢丝绳企业。

（一）起步阶段

鞍钢钢丝绳厂于1938年建厂（前身是日伪满洲制钢株式会社），1940年与满洲钢索株式会社合并。1946年被国民党政府接管改名鞍山钢铁有限公司管线所钢绳厂。1948年2月鞍山解放后，于当年12月局部恢复钢丝绳生产。天津市第一钢丝绳厂于1939年建厂（前身是兴亚钢业株式会社），生产刺丝、元钉、木螺丝和少量的钢丝绳。上海第二钢铁厂于1942年建厂，是国内第一家线材生产企业，也是同行业中较早生产钢丝绳的企业。当初国内仅有的几家钢丝绳厂家，虽然产量不多，却标志着我国钢丝绳工业有了雏形，开始起步。

（二）基础阶段

1949~1958年期间，是我国百废待兴、国民经济恢复阶段。钢丝绳行业在苏联帮助下缓慢发展，步履蹒跚。到1962年前后，“土法钢丝绳”或“手制钢丝绳”自行淘汰。1958~1977年期间是我国钢丝绳行业较快发展阶段。当时根据国家计划经济发展格局要求，在各地大布局地建成鞍钢钢丝绳厂、天津市第一钢丝绳厂、天津市第二钢丝绳厂、湘钢钢丝绳厂、上海第二钢铁厂、宁夏石嘴山钢铁厂、遵义金属制品厂、无锡钢丝绳厂、武汉钢丝绳厂、哈尔滨钢丝绳厂、大连钢丝绳厂、青岛钢丝绳厂、马鞍山钢丝绳厂、咸阳钢管钢绳厂、南通钢丝绳厂等一批大型、较大型的钢丝绳骨干企业，初步建成我国钢丝绳工业的骨干网络，形成天津市线材制品中心对外辐射功能。期间还组建了厂所合一的遵义金属制品研究院（中钢集团金属制品研究院前身）。这期间钢丝绳产品在数量、品种结构和规格上仍然落后于欧美发达国家和地区，多以一般用途中小直径的点接触钢丝绳为主。

（三）快速发展阶段

改革开放后，钢丝绳行业快速发展，同时由冶金工业部组织编写了钢丝绳生产和制造设备相关教材，使生产钢丝绳产品理论系统化，加深了企业对钢丝绳产品的认识和掌握。钢丝绳行业加强了对线接触钢丝绳、不松散钢丝绳、不旋转钢丝绳、填塑钢丝绳、编织防扭钢丝绳、异型股钢丝绳、密封钢丝绳、扁钢丝绳、压实类钢丝绳，以及石油钻采、海洋工程、沿海港口装卸等专用钢丝绳品种、结构和性能的研究开发。

虽然改革开放后的钢丝绳行业快速发展，但是依然存在企业规模小、数量多、参与世界经济大循环竞争取胜能力弱的劣势。部分钢丝绳企业追求发展速度，导致部分企业调整、重组的速度也加快，还没有涌现出世界级著名的钢丝绳企业。这个阶段我国成为钢丝绳生产大国，钢丝绳产品无论是在数量上，还是在品种结构和规格上均快速发展，这期间以一般用途的中小直径的钢丝绳为主，并逐渐有三角股钢绳、电铲绳、索道绳、密封绳、胶带绳、电梯绳、石油绳等重要用途钢绳产品生产应用。

（四）技术升级阶段

2004年起，我国迈出由钢丝绳生产大国向着钢丝绳生产强国过渡的坚定步伐。十几年来，我国钢丝绳生产装备水平不断提升。20世纪90年代初从国外引进的翻转式水箱拉丝机，活套式、直进式干式拉丝机等设备为我国拉丝设备的生产和改进提供了经验。后期在不断创新的基础上，国产拉丝机的质量有了明显提高，达到用户要求。热处理工序是保证制绳用丝质量的关键环节，最初是少数企业从国外引进明火炉或是自制明火炉以及半明火炉，逐步发展到先进的计算机自动控制技术在热处理炉上的应用，推动了我国热处理炉的技术进步，对提高钢丝绳质量起到了重要作用。钢丝绳生产所用捻股机部分从国外引进，大部分为国产，合绳机中管式占小部分，几家大型企业合绳机有预变形器、后变形器和定径装置，为钢丝绳质量提供了有力保证。一些先进企业为了确保制绳钢丝性能更加稳定，提高生产效率，推广使用连续化生产线及大工字轮收线或倒立式收线机，为实现连续化生产创造条件。

目前，国产装备的质量和档次都有明显提高，拉丝机、股绳机、热处理炉、镀层生产线等主体生产设备都已趋于成熟稳定，基本达到了国外同类产品水平，完全能够满足国内市场需求。干式直进式拉丝机比例增大，国产多筒捻股机制造装配精度提高，大轴承股绳机和超大型成绳机日趋成熟，其他如变频调速、机电一体化、连续热处理节能、高性能涂镀层、环保型表面清洗等先进技术，以及大盘重连续作业线均得到广泛推广应用。

十几年来的快速发展，行业内企业不断加大科技投入力度，加快技术创新步伐，将注意力集中在提高产品质量、拓宽应用领域、打造精品上。通过改进原料质量、新产品的开发、采用先进工艺、优化钢丝绳结构、贯彻质量认证、加强内部管理、提高操作水平、执行先进标准、严格检验控制等措施，形成了以重要用途钢丝绳、优质钢丝绳、粗直径钢丝绳、特殊结构钢丝绳为代表的一批高档产品，部分或全部替代了进口产品，并开始进入国际市场，从而也使进口量逐年减少，出口量逐年实现递增。

其中，三角股绳、电铲绳、索道绳、密封绳、胶带绳、电梯绳、石油绳等重要用途钢丝绳几乎全部实现了国产化。同时，国家标准与国际标准接轨，部分主要产品标准经过修订后，达到了国际先进水平，促进了行业生产、技术装备、工艺标准、管理水平等各项工作标准的提高，促使产品质量和档次都迈上一个新台阶。

三、结构特点

全国主要的钢丝绳企业集中在天津、江苏。国内主要的钢丝绳企业所有制成分包括国有、股份、民营、国内合资、中外合资、国外独资等形式，呈现出多元化的格局。贵州钢绳、鞍钢钢绳、天津一绳、上海二钢、湘钢钢绳、宁夏恒力、咸阳宝石钢管钢绳等国有企业，在发挥各自原有品种和品牌优势的基础上，进行了大规模的改造，在重要用途钢绳、矿用绳、索道绳、石油绳、电梯绳等品种的生产规模和市场占有率方面实现了新的突破，成绩显著，用事实验证了国有老企业经过深化改革，焕发出新的活力。

随着国家经济体制改革的不断深化，具有相当规模的一批多种经济成分组成的股份制企业和民营企业应运而生，发展迅速，表现出强劲的生命力。天津、江苏、上海等地区的一批企业都实现了快速发展。而以比利时贝卡尔特、韩国高丽制钢、香港高力、美国维尔卡以及英国布顿等为代表的外资企业看到了中国市场的潜力，增大了在中国的资本注入，加快了中外合资和外商独资企业的发展速度，为我国线材制品行业的快速发展注入了新的活力。总的看来，近几年我国钢丝绳企业的数量有所减少，但是企业实力普遍增强，产能规模放大，竞争力加强。

四、展望未来

与世界钢丝绳强企相比，我国钢丝绳制造技术水平还不高，研究问题的深度还很不够，竞争高端钢丝绳市场后力不足，卓有成效的基础工作亟待加强。建成钢丝绳强国绝非一蹴而就，需聚能、聚力、同心、协力，经过持续努力，我国钢丝绳制造一定会早日入列世界钢丝绳强国、强企方阵。时下需要解决的是：

（1）化解过剩。近年来，我国普通钢丝绳领域面临供大于求的压力，其产品同质化竞争日趋激烈，因而各地区技术上具有优势的钢丝绳企业更应该瞄准钢丝绳产业最前沿技术，专注钢丝绳细分产品领域的创新，大力推进高精尖钢丝绳产品的创新研发和产业化。

（2）优化产品结构。在电梯、航空、大型机械开采吊装、起重、矿井提升等既有的特种钢丝绳的不同细分领域中，应采取差异化策略，着眼于细分市场的发展，通过优化产品结构、加大新产品研发力度，向着高技术含量、高性价比、高使用寿命的诸如压实、填塑、包塑、异型、复合结构钢丝绳方向发展，建立具有生产经营特色、技术研发优势和细分市场资源优势地位的企业。国家基础设施的大力推动发展为钢丝绳细分领域提供了广阔的市场。公路桥梁、跨海跨江桥梁、空间结构场馆等建设需要更多的诸如粗直径、复合结构、全密封等高强度、高韧性钢丝绳新材料的推广应用，以具有特种金属功能的钢丝绳新材料去加快基础材料的升级换代。在向特殊用途高档次钢丝绳市场进军过程中，应当根据企业自身发展需要，坚持有所为有所不为的原则。

（3）研发前沿产品。《中国制造 2025》明确了要大力推动十大重点领域突破发展，如在海洋工程装备及高技术船舶重点领域突破发展。大力发展深海探测、资源开发利用、海上作业保证装备及其关键系统和专用设备。而这些装备需要高技术含量钢丝绳作为支撑，为钢丝绳产品市场注入了新的活力，提供了广泛的市场前景，需要我们研发应用具有高耐腐蚀性、高疲劳性的海洋打捞、海洋系泊等钢丝绳产品。

第二节 电梯用钢丝绳

一、概述

电梯用钢丝绳（以下简称“电梯绳”），如图 2-4-2 所示，是一种应用于乘客电梯或载物电梯的专用钢丝绳，依据在电梯运行中发挥的功能，又细分为曳引绳、限速器绳、门机绳和补偿绳四种。作为电梯中极其重要的安全部件，电梯绳要严格符合不同电梯公司在设计、制造电梯时对钢丝绳配置的技术规范和质量要求，与普通钢丝绳相比在技术和质量上要求更加严格。

图 2-4-2 电梯用钢丝绳

二、发展历程

电梯绳是伴随着电梯在中国国内的发展而逐步发展起来的。电梯服务中国已有 100 多年的历史，共经历了以下几个阶段：

第一阶段（1900~1949 年），以奥的斯为代表的进口品牌，率先在上海、北京、天津等城市销售安装电梯，截至 1949 年，上海市共安装进口电梯约 1100 部，提升配套件均为进口。

第二阶段（1950~1979 年），新中国成立后，在上海、天津、沈阳等地相继建起电梯制造厂，自主研制生产，这一阶段共生产、安装电梯约 1 万部，提升配套件开始国产化。

第三阶段（1980 年至今），建立三资企业，随着我国改革开放陆续引进外资、技术与装备，1980 年 7 月组建第一家合资企业中国迅达电梯有限公司，1984 年 12 月组建天津奥的斯电梯有限公司。此后，全球主要电梯知名企业陆续在中国建立了独资或合资企业，国内民营电梯企业也在逐步增长，配套电梯绳的国产化率迅速提高，随电梯整机出口量和直接出口量逐步攀升。

电梯行业的发展直接带动了电梯绳的发展。1959 年，天津一绳开始研制电梯绳，20 世纪 70 年代形成批量生产，但品种比较单一，主要供应国内电梯企业，因电梯市场发展缓慢，与之配套的电梯绳市场未能形成较大规模。

为了规范电梯绳的制造标准，冶金工业部发布了 YB 2002—78《电梯用钢丝绳》标准，1988 年 2 月 29 日发布了由上海市冶金局、上海第二钢铁厂和冶金工业部标准化研究所、天津第一钢丝绳厂共同起草的 GB 8903—88《电梯用钢丝绳》国家标准，至此，电梯绳市场准入条件更加规范和具体。

20 世纪 90 年代初期，建筑行业的迅猛发展带动了电梯行业的发展，电梯绳也随之迅速发展起来，国内一些大型钢丝绳骨干企业开始重视电梯绳的开发与研制，天津一绳率先将电梯绳列入 1996 年重点发展品种，在天津市经委的支持下为三资企业实施配套建设，于1995年引进第一条德国合绳-预张拉生产线，同期，上海第二钢厂也在积极研发电梯绳，并引进相同德国合绳-预张拉生产线，这是国内最早引进的两条在线张拉合绳生产线，为提高电梯绳的捻制质量和疲劳寿命提供了装备保证。

1997年12月，天津一绳电梯绳产品通过美国OTIS总部法明顿工程试验中心疲劳寿命试验及SQA产品质量认证；1999年12月，通过OTIS Q-PLUS三级认证，被美国OTIS总部认定为“全球钢丝绳货源基地”，荣获OTIS全球供应商资格，是OTIS在亚太地区唯一签订钢丝绳优先供应商协议（PSA）的供应商，执行OTIS 51111—99标准，标志着国内先进企业的电梯绳质量已经达到国际水平。

但此期间，国内大部分电梯绳产品在数量、品种结构、规格和质量水平上与欧美发达国家和地区相比仍有差距，重点项目、标志性建筑的电梯还大多使用进口产品。

三、步入快速发展

21世纪初，随着房地产行业的高速发展，电梯产业对电梯绳需求量迅速激增，电梯绳行业迎来了黄金发展期，以天津高力一绳、无锡赛福天、无锡通用、贵州钢丝绳、江苏狼山、鞍钢钢丝绳等为代表的一大批骨干企业，加大对电梯绳生产的投入，很多民营企业也如雨后春笋，纷纷迈进电梯绳行业，使国内电梯绳产能急剧上升。

自2004年开始，为不断满足市场对高质量产品的需求，电梯绳行业掀起了淘汰落后产能、更新生产装备、优化工艺技术的热潮，这也促进了上游钢厂对高速线材轧制技术和质量水平的自我改造与提升，我国迈出了由钢丝绳生产大国向钢丝绳生产强国过渡的坚定步伐。

（1）装备水平不断提升。热处理工序是保证电梯绳用钢丝质量的关键环节，各生产企业通过引进或是自制，逐步将传统的燃煤马弗炉改造或更新为天然气明火加热炉，有些厂家更是形成热处理酸洗磷化连续生产线，燃烧过程全自动控制，气压自动调节，铅锅装有冷风降温和铅液循环系统，节能高效、提质降耗、绿色环保，推动了我国热处理炉的技术进步，对提高电梯绳质量也起到了重要作用。20世纪90年代初，从国外引进的翻转式水箱拉丝机、活套式和直进式干式拉丝机等设备，为我国拉丝设备的生产和改进提供了经验，在对进口拉丝机国产化和创新的基础上，国产拉丝机的质量有了明显提高，能够满足电梯绳生产企业的要求。生产电梯绳所用捻股机（双捻股机）少部分从国外引进，大部分为国产改进机型，安全、节能、高效。麻芯绳生产大部分是传统的国产设备，少数优质企业引进日本技术的双捻股机、管绞制绳机，有效控制直径均匀性；电梯绳合绳机除个别小企业仍保有传统机型外，几家大型骨干企业合绳机均有在线张拉装置，如天津高盛现有5条德国引进预张拉合绳生产线，实施稳定的预拉伸工艺，充分消除捻制应力，减小钢丝绳的结构伸长，提高疲劳寿命，为稳定钢丝绳质量提供了有力保证。当前，国产装备拉丝机、股绳机、热处理炉、镀层生产线等主体生产设备，基本达到国外同类装备水平，能够满足国内市场需求；干式直进式拉丝机比例增大，其他如变频调速、机电一体化、连续热处理、高性能涂镀层、环保型表面清洗等先进技术，以及大盘重连续作业线均得到广泛推广应用。

（2）生产模式改进。部分先进企业实现了盘条酸洗自动化控制以及热处理、酸洗、磷化连续作业线生产，同时使用大工字轮收线或倒立式收线，确保钢丝性能稳定，生产效率提升。

（3）品种结构调整。随着社会经济的发展，成本控制和节能环保成为各行各业的重要课题，电梯作为建筑物内的重要组成部分和功能单元，逐步向小型化、无机房方向发展，日本、欧洲有70%~80%新装电梯为无机房电梯，与之相应的电梯绳品种规格也从中低强度的13毫米/12毫米向中高强度的10毫米/8毫米/6毫米细规格过渡，细规格产品比例大幅增长；而伴随高层、超高层建筑的增多，大载重、高梯速对传统钢丝绳提出了新挑战，多结构、高强度、金属芯、压实股成为新的研究课题。这些变化覆盖了欧系、日系、美系及国际标准和客户采购规范，对电梯绳的设计开发、材料选型、工艺优化、操作控制以及现场应用提出了更高要求。

四、取得创新硕果

产品研发加速。各电梯绳先进企业积极参与客户曳引系统的设计开发，采用CAD、3D和Solidworks等设计软件，不断提高电梯绳设计精准度，为客户提供最适合的钢丝绳选型。如天津高盛研制的高速、超高速电梯绳，8×19S+NF、8×19S+IWRC、8×19W+IWRC、8×25Fi+NF、9×25Fi+IWRC、9×21Fi+NF、9×21Fi+IWRC等结构电梯绳，率先打破进口垄断、替代进口，填补国内空白。其中，8~13毫米剑麻绳芯、钢芯电梯绳最高应用梯速达到7米/秒以上，16毫米和18毫米超高速电梯绳，应用梯速可达10米/秒以上；无机房用超高强度、特殊结构6毫米电梯绳获得全球供货资质，在亚太地区广泛应用。

随着电梯行业的迅速崛起，以奥的斯、日立、三菱重工、蒂森、通力、迅达等多个大型跨国公司为主导，占领国内新梯市场一半以上份额，以康力、广日、西奥、富士达等为代表的国内优秀民族品牌电梯发展日益壮大，同时保有的在用电梯数量庞大，这就为众多电梯绳生产厂家提供了不同的市场空间。

天津高盛、江苏赛福天、无锡通用、贵绳、海城正昌等骨干企业，主要为跨国电梯品牌和国内优秀民族品牌提供新梯配套服务，中高端产品占比较高；其他众多电梯绳企业普通产品占比较高，服务客户众多。国内企业产能规模量约占全球市场份额的70%，其中电梯绳直接出口和随整梯出口销量逐年增长，初步实现了电梯绳由生产大国向生产强国的转变。

历经半个世纪的发展，特别是近二十年，电梯绳行业得到了长足的进步，不仅规模量大幅增长，品种结构、产品质量、应用范围都实现了历史性突破，取得了辉煌成就。

各企业积极与国内多所知名院校开展产学研合作与交流，不断提高创新能力，在新技术研究、新产品开发上取得多项科研成果，获得多项发明专利和实用新型专利，多项产品填补国内空白，替代国外进口，被广泛应用在国内外重点工程和地标性建筑上，天津高盛、贵州钢绳、鞍钢钢绳、江苏狼山钢绳等多家企业获评国家高新技术企业、省市科技领军企业等荣誉。其中，天津高盛荣获国家专精特新“小巨人”企业、国家制造业单项冠军示范企业荣誉。

各企业积极开展贯标工作，先后通过 ISO 9000、ISO 14001、OHSAS 18001 管理体系认证，通过电梯客户的第二方或第三方的 CE、TÜV、KTL 等产品认证，通过电梯客户委托第三方的 WCA、CSR 等企业社会管理责任体系认证，不断提升整个行业的标准化管理水平，提高各项管理的合规性。

各企业不断加大对生产制造全过程的严格管控，产品实物质量水平得到快速提升，各类电梯绳产品多次荣获省优、部优以及中国钢协特优质量奖、金杯奖、省科技进步奖、省市名牌产品和“专、精、特、新”产品等荣誉。

各企业不断加大对产品检测能力的建设，增加检测手段、更新检测装备、提升检测水平，多家骨干企业分别取得 CNAS 国家认可试验室、省市级企业技术中心和企业重点实验室等资质，其中，天津高盛具有覆盖全球所有测试标准的疲劳寿命试验机，完全满足欧系、美系、日系、国标以及客户规范的检测要求。

各企业积极参加电梯绳产品的标准制修订工作，如国家标准 GB 8903《电梯用钢丝绳》、行业标准 YB/T 5198《电梯钢丝绳用钢丝》、行业标准 YB/T 4251—2011《电梯门机用钢丝绳》、“金杯奖” CISA 031. 1—2013《电梯用钢丝绳实物质量认定条件》等。2022 年，由天津高盛牵头起草修订的国际标准 ISO 4344：2022《电梯用钢丝绳》正式批准发布。

各企业不断提升对客户的服务质量，为给客户提供全方位、全天候的快捷、专业和优质服务，多家企业在全球各地设立销售服务网络、分支机构或代理服务商，在国内重点省份和地区设立分销中心、办事处或切割配送中心。有些骨干企业全力推进技术营销，积极参与客户新装备的研制，提供钢丝绳选型方案及配置建议；举办钢丝绳选型、运输、储存、安装、维护及报废等相关知识专业培训；协助提供电梯安装现场指导。赢得众多电梯客户颁发的优秀供应商、合格供应商等荣誉。

五、展望未来

展望未来，电梯绳行业要不断提升发展后劲，强化企业质量品牌培育，强化行业产品标准体系建设，强化对应用领域前沿技术的研究，强化关键核心技术知识产权储备与保护，强化专业技术型和技能型人才的培养与锻炼，为电梯绳行业的高质量发展提供人才支撑。

展望未来，电梯绳行业还要继续优化产业布局，化解过剩产能，调整产品结构，逐步解决同质化产品激烈竞争的局面，瞄准电梯行业发展的市场新需求、技术新需求和服务新需求，专注细分领域，找准市场定位，精准服务客户。继续推进自主创新，加大科研投入，深入探索钢丝绳类产品在新材料、新技术、新应用上的创新路径，加快科研成果转化，以绿色、环保、节能为目标，实现产品更新换代。继续推进服务型制造，以优质化、个性化、多元化的服务提高客户满意度。继续推进智能制造，通过提高钢丝绳传统产业自动化、智能化水平，促进产业制造升级，降低制造成本，减轻劳动强度，提高生产效率，提高节能降耗水平。继续推进大数据和 5G 技术的现实应用，以数字化和信息化推动传统产业升级，在产销互联、工序互联、供应链互联上有所突破，提高上下游协同效率，降低运营成本。继续推进现代企业治理，弘扬“中国制造 2025”工匠精神，为中国线材制品行业高质量发展再上新台阶而不懈努力。

第三节 港口用钢丝绳

一、概述

港口工程用钢丝绳是指用于港口工农业产品和外贸进出口物资、船舶停泊、装卸货物等工程使用的钢丝绳，如岸边桥式集装箱起重机、门座式起重机、桥式抓斗卸船起重机、场地桥式集装箱起重机所配套使用的提升用、俯仰变幅用、牵引用、托架随动等与吊装设备配套使用的钢丝绳。

根据所配套的设备，港口用钢丝绳可以分为起重钢丝绳、俯仰变幅用钢丝绳、牵引用钢丝绳、托架钢丝绳、散货吊装用插编索具等钢丝绳。港口用钢丝绳常见结构有 6×29Fi 类、6×31WS 类、6×36WS 类、8×36WS 类、8×25Fi 类等多丝线接触钢丝绳产品，6×K29Fi 类、6×K31WS 类、6×K36WS 类、8×K36WS 类等压实股钢丝绳产品。

二、发展历程

中国古代港口于商朝、周朝时期出现在长江下游重要水域。1868 年世界第一台钢索驱动轮式起重机诞生和应用，1910 年科尼等港口专用起重机械快速发展，20 世纪 50 年代后计算机和控制技术出现，随着造船业、航海业、港口机械的兴起，港口产业链也得到了发展。目前国内宁波舟山港、上海港、深圳港、天津港、葵涌港、广州港、苏州港、青岛港 8 个港口吞吐量已进入港口世界 10 强。钢丝绳是港口机械装备不可或缺的装备之一，带动了港机绳需求的发展。

（一）港口需求现状

港口机械装备是港口建设和运行所使用的设备，可大致分为以下三种：用于集装箱装卸的装备（集装箱岸桥、场桥）、用于矿石装卸的装备（卸船机、门机）和用于散杂件装卸的装备（桥吊、门机）。

目前国内港口码头装卸装备制造的市场份额 90%左右由我国上海振华港机集团、大连华锐重工集团以及三一重工集团等港口机械制造集团承揽，新机配套钢丝绳需求约 2 万吨。港口装备机械在不断的升级换代以及加高加长，港口码头钢丝绳巨大的消耗量对港机用钢丝绳出口创造条件。

（1）集装箱岸桥：是码头上用于将集装箱吊起进行装卸作业的起重机，是码头的心脏。桥吊作业能力决定着一个码头的货物吞吐能力，同时也是港机绳消耗量最大和钢丝绳产品质量要求最高的港口机械装备之一。据不完全统计，全球现有数量约 1500 台，全国约 850 台。

（2）场桥：为集装箱堆场专用设备，具有机动灵活的特点。不仅适用于集装箱码头前沿的堆场，也适用于内陆中转站以及铁路集装箱堆场。据不完全统计，全球现有数量约4500台，全国约2400台。

（3）门座式起重机：是港口码头前沿装卸一般散货和件杂货、集装箱的通用港口装卸起重机。种类较多，有抓斗式、吊钩式、集装箱式、多用途等。全国现有数量无法统计。

（4）桥式抓斗卸船起重机：桥式抓斗卸船机适用于大、中港口卸船或发电厂码头船舶的卸矿、卸煤等散货作业，作业量一般为门机的数倍。据不完全统计，全国现有数量130余台。卸船机目前是港口机械装备钢丝绳消耗最大的港口装备。平均每年每台消耗钢丝绳约50吨。

（二）快速发展

钢丝绳生产企业，始终认真贯彻落实国家政策，聚焦于世界行业前沿技术，聚焦行业市场需求发展，特别是贵绳股份等企业，随着技术积累沉淀的进步、增设的高端制造设备以及设备改造升级换代，港口工程用钢丝绳产品发展大致经历了三个阶段：

第一阶段是1966~1992年期间的技术沉淀积累阶段。该时期是计划经济向市场经济转型时期，产品主要是面对矿山用户，产品均有计划生产，钢丝绳产品结构较为简单，多为6×7、6×19M、6×37M类及少量6×19W、6×19S类的产品。具有相应配套的热处理、热镀锌生产线、捻股机、拉丝机等设备，拥有SK8/1250、SK6/1000等大型钢丝绳捻制等装备。

随着计划经济向市场经济的转变，产品开始走向市场各个领域，产品种类、结构、规格等也不断增加。钢丝绳技术发展，也从点接触钢丝绳设计、制造工艺技术的探索，开始向线接触钢丝绳设计、阻旋转钢丝绳设计、制造工艺技术的研究发展，在此期间积累了大量钢丝绳设计、制造及深加工工艺技术的经验，为港口工程用钢丝绳发展奠定了坚实基础。

第二阶段是1993~2022年期间快速发展阶段。计划经济正式完成向市场经济的转型，1992年上海振华重工、1993年大连华锐重工等特大型港口机械制造企业相继成立，钢丝绳产品开始逐步在港口机械、工程机械、矿山机械、索道、石油、海油海工、渔业、电梯、桥梁、冶金等领域应用。贵州钢绳等企业开始从德国、日本、意大利等公司引进和自主开发了一批多丝线接触捻股机、大型直进式拉丝机、串联式捻股捻绳机、双锌锅热镀锌铝稀土合金生产线、钢丝绳涂塑生产线、大吨位预张拉生产线、大吨位整绳破断拉力试验机、检测仪器等先进装备。

在20世纪90年代初钢绳企业开始研制和开发线接触钢丝绳和压实股钢丝绳的生产工艺技术，到完全掌握压实股钢丝绳设计工艺、制造技术，钢丝绳生产技术得到了飞跃的发展；拥有了过硬的钢丝绳生产技术、设备、人才团队等，也具备了大规模的生产能力。此阶段各种产品迅速走向市场，港口机械用钢丝绳产品已实现国内全覆盖，港机绳产品的年生产制造能力不断提高。

第三阶段是2022年后的高速发展阶段。在企业已有线接触捻股机，以及钢丝生产、捻股、捻绳和检测检验的疲劳试验机等配套生产检测设备的基础上，在装备上再一次升级换代，在技术上再一次实现新的突破，产品质量再一次获得提高，生产规模再一次扩大。届时港口工程用钢丝绳将基本满足港口需求。

三、取得辉煌成就

国内各大型港口和上海振华等设备配套的港口用钢丝绳产品，从 20 世纪 90 年代起主要依赖进口。如从日本东京制钢、日本神钢、韩国大象、韩国 DSR、德国迪帕、英国布顿等公司进口。在经过国内钢丝绳企业前期的学习、探索、研究，港口机械用钢丝绳开始走向市场。目前国内钢丝绳企业生产的港口机械用钢丝绳产品占据了大部分国内市场份额，在深圳盐田港、广州港、蛇口港、唐山港、天津港、深圳招商港、宁波港、上海上港集团、北部湾港、镇江港等大量替代进口。国内钢丝绳企业已成为上海振华重工、大连华锐重工、青岛海西、南京港机、无锡港盛、杭州华新、江苏工力等国内港机制造企业合格供应商，钢丝绳产品与设备配套销往亚洲、美洲、大洋洲等世界各地。

钢丝绳企业通过多年的产品结构设计创新和生产实践，可为用户生产多种高性能、特殊结构的钢丝绳。现可按 GB/T 8918《重要用途钢丝绳》、YB/T 5395《压实股钢丝绳》、BS 302《英国钢丝绳技术条件》、JISG 3525《日本钢丝绳》、JISG 3546《日本异形股钢丝绳》、EN 12385《欧盟钢丝绳　安全》等标准提供港口机械用钢丝绳产品和服务。

四、展望未来发展

随着我国改革开放深入推进，中国的港口建设与港口经济贸易的发展，特别是港口物流有了长足的发展；我国提出一带一路和 21 世纪海上丝绸之路的促进作用。这都将带动着港口行业及其相关设备制造业的迅速发展，同时增加了港机用钢丝绳的需求量。因此，港口机械用绳无论是从用量，还是质量来说都是新的机遇、新的挑战。

目前，港口机械用钢丝绳产品与进口还有差距，在港口机械用钢丝绳还依赖于进口产品。针对港机钢丝绳产品，要聚集行业的技术力量，坚持持续创新、再创新，着力解决高品质原料、钢丝、钢丝绳生产，不断提升、完善硬件设施，追求精细化生产、精细化过程管理。展望未来港口机械用钢丝绳，技术性能需求、产品数量需求将有持续不断的增长。

第四节　海洋工程用钢丝绳

一、概述

海洋工程用钢丝绳是指海洋工程装备所使用的钢丝绳。海洋工程是指以开发、利用、保护、恢复海洋资源为目的，并且工程主体位于海岸线向海一侧的新建、改建、扩建工程。海洋装备是海洋工程建设和运行所使用的设备。海洋装备可大致分为以下五个方面：（1）用于海洋油气和矿产资源开发的装备；（2）利用海洋可再生能源的装备；（3）利用海洋空间资源的装备；（4）海水淡化及利用海洋生物资源的装备；（5）共性海洋基础设施。

海洋工程用钢丝绳按用途主要分为：海洋工程施工及吊装用钢丝绳、海洋工程系泊用钢丝绳、海洋钻井作业用钢丝绳、海洋绞机用钢丝绳；按类别分为：提升钢丝绳、变幅钢丝绳、临时系泊钢丝绳、A&R 绞车钢丝绳、长期系泊钢丝绳、科考探测钢丝绳及钢丝绳吊装索具等几十种不同钢丝绳。常见结构有6×36WS类、8×36WS类等多丝线接触钢丝绳，6×K36WS类、8×36WS类等压实股钢丝绳，35W×K7类、55×K7类等阻旋转压实股钢丝绳，1×127类、1×547类单股钢丝绳；按表面状态分为光面钢绳、镀锌钢丝绳、镀锌铝稀土合金钢丝绳以及镀锌铝镁钢丝绳。

二、发展历程

在20世纪80年代以前，海洋石油工程基本上是浅水业务，此后逐步向深水业务新领域拓展。据专家预测，全球海洋油气储量的40%集中在深海。

随着我国深海战略的推进，将给我国油气开发和海洋工程装备带来庞大的市场需求，钢丝绳作为海洋工程装备不可或缺的装备之一，推动了海工用钢丝绳的快速发展。

早期海洋工程用钢丝绳受国内钢丝绳企业原材料、制造装备等因素影响，海工钢丝绳大部分采用进口产品，虽然近年来国内钢丝绳企业在海工钢丝绳市场上占有一定份额，但仍然没有形成主流，国际知名钢丝绳生产企业在这一市场仍然具有优势和先机。英国Bridon-Bekaert，韩国Kiswire、DSR，意大利Redaelli，印度Ushamartin、奥地利Teufelherger等企业生产的海工钢丝绳在市场上具有很强的竞争力。

韩国Kiswire钢丝绳进入中国时间早，所以布局了很多行业，在电梯、船舶、港口、工程机械、海洋工程等都占有相当大的市场份额。德国WDI—Python成立于1856年，是欧洲最大的线材生产企业，1861年德国第一根钢丝绳在WDI公司Zwickau工厂生产，现在WDI公司在德国有4个钢丝绳工厂，是国际知名钢丝绳生产商。WDI公司生产的蟒蛇（Python）钢丝绳从直径1毫米医用钢丝绳到直径180毫米海工钢丝绳。目前WDI可生产直径达180毫米、单根绳重200吨的巨型钢丝绳。相对而言，WDI—Python钢丝绳强度较高。2017年Redaelli加入Teufelberger，“Teufelberger-Redaell”作为合并后的品牌。意大利Redaelli创建于1819年，意大利耐得力科技集团专门从事钢丝绳和钢丝的生产和应用，从1890年开始生产钢丝绳，到现在已经有200多年的生产经验，耐得力钢丝绳产品广泛用于石油工业的海上钻井专用钢丝绳、海上起重机专用钢丝绳、系泊钢丝绳、大型海上工程专用钢丝绳。韩国DSR成立于1971年，据其样本介绍，钢丝绳年产量约70000吨，其中海工绳36000吨（锚缆19200吨）。

（一）国内市场现状

目前，我国的起重船集中在2000~5000吨，集中程度非常高。这与我国目前海洋资源的开发集中在浅海有关，起重作业的主要任务是跨海桥梁的吊装和内河桥梁的吊装，如中铁大桥局的“天一号”、深圳市港务管理局的“长大海升号”，这两条都是为跨海（河）的建造而设计的。5000吨以上的只有两艘，一艘是海洋石油工程的“蓝鲸号”（7500吨），另一艘是“振华30号”12000吨级的起重船。就起重能力而言，在近海的海洋工程中起重船只集中化程度非常高，造成的局面是低起重能力有余，高起重能力不足。

我国钢丝绳企业发展迅速，产量及规模增长较快，普通钢丝绳领域处于供大于求的局面，钢丝绳企业同质化市场竞争激烈。我国钢丝绳企业集中度低，企业处于分散竞争结构，我国钢丝绳每年出口持续增长，但仍有部分产品需大量进口。如海洋石油钻采、起重船、打桩船等场合用钢丝绳。海工用钢丝绳受设备、原材料等因素的影响，目前国内尚无厂家能提供完整系列的海洋用钢丝绳产品，国际上也仅有英国 BRIDON、意大利 RedaelliTecna S. P. A. 、印度 Ushamatin、韩国 kiswire 等少数厂家能提供。由“国内 8/1600 成绳机”分布情况可知，目前国内可以生产海工钢丝绳的企业不多，能提供 6 股或 8 股大规格、超长海工用钢丝绳，主要集中在系泊锚缆上，而对吊装或锚机用大规格、超长多层股海工用钢丝绳不能满足。国内 8/1600 成绳机分布见表 2-4-1。

表 2-4-1 国内 8/1600 成绳机分布

序号	企业名称	设备型号
1	巨力索具股份有限公司	8/2500
2	贵州钢绳股份有限公司	8/2200
3	咸阳宝石钢管钢绳有限公司	8/2000
4	狼山钢绳股份有限公司	8/1850
5	鞍钢钢绳有限责任公司	8/1800
6	宁夏恒力钢丝绳股份有限公司	8/1680
7	贵州钢绳股份有限公司	8/1600

（二）加快发展

随着技术积累、沉淀、进步、创新及相应装备的升级换代，国内钢丝绳企业海洋工程用钢丝绳产品发展大致经历了以下三个阶段：

第一阶段是 1966~2010 年期间的技术沉淀积累阶段。企业先后拥有了较先进的捻股机、钢丝绳捻制装备及配套的热处理、热镀锌生产线等装备。在此阶段的海洋工程用钢丝绳主要是从点接触钢丝绳设计、制造工艺技术的探索，到掌握多丝线接触和阻旋转钢丝绳设计、制造工艺技术，再到掌握压实股钢丝绳设计、制造技术，期间积累了大量海洋工程用钢丝绳设计、制造及深加工工艺技术，为此领域快速发展奠定了坚实基础。在海洋工程用钢丝绳的起步阶段，可制造 100 吨以内的海洋工程用 6 股和 8 股钢丝绳，海洋工程用钢丝绳产品年销售量由最初的几十吨增加到几千吨。

第二阶段是 2010~2022 年期间快速发展阶段。企业增添了较先进的直进式拉丝机、双锌锅热镀锌铝稀土合金生产线等先进装备，拓展了多丝线接触钢丝绳和压实股钢丝绳产品制造能力，可制造单重 200 吨以内的海洋工程用 6 股和 8 股钢丝绳。年产能和产量逐步增加。

第三阶段是 2022 年至今的突飞猛进阶段。企业增添了一系列大型串联捻制机组、无接头绳圈缠绕机以及其他相应的先进装备，已拥有大直径锌铝合金镀层全密封索生产工艺、模拉法生产密封钢丝绳、高速旋转锻打生产异型股钢丝绳、多层股钢丝绳一次合绳生产、高精度辊压法生产压实股钢丝绳等多项核心制造技术。可制造单重 230 吨单股钢丝绳，满足海洋工程浮式平台用永久系泊缆制造条件，以及 380 毫米以内无接头绳圈编织，产品可覆盖全海洋工程用钢丝绳产品，弥补了在海洋工程领域中永久系泊缆、大型无接头绳圈等产品的制造空白。

随着 ϕ10 毫米以下的盘条热处理生产线、ϕ16 毫米以下的大规格拉丝机、热镀锌铝合金生产线、8/2200 成绳机等生产设备和能力的不断提高，可满足 6 股或 8 股大直径、超长、超重海工绳的生产。与之相应配备了大吨位破断拉力试验机、高强度钢丝绳整绳破断拉力试验机等大型、先进钢丝绳检测设备。

三、取得的辉煌成就

海洋工程用钢丝绳产品已为中海油、中船集团、中交集团、中科院海洋所、打捞局、救助局、上海振华重工等下游行业提供了优质钢丝绳产品，产品广泛应用于世界最大起重船——振华 30 号、亚洲最大最先进的绞吸挖泥船——天鲲号、4500 吨打捞起重船——创力号、国内首创最大深潜坐底式多功能风电工程船——顺一 1600、全回转起重船——蓝鲸号、起重铺管船——蓝疆号、UJ2000E 型自升式钻井平台——振海五号、亚洲第一吊——华天龙号、FPSO 平台——南海奋进号、科考船——科学号等工程船舶、海洋浮式平台、海洋科考领域。

2006 年贵绳制造的 8 件 8×91(ab)-ϕ114 毫米供中海石油（中国）深圳分公司的流花油田锚链立管修复项目。2017 年贵绳研制的大直径（264 毫米）海洋工程用钢丝绳获国家发明专利授权。

2018 年贵绳生产了国内单件 160 吨最重的变幅钢丝绳，同年为加拿大 Centralman 公司制造了 1×127-ϕ60. 3 毫米系泊钢丝绳用于北极圈冰山固定。

2021 年，第一件镀锌铝稀土合金钢丝绳用于“蓝鲸”全回转起重船定位系统，打破了海洋石油工程股份有限公司长期依赖进口现状，现其旗下的“蓝疆”船、“海油 202”船已逐步采用贵州钢绳公司产品替代同类进口产品。

2023 年 7 月，国产首件永久系泊缆成功应用于南海奋进号 FPSO，打破了长期被国外垄断的局面，实现了国产 FPSO 用系泊缆零的突破。2023 年，第一件机器编织无接头绳圈 ϕ270 毫米供中远海运吊装，同年编织的 ϕ216 毫米无接头绳圈供海洋石油工程股份有限公司吊装。

由贵州钢绳股份有限公司牵头起草的 GB/T 33364—2016《海洋工程系泊用钢丝绳》于 2017 年 9 月 1 日实施，标志公司在国内海洋工程系泊用钢丝绳充分掌握了话语权。

四、展望未来发展

海洋工程装备是《中国制造 2025》明确的十大发展重点领域之一，是实施海洋战略、建设海洋强国的物质和技术基础，也是建设制造强国的重要支撑。随着“加大勘探开发，推动油气增储上产”等策略的实施，中国“走向海洋”开发海洋油气行业的大趋势不会改变，这是由国家能源战略、地缘政治以及能源保障等一系列的因素所决定的。

近年来，中国深海能源开采产量呈指数增长。随着供求关系的逐渐改变，国际局势的变化，可以预见的是未来油价的发展将会朝着积极的方向，这会给海洋油气行业带来巨大的机遇，钢丝绳属于海洋工程不可或缺的零件之一，海洋工程用钢丝绳的潜力巨大，尤其是深海工程将会越来越多，所需工程船舶也会越来越多，钢丝绳的需求量随之增加。

未来我国的海洋油气行业发展方向将聚焦于积极发展海洋工程装备数字化、智能化、集成化、精细化等高精尖技术，已成为近期中国海工装备发展的重点，突破重点将以高附加值产品为主。贵绳集团未来将充分发挥应有的优势，加快投入、建设，推进进口产品国产化，彰显出世界钢丝绳生产强企的风采。

我国作为能源消费大国，工业的增长以及随着我国深海战略的推进，将给我国油气开发和海洋工程装备带来庞大的市场需求。建设海洋强国需要繁荣的海洋经济作支撑，而发展海洋经济需要拥有大量先进的海洋工程装备。

当前，国家已将海洋工程装备制造业纳入战略性新兴产业。对于南海深水油气开发，需要国家及企业的共同努力，国家投资及专项支持，为海洋工程装备企业提供了市场起步的重要机会，同时，海洋工程装备企业应抓住机遇，快速提高钻采水平。

风险管理和质量保障服务企业 DNV GL 发布了新报告《漂浮式海上风电：信心十足地商业化》。报告中阐释了浮式风电为石油天然气、供应链、投资者和整个社会所带来的机遇，并探讨了这些利益相关者可如何共同促进浮式风电的商业化。作为《2020 年能源转型展望》对全球能源格局深入分析的一部分，DNV GL 预测了浮式风电的强劲前景。

据其模型预测，到 2050 年，浮式风电的装机容量将从今天的 100 兆瓦增长到 250 吉瓦，即 2000 倍的增长。到 2050 年，浮式风电的成本将下降约 70%（至 40 欧元/(兆瓦·时）的全球平均水平)。这将为海上风电、石油天然气及海事行业的参与者提供新的机遇，这些企业正在调整其业务以减少对化石燃料的依赖。浮式风电将在全球能源系统的脱碳化中发挥重要作用，到 2050 年将占全球电力供应的 2%。钢丝绳属于浮式风电系泊重要装备之一，这必将给钢丝绳生产企业带来巨大商机。

第五节 矿山用钢丝绳

一、概述

矿山用钢丝绳是指在黑色金属、有色金属、煤炭、化工、建材等矿山和矿井中所使用的钢丝绳。

矿用钢丝绳结构包括圆股钢丝绳、密封钢丝绳、阻旋转钢丝绳、三角股钢丝绳、扁钢丝绳、线接触钢丝绳、面接触钢丝绳、电铲用钢丝绳等。矿用钢丝绳依据其用途的重要性可分为一般用途钢丝绳和重要用途钢丝绳。一般用途钢丝绳以 6×7、6×19M、6×37M 三类的普通结构钢丝绳为主。重要用途钢丝绳用于煤矿、副井提升用钢丝绳，皮带运输机牵引钢丝绳和斜井无极绳绞车用钢丝绳等。

二、发展历程

（一）初期阶段

“七五”期间，辽源、开滦、邯郸、平顶山等20个矿务局约共耗用钢丝绳67781吨，其用量及占比见表2-4-2。

表2-4-2 钢丝绳用量及占比

品种	用量/吨	占比/%
点接触钢丝绳	59785	88.2
多层股钢丝绳	1138	1.68
线接触钢丝绳	2780	4.10
三角股钢丝绳	2550	3.76
椭圆股钢丝绳	168	0.25
密封钢丝绳	584	0.87
扁钢丝绳	289	0.43
胶带钢丝绳	199	0.29

统计得出期间国内矿用钢丝绳主要为点接触钢丝绳，占国内矿用钢丝绳比重接近90%。点接触钢丝绳具有一定局限性，由于钢丝之间呈点接触，其内部接触应力大、耐疲劳能力差，钢丝绳的金属面积小、破断拉力低，使用寿命短。其中：6×7结构的钢丝绳主要用途为无极绳缆车、钢丝绳皮带运输机、索道牵引和斜井卷扬等；6×19M结构的钢丝绳主要用途为单层缠绕或多层缠绕滚筒提升、斜井提升、回收采柱、井下矿车牵引等，是“七五”期间煤矿使用数量最大的钢绳结构；三角股钢丝绳主要用于矿山立井提升、斜坡卷扬、缆车和各种大型起重设备，其中6V×30结构产品用量较大。

三角股钢丝绳是矿井提升的主要提升绳，由于三角股钢丝绳技术的不成熟，生产具有相当大的技术难度，所以“七五”期间供需尚有很大缺口。煤炭系统每年需用三角股钢丝绳3000吨左右，国内1991年实际生产量为1683吨。三角股钢丝绳从数量、质量上都有差距，一直是煤炭系统从国外进口的主要钢丝绳。

1966～1996年，贵绳股份等企业陆续增添了SR6/630，SR18/500，SK8/800+12/800，SK6/1000，MKVD6/1000，MKVD6/1250，SK8/1250大型捻制装备，以及配套的热处理、热镀生产线、拉丝机、捻股机等装备。

在此阶段的矿用钢丝绳技术发展，从点接触钢丝绳设计、制造工艺技术的探索，到掌握多丝线接触和阻旋转钢丝绳设计、制造工艺技术，期间积累了大量矿用钢丝绳设计、制造及深加工工艺技术，为此领域快速发展奠定了坚实基础，矿用6股、8股和多层股钢丝绳，直径在ϕ50毫米以内，矿用钢丝绳产品年销售量由最初几百吨增加到几千吨。

（二）发展阶段

20世纪70年代以来，钢丝绳经过生产企业和使用单位的不懈努力，取得了较好的发展，期间每跨出一步都标志着生产工艺和设备的进步、钢丝绳的承载能力和使用寿命的提高。

“八五”期间，随着国民经济的高速发展，国内矿业的不断进步，我国煤炭产量跃居世界前列，矿用钢丝绳的耗量也随之大增，对提升用钢丝绳也有了新的需求。为了满足生产需要，中国煤炭物资总公司每年进口1000多吨高性能钢丝绳，其中三角股钢丝绳因耐磨、抗压、破断拉力高、使用寿命长而被广泛用于矿井提升、高炉卷扬和其他大型起重、提升设备上，因此三角股钢丝绳在国内外得到了迅速发展。用户需求抗拉强度1670兆帕以上的三角股钢丝绳，由于受原材料直径、质量、拉丝及捻股绳设备、生产工艺等因素限制，国内产品很难完全满足用户需求。鞍钢钢绳厂试用95MnNb材质线材生产出σ_b达到1770兆帕要求的6V×37S-ϕ46.00毫米钢丝绳，基本上满足了煤矿提升对高强度钢丝绳的需求。

鞍钢钢绳厂、宁夏石嘴山钢铁厂是当下时期国内生产三角股钢丝绳的厂家。鞍钢钢绳厂生产的三角股钢丝绳1984年荣获国家级优质产品金牌奖，1984年、1989年两次被评为冶金工业部优质产品。1991年该产品的市场满足率又比上年度增长4.08%。

随着经济的不断发展，客户对产品质量的要求也越来越高，线接触钢丝绳的出现，标志着钢丝绳也正式由点接触向线接触发展。这是由于线接触钢丝绳股中各层钢丝呈线状接触，接触应力小，金属断面积大，具有疲劳性能好、破断拉力高、使用寿命长等特点，比普通点接触钢丝绳的使用寿命高50%以上。线接触钢丝绳被认为是点接触钢丝绳的更新换代产品，被广泛用于各种起重提升和牵引设备等行业，如钢芯的线接触圆股钢丝绳非常适用于电铲挖掘机用绳。

面接触钢丝绳是国外20世纪70年代出现的新品种，此新品种是由线接触结构发展而来的，因股中各层钢丝呈面状接触，接触应力减小，金属断面积增大，所以具有耐磨、破断拉力高、疲劳性能好、使用寿命长等特点。面接触钢丝绳的出现促进了钢丝绳生产工艺与设备的进步，使传统的捻制工艺发生了一次新变革。我国过去进口日本6T×7面接触钢丝绳，在矿山斜井使用，比普通6×7钢丝绳使用寿命提高近一倍。鞍钢钢绳厂早在1974年就根据日本实物样品进行研究，试验成功在捻股机上采用捻制与辊模拉制相结合，对股进行塑性压缩的新工艺，制造出6T×7面接触钢丝绳，经矿山斜井使用，效果良好，超过日本同类产品水平。

早期的缠绕提升钢丝绳多选用点接触钢丝绳，如6×19M+FC、6×37M+FC。随着线接触钢丝绳的优势逐渐得到用户的认可，许多用户选用线接触钢丝绳，如6×19S+FC、6×25Fi+FC，使用寿命比点接触提高30%左右。由于用户对钢丝绳的破断拉力和疲劳寿命要求的提高，结合多层缠绕的需要，国内开始向用户推荐选用三角股和圆股压实股钢丝绳，如6V×34、6×25TS，三角股钢丝绳比线接触钢丝绳的破断拉力提高9%，圆股压实股钢丝绳比普通线接触钢丝绳提高13%，钢丝绳与滚筒的接触面积增大，耐磨性和韧性大大提高，钢丝绳能够承受较高的径向压力，在国内某矿山使用，寿命可提高20%，逐渐被用户所接受。20世纪70年代以前我国多数斜井仍使用普通6×7和6×19M结构。20世纪70年代以后，面接触钢丝绳6T×7、6T×19S和三角股钢丝绳6V×19得到广泛推广。

我国早期建设的露天矿体开采设备为 WK-4 和 WK-10B 电铲，其提升钢丝绳的结构为 6×36WS+IWR，钢丝绳的直径分别为 39.50 毫米和 60.50 毫米，捻向为同左或同右钢丝绳。但随着一批现代化露天矿的投产，开采设备向大型化的方向发展，如国内某些矿山引进的其中 495HR/495HD、WK35 型额定斗铲量 37 米^3、WK55 型额定斗铲量 58 米^3、495 型额定斗铲量 60.4 米^3，甚至国内露天矿使用更大斗铲量 90 米^3 的吊斗铲，钢丝绳直径也由原来的 39.50 毫米发展为 114.00 毫米。

由于电铲钢丝绳使用工况比较恶劣，钢丝绳受到的冲击载荷较大，钢丝绳中股与股之间相对发生移动产生磨损，加速了钢丝绳的疲劳损坏。为解决以上问题，在钢丝绳生产中，国内不断尝试将各种聚合材料作为钢丝、股绳、绳芯及整绳的涂层，这样丝与丝、股与股之间就用涂层隔开，减少了接触应力，故提高了涂塑钢丝绳的耐磨和耐疲劳性能、耐腐蚀性能等突出特性，国内外多数钢丝绳企业相继开发了 8 股压实股填塑工艺钢丝绳。

1996~2008 年期间，国内钢丝绳企业不断增添双锌锅热镀锌铝稀土合金生产线、大型直进式拉丝机、捻股机、制绳等先进装备，拓展了多丝线接触钢丝绳和压实股钢丝绳产品制造能力，矿用 6 股、8 股和多层股钢丝绳，直径在 ϕ70 毫米以内，年产销量由几千吨逐步增加到几万吨。

（三）创新阶段

随着镀锌矿用钢丝绳应用领域的不断扩展，市场需求量日益增加，为满足市场对镀锌矿用钢丝绳的需求，提高企业的市场竞争力，钢丝绳企业先后开始研制镀锌矿用压实股钢丝绳，先后开发出高精度辊压法生产压实股钢丝绳等多项核心制造技术。

深井提升用钢丝绳产品的发展方向，主要从钢丝绳的结构设计、钢丝绳扭转特性、钢丝绳生产工艺、钢丝绳的防腐性能和使用工况等方面进行研究，通过提高钢丝绳整绳破断拉力，减小绳径，减少钢丝绳自重，提高建井设备提升系统的安全系数等方面进行研究。

深井提升系统分为竖井和斜井。竖井提升分为单绳缠绕式提升和多绳摩擦轮提升，安装方式有塔式、落地式。深井提升用钢丝绳产品根据用途分为建井用钢丝绳结构（18×7、35W×7 和 35W×K7）等、竖井首绳提升用钢丝绳结构（6V×43/37S/34/30+FC，6×K26/31/36/41WS+FC，6×26/31/36/41WS+FC，35W×7 和 35W×K7）等；斜井提升钢丝绳选型以面接触为主，主要有 6T×7，6×K19 类和 6V×19 类。目前国内提升系统采用的钢丝绳的公称抗拉强度多为 1770 兆帕，GB/T 8918—2006《重要用途钢丝绳》已将钢丝绳的抗拉强度分为 1570 兆帕、1670 兆帕、1770 兆帕、1870 兆帕、1960 兆帕 5 个级别。

目前国际上单次提升最高的提升机——南非的深金矿采用的多绳缠绕式提升机选用的直径为 49 毫米的钢丝绳破断拉力达到 1878 千牛。西玛格近期为加拿大基德河煤矿提供的提升高度达到 1818 米的 5.5 米双筒单绳缠绕式双筒提升机配备的 54 毫米钢丝绳破断拉力达到 2260 千牛，从钢丝绳标准推算，两种钢丝绳的公称抗拉强度均超过 1960 兆帕。在采用 6.5 的安全系数时，公称抗拉强度为 1960 兆帕的钢丝绳与公称抗拉强度为 1570 兆帕的钢丝绳相比，最大提升高度比后者大 25%。在提升高度为 2000 米时，1960 兆帕的钢丝绳提升载荷要比 1570 兆帕的钢丝绳增加 80%。

三、取得辉煌成就

以 GB/T 8918—2006《重要用途钢丝绳》所覆盖的三角股钢丝绳结构为主，通过国内企业多年的技术积累，对该系列钢丝绳的生产工艺、生产方式等进行了升级、完善。其中镀锌 6×K36WS-ϕ59.00 毫米压实股钢丝绳成功替代国外三角股钢绳 6×28TS+FC-ϕ59.00 毫米，使用寿命达到 24 个月以上，其质量也获得了客户的认可。

鞍钢钢绳厂生产的三角股钢丝绳 1984 年荣获国家级优质产品金牌奖，1984 年、1989 年两次被评为冶金工业部优质产品。2021 年，贵绳生产的结构 ZAB 6×K36WS+FC-50 毫米-zS(sZ) 长度从 1770 米到 1310 米和三角股钢丝绳结构 ZAB 6×K36WS+FC-48 毫米-zS(sZ)-1770~1190 米用于平煤神马能源集团有限公司，使用寿命均在 24 个月以上，使用效果良好，得到用户的一致好评。平煤神马能源集团有限公司二矿已经采购贵绳生产的 ZBB 6×K36WS+FC-42 毫米-zS(sZ)-1770~1060 米钢丝绳成功替代南非三角股钢丝绳。

四、展望未来发展

当前全球采深 1000 米以上的金属矿山有 128 座，数量排名前三的是加拿大、南非和中国。国外有 112 座矿山深度超过 1000 米，在深井矿山中，采深超过 3000 米的有 16 座，其中 12 座位于南非。最深的是 Mpaneng 姆波尼格金矿达 4530 米。我国深井矿数量已经超过澳大利亚，居世界第 3 位。目前我国开采最深的矿井是河南灵宝釜鑫金矿，开采深度达到 1600 米，与国外相比具有较大差距。我国在三山岛金矿西岭矿区 1600~2600 米深度，探明了一个金属储量 400 吨的大型金矿床，为我国在胶东半岛深部等类似矿集区找到更大规模金矿床指明了方向，也是深井用钢丝绳的一个机遇。

随着国外深井提升用钢丝绳产品及技术发展，从理论上讲，地球内部可利用的成矿空间分布在从地表到地下 1 万米，南非计划开采的深度达到 6000 米。国外已经开发出满足矿井深度 3000 米的大型提升设备，而我国目前开发的提升装备只能满足开采 2000 米以内的矿井。发展至今，深部资源开采装备及附属设备、钢丝绳等很大一部分还是依靠进口。深部资源的开发是一个系统工程，提升用钢丝绳将是深地资源开采装备的重要部件。

随着“三深一土”战略的实施及勘探技术和装备的进步，我国在 3000~5000 米深部找到一批大型金矿床是完全有可能的，目前世界先进水平勘探开采深度已达 2500~4000 米。据统计，未来 10 年内，我国将有 1/3 以上金属矿山开采深度达到或超过 1000 米。有学者研究认为，如果我国固体矿产勘查深度达到 2000 米，探明的资源量可以在现有的基础上翻一番。

电铲用钢丝绳不单只有提升用钢丝绳，随着电铲机型的改进，近年推压回拉钢丝绳、绷绳在电铲领域的使用量也逐渐加大，同时伴随着材料及钢绳捻制工艺的提升及用户使用钢绳性价比的提高，用户对钢丝绳的提升量也逐年提升，目前国内电铲绳如何提高提升量已成为电铲钢丝绳技术研究前沿领域。

第六节 胶带用钢丝绳

一、概述

钢丝绳芯输送带具有强度高、伸长量小、弹性模量高、成槽性好、抗冲击及抗弯曲疲劳性能好、使用寿命长等优点，适合于大运程、高速度、大负荷的散状物料的运输。钢丝绳芯输送带是由芯胶、钢丝绳、覆盖层和边胶构成，具有防霉、防蛀、防老化、耐热性好、抗撕裂强度高以及带面用坏后可以翻新等优点。国内外都在积极推广应用钢丝绳芯输送带，逐渐代替其他化学纤维输送带，因此输送带用钢丝绳也称为胶带钢丝绳。

二、发展历程

（一）起步阶段

20 世纪 70 年代，比利时贝卡尔特利用轮胎用钢帘线，研发出一种 Breaker Fabric（简称 BF）的产品，该产品纬向采用 3×4HE、3×7HE 等高延伸轮胎钢帘线，径向采用浸胶 Nylon66 的线绳编成网，用于钢丝输送带，这种钢丝输送带被称为防撕裂钢丝绳输送带。到 20 世纪 80~90 年代，比利时贝卡尔特公司先后开发出来 Flaximat®-IW 和 Flaximat®-SW 产品，这两类产品是利用纬向 BF、径向钢丝绳直接进行编织而成。这两种产品继承防撕裂钢丝绳输送带的性能优势，另外，有意采用独特钢丝绳设计，产品具有更好的抗冲击性能、防撕裂性能、耐热性能、优良的曲挠性能和耐腐蚀性能，被应用于采石场、钢厂、水泥厂、废物回收和矿场。由于 Flaximat®-IW 和 Flaximat®-SW 产品的出现，输送带分类体系中产生了 IW 和 SW 整体钢网输送带，整体钢网在一些特殊应用环境发挥着独一无二的作用。

由于钢丝输送带采用 BF，高延伸的钢帘线帮助输送带吸收物料的冲击能量，密集排列的钢帘线形成的“防弹衣”保护着输送带不被异物刺穿，即使刺穿也不会产生大面积的输送带撕裂。随着防撕裂钢丝输送带被广泛接受，时至今天在一些特殊场所，特别是矿山用的钢丝绳输送带，采用防撕裂钢网的比例在 30%以上。

在中国，法尔胜泓昇集团在 20 世纪 70 年代开发生产出国内第一条输送带用镀锌钢丝绳，结束了我国输送带钢丝绳进口的历史。在 20 世纪 90 年代又研发了开放式的结构，增大了钢丝绳中股与股、丝与丝之间的间隙，使橡胶在硫化过程中能充分渗透到各股钢丝间隙，提高了橡胶的渗透性，增加了橡胶和钢丝绳的黏合强度，大大提高了输送带的整体性能。输送带用钢丝绳的强度等级从原来的低强度级向高强度、特高强度级的方向发展，使输送带用钢丝绳的选用直径降低 10%左右，输送带带体的质量下降 15%以上，大大降低了输送带的运行成本。

（二）快速发展

随着中国制造业技术的蓬勃发展，输送带行业也在开始快速发展，目前国内的输送带产能已经占到全球产能50%以上，中国每年大量地向世界出口输送带。由于国外客户对输送带质量和寿命要求很高，中国的制造企业需要升级换代，生产一些防撕裂钢丝绳输送带。2000 年以前，需要从国外进口 Fleximat®，2000 年以后，国内一些小厂开始仿制、设计和生产 Fleximat®产品，称作 BN 产品。由于国内的业主开始意识到防撕裂钢丝绳输送带的优势，对 Fleximat®需求不断增加。2008 年，比利时贝卡尔特公司把 Fleximat®生产技术引入中国，此时市场处于供不应求的局面。2012 年，不断有新的制造者进入 Fleximat®市场，市场逐渐饱和，开始进行价格竞争。同时输送带制造者为了进一步降低成本，很多生产者采用硬质的尼龙绳和聚酯绳取代钢质的钢帘线，硬质尼龙绳和聚酯绳的防撕裂网使用比例在不断地增加。业主在使用过程中发现这种低成本网使用效果远远不如钢质的防撕裂网，所以开始采用钢质的防撕裂网。

作为径向使用的输送带用钢丝绳，法尔胜泓昇集团一直致力于持续创新，引领输送带行业技术进步。在 2000 年以前，国内输送带厂家能够生产的输送带强度在 ST5400 以下，国外也是少数的企业能够生产 ST5400 以上的产品。在 2000 年后，法尔胜泓昇集团在高强度、大直径的产品上持续研发，通过与国外知名橡胶企业合作，研发了高强度大直径的输送带用钢丝绳，输送带的强度达到 ST7800，直至 ST10000，成为目前世界上最高强度的输送带。ST10000 强度的输送带对钢丝绳的要求极高，对钢丝绳直径、拉伸强度、柔性和橡胶的渗透性方面都提出了更高的要求。通过技术创新，采用 ϕ14 毫米的钢丝绳达到原先需要 ϕ16 毫米的钢丝绳才能达到的强度，输送带的接头动态疲劳强度也达到了要求，解决了输送带厂家设计的最大难点——接头问题，该产品已经在国际市场上成功批量应用。

三、展望未来

绿色环保可持续发展成为社会的发展主题，钢丝绳输送带的绿色发展势在必行，走节能环保型的发展路线是未来的发展方向。

一是 Fleximat®钢网提高输送带使用寿命。从长期看，防撕裂的钢丝输送带的比例会不断增加，Fleximat®-BF 产品使用会越来越多。由于要防护输送带不被异物刺穿，纬线密度会继续加密，但是又不能增加 Fleximat®-BF 钢网的质量，所以采用的纬线直径会更细，强度更高。输送带的使用寿命也会因为采用纬向的防护钢丝变得更长。

二是 Fleximat®钢网更轻更强新一代产品。随着钢帘线行业的发展，更轻更强的钢帘线在轮胎里大规模的使用，Fleximat®所使用的钢帘线也会从原来的 NT/HT 转向更高强度的 ST/UT。

三是径向使用的输送带用钢丝绳同样向更轻更强的方向发展，将钢丝绳结构与新材料结合，进一步提高钢丝绳的强度，降低质量。输送带会变得更轻，所以更节能；橡胶的使用量会变得更少，减少对资源的浪费和环境的污染。目前，法尔胜已经可以生产 ST10000 以上级别胶带钢丝绳。

四是跨行业应用。胶带用钢丝绳将在传统行业（如矿山、建筑、物流等）中继续发挥重要作用，同时随着新兴行业的崛起（如新能源、航空航天、海洋工程等），胶带用钢丝绳也将拓展新的应用领域。

第七节 石油钻井用钢丝绳

一、概述

随着我国石油工业的发展和改革开放政策力度加大，我国石油钢丝绳从完全依赖进口到全部国产化，再经过不断的技术引进和自主创新，实现石油钢丝绳出口创汇局面。石油钢丝绳主要包括钻井钢丝绳、修井钢丝绳和钻机底座起升大绳，以及捞油、捞砂钢丝绳等，石油钢丝绳以钻井钢丝绳发展为代表。

二、我国石油钢丝绳发展历程

（一）石油钢丝绳形成阶段

20 世纪 60 年代之前，我国石油钻井钢丝绳全部依赖进口。为了满足油田开发建设需要，1959 年 7 月石油工业部拟建立石油工业钢管加工基地，1959 年 11 月 18 日，成立了咸阳石油钢管钢绳厂，1962 年，咸阳石油钢管钢绳厂利用油田使用退下来的钢丝绳进行改制加工，在马路边几十个工人排成“一字长蛇阵”，用人工绞盘成功试制出一根 2300 米长的钢丝绳，称为“马路边合绳”，从此开启了我国石油钢丝绳制造的新纪元。

目前国内能够制造钻井钢丝绳的企业较多，例如咸阳宝石钢管钢绳有限公司、贵州钢丝绳、武汉威尔卡、河北巨力等企业。企业先后开发出了 6×19S-IWRC、6×26WS-IWRC 捻制股钻井钢丝绳，6×K19S-IWRC、6×K26WS-IWRC 压实股钻井钢丝绳，EP6×K19S-IWRC、ER6×K26WS-IWRC 包塑钻井钢丝绳和 EP6×K19S-EPIWRC、ER6×EPK26WS-IWRC 填包塑钻井钢丝绳，产品在国内陆上石油钻采行业实现了全覆盖。

在高强度的钻井钢丝绳方面，国内钢丝绳企业在设计、生产制造技术也才是刚刚起步，有待进一步完善和研究。目前，国内生产企业产品主要以 EIP 级为主，掌握 EEIP 和 2160 兆帕级钻井钢丝绳生产技术的企业也是少之甚少，更高强度级别的钢丝绳研究工作依然停留在理论设计阶段，没有相关的产品在市场上应用。

（二）石油钢丝绳发展阶段

1965 年完成年产 300 吨石油钢丝绳设备能力改造，当年完成深井高强度钢丝绳和特小规格钢丝绳的试制，其中油田用录井钢丝制造技术填补了国内空白。

1966 年成功试制出强度级别 1760 兆帕、直径 12.5 毫米、长度 1200 米钢丝绳一根，质量达到国家级标准（GB 355—64《钢丝绳普通式》）。

1977 年成功试制出外粗式线接触不松散钢丝绳，即采用预变形技术生产的 6×19S 结构，填补了国内空白。

在经济建设初期，当时我国石油钢丝绳制造技术与国外（如日本神钢、欧美发达国家和地区）相比还是相当落后，为了提升生产规模和产品质量、增加石油钢丝绳品种规格，1984 年 3 月石油工业部批准引进钢丝绳生产线项目。

1987年成功引进日本钢丝绳生产线及其制造技术，包括热处理线、钢丝、捻股、合绳等，形成年产1万吨的石油钢丝绳制造能力。

20世纪90年代，国内钢丝绳制造装备除引进国外技术，也开始了国产化生产线投资。当时咸阳钢管钢绳厂建设有4条生产线，形成年产5万吨的钢丝绳生产能力，满足了国内油田用钢丝绳的需求，制造技术处于国内领先水平。

进入21世纪，随着国家改革开放政策的加大实施、石油钻机和钻采走向国外，同时国外技术不断引进和产品质量快速提升等强烈影响，石油钢丝绳已开始进入国际市场。石油钢丝绳对外出口量逐年递增，如加拿大、美国、俄罗斯、中东、非洲等国外市场。

三、石油钢丝绳技术进步

（一）石油钢丝绳系列形成

随着石油钻采行业的快速发展，在石油钢丝绳质量要求逐渐提高的同时，油田推行API 9B操作规范，更加合理、规范化钢丝绳使用规定，并依据作业工矿特征，对钢丝绳性能提出了针对性要求，钢丝绳制造企业在充分分析作业工矿特征后，对不同场合用石油钢丝绳进行分类设计，以满足不同的性能需求。

按照作业用途，大体上形成了以线接触6×19S类结构为主的修、钻井钢丝绳和抽吸捞油钢丝绳，以多丝结构6×36WS、复合结构6×84WSNS为主的井架底座起升大绳等。在此基础上，设计者可依据具体的作业工矿特点，分别设计了金属芯钢丝绳、纤维芯钢丝绳、镀锌钢丝绳、压实股钢丝绳、填（包覆）钢丝绳等，以满足用户对耐磨性、抗挤压性、防腐性、环保型等不同要求的选择要求。

（二）石油钢丝绳对标国际技术

国际上生产石油钻井钢丝绳的典型代表为美国的WRCA公司和Union公司、英国BRIDON，其中BRIDON钻井钢丝绳沿用传统的6×19S+IWRC、6×26WS+IWRC结构，强度级别以1960兆帕、EEIP为主，部分产品强度级别可达2160兆帕级；美国WRCA公司和Union公司的钻井钢丝绳在传统6×19S+IWRC、6×26WS+IWRC结构的基础上通过压实、填包塑等工艺处理，形成了新型钻井钢丝绳，强度级别最高已达EEEIP级，此类高强度级的钻井钢丝绳已成为国际市场上的主导产品。与国际上先进的技术相比，存在的差距表现在如下三方面。

一是高强度级钢丝绳的性能研究。国际著名的石油钢丝绳生产企业较早时期就着手高强度级别钻井钢丝绳的研究，产品相对已经成熟。国内钢丝绳企业在这方面的研究起步较晚，取得的成果有限。目前，国内生产企业产品主要以EIP级为主，掌握EEIP和1960兆帕级钻井钢丝绳生产技术的企业也是少之甚少，更高强度级别的钢丝绳研究工作也才是刚刚起步，没有相关的产品面世。

二是高强度级别钢丝绳填包塑工艺、材料研究。EEIP和1960兆帕级传统结构钢丝绳生产制造技术目前较为成熟，但在填包塑用料和工艺技术方面的研究处于起步阶段。

三是高强度、长寿命钻井钢丝绳存在一定差距。深究其原因：其一为制造钢丝绳用盘条性能指标达不到欧洲标准，实物质量更是存在一定差距；其二，作为高强度制绳钢丝制造工艺技术存在一定差异，钢丝性能相差30%左右。由此造成钻井钢丝绳的强度级别相差一个等级，钢丝绳使用寿命与欧洲产品存在一定差异。当时，国内已形成以天津、鞍钢、上钢二厂、湘钢、贵绳、宁夏恒力等为龙头企业的钢丝绳生产厂家，在新中国成立初期建设中发挥不同关键作用，其中咸阳钢管钢绳厂担负着石油钻采钢丝绳制造使命。

在成功引进日本钢丝绳生产线的同时，也引进钢丝绳制造技术、相关标准等，1994 年咸阳宝石钢管钢绳有限公司的石油钢丝绳通过了美国石油协会 API 9A 认证，获得了 API 9A 会标使用权。

2000~2015 年完成北美、日本、德国和英国钢丝绳制造技术引进，包括盘条热处理技术、钢丝拉拔技术、捻股合绳技术、压实股制造技术及索具制造技术，同时引进了现场质量控制技术，增加了更多新的钢丝绳设计理念，设计方法和设计软件达到国际先进水平，制造技术也达到国际先进水平，石油钢丝绳品质得到显著提升。至 2020 年，按照 API 9B 规范，我国石油钻井钢丝绳已达到 EEIP 级，实现了 API 9A 标准中的最高级别，石油钢丝绳制造技术和实物质量进入了国际先进行列。

（三）石油钢丝绳标准国际化

石油钢丝绳依据国内 API Q1 质量体系认证，获得美国石油协会会标使用权，标志着中国石油钢丝绳产品正式与国际接轨。在产品设计制造技术方面持续加强与国际先进企业、技术专家进行交流，不断提升和沉淀技术底蕴，分别在钢丝绳制造技术、产品使用维护方面进行创新和总结，形成标准文件，经历了由企业内控标准、行业标准、国家标准、国际标准的持续发展，在 2023 年，由咸阳宝石钢管钢绳有限公司主导修订的 ISO 10425：2023《石油天然气工业用钢丝绳　最低要求和验收条件》经国际标准化组织批准正式发布，标志着中国石油钢丝绳企业国际标准话语权得到进一步的提升，同时也显示出中国石油钢丝绳水平达到了国际先进水平。

我国石油钻井钢丝绳发展至今，按照 API 9B 规范，制造技术已达到 EEIP 级强度级别，从目前市场订货需求分析，EIP、EEIP 级钻井钢丝绳用量逐步上升，但增量较缓，产品市场推广相对滞后。从出口钢丝绳可知，国外 EIP 级钻井钢丝绳占 80% 以上，剩余 20% 为 EEIP 级。

在整个钻井钢丝绳的技术发展和持续推广应用过程，国内石油钻井钢丝绳强度级别已实现了 EEIP 级制造技术。通过对钢丝绳市场动态了解获悉，欧美一些钢丝绳企业，钢丝绳制造已经提出 EEEIP 级的概念，引领钻井钢丝绳向着更高的强度级别发展，在不久的将来，或许有 EEEEIP 级等更高强度级别的钢丝绳出现在市场。

四、发展愿景

钢丝绳企业着力构建以企业为主体、市场为导向、产学研相结合的技术创新模式，加大科技创新，提升有效供给，创造有效需求。结合企业实施“创新驱动、绿色发展、品牌制胜、成本领先、国际化”五大发展战略，加快“国内一流、国际著名”高端金属制品研发制造企业建设步伐的目标，在石油用钢丝绳发展方面，围绕以下思路进行产品开发研究：

一是强度升级，满足用户装备轻型化需求。以钻机设备轻型化为契机，深入研究超高强度制绳丝性能，实现钢丝绳强度从1960兆帕到2160兆帕（即EIPS、EEIPS）及以上强度的升级，打造国际知名品牌石油钻井钢丝绳制造商，引领国内石油钻井用钢丝绳市场。在现有压实股技术基础之上，深入研究压实股工艺技术，进一步提高钢丝绳金属填充率和主股圆整度，降低钢丝绳性能损失，提升钢丝绳性能指标。

二是实现产品具备绿色环保特性。加快填、包覆石油钢丝绳产品开发。钢丝绳通过填充、包覆工艺处理以后，首先是在保持钢丝绳原有的力学性能特点未发生变化的前提下，包覆层可以将钢丝绳内部油脂进行包裹密封，防止油脂流失和溅落，改善钻采作业环境。其次是钢丝绳截面更为圆整，可有效提高井口密封效果，防止抽油、捞油作业过程中井口泄油现象。

着手新型钢丝绳润滑脂性能的研究，通过与高校、研究院及钢丝绳油脂生产厂家的技术合作，共同开发出高黏附性、可降解的环保型油脂，在保证钻井钢丝绳良好的润滑和防腐的前提下，实现油脂对环境的低污染。

三是实现产品应用的智能化。钢丝绳制造智能化，可以有效降低员工劳动强度，减少企业用工总量，提升钢丝绳企业管理的基础。钢丝绳应用检测实现智能化，包括钢丝绳缺陷检测、性能检测等。改善我国石油钻采装备钻井钢丝绳检测水平，提升钻机钢丝绳安全防范等级及钻井作业效率，实现钻井钢丝绳服务型制造转型，使得我国陆上钻探装备及钢丝绳保持国际先进水平。

四是加强新材料、新工艺、新技术的应用。进行碳纤维材料性能和应用研究，实现碳纤维材料和钢丝的有效结合，研制碳纤维复合钢丝绳，借用碳纤维高强度（3000兆帕以上）的特性，在钢丝绳破断拉力方面取得大幅提升。

我国石油钢丝绳发展经过60多年栉风沐雨，从完全依赖进口到自给自足的建设，再到进入国际市场的发展阶段，秉承着中国石油工业艰苦创业的价值理念和精神财富，是一代代石油人努力践行“我为祖国献石油”的担当使命。

为实现“国内一流、国际著名”的奋斗目标，需要加大科技创新，向超高强度、长寿命、节能环保型石油钢丝绳发展；在钢丝绳制造和应用方面，加大智能化制造和缺陷自动检测研究，提升钻机钢丝绳安全防范等级及钻井作业效率，实现钻井钢丝绳服务型制造转型；加强新材料、新工艺、新技术的应用，在钢丝绳破断拉力方面取得大幅提升。

近年来，随着新材料、新工艺不断发展以及国内外钻采行业对环保要求的不断增强，钢丝绳生产企业逐渐将绿色环保理念融入钢丝绳设计开发中，同时，非金属材料和新技术的不断进步及在钢丝绳制造中不断引入，为钢丝绳发展注入新元素。综合分析，具有高强韧、长寿命、轻型化、绿色环保的复合型钢丝绳将成为钻采作业的必然选择。

第八节 索道用钢丝绳

一、概述

索道又称吊车、缆车、流笼。索道用钢丝绳是悬挂在半空中的钢索，用于承托及牵引客车或货车用的钢索交通运输工具，由驱动机带动钢丝绳，牵引车厢沿着铺设的轨道上运行，用以提升或下放人员和货物的运输。索道用钢丝绳分客运索道和货运索道，不同形式的索道，使用钢丝绳结构不同，一般情况下，密封钢丝绳用于承载索，圆股线接触钢丝绳、压实股钢丝绳、异型股钢丝绳应用于运载索或牵引索。

二、发展经历

货运索道：新中国成立后，我国货运架空索道事业获得了很大发展，数量从新中国成立以前遗留下的13条，发展到现在的130余条，钢丝绳年需求量约1200吨。

客运索道是利用钢丝绳支承和牵引运载工具（吊椅、吊厢或吊篮）运送乘客的一种现代化舒适快捷的交通运输设施。客运索道能适应复杂地形、跨越山川、克服地面障碍物，故在山区和平原、城市和乡村、风景区和滑雪场均能发挥作用。早在公元前250年，中国西南地区的劳动人民就已在河流上利用竹索或藤索建造溜索用于渡河，形成索道的雏形。1982年建成投入运营的重庆嘉陵江索道是中国第一条对公众开放的往复式客运索道（交通索道），同年投入运营的北京香山索道是中国第一条用于旅游的单线循环固定抱索器客运索道，标志着中国具备了自行设计建造客运索道的能力。第一条脱挂式索道为泰山中天门索道；第一条脉动式索道为大连老虎滩公园索道；第一条国产脱挂式索道为浙江溪口索道，第一条3S索道为庐山索道。据统计，截至2020年底，国内（不包括港澳台）登记在运营各种类型索道1103条，其中往复式索道35条，固定循环式索道495条，脱挂循环式索道202条，地面缆车18条，拖牵式索道353条。

1981~1995年，所使用标准GB 1102—74，技术水平较低，公称抗拉强度上限为1815兆帕。绳芯为：NF或FC。钢丝绳表面及绳芯均涂防护脂，污染设备及环境。伸长率：0.5%~1%。使用典型产品：货运索道：6×7或6×K7（货运索道）；客运索道：6×19S、6×25Fi、6×26WS、6×31WS、6×36WS、密封钢丝绳。1986年国内高速线材设备引进，盘条单重100~200千克/盘，上升到1000~1200千克/盘。

1997年国家标准GB 8918—1996开始执行，公称抗拉强度上限为1870兆帕。1999年国内开始将绳芯改为SFC（聚合物芯），最初为点状结构，一年以后改为片状结构。同时钢丝绳制造厂增加了预拉伸设备，产品伸长率不大于0.45%。钢丝绳单重由25吨上升到100吨。

2005年，生产索道用密封钢丝绳。最初用辊压方式生产密封绳用异型钢丝，通过技术迭代升级，采用全模拉拔技术生产异形钢丝，钢丝尺寸精度大幅提高，提高了密封绳质量。

2006年重要用途钢丝绳国家标准GB/T 8918—2006开始执行，公称抗拉强度上升至1960兆帕。同年成功将异型股6V×33、6V×42、6V×48钢丝绳首次应用于庐山星龙客运索道。

2011年，GB/T 26722—2011《索道用钢丝绳》索道用钢丝绳专用国家标准发布，体现了索道钢丝绳行业的技术进步。近年来，客运索道钢丝绳逐渐向镀锌无油绳发展，钢丝绳产品质量大幅提升。

2017 年，首次实现固态聚合物芯合绳技术，成功应用于脱挂式索道。钢丝绳产线主体设备捻股机、合绳机实现恒张力数字化捻制合绳。钢丝绳伸长率首次达到国际先进水平（≤0.15%）。

2017 年 5 月，为甘肃崆峒山索道提供 2 根 ϕ50 毫米、长 1900 米客运往复式索道用密封钢丝绳承载索，成功替代国外进口密封钢丝绳承载索，开启了我国货运索道密封绳承载索的国产化之路。

2020 年 5 月，为攀煤双线循环高架式货运索道提供了 ϕ48 毫米、ϕ38 毫米密封钢丝绳承载索，进一步拓展了我国货运索道密封绳承载索市场。随后，贵绳集团研发的密封绳承载索先后用在蜀南竹海大峡谷往复式索道、瑶岗仙货运索道、中金岭南凡口铅锌矿货运索道等替代进口。

2022 年，GB/T 26722—2022《索道用钢丝绳》国家标准开始执行，标准中钢丝绳最高公称抗拉强度级别上升到 2160 兆帕级。同年首次将抗拉强度 2160 兆帕固态聚合物芯钢丝绳应用于进口脱挂式索道新疆阿勒泰将军山滑雪场。

2023 年 ϕ46 毫米、8000 米固态聚合物芯钢丝绳出口到南美，应用于脱挂式索道，伸长率可控制在 0.145%以内，客运索道钢丝绳表面状态已全部改为镀锌无油，环境大为改善，钢丝绳质量达到了世界先进水平。

三、展望未来发展

客运索道与其他地面运输方式相比，具有其独特的优越性，主要表现在：

（1）索道对自然地形适应性强，爬坡能力大，最大坡度可达 100%。

（2）索道两端站间运距最短。直线运输尤其在地势险峻的条件下，索道线路长度仅为公路的 1/10~1/30。

（3）索道常为空中运行，站房配置紧凑。占地面积小，对地形、地貌及自然环境损坏小，相当于修建公路的 1/15~1/26。

（4）索道一般采用电力驱动，无废气排放、不污染环境、能耗低，一般为汽车能耗的 1/10 ~ 1/20，节约能源。

（5）运行安全可靠、维护简单，容易实现自动化操作，劳动定员少。

（6）运营费用低，通常仅为汽车的 1/2~1/5。

（7）索道受气候条件影响小，可在雨、雪、雾和小于 8 级风的气候条件下运行。

（8）与其他交通工具相比，客运索道的安全可靠性更高。客运索道在中国尚属新兴产业，是推动现代旅游和滑雪运动发展的主要产业之一，随着国内旅游和冰雪运动的蓬勃发展，客运索道得到快速发展。

改革开放 40 年，中国客运索道虽然蓬勃发展，但仍然处于发展初级阶段，与索道强国相比，如法国（4500 条）、奥地利（3200 条）、意大利（3000 条）、日本（3200 条）差距不少，就是与瑞士相比也有距离，而且客运索道越来越向城市交通解决方向发展，所以中国客运索道在未来 50 年甚至 100 年都是刚需。

《“十三五”旅游业发展规划》指出：“将旅游业培育成经济转型升级重要推动力”。《“十四五”文化和旅游发展规划》指出：“到 2025 年，文化铸魂、文化赋能和旅游为民、旅游带动作用全面凸显文化事业、文化产业和旅游业成为经济社会发展和综合国力竞争的强大动力和重要支撑”。从中可以看到，国家在“十四五”期间对旅游业发展定位比“十三五”更高。国务院 2015 年 1 月 21 日印发了《关于促进旅游业改革发展的若干意见》（国发〔2014〕31 号），明确提出“继续支持邮轮游艇、索道缆车、游乐设施等旅游装备制造国产化，积极发展邮轮游艇旅游、低空飞行旅游”。客运索道作为与旅游业相辅相成，与滑雪运动相伴而生的新兴产业，必将随着我国旅游业的发展而同步发展。

索道钢丝绳的发展将朝着超长、超重（大吨位）、高强度、超低延伸、小扭力、小振动、低噪声、高寿命方向发展。

第九节　工程机械用钢丝绳

一、概述

工程机械用钢丝绳主要是指用于工程起重机械、桩工机械和架桥机等起升用钢丝绳、变幅用钢丝绳、吊臂拉索用钢丝绳和起重臂伸缩绳排绳等，属于工程机械上的主要易耗配件。工程机械用钢丝绳的应用如图 2-4-3~图 2-4-12 所示。

图 2-4-3　塔式起重机用钢丝绳示意图

图 2-4-4　履带式起重机用钢丝绳示意图

图 2-4-5　汽车起重机用钢丝绳示意图

图 2-4-6　越野轮胎起重机用钢丝绳示意图

图 2-4-7 全地面起重机示意图

图 2-4-8 全地面起重机用钢丝绳示意图

图 2-4-9 随车起重机用钢丝绳示意图

图 2-4-10 架桥机用钢丝绳示意图

图 2-4-11 打桩机用钢丝绳示意图

图 2-4-12 旋挖钻机用钢丝绳示意图

工程起重机械包括塔式起重机、履带起重机（履带吊）、轮式起重机（包括汽车起重机（汽车吊）、全地面起重机和越野轮胎起重机等）、随车起重机（随车吊）等，产品广泛应用于各类基础建设、房地产、高铁、油田、货场、露天矿、大型港口、核电、风电等施工建设领域；

桩工机械包括各类打桩机和旋挖钻机等，产品广泛应用于建筑、公路桥梁、水利、电力、市政建设等地基基础施工工程；架桥机用于铁路和公路上整跨架设小跨梁的桥梁施工。

工程机械起升用钢丝绳主要用于重物的提升和下降，大型起重机上有主起升绳及副起升绳；变幅绳主要用于桁架臂式的幅度变化，大型起重机上有主变幅绳、副臂变幅绳及超起变幅绳（图 2-4-13）；吊臂拉索用钢丝绳主要是衔接桁架吊臂用；绳排绳主要用于汽车吊等起重吊臂伸缩用（图 2-4-14）。

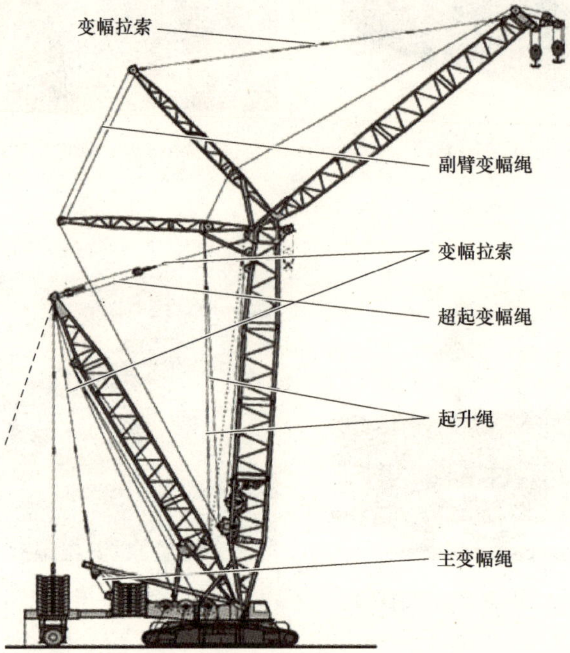

图 2-4-13　桁架臂式起重机上绳索使用位置示意图（如履带吊）

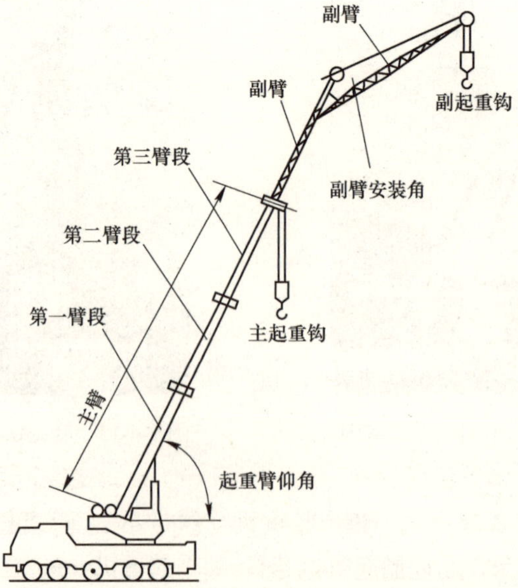

图 2-4-14　伸缩臂式轮式起重机示意图（如汽车吊）

小型工程起重机用钢丝绳如随车吊、小型汽车吊等，一般用6×19类、6×36类或18×7类；中大型起重机起升用钢丝绳一般采用圆股或压实股抗旋转钢丝绳，35W×7类、23×K7类、35W×K7类或K4×35NS类等；变幅用钢丝绳一般采用6~10股的金属芯非抗旋转圆股或压实股钢丝绳，部分起重机特别是配进口钢丝绳的变幅钢丝绳和起升钢丝绳设计为相同结构；汽车吊伸缩臂用绳排绳一般采用8×K26WS+PWRC或8×K26WS+IWRC结构钢丝绳；打桩机用钢丝绳一般采用6×K36WS+IWRC结构；旋挖机和架桥机用钢丝绳一般采用压实股抗旋转钢丝绳，如23×K7类和35W×K7类。目前国内适用于此类钢丝绳的产品标准有国家标准GB/T 34198《起重机用钢丝绳》、行业标准YB/T 4506《旋挖钻机用钢丝绳》、已列项的《履带吊用钢丝绳》和团体标准T/CCMA 0086《塔式起重机 起升钢丝绳》等；国外产品标准有EN 12385《钢丝绳 安全》系列标准和各企业的相关企业标准。

二、发展历程

（一）发展现状

工程机械用钢丝绳的发展是随着工程机械的发展而发展的。从1954年仿制东德Ⅰ型塔机发展到现在最大起重量超过1600吨的塔式起重机；从1968年第一台8吨液压汽车起重机（国内轮式起重机的鼻祖）发展到现在的最大起重量达1200吨；从1984年抚顺挖掘机厂第一台50吨级履带吊，发展到现在最大起重量为4000吨级；从1971年中国引进了第一台80型旋挖钻机，1998年徐工集团研发出第一台旋挖机发展到山河智能的超级旋挖钻机SWDM1280（最大成孔直径可达7米，最大成孔深度可达176米）；从2003年徐工集团第一台25吨全地面起重机，发展到现在的3000吨级等，我国的工程机械经历了一个从弱到强，从仿制到自主研发的过程，目前部分工程机械已达到国际先进水平。而相应使用的钢丝绳也经历了从简单向复杂、从仿制到自主研发的过程，但高性能工程机械用钢丝绳水平与国外先进制造企业（如德国Diepa、Casar等）还有一定的差距，钢丝绳生产企业致力于高性能工程机械用钢丝绳的自主研发以替代进口，满足不同客户的特殊需求。

工程机械用钢丝绳的发展也和其他用途钢丝绳一样，其结构经历了由点接触向线接触、压实股和填塑绳的发展，钢丝绳抗拉强度级别由1670兆帕级向1770兆帕、1870兆帕、1960兆帕、2160兆帕甚至2360兆帕的发展变化，大吨位工程机械用高性能钢丝绳经历了由进口向国产化的发展历程，特别是随着设备轻量化理念的不断深入，对钢丝绳的要求越来越高：绳径要求小、强度要求高、多滑轮组对钢丝绳弯曲疲劳性能的要求也更高。

国内钢丝绳生产企业所面对的客户群侧重点不一样，为工程机械配套的钢丝绳生产企业主要有狼山钢绳、巨力索具、无锡赛福天等，随着徐工集团、中联重科、三一重工、山河智能、广西柳工等国内大型工程机械生产企业对大吨位工程机械的成功研发，给配套的钢丝绳生产企业提供了一个广阔的发展空间。

（二）中大型工程机械起升用钢丝绳

中大型汽车吊、塔吊、履带吊、旋挖钻机、架桥机等起升用钢丝绳主要采用的是抗旋转钢丝绳，目前汽车吊、塔吊常用结构是K4×39S+5FC、35W×7或35W×K7，后三种机型最常用的结构是 35W×K7 类和 23×K7 类。进口的抗旋转钢丝绳除上面结构外，还有很多钢丝绳结构是企业根据用途自行设计的非标结构。

K4×39S+5FC 钢丝绳，原记为 4×V39S+5FC，来源于日本，国内开始接触这种结构钢丝绳时，主要是用于日系船用克令吊机上。这种结构钢丝绳股数相对少，通过缩小股捻距和加大绳捻距，很好地降低了钢丝绳的旋转，结构稳定性很好，但钢丝绳相对硬。四股绳在钢丝绳标准上虽然出现得较早，但真正生产和制作是在 20 世纪 90 年代末，刚开始根据日本样品仿制时，是整绳模拉法生产，这种模式生产的钢丝绳，应力很大，安装使用时易打绞，生产工艺不够成熟，国产供应量很小。

2009 年前后，江苏狼山钢绳股份有限公司和西安创新精密仪器研究所联合开发了钢丝绳专用锻打机，改变了国内压实绳模拉的生产方式，进入四股绳的批量稳定生产阶段。同时，狼山钢绳开始和徐工重型机械厂合作，批量推广中小规格四股绳替代原有的 6×29F 和 6×19W 结构用于汽车吊起升用绳，至此，汽车吊行业起升用绳迎来了更耐用的、更稳定的新的钢丝绳结构。经过十多年各生产企业的共同努力，产品质量得到更好的提升，抗旋转能力进一步增强。四股绳因其结构稳定性的优势，也部分替代 35W×7 在塔吊上应用。

从 GB/T 8918《重要用途钢丝绳》标准的不同时期版本中可查到，在 2006 版增加了 35W×7 类这种结构，以前都是 17×7 类和 34×7 类，这两种结构因其结构局限性，对起升高度相对大、抗旋转性能要求高的场合易出现断内层绳的现象等，后使用越来越少，作为起升绳渐渐被 35W×7 类替代。先期的中大型工程机械特别是履带吊、旋挖钻机、架桥机等用抗旋转钢丝绳都是以进口为主，2010 年以后，国内钢丝绳企业加快了 35W×7、35W×K7 和 15×K7 等结构钢丝绳的研究进度，开始了部分国产化，钢丝绳的强度也由常规的 1770 兆帕提高到 2160 兆帕。

但是，工程机械用压实股抗旋转钢丝绳的研究与国外钢丝绳先进制造企业比，产品质量、产品的结构研究和同类型钢丝绳的破断拉力仍有差距，国外很多企业对钢丝绳的研究不局限于所谓的通用产品标准（如 EN 12385 等），他们都建立了自己的产品标准，以满足用户的特殊要求。国内多数大吨位汽车吊和履带吊仍然选用进口绳，即使价格再昂贵，也未影响到 Diepa 等企业的抗旋转钢丝绳在国内的行业地位，应引起国内钢丝绳企业的反思，并加快研发进度。

中大吨位起升用钢丝绳结构图如图 2-4-15 所示。

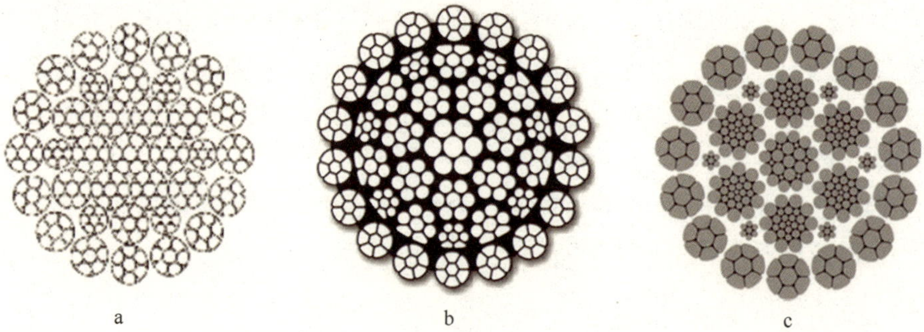

图 2-4-15 中大吨位起升用钢丝绳结构图

a—35W×K7；b—Casar Eurolift 结构示意图；c—Diepa B55 结构示意图

（三）中大型工程机械变幅用钢丝绳

工程机械变幅用钢丝绳原用得最多的结构是 6×29F+IWRC 等，其耐挤压和结构稳定性较好。现随着起重机吨位的不断提高，变幅钢丝绳也呈现出多样性，一部分设计为与起升用钢丝绳相同的抗旋转压实股结构，一部分设计为 6～10 外层股非抗旋转压实股钢丝绳结构。目前国产变幅钢丝绳常用结构为 6×K36WS+IWRC、6×K29F+IWRC 或 8×K26WS+IWRC 等。

为了限制钢丝绳绳股的移动、减少钢丝绳的内部磨损并增加其抗挤压能力，又发展到外层股和金属芯之间填充聚合物，如 8×K26WS+IWRC(EP) 等。国外主要生产 8～10 股变幅用钢丝绳，进口变幅钢丝绳常见型号有 8 股 Diepa H50/53 及 10 股 Casar Superplast 8（见图 2-4-16），9 股钢丝绳较少，有 Olivei rasa HD 9K PPI 及 Arcelormittal complast 9 等。

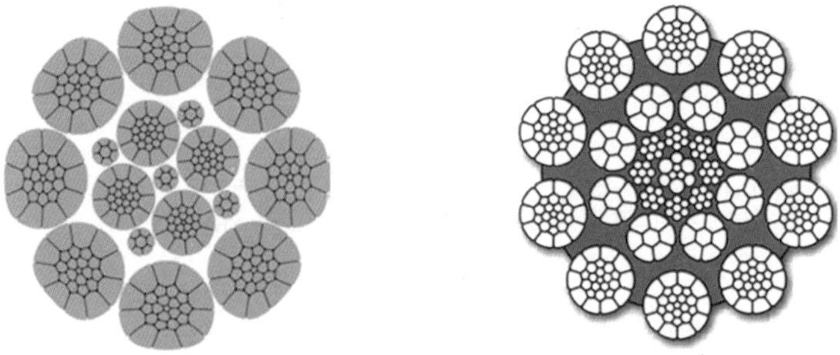

a　　　　b

图 2-4-16　进口变幅用钢丝绳结构图

a—Diepa H50/53 结构示意图；b—Casar Superplast 8 结构示意图

（四）起重臂伸缩用绳排绳

起重臂伸缩用绳排绳常用结构 8×K26WS+PWRC（平行捻密实钢丝绳）和 8×K26WS+IWRC（图 2-4-17），常用规格和强度级别为 2160 兆帕的 ϕ14～20 毫米。原以进口德国 Diepa 的 8×K26WS+PWRC 为主，2010 年左右，中联重科开始实施国产化，和狼山钢绳联合，成功开发了此类钢丝绳，后其他工程机械厂家逐步国产化。但因国内钢丝绳生产企业

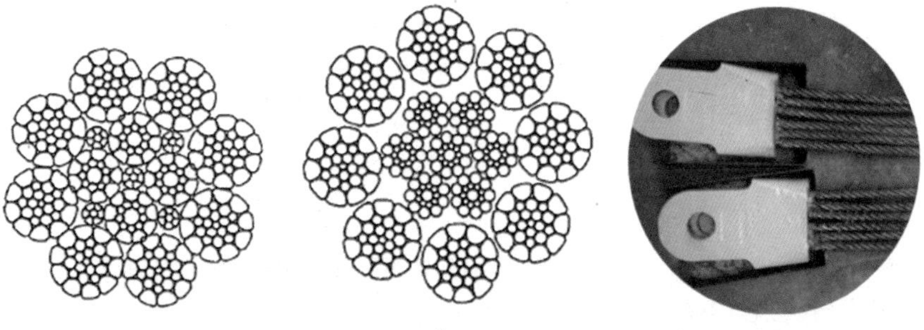

a　　　　b　　　　c

图 2-4-17　起重臂伸缩用绳排绳常用结构

a—8×K26WS+PWRC；b—8×K26WS+IWRC；c—绳排示意图

设备或工艺问题，有的生产厂家将原结构 8×K26WS+PWRC 简化为 8×K26WS+IWRC，其破断拉力、伸长率和受力均匀性都有影响。这类钢丝绳对伸长率及伸长率一致性的要求较高，所以都需要进行预张拉，消除部分结构伸长。

三、展望未来

随着起重机吨位的不断提高，对设备轻量化的要求也越来越高，钢丝绳直径有限增加，破断拉力要求越来越高，钢丝绳越来越长，多滑轮组对钢丝绳的弯曲疲劳要求更高，卷筒多层缠绕对钢丝绳直径均匀性和稳定性提出了新的要求。

展望未来，工程机械用钢丝绳的研究任重道远，钢丝绳生产企业要正视与国外先进制造企业的差距，面向工程机械市场的需求，在钢丝绳的基础研究、钢丝绳的结构设计、制造工艺设计、工艺装备的研制、制造质量的提升、高强度高韧性钢丝的改进等诸多方面，提供自主创新能力，充分发挥专业技术人员的作用，集企业之力、行业之力、国家之力，迎难赶超，走产学研用相结合的道路，生产具有自主知识产权的高质量钢丝绳，以满足工程机械快速发展的需要。

第十节　航空用钢丝绳

一、概述

航空用钢丝绳是航空领域中不可或缺的重要部件，适用于航空操纵系统，控制飞机的方向舵、副翼、引擎、着陆齿轮、罗盘针矫正器等，也可以用于重要机械和精密仪器等领域。

由于航空领域使用环境特殊、安全可靠性高、使用寿命长等特点，航空用钢丝绳相较于普通钢丝绳具有更高的性能要求，例如抗拉强度要求达到 1860 兆帕以上；它们能够在不同的张力下进行疲劳试验，疲劳试验后其磨损部位应具有足够的承载能力；航空钢丝绳还要求具有较高的耐腐蚀性能，因此目前均采用镀锌碳素钢丝和不锈钢丝制造。

航空钢丝绳的品种有单股钢丝绳、金属股芯钢丝绳和纤维股芯钢丝绳，典型的结构有 1×7、1×19、6×7+IWS、6×19+IWS、6×7+FC、6×19+FC 和 6×37+FC 等。钢丝绳的捻制方向，除单股绳是左捻外，在无特殊要求情况下均为右交互捻。部分结构规格产品还以中性油脂为介质进行低温回火处理，消除钢丝绳的捻制应力和镀锌钢丝中的氢，以提高航空用钢丝绳的耐疲劳性能和使用寿命。

二、发展历程

1834 年，德国采矿工程师威廉·阿尔伯特发明了世界上第一根钢丝绳。天津市第一钢丝绳厂于 1939 年建厂（前身是兴亚钢业株式会社），生产刺丝、圆钉、木螺丝和少量的钢丝绳，是国内第一家钢丝绳制造企业。中国航空用钢丝绳的发展历程可以追溯到 20 世纪初。早期中国的航空工业主要依靠进口的钢丝绳，但随着技术的发展和经验的积累，中国开始自主研发和生产航空钢丝绳。

天津市第一钢丝绳厂从1952年起设计、研制航空用钢丝绳，1956年正式建立航空钢丝绳车间，1961年航空用钢丝绳车间正式投产，产品达到苏联ГOCT 2172—42标准的各项要求。我国第一根航空用钢丝绳就出自该单位，随后国内其他企业陆续开始航空用钢丝绳的生产。例如：始建于1958年的宁夏石嘴山钢铁厂（宁夏恒力钢丝绳股份有限公司前身）就在天津一绳的支援下，建立起航空用钢丝绳生产线。

国产航空用钢丝绳在20世纪七八十年代实现大跨度的发展，进入90年代开始不断调整、完善和提高。进入21世纪以来，随着工艺技术装备水平的不断提高、品种结构的不断变化和产品质量的不断优化，航空用钢丝绳取得了快速的发展。产品配套领域也从原来的单一为航空装备配套，逐步拓展到国民经济其他领域。

在实现航空用钢丝绳自主生产的同时，产品标准制定和修订工作也在不断提高。国内最早的航空用钢丝绳标准YB 261—1964是中航工业参考苏联ГOCT 2172—42标准制定的，后续经过YB 261—1973、GB 8902—1988、YB/T 5197—1993三次修订后，于2005年完成第四次修订，成为现行有效版本YB/T 5197—2005《航空用钢丝绳》。除YB/T 5197—2005外，根据航空航天领域的发展制定了YB/T 5196—2005《飞机操纵用钢丝绳》。

YB/T 5197—2005和YB/T 5196—2005标准的第一起草单位是天津市第一钢丝绳有限公司，现由天津市金鼎线材制品科技开发股份有限公司延续制修订工作。

2020年1月1日，国家发布的GJB 9656—2019《航空操纵用钢丝绳规范》正式实施，金鼎公司是该标准第一起草单位。GJB 9656—2019标准在YB/T 5197—2005和YB/T 5196—2005标准的基础上，融入国际先进标准的适用条款，提高技术要求，以适应我国航空事业的快速发展。

总的来说，中国航空用钢丝绳的发展历程是一个不断探索和创新的过程。未来，随着科技发展和市场需求的变化，生产企业要不断提升加强航空钢丝绳的研发能力和技术水平，以适应航空航天领域及其他重点行业对高性能航空钢丝绳的需求。

三、取得辉煌成就

几十年来，国内航空用钢丝绳生产企业通过开展各项研制生产工作，丰富了产品序列、积累了技术力量，取得了辉煌成就，为我国航空工业和国民经济其他领域的发展起到了重要的推动作用。我国航空用钢丝绳从零起步，能够取得今天的成绩，是几代钢丝绳人共同努力的结果。生产企业加大科研投入，提高产品技术水平，生产出各类高质量新产品满足不断增长的市场需求。

多年来，航空用钢丝绳科研成果多次荣获国家、省市奖励，成功为航空事业、海上救护、航天工程等领域研制特殊专用钢丝绳。多项成果填补了国家空白，为国家重点工程做出了重要贡献。近年来航空用钢丝绳还将配套领域拓展到医疗器械、电梯配件、汽车、仪器仪表和舞台装备等行业，为其他领域的发展起到推动作用。国内主要的航空用钢丝绳生产企业均通过了GB/T 19001—2016质量管理体系认证，各企业结合自身情况，还分别进行了军工产品生产资质、高新技术企业、专精特新企业（产品）、环保和安全等专项的认证。

航空用钢丝绳生产企业在传承俄系（苏联）标准化的基础上，积极与ISO、美标、日标等国际标准接轨，不断完善产品标准体系。国内现行有效的航空用钢丝绳及衍生产品的标准主要有：GJB 9656—2019《航空操纵用钢丝绳规范》、YB/T 5197—2005《航空用钢丝绳》、YB/T 5196—2005《飞机操纵用钢丝绳》、GB/T 14451—2008《操纵用钢丝绳》和YB/T 4251—2011《电梯门机用钢丝绳》等。除此之外，部分具备较高技术能力的企业还制定了企业（内控）标准，或针对特殊专用产品与用户签订技术协议。

四、展望未来发展

进入21世纪后，我国航空用钢丝绳的技术水平取得了长足的进步，逐步向国际一流水平迈进。国产航空用钢丝绳具有高强度、高韧性、高耐腐蚀性和耐磨损性等特点，能够满足各种复杂环境下的使用要求。各生产企业应不断提高航空用钢丝绳的研发能力，通过装备国产化、工艺装备的改进（模拉或锻打）、采用创新材质（不锈钢合金材料）、高强度原料、优化股绳结构、引入新型防腐（包覆涂层）技术等措施，进一步提高航空用钢丝绳的耐疲劳、耐腐蚀性能和使用寿命，推动其向更轻、更强、更耐久的方向发展。

第十一节 钢丝帘线

一、概述

国际合成纤维标准化局在标准中对钢帘线的定义是：“由两根或两根以上钢丝组成的，或者由股与股的组合或者由股与丝的组合所形成的结构。”钢丝和钢丝股表面镀有铜和锌的合金。即是由钢丝和股加捻后捻制而成，表面电镀黄铜、呈金黄色，是一种特殊用途的细规格钢丝绳。钢丝帘线是橡胶骨架材料中发展最为广阔的产品，也是在线材制品中生产难度最大的“皇冠”产品。钢丝帘线主要用于全钢子午线轮胎的胎体层和带束层，以及纤维子午线轮胎的带束层，如图2-4-18和图2-4-19所示。

图2-4-18 钢丝帘线产品

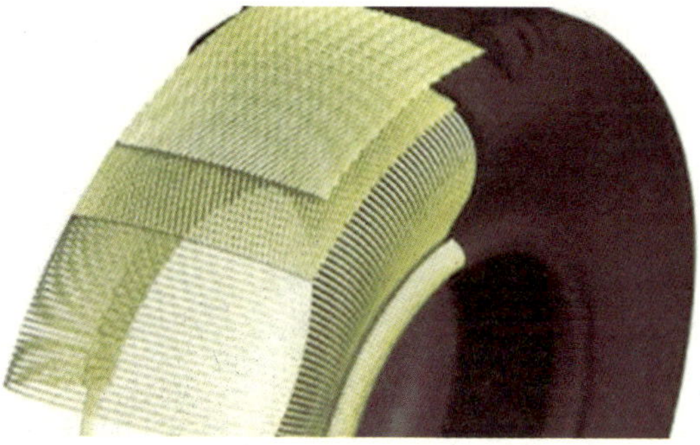

图 2-4-19 钢丝帘线产品在轮胎中应用

（一）钢丝帘线的用途

传统的斜交胎是用纤维（如聚酯帘线、尼龙帘线）作为骨架材料的，而新型的子午线轮胎则选用钢丝帘线作为骨架材料，按其结构可分为全钢子午线轮胎和半钢子午线轮胎，前者的带束层和胎体全部采用钢丝帘线作为骨架材料，后者的带束层用钢丝帘线、胎体用纤维作为骨架材料。轿车、轻型卡车一般采用半钢子午线轮胎，载重型卡车、工程机械车采用全钢子午线轮胎。

图 2-4-20 轮胎中带束层钢丝帘线

钢帘线是用优质高碳钢制成的表面镀有黄铜且具有特殊用途的细规格钢丝绳。其主要用于轿车轮胎，轻型卡车轮胎、载重型卡车轮胎、工程机械车轮胎和飞机轮胎及其他橡胶制品的骨架材料，如图 2-4-20 ~ 图 2-4-22 所示。同理，要区别轮胎是全钢胎还是半钢胎，只要看其胎体层是否使用钢丝帘线。

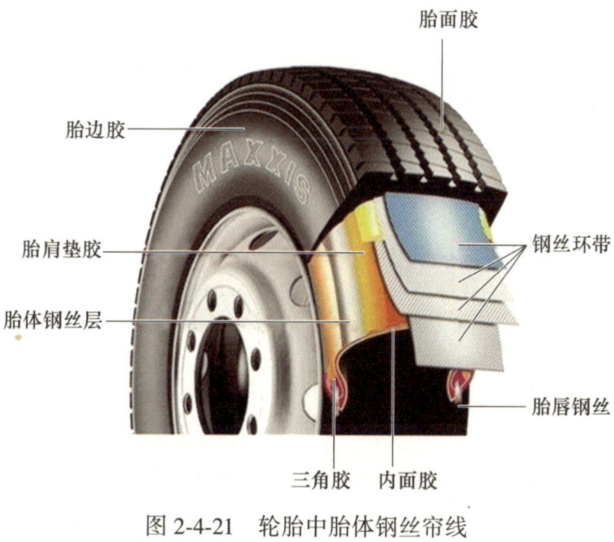

图 2-4-21 轮胎中胎体钢丝帘线

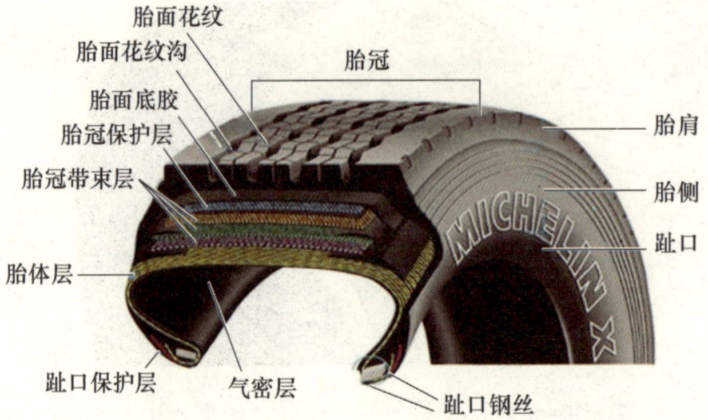

图 2-4-22 钢丝帘线在工程轮胎中的应用

(二) 钢丝帘线特性

采用钢丝帘线作为增强材料所制作的子午线轮胎，具有使用寿命长、行驶速度快、耐穿刺、弹性好、安全舒适、节约燃料等优点。子午线轮胎，已是当今轮胎工业发展的新方向。

普通钢帘线钢丝的强度一般为 2.5 吉帕。近年来，高强度钢帘线钢丝得到大量使用，其强度比普通钢帘线钢丝高 20%，达 3.0 吉帕。美国固特异公司、比利时贝卡尔特公司等，应用超高强度钢丝制造技术，制造出超高强度钢丝，超出普通钢帘线钢丝 40%，达到 3.5 吉帕的超高强度钢丝。用超高强度钢丝生产出的钢帘线，还具有耐疲劳性能好的特点。美国固特异公司将这种超高强度钢帘线，应用到全钢结构的一级方程式赛车的高机动性能轮胎和跑气保用轮胎中。

将几根钢丝按一定结构与捻度，捻合在一起成为钢帘线，钢帘线可以有芯线，也可以无芯线；可以有外缠线，也可以没有外缠线。外缠线的目的是使钢帘线中的所有钢丝聚集更紧密不致松散，并改善钢帘线的疲劳性能与橡胶的黏着性能，但采用适宜的捻制方法也可以解决上述问题。

钢丝帘线的耐热性好，蠕变为零，有较好的抗冲击性，其拉伸模量高，使轮胎尺寸稳定；压缩模量高，对轮胎行驶转弯时的侧向刚性有利。对子午线轮胎胎体层钢帘线的要求是拉伸强度高、耐疲劳性好、抗磨损、与橡胶的黏着性好等。对带束层钢帘线的要求是模量高、强度高、刚性高，耐切割、耐腐蚀，与橡胶的黏合性好等。研究报道称，减少胎体质量 1 千克，可以减少 20%的滚动阻力，相当于减轻车身 80 千克的效果，这就要求胎体钢帘线具有更高强度。钢丝帘线是随子午线轮胎的发展而发展起来的，而子午线轮胎又是汽车工业和高速公路的伴生物。

(三) 钢丝帘线在轮胎中所起的作用

轮胎在使用中，既要保持轮胎形状和尺寸的稳定性，抗机械损伤和支承负荷、满足轮胎所需的耐疲劳、耐冲击、抗变形等性能要求，还要对轮胎的乘坐舒适性、噪声、高速性能、滞后性能、脱层和寿命有重要影响。同传统斜交胎相比，采用钢帘线作为增强材料所制作的子午线轮胎，由于钢帘线的强度高，轮胎的承载能力可提高30%~50%；耐磨性好，可减少磨损，提高寿命，行驶里程可提高50%~100%；轮胎的变形小，生热低，滚动阻力小（约可降低30%），提高了汽车的行驶速度，并可节油10%左右；轮胎耐刺扎、耐切割、耐冲击、抗湿滑，汽车在高速行驶时比较安全、舒适；轮胎可翻新。因此，各国都竞相发展子午线轮胎。当前，子午线轮胎已占据轮胎行业的主体地位，中国的子午化率已经达到了94%以上。钢丝帘线质量约占全钢载重子午线轮胎质量的20%，成本约占材料总成本的35%。

目前，从全球范围看，橡胶骨架材料仍以钢丝帘线、聚酯、锦纶和强力人造丝四大材质为主，且钢丝帘线骨架年耗用量占首位。

二、钢丝帘线定义、术语和分类

（一）钢丝帘线术语和定义

钢丝帘线用单丝：在股或钢帘线中作为单独元件的单根钢丝。

钢丝帘线用外缠丝：以螺旋形式缠绕在钢帘线上的一根单丝。

钢丝帘线用芯股：作为伸展的轴线使其他单元可缠绕其上的一根或几根单丝或股。

钢丝帘线：由两根或两根以上单丝，或者由股与单丝，或者由股与股捻成的各种结构的产品。钢丝帘线直径为钢丝帘线同一截面横向尺寸最大值和最小值的平均值，如图2-4-23所示。

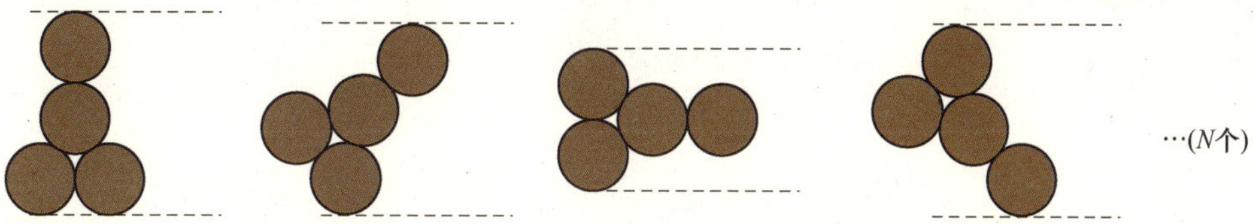

图2-4-23 钢丝帘线直径测试图

开放型钢丝帘线：单丝间有周期性的间隙，使橡胶得以渗入其中的一种钢帘线。

密集型钢丝帘线：由一组单丝按相同捻向和相同捻距捻制而成且具有最小横断面积的一种钢帘线。

高伸长钢丝帘线：捻距相对较小、股间相对较松、伸长率相对较高的一种钢帘线。

钢丝帘线捻向：观察帘线绕其中心轴螺旋方向，如呈字母Z则称为Z捻，或称右捻；如呈字母S则称为S捻，或称左捻。钢丝帘线捻向示意图如图2-4-24所示。

钢丝帘线捻距：钢帘线中的股（单丝）或股中的单丝绕其中心旋转一周前进的轴向距离，如图2-4-25所示。

钢丝帘线线密度：单丝、股或钢帘线单位长度的质量。

钢丝帘线破断力：在规定条件下给试样施加负荷直至破断，试样所能承受的最大拉力。

图 2-4-24 钢丝帘线捻向示意图

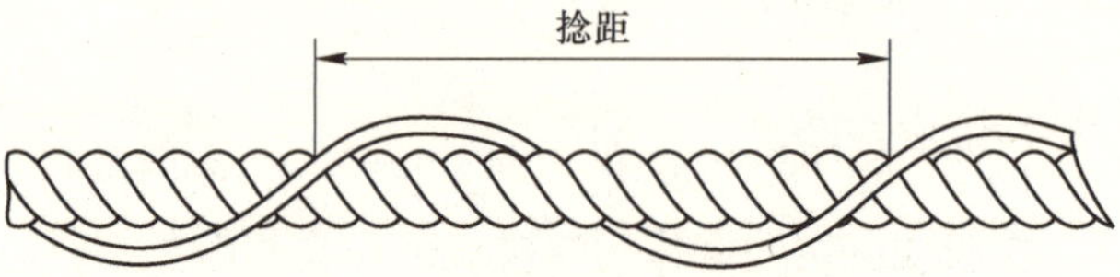

图 2-4-25 钢丝帘线捻距示意图

钢丝帘线破断伸长率：拉伸试验中，试样断裂时长度增量占初始长度的百分数。钢丝帘线在规定力之间的伸长率：试样在两个规定力作用下所引起的长度增量占初始长度的百分数。

钢丝帘线残余扭转：将一 6 米长的帘线一端固定，而另一端任其自由转动，旋转的次数即为残余扭转（转/6 米），如图 2-4-26 所示。

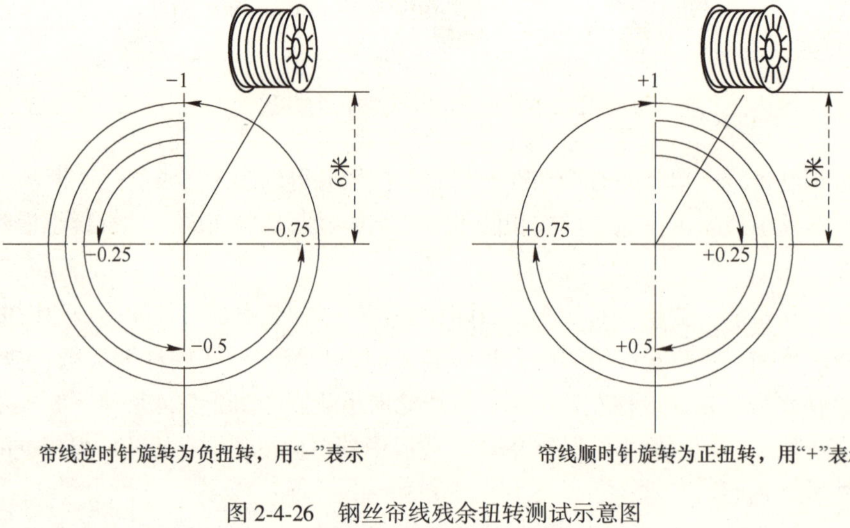

图 2-4-26 钢丝帘线残余扭转测试示意图

钢丝帘线平直度：规定长度的钢帘线，在特定的距离内不偏离其中心轴的特性。

钢丝帘线松散度：切断钢帘线时，其末端的散开程度。

钢丝帘线弹性：指帘线承受特定的弯曲变形后恢复其初始状态的程度。用恢复能力的百分比表示，如图 2-4-27 所示。

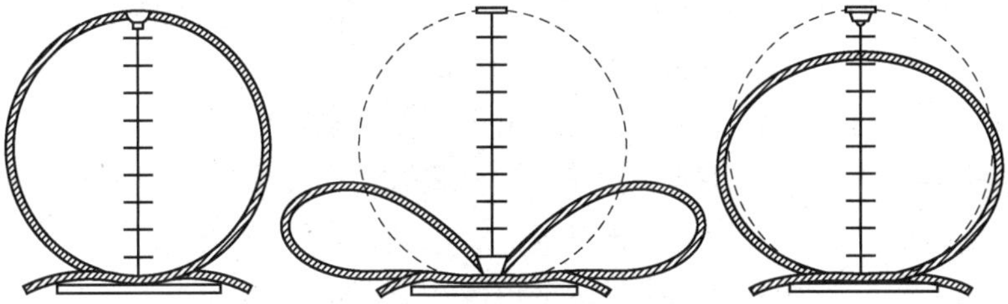

图 2-4-27 钢丝帘线弹性测试示意图

钢丝帘线刚度：弯曲阻力，在给定条件下产生弯曲变形所需要的弯矩来表示。

弓高：一根置于平板上的帘线在两个相距为 300 毫米的支撑点之间的弯曲高度，如图 2-4-28 所示。

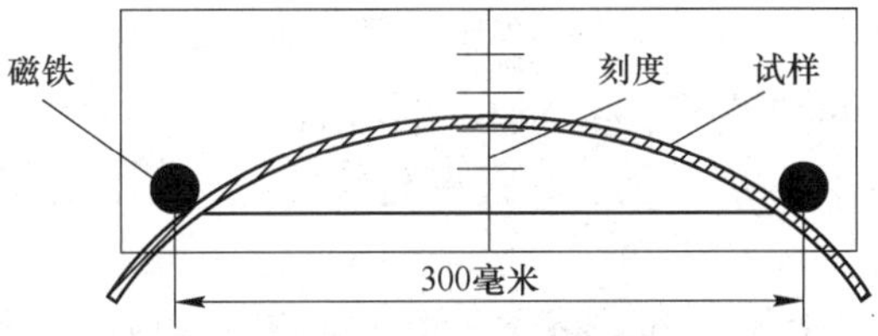

图 2-4-28 钢丝帘线弓高测试示意图

钢丝帘线背丝（背股）：一根单丝（或股）与另一根单丝（或股）不适当地重叠在一起的现象。

钢丝帘线冒芯：当剪断钢帘线时，芯股冒出 5 毫米以上的现象。

钢丝帘线跳芯：钢帘线中芯股局部拱出外层丝（股）的现象。

钢丝帘线起泡：沿钢帘线轴向间断出现外层丝（或股）隆起灯笼状的现象。

钢丝帘线弹簧圈：钢帘线在无张力状态下，呈弹簧状的现象。

钢丝帘线波浪：钢帘线在无张力状态下，沿钢帘线轴向出现波纹状曲折的现象。

（二）钢丝帘线的组成

单丝：股或帘线中的单独元件（即直径为 0. 38～0. 175 毫米镀黄铜钢丝）。

股：由一组单丝捻制在一起组成的单元产品。

钢丝帘线：由两根或两根以上的单丝，或芯和股，或股与股加捻而成的各种结构的最终产品。

外绕丝：一根单丝围绕帘线螺旋地、等距地缠绕，此单丝称为外绕丝（直径为 0. 15 毫米）。

（三）钢丝帘线分类

按照不同的分类方法，钢帘线可以分为许多不同的品种。按用途可分为子午线轮胎用钢帘线、运输带用钢帘线、齿形带用钢帘线、高压胶管用钢帘线等；子午线轮胎用钢帘线又可分为乘用胎用钢帘线、轻卡胎用钢帘线和载重胎用钢帘线；按用于轮胎的不同部位，又可分为带束层用钢帘线和胎体用钢帘线。按不同的强度等级可分为普通强度（NT）钢帘线、高强度（HT）钢帘线、超高强度（ST）钢帘线和特高强度（UT）钢帘线。按不同的镀层性能可分为普通镀层钢帘线、薄镀层钢帘线和低铜镀层钢帘线。按捻制结构可分为普通结构钢帘线和特殊结构钢帘线。特殊结构钢帘线又可分为开放型钢帘线、密集型钢帘线、高伸长率钢帘线等。尽管分类方法很多，但最具实质性的分类方法是根据断面结构和捻制方法，把钢帘线分为两大类，即股型钢帘线和层型钢帘线。

第一种分类，按帘线特性分为：（1）普通型帘线：股绳的捻向与帘线的捻向相反；（2）朗氏帘线：股绳的捻向与帘线的捻向相同；（3）开放型帘线：钢丝之间松散连接、可移动、有间隙，橡胶能轻易渗入帘线内部；（4）紧密型帘线 CC：帘线内外层捻距相等，相邻钢丝之间为线接触；（5）高延伸帘线 HE：朗氏帘线的一种，股绳之间松散连接，帘线加载时能显著延伸；（6）高抗冲击帘线 HI：贝卡尔特全渗胶钢帘线，高延伸、高抗冲击帘线；（7）Betru 帘线：贝卡尔特全渗胶钢帘线，外形规则，同时提高黏合力。

第二种分类，按帘线的结构分为：（1）钢丝结构：由几根钢丝一次捻制而成的帘线，如 5×0.25 毫米帘线；（2）股绳结构：先把钢丝捻成股，然后再把股捻成帘线，如 3×7×0.20 毫米帘线；（3）帘线结构：在一芯股上包上钢丝而成的帘线，如 3×0.20 毫米+6×0.35 毫米帘线；（4）外绕结构：在一帘线上包上外绕丝而成的帘线，如 3+9+15×0.22 毫米+1 帘线。不同结构的钢帘线如图 2-4-29 所示。

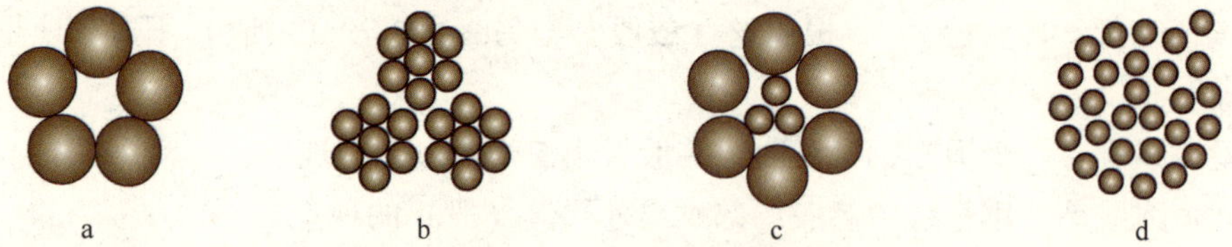

图 2-4-29 不同结构的钢帘线

a—5×0.25 毫米截面；b—3×7×0.20 毫米截面；c—3×0.20 毫米+6×0.35 毫米截面；d—3+9+15×0.22 毫米+1 截面

第三种分类，按钢丝强度分为普通强度 NT、高强度 HT、超高强度 ST 和特高强度 UT。普通钢帘线钢丝的强度一般为 2.5 吉帕。近年来，高强度钢帘线钢丝得到大量使用，其强度比普通钢帘线钢丝高 20%，达 3.0 吉帕。

第四种分类：按钢丝镀层分为：（1）高铜镀层：HC，含铜量为 67.5%；（2）低铜镀层：LC，含铜量为 63.5%。

第五种分类：按断面结构和捻制方法分为：（1）股型帘线。以若干根单丝合捻而成，它又有单股和多股两种形式。单股帘线也叫单捻帘线，是由单丝一次合捻成一根股的帘线。单股帘线还分普通型、开放型和密集型 3 种。普通型的，单丝有规律排布，表面呈线接触；开放型的，与普通型不同的是单丝之间有空隙，便于橡胶的渗透；密集型的，单丝无规律排布，不利于橡胶的渗透。多股帘线也叫双捻帘线，是由若干根单丝捻成股，股经再次捻制而成的帘线。按捻向（见钢丝绳捻法）分为交互捻型（股和绳的捻向相反）和同向捻型（股和绳的捻向相同），同向捻型也叫高伸长型（HE）。（2）层型帘线。单丝经双捻或三捻而成，钢丝呈层状排布。按钢丝直径的异同，它又分为同径和异径两种。

此外，在帘线表面螺旋形地缠绕一根单丝，就成为外绕结构。外绕丝的直径一般为0.15毫米，捻距有3.5毫米和5毫米两种，以3.5毫米居多。外绕丝的作用是增强帘线的弯曲刚度，减少帘线在轮胎成型过程中的回弹力，提高帘线的耐疲劳性能，便于加大帘线的捻距，提高与橡胶的黏合力等。但是也有人认为，在胎体中，外绕丝和外层丝之间的摩擦和磨损，容易引起黏合力的破坏。

三、钢丝生产工艺流程

钢丝帘线的单丝（钢丝）均采用冷拔高碳钢盘条制造而成，钢帘线的生产过程，是将钢帘线用盘条拉拔成极细的细丝（0.15~0.38毫米），在此过程中，线材长度增加1000~1400倍，截面积缩小到原来的万分之八。钢帘线生产工艺流程如图2-4-30所示。

ϕ5.5毫米热轧线材制品——盘条 ⟶ 初拉ϕ3.20毫米（左右）

⟶ 热处理-奥氏体化+铅浴+水浴淬火处理 ⟶ 中拉ϕ1.4毫米（左右）

⟶ 二次热处理+铅浴+水浴淬火处理+镀铜+镀锌/黄铜钢丝

⟶ 湿式拔丝20米/秒，ϕ0.38~0.15毫米 ⟶ 捻制成绳

⟶ 检测和检验 ⟶ 包装 ⟶ 入库

图2-4-30 钢帘线生产工艺流程

钢帘线钢丝不但强度高，而且非常细（达ϕ0.15~0.38毫米），在最终的湿式拔丝以及捻制成型过程中，很容易发生断丝和断线及出现各种缺陷，导致生产率下降以及钢丝帘线质量低下。因此，钢丝帘线在生产过程中，要严格按标准和工艺规程进行管控生产。钢丝帘线生产流程如图2-4-31所示。

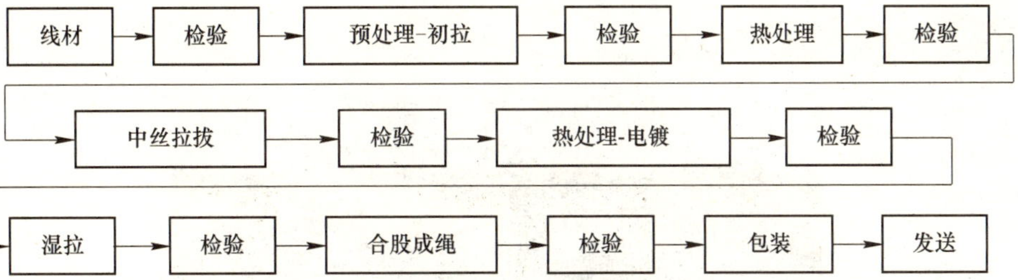

图2-4-31 钢丝帘线生产流程

（一）线材表面处理

盘条预处理工艺流程：盘条放线—机械除氧化铁皮—水冲洗—电解酸洗—水冲洗—热水洗—涂硼砂—干燥—粗拉—收线。

机械除鳞即对盘条进行反复弯曲，通过反复弯曲（延伸和压缩），去除盘条表面氧化铁皮（能大大缩短酸洗时间，降低酸耗和防止过酸洗），再经过阴-阳交替电解酸洗。钢丝上电化学反应产生的气体对钢丝外表的氧化铁皮及污物起疏松和剥离作用，同时酸液对氧化铁皮也产生溶解作用，从而达到去除氧化铁皮的目的。

涂硼砂。在 95 ℃，浓度保持在（250±20）克/升，涂硼砂厚度应达 4~5 克/米^2。停止生产时，硼砂槽必须保温在 80 ℃以上，防止硼砂凝结。涂硼砂后的盘条必须要经过干燥处理，热风干燥温度必须保持在温度 150~250 ℃，时间 5~15 分，使盘条外表面形成一层五水硼砂的薄膜，以便于后道工序拉拔。

（二）钢丝拉拔

线材和钢丝拉拔工艺流程：放线—扎尖穿模—拉拔+冷却+润滑—矫治—收线。

钢丝拉拔属于金属塑性加工的一种。塑性加工是在外力的作用下，利用材料塑性，改变材料尺寸、组织和性能的加工方法。获得所需形状、尺寸和组织及性能的制品的一种基本的金属加工技术，通常称为压力加工。

线材或半成品钢丝经表面处理后，通过扎尖机，将钢丝的端头扎细，然后通过比钢丝直径小的拉丝模具，在拉丝机拉拔力的作用下，在模孔中进行塑性变形，从而获得与模孔断面形状相同直径的钢丝。

为保证钢丝的性能和拉丝工序的顺利进行，必须要有相应的拉丝机、润滑粉、冷却条件、磨具、焊接机等及熟练的操作技术人员相配合。冷却、润滑、模具被称为拉丝过程的三大要素。

钢丝的拉拔关键是制定拉拔路线，要根据总压缩率、部分压缩率和拉拔道次，也可以根据延伸系数来制定。压缩率的确定，不但要求它能保证拉拔的顺利进行和钢丝质量，还要结合拉丝设备的情况合理确定拉拔道次，以提高产量和效率。在拉拔过程中，线材或半成品钢丝、拉丝模、拉丝粉、润滑条件、拉丝冷却条件、拉丝机、总压缩率和部分压缩率和拉拔道次及拉拔速度等因素，都将对钢丝拉拔性能产生影响，生产中必须严格加以控制。

直线式干拉机如图 2-4-32 所示。

图 2-4-32 直线式干拉机

根据产品需要，在中间热处理后进行的第二次干拉，如直径 3.20 毫米至 0.96 毫米(拉拔道次：9~13)。

(三) 钢丝中间热处理

随着钢丝帘线需求量的不断增加，钢帘线的产品结构及品种也在逐年增加。钢丝帘线生产企业也一直致力于生产工艺的优化，通过设备改善和工艺调整，不断降低生产各工序的断丝率，提高生产效率和综合成材率。而钢丝的热处理是钢丝生产过程中的一个关键环节，热处理钢丝质量的好坏直接影响到最终产品的质量。

钢丝热处理生产工艺流程：放线+张力—水洗脱脂—高压风吹扫—热处理—水浴淬火—水洗—高压风吹扫—盐酸电解酸洗—高压风吹扫—水洗—高压风吹扫—涂硼砂—干燥—收线。

热处理就是固态金属加热到一定温度，并在该温度保持一定时间（保温），然后以一定的冷却速度、方式冷却下来，从而改变金属内部组织，获得一定性能的工艺过程。热处理的目的在于调整盘条或半成品的物理性能使之达到要求。

一般分为两次热处理：中间热处理和最终热处理。中间热处理用于消除钢的加工硬化，恢复钢丝的塑性，使之能够经受进一步的冷拉变形，保证顺利拔丝。

中丝热处理放线架如图 2-4-33 所示，中丝热处理加热炉如图 2-4-34 所示。

图 2-4-33 中丝热处理放线架

图 2-4-34 中丝热处理加热炉

在钢丝帘线生产过程中，将钢丝加热使之奥氏体转化，并不是热处理的最终目的，它仅是为随后的冷却转变做准备。冷却过程是热处理的关键工序，它决定钢丝热处理后的组织和性能。

钢丝帘线生产中钢丝热处理，都采用淬火处理（即经过奥氏体转化，获得索氏体组织）—铅浴淬火或流砂床淬火或水浴淬火。在钢丝帘线生产中，都已经采用水浴淬火处理工艺。

（四）最终热处理+电镀

最终热处理+电镀黄铜生产工艺流程：放线+张力—热水洗脱脂—高压风吹扫—热处理炉—水浴淬火—水冷却—高压风吹扫—盐酸电解酸洗—冷水洗—高压风吹扫—碱性镀铜—高压风吹扫—酸性镀铜—冷水洗—高压风吹扫—干燥—热扩散—磷化—收线。

最终热处理采用等温铅淬火或水浴淬火，采用天然气加热，钢丝淬火时间为8～16秒。钢丝获得的金相组织为均匀一致的索氏体组织，钢丝性能稳定便于进一步拉拔。

（五）电镀工艺

镀铜是钢丝进行表面处理的主要工艺之一，钢丝表面镀铜后，可提高钢丝的导电性能，增加钢丝进一步拉拔时的润滑性能，增加钢丝和橡胶的结合强度等。随着科学技术和现代工业的迅速发展，钢丝镀铜技术近年来也获得了迅速发展。钢丝帘线生产（以及胎圈钢丝和胶管钢丝的生产）已经采用了电镀铜工艺。

目前，国内钢丝帘线镀铜工艺大体可分为无氰电镀和氰化电镀两种方式。由于氰化电镀有很严重的环境污染，现基本上被淘汰了。目前国内钢丝电镀工艺中采取先镀铜、后镀锌，然后加热回火，经热扩散得到铜锌合金。热扩散后还要经过磷化，镀黄铜钢丝在磷酸溶液中处理，去除微量氧化锌层并形成磷化膜，磷化膜具有微孔结构，具有良好的延展性，有利于随后的湿拉。镀铜生产线如图2-4-35所示。

图2-4-35　镀铜生产线

拉拔形成的钢丝有较强的弹性，需要进行回火处理，使其弹性达到使用要求。钢丝在450 ℃左右被从熔融的铅槽内穿过，并在煤夹（无法燃烧的煤块）层槽内保温片刻，出槽后在空气中冷却，此时的钢丝弹性均可达到设计要求。

酸洗。钢丝经高温回火处理后，表面的有机物均被高温碳化。钢丝表面残留新生的碳化物及氧化层会影响镀层与钢丝基体的结合力，故需进行酸洗，确保干净的钢丝基体进入镀铜工序，沉积出结合力牢固的合格铜层。两种酸洗槽下方要备有酸洗液溢流槽回收，可让酸洗液循环、冷却及补充。

钢丝在酸性镀铜之前，先在碱性焦磷酸铜镀液中沉积一层薄铜，以增强钢丝与铜加厚镀层之间的结合力。虽然焦铜液中没有活化力很强的氰化物，但含有大量的柠檬酸铵及一定量的氨水，它们在镀液中除了可以改善镀液分散能力、促进阳极溶解、增强镀液缓冲作用、提高镀层光亮度外，还备有一定能力阻止铜离子在钢丝表面上产生置换反应。

钢丝经过焦磷酸铜预镀后，进入酸性镀铜液中加厚沉积。钢丝在硫酸铜单盐液中沉积，镀液中不加任何添加剂，槽温不超过 45 ℃。因此，镀液温度仍需控制在 38~40 ℃内。为了防止镀层产生毛刺或结瘤等缺陷，镀铜槽可分两部分组成，在两个槽钢丝出口处各加一道垫圈式的刷洗工序，刷洗掉铜镀层上初生的毛刺式结瘤萌芽。

硫酸盐镀锌是覆盖铜层上的镀层，其镀层厚度是铜层总厚度的37%，沉积电流密度基本上与钢丝单镀锌的电流密度相似，镀槽结构、溢流方法等与酸性镀铜相同。

钢丝分别在镀铜槽及镀锌槽内沉积出黄铜组成的成分比后，进 420~450 ℃ 的高温热扩散处理区，使两种金属分子增加运动能量，并在运动中相互扩散到对方金属结构的空隙中去，在热扩散区受热 1~2 秒，钢丝外表面上铜层（1.4~1.8 毫米）、锌层（0.6~0.8 毫米）的单金属镀层，就相互扩散成总厚度为 2~3 毫米的金黄色的合金黄铜层。热扩散法镀黄铜丝是用钢丝镀锌工艺在钢丝表面镀取定量的铜层和锌层，又运用分子热动力学的机理，让两种极薄镀层中的锌/铜分子在定量热能的作用下进行分子之间的互相扩散，最终达到金黄色的合金镀层。让锌原子扩散到铜原子中，形成 α 相黄铜固溶体，α 相黄铜塑性较好，有利于拉拔。每根钢丝可单独控制或多根钢丝共同控制，钢丝的力学性能和镀层质量均匀一致，稳定可靠。

热处理+电镀黄铜生产流程：放线—热水洗—加热炉+淬火—酸洗（去除氧化）—镀铜（碱性+酸性电镀）+镀锌—热扩散—磷酸洗（形成黄铜，镀层成分：63.5%±2.5%Cu）—收线。

（六）湿拉工艺

湿拉生产工艺流程：放线—湿式拉拔+润滑—矫直—收线。湿拉是指将电镀黄铜钢丝拉拔至钢丝帘线成品所需的单丝直径的拉拔工艺，湿拉采用滑动式水箱拉丝机，水箱拉丝机是靠钢丝与卷筒外表之间打滑来满足连续拉拔条件的，拉丝在水箱中进行时使用湿式润滑液。湿拉因为使用润滑液润滑而区别于干式拉拔。润滑剂进行润滑，可以有效地散去钢丝拉拔及钢丝在塔轮上滑动摩擦所产生的热量，实现滑动拉拔的根本条件是卷筒的圆周线速度大于钢丝的走线速度。

湿拉速度可达16~25米/秒，收线为恒张力收线。普通强度和高强度钢丝一般采用19~21模，超高强度和特高强度钢丝将采用22~25模。湿拉机的放线工字轮用DIN800。湿拉收线工字轮，各工厂根据自己的生产设备来匹配。通常在直径130~315毫米范围内。经过湿拉生产出的钢帘线用镀铜钢丝，要求钢丝表面光滑，不能有任何刮伤，且还要保证钢丝表面洁净，满足钢丝帘线表面与橡胶有很好的黏合力，保证轮胎产品质量。钢丝拉拔润滑液，是生产钢丝帘线专用的润滑液，而且生产中要严格控制好润滑液的各项指标。并且，生产后的钢丝及钢丝帘线表面要与橡胶有很好的黏合性能。

（七）钢丝焊接

要实现湿拉的连续高效生产，半成品镀铜钢丝必须首尾焊接在一起，以实现连续拉丝。如果钢丝焊接质量达不到要求，焊接点将无法通过所有拉拔道次和后工序的生产。因此连接的焊接工艺对生产的稳定十分重要。电阻焊接是最常用的方法和设备。对焊操作有四个步骤：钢丝端头准备、通电加热+顶锻+修复、通电回火、清除焊疤。

（八）润滑

湿拉润滑液一方面具有润滑作用，另一方面具有冷却和清洗钢丝表面的作用，并且经过拉拔，润滑液中的部分成分留在钢丝表面，调整钢丝表面状态，减少钢丝在捻制时的摩擦力，润滑液的成分还要确保钢丝与橡胶的黏合力。润滑液使用温度要控制在（42±2）℃，生产停止时，也要保持润滑液的连续循环。

（九）钢丝捻制

钢丝帘线生产-钢丝捻制（即捻股/成绳）。钢丝帘线生产-钢丝捻制生产工艺流程：放线—捻制—矫直—残余扭转+平直度刚性的控制—收线。

双捻车间如图2-4-36所示。

图2-4-36 双捻车间

通过捻股及成绳，将湿拉后的钢丝捻制成各种结构的钢丝帘线。钢丝帘线的捻制设备有管式机和双捻机两种，双捻机采用交流电机变频调速。为了捻制出高质量的钢丝帘线除了要保证捻制前的钢丝力学性能、镀层及性能及其质量外，捻制时的操作也是十分重要的因素。影响钢丝帘线工艺性能和外表质量的操作因素主要有放线张力、过捻速比、牵引张力、压模和矫直器压下量等。

放线张力。放线张力的大小对捻制质量起着重要的作用。放线张力过大和过小以及放线张力不均，都将造成生产出的钢丝帘线出现质量缺陷。严重的还会加剧数倍的损伤，钢丝帘线起皱、翻肚、冒芯、交叉、骑马等严重的质量缺陷。

（十）过捻比

在双捻机捻制时，钢丝受到强烈的扭转变形，必须采取“过捻”这样的特殊加工方法。因为，过捻器是防止端部松散和消除残余扭转最重要的装置，其效果取决于过捻量。因此，选择适当的过捻速比，即过捻器转速与主机转速之比就显得尤为重要。双捻机的捻速比与钢丝帘线结构、钢丝直径及强度有关。钢丝的直径细、强度高、捻距大，其反弹力就大，应选大的过捻比。

钢丝帘线在捻制中，牵引力的大小，也影响着钢丝帘线的质量。牵引张力过大易引起断丝，严重时会发生整绳断裂；牵引张力过小，帘线外表易出现波浪，钢丝帘线捻制得不紧密，残余扭转不稳定。

（十一）矫直器的压下量

双捻机矫直器的作用是使钢丝帘线反复弯曲，使其内部的残余应力进一步得到消除，结构更加紧密并得到更好的平直度。通过调解矫直器的压下量，可以获得不同的钢丝帘线残余扭转数值。

生产钢丝帘线用的单捻机和双捻机的区别是：单捻机，滚筒旋转一周，形成一个捻距，效率低（未来将逐步被淘汰，但有些特殊产品，还一直沿用单捻机生产）；而双捻机，飞轮旋转一周，形成两个捻距，效率高。但是，易断丝（对原材料和辅助材料及生产各环节的控制，要求十分严格）。目前，钢丝帘线生产中双捻机已经被广泛应用。

（十二）收线方式

收线方式有两种（图 2-4-37）：一是左（L）收线，钢丝帘线末端从工字轮主色法兰面穿出，装箱时主色法兰面朝上；二是右（R）收线，钢丝帘线末端从工字轮副色法兰面穿出，装箱时副色法兰面朝上。

（十三）检测与检验和装箱

每一轴钢帘线产品性能，要符合工艺技术要求，操作人员在生产中要对每一轴钢丝帘线的残余扭转、平直度、刚度、表面质量等指标进行检测和记录，检测合格的钢丝帘线，方可装箱。每一轴钢丝帘线上都要有明显的标识，标有生产日期、产品结构、残余扭转、长度工号等。钢丝帘线检测线如图 2-4-38 所示，装箱的钢丝帘线如图 2-4-39 所示。

图 2-4-37　成品钢丝帘线

图 2-4-38　钢丝帘线检测线

图 2-4-39　装箱的钢丝帘线

四、钢丝帘线发展历程

在国际上，法国米其林公司自 1946 年首先研制出钢帘线和第一条子午线轮胎后，仅用了 12 年时间就使该公司生产的汽车轮胎全部子午化。1948 年钢帘线正式引入轮胎工业之后，经过了几十年来不断的发展，现已成为当今轮胎工业最为出色的骨架材料。钢帘线行业的发展紧扣着全球轮胎子午化率和轮胎工业的持续增长。

全球最大的钢帘线企业比利时贝卡尔特集团（在20世纪50年代初开始生产钢帘线产品），通过在全球各地区的生产基地，为汽车轮胎工业的发展提供了巨大的支撑，特别是为中国轮胎工业及其钢帘线行业的成长和发展，做出了重要的贡献。其他主要钢帘线供应商还有：法国米其林、意大利倍耐力（此项业务已全部卖给贝卡尔特集团）、日本普利司通（大部分业务也被贝卡尔特集团收购）、东京制钢、韩国晓星、KIS、高丽制钢等。

在国内，20世纪60年代初，根据对国外轮胎内部结构的剖析，我国开始子午线轮胎的研制和开发，钢帘线生产也同时起步。1964年，上海大中华橡胶厂生产出第一条子午线轮胎，从此，子午线轮胎随着我国汽车工业和交通运输业的发展而逐步地发展起来。上海钢丝厂是我国最早的钢帘线和胶管钢丝生产厂。从20世纪60年代~70年代末，其钢帘线年生产能力不足500吨，而且只能生产四种老结构产品，即7×3和7×4等。20世纪70年代末~90年代初，江苏江阴钢丝绳厂、青岛钢丝厂、湖北钢丝绳、沈阳线材厂、中国贝卡尔特投资项目等相继竣工投产，形成了我国第一批六家生产钢帘线的骨干企业，也形成了年产近5万吨的钢帘线生产能力。其中，中国贝卡尔特占总产量的60%，成为当时我国子午线轮胎企业的重要供应商。

改革开放之前，中国市场每年还要进口大部分钢帘线，中国轮胎子午化率也只有不到20%，而西方一些发达国家已达到95%以上。

轮胎的子午化率是衡量一个国家汽车工业和轮胎工业发展水平的重要标志之一。国家“十一五”规划提出，子午化率不低于70%，全钢载重子午胎占20%~25%。2000年初~2008年末，随着中国进入WTO和中国经济政策的调整，中国钢帘线产业发展速度明显加快，钢帘线生产企业达到了20家，2010年中国钢帘线的年产能达到了100万吨以上。中国轮胎子午化率也得到了迅速提升，达到80%，超前实现了国家“十一五”规划，但是与国外发达国家比还是有差距。在这个时期，以上海天懋集团（后被上海双钱股份收购，成为上海双钱股份下属的胎圈钢丝厂）为龙头的胎圈钢丝企业，以及国内外的其他企业，在中国陆续建立了胎圈钢丝生产厂，生产企业达到了十多家。

2008~2014年，在经济发展的刺激和带动下，中国汽车工业、交通运输工业迅猛发展，从而加快了轮胎工业和骨架材料的快速发展。在短短六年间，又涌跃出了一批新的钢帘线生产企业，使中国一跃成为当今世界最大的钢帘线生产国和出口国，年产能达到200万吨以上。轮胎子午化率达到了近90%，已经接近国外平均子午化率水平95%。

随着中国汽车轮胎工业的快速发展，中国的钢帘线企业也快速成长壮大，并走向世界，其中包括贝卡尔特、江苏兴达、首长宝佳（东方）、湖北福星科技、江苏骏马、河南恒星科技、山东大业/胜通、湖北复兴科技、高丽制钢、江苏磊达等优秀的钢帘线企业。

目前，全球钢丝帘线的需求量在400万吨左右，我国钢丝帘线需求量在250万吨左右，而我国的钢丝帘线生产能力已经达到了300万吨/年以上，轮胎子午化率已达到了94%以上。

中国政府对橡胶轮胎及钢丝帘线的发展始终给予高度重视。从工业和信息化部、中国橡胶工业协会、轮胎行业分会、骨架材料分会、中国钢结构线材制品分会，在行业的各个时期的发展中给予了大力支持和引导，为行业的发展掌舵和领航。

五、钢帘线发展趋势

为了降低成本和满足轮胎制作机械化的需要，对子午胎骨架材料钢帘线进一步提出了十分严格的要求。尤其是不断提高的法规和 OEM 要求，绿色环保以保证可持续性发展变得尤为重要，轻量化、低滚阻、翻新性能将在必然考量之内。

钢帘线的第二代、第三代产品在轮胎的轻量化和低滚阻方面已经做出了比较明显的贡献。同时，钢帘线肯定还可以进一步对轻量化做出贡献。这就需要钢帘线制造商进一步投入研发力量，技术创新，开发出新一代的针对轻量化的钢帘线产品。钢帘线对降低滚动阻力的贡献主要是通过减轻轮胎质量来实现的。同时也包括绿色制造：使用环保、无毒、无害符合环保标准的原材料，生产过程低能耗、低噪声、低粉尘、低烟气等。

（一）产品高强化

“着力提升质量总体水平和竞争力，培育和打造全球高端品牌。”这是贝卡尔特一直以来的坚持。贝卡尔特不断开发能够减轻轮胎质量，降低滚动阻力的绿色轮胎用的新型骨架材料——超高强度（ST）和特高强度（UT）钢帘线。让橡胶和钢丝结合得更好，同时实现轮胎性能再提高，也为客户节省成本。轮胎质量的减轻使轮胎产生的热量减少，滚动阻力降低，从而延长轮胎的使用寿命。

（二）结构多样化

为了适应不同轮胎对钢丝帘线的要求，通过技术创新，采用不同的捻制工艺，开发、生产不同结构的钢丝帘线。乘用胎，多采用橡胶对帘线渗透性高的结构，以及通过材料高强度化而减少单丝根数的捻结构。载重轮胎，其帘布层多采用线接触型帘线，目的是减小行驶中单丝间的摩擦及缓和产生疲劳的应力；其带束层多采用以轻量化和坏路面耐久性为重点设计的细径化或橡胶渗透型结构。工程轮胎，因需要极高的钢丝帘线强力，所以一般采用复捻结构，而每根股线可使用与载重轮胎相同结构、强力利用率高的组合帘线。

（三）生产智能化

随着全球钢丝帘线市场竞争日趋激烈，数字化、智能化如火如荼，如何增强企业创新能力，赢得市场先机迫在眉睫。转型升级企业是主战场，因此，钢丝帘线部分企业已经着手积极调整战略部署，在企业中全面实施智能制造自动化改造，加快自动化生产体系建设，推进信息自动化技术深度应用，推动产业优化升级。

智能制造是以智能工厂为载体，以关键制造环节智能化为核心，通过网络互连支撑的一种制造方式，可有效缩短产品研制周期、降低运营成本、提升产品质量、降低资源能源消耗。钢丝帘线行业是典型的离散制造行业，在智能化发展的道路中，企业顺应离散行业互联网+的发展趋势，树立了利用信息化技术实现制造业的数据化智能化的长久目标，以信息化与工业化深度融合为主线，实现企业制造升级，逐步迈向工业 4.0。

智能工厂的背后，都有一个“智能大脑”。在“智慧平台”上，生产过程中的设备数据、水电燃气的能源数据、特种设备的运行状态等信息一目了然，企业各层级管理人员坐在办公室内就能实时监控各生产车间的生产质量、工艺、设备运行等情况，该平台通过应用二维码和 RFID 技术，开展贯穿全业务、全系统、全流程、全过程的数据治理工作，打造出设备自动化、物流智能化、数据可视化、生产透明化的“数字化工厂”。

如山东大业胜通钢帘线有限公司在智能制造自动化发展道路上已经迈出了坚实的一步，江苏兴达钢帘线有限公司打造了 5G+智慧工厂解决方案，其对整个钢帘线行业智能化水平的提高具有借鉴意义，为企业打造世界一流的钢帘线制造智能化奠定了坚实基础。

我国橡胶骨架用钢丝帘线的起步、发展和强盛的步伐，始终是伴随着我国橡胶工业的发展步伐。橡胶行业有强国梦，制品行业也有强国梦，这是相辅相成、缺一不可、一荣俱荣、一损俱损的。对橡胶骨架用钢丝帘线生产企业来说，其任务是将产品升级放在首位，把提高橡胶骨架材料档次和稳定性作为产品结构调整的重中之重；对于少数领军企业和有影响力企业，要研究开发高端新骨架材料的应用，同时防止同质化发展。

（四）绿色环保化

随着我国制造工业的发展，绿色环保可持续发展成为社会的发展主题，特别是橡胶行业已经成为环保重点关注的领域。一方面是橡胶制品生产过程造成环境污染和资源消耗；另一方面是橡胶制品含有大量的有害重金属元素和化学添加剂，废旧橡胶制品的处理需要行之有效的措施。因此要着力提高节能减排和环境保护意识，增强生产环节的节能和污染治理措施，打造绿色产业链，使我国橡胶骨架材料制造业向轻量化、耐久性、可翻新回收的低碳、绿色的路线发展。

第五章 线材制品行业的数字化转型之路

第一节 概 述

当我们讨论数字化的时候，必然会涉及信息化。那么两者究竟有什么区别呢？

信息化：是指通过计算机建立信息收集系统，将传统业务中的流程和数据通过信息系统来处理，然后结合信息处理结果将计算机技术应用于企业资源或流程，达到提升内部效率的效果。

数字化：是指基于企业信息化建设中所使用的技术支持和能力，让内外所有资源和全业务流程，都与技术发生真正的交互，并对内外数据的交互做分析和处理，进而改变传统的商业运作模式。

在信息化阶段，IT 信息化技术是业务的支撑和协作工具。而数字化转型的本质，是利用技术使业务产生创新变化，将技术与业务融为一体。

企业的数字化发展路径可以分为以下三个阶段：

（1）基础业务数据信息化；

（2）解决数据孤岛，实现内部信息透明（更偏于信息化的中后期）；

（3）数字化转型，让已有的数据发挥应用价值。

另外，大家熟知的两化融合，其含义是工业化和信息化的有机融合，而两化融合的最终目标就是数字化转型。两化融合已从技术融合、管理融合迈入产业融合、转型创新的大变革时代，工业互联网成为当前数字化转型和两化深度融合的关键抓手，两化融合 2.0 是通过数字化转型以实现产业转型升级和高质量发展。

一、线材制品行业信息化现状

就国内大多数的线材制品企业而言，普遍存在的问题是数据基础建设差，数据无法有效采集到，更谈不上处理，因此，目前主要还处于最基础的信息化建设阶段。

基于我们对国内几十家客户的信息化建设调研结果来看，相当一部分的企业都有 ERP 系统，软件品牌如用友、金蝶、鼎捷等，但基本功能就是财务记账，数据都是需要手工录入的，其他功能模块（比如制造模块、供应链模块）即使当初购买了，也没有完全使用起来，基础的物料档案存在杂乱和不规范的问题。也有一些小规模的企业用的是管家婆、速达等进销存软件。

办公 OA 系统，一般采用钉钉和企业微信，也有采用专业的 OA 软件比如致远、泛微等。CRM 和 PLM 软件使用的企业比较罕见。

而信息化要延伸到车间生产管理，最关键的是 MES（制造执行系统），越来越多的企业已经认识到 MES 系统的重要性，一个适用的 MES 系统也可以从根本上解决 ERP 系统常年积累下来的问题。

从信息化建设的项目实施方式来看，在制品行业内大致分为三种方式：

（1）ERP 厂家产品之上的二次开发，用友和金蝶有原厂服务，也有很多衍生出来的提供用友/金蝶模块功能实施和定制化开发的软件公司，其优势是品牌和软件通用性；

（2）专业的信息化服务商，如易恒智行，提供线材制品行业特色的软件平台和解决方案，其优势是行业 Know-How 以及个性化的定制开发；

（3）生产企业自主开发，比如基于某些低代码平台或者 Excel，其优势是成本低，完全自主。

线材制品行业有一批典型企业，信息化投入较早，相对来说在信息化建设方面已经先行一步，也取得了一定的成效，具体如下：

（1）钢帘线行业如山东胜通、贝卡尔特、江苏兴达、江苏骏马，这些企业的基础信息化建设已经完成，并逐步优化，目前重点需要突破的是自动化（包括收放线、智能仓储管理、AGV 等）；

（2）钢丝绳和钢丝行业如江苏神王、华源时代、江苏能达、湘钢金属、江苏赛福天、咸阳宝石、江阴法尔胜、外资企业如 GustavWolf 等，基本能够做到 MES+ERP 有效结合起来；

（3）其他企业如天津春鹏、南通宝钢线材、泰州荣鼎、天津吉茂制钉，以及一些钢丝绳索具加工企业，也在积极地进行信息化建设。

开展信息化建设的制品企业，普遍都会申报两化融合贯标，一般来说，两化融合的最低要求有服务器（在云端更好，满足企业上云的要求），如果是单机版只有财务模块的 ERP 则不行，要联网，实际上线使用销售、采购、仓库、生产等功能模块。

信息化建设得好，两化融合贯标是水到渠成的事，后面章节还会展开分析。

二、线材制品行业的信息化需求分析

线材制品行业作为一个传统行业，本身存在一些管理和发展上的挑战。典型的问题有：

（1）现场环境脏乱，物料堆放空间小，操作难以规范；

（2）生产装备老龄化，缺少创新与变革需要的技能工与设备协作；

（3）人员情况青黄不接，年轻人不愿入行，低层次劳动力居多，老龄化，管理难、变革难；

（4）纯手工纸质或 Excel 表格方式，计划和车间生产进度脱节，质量监控不全面。

从运营的角度出发，企业最关注三个焦点为：订单交期（取决于生产计划和效率）、产品质量（取决于技术规范和工艺流程）、综合成本（取决于有效产出和精益化），对于传统的线材制品企业，这三方面也存在诸多不足之处。

（1）交期：

1）排产全凭经验，现场调产频繁；

2）遇到紧急插单或设备故障，无法评估对生产的影响及损失；

3）不下车间不知道生产状况；

4）不清楚订单的交付情况，客户急、业务急、计划部也急；

5）现场经常出现呆料、缺料（包括主料和辅料），计划没有变化快。

（2）质量：

1）工人操作不规范，混料等情况；

2）质量和长度数据不准，客户投诉赔偿；

3）产品质量无法追溯，说不清问题出在哪里，质量难以稳定；

4）检验数据采集、录入、管理都很麻烦，检验滞后更无法分析。

（3）成本：

1）计划不周影响生产效率，产能无法发挥，均摊成本高；

2）手工统计效率低且不准，各项细化成本不清，不知道浪费在哪里；

3）在制品库存混乱，库存成本居高不下；

4）不知道订单的成本和利润，无从取舍。

这些困扰最终导致企业越走越累，随着当下企业管理的重心已经从原来的销售和生产变成了更多元化的发展要求，使得企业不仅仅在市场上面临挑战，在内部的多元管理上也同样面对了诸多的新问题。

如何让内部管理减负，让企业发展能聚焦在更有价值的事务上，就变成了制品行业当下最主要的课题之一。

三、数字化转型乃大势所趋

国家针对传统工业企业目前的困境和挑战，提出了长远的发展规划。其中《“十四五”信息化和工业化深度融合发展规划》就是数字化转型的纲领性政策。在线材制品行业，制造业智能化改造和数字化转型（简称智改数转，如图 2-5-1 所示），是以“机器换人、数据换脑”为出发点，全面提升企业在设计、生产、管理等各环节的智能化水平。

（一）数字化转型能给我们带来什么？改变什么？

这是我们当下最需要思考的，只有想清楚了短期、中期与远期的需求，我们才能在这个路径上走得更稳，走得更顺。

智改数转如何实现助推企业的发展与进步？企业需要的是什么？

目标是高效、质量稳定、成本控制，路径是从标准化，到流程化，再到精益化。

具体来说，通过对过程数据进行分析，以及 PDCA 循环的模式，让企业精益求精。但在传统管理模式下，要实现精益化，必须投入大量的人力和资源，同时对企业的管理基础也提出了非常高的要求。

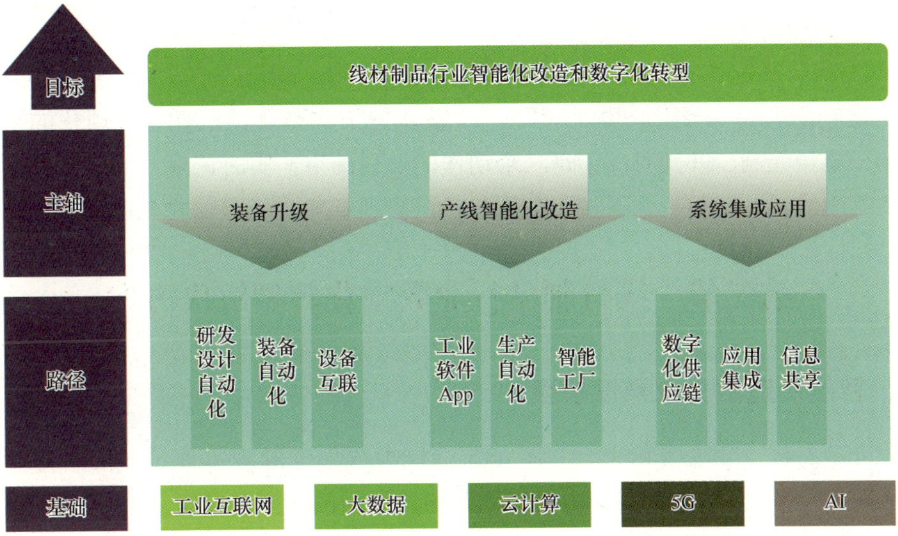

图 2-5-1　线材制品行业智能化改造和数字化转型

因此在传统的管理场景下，我们追求精益管理，付出的成本和面对的难度远比想象的要大，这是产业基础与产业人才梯队所决定的。

（二）数字化如何实现助推企业的发展与进步？

智改数转的目的就是为企业精益化提供了另一条捷径，而这又分为三个阶段，如图 2-5-2 所示。

图 2-5-2　智改数转的三个阶段

（三）信息化以数据为依托

部分代替人工采集，以庞大的数据采集、数据分析、并做出必要界定的反馈；
帮助企业做出更有利的决策，并帮助管理者做出更精准的管理；
使企业通过信息数据在管理上如鱼得水，如臂使指；
信息化的本质是依托于数据实现无纸化管理。

（四）自动化以设备为依托

替代标准化的劳动力，释放人力资源压力，降低成本，提高产效；
工艺段实现标准化作业，降低人为偏差值，提高质量稳定性；
在每个作业环节做到数据实时采集与真实反馈；

自动化的本质是依托于设备的改革创新。

（五）智能化是什么？能改变什么？

智能化=信息化+自动化。智能化是一个整体的集成系统，依托于自动化的装备实现产品制作，质量控制，并实时反馈每一个动作的处理结果，实时记录。同时依托于系统处理异常，实现修正与调整，并通过大数据分析，实现管理效能上质的飞跃。

第二节　线材制品行业数字化转型解决方案

一、智能制造能力成熟度模型

如何推动与践行智改数转进行“智能制造能力成熟度等级”评定？依据为《智能制造能力成熟度模型》《智能制造能力成熟度评估方法》两项国家标准。

智能制造成熟度等级分成五级（图 2-5-3）。

（1）一级（规划级）：企业应开始对实施智能制造的基础和条件进行规划，能够对核心业务活动进行流程化管理；

（2）二级（规范级）：企业应采用自动化技术、信息手段对核心装备和业务活动等进行改造和规范，实现单一业务活动的数据共享；

（3）三级（集成级）：企业应对装备、系统等开展集成，实现跨业务活动间的数据共享；

（4）四级（优化级）：企业应对人员、资源、制造等进行数据挖掘，形成知识、模型等，实现对核心业务活动的精准预测和优化；

（5）五级（引领级）：企业应基于模型持续驱动业务活动的优化和创新，实现产业链协同并衍生新的制造模式和商业模式。

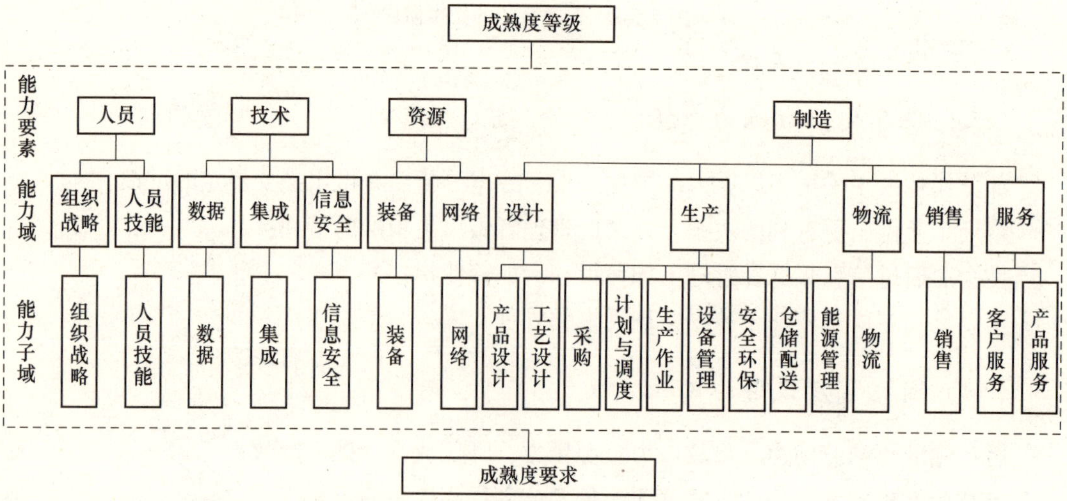

图 2-5-3　智能制造成熟度等级

二、线材制品企业数字化转型方法论

如何推动与践行线材制品企业数字化转型？遵循“从易到难、由点及面、长期迭代、多方协同”的思路。

《“十四五”信息化和工业化深度融合发展规划》中，主要面向中小企业，从开展数字化评估、推进管理数字化、开展业务数字化、融入数字化生态、优化数字化实践等五个方面提出了转型路径，旨在充分激发中小企业自身转型动能，按照“评估-规划-实施-优化”的逻辑闭环，科学高效开展数字化转型。

一是开展数字化评估。中小企业需从数字化基础水平、企业经营管理现状、内外部转型资源等方面进行数字化评估，结合业务环节和管理环节的潜在转型价值，明确数字化转型优先级，切实提高转型效率。

二是推进管理数字化。中小企业数字化转型需构建与转型适配的组织架构和管理制度，加强数字化人才培训，深化跨部门沟通协作，提升企业管理精细化水平，优化企业经营管理决策。

三是开展业务数字化。中小企业在开展数字化转型的过程中，应充分应用订阅式服务、轻量化产品等降低转型成本。开展研发设计、生产制造、仓储物流等业务环节转型，实施产品全生命周期管理，发展基于数字化产品的增值服务。

四是融入数字化生态。中小企业应积极对接产业链供应链核心企业、行业龙头企业、园区/产业集群等生态资源，基于工业互联网平台深化协作配套，利用共性技术平台开展协同创新。

五是优化数字化实践。中小企业应从数字化水平和企业经营管理水平等方面评估数字化转型成效，根据现阶段资源禀赋和转型现状调整数字化转型策略，选用相应的数字化产品和服务，提升转型策略的适配性。

三、线材制品行业数字化解决方案

对于线材制品行业的各类生产企业来说，数字化转型或者智改数转的方法论可以归结为一条，就是“顶层设计，分步实施”。

首先，在具备行业知识的数字化咨询专家指导下，建立企业的数字化工厂蓝图规划（图 2-5-4）。

蓝图规划的特点是：

（1）一套生产运营管理一体化的完整解决方案（MOM）；

（2）涵盖 MES 和 ERP 无缝集成，互联线材制品行业的各类设备及自动化系统；

（3）遵从 ISA-95 及国家智能制造标准体系；

（4）以智能看板作为统一的管理模式（inKanban）；

（5）涵盖人、机、料、法、环等生产要素；

（6）便于模块化分步实施，结合精益流程持续优化。

图 2-5-4 数字化工厂蓝图规划

在工厂建模方面，适配制品行业生产制造模型（图 2-5-5）涵盖企业当前所有的业务板块，在后台和公司已有的信息化系统（包括 ERP、OA 等）紧密集成，做到无纸化生产和数据的全自动流转，极大提高各部门的协同工作效率。

其次，在具体的项目实施过程中，和软件服务商形成良性的互动沟通，发挥各自领域的优势。软件服务商必须在制品行业的信息化建设方面有长期的咨询、开发、实施和服务经验，具备对行业 Know-How 的深刻认知，针对行业普遍的业务流程和管理需求有成熟的经过实际项目验证的软件产品，另外，服务商有稳定可靠的开发和服务能力，通过全方位的定制化服务满足规范性和灵活性的双重需求。

四、两化融合贯标

数字化转型是新时期企业生存和发展的必然选择，当前企业推进数字化转型过程中普遍面临战略不明确、路径不清晰、过程方法缺失、价值难获取等共性问题和挑战。如何妥善解决这些问题，助力企业快速迈入信息化，两化融合管理体系是最为重要的抓手。

两化融合是信息化和工业化的高层次的深度结合，是指以信息化带动工业化、以工业化促进信息化，走新型工业化道路。两化融合的核心就是信息化支撑，追求可持续发展模式。

两化融合管理体系（图 2-5-6）是我国首个覆盖两化融合全局、全要素、全过程的管理体系标准。

（1）T/AIITRE 10001—2020《数字化转型　参考架构》；

（2）T/AIITRE 10002—2020《数字化转型　价值效益参考模型》；

（3）T/AIITRE 10003—2020《信息化和工业化融合管理体系　新型能力分级要求》；

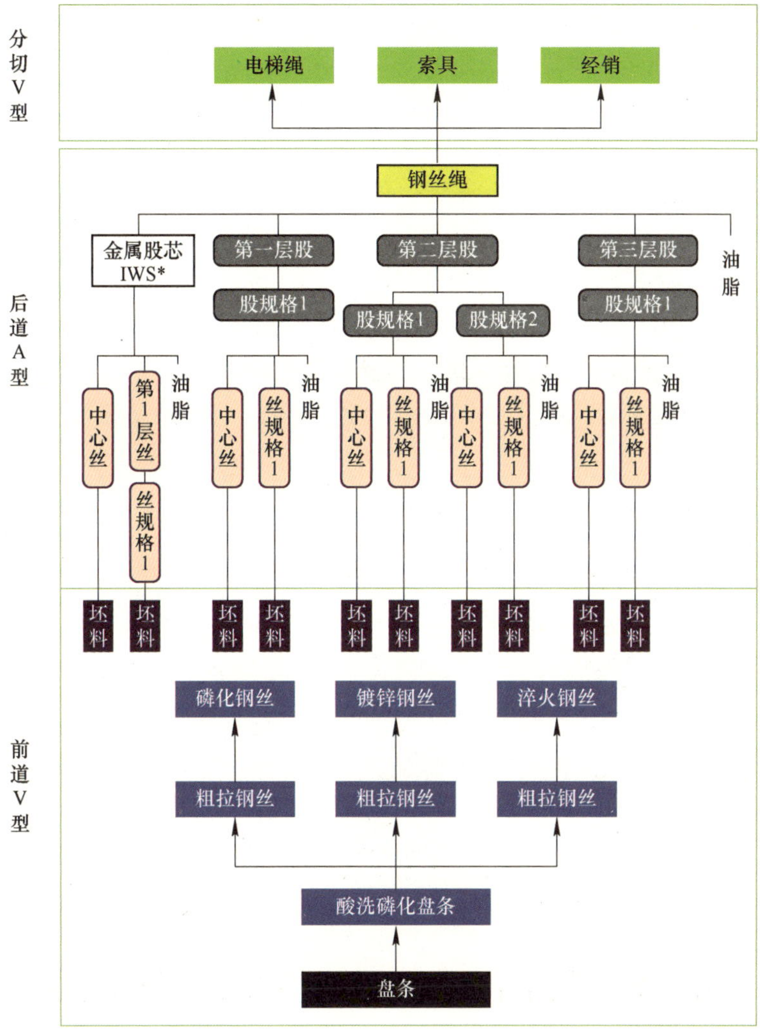

图 2-5-5　制品行业生产制造模型

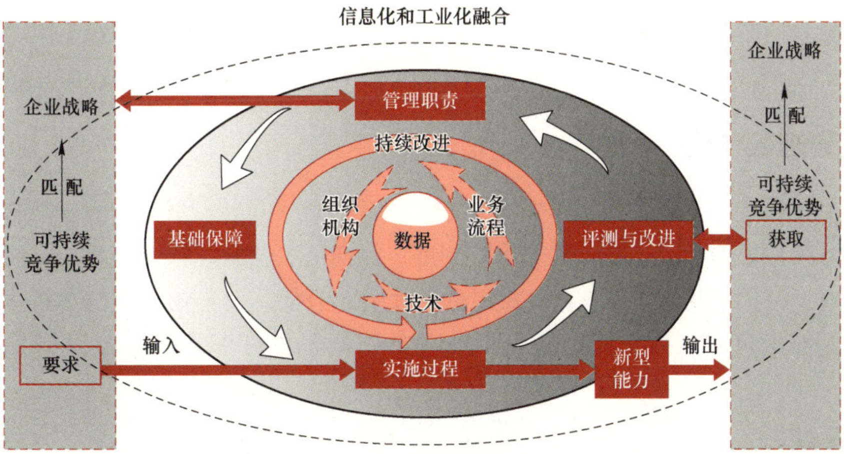

图 2-5-6　两化融合贯标体系

(4) T/AIITRE 20001—2020《数字化转型　新型能力体系建设指南》;

(5) T/AIITRE 20002—2020《信息化和工业化融合管理体系　评定分级指南》的发布实施，标志着两化融合管理体系进入以新型能力分级建设为主要特征的贯标 2.0（升级版）时代。

两化融合 2.0 版把证书分为 5 个评级，分别是：A、AA、AAA、AAAA、AAAAA，级别的区别在于企业的信息化程度以及信息化系统的投入程度。

最基础的 1A 证书需要满足的条件：具备进销存或者产供销加财务模块的系统；

第二级的 2A 证书需要满足的条件：通过系统或软件实现原始数据的录入-起点销售（销售订单，有订单合同价格等信息）-生产-物料清单（非人工的系统自动核算功能）-自动核算库存-采购清单-财务应收应付-系统的流程化自动化，有源头有系统数据自动提取；

第三级的 3A 证书需要满足的条件：多系统协同包括 ERP、MES、WMS、PDM、CRM 等。

两化融合贯标最终审核的是打造的新型能力，而这种能力是通过信息化系统来实现的，包括：

(1) MES（生产制造执行系统，对生产负责，生产效率效益、生产调度、设备管理、采购管理、人力资源管理等）;

(2) ERP（企业资源管理计划，需要涉及生产模块的对接，并与 MES 打通）;

(3) PLD/PDM（企业产品设计研发生命周期管理的软件）;

(4) 设备安全管理软件（包括设备台账、设备维护管理以及预防性维护）;

(5) 外贸订单销售管理（出口工厂专门用来进行销售管理的软件）;

(6) 企业特有的能提高生产力、降本增效的各种信息化系统。当然最理想的信息系统是工业控制系统，生产设备可以互通互联，有一个统一的管理平台来进行所有设备管理。

第三节　数字化转型对线材制品行业的功效

工业和信息化部印发的《中小企业数字化转型指南》（工信厅信发〔2022〕33 号）文件，对线材制品行业的数字化建设具有关键的指导作用。

线材制品行业的数字化转型可以分为三个层次：管理数字化、业务数字化、数字化生态。

一、管理数字化

实施企业数字化转型“一把手”负责制，构建与数字化转型适配的组织架构，制定绩效管理、考核方案和激励机制等配套管理制度。定期组织企业经营管理者和一线员工参加数字化培训，深化数字化转型认知，提升数字素养和技能。引导业务部门和技术部门加强沟通协作，形成跨部门数字化转型合力。有条件的企业可探索设立专门的数字化转型部门。

应用财务流程自动化、协同办公平台、标准化人力资源管理产品等，实现财务、办公、人力资源等管理环节数字化转型，提升企业管理精细化水平；应用工业互联网平台推动各环节数据综合集成、可视化和智能分析，优化企业经营管理决策。

如图 2-5-7 所示，管理数字化在车间取得的成效是革命性的，其首先通过无纸化生产，彻底改变了原先手工计划和手工报工的方式（图 2-5-8）。

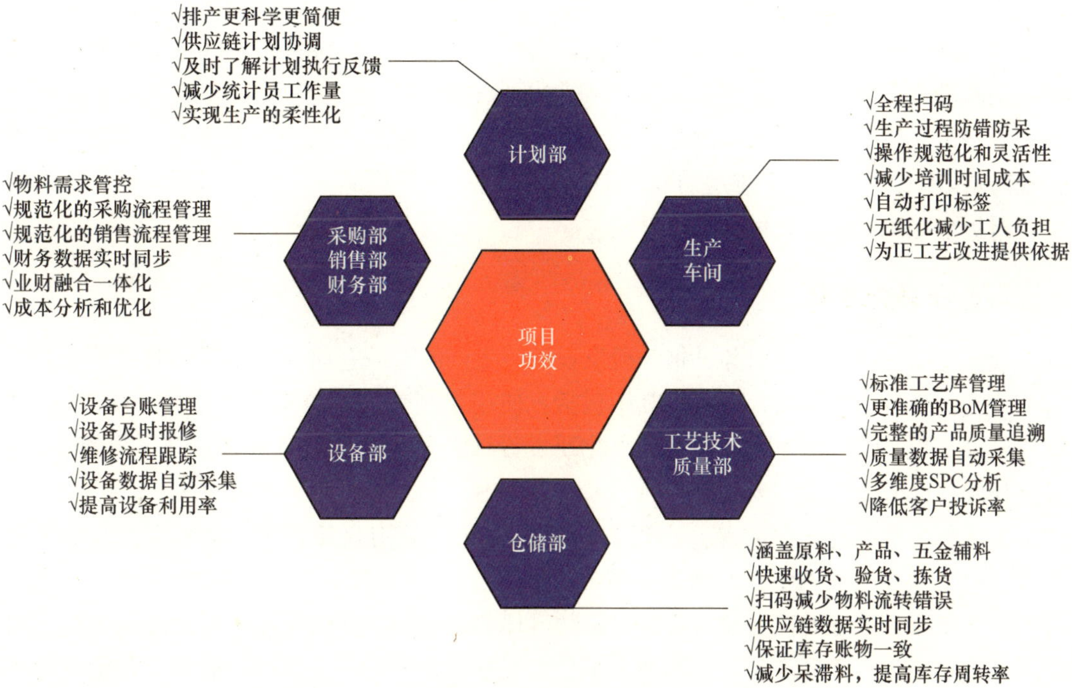

图 2-5-7　数字化转型给企业带来的功效

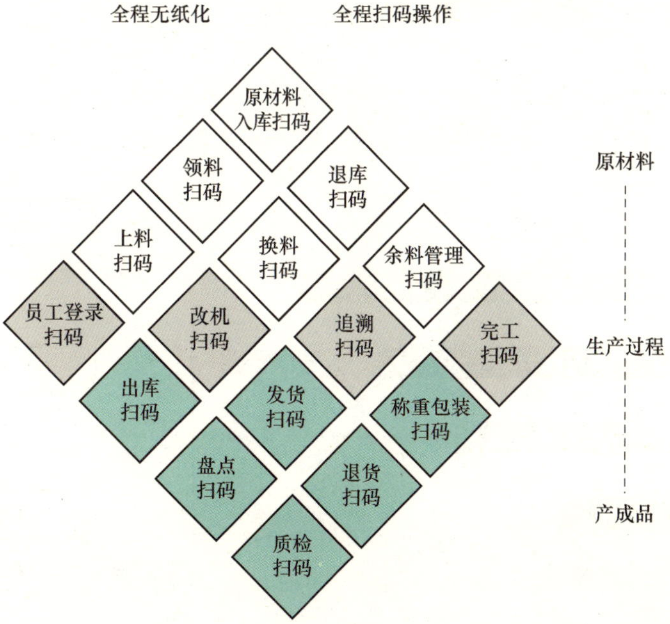

图 2-5-8　仓库和车间操作无纸化

其次是消除信息孤岛问题。信息化系统贯通了车间生产和计划部门，也贯通了车间生产和质量检验，使得各部门的运行机制能够很好地协同起来，通过看板系统全面管控物流、信息流和资金流。

最后是产品追溯。线材制品的生产多样性，从盘条到钢丝，经过多次拉拔，热处理多个线位同时操作，在捻股和合绳阶段要保证物料的齐套性。传统手工方式想要实现物料追溯是很困难的，最多就是把所有的标签都收纳保存起来，遇到质量问题通过人工查看标签。有了信息化系统，工人通过全程扫码方式来生产，大大降低了工人的劳动强度，有效实现防错防呆，实现产品/质量的双向追溯（从原材料到成品，从成品到原材料，所有的生产履历全部记录在系统里）。

二、业务数字化

应用专业的软件产品服务，推动研发设计、生产制造、仓储物流、营销服务等业务环节数字化，降低一次性投入成本。其中包括：使用定制化的计算机辅助设计（CAD）、计算机辅助工程（CAE）等工具开展数字化研发设计，发展众包设计和协同研发等新模式，提升研发设计效能。应用云化制造执行系统（MES）和高级计划与排程（APS）等数字化产品，优化生产制造资源配置，实现按需柔性生产。应用仓库管理（WMS）、订单管理（OMS）、运输管理（TMS）等解决方案和无人搬运车（AGV）、自主移动机器人（AMR）等硬件，使用第三方物流平台，推动仓储物流环节数字化。开展产品全生命周期管理，构建产品数字镜像，提升产品数据管理水平，发展基于数字化产品的增值服务，拓展业务范围，创新盈利模式。

特别要提到的是业务财务一体化，其中的成本核算是企业管理中遇到的三大痛点之一（另外两个是计划交付和质量管理）。

比如，制品行业的成本管理（图 2-5-9），能耗管控以往通过手工抄表的方式很难做到实时化，数据也常常不准确，精确的成本管理谈何容易。在信息化系统稳定运行的基础上，专门建立符合线材制品特点的能耗数据模型，并且和财务成本管理有机结合起来，实

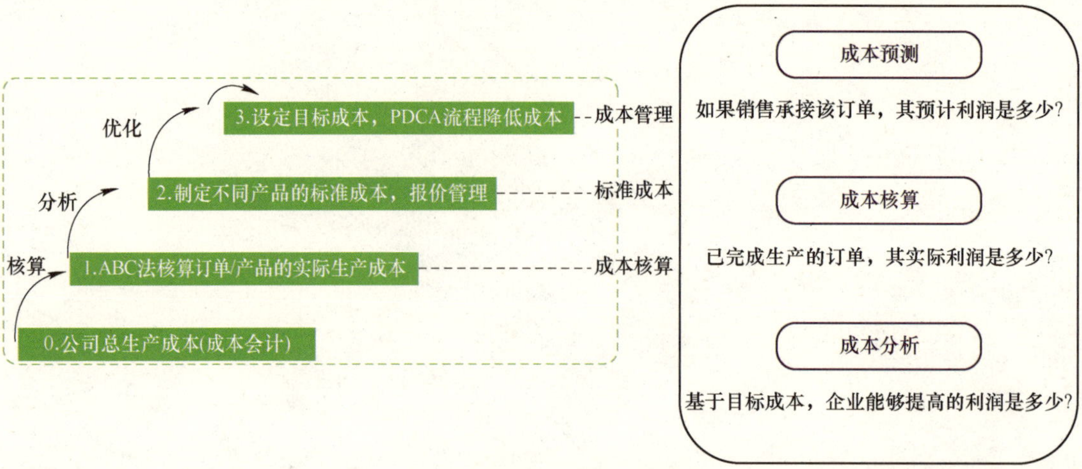

图 2-5-9　制品行业的成本核算

践证明，该方案确实在一定程度上取得了能源成本管理和优化的功效。同时，下一步如果要实施阿米巴管理，这些基础数据（实时、精确、全面的数据）可以提供有力的支撑。

数字化转型无疑会为企业带来更广阔的发展前景。尤其是财务数字化、业财一体化后，其将真实准确记录企业所有的经营性数据，并输出报告支撑供企业决策，且在每个经济活动开始前，都将涉及有效的风控流程，在经营中识别并控制风险。

三、数字化生态

数字化生态主要分为以下 5 个方面：

（1）应用产业链供应链核心企业搭建的工业互联网平台，融入核心企业生态圈，加强协作配套，实现大中小企业协同转型。

（2）应用行业龙头企业输出的行业共性解决方案，加速提升自身数字化水平。

（3）基于园区/产业集群开展网络化协作，发展订单共享、设备共享、产能协作和协同制造等新模式，弥补单个企业资源和能力的不足。

（4）积极接入园区/产业集群的数字化创新网络，利用共性技术平台开展协同创新。

（5）积极对接中小企业公共服务平台等载体，参加政策宣贯、供需对接、咨询诊断、人才培训等活动。

近年来，国内钢丝绳企业的投资规模、目标产量快速增长，普通钢丝绳领域面临供大于求的压力，钢丝绳企业的同质化竞争日趋激烈。在特种钢丝绳领域，部分国内领先的钢丝绳企业采用差异化策略、着眼于细分市场的发展，通过优化产品结构、加大新产品研发力度，向着高技术含量、高性价比、高使用寿命和压实、填塑、包塑、异型、复合结构钢丝绳方向发展。在电梯、航空、大型吊装、繁忙起重、矿井提升、船舶及海上设施等特种钢丝绳的不同细分领域中，部分具有生产经营特色、技术研发优势和细分市场资源的先进企业逐渐显现优势地位。

借助数字化转型，为线材制品行业构建良好的产业生态，同时也为各企业单位构筑行业竞争壁垒。

（1）品牌与品质壁垒。作为电梯、工程机械等下游领域的关键物料搬运部件，电梯用钢丝绳及起重用钢丝绳对于保障生产作业的安全性、可靠性至关重要。特别是电梯用钢丝绳，其下游客户通常需要通过长期、严格的考核过程才会接受新的供应商，通过长时间合作逐步积累起供应商的品牌美誉度。而与具有行业影响力的下游客户保持长期信任合作关系则对钢丝绳供应商在下游同行业企业间的品牌影响力产生较强的传递效应，进而强化部分优势企业在行业及细分市场中的领先地位。

（2）技术与研发壁垒。在普通钢丝绳领域同质化竞争日趋激烈的同时，在以差异化竞争为主的中高端市场，如特种钢丝绳领域，由于其主要应用于电梯、工程机械、海洋工程等行业，该类行业对钢丝绳生产企业的研究开发与应用能力的专业化要求较高，需要根据细分领域客户的需求和客户设备的运转情况，确定具体技术参数要求和工艺方案等，并通过先进的技术工艺和生产设备，加之以专业领域技术经验的长期积累，才能生产出适应下游需求的高品质产品。

以电梯用钢丝绳领域为例，由于电梯是关系人身安全的特种设备，电梯行业十分注重关键零部件的质量要求。除需遵循电梯用钢丝绳专项国家标准外，钢丝绳供应商还需满足大型电梯厂商设置的特别标准，按照更为全面、严格的要求提供专业化产品和服务。在长期合作的过程中，先进电梯整机厂商的高技术要求促使钢丝绳生产商不断提高产品品质，并积极投入行业前沿技术的研发和工艺装备的改进，不断实现技术升级。

（3）市场准入壁垒。钢丝绳行业实行钢丝绳产品生产许可证制度，新设立的企业需要根据国家质量监督检验检疫总局颁布的《钢丝绳产品生产许可证实施细则》的要求，取得由国家质量监督检验检疫总局颁发的工业产品生产许可证后方可进行生产和销售。

同时，作为下游应用领域的重要消耗性材料，部分细分领域根据其行业特性，对其零部件设置了更为严格的准入标准。例如，作为载人运输工具的重要零部件，电梯用钢丝绳设有专项生产许可证，需经审核满足电梯用钢丝绳相关专项国家标准，并具备相关生产设备、检测设备和产品生产能力的要求后方可获得许可。此外，煤矿用钢丝绳的生产还需取得经由安标国家矿用产品安全标志中心颁发的矿用产品安全标志证书。

第四节　线材制品行业数字化评测

线材制品企业的数字化转型之路任重而道远，需从数字化基础水平、企业经营管理现状、内外部转型资源等方面进行数字化评估，结合业务环节和管理环节的潜在转型价值，明确数字化转型优先级，切实提高转型效率。

参考工业和信息化部印发的制造业中小企业数字化水平评测表（2022 年版），我们为线材制品行业设计了一套切实可行的数字化评测表，可用于评估信息化/数字化建设的项目成效，见表 2-5-1。

表 2-5-1　线材制品行业数字化评测表

一级指标及权重	二级指标及权重	序号	问卷	题型
一、数字化基础（25%）	设备系统（40%）	1（20%）	企业的数字化设备覆盖范围： □单个业务环节 □关键业务环节 □绝大部分业务环节 □全覆盖 □以上均无	单选
		2（30%）	企业的数字化设备联网率： □［0，10%］ □（10%，20%］ □（20%，30%］ □（30%，40%］ □40%以上	单选

续表 2-5-1

一级指标及权重	二级指标及权重	序号	问卷	题型
一、数字化基础（25%）	设备系统（40%）	3（30%）	企业的关键工序数控化率： □［0，30%］ □（30%，45%］ □（45%，60%］ □60%以上	单选
		4（20%）	企业通过部署工业互联网公有云/私有云/混合云平台等形式，实现业务的数字化管理情况： □单个业务环节 □关键业务环节 □绝大部分业务环节 □全覆盖 □以上均无	单选
	数据资源（30%）	5（60%）	企业实现数据自动/半自动获取并展示的业务环节覆盖范围： □研发设计 □生产管控 □质量控制 □仓储配送（厂内）□设备管理 □采购 □销售 □物流（厂外）□财务 □人力 □以上均无	多选
		6（40%）	企业实现各类数据汇聚及应用的情况： □建立了统一的数据编码、数据交换格式和规则等 □实现了数据及分析结果的跨部门共享 □构建了数据算法模型，支撑业务人员进行数据分析 □构建了可视化数据分析工具 □以上均无	多选
	网络安全（30%）	7	企业在保障网络安全方面采取的举措情况： □使用了工业级网络安全产品及服务，尚未建立网络安全保障制度 □建立了网络安全保障制度，尚未开展网络安全等级自评估 □开展了网络安全等级自评估，尚未通过第三方机构的验收认定 □网络安全等级评估通过了第三方机构的验收认定 □以上均无	单选
二、数字化经营（45%）	研发设计（14%）	8	研发设计环节，企业开展数字化研发设计的情况（50%以上关键业务研发设计项目实现下列数字化场景即可勾选该项）： □使用 PDM 或 PLM 等软件实现文档、数据、流程等的共享和统一管理 □建设和应用产品设计标准库、组件库或知识库 □实现产品设计和工艺设计间的信息交互和并行协同 □以上均无	多选

续表 2-5-1

一级指标及权重	二级指标及权重	序号	问卷	题型
二、数字化经营（45%）	生产管控（42%）	9（20%）	生产计划环节，企业实现生产计划排产排程的情况： □通过信息系统实现具有约束条件的主生产计划生产和物料需求计算 □通过信息系统开展车间计划排产 □部分车间生产计划实现自动排产 □全部车间生产计划实现自动排产 □以上均无	单选
		10（10%）	生产监控环节，企业利用信息系统实现生产工艺监控的情况： □设备：能够在一种或多种单个设备层面实现生产工艺监控 □工序：能够在一道或多道工序层面实现生产工艺监控 □生产线：能够在一条或多条生产线层面实现生产工艺监控 □车间：能够在一个或多个车间层面实现生产工艺监控 □以上均无	多选
		11（30%）	生产作业环节，企业实现智能制造典型场景的覆盖范围： □自动巡检：应用智能巡检装备或设备管理系统，集成数字化技术，实现对设备的高效巡检或异常报警等（50%以上关键业务设备实现下列数字化场景即可勾选该项） □生产过程可视化：依托各类生产、系统集成，实现生产成本、交期或订单执行进度的可视化（50%以上关键业务生产成本、交期或订单执行进度实现即可勾选） □精益生产管理：应用数字化工具和方法，开展数据驱动的人、机、料等精确管控，减少生产浪费（50%以上关键业务人、机、料等实现即可勾选） □人机协同作业：集成机器人或人机交互设备等智能装备，应用AR/VR、机器视觉等技术，实现生产的高效组织和作业协同（50%以上关键产线实现即可勾选） □基于数字孪生的制造：构建装备、产线、车间、工厂等一种或几种不同层级的数字孪生系统，实现物理世界和虚拟空间的实时映射，推动感知、分析、预测和控制能力的全面提升（某一或几种/个关键装备、产线、车间或工厂实现即可勾选） □以上均无	多选
		12（20%）	质量控制环节，企业运用数字化手段提高质量控制能力的重点场景覆盖范围（某一种或几种关键产品或物料实现即可勾选）： □数字化检测：应用数字化设备和技术，实现关键环节的在线检测、分析、结果判定 □质量精准追溯：应用数字化技术，采集产品原料、生产过程、客户使用的质量信息等信息，实现产品质量全过程精准追溯	多选

续表 2-5-1

一级指标及权重	二级指标及权重	序号	问卷	题型
二、数字化经营（45%）	生产管控（42%）	12（20%）	□产品质量优化：应用数字化技术，实现产品质量 SPC 分析、缺陷分析预测或质量优化提升 □质量控制协同：利用数字化手段实现质量控制与相关业务的协同，包括质量与规范同步、检测数据与设备信息同步、供应商质量信息同步、客户质量信息同步等 □以上均无	多选
		13（20%）	仓储物流环节，企业实现仓储物流数字化场景的覆盖范围： □物料条码管理：统一条码管理标识货物 □智能仓储：应用数字化技术，依据实际生产作业计划，实现物料入库（进厂）、盘库或出库（出厂）的全程扫码操作 □精准配送：应用数字化技术，实现动态调度、自动配送或路径优化 □物料实时跟踪：应用制造执行系统（MES）或仓储管理系统（WMS），采用数字化技术，实现原材料、在制品或产成品流转的全程跟踪 □物流监测与优化：依托运输管理系统（TMS），应用数字化技术，实现运输配送全程跟踪或异常预警，装载能力优化或配送路径优化 □以上均无	多选
	采购供应（10%）	14	采购供应环节，企业实现采购管理数字化场景的覆盖范围： □采购管理信息化：通过信息系统实现采购计划管理、采购过程管理和供应商管理 □采购策略优化：建设供应链管理系统（SCM），集成数字化技术，实现供应商综合评价、采购需求精准决策或采购方案动态优化 □供应链可视化：搭建供应链管理系统（SCM），融合数字化技术，实现供应链可视化监控 □采购协同：利用数字化技术实现采购供应与相关业务的协同，包括业务配合同步、质量与规范同步（IQC）、结算对账同步、库存与计划同步等 □以上均无	多选
	营销管理（10%）	15	营销管理环节，企业实现营销管理数字化场景的覆盖范围： □销售计划动态优化：依托客户关系管理系统（CRM），应用数字化技术，实现挖掘分析客户信息、构建用户画像、构建需求预测模型或制定精准销售计划 □市场快速分析预测：应用数字化技术，实现对市场未来供求趋势、影响因素或其变化规律的精准分析、判断或预测 □销售驱动业务优化：应用数字化技术，根据客户需求变化，动态调整设计采购、生产或物流等方案 □以上均无	多选

续表 2-5-1

一级指标及权重	二级指标及权重	序号	问卷	题型
二、数字化经营（45%）	产品服务（14%）	16	产品服务环节，企业实现产品服务数字化场景的覆盖范围： （1）利用信息系统实现售后服务数字化管理的情况： □退换货质量管理 □客户体验调查 □客户满意度调查 □以上均无 （2）利用数字化技术实现售后服务与相关业务的协同情况： □售后配件与库存协同 □失效产品追溯与质量根因分析 □失效原因与设计优化协同 □以上均无 （3）新一代信息技术在新型智能产品中应用场景的覆盖范围（某一种或几种关键产品实现下列数字化场景即可勾选该项）： □数据增值服务：分析产品的运行工况等数据，应用数字化技术，提供设备估值、融资租赁、资产处置等新业务 □主动客户服务：依托客户关系管理系统（CRM），集成数字化技术，实现精细化管理或主动式客户服务 □用户直连制造：通过用户和企业的深度交互，提供满足个性化需求的产品定制设计、柔性化生产或个性化服务 □大批量定制：通过生产柔性化、敏捷化或产品模块化，根据客户的个性化需求，以大批量生产方式提供定制化的产品和服务 □产品的远程运维：依托产品远程运维管理平台，实现基于运行数据的产品远程监控、预测性维护或产品设计的持续改进 □以上均无	多选
	业务协同（10%）	17	业务协同方面，企业使用数字化技术实现企业间业务协同数字化场景的覆盖范围： □实现研发设计协同 □实现生产制造协同 □实现订货业务协同 □实现物流仓储协同 □实现财务结算协同 □以上均无	多选
三、数字化管理（20%）	经营战略（15%）	18	企业数字化转型意识与执行水平情况： □已经对数字化转型有了明确的目标（至少半年为期） □已制定了数字化转型规划及具体的实施计划 □已基于战略规划开展业务模式和管理决策方式的变革实践 □以上均无	多选

续表 2-5-1

一级指标及权重	二级指标及权重	序号	问卷	题型
三、数字化管理（20%）	管理机制（35%）	19	企业在设置数字化组织与管理制度等方面采取的措施： □设置专门的数字化人员岗位或部门 □为数字化人才设立专门的绩效薪酬体系 □对数字化收支单独建账核算 □建立数字化信息系统管理相关制度规范 □以上均无	多选
	人才建设（25%）	20	企业在数字化方面培训覆盖的人员范围： □信息化部门员工 □业务部门员工 □企业主要决策人员 □其他员工 □以上均无	多选
	资金投入（25%）	21	企业上年度数字化投入占营业收入的比重： □小于 1% □［1%，2%） □［2%，3%） □［3%，5%］ □大于 5%	单选
四、数字化成效（10%）	产品质量（30%）	22	企业上年度产品合格率： □明显低于行业平均水平 □略低于行业平均水平 □与行业平均水平相当 □略高于行业平均水平 □明显高于行业平均水平	单选
	生产效率（40%）	23	企业上年度人均营业收入： □明显低于行业平均水平 □略低于行业平均水平 □与行业平均水平相当 □略高于行业平均水平 □明显高于行业平均水平	单选
	价值效益（30%）	24	企业上年度每百元营业收入中的成本： □明显低于行业平均水平 □略低于行业平均水平 □与行业平均水平相当 □略高于行业平均水平 □明显高于行业平均水平	单选

第五节 结 束 语

线材制品企业的数字化转型是大势所趋。虽然相比其他行业起步较晚，部分先行企业的成功案例也证明了在本行业中推行数字化转型是可行且有成效的。在线材制品行业推行数字化转型可以总结为以下四个原则：

一是从易到难。企业需充分运用小型化、快速化、轻量化、精准化（“小快轻准”）的应用和服务，降低数字化转型门槛。优先推动数据资源采集和汇聚，再逐步挖掘数据价值。优先应用成熟的数字化产品服务满足基础共性需求和行业特性需求，同时逐步提升自身数字化能力，满足企业个性需求。

二是由点到面。线材制品行业大部分是中小企业，数字化转型投入资源有限，需明确数字化转型优先级，合理规划转型路径。可以优先从基础扎实、潜在价值高的环节切入，再逐步扩大数字化在业务环节和管理环节的覆盖范围，实现数据贯通和业务协同。

三是长期迭代。数字化转型是渐进发展、螺旋上升的长期过程。企业应适时对转型进展和成效进行评估，因时因势优化转型策略，按照“评估-规划-实施-优化”的逻辑闭环，循序渐进、一步一个脚印。

四是多方协同。企业数字化转型不能“单枪匹马”，需多方协同发力，充分发挥线材制品行业协会的协调能力。另外，行业协会也需要做好政策引导和公共服务建设，营造良好的行业发展环境。

第三篇

行业取得辉煌成就

第一章　起草或参与起草制修订国际、国家、行业、团体标准

从 1984 年到 2023 年累计，起草或参与起草、制订或修订国际标准、国家标准、冶金行业标准、中钢协团体标准 304 项。其中国际标准（ISO）26 项、国家推荐标准 124 项、冶金行业推荐标准 114 项、中国钢铁工业协会团体标准 40 项，见表 3-1-1。

表 3-1-1　起草或参与起草制修订国际、国家、行业、团体标准

序号	标准号	标准名称	起草或参与单位
ISO 国际标准 26 项			
1	ISO 2408：2017	钢丝绳　要求	贵州钢绳股份有限公司、冶金工业信息标准研究院等
2	ISO 3108：2017	钢丝绳　试验方法　实际破断力的测定	上海海关工业品与原材料检测技术中心、冶金工业信息标准研究院等
3	ISO 3444：2023	不锈钢丝绳	法尔胜集团有限公司、冶金工业信息标准研究院等
4	ISO 4344：2022	电梯用钢丝绳　最低要求	天津高盛钢丝绳有限公司、江苏赛福天钢索股份有限公司、冶金工业信息标准研究院等
5	ISO 6819：2023	桥梁缆索钢丝用盘条	江阴兴澄特种钢铁有限公司、冶金工业信息标准研究院等
6	ISO 7900：2006	栅栏用钢丝和丝产品　锌和锌合金镀层刺钢丝	冶金工业信息标准研究院等
7	ISO 7989-1：2006	钢丝和钢丝产品的有色金属镀层　第 1 部分：一般要求	冶金工业信息标准研究院等
8	ISO 8458-1：2002	机械弹簧用钢丝　第 1 部分：一般技术要求	冶金工业信息标准研究院等
9	ISO 8458-2：2002	机械弹簧用钢丝　第 2 部分：冷拉碳素钢丝	冶金工业信息标准研究院等
10	ISO 8458-3：2002	机械弹簧用钢丝　第 3 部分：油淬火回火钢丝	冶金工业信息标准研究院等
11	ISO 8794：2020	钢丝绳　插编吊索索具	昆山东岸海洋工程有限公司、冶金工业信息标准研究院等
12	ISO 10425：2023	石油和天然气工业用钢丝绳最低要求和验收条件	咸阳宝石钢管钢绳有限公司、冶金工业信息标准研究院等
13	ISO 13270：2013	混凝土用钢纤维　定义及规范	冶金工业信息标准研究院、马克菲尔（长沙）新型支档科技开发有限公司等

续表 3-1-1

序号	标准号	标准名称	起草或参与单位
14	ISO 16120-1：2001	制丝用非合金钢盘条 第 1 部分：一般技术要求	冶金工业信息标准研究院、江苏沙钢集团有限公司等
15	ISO 16120-2：2001	制丝用非合金钢盘条 第 2 部分：一般用途盘条技术要求	冶金工业信息标准研究院、江苏沙钢集团有限公司等
16	ISO 16120-3：2001	制丝用非合金钢盘条 第 3 部分：沸腾钢及沸腾钢替代品低碳盘条技术要求	冶金工业信息标准研究院、江苏沙钢集团有限公司等
17	ISO 16120-4：2001	制丝用非合金钢盘条 第 4 部分：特殊用途盘条技术要求	冶金工业信息标准研究院、江苏沙钢集团有限公司等
18	ISO 16124：2015	盘条 尺寸与偏差	冶金工业信息标准研究院、鞍钢股份有限公司等
19	ISO 16650：2004	胎圈钢丝	冶金工业信息标准研究院、贝卡尔特（中国）技术研发有限公司等
20	ISO 17832：2018	子午线轮胎用钢帘线	贝卡尔特（中国）技术研发有限公司、冶金工业信息标准研究院等
21	ISO 19203—2018	桥梁缆索用热镀锌及锌铝合金镀层钢丝	法尔胜泓昇集团有限公司、冶金工业信息标准研究院等
22	ISO 19427—2019	钢丝绳 悬索桥主缆预制平行钢丝索股 规范	法尔胜泓昇集团有限公司、冶金工业信息标准研究院等
23	ISO 22034-2：2007	钢丝和钢丝产品 第 2 部分：尺寸及允许偏差	冶金工业信息标准研究院等
24	ISO 23213：2022	床垫和座靠垫用碳素弹簧钢丝	贵州钢绳股份有限公司、冶金工业信息标准研究院等
25	ISO 23475-1：2021	钢帘线试验方法 第 1 部分：通用要求	贝卡尔特（中国）技术研发有限公司、冶金工业信息标准研究院
26	ISO 23717：2022	钢丝及其制品 橡胶软管增强用钢丝	江苏兴达钢帘线股份有限公司、冶金工业信息标准研究院等
GB/T 国家推荐标准 124 项			
27	GB/T 239. 1—2023	金属材料 线材 第 1 部分：单向扭转试验方法	广州海关技术中心、东莞材料基因高等理工研究院、山东鑫大地控股集团有限公司等
28	GB/T 239. 2—2023	金属材料 线材 第 2 部分：双向扭转试验方法	广州海关技术中心、冶金工业信息标准研究院等
29	GB/T 341—2008	钢丝分类及术语	东北特殊钢集团有限责任公司、国家金属制品质量监督检验中心、冶金工业信息标准研究院等
30	GB/T 342—2017	冷拉圆钢丝、方钢丝、六角钢丝尺寸、外形、重量及允许偏差	杭州创宇金属制品科技有限公司、冶金工业信息标准研究院等
31	GB/T 346—1984	通讯线用镀锌低碳钢丝	天津钢厂等

续表 3-1-1

序号	标准号	标准名称	起草或参与单位
32	GB/T 701—2008	低碳钢热轧圆盘条	马鞍山钢铁股份有限公司、江苏永钢集团有限公司、青岛钢铁有限公司等
33	GB/T 2103—2008	钢丝验收、包装、标志及质量证明书的一般规定	东北特殊钢集团有限责任公司、冶金工业信息标准研究院等
34	GB/T 2104—2008	钢丝绳包装、标志及质量证明书的一般规定	宝钢集团上海二钢有限公司、贵州钢绳股份有限公司、冶金工业信息标准研究院等
35	GB/T 2972—2016	镀锌钢丝锌层硫酸铜试验方法	国家钢丝绳产品质量监督检验中心、冶金工业信息标准研究院等
36	GB/T 2976—2020	金属材料　线材　缠绕试验方法	国家金属制品质量监督检验中心、国家钢丝绳产品质量监督检验中心、冶金工业信息标准研究院等
37	GB/T 3082—2020	铠装电缆用热镀锌及锌铝合金镀层低碳钢丝	天津冶金钢线钢缆集团有限公司、天津华源线材制品有限公司等
38	GB/T 3207—2008	银亮钢	东北特殊钢集团有限责任公司、冶金工业信息标准研究院
39	GB/T 3429—2015	焊接用钢盘条	青岛钢铁有限公司、江苏沙钢集团有限公司等
40	GB/T 4232—2019	冷顶锻用不锈钢丝	东北特殊钢集团股份有限公司、江苏星火特钢有限公司等
41	GB/T 4240—2019	不锈钢丝	东北特殊钢集团股份有限公司、浙江腾龙精线有限公司等
42	GB/T 4241—2017	焊接用不锈钢盘条	东北特殊钢集团有限责任公司、江苏兴海特钢有限公司等
43	GB/T 4354—2008	优质碳素钢热轧盘条	马鞍山钢铁股份有限公司、江阴兴澄特种钢铁有限公司、首钢集团有限公司等
44	GB/T 4356—2016	不锈钢盘条	东北特殊钢集团有限责任公司、江苏星火特钢有限公司、冶金工业信息标准研究院等
45	GB/T 4357—2022	冷拉碳素弹簧钢丝	新余新钢金属制品有限公司、江阴贝卡尔特钢丝制品有限公司等
46	GB/T 5223—2014	预应力混凝土用钢丝	中冶建筑研究总院有限公司、天津市银龙预应力材料股份有限公司等
47	GB/T 5224—2023	预应力混凝土用钢绞线	天津市新天钢中兴盛达有限公司、中冶建筑研究总院有限公司、江西新华新材料科技股份有限公司等
48	GB/T 5953. 1—2009	冷镦钢丝　第 1 部分：热处理型冷镦钢丝	东北特殊钢集团有限责任公司、南京宝日钢丝制品有限公司、冶金工业信息标准研究院等
49	GB/T 5953. 2—2009	冷镦钢丝　第 2 部分：非热处理型冷镦钢丝	南京宝日钢丝制品有限公司、东北特殊钢集团有限公司、冶金工业信息标准研究院等
50	GB/T 5953. 3—2012	冷镦钢丝　第 3 部分：非调质型冷镦钢丝	马钢（集团）控股有限公司、冶金工业标准信息研究院等

续表 3-1-1

序号	标准号	标准名称	起草或参与单位
51	GB/T 6400—2007	金属材料　线材和铆钉剪切试验方法	北京航空材料研究院、北京有色金属研究总院、冶金工业信息标准研究院等
52	GB/T 8358—2023	钢丝绳　破断拉力测定方法	中钢集团郑州金属制品研究院股份有限公司（国家金属制品质量检验检测中心）等
53	GB/T 8706—2017	钢丝绳　术语、标记和分类	国家金属制品质量监督检验中心、冶金工业信息标准研究院等
54	GB/T 8903—2018	电梯用钢丝绳	天津高盛钢丝绳有限公司、江苏赛福天钢索股份有限公司等
55	GB/T 8918—2006	重要用途钢丝绳	鞍钢集团钢绳厂、贵州钢绳股份有限公司等
56	GB/T 9944—2015	不锈钢丝绳	中钢集团郑州金属制品研究院有限公司、江苏星火特钢有限公司等
57	GB/T 11181—2016	子午线轮胎用钢帘线	江苏兴达钢帘线股份有限公司、鞍钢贝卡尔特轮胎帘线（重庆）有限公司等
58	GB/T 11182—2017	橡胶软管增强用钢丝	河南铂思特金属制品有限公司、中钢集团郑州金属制品研究院有限公司等
59	GB/T 12347—2008	钢丝绳弯曲疲劳试验方法	国家金属制品质量监督检验中心、贵州钢绳股份有限公司等
60	GB/T 12753—2020	输送带用钢丝绳	法尔胜泓昇集团有限公司、江苏法尔胜特钢制品有限公司等
61	GB/T 12756—2018	高压胶管用镀锌钢丝绳	法尔胜泓昇集团有限公司、山东悦龙橡塑科技有限公司等
62	GB/T 14450—2016	胎圈用钢丝	山东大业股份有限公司、宁波兴伦钢丝有限公司、冶金工业信息标准研究院等
63	GB/T 14451—2008	操纵用钢丝绳	法尔胜集团公司、天津市金鼎线材制品科技开发公司、冶金工业信息标准研究院
64	GB/T 14957—1994	熔化焊接用钢丝	天津焊丝厂等
65	GB/T 14981—2009	热轧圆盘条尺寸、外形、重量及允许偏差	冶金工业信息标准研究院、江苏沙钢集团有限公司等
66	GB/T 16271—2009	钢丝绳吊索　插编索扣	江阴艺林索具有限公司、冶金工业信息标准研究院等
67	GB/T 16762—2020	一般用途钢丝绳吊索特性和技术条件	巨力索具股份有限公司、建峰索具有限公司等
68	GB/T 17101—2019	桥梁缆索用热镀锌或锌铝合金钢丝	江阴华新钢缆有限公司、宝钢集团南通线材制品有限公司等
69	GB/T 18579—2019	高碳铬轴承钢丝	东北特殊钢集团股份有限公司、江阴兴澄特种钢铁有限公司等
70	GB/T 18983—2017	淬火-回火弹簧钢丝	中钢集团郑州金属制品研究院有限公司、天津冶金集团中兴盛达钢业有限公司等

续表 3-1-1

序号	标准号	标准名称	起草或参与单位
71	GB/T 20067—2017	粗直径钢丝绳	贵州钢绳股份有限公司、江苏狼山钢绳股份有限公司等
72	GB/T 20118—2017	钢丝绳通用技术条件	贵州钢绳股份有限公司、江苏芸裕金属制品有限公司、冶金工业信息标准研究院等
73	GB/T 20119—2023	平衡用钢丝绳	鞍钢钢绳有限责任公司、山东舒博特钢丝绳有限公司等
74	GB/T 20492—2019	锌-5%铝-混合稀土合金镀层钢丝、钢绞线	天津冶金钢线钢缆集团有限公司、天津市盖尔发金属制品有限公司等
75	GB/T 21073—2007	环氧涂层七丝预应力钢绞线	江阴法尔胜住电新材料有限公司、冶金工业信息标准研究院等
76	GB/T 21837—2023	铁磁性钢丝绳电磁检测方法	国家钢丝绳产品质量检验检测中心、洛阳百克特科技发展股份有限公司等
77	GB/T 21839—2019	预应力混凝土用钢材试验方法	中冶建筑研究总院有限公司、常熟市龙腾滚动体制造有限公司等
78	GB/T 21965—2020	钢丝绳　验收及缺陷术语	国家金属制品质量监督检验中心、贵州钢绳股份有限公司等
79	GB/T 24191—2009	钢丝绳　实际弹性模量测定方法	国家金属制品质量监督检验中心、贵州钢绳股份有限公司、冶金工业信息标准研究院等
80	GB/T 24202—2021	光缆增强用碳素钢丝	法尔胜集团有限公司、国家钢丝绳产品质量监督检验中心等
81	GB/T 24215—2009	桥梁主缆缠绕用低碳热镀锌圆钢丝	贵州钢绳股份有限公司、法尔胜集团公司等
82	GB/T 24238—2017	预应力钢丝及钢绞线用热轧盘条	鞍钢股份有限公司、江苏沙钢集团有限公司等
83	GB/T 24242. 1—2020	制丝用非合金钢盘条　第1部分：一般要求	江苏沙钢集团有限公司、柳州钢铁股份有限公司等
84	GB/T 24242. 2—2020	制丝用非合金钢盘条　第2部分：一般用途盘条	江苏沙钢集团有限公司、柳州钢铁股份有限公司等
85	GB/T 24242. 3—2014	制丝用非合金钢盘条　第3部分：沸腾钢和沸腾钢替代品低碳钢盘条	江苏沙钢集团有限公司、泰博制钢股份有限公司等
86	GB/T 24242. 4—2020	制丝用非合金钢盘条　第4部分：特殊用途盘条	江苏沙钢集团有限公司、柳州钢铁股份有限公司等
87	GB/T 24245—2009	橡胶履带用钢帘线	河南省蒲光特种金属制品有限公司、冶金工业信息标准研究院等
88	GB/T 24587—2009	预应力混凝土钢棒用热轧盘条	天津钢铁有限公司、天津市银龙预应力钢材集团有限公司等

续表 3-1-1

序号	标准号	标准名称	起草或参与单位
89	GB/T 24588—2019	不锈弹簧钢丝	东北特殊钢集团股份有限公司、江阴法尔胜泓昇不锈钢制品有限公司等
90	GB/T 25821—2023	不锈钢钢绞线	广东坚朗五金制品股份有限公司、贵州钢绳股份有限公司等
91	GB/T 25823—2010	单丝涂覆环氧涂层预应力钢绞线	柳州欧维姆机械股份有限公司、冶金工业信息标准研究院等
92	GB/T 25833—2010	公路护栏用镀锌钢丝绳	南通神威钢绳有限公司、国家金属制品质量监督检验中心等
93	GB/T 25835—2010	缆索用环氧涂层钢丝	柳州欧维姆机械股份有限公司、冶金工业信息标准研究院等
94	GB/T 26722—2022	索道用钢丝绳	鞍钢钢绳有限责任公司、贵州钢绳股份有限公司等
95	GB/T 27691—2017	钢帘线用盘条	鞍钢股份有限公司、中天钢铁集团有限公司等
96	GB/T 28300—2012	热轧棒材和盘条表面质量等级交货技术条件	首钢总公司、冶金工业信息标准研究院等
97	GB/T 28899—2012	冷轧带肋钢筋用热轧盘条	中冶集团建筑研究总院有限公司、冶金工业信息标准研究院等
98	GB/T 28902—2012	电解抛光用不锈钢丝	江阴康瑞不锈钢制品有限公司、广州市奥赛钢线科技有限公司等
99	GB/T 28903—2012	辐条用不锈钢丝	江阴康瑞不锈钢制品有限公司、广州市奥赛钢线科技有限公司等
100	GB/T 28906—2012	冷镦钢热轧盘条	安阳钢铁集团有限责任公司、冶金工业信息标准研究院等
101	GB/T 29086—2012	钢丝绳 安全 使用和维护	国家金属制品质量监督检验中心、广州建峰特纺五金制造有限公司等
102	GB/T 29087—2012	非调质冷镦钢热轧盘条	马钢（集团）控股有限公司、冶金工业标准信息研究院等
103	GB/T 30587—2014	钢丝绳吊索 环索	巨力索具股份有限公司、建峰索具有限公司等
104	GB/T 30588—2014	钢丝绳绳端 合金熔铸套接	巨力索具股份有限公司、建峰索具有限公司等
105	GB/T 30589—2014	钢丝绳绳端 套管压制索具	昆山东岸海洋工程有限公司、巨力索具股份有限公司等
106	GB/T 30826—2014	斜拉桥钢绞线拉索技术条件	柳州欧维姆机械股份有限公司、同济大学等
107	GB/T 30827—2014	体外预应力索技术条件	柳州欧维姆机械股份有限公司、同济大学等
108	GB/T 30828—2014	预应力混凝土用中强度钢丝	中冶建筑研究总院有限公司、天津市银龙预应力材料股份有限公司等
109	GB/T 30830—2014	工程子午线轮胎用钢帘线	山东胜通钢帘线有限公司、贝卡尔特（中国）技术研发有限公司等

续表 3-1-1

序号	标准号	标准名称	起草或参与单位
110	GB/T 31304—2014	环氧涂层高强度钢丝拉索	江苏法尔胜缆索有限公司、广东坚宜佳五金制品有限公司等
111	GB/T 31314—2014	多丝大直径高强度低松弛预应力钢绞线	贵州钢绳股份有限公司、天津冶金集团中兴盛达钢业有限公司等
112	GB/T 31979—2015	钢丝绳　旋转性能测定方法	国家金属制品质量监督检验中心、冶金工业信息标准研究院等
113	GB/T 32795—2016	海缆铠装用镀锌或锌合金钢丝	江苏法尔胜泓昇集团有限公司、中天科技海缆有限公司等
114	GB/T 32963—2016	锌铝合金镀层钢丝缆索	江苏法尔胜缆索有限公司、湖北宜昌市住房和城乡建设委员会等
115	GB/T 33026—2017	建筑结构用高强度钢绞线	广东坚宜佳五金制品有限公司、广东坚朗五金制品股份有限公司等
116	GB/T 33159—2016	钢帘线试验方法	鞍钢贝卡尔特轮胎帘线（重庆）有限公司等
117	GB/T 33164. 2—2016	汽车悬架系统用弹簧钢　第2部分：热轧圆钢和盘条	江阴兴澄特种钢铁有限公司、青岛特殊钢铁有限公司等
118	GB/T 33165—2016	高碳钢盘条中心偏析定量分析方法	武汉钢铁股份有限公司、冶金工业信息标准研究院等
119	GB/T 33363—2016	预应力热镀锌钢绞线	江阴华新钢缆有限公司、宝钢集团南通线材制品有限公司等
120	GB/T 33364—2016	海洋工程系泊用钢丝绳	中国船舶工业综合技术经济研究院、贵州钢绳股份有限公司等
121	GB/T 33954—2017	淬火-回火弹簧钢丝用热轧盘条	江苏沙钢集团有限公司、江阴兴澄特种钢铁有限公司研究院等
122	GB/T 33955—2017	矿井提升用钢丝绳	鞍钢钢绳有限责任公司、江苏狼山钢绳股份有限公司等
123	GB/T 33958—2017	管线钢埋弧焊丝用钢盘条	首钢总公司、江苏沙钢集团有限公司等
124	GB/T 33964—2017	耐候钢实心焊丝用钢盘条	首钢总公司、江苏沙钢集团有限公司、江苏永钢集团有限公司等
125	GB/T 33967—2017	免铅浴淬火钢丝用热轧盘条	鞍钢股份有限公司、江苏沙钢集团有限公司等
126	GB/T 33975—2017	高速铁路扣件用弹簧钢热轧盘条	南京钢铁股份有限公司、江苏沙钢集团有限公司等
127	GB/T 34106—2017	桥梁主缆缠绕用S形热镀锌或锌铝合金钢丝	江阴华新钢缆有限公司、江苏法尔胜缆索有限公司等
128	GB/T 34197—2017	电铲用钢丝绳	咸阳宝石钢管钢绳有限公司、陕西省标准化研究院等
129	GB/T 34198—2017	起重机用钢丝绳	江苏狼山钢绳股份有限公司、江苏芸裕金属制品有限公司等

续表 3-1-1

序号	标准号	标准名称	起草或参与单位
130	GB/T 36131—2018	机动车掣动总成用涂塑钢丝绳	江阴泰阳成索业有限公司、南通松诚实业有限公司等
131	GB/T 36225—2018	转向架用银亮钢	江阴兴澄特种钢铁有限公司、扬州弹簧有限公司、冶金工业信息标准研究院
132	GB/T 36915—2019	钢丝及钢丝制品　通用试验方法	国家钢丝绳产品质量监督检验中心、广东坚朗五金制品股份有限公司等
133	GB/T 37607—2019	耐蚀合金盘条和丝	马鞍山市宁丹特种合金有限公司、永嘉县三和弹簧有限公司等
134	GB/T 38232—2019	工程用钢丝绳网	马克菲尔（杭州）金属材料科技有限公司、江阴泰阳成索业有限公司等
135	GB/T 38235—2019	工程用钢丝环形网	马克菲尔（杭州）金属材料科技有限公司、江阴泰阳成索业有限公司等
136	GB/T 38347—2019	超低碳高硼钢热轧盘条	首钢集团有限公司、邢台钢铁有限责任公司等
137	GB/T 38589—2020	耐蚀合金棒材、盘条及丝材通用技术条件	东北特殊钢集团股份有限公司、永兴特种材料科技股份有限公司、冶金工业信息标准研究院等
138	GB/T 38803—2020	钢丝绳失效分析规范	国家金属制品质量监督检验中心、国家钢丝绳产品质量监督检验中心等
139	GB/T 38814—2020	钢丝绳索具　疲劳试验方法	昆山王张检测技术有限公司、上海申力试验机有限公司等
140	GB/T 38818—2020	悬索桥吊索用钢丝绳	贵州钢绳股份有限公司、咸阳宝石钢管钢绳有限公司等
141	GB/T 39033—2020	奥氏体-铁素体型双相不锈钢盘条	东北特殊钢集团股份有限公司、江苏申源集团有限公司等
142	GB/T 39040—2020	包装用钢质锁扣及护角	鞍山发蓝股份公司、江苏巨弘捆带制造有限公司等
143	GB/T 39133—2020	悬索桥吊索	江苏法尔胜缆索有限公司、贵州钢绳股份有限公司等
144	GB/T 39147—2020	混凝土用钢纤维	贝卡尔特应用材料科技（上海）有限公司、马克菲尔（长沙）新型支档科技开发有限公司等
145	GB/T 39480—2020	钢丝绳吊索　使用和维护	巨力索具股份有限公司、建峰索具有限公司等
146	GB/T 40029—2021	液化天然气储罐用预应力钢绞线	天津冶金集团中兴盛达钢业有限公司、江西新华金属制品有限责任公司等
147	GB/T 40089—2021	石油和天然气工业用钢丝绳最低要求和验收条件	咸阳宝石钢管钢绳有限公司、江苏荣鑫通用设备有限公司等
148	GB/T 40342—2021	钢丝热镀锌铝合金镀层中铝含量的测定	杭州市余杭区质量计量监测中心、浙江森旺金属制品有限公司等
149	GB/T 42785—2023	轴承钢盘条	江阴兴澄特种钢铁有限公司、青岛特殊钢铁有限公司等

续表 3-1-1

序号	标准号	标准名称	起草或参与单位
150	GB/T 43106—2023	深海勘探用钢丝绳	江苏狼山钢绳股份有限公司、咸阳宝石钢管钢绳有限公司等
YB/T 冶金行业推荐标准 114 项			
151	YB/T 095—2015	合金工具钢丝	东北特殊钢集团有限责任公司、冶金工业信息标准研究院
152	YB/T 096—2015	高碳铬不锈钢丝	东北特殊钢集团有限责任公司、冶金工业信息标准研究院
153	YB/T 097—2021	伞骨钢丝	杭州金升金属制品有限公司、广州君合智能装备技术有限公司等
154	YB/T 098—2012	光缆增强用碳素钢绞线	江苏法尔胜泓昇集团有限公司、泰博制钢股份有限公司等
155	YB/T 123—2017	铝包钢丝	天津冶金集团中兴盛达钢业有限公司、广东坚宜佳五金制品有限公司等
156	YB/T 124—2017	铝包钢绞线	天津冶金集团中兴盛达钢业有限公司、广东坚宜佳五金制品有限公司等
157	YB/T 126—1997	钢丝网架夹芯板用钢丝	天津大成五金厂等
158	YB/T 135—2017	镀铜钢丝镀层重量及其组分试验方法	中钢集团郑州金属制品研究院有限公司、河南铂思特金属制品有限公司等
159	YB/T 169—2014	高碳钢盘条索氏体含量金相检测方法	天津钢铁集团有限公司、冶金工业信息标准研究院等
160	YB/T 183—2017	稀土锌铝合金镀层钢绞线	马鞍山鼎泰稀土新材料股份有限公司、广东坚宜佳五金制品有限公司等
161	YB/T 184—2017	钢芯铝绞线用稀土锌铝合金镀层钢丝	马鞍山鼎泰稀土新材料股份有限公司、广东坚宜佳五金制品有限公司等
162	YB/T 4026—2014	网围栏用镀锌钢丝	杭州创宇金属制品科技有限公司、泰博制钢股份有限公司等
163	YB/T 4165—2018	防振锤用钢绞线	浙江森旺金属制品有限公司、冶金工业信息标准研究院
164	YB/T 4182—2008	钢丝绳含油率测定方法	国家金属制品质量监督检验中心、贵州钢绳股份有限公司等
165	YB/T 4190—2018	工程用机编钢丝网及组合体	马克菲尔（长沙）新型支档科技开发有限公司、无锡金利达生态科技有限公司等
166	YB/T 4221—2016	工程机编钢丝网用钢丝	杭州创宇金属制品科技有限公司、浙江森旺金属制品有限公司等
167	YB/T 4222—2018	预绞式金具用镀层钢丝	浙江森旺金属制品有限公司、冶金工业信息标准研究院
168	YB/T 4251—2011	电梯门机用钢丝绳	天津高盛钢丝绳有限公司、天津市金鼎线材制品科技开发公司等

续表 3-1-1

序号	标准号	标准名称	起草或参与单位
169	YB/T 4264—2020	桥梁缆索钢丝用盘条	江阴兴澄特种钢铁有限公司、江苏沙钢集团有限公司等
170	YB/T 4288—2012	电梯用钢丝绳弯曲疲劳试验方法	国家钢丝绳产品质量监督检验中心、贵州钢丝绳股份有限公司等
171	YB/T 4295—2012	承压机械设备缠绕用扁钢丝	中钢集团郑州奥威钢线科技有限公司、冶金工业信息标准研究院等
172	YB/T 4296—2021	纸浆板打包用镀锌钢丝	法尔胜集团有限公司、山西榆次远大线材制品有限公司等
173	YB/T 4297—2012	编织渔网用合金镀层钢丝	马鞍山市玉龙金属制品（集团）有限公司、冶金工业信息标准研究院等
174	YB/T 4298—2012	卷钉连接用钢丝	马鞍山市玉龙金属制品（集团）有限公司、冶金工业信息标准研究院等
175	YB/T 4397—2014	切割硅片用电镀黄铜钢丝	中钢集团郑州金属制品研究院有限公司、凡登（常州）新型金属材料技术有限公司等
176	YB/T 4398—2014	压实钢丝绳	江苏赛福天钢索股份有限公司、江苏芸裕金属制品有限公司等
177	YB/T 4411—2014	高碳钢盘条中心马氏体评定方法	江苏沙钢集团有限公司、首钢总公司等
178	YB/T 4412—2014	高碳钢盘条网状渗碳体评定方法	江苏沙钢集团有限公司、首钢总公司等
179	YB/T 4413—2014	高碳钢盘条中心偏析金相评定方法	江苏沙钢集团有限公司、首钢总公司等
180	YB/T 4428—2014	多丝大直径高强度低松弛预应力钢绞线	贵州钢绳股份有限公司、天津冶金集团中兴盛达钢业有限公司等
181	YB/T 4429—2014	刹车软管用碳素钢丝	杭州汇人工贸有限公司、冶金工业信息标准研究院等
182	YB/T 4430—2014	渔业用包塑热镀锌钢丝绳	浙江万胜运河钢缆有限公司、泰博制钢股份有限公司等
183	YB/T 4433—2014	钢棉用热轧盘条	武汉钢铁（集团）公司、江苏沙钢集团有限公司等
184	YB/T 4450—2015	一般用途涂塑钢丝	天津旭华塑料制品有限公司、马克菲尔（长沙）新型支档科技开发有限公司、冶金工业信息标准研究院
185	YB/T 4451—2015	预应力混凝土用刻痕钢绞线	天津钢铁集团有限公司、天津银龙预应力材料股份有限公司等
186	YB/T 4452—2015	钢丝绳纤维芯	江苏法尔胜泓昇集团有限公司、南通市通州区大达麻纺织有限公司、冶金工业标准信息研究院等
187	YB/T 4453—2015	合金结构钢热轧盘条	杭州钢铁集团公司、天津钢铁集团有限公司等

续表 3-1-1

序号	标准号	标准名称	起草或参与单位
188	YB/T 4470—2015	不锈钢丝绳用钢丝	广东坚朗五金制品股份有限公司、南通松诚实业有限公司等
189	YB/T 4471—2015	对缠式钢套管压接索具	建峰索具有限公司、巨力索具股份有限公司等
190	YB/T 4472—2015	钢接头压接索具	建峰索具有限公司、广东坚朗五金制品股份有限公司等
191	YB/T 4473—2015	钢制短圆柱头压接索具	建峰索具有限公司、广东坚宜佳五金制品有限公司等
192	YB/T 4474—2015	折返式钢套管压接索具	建峰索具有限公司、巨力索具股份有限公司等
193	YB/T 4506—2016	旋挖钻机用钢丝绳	江苏赛福天钢索股份有限公司、江苏芸裕金属制品有限公司等
194	YB/T 4507—2017	钢丝绳索具拉力试验方法	上海王张检测技术有限公司、扬州市钢强拉力检测有限公司等
195	YB/T 4535—2016	水泥钢钉用碳素钢丝	杭州汇人工贸有限公司、天津钢铁集团有限公司、冶金工业信息标准研究院
196	YB/T 4536—2016	索具　术语及分类	建峰索具有限公司、冶金工业信息标准研究院
197	YB/T 4537—2016	通风管用镀锌钢丝	杭州汇人工贸有限公司、国家钢丝绳产品质量监督检验中心、冶金工业信息标准研究院
198	YB/T 4538—2016	铜包钢丝用热轧盘条	江苏沙钢集团有限公司、冶金工业信息标准研究院
199	YB/T 4539—2016	钢板连接钉用钢丝	浙江万胜运河钢缆有限公司、国家钢丝绳产品质量监督检验中心等
200	YB/T 4540—2016	抛丸用钢丝	浙江万胜运河钢缆有限公司、国家钢丝绳产品质量监督检验中心等
201	YB/T 4541—2016	建筑工程用锌-5%铝-混合稀土合金镀层钢丝	杭州创宇金属制品科技有限公司、天津市盖尔发金属制品有限公司等
202	YB/T 4542—2016	建筑工程用锌-5%铝-混合稀土合金镀层钢绞线	广东坚宜佳五金制品有限公司、广东坚朗五金制品股份有限公司等
203	YB/T 4543—2016	建筑工程用锌-5%铝-混合稀土合金镀层拉索	广东坚宜佳五金制品有限公司、巨力索具股份有限公司等
204	YB/T 4573—2016	桥梁缆索用锌-5%铝-稀土合金镀层钢丝	宝钢集团南通线材制品有限公司、江阴华新钢缆有限公司等
205	YB/T 4574—2016	高强度低松弛预应力热镀锌-5%铝-稀土合金镀层钢绞线	宝钢集团南通线材制品有限公司、江阴华新钢缆有限公司等
206	YB/T 4575—2016	高处作业吊篮用钢丝绳	江苏法尔胜泓昇集团有限公司、贵州钢绳股份有限公司、冶金工业信息标准研究院
207	YB/T 4580—2017	钢芯铝绞线用锌-10%铝-稀土合金镀层钢丝	杭州创宇金属制品科技有限公司、天津市工大镀锌设备有限公司等

续表 3-1-1

序号	标准号	标准名称	起草或参与单位
208	YB/T 4581—2017	锌-10%铝-稀土合金镀层钢绞线	浙江万胜运河钢缆有限公司、天津市盖尔发金属制品有限公司等
209	YB/T 4612—2017	塑料管增强用碳素钢丝	贵州钢绳股份有限公司、冶金工业信息标准研究院等
210	YB/T 4613—2017	钢丝绳用油脂	法尔胜泓昇集团有限公司、贵州钢绳（集团）有限责任公司等
211	YB/T 4614—2017	钢丝用工字轮	杭州硕汇机械有限公司、杭州创宇金属制品科技有限公司、冶金工业信息标准研究院
212	YB/T 4615—2017	钢丝绳绳端 树脂套接	巨力索具股份有限公司、上海正申金属制品有限公司等
213	YB/T 4616—2017	吊索具用安全护角 第1部分：钢丝绳护角	巨力索具股份有限公司、冶金工业信息标准研究院
214	YB/T 4617—2017	吊索具用安全护角 第2部分：合成纤维编织吊索护角	巨力索具股份有限公司、冶金工业信息标准研究院
215	YB/T 4642—2018	笔头用易切削不锈钢丝	山西太钢不锈钢股份有限公司、贝发集团股份有限公司、冶金工业信息标准研究院等
216	YB/T 4643—2018	制绳用异形钢丝	贵州钢绳股份有限公司、冶金工业信息标准研究院等
217	YB/T 4644—2018	测井电缆加强用镀锌钢丝	法尔胜泓昇集团有限公司、冶金工业信息标准研究院
218	YB/T 4682—2018	编织用铝包钢丝	江苏中天科技股份有限公司、贝卡尔特（新余）金属制品有限公司、冶金工业信息标准研究院
219	YB/T 4683—2018	同步带用微细镀锌钢丝绳	法尔胜泓昇集团有限公司、江苏兴达钢帘线股份有限公司、冶金工业信息标准研究院
220	YB/T 4729—2019	建筑工程用锌-10%铝-混合稀土合金镀层钢拉索	广东坚宜佳五金制品有限公司、贝卡尔特（青岛）钢丝制品有限公司等
221	YB/T 4730—2019	钢丝无酸洗拉拔预处理技术要求	威海银兴预应力线材有限公司、广东坚宜佳五金制品有限公司等
222	YB/T 4747—2019	防扭绳用钢丝绳	法尔胜泓昇集团有限公司、江苏神王集团钢缆有限公司等
223	YB/T 4748—2019	钢芯铝绞线用锌-5%铝-镁合金镀层钢丝	杭州创宇金属制品科技有限公司、广东坚宜佳五金制品有限公司等
224	YB/T 4749—2019	工程机编钢丝网用锌-5%铝-镁合金镀层钢丝	杭州创宇金属制品科技有限公司、广东坚宜佳五金制品有限公司等
225	YB/T 4750—2019	锌-5%铝-镁合金镀层钢绞线	杭州敦实金属制品有限公司、广东坚宜佳五金制品有限公司等
226	YB/T 4815—2020	热镀锌钢丝单位产品能源消耗限额	杭州创宇金属制品科技有限公司、冶金工业信息标准研究院

续表 3-1-1

序号	标准号	标准名称	起草或参与单位
227	YB/T 4853—2020	气门弹簧用热轧盘条	鞍钢股份有限公司、江阴兴澄特种钢铁有限公司等
228	YB/T 4854—2020	切割钢丝用热轧盘条	鞍钢股份有限公司、江阴兴澄特种钢铁有限公司等
229	YB/T 4887—2020	热轧盘条单位产品能源消耗限额	马鞍山钢铁股份有限公司、冶金工业信息标准研究院等
230	YB/T 4933—2021	电梯钢丝绳用钢丝　维氏硬度试验方法	国家金属制品质量监督检验中心、国家钢丝绳产品质量监督检验中心、冶金工业信息标准研究院
231	YB/T 4939—2021	绿色设计产品评价技术规范　冷镦用线材	邢台钢铁有限责任公司、青岛特殊钢铁有限公司等
232	YB/T 4940—2021	绿色设计产品评价技术规范　桥梁缆索用盘条	青岛特殊钢铁有限公司、江苏沙钢集团有限公司等
233	YB/T 4941—2021	绿色设计产品评价技术规范　钢帘线用热轧盘条	潍坊特钢集团有限公司、青岛特殊钢铁有限公司等
234	YB/T 4942—2021	绿色设计产品评价技术规范　焊接用钢盘条	冶金工业规划研究院、青岛特殊钢铁有限公司等
235	YB/T 4943—2021	绿色设计产品评价技术规范　胎圈钢丝用盘条	潍坊特钢集团有限公司、江苏沙钢集团有限公司等
236	YB/T 4996—2022	索氏体化热处理碳素钢丝	江苏狼山钢绳股份有限公司、山东大业股份有限公司等
237	YB/T 5004—2012	镀锌钢绞线	天津冶金钢线钢缆集团公司、江苏神王集团有限公司等
238	YB/T 5005—2014	辐条用钢丝	贵州钢绳股份有限公司、四川国龙集团金属制品有限公司等
239	YB/T 5091—2016	惰性气体保护焊用不锈钢丝	东北特殊钢集团有限责任公司、江苏星火特钢有限公司、冶金工业信息标准研究院
240	YB/T 5092—2016	焊接用不锈钢丝	东北特钢集团有限责任公司、江苏兴海特钢有限公司等
241	YB/T 5183—2023	汽车附件、内燃机、软轴用异型钢丝	中钢集团郑州金属制品研究院股份有限公司、新余新钢金属制品有限公司等
242	YB/T 5198—2015	电梯钢丝绳用钢丝	天津高盛钢丝绳有限公司、无锡通用钢绳有限公司等
243	YB/T 5218—2017	乐器用钢丝	新余钢铁集团有限公司、贝卡尔特（新余）金属制品有限公司、冶金工业信息标准研究院
244	YB/T 5220—2014	非机械弹簧用碳素弹簧钢丝	贵州钢绳股份有限公司、四川国龙集团金属制品有限公司等
245	YB/T 5294—2009	一般用途低碳钢丝	天津冶金钢线钢缆集团有限公司、天津华源线材制品有限公司等

续表 3-1-1

序号	标准号	标准名称	起草或参与单位
246	YB/T 5295—2010	密封钢丝绳	宁夏恒力钢丝绳股份有限公司、贵州钢绳有限公司等
247	YB/T 5301—2010	合金结构钢丝	重庆东华特殊钢有限公司、冶金工业信息标准研究院
248	YB/T 5302—2010	高速工具钢丝	东北特殊钢管集团有限公司、冶金工业信息标准研究院
249	YB/T 5303—2010	优质碳素结构钢丝	冶金工业信息标准研究院、江苏永钢集团有限公司等
250	YB/T 5311—2010	重要用途碳素弹簧钢丝	东北特殊钢有限公司、冶金工业信息标准研究院
251	YB/T 5318—2010	合金弹簧钢丝	宝钢集团上海二钢有限公司、冶金工业信息标准研究院
252	YB/T 5319—2010	弹簧垫圈用梯形钢丝	中钢集团郑州金属制品研究院有限公司、冶金工业信息标准研究院
253	YB/T 5322—2010	碳素工具钢丝	东北特殊钢有限公司、冶金工业信息标准研究院
254	YB/T 5343—2015	制绳用圆钢丝	鞍钢钢绳有限责任公司、贵州钢绳股份有限公司等
255	YB/T 5357—2019	钢丝及其制品　锌或锌铝合金镀层	天津冶金钢线钢缆集团有限公司、锦锐乾源通信设备科技有限公司等
256	YB/T 5359—2020	压实股钢丝绳	贵州钢绳股份有限公司、咸阳宝石钢管钢绳有限公司等
257	YB/T 6029—2022	耐火耐候钢焊丝用盘条	首钢集团有限公司、江阴兴澄特种钢铁有限公司等
258	YB/T 6030—2022	汽车掣动推拉索芯	江阴泰阳成索业有限公司、江苏亚盛金属制品有限公司等
259	YB/T 6031—2022	汽车发动机燃油导轨用不锈钢丝及棒	浙江腾龙精线有限公司、永兴特种材料科技股份有限公司等
260	YB/T 6032—2022	制簧用钢丝绳	湖北福星新材料科技有限公司、江苏赛福天钢索股份有限公司等
261	YB/T 6079—2022	胎圈钢丝试验方法	山东大业股份有限公司、山东创大钢丝制品有限公司等
262	YB/T 6104—2023	线材用砂带除锈机技术规范	杭州星冠机械科技有限公司、黄山创想科技股份有限公司等
263	YB/T 6105—2023	金刚石线母线钢丝	强芯科技（南通）有限公司、苏闽（张家港）新型金属材料科技有限公司等
264	YB/T 6106—2023	汽车紧固件用冷镦钢盘条	江苏永钢集团有限公司、青岛特殊钢铁有限公司等

续表 3-1-1

序号	标准号	标准名称	起草或参与单位
T/CISA 中国钢铁工业协会团体标准 40 项			
265	T/CISA 001—2017	汽车座椅骨架用钢丝	法尔胜泓昇集团有限公司、辽宁通达建材实业有限公司和冶金工业信息标准研究院
266	T/CISA 015—2019	畜牧业笼养用热镀锌-10%铝镀层钢丝	贝卡尔特（青岛）钢丝产品有限公司、上海谷瑞农牧设备有限公司等
267	T/CISA 016—2019	绿色轮胎用 19CCST 钢帘线	河南恒星科技股份有限公司、冶金工业信息标准研究院等
268	T/CISA 018—2019	08Cr19Mn6Ni3Cu2N 高强度含氮奥氏体不锈钢盘条	青拓集团有限公司、冶金工业信息标准研究院等
269	T/CISA 041—2020	口罩用镀锌钢丝	天津华源线材制品有限公司、冶金工业信息标准研究院
270	T/CISA 042—2020	压水堆核电厂安全壳用预应力钢绞线	天津冶金集团中兴盛达钢业有限公司、江苏中核华兴特殊建筑工程有限公司等
271	T/CISA 053—2020	“领跑者”标准评价要求 LNG 储罐预应力钢绞线用热轧盘条	冶金工业信息标准研究院、鞍钢股份有限公司等
272	T/CISA 054—2020	“领跑者”标准评价要求冷镦钢热轧盘条	冶金工业信息标准研究院、江苏永钢集团有限公司等
273	T/CISA 059—2020	发动机启动卷簧用冷轧钢带	浙江富日进材料科技有限公司、广州高昌机电股份有限公司、冶金工业信息标准研究院
274	T/CISA 060—2020	C 型钉用镀层钢丝	杭州创宇金属制品科技有限公司、杭州市余杭区质量计量监测中心等
275	T/CISA 061—2020	无锈熔接网用镀层钢丝	杭州创宇金属制品科技有限公司、天津市天洋发线材有限公司等
276	T/CISA 062—2020	卷收器用冷轧卷簧钢带	浙江富日进材料科技有限公司、杭州市余杭区质量计量监测中心等
277	T/CISA 081—2021	耐候钢结构紧固件用热轧盘条及圆钢	首钢集团有限公司、中国电力科学研究院有限公司等
278	T/CISA 082—2021	绿色设计产品评价技术规范非调质冷镦钢热轧盘条	马鞍山钢铁股份有限公司、冶金工业信息标准研究院
279	T/CISA 083—2021	绿色设计产品评价技术规范预应力钢丝及钢绞线用热轧盘条	鞍钢股份有限公司、天津荣程联合钢铁集团有限公司等
280	T/CISA 084—2021	绿色设计产品评价技术规范不锈钢盘条	东北特殊钢集团股份有限公司、永兴特种材料科技股份有限公司、冶金工业信息标准研究院
281	T/CISA 085—2021	绿色设计产品评价技术规范弹簧钢丝用热轧盘条	江苏沙钢集团有限公司、冶金工业信息标准研究院
282	T/CISA 109—2021	绿色设计产品评价技术规范胎圈用钢丝	山东大业股份有限公司、贝卡尔特技术研发有限公司、冶金工业信息标准研究院

续表 3-1-1

序号	标准号	标准名称	起草或参与单位
283	T/CISA 110—2021	绿色设计产品评价技术规范　热轧盘条	江苏沙钢集团有限公司、冶金工业信息标准研究院
284	T/CISA 145—2021	桥梁缆索用锌铝镁合金镀层钢丝	宝钢集团南通线材制品有限公司、奥盛新材料股份有限公司等
285	T/CISA 146—2021	锌铝镁合金镀层钢丝缆索	上海浦江缆索股份有限公司、贵州钢绳股份有限公司等
286	T/CISA 158—2021	超高强度桥梁缆索钢丝用盘条	江阴兴澄特种钢铁有限公司、冶金工业信息标准研究院等
287	T/CISA 172—2021	文具用钢丝	杭州敦实金属制品有限公司、冶金工业信息标准研究院
288	T/CISA 173—2021	钢丝管式电加热炉技术规范	杭州敦实金属制品有限公司、冶金工业信息标准研究院
289	T/CISA 174—2021	钢丝球化退火炉技术规范	杭州敦实金属制品有限公司、冶金工业信息标准研究院
290	T/CISA 175—2021	汽车安全带用平面涡卷弹簧疲劳试验方法	浙江富日进材料科技有限公司、冶金工业信息标准研究院
291	T/CISA 176—2021	健身器材用卷簧钢带	浙江富日进材料科技有限公司、冶金工业信息标准研究院
292	T/CISA 177—2021	电动机轴用冷拉直条钢丝	杭州良联五金机械有限公司、湖州职业技术学院、冶金工业信息标准研究院
293	T/CISA 178—2021	货架钢丝网用冷拉光亮钢丝	杭州良联五金机械有限公司、湖州职业技术学院、冶金工业信息标准研究院
294	T/CISA 179—2021	波形弹性垫圈用钢丝	杭州华深金属制品有限公司、冶金工业信息标准研究院
295	T/CISA 180—2021	打结刀用钢丝	杭州华深金属制品有限公司、冶金工业信息标准研究院
296	T/CISA 215—2022	预应力混凝土用超高强钢绞线	北京宝维森新材料科技发展有限公司、中研兆科（北京）技术有限公司等
297	T/CISA 238—2022	质量分级及“领跑者”评价要求　混凝土用钢纤维	冶金工业信息标准研究院、贝卡尔特应用材料科技（上海）有限公司
298	T/CISA 239—2022	质量分级及“领跑者”评价要求　奥氏体-铁素体型双相不锈钢盘条	冶金工业信息标准研究院、永兴特种材料科技股份有限公司等
299	T/CISA 240—2022	质量分级及“领跑者”评价要求　输送带用钢丝绳	冶金工业信息标准研究院、济宁长龙钢丝绳有限公司等
300	T/CISA 241—2022	质量分级及“领跑者”评价要求　子午线轮胎用钢帘线	冶金工业信息标准研究院、贝卡尔特（中国）技术研发有限公司

续表 3-1-1

序号	标准号	标准名称	起草或参与单位
301	T/CISA 242—2022	质量分级及“领跑者”评价要求　螺杆钢接头压接索具	冶金工业信息标准研究院、建峰索具有限公司
302	T/CISA 277—2022	绿色设计产品评价技术规范　电梯用钢丝绳	江苏赛福天钢索股份有限公司、江苏芸裕金属制品有限公司等
303	T/CISA 278—2022	电梯钢丝绳用油脂	江苏赛福天钢索股份有限公司、江苏芸裕金属制品有限公司等
304	T/CISA 279—2022	拉拔用钢丝磷化膜技术规范	江苏赛福天钢索股份有限公司、江阴兴澄特种钢铁有限公司等

第二章 获得的各级技术进步奖或成果奖

线材及线材制品企业从20世纪80年代开始，先后获得各级奖励154项，其中国家级技术进步奖励4项，全国性奖励13项，省部级科技进步奖励114项，省部级性奖励23项，见表3-2-1，为我们线材制品行业发展，聚集了强大的技术支撑。

表3-2-1 获得的各级技术进步奖或成果奖

序号	项目名称	颁奖单位及等级	项目完成单位	项目完成人员
国家级技术进步奖励4项				
1	千米级斜拉桥结构体系、设计及施工关键控制技术	国家科技进步奖一等奖	法尔胜泓昇集团有限公司	张喜刚、游庆仲、张鸿、陈艾荣、袁洪、吴寿昌、欧阳效勇、丁峰、刘先鹏、裴岷山、罗承斌、任回兴、李乔、龚维明、刘玉擎（单位排10）
2	耐久型超高强度平行钢丝拉索关键技术及产业化	国家科技进步奖二等奖	法尔胜泓昇集团有限公司	刘礼华、赵军、宁世伟、薛花娟、朱建龙、周祝兵、江焕宏、高科、强强、吴琼
3	形状记忆与超弹性NiTi合金研究与应用	国家科技进步奖二等奖	法尔胜泓昇集团有限公司	赵连城、刘礼华、蔡伟、杨恒、王中、王儒润、刘兆生、黄兵民（单位排2）
4	转炉流程生产特殊钢的工艺优化与开发	科技部科技进步奖二等奖	首钢集团	周德光、崔金玉等
全国性奖励13项				
5	预应力整体张拉结构关键技术创新与应用	中华人民共和国国务院科技进步奖二等奖	广东坚朗五金制品股份有限公司	白宝鲲
6	耐腐蚀高强度钢丝绳	国防科技进步奖三等奖	法尔胜泓昇集团有限公司	—
7	多阶组合航空拖缆	中国人民解放军海军科技进步奖三等奖	天津市金鼎线材制品科技开发股份有限公司	冯春玲、张庆华、张立、贾宝楠、谷华
8	飞机拖靶吊舱系统研制	中国航空工业集团公司科技进步奖二等奖	天津市金鼎线材制品科技开发股份有限公司	冯春玲、张庆华、张立、贾宝楠、谷华
9	一种解决连铸小方坯疏松缩孔的轧制方法	国家知识产权局优秀奖	首钢集团	周德、王全礼等

续表 3-2-1

序号	项目名称	颁奖单位及等级	项目完成单位	项目完成人员
10	多丝线接触结构预应力钢绞线组合捻制设备	国家知识产权局中国专利优秀奖	贵州钢绳集团有限公司	张家琪、胡正中、徐建平、徐伟、刘文英
11	不锈钢丝绳标准（1990）	国家技术监督局科技进步奖四等奖	冶金部郑州金属制品研究院	魏金山
12	GB/T 20067—2006 粗直径钢丝绳	国家质量监督检验检疫总局、国家标委会标准创新贡献三等奖	贵州钢绳集团有限公司	黄忠渠、黄达强、贺孝宇、李伦友、马明刚、杨程、田维强
13	超高强度平行钢丝耐久型拉索体系	中华全国工商联科技进步奖一等奖	法尔胜泓昇集团有限公司	刘礼华、赵军、宁世伟、薛花娟、朱建龙、周祝兵、高科、范小中、王进、赵成哲
14	电气化高速铁路接触网用高性能复合材质张力元件	中华全国工商联科技进步奖二等奖	法尔胜泓昇集团有限公司	张春雷、董东、黄磊、刘红芳、张伦、王晖、赵维凯
15	ISO 2408：2007（Steel wire ropes-Requirements）国际标准	全国总工会全国工人先锋号	贵州钢绳集团有限公司	黄忠渠、王小刚、贺孝宇、黄达强、马明刚、王朝义、张宗前、严志远、陆萍、夏楠、何光成
16	一种高速线材在线热水浴冷却装置	第二十一届全国发明展览会金奖	鞍钢股份有限公司线材厂	任玉辉、梁琪、高德柱、金晓光、韩立涛、刘磊刚、马维刚、王新、郭思聪、邵岩松
17	铝包钢丝绞线	1991 年度国家级新产品	天津市大成五金厂	—
省部级科技进步奖励 114 项				
18	特种（抽丝）透气钢丝绳	冶金部科技进步奖二等奖	鞍山钢铁公司	张德英、赵荣瑶、宋建婷、殷森、高万巨、何德怀、高正平、张雅菊
19	鞍钢精品线材生产线工艺开发及自主集成创新	冶金部科技进步奖二等奖	鞍钢股份有限公司线材厂	唐复平、任玉辉、姚林、洪树利、梁琪、韩立涛、郭大勇、赵学博、白喜峰、高德柱、马维刚、邱荣刚、胥晶、吴殿刚、许广远、王艳冰、郭秀丽、张俊峰
20	高韧性、高疲劳寿命橡胶骨架增强钢丝用盘条的开发	冶金科技进步奖三等奖	鞍钢股份有限公司线材厂	任玉辉、臧绍双、郭大勇、白喜峰、王秉喜、赵学博、宁东、韩立涛、王宁、赵长兴、常宏伟
21	超高强度平行钢丝耐久型拉索体系	冶金科技进步奖三等奖	法尔胜泓昇集团有限公司	刘礼华、赵军、宁世伟、朱建龙、薛花娟
22	高性能中碳钢丝的形变机理与应用	冶金科技进步奖三等奖	法尔胜泓昇集团有限公司	刘礼华、蒋建清、赵敏、涂益友、蔡磊

续表 3-2-1

序号	项目名称	颁奖单位及等级	项目完成单位	项目完成人员
23	超大跨径悬索桥用 1960 兆帕主缆钢丝及索股成套技术研究与产业化	中国钢铁工业协会、中国金属学会冶金科学技术奖二等奖	法尔胜泓昇集团有限公司	赵军、吴玉刚、薛花娟、崖岗、梅刚、张剑锋、代希华、卢靖宇、朱晓雄、张鑫敏
24	高性能特种金属线材制品关键技术集成创新与产业化	中国钢铁工业协会、中国金属学会冶金科学技术奖一等奖	法尔胜泓昇集团有限公司	刘礼华、张春雷、赵霞、栾佰峰、李盛、朱维军、邵永清、徐钦华、王晖、韩志平、周祝兵、卢东、黄磊、李明扬、徐红
25	超高强度耐久型桥梁缆索绿色高效成套技术研究与应用	中国钢铁工业协会、中国金属学会冶金科学技术奖一等奖	法尔胜泓昇集团有限公司	许晓红、薛花娟、张剑锋、李国忠、赵军、单爱党、孙中伟、陈海燕、宗浩、陈德、孟羽、王志刚、廖书全、顾剑锋、徐骏（单位排 2）
26	新型航空拖靶钢丝绳	冶金部科学技术进步奖评审委员会三等奖	天津市金鼎线材制品科技开发股份有限公司	冯春玲、张庆华、张立、贾宝楠、谷华
27	钢丝大盘重连续化生产工艺及设计	冶金部科技进步奖四等奖	江苏神王集团有限公司	—
28	二氧化碳气体保焊丝成品生产线（1989）	冶金部科技进步奖三等奖	冶金部郑州金属制品研究院	周浩章、卢德义、高玉升、许新波、李建新、张柏延、钱家骥、杨思华、王蕴智、索文萍、吴基培、姚宏伟、李中山、周洪刚、朱江
29	LT1-20/260 水箱拉丝机（1990）	冶金部科技进步奖二等奖	冶金部郑州金属制品研究院	高玉升、卢德义、李耀华、杨思华、索文萍、周浩章、李立愿、王蕴智、姚宏伟、程化保、吴苏宾、左立
30	双相钢盘条研究（1992）	冶金部科技进步奖二等奖	冶金部郑州金属制品研究院	马凌肃、张爱民、杨振涛、陶善龙、郭正民、王美风、瞿世平
31	大盘重连续化生产工艺及设计（1994）	冶金部科技进步奖四等奖	冶金部郑州金属制品研究院	杨振涛、陶善龙、周占敏、乔中、廉小平、周建申、曲良清、张爱民、陈许林、孙留根、孙新梅、王福金、杨银生、王宝玉、王建林、马凌肃
32	JR1-300/630 精密缠绕机（1995）	冶金部科技进步奖三等奖	冶金部郑州金属制品研究院	朱江、李锋、许新波、王大安、程化保、李中山、周浩章、杨思华、马明、刘希玲

续表 3-2-1

序号	项目名称	颁奖单位及等级	项目完成单位	项目完成人员
33	多丝（20 线）展开式化学镀铜 CO_2 气保焊丝生产线（2003）	冶金科技进步奖三等奖	郑州金属制品研究院	李中山、李锋、姚宏伟、王静芳、陈红献、周孝俊、郑卓能、任宏奎、韩安成、彭卓理、王树强、周浩章、张常友、王蕴智、索文萍
34	钢丝连续式水浴热处理生产技术开发（2010）	冶金科学技术奖三等奖、河南省省科技进步奖二等奖	中钢集团郑州金属制品研究院有限公司	宋为、王宝玉、汪凯、陈红献、曹德付
35	大型模锻压机用扁钢丝研发（2012）	冶金科学技术奖三等奖、河南省省科技进步奖三等奖	中钢集团郑州金属制品研究院有限公司	念远征、李根山、高建军、张洪波、杨永红、姜桂良、任慧卿、王学彤、李立愿、黄雪山、郭军
36	2000 兆帕级悬架簧钢丝的开发（2013）	冶金科学技术奖三等奖、河南省省科技进步奖三等奖	中钢集团郑州金属制品研究院有限公司	张峰山、丁培聚、刘世焜、姜玲、张永波、常序华
37	钢铁及合金化学成分测定耦合等离子体原子发射光谱法系列标准的制定（2016）	冶金科技进步奖二等奖	中钢集团郑州金属制品研究院有限公司	邱月梅
38	千米级斜拉索关键技术	江苏省科技进步奖一等奖	法尔胜鸿昇集团有限公司	刘礼华、赵军、宁世伟、薛花娟、袁洪、朱建龙、周祝兵、王进、陈灵芝
39	桥梁缆索成套技术	江苏省科技进步奖一等奖	法尔胜泓昇集团有限公司	—
40	高性能中碳钢丝的形变机理与应用研究	江苏省科技进步奖二等奖	法尔胜泓昇集团有限公司	蒋建清、刘礼华、赵敏、涂益友、蔡磊、方峰、杨恒
41	超高强度开放式输送带用钢丝绳	江苏省科技进步奖二等奖	法尔胜泓昇集团有限公司	—
42	镍钛合金组织、性能的控制及应用产品开发	江苏省科技进步奖二等奖	法尔胜泓昇集团有限公司	刘礼华、杨恒、曹文涛、王兰英、伊胜宁、黄兵民、赵连城
43	轿车用柔性钢丝绳及其系列生产设备的开发与产业化	江苏省科技进步奖三等奖	法尔胜泓昇集团有限公司	—
44	孔网钢带塑料复合管	江苏省科技进步奖三等奖	法尔胜泓昇集团有限公司	—
45	江苏钢绳集团 CIMS 推广应用示范工程	江苏省科技进步奖三等奖	法尔胜泓昇集团有限公司	—
46	吊篮用钢丝绳	江苏省科技进步奖三等奖	法尔胜泓昇集团有限公司	—

续表 3-2-1

序号	项目名称	颁奖单位及等级	项目完成单位	项目完成人员
47	光缆用磷化钢丝	江苏省科技进步奖三等奖	法尔胜泓昇集团有限公司	金根兴、吴玉君、张国春、赵敏、袁振勇
48	电话、电报用镀铜钢丝	江苏省科技进步奖三等奖	法尔胜泓昇集团有限公司	—
49	基于金属线材制品转型升级的创新工程	江苏省企业技术创新奖	法尔胜泓昇集团有限公司	—
50	高速铁路接触网用高性能钢丝绳研发及产业化	江苏省科学技术奖三等奖	法尔胜泓昇集团有限公司	张春雷、董东、黄磊、刘红芳、张伦、王晖、赵维凯
51	高耐久型体外预应力体系关键技术及产业化	江苏省科学技术奖三等奖	法尔胜泓昇集团有限公司	金平、费汉兵、单继安、王志刚、马伟杰、朱峰、王昀
52	不锈钢丝、不锈钢丝绳系列产品	江苏省科技进步奖三等奖	法尔胜泓昇集团有限公司	—
53	1860 级 PC 钢绞线用小方坯连铸连轧盘条的产业化研究	江苏省人民政府科技进步奖一等奖	江苏沙钢集团有限公司	—
54	低成本高品质合金高碳钢系列线材的研发及产业化	江苏省人民政府科技进步奖三等奖	江苏沙钢集团有限公司	—
55	低成本高品质合金高碳钢系列线材的研发及产业化	中华全国工商联科技进步奖二等奖	江苏沙钢集团有限公司	—
56	高性能焊丝钢开发及工业应用	江苏省人民政府科技进步奖三等奖	江苏沙钢集团有限公司	—
57	高性能焊丝钢开发及工业应用	中国钢铁工业协会、中国金属学会冶金科技奖三等奖	江苏沙钢集团有限公司	—
58	高碳钢关键质量指标评价体系的建立与应用	中国钢铁工业协会、中国金属学会冶金科技奖三等奖	江苏沙钢集团有限公司	—
59	高品质线材绿色高效制备关键技术的开发及应用	江苏省人民政府科技进步奖三等奖	江苏沙钢集团有限公司	—
60	基于电炉小方坯短流程的高碳线材关键技术开发及应用	中国钢铁工业协会、中国金属学会冶金科技奖三等奖	江苏沙钢集团有限公司	—
61	高端线材全流程数字化仿真及质量性能控制关键技术	中国钢铁工业协会、中国金属学会冶金科技奖二等奖	江苏沙钢集团有限公司、北京科技大学	—
62	高强度压实钢丝绳关键技术研发及产业化	江苏省科技厅三等奖	江苏赛福天钢索股份有限公司	杨岳民、过惠成、林柱英、左士龙、吴海峰、刘成轩、魏志远

续表 3-2-1

序号	项目名称	颁奖单位及等级	项目完成单位	项目完成人员
63	特大跨径悬索桥主缆用超高强度耐腐蚀钢丝关键制造技术研发及应用	江苏省科学技术奖二等奖	宝钢集团南通线材制品有限公司	周代义、严涛、周建华、沈爱国
64	耐液锌腐蚀金属间化合物研究及应用	河北省人民政府技术进步奖一等奖	河北工业大学	曹晓明
65	Galfan 合金厚度层单镀工艺原理和技术研究	河北省人民政府技术进步奖二等奖	天津市工大镀锌设备有限公司	曹晓明
66	热镀层电磁力控制技术与设备	河北省人民政府技术进步奖三等奖	天津市工大镀锌设备有限公司	曹晓明
67	金属/陶瓷层状结构复合材料及其大尺寸锌锅内加热器上的应用	河北省人民政府技术进步奖二等奖	天津市工大镀锌设备有限公司	曹晓明、赵树鹏
68	SK-8/600 筐篮式成绳机、GGT6/760 捻股机、GG1-6/800 管式绞线机、SK6/1000 成绳机	内蒙古自治区优秀成果一等奖	包头市冶金矿山机械厂	杜继武、高振声、张晓平、田生
69	筒体外穿线捻股机	内蒙古自治区科学大会奖	包头市冶金矿山机械厂	杜继武、高振声、张晓平
70	GG18/300 捻股机	内蒙古科技进步奖三等奖	包头市冶金矿山机械厂	杜继武、高振声、韩东林、张晓平
71	GB/T 5224—2003 预应力混凝土用钢绞线	江西省级科技进步奖三等奖	新华金属制品股份有限公司	段建华等
72	预应力混凝土用钢绞线	江西省级科技进步奖二等奖	新华金属制品股份有限公司	姚红江、段建华等
73	AS-512 大跨越铝包钢绞线	江西省级科技进步奖二等奖	新华金属制品股份有限公司	姚红江、段建华、何玉明等
74	粗直径钢绳研制与开发项目	湖南省科技进步奖二等奖	湘钢钢丝绳厂	向灿阳
75	高端钢芯电梯绳研究与开发	湖北省科学技术厅认定科技支撑计划项目	湖北福星新材料有限公司	李龙彪、张开松、邓荣远、王旺才、高千胜
76	3×7 护栏用钢丝绳研发	湖北省科学技术厅认定湖北省重大科学技术成果	湖北福星新材料有限公司	李龙彪、夏木阳、张开松、邓荣远、刘建平
77	胎圈钢丝水浴代替铅浴	湖北省科学技术厅认定湖北省重大科学技术成果	湖北福星新材料有限公司	张守华、夏木阳、李龙彪、段永胜
78	子午线轮胎用钢丝帘线	湖北省科技进步奖三等奖	湖北福星新材料有限公司	张守华、夏木阳

续表 3-2-1

序号	项目名称	颁奖单位及等级	项目完成单位	项目完成人员
79	超高强度镀铸钢绞线制造技术集成创新及产品开发	湖北省科学技术厅冶金科技奖二等奖	武汉钢铁（集团）公司、中国电力科学研究院上海中天铝线有限公司	李建华、刘时金、万建成、覃之光、尤伟任、张俊华、程先舟、冯爱军、刘占增、刘臻
80	超高强度镀铸钢绞线制造技术集成创新及产品开发	湖北省 2017 年科技进步奖二等奖	武汉钢铁（集团）公司、中国电力科学研究院、上海中天铝线有限公司	李建华、刘时金、万建成、覃之光、尤伟任、张俊华、程先舟、冯爱军、刘占增、刘臻
81	ϕ1270 直进式拉丝机	贵州省人民政府贵州省科技进步奖三等奖	贵州钢绳集团有限公司	黄忠渠、宋江岭、杜林华、万小松、文明、孙继东、徐伟、黄达强、徐建平
82	特高强度大规格吊索钢丝绳关键技术研发及工程应用	贵州省人民政府贵州省科技进步奖二等奖	贵州钢绳集团有限公司	李伦友、黄忠渠、贺孝宇、黄达强、王发平
83	三角股钢丝绳生产工艺创新	贵州省人民政府贵州省优秀技术创新项目二等奖	贵州钢绳集团有限公司	黄忠渠、张家琪、胡正中、贺孝宇、黄达强、李伦友
84	粗直径点线接触钢丝绳	贵州省总工会、经信委、科技厅、人力资源和社会保障厅省职工技术创新成果奖	贵州钢绳集团有限公司	黄忠渠、黄达强、贺孝宇、马明刚、杨程、王小刚、李伦友、田维强
85	钢丝绳端头扭制设备	贵州省总工会、经信委、科技厅、人力资源和社会保障厅省职工技术创新优秀奖	贵州钢绳集团有限公司	黄忠渠、黄达强、贺孝宇、李伦友、马明刚、杨程、王小刚、张宗前
86	水钢优质高碳钢的推广与应用	贵州省科学技术进步奖二等奖	水钢集团	李正嵩、周德等
87	转炉流程生产特殊钢的工艺优化与开发	北京市科委一等奖	首钢集团	周德光、崔金玉等
88	30 方坯连铸高性能 82B 的技术开发	北京市科委二等奖	首钢集团	王全礼、周德等
89	首钢铁路基建用长材的开发	北京市科委二等奖	首钢集团	王立峰、周德等
90	大规格高强度钢绞线用钢的研制	北京市科委三等奖	首钢集团	周德等
91	高速铁路无砟轨枕板拉杆用钢的研制	北京市科委三等奖	首钢集团	周德等

续表 3-2-1

序号	项目名称	颁奖单位及等级	项目完成单位	项目完成人员
92	500 千伏铝包钢绞线良导线体地线	1993 年度天津市科技成果二等奖	天津市大成五金厂	吴典斌、孙东平、莫璋、顾乃健、孟昭茹
93	GLJC-120/35 型铝包钢芯铝绞线载流承力索	1994 年度天津市科学技术成果	天津市大成五金厂、铁道部第三勘测设计院	莫璋、吴典斌、邵立、张振祥、陈璋
94	核电用钢绞线国产化研制	2014 年度天津市科学技术进步奖三等奖	天津冶金集团中兴盛达钢业有限公司	毛爱菊、王鸿利、张鹏、潘捷、张俊东
95	LNG 工程用耐低温预应力钢绞线的研制	2016 年度天津市科学技术进步奖三等奖	天津冶金集团中兴盛达钢业有限公司	王文喜、毛爱菊、王鸿利、张俊东、蔺秀艳
96	"华龙一号"-EPR 堆型核安全壳用高强度预应力钢绞线的研制	2017 年度天津市科学技术进步奖三等奖	天津冶金集团中兴盛达钢业有限公司	王文喜、毛爱菊、王鸿利、潘捷、蔺秀艳
97	1×19-ϕ21.8 毫米多层丝超级预应力混凝土用钢绞线	2013 年度天津市科学技术进步奖二等奖	天津冶金集团中兴盛达钢业有限公司	王文喜、张宏强、金庆波、蔺秀艳、杨晓红
98	新型坦克拖曳用超高强度线接触多股不旋转系列钢丝绳	天津市科学技术进步奖三等奖	天津市金鼎线材制品科技开发股份有限公司	鲁士恒、冯春玲、张立、贾宝楠、谷华
99	曳引式抽油机用压实股钢丝绳	天津市科委技术进步奖三等奖	天津高盛钢丝绳有限公司、天津大学	王会清、汪波、孙国和、田庄强、于克勇
100	铁基腐蚀材料及热镀锌内加热技术	天津市人民政府技术进步奖一等奖	天津市工大镀锌设备有限公司	曹晓明
101	热镀 Galfan 钢丝的关键技术及产业化	天津市人民政府技术进步奖二等奖	天津市工大镀锌设备有限公司	曹晓明、赵树鹏
102	特大跨径悬索桥缆索系统设计、制造及安装关键技术研究	上海市科学技术奖二等奖	宝钢集团上海二钢有限公司	周代义
103	桥梁缆索用盘条及镀锌钢丝的研制	上海市科学技术奖二等奖	宝钢集团上海二钢有限公司	孙金茂
104	超高强度低松弛耐腐蚀桥梁钢丝关键技术及应用	上海市科学技术奖一等奖	宝钢集团南通线材制品有限公司	周代义、张海东
105	超高强度低松弛耐腐蚀桥梁钢丝关键制造技术集成创新及应用	上海市科学技术奖三等奖	宝钢集团南通线材制品有限公司	周代义、严涛、周建华
106	淬回火 PC 钢丝用水溶性淬火剂的研究与应用（1995）	河南省科技进步奖二等奖	冶金部郑州金属制品研究院	邢献强、徐洪刚、许世熙

续表 3-2-1

序号	项目名称	颁奖单位及等级	项目完成单位	项目完成人员
107	ϕ5 毫米矫直回火预应力钢丝（1995）	河南省科技进步奖二等奖	冶金部郑州金属制品研究院	李国哲、余鸿青、张晨光、杜瑞青、王树强
108	LXB 800-200 螺旋裹包式包装机（1996）	河南省冶金行业科技进步奖二等奖	冶金部郑州金属制品研究院	李陨石、邓力、张之端、韩安成
109	在线热轧高碳宽扁钢丝生产工艺研究（1999）	河南省冶金行业科技进步奖二等奖	冶金部郑州金属制品研究院	念远征、张喻庆、贾玉良、李根山、高建军、聂升亮、彭加丰、姜桂良、吴伟林
110	引进国外关键设备开发轿车悬架簧用调质处理弹簧钢丝（1999）	河南省科技进步奖三等奖	冶金部郑州金属制品研究院	卢冬良、邱文鹏、丁培聚、姜岩、周占敏、刘世昆、许世熙、李娟、吴宏林、陈振环、刘三元
111	轿车高应力气门簧用弹簧钢丝的应用开发（2003）	河南省科技进步奖三等奖	郑州金属制品研究院	杨振涛、邢献强、陶善龙、王红祎、李研、姜岩、洪涛、李娟、邱文鹏
112	00Cr11Ni11MoTi 马氏体时效不锈钢工艺研究及开发（2014）	河南省国防科技进步奖一等奖	中钢集团郑州金属制品研究院有限公司	李居强、郭燕飞、杨永红、赵星明、陈涵、惠延波、古斌、张瑜庆、徐辉
113	航空液压泵用高强度抗疲劳弹簧钢丝研制（2017）	河南省国防科技进步奖三等奖	中钢集团郑州金属制品研究院有限公司	李居强、郭燕飞、杨永红、赵星明、陈涵、古斌、张瑜庆
114	GCr15 轴承钢丝（1989）	河南省科技进步奖三等奖	冶金部郑州金属制品研究院	王跃、邓易安、李怀保、毛海波、姜岩、邢献强、余鸿青
115	彩色镀塑金属制品新构件（1989）	河南省科技进步奖二等奖	冶金部郑州金属制品研究院	赵荣汉、郑申、李正仁、李洪军、李根木
116	电缆护套用铅锑铜合金（1990）	河南省科技进步奖二等奖	冶金部郑州金属制品研究院	李旭
117	油淬火-回火碳素粗弹簧钢丝（1991）	河南省科技进步奖三等奖	冶金部郑州金属制品研究院	周占敏、陶善龙、杨振涛、杨银生
118	转底炉处理含铁、锌尘泥资源循环利用关键技术的开发与应用	中国循环经济协会循环经济一等奖	江苏沙钢集团有限公司	刘俭、施一新、杜屏、毛瑞、王飞
119	索道用异型股钢丝绳工艺技术研究及推广	中国钢铁工业协会、中国金属学会冶金科学技术奖	鞍钢钢绳有限责任公司	邢永晟、何德怀、王国辉、刘若鹏、张德英、向卫国、赵东升、王成华、方国胜、张雅菊、李广宇
120	高速铁路无砟轨枕板拉杆用钢的研制	中国钢铁工业协会、中国金属学会冶金科技奖三等奖	首钢集团	周德等

续表 3-2-1

序号	项目名称	颁奖单位及等级	项目完成单位	项目完成人员
121	首钢高强度系列钢筋生产技术研究	中国钢铁工业协会、中国金属学会冶金科技奖三等奖	首钢集团	周玉丽等
122	减量化高强钢筋的产线的开发与工艺集成技术	中国钢铁工业协会、中国金属学会冶金科技奖三等奖	首钢集团	周玉丽等
123	V-N 复合微合金化 HRB400 钢筋的开发与研制	中国钢铁工业协会、中国金属学会冶金科技奖二等奖	首钢集团	周玉丽等
124	首钢高强度系列钢筋生产技术研究	中国钢铁工业协会、中国金属学会冶金科技奖二等奖	首钢集团	周玉丽等
125	2000 兆帕钢绞线用钢的研制	中国钢铁工业协会、中国金属学会冶金科技奖三等奖	首钢集团	周德等
126	130 方坯连铸高性能 82B 的技术开发	中国钢铁工业协会、中国金属学会冶金科技奖二等奖	首钢集团	王全礼、周德等
127	首钢铁路基建用长材的开发	中国钢铁工业协会、中国金属学会冶金科技奖二等奖	首钢集团	王立峰、周德等
128	轿车高应力气门弹簧钢丝的应用开发	中国钢铁工业协会、中国金属学会冶金科技奖二等奖	江苏神王集团有限公司	—
129	特大跨径悬索桥缆索系统设计、制造及安装关键技术研究	中国公路学会科学技术奖一等奖	贵州钢绳集团有限公司	李伦友、黄忠渠、贺孝宇、黄达强、王发平
130	煤矿支护 1×19-ϕ21.8 毫米锚索研究与应用	2012 年度中国煤炭工业科学技术奖二等奖	天津冶金集团中兴盛达钢业有限公司	王文喜、蔺秀艳、邱天德、王子雷、杨晓红
131	高强度高耐候性建筑用锌-5%铝-混合稀土合金（Galfan）镀层拉索产品研制	中国钢结构协会技术进步奖一等奖	广东坚宜佳五金制品有限公司	—
省、省级市、部级性奖励 23 项				
132	电铲用钢丝绳	原冶金工业局国家质量银质奖	湘钢钢丝绳厂	—
133	矿用钢丝绳	原冶金工业局国家质量银质奖	湘钢钢丝绳厂	—

续表 3-2-1

序号	项目名称	颁奖单位及等级	项目完成单位	项目完成人员
134	面接触钢丝绳	原冶金工业局国家质量银质奖	湘钢钢丝绳厂	—
135	高强度钢帘线用盘条	辽宁省优秀新产品二等奖	鞍钢股份有限公司线材厂	唐复平、任玉辉、郭大勇、马成、孟劲松、王秉喜、白喜峰、张晓军、耿继双、李延春、洪树利、李宝杰
136	直径5.0毫米、5.5毫米橡胶骨架增强钢丝用盘条	辽宁省新产品三等奖	鞍钢股份有限公司线材厂	任玉辉、臧绍双、郭大勇、白喜峰、王秉喜、赵学博、宁东、韩立涛、王宁、赵长兴、常宏伟
137	伞骨钢丝	湖南省技术质量监督局质量奖	湘钢钢丝绳厂	—
138	提高钢绞线表面质量	2012年度天津市质量攻关优秀成果奖二等奖	天津冶金集团中兴盛达钢业有限公司	王文喜、毛爱菊、王鸿利、陈海祥、韩文铎
139	提高小规格钢绞线伸直性的攻关	2013年度天津市质量攻关优秀成果奖二等奖	天津冶金集团中兴盛达钢业有限公司	陈海祥、韩文铎
140	关于降低预应力钢绞线锥断的攻关	2014年度天津市质量攻关优秀成果奖二等奖	天津冶金集团中兴盛达钢业有限公司	李金锁、毛爱菊、刘海忠、陈海祥、韩文铎
141	提高拉丝机捻股工序的定尺准确率	2014年度天津市质量攻关优秀成果奖三等奖	天津冶金集团中兴盛达钢业有限公司	王文喜、吴金琪、杨波、蔺秀艳、王莉
142	解决1×3-2.9毫米小规格钢绞线错层	2015年度天津市质量攻关优秀成果奖三等奖	天津冶金集团中兴盛达钢业有限公司	毛爱菊、刘海忠、陈海祥、韩文铎、王鸿利
143	提高LNG工程用预应力钢绞线耐低温性能的质量攻关	2016年度天津市质量攻关优秀成果奖二等奖	天津冶金集团中兴盛达钢业有限公司	王文喜、毛爱菊、王鸿利、张俊东、蔺秀艳
144	降低钢绞线外包装破损率	2016年度天津市质量攻关优秀成果奖二等奖	天津冶金集团中兴盛达钢业有限公司	陈海祥、刘海忠、韩文铎、王鸿利、王增强
145	提高螺旋肋钢丝产品合格率	2016年度天津市质量攻关优秀成果奖三等奖	天津冶金集团中兴盛达钢业有限公司	毛爱菊、蔺秀艳、王鸿利、李博、周扬

续表 3-2-1

序号	项目名称	颁奖单位及等级	项目完成单位	项目完成人员
146	1×2 结构小规格钢绞线拉伸试验方法的建立	2016 年度天津市质量攻关优秀成果奖三等奖	天津冶金集团中兴盛达钢业有限公司	王莉、岳园、刘祺亮、孙宝林
147	提高低松弛预应力螺旋肋钢丝松弛性能	2017 年度天津市质量攻关优秀成果奖二等奖	天津冶金集团中兴盛达钢业有限公司	毛爱菊、蔺秀艳、王鸿利、杨志强、李博
148	大规格预应力钢丝松弛性能的优化提升	2018 年天津市质量攻关优秀成果奖三等奖	天津冶金集团中兴盛达钢业有限公司	蔺秀艳、杨志强、李博、王莉、于凌
149	合理匹配半成品钢丝定尺长度、降低消耗	2017 年度天津市质量攻关优秀成果奖三等奖	天津冶金集团中兴盛达钢业有限公司	毛爱菊、蔺秀艳、陈海祥、杨志强、李博
150	钢绞线表面磨损的改进	2017 年度天津市质量攻关优秀成果奖三等奖	天津冶金集团中兴盛达钢业有限公司	刘海忠、陈海祥、韩文铎、王鸿利、蔺秀艳
151	提高 1-19w-28.6 毫米预应力钢绞线性能质量攻关	2018 年天津市质量攻关优秀成果奖三等奖	天津冶金集团中兴盛达钢业有限公司	王文喜、蔺秀艳、杨志强、李博、王鸿利
152	低碳丝锌-5%铝合金镀层产品	天津市重点新产品	天津华源线材制品有限公司	郦伟光、于茂来、宫明江、王彦全、陈大勇
153	同向捻 35（W）×K7 钢丝绳	中国石油天然气集团公司-自主创新重要产品	咸阳宝石钢管钢绳有限公司	王强、康先智
154	高索牌石油用钢丝绳	中国石油和化学工业联合会-知名品牌产品	咸阳宝石钢管钢绳有限公司	张赞斌、杨梅、康先智

第三章 各种钢丝、钢绞线、钢丝绳等线材深加工产品在国内外典型工程上的应用

一、在体育场馆等建筑上的应用

在体育场馆等建筑上的应用如图 3-3-1~图 3-3-5 所示。

图 3-3-1 深圳平安金融大厦

图 3-3-2　2008 年北京奥运会主会场——鸟巢体育场

图 3-3-3　美国达拉斯机场

图 3-3-4　埃及新行政首都项目建设

图 3-3-5　港珠澳大桥珠海口岸旅检大楼

二、在桥梁上的应用

在桥梁上的应用如图 3-3-6~图 3-3-19 所示。

图 3-3-6　建设中的悬索桥

图 3-3-7　港珠澳大桥

图 3-3-8 贵州坝陵河大桥

图 3-3-9 贵州北盘江大桥——世界第一高架桥

图 3-3-10 江苏苏通长江公路大桥

图 3-3-11 泰州长江大桥

图 3-3-12 武汉鹦鹉洲长江大桥

图 3-3-13 云南龙江特大桥

图 3-3-14 东海大桥

图 3-3-15 汕头海湾大桥

图 3-3-16　润扬大桥

图 3-3-17　江阴长江大桥

图 3-3-18　浙江瓯江北口大桥

图 3-3-19　嘉鱼长江大桥

三、在铁路轨枕、桥梁等上的应用

在铁路轨枕、桥梁等上的应用如图 3-3-20～图 3-3-23 所示。

图 3-3-20　青藏铁路工程

图 3-3-21　合安高铁

图 3-3-22 沪昆高铁

图 3-3-23 京沪高铁

四、在水利工程上的应用

在水利工程上的应用如图 3-3-24~图 3-3-28 所示。

图 3-3-24 长江三峡永久船闸工程

图 3-3-25 黄河小浪底调水调沙工程

图 3-3-26 溪洛渡水电站工程

图 3-3-27 四川锦屏水电站

图 3-3-28　白鹤滩水电站是世界在建的最大水电站

五、在电力行业的应用

在电力行业的应用如图 3-3-29～图 3-3-32 所示。

图 3-3-29　大亚湾核电站项目的外围防护

图 3-3-30　岭澳核电站二期工程

图 3-3-31　“华龙一号”三代核电站建设项目

图 3-3-32　国家电网输变电线路

六、在煤矿、隧道、储气罐等方面的应用

在煤矿、隧道、储气罐等方面的应用如图 3-3-33～图 3-3-35 所示。

图 3-3-33　煤矿巷道支护

图 3-3-34　上海外滩观光隧道

图 3-3-35　中石化天津液化天然气项目一期储罐区工程

七、在缆车索道上的应用

在缆车索道上的应用如图 3-3-36 所示。

图 3-3-36　缆车索道

八、在石油行业的应用

在石油行业的应用如图 3-3-37 ~ 图 3-3-40 所示。

图 3-3-37　海上钻井平台

图 3-3-38　长庆油田采油三厂

图 3-3-39　石油钻机

图 3-3-40　新疆塔里木盆地地鹰 1 井 9000 米钻机

九、在港口吊装、海岸防护等方面的应用

在港口吊装、海岸防护等方面的应用如图 3-3-41～图 3-3-43 所示。

图 3-3-41 厦门港务局石湖山码头

图 3-3-42 岸桥起重机

图 3-3-43 大连石兴岛的海岸防护

十、在机械吊装行业的应用

在机械吊装行业的应用如图 3-3-44 所示。

图 3-3-44 徐工吊车

十一、在科考、船舶上的应用

在科考、船舶上的应用如图 3-3-45～图 3-3-47 所示。

图 3-3-45　贵州国家天文台 FAST 射电望远镜（天眼）

图 3-3-46　向阳红 10 号科考船

图 3-3-47　南极科考船雪龙 2 号

十二、在航天航空方面的应用

在航天航空方面的应用如图 3-3-48～图 3-3-50 所示。

图 3-3-48　载人航天工程

图 3-3-49　航天用钢丝绳

图 3-3-50　天宫一号、神舟九号、长城二号

第四篇

企业发展历程

第一章　鞍钢钢绳有限责任公司

一、企业概况

鞍钢钢绳有限责任公司始建于 1938 年，生产历史悠久，是中国金属制品行业的大型骨干企业之一，中国钢结构协会线材制品行业分会副理事长单位，中国索道协会副理事单位，是国家矿用钢绳重要生产基地，中国金属制品企业的摇篮，先后援建了贵州钢绳股份有限公司、宁夏恒力钢丝绳股份有限公司和湘钢集团钢丝绳厂。公司是 GB/T 8918《重要用途钢丝绳》、YB/T 5343《制绳用钢丝》、GB/T 20119《平衡用扁钢丝绳》、GB/T 26722《索道用钢丝绳》和 GB/T 33955《矿井提升用钢丝绳》的执笔起草单位。

经过多年的发展，公司形成了老区、新区和精品钢绳作业区三个生产区域。目前公司的年生产能力达 5 万吨以上，包括各类钢绳 4 万吨，各类商品钢丝 1 万吨，可批量生产的产品有三角股钢绳、电铲用钢绳、压实股钢绳、扁钢绳、不旋转钢绳（包括多层股、椭圆股、三股、四股钢绳）、索道用钢绳、胶带运输机牵引用钢绳、特殊用途高强度镀锌钢绳、电梯用钢绳、钢芯铝绞线用镀锌钢丝和镀锌钢绞线等 14 大类、60 余个品种、1000 余种规格的产品，广泛用于煤炭、石油、冶金、化工、船舶、桥梁、电力、橡胶、旅游、国防、水利等行业。

作为一个生产历史悠久的老企业，公司有着辉煌的历史，是中国最早的钢绳企业之一，是中国第一条线接触钢丝绳、第一条三角股钢丝绳、第一条电铲用钢丝绳、第一条扁钢丝绳、第一条索道用钢丝绳的诞生地。公司生产的三角股钢绳荣获国家金奖，电铲用钢绳荣获国家银奖，并两次获冶金产品金杯奖；线接触钢绳、镀锌钢绳、钢芯铝绞线用镀锌钢丝等 6 个品种荣获冶金工业部优秀产品称号，矿用钢丝绳荣获国家冶金工业协会颁发的实物质量金杯奖，重要用途钢丝绳被评为辽宁省重点名牌产品，是全国煤矿主副井提升钢绳用三角股钢丝绳主要供应商。2008 年北京奥运会开、闭幕式空中表演所使用的钢丝绳为鞍钢钢绳公司提供。自主开发出固态聚合物绳芯、异形股等多种结构的索道用钢丝绳，占领国内索道市场 90%以上的份额。

2017 年开始投资新建精品钢绳产线，均采用当时国际最先进的设备，2018 年投入生产。产线设计年产钢丝绳 8000 吨，产品品种包括三角股钢丝绳、线接触钢丝绳、压实股钢丝绳、多层股钢丝绳、索道钢丝绳、索具以及某些特殊领域专用钢丝绳等。

二、历史沿革

鞍钢钢绳有限责任公司建厂于 1938 年 9 月 8 日，先后经历了新中国成立前、新中国成立后计划经济时代、改革开放初期和改制后的现代企业制度建立等几个重要历史阶段。

（一）日伪建厂及国民党统治时期

鞍钢钢绳有限责任公司的前身是“满洲制钢株式会社”。建厂于1938年9月8日，是日本帝国主义对我国进行疯狂经济掠夺的产物。1945年日本投降后，国民党接管，工厂遭受严重破坏，陷入瘫痪。

（二）新中国成立后经济恢复发展的计划经济时代

新中国成立后，在党的领导下，工厂迅速恢复生产，经历了一段飞速发展时期。在产品品种、生产技术、质量管理、工艺装备和安全环保方面都取得了快速进步，先后援建了包头钢厂、宁夏钢绳厂、湘潭钢厂、湖北二汽，为公司的发展打下了坚实的基础，也为新中国的钢绳工业做出了突出贡献。

（三）改革开放初期

党的十一届三中全会以后，公司发生了深刻变化。生产调度得到了进一步加强，计划管理、质量管理、经济管理等日益深入生产各个环节，各项生产指标和经营效益都不断提高。

（四）现代企业的建立

2005年，公司完成企业转制，成立以鞍山钢铁集团有限公司为最大股东的国有控股有限责任公司，2021年，黑龙江龙煤物流有限责任公司和山西凯嘉能源集团有限公司成为第二大和第三大股东。转制后，公司实施了现代企业管理，建立起了现代企业制度，质量、环境和安全管理通过了QEO三体系认证。

三、特色工艺装备

（一）间歇式酸洗磷化生产线

采用槽浸式盐酸酸洗、磷化、皂化，拉拔前涂层质量良好，稳定可靠，全流程封闭，有完备的废水处理，可满足环保要求。

（二）热处理+酸洗磷化连续线

钢丝热处理与酸洗磷化连续处理，实现全程自动化，提高生产效率和钢丝表面处理质量。

（三）进口天然气明火热处理线

进口钢丝热处理线，燃天然气热值稳定，加上先进的炉温控制系统，炉温波动小，稳定可靠，等温淬火仍采用最为可靠的铅浴淬火，保证钢丝组织性能可达到预定要求。

（四）钢丝氮气抹拭热浸镀锌线

钢丝热镀锌采用氮气抹拭，提高锌层表面质量，镀锌速度增大，锌层厚度可调节范围增大，效率显著提升。收放线采用大盘重，放线分主动、被动两种方式，收线也分工字轮、线架两种方式，更为灵活，同时也提高了效率。

（五）进口直进式拉丝机

进口直进式拉丝机，冷却循环水软件处理，卷筒和模盒水冷均采用了设备制造公司独家专利，通过提高水的扰动性来取得更好的热交换效果，内部为开放式结构，可以基本上做到免维护，良好的冷却能力使钢丝性能得到极大提升。放线采用大盘重一字放线架，收线采用大盘重工字轮，减少钢丝接续点和停车次数，提高生产效率，同时生产速度稳定，提高钢丝性能稳定性。成品收线前采用激光在线测径，提高了生产效率和准确度。

（六）40/500 管式捻股机

可高速生产大直径多丝线接触钢丝绳股绳，捻距采用电控，可无级调整，配有油脂喷淋系统，可实现股淋油功能，配有压实股卡具，可实现压实股生产。

（七）异形股捻股机

公司拥有多台异形股捻股机，可生产不同规格、不同形式股芯的三角股和椭圆股。

（八）大型筐篮式合绳机

捻距采用电控，可无级调整；各股张力实时监控自动调整，很好地保证了张力的均匀一致；配有注塑钢丝绳生产设施，可生产注塑钢丝绳和 SPC 芯钢丝绳。还可以生产粗直径 170 毫米钢丝绳。

（九）扁钢丝绳生产线

公司拥有多条扁钢丝绳生产线，可生产不同品种规格的扁钢丝绳。

（十）大型多层股钢丝绳捻制设备

可生产大直径多层股钢丝绳，最大直径可达 70 毫米。

（十一）固态聚合物绳芯生产线

可生产固态聚合物绳芯（SPC），更好地满足索道领域需求。

（十二）钢丝绳涂塑生产线

可对钢丝绳进行表面涂塑，提高钢丝绳性能。

四、主要成果

（一）三角股钢丝绳

1955 年研制出中国第一条三角股钢丝绳，1966 年试制成功具有中国风格的/1×7+3/股芯三角股钢丝绳，1969 年试制成功圆股压三角股钢丝绳，开拓增产小直径异形股的生产途径。1972 年，15 种异形股钢丝绳列入行业标准和国家标准。1979 年、1984 年三角股钢丝绳两次荣获国家金牌奖。

(二) 椭圆股钢丝绳

1965 年，鞍钢钢绳厂可生产椭圆股钢丝绳 3 个品种 45 个规格。

(三) 电铲钢丝绳

1966 年，我厂试制成功国内首条电铲用线接触钢丝绳——6SW(36)+7×7 钢丝绳，替代了早期使用的 6×19、6×37 结构，在矿山电铲上使用效果良好，于 1982 年获冶金部优质产品。

(四) 线接触钢丝绳

1955 年，鞍钢钢绳厂首次试制成功西鲁式、瓦林吞式等线接触钢丝绳，1964 年首先完成了 6X(19)、6W(19) 两种线接触钢绳的结构设计，找到了在不同捻距倍数下，股内钢丝直径正确的比例关系，继之指导有关人员完成线接触的结构设计。1972 年，5 种线接触钢绳列入了行业标准和国家标准。

(五) 压实股钢丝绳

1973 年，鞍钢钢绳厂首次试制成功 M6×7、ϕ26. 5 毫米面接触钢绳（后改称压实股钢丝绳）。

(六) 不旋转钢丝绳

1960 年，鞍钢钢绳厂首先研制成功（12×7+6×19+1×19）多层股钢绳。以后又试制成功了 18×7、34×7 等多层股钢绳。1982 年生产出了第一条四股不旋转钢绳，1983 年试制成功了 3W(19) 三股钢绳。

(七) 扁钢丝绳

1964 年开始试制，1965 年成功量产，经多年来在操作效率、生产设备和质量上的不断改进，现已可以生产 6 个结构、30 余个规格的涂油或不涂油产品。

(八) 热处理工艺

1955 年，鞍钢钢绳厂高碳钢丝热处理铅浴实验取得成功，替代了之前一直使用的正火处理，解决了强度偏低的问题，钢丝综合性能获得明显提升。

(九) 多模连续拉丝

1954 年，鞍钢钢绳厂首先创造了多模拉丝法，并随之开始了模子和卷筒水冷的使用，

1966 年，首次将单头列式拉丝机改造成连续式拉丝机。

（十）钢丝磷化涂层

1969 年，鞍钢钢绳厂开始率先在国内开展钢丝磷化涂层实验，取得成功，并逐步替代锈化涂层，成为现在拉丝涂层的最重要方式。

（十一）不松散捻制

1964 年，鞍钢钢绳厂成功试制出可调式预变形卡具，其可灵活调整的特点，使不松散捻制得以成功推广，并于同年确定了不松散的检查标准。

（十二）坦克牵引绳

坦克牵引绳于 1983 年获得国家新产品奖——金龙杯奖和证书。

（十三）异形股索道用钢丝绳

2007 年，《一种架空索道用异形股钢丝绳》获得国家专利，2010 年异形股索道用钢丝绳项目通过辽宁省科技成果鉴定，获得省级科学技术研究成果。2015 年，索道用异形股钢丝绳工艺技术研究及推广项目获得中国钢铁工业协会颁发的冶金科学技术奖。2022 年，异形股索道产品系列结构正式列入国家标准 GB/T 26722《索道用钢丝绳》。

（十四）固态聚合物芯钢丝绳

为满足客运索道线路长度、落差、载客量不断增大所带来的对钢丝绳性能提出的更高要求，2017 年公司开始研制固态聚合物芯钢丝绳，2018 年国内首条固态聚合物芯索道用钢丝绳交付使用，很好地满足了用户需求。经过几年的不断摸索，工艺、操作、工装、绳芯材料等关键技术已经成熟稳定，2022 年固态聚合物芯钢丝绳已正式列入国家标准 GB/T 26722《索道用钢丝绳》。2023 年为满足不断增长的市场需求，新上固态聚合物绳芯生产线，公司目前已具备该产品全过程生产能力。

五、未来展望

鞍钢钢绳有限责任公司始建于 1939 年，是一家集研发、生产、销售、服务为一体的现代化钢丝绳企业。公司始终秉承以“创新、求实、拼争、奉献”的鞍钢精神和“以精品回报客户，以诚信实现双赢”的经营理念，依靠厚重的技术、优秀的企业文化和“国之大者”央企担当，打造出了钢绳行业的优秀品牌，走出了一条钢绳行业高质量发展之路。

鞍钢钢绳始终坚持以“建精品基地，创世界品牌”为发展目标，聚焦创新驱动，发挥科技引领支撑作用，打造创新型企业。公司通过与国内外科研机构的合作，引进和吸收国内外先进技术，不断优化产品结构，深化市场布局，提高产品升级换代和研发速度；以替代进口为抓手，重点开发了高强度低伸长率超长索道钢丝绳、高性能冶金用钢丝绳、高强度耐疲劳钢丝绳等高端产品，保持企业市场竞争优势，铸造了品牌辉煌。

鞍钢钢绳将坚持走绿色低碳发展之路，以绿色制造提升企业形象。积极采用绿色生产工艺，减少能耗和废弃物，实现清洁生产。大力推广使用可再生材料，从源头上降低对环境的影响，彰显钢绳公司在推动绿色低碳高质量发展的使命担当。

第二章 鞍钢股份公司线材厂

一、企业概况

鞍钢股份有限公司线材厂成立于 1987 年，是国内最早建成的高速线材企业之一。现有两条高速线材生产线，其工艺设备能力达到国内先进水平，最高轧制速度 115 米/秒，年产能 160 万吨，产品规格 ϕ5. 0～25. 0 毫米。产品主要包括钢帘线用钢、高强冷镦钢、合金弹簧钢、中高强焊接用钢、钢丝绳用钢、PC 用钢六大系列热轧光面盘条，以及导电用钢、易切削用钢和 ϕ6. 0～12. 0 毫米的热轧带肋钢筋等 200 余个品种。

产品广泛应用于汽车轮胎、汽车悬架簧、汽车门窗控制线、汽车雨刷器、绳索、斜拉索、阻拦索、地脚螺栓、车门铰链螺栓、汽车发动机变速箱螺栓、核电焊丝、气保焊丝、埋弧焊丝。

产品应用于航空航天、超高层建筑、高铁机车、工程机械、著名品牌汽车制造、太阳能光伏板、高精尖材料切割等领域，多次在迪拜塔、哈大高铁、南水北调、中国首个重载铁路山西中南铁路建设等重点工程中大放异彩。

产品市场覆盖中国东北、华北、华中、华南、长三角等地区，并远销美国、日本、韩国及中国台湾等 16 个国家和地区。

二、历史沿革

高速线材 1 号线 1987 年建成，产能 50 万吨/年，轧制速度 50 米/秒，规格 ϕ5. 5～13. 0 毫米；1995 年对轧制设备进行改造，产能提高到 90 万吨/年，轧制速度提高到 75 米/秒。2000 年和 2014 年，进行设备改造升级，使线材厂成为全国第一家大方坯连铸连轧供应坯料厂家。2003～2005 年，开始批量生产弹簧钢、冷镦钢线材，成为国内第一家自主研发、批量生产帘线钢企业。打造了生产线改造增能提质样板工程，为同行业老线改建提供有力参考。

高速线材 2 号线是 2010 年自主集成创新建成的国际一流水平高速线材生产线，产能 50 万吨/年，轧制速度 110 米/秒，规格 ϕ5. 0～25 毫米；整体装备布局全部自行设计，遵循高起点、少投入、快产出、高效益的技改原则，建设了一套优质、高产、低消耗、高效益的高速线材生产线，做到工艺流程顺畅、紧凑、合理，拥有具备生产及开发高附加值、高技术含量产品的能力，成为绿色制造业典范，推动了钢铁工业的升级换代。

三、工艺技术特点

鞍钢股份有限公司线材厂先进的生产工艺技术主要体现在以下几个方面：

(1) 国内独有盘条在线水浴处理技术（EDC 技术)。采用国内独有的盘条 EDC 在线水浴韧化处理技术，减少产品深加工工序，提高产品使用性能，实现了低能耗生产。ϕ5.0~5.5 毫米帘线钢盘条同圈性能差不大于 40 兆帕，索氏体化率大于 90%，达到国内领先水平。

(2) 全程多手段控温、控制轧制技术。采用全程多手段控温和控制轧制技术，满足各类高端线材质量要求。采用全线防划伤控制，利用在线 3 台测径仪和 1 台热眼对进行工艺技术的开发，并进行全程尺寸精度和表面质量跟踪，实现线材表面“零”缺陷。

(3) 柔性化生产技术。采用轧制、冷却、精整、物流的多通道应用，实现生产组织柔性化，提高作业效率，降低生产成本。

(4) 国内独家全流程节能生产技术。采用余热回收再利用、减少轧辊工作架次、降低合金含量、减少风机使用数量等在线利用措施实现低能耗线材生产技术，氧化烧损降到 0.6%。

(5) 实现最小极限规格 ϕ5.0 毫米和最大极限规格 ϕ25.0 毫米的稳定生产。国内首家实现 ϕ16.0 毫米极限大规格高强预应力钢盘条的生产，盘条索氏体化率达 85%以上，解决了大规格高碳钢盘条组织控制的难题，填补国内外空白。已批量生产切割钢丝、帘线钢丝等高端产品。其中 ϕ0.14~0.15 毫米帘线外绕丝用盘条开发，成功代替日本神户盘条，在世界著名金属制品公司普利司通实现批量应用；实现大规格合金冷镦钢盘条及合金弹簧钢的开发，广泛应用在汽车及铁路行业。

围绕“精稳线材、加密线材、延伸线材”三种线材，打造最具特色精品线材生产基地。通过质量工艺稳定性控制，实现产品质量稳定控制；通过个性化产品及先进技术装备的研发，实现独有产品的开发；通过下游工序实验室建设，有效将上下游工序衔接起来，更好地识别产品、服务用户。

四、主要成果

鞍钢股份有限公司线材厂多年来受到用户及行业的眷爱和信任，成为线材装备委员会副主任委员单位、全国钢标委盘条与钢丝标准化委员会副主任委员单位、中国钢结构协会线材制品行业分会副理事长单位、线材技术委员会单位、中国金属学会线材学术委员会单位、辽宁省用户满意单位。多种产品获国家质量“金杯奖”、辽宁省名牌产品、辽宁省新产品奖；多项科技成果荣获冶金行业科技进步奖、省市级科技进步奖、鞍钢集团科技进步奖等荣誉。此外，承担多项国家标准的起草编制工作。

第三章　宝钢集团南通线材制品有限公司

宝钢集团南通线材制品有限公司（以下简称南通宝钢制品），总投资6.81亿元，是中国宝武集团宝钢金属下属全资子公司。年产桥梁缆索用高强度钢丝3.5万吨，高强度弹簧钢丝6万吨，高性能气门簧钢丝4000吨。公司位于江苏省南通市宝钢路8号，占地面积360亩。

南通宝钢制品传承上海二钢（上海申佳）的历史，依托宝武集团的强大研发实力，先后主持和参与了9项线材制品国家标准和行业标准制定，两大自主创新成果列入国家科技支撑项目，获得了中国土木工程鲁班奖和中国公路桥梁特等奖，成为高端线材制品制造的绿色工厂和领先者。

一、使命担当、岁月感动，努力成为中国线材制品萌芽、兴起、发展、强大的圆梦者

上海二钢前身是亚细亚钢业株式会社黄兴路压延工厂，始建于1942年2月，当时主要生产盘条、道钉、钢丝网等产品。上海解放期间在地下党组织下，工厂成立工人护厂队，为1949年6月中国人民解放军、上海市人民政府接管上海钢铁工厂、恢复生产、保证经济发展起到了积极贡献，因此，上海二钢又有“中国线材工业的摇篮”称号。

1956~1964年，先后有17家企业和1个车间并入上海二钢，成为生产线材、钢丝、钢丝绳等金属制品的专业工厂，全厂设有8个车间（1个电炉车间、4个轧钢车间、3个制品车间），经过多年的装备改造和技术革新，开发多项线材生产新工艺，发挥了原设备的潜能。

1978年改革开放后，上海二钢从国外引进先进的45度无扭高速轧机，生产高强度、高精度、大卷重的优质盘条，开创了中国线材生产自动化、高速化的先河，解决了制品加工中的效率、质量瓶颈问题，大大推动了国内制品行业的发展。

1993年、1997年，公司先后与香港恒辉世纪有限公司、比利时贝卡尔特公司合资成立上海申佳金属制品有限公司、贝卡尔特/上海二钢有限公司。

1997年，上海二钢在全国冶金行业综合指标排序第十五位，上海二钢可以用230多个钢种生产20个大类、1340多个规格的钢材产品，其中“三狮牌”焊条用线材、“银星牌”针布钢丝、“金豹牌”镀锌钢丝绳等产品获国家银质奖，另有盘条、钢丝、钢丝绳、钢绞线等13种产品分别获冶金部和上海市优质产品奖。

1998年，上海二钢在上钢、梅钢、宝钢大联合中进入宝钢集团。

2000年开始，上海二钢线材制品进入了快速发展阶段，先后引进了专业生产桥梁缆索用钢丝生产线和油回火悬架弹簧钢丝生产线，实现了预应力钢丝、钢绞线和油回火弹簧钢

丝由“制造”到“创造”的跨越。

服从上海城市发展规划，积极融入长三角经济发展，与宝钢线材发展规划互动，2009年5月宝钢集团南通线材制品有限公司注册成立。同年上海二钢全面停产，南通新厂奠基。肩负薪火相传，发展线材制品的光荣使命，南通宝钢制品边建设、边搬迁、边安装、边调试，只用一年多时间，钢绞线、镀锌钢丝、油回火弹簧钢丝即投入生产，一个崭新的南通宝钢制品基地在长江边的南通崛起。

二、抓住机遇，优化结构，争做高举民族品牌领跑者

线材制品作为线材延伸加工产品，具有较高的市场、技术及品牌协同价值。把深远的战略眼光投入线材制品充满机遇与挑战的“热土”。接受最挑剔用户的检验，是南通宝钢制品长期而意义深远的战略举措。围绕当前汽车、现代交通运输、道路桥梁发展的需求，有选择、有重点地发展，打造供应链核心能力，是南通宝钢制品发展战略的定位。引导钢铁需求，拓展钢铁用途，是南通宝钢制品与时俱进的社会责任。

2003年，ϕ5.0毫米系列1770兆帕级镀锌钢丝，成功应用于广西柳州红光大桥，开创了中国悬索桥主缆用1770兆帕镀锌钢丝之先河。2004年，浙江舟山西堠门大桥上，在与国外著名钢铁企业的激烈竞争中，最终取得一根主缆和全部吊索的合同，国外进口垄断盘条和钢丝的局面一举打破，实现特大型桥梁缆索用1770兆帕镀锌钢丝国产化零的突破。2007年，苏通大桥合龙，更是印证了一份荣誉——宝通制品在特大型桥梁斜拉索用钢已跻身世界一流水平。

顺应桥梁建设“大跨”“重载”及“缆索高强度、低松弛、良好韧塑性、良好防腐性”的发展方向。2016年ϕ5.30毫米、ϕ7.0毫米1860兆帕锌-5%铝镀锌钢丝应用于四川大渡河桥、武汉沌口大桥。2017年，ϕ5.5毫米1860兆帕锌铝钢丝应用于连镇铁路五峰山公铁大桥，ϕ5.0毫米1960兆帕锌铝钢丝应用于虎门二桥（南沙大桥），ϕ7.0毫米2000兆帕钢丝应用于商合杭铁路芜湖公铁大桥。通过产学研攻关，更高耐蚀的锌铝镁镀层钢丝开发成功，应用于峰林大桥、金州大桥等项目。2020年，钢丝技术再上新台阶，ϕ6.0毫米2060兆帕锌铝镁合金钢丝应用于联通粤港澳大湾区的交通“大动脉”深中通道。ϕ7.0毫米2100兆帕锌铝合金钢丝应用于巢马城际铁路马鞍山公铁两用长江大桥。

油回火弹簧钢丝是线材制品中的精品，广泛运用于汽车悬架、发动机、精密机械制造等领域，具有承重负荷大、运动频次高、安全服役周期长等特点，对盘条表面质量、力学性能等要求极其严格，长期以来国内市场基本依靠进口。为提升南通宝钢制品的技术能力，满足高端市场需求，打破进口垄断局面，南通宝钢制品与宝钢研究院、宝钢股份制造部、炼钢厂、条钢厂等部门密切协作，解决了油回火弹簧钢丝原料难题后，南通宝钢制品于2011年从当时只有一条引进的生产线开始，通过学习消化，自主创新、集成发展，以每年新增一条产线的节奏，连续再建五条产线。革新原料表面处理技术，淘汰酸洗工艺，直接在线抛丸处理，使钢丝的稳定性得到提升，同时实现了产线全过程在线自动探伤，工艺技术和产品质量的不断提升，钢丝日益受到国内外用户的青睐，中国弹簧厂等国内汽车弹簧钢前5强企业，纷纷与南通宝钢制品结成战略合作伙伴。在市场需求发生变化的情况

下，南通宝钢制品不断完善现场管理，稳定产品质量，向高标准看齐，勇于接受汽车整车厂的产品认证，顺利通过了北京现代、北京戴姆勒·奔驰、广汽、本田、日产等企业认证。采用南通宝钢制品油回火弹簧钢丝制造的高品质汽车弹簧，广泛应用于中高档轿车及越野车系列，并出口美国、英国、加拿大及巴西等海外高端市场。目前已成为我国最大的油回火悬架簧钢丝产品供应商，特别是近年来新能源车对钢丝的性能要求不断提升，公司拓展了大规格、高强度、高应力悬架簧弹簧钢丝产品量产交货，2000 兆帕以上强度占比达 80%以上，其中 ϕ16.4 毫米以上 2000 兆帕产品已在特斯拉、比亚迪、小鹏等众多电动车上使用。南通宝钢制品油回火悬架簧钢丝目前占全国 30%的份额，走出了引进—消化—吸收创新之路。

适应市场发展，主动调整产品结构。以高起点、高标准、高质量为目标，推进线材制品的发展。2015 年南通宝钢制品优化产品结构，逐步停止 PC 钢绞线生产，同时新增投资近 5000 万元，建设了 1 条国内目前最先进的由剥皮、退火、连拉、热处理、探伤等设备组成的发动机气门簧生产线，2017 年正式投产。通过近几年的不懈努力，不断拓展高端客户，快速形成拳头产品。气门簧产品在离合器簧、阀门簧等材料使用上形成较高的知名度，大面积替代合资材料以及进口材料。公司研发的尾门簧钢丝、弧形簧等高端材料，结束了同类外资企业独占中国市场的局面。2200~2300 兆帕尾门簧钢丝稳产量产，已向顶端的日企、德企供货。气门簧项目的推进，弥补了公司弹簧钢丝规格的空缺。

三、创新引领、踔厉奋发、打造原创技术开拓者

南通宝钢制品基于发展战略，确定与之相适应的技术定位，把“原始创新、集成创新与引进消化吸收再创新”相结合，开展自主技术创新，提高组织的技术创新能力。同时以标杆企业的先进技术为目标，积极引进和采用先进技术和标准，不断提升科研开发能力。

（1）深化发展产学研合作，增强研发软实力。建立研究生工作站，与东南大学、北京科技大学、北京钢铁研究总院有限公司等建立良好的合作关系，高校科研院所的专家定期到公司授课、讲座、指导，极大提高了公司员工的技术水平和创新视野。

（2）落实硬件支撑，提升研发动力。抓住江苏省企业技术中心建设机遇，以国际先进技术为目标，提高技术创新能力，积极引进、消化、吸收先进技术。近年来，南通宝钢制品积极引入新技术、新装备，相关设备和检验仪器在行业内一直处于领先水平，如桥梁缆索高硅高碳专用盘条盐浴热处理技术、新型镀层涂镀技术、表面软化技术和涡流探伤技术等。

（3）深化体系建设，增强创新动能。公司取得 ISO9001、IATF16949、ISO14001、ISO45001、ISO50001 质量、环境、职业健康安全、能源管理体系认证；参与了国家和行业标准制修订，起草国家标准《桥梁缆索用热镀锌铝合金镀层钢丝》、行业标准《桥梁缆索用锌-5%铝-稀土合金镀锌钢丝》，成为业内最具话语权的专业企业。斜拉索和特大跨径悬索桥钢丝两大自主创新成果，相继被国家科委列为科技支撑项目。南通宝钢制品也因此成为国内唯一一家拥有两项国家科技支撑项目的线材制品制造企业。

（4）先进制品及材料保持技术优势，近年来，形成设计、操作和服务等方面的技术诀

窍、技术秘密以及各类专利，并推广应用，桥梁缆索用镀层钢丝按照高强、轻型、大跨度、高防腐的发展趋势积极研发新品，如 ϕ5.35 毫米 1860 兆帕桥梁缆索用热镀锌钢丝、ϕ7 毫米 2000 兆帕桥梁缆索用热镀锌钢丝、ϕ7 毫米 2100 兆帕桥梁缆索用热镀锌铝合金钢丝，特别是高强度桥梁缆索用锌铝镁合金镀层耐腐蚀钢丝实现工业化生产，为全球首发。桥梁主缆缠绕用 S 形镀锌钢丝、高端精密异形钢丝等进一步巩固了企业领先地位。拓展大规格、高强度、高应力悬架簧钢丝产品，迎接电动汽车用悬架簧增长要求，保持国内高等级悬架簧钢丝的技术与楷模引领。ϕ12 毫米以上 2100 兆帕弹簧钢丝等 3 项产品获江苏省“高新技术产品”。

南通宝钢制品持续创新，催生了大批具有自主知识产权的线材新品，打响了民族品牌。2012 年先后被认定为江苏省企业技术中心、高新技术企业，获得中国公路学会、南通市、中国宝武集团等多项科技进步奖。形成宝武集团技术秘密 15 项，拥有国家专利 44 件，其中发明专利 11 件。

四、逐绿前行、保护生态、勇当绿色低碳的示范者

引导企业绿色转型，加快推进工业绿色发展，南通宝钢制品将绿色制造提高到公司发展战略高度，积极推进绿色工厂建设，持续实施减排措施增效行动，助力产业和区域碳达峰、碳中和。

增势赋能推进绿色智造。建设信息化管理系统，隧道式酸洗作业设备系统等智能制造设备，实现全流程生产自动化、智能化。完成机器自主捞渣、添加代替人工，消除 3D 隐患。自主完成热处理盘条自动剪收集，实现悬架簧热处理放丝、收线、酸洗下线物流自动化。自主设计集成盐浴生产线投产达产，产线采用快速感应加热奥氏体化、离线盐浴索氏体化技术，提升盘条组织均匀性，满足高端桥梁钢丝量产。

节能减排确保绿色制造。通过优化能源结构，在减少能源消耗同时，开发利用绿色能源，提高光伏覆盖率，提升光伏电百分比指标，年减少碳排放一千多吨。通过优化现场用水结构，完成现场用水改造，获得“江苏省节水型企业”荣誉称号。通过对镀锌酸洗后的酸液净化处理，自主设计制成一套镀锌酸液净化除渣系统，处理后的酸重复利用，年固废产量下降 20%，荣获南通市“环保示范管理企业”荣誉称号。

在推进绿色工厂培育建设中，南通宝钢制品努力实现原料无皂化、生产去净化、废物资源化、能源低碳化的工厂目标，2022 年获得江苏省绿色工厂称号。

坚定践行绿色低碳发展。绿色化为线材制品高质量发展提供了价值指引，南通宝钢制品将以党的二十大报告提出的高质量发展是全面建设社会主义现代化国家的首要任务为指导，顺应发展阶段、发展条件和发展格局的变化，谨守宝武“诚信、创新、绿色、共享”价值观和“钢铁报国、开放融合、严格苛求、铸就强大”企业精神，以高端化迈进、智能化升级、绿色化转型、高效化发展为方向引领，聚焦绿色产品制造，加快结构体系升级，技术路径创新、发展模式优化，促进中国线材制品实现质的提升、量的增长。

让光荣永续、让岁月感动，成就线材制品伟业我们矢志不渝，引领中国线材前行我们责任担肩。

第四章　法尔胜泓昇集团有限公司

法尔胜泓昇集团有限公司（以下简称法尔胜泓昇集团）创建于1964年，是一家从事以金属制品为主，产业涉及光通信、精工装备、资产管理、供应链管理的多元化企业集团。目前拥有行业领先的桥梁缆索、预应力钢绞线、输送带用钢丝绳、不锈钢丝绳、精细钢丝绳生产能力，法尔胜光通信是中国光纤光缆行业十大影响力企业之一。集团始终坚持创新驱动发展，是苏南地区首批首家国家级创新型企业。“法尔胜”牌输送带用钢丝绳产品获得了原国家质量监督检验检疫总局颁发的“出口免验”证书，主营产品“金属丝绳、缆”被工业和信息化部列为首批制造业单项冠军，荣获江苏省质量奖及中国工业大奖。连续多年位列中国企业500强、中国民营企业500强。多次亮相于央视纪录片《超级工程》《钢铁脊梁》等。法尔胜泓昇集团总部如图4-4-1所示。

图4-4-1　法尔胜泓昇集团总部

一、从“麻绳”起家转做“钢绳”专家

1964年9月，由江海公社“渔业社”将所属绳网厂划出，建立澄江制绳生产合作社，此为法尔胜泓昇集团的前身。时有职工54人，建筑面积500平方米，固定资产1400元，仅有一套主要设备，生产渔船用麻绳，独立核算，自负盈亏，隶属江阴手工业联社。制绳生产合作社成立当年产值16万元，利润5700元。1966年12月，合作社首次试制成功第一条手摇钢丝绳，开始了由麻绳到钢绳的升级换代。手摇麻绳的场景如图4-4-2所示。

1969 年，合作社自行购置旧设备配套形成一条土法钢丝绳生产线，年生产钢丝绳 3.37 吨，从此企业开始由生产麻绳转型为生产钢丝绳。1971 年，澄江制绳生产合作社更名为江阴钢丝绳厂，吹响了争取钢丝绳行业地位的号角。1978 年，江阴钢丝绳厂生产出中国第一条胶带用镀锌钢丝绳，结束了中国胶带用钢丝绳依赖进口的历史。

图 4-4-2　江阴钢绳厂前身澄江制绳合作社手摇麻绳的场景

改革开放为江阴钢丝绳厂带来产品创新和出口的发展机遇。1980 年，出口第一批钢丝绳，标志钢丝绳开始进军国际市场。1983 年，研制生产出被称为金属制品的皇冠产品——子午线轮胎用钢帘线，达到了同类进口产品的水平。1990 年，出口第一批输送带用钢丝绳。1992 年，生产出中国科技领先的光缆用钢丝绳。1993 年，与比利时贝卡尔特合资成立中国贝卡尔特钢帘线有限公司。是年 6 月，成立江苏钢绳集团公司。1994 年，参建中国第一座悬索桥虎门大桥，结束国内大桥钢丝依赖进口的历史。1998 年 1 月，成立法尔胜集团有限公司。是年，法尔胜作为钢丝供应商参与当时中国第一座跨度超千米的特大桥——江阴长江大桥的建造。2000 年后，法尔胜在桥梁缆索领域不断深耕。目前，世界前十位的悬索桥中，有 7 座大桥使用法尔胜的缆索产品；主跨列世界前十位的斜拉桥中，有 6 座大桥使用法尔胜的缆索产品；国内大型悬索和斜拉索桥梁缆索大部分都出自法尔胜；法尔胜缆索公司参与建造中国一大批大跨度、高难度的超级工程、世界级桥梁，其中包括世界最大跨海大桥——港珠澳大桥、世界最大跨度双层悬索桥——武汉杨泗港长江大桥、世界首座跨径超千米的公铁两用斜拉桥——沪苏通长江公铁大桥、世界首座跨径超千米的公铁两用斜悬索桥——五峰山长江大桥等。2016 年 3 月更名为法尔胜泓昇集团有限公司，企业进一步发展壮大。2021 年 3 月，参与建成国内首座应用碳纤维复合材料吊杆索的系杆拱桥——三垛西桥，所提供的碳纤维复合材料智能吊杆索正式从“实验室”走向“应用场”，打破碳纤维复合材料吊杆索在应用过程中的技术瓶颈，实现碳纤维复合材料索在国内应用于公路桥梁“零的突破”。不仅填补国内空白，更为中国在该领域产业发展和未来特大跨径桥梁建设奠定基础。

千桥缆索，万越神州。至 2023 年 9 月，法尔胜泓昇集团已为 1186 座大桥提供缆索制品及服务。

二、从“钢绳”老大转做“光绳”先驱

20 世纪 90 年代后期起，企业逐渐从追求“量”的增长转向追求“质”的增长，走精品、极致路线。第一，把钢丝绳做到极细。法尔胜泓昇集团生产的太阳能硅片切割钢丝及特种中细规格钢丝绳被应用于太阳能晶硅生产、光纤通信、航空航天、汽车等领域。第二，把钢丝绳做到极长。2010 年，法尔胜泓昇集团的斜拉索被用于当时世界最长斜拉索大桥苏通大桥，创造了最长拉索的世界纪录。第三，把钢丝绳做到极强。江苏法尔胜特钢制品有限公司是世界领先的高强度运输带特种钢丝绳基地。第四，把钢丝绳做到极广。企业相继开发了多规格多性能的钢丝和钢丝绳，被广泛应用于农林、矿产能源、冶金、交通、机械、海洋、航空航天、军工、建筑等生产领域，并加快走出国门，使缆索品牌用到全世界。

信息化浪潮兴起带动了信息产业高速发展。法尔胜泓昇集团在 20 世纪 90 年代后期，看到配套产品光缆钢丝市场需求激增，敏锐地意识到光通信市场巨大的发展潜力，但光通信产业核心技术却面临被国外垄断的残酷现实，便下定决心像振兴中国金属制品产业一样，承担起振兴民族光通信产业的重任，全力进军光通信产业，开发具有自主知识产权的光纤预制棒及光纤光缆，改变中国光纤预制棒全部依赖进口的历史。1999 年，“法尔胜”在 A 股上市，募集资金投入光纤预制棒产业。10 月，法尔胜泓昇集团与澳大利亚合资兴建的光纤预制棒项目成立，先后共投入数千万美元，进行一期、二期 G. 652 单模光纤预制棒和光纤的生产，成为中国最早拥有自主知识产权，包括光纤预制棒和光纤光缆生产的完整光通信产业链企业。随着法尔胜光通信产业不断发展壮大，近年来在特种光纤、特种光缆、光器件、光纤传感、监测系统等方面都有了进一步的拓展，产品广泛应用于国防工业、航空航天、工程安防等领域。2019 年又开发出掺镱有源光纤，拓展特种光纤与器件的应用市场，不单成为一个材料供应商，而且将自身所掌握的光纤技术延伸到市场潜力巨大的工程监测领域，为行业赋能，为客户提供从光纤传感器的定制开发到现场施工安装，再到系统软件平台集成、一体化的交钥匙工程。内置光纤传感器的智能缆索已被应用于宜昌至喜长江大桥及世界上首座跨度超千米的公铁两用斜拉桥——沪苏通长江公铁大桥等重大桥梁工程中；在重大水利工程领域，法尔胜光通信技术在甘肃引洮工程拿下了国内最大的光纤类隧洞结构监测单体合同，解决了长距离隧洞由于供电困难而无法监测的难题；在地铁隧道领域，首次将分布式光纤传感技术应用在隧道结构变形监测中，可为地铁运营方提供三维可视化的实时在线监测系统。20 余年不懈耕耘，法尔胜泓昇集团已在光通信产业领域有了硬核技术沉淀，从提供特种光纤及器件，到给电力、水利、煤矿、桥梁隧道等领域提供安全健康监测的总体解决方案和应用服务，法尔胜光通信凭借自身完备的棒、纤、缆一体化产业链以及光棒生产、装备研发方面的自主知识产权赋能行业。

三、从单纯制造业转向“制造业+服务业”

21 世纪初，随着法尔胜泓昇集团在金属制品和光通信产业的持续创新和不断进步，企业也步入转型发展的新模式，将传统制造业与现代服务业深入融合。不断的改革创新使企业在国际市场越来越享有盛誉，外贸市场成为企业主攻方向，为此企业专门成立了进出口贸易公司，在满足内部产品外贸业务需求的同时，积极做好多种产品的贸易业务。2021 年，法尔胜供应链集团成立，打造以进出口、外贸为主，内贸为辅的大型物流贸易集团，作为集团国际视野的主阵地，也是集团海外战略实施的重要抓手，承担海外信息窗口、海外资源整合、海外资产管理等重要职责。主要通过对集团信息、资金、物流等方面的控制，使整个环节形成一个整体的功能网链接结构，同时兼具金融、贸易、物流等功能。

同时，法尔胜泓昇集团不再只是简单负责大桥缆索的生产，更是在大桥设计到运输、施工、安装、调试、检测、维修等每一个环节，都能提供全方位的增值服务，中国在建和在役大型桥梁都是企业争取服务的对象。法尔胜泓昇集团承担建设了行业唯一的国家金属线材制品工程技术研究中心，为行业的技术进步和产品研发提供了更多服务内容。下属法尔胜金属材料检测中心，为行业提供了全方位检测服务，并且突破性解决了大桥钢箱梁 U 肋焊缝检测技术难题。技术在握，“胜”名鹊起。以产业优势创建的国家级企业技术中心、国家金属线材制品工程技术研究中心和金属材料检测中心，以及国家级博士后科研工作站、江苏省高性能金属线材制品关键技术重点实验室、江苏（江阴）金属材料检测与服务平台、江苏省大跨径桥梁耐久型缆索工程技术研究中心、江苏省光纤预制棒及制造装备工程技术研究中心、江苏省光纤传感系统集成应用工程技术研究中心、江苏省企业院士工作站等诸多科研平台，承担国家及江苏省多项重点科技支撑计划课题。“十一五”期间，在桥梁领域，法尔胜泓昇集团承担了科技部国家重点研发计划项目中的 4 个课题，也正是完成这 4 个课题，让企业在缆索强度、寿命、抗风和自动监测这 4 个核心技术指标上取得了关键突破，自此举起了整个技术市场上的领先旗帜。“十四五”期间，法尔胜泓昇集团又一次牵头承担了科技部国家重点研发计划项目并承担其中 1 个课题和参与另外 4 个课题，在桥梁缆索领域再一次实现新的技术突破，引领整个行业技术的进度与发展。

四、制定国际标准引领全球行业发展

对一个企业而言，标准化是现代企业制度建立的最高形式。回望法尔胜泓昇集团一路走来的创新研发之路，是一条始终坚持将科创与标准化结合的发展之路，在这份排除万难的坚持中，让世界听到了桥梁缆索领域国际标准中的中国声音。在 2018 年之前的国际桥梁缆索领域内，桥梁缆索材料标准一直以欧美国家标准为主导，桥梁领域中没有一项中国企业起草的国际桥梁缆索产品标准得以颁布和实施。不仅严重制约中国缆索产品进军国际市场，也影响民族企业国际市场的开拓和产品质量的国际认可。法尔胜泓昇集团自 2010 年起，主动承担江苏省科技支撑计划项目“特大桥梁缆索制造及检测技术国际标准”，将国际标准编制列入计划。从 2013 年的立项，到整个标准草案的无数次修改，再到各国针对相关争议的激烈讨论，最终到 2018 年 4 月各国成员投票获得通过，5 年的沟通、修改、坚持、博弈，法尔胜泓昇集团负重奋进，终不负使命。

2018 年 5 月，由法尔胜泓昇集团主持制定的第一份桥梁缆索产品标准——ISO 19203《桥梁缆索用热镀锌及锌铝合金镀层高强度钢丝》国际标准正式出版；2019 年 1 月，法尔胜泓昇集团主持制定的第二份国际标准 ISO 19427：2019《悬索桥主缆预制平行钢丝索股》成功发布，这份标准的成功制定解决了中国产品和技术走出去的技术贸易壁垒。同时，这两项标准作为中国最早主持制定的国际标准，意味着中国在桥梁缆索领域已处于引领地位，曾经由欧美等国家主导的国际话语体系被颠覆，世界听到了“中国制造”的响亮声音。法尔胜泓昇集团还担纲着“全国钢标委钢丝绳分技术委员会秘书处”与“国际标准化组织钢丝绳技术委员会（ISO/TC 105）秘书处”，是中国企业首次独立承担国际标准化组织技术委员会秘书处的单位。

与此同时，2018 年 3 月，法尔胜泓昇集团获批承担筹建国家技术标准创新基地（金属线材制品国际标准化），于 2020 年 9 月，顺利通过国家市场监管总局标准创新管理司考核验收，是江苏省首个也是至今唯一通过验收的创新基地。2021 年 3 月，经国家标准化管理委员会正式批准成立。2022 年 10 月，法尔胜高性能金属材料创新联合体入围省高性能金属材料创新联合体（江阴唯一）。借助这些研发平台，集团公司从“十五”以来共承担或参与国家重点科技攻关计划、“863”计划等各类国家级科技计划项目 28 项，各类省级科技计划项目 43 项；共获得国家科技进步奖一等奖 1 项、二等奖 2 项，其他省部级以上科技进步奖共 28 项。至 2022 年末，拥有有效发明专利 131 项，PCT 专利 21 项，实用新型专利 574 项；高新技术产品销售长年占主营业务销售的 30%左右。

展望未来，法尔胜人将继续秉承着“创新、极致、诚信、和谐”的企业精神，聚焦“科创”战略，朝着打造具有国际视野的高科技产业集团的目标而全力奋进。

第五章 贵州钢绳（集团）有限责任公司

一、企业概况

贵州钢绳（集团）有限责任公司（以下简称贵绳集团），英文名称为 Guizhou Steel Rope（Group）Co.，Ltd，英文缩写为 GSR。国有独资企业，旗下拥有控股上市公司——贵州钢绳股份有限公司（股票代码 600992，简称贵绳股份），贵绳集团位于历史文化名城贵州省遵义市，占地总面积约 100 万平方米，省属大型国有企业，全国冶金重点企业，行业龙头企业。目前国内最大的金属线材制品专业生产基地，技术水平和生产能力在行业中处于领先地位，是我国钢丝绳及行业标准的主要起草单位之一。贵绳集团以金属线材制品为主，近六十年来始终致力于钢丝、钢丝绳、预应力钢绞线生产和相关技术、设备、材料的研究与加工，形成了“巨龙”牌钢丝、钢丝绳、预应力钢绞线、桥梁缆索系列产品。现年生产能力达 42 万吨，其钢丝绳产品遍布全国各地，同时出口到欧美、亚洲、大洋洲、非洲等国家和地区，产销量居国内前列，满足国内外市场需求。贵绳集团现正在进行异地搬迁工作，仍以金属线材制品为主进行生产制造、销售、服务，产品相关材料、设备和技术研究，年生产能力将达到 55 万吨。

贵绳集团“巨龙”牌钢丝绳产品广泛应用于建筑、煤炭、石油、冶金、化工、船舶、桥梁、电力、邮电、橡胶、旅游、水利、轻工、海洋工程等行业。其产品具有高强度、高韧性、特粗、特长、特殊结构、特殊用途金属线材制品的突出优势。专业生产 $\phi1.0 \sim 264$ 毫米钢丝绳，例如密封钢丝绳、三角股钢丝绳、单股绳、压实股钢丝绳、多层股阻旋转钢丝绳、缆式钢丝绳、钢丝绳缆索及扁钢丝绳等产品，以及 $\phi1.0 \sim 380$ 毫米钢丝绳涂塑、插编及浇铸索具、环形索具等钢丝绳深加工产品；$\phi5.0 \sim 28.6$ 毫米多丝、大直径、高强度、低松弛预应力钢绞线等产品；$\phi0.15 \sim 9.0$ 毫米钢丝，例如桥梁主缆用缠绕钢丝、床垫及座靠垫用钢丝、胎圈钢丝、架空电缆用镀锌钢丝、弹簧钢丝、胶管钢丝、不锈钢丝等各种用途钢丝。

贵绳集团以自主创新为主，结合“产、学、研、用”研发模式，研制出具有多项自主知识产权的“巨龙”牌产品，研究开发与创新水平在同行业中处于领先地位。

二、历史沿革

贵绳集团诞生于 1966 年，由鞍钢钢绳、湘钢钢绳、上钢二厂和天津钢绳援建。曾用名“八七厂”“遵义金属制品厂”“贵州钢绳厂”，1999 年改制更名为“贵州钢绳（集团）有限责任公司”，2000 年贵绳集团改制组建了国有控股公司——贵州钢绳股份有限公司，2004 年贵州钢绳股份有限公司在上海证券交易所上市，2019 年贵绳集团启动异地搬迁工作。

贵绳集团自1966年建厂以来，已有近六十年的发展历程。从1966年年产2万吨线材制品，1996年年产8万吨线材制品，2006年年产23万吨线材制品，至2022年年产37万吨线材制品，贵绳集团生产规模、产品技术、产品结构、制造装备的不断发展壮大，企业生产经营管理理念的不断优化，企业文化的科学化和系统化不断形成，企业制造的信息化和智能化不断发展。

长期以来，贵绳集团坚持“以顾客为中心，以质量求生存”的方针，在与顾客真诚合作中谋求发展。于1996年率先在国内同行业中通过英国劳埃德船级社（LR）认证，通过了ISO 9001质量管理体系、ISO 14001环境管理体系、ISO 45001职业健康安全管理体系、ISO 10012测量管理体系、GJB 9001C国军标质量管理体系、美国石油学会（API）认证，以及中国船级社（CCS）、挪威船级社（DNV）、法国船级社（BV）、美国船级社（ABS）、俄罗斯船级社（RS）及欧盟（CE）等工厂认证。

三、特色工艺装备

贵绳集团拥有国内完善、先进的制造装备及检测检验设备，主体设备从德国、日本、意大利引进以及公司自制，拥有SK8/2200D成绳机、SG78/800捻股机、SKIP1+6/1120+LW3预应力钢绞线生产线、LZ-9/1270+SG-1120/1250直进式拉丝机、PES5/7-55/649(520)斜拉索生产线、SG5/7-127(3000)主缆丝股生产线、SJ65/BC30固态聚合物棒材绳芯生产线、30000千牛预张拉生产线。具有电气自动化替换机械控制下的筐篮单个和整体翻身、大型成绳机托轮支撑机构稳定性控制、合绳过程恒张力控制、特粗直径钢丝绳工艺装备等以及设计关键技术。拥有微观组织分析仪器、宏观金属制品力学性能检测设备，以及准确及时实时传输检测数据的信息化系统，全电脑控制300千牛、1000千牛松弛试验专用机，同行业最大的30000千牛整绳破断拉力试验设备、10000千牛脉冲疲劳试验机、高低温双向（−55~150 ℃）弯曲疲劳试验机等。

贵绳集团专业生产各种用途钢丝绳以及钢丝绳预张拉、涂塑、索具等深加工产品，具有生产高强度、高韧性、特粗、特长、特殊结构、特殊用途钢丝绳等的突出优势。工艺装备在技术上有如下特色：(1) 先进的产品设计和精确的长度定尺工艺。(2) 先进的钢丝绳设计软件，可对钢丝绳进行可视化设计且建立三维模型，使得产品设计性能达到最优，满足不同用户的特殊需求。(3) 拉丝机拉拔成品钢丝直径可以达到ϕ9.0毫米以上。(4) 成绳机可以生产最大直径264毫米，捻制单件重达160吨以上的钢丝绳。(5) 预张拉、热铸锚的检测。能实现精准所需的预张拉、热铸锚的各种高精数据检测，电脑数据传输，数据准确及时。

四、主要成果

企业团队从钢丝拉拔与所用材料组织关系、钢丝绳结构设计、捻制、稳定化处理、填充与包覆聚合物材料的技术改性、在复杂工况条件下结构破坏和疲劳断丝、复杂环境下防腐性能问题的研究，进而研发大直径直进式拉丝装备、大直径钢丝绳成绳装备和系统、镀涂层装备等，提升了工艺技术和装备水平的先进性。通过不断的技术创新，已成功开发了多项具有自主知识产权的新产品、新技术和新工艺，取得了一系列研究成果，形成了公司核心技术。研发的“高强度镀锌铝稀土合金密封钢丝绳吊索”是首次应用于悬索桥吊索上，填补了该领域空白。

贵绳集团先后开发出桥用吊杆绳、提升用四股不旋转钢丝绳、异型股钢丝绳、挖泥船用钢丝绳、回火轮胎钢丝等十几种新产品，填补了国内空白。研制和生产的特殊结构、特殊用途钢丝绳有效地缓解国内钢丝绳高端产品依赖进口的现状。产品先后用于葛洲坝工程、三峡工程、武钢、宝钢、汕头海湾大桥、广州虎门大桥、润扬大桥、贵州坝陵河大桥、舟山西堠门跨海大桥、湖南矮寨大桥、贵州铜仁奥体场馆、成都凤凰山体育场馆、神舟八号至十五号载人飞船等多个国家重点工程。

贵绳集团拥有国家企业技术中心，高性能特种线缆制造技术及应用国家地方联合工程研究中心，国家贵州省特种金属线缆及装备工程技术研究中心，贵州省特种金属线缆及装备工程研究中心，贵州省特种金属线缆工业设计中心，国家级周家荣技能大师工作室等研发平台。并获得国家技术创新示范企业，国家工业品牌培育示范企业，国家高新技术企业，中国合格评定国家认可委员会认可的检测中心，创建世界一流示范企业和专精特新示范企业资质。

主导起草的国家标准 GB/T 20067—2006《粗直径钢丝绳》荣获“中国标准创新奖”；“国际标准 ISO 2408：2017《钢丝绳—要求》”获全国钢标委技术标准优秀一等奖；“特大跨径悬索桥缆索系统设计、制造及安装关键技术研究”项目获中国公路学会科学技术一等奖；“ϕ1270 直进式拉丝机”项目获贵州省科技进步三等奖；“特高强度大规格吊索钢丝绳关键技术研发及工程应用”项目获贵州省科技进步二等奖；“多丝大直径高强度低松弛预应力钢绞线及装备的开发与应用”项目获贵州省科技进步一等奖；“空间结构用锌铝稀土合金镀层密闭索关键技术研究及工程应用”项目获中国钢铁工业协会、中国金属学会冶金科学技术三等奖及中国钢结构协会技术创新奖；“高强度镀锌铝稀土合金密封钢丝绳吊索”项目获贵州省十大科技创新成果奖；2017 年 12 月首获并持续保持工业和信息化部、中国工业经济联合会评定的“制造业单项冠军示范企业”称号；获有美国石油学会（API）认证证书及“全国工业品牌培育示范企业”“中国质量奖提名奖”“国家 AAAA 级标准化良好企业”“全国冶金行业质量领先企业”等荣誉称号。

截至目前，企业拥有国内外授权专利 212 件（其中发明专利 34 件）。主导起草标准 21 项（其中国际标准 2 项，国家标准 10 项），参与起草标准 40 项（其中国家标准 28 项）。主导修订国际标准 ISO 2408：2017《钢丝绳—要求》、ISO 23213：2022《床垫及座靠垫用碳素弹簧钢丝》，已颁布实施。

建立了完善的品牌培育管理体系。目前公司建立的标准管理体系：ISO 9001 质量管理体系、国军标 GJB 9001C 质量管理体系、ISO 10012 测量管理体系、ISO 14001 环境管理体系、ISO 45001 职业健康安全管理体系。公司体系建设是企业保证产品质量、提升品牌价值、持续改进、持续发展的保障。

五、未来展望

贵绳集团将秉承“团结、诚信、务实、创新”的企业精神，坚定“成为国际一流金属线材制品精品制造企业”的战略定位，以“精品+规模+服务”经营战略方式，深入贯彻新发展理念，全面落实高质量发展要求。将把握国家“一带一路”与“长江经济带”战略发展机遇。积极探索在东南亚、中东、非洲等区域市场潜力大、发展条件好的国家和地区进行战略性布局，因地制宜地发展贸易、深加工、营销渠道建设和国际线材制品产能合作基地等。

充分契合利用好新国发 2 号文件政策红利给予的新发展机遇，持续担当引领国内线材制品行业发展和服务国民经济建设的责任和使命，认真落实省委省政府决策部署，以高质量发展统揽全局，聚焦主责主业、聚焦市场与客户、聚焦产品与品牌、聚焦行业前沿技术、聚焦团队建设，打造世界一流线材制品基地，积极推动信息技术+机器人、物联网+大数据、云计算等互联网技术与生产制造业智能化深度融合。通过应用互联网技术，进一步强化贵绳集团工艺装备能力，推进智能制造、绿色制造、智能化工厂建设，为信息化与工业化深度融合和绿色发展打下坚实的基础；进一步优化完善品牌培育管理体系，提升员工品牌意识；进一步增强“巨龙”产品品牌在市场上的竞争力，积极参与全球竞争，在竞争中创出优质品牌效应。

第六章 湖南湘钢金属材料科技有限公司

一、企业概况

湖南湘钢金属材料科技有限公司（以下简称湘钢金属），英文名称为 Hunan Xianggang Metal Products Technology Co., Ltd.，国有独资企业，是大型国有钢铁联合企业湘潭钢铁集团有限公司下属全资子公司、国家高新技术企业、国内重要的大型金属线材制品专业生产基地。湘钢金属位于伟人故里、历史文化名城湖南省湘潭市，拥有湘钢本部、湘潭高新区、高新区双马工业园三大生产基地，总占地面积约 50 万平方米，产能 35 万吨，年销售收入 20 亿元。

成立 65 年来，湘钢金属一直专注于线材深加工领域，专注于该领域的理论、技术、生产、设备、材料研究及产品的加工和销售，形成了“湘钢”牌钢丝绳、电梯钢绳、预应力钢丝钢绞线、钢丝、镀锌钢丝钢绞线五大系列产品，产品品种规格齐全，主要包括：

（1）钢绳及索具：ϕ6.0~180 毫米光面和镀锌单股钢丝绳、单层股钢丝绳、压实股钢丝绳、压实钢丝绳、多层股阻旋转钢丝绳、平行捻密实钢丝绳、三角股钢丝绳及配套的压套、插编和浇铸索具；

（2）电梯绳：ϕ6.0~22 毫米电梯钢绳；

（3）PC 钢丝钢绞线：ϕ9.5~21.6 毫米高强度、低松弛预应力钢绞线，ϕ4.0~9.0 毫米光面、刻痕和螺旋肋预应力钢丝；

（4）钢丝：ϕ0.4~20.0 毫米非机械弹簧钢丝、铆螺钢丝、胶管钢丝、铝包钢丝、汽车弹簧钢丝；

（5）镀锌钢丝钢绞线：ϕ0.4~5.0 毫米镀锌钢丝、ϕ4.2~28.0 毫米 1×3、1×7、1×19、1×37 镀锌钢绞线。

产品广泛应用于矿山、冶金、工程机械、港口、航运、船舶、海洋工程、石油、电梯、道路桥梁、水利、电力、旅游、家具等行业，销售和服务网络遍布国内 25 个省、市、自治区，并出口到欧美、东南亚、非洲、中东及大洋洲等国家和地区。

公司坚持“以质量振兴企业，以诚信打造品牌，为顾客创造价值，确保产品质量和服务质量符合规定要求和用户期望”的质量方针，竭诚为各行业顾客提供最优质的产品和最佳服务，通过了 ISO 9001 质量管理体系、ISO 14001 环境管理体系、ISO 45001 职业健康安全管理体系认证；钢丝绳通过了煤安（MA）、矿安（KA）标志认证，美国石油学会（API）认证，中国船级社（CCS）、英国劳埃德船级社（LR）、美国船级社（ABS）工厂认证；PC 钢绞线通过了阿联酋、韩国、澳大利亚、马来西亚、以色列等多个国家的市场认证。

二、历史沿革

1958 年，湘钢金属的前身之一——湘潭钢铁厂金属制品分厂诞生，同年 11 月，湘钢第一个产品、第一根钢丝绳生产下线，拉开了湘钢金属和湘钢的生产序幕，也使得湘钢成为中国最早的线材制品基地之一。1995 年 8 月，湘钢金属制品厂更名为湘钢钢丝绳厂。2013 年 4 月，湘钢集团投资 1. 8 亿元建设的湘钢钢丝绳厂双马高性能钢丝绳和电梯钢绳项目全面竣工投产，钢丝绳厂线材制品加工能力达到 14 万吨。2016 年 7 月，钢丝绳厂更名为湖南湘钢钢丝绳有限公司。

1994 年 5 月，湘钢金属前身的另一企业——湖南湘辉金属制品有限公司（与香港利晖实业有限公司合资）成立，主要生产预应力钢丝和钢绞线，设计年产能 5 万吨。2006 年第一期技改后，产能增加至 15 万吨。2008 年，与香港利晖实业合作经营期满后，湘钢集团重新注资，湘辉公司成为湘钢集团全资子公司。2009 年，湘辉公司实施第二期技改扩产，预应力钢丝、钢绞线年生产能力扩大至 21 万吨。

2019 年 1 月，湘潭钢铁集团公司为做大做优深加工产业，将湖南湘辉金属制品有限公司和湖南湘钢钢丝绳有限公司合并，成立湖南湘钢金属材料科技有限公司，注册资本 3 亿元，线材制品综合配套加工能力超过 35 万吨/年。经过 65 年的发展历程，湘钢金属不断壮大发展，产品技术、产品结构、制造装备不断提升，形成了具有自身特色的企业生产经营管理理念和企业文化，“以客户为中心，以奋斗者为本，长期艰苦奋斗，坚持自我批评”成为企业的核心价值观，“说了算，定了办”成为企业作风。在各个历史时期，湘钢金属及其前身始终注重人才的教育、培养和锻炼，培育出一批又一批优秀的技术人员和操作人员，不仅保障了企业自身的发展，也为我国线材制品行业的发展做出了贡献。

三、特色工艺装备

湘钢金属拥有完善、先进的制造装备及检测检验设备，特色生产设备主要包括：

（1）热处理炉：5 座天然气+铅浴热处理炉；

（2）厚镀锌镀锌炉：1 条 T24/DV120 全电脑控制新西兰进口电磁抹拭热镀锌炉；

（3）拉丝机：LZ5/900+10/700、LZ15/600～450 直进式拉丝机；

（4）股绳机：GGZM48/500、GGZM36/500、GGZM36/455、GGZM36/305 捻股机；

（5）多丝多层股串联机组：4 套 KS36/630+30/630、KS18/680+18/680、KS24/500+18/500+18/500、KS18/450+18/450 串联机组；

（6）成绳机：SK8/1800、SK8/1250、SK8/1000、SK8/800 成绳机；

（7）预张拉生产线：2 条 2000 千牛/400 米、5000 千牛/400 米预张拉生产线；

（8）PC 钢绞线生产线：4 条意大利进口 PC 钢绞线生产线、LZ9/1200 直进式拉丝机；

（9）检测检验设备：不仅拥有满足通常产品检验要求的各种型号拉伸、弯曲、扭转、缠绕试验机，还拥有 2000 千牛、4000 千牛、1000 千牛整绳拉力试验机、PL-1 疲劳试验机、精密的金相分析光学显微镜、油脂分析仪、钢绞线松弛试验机、脉冲疲劳试验机、相关化学试验分析，ERP 系统自动采集、分析试验数据；

（10）成熟的 ERP、MES 系统实现财务、销售、生产组织、成本管理、设备管理、质量管理高度统一。

四、销、研、产、用，为客户系统解决问题经营理念

基于与顾客的长期沟通和多年的研究、管理、生产和营销实践，湘钢金属在产品设计、工艺装备、生产技术、管理和服务等方面形成了自身的特色。

（1）销售和服务网络遍布国内 25 个省、市、自治区，服务周到、交货快捷。

（2）依据客户使用场景，协助顾客选择最优型号、结构的产品。

（3）自主研发的钢丝绳设计软件平台，可灵活配置不同结构的股，丝和股间隙参数化，使产品设计达到最优，可为有特殊需求的客户提供个性化设计，并建立个性化设计数据库。

（4）产品品种规格齐全，满足客户个性化需求。

1）成绳机可以生产最大直径 180 毫米，单件钢丝绳重量可达 100 吨；

2）离线、在线预张拉满足延伸小（≤0.15‰）、精准长度定尺工艺；

3）全电脑控制电磁抹拭热镀锌生产线满足厚镀锌、镀层牢固、均匀特性要求。

五、主要成果

（1）粗直径钢丝绳获湖南省科技进步二等奖。

（2）矿用钢丝绳先后获冶金产品实物质量金杯奖、湖南省名牌产品。

（3）港口用钢丝绳在北仑港、湛江港、天津港、青岛港、广州港等港口替代进口钢绳。

（4）工程机械用绳为三一、中联、徐工、山河智能配套。

（5）冶金起重绳是湖南钢铁、宝武系、沙钢洗、南钢、攀钢等众多钢厂合格供应商，其中的干熄焦绳用于替代进口。

（6）预应力钢绞线用于浙江温州瓯江北口大桥、非洲第一高楼埃及新首都一期项目、澳洲国会大厦、马来西亚 Kuala Lumpur 轻轨、迪拜半岛电视塔、阿联酋国际医疗中心、尼泊尔国家桥梁项目、京珠高速、武广高铁、贵州北盘江大桥、广西平南三桥、江西井冈山航电枢纽等一批国内外重大工程。

（7）获得 29 个专利，其中发明型专利 4 个、实用新型专利 23 个、软件著作权专利 2 个。

（8）参与 GB/T 3395《矿井提升用钢丝绳》、ISO 4344《电梯用钢丝绳》、T/CCMA 0086—2020《塔式起重机起升钢丝绳》、YB/T 6196—2024《履带吊钢丝绳》、GB/T 16762《一般用途钢丝绳吊索具和技术条件》、GB/T 5224《预应力混凝土用钢绞线》、T/CISA 352—2024《电梯提升带用钢丝绳》、T/CISA 277—2022《绿色设计产品评价技术规范电梯用钢丝绳》、YB/T 6197—2024《钢丝绳　扭矩计算方法》等标准的起草。

六、企业发展战略及企业文化

根据湘钢集团大力发展钢材深加工的发展战略，未来湘钢金属将以“高品质、规模

化”为战略方针，全力打造成为年产50万吨线材制品精品、兼顾其他钢材深加工、高度信息化和智能化的现代化一流企业。

企业使命：富裕员工　回报社会　精品强国

企业愿景：成为国内一流、受人尊敬的金属制品综合服务商

企业目标：成就杰出品牌　打造百年企业

核心价值观：以客户为中心　以奋斗者为本　追求卓越

企业精神：善于学习　不断创新

基本意识：责任意识：企业发展　我的责任

安全意识：人的生命价值高于一切

环保意识：碧水蓝天　绿色发展

质量意识：质量零缺陷　满意百分百

成本意识：自我挖潜　系统降耗

危机意识：永远如履薄冰　永远如临深渊

研发意识：鼓励创新　允许试错　拥抱变化

服务意识：以诚相待　快速响应　卓越服务

管理方略：管控：流程唯一　责任唯一

管理：严　细　实　恒

营销：深耕行业　区域主导　领先半步

生产：系统思考　工序服从　产销一体

人才：人尽其才　多维发展　动态激活

第七章　江苏狼山钢绳股份有限公司

一、企业概况

江苏狼山钢绳股份有限公司（以下简称狼山钢绳）成立于1956年，前身为南通市竹壳合作社，1965年开始转行生产钢丝绳，成立南通市钢丝绳厂。1996年，企业进行公司制改革，更名为南通钢绳（集团）有限公司。2003年钢绳集团实施公有股部分退出的改革，形成公司经营层占大股，仍保留部分国有股和职工股的企业股本结构，2007年更名为江苏狼山钢绳股份有限公司。公司经过了近70年的发展，已经形成了年产25万吨承载用钢丝绳和5万吨商品钢丝的生产能力，承载用钢丝绳连续多年产销量国内第一，国际前列。产品广泛用于工程机械、船舶海工、电梯、港口、冶金、矿山、石油、通信、林业、海洋捕捞、电力等行业，国内市场覆盖全国所有地级市，外销美洲、亚洲、非洲、澳大利亚等二十多个国家和地区。“狼山牌”钢丝绳曾获“国家免检产品”“中国名牌产品”等称号。企业建有省级特种钢绳制造工程技术研究中心，近几年主导起草国家标准两项、行业标准一项，参与起草国家标准和行业标准十多项。企业的发展承载了几代人的心血，是原南通市轻工系统仅存企业之一。

二、历史沿革

（一）创业阶段

1956年2月，在“三化一改造”运动高潮中，由南通市手工联社组织领导，成立了竹壳生产合作社，这就是狼山钢绳的前身。成立伊始，一方面，为减轻劳动强度开展技术革新运动，研制成功了编壳机、劈篾机、劈竹机、抽丝机等机械设备，改变了多年来陈旧、落后的手工编壳、劈篾的状况；另一方面，为解决原料毛竹、竹篾供应紧张，安排人员去浙江、江西、福建等地的深山老林挑选采伐毛竹，坎下的毛竹，有的就地劈成竹片，沿着崎岖的山路，冒着随时有可能滑进深谷的危险，一件件、一捆捆地从山上背运下来，再由铁路转运回厂。先后累计砍伐、运送毛竹几十万支，保证了竹壳生产所需的原料，为企业维持正常运行作出了巨大贡献。这些为企业后续发展树立了艰苦奋斗的典范。

1965年因竹壳生产任务的减少，经过再三权衡决定转产，生产手制钢丝绳，于同年5月生产出第一根用于网络的手制钢丝绳。以废旧钢丝绳或钢丝为原料、委外热处理、自制拉丝机、以长江江堤为场地制作手工绳，揭开了钢丝绳生产的序幕。1968年，从购买几台筐篮机开始了机制钢丝绳，通过不断的技术改造，1977年结束了长达十二年之久的手工制绳和机械制绳并存的局面。随着全面机制绳的生产，企业进入迅速发展阶段，产品品种增加，质量显著改善，经济效益不断提高。

（二）奋进阶段

从 1986 年到 1990 年的“七五”期间是企业上等升级阶段，1987 年达到了省级先进，1989 年进入了国家二级企业的行列，计量、节能、档案管理都达到了国家一级。围绕国内、国外两个市场，调整和开发新产品也是“七五”期间一大亮点。

镀锌钢丝、电梯钢丝绳、线接触钢丝绳实施批量生产。重点开发东南沿海海洋渔业用镀锌钢丝绳销售市场，为中国迅达电梯有限公司和上海电梯厂配套电梯用钢丝绳和电梯制动用镀锌钢丝绳，填补了国内空白，替代进口。8 毫米电梯制动钢丝绳经瑞典迅达集团无条件认可，作为上海迅达电梯公司出口电梯的配套用件。同时，地质探测铠装电缆用镀锌钢丝、抽芯铆钉用钢丝、光导纤维电缆用镀锌钢绞线、测震电缆用镀锌钢绞线和矿用金属芯钢丝绳等产品陆续研发成功，产品发展到十多个系列 300 多个规格。

镀锌钢丝绳、电梯钢丝绳获冶金部优质产品称号，0.8 毫米床用镀锌钢丝获江苏省优质产品称号，电梯用钢丝绳获江苏省优秀新产品“金牛奖”，增强了产品的出口创汇能力和市场竞争能力。新技术新工艺的推广应用成为经济效益提高的重要因素：热镀锌先镀后拉生产制绳用镀锌钢丝新工艺，处于国内领先地位；中温磷化新工艺的开发运用，取得实质性成效。

（三）提升阶段

从 1991 年至 1995 年的“八五”期间，是企业巩固成果、提高素质，大力推进技术改造和技术进步的重要时期，新增设备 80 多台套，并于 1993 年从日本进口 1000 毫米筐篮式成绳机和 1 台明火加热炉连续生产线，为企业产品提档升级提供了很好的基础条件；为了进一步适应市场的需要，自制 SK18/500 筐篮式成绳机，开发 18×7、18×19S 和 35W×7 等多层股抗旋转钢丝绳及大截面钢绞线等新产品；热镀锌先镀后拉钢丝生产技术获得全国新技术新产品博览会银奖。“八五”期间企业与马来西亚钢山集团合资成立中国南通钢山钢线有限公司，生产床垫用弹簧钢丝，并于 1993 年获外贸进出口自主权，成为行业内少数几家最先获得该自主权的单位之一，为产品扩大出口提供了有利条件。

（四）改革阶段

“九五”是企业在困境中求生存求发展的五年，这五年间，经历企业改制与内部改革，企业主要领导人病重与更替等一系列重大事件。1996 年，企业作为江苏省 127 家现代企业制度改革的试点单位进行了资产评估，确定了改制方案，由南通市轻工业局代表集体资产股、市城镇集体工业联社和职工持股会三方股东组建成立了“南通钢绳（集团）有限公司”，随后进行医疗制度改革、工资制度改革等系列改革。但随着客观经济环境的变化，市场竞争的进一步加剧，内部管理问题众多，企业处于内忧外困之中，两个市场不断萎缩，生产任务不足，企业开始走向低谷。企业采取一系列措施进行自救，对外不断派员调研和考察国际国内两个市场，对内开展“三强攻一突破”活动，进行全面管理整顿，于 1997 年通过了中国船级社 ISO 9002 质量体系认证。但所有的努力都未能改变生产任务严重不足，工人派停，资金极度匮乏，人心浮动，1999年面临破产的境况。

三、发展与跨越

2000年是企业新领导班子组成的第一年，也是企业发展史上重大转折的一年，顾其林总经理大胆调整经营思路和策略，对内对外两手抓：对内围绕目标成本管理降本增效，实行厂务公开采购公开，对外成功地开拓了国内外市场，特别是国外市场逐月攀升，资金回笼加速，快速地缓解了危机渡过难关，同年联合法尔胜集团等企业应诉美国对钢丝绳的反倾销并取得胜利，从此，开始了企业的快速发展之路。

（一）“十五”期间是企业的第一次跨越式发展

企业摒弃“等靠要”，立足自身，大胆调整经营思路和策略，通过租赁收购借鸡生蛋进行规模扩张，通过内部技术改造产品研发进行产品结构调整。2001年租赁南通开发区明星钢丝绳厂，2002年收购原海门交通钢丝绳厂，成立南通大力神钢绳有限公司，2003年租赁南通竹行镇通宇钢丝绳厂，2004年与如皋申江特种钢丝绳厂签订加工合作协议，2005年在通州十总镇建立南通宇神钢缆有限公司，自此，企业低成本迅速扩张之路全面展开，5年投入4000多万元，产量从原来的1万吨提高到7.5万吨。2003年大力神公司通过技改批量线接触钢丝绳很好地满足出口需求，同年12月公司利用与宁波凯特联合开发的国产首台大型6/1250筐篮式成绳机生产出华东地区最大的钢丝绳，标志着钢绳集团成为华东地区规模最大、品种结构最齐全的钢丝绳制造企业。2003年钢绳集团作为市“大而盈”企业实施公有股部分退出的改革，形成公司经营层占大股（51.35%）、代表国有股份的轻工控股公司占24.49%、职工持股会21.16%的企业股本结构，一个新的民营为主的企业应运而生。技术改造、产品研发、结构调整成为继规模扩张后的新的企业发展方向，2005年企业评定为国家高新技术企业，自此，EIPS、EEIPS超高强度镀锌钢丝绳、压实股钢丝绳、高级不旋转钢丝绳、海上石油钻井用钢丝绳、汽车吊升臂绳排钢丝绳等一系列产品列入国家、省、市项目并产业化，很大一部分替代进口产品，企业建成江苏省特种钢绳技术研究中心、省企业技术中心，为产品研发资源和系统性提供充分保障。2006年和2007年分别取得国家免检和中国名牌产品称号。

（二）“十一五”企业全面进入产品结构调整

“十一五”开始，企业全面进入产品结构大调整，陆续解除租赁关系，通过企业内部的技术改造，进行工艺装备提升、产品结构调整和节能减排，促进企业转型升级。2007年企业在市政府规划退城进郊行列，这是企业又一个重要发展里程碑的开始，企业投资2.8亿元进行本部搬迁，通过搬迁，将点接触钢丝绳为主调整为以线接触钢丝绳和其他特殊结构钢丝绳为主的产品结构，同时淘汰了90%以上老设备：大轴承捻制设备替代托轮式捻制设备大大降低噪声；所有拉丝机全部采用节能电机，为提高生产效率和产品质量率先将直进式拉丝机和翻转式水箱拉丝机用于钢丝绳生产行业；将原先小捆重多工序钢丝热处理，改为大盘重收放线的热处理酸洗磷化连续生产线，大大提高了生产效率减少劳动力。所有工序的工艺装备水平得到很大提高，产能得到进一步扩大。2012 年天然气管道接到南通时，为节能降耗减排，企业淘汰刚使用了三年多的价值 5000 多万元的燃煤热处理炉、热镀锌炉，改为燃天然气明火加热炉，同时，花费 1000 多万元淘汰了敞开式盘条表面处理线，以隧道式全封闭盘条表面处理线替代，企业创造条件履行社会责任，在 2017 年开始的南通钢丝绳行业整治中几乎未受影响，赢得了环保红利。2020 年起，为适应市场提质增效的又一大波技术改造陆续开展，先后投资近 2 亿元促进港口机械船舶海工和电梯等用途钢丝绳的质量和效能的提升。

四、未来展望

自 2008 年新厂区全面投产以来，生产规模达到一定程度后，企业将发展重心放到产品细分质量提升，内部降本增效和内、外销市场重新规划上。企业将打造多股不旋转钢丝绳、四股锻打绳、压实钢丝绳、超高强度镀锌钢丝绳、超大直径特殊结构钢丝绳、电梯钢丝绳等几大精品作为企业的拳头产品，不断强化技术改造、产品研发，进行产品结构调整，与设备厂家联合首次将锻打设备应用于钢丝绳生产，并成为拥有锻打机最多、压实绳产量最多的企业。

通过十多年的努力，多股不旋转钢丝绳和四股锻打绳的市场占有率超过 40%。产品在国内大型工程机械企业（如徐重之类）的使用量占比 50% 以上，船舶海工用钢丝绳、电梯用钢丝绳等产品也有了足够的市场分量。灵活的营销策略、精细的内部管理，更是使企业的核心竞争力上了一个大的台阶，无论是产品结构、产品质量、产品成本都是行业翘首。

经营了近 70 年的企业将会继续秉承“诚实守信、精益求精”的经营理念和创用户心目中的名牌产品的目标，向百年老店迈进。

第八章 江苏神王集团有限公司

一、企业概况

江苏神王集团有限公司（以下简称神王集团）始创于1976年，发展40余年来，拥有年综合生产能力15万吨的金属线材制品及5家子公司的高新技术企业。神王集团总占地面积为32万平方米，总部位于历史悠久、环境宜人的苏州。

神王集团始终坚持“质量立本、创新发展、持续改进、服务顾客”的质量方针，充分吸收国内外先进的专业技术和管理方法，坚持以专业的团队、高效的流程、精益的管理，积极探索高新科技发展的新路径。集团先后通过ISO 9001、ISO 14001、OHSAS 18001管理体系认证以及MA、API、CCS、DNV等行业认证，全方位保证产品的高质量生产过程。

二、历史沿革

1976年，集团前身藏书社光拉丝厂成立，为村办企业，以生产钢丝为主；1984年，更名为藏书钢丝厂，主要生产镀锌钢丝及商品钢丝；1987年，更名为吴县市第二钢丝绳厂，开始生产圆股钢丝绳；1996年，从乡镇企业转制为民营企业，成立苏州市神王钢绳有限公司；2003年，更名为江苏神王金属制品有限公司；2009年，成立江苏神王集团有限公司，企业产品不断丰富，规模及技术不断提升，逐步迈上了发展的快车道（图4-8-1）。

图4-8-1 神王集团办公大楼乔迁之喜

2011年，神王集团在泰州新建成立了江苏神王集团钢缆有限公司，其承载神王集团40多年的技术及经验，在泰州姜堰经济开发区兴建钢丝及钢丝绳的高端生产服务平台。公司总占地面积20万平方米，形成了以电梯钢丝绳、输送带用钢丝绳、石油用钢丝绳、港口工程机械用钢丝绳、矿用钢丝绳，以及镀锌磷化配料钢丝为主的全新生产基地。

2019年，集团成立泰州荣鼎弹簧钢线有限公司，该公司为专业研发、生产、销售高端油淬火弹簧钢丝和商品钢丝的专业化企业。

三、主要成果

截至目前，神王集团重要用途钢丝绳荣获中国钢铁工业协会“冶金产品实物质量金杯奖”，防水打桩钢丝绳等产品荣获江苏省“高新技术产品”六项证书。同时公司也荣获了“国家级高新技术企业”、“国家级知识产权优势企业”、“国家级专精特新‘小巨人’企业”（图4-8-2）、“国家级绿色工厂”、“江苏省工业互联网标杆工厂”、“江苏省企业社会责任制造业典范榜”和“分行业十强榜”等称号。

同时，集团始终坚持科技领先的技术方针，建立了国家级博士后工作站（图4-8-3）、江苏省博士后创新实践基地、江苏省研究生工作站，成立了江苏省高承载防腐耐磨曳引钢丝线材工程研究中心、江苏省钢缆新材料工程技术研究中心，为江苏省认定的企业技术中心、江苏省首批产教融合型企业。

图4-8-2 荣获国家级专精特新“小巨人”企业

图4-8-3 建立国家级博士后工作站

与东南大学、北京科技大学等多所高校建立产学合作关系，成立了一支由业内知名专家及技术骨干组成的研发团队，从事新产品的开发，新工艺、新技术的研究，取得了多项科研成果。

集团还邀请国内外顶尖的技术专家作为公司的技术顾问，为产品的更新提供强有力的技术支撑，为公司的高质量发展奠定了坚实基础。同时，集团也为全国钢标准化委员会钢丝绳分技术委员会成员单位，先后参与了《一般用途钢丝绳》《重要用途钢丝绳》《电梯用钢丝绳》以及《油淬火弹簧钢丝》等多项国家标准和行业标准起草工作，增强了行业话语权，并持续扩大行业影响力。

四、未来展望

今后，集团将继续把做专、做强、做优线材制品作为己任，坚持“质量第一、顾客至上”的宗旨，树立行业领先的良好形象，秉持“感恩国家、贡献行业、回报社会”的公司核心价值观，有效整合并充分发挥技术、人才、市场等综合优势，推进企业持续健康运行，在争创知名品牌的同时，竭诚为顾客提供高品质的产品和服务。

“百年索绚，金色神王”。江苏神王集团将与您携手同进，共创辉煌！

第九章　江西新华新材料科技股份有限公司

一、企业概况

开创了我国低松弛预应力钢绞线产品先河的江西新华新材料科技股份有限公司（以下简称新华公司），是一家专注于预应力钢材开发制造的企业，企业创立于1986年，是我国第一家国际预应力协会（FIP）会员。目前公司已发展为钢绞线技术全球领先的企业，钢绞线产能50万吨/年，年销售额超20亿元，成为全球最大的钢绞线企业之一。公司始终注重创新和研发工作，先后完成新产品开发30多个，主编或参编国家标准和行业标准6个，公司拥有有效专利35项，其中国际发明专利1项，国家发明专利5项，软件著作权4项，同时拥有众多的专有技术。

公司的产品已遍布国内及美欧亚数十个国家和地区，主要运用包括公路桥梁、铁路桥梁、城市立交、岩土锚固、隧道和矿井支护、机场、码头、水电、核电站核岛安全壳、光伏发电柔性支架、风力发电混合塔、海洋风电、天文台、LNG液化天然气储罐和大型高层建筑等国家重点基础建设工程。著名的港珠澳大桥、青岛胶州湾海湾大桥、杭州湾跨海大桥、广深珠高速公路、京沪高速铁路、贵州FAST天眼工程、三峡工程、上海东方明珠电视塔、青岛LNG储罐工程等都由新华公司主导供应的预应力钢材建设而成。

自诞生以来，新华公司连续多年荣获江西省“优秀企业”、海关“信誉良好企业”、银行“信用等级AAA级企业”、税务“纳税信得过企业”等称号；产品荣获“江西省优秀新产品”“江西省名牌产品”“全国质量稳定合格产品”“冶金产品实物质量金杯奖”“省级科技进步奖”等，企业先后获评“国家级高新技术企业”“江西省专精特新企业”“江西省创新型企业”“江西省单项制造冠军”等荣誉称号。

二、历史沿革

新华公司的前身可以追溯到20世纪60年代，1968年江西钢厂六分厂建成，生产弹簧钢丝及弹簧用钢带，主要供军工厂。该厂技术人员来自上钢二厂，钢厂自己轧制的盘条每件60千克，与钢管生产共用圆坯，最细的钢丝做到0.100毫米，山凤品牌至今在南方市场有很高的知名度。同年，新余钢铁厂钢丝车间建成，主要生产预应力钢丝等钢丝产品，技术培训在天津预应力钢丝厂完成。

1986年11月15日，由新余钢铁有限责任公司、香港巍华金属制品有限公司、江西省国际信托投资公司三方合资兴办的中国冶金系统第一家中外合资企业——新华金属制品有限公司正式成立。总经理为胡乐，第一任董事长为新钢厂长刘湘清，总工程师为原新钢中心实验室的材料专家李永禄，员工主要来自新钢的钢丝厂。

1987年，新华公司从欧洲最大的预应力钢绞线设备制造厂家意大利瑞德利公司和法国的奥提提公司引进全套生产线和技术，按国际先进标准生产各种规格的低松弛预应力钢绞线。

1988年7月19日，中国第一条高强度低松弛预应力钢绞线在新华公司产生。产品通过国内外用户的严格检测，质量完全达到美国和英国的最高标准，填补了国内空白。产品供应的国内第一项工程为开封黄河大桥，第二个为厦门高崎跨海大桥。

1991年美国先张预应力协会（PCI）接纳新华公司为中国大陆的第一家会员，德国、挪威、澳大利亚及东南亚地区的桥梁、液化天然气储罐等大型建筑工程广泛采用了新华公司产品。

1992年钢丝厂引进一套意大利REDAELLI低松弛预应力钢丝生产线，配套拉丝机是昆重的8X900直流电机驱动的拉丝机。

1993年，新华公司无黏结预应力生产线建成投产。

1995年，新华公司获得国内同行业第一份ISO 9001质量体系注册证书。

1996年，新华公司经股份制改造，在上海证券交易所正式挂牌上市，成为国内同行业第一家上市公司。代码为600782，公司更名为“新华金属制品股份有限公司”，总经理为姚红江，总工程师为段建华。

1998年，新华公司利用上市募集资金筹建的铝包钢项目正式投产，为国内第一家大批量生产铝包钢及OPGW的工厂，成为公司新的经济增长点。

1999年10月，新华公司总部迁入新余市经济开发区；同年11月，新华公司通过配股将原新钢金属制品有限责任公司并入公司。

2002年，新华公司引进第二条钢绞线生产线正式投产，公司钢绞线产品年产能达到7万吨。

2004年，新华公司铝包线厂三期工程完工，公司铝包钢线产品年产能达到2万吨。

2005年，新华公司第三、第四条钢绞线生产线正式投产，公司钢绞线产品年产能达到12万吨。同年公司首次被科技部审定为国家火炬计划重点高新技术企业。

2006年，新华公司年销售额首次突破10亿元人民币（不含税）。

2007年，新华公司完成向新钢公司的定向增发，公司更名为江西新华金属制品有限责任公司，总经理为杨三根，总工程师为段建华。同年在新余市高新区南源路收购一家工厂，投资一条30万吨年产能的隧道式酸洗线，将铁焦路钢绞线产能逐步搬迁到新地址。同年，新华公司高分通过美国后张协会（PTI）的工厂认证，并于同年5月成为全球首批获得该协会“预应力钢绞线”认证的生产企业。

2009年4月，新华公司第一条生产线停产并淘汰；同时，公司被江西省政府列为“省产业发展十大主攻方向、引领未来发展的58个重大项目”之一的钢绞线扩产项目一期工程，即收购第五、第六条生产线，引进第七、第八条生产线全面完工并投入生产，公司钢绞线产品年产能达到22万吨。同年11月新钢公司为准备与贝卡尔特合资，将钢丝业务、铝包钢业务一起注册到一个新公司“新余贝佳金属制品有限公司”。

2010年10月，钢绞线扩产项目二期工程，即引进第九、第十条生产线完工并投入生产；同年 12 月，新华公司顺利完成新钢厂区内老钢绞线生产车间的整体搬迁。

2011 年 9 月，新华公司与沙钢集团合作，出让 25%股权引进其旗下张家港宏兴高线有限公司作为公司新增股东。2011 年 11 月，新华公司分拆出铝包钢业务和弹簧钢丝业务成功与比利时贝卡尔特（BEKAERT）公司进行合资，公司搬迁至位于新余高新技术产业开发区南源路 2100 号的新生产厂区，专注于钢绞线产品的生产和销售，公司钢绞线产品产能实现 30 万吨/年。公司与贝卡尔特合资企业更名为贝卡尔特（新余）金属制品有限公司。

2012 年 6 月，新华公司受让沙钢集团下属拥有 4 条进口生产线、年产能 20 万吨的张家港宏兴金属制品有限公司 50%股权，成立张家港新华预应力钢绞线有限公司。同年，新华公司新建 19 丝钢绞线生产线，并于当年建成投产。

2013 年新华公司被评为江西省第一批创新型企业。

2015 年，新华公司新建桥梁缆索用热镀锌钢丝及钢绞线项目，开发的产品在国内外桥索工程中得到运用，其中镀锌钢丝产品很快进入我国悬索桥主缆市场，镀锌无黏结注蜡钢绞线成功运用于埃及、印度等特大型桥梁工程。

2016 年，新华公司第一次申请国家高新技术企业评审并通过高企资格认定。

2018~2020 年，分步完成了公司的 3 条国产钢绞线生产线的技术改造，重新焕发生机，公司产能得到有力保障。

2022 年，宝武领导进入新钢股份后，将江西新华、张家港新华、新钢金属、酸洗平台新鑫科技都归入新设的金属制品事业部。

三、特色工艺技术

新华公司目前主导产品包括：预应力混凝土用钢绞线、模拔钢绞线、无黏结预应力钢绞线、环氧喷涂用钢绞线、19 丝钢绞线、预应力混凝土用钢丝、桥梁缆索用热镀锌钢丝、预应力热镀锌钢绞线、无黏结预应力镀锌钢绞线等。新华钢绞线主要特点如下。

（1）技术指标丰富：可以生产满足国内外几乎主要预应力钢绞线标准的产品技术要求，也可以依据客户的技术协议生产特殊产品；

（2）性能指标离散性小：不同卷或批次产品性能指标稳定，离散性小，便于锚具匹配和工程施工；

（3）通条性能良好：整体钢绞线力学性能稳定，波动小，生产过程切除头尾工艺参数波动条件下的产品；

（4）屈服强度高：国家标准要求钢绞线屈强比为 88%~95%，公司产品一般控制在 90%~94%；

（5）松弛性能好：国家标准要求 20 ℃时，初始负荷为最大力 70%条件下，1000 小时应力松弛率不大于 2.5%，公司产品一般不大于 2%；

（6）直径公差小：原料强度控制良好，组织稳定，绞线基本在负公差到 0 之间，节约工程用料；

（7）与锚具匹配良好：无论是常温、低温、高温锚固匹配试验，都获得第三方试验通过；

（8）强度级别高：不但生产1860兆帕级绞线，还生产1960兆帕、2060兆帕、2230兆帕、2360兆帕等级钢绞线；

（9）疲劳性能良好：先后通过360兆帕、400兆帕、450兆帕、550兆帕级疲劳应力幅试验，并有大量工程运用；

（10）结构稳定：丝股间内应力相差小，钢绞线散股后不产生边丝错位，疲劳性能要求高，运用于环氧涂层的预应力几乎服务了国内所有主要客户；

（11）低温性能良好：运用于液化天然气储罐用钢绞线，经试验检测，产品在-196℃的低温下韧性和塑性指标与常温下接近，丝股配比合理，在低温下锚固后不产生滑移，充分保证了钢绞线在极端温度下仍能与锚固体系完美配合，性能不下降；

（12）产品高温松弛性能及其他力学性能良好，产品通过核电站核岛安全壳用钢绞线第三方性能检测。

四、主要成果

琴钢丝在20世纪80年代获国家质量奖银质奖。

1988年，在中国大陆首家开发出低松弛预应力钢绞线。

1989年，新华钢绞线运用于我国第一座使用国产钢绞线的公路大桥开封黄河公路大桥。

1990年，新华公司钢绞线应用于中国第一座跨海大桥——厦门高集大桥。

1995年，参与并完成对预应力钢绞线国家标准GB/T 5224的修订。

2000年，完成500公里OPGW生产，为第一次大规模国产化生产。

2004年，完成某国防大型项目。

2015年，完成国家天文台“FAST项目”特高应力幅疲劳钢绞线开发制造。

近年主要工程成就：

跨海桥梁：港珠澳大桥等14座；

跨长江大桥：润扬长江公路大桥等20多座；

跨黄河大桥：开封黄河大桥等8座；

跨钱塘江大桥：钱塘江二桥等6座；

跨珠江大桥：琶洲大桥等7座；

上海桥梁工程：杨浦大桥等9座；

其他跨江桥梁工程上百座；

高速公路（桥梁）：国内数百个高速公路工程；

铁路工程：以京九铁路、京沪高铁等为代表的60多个铁路建设工程；

部分水利工程应用：以三峡（永久船闸、岩土工程、桥梁等）、南水北调等工程为代表的29个水利工程；

机场工程应用：广州新白云国际机场为代表的十多个工程；

高塔及重载提升应用：上海东方明珠电视塔、上海大剧院6000吨屋顶提升、北京西客站以及国外众多提升工程；

港口、码头工程：深圳盐田港等 5 个工程；

液化天然气体储罐：占据国内 80% 以上的工程，中石化山东 LNG 液化气储罐（3 个）、美国得克萨斯州的金通道液化天然气站等十多个工程；

部分建筑工程应用：以深圳深圳会展中心为代表的十多个工程。

五、未来展望

新华公司目前已经归属宝武集团，企业将依托宝武金属制品事业部的整体规划，围绕着产品材料创新、性能提升、工艺低碳、节能等方面深入研究。朝着大直径多丝结构、高强度高应力幅疲劳、耐候钢钢绞线、高耐腐蚀复合材料钢绞线等新产品新技术方向发展。研究采用环保的表面处理技术、高速无尘拉拔技术、低碳节能工艺技术、设备自动化和信息化技术等，发展和提升公司技术水平。

公司将继续围绕“自强不息、追求卓越”的企业核心价值观和“为国内外一流基础设施建设提供一流服务”的企业使命，为实现“永做行业领先、赶超全球最优”的企业愿景全力以赴，继续坚持不断创新，坚持诚信经营，使公司规模跨上新台阶，竞争力继续稳定在国内同行业前列，向国际一流企业迈进！

第十章 宁夏恒力钢丝绳有限公司

一、企业概况

宁夏恒力钢丝绳有限公司是中国最大的钢丝绳、预应力混凝土用钢绞线制造企业之一，位于宁夏石嘴山市工业园区内。其前身是石嘴山钢铁厂，始建于1958年，1992年被国家经贸委、财政部认定为国家大型一档企业，1997年实施现企改制，1998年公司改制上市，是中国钢丝绳生产厂家中的第一家股票上市公司，是宁夏回族自治区大型骨干企业和高新技术产品出口企业。公司历经石嘴山钢铁厂、石嘴山金属制品厂（代号五四厂）、宁夏钢铁厂、宁夏石嘴山钢铁厂、宁夏恒力钢丝绳股份有限公司、宁夏新日恒力钢丝绳股份有限公司、宁夏中能恒力钢丝绳有限公司、宁夏恒力钢丝绳有限公司。公司注册资本金13亿元人民币，占地850亩（57万平方米），为有限责任公司。公司主导产品为钢丝、钢丝绳及钢绞线，具备年产钢丝绳8万吨、预应力混凝土用钢绞线22万吨的生产能力。

经过60多年的发展，宁夏恒力钢丝绳有限公司生产的钢丝绳、预应力混凝土用钢绞线及钢绞线产品多达70多个品种1500多个规格，其品种之多、规格之全，居国内同行业厂家之首。产品被广泛应用于煤炭、冶金、石油、交通、电力、农林、旅游、建筑、纺织、港口、邮电、航空、军工等行业，产品畅销全国各个省、自治区、直辖市及30多个国家和地区，深受广大客户的信赖。

二、历史沿革

始建于1958年，伴随着自治区的成立，开始了第一次创业。

1964年，由宁夏地方政府移交冶金部，并由鞍钢、天钢、太钢支援三线建设搬迁设备、协调人员重新组建，更名为五四厂。

1970年，改名宁夏钢铁厂，1979年将厂名统一为宁夏石嘴山钢铁厂交由地方政府管理。

1992年，被国家经贸委、财政部认定为中国大型一档企业，属自治区大型企业。

1997年，按照现代企业制度的要求，改制成为宁夏恒力钢铁集团有限公司。

1998年，将金属制品部分资产划出，组建了宁夏恒力钢丝绳股份有限公司。集团公司占51%的股份。“宁夏恒力”股票于1998年5月挂牌上市。

2003年，恒力集团出让持有股份公司29.20%的股权给宁夏电投集团公司。

2011年8月30日，宁夏电力投资集团公司将29.20%股权转让给受让人上海新日股权投资股份有限公司，宁夏恒力钢丝绳股份有限公司更名为宁夏新日恒力钢丝绳股份有限公司。

2015 年 5 月，上海新日股权投资股份有限公司将 29.20%股权转让给受让人上海中能企业发展集团有限公司。

2017 年 5 月，宁夏新日恒力钢丝绳股份有限公司资产剥离，于 2017 年 6 月新设立登记成立宁夏中能恒力钢丝绳有限公司。

2020 年 1 月 22 日，宁夏中能恒力钢丝绳有限公司更名为宁夏恒力钢丝绳有限公司。

三、特色工艺装备

公司以技术进步为动力，持续不断地加大技改投入力度，通过国际先进水平技术装备的引进、国内先进水平技术装备的选型和自行攻关研制等手段，提升了自身整体技术装备的水平。以先进的燃气热处理炉、电镀锌生产线、双锅锌铝合金镀锌生产线、LZ-9/1200 直进式拉丝机、GG36/500 超长捻股机、MKVS48/500 股绳机、KTB36/630 密封钢丝绳成绳机、MKVS12/630 多层股钢丝绳成绳机和国内大型的 SK8/1650 合绳机、钢丝绳预张拉机、低松弛预应力钢绞线稳定化生产线、异型钢丝辊模拉拔装备等一批具有国际国内先进技术水平的主体装备，占据了技术装备水平在国内行业中的领先地位，保持了超长度、高强度、多丝复杂结构和超大直径钢丝绳生产的技术优势。

四、主要成果

宁夏恒力钢丝绳有限公司钢丝绳产品包括：ϕ1.2~120.0 毫米范围内各品种结构的钢丝绳产品，形成了以矿用钢丝绳、电铲用钢丝绳、索道用钢丝绳、石油用钢丝绳、港口用钢丝绳等为代表的一批拳头系列产品。1998 年研制成功最长的镀锌钢丝绳 6×36SW+IWR，7000 米长无接头，被称为国内第一长绳；2004 年研制成功国内规格最大的镀锌钢丝绳 8×61+IWR-120 毫米；2005 年研制成功结构最复杂的镀锌钢丝绳 8×55SWS+6×36SW+1×36SW-92 毫米；2005 年 11 月研制成功国内单重最大 50.82 吨、单绳长 2200 米、ϕ76 毫米的 8 根 8×49SW+IWR 镀锌钢丝绳，占据了公司在行业中超长度、高强度、超大直径和特殊结构钢丝绳研发、生产的突出技术优势；2008 年研发成功电铲涂塑钢丝绳、电铲用绷绳，达到国内先进水平，替代了进口；2010 年承担自治区粗直径钢丝绳、集装箱起重用钢丝绳、大规格预应力钢绞线科技公关任务，集装箱起重用钢丝绳获自治区科技进步二等奖；2011 年开始承担国防科工局军品配套项目特种钢丝绳性能优化项目，自主研发成功航母用特种钢丝绳，填补了国内空白；2012 年研发了电梯用钢丝绳，2013 年建成国内具有技术领先水平的电镀锌钢丝生产线，2016 年成功开发了悬索桥用大型吊索钢丝绳，开拓了市场，满足了各个应用领域更为广泛的需求，加快了产品开发战略向高、精、尖方向发展的实施步伐。

钢绞线产品包括：预应力混凝土用钢绞线、镀锌钢绞线、锌铝镁稀土合金镀层钢绞线、光缆用镀锌钢绞线。其中，预应力混凝土用钢绞线产品具有年产 22 万吨的生产能力，可满足市场对 ϕ9.50~22.00 毫米范围内不同规格、不同强度、不同结构预应力混凝土用钢绞线产品的需求。

近年来，公司以高起点发展我国线材制品工业为己任，致力于卓越品牌的追求，以品种多、结构优、质量好为特色，不断调整和优化产品结构，加大产品研发力度，持续提高高附加值、高技术含量产品在产品总量中的占比，倾力打造“钢绳专家”的外在形象，成功开发了满充式钢丝绳、旋转挖泥钻用钢丝绳、镀锌密封钢丝绳，以及大型涂塑、压套电铲钢丝绳等新产品，形成了以矿用钢丝绳、起重用钢丝绳、索道用钢丝绳、石油用钢丝绳、港口用钢丝绳、预应力混凝土用钢绞线等为代表的一系列拳头产品，并具有超长度、高强度、超大直径和特殊结构钢丝绳研发、生产的突出技术优势。

企业坚持以科学的管理、先进的装备、精湛的技术、一流的质量和完善的服务奠定自身的雄厚实力，公司先后获英国劳埃德船级社工厂认可证书、ISO 9001：2008 质量管理体系认证、ISO 10012 测量管理体系认证、美国石油协会（API）会标志使用权认证。先后通过中国船级社（CCS）、英国劳埃德船级社（LR）、法国船级社（BV）、德国劳埃德船级社（GL）、挪威船级社（DNV）5 家世界船级社工厂认可并通过了美国船级社（ABS）型式认可。公司生产的钢丝绳产品获国家矿用产品安全标志证书，并获得二级保密资格单位证书和武器装备科研生产许可证书。

公司始终坚持品牌发展战略，造就了公司产品在国际国内市场上良好的声誉。企业曾两次获中华全国总工会颁发的“五一劳动奖状”。

在西班牙第 21 届国际贸易博览会上获最佳企业奖，密封钢丝绳获亚太地区经济博览会银奖。从 1993 年开始在产品包装以及宣传推广中启用注册商标，并持续使用至今。公司注册商标多次被宁夏工商行政管理局认定为“宁夏著名商标”，2014 年被国家工商行政管理总局商标局认定为中国驰名商标。此外，公司有 35 个品种的钢丝绳产品获国家矿用产品安全标志证书，3 个产品获国家重点新产品证书，5 个产品获宁夏名牌产品称号，钢丝绳和钢绞线产品获国家“产品质量免检证书”。进一步提升了公司品牌的知名度、美誉度和影响力。

五、未来展望

宁夏恒力钢丝绳有限公司将紧盯市场需求和行业发展趋势，在材料和装备保障能力、产品开发力度、数字化管理、产品品质提升等方面加快步伐。将加大原材料供应商联手开发力度，从用户需求、工况特性、产品要求出发，有针对性精准研发，提高材料保障能力；加大生产装备研发力度，不断提升自动化、数字化水平，不断提升管理能力，提高劳动生产率；紧盯国家战略规划，在远洋工程、桥梁建设、高强度预应力钢绞线、替代进口等方面加大产品开发力度。宁夏恒力钢丝绳有限公司将充分践行“宁夏恒力、钢绳专家”的承诺，为金属制品行业的发展做出应有的努力和贡献。

第十一章　天津冶金钢线钢缆集团有限公司

天津冶金钢线钢缆集团有限公司（以下简称钢线钢缆集团）成立于2000年10月，钢线钢缆集团由天津冶金集团第二预应力钢丝有限公司、天津市银鹤金属制品有限公司、天津市天绳钢丝绳有限公司、天津冶金集团环钟钢丝有限公司、天津绿格生态科技有限公司、天津天冶日亚钢业有限公司等骨干企业组成。集团公司位于天津市北辰区双街工业区，厂区占地面积35万平方米，现有建筑面积12万平方米。

主要产品为低松弛预应力混凝土用钢绞线，低松弛预应力无粘接钢绞线，低松弛预应力热镀锌及锌铝合金镀层钢绞线，桥梁缆索用热镀锌及锌铝合金镀层钢丝，各种用途钢丝绳、镀铜钢线、绿格网等5大系列、1000多个品种规格，年生产能力40万吨。其中低松弛预应力无粘接热镀锌及锌铝合金镀层钢绞线年生产能力为3万吨、桥梁缆索用热镀锌及锌铝合金镀层钢丝年生产能力为3万吨。

2005年5月，委托天津冶金规划设计院完成天津市北辰地区建设金属制品精品园可行性方案。

本项目为年产50万吨的制品精品园。主要利用现有北辰区域的厂房、设备、公辅设施等进行调整、搬迁改造，同时新增设备、厂房并与天津冶金职业技术学院合作组建人才培训中心和机加工中心。

产品包括，预应力钢材35万吨包括低松弛预应力钢绞线、低松弛预应力钢丝、PC钢棒、焊接钢筋网；钢丝绳3万吨包括矿山及起重钢丝绳、电梯钢丝绳；覆层钢丝及绞线12万吨包括镀GALFAN钢丝及绞线、涂铜钢丝、镀锌钢丝及绞线。项目总投资40850万元，项目建设周期2年，第3年含建设期达产。

2007年环钟钢丝有限公司新增年产4万吨GALFAN镀层低松弛预应力钢丝技术改造项目，该项目利用现有厂房，结合产品结构调整，改造现有设备，引进关键生产设备，建成年产4万吨GALFAN镀层低松弛预应力钢丝、钢绞线产品。

2010年8月天津冶金集团隆盛达钢业公司（天津冶金钢线钢缆集团公司管理的公司）与翁大鹏（台资方）共同投资成立天津绿格生态科技有限公司合资公司，投资500万元人民币。翁大鹏占有51%的股份，隆盛达占有49%的股份。建设年产镀锌钢丝涂塑绿格网200万平方米，锌-10%铝镀层钢丝涂塑绿格网300平方米。

2011年8月19日，在冶金集团后楼会议室，由冶金集团主持钢线钢缆集团与日亚钢业株式会社合资成立天冶日亚公司举行签字仪式。由日亚钢业株式会社社长川村伊知良与钢线钢缆集团董事长郭鑫签字。冶金集团、钢线钢缆集团的相关领导参加签字仪式，如图4-11-1所示。合资成立的天冶日亚公司，计划投资建设年产2万吨高档镀锌钢丝产品。

图 4-11-1　天津天冶日亚钢业有限公司成立签约仪式

钢线钢缆集团其中天津市第二预应力钢丝有限公司，成立于 1988 年，前身是天津有色金属加工厂，是生产高强度预应力混凝土用钢丝、钢绞线的专业厂家。在钢线钢缆集团院内，厂区占地面积 12 万平方米，现有建筑面积 5 万平方米，年生产低松弛预应力钢绞线 10 万吨以上。有享受政府特殊津贴的线材制品专家、有高级专业技术职称人员 12 名，中级专业技术职称人员 45 名，初级专业技术职称人员 175 名。先后聘请了 8 位科研院所的科研专家担任公司技术顾问，致力于预应力产品研发、生产与应用。中国冶金工程质量监督总站检测中心在公司建立分站。

公司有一条从德国引进的低松弛钢绞线生产线、两条从意大利引进的低松弛预应力钢绞线生产线，四条国产低松弛预应力钢绞线生产线。产品销往全国 30 个省、自治区、直辖市（包括台湾省在内），部分产品销往韩国、泰国等地，广泛用于大型桥梁、高层建筑、水泥制品等建筑领域。如天津快速路及立交桥、首都机场改造、北京环路、京承高速公路、京深高速公路、京沪高速公路、祁临高速公路、西安绕城高速公路、靖安高速公路、渝万高速公路、渝遂高速公路、成都环路改造工程、昆明东绕高速公路、云南南水线高速公路、宁淮高速公路、沪杭沪宁高速公路、济南顺和街北园立交桥（五层叠）、广东镇海湾大桥等国家重点工程项目的建设。目前无黏结、缓黏结钢绞线项目已完成并投入生产，该项技术在国内属于领先水平，并正在积极开发涂覆环氧树脂钢绞线等新项目。

1999 年荣获“全国建筑标准设计推广优秀产品”奖，2003 年荣获“2003 年营销管理先进单位”称号。连续多年来被天津市政府评为“重合同、守信誉”先进单位。1992~1994 年被市政府命名为天津市百强企业，被国家统计局定为全国 100 家最大金属制品企业。

钢线钢缆集团其中天津市天绳钢丝绳有限公司是由天津金鼎一绳钢丝绳有限责任公司、天津市第二钢丝绳厂、天津市第一金属制品厂合并组建的有限责任公司。天津天绳全面继承了天津金鼎一绳钢丝绳有限责任公司的相关资产、技术、品牌、产品和知识产权。同时注入了天津市第二钢丝绳厂和天津市第一金属制品厂的优质资产。

天绳公司拥有特种绳分厂、普绳分厂、电梯绳分厂等三个成品生产分厂。生产近 800

个品种的专用钢丝绳，广泛应用于矿山、石油、电梯、港口、渔业、航空航天、电力、公路、起重、塔机、旋挖钻机、强夯机等众多领域。生产全过程严格执行质量控制体系程序文件和质量手册，全部质量体系均符合 GB/T 19001—2000 标准并获认证。多次在国内外大型工程、世界银行贷款项目、亚洲银行贷款项目公开招标中中标；同时，产品一直是国内多家大型电缆厂、电力工程公司、大型矿山、港口、著名电梯制造厂、工程机械厂生产及重点工程用或出口配套用首选产品。2012 年投资近 2.0 亿元购进了国内先进的钢丝绳生产线。

钢线钢缆集团其中天津市第一钢丝绳厂始建于 1939 年，是中国第一家金属线材制品厂，原名为兴亚钢业株式会社，是我国第一根钢丝绳的发源地，也被称为“华夏第一绳”。“八五”期间，天津市第一钢丝绳厂采用了国内外先进的生产工艺、技术和装备，完成了全面现代化的技术改造，主要产品有光面钢丝绳、航空钢丝绳、镀锌钢丝绳、电梯钢丝绳、镀锌钢绞线、钢芯铝绞线用钢丝、混凝土结构用碳素预应力钢丝等七大系列产品。上述产品分别被评为国家、冶金部、天津市优质产品，曾荣获“全优产品工厂”称号，其中航空钢丝绳、镀锌钢绞线先后于 1979 年和 1984 年获国家银牌奖，实物质量金杯奖。1987~1997 年先后制修订了 GB 1200—88《镀锌钢绞线》、GB 8903—88《电梯用钢丝绳》、YB/T 5004—93《镀锌钢绞线》、GB/T 3428—97《钢芯铝绞线用镀锌钢丝》等四项国家或行业标准。

钢线钢缆集团其中天津市第二钢丝绳厂始建于 1958 年 11 月 1 日，前身系天津市钢丝绳厂，于 1958 年 11 月 1 日由天津市地方国营第二铁丝厂和公私合营钢丝合股厂合并而成。坐落在河北区北站外新开河工业区，当时全厂职工 2296 人，厂区占地面积 22 万平方米，建筑面积 6.7 万平方米，固定资产原值 2207 万元。产品有镀锌钢丝绳、光面钢丝绳、轮胎钢丝、自行车辐条钢丝、吸引用胶管钢丝、弹簧钢丝等 6 个品种 200 多种规格。镀锌钢丝绳和轮胎钢丝均被评为天津市和冶金部优质产品，自行车辐条钢丝和吸引用胶管钢丝被评为天津市优质产品。其中钢丝绳产品曾用于运载火箭的发射工程，为发展国防科学事业做出了贡献。

天津市第二钢丝绳厂是国家线材制品行业骨干企业之一。三十多年中，已向国家提供数百万吨钢丝和钢丝绳产品，除满足国内需求外，也打入了国际市场。二绳厂人才荟萃、装备精良、选料考究、工艺先进，严格的质量保证体系和优良的售后服务堪称一流。二绳厂利用引进技术装备生产的回火胎圈钢丝 1988 年获天津市特等优质产品奖，1989 年获国家优质产品银奖。生产的九环牌钢丝绳始终服务于矿山林业、渔业船舶、港口码头、土木建筑、石油钻井、产业机械，其良好的使用性一直深受广大客户的称赞。镀锌钢丝绳在同行业评比中始终名列前茅。从 1979 年起连续被评为冶金部优质产品。生产的九环牌胎圈钢丝，质量、产量均处国内领先地位，是轮胎行业主要定点供应商之一。生产的辐条钢丝、胶管钢丝、轻轮胎钢丝、弹簧钢丝是天津市优质产品。

天津市第二钢丝绳厂从 1988 年至 1996 年间先后参加制修订了 GB 1201—89《辐条用钢丝》、GB 14450—93《胎圈用钢丝》、GB/T 8918—1996《钢丝绳》、GB/T 8919—1996《制绳用钢丝》等四项国家标准；在此期间先后制定了津 Q/YB 3025—90《胎圈用冷拉钢丝》、津 Q/YB 3032—95《胶管用钢丝》、津 Q/YB 3033—95《轻载轮胎胎圈钢丝》等三项企业标准。

钢线钢缆集团其中天津市第一金属制品厂，前身是私营铁丝厂，始建于 1938 年 4 月，由资本家田瑞征与郑幼彭等人集股经营，位于河北区日纬路和月纬路之间，占地 1.46 万平方米。主要产品有窗纱、不锈丝、网。窗纱远销国外，享有较高声誉，被评为冶金部和天津市优质产品。不锈丝、网主要供应石油、化工、煤炭等工业。

钢线钢缆集团其中天津市银鹤金属制品有限公司，前身为天津市第九金属制品厂，始建于 1958 年，具有雄厚的技术实力和完善的检测手段，工艺先进，设备精良，用现代化手段管理生产。占地 41169.5 平方米。拥有生产设备 78 台套，生产工序分拉丝、热处理、热镀锌、钢绞线、涂铜等五条生产线，银鹤制品于 1999 年荣获 ISO 9001：2000 国际质量体系认证，主要产品有镀锌钢丝、优质碳素结构钢丝、涂铜胶管钢丝、钢骨架塑料复合管专用涂铜钢丝、弹簧钢丝、镀锌钢绞线等六大系列六十余个品种规格。产品用于三峡、西电东送等国家重点工程，并打入国际市场。公司奉行“求真务实、开拓进取、从严治厂”的方针，用质量打市场，向质量要效益，最大限度地确保客户的要求得到满足。产品广泛应用于电力、通信、铁路、军工、农业、畜牧业及远洋捕捞等各个领域，并多次在国家、省级重点工程中中标。产品行销全国 29 个省、自治区、直辖市，并出口到美国、巴西及东南亚等国家和地区。1999 年 2 月荣获 ISO 9002：1994 质量体系证书，2003 年 6 月荣获 ISO 9002：2000 质量体系证书，2006 年 8 月企业的“银鹤”商标荣获天津市著名商标称号。

钢线钢缆集团其中天津冶金集团环钟钢丝有限公司成立于 1998 年，是中国线材制品行业重点生产企业之一，大型国有独资公司，国家二级企业。公司占地面积 8 万平方米，生产车间建筑面积近 6 万平方米，年产量 5 万吨，资产总额 3.2 亿元，生产设备 110 台（套），各项理化性能检试验设备齐全。环钟钢丝公司是国内第一家获得应用国际铅锌组织（ILZRO）的 GALFAN®专利技术和生产许可证并引进 GALFAN®生产线的厂家。环钟钢丝公司坚持以科技创新为先导，致力于开发新产品，引进应用当今世界最前沿的新工艺、新设备。生产工艺成熟，产品质量稳定可靠。主要产品有预应力混凝土用钢丝、电力用镀锌钢绞线、高强度低松弛预应力热镀锌或锌铝合金镀层钢绞线、桥梁缆索用热镀锌或锌铝合金镀层钢丝等四大系列六十余个品种规格。1995 年投资 1.2 亿元从美国引进的年产 2 万吨热镀 GALFAN®（锌-5%铝-混合稀土合金镀层）钢丝生产线。该生产线具有大盘重、高速化、连续性的特点，可生产质量符合国标、美标、欧标等要求，定尺无接头（最大可达 2 吨）的各种优质镀层钢丝。2006 年投资 600 万元引进了新西兰 EMW 电磁抹拭镀锌技术。2008 年投资 4500 万元引进了意大利 RI9/120 拉丝机，ISF5 低松弛预应力稳定化单丝生产线，用于生产桥梁缆索用热镀锌钢丝。

环钟钢丝公司依托先进设备研制了 ϕ5.0 毫米及 ϕ7.0 毫米桥梁缆索用热镀锌钢丝，其产品的强度、韧性、松弛性、抗疲劳性能、镀层等均达到或超过国家标准 GB/T 17101—2008，从而改善了国内该产品的布局，研制的产品填补了我国北方地区的空白。

环钟钢丝公司从 2004 年至 2008 年间先后制修订了 GB/T 20492—2006《锌-5%铝-混

合稀土合金镀层钢丝、钢绞线》、GB/T 17101—2008《桥梁缆索用热镀锌钢丝》、GB/T 3082—2008《铠装电缆用热镀锌或热镀锌-5%铝-混合稀土合金镀层低碳钢丝》等多项国家标准。“金钟”牌、“银环”牌产品质量稳定，经国家金属制品质量检测中心、国家电力公司电力建设研究所、机械工业部上海电缆研究所、国家建筑钢材质量监督检验中心、铁道部产品质量监督检测中心等权威检测机构多次对公司产品质量检测，产品实物质量均达到相关标准要求。2005 年环钟公司生产的“金钟”牌预应力混凝土用钢丝、钢绞线，锌-5%铝-混合稀土合金镀层钢丝及钢绞线，桥梁缆索用热镀锌钢丝产品荣获“天津市优质产品”称号。产品广泛应用于电力、通信、铁路、军工、农业、畜牧业及远洋捕捞、国家重点工程等各个领域。产品行销全国 29 个省、自治区、直辖市。公司产品已出口到美国、加拿大、意大利、西班牙、巴西、南非、韩国、新西兰等国家。

环钟钢丝公司，前身为天津钢丝厂，天津钢丝厂是 1992 年由天津市第三金属制品厂和天津市第四金属制品厂组建而成。其主要产品包括电气化铁路用镀锌钢绞线、水利工程用镀锌钢丝、钢芯铝绞线用镀锌钢丝、镀锌钢绞线、床垫钢丝等产品。

钢线钢缆集团其中天津市第三金属制品厂是由解放前的私营元吉亚铅铁线制造厂延续而来，现以生产中碳制品为主。主要产品有镀锌钢绞线、钢芯铝绞线用镀锌钢丝和预应力混凝土用钢丝三大品种，1964 年 8 号镀锌铁丝在全国质量评比名列第一。

钢线钢缆集团其中天津市第四金属制品厂组建于 1958 年 2 月 12 日，主要产品为辐条钢丝、军工被复线钢丝、08 床用钢丝、碳结钢丝、低碳镀锌钢丝、手表发条、不锈钢扁带七大类，共 75 个规格。其中表带簧不锈钢弹簧扁带荣获 1981 年天津科技二等奖，定时器发条荣获 1982 年天津市优秀新产品二等奖，仿挪威 WD-1/TT 型被复线钢丝小批量产品 1984 年荣获冶金部颁发的冶金科技成果三等奖，1983 年荣获国家经委授予的新产品飞龙奖。

天津冶金钢线钢缆集团有限公司从 2000 年至 2018 年先后制修订了 YB/T 5004—2001《镀锌钢绞线》、YB/T 5004—2012《镀锌钢绞线》、YB/T 5357—2009《钢丝镀层　锌或锌-5%铝合金镀层》等行业标准，GB/T 5224—2003《预应力混凝土用钢绞线》、GB/T 5224—2014《预应力混凝土用钢绞线》、GB/T 20492—2006《锌-5%铝-混合稀土合金镀层钢丝、钢绞线》、GB/T 17101—2008《桥梁缆索用热镀锌钢丝》、GB/T 33363—2016《预应力热镀锌钢绞线》等国家标准。而最近由公司负责新修订的国标《锌-5%铝-混合稀土合金镀层钢丝、钢绞线》（代替 GB/T 20492—2006）、行标《钢丝及其制品　锌或锌铝合金镀层》（代替 YB/T 5357—2009），已于 2018 年 4 月 18 日在北京通过对新修订标准的最后审定。这些标准已或将作为生产、监督检查、交货检验的依据，为该行业提供技术准则。

钢线钢缆集团是中国钢结构协会线材制品行业分会副理事长单位，中国线材制品行业分会低松弛预应力专业委员会主任委员单位，天津市线材制品行业协会理事长单位，天津市“重合同、守信誉”单位。1995 年在同行业中率先通过了 ISO 9001：2000 系列国际标准认证，1996 年被中国商检局命名为“出口商品商检合格率 100%”企业。预应力钢绞线、螺旋肋钢丝、刻痕钢丝等产品 1995 年、2000 年连续荣获冶金部颁发的冶金产品实物质量金杯奖，预应力混凝土用钢绞线、电梯用钢丝绳、重要用途钢丝绳 2018 年荣获钢铁工业协会颁发的冶金产品实物质量金杯奖。公司从 2013 年至 2017 年先后获得了“桥梁缆索用 HDPE 热镀锌预应力钢绞线的生产方法”“锌铝合金镀层预应力钢绞线的制作方法”“高防腐渔业用钢丝绳的制作方法”三项发明专利，“一种加长式润滑拉丝模具”“三段式封闭预变形器”“高防腐渔业用钢丝绳”“钢丝绳拉拔模水冷装置”“防绳芯外漏钢丝绳”“锥形预变形器”“一种平行捻制电梯绳”“一种电梯用钢丝绳的弹性伸长的检测装置”“一种 9 股钢丝绳平行捻专用预变形器”等九项实用新型专利。

钢线钢缆集团的镀锌铝-合金钢丝（GALFAN 镀层）产品，在国家、华北、北京、山西、辽宁、内蒙古、陕西、山东、湖南、新疆、湖北、四川、青海、甘肃、河南、西藏等电力公司承建的 110~500 千伏输电线路工程中应用；在中铁集团承建的 38 条电气化铁路上应用，在 12 个江、河护堤工程中应用。桥梁缆索热镀锌钢丝在中铁大桥（郑州）缆索公司、重庆万桥交通科技发展公司、柳州欧维姆缆索制品公司和巨力索具股份公司四家企业承建的 32 座桥梁上使用。2008 年在位于缅甸王国新首都（PMN）东北 80 千米处，横跨 Pin Laung 大型水库的缅甸 LEINLI 桥上应用，缅甸 LEINLI 大桥为单跨悬索桥，是连接 PMN 和 Pin Laung 的主干道上最重要的桥梁。

2016 年 10 月 18 日，钢线钢缆集团与陕钢汉钢公司合资建立低松弛预应力钢绞线项目签字仪式在天津市政府迎宾馆举行。在市政府常务副市长段春华，市政协副主席王志平，陕西省副省长、汉中市市委副书记、市长王建军，汉中市市委副书记权检、汉中市人大副主任李林华（女）等领导的支持和见证下，在市国资委副主任杨宏彦主持下，在迎宾馆，冶金集团所属钢线钢缆集团与陕钢汉钢公司签订合资意向书，如图 4-11-2 所示。签字后，冶金集团、钢线钢缆集团、陕钢集团、汉钢公司有关领导合影留念，如图 4-11-3 所示。

图 4-11-2 钢线钢缆集团与陕钢汉钢公司签订合资意向书

签字仪式前，天津市政府市长王东峰会见了陕西省副省长冯新柱等来宾。

渤海钢铁集团公司（包括冶金集团所属的钢线钢缆集团）发生债务危机，形成不能偿还到期债务，由债权人向法院申请破产重整，法院依法于 2018 年 8 月 24 日受理。2018 年 8 月 26 日，国资委组织渤钢集团所属企业宣布渤钢集团进入破产重整程序。进入程序后，

图 4-11-3　冶金集团、钢线钢缆集团与陕钢集团、汉钢公司领导合影

有关事宜和问题由北京市金杜律师事务所（也即日后法院裁定的破产清算组的管理人）负责讲解和答疑。

2019 年 2 月 20 日下午三点半，在冶金集团后楼 1 号大会议室，召开冶金集团企业，包括钢线钢缆集团向新天钢（德龙 51%，金融等债权人 49%的公司）交接大会。2019 年 2 月 23 日上午相关领导到钢线钢缆集团履行交接手续。

第十二章 天津市华源工业（集团）公司

天津市华源工业（集团）公司（以下简称天津华源集团）始建于1992年，是一家从事以金属制品为主，产品多元化、市场全球化的现代化企业集团（图4-12-1）。目前具有行业领先的低碳镀锌钢丝产品系列、高碳镀锌钢丝产品系列、涂塑钢丝产品系列、改制钢丝产品系列、钢丝制绳产品系列、钢丝制网产品系列、围栏桩产品系列、模具注塑产品系列、钢件涂层产品系列、钢筋焊接网产品系列十大类、1000余种规格产品的生产能力，产品80%以上销往全球70多个国家和地区。华源是中国丝网行业十大知名企业，连续多年被评为全国的“守合同 重信誉”单位，是天津市民营企业“社会责任（捐赠）百强企业”和天津市“万企帮万村”精准扶贫行动先进民营企业。

图4-12-1 天津市华源工业（集团）公司

一、艰苦创业，从无到有

1992年，乘着中国改革开放的东风，王立福（天津华源集团董事长）带领一批怀有共同追求的创业者们，接手了村里一个长期停产、厂房破旧、机器生锈、背负80多万元债务的金属制品加工厂，成立了天津市华源工业公司。在一没资金、二没技术、三没市场、四没人才等困难条件下，王立福带领大家找资金、建厂房、学技术、抓订单，短短三个月时间，便让停产多年的车间又生产出了合格产品。在此基础上，先后攻克了多项低碳钢丝生产技术，相继建成了拉拔、热处理、热镀、电镀等生产线，开发了一部分国内外市场，逐渐在行业和市场站稳了脚跟。

二、裂变发展，从小到大

1995 年，成立了第一个直属企业——华源线材制品有限公司，主要以研发、生产和销售低碳钢丝产品系列为主，同时建设投产了国内第一条中日合作镀锌生产线。1998 年，国内第一家引用了当时先进的美国 TU 收线技术。此后，相继成立了以研发、生产和销售低碳钢丝产品系列为主的天津华源福利线材厂和天津福桥金属制品有限公司；1998 年，成立了以研发、生产和销售涂塑钢丝产品系列为主的天津旭华塑料制品有限公司；2003 年，成立了以研发、生产和销售围栏桩产品系列为主的天津市永泽金属制品有限公司；2000 年，成立了以研发、生产和销售钢筋焊接网产品系列和钢丝制网产品系列为主的天津天康金属制品有限公司；2002 年，成立了以研发、生产和销售改制钢丝产品系列为主的天津市天欣金属制品有限公司；2003 年，成立了以研发、生产和销售涂塑钢丝产品系列为主的天津市通福金属制品有限公司；2006 年，成立了以研发、生产和销售低碳钢丝产品系列为主的天津市汇福金属制品有限公司；2013 年和 2016 年，先后成立了以研发、生产和销售钢件涂层产品系列为主的天津勤晟金属制品有限公司和天津勤晟科技有限公司。此外，还成立了以研发、生产和销售模具注塑产品系列为主的天津瑞福天科模具有限公司和以贸易为主的天津美嘉华贸易公司等企业。

2008 年和 2009 年，在世界金融危机严峻挑战下，天津华源集团“危中求机”，实施弯道超车，上马了两个战略型项目，成立了直属企业——天津华源时代金属制品有限公司，主要研发、生产和销售高碳镀锌钢丝产品系列，成立了直属企业——天津华源天伦绳业有限公司，主要研发、生产和销售钢丝制绳产品系列。直属企业和分公司的相继诞生与良性发展，拓展了华源集团产业空间和布局，逐步形成了以三个直属公司为主体，十二个分公司为支撑，协同作战、共享资源、同步发展的战略格局。迄今，华源集团各企业累计拥有现代化设备三千多台（套），研发、生产和销售十大类产品系列，产品广泛应用于电力工程、5G 通信、安全防护、交通基建、造纸、环保、海上风电、核电、海缆新能源、汽车安全气囊、高端医疗用金属网管、工业机器人装备通信传输、新基建等诸多战略性新兴领域以及农林牧渔等传统行业，远销美国、加拿大、日本、韩国等 70 多个国家和地区以及国内广大市场。

三、打造精品，从大到强

天津华源集团深耕金属线材领域 30 年多年，是国内较早从事金属线材的企业之一。拥有三个“市级技术研发中心”，具有完善的研发生产体系，配备热镀生产线、电镀生产线、GF 生产线等先进生产线 40 多条，产品覆盖了镀、涂、包、绞、编及表面处理的精细延伸制品。

先后主导、参与编写了 T/CISA 041—2020《口罩用镀锌钢丝》、GB/T 3082—2008《铠装电缆用热镀锌或热镀锌-5%铝混合稀土合金镀层低碳钢丝》、GB/T 3428《架空绞线用镀锌钢丝》、YB/T 5294—2009《一般用途低碳钢丝》、YB/T 5357—2009《钢丝镀层锌或锌-5%铝合金》等多项国家、行业标准，在行业拥有一定的话语权。

2004年，国内首例高效等温退火技术自主研发成功；2008年，国内首家引用超声波处理技术；2012年，首创无氧丝生产技术并纳入国家火炬计划示范项目，填补国内汽车安全气囊用钢丝空白，突破日本技术垄断；2017年，联合澳大利亚 NewCoat Metals Pty Ltd. 共同研发成功高镀层自动控制装备并应用于工厂；2018年，突破国际超厚镀层钢丝技术瓶颈，达到610克/米^{2}以上；2021年，自主研发彩色锌铝镁钢丝产品，突破比利时技术垄断；2021年，自主研发深海海缆用扁丝产品，填补国内空白，标志着我国低碳扁丝技术达到国际先进水平；自主研发的安全气囊汽车用镀锌丝产品被天津市科委认定为“杀手锏产品”，被天津市中小企业局认定为“专精特新”产品；海底电缆用铠装钢丝5%、10%锌铝合金镀层产品，攻克了纯锌镀层防腐技术，实现产品防腐能力提升2~3倍，获得天津市重点新产品荣誉称号，产品主要应用于海上风电、海洋油气开采、海底电缆铺设、陆地与岛屿间电力、通信传输等领域。

自主研发的“无氧丝镀锌清洁生产技术及产业化”荣获“国家火炬计划产业化示范项目”证书；自主研发的“无助镀一步法”GF线工艺技术，具有自主知识产权；自主研发的超高强度及美标C级镀层钢丝、钢绞线产品，主要应用于电力导线、电力拉线、电力金具、电缆铠装、光缆加强，供货于多个国家和地区的重点项目，并应用于“一带一路”项目建设；特高强度镀锌钢丝通过中国电力企业联合会产品认证，是国网工程指定产品；电力工程用镀锌钢丝及钢绞线荣获“专精特新产品”称号；EAA涂塑线产品广泛应用于5G光缆加强芯；自主研发的0.6%锌铝镁镀层技术，在现有基础上实现产品防腐蚀技术迭代升级，在秦山核电站工程的边坡防护实现应用；自主研发的高新层菱形网产品，防腐指标是薄镀层的2倍，率先应用到了国家大亚湾核电项目。

目前，天津华源集团15家企业中，2家是国家级“专精特新小巨人”企业，4家是国家级“高新技术企业”，2家是天津市制造业“单项冠军”企业，1家是天津市“科技领军”企业，4家是天津市“高新技术企业”，2家是天津市“瞪羚企业”，2家是天津市“雏鹰企业”。截止到2022年末，天津华源集团各企业累计拥有发明专利和实用新型专利共计584项，高新技术产品销售长年占主营业务销售的20%以上。

四、应对“双反”，勇扛责任

2011年3月31日，美国国际贸易委员会启动对我国镀锌钢丝反倾销、反补贴的损害调查。4月20日，美国商务部启动对原产自中国的镀锌钢丝的反倾销反补贴调查。面对突如其来的市场环境变化，天津华源集团勇敢扛起了应对美国“双反”的大旗，联合行业三十多家企业积极应对。

王立福董事长在会议上讲了四点意见：第一，如果不应诉，估计会引起连锁反应，欧盟、日本和韩国等其他国家和地区马上也会提起“反倾销”调查；第二，美国市场是个大市场，一旦失去，企业后面的发展目标就不好实现了；第三，咱们中国人要有民族气节，这场官司就算打不赢，也得蹭他美国人一身土；第四，咱们华源集团也正好可以利用这个机会练练兵，以备将来应对更大的场面，引起了相关领导和行业很大共鸣。

在商务部、中国钢铁工业协会、中国钢结构协会线材制品行业分会、天津市商务委等政府部门的大力支持和行业三十多家企业积极配合下，“反倾销”工作小组全体成员，承受着巨大的精神压力，以无比坚定的信念、破釜沉舟的勇气、坚忍不拔的毅力、无与伦比的智慧，经过历时 388 天的艰苦博弈，终于赢得了应对美国“双反”工作的全面胜利，成为当时入世以来应对美国反倾销案件中第一个取得完胜的案件，有力维护了中国人的荣誉，承担了行业责任，保护了企业利益。其后，在 2013 年，天津华源集团又取得了应对加拿大“双反”的胜利。

新时代，新起点，新征程。展望未来，天津华源集团将以长远的思维和广阔的眼光把握趋势，充分利用华源以往成功要素，发扬华源“创业、树人、精品、诚信”的企业精神和“为了事业好，为了团队好，为了家庭好，为了社会好”的发展宗旨，聚焦机制创新、经营创新、管理创新和科技创新四大“焦点”，为打造全球运作、多元发展、员工幸福的百年企业而努力奋斗。

第十三章 天津冶金集团中兴盛达钢业有限公司

天津冶金集团中兴盛达钢业有限公司（以下简称中兴盛达公司）成立于2007年12月29日，公司坐落于天津市静海经济开发区，厂区占地面积80万平方米。

中兴盛达是以搬迁重组、投资建设的模式，将原天津轧三金属制品有限公司、天津一绳、天津高力预一预应力钢绞线有限公司、天津市大成五金厂、天津棣华特殊钢丝有限公司、天津市焊接材料有限公司等市内六家线材制品生产企业的产品汇聚旗下，并经过投资建设，形成了目前国内品种最具齐全的线材制品生产和研发基地。其产品覆盖了预应力钢绞线及钢丝、多种结构规格型号的铝包钢导线、焊丝、汽车悬架簧用弹簧钢丝、钢丝绳和优质涂镀层钢丝等六大系列，达到了60万吨的生产能力。产品被广泛应用于建筑、交通、核电、矿山、水利、电力、造船、汽车等多个国家重点行业领域。

中兴盛达汇聚的多个线材制品生产企业分别是全国最早从事预应力钢材、铝包钢、焊丝、钢丝绳、弹簧钢丝的专业化生产厂家，具有悠久的生产历史，拥有众多第一。因此，可以说中兴盛达是汇聚了天津市线材制品行业的众多优势资源，这也是中兴盛达能够顺利地实现从投资建设到快速发展壮大的根源。

天津市第一钢丝绳厂始建于1939年，是我国第一根钢丝绳的发源地，也被称为“华夏第一绳”。“八五”期间，天津市第一钢丝绳厂采用了国内外先进的生产工艺、技术和装备，完成了全面现代化的技术改造，逐步形成了光面钢丝绳、镀锌钢丝绳、电梯钢丝绳、航空钢丝绳、镀锌钢丝、镀锌钢绞线和预应力钢丝七大系列产品。

1979~1986年，航空钢丝绳和镀锌钢绞线被评为“国优”“部优”和“市优”产品，并获得国家银质奖；光面钢丝绳被评为“市优”产品；其余系列产品均被评为“部优”和“市优”产品。2002年用旗下的电梯钢丝绳产品作为投资与香港高力集团合资组建了天津高力一绳钢丝绳有限公司。2006年，天津市第一钢丝绳厂将其余的光面钢丝绳、镀锌钢丝绳、镀锌钢绞线、镀锌钢丝等系列产品搬迁至北辰精品园，整合为天津市天绳钢丝绳有限公司。2011年，天津高力一绳钢丝绳有限公司经过股权变化后，更名为天津高盛钢丝绳有限公司。公司总建筑面积32000平方米，位于中兴盛达钢业有限公司院内西侧。2013年，中兴盛达公司投资建设了“年产港口及塔吊起重钢丝绳2万吨”项目，拥有了国内领先的拉丝机、捻股机和合绳机等生产设备，可生产一般用途钢丝绳、重要用途钢丝绳和电梯用钢丝绳等系列产品。2016年6月，中兴盛达钢丝绳系列产品通过整体租赁的方式并入“天津高盛钢丝绳有限公司”。

天津市大成五金厂始建于1951年，是我国最早的集线材制品和电缆产品生产于一体的国有企业，是铝包钢产品的诞生地。主要产品包括电气化铁路用铝包钢承力索、电力用铝包钢绞线、铝包钢芯铝绞线、钢芯铝绞线用镀锌钢丝、镀锌钢绞线、棉花打包丝、高速公路隔离栅用镀锌铁丝等产品。

1979~1986 年，架空通信用镀锌低碳钢丝被评为“国优”“部优”和“市优”产品；棉花打包用低碳钢丝被评为“部优”“市优”产品。1989 年，公司被评为国家二级企业。1991 年，“铝包钢丝绞线”被评为“1991 年度国家级新产品”。其“白鸽”牌商标被天津市政府授予“天津市著名商标”。

天津市大成五金厂自 20 世纪 70 年代开始自行研制生产铝包钢产品。1976 年，天津市大成五金厂承接国家研制任务，用“旋转式连续温挤压包覆法”生产铝包钢丝获得了成功。1992 年，依靠自行研制开发的我国首条连续挤压铝包钢生产线，参照国际 IEC 和美国 ASTM 标准，成功研制生产了 JLBGJ-120 型铝包钢绞线，并应用于我国首条采用铝包钢绞线的 500 千伏北京沙河至昌平超高压输电线路中。

1992 年，天津市大成五金厂投资近亿元从英国和意大利引进了具有 20 世纪 90 年代世界先进水平的铝包钢包覆和拉拔生产线，生产出了具有当时世界先进水平的铝包钢包覆产品，并填补了我国铝包钢拉拔技术的空白，年生产能力达到了 7500 吨。1994~1995 年，应铁道部要求，天津市大成五金厂和铁道部第三勘测设计院共同完成了承力索产品设计、工艺试制和试挂运行等工作。2000 年，采用铝包钢芯铝绞线和铝包钢绞线的承力索成功应用于武昌-广州铁路电气化改造工程，工程全长 968.446 公里，使用铝包钢承力索 1550 吨，产品从强度、电导率级别等性能都满足了设计要求，完全可替代进口产品。

铝包钢导线产品。公司现拥有铝包钢导线产品的生产设备包括从英国 BWE 公司引进的包覆生产线；从意大利 FRIGERIO 公司引进的铝包钢拉丝机，铝线拉丝机，管式绞线机，JLK-630/12+18+24 型三段和 JLK-630/12+18+24+30 型四段框式绞线机和摇篮型绞线机等。到 2018 年底，可生产铝包钢丝、铝包钢绞线、镀锌钢绞线、钢芯铝绞线、铝包钢芯铝绞线、铝绞线等多个品种；铝包钢绞线、镀锌钢绞线结构包括 1×3、1×7、1×19、1×37 等多种规格型号的导线产品；钢芯铝绞线、铝包钢芯铝绞线的结构包括标称截面积从 1+6 结构的 16/3 到 84+19 结构的 1250/100 等多种规格型号的导线产品。具备年产 3 万吨的生产能力。2013 年 10 月，公司获得了 220 千伏以下输电线路用铝包钢导线产品国家电网供货资质。近年来，公司围绕国家输电线路工程，先后开发了“G3A-900/40 大截面特高强度级钢芯铝绞线”“G2A-1250/100、G3A-1250/70 大截面钢芯铝绞线”“JL/G1A-1400/135 大截面钢芯铝绞线”，产品性能全部满足国家电网技术要求，并通过了电力行业科学技术成果鉴定，为中标国网“500 千伏及以上超特高压输电项目”提供了产品储备。试制的 20ACϕ3.1 毫米和 ϕ2.45 毫米规格的铝包钢丝，产品表面质量和力学性能满足了 OPGW（光纤复合架空地线）标准的要求，为 OPGW 市场供货奠定了基础。开发了 1×37 结构 G6A 架空导线用超特高强度镀锌钢绞线等新产品；同时产品在国际市场上取得了突破，95SQ 等钢芯铝绞线产品成功出口韩国。先后主持修订了行业标准 YB/T 123—2017《铝包钢丝》和 YB/T 124—2017《铝包钢绞线》；参与起草了国家标准 GB/T 17937—2009《电工用铝包钢线》；参与起草了 YB/T 5004—2012《镀锌钢绞线》和 YB/T 5033—2001《棉花打包用镀锌钢丝》等标准，这些标准参照 IEC 和美国 ASTM 等国外先进标准制定，按其组织生产的产品实物质量达到了20世纪90年代国外先进水平。

公司重视铝包钢产品的发展，2019年3月1日，将原“铝包钢分公司”更名为“电力线缆分公司”。未来，公司将结合国家电网重点发展500千伏及以上超、特高电压电力传输线路的优化方向，积极开发高端导线产品并扩大推广应用。铝包钢绞线、铝包钢芯铝绞线等产品，具有质量稳定可靠、导电性能良好、力学性能高、耐腐蚀性强、使用寿命长等特点，成为了逐步替代镀锌钢绞线和钢芯铝绞线的升级换代产品。产品先后成功应用于丰准线、宝中线、京郑线、株六线、武广线、内宜线等电气化铁路改造和维修工程以及华北、西南、西北、华南、中南、东北、华东地区的110千伏、220千伏和500千伏的输电工程，并大量出口到欧美、亚太等国家和地区。2009年，天津市大成五金厂通过整体搬迁，汇聚中兴盛达。

天津棣华特殊钢丝有限公司，是专门从事油淬火回火弹簧钢丝的生产厂家，我国第一根油淬火回火高级弹簧钢丝就诞生在天津棣华特殊钢丝有限公司。它的诞生，告别了我国长期不能生产高强度、高抗疲劳寿命弹簧钢丝的历史。

20世纪90年代中期，我国确定了大力发展轿车工业的战略目标。当时天津和上海两个城市率先引进了轿车生产线，形成天津与日本合资生产“夏利”牌轿车，上海与德国大众合资生产“桑塔纳”轿车。当时天津冶金局紧紧抓住汽车行业发展的历史机遇，研究确定生产与汽车行业相配套的产品，即确定了汽车悬架簧弹簧钢丝生产项目。1995年，经国家经贸委批准，组建了天津市第一家中外合资企业，即天津棣华特殊钢丝有限公司，定向为国内轿车配套生产汽车悬架弹簧高级弹簧钢丝。1996年，公司投资2700万元从意大利引进了当时具有世界先进水平的油淬火回火弹簧钢丝生产线，也是当时国内唯一的生产线，可生产ϕ6~15毫米高级弹簧钢丝，年生产能力达到1万吨。

天津棣华特殊钢丝有限公司经过两年的建设和研制期，于1999年成功生产了我国第一根油淬火回火高级弹簧钢丝，产品各项技术指标均达到国外同类产品水平，从而告别了我国油淬火回火高级弹簧钢丝长期依靠进口的局面。

中国汽车工业的发展孕育了天津棣华特殊钢丝有限公司的诞生，同时天津棣华特殊钢丝有限公司也为我国汽车工业的发展、为振兴民族工业做出了贡献。

为了紧跟轿车工业的发展，实现把公司打造成我国最大高级弹簧钢丝生产基地的梦想，中兴盛达钢业有限公司在2012年投资1.2亿元，从英国进口了一条水淬火回火弹簧钢丝生产线和一条国产油淬火回火弹簧钢丝生产线，加上棣华公司的生产线，弹簧钢丝的规格扩展为ϕ3~16毫米，年生产能力达到3.5万吨，年销售收入达到3亿元。生产的高级弹簧钢丝由过去单一的硅锰硅铬系列，发展为多合金元素的高级弹簧钢丝。强度等级从原来的中低强度提升为高强度，最大强度等级达到2100兆帕。公司不断强化“效率、完善、求精、创效”的管理理念，严格专业化管理。在弹簧钢丝同行业中率先通过了TS16949管理体系的认证，并严格遵循、指导整个生产过程，使产品质量得到了充分保证。

历经20余年的不懈努力，天津棣华牌油淬火回火弹簧钢丝已成为享誉国内外的知名产品，被广泛应用于中高档轿车、高速铁路机车、地铁机车、大型施工机械、电力工程、国防工业等领域，铸就了我国民族工业的品牌，成为了我国民族工业的骄傲。

天津市焊接材料有限公司前身是天津市焊丝厂，后更名为“天津市第五金属制品厂”。始建于 1938 年，是我国最早生产焊丝产品的专业化生产厂家。1983 年，天津市焊丝厂从意大利引进了焊丝镀铜生产线，开始向市场提供盘状镀铜焊丝，从此，我国 CO_2 气体保护焊丝的生产开始快速发展。1979～1986 年，天津市焊丝厂生产的 H08Mn2SiA 气体保护焊丝被评为“国优”“部优”和“市优”产品。天津市焊丝厂是我国第一个国家焊接标准 GB 1300—77《焊接用钢丝》的起草单位。1994 年，又主持起草了 GB/T 14957—94《熔化焊用钢丝》、GB/T 14958—94《气体保护焊用钢丝》。气体保护焊丝曾经被中国船级社（CCS）和德国劳埃德船级社（GL）认可为船用焊丝，“金山”牌气体保护焊丝自 1995 年后连续获得冶金工业部产品实物质量“金杯奖”，产品远销国内外市场。1995 年，公司更名为“天津市焊接材料有限公司”。

公司现拥有实心焊丝镀铜生产线 3 条，药芯焊丝生产线 6 条，其中有德国引进的药芯焊丝生产线，焊丝分卷采用国内先进的层绕机组和引进意大利 GIMAX 桶装焊丝精缠机组，焊丝产品设计年生产能力达 10 万吨以上。

2015 年，焊丝产品被国际焊接行业一流企业奥钢联伯乐焊接集团认定为“焊丝产品合格供应商”。到 2018 年底，可生产气体保护焊丝、埋弧焊丝、氩弧焊丝、药芯焊丝、无缝药芯焊丝、不锈钢焊丝、焊剂等多个类别的焊接材料。

为充分掌握产品的焊接性能，公司在焊材分公司配备了化学试验室、力学试验室、焊接试验室和焊件加工试验室。拥有专业的镀层厚度测试仪、微机控制万能试验机、直读光谱仪、数显显微硬度计、半自动冲击试验机、冲击试样缺口投影仪、冲击试样低温槽、气体保护焊机、X 荧光光谱仪、水银法扩散氢测试仪等先进的试验设备，并拥有车、铣、刨、磨等试样加工设备，可参照国内外先进标准开展焊丝产品及焊接性能的全项试验，以掌握产品实物质量状况，并不断改进产品工艺，提高产品质量，同时也为焊丝产品的研发创造了有利条件。

公司与天津大学机械学院焊接新材料研究所建立了长期稳定的合作关系，依靠药芯焊丝自动配粉试验线、德国无缝药芯焊丝试验生产线和焊接加工、焊接试验室等先进的硬件，开展焊接材料及焊接工艺的研究。先后开展了“焊丝及焊剂成分的组织和调配”“厚板结构的抗开裂性能试验”“厚板结构的抗裂性能试验”等多项前沿性技术的研究，取得了阶段性成果。其中，“TME711SF”“TME711NiSF”“TME70CSF”等无缝药芯焊丝，新产品满足高强钢和细晶粒结构钢的焊接要求，熔敷金属扩散氢含量达到了 H5 以下，达到超低氢性能，具有国际先进水平，新产品已于 2014 年 8 月底通过了中国、美国、英国、挪威四个国家的船级社认证，为新产品打入海洋工程、船舶工程等高端市场创造了有利条件。近几年，公司新开发的焊丝产品有 1018Ti 合金钢丝，不锈钢焊丝 TM308L、TM308LSi、TM309LSi 和药芯焊丝 TME81T1-Ni1M 新产品，现已获得加拿大焊接协会 CWB 认可证书，TM57 产品获得欧盟 CE 认可证书。

公司注重焊丝产品的研发，未来，将继续瞄准造船及海洋工程等应用领域，重点开展无缝药芯焊丝制造工艺、焊丝配方、抗裂性及配套焊接工艺的研究，并重点开发研制与深海工程装备相配套的高档焊丝产品。历经发展，公司拥有了熟悉焊丝生产工艺和掌握焊接工艺的技术队伍，具备新产品研发和市场开拓能力。2009年，天津市焊接材料有限公司通过整体搬迁，汇聚中兴盛达。

天津轧三金属制品有限公司，是按照现代企业制度组建的公司，成立于2004年6月29日，主要产品为低松弛预应力钢绞线。公司引进意大利MARIO FRIGERIO S. P. A公司和德国SKET公司的生产设备，拥有了具有世界先进水平的低松弛预应力钢绞线生产线及试验设备，两条生产线年生产能力达到6万吨。

公司坚持“求实、开拓、发展”的企业文化精髓；以“用户至上、注重品质、完善服务、遵守诚信”为企业生存、发展之根本，不断追求和探索，依靠产品专业技术知识以及100%的产品质量以及完善的售后服务体系，打造了“众字”牌的知名品牌，赢得了用户的信誉和好评。公司产品曾连续多年荣获“产品实物质量金杯奖”、2005年，“预应力钢绞线”产品被评为天津市名牌产品及出口免检产品。产品畅销国内30个省、市、自治区，并出口美国、意大利、爱尔兰、智利、尼日利亚、巴林等国家和地区。2009年，天津轧三金属制品有限公司通过整体搬迁，汇聚中兴盛达。

天津高力预一预应力钢绞线有限公司，前身是“天津市第一预应力钢丝厂”，后更名为“天津市第一预应力钢丝有限公司”。

天津市第一预应力钢丝有限公司前身是天津钢厂密封分厂，是生产密封钢丝绳为主的专业厂家，在1959年手工捻制出我国第一根密封钢丝绳样品。冶金工业部为填补空白，减少对国外密封绳的依赖，投资982万元，于1960年3月开始建设，1963年5月正式投产，同年接受试制预应力钢丝任务，研制生产出我国第一根“ϕ5.0毫米1570兆帕级矫直预应力钢丝”，1964年开始生产，支援了长江上第一座由中国自行设计和建造的双层铁路、公路两用桥梁——南京长江大桥。是我国最早生产预应力钢材的专业化生产厂家。主要产品为“金弓”牌预应力混凝土用钢丝、钢绞线、钢棒和无黏结预应力钢绞线等系列产品。

1966年根据冶金工业部决定，将该厂400多名职工和生产密封钢丝绳主要设备迁往宁夏石嘴山钢厂，同年试制成功预应力钢绞线和调质螺纹钢筋，填补了国内空白。自此该厂成为生产预应力钢丝钢绞线调质螺纹钢筋专业厂家。

1970年天津钢厂解体，更名为天津市钢丝厂，1975年天津五金线材公司成立，该厂归属线材公司，又更名为天津市第六金属制品厂。到20世纪70年代末，天津预一还先后研制生产出我国第一根“预应力钢绞线”、第一根“刻痕预应力钢丝”、“调质螺纹钢筋”。历经20年的发展，天津预一生产的“金弓牌”预应力钢材在国内的覆盖率达到了65%以上。

1980年5月1日，天津钢厂重新组建，该厂又归属天津钢厂，改名为天津钢厂钢丝厂。1985年1月1日，天津钢厂进行体制调整，钢丝厂重新归属五金线材公司领导，厂名恢复天津第六金属制品厂。此时该厂生产的预应力钢丝约占全国总产量的40%，调质螺纹钢筋占60%，预应力钢绞线占100%。

1987年更名为天津市预应力钢丝一厂，1992年随着国有企业以两权分离为特征，转换企业经营机制，改名为天津市第一预应力钢丝有限公司。1985年引进意大利低松弛预应力钢丝生产及技术；1993 年 1 月引进意大利瑞达利公司低松弛预应力钢绞线生产及技术；1994 年 12 月引进英国英达及法国 OTT 管桩钢丝生产及技术，并于 1990 年开发出螺旋预应力钢丝，以及当时称之为“乌龙棒”的预应力管桩用钢棒。其成为国内预应力钢材品种、规模最全最大的专业厂家，产品先后供应了京沪高铁、黄河小浪底、三峡大坝、青藏铁路、秦山核电二期等众多国家重点工程项目，并起草了相关产品的国家标准。

20 世纪 80～90 年代，为进一步满足国家经济建设对预应力钢材日益增长的需求，1984 年，天津预一分别从意大利和瑞典引进了国内第一条低松弛预应力钢丝稳定化处理生产线和国内第一台连续式拉丝机组，我国第一根低松弛预应力钢丝由此诞生。1992 年，继江西新华金属制品有限公司后天津预一也从意大利引进了低松弛预应力钢绞线稳定化处理生产线。预应力钢丝和预应力钢绞线稳定化处理生产线的引进，标志着我国预应力行业的一次重大产业升级，低松弛预应力钢材由此诞生，其生产能力也由最初的 2 万吨发展扩大为 5 万吨。

在此发展阶段中，“七五”之前，我国只能生产 1570 兆帕强度级别以下的预应力钢丝，远远不能满足当时国家兴建水电站、核电站、斜拉桥等重点工程建设的需要。为赶超国际先进水平，填补我国高强度预应力钢丝的空白，天津预一与冶金部建筑研究总院、南京市第三建筑有限公司等单位共同承担了国家“七五”攻关课题，研究出 80 钢加硅的专用钢种，通过矫直回火工艺和稳定化处理工艺分别研制出 1670 兆帕和 1760 兆帕普通松弛级别和低松弛级别的高强度预应力钢材，并且强度提高的同时松弛值也大幅度降低。因此该项目为当时不具备拥有稳定化处理生产设备的厂家生产优质的高强度低松弛预应力钢丝创造了条件，为当时的行业进步作出了贡献。该项目获得了冶金部科技进步三等奖。1979～1986 年，预应力钢丝和预应力钢绞线被评为“部优”“市优”产品；1990 年，“高强度预应力钢丝”被评为“天津市特优产品”。

20 世纪 90 年代，我国预应力钢材的生产进入了自主创新阶段，具备了研发和生产全系列、全规格预应力钢材产品的能力，产品的应用领域也从 20 世纪 80 年代的铁路、公路桥梁拓展为核电、水利、能源及岩石锚固施工中。在此期间天津预一业绩突出，成为了三峡水利工程的指定供应商、黄河小浪底水利工程的独家供应商、秦山核电站二期工程首次采用的国产化预应力钢绞线的独家供应商。

然而这段时期，我国经济处于高速增长阶段，国内自主研发的生产线纷纷投产，国产化生产设备的推广应用，极大地降低了预应力钢材生产厂家的门槛，全国各地纷纷组建预应力钢材生产厂，国有、民营、合资一起上，预应力钢材产品的市场竞争加剧，利润逐步降低。

2001 年其归属于天津钢线钢缆集团。2002 年 9 月，与香港高力集团共同出资 4900 万元人民币成立天津高力预一预应力钢绞线有限公司，形成年产 10 万吨的能力。2005 年 6 月与煤炭科学研究院共同研发了大规格、高延伸、高强度的 1×19 丝系列预应力锚索，用于煤矿巷道支护，填补国内空白，取得新型专利，并出口到澳大利亚、美国等国家。

天津高力预一预应力钢绞线有限公司致力于打造品牌形象，在行业中率先成为全国首家冶金产品实物质量“金杯奖”获奖单位；2004～2005 年公司被评为天津市经济技术开发区“百强企业”；2005 年“预一牌”预应力钢绞线产品获得“天津市名牌产品”称号；

2006年，获得国家免检产品企业资格；同年被认定为天津市外商投资“技术密集型、知识密集型”企业。2008年，“预一”牌商标被认定为“天津市著名商标”。2009年，公司被认定为“国家高新技术企业”。

在此期间，产品被广泛应用在国内许多重点工程中，多次被列为独家供应商和定点供应商。2003年，成为青藏铁路工程预应力钢绞线产品的独家供应商；2003年，中标当时世界上最大跨径的斜拉桥-苏通大桥；2005年，成为我国第一次自主设计、自主制造、自主建设、自主运营百万千瓦级压水堆核电站——“岭澳核电站二期”工程唯一的钢绞线供应商，由此也拉开了我国核电用钢绞线国产化的生产序幕，并成为了“国产化核电用钢绞线”绿色供应商；2007年12月16日，我国第一条时速300千米的京津城际铁路全线贯通，标志着我国第一条时速300多千米的高速铁路的诞生，高力预一在此工程中，中标量达到了6000多吨。2007年获得了我国在国际工程市场上的最大金额、最高技术等级的总承包项目——阿尔及利亚工程预应力钢绞线的独家供货权。在此期间，“预一”牌钢绞线还先后中标京沪铁路、达成铁路、武广客运专线、西格二线、石太客运专线等国家著名的铁、公路工程；中标鸟巢等北京奥运场馆、国家大剧院、李子沟特大桥、天津海津大桥、天津轻轨等国家重点建设工程。

在行业中率先开发研制的“1×7-ϕ15.24毫米2000兆帕钢绞线”，获得2004年“天津市科学技术进步三等奖”；“1×7-ϕ17.8毫米高强度低松弛钢绞线”，获得2005年“天津市技术创新优秀项目一等奖”。

“十一五”期间，全国预应力钢绞线的总产量已达到了400万吨，我国也已成为预应力钢绞线世界产能及出口的第一大国。但与此同时，预应力制品行业也出现了产业集中度不高、产品同质化严重、创新能力不足等问题，行业的发展面临瓶颈。为加快天津冶金行业的产业升级，天津冶金集团按照天津市工业总体规划布局，将分布在市内5个区的原有15家制品企业，调整到静海和北辰两个区域发展，重点发展预应力钢材、钢丝绳、焊丝、铝包钢丝及绞线、优质钢丝、桥梁缆索用钢丝及桥梁缆索、弹簧钢丝等产品，满足铁、公路桥梁、港口、汽车、机械、石油、国家电网等行业用高档金属制品的需求。也由此组建了天津冶金集团中兴盛达钢业有限公司，成为了天津冶金行业战略整合后的第一家企业。2011年，天津高力预一预应力钢绞线有限公司通过整体搬迁，汇聚中兴盛达。

中兴盛达公司，以产品升级、结构调整为动力；以提升自主创新能力为支撑；以发展高档金属制品为方向，瞄准国际先进水平，以高起点、高起步持续保持了高端金属制品的研发和生产优势。历经十余年的发展，公司形成了多元化的品种结构，技术水平和生产能力在全国线材制品行业中占据领先地位。

中兴盛达公司先后被评为“技术创新先进企业”“天津市质量管理优秀企业”“全国工业品牌培育示范企业”，2015年公司技术中心被认定为“国家企业技术中心”，同年公司被认定为“国家高新技术企业”“科技型中小企业”和“科技小巨人”。先后获得省部级以上科技进步奖6项、天津市技术创新优秀项目2项、天津市质量攻关优秀成果奖31项，获得科技成果47项、申报专利52项，其中获得授权专利38项，主持和参与起草国家和行业标准15项。

2016 年，公司实施结构调整，将产品结构调整为预应力、铝包钢和焊丝产品三大系列。并围绕三大系列产品，瞄准国家大力支持和重点投资建设的新能源、核电、铁路、轨道交通、海洋装备、国家电网超特高压输电工程等战略性新兴产业的发展以及海外“一带一路”项目的开工建设，实施与高端市场相关的配套产品研发。

预应力钢绞线是中兴盛达公司的主要产品，公司现拥有预应力钢绞线稳定化生产线 9 条，连续式拉丝机生产线 19 条。从 2010 年全面投产至今，年产量始终保持在 30 万吨左右，其产品产量占“中兴盛达”全部产品产量的 80%以上。

“十二五”期间，公司重点优化调整了预应力钢绞线的产品结构，以市场需求作为产品创新的切入点，瞄准国际先进水平，深入研究高强、高韧、耐腐蚀、耐疲劳等高性能产品，在保持现有生产规模的条件下，逐步减少 1×7-ϕ15. 20 毫米常规产品产量，不断提高高附加值产品的占比。先后自主开发了“华龙一号-三代核电用钢绞线”、LNG 工程用预应力钢绞线，“1×19 结构光面、镀锌、刻痕、螺旋”系列钢绞线，“1×3、1×7 结构 JIS 标识”系列钢绞线，“缓黏结预应力钢绞线”等产品。

特别是“1×19 结构光面、镀锌、刻痕、螺旋”系列钢绞线的开发研制成功，极大地提升了煤矿行业支护结构的安全系数，产生了巨大的社会效益。公司凭借全品种、高质量的优势，在大型国有煤矿市场占据了 60%以上的份额，现已成为国营煤矿巷道支护的主导材料，并且出口到澳大利亚和日本等国家。

中兴盛达公司率先开发研制的“1×7-ϕ15. 70 毫米 1770 兆帕级核电用钢绞线”替代进口产品，实现了“核电用钢绞线”的国产化应用。国内外先后建设的岭澳二期、秦山二扩、红沿河、阳江、宁德、方家山、福清、昌江、防城港、巴基斯坦恰希玛等 13 座二代及二代改进核电站，共 36 个核岛，全部由中兴盛达独家供货，市场占有率达到了 100%。2017 年，公司在二代及二代改进“核电用钢绞线”的基础上又成功研制了“华龙一号-第三代核安全壳用钢绞线”。现已中标江苏田湾核电站 3 号、4 号机组核岛；广西防城港 3 号、4 号机组核岛。并随我国“一带一路”海外建设项目，“华龙一号”首次走出国门，中标巴基斯坦卡拉奇核电站 2 号、3 号机组核岛。伴随国家三代核电站的建设发展，该产品将有着更加广阔的发展前景。

2014~2015 年，中兴盛达公司又投资了低松弛预应力钢丝生产线和无黏结预应力钢绞线生产线，并紧盯国家“一带一路”海外铁路建设项目，扩大了预应力钢丝的出口量，提高了预应力钢丝在海外铁路市场的占有率。ϕ7. 5 毫米等规格的预应力螺旋肋钢丝成功中标非洲内马铁路等工程。同时不断完善钢丝的品种，先后开发了两面、三面、四面等预应力刻痕钢丝和矩形、螺纹等异形钢丝。

到 2018 年底，中兴盛达公司的预应力钢材产品可生产光面、刻痕、镀锌、缓黏结、无黏结等多个品种；产品结构包括：1×2、1×3、1×7-ϕ(9. 30~21. 60 毫米）和 1×19-ϕ(17. 8~28. 6 毫米）等多种规格。预应力钢丝包括光面、刻痕（两面、三面、四面刻痕)、螺旋肋(一条肋、两条肋、三条肋、四条肋)、异形等多个品种结构，规格从 ϕ4. 00~10. 00 毫米。

中兴盛达公司还先后主持或参与了 GB/T 5224—2014《预应力混凝土用钢绞线》、GB/T 5223—2014《预应力混凝土用钢丝》、GB/T 30828—2014《预应力混凝土用中强度钢丝》、

GB/T 31314—2014《多丝大直径高强度低松弛预应力钢绞线》、GB/T 14370—2015《预应力筋用锚具、夹具和连接器》、JG/T 161—2016《无粘结预应力钢绞线》、GB/T 33363—2016《预应力热镀锌钢绞线》、GB/T 40029—2021《液化天然气储罐用预应力钢绞线 》等多个预应力产品以及配套锚具的国家标准或行业标准的起草工作。

中兴盛达公司的预应力产品无论从产品规模和技术的先进性，都能够代表行业的发展水平。未来公司将会更加致力于产品、管理、环保等方面的创新，保持品种、规模优势并逐步转化成为高端产品优势、质量优势和品牌优势。

2015 年 8 月 13 日下午，在中兴盛达公司会议室，由天津中兴盛达公司董事长与新西兰雅森公司董事长双方签订合作备忘录，如图 4-13-1 所示。冶金集团、中兴盛达公司的相关领导参加了签字仪式。

图 4-13-1 中兴盛达公司与新西兰雅森公司双方签订合作备忘录

2016 年 10 月 18 日，中兴盛达公司与新西兰雅森公司合资建立高档镀锌钢丝项目合资意向书签字仪式在天津市政府迎宾馆举行。在天津市市政府常务副市长段春华、市政协副主席王志平、陕西省副省长冯新柱、汉中市市委副书记市长王建军、汉中市市委副书记权检、汉中市人大副主任李林华（女）等领导的支持和见证下，在市国资委副主任杨宏彦主持下，在迎宾馆，天津冶金集团所属天津中兴盛达公司与新西兰雅森公司签订合资意向书，如图 4-13-2 所示。签字后，冶金集团、中兴盛达代表与新西兰雅森代表合影，如图 4-13-3 所示。

签字仪式前，天津市市长王东峰会见了陕西省副省长冯新柱等来宾。

渤海钢铁集团公司（包括冶金集团所属的中兴盛达公司）发生债务危机，形成不能偿还到期债务，由债权人向法院申请破产重整，法院依法于 2018 年 8 月 24 日受理。2018 年 8 月 26 日，国资委组织渤钢集团所属企业宣布渤钢集团进入破产重整程序。进入程序后，有关事宜和问题由北京市金杜律师事务所（也即日后法院裁定的破产清算组的管理人）负责讲解和答疑。

2019 年 2 月 20 日下午三点半，在冶金集团后楼 1 号大会议室，召开冶金集团企业，包括中兴盛达公司向新天钢（德龙 51%，金融等债权人 49% 的公司）交接大会。2019 年 2 月 22 日上午相关领导到中兴盛达公司履行交接手续。

图 4-13-2　中兴盛达公司与新西兰雅森公司双方签订合资意向书

图 4-13-3　冶金集团、中兴盛达公司代表与新西兰雅森代表合影

第十四章　中钢集团郑州金属制品研究院股份有限公司

中钢集团郑州金属制品研究院股份有限公司（以下简称中钢制品院）直属于原冶金部，是中国金属制品行业唯一一家专业的科研院所，在可研报告、技术咨询、专业技术期刊编辑出版发行、金属制品检验检测、标准制修订方面、产品工艺装备研发等方面为行业的发展壮大提供了专业技术增值服务，对行业的发展起到了一定的引领带动；因企业发展需要，在早期的中试试验厂、研究组/室/所基础上，发展出了具有中钢制品院特色的产品和产业板块，以自主研发替代进口，通过消化吸收再创新模式，在中高端产品技术服务、军工丝绳产品等满足中国汽车、工业机械、模具、航天航空等行业对中高端弹性材料的需求。

一、企业概况

中钢制品院始建于1973年的遵义金属制品研究所，1982年由贵州省遵义市迁至河南省郑州市，系原冶金工业部直属科研事业单位。1999年经国务院批准改制为科技型企业，全部资产整体划拨进入中国中钢集团工贸公司。2008年进行公司制改革，成为中国中钢股份有限公司的全资子公司。2017年6月经证监会核准，以资产重组的形式进入上市公司——中钢天源股份有限公司（深交所代码002057），成为中钢天源的全资子公司。2021年6月，按照科改示范行动要求，中钢集团郑州金属制品研究院有限公司顺利完成混改、股改工作，公司名称变更为中钢集团郑州金属制品研究院股份有限公司。

中钢制品院作为中国金属制品行业的领军者，主要从事钢丝及钢丝绳各类产品的新技术、新工艺、新材料、新设备、新产品的研究开发与行业质检信息技术咨询服务，是国内弹性材料钢丝、异形钢丝、特种钢丝及钢丝绳等产品的主要研发生产基地。形成了弹性材料、异形材料、军工材料、检测与信息技术服务等四大产业板块，拥有各种科研、检测和中试生产设备仪器3000余台（套），1个博士后工作站，具备年产5.5万吨金属制品生产能力，有较强研发实力，拥有一批独立自主知识产权，为国有科技创新型企业。

中钢制品院由职能部门和产业实体两大部分组成。职能部门包含综合管理部、资产财务部、人力资源部、科技发展部、生产管理部、党群工作部、纪检工作部、项目管理部。产业实体包含产品业务和科技业务两大板块，产品业务板块包含弹材分厂、特种丝绳厂、精密新材料公司、奥威公司及奥赛公司五个实体。科技业务板块包含研发中心、信息中心及质检中心，其中质检中心下设云南分公司、成都分公司、安徽分公司、雄安分公司、焦作分公司、广州分公司等10余家业务公司；信息中心涵盖《金属制品》编辑部，冶金金属制品行业生产力促进中心、中国金属学会钢材深加工及应用服役标准化技术委员会、全国金属制品信息网等秘书处，专业可行性研究报告编写等行业服务。

国家金属制品质量监督检验中心、冶金金属制品行业生产力促进中心、河南省金属制品工程技术研究中心、金属学会金属制品学术委员会、全国金属制品信息网等行业技术及信息服务机构均设在中钢制品院，同时，中钢制品院还出版发行中国科技核心期刊《金属制品》。

中钢制品院股份有限公司组织架构如图 4-14-1 所示。

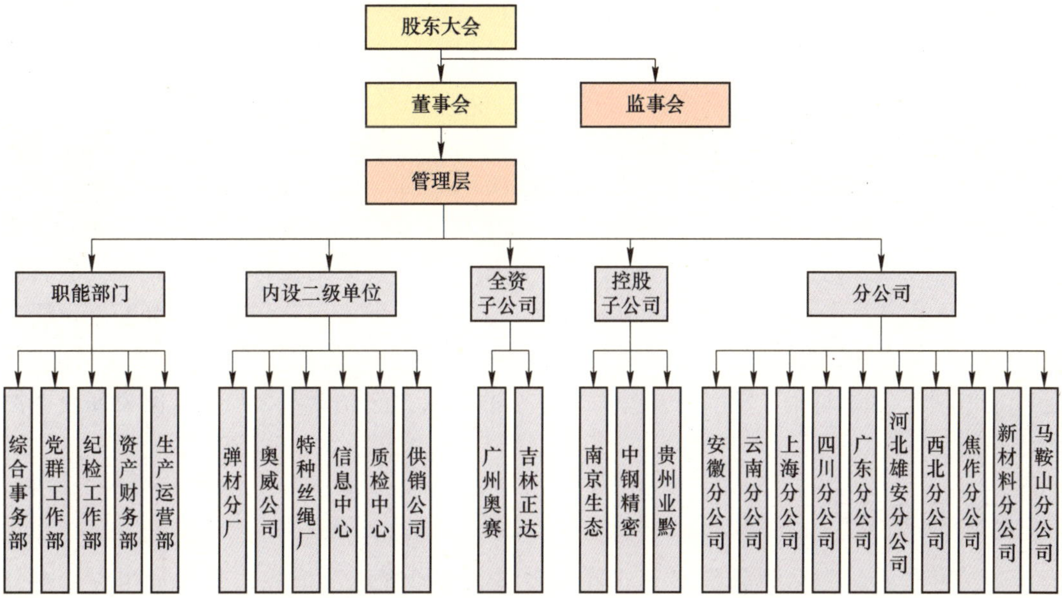

图 4-14-1　中钢制品院股份有限公司组织架构

近五年，中钢制品院稳健发展，营业收入大幅增长，净利润由 2018 年的 8840 万元增加到 2023 年的 26500 万元，增幅达 199. 8%，支撑了中钢制品院的快速发展，发展状况见图 4-14-2。中钢制品院 2023 年实现营业收入总额 11. 56 亿元，净利润 2. 65 亿元，研发费用总额 5211 万元，研发投入占比 4. 5%。公司资产总额 21. 56 亿元，负债总额 8. 20 亿元，资产负债率为 38. 0%，资产状况良好。

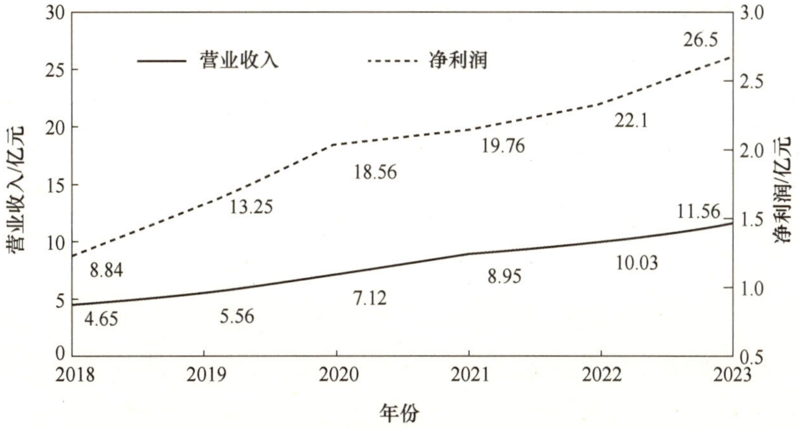

图 4-14-2　中钢制品院近年发展状况

中钢制品院总部位于郑州高新区化工路172号，其产业园区分为东、西两区，东区以金属制品产业及产业服务为主，西区以质检服务为辅，两区占地约200亩［1亩=（10000/15）平方米］；另外，广州番禺代管一个厂区（中钢番禺厂），占地34000平方米，拟筹建金属制品华南生产基地；马鞍山分公司，占地31900平方米，建筑面积19902平方米；2022年在河南济源购地163亩，建设河南金属制品分公司。

近二十年来，中钢制品院先后承担了国家863新材料领域“轿车高应力气门弹簧用弹簧钢丝”“展开式CO_2气保焊丝生产线”“大型模锻压机用扁钢丝”“钢丝拉拔用润滑剂新技术开发”“钢丝连续式水浴处理生产技术开发”，以及“十三五”国家重点研发计划“高性能桥梁用钢”中的桥梁缆索的检验评价工作、工业和信息化部重点专项“超纯净高强度高端气门弹簧材料国产化开发”、“电梯绳用钢丝维氏硬度试验方法”、“高强度弹簧钢及切割钢丝关键技术开发及示范应用”、安徽省重大专项“2100～2300兆帕级超高强韧弹簧钢关键技术研究及产业化”、河南省重点研发专项“桥梁工程材料数智化检测成套装置关键技术研究及产业化”、郑州市重大专项“非圆截面弹簧用高强度异型弹簧钢丝研发及产业化”等多个课题，取得较好的成果。2010年以来，主持制修订国家标准13项、行业标准10项、团体标准5项，另外参与国际标准5项，已经颁布2项，为国家新质生产力增色添彩。

二、历史沿革

1973年5月，中钢制品院前身“遵义金属制品研究所”成立，归属贵州省冶金局管理；

1979年4月，“遵义金属制品研究所”划归冶金工业部管理，更名为“冶金工业部金属制品研究所”；

1982年1月，“冶金工业部金属制品研究所”从贵州遵义市整体搬迁到河南郑州市，与郑州市第二钢厂合并；

1989年3月，“冶金工业部金属制品研究所”更名为“冶金工业部金属制品研究院”；

1999年7月，整体转制为科技型企业，“冶金工业部金属制品研究院”正式划入中国钢铁工贸集团公司管理；

2004年12月，中钢制品院成功地进行了土地置换，并于2006年10月完成了新院再造任务，随即进入了院“三次创业”的新的发展历史阶段；

2008年3月，“中钢集团郑州金属制品研究院”更名为“中钢集团郑州金属制品研究院有限公司”；

2017年6月，经证监会核准，以资产重组的形式进入上市公司——中钢天源股份公司；

2021年3月，中钢制品院以增资扩股的方式通过上海联合产权交易所挂牌，以评估备案价引进战投，和原股东中钢天源以及员工组成的4个员工持股平台同步进行增资，实行“混改”，同年6月完成股改，更名为“中钢集团郑州金属制品研究院股份有限公司”。

三、产品与技术

（一）弹性材料

中钢制品院是国内最早专业从事油淬火-回火弹簧钢丝的生产企业之一，是淬火-回火弹簧钢丝国家标准 GB/T 18983《淬火-回火弹簧钢丝》的起草制修订单位。国内最大的气门弹簧钢丝、扭杆及离合器弹簧钢丝、尾门弹簧钢丝等小规格淬火回火钢丝生产企业，市占率 15%，国内第一，年产能 40000 吨，规格全，最细规格 0.5 毫米。

具有三十多年的生产制造和品质控制经验，交货、质量有保证，客户认可度高，产品通过了 IATF 16949、ISO 9001、ISO 14001、ISO 45001 质量管理体系认证。子公司广东奥赛设有广州市企业研发机构，主持与香港大学、华南理工大学完成大湾区、工业和信息化部、国家十三五课题 8 项。

装备方面采取中西结合，关键引进，国内配套的策略，引进日本中细规格感应加热弹簧钢丝生产线、德国进口中细规格进口离线贯穿+旋转涡流探伤生产线、德国进口扒皮生产线和粗规格抛丸+探伤+修磨+拉拔生产线以及部分德国进口科研仪器，研发体系完善，生产的中高端产品可完全替代进口。

技术特色：（1）与中钢制品院质检中心和信息中心在专业化检验检测和市场信息收集方面进行联动，形成体系优势，更好地服务客户，提供解决方案；（2）承接的国家“十三五”弹簧钢项目，气门弹簧用淬回火钢丝，抗拉强度为 2100 兆帕，弹簧制品疲劳寿命超过 6000 万次，断面收缩率为 43%~46%；（3）自主开发的汽车自动尾门弹簧用超高强度淬回火弹簧钢丝已批量向市场供货，并已经取得良好经济效益，其力学性能指标：抗拉强度为 2250~2300 兆帕，断面收缩率为 43%~51%；（4）承接的工业和信息化部项目，自主开发的 SiCrV 气门级弹簧钢丝，强度级别为 2100 兆帕，弹簧疲劳寿命达 1 亿次；（5）悬架减震用淬回火钢丝：抗拉强度 2100 兆帕，弹簧制品疲劳寿命超过 50 万次。

市场优势：（1）中钢制品院郑州本部和广州华德签订了《战略合作协议》，广州华德在中钢制品院郑州厂区内设有分公司，郑州院独家供应悬架弹簧钢丝；（2）马鞍山分公司锚定打造长三角“白菜心”，应对长三角地区的新能源汽车产业集群区优势：长三角地区聚集了上汽集团、吉利集团、众泰集团以及东风系客车、卡车、乘用车等在内的数千家大型企业；（3）广东奥赛定位珠三角，广州、佛山同城配货，极具有区位优势和成本、运输、服务优势，应对广东省的汽车产量连续 7 年全国第一：广东省汽车整车制造、汽车零部件制造、新能源汽车等领域均居全国领先地位，汇集了东风日产、广汽本田、广汽丰田、广汽乘用车、比亚迪、一汽大众、长安标致等知名整车厂商，形成了广州、深圳、佛山三个整车制造产业集群。

（二）异形钢丝制品

中钢制品院是我国异形钢丝主要生产企业之一，品牌硬、口碑优，综合市占率第一，品种齐全，可满足国内需求 90%；关键装备、核心部件及轧辊孔型等具备自研、自制能力；成型工艺成熟稳定，特别是热处理工艺国内一流，表面涂层技术成熟领先，年产能10000吨。

具备整体的装备、工艺、市场开发个性化定制中试、量产能力，拥有一大批经验丰富的科技型人才，研发能力超强，专业人才梯队匹配合理。牵头制修订行业标准YB/T 5183—2023《汽车附件、内燃机、软轴用异型钢丝》、YB/T 5186—2006《六角钢丝》、YB/T 5319—2010《弹簧垫圈用梯形钢丝》等系列行业标准。

（三）特种丝绳

具备多年特种合金丝绳制品研发和批量供货经验，拥有成熟的产品开发流程和国标、国军标质量管理体系。

主要产品有各类不锈钢、合金钢、高温合金、耐蚀合金、弹性合金、有色金属丝棒材及钢丝绳产品，产品种类多，覆盖范围广。拥有固溶处理生产线、各种型号拉丝机、股绳机、无心磨床、精密轧机、气氛退火炉等装备，在特种合金丝绳制品市场拥有良好的口碑和广泛知名度。

（四）行业服务

行业服务窗口主要依托质检中心、信息服务中心。

质检服务以中钢制品院的质检中心于1985年筹建并成立“国家金属制品质量检验检测中心”（国家质检总局首批成立的国家级质检中心和第三方公正性检测检验机构）为开端，1988年通过“计量认证，审查认可”获得CMA计量认证证书，1998年通过实验室认可、计量认证、审查认可“三合一”评审，2002年获得“全国工业产品生产许可证办公室钢丝绳审查部和检验机构”授权。2003年被最高人民法院授予“金属质量司法鉴定单位”，2006年获“国家安全生产检测检验机构资质证书”甲级资质，2007年被授予“河南进出口检验检疫局指定实验室”；历经20年逐步确立了金属制品行业唯一专业检测机构，为行业的检测、研发、高质量发展奠定了基础。

信息服务是中钢制品院服务行业的另一个窗口，各项工作由中钢制品院信息中心负责。

作为面向金属制品行业服务的部门，全国金属制品信息网以秉承服务行业、搭建技术信息交流平台为宗旨，时刻把握国家经济的发展动向，为行业整体发展出谋划策，在技术创新、节能环保、产业调整、维持行业持续健康发展方面主要有以下工作：（1）负责金属制品行业唯一全国公开发行期刊《金属制品》的编辑出版发行工作，面向行业约20万从业人员提供行业专业技术交流，截止到2023年底共出版期刊49卷295期5400余篇2000万字；（2）负责全国金属制品信息网的日常管理工作，为行业企业会员提供资讯、沟通服务，活跃和规模网员单位300余家；（3）负责信息网网刊《制品信息》的编辑出版，为行业定期及时提供行业、企业及相关行业、企业、国外金属制品等方面的资讯性信息，截至2023年底出版393期1320万字；（4）协助进行金属制品行业产品、技术、装备、生产、发展方面的数据信息统计收集；（5）以专业的工程咨询（投资）资质为行业企业、政府提供可行性研究报告编制、产品产业规划编制等行业技术产品咨询服务，为行业的发展提供指导和保驾护航，从2001年到2023年的22年间，完成金属制品行业项目规划、可行性研究报告共107项，服务单位69余家，“山东胜通天轮钢帘线有限公司年产10000吨子午线用钢帘线项目可行性研究报告”等项目获得中国工程咨询协会2006年、2008年、2009度冶金行业“优秀工程咨询二等奖和三等奖”，产生了良好经济效益和社会效益，有力地支撑了中国钢帘线、预应力、金刚线等高质量、大宗产品的发展。

四、发展目标

（一）企业战略定位与战略描述

构建造福员工、为社会、为股东创造价值，在国际上具较强国际竞争力和抗风险能力，通过不断提升品牌影响力，产品影响力以及国际资源的整合力，把我院建成“质检信息国际先进、金属制品国内领先、军工材料国内知名”的科技创新型公司，努力打造新材料行业国际一流的科技型企业。

（二）企业发展指导思想

坚持自主创新，围绕国家中长期科技发展规划，重点突出结构服役性能检测和高端金属制品制造两大关键技术的研发，通过开放合作、项目带动、机制配套、人才优化，全面提高中钢制品院自主创新能力和国际竞争力。

（三）远景规划目标

把中钢制品院建成造福员工、为社会创造价值、在国际上具较强国际竞争力和抗风险能力的科技型企业。

——经营能力强：实现行业排名逐年提升；

——管理水平高：达到国际一流企业水准；

——经济效益好：盈利能力处于行业领先水平；

——行业影响力大：在行业内具有较高知名度，主要核心业务和核心产品的市场份额处于行业领先水平；

——企业凝聚力强：通过积极向上的企业文化和共同的价值理念，使企业凝聚力不断增强。

（四）细分产业规划目标

依托现有市场地位和生产能力，持续优化产品结构调整，更新设备，补齐能力短板，提升产品品质，提高产品附加值，走“专、精、特、新”之路；重点发展高韧高强特种钢丝、复杂断面特种钢丝和特种合金钢丝，打造2~3个隐形冠军产品，实现世界一流。

第十五章 湖北福星新材料科技有限公司

一、企业概况

湖北福星新材料科技有限公司经过40年的发展，现已成为湖北省高新技术企业、国家大型企业、湖北省“巨人工程”企业，是湖北福星科技股份有限公司全资子公司。先后获得“全国五一劳动奖状”“全国质量管理先进单位”“全国守合同重信用单位”“全国诚信守法乡镇企业”“全国文明示范乡镇企业”“中国优秀诚信企业”等荣誉。公司主要产品有钢帘线、预应力混凝土用钢绞线、钢丝绳、轮胎钢丝四大系列，共80多个品种、1000多个规格的产品，年生产能力为50万吨。

二、历史沿革

公司先后经历了五个发展阶段，目前处在第六阶段。第一阶段，1978~1984年，艰苦创业，成就了开创基业；第二阶段，1985~1995年，扩规强管，成就了全国名企；第三阶段，1996~2000年，三大战略（高新技术、精品名牌、系列产品），成就了公司上市；第四阶段，2001~2005年，两大调整（产业调整、产品结构调整），成就了多业发展；第五阶段，2006~2010年，做强做大（做强上市公司、做大集团公司），成就了共同愿景（造福社会、共同富裕）。从2011年开始，公司发展进入第六阶段，效益优先，推进科学发展，创新发展。

三、主要成果

公司在技术创新上，每年都投入上千万元资金用于新产品研发，不断引进行业内的新技术，购置先进的检测仪器设备，开展技术攻关、工艺改进、设备优化等工作，共获得了27项国家实用新型专利，并与武汉科技大学、华中科技大学、中钢集团郑州金属制品研究院等高校科研院所长期合作，开发一系列技术革新项目：开发了钢芯电梯绳项目，目前已替代了传统的低速结构电梯绳，该研发项目也被湖北省科技厅列为湖北省科技支撑计划；开发了高强度预应力PC钢绞线用于武汉军山大桥、京珠高速公路等大型国家项目，获得用户好评；子午线轮胎用钢丝帘线获得湖北省科技进步三等奖；3×7护栏用钢丝绳研发、胎圈钢丝水浴代替铅浴，被湖北省科学技术厅评为湖北省重大科学技术成果等。

“两化”信息技术的开发和应用，即“以信息化带动工业化，以工业化促进信息化，走新型工业化道路”。制造类企业推行信息化技术有利于降低人工成本，改善管理水平，保持市场竞争力。

四、未来展望

公司将信息化建设作为今后发展的主要方向，目前 ERP 管理系统已用于财务部门、人力资源管理中心、营销中心等领域中，提升企业的整体信息化水平；随着生产过程中 ERP 管理系统完善，OA 办公系统应用，这将很大程度上提高公司工作流、信息流和知识管理的规范管理，为用户提供了一个先进、高效的信息化工作平台。

公司倾力打造“福星”品牌，注重创新，严把质量关，取得了一系列荣誉：质量管理体系通过了 ISO 9001：2015、IATF 16949：2016、英国劳氏船级社、欧盟 CE 等认证，环境管理体系和职业健康安全管理体系通过了 ISO 14001：2015、OHSAS 18001：2007 认证，“福星”牌商标被认定为“湖北省著名商标”和“中国驰名商标”。钢丝绳被评为“中国名牌产品”，钢帘线、钢丝绳、PC 钢绞线、胎圈钢丝产品被评为“湖北名牌”。

第十六章 巨力索具股份有限公司

一、企业概况

巨力索具股份有限公司是一家集索具研发、制造、试验为一体的专业化吊索具生产企业，于2010年1月在深圳交易所上市。公司拥有博士后工作站、国家级企业技术中心、河北省吊索具工程技术研究中心。公司是国家级高新技术企业，公司检测中心被国家认定为国家级实验室。在保定市政府的支持下，2015年公司成立了吊索具产业技术创新战略联盟。

二、历史沿革

巨力索具钢丝绳厂始建于2003年，建有大、中、小型三个钢丝绳厂，建筑面积11万平方米，专业生产设备200多台套，生产钢丝绳直径范围1.6~260毫米，设计年生产能力10万吨。主要产品包括一般用途钢丝绳、重要用途钢丝绳、粗直径钢丝绳、压实股钢丝绳、单股钢丝绳。

企业装备水平先进，KS8/2500合绳机是亚洲最大的合绳机，最大合绳直径为260毫米，收线能力最大为350吨。KS18/800+18/800串联式捻绳机为国内最大的串联式合绳机组，该设备采用多栏架串联机组设计，各栏架可实现捻距、捻向不同配比，实现一次装机多层同时捻制。最大收线能力达50吨，是国内目前最大的多层股钢丝绳收线能力。为满足大直径、超长单股钢丝绳的生产需要，公司以现有KS72/630捻股机和KS8/2500合绳机为基础，采用先进的Profibus-Dp总线连接丹佛斯FC302高性能驱动器与新一代MCO305高速运动专用控制器技术，实现两台设备无机械连接的联动运行，形成大直径单捻钢丝绳串联生产线，该生产线的单股钢丝绳生产直径达到160毫米。

公司还装配有意大利进口、国产三辊轧式股压实工装及具有专利技术的超高强度粗直径压实股钢丝绳工装多套，用于压实股钢丝绳的股绳生产，最大绳径达ϕ130毫米。

三、主要成果

公司专注于索具研发制造，是目前国内规模最大、品种最全、制造专业的索具制造企业，占据中国索具行业“第一品牌”的主导地位。公司建立了索具技术研发、索具生产制造、索具检测实验三大基地。先后获得“中国驰名商标”“河北省著名商标”“河北省名牌产品”“河北省出口名牌”“河北省质量效益型先进企业”“河北省自主品牌建设重点培育企业”“河北省畅销品牌企业”“河北省百强企业”“河北省高新技术企业”“河北省优秀企业技术中心”等荣誉称号。

四、产品在典型、重大工程应用

巨力钢丝绳产品广泛应用于海洋工程、矿山冶金、桥梁、场馆建设等方面，央视纪实纪录片《大国重器》中上海振华12000吨浮吊用上部结构钢丝绳和烟台来福士海洋工程有限公司2万吨桥式起重机“泰山号”钢丝绳均由巨力索具生产，其中12000吨浮吊配套的8×K36WS+IWRC-ϕ78毫米钢丝绳是目前国内直径最大、长度最长的压实股钢丝绳，单根质量接近200吨。

在桥梁建设领域，钢丝绳主要用作施工过程中的猫道绳、缆索吊用绳和悬索桥吊索等。巨力钢丝绳在包括贵瓮高速清水河大桥、武汉鹦鹉洲长江大桥、云桂铁路云南南盘江大桥、成贵铁路西溪河大桥、鸭池河大桥、金东大桥、大瑞铁路怒江特大桥、拉林铁路藏木雅鲁藏布江双线特大桥建设中都有应用。

在场馆建设领域，公司从2011年起开发锌-5%铝-混合稀土合金镀层单捻钢丝绳，先后成功生产出ϕ95毫米、ϕ121毫米、ϕ135毫米、ϕ140毫米等系列产品，应用于香港大球场、盘锦体育中心、浙江乐清体育中心、青岛北站、徐州奥体、长沙会展中心等工程项目。

第十七章 江苏沙钢集团有限公司

一、沙钢集团简介

江苏沙钢集团（以下简称沙钢）始建于1975年，经过多年持续积累、滚动发展及联合重组，发展成为总资产3000亿元、职工4万余名、年产钢能力超4000万吨的国家特大型工业企业，粗钢产量位居中国钢企第三位，世界钢企第五位。拥有5大生产基地，分布在江苏、辽宁、河南等地。主导产品涵盖普钢、优钢和特钢各大类产品，形成150多个系列，14000多个品种，6000多个规格，广泛应用于航空航天、国防军工、石油管线、核电风电、海洋工程、轨道交通、汽车家电等领域，产品远销至全球100多个国家和地区。

在做实做精钢铁主业的同时，沙钢以钢铁产业链条纵向延伸、横向拓展为主线，大力发展资源能源、金属制品、贸易物流、金融投资、信息科技等多元产业，配套提供仓储配送、延伸加工、电子商务、保税物流、融资担保、综合服务等功能平台，积极培育新的战略支撑点和效益增长点，已成为跨行业、跨地区和跨国界的企业集团，连续15年入围世界500强，2023年位列第348位。

沙钢先后荣获“改革开放40年功勋企业”“全国用户满意企业”“国家创新型企业”“中国环境保护示范单位”“中华慈善奖企业”等荣誉称号。

二、沙钢线材简介

沙钢是中国最大的优质线材生产基地，经过近30年的发展建设，目前共建有9条高速线材生产线、1条大盘卷生产线，工艺装备处于国内领先水平，规格范围ϕ5.5~45毫米，具备年产650万吨优质线材的能力，形成了16大类、200多个品种规格，主要品种有钢帘线及胎圈钢丝用盘条、预应力钢丝钢绞线用盘条、高品质中高碳钢、弹簧钢、冷镦钢、高强缆索钢、焊接用钢、钢棉钢、纤维钢等，其中硬线占比达85%以上。沙钢线材具有大小方坯、长短工艺流程相结合的独特优势，可满足不同产品特性及用户的个性化需求。

沙钢线材产品化学成分稳定、偏差小，钢质纯净、夹杂物含量低，盘条金相组织好、通条性能均匀，规格范围宽，盘重大，尺寸精度高，表面质量好，产品畅销国内外。制品原料用高速线材（硬线）被工业和信息化部评为2023~2025年制造业单项冠军产品，其余产品荣获“实物质量达国际先进水平金杯奖”“冶金行业品质卓越产品”“全国用户满意产品”“中国名牌”“出口免验”等称号。其中钢帘线及胎圈钢丝用盘条、弹簧钢和冷镦钢通过了国际汽车IATF 16949体系认证。2017年沙钢高端线材全流程智能制造新模式应用入选工业和信息化部智能制造综合标准化与新模式应用项目，成为线材行业发展智能制造的标杆。

沙钢大力实施技术标准引领战略，主导起草线材产品标准 29 项（国家标准 10 项、行业标准 9 项、团体标准 10 项），如《制丝用非合金钢盘条》第 1~4 部分、《油淬火-回火弹簧钢丝用热轧盘条》、《冷镦和冷挤压用钢》、《铜包钢丝用热轧盘条》、《高碳钢盘条中心偏析金相评定方法》、《高碳钢盘条中心马氏体评定方法》、《高碳钢盘条网状渗碳体评定方法》等，为促进中国线材行业的发展贡献微薄之力。

沙钢是中国最大的电炉钢线材生产基地，短流程电炉炼钢工艺吨钢 CO_2 排放比传统长流程炼钢工艺低 1.2 吨左右，发展电炉短流程炼钢是钢铁工业节能降碳的重要途径，沙钢成功掌握了电炉小方坯帘线钢关键控制技术并形成批量生产，率先助力汽车行业碳排放达标。沙钢预应力钢丝及钢绞线用热轧盘条、非调质冷镦钢热轧盘条、弹簧钢丝用热轧盘条已成功入选工业和信息化部绿色设计产品名录。未来沙钢线材将向免酸洗易拉拔、减免退火、低碳排、高强化方向发展，积极推进绿色低碳转型。

三、沙钢线材主要产品简介

（一）钢帘线及胎圈钢丝用盘条

钢帘线作为金属制品中的艺术品，单丝直径最细仅有 0.15 毫米，主要用作轮胎重要的支撑材料，保证着轮胎安全和稳定运行，关乎着重大生命财产安全。沙钢钢帘线及胎圈钢丝用盘条是国内唯一一家集最全产线、最大产量和最多规格的品类，涵盖转炉大/小方坯、电炉小方坯工艺路线、规格 5.0~8.0 毫米、70~92 级别，可用于制作全系列 NT-MT 钢帘线和胎圈钢丝的产品结构。沙钢是国内首家采用绿色短流程小方坯工艺制备帘线钢，产品质量达到大方坯控制水平，与长流程相比，吨钢二氧化碳排放量降低 20%以上，且以帘线钢为代表的线材 EPD 率先通过中国钢铁工业协会 EPD 平台发布。针对帘线胎圈钢特性，结合不同工艺流程的特点，采用洁净化低熔点夹杂物控制技术和微负偏析控制技术，将盘条中夹杂物级别 A、C 类控制≤1.0 级、B、D 类≤0.5 级，网碳级别控制 1 级以下。沙钢帘线胎圈钢丝用盘条国内市场占有率超 30%，每三条轮胎中就有一条使用沙钢牌帘线钢，广泛应用于米其林、倍耐力、普利司通等国际国内知名轮胎上。

（二）预应力钢丝及钢绞线用盘条

预应力钢丝及钢绞线用盘条主要用于生产各种规格和级别的高强度低松弛预应力光面钢丝、刻痕钢丝、钢绞线以及高强度镀锌钢绞线，广泛应用于高速公路、铁路轨枕、桥梁、矿山支护、体育场馆、高层建筑与 LNG 等领域。产品牌号有 SWRH77B/82B/87B/92B 系列，为沙钢主打产品，年产量超 100 万吨，国内市场占有率第一，产品远销韩国、泰国、马来西亚、沙特、土耳其、非洲等国家和地区。沙钢预应力钢丝及钢绞线线材具有表面质量好、组织均匀性高等特点，可以满足 1860~2400 兆帕级预应力钢绞线制品，其中 2400 兆帕级预应力钢绞线首次在国内公路箱梁中实现应用。此外，沙钢还开发了特定用途，如机械剥壳、高应力幅绞线及架空绞线专用盘条，产品质量得到用户的一致好评；免酸洗的预应力钢丝钢绞线盘条成功实现50%市场替代，在行业内具有较大影响力，并获得2022年度江苏省科学技术奖三等奖。

（三）合金弹簧钢

合金弹簧钢主要牌号有55SiCr、55SiCr-S、55SiCrV、60Si2Mn，规格覆盖 ϕ5.5～26毫米，可以满足用于制造设计应力1000～1300兆帕级的乘用车螺旋悬架弹簧和质量相对要求较高的离合器弹簧、刹车制动器弹簧，市场占有率为25%左右，位列国内合金弹簧钢生产钢厂第一方阵，产品质量得到用户的一致好评，应用于日产、上汽、长安、比亚迪、吉利等汽车主机厂。沙钢合金弹簧钢盘条质量水平已达到国际先进水平：（1）化学成分均匀，钢质纯净，残余元素P、S、Al、Ti等元素含量低。（2）轧材低倍无黑心，偏析程度低，组织均匀，无马氏体等异常组织。（3）成品尺寸精度高，表面质量优良，表面缺陷数量<25个/卷（探伤精度0.05毫米）。（4）总脱碳层深度≤0.6%D，无全脱碳层，使用防脱碳涂料可以实现盘条表面基本无脱碳。（5）成品弹簧工作应力大，疲劳寿命50万次以上，稳定满足用户要求。

（四）桥梁缆索用钢

桥梁缆索是现代大型桥梁的核心称重材料，其对盘条的要求非常高。沙钢依托先进的生产线，在系统研究连铸坯中心偏析控制、夹杂物控制、轧制及组织控制、高强度镀锌钢丝，形变、组织控制与钢丝扭转控制、高强度镀锌钢丝的低损伤拉拔及镀锌控制技术基础上，已经成功开发1770～2100兆帕级桥梁缆索镀锌钢丝用高碳钢盘条并实现了批量稳定生产，目前正在开发更高强度级别的2200兆帕级桥梁缆索用钢。沙钢桥梁缆索用钢包括SWRS82B/87B/87Si/92Si/96Si系列合金高碳钢盘条，可以满足7毫米1670～2100兆帕级以及5毫米1770～2200兆帕级桥梁缆索钢丝的使用要求。沙钢桥梁缆索用钢已经在国内外重点桥梁项目中得到应用，如巢马铁路马鞍山长江大桥、平潭海峡大桥、嘉鱼长江大桥、长寿长江二桥等。

（五）汽车冷镦钢

汽车冷镦钢主要牌号有SWRCH6A～22A、SWRCH25K～45K、10B21～10B38、15B25、51B20、ML20Cr～40Cr、SCM415～440、S45C-DQ、SWRCH45FS/45FCr等，规格覆盖5～40毫米，产品用于制作4.8～12.9级螺栓、螺母及非调制杆状产品，产品应用于汽车变速箱、发动机、底盘、轮毂、车身及转向系统等关键部位。通过对产线专业化分工及一贯制质量管理，体系通过IATF16949认证，确保产品质量稳定性，获得日产、东风汽车、广汽乘用车等主机厂认证。产品具有以下优势特点：（1）产品表面质量稳定，表面局部划伤≤0.05毫米，保证1/4冷镦；（2）晶粒细、组织均匀，产品的冷镦加工性能好；（3）P、S、O、N元素及夹杂物控制水平严格。

（六）合金焊丝钢

沙钢生产的合金焊丝钢品种类别齐全，现已形成高强、耐热、耐蚀、耐候等多个系列。产品有应用于核电行业的 ER50-6H、应用于低温压力容器行业的 XC528A、应用于桥梁行业的耐候焊丝 SJA55 等；部分产品已经应用于重点项目或工程，如 H08C-D 用于中石油西气东输二线、沙特输水管道等数项重点工程；80 千克级别高强系列焊丝已批量供应伯乐及伊萨，并取代进口材料实现国产化；H08Mn2MoA 首次作为 Q420TFC 钢板配套焊材，并应用于 5 兆瓦以上的海上风电项目建设；CrMo 耐热系列焊丝钢占国内 50%以上市场份额，已广泛应用于哈尔滨及东方锅炉厂的多项重要项目。目前，沙钢已成为国内高端焊丝钢的研发生产基地。

（七）优质碳素钢盘条

优质碳素钢盘条主要牌号有 45 号~80 号、SWRH42A（B）~82A（B）等，是沙钢线材传统优势产品，经过多年的锤炼，目前工艺成熟，钢质纯净，组织性能均匀，质量稳定，很受国内外用户的青睐，广泛应用于海洋系泊、冶金吊、电梯、油井、电力等特殊钢丝绳行业，年销量超 150 万吨，国内市场占有率第一，重点用户遍布全国，并畅销国外市场。2021 年沙钢优质碳素钢盘条顺利通过 DNV · GL 船级社认证并获得了认证证书，成为国内首家盘条生产商通过 DNV 船级社工厂认可的企业，并主导起草了《海洋工程系泊用热轧盘条》行业标准。2022 年沙钢“制品原料用高速线材（硬线）”获评国家制造业单项冠军产品。

（八）碳素弹簧钢盘条

碳素弹簧钢盘条主要包含 65Mn、65-T~80-T、SWRH72B~82B 等，是沙钢高品质线材产品，目前品种规格齐全、生产工艺成熟、性能质量良好，国内市场占有率常年保持第一，年销售量超 50 万吨，拥有多年稳定合作的重点用户群体，广泛应用于各类机械弹簧、坐垫弹簧、阀门弹簧、弹簧垫圈等。同时为满足用户个性化需求，已开发高强度弹簧钢 70-B、TH65，高疲劳弹簧钢 65Mn-H，高纯净度弹簧钢 TH82B 等，均实现批量稳定供货，盈利效果明显并获得用户一致好评。

（九）低碳高品质盘条

沙钢低碳高品质盘条涵盖钢棉钢、纤维钢以及铜包钢等线材产品，牌号涵盖 SGM 系列、GX006-GX018 系列、M6-6A 系列，主要用于生产汽车刹车盘、混凝土增强材料、各类电缆等。沙钢钢棉钢采用绿色低碳的电炉短流程工艺路线，大大助力了汽车行业的减排降碳；根据用户对强度需求，开发的纤维钢盘条制备 1200~1800 兆帕级钢纤维时断丝率最高不超过 0.8 次/吨，制备的钢纤维强度达到国内最高强度等级，并主导起草了国内首个《冷拔钢纤维用碳素钢热轧盘条》团体标准；铜包钢盘条依托沙钢先进的生产线，具备良好纯净度和组织性能均匀性，可用于制备最细 0.08 毫米铜包钢丝。

（十）特种合金盘条

金刚线主要应用于光伏行业/太阳能面板和芯片行业硅片切割领域，要求在切割过程中不断丝，同时具备高强度和良好的韧性，对夹杂物、纯净度、组织性能、表面质量等指标的要求更为苛刻。采用超纯净工艺路线，有效控制盘条的夹杂物、偏析和组织性能，于国内首家研制出金刚线母线用高碳钢盘条，可满足连续生产 260 千米不断线的 37 微米 5000 兆帕级金刚线使用要求。开发的 4500 兆帕级金刚线母线用盘条经江苏省工业和信息化厅组织的产品鉴定，委员会认为该产品总体处于国际先进水平。

此外，对高洁净高性能特种合金的热变形开展系统研究，建立组织控制、形变强化与性能之间的关系，形成专有成套生产控制工艺技术，开发出替代进口的 Inconel 625 盘条、316L 不锈钢盘条、合金焊丝钢盘条、低弛度架空输电线用高强度低膨胀因瓦合金 4J36 盘条、航空/汽车发动机紧固件用耐热合金 A286 等产品，得到了用户的充分认可。

第十八章　沙钢集团东北特钢股份有限公司

一、东北特钢股份公司简介

东北特钢股份有限公司2017年9月被沙钢集团有限公司接管，其前身为大连钢厂，始建于1905年，享有中国特钢“摇篮”的美誉，至今百余年的历史中，第一家研制生产高速工具钢、银亮钢、铝铬合金、硬质合金，1961年建立中国第一个精密合金生产基地，公司先后援建了大冶钢厂（1950年）、贵阳钢厂（1964年）、陕西精密合金厂、陕西钢厂、西安五二厂（1965年）等，为中国特钢事业做出了杰出的贡献。

东北特钢作为国家振兴东北老工业基地、建设辽宁装备制造业基地的具体项目之一，2011年7月主体生产线全部投产运行，形成十一条特殊钢精品生产线，年产能：铁140万吨，特殊钢260万吨、钢材230万吨，以生产高品质、高附加值优特钢产品为主，包含轴承钢、精密合金、汽车钢、结构钢、不锈钢、工模具钢等。产品除了为国防军工、航空航天、电子信息等高科技领域提供重要材料外，产品还广泛应用于机械制造、石油化工、汽车工业、交通运输、医疗卫生等国民经济各领域。

二、东特线材简介

东特目前共有合金钢线材和优钢线材共3条高速生产线，工艺装备处于国内领先水平，合金钢线材主要品种为不锈钢、轴承钢、弹簧钢、合金结构钢、合金工具钢、碳素工具钢、碳素结构钢等，双高线优钢线材主要品种有钢帘线及胎圈钢丝用盘条、预应力钢丝钢绞线用盘条、高品质中高碳钢、弹簧钢、冷镦钢、高强缆索钢、焊接用钢、纤维钢等。两条产线产品规格ϕ4.5～25.0毫米（20.0毫米以下间隔0.5毫米，20.0毫米以上间隔1.0毫米），生产规格范围大，可覆盖全部线材产品。

东特线材产品广泛应用于汽车、石油化工、装备制造、军工、核电、轴承、电器设备、工具、纺织机械、标准件、焊接、医疗器械、建筑等领域。主要用于制造纺织针丝、纺织梳理器械、特种焊丝/条（舰、船、潜艇、核电等高端领域）、汽车螺栓、各种轴承钢球、滚子、弹簧、铁路弹簧扣件、电器元件、刃具、刀具、螺栓、螺母、医用针头、医用刀具、厨房用具、汽车尾气过滤网、筛网、人体植入用器械、不锈钢丝绳等国民经济各领域，覆盖中国全境34个省、区、市特钢市场；同时建立了完整的国际经销体系，与美国、德国、意大利、英国、西班牙、澳大利亚、韩国、朝鲜、日本、泰国、印度、荷兰、新加坡、巴勒斯坦、法国、缅甸、越南、孟加拉国、墨西哥、加拿大等20余个国家或地区的百余家公司建立贸易关系。

三、东特线材主要产品简介

（一）300 系列奥氏体不锈钢盘条

主要牌号有 303、303Cu、304、304HC 等，主要应用于标准件、食品卫生、筛网等，具有固溶多样灵活、盘条通长性能均匀、抗拉强度波动±40 兆帕以内等特点，可保证用户各种需求，易于拉拔，小标准件 303HC3 强度可稳定在 550 兆帕以下。

（二）200 系列奥氏体不锈钢盘条

主要牌号有 202Cu、808B 等，主要应用于标准件、机械、家电、厨卫等，具有成分均匀稳定、抗拉强度波动范围窄、无磁性等特点，应用广泛，是深加工用户拉拔使用的理想原料。

（三）马氏体不锈钢盘条

主要牌号有 1-4Cr13 系列，4Cr9Si3、1Cr17Ni2 等，主要应用于医疗、标准件、汽车、轴承等，其具有表面质量优异，退火硬度均匀等特点。

（四）铁素体不锈钢盘条

主要牌号有 0Cr17、430L、409Ni、410LSiMo 等，主要应用于家居、制品、汽车、工具等，其具有性能稳定均匀、表面质量优异、无影响后续深加工的缺陷等特点。

（五）轴承钢盘条

主要牌号有 GCr15 系列、GCr15SiMn 系列等，主要用于加工钢球、滚柱、滚针等，应用于产业机械、铁路车辆、风电、汽车发动机、变速器、机床/电机/矿山机械/通风机械主轴轴承等。

（六）合金弹簧钢盘条

主要牌号有 54SiCr6、50CrV、30W4Cr2VA 等，主要供高端汽车厂使用，具有低倍良好、无明显夹杂和脱碳层等特点。

（七）合金结构钢盘条

主要牌号有 38CrMoAl、ML30CrMnSiA、ER90S-B3 等，主要应用于机械、标准件、军工、焊丝等领域，其采用控轧控冷技术，机械用钢热轧组织全部为索式体；ML 系列具有性能稳定、表面光洁、可满足 1/3 冷顶锻等特点；合结焊丝硬度均匀，表面光洁，适于后续拉拔等深加工。

（八）合金工具钢盘条

主要牌号有 H13、S2、9CrWMn 等，主要用于加工各类工具，脱碳层和球化组织控制良好，表面光滑无裂纹、耳子等缺陷，适于深加工。

（九）碳素工具钢盘条

主要牌号有 T10A、T12A 等，主要应用于军工领域。

（十）钢帘线及胎圈钢丝用盘条

东特钢帘线及胎圈钢丝用盘条涵盖转炉、电炉工艺路线、规格 5.0~8.0 毫米、70~92 级别，可用于制作全系列钢帘线和胎圈钢丝的产品结构。产品广泛应用于米其林、普利司通等国际国内知名轮胎上。

（十一）合金弹簧钢

主要牌号有 55SiCr、60Si2Mnn，规格覆盖 ϕ5.5~16 毫米，用于制造乘用车螺旋悬架弹簧和质量相对要求较高的离合器弹簧、刹车制动器弹簧，产品质量得到用户的一致好评。

（十二）汽车冷镦钢

主要牌号有 SWRCH6A~22A、SWRCH25K~45K、10B21、ML20Cr~40Cr、SCM415~440 等，规格覆盖 5~16 毫米，产品用于螺栓、螺母及杆状产品，产品应用于汽车变速箱、发动机、底盘、轮毂、车身及转向系统等关键部位。

（十三）合金焊丝钢

产品品种类别齐全，现有埋弧、气保、高强等多个系列，产品应用于汽车、压力容器、桥梁行业等。目前，东特已成为国内高端焊丝钢的研发生产基地。

（十四）优质碳素钢盘条

主要牌号有 45 号~70 号、SWRH42A（B）~82A（B）等，目前工艺成熟，组织性能均匀，质量稳定，很受用户的青睐，广泛应用于海洋系泊、冶金吊、电梯、油井、电力等特殊钢丝绳行业。

第十九章　天津高盛钢丝绳有限公司

一、企业概况

天津高盛钢丝绳有限公司（以下简称天津高盛）是由香港高力集团（香港联交所，股票代码 1118）与天津冶金集团于 2002 年共同出资创建的合资企业。二十年来，天津高盛以电梯钢丝绳和起重钢丝绳的中高端市场为主攻方向，不断加大技术创新投入，加速产品升级换代，钢丝绳年产销量增长近 15 倍。其中，电梯钢丝绳年产销规模量连续多年保持国内和全球第一，是国际排名前十位知名电梯品牌优选供应商，累计服务电梯总量 300 余万台；起重钢丝绳瞄准国际一流起重装备制造商的需求，精品精制，为我国大型风电、露天开采、深井采矿、海洋科考、“一带一路”等重要领域提供配套服务。

天津高盛前身天津市第一钢丝绳有限公司（天津一绳）始建于 1939 年，是中国金属线材制品生产及电梯配套钢丝绳的源头企业，是中国最早研制、生产电梯钢丝绳的专业厂家。

2002 年 1 月，由天津冶金集团所属天津钢线钢缆集团有限公司以天津一绳电梯绳生产线及相关资产与香港高力集团合资成立天津高力一绳钢丝绳有限公司，香港高力集团控股 51%；2005 年 4 月，世界著名钢丝绳制造企业——英国 BRIDON 注资控股（与香港高力集团共同持股 75.5%），公司更名为布顿（天津）钢丝绳有限公司，获得布顿商标使用权并继承使用原天津一绳“金鼎”牌商标和电梯绳相关技术及知识产权；2009 年 4 月，英国 BRIDON 的控股公司投资战略调整，香港高力集团增资收购并控股 70.5%，公司更名为天津高盛钢丝绳有限公司；2013 年 10 月，天津钢线钢缆集团有限公司将 29.5%天津高盛股权转让给天津冶金集团；2021 年 8 月，天津冶金集团将 29.5%天津高盛股权转让给天津市国资委所属渤投集团天津晟泰企业管理有限公司。

天津高盛原坐落于天津市河西区大沽南路 1001 号，2011 年 4 月全部搬迁至天津市静海经济开发区北区一号路 1 号，注册资金 6000 万元，占地 18 万平方米，建筑面积近 11 万平方米，主要生产装备 400 余台套，关键工序采用德国、西班牙、意大利、美国等国际先进水平装备。现有员工 900 余人，钢丝绳年产能 8 万吨，曳引钢带 1000 万米，涂塑钢丝绳 500 万米，是全球最大的电梯钢丝绳制造商，产品广泛应用于电梯、工程机械、起重、港口、海洋、石油和矿山等不同领域的高端市场，产品行销全球五十多个国家和地区。

二、历史沿革

电梯钢丝绳的初期研制始于 1959 年的天津一绳，20 世纪 70 年代形成批量生产，80 年代中期成为天津电梯厂主要配套厂家，但因电梯市场发展缓慢，与之配套的电梯绳市场未能形成较大规模。从20世纪90年代初期，建筑行业的迅猛发展带动了电梯行业的发展，电梯绳也随之迅速发展起来。天津一绳将电梯绳列入1996年重点发展品种，在天津市经委的组织下为三资企业实施配套建设，并于1995年引进德国合绳-预张拉生产线，这是国内最早引进的2条生产线之一，为提高电梯绳的捻制质量和疲劳寿命，提供了装备保证。1997年12月，电梯绳产品通过美国OTIS总部法明顿工程试验中心疲劳寿命试验及SQA产品质量认证；1999年12月，通过OTIS Q-PLUS三级认证，被美国OTIS总部认定为“全球钢丝绳货源基地”，荣获OTIS全球供应商资格，是OTIS在亚太地区唯一签订钢丝绳优先供应商协议（PSA）的供应商、执行OTIS51111-99标准，成为当时电梯绳行业的领头兵。

2002年合资，张书久同志任职总经理一年，为合资公司搭建管理架构、建立业务流程，当年实现电梯绳销售近4000吨。

2003年1月，王会清同志任职总经理，在现有装备基础上，积极拓展市场、扩大产能、提升质量、开发新品，产销规模连年增长，市场应用不断拓展。2004年，成功为张家界百龙天梯配套9股16毫米钢芯钢丝绳，替代进口产品，满足大载重、高梯速、露天井道、运行频繁的严苛要求，与百龙天梯一道入选吉尼斯世界纪录，现场应用大大超出预期寿命，彰显了天津高盛在新产品研发设计、生产制造上的独特优势。2005年产销量突破1万吨。为不断满足市场对中高端电梯绳的需求，天津高盛2007年和2009年又陆续引进2条德国合绳-预张拉生产线，与新式捻股机安装配套建成“精品车间”，2009年产销量突破2万吨。2010年，天津高盛投资1.5亿元实施扩能搬迁改造，2011年4月完成搬迁，电梯绳年产能达到3.5万吨。新工厂的建成投产，促进了电梯绳市场的深入拓展，2012年产销量突破3万吨，产品规格也逐步由13毫米/12毫米向10毫米/8毫米过渡，新梯市场占有率接近40%，成为奥的斯、日立、东芝、永大等知名电梯厂商的优选供应商。2013年，天津高盛成为国家高新技术企业。

2014年9月，田庄强同志任职总经理，以着力拓展中高端市场为主线，不断加快新品研发进度，加大市场开发力度，调整结构、增扩产能、提升质量，2016年新增2万吨高端起重绳产能，2019~2022年新增2.5万吨电梯绳产能，使企业发展迈上了新台阶，2019年和2021年产销量分别突破5万吨和6万吨，其中细规格产品销售占比超过85%。

三、技术进步的硕果

天津高盛积极组建国际化研发团队，强化与国际知名钢丝绳企业保持技术交流，与国内知名院校、重点实验室开展技术合作，外国专家团队长驻企业参与技术开发、产品试制和应用研究，瞄准研发设计和品牌营销的产业链高端目标，在“高精尖”技术领域和“专精特新”产品领域不懈努力，使企业在研发实力、装备能力、应用领域和生产效率上得到快速提升。特别是随着房地产高层建筑的兴起，国内市场为应对节能、高速而设计的无机房、小机房电梯和高速电梯发展迅速，与之相适用的中细规格曳引绳和高速电梯用钢芯绳的需求比例不断增加，通过定制化设计，成功研制并得到广泛应用。而在各种苛刻使用条件下的各类起重用钢丝绳，天津高盛以其优秀的质量表现突破进口垄断，实现国产化，走在行业发展前列。

近几年，天津高盛以节能环保、绿色减排为发展主基调，不断加大技术创新投入、深化产品升级换代，推动工艺装备向智能化、信息化、数字化迈进。天津高盛钢丝绳作业线的关键工序全部采用欧美、日本等国际先进水平的进口装备，满足客户对高端制造和安全保障的苛刻要求。电梯钢丝绳条件寿命疲劳试验机涵盖全球已知所有测试标准，为产品研制、过程控制和性能测试提供保障。

电梯绳产品荣获中国钢铁工业协会“特优质量奖”、“金杯奖”、天津市科技进步奖等荣誉。高速电梯钢丝绳，成功打破进口垄断，最高应用梯速达到 7 米/秒以上；超高速电梯钢丝绳，应用梯速可达 10 米/秒以上，高速电梯钢丝绳已成为各电梯厂商替代进口的主流产品。为北京奥林匹克中心、深圳平安金融中心、天津周大福金融中心、天津环球金融中心、东方明珠电视塔、广州富力盈凯大厦、武汉世贸广场、美国纽约 Riverdge Mall、韩国 MERITZ BONGNAEDONGOFFICE BUILDING 等众多国内外地标建筑的高速和超高速电梯提供配套服务。

起重钢丝绳，重点应用在港口机械、深井采矿、石油开采、钢铁行业以及其他工程机械等领域的国内外知名大型工程项目中，实现替代进口。如为向阳红 10 号远洋科考单根万米绳项目、“雪龙 2”号极地科考船、国内最深矿井招金集团瑞海金矿、江门核电中微子实验站、国内风电之王塔机、中联重科全球最大塔机以及“一带一路”重点港口等配套提供特种钢丝绳。

天津高盛是国家级高新技术企业、国家级专精特新“小巨人”企业、国家级制造业单项冠军示范企业、天津市科技领军企业，具有 CNAS 国家认可试验室、天津市企业技术中心、天津市企业重点实验室等资质，2019 年入围“天津市制造业企业销售百强企业”。

天津高盛通过 OTIS Q-plus、RT TÜV ISO9001、ISO 14001、OHSAS18001 等管理体系认证，以及美国石油协会 API、中国船级社 CCS、煤矿安全标志 MA、社会管理责任 WCA 等多项认证。其中，电梯钢丝绳获得 CE、TÜV、KTL 等产品认证证书，并多次荣获国家钢铁行业实物质量“特优质量奖”“金杯奖”和“品质卓越产品”以及天津市科学技术成果奖、天津市“名牌产品”和“专、精、特、新”产品等荣誉；近几年获得国家授权发明专利和实用新型专利 118 项。

天津高盛积极参加产品标准的制修订，如主持修订国际标准 ISO 4344《电梯用钢丝绳》、国家标准 GB 8903《电梯用钢丝绳》、行业标准 YB/T 5198《电梯钢丝绳用钢丝》，主持起草行业标准 YB/T 4251—2011《电梯门机用钢丝绳》、“金杯奖” CISA 031. 1—2013《电梯用钢丝绳实物质量认定条件》等。

天津高盛致力于打造传统行业的智能化制造，除不断引入改进装备自身的自动化以及人机交互界面的实用性，还努力实现内部流程管理与 ERP、OA 软件的有机集成，将制造与销售全流程中烦琐的节点式软件整合成智能化大系统。

天津高盛在华南、华中、西南、华北等地区分别设有切割配送中心，在全球各大洲设有销售服务网络，为客户提供全方位、全天候的快捷、专业和优质的服务。公司以技术营销为主导，不断拓展服务内涵，积极参与客户新装备的研制，提供钢丝绳选型方案及配置建议；举办钢丝绳选型、运输、储存、安装、维护及报废等相关知识专业培训；协助提供电梯安装现场指导。

四、未来展望

展望未来，天津高盛将继续以“生产一代，试制一代，研发一代，储备一代”的发展战略，认真践行“中国制造 2025”。要着力推进自主创新，加大科研投入，深入探索钢丝绳类产品在新材料、新技术、新应用上的创新路径，加快科研成果转化，以绿色、环保、节能新产品的推广应用，保持行业领先；要着力推进服务型制造，围绕上下游价值链，努力打造富有特色的“研发、设计、运维、定制化”服务活动，以优质化、个性化、多元化的服务提高满意度，保持高盛品牌在行业内的影响力；要着力推进智能制造，通过提高钢丝绳传统产业自动化、智能化水平，促进产业制造升级，降低制造成本，减轻劳动强度，提高生产效率，提高节能降耗水平；要着力推进大数据和 5G 技术的现实应用，以数字化和信息化推动传统产业升级，在产销互联、工序互联、供应链互联上有所突破，提高上下游协同效率，降低运营成本；要着力推进现代企业治理，推动创新成果转化，以“精益流程、精细管理、精准操作、精心服务”的工匠精神，为中国金属制品行业的高质量发展贡献自己的力量！

第二十章 天津银龙预应力材料股份有限公司

一、企业概况

天津银龙预应力材料股份有限公司（以下简称银龙股份），始创于1998年，2015年A股上市，股票代码603969，股票简称银龙股份。银龙股份产品涵盖预应力钢材三大系列，各种规格及深加工产品170多种，全系列螺旋肋钢丝，预应力钢筒混凝土管用钢丝（PCCP钢丝），两面、三面及四面不同刻痕形状的刻痕钢丝，2股、3股及多股螺旋肋和刻痕钢绞线，螺旋槽、螺旋肋钢棒，矿用中空螺旋肋钢绞线，高强度超大直径矿山支护锚杆，桥梁缆索用镀锌铝合金钢丝、钢绞线，大跨度光伏柔性支架预应力体系，风电混塔用预应力张拉系统等，每一个产品都凝聚银龙人的匠心和精益求精的精神。

银龙股份拥有国家级企业技术中心、高性能预应力钢铁材料重点实验室、国家理化检测中心等资质，是国家技术创新示范企业、国家级高新技术企业，荣获国家级制造业单项冠军。公司专业从事预应力混凝土用钢材、轨道交通混凝土制品、轨道板高端装备、轨道交通信息化的研发、制造，产品广泛应用于轨道交通、水利、桥梁、配电、建筑、新能源等多个领域。

多年来银龙股份坚持以创新精神开发市场，以优异产品质量占领市场，以优质服务维护发展市场，一直以预应力钢材上、下游及同行业产品开发为主要方向。公司前身自1978年起源始创于河北北石槽乡张庄村，生产硬质合金拉拔模具，1988年入津投入预应力钢材行业，不断开发拓展产业领域。目前形成以预应力混凝土用钢丝、钢棒、钢绞线为主业，以轨道交通混凝土制品、信息化管理系统和智能化生产制造设备为重要产业；近几年，除在轨道交通混凝土制品方面的丰功伟绩，用预应力钢绞线材料制成的大跨度光伏柔性支架及风电混塔用预应力张拉系统组成的新能源市场开发方兴未艾，已经成为下游市场新亮点；成为新能源技术为新产业的基础设施建设高端钢材、装备制造的主板上市公司。

不断发展壮大的银龙股份，逐渐发展成为了拥有国家级实验室、国家驰名商标、国家科技创新示范企业、国家服务示范企业等行业最全、等级最高的国家级资质，拥有全球行业最多的国际认证资质的上市企业。历年来公司荣获科学技术进步奖一等奖，荣获先进制造业企业、工业和信息化部国家级服务型制造示范名单、五一劳动奖章等多项荣誉。

二、历史沿革

（一）创业期

银龙股份前身在1978年开始以谢铁桥老董事长为首的团队开始研究、生产拉丝模具，

1988 年成功研发直线型高速拉拔模具，为我国进口高速拉拔设备配套。同年承包预应力工厂的拉丝模具车间，开始在津发展创业之路。1990～1993 年，公司团队历经 3 年呕心沥血的努力，研发成功了螺旋肋预应力钢丝模具，拉拔出世界上第一棵螺旋肋预应力钢丝。

1998 年成立了银龙公司，研制第一代拉丝稳定化处理钢丝生产线，将低松弛螺旋肋钢丝批量化生产，被原铁道部推荐为铁路轨枕优选预应力筋，大批量应用于铁路建设。1998～2007 年我国完成了全国铁路系统六次大提速，螺旋肋钢丝对历次提速发挥了不可代替作用。

自 20 世纪 90 年代开始，仍以谢铁桥老董事长为首的团队便主导了包括沙钢、天钢、邢钢、包钢、荣钢、本钢在内的十多家钢厂进行预应力钢材原料开发，同时他被多家钢厂聘请为轧钢专家，指导工作，有力促进了行业发展。截至目前预应力钢材产业拥有天津总部、河间分公司、辽宁本溪、新疆乌鲁木齐、河间宝泽龙五大生产基地。年产 60 余万吨生产能力，出口到全球百余个国家地区，是国内专业生产预应力钢材企业中最具规模的厂家。

2000 年银龙在天津北辰技术开发区租赁生产基地，采用提升改造后的第二代拉丝稳定化处理生产线，实现年产量 5 万吨螺旋肋钢丝生产能力，满足农网改造对大批量螺旋肋钢丝的需求，并成功开发了预应力钢筒混凝土用钢丝（PCCP 钢丝），开始成批量出口到东南亚、澳大利亚等国家。

2003 年为适应市场多元化需求，满足管道用钢丝市场增量需求，银龙对设备进行第三次大规模改造，使螺旋肋钢丝产品规格从 ϕ4. 0～12. 0 毫米系列化，高强度、大规格螺旋肋钢丝研制成功，铁道部运输局在银龙召开轨枕钢丝标准和生产设备现场会，推广银龙经验。

（二）不断升级改造期

2005 年组建银龙集团，投资建设天津北辰生产总部，对螺旋肋钢丝生产线进行第四次创新性技术改造，形成年产 15 万吨生产规模，并恢复了预应力钢棒生产，启动预应力钢绞线生产项目，进一步完善了产品结构，向全系列预应力钢材产业集群发展。

2006 年银龙建成河北省河间分公司，历经三期建设完工后，成为银龙股份钢丝、钢棒、钢绞线品种最齐全，螺旋肋钢丝深加工，新型轨枕、轨道板等新产品研发生产基地。这一年完成了南水北调北京工程使用钢丝独家供应，公司开发的螺旋肋热处理预应力钢材，成功应用于我国第一条高速铁路——京津城际使用，随后开始创新性供应高铁 Ⅰ 型，Ⅱ 型轨道板受力主筋，从此开始了银龙涉足于高铁轨道板研发事业。

公司凭借对关键材料研发的经验积累，于 2012 年参与了铁路系统研发具有我国自主知识产权的 CRTSⅢ型无砟轨道板，独创了高强度、大直径预应力螺旋肋钢丝产品的应用市场，根据高铁建设的工程需要，先后建成十个高铁轨道板工厂，为提高工厂效率，公司采用自主研发和科研院所合作模式，相继研发成功了自动化、智能化高铁轨道板流水生产线，盾构管片自动化生产线，高精度模具等一系列高精装备，成为国内唯一一家在高铁轨道板市场能够从预应力材料供应、装备制造、生产服务、信息化管理，运维监测等提供全方位整体解决方案的企业。由银龙系各基地提供高铁轨道板超过 2000 千米，居行业第一，为我国高铁事业发展做出贡献。由于在高铁方面的卓越贡献，谢铁桥老董事长被聘请为享受国务院政府特殊津贴的专家。

2012~2014 年为满足辽西北重点供水工程需要，公司组建本溪银龙预应力材料有限公司，投产了第五代自行设计研发 YL-3500 拉丝稳定化处理高速自动化生产线，协助本钢开发原材料，成为 38 万吨 6 大制管企业 PCCP 管用钢丝独家供应商。在此期间公司参与研制的 CRTSⅢ型高铁轨道板开始投产，并在全国推广，高强度、大直径螺旋肋定尺、搓丝锚固系统市场也在不断扩大。

（三）快速发展期

快速发展的银龙股份于 2015 年在上海证券交易所上市，银龙股份成为天津唯一一家金属制品企业主板上市公司，银龙股份在同行业是出口品种最多、出口量最大的预应力材料供应商，年出口量始终占总产量的 40%左右，尤其是螺旋肋钢丝走出国门为欧美、东南亚等国家和地区铁路轨枕性能的提高做出贡献，为银龙股份在国外树立良好形象。

2016 年开工建设新疆银龙预应力材料有限公司，生产钢丝和钢绞线，服务于“一带一路”建设和西北地区市场。

2016~2022 年银龙股份为调整预应力产业结构，引进国外先进设备，以桥梁缆索用镀锌，镀锌铝合金钢丝、钢绞线为主导产品建成现代化的绿色环保型河间宝泽龙材料有限公司，公司研发桥梁缆索用超高强度、高应力幅、带扭转镀锌铝合金钢丝，产品各项指标深得客户好评，自主研发的 ϕ7.0 毫米，2100 兆帕级高强度耐久型钢丝产品，专家评审达到国际领先水平，产品应用于赤壁长江大桥、云南绿汁江大桥、重庆云阳复兴长江大桥、铜陵长江公铁大桥等大型国家建设项目，成为我国桥梁缆索用镀锌（铝）钢丝，钢绞线主流产品供应商。

在此期间，轨道交通混凝土制品领域迎来大发展，上铁芜湖、建平、淮阳、河间、信丰、宝坻、阳江等多家板枕厂先后建成投产，银龙股份成为最具竞争力和规模最大的轨道交通混凝土制品及制造装备生产商。

2022 年银龙股份在超高强钢绞线领域取得突破，成功研发 2200 兆帕级钢绞线，应于雄商、雄忻、津潍高速铁路，2300 兆帕级已完成试验梁测试，2400 兆帕级为技术储备产品。

2022~2023 年银龙股份开启双碳环保，绿色新能源之路，研发成功预应力柔性大跨度悬索光伏支架及锚具等系统化产品，风电混塔用塔片、混塔用无黏结预应力钢绞线和预应力体系施工等技术。产品应用于浩吉铁路光伏柔性支架、内蒙古扎兰屯 30 万千瓦风电、河南信阳淮滨龙山 20 万千瓦风电等项目。在新能源发电项目建设和运营方面，银龙组建合资公司，承担河间市“源网荷储”一体化示范 8 万千瓦风电项目和 7 万千瓦并网风电项目。

银龙股份螺旋肋钢丝诞生之前，预应力钢丝表面形状有光圆和刻痕两种，光圆钢丝与混凝土黏结握裹能力差，刻痕钢丝为提高握裹力，采取表面刻压成型，使得钢丝损失部分力学性能，而螺旋肋钢丝的发明，克服了原有钢丝的缺陷，代表中国先进技术，掀开了预应力钢丝发展历史新篇章。

螺旋肋拉拔技术特色工艺，首先突破了螺旋肋模具开发设计技术，为提高模具制作精度发明了自动化研磨工装具，不断提高模具精准度，拉拔成型的螺旋肋钢丝，其几何形状多个尺寸指标都能完美控制在标准允许公差一半以内，而每个模具能生产 12 万米以上的钢丝，这一良好性能博得国内外同行的赞誉。其次创新制成了降低旋转摩阻力，具有冷却润滑功能的旋转变形器，解决了靠拉拔分切应力自动旋转、螺旋肋导程恒定的技术问题。同时历经十多年五次大规模改造创新，YL-3500 多道次塑性变形和稳定化处理为一体的自动化生产线，成为生产螺旋肋钢丝具有特色的工艺装备，1. 2 米卧式卷筒采用水循环冷却，风冷、模盒水冷、直冷等冷却方式，拉拔温度不高于 150 ℃，实现低温拉拔效果，3. 5 米张力轮确保稳定化处理所需张力，加热温度和拉拔速度自动控制，拉拔速度可达 180 米/分，日产 ϕ7. 0 毫米螺旋肋钢丝 70 吨高水平。

银龙股份全资子公司宝泽龙金属材料公司，拥有两条河北工业大学制造的无酸洗，绿色环保型氮气抹拭系统镀锌（铝）生产线，工艺流程为放线→超声波水洗→超声波碱洗、电解碱洗→热水洗→助镀→烘干→镀锌→镀锌铝合金→冷却→收线。采用了热镀锌氮气抹拭自动化控制技术，通过电脑输入相关数据，确保上锌量及均匀度。单条生产线可同时生产多种规格钢丝，在生产过程中运用恒张力积退丝技术，可实现连续化生产，确保镀层质量稳定。

三、取得辉煌成就

多年来，银龙股份在董事长领导下，对内大力推动研发创新，对外积极扩展产业链市场，促进企业稳步发展。银龙股份是国家高新技术企业。是原铁道部铁路器材研发基地、高速铁路轨道板研发实验基地，拥有国家级企业技术中心、国家认可检测中心，拥有发明专利 12 项、实用新型专利 88 项，被评为国家技术创新示范企业。2020 年被评为天津市“专精特新”中小企业。预应力钢材产品曾获得国家重点新产品、天津市名牌产品和科技创新进步奖等，2021 年，预应力螺旋肋钢丝被国家命名为“制造业单项冠军产品”。

银龙股份在预应力材料行业上、中、下游积极参与行业标准起草工作。主导和参与起草的上游行业标准有 GB/T 24238《预应力钢丝及钢绞线用盘条》、GB/T 24587《预应力混凝土钢棒用热轧盘条》等 3 项国家标准。预应力制造行业标准有 GB/T 5223《预应力混凝土用钢丝》、GB/T 5224《预应力混凝土用钢绞线》、GB/T 5223. 3《预应力混凝土用钢棒》、T/SSEA0158《预应力混凝土用螺旋肋钢丝》等 8 项国家和团体标准。下游混凝土制品行业标准有 GB/T 19685《预应力钢筒混凝土管》、《高速铁路 CRTSⅢ型板式无砟轨道先张法预应力混凝土轨道板暂行技术条件》等 6 项国家和行业标准。

四、未来展望

步入现代化建设新时代，银龙股份将继续坚持以技术创新为导向，开发市场、开发产品、开发原材料同步推进的发展理念。在预应力材料、轨道交通制造、新能源材料领域进一步加大研发投入。抓住京津冀协同发展和“一带一路”建设历史性机遇，结合上市公司在资本市场的优越条件，实现银龙股份在高端化、智能化、绿色化得再一次飞跃，从传统材料供应商，向材料+装备+服务一体化系统供应商转型。公司将继续坚持“深受尊敬，行业龙头”的愿景，肩负“代表中国，走向世界”的使命，为预应力产品的应用领域开拓更为广阔的市场，为国家发展做出更多更大贡献。

第二十一章　武汉钢铁江北集团金属制品有限公司

一、企业概况

武汉钢铁江北集团金属制品有限公司（原武钢集团钢丝绳厂）现隶属于宝钢金属有限公司，坐落于武汉市阳逻经济开发区，毗邻武汉阳逻国际集装箱码头、阳逻电厂、中远海运物流，水陆铁运输十分发达，是我国线材制品行业协会常务理事单位，专业从事线材制品的制造，是中国宝武武汉总部优质线材深加工基地。现有职工约200人，拥有符合当今国际先进水平的线材制品生产装备40余套，技术力量雄厚，检测手段精确齐备，年总产能达19万吨。生产的“鹦鹉牌”产品有预应力混凝土用钢绞线、预应力混凝土用无黏结钢绞线、预应力混凝土用钢丝、桥梁缆索用热镀锌或锌铝合金钢丝、镀锌钢绞线、镀锌钢丝、碳素弹簧钢丝等。

二、历史沿革

1956年合作化时期，成立三家公私合营厂和三个合作社，即武汉市第一钢丝棕麻绳生产合作社、武汉市第二钢丝棕麻绳生产合作社、桥口区第三麻绳生产合作社、公私合营和成钢丝麻绳厂、公私合营新建钢丝麻绳厂和公私合营建华麻绳厂，简称“三厂”“三社”。

1958年9月1日，武汉市汉阳区委工业部将“三厂”“三社”合并，成立武汉市国营汉阳钢丝绳厂。

1967年春，武汉市国营汉阳钢丝绳厂更名为武汉钢丝绳厂。

1981~1985年，武汉钢丝绳厂隶属武汉市冶金工业局领导。

1985年4月23日，武汉钢丝绳厂隶属武汉市冶金总公司领导。

1985年11月，经武汉市委、市人民政府武发〔1985〕60号文件批准，武汉钢丝绳厂成建制整体并入武汉钢铁公司。根据武钢《关于市区各厂生产经营管理工作的规定》，钢丝绳厂直接接受武汉钢铁公司统一领导，不再具有法人资格。

1986年1月1日，武汉钢丝绳厂更名为武钢钢丝绳厂。

1986年9月，经武汉市人民政府市政文〔1986〕160文件批准，从10月1日起，武钢决定恢复武钢钢丝绳厂等11个厂矿的法人地位，实行自主经营、自负盈亏、独立核算的生产经营方式。

1990年7月21日，武钢以钢政发〔1990〕147号《关于将汉阳钢厂等八厂合并为武钢汉阳钢厂等三厂的通知》，将武钢钢丝绳厂、武钢带钢厂、汉阳钢管厂3厂合并成立武钢汉阳冷轧厂。武钢钢丝绳厂更名为武钢汉阳冷轧厂钢丝绳分厂。

1990 年 12 月 15 日，武钢汉阳冷轧厂钢丝绳分厂编制撤销，更名为武钢汉阳冷轧厂钢丝绳厂，由武钢汉阳冷轧厂管理。

1993 年 8 月 14 日，武钢汉阳冷轧厂加入武汉钢铁（集团）公司。

1995 年 2 月 27 日，武钢决定武钢汉阳冷轧厂实行重组，建立总厂分厂制，即“一总三分”，恢复成立武钢汉阳冷轧厂钢丝绳分厂。

1995 年 12 月 4 日，武钢集团武汉冶金公司成立（钢政发〔1995〕122 号文），负责对市区各厂进行归口管理，撤销武钢汉阳冷轧厂，所属的 3 个分厂为独立的法人实体，武钢汉阳冷轧厂钢丝绳分厂恢复武钢集团钢丝绳厂建制。

2008 年 12 月 18 日，钢丝绳厂全部搬迁至阳逻新厂区——阳逻经济技术开发区特 1 号。

2009 年 9 月，武钢集团武汉江北钢铁有限公司成立，武钢集团钢丝绳厂更名为武钢集团武汉江北钢铁有限公司线材制品厂（对外仍称武钢集团钢丝绳厂（独立法人），便于延续产品品牌）。

2014 年 7 月，武钢集团钢丝绳厂进行公司制改制，由武钢集团钢丝绳厂更名为武汉钢铁江北集团金属制品有限公司。

2018 年 5 月 31 日，武汉钢铁江北集团有限公司同宝钢金属有限公司签订委托管理协议，武汉钢铁江北集团金属制品有限公司管理关系划转至宝钢金属有限公司。

2018 年 10 月 29 日，武汉钢铁江北集团有限公司将武汉钢铁江北集团金属制品有限公司 100%股权转让于宝钢金属有限公司。

三、特色工艺装备

公司配备有符合当今国际先进水平的线材制品生产装备，技术力量雄厚，检测手段精确齐备，产品内控标准均高于国家标准，且与中字头建设单位有着长期战略合作伙伴关系，拥有多项发明专利。自有“鹦鹉牌”是业内知名品牌，主营产品广泛应用于国内重点基建、交通、能源等多个领域，参与港珠澳大桥、清江水布垭水利枢纽、武汉江北快速路、锡盟-胜利 1000 千伏特高压交流输电工程等国家重点工程，为国民经济建设做出了贡献。

主要设备：6 台（套）意大利拉丝机组、4 台（套）GCR 预应力钢绞线稳定化机组、16 台（套）国产直进式拉丝机、3 条 PC 钢丝生产线、2 条镀锌生产线、1 条钢丝稳定化生产线、1 条全自动酸洗生产线。

四、主要成果

2014 年，中国安全生产协会向公司颁发“安全生产标准化一级企业（轧钢）”证书。

2015 年度、2016 年度、2018 年度，特变电工山东鲁能泰山电缆有限公司授予公司“优秀供应商”荣誉。

2016 年度、2021 年度、2022 年度，中国一冶集团有限公司授予公司“优秀供应商”荣誉。

2017年，武汉阳逻经济开发区管理委员会授予公司“2016年外贸出口先进企业”荣誉。

2020年，湖北省科学技术厅、湖北省财政厅、国家税务总局湖北省税务局向公司颁发高新技术企业证书，并于2023年复审通过。

2021年12月，入选省级第三批专精特新“小巨人”企业；2022年6月，入选国家级第四批专精特新“小巨人”企业。

2022年12月，取得“两化融合”（信息化和工业化）管理体系评定证书。

五、未来展望

公司坚定不移地以习近平新时代中国特色社会主义思想和党的二十大精神为指引，深入践行中国宝武的企业精神——“钢铁报国、开放融合、严格苛求、铸就强大”，并恪守“诚信、创新、绿色、共享”的企业价值观；致力于线材制品的稳定发展，不断提升产、销、研、供、服的综合能力，以此构建产销整体规模优势，实现为客户降低成本、为企业创造丰厚利益的双重目标；坚持以创新为引领，不断推动产品的迭代升级与应用领域的拓展，力求在激烈的市场竞争中保持领先地位；同时，加强生态圈协同，充分发挥宝武品牌的优势，为客户提供多材料的联合解决方案，以满足客户多元化的需求。在未来的发展中，公司将继续秉承中国宝武的企业精神与价值观，不断追求卓越，为客户提供更优质的产品与服务，为实现企业可持续发展和社会繁荣做出积极贡献。

第二十二章 咸阳宝石钢管钢绳有限公司

一、企业概况

咸阳宝石钢管钢绳有限公司（以下简称咸阳宝石公司）地处中国著名历史文化名城、中国十大宜居城市、中国地热城——陕西咸阳，隶属于中国石油宝鸡石油机械有限责任公司，是国内重要用途钢丝绳研发制造企业、国内最大石油专用钢丝绳生产基地，技术水平和生产能力位于行业领先地位，是我国钢丝绳国家及行业标准的主要起草单位之一。

咸阳宝石公司拥有 3 个生产厂区，分别在咸阳市秦都区、咸阳市渭城区和江苏南通海门区，总占地总面积近 1000 亩，年综合生产能力 12.5 万吨。主营产品涉及陆上石油、港口机械、工程机械、煤炭矿山、海洋工程、钢铁冶金及军事工程等 7 大领域。公司拥有完善的研发、制造、检验、销售及服务体系，产品涉及钢丝、钢丝绳、索具、钢管、抽油泵及钢结构等 6 大类 100 余个品种。

咸阳宝石公司始终致力于为客户提供能够创造卓越价值的产品与服务，产品质量稳定、品牌美誉度高、市场认可度高，先后荣获“国家高新技术企业”、国家级“专精特新‘小巨人’企业”“中国石油石化装备驰名品牌”“中国石油石化装备制造五十强企业”“陕西省行业优秀企业”“陕西省制造业单项冠军企业”“陕西装备制造业明星企业”“陕西省高质量发展模范企业”“陕西省质量标兵企业”和“咸阳市先进集体”等多项殊荣。积极推进健康企业、绿色企业创建，先后荣获“陕西省健康企业建设示范单位”“中国职业安全健康协会健康企业示范单位”称号，成功入选 2023 年全国绿色工厂名单，公司拥有“中国职业健康安全管理体系认证”“质量管理体系认证”“环境管理体系认证”及“国军标质量管理体系认证”等，钢丝绳产品先后通过了 CCS、API、ABS、DNV、CE 及 GOST 等十余项国内国际认证。

咸阳宝石公司在持续发展的同时，狠抓精神文明建设，先后被中国企业文化管理协会确认为“新中国成立 70 周年最具品牌影响力企业 70 强”“企业文化建设先进单位”，荣获“陕西省文明标兵单位”“幸福企业最佳实践单位”等荣誉称号。

二、历史沿革

咸阳宝石公司前身为石油工业西北供应办事处咸阳转运库钢管加工厂，1959 年为满足新中国石油工业发展需要，经石油工业部批准正式在咸阳市成立。1961 年 1 月，与天津迁至咸阳的石油工业部钢绳加工厂合并组建石油工业部钢管钢绳加工厂，增加石油专用钢丝绳生产业务。2008 年 12 月，根据中国石油天然气集团公司总体战略部署，公司业务、资产和人员整体划入宝鸡石油机械有限责任公司，更名为咸阳宝石钢管钢绳有限公司。2012

年完成钢丝绳生产线整体搬迁，实现制造装备全面升级。

经过60余年的接续发展，咸阳宝石公司目前已经发展成为集高端金属制品研发、制造、销售和服务于一体的综合性企业。石油钢丝绳业务稳居国内第一，陆上石油市场占有率达到90%以上，成功配套“国之重器”国内首台万米智能钻机，为保障中国石油工业装备安全作出了卓越贡献。港口钢丝绳和工程机械钢丝绳引领行业发展，在国内率先推动港口机械钢丝绳和工程机械钢丝绳配套国产化浪潮，产品性能媲美欧美等进口水平。近年来，咸阳宝石公司研发的千吨级矿山用电铲钢丝绳、千吨级海洋工程锚拖缆、系泊缆及海工船用吊机钢丝绳相继推出，满足了国内海洋工程装备发展需求，打破了国外技术垄断，填补了国内该领域的技术空白，成为行业技术标杆企业。通过不断创新和积累，公司在钢丝绳领域诸多关键和共性技术方面均取得了突破性进展，综合实力正向世界一流企业迈进，钢丝绳产品出口欧洲、美国、俄罗斯、中东、南美、东南亚等20余个国家和地区，备受海内外客户青睐。

主导产品钢丝绳多次荣获国家“质量银质奖”“全国质量信得过产品”、中国质协“用户满意产品”、国家冶金局“实物质量金杯奖”“中国石油优质产品”“咸阳市长质量奖”等荣誉。

三、特色工艺装备

咸阳宝石公司建有国家级油气钻井装备工程技术研究中心实验室、陕西省企业技术中心，拥有较完善的检试验手段，实验室通过了国家CMA认证，综合试验能力居于国内领先水平，进口2000吨钢丝绳整绳拉力破断试验机，被国家钢丝绳产品质量监督检验中心命名为大型力学性能检验基地。3台套自动化疲劳试验机可进行6~40毫米钢丝绳疲劳试验和耐磨性试验。Hitachi（日立公司）S-3400N扫描电子显微镜可完成原材料的组织和性能分析，避免原材料缺陷对钢丝绳品质的影响。检试验设备实现智能化控制，检试验数据实现了即时自动上传、在线查询和统计分析。

咸阳宝石公司拥有主要生产设备430余台（套），其中引进的比利时FIB热处理生产线，最大热处理线直径可达16毫米。加拿大进口的镀锌生产线，镀锌工艺可实现自动控制，可热镀锌与热镀锌铝合金最大钢丝规格为12毫米。拥有国内先进的拉丝设备90余台，其中直进式拉丝机占80%以上，安装有钢丝缺陷在线检测系统。拥有各类合股设备100余台（套），其中GGZ40/630管式捻股机为国内最大管式股机，KG(36+48)/630捻股机可覆盖所有产品结构。拥有合绳设备30台，配备了股张力自动控制系统，具备了3股至60股钢丝绳产品的制造能力。KS8/2000成绳机生产出国内最大的单层股钢丝绳（直径203毫米），单卷最大吨位200吨。多层股钢丝绳合绳机可生产直径120毫米的多层股钢丝绳，单卷最大吨位可达130吨。

咸阳宝石公司具备生产各类型重要用途钢丝绳的能力，工艺装备具有以下突出特色：一是拥有国内最大的辊轧压实股工装，可产出直径150毫米的压实股钢丝绳；二是自主开发了国内独有、具有咸阳宝石技术基因的钢丝绳设计软件，可运用受力分析软件，完成对钢丝绳载荷下受力变化、扭矩系数、干涉条件等进行分析，优化出合理参数；三是与中石油集团公司石化院合作，针对不同工况研发出了专用包覆塑料，抗剪切冲击性能更好，可延长钢丝绳寿命；四是钢丝绳生产过程关键质量控制点实现智能化检测与控制，产品质量稳定性得到保障；五是成功应用 MES、项目管理软件、钢丝绳工艺卡片自动编制软件、ERP 等数字化管理系统，实现了订单从研发到交付全流程数字化控制。

四、主要成果

咸阳宝石公司开发的高强度填包覆钻井钢丝绳、高破断抗旋转钢丝绳、高寿命港机钢丝绳、全注塑电铲钢丝绳、高强度军工用钢丝绳、高破断耐腐蚀海工系泊和吊机钢丝绳先后打破国外技术垄断，钢丝绳产品在油田钻采、工程机械、港口机械、海洋工程等场合赢得用户高度评价。研制的极地钢丝绳（-50 ℃）、耐高温抢险钢丝绳（1500 ℃）、防硫录井钢丝、海工吊机锚缆钢丝绳等特种产品实现了国产化替代，填补了国内空白。

近年来，咸阳宝石公司累计承担中石油集团公司和省市级科研项目 40 余项，荣获中石油集团公司和省市级科技奖项 30 多项，获《超深井钻机用高强度钻井钢丝绳》《全注塑钻井钢丝绳》《海上石油钻井平台用锚绳》等授权专利 60 余项。先后主持起草、修订了近 30 项国际、国家、行业以及集团公司企业标准，其中国际标准 ISO10425《石油和天然气工业用钢丝绳最低要求和验收条款》已经顺利发布。

在国家核心期刊发表论文 100 余篇，并多次获得金属制品行业信息交流年会奖项，其中《Influence of lay types on curvature period of double spiral wires in wire rope using differential geometry》发表于国际顶级期刊 J Rope Sci. Technol.，是国内唯一一篇刊登在该期刊的中国钢丝绳企业技术文献。编译的《钢丝绳原理》，被各大院校和钢丝绳生产企业作为钢丝绳指定学习教材。

五、未来展望

咸阳宝石公司秉承“爱国爱企、创业创新、求实求进”的企业精神，大力弘扬“十八磅头榔起家、马路边合绳”的优良传统，时刻保持艰苦奋斗的创业激情，带着耕耘与收获的喜悦，立足新时代、贯彻新理念，绘制新蓝图、谋划新举措，深入对标行业国际标杆，取长补短进位赶超，紧盯战略性新兴产业和未来产业，积极引入清洁低碳技术、数字化、智能化技术，发展新能源、新材料、数字装备等业务，推动原有产业向高端化、智能化、绿色化发展升级，全面开启建设“产品卓越、品牌卓著、创新领先、治理现代”的世界一流高端金属制品研发制造企业的新征程。

第二十三章　江苏赛福天钢索股份有限公司

一、企业概况

江苏赛福天钢索股份有限公司成立于2005年6月，其前身为国营无锡市钢丝绳厂，创立于1958年11月。2016年3月31日，公司在上海证券交易所正式挂牌上市，股票代码：603028。公司注册资本28704万元，现有员工560余人，占地面积153亩，年产钢丝绳7.5万吨。公司是高新技术企业、国家级专精特新“小巨人”企业、国家知识产权优势企业、江苏省绿色工厂、江苏省服务型制造企业和江苏省民营科技企业。公司拥有60余年的钢丝绳制造经验，是国内领先的特种钢丝绳供应商，专注于电梯用钢丝绳和起重机用钢丝绳的研发、生产和销售，是国内历史悠久的钢丝绳生产企业。

二、历史沿革

1958年11月，无锡市钢丝绳厂成立，属于国营企业，直属于冶金部管理。与三菱、西子奥的斯、星玛等大型电梯公司建立了最早的战略合作伙伴关系。1989年，大力牌6吨(29)起重钢丝绳被评为江苏省优质产品；1990年，35W×7不旋转多层股钢丝绳被评为江苏省优秀新产品（荣获金牛奖）；1995年，获得全国金属制品行业第一张ISO9002质量体系认证证书；1996年，电梯用预张拉钢丝绳被国家经贸委认定为国家级新产品；在“1997国产电梯、工程机械主要配套件用户评价调查”中，被广大用户评为“满意服务”单位。

2000年11月，经无锡市工商局核准，无锡市钢丝绳厂转制为股份制企业，成立无锡市赛福天钢绳有限责任公司。2001年，钢丝绳被江苏省科学技术厅认定为高新技术产品；2002年，公司生产的“大力”牌电梯用、起重机专用、多层股不旋转钢丝绳被中国质量检验协会认定为“全国质量稳定合格产品”，同年公司被上海三菱电梯有限公司评为“优秀供方”，并被中共无锡市委、无锡市人民政府评为“无锡市优秀企业”。2003年2月，获得西子奥的斯“优秀供应商”称号。

2005年6月，无锡市赛福天钢绳有限责任公司和德国法尔福国际有限公司合资注册成立了江苏赛福天钢绳有限公司，注册资本1300万美元，股权比例为3∶1。2001~2006年，电梯用钢丝绳被评为冶金产品实物质量金杯奖；2006年，获得西子奥的斯2005年度优秀物流奖、“中联重科建筑起重产品优秀供应商”；2007年，被大连星玛电梯有限公司和中联重科建筑起重机械公司评为“优秀供应商”。

2008年，无锡市赛福天钢绳有限责任公司“退城进园”，将全部资产注入江苏赛福天钢绳有限公司后，不再对外营业，同时，江苏赛福天钢绳有限公司正式营业。2006~2009

年，电梯用钢丝绳被评为冶金产品实物质量金杯奖；2008 年，获得矿用产品安全标志证书和“江苏省安康杯竞赛优胜企业”的称号。

2009 年，香港杰昌有限公司收购德国法尔福国际有限公司 25% 的股权，成为江苏赛福天钢绳有限公司的第二大股东，公司进入多元化发展时期。2009 年 11 月，公司通过了职业健康安全管理体系和环境管理体系的认证；2010~2011 年，连续两年获得锡山经济开发区管委会颁发的“社会贡献奖”；2010 年 5 月，公司被认定为“无锡市高新技术企业”；2010 年，获得江苏省科技厅授予的两项江苏省高新技术产品和一项自主创新产品的认定；2010 年 7 月，被评为江苏省民营科技企业。

2010 年，公司引入风险投资集团并重新调整股权架构，注册资本增加到 2330 万美元，股东增至 12 名。2010 年度，公司被无锡市知识产权局授予“无锡市专利申请优胜单位”。此外，公司积极推进商标和名牌战略，并取得了一定的成效，被先后认定为 2010 年度无锡市知名商标、江苏省著名商标、江苏省名牌产品、无锡市质量管理奖、无锡市名牌产品。

2011 年 10 月，公司成立江苏赛福天钢索股份有限公司。公司在继续加大技术改造和研发投入的同时，注重知识产权等软实力的全面提升，2009 年底至今共申报专利 63 项，其中获得授权的专利已有 36 项，并获得 2 项江苏省高新技术产品。

2016 年 3 月 31 日，公司在上海证券交易所正式挂牌上市，股票代码：603028，是全球唯一一家以钢丝绳为主营业务的上市公司。

2019 年，公司控股股东变更为苏州吴中融泰控股有限公司。

三、主要成果

公司建立了严格、具体的质量控制目标和质量控制程序，通过标准化的管理体系，对原料采购、生产制造、出厂检验、仓储运输等各环节层层把关，进行高效管理及控制，确保产品的品质。公司先后通过 ISO9001 质量管理体系认证、ISO14001 环境管理体系认证、GB/T 28001 职业健康安全管理体系认证以及 GB/T 29490 知识产权管理体系认证、GB/T 23001 信息化和工业化融合管理体系认证。

公司的“大力”品牌创建于 1982 年，被评为江苏省名牌产品和江苏省著名商标。三十多年稳定的高品质产品，树立了公司良好的品牌形象，使“大力”牌钢丝绳具有较强的市场影响力和品牌美誉度。

公司在国内和全球电梯钢丝绳行业均处于领先地位，在同行业市场享有较高知名度和美誉度。公司在电梯行业市场占有率在前三位。公司自主研发的高分子绳芯电梯用钢丝绳成为明星产品，近年来销量节节攀升。

公司在钢丝绳行业有较强的影响力，目前参与制定国家标准 6 项，其中主导制定 1 项；参与制定行业标准 6 项，其中主导制定 3 项；制定团体标准 8 项，其中主导制定 3 项。

近年来，公司获得“国家知识产权优势企业”“高新技术企业”“国家级专精特新‘小巨人’企业”“江苏省服务型制造企业”等荣誉。

公司承担多项国家、省、市项目，包括国家火炬计划5项、江苏省重点领域质量攻关计划1项、江苏省重点研发计划1项、江苏省知识产权战略推进计划1项、江苏省科技进步奖1项、省重点推广的新产品新技术9项、江苏省高新技术产品3项（有效期内）、无锡市科技进步奖5项、无锡市专利奖1项等。

四、未来展望

作为一家给国内外知名电梯品牌及起重机品牌供应钢丝绳的企业，除了要继续练好自身基本功提升产品和服务竞争力外，公司也制定了中长期的发展规划，具体如下：

第一步：未来3~5年内，巩固好现有市场地位，提升大客户供货能力，主推新产品高分子绳芯钢绳，提出“高分子电梯绳引领者”的全新目标。拓展新的国内外知名电梯厂商，并为稳步打开电梯维保市场做准备，夯实品牌基础。

第二步：未来5~10年内，成为给全国各大电梯主机厂商和起重机用厂商配套的有影响力的钢丝绳供应商，全面占领C端电梯维保市场，品牌影响力辐射全国，成为中国知名品牌。

第三步：未来10~15年内，拓宽业务供货网络，将产品和服务配套给全球的电梯厂商和起重机用厂商，品牌影响力辐射全球，成为全球知名品牌。

第四步：传承赛福天“专精特新”的精神，做全球“小巨人”，成为百年企业。

第二十四章 江苏效玄机电科技有限公司

一、企业概况

江苏效玄机电科技有限公司（以下简称效玄机电）前身是上海效玄，成立于2015年，是一家专业从事金属制品、线材设备生产线的研发、设计、制造、销售、服务的全流程型企业，目前广泛应用于钢帘线、胎圈钢丝、钢丝绳、胶管钢丝、切割钢丝、不锈钢丝、焊丝、弹簧丝、镀锌丝及钢丝、铝丝、紧固件等领域。

效玄机电2022年5月获得了ISO9001质量管理体系认证；2023年4月获得了ISO50001能源管理体系认证、ISO45001职业健康安全管理体系认证、ISO14001环境管理体系认证。

二、直驱拉丝机的发展历程

2011年，基于对金属制品行业的认知，研发出了第一代永磁直驱电机，为后来的直驱拉丝机技术打下坚实的基础。

2014年，中国工业发展推动永磁技术，技术团队通过精准地分析电机的工作特性，启动研发出了新一代永磁伺服直驱电机，防护等级IP65。

2015年，成立上海效玄机电科技有限公司，4年间不断了解客户的痛点，快速响应客户需求，开发了新一代世界首创永磁伺服直驱拉丝机，开始以公司的形式来推广运营这项直驱技术，涉及高中低碳钢丝，并于次年亮相上海国际线缆展。

2017年，直驱拉丝机开始定型批量生产，大量应用于钢丝绳、焊丝、焊条行业，开发高速镀铜生产线，并批量应用于焊丝行业。

2018年，潜心研发大功率低扭矩伺服电机，同时推出了世界第一台预应力钢绞线拉丝机，拉丝机的特点是卷筒直径1200毫米，电机直径1200毫米，每个电机的功率是132千瓦，每个电机重达8吨，开创了中国拉丝装备的先河，同年并应用于预应力钢绞线行业。

2019年，开发钢帘线用高速永磁伺服直驱拉丝机，设计速度20米/秒，同年应用于钢帘线厂家。

2020年，成立江苏效玄机电科技有限公司，工厂从上海搬迁至南通，新建厂占地50亩，年出货量达200余条生产线。升级高速拉丝镀铜技术，稳定运行30米/秒，成熟用于焊丝行业。

2021年，开发多轴微滑直驱式水箱拉丝机，应用于钢帘线、镀锌丝、弹簧丝等行业。

2022年，推出世界首创胎圈钢丝一体化生产线，并申请发明专利，在工艺和装备方面做了全新的改革，将表面预处理、拉丝、回火、镀铜、收线有机地结合在一起，效率更高。目前设计速度为 15 米/秒，整线长度 100 米以内，我们会通过技术更新、工艺改进提高生产效率，缩短整线长度。

2023 年，借助自主研发的直驱技术，将产业不断地往下游延伸，在世界首创的无滑动直驱水箱拉丝机工艺基础上，延伸应用于光伏母线领域，成品直径为 0.035 毫米，它的特点独立的伺服传动机构，减少拉丝塔轮之间的打滑，整个结构更优化、精度更高，整个装备的数据会更加简洁，方便用户操作，预留后道转运衔接的数据接口、物理接口。同年推出行业内最新型的辊模拉丝机，降低能耗，延长更换模具周期性，运用新型的辊模结构，可提高拉拔效率、降低能耗、去除拉丝粉，从而实现现场无粉拉拔，改善工厂工作环境，降低对拉拔前处理的要求，并且取消酸洗涂硼工艺。

三、不断的创新、智造、发展

（一）从“永磁电机”转做“伺服直驱拉丝机”

2011 年效玄机电设计生产出了第一台永磁伺服电机，当时挑战难度很高，高转矩启动并稳定运行、节能效果明显、高温不退磁、还要考虑制造成本，全世界没有可以借鉴的经验。随着中国工业的不断发展，永磁电机性能不断提高，各种新型的永磁电机不断出现，并得到了广泛运用，到了 2014 年，中国的各个行业都在推广永磁技术，如轨道交通、高铁地铁、新能源汽车、空压机、电梯等很多行业都在普及这项技术，所以制造成本也在下降。2014 年开始研发第一代的直驱拉丝机整机技术，到了 2015 年成立效玄机电，开始以公司的形式来推广运营这个产品，公司一直秉承为客户提供高端一体化解决方案，客户行业涵盖钢丝、钢丝绳、预应力钢丝、钢绞线、钢帘线、胎圈钢丝、各种合金制品线、焊丝等。效玄机电不断地坚持努力和技术突破，成功制造了全世界首台高强预应力、直径 1200 毫米伺服直驱拉丝机，打破技术壁垒，又一次成功超越国外同行，撑起中国制造脊梁。效玄伺服电机与普通永磁电机的比较如图 4-24-1 所示。效玄伺服电机实物照片如图 4-24-2 所示。

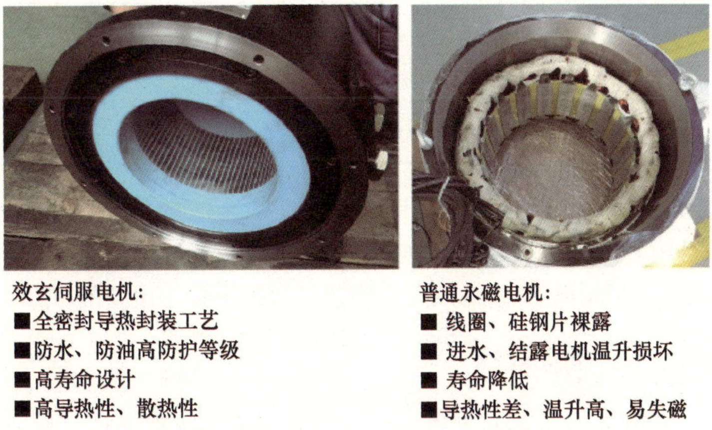

图 4-24-1　效玄伺服电机与普通永磁电机的比较

图 4-24-2　效玄伺服电机实物照片

传统干式拉丝机（图 4-24-3）结构是变频电机通过皮带拖动减速箱，最终拖动传动机构卷筒，这个传动系统当中产生径向拉力，对电机轴承和减速箱的轴承产生一个横向的张力，影响轴承的使用寿命，如果拉力改变，就会产生打滑，从而影响传动效率，不断变化的张力导致皮带磨损速度加快，所以这是传统装备无法克服和解决的问题。效玄伺服直驱拉丝机（图 4-24-4）的装备结构是电机直接驱动卷筒，电机轴和卷筒主轴是一根轴，在这个传动机构中没有减速机、没有皮带轮、没有刹车，电机采用水冷，传动机构的上下轴承、电机内部都有温度检测，这是发明专利的核心所在。后面又推出了直驱的工字轮收线机。

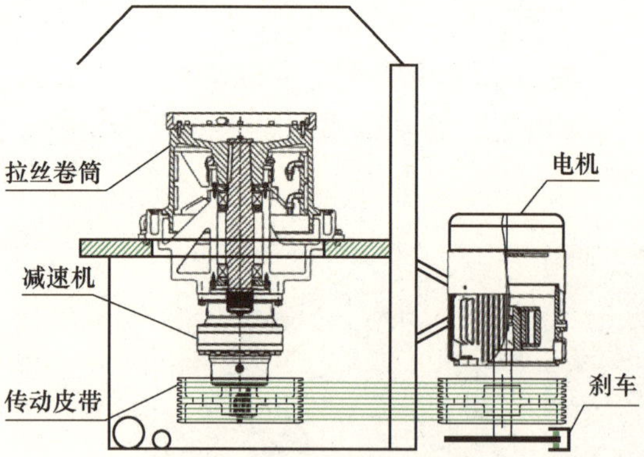

图 4-24-3　传统干式拉丝机

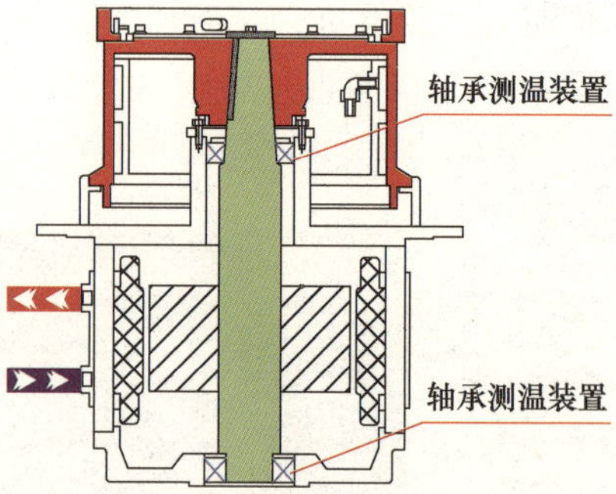

图 4-24-4　效玄伺服直驱拉丝机（发明专利）

截至 2024 年投入市场已有近 1800 条生产线，以量来保证设备的可靠性和稳定性。

（二）效玄机电的服务理念

效玄机电的服务理念如图 4-24-5 所示。因为人工成本越来越高，为了改善用户体验，解决维修问题，推出了以换代修的服务模式，所有的部件都采用标准化和插接化，这样就方便用户在现场实施更换，通过加工装备保证零部件的标准化，零部件的精准加工，简化对配装的要求，生产中坚持以装代配，所有装备的目标就是落地即开，减少现场安装对用户工人的依赖和要求，就像拉丝装备一样，现场就位，连接水电气就可以开车，所有的设计都在往落地即开上努力，最后给用户实现以换代修，提高维修的效率，改善和提高用户的体验。

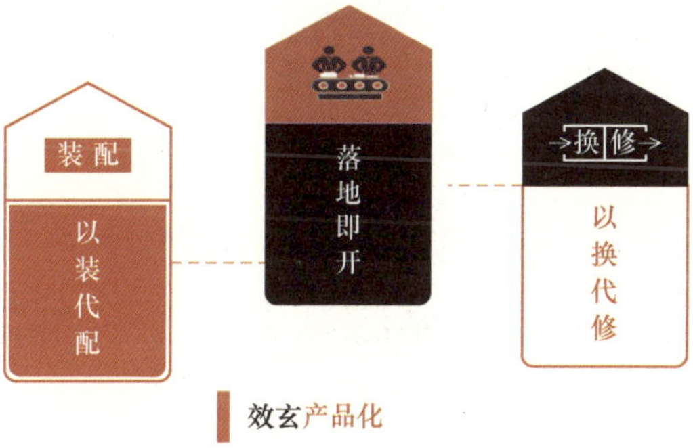

图 4-24-5 效玄机电的服务理念

（三）"物联网 APP"在拉丝生产线上的发展

针对直驱装备，开发了对应的物联网和 APP，在装备端安装了物联网模块，这是效玄机电最近几年的呕心之作，在物联网模块当中插上 4G 卡，未来插 5G 卡，它将整个装备的数据上传到云端，把服务器也建在云端，用户可以通过手机、电脑、Pad 来访问云端，实际上就和人员在车间里一样。针对用户开发的一个智能物联网看板，放置在会客室里，整个车间的生产情况一目了然。在宏观的物联网展示里，有设备运转状态、保养信息、故障提醒、产量统计、能耗统计，还有每个装备的信息。在微观角度，对每个装备生产速度、拉拔工艺、生产进度、操作人员都会实时显示。在产量统计维度，会根据不同的规格、不同的车台、不同的人员来进行统计，每个装备都配置 IC 刷卡器，除了在单台操作方便以外，实际上是为以后物联网大数据做准备，这张刷卡器可以把人、装备和产品有序地衔接在一起。装备每台都配备标准智能电表，精准统计能耗。除此以外开发了对应的手机 APP，因为未来手机使用会越来越方便，会通过 APP 来对现场的设备进行管理、统计、查询。

公司不仅仅提供专业的远程服务，同时还建立了完善的售后服务体系，为企业发展中遇到的问题和困难提供指导帮助，我们相信通过我们的不断努力与追求，一定能够实现与各企业的合作共赢！

四、获得的辉煌成就

通过十年的坚持和不懈努力，截至 2023 年 11 月效玄机电共计获得 79 项专利证书，实现 9 大突破（图 4-24-6）。

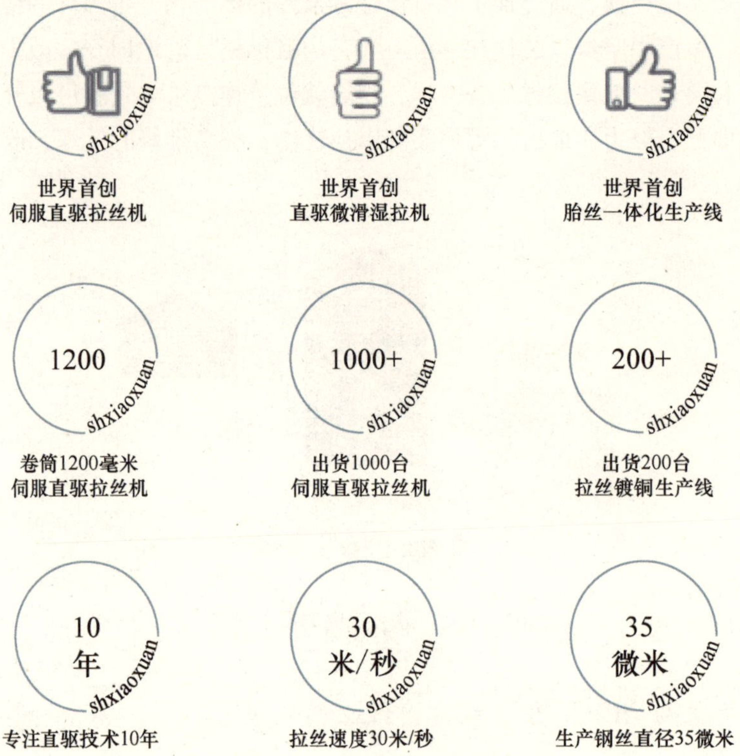

图 4-24-6　效玄机电实现的 9 大突破

五、未来展望

十年是一道历史印迹的长度，记录着效玄机电风雨兼程、开拓奋进、稳健发展的速度。十年是一次跨越里程的幅度，丈量着效玄机电与时俱进、蓄势聚能、创新发展的温度。

十年睿智求索，十年创新致远，效玄人踏着时代奋进旋律，在惊涛骇浪中，勇立潮头，乘风破浪，奋楫争先，扬帆笃行，用智慧和力量创造出无愧时代的辉煌业绩。在未来的效玄机电会一直秉持着以技术创新实现产业文明的理想与您共创美好的未来！

第二十五章　江阴市科宇电器有限公司

一、企业概况

江阴市科宇电器有限公司位于江苏省江阴市，于2005年由黄国清先生创建。

公司坚持自主研发，专注于钢丝、钢帘线等各类线材制品用高品质电阻对焊设备及相关产品的开发与制造，成立了智能型电阻对焊机工程技术研究中心，拥有多项发明专利，通过ISO9001质量体系认证。现为国家级高新技术企业，并与南昌大学共建电阻对焊联合技术创新中心。

二、专注研发接硕果

20世纪初期，国家工业经济快速发展，但是线材制品行业所用的电阻焊机大部分均为传统手工对焊设备，精度低、稳定性低、对操作员工技能要求高，实际使用效果不佳，已不符合国内线材制品行业飞速发展的状态。

而高品质钢丝行业及钢帘线行业所用的电阻对焊机严重依赖德国进口，部分为进口拉丝机配套，部分为线材制品企业进口购买，但是价格高企，售后缓慢。

黄国清先生经充分调研，果断决定进入该领域，于2005年3月建立团队创建公司。当年即为钢丝绳行业领军企业江苏法尔胜开发了PU同步带用钢丝绳（又称微绳，直径仅有0.3~0.4毫米）电阻对焊机，助力江苏法尔胜填补该产品的国内空白。

2007年，公司又为世界钢帘线龙头企业比利时贝卡尔特开发了智能型钢帘线对焊机，凭借优良的品质及服务，很快就取代了德国电阻对焊机在钢帘线行业的垄断。

随着国内外钢帘线行业的高速发展，该产品逐步扩展应用到整个钢帘线行业，如江苏兴达、东方钢帘线、韩国高丽、韩国晓星等。相较于采购使用原德国电阻焊机，该智能型钢帘线对焊机为整个钢帘线行业节约了数亿元资金，取得了较好的社会经济效益。

鉴于公司良好的发展趋势，2012~2013年，某德国电阻对焊机企业多次来访公司，希望入股或收购公司，公司对此坚决拒绝。

三、持续创新，为中国智造助力

近年来，公司又开发了自有发明专利的多种双锻压钢线对焊机，用于江苏法尔胜、南通宝钢线材等企业生产1860兆帕、1960兆帕、2000兆帕、2060兆帕、2100兆帕级超高强桥梁缆索的盘条拉丝焊接。

经过20年的发展和积累，江阴市科宇电器有限公司的电阻对焊机已遍布全球。我们为客户创造价值，为线材制品行业发展奋斗，为中国智造助力。

第二十六章 天津市金鼎线材制品科技开发股份有限公司

一、企业概况

天津市金鼎线材制品科技开发股份有限公司（以下简称金鼎公司）是国家级高新技术企业和天津市专精特新中小企业，前身是天津市第一钢丝绳有限公司的开发科和新品试制生产车间。天津市第一钢丝绳有限公司是新中国最早的生产航空用钢丝绳的企业之一，曾生产出我国第一根用于飞机操纵系统的钢丝绳、第一根变截面超长绳，有着“华夏第一绳”的美誉。

金鼎公司于1992年在天津市高新技术产业园区（现为天津滨海高新技术产业开发区）注册成为具有法人资格的独立经济实体，现生产注册地址为天津子牙经济技术开发区高新产业园一号路1号（原天津市静海开发区北区一号路1号）。

金鼎公司2010年资产重组，成为由天津冶金集团（控股）公司和天津市友发共赢投资有限公司控股的股份制公司。2016年1月，金鼎公司在“新三板”上市，注册资金1930万元，厂房占地面积约10000平方米，年生产能力1000吨，使用的注册商标为“壹绳”牌。

金鼎公司是以新技术研发、咨询、服务和新产品试制为主的科研型企业。公司产品主要包括：航空用钢丝绳、操纵用钢丝绳、车辆配套专用钢丝绳、涂塑钢丝绳、钢索系列产品、电梯门机用钢丝绳、轿车用钢丝绳、不锈钢丝绳、飞机场登机桥联动系统用钢丝绳、舞台设备用钢丝绳、照明配套用钢丝绳和超长钢丝绳等高端钢丝绳。

二、历史沿革

（一）初始阶段

1939年，日商石川爱三郎开办兴亚钢业株式会社，是天津市第一钢丝绳有限公司前身。1949~1970年，先后称为天津钢厂二分厂、天津市第一钢丝绳厂，最终被命名为天津市第一钢丝绳厂。

1952年，天津市第一钢丝绳厂生产出第一根航空用钢丝绳。1956年，正式建立航空钢丝绳车间。1961年，天津一绳厂生产的航空用钢丝绳正式投产，产品质量达到苏联ГОСТ 2172—42标准要求。

1977年12月，航空钢丝绳获得冶金工业部重要科技成果奖。1979年，航空用钢丝绳获得国家质量奖银质奖章。1981年，天津市第一钢丝绳有限公司正式成立，成为国有制企业，隶属于天津市冶金工业局。

20 世纪 80 年代初，一绳公司成立新品试制组，主要从事新品及特殊产品的试制和小批量生产。1984 年 8 月，航空用钢丝绳获得国家质量奖银质奖章。1984 年 9 月，航空用钢丝绳被评为冶金工业部全国冶金工业优质产品。1986 年，一绳公司成立开发科，专门负责新品开发工作。

（二）初步发展阶段

1993 年 12 月，一绳公司将开发科和新品试制组合并，在天津市高新技术产业园区（现为天津滨海高新技术产业开发区）注册成立金鼎线材制品开发公司，企业性质为集体所有制。1997 年 12 月，新型航空钢丝绳获得冶金工业部科技进步奖三等奖。

2000 年 11 月，航空用钢丝绳获得国家冶金工业局实物质量金杯奖。2006 年 7 月，通过 GB 和 GJB 质量体系认证。2008 年 3 月，通过全国工业产品生产许可证认证。

2012 年 3 月，天津市工商行政管理局核发了《企业名称变更核准 通知书》，核准天津市金鼎线材制品科技开发公司变更后名称为天津市金鼎线材制品科技开发有限公司。

（三）高质量发展阶段

2014 年，在前期准备的基础上，金鼎公司启动 1000 吨钢丝绳搬迁改造项目。项目实施地点为天津市静海经济开发区北区一号路 1 号，占地面积约 10000 平方米，年生产能力 1000 吨。2014 年 2 月和 11 月，金鼎公司起草《航空操纵用钢丝绳规范》召开专题评审会。

2014 年 12 月至 2015 年 1 月，在天津产权交易中心发布增资扩股挂牌信息，挂牌期内天津市友发共赢投资有限公司应价摘牌。

2015 年 2～10 月金鼎公司完成总体搬迁。2015 年 7 月，取得天津市市场和质量监督管理委员会颁发的《企业名称变更核准通知书》，核准公司名称变更为天津市金鼎线材制品科技开发股份有限公司。

2016 年 1 月，经中信建设证券股份有限公司推荐，在全国中小企业股份转让系统（新三板）正式挂牌上市。2016 年 2～3 月，完成搬迁可行性报告和能评工作。2016 年 6 月，完成《航空操纵用钢丝绳规范》审定稿，通过审定会。2016 年 5 月，完成了 GB 及 GJB 质量管理体系认证、全国工业品生产许可证异地换证。2016 年 8～11 月，分别获得了天津市和国家级高新技术企业的认定，获得政府资金奖励。

2018 年 8 月，申报的天津市中小企业专精特新产品奖励资金项目通过专家评审，获得政府奖励（最高级别）。2018 年，申报参加了“2018 年度和 2019 年度第一批天津市智能制造项目申报”活动并获得奖励。2019 年，取得了 16 项实用新型专利，并完成了高新技术企业资质的延续工作。2019 年，获得了天津市专精特新产品第二批专项奖励、获得了天津市“智能制造”奖励，并在年内分三批次享受产品增值税退税政策。

2020 年，公司注册了“壹绳”牌商标，获得了由下游客户颁发的“金牌供应商”荣誉称号。2021 年，获得 5 项实用新型专利，完成天津市智能制造项目申报，实现利润达到历史最好水平。2022 年，完成了高新技术企业认证和天津市创新型中小企业申报工作。

2023 年 6 月，通过天津市专精特新中小企业认定。

三、特色工艺装备

为实现企业跨越式发展，“十二五” ~ “十三五” 期间，金鼎公司进行了异地搬迁技术改造，生产基地由天津市津南区搬迁至位于天津子牙经济技术开发区高新产业园（原天津市静海开发区北区）的天津冶金集团金属制品生产基地内。在这次技术改造中，金鼎公司本着高速、高效、低耗、低噪的原则，新增数 10 台工艺装备和检验设备，覆盖全线产品。新增的拉丝机、捻股机、合绳机、涂塑机、疲劳试验机、拉力试验机等设备，进一步提升了金鼎公司高端线材制品的科研试制能力及生产能力，与不断扩大的生产规模和特殊产品生产需求相匹配，总体达到国内先进水平。技术改造后，金鼎公司高端钢丝绳及其制品的产能达到 1000 吨/年，实现企业可持续发展。

四、主要成果

金鼎公司通过了 GB/T 19001—2016 和 GJB 9001C—2017 质量管理体系等认证，是国家标准 GJB 9656—2019《航空操纵用钢丝绳规范》、冶金行业标准 YB/T 5197—2005《航空用钢丝绳》、YB/T 5196—2005《飞机操纵用钢丝绳》的主编单位，国家标准 GB/T 14451—2008《操纵用钢丝绳》、冶金行业标准 YB/T 4251—2011《电梯门机用钢丝绳》参与编制单位。另外，金鼎公司还制定了企业（内控）标准，针对特殊专用产品与用户签订技术协议。

近年来，金鼎公司陆续被认定为国家高新技术企业、天津市高新技术企业、天津市专精特新中小企业、天津市科技型中小企业、天津市创新型中小企业、安全生产标准化二级企业。金鼎公司产品成 功申报天津市专精特新产品、天津市智能制造专项资金和制造业高质量发展等项目，获得相应政府奖励。

公司现拥有 18 项实用新型专利和 10 个软件著作权，科研成果多次荣获国家部委级和相关级别科技进步奖，成功为海上救生、重点工程、南极科考、深海探测、汽车制动器和电梯配件等项目研制特殊专用钢丝绳，多项成果填补了国家空白，为国家相关行业建设做出了重要贡献。

五、未来展望

根据国家战略需求，本着“自主创新、持续改进”的原则，结合装备国产化进程的不断推进，开展国家重点工程配套专用高档线材制品的研制与生产，抢抓机遇、提升能力，将金鼎公司建成具有持续创新能力的高档线材制品研制和生产基地，实现企业高质量发展。

第二十七章　天津市春鹏预应力钢绞线有限公司

一、企业概况

天津市春鹏预应力钢绞线有限公司为股份制民营企业，创立于 1994 年 8 月，公司创始人边自春。

公司主要生产、销售预应力混凝土用钢绞线、矿用锚索用钢绞线，经过几十年的不懈努力、不断探索、不断创新、不断发展，目前公司已成为有 6 个生产基地、十几个产品品种、年产各种预应力产品 60 万吨、产值数十亿元的企业，取得了国内、国际多个认证证书，走出了一条企业自主创新经营之路，并产生了“敬业、诚信、务实、创新”的企业文化，为企业发展培根铸魂。

二、历史沿革

（一）艰苦创业，以诚求发展

企业初建时设备不全（不配套），技术匮乏，资金短缺，工艺落后，生产效率低下，投产的第一年 1995 年，全年生产钢丝、钢绞线（普通松弛型）不足 1000 吨，亏损 20 余万元。董事长边自春勇于开创，带领全员职工，上下一心，不畏艰难，迎难而上，靠对事业的执着和坚定意志，以诚待人，以质量求生存，以诚信求发展，经过几十年的奋力拼搏，公司经历了扭亏为盈、由小变大、由大变强的蜕变，实现了高质量、高速度的发展。不负众望 2022 年公司旗下各生产基地共生产各种预应力产品 50 余万吨，产销量是 1995 年的 500 倍。

（二）以市场为先导，提升企业管理

市场开拓、销售也经历了千辛万苦，公司依靠诚信经营，充分发挥民营企业的优势，360 天、24 小时无假日，为市场、为客户服务，努力打造自己的产品品牌。公司以科技为先导、以质量求发展为经营方针，建立了现代企业管理方式，通过了 ISO9001 质量管理体系、ISO14001 环境管理体系和 OHSAS18001 职业健康安全体系认证，并于 2010 年在行业内率先取得《矿用产品安全标志证书》，开拓出煤矿支护新的应用领域。

三、以科技为引领，不断取得进步

（一）注重技术研发，获得多项成果

建厂之初，生产设备和工艺都很原始、落后，拉丝机为单罐反复拉拔方式，产品回火

加热采用传统的铅浴回火加热，生产效率低、工人劳动强度大、产品质量不稳定、成材率低、生产成本高，面对这些行业难题，边自春董事长带领公司团队积极探索，不断创新，且采取走出去请进来的办法，虚心向同行业学习，招聘技术人才，对工艺技术进行技术公关和改进创新，经过不懈努力于1999年成功研发出多罐连续拉拔拔丝设备，让公司实现了跨越式发展。

当时捻股机也是一台框篮式小捻股机，产品回火加热环节也是国内通常采取的传统铅浴，质量不稳定且污染环境，而3000多万元的国外先进设备对春鹏来说是望而却步的。董事长边自春说“卫星都上天了，还有什么咱干不成的?”于是1998年立项研发国产低松弛钢绞线生产设备，先后投入400多万元，经过无数次反复改进，在有关院校科研人员、行业专家的帮助指导下，1999年终于制造出第一台国产低松弛预应力钢绞线生产线，所生产的产品性能指标经中国建筑科学研究院、中国钢材检测中心等权威部门鉴定，均达到国家标准，部分指标优于进口设备生产的产品。设备成本比同类进口设备低了2000多万元，大大降低了设备成本，结束了我国不能生产此类设备的历史，填补了国内技术空白。同年，这项技术获得了天津市科委的创新基金20万元奖励。同时该成果也让广大同行受到了实惠，国产设备开始代替进口，普遍应用，给行业带来了爆发式增长。

（二）以用户为中心，开发新产品

建厂之初公司产品只有直径15.2毫米预应力钢绞线和直径4.8~5.0毫米预应力钢丝，产品单一，结构简单，同时产品同质化竞争激烈。为此董事长边自春亲自带领有关人员调研市场、走访用户，始终坚持以市场为导向，以客户为中心，站在市场的最前端，急市场所急，产市场所需，几十年来开发生产出结构为1×2、1×3、1×7、1×19，强度为1570兆帕、1720兆帕、1860兆帕、1960兆帕、2000兆帕，直径从3.8毫米至22毫米十几种预应力钢绞线产品，同时开发生产出无黏结钢绞线、缓黏结钢绞线、镀锌钢绞线，满足了现代高速公路、高速铁路、现代矿山支护，现代海洋工程、新能源建设等需求，公司取得了长足发展。

（三）以高质量的产品，开拓国内外市场

精诚所至金石为开，经过艰辛的努力、多年的深耕，春鹏有了长足的进步，也使春鹏产品从无人问津到全国知名。春鹏产品逐渐成了市场上的抢手货，多年来产品尽产尽销，一度供不应求，产品销往国内各个地区，国家高端项目如北京奥运场馆、杭州湾跨海大桥、京沪高铁、京沪高速公路、神华集团、淮南矿务局等均选用“春鹏”牌产品，中铁、中建、中水电、北京城建集团均为长期业务合作伙伴；同时积极开拓国际市场，目前产品销往几十个国家和地区。公司多次荣获“天津市名牌产品”“天津市著名商标”“守合同重信用单位”等荣誉称号。生产、管理中的创新方法不断涌现，有效解决了大大小小的多个问题，也因此形成了春鹏公司创新文化。2018年公司荣获“国家级高新企业”称号。

（四）研发环保工艺，实现绿色制造

原材料除氧化层一直使用行业普遍采用的酸洗磷化工艺，磷酸挥发、废酸、废磷化渣、冲洗水、锅炉排气等都会污染环境，强烈的社会责任让春鹏公司决心要再次打破传统，创造绿色产品。从 2013 年开始研发环保工艺，试验过很多次，效果都不理想，当时很多业内人士都说不可行，但春鹏公司董事长边自春坚信一定会成功。在先后投资 3000 多万元，经过几十次试验、十几次改造后，在郑州金属研究院的张俊杰等高级工程师的指导帮助下，终于研发成功，实现了无酸洗、无磷化、无水冲的环保工艺。2015 年 6 月底，春鹏公司天津厂区全部改造为环保新工艺，成为全国首家生产预应力钢绞线的环保型绿色企业，为行业开启了新篇章。

四、调整企业结构，实现持续发展

春鹏公司秉持科学经营的理念，审时度势，保持了企业的可持续发展。2000 年以后，国家基础设施建设加速，为满足客户快速增长的需求，公司于 2007 年在天津成立第二分公司，2008 年，春鹏公司总产值突破 5 亿元，比 1999 年增长 85 倍。2009 年重庆春鹏成立，产能 15 万吨，成功立足西南地区。2015 年成立云南春鹏，产能 15 万吨，辐射云南周边，满足了不同地域客户的需要。截至 2022 年底，公司在全国拥有 6 家生产基地（天津 3 家，重庆 2 家，昆明 1 家），总产能达 60 万吨/年。产品广泛应用于铁路公路桥梁、煤矿巷道支护、水利水电站建设、岩土锚固工程、高层建筑、场馆建设等国民经济建设的重要领域。现在春鹏在钢绞线行业中已成为头部企业。

随着市场变化，春鹏的销售策略也积极应变，2017 年公司实行新的销售模式，创新经营，由传统销售团队转为商贸销售，提高了工作效率，有效控制了应收款风险，为企业行稳致远打下了良好基础。在近 30 年的发展历程中，两人荣获“天津市劳动模范”荣誉称号，努力获得了政府的肯定。

春鹏公司将一如既往秉持春鹏精神，持续学习、勇于创新，为实现中华复兴贡献自己的力量。

第二十八章　威海银兴预应力线材有限公司

一、企业概况

威海银兴预应力线材有限公司成立于1994年，深耕预应力材料行业30年，是国内首批、山东省首家专业生产预应力线材的企业。目前，公司拥有威海、天津、聊城、攀枝花等4个预应力线材生产基地。公司是“国家高新技术企业”“国家制造业单项冠军企业”，国内预应力线材制品行业龙头企业，中国钢结构协会线材制品行业分会理事单位，国内最大的预应力混凝土用钢丝、钢绞线的生产制造企业之一。

公司产品规格齐全、质量稳定可靠。产品涵盖了美国ASTMA416/A416M标准、英国BS5896标准、澳大利亚AS1311标准、日本JISG3536标准、欧洲共同体EUR138标准、韩国KSD7002标准系列和国标GB/T 5224—2003系列以及自主研发的企标Q/WYY001—2008系列，并可按用户的要求生产非标产品。目前，“银兴”牌预应力钢绞线已广泛应用于高速铁路、高速公路、桥梁、港口、核电站、LNG低温储罐等大中型基建中，产品遍布全国，并出口全球20多个国家和地区。

二、历史沿革

威海银兴预应力线材有限公司前身为威海银兴金属制品有限公司，威海银兴金属制品有限公司成立于1994年10月，由威海兴威工业集团公司和香港中银集团合资成立，注册资本400万美元，全部采用意大利进口设备，建设1条预应力钢绞线生产线，年产能达到3万吨。

2001年12月，经企业改制，成立威海银兴预应力线材有限公司，注册资本300万元。

2005年，实现进口设备国产化。“创新是企业的第一发展动力”，在此发展理念的指导下，公司经数年的自主研发，实现进口设备国产化，建设了4条具有自主知识产权的预应力钢绞线生产线，产能达到12万吨。

同年，公司预应力钢绞线成功中标京广高速铁路。京广高速铁路是中国客运量最大、列车数量最多、运输最为繁忙的高速铁路，也是世界上运营里程最长的高速铁路，已成为名副其实的中国铁路黄金大动脉，也是全国独一无二的国家战略大通道。

2006年，公司预应力钢绞线成功中标京津城际铁路。京津城际铁路是中国大陆第一条高标准、设计时速为350公里的高速铁路，为我国建设高速铁路领跑世界提供了技术积累和宝贵经验。

2007年，全资投资成立聊城银兴钢绞线有限责任公司，新增2条生产线，公司整体产能达到18万吨。

2008 年，公司预应力钢绞线成功中标哈大高速铁路。哈大高速铁路是我国高寒地区客流量最大、最繁忙、运行里程最长的高速铁路，截至 2017 年 12 月 1 日，哈大高速铁路累计安全开行动车组列车 33 万趟，成功应对 102 场风雪考验，彰显了中国高铁在极寒环境下的非凡实力。

同年，公司预应力钢绞线成功中标京沪高速铁路。京沪高速铁路构建了中国高铁标准体系与技术体系，支撑了中国高速铁路的快速发展，打造了技术先进、安全可靠、性价比高的中国高铁品牌，以京沪高速铁路为代表的中国高铁已成为中国的一张亮丽名片。2011 年 1 月 9 日，在京沪高速铁路先导段运行试验中，由原中国北车集团唐山轨道客车有限责任公司自主创新研制的新一代和谐号 CRH380BL 高速动车组，创造了每小时 487.3 公里的世界铁路运营试验最高速度。京沪高速铁路建设和开通运营，对中国经济和社会发展具有重大意义；通过技术创新和标准化管理，工程技术、质量和管理等达到世界先进水平。

2009 年，全资投资成立银兴（天津）钢绞线有限公司，新增 2 条生产线，公司整体产能达到 24 万吨。

2012 年，公司预应力钢绞线成功中标港珠澳大桥。港珠澳大桥是至今为止全球规模最大的跨海工程，其沉管海底隧道规模也位居全球之首，是一座集多项世界性难题的工程。港珠澳大桥设计使用寿命 120 年，地震设防烈度提高至九度，可抵御 16 级台风、30 万吨撞击以及珠江口 300 年一遇的洪潮。港珠澳大桥的建设创下多项世界之最，非常了不起，体现了一个国家逢山开路、遇水架桥的奋斗精神，体现了中国综合国力、自主创新能力，体现了勇创世界一流的民族志气。

2015 年，公司立足长远发展，推行绿色低碳的发展战略，建设了行业内第一条钢绞线无酸洗生产线，攻克了激光除鳞、机械除锈、常温涂层等所涉及的关键技术难点，并且将原来的分段式加工整合为在线生产，解决了传统酸洗工艺高污染、高排放、高成本等弊端。经过 7 年的持续研发，公司自主研发的无酸洗拉拔成套设备已在行业中广泛推广，进一步实现节能减排和产品质量提升，项目成果“预应力钢绞线绿色制造重大关键技术及装备研发”获得 2022 年第七届中国工业大奖。

2022 年，全资投资成立攀枝花市银兴科技有限公司，新增 2 条线，公司整体产能超 30 万吨。

2023 年，公司预应力钢绞线成功中标川藏铁路雅安至林芝段。作为中国最高海拔的铁路，川藏铁路自建成以来一直备受关注。而雅安至林芝段是其中技术难度最大、资源条件最艰苦的一个地区，雅安至林芝段作为川藏铁路的重要组成部分，穿越了喜马拉雅山脉的核心区域。这一段铁路线的建设涉及高寒、高原缺氧、地形险峻等多种严峻挑战，是一项技术含量极高的工程，因此线路建设一直被看作是中国铁路建设领域的一项顶尖挑战。

三、特色工艺装备

公司高度注重技术创新，先后获得核心专利 30 余项，充分发挥公司在行业中的龙头作用，快速将研究成果运用到生产及经济建设中，推动了先进技术和装备在行业内的推广应用，为先进技术的工程验证与转化创造了优良的条件。通过自主研发，补齐了无酸洗、

LNG、海上工程等领域的大量短板，实现了技术突破。

（1）自主研发的无酸洗拉拔技术补齐行业内大量采用酸洗造成环境污染且成本高的短板。

预应力材料行业是环境污染的重点行业，生产过程中会产生大量酸性废水和废气，且排放一定数量的 CO_2、SO_2、NO_x、粉尘和烟尘，环境污染严重。在高性能钢绞线生产技术领域，不仅需要解决传统工艺高污染、高排放等弊端，进一步节能减排和提升产品质量，还将解决机械除锈、除尘以及常温涂层等所涉及的关键技术难点与科学问题，这些也是钢铁行业绿色制造所需突破的共性关键技术难题与科学问题。

公司积极响应国家环保政策，推动行业创新持续发展，研发的高性能钢绞线绿色制造关键技术及装备制造技术，解决了金属制品行业所涉及的资源消耗过高、环境污染十分严重等关键战略性技术问题。实现金属制品行业绿色节能发展，进一步降低生产成本，对促进我国高性能钢绞线绿色制造技术进步与产业发展，其作用与意义重大。

（2）LNG 工程用耐低温预应力钢绞线的开发研制，开启了预应力钢绞线在 LNG 低温领域的应用，标志着预应力钢绞线的又一个技术性飞跃。

基于成品钢绞线满足耐低温等的性能要求，通过自主研发在钢盘条中添加适量的 Ni、Cr、V 等微量元素，起到细化晶粒、提高钢绞线韧性的作用，降低 P、S、Cu 等有害元素的含量，通过微合金化控制，满足钢绞线低温性能要求，实现了技术突破，补齐了预应力钢绞线无法在 LNG 低温领域使用的短板。

（3）新型耐腐蚀、高强度的预应力钢绞线，在跨海大桥、海上采油平台、海上储罐等海洋工程中解决了各种关键结构技术难题。

跨海大桥预应力钢绞线生产用除锈装置，经过实测数据表明，在盐雾中普通 PC 钢丝、钢绞线在 400 小时后出现锈斑；镀锌钢丝、钢绞线在 1000 小时后有腐蚀痕迹；而环氧涂层 PC 钢丝、钢绞线经 2000 小时后，仍未发现锈斑，抗腐蚀能力强，有效解决海上工程的技术难题，补齐了海上工程用预应力钢绞线易腐蚀的短板。

以上创新研究成果不仅可以为高速公路、桥梁、铁路、建筑水利枢纽、海洋平台、核电站、城市建设等高端工程装备提供高性能线材，而且能够惠及国内 100 多家钢绞线生产企业的节能减排转型升级，对推动相关行业领域的科技进步和产业发展发挥了重要作用。

四、主要成果

公司长期专注于预应力线材的研发、生产和市场推广，获得“山东省免检产品”“山东省标志产品”“山东省知名品牌”“山东省高端品牌培育企业”等荣誉。公司建成了国家博士后工作站、山东省院士工作站、山东省企业技术中心、山东省工程研究中心、山东省工业设计中心、山东省一企一技术研发中心等一批高水平研发平台，2020 年获评工信部“制造业单项冠军企业”。

2022 年公司喜获有中国工业“奥斯卡”之称的中国工业领域最高奖项——中国工业大奖。中国工业大奖是国务院批准设立的我国工业领域最高奖项，被誉为中国工业的“奥斯卡”，旨在表彰坚持科学发展观、走中国特色新型工业化道路，代表我国工业化的方向、道路和精神，代表工业发展最高水平，对增强综合国力、推动国民经济发展做出重大贡献的工业企业和项目，以树立一批优秀标杆企业和项目，并带动形成一大批具有核心竞争力的企业。

五、未来展望

银兴公司坚持把创新作为引领发展的第一动力，改造提升传统动能，取得了一批高水平的科研成果，培养和造就了一批优秀的科技人才和团队，为提高自主创新能力奠定了坚实基础。下一步，公司积极参与“一带一路”、国内沿江沿海、跨山跨海等多项重大高铁、路桥建设工程项目，发挥重要示范引领作用，体现中国智慧、中国速度、中国力量。

为顺应国家战略需求变化和国内外相关行业的发展趋势，围绕习近平总书记提出的“四个面向”的要求，银兴公司在行业创新与产业化方向等方面与时俱进地进行调整与优化，专业领域在原重点研发预应力线材绿色制造关键技术及装备制造技术创新建设基础上，适时扩充了高强度预应力新材料新领域，突破行业关键战略性技术。在保持预应力线材绿色制造技术优势的同时，开展预应力材料涂层关键技术科研攻关，开发相关领域所需的预应力新材料、复合材料等，为我国新材料、轨道交通、国防军工等高新技术产业的发展提供关键材料和技术支持。

第二十九章 天津市万达远扬科技有限公司

一、企业概况

热镀锌是将钢、不锈钢、铸铁等金属浸入熔融液态金属或合金中，使其获得镀层的一种工艺技术，是当今世界上应用最广泛且性价比较好的钢材表面处理方式。目前我国镀锌产品主要应用在基础设施（公路、铁路、电力设施、通信塔、市政设施）、建筑业、汽车、家用电器、机电、农林、轻工业等方面。随着我国交通基本建设投资总规模的加大，将给热镀锌产品带来更大的市场。

市场增大的同时，也对热镀锌行业提出了更高的要求。随着我国加快经济结构的调整，也给热镀锌行业带来冲击。《有色金属工业发展规划》曾提出，要加强镀锌技术的创新，同时提高环保技术要求，且随着环保法的实施，技术不达标、市场竞争能力弱的企业将会被淘汰，热镀锌行业市场集中度将提高。

正所谓“工欲善其事，必先利其器”，作为热镀锌行业的支撑，热镀锌行业的激烈竞争也势必会带来热镀锌设备行业的竞争。天津市万达远扬科技有限公司是一家在热镀锌和电镀锌领域具备完善的研发、设计、生产、制造及销售能力的公司，主要面向钢丝等金属制品行业进行镀锌生产线设计、制造、安装、调试以及相关升级配套服务。公司秉承：保持领先、追求卓越、诚信务实、扬帆远航的发展理念；不忘初心、牢记使命、服务大众的原则，服务行业。

二、历史沿革及主要成果

2013 年，天津市万达远扬科技有限公司正式成立。成立之初，公司在几名核心骨干的带领下，以热镀锌设备开发及工艺的创新为主要业务方向，在市场上逐渐树立了良好信誉。在经历了几年的艰辛研究以及新技术创新后，于 2019 年新建高速、环保、多规格、多品种、智能化热镀锌以及锌铝生产线。一条热镀锌作业线实现钢丝直径范围 1.4~8.0 毫米，强度范围 380~2300 兆帕，镀层范围 15~550 克/米^2，钢丝运行线速度最高 120 米/分钟。另一条热镀锌作业线实现钢丝直径范围 0.3~1.5 毫米，强度范围 380~1250 兆帕，镀层范围 15~350 克/米^2，钢丝运行线速度最高 220 米/分钟。并基于物联网以及手机 APP 元素，建设高效、环保、节能、半自动化到自动化的钢丝高速热处理以及镀锌作业线，能够实现高速状态下锌层的在线实时检测与修正，保证锌层控制在±10~±20 克/米^2 之间精准度；实现热处理退火炉与镀锌炉温控误差正负 2 ℃内的控制精准度；实现一条作业线覆盖全规格灵活生产的作业方式，并通过手机 APP 和互联网实现生产车间和管理层以及销售端之间实现立体化和可视化、数字化的管理模式。公司从 2019 年到 2023 年底，短短 4

年，共建成了 40 多套钢丝作业线，主要包括：钢丝热处理水浴电镀锌钢丝、磷化钢丝、热镀锌钢丝及锌铝钢丝、钢丝热处理铅浴电镀锌钢丝、桥梁缆索热镀锌钢丝及锌铝钢丝、热镀锌及锌铝高端弹簧钢丝和胶管钢丝。高速电镀线实现 7 米/秒的线材电镀速度，镀层 5~150 克/米^2，以上设备工艺覆盖材质包括 Q195、Q235、45、55、60、70、77B、82B、92Si 等。公司设备国内市场主要分布在南北两个市场，北方地区有：辽宁通达、宣钢张宣高科、华源时代、华源线材、亿成金属、兆宏金属、利泉金属、华远金属、寿光鑫通发、澳森钢铁、潍坊特钢、咸阳宝石等；南方地区主要有：法尔胜金属、张家港骏马钢帘线、张家港腾龙金属、江苏意戈尔、江苏神王、南通狼山钢绳、江阴华新钢缆、宁波贝斯特、广安重绳等。越来越多的客户信赖天津市万达远扬科技有限公司的同时，公司于 2020 年进军了国外市场，并与更多的客户建立了长期合作关系。

随着业务的稳步发展，天津市万达远扬科技有限公司招募了更多的人才，并在 2021 年开设了新的办公基地，与此同时，公司也加大了产品研发力度，自研热镀锌设备专用控制系统并不断推出了具有创新性和竞争力的产品。公司拥有了自己的核心技术，如热镀锌以及锌铝/锌铝镁锌层气体抹拭在线检测与控制系统、热镀锌以及锌铝/锌铝镁锌层电磁抹拭在线检测与控制系统、钢丝热处理明火炉在线检测与控制系统、电镀锌或者热镀锌以及锌铝作业线前处理污泥在线过滤以及清理系统、钢丝热处理水浴或者铅浴钢丝在线电解磷化技术、高速钢丝收放线机组恒张力控制技术等成套技术。基于技术和服务等方面的优势，天津市万达远扬科技有限公司得到了广大客户的认可和信赖。

三、展望未来

在未来，天津市万达远扬科技有限公司将继续坚持以技术创新为己任，不断提高核心竞争力并提升产品质量和服务水平。同时加强内部管理，提高团队凝聚力和员工工作幸福感，并将继续开拓市场，与更多的客户与供应商合作，实现双赢发展。公司将致力于成为行业标杆，为整个热镀锌行业提供先进的设备与稳定的工艺，从而为热镀锌以及电镀锌行业带来变革，为国家为人民创造更加美好的明天。

第三十章　青岛特殊钢铁有限公司

一、企业基本情况

（一）企业的发展历程

青岛特殊钢铁有限公司（以下简称青岛特钢）前身青岛钢铁控股集团有限责任公司（以下简称青钢）始建于1958年，位于青岛市李沧区。作为国家城市钢厂向沿海搬迁的重大战略试点项目之一，青钢城市环保搬迁项目于2012年12月31日获得国家发改委正式批准，搬迁至区位优势明显的董家口循环经济区。经过两年多的建设，2016年10月，青岛特钢一期工程全面完成进入正式生产阶段。2017年5月，青岛特钢正式加入中信泰富特钢集团。2021年10月，青岛特钢二期工程投产。目前，青岛特钢拥有线材高速生产线6条，扁钢棒材生产线各1条。

青岛特钢始终致力于技术创新和产品创新，钢帘线、胎圈钢丝用钢盘条、特种焊接用钢盘条、高强弹簧扁钢等产品具有较高的市场知名度。产品定位为“特殊钢、精品钢”，在巩固提高现有优势产品精品线材、弹簧扁钢产品质量档次的基础上，形成一批中高档次优特钢产品，打造成为国内领先、世界一流的特殊钢长材生产基地。

未来青岛特钢将依托临海临港的区域优势、雄厚的技术实力、良好的品牌口碑、先进的环保设施，建成具有突出竞争优势的现代化临海钢铁企业。

（二）企业的行业地位和竞争力

青岛特钢坚持走品种质量效益型道路，坚持不懈地致力于技术创新和产品研发，培育出一大批高附加值的优特钢品种，从普钢成长为优特钢企业。主要产品有11大系列、200多个产品牌号、120多种规格，覆盖华东、华北地区，辐射全国，优质产品出口韩国、日本、美国、东南亚等国家和地区，在国内外市场盛享美誉。经过持续的品种结构优化，青岛特钢优特钢品种比例持续保持在90%以上的水平，是山东省第一个规模化生产，也是最大的优特钢长材生产企业。

青岛特钢是全国最大的焊接母材生产基地和高端硬线系列产品、优质弹簧扁钢产品的重要生产基地。特种焊接用钢盘条一直为国内生产龙头企业，居全国首位；钢帘线用钢全国市场占有率44%，居全国第一；产品多年获得“金杯奖”“卓越产品”，优质碳素钢盘条获得“中国名牌”称号。

研发实力和实验装备水平处于国内领先水平。配备了国内领先的软硬件设施，充分发挥人才、科技和产业优势，研发了大量的新产品、新技术、新成果，在同行业中确立起了科技领先的地位。

经过近几年的努力，青岛特钢已完成普钢向优特钢的转变，坚持走高端差异化发展战略，在金属制品行业打造出了高端品牌形象，成为金属制品行业的首选品牌。公司具有完整的长流程钢材生产线，具有达到国内领先水平的高速线材生产线 6 条，生产规模、技术装备水平、品牌建设在国内特钢行业处于领先水平。

青岛特钢通过不断实施技术创新，取得了辉煌业绩，研究了多项成果并实现产业化转化。自主研发的钢帘线用钢，采用一火成材工艺生产，突破了高碳钢中心偏析的技术瓶颈，有力推动了钢帘线行业的发展，提升了国内钢帘线行业的国际竞争力。

（三）企业对本行业技术创新的引领作用

青岛特钢历来积极实施标准化战略，应对技术性贸易壁垒，并大力推进自主创新，使产品结构不断升级换代。青岛特钢主持修订 GB/T 3429《焊接用钢盘条》的工作。为做好该标准修订工作，青岛特钢成立了以公司总工程师为组长的标准项目工作组，对国内外相关标准与文献进行检索、翻译、研究，并进行大规模的市场调研，与哈尔滨焊接材料研究所及相关单位专家进行交流，在网上征求各方面意见，目前已正式颁布。参与中国特钢企业协会制定的团体标准 T/SSEA 0015—2018《轿车稳定杆用弹簧钢》和 T/SSEA 0016—2018《轿车轮毂用碳素轴承钢》已于 2018 年 11 月 30 日实施。2020 年参与制定了国家行业标准《桥梁缆索钢丝用盘条》和《制丝用非合金钢盘条　第 4 部分　特殊用途盘条》，参与制定国家标准《汽车悬挂弹簧用钢　第 1 部分　弹簧扁钢》《汽车悬挂弹簧用钢　第 2 部分　弹簧圆钢》。团体标准 T/SSEA 0144—2021《汽车导向臂用弹簧扁钢》已在 2021 年 11 月 1 日实施，推动了国内汽车空气悬架导向臂用弹簧扁钢的发展。2022 年参与制定了国家行业标准《铁路预应力混凝土用钢绞线》，并主持起草了其中的盘条部分《铁路预应力混凝土用钢绞线》。

青岛特钢按照钢铁企业能源管理体系要求，导入国家、地方的法律法规及行业标准要求，对公司各相关单位及个人都有效地进行传达与针对性培训，强化相关岗位管理、技术与操作人员的合规性意识，确保公司的生产、设备及指标均满足要求。2018 年经北京国金衡信认证有限公司审核，建立和实施了符合 GB/T 23331—2012《能源管理体系　要求》及 RB/T 103—2013《能源管理体系　钢铁企业认证要求》的能源管理体系，并取得能源管理体系认证证书。2019 年青岛特钢设立能源环保部为公司能源管理主管部门，并建设了能源管控中心。绿水青山，就是金山银山。青岛特钢践行企业绿色社会责任，环保投资占比 11%，采用国内先进的环保设备、节能减排工艺技术、低碳经济制造流程，恪守智能钢铁、绿色低碳的承诺，成为以绿色引领钢铁行业前行的排头兵。重大节能减排项目：CCPP 发电工程、TRT 发电工程、烧结余热发电、光伏发电、上升管荒煤气余热利用等。废水零排放，自发电率达 75%，中水回用比例 100%，全部工序水自循环率达 97.2%。2017 年荣获国家工信部颁发的首批“绿色工厂”称号，2017 年 7 月按期完成 GB/T 24001—2016/ISO14001：2015 标准环境管理体系换版工作，2018 年度荣获中钢协颁发的“中国钢铁工业清洁生产环境友好企业”称号，2021 年 9 月按照 GB/T 23331—2020/ISO50001：2018 标准完成能源管理体系换版工作。青岛特钢着力推进绿色能源发展，分布式光伏发电项目年发电量达 2620 万千瓦·小时，每年减少二氧化碳排放约 2.4 万吨。2020 年全面达到超低排放要求，并于 2021 年在中钢协网站进行公示。

二、主要线材产品市场情况及产品特点

青岛特钢为目前国内最大的轮胎用钢和焊接用钢生产基地，产品行业领先，帘线和胎圈钢丝用钢国内市场占有率 40%，帘线钢市场份额国内第一。产品多年获得“金杯奖”“卓越产品”，优质碳素钢盘条获得“中国名牌”称号。特种焊接用钢国内市场占有率 55%以上，“青钢”牌焊接用钢已经成为全球焊接领域著名品牌。桥梁缆索用钢采用自主研发建成的国内第一条线材离线盐浴 QWTP（Qingdao Wire Toughness Patenting，线材韧化处理）环保型生产线生产，研制的 2100 兆帕级桥梁缆索用钢在世界范围内首次实现工程应用，工艺技术水平和产品质量国际领先。国内首创在线盐浴生产线。

（一）钢帘线和胎圈钢丝用钢盘条

钢帘线用热轧盘条因其使用性能的特殊性，对钢中夹杂物的数量、种类和形态有很高的要求，同时要求 P、S 等杂质元素含量低，盘条尺寸精度需严格控制。青岛特钢实现了技术性突破，钢帘线最细规格已突破 ϕ0.08 毫米，能够稳定化批量生产 72 级、82 级以及 92 级等超高强度钢帘线及胎圈钢丝用盘条，并已具备批量生产超超高强 97 级帘线钢的能力。

2023 年青岛特钢生产了 183 万吨主要用于制造飞机起落架轮胎、大型汽车和高级轿车轮胎中的钢丝帘线和胎圈钢丝。

1. 产品特点

尺寸精度：可按 C 级精度交货。
力学性能：通圈抗拉强度波动值≤50 兆帕。
中心偏析：≤2 级。
帘线钢非金属夹杂物：A≤1.0 级、B≤1.0 级、C≤1.0 级、D≤0.5 级。
帘线钢渗碳体评级：≤1 级，99%在 0.5 级以下。

2. 应用情况

青岛特钢现已逐渐形成 72 级、82 级、86 级、92 级、97 级等强度级别的帘线用钢盘条系列产品。青岛特钢生产的 72 级帘线盘条主要被用户用于生产 ϕ0.15 毫米规格钢帘线；82 级帘线盘条已经被用户用于生产 ϕ0.13 毫米规格钢帘线；92 级帘线钢实现规模化量产，是国内少数能规模化生产的厂家之一，替代了大部分的进口产品；97 级帘线钢盘条实现小规模量产。目前青岛特钢帘线钢市场占有率达到 40%以上，居国内第一，青岛特钢胎圈钢丝用钢和帘线钢同步形成低强到高强的系列化，能够满足客户的多样化需求。

（二）焊接用钢盘条

青岛特钢焊接用钢盘条成分均匀、钢质纯净、组织优良、性能稳定；盘条可不经中间

退火直接拉拔至 ϕ0.8 毫米成品焊丝；成品焊丝在焊接过程中飞溅少，焊接工艺性能优良，焊缝成型美观，达到国内领先水平。目前青岛特钢焊接用钢实现了新的技术性突破，实现了超低 P（含量不大于 0.005%）、S（含量不大于 0.005%）焊接用钢的批量化生产，完成了进口替代，引领了国内焊接用钢的开发生产。目前正在主持修订 GB/T 3429《焊接用钢盘条》国家标准，通过了中国船级社认证，多次获得了“冶金产品实物质量金杯奖”“山东名牌”“青岛市科技进步奖”等。产品成功应用于长江三峡工程、鸟巢、港珠澳大桥、西气东输、白鹤滩水电站等国家重点工程。

焊接用钢盘条主要用于拉拔加工焊丝，用于气保焊丝、埋弧焊丝等产品。目前，青岛特钢年产焊接用钢 50 万吨左右。

1. 产品特点

产品可分别以热轧状态、在线 QM 处理状态及退火状态交货。

成分：主要元素成分控制稳定，P、S 及残余元素含量低。

尺寸精度：尺寸控制稳定，保证 B 级精度交货。

力学性能：通圈抗拉强度均匀，适宜用户拉拔。

组织：组织控制稳定，M 和 B 组织含量较少。

2. 应用情况

作为青岛特钢传统优势产品，焊接用钢市场占有率一度超过 50%。近几年随着市场竞争越来越激烈，青岛特钢已由过去生产 ER50-6E 等普通焊接用钢为主，逐步转入特种焊接用钢领域，现已逐渐形成高强、耐热、耐蚀、耐候等多个系列、100 多个不同牌号的产品体系，成为国内规模化生产焊接用钢盘条，尤其是规模化生产特种焊接用钢盘条的主要厂家。目前青岛特钢特种焊接用钢年产量达到 10 万吨以上，占全国 55%以上的市场份额，为公司开辟了新的利润增长点。

青岛特钢焊接用钢成分均匀、钢质纯净、组织优良、性能稳定；盘条在高速拉拔条件下，可不经中间退火直接拉拔至 ϕ0.8 毫米成品焊丝；成品焊丝在焊接过程中飞溅少，焊接工艺性能优良，焊缝成型美观，达到国际先进水平，深受国内外客户青睐，取得了美国林肯、瑞典伊萨、韩国高丽熔接棒、日本新日铁、天津金桥、天津大桥、自贡大西洋、哈焊所华通等国内外著名焊接材料公司的普遍认可，“青钢”牌焊接用钢享誉全球，已被广泛应用于高铁、汽车、工程机械、海洋工程、管线工程、锅炉压力容器、军工、风电及核电等诸多领域，且强度级别涵盖了 450~900 兆帕级，最大程度上满足了客户“一站式”的采购要求。

（三）桥梁缆索用钢盘条

大跨度悬索桥和斜拉桥是现代桥梁的代表结构，由高强度钢丝为主体组成的桥梁缆索系统是悬索桥、斜拉桥的主要承重传力结构。桥梁缆索钢丝市场容量为每年 8 万~10 万吨。随着悬索桥和斜拉桥的快速发展，未来 3~5 年内将达到每年 10 万~15 万吨。

1. 产品特点

脱碳层：可以稳定控制在0.8%*D*以内。

渗碳体：总体稳定控制在1.0级以内，盐浴产品网碳级别控制在0.5级以内。

偏析：稳定控制在2级以内。

组织及力学性能：盐浴处理后强度可达到1350~1650兆帕，盘条通条抗拉强度波动值≤50兆帕，热检断面收缩率≥30%，索氏体化率达到96%左右（风冷工艺87%~92%），可满足生产2200兆帕及以上级别的超高强镀锌钢丝的要求。

2. 应用情况

青岛特钢于2012年开始进行桥梁缆索钢丝用钢盘条的开发，采用一火成材和传统的斯太尔摩冷却工艺，经过连续技术攻关，已经成功开发了1670兆帕、1770兆帕、1860兆帕级别的产品；QWTP产线和QMIT产线投产后，开发的产品替代了进口盘条，大幅度降低了建设成本，填补了国内1960兆帕、2000兆帕、2060兆帕、2100兆帕、2200兆帕级桥梁缆索镀锌钢丝用盘条原料的空白，不断刷新桥梁缆索镀锌钢丝强度等级世界纪录。目前，产品已成功应用于南沙大桥、花江峡谷大桥、牂牁江大桥、杨泗港大桥、商合杭大桥、沪苏通大桥、深中通道伶仃洋大桥等。

（四）预应力钢绞线用钢盘条

预应力钢绞线用钢盘条主要用于生产各种规格和级别的高强度低松弛预应力光面钢丝、刻痕钢丝，广泛应用于铁路轨枕、高速公路、桥梁、高层抗震建筑、矿山支护等各个领域。

1. 产品特点

脱碳层：可以稳定控制在0.8%直径以内。

网碳：总体稳定控制在1.0级以内。

偏析：稳定控制在2级以内。

尺寸精度：国标B级。

力学性能：通条抗拉强度波动值≤50兆帕，热检断面收缩率≥35%。

2. 应用情况

青岛特钢钢绞线盘条索氏体化比率高，且通条性能稳定，具有良好的拉拔性能，可满足客户高速拉拔需求。目前青岛特钢已成功开发出2000~2400兆帕级高强预应力钢绞线用钢，其中：2300兆帕级高强预应力钢绞线已首次成功应用于铁路预应力新型箱梁中，加载等级达到2.55级，创造了世界铁路桥梁史高速铁路箱梁静载试验最大加载等级记录；开发的ϕ21.6毫米大规格2200兆帕级超高强度矿用中空钢绞线也已实现批量应用；铁路用2200兆帕级超高强度预应力钢绞线已实现小批量供货。

（五）轴承钢线材

轴承钢被称为是“特钢之王”，是洁净钢的代表，广泛应用于机械制造、铁路运输、汽车制造、国防工业等领域。

1. 产品特点

尺寸精度高：可根据用户要求做到 C 级、负公差、正公差等交货。

表面质量好：表面缺陷深度可以稳定控制在 30 微米以下，$\phi<10$ 毫米脱碳层≤0.07 毫米、$\phi\geq10$ 毫米脱碳层≤0.7%直径。

纯净度高：全氧含量稳定控制在$\leq6\times10^{-6}$、夹杂物尺寸≤15 微米，单位面积个数≤30 个/厘米^2。

碳化物控制优：碳化物网状≤2.5 级，碳化物带状≤2.0 级，碳化物液析 0 级。

2. 应用情况

青岛特钢轴承钢线材形成独立自主的轴承钢盘条碳化物网带控制技术，质量达到国际先进水平。通过攻关，大幅提升了轴承钢线材产品品质，获得客户认可，拓展了高端客户群，增强了高端产品创效能力。轴承钢线材盘条主要用于制造滚动轴承的滚动体（滚柱、滚针、滚锥、钢球）和套圈等，产品广泛应用于农机轴承、电机轴承、轮毂轴承等。GCr15 盘条实现正公差尺寸控制，能够满足市场主流微拉拔用途；负公差控制可减少客户拉拔量；针对客户工艺，精准控制尺寸范围，均可为客户节省一道软化退火工序。低脱碳层控制，可为客户节省修磨量，提高材料利用率和生产效率。2023 年销量突破 16 万吨，山东市场占有率第一，其中 SAE52100、100Cr6 出口印度、欧洲、东南亚等国家和地区。

（六）冷镦钢盘条

冷镦钢盘条主要用于生产螺栓、螺钉、销钉、螺母等标准件及非标件，广泛应用于汽车和高铁制造、工程机械、铁路桥梁、风电设备制造和家具家电等行业，市场容量大，年需求量在 1000 万吨以上。

1. 产品特点

成分：产品具有成分稳定、有害元素低、钢质纯净度高的特点，以及脱碳层小、盘条原始硬度低、经热处理后强度高、淬透性好等优点。

尺寸精度：可根据用户要求做到 C 级交货。

冷顶锻：低碳 1/3 级别出厂，可做 1/4 级别；中碳及合金 1/2 级别出厂，可做 1/3 级别。

脱碳层：产品的总脱碳层满足 0.6%D（D 为公称直径）的标准，无全脱碳层。

表面质量：表面缺陷少、冷镦开裂率低，表面缺陷深度可以稳定控制在 0.03 毫米以下。

力学性能：极好的塑性和冷成型性以及优良的力学性能表现，满足在冷镦成型工艺过程中，零件变形量大、基本一次成型的要求。

2. 应用情况

目前青岛特钢冷镦钢系列产品年产量约 65 万吨，主要钢种系列包括碳钢、硼钢、铬钼钢，其强度级别可满足 4.8~12.9 级别标准件用钢要求。凭借优良的质量稳定性和下游加工时的低开裂率，受到一汽富奥、山东高强、东莞春雨、黄骅聚金等客户的一致好评，在满足国内用户使用需求的同时，还远销印度、南美、东南亚等国家和地区，形成了国标 GB/T、日本 JIS、美标 ASTM 以及技术条件和协议相结合的完整标准规格系列，可实现客户的个性化定制。

（七）弹簧钢盘条

弹簧钢主要用于制作汽车悬架弹簧、离合器簧、铁路弹条等，广泛应用于汽车、工程机械等行业。

1. 产品特点

脱碳层：采用高温轧制工艺，可实现全脱碳层为 0、总脱碳层 0.8%*D* 的要求。
表面质量：表面缺陷深度可以控制在 0.03 毫米以下。

2. 应用情况

青岛特钢弹簧钢具有化学成分稳定、产品洁净度高、脱碳层和中心偏析控制较好的特点，形成了国标 GB/T、日标 JIS 和技术协议相结合的完整标准规格系列，根据用户需求实现个性化定制，广泛应用于汽车、工程机械等行业，成为国内知名的悬架簧、汽摩簧等产品供应商。随着生产技术的不断改进和完善，弹簧钢产品实物质量和市场占有率不断提升。

（八）活塞杆用钢盘条

活塞杆用钢盘条在国内属于成熟普通产品，主要用于生产各种规格气弹簧支撑杆、汽车减震器连杆等，广泛应用于汽车、工程机械、支撑减震等各个领域，年需求量在 20 万吨以上。

1. 产品特点

尺寸精度：可根据用户要求做到 C 级交货。
脱碳层：可以稳定控制在 0.8%直径以内。
表面质量：表面缺陷深度可以稳定控制在 0.03 毫米以下。

2. 应用情况

目前青岛特钢生产的活塞杆用钢线材盘条主要用于制作气弹簧支撑杆、减震器连杆、发动机启动齿圈等，具有化学成分控制一致性好、调质后组织及力学性能稳定的优势；表面缺陷、脱碳层控制较好；盘条纯净度高，夹杂物控制较好。另外，根据用户个性化需求，如添加 V、Cr 元素等，实现免调质处理减震器连杆用钢的开发。其中气弹簧支撑杆用钢 S45C 达到国内 50%以上的市场占有率。

三、企业核心技术成果及产学研合作开展

（一）形成的核心技术及自主知识产权情况

青岛特钢通过不断的技术创新，累计拥有有效发明专利 20 项，实用新型专利 51 项。参与制定国际标准 1 项，国家标准 12 项，行业标准 5 项，团体标准 4 项。“高疲劳寿命汽车空气悬架用弹簧扁钢国产化关键技术”获得青岛市科技进步奖二等奖；“基于离线盐浴淬火工艺设计的超高强桥索用线材开发关键技术”获得中国钢铁工业协会冶金科技奖三等奖，形成了“超高强帘线盘条网碳控制技术”“低碱度冶炼帘线钢技术”“高碳钢高拉速轻压下控制技术”“离线盐浴技术”“在线盐浴技术”“含硼冷镦钢冶炼控制技术”等多项核心专有技术；“轻量化、耐疲劳超高及特高强钢帘线盘条开发关键技术”获得青岛市科技进步奖二等奖；“大跨度全焊接钢桁梁公路桥设计关键技术”获得中国交通运输协会科学技术奖一等奖；“高炉冲渣水高效冷热一体化系统研究与应用”获得山东省循环经济协会科学技术奖一等奖；“在线等温热处理（QM）线装备技术自主集成创新”达到国际领先水平；“承载特种装备用 70 千克级焊接用钢盘条的研发”达到国际先进水平；“超高强度高韧性 97 级硬线钢关键技术的研究与应用”达到国际先进水平。

（二）产学研合作开展

为始终保持研发工作可持续性和先进性，加快技术研发和产品升级，近年来青岛特钢高度重视产学研合作，与东北大学、中国海洋大学、中国石油大学、安徽工业大学、西安建筑科技大学、青岛科技大学等高校签订校企合作协议，建立了稳定的产学研合作关系。充分发挥企业和高校各自优势，聘请多名知名专家教授作为常年技术顾问，形成了“产、学、研、用”相结合的技术创新联盟，共同开展技术研究，开展科研攻关和学术交流。

强化人才储备建设，通过与高校、科研院所签订合作协议，全面加强人才交流合作。定期安排学生实习或参加实践，实现招聘和求职的双向选择。落实国家科教兴国战略，促进科技创新，充分利用高等院校的技术、人力等资源以及先进成熟的技术成果；利用企业的生产条件，提高教学的科研能力，将科研成果尽快地转化为生产力，共同推进企业与学校的全面技术合作，形成专业、产业相互促进、共同发展，实现“校企合作、产学双赢”。

四、企业发展目标及线材发展战略

（一）企业总体发展目标

以建设“世界最高效率的绿色优特钢生产基地”为战略目标，产品定位为“坚持走高端精品特钢路线，重点发展高强帘线钢、轴承钢、合金冷镦、合金弹簧等，成为国内线

材精品制造领导者”，着力打造专用线材国际知名品牌，成为世界一流、国内领先的精品线材生产基地；具有区域优势的工业用棒材生产基地，具有突出竞争力的汽车用板簧扁钢生产基地。持续加大节能减污技术改造，积极探索绿色低碳新工艺技术应用，规划布局氢冶金、CCUS、绿电等重大项目，以绿色引领助力产业升级。

（二）线材发展战略

青岛特钢目前拥有 QM 专业环保型盐浴韧化处理生产线，采用等温淬火控冷技术，可大幅提高盘条的质量，提高桥梁缆索等高品质盘条的市场占有率。QM 生产线也是国内首条在线索氏体化处理的专业化特钢线材生产线，能长期保持在线材领域技术与产品档次的领先优势。在保证原有高线产品结构的同时，能够生产超高强度桥梁缆索用钢盘条、海工钢丝绳用钢和高品质帘线用钢盘条等产品。将来，根据市场需要，可投建中间热集卷和加热隧道炉，开发高碳钢贝氏体线材、非调质冷镦钢丝、双相钢、高合金焊丝、免退火轴承钢丝、免退火弹簧钢丝等品种。

聚焦高强度轻量化高端前沿产品，不断技术创新和产品创新，引领国内精品线材。坚持优化现有的产销研模式，有效提升产品质量；坚持走中高端精品路线，稳步提升高档产品销量。坚持走国际化路线，确保出口销量逐年递增。坚持向产品深加工延伸，提高产品附加值。

第三十一章　天津荣程联合钢铁集团有限公司

一、企业概况

天津荣程联合钢铁集团有限公司（以下简称荣程钢铁集团）隶属于天津荣程祥泰投资控股集团有限公司（以下简称荣程集团）。荣程集团是天津知名大型民营企业，集团总资产377亿元，现已形成钢铁能源、经贸服务、数字科技、新能科技、文化健康五大主体产业。

荣程钢铁集团坚持与城市和谐共生，打造先进材料生产研发基地，加快推进绿色低碳、数智驱动、产研协同发展，形成以摩根6代高速线材轧机、国内首条1100毫米全连轧带钢生产线、合金大棒生产线等为代表的先进装备集群和带（钢）、线（材）、棒（材）等主要产品系列，战略新兴产品占比持续提高，吨钢碳排放国内领先；高标准建设5G+智慧工厂，铁前及智慧物流系统成功上线；天津首个院士协同创新中心、荣程钢铁博士后实践基地、企业科协与外部院所联合联动，加快科研成果产业化，牵头并参与制定多项国家及行业标准，综合竞争力持续位居冶金行业前列，为制造强国、质量强国、双碳等国家战略助力蓄能。

二、历史沿革

1992年，张祥青、张荣华夫妇于1992年投身废钢贸易，与北京首钢签订废钢渣采购合同，对废弃料精选后再发运到唐山丰南交易，开始创业资金原始积累，为企业未来的后续发展奠定基石。

1994年8月，成立唐山丰南顺达冶金原料厂，通过烧结矿废物利用的方式，成为业内低成本经营的典范。

1998年4月，组建唐山丰南冀发特种钢材有限公司，在同行业率先使用高炉煤气生产烧结矿。同年10月，丰南冀发电炉第一炉钢水喷涌而出。

1999年10月26日，唐山市合利钢铁厂成立，仅用3天的时间就顺利出铁，使原有倒闭企业实现月内复产。

2000年5月28日，采用热装富氧技术的唐山合利钢铁厂首座13立方米高炉投产。同年12月31日，首创国内单机单流（180毫米×230毫米）技术，小转炉大方坯顺利投产。

2001年4月28日，改组成立天津荣程钢铁厂。2.8亿元的投资，从获知、洽谈，到合同生效，只用了短短的14天。次月，年产能力30万吨的300立方米高炉开炉，当年即实现利税2300万元。

2002年1月29日，丰南冀发特种钢材有限公司首座竖炉白灰窑投产。同年10月8日，36平方米烧结机如期投产。

2003年2月28日，天津荣程首座拥有年产铁水百万吨能力的588立方米高炉点火投产。同年12月15日，荣程集团与澳大利亚力拓罗泊河矿业签署10年长期协议。

2004年2月26日，天津荣程首条中宽带轧钢线投产，自此结束有钢无材的历史。同年4月28日，作为当时津唐地区行业内最大的百吨转炉投产，实现连铸连轧。截至2004年，天津荣程共外运铁水近300万吨，行程12万公里，相当于绕地球3周。

2005年，天津荣程建成投产全国行业内最大的四机四流380毫米×580毫米方坯连铸机。截至当年年底，营业收入突破100亿元，自此荣登天津市百强私营企业第一位并保持至今。

2006年8月1日，作为津唐地区冶金行业内最大的综合利用发电项目，25兆瓦煤气发电机组顺利实现并网发电。

2007年5月1日，天津市重点项目——100万吨精品高速线材生产线举行开工奠基仪式。该项目引进国际先进的美国摩根第六代装备，能够生产多种材质和规格的精品线材产品。同年8月，如期偿还完2.8亿元买断金，并实现建厂以来利税近28亿元的最高纪录。

2008年6月1日，作为津唐地区全行业内第一家具备最大日处理48000立方米能力的污水处理及综合利用项目在天津荣程竣工投入使用，自此实现废水零排放、生产用地下水零开采。

2009年，面对依然严峻的金融危机影响，张荣华主席提出“坚持五项原则和‘226’工作方针”，保增长、渡难关、上水平。4号高炉、150万吨链箅机回转窑等又一批产业结构优化升级项目建成投产。

2010年1月，天津荣程能源管控中心建设示范项目启动，该项目被国家工信部列入全国冶金企业首批示范项目之一。

2011年，“十二五”开局之年，精品高速线材二期顺利投产。同年7月，230平方米烧结机建成投产，天津荣程环境保护和节能减排再上新台阶。

2012年2月，5号高炉开炉点火并顺利出铁。同年，“荣程联合”牌热轧盘条被授予天津市名牌产品称号。

2013年2月，荣程集团自筹9亿元建设的、国内领先的100万吨精品合金钢棒材项目正式竣工投产，自此荣程集团钢铁产业产品结构得到极大优化提升。同年12月，265平方米烧结机正式全面联动试车成功。

2014年，顺利入围《钢铁行业规范条件》企业名单（第二批）。同年7月，荣程集团被国家工商总局公示为2012~2013年度全国“守合同、重信用”企业。

2015年，钢铁主业稳中有进，优（级）特（级）钢比例、职工人均收入等均增长10%。

2016年，顺利完成未批先建项目现状环境影响评估，天津荣程成为天津市首家通过环保备案的钢铁企业，为公司生产经营环保手续合法化画上了圆满句号。

2017年，这一年，钢铁产业稳中求拓，经营发展取得非凡成就。企业被冶金工业规划研究院评为2017年钢铁企业A级（竞争力特强），入选中国冶金报社首届中国钢铁企业品牌排行榜“十大优秀品牌钢铁企业”。先后获批《螺纹钢生产许可证》《轴承钢生产许可证》，并通过《新IATF16949汽车质量管理体系认证》。

2018年，荣程集团荣获“全国冶金绿化先进单位”荣誉称号，是该奖项开展评选活动以来，首家获得此殊荣的民营企业，荣获《中国冶金报》2018年度“十大卓越建筑用钢生产企业品牌”、绿色钢企万里行“绿色发展标杆企业”荣誉称号，并荣获《中国冶金报》“钢铁行业改革开放40周年功勋企业”奖。同年，天荣公司炼钢2号连铸机启动升级改造。

2019年，4号高炉热风炉脱硫超低排放改造项目正式投入运行，国内首条1100毫米全连轧带钢生产线在荣程投产，对荣程集团进一步转型升级、丰富钢铁产品结构、提高产品精度、抢抓市场机遇、提升产品市场竞争力具有重要意义。荣获2019年中国钢铁品牌榜“优秀钢铁企业品牌”称号；天荣公司炼铁厂5号高炉车间荣获2019年度全国钢铁工业先进集体，荣程钢铁集团荣获“绿色工厂”称号；钢铁集团入选新华网“2019最具影响力绿色发展企业品牌”，获评2019年钢铁企业综合竞争力A级（竞争力特强），荣获“天津市市级高新技术企业认证”。

2020年，荣程钢铁获得国务院授予的“全国文明单位”荣誉称号，再次被评为“中国钢铁企业综合竞争力特强A级”企业；高线车间获得天津市授予的“模范集体”荣誉称号；同时，荣获“全国带钢钢厂优质品牌”“热轧带钢十大优质品牌”“华北工业线材行业优质生产品牌”“全国工业线材行业优秀钢厂品牌”“全国优特钢生产企业优质品牌”“全国优质废钢加工配送企业”等多项荣誉称号。

2021年，荣程钢铁集团高炉煤气精脱硫项目正式投用，荣程钢铁集团天荣公司荣获天津排放权交易所有限公司“2020年度绿色发展先锋奖”，荣膺“2021年中国卓越钢铁企业品牌”荣誉称号，荣获“2020—2021年度全国带钢钢厂优质品牌”及“全国带钢钢厂人气企业”两项大奖，获评“2021绿色发展标杆企业”，荣获“华北区域紧固件用钢优质生产企业”，1100毫米全连轧带钢生产线喜获2021年钢铁行业设备管理与技术创新成果二等奖，自主研发的大规格高强度钢绞线、高速轨枕钢丝、LNG低温储罐用预应力钢绞线、超高强度预应力钢绞线用系列盘条被评定为国际先进水平，荣程钢铁集团自主研发项目获“天津市科学技术成果鉴定证书”。

2022年，年度新增获授权专利18件，首次荣获天津市专利优秀奖，起草、制订27项国家、行业、团体标准，2项产品标准获得“领跑者”称号，预应力钢丝及钢绞线用热轧盘条经中国钢铁工业协会认定，荣获我国钢铁产品实物质量水平认定的最高奖项——“金杯优质产品”称号，填补荣程钢铁金杯奖的空白，产品成功应用于北京冬奥会、卡塔尔世界杯主要场馆建设。首次荣获天津市科学技术进步奖，首次获评天津市制造业单项冠军企业，首次获得全国质量标杆，获批海河教育园区产业创新中心，顺利通过国家级高新技术企业再认定。天荣公司顺利通过生态环境部超低排放验收审核，并在中国钢铁工业协会网站公示。

三、特色工艺装备

精品高速线材生产线项目，共建设两条世界先进的精品高速线材生产线，于2007年5月1日开始筹建，2008年9月份正式进入试生产阶段，总投资达11亿元。

两条生产线均引进美国摩根公司第六代最先进的高速线材轧制技术和设备，设计最高轧制速度120米/秒，年产量150万吨。全线采用计算机控制系统，可实现数据加工与坯料跟踪分析、坯料温度和过程温度控制，实现全线轧制过程的自动控制。采用全套摩根控制冷却系统，可实现全线控制轧制与控制冷却。产品精度可达0.01毫米，可生产ϕ5.0~25毫米的多品种、多规格产品，最大压缩比可达到2500多倍，盘重3.1吨，主要产品包括：钢绞线、焊条钢、冷镦钢、轴承钢等高端产品，多项技术填补了国内空白。

四、主要成果

2012年，“荣程联合”牌热轧盘条被授予天津市名牌产品称号，2020年高线车间获得天津市授予的“模范集体”荣誉称号；同时，荣获“华北工业线材行业优质生产品牌”“全国工业线材行业优秀钢厂品牌”等多项荣誉称号。

2021年，自主研发的大规格高强度钢绞线、高速轨枕钢丝、LNG低温储罐用预应力钢绞线、超高强度预应力钢绞线用系列盘条被评定为国际先进水平。

2022年，预应力钢丝及钢绞线用热轧盘条经中国钢铁工业协会认定，荣获我国钢铁产品实物质量水平认定的最高奖项——“金杯优质产品”称号。

2023年5月，圆满完成科技成果鉴定相关工作，其中线材项目“高铁轨枕预应力钢丝用盘条的研发”获得国际领先水平的评价。

公司董事会主席张荣华先后当选或荣获：第十四届全国人民代表大会代表、中国民间商会副会长、中华全国工商联女企业家商会会长、全国劳动模范、全国抗击疫情民营经济先进个人、中国钢铁工业协会中国金属学会冶金科学技术奖、中国杰出贡献女企业家、天津市优秀中国特色社会主义事业建设者。

五、未来展望

迈进新时代，踏上新征程。集团始终坚持以数智化转型绿色低碳高质协同发展为主线，以稳健高质、增收增盈为中心，坚持稳与拓双轮驱动、量与质双向提升，强化融合协同，努力争做产业链融合者、新模式叠变的创新者、新时代新理念的践行者，以高质量发展的责任与使命，实干担当，为经济发展贡献荣程力量。

第三十二章　辛集市澳森特钢集团有限公司

一、企业概况

辛集市澳森特钢集团有限公司（以下简称澳森特钢）创建于2002年，是一个年轻、充满朝气的企业，在社会各界朋友的大力支持和密切合作下，经过十余年的艰辛创业和发展，现已具备多方面的竞争优势，成为国内外有一定声誉的钢铁企业，现为中国钢铁工业协会会员单位、河北省冶金行业协会常务理事单位、中国钢结构协会线材制品行业分会会员单位。

（一）组织架构

澳森特钢建立了满足现代企业发展的组织架构（见图4-32-1）。

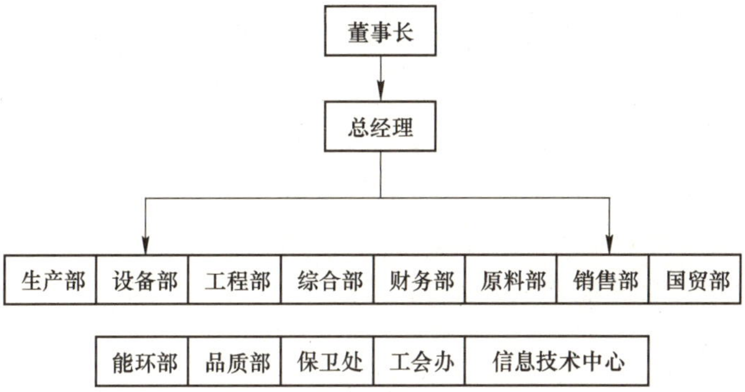

图4-32-1　澳森特钢组织架构

（二）产能规模

澳森特钢在原辛集市赵马贝氏体钢总厂的基础上发展而来，是集烧结、炼铁、炼钢、轧钢、焦化、物流为一体的钢铁联合企业，具备年产铁、钢、材各360万吨规模的配套生产能力；现有员工6300余人，总资产75亿元，固定资产55亿元；先后通过ISO9001、ISO14001、OHSAS18001、OHSAS10012认证和能源管理体系认证（中国船级社认证）。

澳森特钢采用高炉炼铁、转炉炼钢、炉外精炼和连铸连轧工艺，生产方坯、板坯、高速线材和热轧带钢产品，包括：工业拉丝用高速线材、标准件用钢、建筑用钢、优质碳素结构钢、预应力钢绞线用钢、焊接用钢、弹簧钢以及中宽带钢。具备X射线荧光光谱仪、ARL直读光谱仪、蔡司金相显微镜等先进质量检测仪器。目前产品畅销京、津、沪、冀、苏、浙、粤等地，并远销中国台湾、新加坡、韩国、越南、菲律宾以及欧洲等国家和地区。

（三）研发产品开拓市场

45 号、55 号、60 号、65 号、70 号、80 号、C72DA、C82DA 等系列优质碳素结构钢，主要销往山东、沧州、邢台隆尧市场，主要用于通信光缆钢丝、钢丝绳、弹簧钢丝、钢钉排钉，其中 C72DA、C82DA 主要用于轮胎胎圈、刹车线、座椅等汽车制造领域。

SWRH82B、SWRH77B 等系列预应力钢绞线用钢，主要销往天津、河南、广州、湖南、重庆等预应力钢绞线市场，市场占有率 25%；主要用于桥梁、建筑、水利、能源、核电、隧道、缆索、矿山支护、岩土工程等。

ER70S-6、H08A 焊丝系列焊接用钢，主要销往保定、天津、山东、江苏市场，市场占有率 50%；主要用于船舶、锅炉压力容器、桥梁、铁路、机车车辆、石油化工、冶金各类机械制造等国民经济领域。

Q195、Q235、SAE1006、SAE1008B 等普碳系列的工业拉丝用高速线材，主要销往全球最大的安平、定州、晋州、天津等市场，安平市场占有率 40%；主要用于丝网、镀锌丝、畜牧农林用围栏网等，其中 SAE1006、SAE1008B 远销中国台湾、新加坡、韩国、越南、菲律宾、伊朗以及欧洲等国家和地区，主要用于石笼网、格宾网、五金产品等。

AS08、195M、35K、22A、20Mn2A、10B21 等冷镦系列标准件用钢，主要销往永年标准件市场、南通标准件市场和山西市场；主要用于螺丝、螺母、螺栓、钢钉、铆钉、链条、五金、仪器仪表、各种机械及汽车行业等。

二、主要成果

澳森特钢自 2005 年起，连年被评为中国制造业 500 强企业、河北百强企业。河北省工商联发布 2022 河北省民营企业 100 强、制造业 100 强、服务业 100 强，民营企业社会责任 100 强榜单和民营企业发明专利 100 强，民营企业营业收入 100 强中第 31 强，制造业民营企业 100 强中第 28 强。荣获中国钢铁工业协会冶金产品实物质量认定（金杯奖）。中宽带钢、高速线材产品荣获“河北省优质产品”。

三、发展优势

澳森特钢具备得天独厚的钢铁企业区位优势：位于河北省会石家庄东 60 公里，西接太行，拥有丰富的铁矿和煤炭资源；东临渤海，具备便利的港口物流条件；北接京津，紧邻全球最大的安平丝网市场、永年标准件市场和天津钢绞线市场，位于环渤海经济圈核心区域。目前与世界第一大矿山巴西淡水河谷 VALE 和澳洲第三大矿山 FMG 签订了长期矿产资源战略合作协议，与杭州热联、上海久茂、五矿集团、北新建材、冀中能源等公司结为战略合作伙伴，并得到中国建设银行、中国农业银行、农村信用社、华夏银行、光大银行、张家口银行、民生银行的金融授信支持。目前产品畅销：京、津、沪、冀、苏、浙、粤等地，并远销中国台湾、新加坡、韩国、越南、菲律宾、伊朗以及欧洲等国家和地区。

四、企业文化和理念

企业文化：诚信立足　创新致远。

公司理念：澳森特钢秉承“志存高远，海纳百川；明善诚身，敬天爱人”的经营理念，立志为实现全体员工幸福、为中国社会进步做出应有的贡献。

志存高远：男儿有志，目标远大；

海纳百川：虚心求教，有容乃大；

明善诚身：个人修养，经营管理之本源；

敬天爱人：以人为本是出发点也是终极目标，天人合一。

让每一名员工实现物质丰裕、精神充实、心灵美好、充满宇宙正能量的幸福人生！用精品和服务奉献社会，报效祖国；用澳森精神和赤诚之心，影响世界，感动天地！

我们倡导“以人为本促和谐、品质至上求高远”的发展理念，为员工创造良好的工作和生活环境，为客户竭诚提供优质的产品和一流的服务，为社会创造更多的价值和财富，努力实现企业、客户、社会三方共赢。我们坚持名牌名企的发展战略，努力把在业界享有一定声誉的澳森产品培育成全国性知名品牌。

五、未来展望

澳森特钢推行“低碳经济，绿色制造”，2014 年通过国家工信部钢铁行业规范条件准入，在此基础上，又开展了污水深度处理、原料大棚密闭及各工艺产尘点位治理设施的升级改造等系列工作。

追求永无止境，发展没有终点。市场经济中挑战与机遇同在，面对激烈的市场竞争，我们将创新经营理念，深入推广精细化管理，扎实降本增效，改善产品结构，狠抓产品品质，塑造品牌形象，培育澳森特色文化，提高企业核心竞争力，为成就一流钢企、熔铸澳森百年基业夯实根基！

第三十三章 陕西钢铁集团有限公司

一、企业概况

陕西钢铁集团有限公司（以下简称陕钢集团）成立于2009年8月，是陕西省委、省政府为振兴钢铁产业而组建的钢铁企业集团。2011年12月重组加入世界500强企业陕煤集团，成为其控股子公司，属于陕西省国资委监管的重要子企业，是陕西省唯一国有大型钢铁企业。陕西钢铁集团办公大楼如图4-33-1所示。

图4-33-1 陕西钢铁集团办公大楼

二、历史沿革

陕钢集团的历史可以追溯到1958年成立的地方国营韩城县龙门炼铁厂，1984年与陕西省韩城焦化厂和陕西省化工厂合并成立陕西省韩城铁厂，1992年更名为陕西龙门钢铁总厂，1994年陕西龙门钢铁总厂西安轧钢分厂主体工程开工，2002年3月改制为陕西龙门钢铁有限责任公司，实现了工厂制向公司制的转变，同年11月更名为陕西龙门钢铁（集团）有限责任公司，2009年8月组建陕西钢铁集团有限公司。

三、产能规模

陕钢集团目前总资产416亿元，2019年完成钢铁产量1318万吨，员工1.8万人。拥有西安集团总部和龙钢公司、汉钢公司、龙钢集团、韩城公司、产业创新研究院公司5个主要子公司。其中龙钢公司、汉钢公司为钢铁主业生产企业，产能规模分别为700万吨和

300 万吨；龙钢集团为非钢多元产业；韩城公司是大宗原燃料采购、钢材销售及物流运输等经营板块；产业创新研究院公司为科技创新和新产品研发平台。

陕钢集团现有 1 座 2280 立方米高炉、3 座 1800 立方米高炉、3 座 1280 立方米高炉，1 台 450 平方米烧结机、1 台 400 平方米烧结机、3 台 265 平方米烧结机，4 座 120 吨转炉、4 座 60 吨转炉及配套轧钢系统，所有设备全部符合国家工信部钢铁行业规范条件，在中国西部同类型企业中处于领先水平。

四、优势

陕钢集团主要产品为“禹龙”牌系列建筑钢材和精品板带，广泛应用于国家及省级重点项目工程，在西安、成都、兰州等市场具有较高的知名度，先后荣获“陕西省著名商标”“国家冶金实物质量金杯奖”“全国免检产品”等荣誉称号。

2018 年，陕钢集团 2018 年粗钢产量 1138 万吨，实现利税 50 亿元，荣获“全国五一劳动奖状”，综合竞争力进入全国钢铁企业 A 类（特强）。2019 年，粗钢产量 1245 万吨，位列全国钢铁企业第 16 位，全球钢铁企业第 33 位，实现利税 41 亿元，综合竞争力蝉联全国钢铁企业 A 类（特强）。2020 年，陕钢集团克服疫情影响，生产粗钢 1318 万吨，同比增长 5.83%，实现利润 7.51 亿元。2021 年粗钢产量 1239 万吨，实现 5 年连续盈利，呈现出连续盈利的良好发展态势。

陕钢集团树立“发挥国企优势、学习民营机制”改革理念，深化市场化经营机制改革，实施职业经理人制度；建立“党建领航、班子引领，干部走在前列”工作机制；健全各级法人治理结构，深化三项制度改革。2018 年入选国务院国企改革“双百行动”，改革成果入选国务院国企改革案例集，三项制度改革被国务院国资委评为 A 级，并在陕西省国资委改革考核评价中被评为 A 级，荣获 2019 年“改革先锋”荣誉称号。2020 年 12 月 9 日，国务院国资委在北京召开《改革样本》新书发布会，陕钢集团做了现场交流发言，此次交流发言仅有 5 家单位，其中中央企业所属“双百企业”3 家，地方“双百企业”2 家。

面向未来，陕钢集团将以党的十九大精神为引领，着力构建“陕西千万吨钢千亿产业集群”，重点打造西安钢材仓储物流、加工配送和供应链金融基地，韩城“煤焦电钢化”循环产业生态圈，汉中钢材制品产业集群三大基地，真正将陕钢集团打造成为我国西部最具竞争力的高端钢铁材料服务商，建成美丽幸福新陕钢！

五、陕钢集团产业创新研究院有限公司

陕钢集团产业创新研究院有限公司（以下简称“创新研究院”）成立于 2019 年 9 月，是陕西钢铁集团有限公司的控股子公司，由陕钢集团与汉中市投资控股集团有限公司、勉县国有资产经营有限责任公司联合携手共建，注册资本金 1000 万元，科技研发投入累计 6.16 亿元，现有职工 103 人，本硕学历以上占比 94%。

（一）打造钢铁材料研发、销售、服务一体的创新机构

创新研究院是一家集钢铁材料技术与产品研究开发销售、钢铁行业信息咨询、钢铁下

游产业投资、理化检测实验服务等为一体的技术创新型企业，是陕煤集团的“科研管理试点单位”，被陕西省国资委列为“赋予科研人员职务科技成果所有权或长期使用权试点单位”，通过陕西省企业技术中心、国家高新技术企业认定，先后荣获“陕西省先进集体”、中国物资电子商务“百家联盟企业”荣誉，产学研合作项目成功列入陕西省高校工程研究中心建设名单，7 项产品列为省级重点新产品，1 项产品荣获陕西省重点新产品认定；先后被列为汉中市企业技术研发中心、汉中市 2021 年度高能级创新服务平台建设工作优秀科技创新平台。

（二）秉承“五创新、五聚集”发展理念

在新的历史机遇下，创新研究院将以陕钢集团“125448”发展战略为统领，秉承“五创新、五聚集”发展理念，围绕“推进产品结构转型升级，建设钢材制品产业集群”发展使命，紧盯“打造中国西部最具竞争力的钢铁产业技术创新中心和新产品研发平台”发展目标，以科技创新为驱动，以数字化、信息化、智能化为方向，整合集团优势资源，做实新产品研销一体化平台和产业链集群化发展平台，以创新链带动技术链，以技术链带动产业链；推动产业转型发展，打造陕钢集团钢材产品谱系，形成“高强建材、优质线材、特钢棒材、精品板材”的多元化产品结构，为实现把陕钢集团“打造成为中国西部最具竞争力的高端钢铁材料服务商，建设美丽幸福新陕钢”的愿景而努力奋斗，助力陕西省钢铁工业高质量发展。

六、陕钢集团线材及线材深加工

陕钢对品种钢线材的探索从 2013 年生产的第一批硬线 60 钢开始，此后相继开发了预应力钢丝及钢绞线用热轧盘条 YL82B，焊接用钢 ER70S-6、H08A 盘条，预应力混凝土钢棒用热轧盘条 30MnSi 等产品，品种钢线材产品谱系不断扩展，截至目前已经延伸到优质碳素钢、拉丝材、焊材、钢绞线、帘线钢等领域。

近年来，产量也在飞速增长，从最开始的试制阶段，到 2023 年 10 月品种钢线材年产量已经达到 80 万吨，预计 2024 年将达到 150 万吨。经过一代代专业技术人员的攻坚克难、不断进取，品种钢线材质量也在稳步提升。

陕钢集团汉钢公司现有两条双高线、一条单高线，品种钢线材产品主要在双高线及单高线生产，此生产线粗中轧轧机均为短应力轧机，目前主要生产 $\phi 6 \sim 16$ 毫米规格的盘螺、盘圆及品种钢线材。单高线采用全进口美国摩根六代机组、减定径和吐丝机等国际先进设备，主要用于生产中高端优质线材。

陕钢集团汉钢公司参股汉中禹龙科技新材料有限公司，依托汉钢公司的高速线材原料基地，专业生产低松弛预应力钢丝、钢绞线。同时与汉中和信金属制品有限公司、陕西吉力达丝绳智造有限公司、成都金桥焊材有限公司、四川元通银丰钢绞线有限公司、重庆达陆钢绞线有限公司、巩义市恒星金属制品有限公司、成都邦维建材有限公司等开展深度合作，开拓区域性市场。

第三十四章　天津市光泽金属制品有限公司

一、企业概况

天津市光泽金属制品有限公司（以下简称光泽金属制品）始建于 1996 年 8 月 1 日，坐落于天津市静海区双塘高档五金制品产业园崔杨路 8 号，法人代表：张文革，公司建厂初期注册资本：70 万元，1 条预应力钢丝生产线，发展到目前，注册资本 5000 万元，10 条全自动预应力钢丝生产线，预应力钢丝年销售额达 3 亿元。其中输水管用冷拉钢丝年销售达 5 万吨，配备各种专业技术人才 20 余人，给予钢丝质量有力保障，能生产各种规格型号的预应力混凝土用钢丝，年生产能力达 12 万吨。环保方面配有全套的污水处理设施，按国家要求低碳排放，排放达到国家标准。

二、产品定位

光泽金属制品二十年如一日，自主研发、不断创新，见证（PCCP）输水行业发展历程，通过与（PCCP）输水管业公司合作，研发出第一根应用于预应力混凝土（PCCP）输水管用冷拉钢丝，见证了冷拉钢丝的从无到有、稳定生产、大力推广，到目前被广泛应用的过程，以及钢丝质量在制管产品当中的重要性。目前输水行业对冷拉钢丝质量提出了更高的要求，公司努力研发，迎难而上，努力把预应力钢丝产品做大做强，为国家（PCCP）输水行业保驾护航。

三、企业优势

光泽金属制品是全国专业生产各种规格、型号预应力钢丝的知名企业，与全国多家输水制管龙头企业保持长期合作关系，公司技术力量雄厚，设备先进、检测手段完备，公司配备所有钢丝质量检测设备。在 2003 年就通过了 ISO9001 质量体系认证，并荣获 2012～2016 年天津市守合同重信用企业、天津市著名商标、天津市名牌产品、安全生产标准化企业、天津市科技型企业、工会先进集体等荣誉称号。

四、产品在重点工程应用

光泽金属制品生产的预应力混凝土（PCCP）用冷拉钢丝 ϕ4.0～7.0 毫米产品累计销售达 60 万吨，近年应用于国内输水项目：引绰济辽工程、引大济湟工程、引江济淮工程、滇中引水工程、浙东引水工程、龙河口输水项目、南水北调输水工程、引汉济渭供水工程、济西二期供水项目、裕龙石化输水项目、麒麟湖水库供水项目、巢湖市长江供水工程、福清市闽江调水工程、胶东半岛战略水源项目、湖南毛俊水库灌溉工程、北海电厂二期扩建工程、郑开同城东部供水项目、四川省内江供水管道工程、小浪底南岸灌区采购项目、北海市铁山港区供水工程、新安县三河供水枢纽工程、青岛棘洪滩水库引水工程、天津石化南港乙烯输水工程、鄂北地区水资源配置（PCCP）、汕尾市区供水节水改造项目、四川绵阳（PCCP）引水工程、莆田金钟（PCCP）引水工程、延安黄河（PCCP）引水工程、山西引黄（PCCP）供水工程、甘肃404核试验基地供水工程、广西玉林（PCCP）供水工程、郑州牛口峪（PCCP）供水工程、江西广昌（PCCP）供水工程、银川都市圈东、西线输水工程、孟州管道工程PCCP供应项目、安徽省龙河口引水工程2标段、福清市闽江（PCCP）调水工程、环北部湾广东水资源采购项目、华电丰盛汕头电厂循环水工程、湖南资水犬木塘水库PCCP项目、永城市城市建设集团PCCP输水、内蒙古兴安盟（PCCP）供水工程、新疆尼勒克（PCCP）输水工程等国家大型输水工程。

五、企业开拓国际市场

光泽金属制品生产的ϕ2.5~10.0毫米预应力混凝土用螺旋肋钢丝除应用于国内轨枕厂及水泥制品企业，并出口巴西、土耳其、越南、菲律宾、加拿大、孟加拉国及俄罗斯等国家，得到广泛认可。

六、企业文化

公司始建至今，从没有一次失信个人及单位之举，可见视信用何其重也，公司将继续沿着重质量、抓党建、广积累、促发展之路线稳步前进。

光泽精神：艰苦创业、不忘初心。

光泽宗旨：诚信经营、强国富民。

第三十五章　天津市天洋发线材有限公司

一、企业概况

天津市天洋发线材有限公司成立于2007年，致力于发展成为国内一流的高中低碳钢丝和铁丝网系列产品制造企业，公司占地120亩，建筑面积80000平方米，总资产8亿元，引进先进的生产设备和加工工艺，投资了10条热镀锌生产线、2条预应力钢绞线生产线、2条镀锌预应力生产线。年生产镀锌丝120000吨，各种钢绞线60000多吨，从业人员400余人。随着公司规模扩大及业务需求，天洋发线材公司成立了自己的子公司天津市恒源泰线材有限公司、天津市恒润钢绞线有限公司。

公司主要生产各种规格热镀锌钢丝、铁丝、锌铝合金丝、养殖笼丝、电力钢绞线、预应力钢绞线、棉花打包丝、围栏网专用丝、蔬菜大棚专业丝、石笼网丝、桥梁缆索钢丝、刺丝以及改拔制钉丝等系列产品。

公司一直坚持“以质量求生存，以信誉求发展，以市场为导向，向管理要效益”的企业理念。

二、历史沿革

（一）起步阶段

2003年天津天洋发集团董事长周玉和带领一批怀有共同追求的创业者们，接手了村里一个长期停产、厂房破旧的工厂，成立了天津市长盛金属制品有限公司。在没资金、没技术、没市场、没人才的困难条件下，周玉和带领大家找资金、建厂房、学技术、抓订单，短短5个月，便让停产多年的车间又焕发了青春。

（二）不断成长阶段

从2003年建第一条生产线开始先后攻克了多项低碳钢丝生产技术，相继建成了拉拔、热镀等生产线，开发了一部分国内市场，逐渐在行业里站住了脚跟。后续2004年增加第二条生产线、2006年增加第三条及第四条生产线。4年时间就完成了从无到有、从零到一的跨越，期间不断完善、解决公司的生产制度、生产安全、产品质量等问题，并招揽了一大批人才为公司的后续发展打下了良好的基础。

过硬的产品质量，客户满意度不断提高，但产量不能满足客户需求，2007年将公司迁址到静海县双塘镇杨家园村开发区，成立了第一个直属企业天津市天洋发线材有限公司，主要以研发、生产、销售低碳钢丝为主。

2008~2009年期间又增加3条生产线，年产量可达8万吨。并与天津市运城钢绞线有限公司合作，参与钢绞线的研发、生产和销售。

2013年投资4000万元改进设备，增加锌铝合金丝产品，为后续开拓市场打下了重要的基础。锌铝合金丝是纯镀锌丝的升级产品，其耐腐蚀程度高出纯锌的1~3倍，而在GALFAN基础上开发出的更具耐腐蚀性的产品，耐腐蚀程度高出纯锌2~5倍，主要应用于酸性高腐蚀地区的堤坝建设。经过几年的沉淀于2018年成立了以研发、生产和销售桥梁缆索钢丝、预应力钢绞线和镀锌预应力钢绞线的天津市恒源泰线材有限公司及天津市恒润钢绞线有限公司，两个分公司共计14条生产线，年产180000吨，成立了天洋发集团，产品远销全国及海外。

（三）全面提升阶段

天洋发深耕金属线材领域20多年，虽然相对是起步较晚的从事金属线材的企业，但后来者居上，拥有完善的研发体系、配套的生产线、严格的质量把控，得到广泛客户的认可。并得到多项荣誉和资质："天津市著名商标""天津市名牌产品""天津市百强私营企业""守合同重信誉单位""天津市高新企业"《环境管理体系认证证书》《矿用产品安全标志证书》《交通产品认证证书》《职业健康安全管理体系认证证书》《质量管理体系认证证书》。

三、科技引领，取得进步

（一）参与标准制定，提升制造水平

2020年受中国钢铁协会邀请，与宝钢集团南通线材制品有限公司、奥盛新材料股份有限公司、贵州钢绳股份有限公司、中铁大桥局集团物资有限公司、天津华源线材制品有限公司、深中通道管理中心、冶金工业信息标准研究院及天津市恒源泰线材有限公司共同参与商议起草了团体标准T/CISA 145—2021《桥梁缆索用锌铝镁合金镀层钢丝》。本文件规定了桥梁缆索用锌铝镁合金镀层钢丝的术语和定义、分类标记订货内容、尺寸、外形、重量及允许偏差、技术要求、实验方法、检验规则、包装、标志及质量证明书等。

（二）以质量为保证，开拓国内外市场

靠科学的管理手段、先进的设备和严格的工艺流程、强烈的事业心，赢得了广大用户的信任和好评。产品先后应用到国家重点工程建设，如大唐电站投资建设山地柔性支架、与长沙铮柔公司投资合作浙江黄村项目、与汇耀品尚能源科技投资合作唐县军城镇柔性支架项目等。产品销往河北、河南、山东、东北、内蒙古、山西、陕西、广东等全国30多个省市，并且出口到东南亚、欧洲、美洲等多个国家和地区。

四、未来展望

新时代，新起点，新征程。天洋发集团将以长远的思想和广阔的眼光把握趋势，充分

利用以往成功要素，发扬天洋发“以质量求生存，以信誉求发展，以市场为导向，向管理要效益”的企业理念，为了事业好、为了团队好、为了家庭好、为了社会好的发展宗旨，经营创新、管理创新、科学创新，为打造全球运作、多元发展、员工幸福的百年企业而努力奋斗。

第三十六章 天津市五金线材工业公司

一、天津市五金线材工业公司成立前

（一）1908~1936年私营民族工业兴起时期

1908年民族资本投资白银一万余两，引进日本拔丝制钉设备和技术，建立天津铁丝铁钉厂，开始生产和经营黑铁丝、圆钉。这是天津近代工业史上的第一个线材制品厂家。

1927年华商王朝卿又投资银圆5000元，购进日本机器、聘用日本技师在天津创办“东和”制钉厂，生产小圆钉，日产量百斤左右。其后“大和”“合记”“永济”“利达”等私营厂相继建立，至此，天津线材制品的近代工业初步形成。

到1936年天津线材制品业的私营厂、作坊已达36户，从业人员625人，拔丝制钉设备虽已达204台，但多数厂家设备简陋，生产以手工操作为主，生产经营均为加工性质，主要产品为圆钉、黑铁丝、铜丝、罗底等。

（二）1937~1945年日本帝国主义侵华时期

日本帝国主义出于经济掠夺及生产战争物资的需要，日本军政人员和少数商人在天津先后开办“兴亚钢业株式会社”“中山钢业所”“北洋五金制造株式会社”“和信”“新大路”等厂，并垄断了天津的线材制品业，使大部分民族资本企业倒闭或转产，个别厂户以替日本工厂加工维持生产。这个时期的主要产品有镀锌铁丝、钢丝绳、刺铁丝、木螺丝、圆钉等。

（三）1945~1948年国民党政府接收日本在天津工厂时期

由于接收后经营管理不善，生产不正常。全市线材制品业处于停产状态。这个时期的私营工厂及作坊为86户，主要生产圆钉、黑铁丝、窗纱、铜丝、罗底等。

（四）1949~1952年国民经济恢复时期

天津解放后人民政府接管并改造原官僚资本企业，短期内即恢复了生产，随后通过贯彻“全国钢铁恢复与发展计划”，国营企业获得进一步发展。这时“西华”“裕华”“百胜”“河北”“新华”“建华”“联华”等9个国营厂相继建立，成为天津初具规模的线材制品业的基础和骨干，仅天津钢厂一分厂（原“中山”后“五金属”）、天津钢厂二分厂（原“兴亚”后“一绳”）、天津铁丝厂（原“北洋”后“一金属”）三个厂的产量即由1949年的3654吨提高到26408吨，窗纱由620匹增加到42000匹，并生产出国家急需的盐井钢丝绳、军用被复线钢丝等新品种。而各私营企业的经济活力通过政府扶植及国营经济的指导，发展更为迅速，到1952年已发展到252户（含作坊），从业人员3562人，设备增至1296台，线材制品产量达9910吨，窗纱达12404匹。主要品种为黑铁丝、镀锌铁丝、窗纱、圆钉、钢丝绳、刺铁丝等。

1952年，天津市政府将天津钢厂以外的国营厂合并成立天津市联合制钢厂，下属第四、五、六、七、八、九、十共7个生产线材制品分厂。

二、天津市五金线材工业公司成立后

（一）1953~1957年第一个五年计划时期

“一五”期间，天津市重工业局调整联合制钢厂成立第一、二、三铁丝厂，并开始对全行业私营厂户进行社会主义改造。1955年大成五金机械厂、中和熔接器材厂、享大拔丝厂实现了公私合营。

1956年1月天津市五金线材工业公司成立，同时实现了全行业的公私合营。在随之进行的行业改组规划中，结合技术改造，将公私合营初期的169个厂户第一次合并为32个厂。1956年全公司扩建、技术改造项目共122项，国家投资67万元，同年产量达7.2万吨，较合营前的1955年增长44%。1957年各企业通过改进企业经营管理，不断改善产品质量，镀锌铁丝、圆钉等产品达到和接近国内先进水平，窗纱达到出口标准，并试制出铸铁焊条和钛铁系焊条等项新产品。这个时期主要产品有黑铁丝、镀锌铁丝、镀锌刺丝、电焊条、中高碳钢丝、钢丝绳、铜丝、铜网、窗纱、罗底、各种圆钉。

（二）1958~1964年“大跃进”和调整时期

1958年7月，经上级决定，天津市五金线材工业公司撤销。

1959年5月，根据天津市工业体制调整需要，天津市五金线材工业公司第二次成立。这个时期由国家投资建成了天津市钢丝绳厂、天津市第四铁丝厂，并有部分区街办小型线材制品厂划归天津市五金线材工业公司，从而促进了全公司生产规模的更大发展。1959年全公司职工达1.1万人。这个时期主要产品为黑铁丝、镀锌铁丝、镀锌刺丝、电焊条、中高碳钢丝、钢丝绳、铜丝、铜网、窗纱、罗底、各种圆钉、木螺丝、微机螺丝等。

1962年全公司年产量下降至9.88万吨，同年精减职工1578人。1960年以后，全公司的生产转移到“调整、巩固、充实、提高”的轨道，进入恢复调整时期。1964年钢丝绳厂的针布钢丝、电焊条厂的TAB-188超低碳不锈钢焊条分获全国冶金系统民用新产品评比二、三等奖，并有支援农业、轻工市场的短线产品应市。1964年10月，天津市五金线材工业公司第二次撤销。

（三）1976~1979年国民经济振兴时期

1976年1月，天津市五金线材工业公司第三次成立。初期所属企业18个，其中全民企业12个、集体企业6个，职工总数11381人。主要产品为镀锌铁丝、黑铁丝、圆钉、钢丝、钢丝绳、窗纱、小型无缝钢管、粉末及粉末冶金制品、钻石工具、拉丝模等。

天津市五金线材工业公司第三次成立后，再次转入健康发展轨道。1979 年全公司总产量达 21.76 万吨，比 1976 年增长 35.5%。

（四）1979~1985 年新的国民经济调整和改革时期

1980~1981 年公司根据市、局指示进行企业调整，将第五、六金属制品厂和东方红制绳厂分别划归天津钢厂及天津纺织局。

党的十一届三中全会以来，积极推行全面质量管理，形成了完整的质量管理体系，有效地促进了各项产品质量的稳定提高。1985 年全公司获奖产品 28 个，质量稳定提高率达 89.66%，相应地提高了产品的竞争能力。

1980~1983 年，天津市五金线材工业公司还扩大了创汇产品的出口，以镀锌铁丝、圆钉、窗纱三项传统产品为主的出口累计量达 9.97 万吨，创汇 4103 万美元。各企业努力调整产品结构，增产市场紧缺的深加工、高效益产品，研制成功超长阶梯钢丝绳、镁青铜绳、不锈过滤网等高档产品。

（五）1984 年以来调整改革时期

天津市五金线材工业公司在企业改革中认真贯彻“对内搞活、对外开放”政策，引进了一批具有 20 世纪 70 年代末至 80 年代初水平的先进技术装备，大力加强经营管理，并在已脱产培训职工 5380 名的基础上制订了加强职工教育的措施，进一步促进了企业综合素质和经济效益的提高。1985 年天津市五金线材工业公司下属 18 家企业，其中全民所有制企业 11 家，包括第一钢丝绳厂、第二钢丝绳厂、金属制品实验厂、大成五金厂、第一金属制品厂、第三金属制品厂、第四金属制品厂、第五金属制品厂、第六金属制品厂、第八金属制品厂、钻石工具厂等；大集体企业 4 家，包括向阳拔丝厂、红旗线材厂、冷拔模具厂、粉末冶金厂；小集体企业 3 家，包括长征金属制品厂、新开麻绳加工厂、红桥铅丝制品厂。

主要产品有钢丝绳、钢丝、钢绞线、镀锌铁丝、圆钉、窗纱、不锈金属网、粉末及粉末冶金制品、钻石工具、拉丝模等十大类、67 个品种、近 200 个规格，形成一个较为完整的线材制品基本生产体系。先后成功研究开发、试制了大阶梯钢丝绳、小阶梯钢丝绳、飞机阻力伞钢丝绳、人造卫星不锈网、细规格不锈镀锌航空绳、铝包钢丝、铝包钢绞线、高压胶管钢丝、涂塑钢丝绳、多股不旋转钢丝绳、镁青铜绳等项新产品，填补了国家线材制品部分空白，为满足科研、电子、航天领域的技术需要发挥了重要作用。

航空钢丝绳、镀锌钢纹线、镀锌铁丝、架空线、H08MN2SiA 焊丝获国家质量银质奖，占全国线材制品业国家质量奖总数的 45.5%。冶金部优产品 15 个、市优产品 8 个，优质产品产值占公司总产值的 63.95%。镀锌铁丝、窗纱、圆钉为传统出口产品。镀锌钢丝绳、镀锌钢丝、预应力钢丝、轮胎钢丝、航空钢丝绳、镀锌铁丝、中细规格钢丝绳等中高档产品产量约占全国需求量的 50%。产品广泛应用于采矿、机械、电力、铁道、化工、林业、渔业、建材、纺织、轻工、军工各部门。

“六五”期间，即 1981~1985 年，天津市五金线材工业公司所属企业产品总产量达

119.8万吨，约占全国产量的三分之一，居全国首位。优质品率及新产品、新技术开发均处先进位置，是我国线材制品生产重要基地之一，实现了“六五”期间以较高速度持续稳定的增长。

（六）重点企业发展历程介绍

1. 天津市第一钢丝绳厂

天津市第一钢丝绳厂位于河西区陈塘庄，占地10.5万平方米。建筑面积5.18万平方米，有职工2450人。全厂拥有生产设备116台（套），固定资产原值2339万元。主要产品有光面钢丝绳、航空钢丝绳、镀锌钢丝绳、电梯钢丝绳、镀锌钢绞线、钢芯铝绞线用镀锌钢丝、混凝土结构用炭素预应力钢丝。上述产品分别被评为国家、冶金部、天津市优质产品。其中航空钢丝绳、镀锌钢绞线先后于1979年和1984年获国家银牌奖。

该厂始建于1939年，由日本军人石川爱三郎创办，取名兴亚钢业株式会社，占地40余亩，投资450万日元，有职工400余人。生产刺丝、圆钉、木螺丝和少量的钢丝绳。1945年日本投降后，由国民党经济部接管，后由资源委员会中央机械有限公司所属天津机械厂接管，更名为天津机械厂二分厂。

天津解放后并入天津钢厂，更名为天津钢厂二分厂。当年生产镀锌低碳钢丝1050吨。1950年为我国盐都——自贡市试制、生产出第一根盐井钢丝绳，结束了依赖进口的局面，打破了国外对我国盐井用绳的经济封锁。1952年，又为国防空军部门生产出第一根航空用钢丝绳，对加速实现我国国防现代化提供了必要的物质条件。

天津市第一钢丝绳厂到1952年总产量达到9943吨，比1949年增长8.5倍，产品品种也由原来单一的低碳钢丝发展到6种。职工人数由178人增长到487人。同年被天津市人民政府评为市级劳动模范先进厂。

“一五”期间，1954年，该厂生产的航空钢丝绳被江西机场首先组装在我国自制初教六号教练机发动机的油门操纵系统、起落架应急投放系统、炮架升降系统、地面牵引系统等160多个连接操纵部位，从未发生过钢丝绳质量事故，受到好评。

1956年国家拨款362万元，改建了航空钢丝绳生产车间和配套车间。1957年又先后从匈牙利、德国引进了雪茄式捻股机、水箱拉丝机、角度仪。当时除借鉴苏联的产品技术标准外还聘请苏联专家进行技术指导，1957年1月派出生产骨干10人到苏联别劳列茨市钢铁厂实习，使产品质量完全达到苏联ГОСТ 2172—43标准要求。

“二五”期间，根据需要转向军工和高、精、尖产品方向发展。1960~1962年，先后试制成功了扫雷用钢丝绳、水雷用绳、飞机用钢丝、高强度钢丝、潜艇用钢丝绳和包麻钢丝绳等军工产品，并批量投入生产，被天津市授予大庆式先进企业称号。

1966年“文化大革命”开始后，在极端困难的条件下，为“718”工程试制成功了深海探测所需用的阶梯钢丝绳，每根绳的长度13700米，填补了国内空白，制绳技术达到了国际先进水平。1970年天津钢厂解体，更名为天津钢丝绳厂，直属天津市冶金工业局领导。1970年以后，先后对设备进行改造，使合绳能力平均提高26.52%，拉丝能力平均提高 61.22%。1975 年天津钢丝绳厂归属天津市五金线材工业公司领导，更名为天津市第一钢丝绳厂。

1978 年以后，先后从英国、瑞典引进了 G20 钢丝清洗机和 TS-200 拉丝模孔型测量仪各 1 台，促进了生产的发展。到 1984 年，全年产量达到 42074 吨，比 1977 年增长 47.38%，创历史最高水平。同年，镀锌钢绞线、混凝土预应力钢丝被评为国家优质产品，双获银牌奖，优质产品率达 99.6%。1985 年该厂又从意大利引进了 76/14 微型轧机和高速弓型股绳机及附属配套设备。

2. 天津市第二钢丝绳厂

天津市第二钢丝绳厂始建于 1958 年 11 月 1 日，坐落在河北区新开河工业区，职工 2296 人，占地面积 22 万平方米，建筑面积 6.7 万平方米，有 6 个车间及辅助设施，固定资产原值 2207 万元。

主要生产设备有拉丝机 365 台、股绳机 37 部、成绳机 5 部、热处理作业线 9 条、镀锌作业线 2 条、镀铜作业线 2 条、酸洗作业线 5 条、各种机床 39 台。产品有镀锌钢丝绳、光面钢丝绳、轮胎钢丝、自行车辐条钢丝、吸引用胶管钢丝、弹簧钢丝等 6 个品种 200 多种规格。其中轮胎钢丝年产量近万吨，占全国总产量 60%左右。

镀锌钢丝绳和轮胎钢丝均被评为天津市和冶金部优质产品，自行车辐条钢丝和吸引用胶管钢丝被评为天津市优质产品，优质品产值率 45.6%。产品总产量 28217 吨。

该厂前身系天津市钢丝绳厂，于 1958 年 11 月 1 日由天津市地方国营第二铁丝厂和公私合营钢丝合股厂合并而成。生产方向由低碳镀锌钢丝改产中碳钢丝和钢丝绳。同时，把以手工操作的人力合绳改为电动合绳，实现了半机械化。1962 年试制并投产了针布钢丝、镀锌钢丝、轮胎钢丝、弹簧钢丝、高压胶管钢丝等新品种，当年又安装了 17 部机械合股绳机，于年底全部试车投产。

到 1963 年钢丝绳生产全部实现机械合绳，职工人数达到 1300 多人。主要生产工序全部实现机械化，合格率达到 97%，除了增加钢丝绳的品种规格外，还试制了特高强度和不锈钢丝绳。

1964 年 10 月 1 日，将钢丝绳厂厂部和一车间改为金属制品实验厂，独立经营。将两个车间和相邻的第二铁丝厂合并组成新的天津市钢丝绳厂。合并后全厂主要产品有镀锌钢丝绳、光面钢丝绳、轮胎钢丝、低碳镀锌钢丝、低碳钢丝和钢丝网等 6 大品种。

进入 1966 年，在国内首先试制投产了轮胎钢丝电镀铜代替化学镀铜的新工艺，使钢丝与橡胶结合力有了很大提高，防锈能力超过化学镀铜。并试制成功了异形钢丝、$\phi 0.3$ 毫米高压吸水胶管钢丝、轮胎钢丝绳、航空钢丝绳和线接触钢丝绳。

1973 年完成了冶金部投资的年产 1200 吨轮胎钢丝措施项目。同时，为天津重型机器厂和北京起重机械厂试制了金属芯钢丝绳和多股不旋转钢丝绳。还成功地试验了三角股钢丝绳。

1976 年 7 月 28 日唐山发生强烈地震，当年只完成国家计划的 80%。1978 年为增产 15000 吨钢丝绳兴建的厂房和车间先后竣工，并将第二条镀铜作业线改造为无氰电镀紫铜作业线，生产水平开始回升。

1978年以后，制订了镀锌钢丝绳和轮胎钢丝企业内控标准，使这两个产品在全国评比中均获总分第一名。同时，被评为天津市优质产品。1979年全厂生产超过了1974年最好水平，被天津市命名为大庆式企业。

1980年4月，为了增产中细规格钢丝绳，增添了捻股机、合绳机和拉丝机，使钢丝绳的年生产能力由5000吨增加到7000吨。当年镀锌钢丝绳被冶金部评为优质产品。其中钢丝绳产品曾用于运载火箭的发射工程，为发展国防科学事业做出了贡献。

1981年贷款35万元，为增产镀锌绳，改造镀锌作业线，当年投产、受益、归还贷款。1984年7月，该厂被列为天津市第一批试行厂长负责制的单位，同年完成了增产3500吨钢丝绳和增产5000吨轮胎钢丝两项技术改造措施。

3. 天津市大成五金厂

大成五金厂总厂坐落在河西区大沽南路，占地面积2.92万平方米，建筑面积1.64万平方米，有拔丝、镀锌、动力三个车间。分厂位于陈塘庄洞庭路，占地3.62万平方米，建筑面积1.06万平方米，有制钉、试验两个车间和职工学校、运输队及青年综合厂。全厂职工1260人，拥有镀锌机2台、制钉机97台、拔丝机33台、各类机床41台。全厂固定资产原值967万元。以生产“白鸽牌”热镀锌低碳钢丝和各种钢钉而闻名中外。产品远销东南亚、拉丁美洲、中国港澳等40多个国家和地区。产品质量和主要经济技术指标均处于同行的前列。1985年产量达到46343吨，产值4409万元，利润536.3万元。

大成五金厂的前身是私营大成贸易行，1939年建于广州市，资金总额25万元（旧币），由经营粮食逐步发展为经营土特产品。1944年起先后在天津、上海、香港、汉口、重庆、长沙、青岛建立了分行，主营业务为出口国内土特产品、返销五金医药工业品等。

天津大成五金机械厂建于1951年，1952年1月投产，全厂占地面积2.92万平方米，建筑面积3848平方米，拥有拔丝机5台、制钉机15台，设拔丝、镀锌、制钉、机修4个车间。日产钢钉只有7吨、镀锌铁丝15吨。1953年天津市人民政府决定将私营杨联福机械厂和永和祥机器厂的257名职工及其全部设备并入，到1954年职工人数增到480人，年产量达到4400吨。

1955年3月该厂实行公私合营，改名为天津市公私合营大成五金机械厂，由天津市重工业局领导。合营后的第一年就涌现出先进生产者96名，镀锌丝产量比合营前翻了一番。

“一五”期间，1957年12月随着行业归口，该厂划归新的天津市重工业局领导（即冶金工业局的前身），同时将机修车间划归化工机械厂，调出职工129人、机床21台。1959年随着生产规模的不断扩大，国家又投资170万元建分厂，将制钉车间全部迁入。1964年设计制造了以镀锌丝长度计量重量的方法，改造了收线机，使下线工人从繁重的体力劳动中解放出来，在国内外线材行业引起了强烈的反响，全国各地相继采用。1964年，该厂受冶金部委托先后起草了《一般用途热镀锌低碳钢丝》和《普通圆钉》的产品标准。

1967~1976年该厂先后两次更名，1967年12月更名为五金线材制品厂，1976年1月又改为天津市第七金属制品厂。

1974年，由副总工程师顾乃建倡导，在国内首创用锌溶法从废模中回收硬质合金钢取得成功，被冶金部列为重点推广项目。随后又试制成功中频真空烧结炉，大大提高了硬质合金产品的质量。1976年11月研制成功了上加热耐火材料锌锅，并被国内同行业广泛采用。

1980年，将厂名更改为大成五金厂。1981年，先后研制成功了水泥钉、麻花钉、方钉等近20个钢钉品种投放市场。其中一般用途热镀锌低碳钢丝、棉花打包专用丝、圆钉，自1979年以来多次被冶金部和天津市评为优质产品，一般用途热镀锌低碳钢丝1984年荣获国家银质奖。产量、质量、劳动生产率都创造了历史最好水平。

4. 天津市第一金属制品厂

天津市第一金属制品厂位于河北区日纬路和月纬路之间，占地1.46万平方米，全厂有职工1301人。主要产品有窗纱、不锈丝、网。窗纱远销国外，享有较高声誉，被评为冶金部和天津市优质产品。不锈丝、网主要供应石油、化工、煤炭等工业。1985年窗纱年产16万疋，不锈丝年产249吨，不锈网年产3.3万平方米。

该厂前身是始建于1938年4月的私营铁丝厂，由资本家田瑞征与郑幼彭等人集股经营，并雇日本技师为技术指导，有工人70余人，主要生产18号镀锌铁丝，月产量30吨。

1939年春，田瑞征又勾结日商森清治郎（驻天津海军顾问）合资经营北洋五金制造株式会社，亦称北洋五金制造股份有限公司和北洋铁线工厂，地址在河北区日纬路五马路，共有工人50余名，月产18号镀锌铁丝50吨。

1942年因铁丝原料紧缺，又和新大路铁丝厂合并，工人增至100余人，月产铁丝100吨，成为日本人的军事物资生产工厂。1945年5月，田瑞征将与他人集股经营的中国铁纱厂合并，自任总经理，企图掩盖敌伪产业的性质。

1945年8月15日日本投降后，由国民党政府接收委员会将该厂按敌产查封，同年由国民党经济部特派员办事处接管。1946年10月又由国民党产业处理局将北洋铁线厂发还给资本家田瑞征，原日股部分由田瑞征折价收买继续经营，主要从香港购盘条，为国民党军事物资部门加工镀锌铁丝。

1947年国民党行政院产业处理局将厂权全部收归国有，仍由原资本家保管经营，翌年11月由国民党华北“剿总”接管，改名为武管会天津铁丝厂。中华人民共和国成立前夕，这个厂有职工122人、拔丝机75台、镀锌机2部、铁纱机6台，年产铁丝75吨、窗纱2700余锭。

1949年1月天津解放后，2月由天津市军管会工业处接管。1952年为发挥国营经济的主导地位，加强了对工业的集中管理和领导，该厂又与私营联华、建华、新华、振华、兴华、裕华、百胜、华兴、河北等厂合并，组成为天津市公营工业管理局所属天津联合制钢厂。

“一五”期间，为了适应大规模的经济建设，该厂于1953年初和联钢五厂、十厂合并，改名为天津市第一铁丝厂，隶属天津市重工业局领导。1957年随着对资本主义工商业实行全行业公私合营，将中华、恒茂盛、中兴源、振兴茂等四家私营工厂并入。从1953年到1957年先后改建了铁纱厂房1096平方米，安装了铁纱机60台，并改进了一号镀锌机，同时采取了使用氯化锌和氯化铵混合剂等 8 项技术措施。

1959 年该厂研究试制了轮胎钢丝、钢丝绳、发条、游丝等新产品，还制造了龙门刨床、冲床、锻锤、牛头刨床、八尺车床等各种设备 43 台、电机 119 台，实现了拔丝连续化、水箱自动停、多模拉丝、取消白灰洗线等 11 项重大革新，提高了生产效率。同年，还兴办了“红专业大”，有 1742 名职工参加业校学习。

随着生产的发展，到 1959 年全厂职工达到 2082 人，先后在河北区江西义地（即第二钢丝绳厂）和河北中学对面建立了三车间和电机生产工段，生产镀锌铁丝 9321 吨、窗纱 59838 疋、铁丝 9321 吨、钢丝 1124 吨、铅丝网 10116 疋、电机 745 台，实现了生产的持续增长。

“二五”期间，到 1965 年，窗纱年产 12 万疋、镀锌铁丝年产 450 吨，在调整期间，先后新建细丝厂房、窗纱厂房、大炉罩棚和汽炉房，总面积 2311 平方米，并调整了产品结构，停止了镀锌铁丝生产，改产冷镀窗纱和低碳钢丝网。

1975 年，生产形势好转，生产窗纱 81766 疋、不锈丝 121 吨。1979 年窗纱被评为天津市优质产品，1982 年又被评为冶金部优质产品。随后改造了窗纱厂房，更新了 102 台窗纱机，改革了粗拔拉丝工艺，调整了井式炉回火设备，更新水箱拉丝机。试制成功了双轴拉丝技术，重建了窗纱染色工序等设备改造项目。增添了拉丝机，更新了电炉，并引进了三台密目具有 20 世纪 80 年代先进水平的重型织网机，为今后发展生产准备了后劲。

5. 天津市第三金属制品厂

天津市第三金属制品厂是以生产中低碳制品为主，具有 50 年历史的老厂，坐落在红桥区西沽三合街 30 号，共占地面积 13010 平方米，建筑面积 8872 平方米，有职工 664 人。产品有镀锌钢绞线、钢芯铝绞线用镀锌钢丝和预应力混凝土钢丝三大品种，年产量 1 万吨左右。主要生产设备有粗拔单机 6 台、联六拉丝机 5 部、联五拉丝机 2 部、过锈机 3 部、热处理机 1 部、镀锌机 1 部和绞线机 2 部。固定资产总值 380 万元。1985 年产量达到 11237 吨。

该厂是由中华人民共和国成立前的私营元记亚铅铁线制造厂延续而来，始建于 1937 年，厂址在红桥区南竹林村福泉里。主要生产 8～20 号镀锌铁丝和圆钉。1952 年元记亚铅铁线制造厂由国家接管，更名为地方国营联合制钢四厂，有职工 242 名。主要产品是细规格镀锌铁丝和少量圆钉。

1953 年 10 月 3 日由南竹林村迁址李家房子大街，更名为地方国营第三铁丝厂，隶属于天津市地方国营工业局重工业处（后为冶金工业局）。1956 年实行全行业公私合营时，将私营世昌拔丝厂合营后并入。1953～1957 年经过 5 年建设，到 1957 年产值、产量、利润都有大幅度的增长和提高，并涌现出一批市级劳动模范人物和集体。

1959 年 3 月隶属关系由冶金工业局划归红桥区政府领导。同年，与红桥区钢铁铸造厂合并，统称钢铁铸造厂。1964 年将制钉车间调出，划归大成五金机械厂。该厂成为只生产低碳镀锌铁丝的专业厂，产品全部是 8～16 号镀锌铁丝。1964 年，8 号镀锌铁丝全国质量评比名列第一。

1969年对镀锌机平炉进行改造，使镀锌车间初步实现了电气化。1976年1月第三铁丝厂更名为天津市第三金属制品厂。1976年先后对原厂房等进行改造，同时对拉丝设备也进行了更新改造，机械化程度极大提高。同年又完成了第二部镀锌机的改造。8号镀锌铁丝先后被冶金部和天津市评为优质产品。

通过对市场调研后“弃低碳，上中碳”，实现全面转产的重大决策，当年8月30日正式生产出镀锌钢丝。同时，新增的镀锌钢绞线和预应力钢丝生产线也先后投产，做到了当年改产，当年受益。从而改变了过去产品单一、增产不增收的状况。

6. 天津市第四金属制品厂

天津市第四金属制品厂，原名天津市第四铁丝厂，位于天津市南开区密云路二支路，是生产中、低碳镀锌钢丝，不锈钢丝扁丝等产品的中型企业。1985年末，固定资产原值830.2万元，占地面积33715平方米，建筑面积18931平方米，职工1229人。建厂以来共生产金属制品品种13种，主要产品分为辐条钢丝、被覆线钢丝、床用钢丝、碳结钢丝、低碳镀锌钢丝、手表发条、不锈钢扁带7大类，共75个规格。年综合生产能力9000吨，手表发条300万条。低碳镀锌钢丝被评为市、部优质产品。被覆线钢丝系独家生产，辐条钢丝产量居全市第二，手表发条及不锈钢扁带均系名优产品的配套材料或元件。

该厂组建于1958年2月12日，以中和熔接器材厂旧址为主（南开四纬路11号），以公私合营第一拔丝镀锌厂部分管理人员和技术工人为基础，归属五金线材工业公司领导。同年7月先后将南开区第六五金厂代管的三义成板眼厂和公私合营第三拔丝镀锌厂并入。

并入后，先后将6个生产点调正为3个，同时对30~40年代的简陋设备进行了整修和改造，经过3年努力，生产有了较大发展。

1964年产量、产值、利润均上升。同时改善管理、提高技术，低碳镀锌钢丝由内销开始出口东南亚。1964年开始试制中碳镀锌钢丝，为军用被覆线配套。在拉丝工艺上实现了从去锈到拉丝的“六合一”，即从钢丝表面去锈、倒盘、酸洗、沾灰、烘干、拉丝六个单一工序合为一个工序，减少了内运工作量，改善了生产条件，提高了生产效率。

1965~1978年，产品结构有了新的变化，由原来比较单一的低碳镀锌钢丝，向军工需用的中碳镀锌钢丝转化，继而向为我市手表材料配套发展。1965年将二车间改造为专门生产军用被覆线钢丝的车间，从此，填补了我国这一产品的空白。到1966年该产品产量达234吨，1971年达732吨，满足了军工生产需要。

1970年增添了相关设备，开始试制手表发条，并顺利投产。1971年产量达1万条。1974年为了扩大生产，又在南开区密云路新建了手表发条车间，到1978年基本形成150万条的生产能力，为本市手表厂的“东风”牌男表和“海鸥”牌坤表的发展和创优提供了物质条件。该厂生产的低碳镀锌钢丝，产品质量稳定，多年供不应求，20世纪70年代被誉为免验产品，出口量也不断扩大，到1978年已达到1267吨，占当年总产量的26.8%。

1979年以来投资455万元，先后筹建了生产车间和动力车间，以发展手表发条、不锈钢扁带、辐条钢丝、床用钢丝等产品，到1984年相继建成投产。1980年以来又先后试制成床用弹簧钢丝、自行车辐条钢丝、表带簧不锈钢扁带和定时器发条。到1984年通过调整配套，形成辐条钢丝5000吨、床用弹簧钢丝1600吨、不锈钢扁带20吨和手表发条300万条的生产能力，有力地提高了天津市轻工产品原材料自给水平。

1978年以来，先后试制出电扇定时器不锈钢发条、钟表发条、表带簧用不锈钢弹簧扁带、自动手表发条等4项更新及储备的新品种。并与北京钢铁研究设计总院、天津钢厂、天津冶金局材料研究所、天津手表厂等单位合作，承接了仿北约挪威WD-1/TT型被覆线钢丝、低碳镀铝钢丝、高强度镀铝钢丝、优质手表发条等4项科研项目。其中，表带簧不锈钢弹簧扁带荣获1981年天津科技奖二等奖，定时器发条荣获1982年天津市优秀新产品奖二等奖，仿挪威WD-1/TT型被覆线钢丝小批量产品1984年荣获冶金部颁发的冶金科技成果奖三等奖、1983年荣获国家经委授予的新产品飞龙奖。

第四金属制品厂从1958年建厂到1985年的27年间，累计生产了金属制品149061吨、手表发条1835万条、定时器发条185万条。

7. 天津市第五金属制品厂

天津市第五金属制品厂是生产焊接材料和架空通信用金属制品的全民所有制企业，位于天津市河东区贾沽道月牙河南路3号，全厂占地面积6.52万平方米，有职工1448人，1985年固定资产为1509万元。主要产品有架空通信用低碳镀锌钢丝、合金结构焊丝、碳素结构焊丝和异形钢丝。产品注册商标为“金山牌”。主要设备有：从联邦德国、意大利引进的粗、中、湿拔丝机，井式退火炉及配套的筐篮机、缠轴机，镀锌连续生产线，国产拉丝机等。经过36年的技术改造和扩建，企业规模和产品种类得到较大的发展。1985年总产量37661吨。

天津第五金属制品厂是个历史悠久的老厂，始建于1936年，前身是由日本人兴建的中山钢业所小型部。有拉丝、制钉、镀锌三个车间。厂址在河东区郑庄子现在的第一炼钢厂院内，占地面积10870平方米，有职工200余人。中华人民共和国成立后，该厂收归国有，成为全民所有制企业，生产得到迅速恢复，将小型部扩大成线材部，属当时天津制钢厂的一个分厂。1953年随着生产规模的不断扩大，天津制钢厂线材部在河东区贾沽道又新建了两条镀锌生产线。同年研制成功通信用架空线，代替了铜材通信线。1958年天钢第一炼钢厂扩建改造，线材部从河东区郑庄子迁至河东区贾沽道，更名为天津钢厂四分厂。主要生产圆钉、刺丝、木螺丝、镀锌架空线。1958年产量达到48480吨。

20世纪60年代初期，该厂开始承担军工及民用科研产品试制开发，1963年研制成功了厚锌层通信线并正式投产。翌年又投资40万元新建了异形钢丝车间，1964年异形钢丝产量达到500吨。1967年首先研制成功生产气体焊丝的特定工艺，并批量生产碳素结构焊丝、合金结构焊丝等焊接新产品，为国家填补了该产品的空白。1970年随着天津钢厂的解体该厂实行独立经营，直属冶金工业局领导，更名为天津第五金属制品厂。1975年伞骨钢丝研制成功并投入生产。在热处理工艺上用盐溶处理法代替了普通退火处理。在钢丝生产工艺上用水瀑热处理法代替了减薄钢丝的脱碳层。同时对除锈卷丝机进行了改造。

1976年天津五金线材工业公司成立，该厂归属线材公司，厂名仍为天津第五金属制品厂。1978年研制成功了铠装线并试生产成功，产品出口科威特时被誉为信得过的免验产品。

1980年因重新组建天津钢厂，该厂又归属天津钢厂，更名为天津钢厂制品厂。1981年气保焊丝正式投入生产。为了提高产品耐腐蚀能力，又成功地试验并应用了镀锌钢丝的钝化处理工艺，对提高产品质量取得了明显效果。1985年1月天津钢厂二次解体，该厂实行独立经营，更名为天津市第五金属制品厂。同年，涂铜焊丝光亮拉拔试验成功，用防锈水代替涂油防锈，降低了成本，提高了质量。1984年投资1050万元从联邦德国、意大利引进了一套年产5000吨的气保焊丝生产线，该项目一次试车成功，被天津市评为全优工程。

该厂生产的架空通信线，1980～1985年两次荣获国家银牌奖。H08Mn2SiA焊丝和H08A焊丝均被评为冶金部和天津市优质产品。H08Mn2SiA气体保护焊丝1985年荣获国家银牌奖。1981年和1986年两次获得中国船检局和联邦德国劳埃德船级社的认可。产品畅销全国各地，是汽车、造船、飞机、机械制造等行业的优质焊接材料。

8. 天津市第六金属制品厂

天津市第六金属制品厂是以生产预应力钢丝为主要产品的专业厂，到1985年该厂所生产的预应力钢丝约占全国总产量的40%、调质螺纹钢筋占60%、预应力钢绞线占100%，是我国预应力混凝土钢材主要生产厂家。该厂经过20多年的技术改造和扩建，有固定资产1270万元，建筑面积2.35万平方米，主要生产设备有拉丝机、热处理炉、管式捻股机等，1984年该厂还从意大利和瑞典引进一条预应力钢丝稳定化处理作业线和一组连续拉丝机，企业主要经济技术指标与全国同行业相比，属先进水平。

该厂主要产品矫直预应力钢丝、预应力钢绞线、调质螺纹钢筋，均为冶金部和天津市优质产品，用于国家和天津市许多重点工程，如葛洲坝工程、南京长江大桥、首都机场、重庆长江大桥、泸州长江大桥、河南郑州黄河大桥和天津的引滦工程、中环线工程等，其中螺纹钢筋还用于援建坦赞铁路工程。

建厂初期该厂只有400余人，工程技术人员4人。至1985年该厂已有职工1263人，工程技术人员38人。1983年以后，一批具有较高政治觉悟和知识水平年富力强的中青年干部走上领导岗位。此外，该厂还向天津市和其他地区厂家输送工程技术人员和生产骨干200余人，支援了兄弟厂的生产发展。

该厂于1960年建厂，当时系天津钢厂下属以生产密封钢丝绳为主要产品的专业厂。建厂时厂名为天津钢厂密封分厂。密封钢丝绳原系我国空白产品。当时国际上只有英国、联邦德国、苏联和日本等国家能生产。为了打破外国对密封钢丝生产的垄断，以为国争光、为中国工人阶级争气的气概，在湘钢一位曾在苏联学习过捻制密封钢丝绳设备的老工人帮助下，对照国外产品，于1959年用手工捻制出我国第一根密封钢丝绳样品，向冶金部报了捷。

冶金部为了填补国家这一空白，减少以至完全解决对国外密封绳的依赖，投资982万元在天津钢厂建立密封钢丝绳分厂。

天津钢厂接受建厂任务后，于 1960 年 8 月正式破土动工，厂址选在原天钢总库大院内堆放废钢渣的荒地上。该厂的创建和发展可分三个阶段。

第一阶段（1960~1965 年）：从 1960 年 8 月到 1963 年初基建竣工、安装设备，初步具备了生产密封钢丝的能力。1963 年 5 月正式投产，当年共生产出 ϕ30. 5 毫米、ϕ50 毫米密封钢丝绳 99 吨。这批产品供给了云南锡矿和锦西杨家杖子煤矿使用，质量优于当时的苏联产品。同年，国家拟修建南京长江大桥，急需预应力钢丝。该厂接受试制任务后，于 1964 年开始试生产，年底共生产出 622 吨，支援了南京长江大桥建设。此外，该厂还试制成功刻痕预应力钢丝，增加了品种。到 1965 年产量达 50000 余吨。

第二阶段（1966~1976 年）：1966 年初根据冶金部的决定，将该厂一多半职工和绝大部分生产设备迁往宁夏石嘴山钢铁厂，只留下职工 325 人和部分设备。生产密封钢丝绳的主要设备迁出后，该厂即以生产预应力钢丝和调质螺纹钢筋为主要产品。1969~1973 年共向非洲坦赞铁路工程提供调质螺纹钢筋 2 万多吨，为国家援外工程做出了贡献。

在这一阶段中，1970 年天津钢厂解体，该厂实行独立经营，直属天津市冶金局领导，更名为天津市钢丝厂；1975 年天津五金线材公司成立，该厂又归属线材公司，更名为天津市第六金属制品厂。

第三阶段（1977~1985 年）：1979 年工业总产值、产量、利润等指标均创建厂以来最高记录。从 1979 年起，通过改革工艺和设备，生产能力提高 25%。全厂三种主要产品，ϕ5. 0 毫米矫直预应力钢丝、调质螺丝钢筋、预应力钢绞线，被天津市、冶金部评为优质产品。实现了品种扩大、规格增加。

1980 年 5 月 1 日天津钢厂重新组建，该厂又归属天津钢厂，改名为天津钢厂钢丝厂。1985 年 1 月 1 日天津钢厂又进行体制调整，该厂第二次实行独立经营，重新归属五金线材公司领导，厂名恢复为天津市第六金属制品厂。

9. 天津市第八金属制品厂

天津市第八金属制品厂地处新开河北侧张兴庄大道，有职工 484 人，是生产细规格镀锌铁丝的专业厂。占地面积 1. 66 万平方米，固定资产原值 282. 4 万元，年生产能力为 3000 吨。产品从 1974 年开始出口，出口量占全部产量的 90%，主要销往联邦德国、日本、巴基斯坦、埃及、中国香港等二十几个国家和地区。产品分别被评为冶金部和天津市优质产品。

该厂组建于 1958 年，是由城厢区税务局接收的公私合营锦华拔丝厂演变而来。初期厂名为红旗拔丝制钉厂，隶属城厢区税务局领导。主要产品是改制镀锌铁丝和生产 38. 1~63. 5 毫米圆钉，年产总量 3000 吨。产品销往河北省中部和东北的一些地区。同年 10 月红旗拔丝制钉厂、综合电器加工厂、和平漆包线厂合并，合并后的厂址在南开区宫北大街 57 号，厂名为天津市和平区财政局红旗工厂，先后添置了设备，职工增加到 81 人。产品除改制镀锌铁丝外，又增加了漆包线、矽钢片和小型变压器、窗纱等产品。

1959 年 8 月 1 日，该厂划归和平区公社工业局领导，厂名改为和平区红旗电磁线厂。1962 年将漆包线、纱包线等产品停产，扩大了拔丝生产。同年 5 月 1 日划归天津市手工业局领导，厂名改为天津市建华拔丝厂。1963 年自制镀锌机 1 部，开始试制镀锌铁丝。到

1964 年，将厂部和拔丝车间由南开区宫北大街 57 号迁到河北区张兴庄。

1965 年 2 月，该厂由隶属手工业局划归冶金工业局领导。1966 年将生产车间全部迁往张兴庄集中生产。新建拔丝和热处理车间，以及其他辅助设施。1968~1970 年，先后有一批复员军人和毕业学生分配进厂，使全厂有 12 名大学毕业生、33 名中专毕业生。1969 年 7 月，开始生产以镁代铜的铁芯爆破线。1974 年停止爆破线生产，镀锌铁丝产品规格由 0.51 毫米改为 0.55~4.20 毫米，产品开始由外贸五金矿产进出口公司出口，行销东南亚等地区。1975 年以来，形成了一条完整的自动控制生产作业线，并由 20 个头增至 30 个头。

1976 年冶金局五金线材工业公司成立，该厂归属五金线材工业公司领导，更名为第八金属制品厂。1977 年进行改造，取代了原来的土机生产，每分钟速度提高到 250 米，日产水平由 5 吨提高到 9 吨。1978 年被命名为大庆式企业。

1980 年根据外贸要求，扩大产品出口，1981 年低碳镀锌钢丝被评为冶金部、天津市优质产品，产品开始销往联邦德国，打进了西欧市场。

10. 天津市金属制品实验厂

天津市金属制品实验厂是生产中、高碳钢丝制品的全民所有制企业，位于天津市河北区中纺前街。厂区占地 3.55 万平方米，有职工 1055 人。1985 年末固定资产原值 905 万元。主要产品品种有自行车辐条钢丝、镀铜高压胶管钢丝、碳素弹簧钢丝、伞骨钢丝和针布钢丝。主要生产设备有滑轮式拉丝机 37 台、水箱拉丝机 24 台、铅淬火热处理机组 4 部、酸洗作业线 4 条、无氰电镀黄铜作业线 1 条。钢丝生产过程中的检验测试手段齐全。

天津市金属制品实验厂始建于 1950 年，前身是中国人民解放军十九兵团后勤机关在天津市河北区北站外元顺里组建的西华铁工厂。该厂占地 10000 平方米，有职工 60 余人，主要生产设备有拉丝机 2 台，生产低碳铁丝。该厂于 1952 年划归天津市，更名为联合制钢八厂。

1951 年 10 月，中国人民解放军三兵团后勤留守处在天津市河北区北站外水产前街组建百胜铁工厂，天津市政府机关在天津市河北区日纬路组建裕华拔丝厂，河北省总工会机关在天津市红桥区北营门大街东二西里组建华冀拔丝厂。上述三个企业均生产低碳铁丝，于 1952 年合并为联合制钢九厂。

1953 年 2 月，联合制钢八厂和九厂合并为天津市第二铁丝厂，厂址在河北区北站外中纺前街，占地约 2 万平方米，有职工 393 人，年产镀锌铁丝 7000 吨，到 1957 年镀锌铁丝的年产量达到 18000 吨。

1958 年 11 月，第二铁丝厂和公私合营钢丝合股厂合并组成天津市钢丝绳厂。同时在河北区北站外江西义地新建 1.18 万平方米的拉丝和合绳车间。1963 年产品产量达到 7300 吨，实现利润 201 万元。

1964 年 10 月，将钢丝绳厂进行调整，使一厂变为两厂。河北区中纺前街一处划归金属制品实验厂，职工 563 人，固定资产原值 298 万元。金属制品实验厂既承担军工科研新产品的试制开发，又生产经营各类碳素钢丝，并为科研、新产品开发建立了中心试验室。

1965 年，金属制品实验厂组办半工半读中等专业技术学校，招收本市初中毕业生 100 人。该校仅一届学生于 1969 年在冶金系统内部进行了分配，随后学校解体。

1981 年钢丝产量达到 7000 吨，高压胶管钢丝被评为冶金工业部优质产品，自行车辐条钢丝被评为天津市优质产品。

1982 年 5 月，将原第二金属制品厂的镀锌铁丝车间划归金属制品实验厂。并入后立即进行调整产品结构的改造工作，把一个镀锌铁丝的生产车间改造成为生产自行车辐条钢丝的专业化车间，不仅形成了年产 4500 吨的生产能力，而且保持了产品的优质信誉。

从 1982 年开始实施的为轻纺工业配套和调整产品结构两项重点技术改造措施项目，是金属制品实验厂建厂以来规模最大的技术改造工程。1982 年伞骨钢丝被评为天津市优质产品。

11. 天津市钻石工具厂

天津市钻石工具厂始建于 1956 年，是以生产钻石模和玻璃刀为主的小型企业。有职工 193 人，厂址在南开区黄河道向阳南路，占地面积 2044 平方米。拥有各种生产设备 117 台，固定资产原值 65 万元。建厂 29 年来，产品品种由过去的钻石模一种产品，发展到目前的十几种。1985 年，钻石模产量达到 14244 只，比 1957 年的 932 只增长 15 倍；玻璃刀产量达到 31806 把，比玻璃刀投产第一年的 3583 把增长 9 倍。

钻石工具厂的前身是两家私营小厂（一家华洋工业社、一家永生工业社），于 1956 年合并为公私合营钻石模子制造厂。地址在和平区长春道，厂房面积 100 平方米。当时，只有职工 11 人、旧设备 3 台、固定资产 1 万元，只生产钻石模，月产量 10~30 只。

1958 年归口天津市冶金工业局领导后，加强了生产管理，进行了厂房扩建，自制了低频电火花微型打孔机，使钻石模规格从只能生产 0.06 毫米以上的扩大到能生产 0.04 毫米以下的，满足了社会需要。

1964 年迁厂，从和平区长春道迁至海拉尔道，厂区面积扩大到 1500 平方米。1979 年他们有计划地改造、更新设备，提高了机械化水平。同时还与北京粉末冶金研究所共同研制了“黏结型金刚石拉丝模银套”新工艺，改变了拉丝模因压套黏结不牢、易断裂的现象，提高了模子使用寿命；通过努力，克服了任务不足的困难。

从 1983 年以来，新购置了电火花机床、十头打孔机、大功率超声波、磨针机等国内先进设备，为人造模摆脱手工操作准备了设备条件。同年制定了新的人造模加工工艺，使过去只能生产 ϕ0.4~3 毫米直径的模具，扩大到 ϕ6 毫米的模具，而且产品质量也有较大提高，进一步提高了劳动生产效率。

12. 天津市冷拔模具厂

天津市冷拔模具厂坐落在红桥区青年路 25 号，占地面积 4666 平方米，是集体所有制企业，有职工 366 人，固定资产原值 66.6 万元。主要生产电镀锌铁丝、一般用途低碳钢丝和钨钢模。年产能力：电镀锌铁丝 1200 吨，黑铁丝 3000 吨，钨钢模 20000 块。

天津市冷拔模具厂是 1958 年 8 月 27 日成立的社办企业，地址在红桥区小西关广德里东20号，厂名为小西关乐安里公社弹簧厂，隶属南头窑人民公社领导，由公社统一核算。当时只有8名职工，主要生产草代机簧、沙发簧、门弓子、纺织弹簧件等，产品由天津市小五金批发部收购。

1959年该厂由红桥区小西关广德里东20号迁到小西关习艺所二条胡同6号院内，改名为综合五金厂，职工由原来的8人发展到80人。产品增加了手工电焊条及改锥、火钩子、炉子、笨篱等小五金商品。随着生产的发展，增添了弹簧机3台，使纯手工业生产发展为半机械化生产。转年又迁到红桥区小西关瑞兴里4-1号（即现在的红桥区青年路25号），占地面积4666平方米，职工增至200人。同年又增加弹簧机1台。在生产经营上改为独立核算，自负盈亏。

1961年改名为红星五金制品生产合作社，同年将回民球拍厂、刷胶厂并入，职工发展到300人。专以生产钢丝绳、沙发簧、自行车簧和电焊条等产品为主。

1963年钢锉厂并入后，改产拔铜丝和制造拔丝模具。1964年初该厂隶属关系划归冶金工业局领导。同年新建厂房800平方米，改善了生产条件。

1965年为满足各线材行业的需要，扩大了拉丝模具的生产，由过去只生产圆形模具扩大到生产异形模具。拔丝生产也从单一的拔铜丝扩大到拔铝丝、铁丝。

1968年改名为红星拔丝模厂，同年11月20日又改名为天津市冷拔模具厂。于1975年着手试制碳化硼，经过两年多的努力于1977年试制成功，1978年正式投产，生产形势逐步好转，特别是党的十一届三中全会以后，1979年工业总产值达到406.2万元，创历史最好水平。1980年停业了碳化硼的生产，改产镀锌铁丝，产品供外贸出口。

13. 天津市向阳拔丝厂

天津市向阳拔丝厂位于红桥区丁字沽三号路，占地面积15341平方米，企业性质为集体所有制。有职工460人，固定资产原值150万元，净值82万元。生产设备属20世纪40~60年代水平，主要生产碳结钢丝、胶管钢丝、黑铁丝，年总产量5644吨。

向阳拔丝厂建于1958年，前身是河北区新开河街办光明拔丝制钉厂，厂址在小王庄大街71号，占地面积80平方米，职工40人，生产设备简陋，只有几台捣子。主要生产枣核钉、铁道钉，年产值15万元。翌年并入长虹电焊条厂（河北区育婴里4号），改产电焊条和黑铁丝，人员增至120人，年产值达到180万元。国民经济三年调整时期，于1962年电焊条下马，将部分厂房及设备转给红光电机厂。该厂迁至河北区京津公路2号增1号，改名为京津生产合作社，专产黑铁丝。

1964年，随着行业归口管理，该厂划归河北区手工业局领导。1965年由隶属河北区手工业局归属冶金工业局领导，改名为京津拔丝厂。1966年，又改名向阳拔丝厂，年总产量达到924吨，实现工业总产值41.8万元。

为适应生产发展，1970年在南门外384号原春和拔管厂旧址增建南门外拔丝车间，当年生产黑铁丝达500吨，产品开始供外贸出口。

1975年，迁至红桥区丁字沽三号路，全厂占地面积15341平方米。新建拔丝车间、辅助设备及配套车间共4180平方米。到1979年实现创建厂以来的最好水平。1981年，将原小王庄拔丝车间划归天津市铁路分局。至此，全厂集中一处生产。1982 年由生产黑铁丝转产中碳钢丝。

14. 天津市红旗线材厂

天津市红旗线材厂是冶金工业局所属的集体所有制企业，厂址在天津市河西区大沽南路 1233 号，有职工 254 名。全厂占地面积 3475 平方米，建筑面积 1661 平方米。产品有一般用途低碳钢丝和镀铜扁丝两个品种，年生产一般用途低碳钢丝 7000 余吨、镀铜扁丝 500 余吨。拥有拉丝设备 5 台、扁丝设备 5 台、自动无氰电镀生产线 1 条。全厂固定资产原值 90 万元。1985 年完成生产总量 7440 吨。

该厂自 1962 年建厂，其发展过程可分三个阶段：一是该厂前身为河西区陈塘庄人民公社拔丝厂，筹建于 1962 年，隶属天津市河西区手工业局领导。1963 年 6 月建成投产，建厂初期有职工 20 余人，正式投产后，全厂人数增至 68 人。二是 1965 年，该厂隶属关系由河西区手工业局转属天津市冶金工业局，原料来源得到根本解决，产品纳入国家订货。厂址由尖山红光里迁到大沽南路 1233 号，厂区占地由原 600 平方米扩至 3475 平方米。1968 年 8 月，更名为天津市红旗线材厂。三是 1978 年以后生产经营较好，1980 年更上一层楼，实现创建厂以来的最好水平。这一年的利润，相当于 1966~1976 年 10 年利润总和的 34.4%。

三、天津市五金线材工业公司撤销后期

天津市五金线材工业公司撤销后，原天津市五金线材工业公司所属的企业归天津市冶金集团（控股）公司管理。

（一）1986~1990 年“七五”期间

原天津市五金线材工业公司所属的 18 家企业，其中全民所有制企业 11 家、大集体企业 4 家、小集体企业 3 家。1986 年天津的线材制品产量约占全国产量的 40%，1986~1994 年占全国产量的 22.2%，9 年平均占全国产量的 20%；其中优质钢丝及制品占全国产量的 28.6%，9 年平均占全国产量的 25.3%；在此期间天津的线材制品在全国各省市中占第一位。

（二）1991~1995 年“八五”期间

“八五”期间在国家经贸委、冶金工业部、天津市等上级部门的大力支持下，线材制品得到了较大的发展，进行了大规模的技术改造，引进了一大批具有 20 世纪 90 年代国际先进水平的生产线和代表国内先进水平的设备。

天津钢厂 1992~1995 年引进美国摩根公司具有 20 世纪 90 年代国际先进水平的高速线材轧机一套。该生产线设计最高轧速 120 米/秒，保证速度 100 米/秒，硬线比达到 80%，索氏体化可达到 80%以上，为天津线材制品的发展提供了可靠的原料保证。

天津一绳是我国生产钢丝绳的发源地，它坚持以技术进步为先导，不断进行技术改造，尤其在 1991~1995 年先后进行两期技术改造，其技术装备水平已达到国际 80 年代水平，先后有 50 多项产品、20 多项技术填补国内空白。引进日本的钢丝绳锻打设备，可生产国内急需的面接触钢丝绳；从德国引进的国内第一条捻股-预张拉生产线，可生产为 OTIS 配套的电梯绳，取得 OTIS 总部认可，同时取得 OTIS 亚太地区指定供应商资格。

天津市第一预应力钢丝公司 1992~1994 年引进意大利低松弛预应力钢绞线生产线及配套设施，属国内先进水平。接着 1994~1995 年引进管桩钢丝生产线，是全国 7 条管桩钢丝生产线之一。该公司 1994~1995 年又引进加拿大的喷丸除锈项目，为国内第一家，国内领先。

天津市第二预应力钢丝公司引进德国年产 1 万吨低松弛预应力钢绞线生产线及配套设施。

天津市大成五金厂 1992~1995 年引进英国 BWE 公司和霍尔顿公司年产 5000 吨铝包钢丝生产线，包括挤压机 2 套和先镀后拔工艺设备，可生产铝包钢丝、光纤覆合架空地线等产品。工厂配套厂房建设，其装备水平达到国内先进，是国内四家引进之一，冶金行业第一家。

1992 年天津市大成五金厂联合天津钢厂开发半镇静钢，轧钢五厂生产盘条，大成五金厂生产直径 2.8 毫米、4.2 毫米的棉花打包钢丝，占有新疆棉包市场近 40%。

1993 年天津市大成五金厂生产的 1×19/ϕ2.5 毫米铝包钢绞线被北京电力局用在北京沙-昌二回路线路 500 千伏・安地线上。

这些产品的质量达到国内先进水平，有的达到国际同类产品的先进水平。其中回火轮胎胎圈钢丝质量达到国际先进水平，获免检产品殊荣；铝包钢丝及钢绞线产品获国家科技进步奖二等奖，成为电力、电子、铁路、通信等高新技术产业的更新换代产品，得到广泛应用；航空钢丝绳、低松弛预应力钢丝及钢绞线等产品多次荣获国家冶金产品实物质量金杯奖，并在三峡、黄河小浪底、秦山核电站、首都机场、武汉及南京长江大桥、京九铁路等多项国家级重点工程项目中应用，深受用户信赖，还远销欧美、非洲、大洋洲及东南亚等地区的 50 多个国家；电梯钢丝绳通过了美国 OTIS 认证，成为亚太地区电梯绳定点供应商，并出口东南亚、欧美等地区；另外还承担了多项国家科研专用线材制品项目的研制，为我国的国防及尖端科学研究作出贡献。

（三）1996~2000 年“九五”期间

镀锌-铝稀土合金（Galfan）产品为国际先进水平，以抗腐蚀性能好著称，是普通镀锌产品的替代产品。天津钢丝厂 1996 年引进世界先进的镀锌-铝稀土合金（Galfan）生产线，并加入国际铅锌组织，为国内唯一一家许可生产该产品的厂家。自产品试生产以来，普遍受到电缆行业的欢迎。

天津第一金属制品厂 1995~1997 年新增 5000 吨高压胶管钢丝生产线，增设拉丝、电镀、热处理等设备。

天津金属制品厂与香港棣华公司合资成立了天津棣华特种钢丝公司，该公司引进国际

90年代汽车悬架簧生产线，为国内唯一一条汽车悬架簧生产线，自试生产以来受到天津弹簧厂、中国（上海）弹簧厂、哈尔滨弹簧厂等厂家关注和检测，达到标准要求。以疲劳性能为例，超过国外同类产品指标。该产品被国际知名线材制品企业比利时的贝卡尔特做了两组试验，完全合格。

天津市第三金属制品厂、天津市第四金属制品厂于1993年12月19日合并为天津钢丝厂。天津钢丝厂1995年年产2万吨优质专用镀锌钢丝。1996年引进镀锌钢丝生产线1条、建设厂房、增添配套设备。1997年天津钢丝厂生产出国内第一根符合国际标准的镀锌-铝稀土合金钢丝。

2000年5月12~13日，天津冶金集团线材制品“十五”规划方案专家研讨会在天津召开，来自国家冶金局、冶金工业规划研究院、全国各地知名线材制品行业专家以及天津市政府有关部门参加研讨会。

天津市计划委员会主管处副处长应邀出席了会议。天津冶金总公司副总经理主持会议。会议邀请的专家包括：原冶金部科技司主任工程师谢仕柜，国家冶金局冶金科技发展中心处长徐寅，冶金工业规划研究院副总设计师刘朝建，杭州万胜集团蒋冶鑫，中钢集团郑州制品研究院文一元，中冶包头钢铁设计研究院秦皇岛分院曹士一、杨伯清、刘占文等。天津制品行业的专家宋瑶缄、王正人、马志先、沈世续、李福祥、刘士魁、张书久、朱龙、莫璋、孙国玺、戴荣贵、李自刚等参加了研讨会。与会代表认同天津线材制品经过多年发展所具备的条件优势，对天津冶金公司提出的“十五”规划给予肯定，并提出很好的建议。

2000年12月28日，经天津市人民政府批准，由第一预应力钢丝公司、第二预应力钢丝公司、第一钢丝绳公司、大成五金厂等4家骨干企业合并组建而成天津冶金钢线钢缆集团有限公司。天津市常务副市长出席成立大会并为公司揭牌。

天津冶金钢线钢缆集团有限公司由天津冶金集团第二预应力钢丝有限公司、天津市银鹤金属制品有限公司、天津市天绳钢丝绳有限公司、天津冶金集团环钟钢丝有限公司、天津绿格生态科技有限公司、天津天冶日亚钢业有限公司等骨干企业组成。集团公司位于天津市北辰区双街工业区，厂区占地面积35万平方米，建筑面积12万平方米。主要产品为低松弛预应力混凝土用钢绞线，低松弛预应力无黏接钢绞线，低松弛预应力热镀锌及锌铝合金镀层钢绞线，桥梁缆索用热镀锌及锌铝合金镀层钢丝，各种用途钢丝绳、镀铜钢线等5大系列、1000多个品种规格，年生产能力40万吨。其中低松弛预应力无黏接热镀锌及锌铝合金镀层钢绞线年生产能力3万吨、桥梁缆索用热镀锌及锌铝合金镀层钢丝年生产能力3万吨。

（四）2001~2005年“十五”期间

天津冶金集团落实线材制品“十五”规划方案，展望“十一五”目标。2000年天津市冶金总公司所属线材制品骨干企业包括：天津市第一钢丝绳公司、天津市第二钢丝绳公司、天津市第一预应力钢丝公司、天津市第二预应力钢丝公司、天津市大成五金厂、天津市焊接材料公司、天津钢丝厂、天津市第八金属制品厂、天津市第九金属制品厂、天津市金属制品实验厂10个企业。2000年，10个骨干企业综合生产能力39.3万吨，在册职工总数10679人，其中在岗5003人，资产总计281778.93万元。这10个企业分布在天津市河西区、河北区、东丽区、南开区、北辰区，总占地面积82万平方米，平均8万平方米，企业规模较小，在市内布局较分散。

据统计，天津线材制品骨干企业有主要生产设备524台（套）。其中拉丝机302台，热处理机组33台（套），股绳机153台（套），产品专业作业线36条。总生产能力39.3万吨。其中，20世纪80年代以来投产的设备占一半以上。

天津线材制品骨干企业2000年、2001年制品产品出口分别为3485吨和19128吨，其中主要是钢丝绳和钢绞线产品。

至“十五”末，规划的总规模为58万吨，形成优质钢丝系列（不含镀层产品）7.4万吨，占规划总量的12.76%；镀层钢丝及绞线系列15.4万吨，占规划总量的26.55%；钢丝绳系列7万吨，占规划总量的12.07%；预应力钢材系列25万吨，占规划总量的43.10%；合金钢丝系列3.2万吨，占规划总量的5.52%，共5大系列产品。其中新增高档制品能力19.84万吨，淘汰档次低、效益差产品能力4.11万吨。规划实施后，回火轮胎胎圈钢丝、高压胶管钢丝、汽车悬架簧、低松弛预应力钢丝及绞线、Galfan镀层钢丝及绞线、光纤光缆用钢丝及绞线、铝包钢丝及绞线、线面接触及不旋转钢丝绳等高技术含量、高附加值产品的生产能力达35万吨以上，超过总生产能力的60%。

至“十一五”末，规划的总规模达80万吨，即在“十五”规模的基础上，重点增加了新型预应力钢材（含低松弛预应力钢绞线、防腐涂层预应力材、异形预应力钢丝、预应力缆索、电焊网等）12万吨、高级合金钢丝4万吨、钢纤维1万吨、回火轮胎胎圈钢丝2万吨、钢丝绳索具1万吨等高档次、深加工产品的生产能力，使之达到总生产能力的70%左右。

多年来，天津线材一直没有一个稳定的、高质量的线材供应基地，这也是制约金属制品生产发展的重要原因之一。

目前，天津钢厂虽建设了年产35万吨能力的高速线材轧机，但由于炼钢工艺设备陈旧落后（属应淘汰的二次化铁炼钢），仍无法满足线材制品行业对高质量、多品种线材原料的需求。现部分原料是外购钢坯经高速线材轧机轧制，供制品厂使用；相当部分线材原料由市场上购买，其品种、质量受到很大制约，成本也较高，影响了制品生产能力的发挥，削弱了市场竞争力。

按照规划，“十五”末天津金属制品生产规模达到58万吨，“十一五”末将达到80万吨，还需提高高速线材的生产能力。

因此，建议炼钢系统规划时，充分考虑与线材制品生产的配套。组建天津线材制品企业集团、组建天津线材制品技术开发研究中心。

2001年4月25日天津市冶金工业总公司决定，成立以副总经理任组长、有关部门和专家组成的领导小组，下设由规划发展部牵头的工作班子，以天津市城市发展规划、天津市冶金工业及线材制品行业“十五”发展规划等为指导思想及依据，落实线材制品实施北上规划方案暨“天津市线材制品精品工业园建设规划方案”。

冶金集团公司于2001年10月22日召开“线材制品精品工业园”研讨会。按照《天津市工业布局重心战略东移研究》及《天津市中心城市工业战略东移调整规划研究》中指出的“冶金工业建立海河下游工业区和双街组团两个基地”的规划指导思想，在北辰双街地区建立线材制品精品工业园；形成优质及合金钢丝、优质钢丝绳、高级镀层钢丝及钢绞线、预应力（PC）钢材4大系列、25种产品。

本着充分利用现有条件，合理安排搬迁改造，分步实施、滚动发展、注重实效，以求资金投入最佳效果的原则，精品园区分三期建设，于2002年开始，2006年底之前全部完成。

精品工业园园址仍选在“九五”规划中金属制品新区的占地范围，即北辰区双街地域内，由现预二、原铁合金厂大院（一金属及钢丝厂已迁入）及相邻的09仓库用地组成，占地面积47.36万平方米（约710余亩），称为精品工业园（北辰园）。

线材制品精品工业园综合产品方案是在线材制品工业“十五”综合产品大纲的基础上，将部分产品集中而成。包括优质及合金钢丝6.4万吨，高级镀锌及镀Galfan合金钢丝及钢绞线6.5万吨，优质钢丝绳5.3万吨，预应力（PC）钢材16.5万吨，小批量多品种产品0.3万吨，总规模达到35万吨。

按照专业化生产的原则，园区分为优质钢丝、高级镀层钢丝及钢绞线、预应力（PC）钢材、优质钢丝绳、技术开发中心及辅助设施6个区域。

本着先小后大、先易后难的原则，将园区建设分为3期，第一期2001~2002年，基本利用原有厂房增建设备或搬迁的项目，形成能力13.6万吨（含现有能力5.2万吨）；第二期2003~2004年，在现有场地增建厂房及设备或搬迁的项目，形成能力29.7万吨；第三期2004~2005年，新征土地、建厂房及设备搬迁的项目，形成能力35万吨。

线材制品精品工业园建成后，天津线材制品工业将实现资源、资产、生产力的最优配置，实现集约化、专业化、规模化生产，大大提高企业的劳动生产率，增强产品在市场上的竞争能力，提高企业的经济效益，使企业逐步摆脱困境，步入良性循环的轨道。

为了更好地规划方案及项目实施更贴近市场，钢线钢缆集团带队到国内相关企业调研。2005年8月14日出发，8月23日返回天津，历经江苏、上海、江西、湖南、湖北五省市，参观了江阴法尔胜钢铁制品有限公司、江阴市南箐机械有限公司、无锡赛福天钢丝绳公司、上海宝钢集团上海二钢公司、上海浦江缆索股份有限公司、江西新华金属制品股份有限公司、湖南湘潭金属制品有限公司、湖北福星科技股份公司等8个企业。天津冶金集团、天津市钢线钢缆集团一行6人参加。

2005年11月11日冶金集团主管部门带领钢线钢缆的相关人员与包头钢铁设计研究院秦皇岛分院有关人员，就委托秦皇岛分院编制静海《高档金属制品基地可行性研究报告》并就相关文件进行了广泛细致的交流。

（五）2006~2010年“十一五”期间

2006年8月23日在冶金集团召开了建设100万吨高档金属制品基地项目专家评议论证会，以中国钢协副秘书长李世俊为组长，包括中钢集团郑州金属制品研究院庄健、宋为，中国钢结构协会线材制品分会沈世续，包头钢铁设计研究院秦皇岛分院曹士一及有关设计院组成的专家组，对天津冶金集团能够抓住机遇、建设国内最大规模的优质金属制品基地表示由衷赞同和支持。市发改委、国资委、经委有关部门负责人，冶金集团、线缆集团主要领导及各项目组负责人等参加了会议。

专家组在听取了冶金集团关于建设100万吨高档金属制品项目的建设背景、市场分析、产品结构和工艺装备等情况的介绍，审阅了项目的预可行性研究报告内容后认为，国内金属制品消费结构向钢结构建筑、交通、电力、汽车、港口、石油、矿山等领域扩展，其所需的高技术含量、高附加值产品，如汽车轮胎钢帘线、耐腐蚀预应力钢材、港口专用各种结构的钢丝绳等仍有发展空间。

专家组对项目的实施步骤、产品定位、工艺装备、产品研发、人才队伍和管理机制等方面提出很好的意见和建议；并提出要充分利用现有的装备资源，采用国内外先进、实用技术装备，发挥已有的企业技术、品牌等软件优势，形成国内规模最大、品种较齐、集约化程度高、资源节约型发展模式、产学研一体化的优质金属制品基地。

2006年10月20日冶金集团带队先后到天津市静海县、东丽区、津南区及北辰区调研选址，并于2006年12月3日给市政府呈送冶金集团建设高档金属制品基地选址报告。

2007年8月9日上午，静海县人民政府与天津冶金集团，在静海县行政中心会议室举行了建设高档金属制品项目合作协议的签字仪式。静海县委书记、县长、县人大主任、县政协主席等县领导，天津冶金集团董事长、总经理、党委书记、副总经理、纪委书记、总会计师、工会主席等领导出席了签字仪式，静海县县长、冶金集团董事长分别致辞。

冶金集团副总经理与静海县副县长签订了在静海开发区投资40亿元、占地1200亩，建设年产100万吨高档金属制品项目的投资协议（图4-36-1）。

图4-36-1　签订建设高档金属制品项目合作协议现场

天津冶金集团建设100万吨高档金属制品基地项目被列入了天津市“十一五”发展规划，并且是天津市工业系统2007年十大重点项目之一。实施这个项目，体现了科学发展观的要求，符合国家产业政策，是落实天津市“十一五”发展规划的具体步骤。

2007年11月18日，列入天津市工业系统新二十项重点项目的天津冶金集团高档金属制品基地工程在静海县开工建设。市政府副市长只升华、副秘书长王志铭，中国冶金科工集团总经理沈鹤庭，市经委主任王治平，市计委主任李亚力、副主任张小雁，市农委主任李文喜，市国资委副主任刘宏，市国土房管局副局长张中夫，中冶京唐建设公司董事长王秀峰、总经理李玉龙，中冶集团二十冶金建设公司总经理谭宝东，天津冶金集团党政领导、静海县委、县政府、县人大、县政协及相关部门领导亲临了开工仪式（图4-36-2）。

图 4-36-2　冶金集团高档金属制品基地工程开工仪式现场

天津冶金集团中兴盛达钢业有限公司成立于2007年12月29日，注册资金2亿元人民币，占地1200亩，坐落于交通便利的天津静海开发区津仓高速公路东侧。

天津冶金集团中兴盛达钢业有限公司（以下简称公司）是由天津冶金集团有限公司和天津市冶金集团（控股）有限公司注资成立的国有控股公司，是将原来的天津市第一预应力钢丝公司、天津市第二预应力钢丝公司、天津市第一钢丝绳公司、天津市大成五金厂、天津市焊接材料公司、天津市金属制品实验厂、天津市棣华钢丝公司、天津高盛钢丝绳公司等企业实施搬迁改造组建的新公司，是天津市“十一五”规划的重要项目之一

公司建设项目总投资40亿元人民币，旗下有钢丝绳分公司、预应力钢绞线分公司、铝包钢分公司、优质钢丝分公司、焊丝分公司、高级汽车弹簧制造分公司、高档金属制品研发测试中心。主要产品有：高效预应力钢材，高级汽车弹簧钢丝，优质钢丝绳，高效、节能铝包钢复合材，汽车子午轮胎用钢帘线，药芯、实芯焊丝和镀层钢丝及绞线等8大类高档金属制品。投产后可实现年销售收入82.8亿元、利税13.6亿元。

项目建成后将具备国内领先的技术和装备，成为全国制品行业产能最大的新技术、新工艺、新材料的高档金属制品生产和研发基地，实现高、精、尖产品集约化生产，替代进口产品。在行业中形成独特优势，以超强竞争力有效地占领国内外市场，打造金属制品行业第一的地位和优势。

第一期工程为34万吨的项目建设，同时开工的有6个项目、5个产品（高效预应力钢材、优质钢丝绳、高效节能铝包钢复合材、镀层钢丝及绞线和药芯焊丝），投资11.1亿元，将于2008年底前投入运营，投产后可实现年销售收入29.3亿元、利税4.3亿元。

公司将通过集团化经营，发挥整体优势，合理统筹，掌控全局。坚持落实科学发展

观，转变增长方式，走集约型、节能型、生态型、效益型及多元化循环经济型的发展道路。以高起点起步，制定切实可行的宏伟目标和战略规划，引领国内高档金属行业潮流，构建世界一流的高档金属制品基地，再展天津金属制品雄风。

2008 年 4 月 25 日，中冶集团相关领导及中冶集团二十冶、十三冶应天津冶金集团主要领导邀请到津协调、落实天津项目建设。其中包括列入天津市重点项目的 100 万吨高档金属制品项目，委托中冶集团下属的建设单位承建，并建立起中冶集团与天津冶金的整体合作，天津市主管副市长会见了中冶集团的领导。

2010 年 7 月 9 日，按照天津市经信委、国资委编制“十二五”发展规划的总体要求，结合天津冶金目前的基础条件和发展优势，提出了“十二五”期间发展高档金属制品的规划思路，请国内知名专家给予研讨论证。

论证会在天津市冶金集团后楼 6 号会议室召开（图 4-36-3），会议由冶金集团主持。聘请的专家包括：中国钢协常务副秘书长李世俊，中国钢协科技环保部徐寅，中国钢研集团炼钢室主任冯光宏，冶金工业规划研究院副总设计师刘朝建，宁夏恒力钢铁集团原董事长、党委书记刘京喜，中国钢结构协会线材制品分会专务理事沈世续，天津焊接材料公司原总工马志先，天津大成五金厂原副厂长莫璋，天津冶金钢线钢缆集团朱龙等。渤海钢铁集团公司的分管领导出席了论证会，参加会议的还有中兴盛达集团、钢线钢缆集团及冶金集团规划发展部的有关人员。

图 4-36-3 论证会现场

第五篇

行业发展支撑

第一章　冶金工业规划研究院

冶金工业规划研究院成立于 1972 年，是隶属国务院国有资产监督管理委员会的中央事业单位、国家级行业规划研究和工程咨询事业单位、国家首批甲级工程咨询单位。冶金工业规划研究院主要为国家出台和解读钢铁产业发展政策提供基础研究，为钢铁企业全产业链发展、增强核心竞争力开展工程咨询和管理咨询的高端服务。冶金工业规划研究院凭借自身的专业技术力量和规划研究经验，投身行业发展，打造“一体两翼大平台”，助推钢铁工业由大到强，在钢铁工业供给侧结构性改革、行业发展战略规划、生产力布局、产业结构调整、实施兼并重组、处置“僵尸企业”、国内外市场分析预测、“一带一路”走出去等方面作了许多工作。

冶金工业规划研究院拥有一支复合型专家队伍，专业技术人员占总职工人数的 80%，其中，具有高级专业技术职称人员占 70%；下设 12 个专业职能部门、2 个公司和 22 个研究中心。

冶金工业规划研究院完成了数千个政府专题研究、行业和企业规划、技术咨询等项目，多次受到国家相关部委的表彰，先后荣获“国家科学技术进步奖一等奖”“全国优秀工程咨询一等奖”等诸多奖项。如为国家出台和解读钢铁行业发展政策提供依据；为各级政府编制完成了钢铁产业联合重组规划、钢铁产业及上下游产业聚集区规划和工业园区规划；完成了数百家钢铁企业的发展规划，特别是大中型钢铁企业多个五年发展规划；编制企业钢铁结构调整规划、联合重组和产业布局规划、搬迁规划、技术改造升级规划、企业中国国内铁矿资源开发规划、“走出去”资源开发和钢铁发展规划；钢材循环经济规划、总图物流规划、节能减排规划、环境保护规划和清洁生产建设“两型”企业规划；市场和钢铁物流园区规划等规划咨询项目；完成了 20 多个国家的资源开发和钢铁发展规划咨询报告。

冶金工业规划研究院为线材制品行业、企业完成多个五年发展规划；为线材制品企业完成多项企业发展规划、企业结构调整规划、企业循环经济规划、节能减排规划、环境保护规划和清洁生产建设规划方案、企业转型升级规划方案、企业异地搬迁改造方案。

多年来，冶金工业规划研究院先后完成了线材制品行业“十五规划”、线材制品转型升级规划等多项行业发展规划；完成了贵州钢丝绳公司、新日恒力钢丝绳公司、鞍钢钢丝绳公司、湘钢钢绳厂、天津冶金公司制品板块、宝钢公司制品板块、武钢公司制品板块等数十家企业发展规划与产品结构调整项目建议书、可行性研究等。

冶金工业规划研究院的专家学者作为受聘专家，为线材制品领域的重大发展规划做审查，为线材制品企业发展规划做审查，为线材制品企业承担国家或地方重点项目鉴定、验收做审查，为线材制品企业申请国家级或地方重点项目做评审。多年来参与组织了贵州钢丝绳公司、新日恒力钢丝绳公司、鞍钢钢丝绳公司、天津冶金公司制品板块、宝钢公司制品板块、武钢公司制品板块等数个技术改造项目与产品结构调整方案的审查与鉴定工作。

冶金工业规划研究院作为原冶金部直属的院所，长期以来对线材制品行业、企业的发展给予规划、指导、审查和帮助，为线材制品行业、企业的不断发展、不断进步，由线材制品小国走向大国，正在迈向线材制品强国给予鼎力的指导、引导、支持和帮助。

客观公正、热情高效、科学准确、诚信严谨是冶金工业规划研究院的办院宗旨。过去我们为国内线材制品的科学发展做了大量有益工作，今后仍将继续努力，正确认识线材制品行业的现状与差距，把握好线材制品行业的发展趋势，继续为行业与企业完成好发展规划，提出有效的转型升级与措施方案，持续引领线材制品行业高质量科学发展。

第二章　冶金工业信息标准研究院

新中国成立以来，线材制品行业历尽艰险，从零探索，走出了一条从无到有、从弱到强的崛起之路，直至今日成为世界上最大的线材制品生产国。线材制品标准化事业与行业并行发展，相辅相成，经历了起步探索、开放发展、全面提升阶段，形成了科学、完整的标准体系，有力地推动了行业技术进步与产品的升级换代。

线材制品标准化事业步入专业化管理轨道，真正开始有序、快速发展始于 1963 年。当年 3 月 26 日，冶金工业部组建冶金工业部科技情报产品标准研究所（冶金工业信息标准研究院前身），负责冶金产品标准的制修订及标准科研工作。此后的岁月中，在有关部门、标准化工作者的大力支持下，SAC/TC 183/SC 3“全国钢标委盘条与钢丝分技术委员会”（以下简称标委会）于 1995 年正式成立，成为线材制品行业标准化工作的核心平台。标委会至今已历经 4 届，在近 30 年的发展历程中，标委会以国家标准化事业发展为指引，围绕线材制品发展主线，将标准化工作不断推向前进。特别是党的十八大以来，盘条钢丝标委会深入学习贯彻习近平新时代标准化工作重要论述，立足新发展阶段，贯彻新发展理念，融入新发展格局，以标准为牵引，以服务行业发展为目标，坚持绿色低碳、智能制造双轮驱动，参与国际标准化治理，推动钢铁标准化事业在政府支撑、体系建设、科技创新、国际交流、宣传宣贯、人才建设等诸多方面取得积极进展，推动我国由线材制品大国向线材制品强国迈进。

自标委会成立近 30 年峥嵘岁月，线材制品标准体系从零起步、持续优化，及时跟进行业发展需求。根据不同时期国家发展战略的需要，线材制品标准体系随钢铁行业整体标准体系于 1982 年、1993 年、2005 年、2012 年、2016 年、2022 年先后更新，编制了六版钢铁标准体系，以体系为纲推动标准化事业发展。目前，线材制品标准体系已经构建起了国家标准、行业标准、团体标准“三维一体”多元建设模式，现有各类发布标准 220 余项，在研标准 60 余项。同时，依据行业发展需要，盘条钢丝标委会不断优化组织机构，结合新领域发展吸纳新委员，至今现有委员增加至 59 人，涵盖了生产企业、科研院所、高等院校、行业协会等各类主体。为持续提升标准技术水平，盘条钢丝标委会紧跟用户需求，加强上下游协同工作，以《汽车紧固件用冷镦钢盘条》《建筑结构密封索》等重点标准为抓手，深入拓展与下游关联标委会的沟通合作，服务行业整体发展。

自标委会成立近 30 年峥嵘岁月，助力并见证了线材制品标准化工作持续深化改革、支撑政府决策。标委会依托标准化工作，积极承担多项政府部门重大专项标准化课题。例如标委会牵头的公益性行业科研专项《桥梁缆索用钢等 23 项国际标准研制》，有力提升我国优势材料领域的国际竞争力，推动产品占据国际市场，促进我国优势材料产业的由大到强发挥积极作用。标委会承担的工信部《先进团体标准在提升钢丝产品质量方面的实施应用》，在行业内首次开展团体标准的应用调研，为政府部门建立健全标准实施应用反馈机制打下基础。标委会积极参与支撑 ISO/TMB 技术工作项目，为国家标准化主管部门和行业主管部门提供了坚实技术支撑。标委会深入贯彻落实党中央关于绿色、低碳发展的战略决策，积极推进相关标准化工作，开展《盘条生产企业碳排放核算与报告要求》等标准，支撑钢铁产品环境产品声明（EPD）平台建设，助力实现“3060 碳达峰碳中和”目标。

自标委会成立近 30 年峥嵘岁月，助力并见证了线材制品行业钢铁标准国际化屡创佳绩、不断突破的发展历程。在中国恢复 ISO 成员国身份后的 1980 年，中国钢铁行业便组团参加 ISO/TC 17 相关分委会会议；1993 年，中国承担首个 ISO 秘书处 ISO/TC 17/SC 17“钢/盘条与钢丝”，由冶金工业信息标准研究院承担秘书处职能。承担秘书处后，冶金工业信息标准研究院经过认真准备，迅速开启了委员会各项工作，成功组织召开了年会，并启动了重要的系列标准的研制，取得良好的成效。期间，秘书处组织国内专家参与国际标准化工作，培养了一大批国际标准专家，为后续我国深度参与标准研制打下坚实基础。在推进国际标准化工作中，秘书处注重顶层规划，在 2017 年提出了本领域的标准体系框架，对现有标准进行整理分类，搭建了层次分明、专业配套的标准体系。同时，秘书处积极跟进行业发展，于 2021 年推动工作范围的修改，使其纳入合金钢盘条，满足了盘条钢丝新项目发展需要。目前，ISO/TC 17/SC 17 和 ISO/TC 105 累计由中国牵头发布的国际标准近 30 项，有力保证了线材制品行业国际发展需求。与此同时，在线材制品领域积极担任国际职务，如承担 ISO/TC 17/SC 17 主席和秘书处职务，不断开辟线材制品领域国际标准化工作新局面，助力提升我国在国际标准化工作中的影响力。

自标委会成立近 30 年峥嵘岁月，助力并见证了线材制品行业不断强化标准宣传宣贯、发挥标准效能的努力及成效。在 20 世纪 60~70 年代，创办刊物、编著手册、指南是宣传钢铁标准的主要手段。1963 年 5 月，《冶金产品标准化简报》创刊（1964 年更名为《冶金产品标准化》），1966 年和 1972 年《标准解释汇编》和《冶金产品标准解释手册》（钢铁部分）先后发布，为线材制品行业标准化工作交流打造了专业平台。步入近代，线材制品标准的宣传宣贯逐渐由书面交流向现场面对面+多媒体交流结合的方式转变。2000 年以来，标委会积极开拓宣传宣贯新模式，组织召开线上线下各种形式的标准宣贯会、研讨会、论坛等数百次，结合网站、微信公众号等媒体平台对重大标准进行及时有效的宣贯，确保了标准“行得通”“用得好”。

自标委会成立近 30 年峥嵘岁月，助力并见证了线材制品标准化人才队伍快速壮大、夯实事业发展根基。2006 年开始，依托钢铁行业的三大标准化技术委员会平台，标委会积极配合全国钢标准化技术委员会秘书处每年系统地举办标准从业人员及标准起草人培训班，从基础知识、管理程序、编写规范和国际化等方面开展标准化知识培训，提升钢铁标准化从业人员能力。同时，借助“信息标准院”公众号、“钢铁标准网”公众号、视频号，“世+融媒”新媒体平台对标准政策、形势进行系列解读、分析，累计阅读量和播放量数万次；积极整合资源，为各级政府、钢铁企业提供定制化的标准培训服务，助力政府和企业在标准化舞台发挥更大的作用。2022 年，标委会开启冶金工业领域“1+X 标准编审职业技能”等级证书学习班，累计培养标准化资质人员 200 余人。

当前，全面建设社会主义现代化国家、实现第二个百年奋斗目标，以中国式现代化全面推进中华民族伟大复兴的新征程已经开启，标准化任务依然艰巨。然而，艰难困苦，玉汝于成。面向“十四五”乃至更长一段时期，线材制品行业必将以更加昂扬的姿态迎接新的挑战，以更大热情奋力开拓钢铁标准化事业新篇章，以标准引领线材制品行业在实现第二个百年奋斗目标新征程上创造更大辉煌。

第三章 中钢集团郑州金属制品研究院股份有限公司

中钢集团郑州金属制品研究院股份有限公司（以下简称中钢制品院）前身为始建于1973年的遵义金属制品研究所，是在20世纪60~70年代中国进行三线建设时，由当时的天津、鞍钢、湘钢、石嘴山等相关金属制品企业支援建设的八七厂（现名贵州钢绳）的基础上，成立的冶金部直属的金属制品研究院所，是中国金属制品行业唯一一家“线材深加工”专业的科研院所；1982年由贵州省遵义市迁至河南省郑州市，1999年经国务院批准改制为科技型企业，全部资产整体划拨进入中国中钢集团工贸公司；2008年进行公司制改革，成为中国中钢股份有限公司的全资子公司；2017年6月经证监会核准，以资产重组的形式进入上市公司——中钢天源股份有限公司（深交所代码002057），成为中钢天源的全资子公司。2021年6月，按照科改示范行动要求，中钢集团郑州金属制品研究院有限公司顺利完成混改、股改工作，公司名称变更为中钢集团郑州金属制品研究院股份有限公司。

中钢制品院从成立以来，在金属制品产品开发、工艺创新、装备研发提升、行业技术交流与创新发展方面，对中国金属制品产业快速发展起到了促进、技术引领作用。中钢制品院充分利用唯一专业科研院所的身份在可研技术咨询服务、质量监督与提升、行业技术期刊《金属制品》编辑出版发行、冶金金属制品行业生产力创新发展等方面提供专业增值服务。

一、科研实力

中钢制品院由职能部门和科研产业实体两大部分组成。

科研产业实体方面目前有弹性材料、异型材料、军工材料、检测与信息技术服务四大产业板块，拥有各种科研、检测和中试生产设备仪器3000余台（套），1个博士后工作站，是具有较强研发实力、拥有独立自主知识产权的国有科技创新型企业。具体划分为弹材分厂、特种丝绳厂、精密新材料公司（中试四厂）、奥威公司及奥赛公司5个生产高端金属制品产品的实体；包含研发中心、信息中心及质检中心、国家金属制品质量监督检验中心、冶金金属制品行业生产力促进中心、河南省金属制品工程技术研究中心、中国金属学会金属制品学术委员会、全国金属制品信息网等行业平台组织；出版发行中国科技核心期刊《金属制品》的科技业务服务部门。

研发职能部门包含综合管理部、资产财务部、科技发展部、人力资源部、生产管理部、党群工作部、纪检工作部、项目管理部。

截至2022年12月，全院共有员工527人，其中教授级高工17人，享受国务院政府特殊津贴 8 人（在职），硕士以上学历 121 人，本科 233 人，本科及以上人员共计占比 67%。

2022 年实现营业收入总额 10.04 亿元，净利润 2.13 亿元，研发费用总额 7110 万元，研发投入占比 7.01%。公司资产总额 17.95 亿元，负债总额 6.43 亿元，资产负债率为 35.8%，资产状况良好。

2010 年以来，申报并获批科研平台有河南省企业技术中心、工信部金属制品产业检测公共服务平台、河南省金属制品产业联盟等国家级、省部级、市级、行业级等各类创新、科研平台等共计 21 项，为郑州市科技创新型试点企业。

知识产权方面，截至 2023 年底拥有专利 264 项，其中发明专利 22 项；授权软著 17 项，论文 SCI 1 篇、EI 1 篇。

2010 年以来，我院主持及参与制修订发布标准 47 余项，其中国家标准 35 项，国际标准 5 项，已经颁布 2 项；主持制修订国家标准 13 项，参与 14 项；主持制修订行业标准 10 项，参与 8 项；主持制修订团体标准 5 项，参与 3 项。

近两年间（2022~2023 年），中钢制品院共安排各级科技项目 130 项，直接投入资金 12974 万元，其中完成省级鉴定或验收 5 项，获得包括河南省、郑州市、冶金工业、河南省国防、中钢集团等级别科技进步奖 7 项。

二、专精特新产业之路

（一）弹性材料领域

中钢制品院从 20 世纪 90 年代起，开发油淬火-回火弹簧钢丝高端产品，起草并修订了国家标准 GB/T 18983《淬火-回火弹簧钢丝》，市占率 15%；产品通过了 IATF 16949、ISO 9001、ISO 14001、ISO 45001 质量管理体系认证。

中钢制品院广东奥赛公司，主持或参与了与香港大学、华南理工大学合作完成的大湾区、工信部、国家钢材深加工应用服役“十三五”等课题 8 项；奥赛公司在装备方面，提出“关键引进，配套国内，消化吸收”的策略，引进日本高端中细规格感应加热弹簧钢丝生产线、德国中细规格离线贯穿+旋转涡流探伤生产线、德国扒皮生产线和粗规格抛丸+探伤+修磨+拉拔生产线以及部分德国仪器，生产出可完全替代进口中高端产品，填补国内空白。

在材料领域的研发方面，以科研促生产模式，取得了如下主要成绩：

（1）承接的国家“十三五”弹簧钢项目气门弹簧用淬回火钢丝，抗拉强度 2100 兆帕，弹簧制品疲劳寿命超过 6000 万次，断面收缩率 43%~46%。

（2）自主研发的汽车自动尾门弹簧用超高强度淬回火弹簧钢丝，其力学性能指标为抗拉强度 2250~2300 兆帕，断面收缩率 43%~51%，对标国外高端产品。

（3）承接的工信部项目自主开发的 SiCrV 气门级弹簧钢丝，强度级别为 2100 兆帕，弹簧疲劳寿命超 1 亿次。

（4）悬架减震用淬回火材料，抗拉强度 2100 兆帕，弹簧制品疲劳寿命超过 50 万次。

（5）安徽省重大专项“2100~2300 兆帕级超高强韧弹簧钢关键技术研究及产业化”。

（6）郑州市重大专项“非圆截面弹簧用高强度异形弹簧钢丝研发及产业化”。

（二）异形钢丝制品及特种丝绳制品

异形钢丝具有断面复杂、工艺控制难、模具开发周期长的“特点”，中钢制品院按照“装备自研、产品自主开发”的原则，走自力更生之路。产品主要包括用于替代进口的模具弹簧用异形钢丝、汽车用异形钢丝、承压机械设备缠绕用扁钢丝、其他用途异形钢丝、汽车活塞环用异形钢丝材料等。

中钢制品院的特种丝绳，主要走“专、精、特、细”之路，与大国重器配套，具有量小质优的特点，要求产品稳定性好、疲劳寿命高、耐腐蚀性能强，主要有不锈钢丝绳、合金钢丝绳、高温合金丝绳、耐蚀合金丝绳、弹性合金丝绳等“小众”产品；具备多年特种合金丝绳制品研发和批量供货经验，拥有成熟的产品开发流程和国标、国家军用标准质量管理体系；参与国标 GB/T 9944—2015《不锈钢丝绳》、GB/T 24588—2019《不锈弹簧钢丝》的制修订。

三、科研助力行业进步

近年来，中钢制品院科研成果硕果累累，如牵头承担的国家“863”新材料领域“轿车高应力气门弹簧用弹簧钢丝”“展开式 CO_2 气体保护焊丝生产线”“大型模锻压机用扁钢丝”“钢丝拉拔用润滑剂新技术开发”“钢丝连续式水浴处理生产技术开发”，以及“十三五”国家重点研发计划“高性能桥梁用钢”中的桥梁缆索的检验评价工作、工信部重点专项“超纯净高强度高端气门弹簧材料国产化开发”“电梯绳用钢丝维氏硬度试验方法”“高强度弹簧钢及切割钢丝关键技术开发及示范应用”、安徽省重大专项“2100～2300兆帕级超高强韧弹簧钢关键技术研究及产业化”、河南省重点研发专项“桥梁工程材料数智化检测成套装置关键技术研究及产业化”、郑州市重大专项“非圆截面弹簧用高强度异形弹簧钢丝研发及产业化”等多个课题，获得省部级科研成果多项。

平台建设取得较大进展。先后获得河南省企业技术中心、工信部金属制品产业检测公共服务平台、河南省创新龙头企业的认定；获批牵头建设河南省金属制品产业技术创新战略联盟；建立了郑州市特种金属线材制品重点实验室、郑州市减隔震装置检测工程技术研究中心、郑州市工程结构缺陷检测与评估重点实验室等国家级、省部级、市级、行业级等各类创新、科研平台等共计 21 项；成为郑州市科技创新型试点企业。2022 年申报获批平台、资质见表 5-3-1。

表 5-3-1　2022 年申报获批平台、资质列表

序号	名称	类别	备注
1	工信部智能制造优秀场景	国家级	
2	河南省制造业头雁企业	省部级	重点培育
3	河南省减隔震工程技术研究中心	省部级	
4	河南省服务型制造业示范企业	省部级	

续表 5-3-1

序号	名称	类别	备注
5	河南省创新型中小企业	省部级	
6	郑州市异形线材工程技术研究中心	市级	
7	郑州市特种精密异形合金材料工程技术研究中心	市级	
8	郑州市绿色环保涂料检测与应用技术重点实验室	市级	
9	郑州市专精特新企业	市级	
10	吉林正达：长春市专精特新企业、长春市高新技术企业	市级	
11	南京生态：江苏省高新技术企业	省级	

知识产权成果显著。近两年共申报专利 177 项，是 2015~2019 年申报专利数总和的 2.3 倍；其中发明专利 32 项，是 2015~2019 年申报发明专利数总和的 1.1 倍；申报计算机软著 8 项。荣获省部级、市级奖项共 22 次。近年来承接了 16 项省部级以上科研项目任务。2021 年更是取得了 SCI、EI 论文零的突破。截至 2021 年底，有效专利 251 项，其中发明 21 项；有效计算机软著 9 项，论文 SCI 1 篇、EI 1 篇。

2010~2022 年底，标准方面参与制修订国际标准 5 项，已经颁布 2 项；主持制修订国家标准 13 项，参与 14 项；主持制修订行业标准 10 项，参与 8 项；主持制修订团体标准 5 项，参与 3 项。

近两年间（2022~2023 年），中钢制品院共安排各级科技项目 130 项，直接投入资金 12974 万元，其中完成省级鉴定或验收 5 项，获得包括河南省、郑州市、冶金工业、河南省国防、中钢集团等级别科技进步奖 7 项。

2012 年以来课题（部分）获奖情况见表 5-3-2。

表 5-3-2　2012 年以来课题（部分）获奖情况

序号	获奖项目名称	奖项级别	获奖年度	授予机构	备注
1	钢丝连续水浴热处理生产技术开发	省部级	2012	河南省科技厅	河南省科技进步奖二等奖
2	大型模锻压机用扁钢丝研发	省部级	2013	河南省科技厅	河南省科技进步奖三等奖
3	2000 兆帕级悬架簧钢丝的开发	行业级	2013	中国钢铁工业协会	冶金科技进步奖三等奖
4	2000 兆帕级悬架簧钢丝的开发	省部级	2014	河南省科技厅	河南省科技进步奖二等奖
5	飞机操纵用碳素镀锌钢丝绳研制	省部级	2014	中钢集团	中钢集团科技进步奖三等奖
6	高速铁路补偿用钢丝绳的研制	省部级	2016	中钢集团	中钢集团科技进步奖二等奖
7	钢铁及合金化学成分测定耦合等离子体原子发射光谱法系列标准的制定	行业级	2016	中国钢铁工业协会	冶金科技进步奖二等奖
8	大型海洋油气田输送柔性管关键部位用 S 形扁钢的研制和开发	省部级	2019	中钢集团	中钢集团科技进步奖三等奖

续表 5-3-2

序号	获奖项目名称	奖项级别	获奖年度	授予机构	备注
9	大型海洋油气田输送柔性管关键部位用S形扁钢的研制和开发	行业级	2020	中国钢铁工业协会	冶金科技进步奖二等奖
10	可调弹性系数弹簧的开发与应用	省部级	2020	河南省科技厅	河南省科技进步奖三等奖
11	高速铁路关键金属材料测试技术与装置研发及应用	省部级	2021	河南省科技厅	河南省科技进步奖二等奖
12	新能源汽车用异形弹簧钢丝研发及产业化	省部级	2022	河南省科技厅	河南省科技进步奖三等奖
13	高速铁路关键金属材料测试技术与装置研发及应用	行业级	2022	中国技术市场协会	金桥奖优秀项目奖

四、服务引领行业发展

质检、信息服务是中钢制品院面对行业的服务窗口。

作为行业唯一专业科研院所的中钢制品院，在可研技术咨询、行业技术期刊编辑出版发行、检验检测等方面为行业的发展壮大提供专业服务。主要有：（1）全国金属制品信息网：7 个分网、600 多网员，发行《制品信息》网刊，运营行业门户网站金属制品网（www. cswpn. com）；（2）《金属制品》期刊：全国发行，金属制品行业唯一专业技术期刊；（3）国家金属制品质量检验检测中心：国家质检总局首批成立的国家级质检中心和第三方公正性检测检验机构，是全国工业产品生产许可证办公室授权的钢丝绳产品审查部和检验机构，常年承担由国家市场监管总局分派的金属制品产品抽检、抽查任务；（4）冶金金属制品行业生产力促进中心：国家冶金工业局〔2000〕冶发科字第 028 号文，国家科技部（国科高字〔2000〕018 号文）同意成立的金属制品行业生产力促进中心；（5）中国钢结构协会线材制品分会：轮值理事长单位；（6）中国金属学会金属材料深度加工分会：副主任委员单位；（7）中国金属学会钢材深加工及应用服役标准化技术委员会：兼秘书处单位。

中钢制品院的质检中心依托于 1985 年筹建并成立的“国家金属制品质量检验检测中心”（国家质检总局首批成立的国家级质检中心和第三方公正性检测检验机构），1998 年通过实验室认可、计量认证、审查认可“三合一”评审；2002 年获得“全国工业产品生产许可证办公室钢丝绳审查部和检验机构”授权；2003 年被最高人民法院授予“金属质量司法鉴定单位”，2006 年获“国家安全生产检测检验机构资质证书”甲级资质；2007 年被授予“河南进出口检验检疫局指定实验室”；2008 年开始，以服务当时国内最高标准的京沪高铁为开端进入市场，并以此为发展契机，通过申领相关主体结构/地基基础/钢结构工程/城市桥梁资质、桥隧专项检测资质、特种设备检验检测、安全生产检测检验、计量校准等近 20 个资质，切入和深耕建筑、基建类材料检测，截至目前，国家授权检测业务范围包括 8 大类、4000 余个产品、17000 余个参数，涵盖国家标准、行业标准、国际标准及美欧日等发达国家标准3000多个。检测范围覆盖金属制品、工程原材料及构配件、路桥工程、轨道交通、钢结构、人防工程、隧道工程、通信铁塔工程、地基基础工程、环境工程等领域。此外，还可提供专用设备、力学、热学、几何量具等校准服务。

信息服务是中钢制品院服务行业的另一个窗口，工作由中钢制品院信息中心负责。

1974年11月，原冶金部决定成立金属制品科技情报网，后历经多次更名，2000年确定为“全国金属制品信息网”。作为面向金属制品行业服务的部门，全国金属制品信息网秉承服务行业、搭建技术信息交流平台的宗旨，时刻把握国家经济的发展动向，为行业整体发展出谋划策，在技术创新、节能环保、产业调整、维持行业持续健康发展方面主要负责以下工作：（1）依托行业唯一全国公开发行期刊《金属制品》，面向行业约20万从业人员提供行业专业技术交流；（2）全国金属制品信息网的日常管理工作，为行业企业会员提供资讯、沟通服务；（3）网刊《制品信息》的编辑出版，为行业定期及时提供行业、企业及相关行业、企业、国外金属制品等方面的资讯性信息；（4）面向行业定期组织行业技术信息智能装备交流会，引领行业绿色、智能高质量发展；（5）协助进行金属制品行业产品、技术、装备、生产、发展方面的数据信息统计收集；（6）以专业的工程咨询（投资）资质为行业企业、政府提供可行性研究报告、产业园区规划编制等行业技术产品咨询服务，为行业的发展提供指导和保驾护航。

第四章 国际、国家标委会钢丝绳秘书处及创新基地

全国钢标委钢丝绳分技术委员会（SAC/TC 183/SC 12）秘书处和国际标准化组织钢丝绳技术委员会（ISO/TC 105）秘书处设立在中国江苏法尔胜泓昇集团有限公司，负责国内和全球钢丝绳领域标准化管理工作。

2021 年 3 月江苏法尔胜泓昇集团有限公司获国家标准化管理委员会批准建成江苏省首家国家技术标准创新基地，即金属线材制品国际标准化创新基地，以促进金属线材制品创新成果和优势产品的国际标准化为目标，持续加强创新能力建设，积极推进系列金属线材制品领域国际标准的制修订工作，有效促进创新成果转化成国际标准。

一、国际标准化组织钢丝绳技术委员会（ISO/TC 105）秘书处

国际标准化组织钢丝绳技术委员会 ISO/TC 105 主要任务是负责钢丝绳、钢丝绳终端及索具标准化工作。现有成员 42 个，其中正式成员（P 成员）14 个，分别为奥地利、比利时、巴西、中国、芬兰、法国、德国、伊朗、意大利、日本、韩国、南非、英国、美国；观察员（O 成员）28 个，分别为阿根廷、波斯尼亚和黑塞哥维那、喀麦隆、克罗地亚、古巴、捷克共和国、希腊、匈牙利、印度、印度尼西亚、以色列、朝鲜、马来西亚、黑山、荷兰、巴基斯坦、波兰、葡萄牙、罗马尼亚、俄罗斯联邦、沙特阿拉伯、塞尔维亚、斯洛伐克、西班牙、瑞典、泰国、突尼斯、土耳其。秘书处设在中国，秘书处承担单位是法尔胜泓昇集团有限公司，现任主席为 Dave Henninger（美国），经理为中国法尔胜泓昇集团有限公司朱维军。

2011 年，法尔胜泓昇集团有限公司获批代表中国承担秘书处工作。自承担秘书处工作以来，优化完善钢丝绳国际标准体系，助推中国行业单位深度参与国际标准化工作。迄今已组织召开年会 10 次、发布国际标准 10 项（其中中国制定 2 项、中国修订 5 项）、发起标准复审 56 次。通过多年国际标准化工作的开展，对我国实质性参与钢丝绳领域国际标准化起到了助推作用。

2011 年以来发布标准和召开会议情况见表 5-4-1 和表 5-4-2。

表 5-4-1 2011 年以来发布标准情况

序号	标准号	标准名称	备注
1	ISO 2408：2017	Steel wire ropes—Requirements	贵州钢绳股份有限公司修订
2	ISO 3108：2017	Steel wire ropes—Test method—Determination of measured breaking force	原上海出入境检验检疫局修订

续表 5-4-1

序号	标准号	标准名称	备注
3	ISO 19427：2019	Steel wire ropes—Pre-fabricated parallel wire strands for suspension bridge main cable—Specifications	法尔胜泓昇集团有限公司制定
4	ISO 8794：2020	Steel wire ropes—Spliced eye terminations for slings	昆山东岸海洋工程有限公司修订
5	ISO 4344：2022	Steel wire ropes for lifts—Minimum requirements	天津高盛钢丝绳有限公司修订
6	ISO 2232：2022	Round non-alloy steel wires for general purpose wire ropes, large diameter wire ropes and mine hoisting wire ropes—Specifications	美国修订
7	ISO 3444：2023	Stainless-steel wire ropes	法尔胜泓昇集团有限公司制定
8	ISO 10425：2023	Steel wire ropes for the petroleum and natural gas industries—Minimum requirements and terms of acceptance	咸阳宝石钢管钢绳有限公司修订
9	ISO 16839：2013	Steel wire ropes—Determination of the transverse rigidity of steel wire ropes under no axial load condition	奥地利制定
10	ISO 16841：2014	Steel wire ropes—Pulling eyes for rope installation—Types and minimum requirements	英国制定

表 5-4-2 2011 年以来召开会议情况

会议名称	时间	形式/地点
ISO/TC 105 14th	2013 年 9 月 17~18 日	Face to face，China（Jiangyin）
ISO/TC 105 15th	2015 年 8 月 25~26 日	Face to face，United Kingdom（London）
ISO/TC 105 16th	2016 年 10 月 5~6 日	Face to face，United States（Chicago）
ISO/TC 105 17th	2017 年 10 月 18~19 日	Face to face，China（Hangzhou）
ISO/TC 105 18th	2018 年 10 月 10~11 日	Face to face，Germany（Berlin）
ISO/TC 105 19th	2019 年 10 月 9~10 日	Face to face，Belgium（Brussels）
ISO/TC 105 20th	2020 年 10 月 13~14 日	Virtual
ISO/TC 105 21st	2021 年 10 月 19~20 日	Virtual
ISO/TC 105 22nd	2022 年 10 月 18~19 日	Virtual
ISO/TC 105 23rd	2023 年 10 月 10~11 日	Hybrid Face to face，Belgium（Brussels）and virtual

二、全国钢标准化技术委员会钢丝绳分技术委员会 SAC/TC 183/SC 12 秘书处

全国钢标准化技术委员会钢丝绳分技术委员会 SAC/TC 183/SC 12 秘书处由江苏省市场监督管理局筹建，中国钢铁工业协会进行业务指导，主要负责钢丝绳领域国内标准的制修订工作，目前共有委员 34 名。

截至目前，钢丝绳分委会归口的标准有 49 项，其中国家标准 29 项、行业标准 15 项、国家标准英文版 2 项、团体标准 3 项，涵盖了钢丝绳的术语、包装标志、电梯、索道等重

点领域产品、配套的检测方法、相关材料要求等领域，基本能够满足现有钢丝绳的需求。

自2008年承担秘书处以来，已管理发布28项国家标准、13项行业标准、3项团体标准、国家标准英文版2项；组织标准研讨会、年会累计40余场次。

三、国家技术标准创新基地（即金属线材制品国际标准化创新基地）

2018年3月25日，江苏法尔胜泓昇集团有限公司获批承担筹建国家技术标准创新基地（金属线材制品国际标准化创新基地）。2020年9月15日，顺利通过国家市场监督管理总局标准创新管理司考核验收，是江苏省首个通过验收的创新基地。2021年3月19日，经国家标准化管理委员会正式批准成立。

基地以促进金属线材制品创新成果和优势产品的国际标准化为目标，加强创新能力建设，积极推进系列金属线材制品领域国际标准的制修订工作。在建设过程中，主持制定并出版了中国在桥梁缆索用材料领域的第一份国际标准，获批建设无锡市首个江苏省院士企业研究院，建成江阴市首个江苏省高性能金属线材制品关键技术重点实验室，并结合产业优势和特色，形成了“创新能力建设→研究开发→成果产业化→技术和产品标准化→标准国际化”的良性发展模式，加强了与相关标准化组织的务实合作，联合了国内领域优势单位，推动中国技术转化成国际标准。

第五章　国家金属制品质量检验检测中心

一、简介

国家金属制品质量检验检测中心主体是中钢集团郑州金属制品研究院股份有限公司质检中心，对外业务统称中钢国检，是国家质检总局首批成立的国家级质检中心和第三方公正性检测检验机构，主要为金属制品行业的产品检验检测提供服务，是全国工业产品生产许可证办公室授权的钢丝绳产品审查部和检验机构，常年承担由国家市场监管总局分派的金属制品产品抽检、抽查任务。

从 1985 年成立截至 2022 年底，中钢国检已跳出金属制品行业检验检测的范围，发展到金属、有机、无机等十大类材料的检验检测，拥有 CMA、ILAC、CNAS、CAL、住建部见证取样/主体结构/地基基础/钢结构工程/城市桥梁资质、桥隧专项检测资质、特种设备检验检测安全生产检测检验、计量校准等近 20 个资质。

质检中心主持制定国家和行业标准 60 余项，取得发明和实用型专利 100 余项。截至目前，国家授权检测业务范围包括 8 大类、4000 余个产品、17000 余个参数，涵盖国家标准、行业标准、国际标准及美欧日等发达国家和地区标准 3000 多个。检测范围覆盖金属制品、工程原材料及构配件、路桥工程、轨道交通、钢结构、人防工程、隧道工程、通信铁塔工程、地基基础工程、环境工程等领域。此外，还可提供专用设备、力学、热学、几何量具等校准服务。

质检中心建立智慧化检测一站式服务模式，自主研发 30 余种智能化检测重器，目前拥有锚具用夹片全自动洛氏硬度检测系统、水泥胶砂智能养护及抗压抗折全自动检测系统、72000 千牛减隔震装置试验系统、20000 千牛大型支座动剪试验机、10000 千牛动静态物理性能检测装备、混凝土试块智能养护及抗压全自动检测装备、金属材料拉伸性能全自动检测系统、油漆涂料自动化制样系统、气相色谱质谱联用仪、桥梁检测车等先进检测设备，所具备检测实力优势格外显著。

二、历史脉络

1985 年筹建成立“国家金属制品质量检验检测中心”。

1988 年通过“计量认证，审查认可”获得 CMA 计量认证证书。

1998 年通过实验室认可、计量认证、审查认可“三合一”评审。

2002 年获得“全国工业产品生产许可证办公室钢丝绳审查部和检验机构”授权。

2003 年被最高人民法院授予“金属质量司法鉴定单位”。

2006 年获“国家安全生产检测检验机构资质证书”甲级资质。

2007 年被授予“河南进出口检验检疫局指定实验室”。

2008 年以服务当时国内最高标准的京沪高铁为开端进入市场。

2010 年获河南省住房和城乡建设厅“建筑工程质量检测钢结构工程检测资质证书”。

2012 年获铁道部工程质量安全监督总站“铁路工程质量监督检测机构”授权。

2013 年获“安全标志产品技术审查和检验机构”授权。

2017 年获河南省住房和城乡建设厅“建筑工程质量检测见证取样和主体结构资质证书”，成立中钢业黔子公司，以及安徽、焦作、雄安、广东四家分公司。

2020 年获河南省住房和城乡建设厅“建筑工程质量检测地基基础工程和城市桥梁检测资质证书”，获河南省工业和信息化厅“安全生产检测检验机构资质证书”；成立吉林正达子公司，以及四川、云南、上海三家分公司。

2021 年获得“公路水运工程试验检测机构公路工程桥梁隧道工程专项资质”和“中华人民共和国特种设备检验检测机构核准证书”；中钢（南京）生态子公司通过现场评审，正式进军环境检测市场。

2022 年“国家金属制品质量监督检验中心”正式更名为“国家金属制品质量检验检测中心”，成立海南分公司。

2023 年成功认定建设“河南省减隔震工程技术研究中心”。

三、特色检测装备

先后研制成功 72000 千牛动剪试验机、双工位框架电液伺服疲劳试验系统、多工位脉动疲劳试验机、2000 千牛超高行程电液伺服疲劳试验机、50 千牛五工位万能试验机、15000 千牛锚具超低温静载试验机等工程关键材料力学性能检测重器，拥有自主知识产权专利 200 余项。技术成果主要覆盖领域包括金属制品、工程原材料及构配件、桥梁工程、钢结构工程等。

本节只介绍金属制品相关的特色检测装备。

（一）自动化装备

（1）锚具用夹片全自动洛氏硬度检测系统：本系统主要由 PLC 总控系统、全自动洛氏硬度计、工业机器人和自动理料机组成，通过配备的 AGV 小车自动将样件按序运送至提升机，自动倒入理料机中，设置好硬度打点路径和合格范围要求，理料机自动输送样件，机器人抓取样件并放置到硬度计平台上，主机自动测试硬度，完成后机器人抓取样件，根据是否合格进行分类并放置到不同区域，依次循环，完成批量样件的硬度自动测试及分类，并具备喷码或激光打码系统使得样件可追溯测试结果。锚具用夹片全自动洛氏硬度检测系统运行图如图 5-5-1 所示。

（2）钢筋机械连接用套筒自动化检测系统：采用自动化的方式实现钢筋机械连接用套筒尺寸及硬度的自动化测量，具体实现自动上料、自动扫码、尺寸检测、端面打磨、硬度检测、自动转运及下料分拣、检测数据统计处理。该检测系统是集扫码、自动打标、自动上料、自动转运、尺寸及硬度自动检测、自动打磨、自动下料分拣于一体的自动化检测线，以稳定高效、标准一致的方式实现待测套筒外径、长度、内径、内螺纹及硬度的测量，并按照既有分类标准进行分拣，严格控制产品质量，在保证检测精度的同时，提高套筒尺寸检测的效率；在节省人力成本的同时解决生产力制约的问题，响应国家工业化与信息化“两化”融合的号召，提高自身产品的竞争力。钢筋机械连接用套筒自动化检测系统如图 5-5-2 所示。

图 5-5-1　锚具用夹片全自动洛氏硬度检测系统运行图

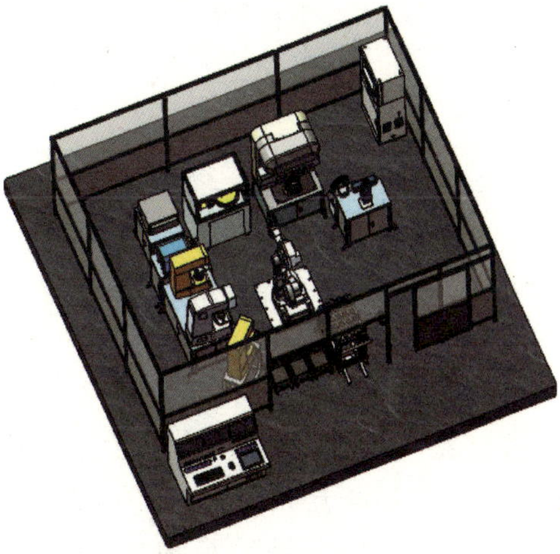

图 5-5-2　钢筋机械连接用套筒自动化检测系统效果图

（二）大型工艺装备

（1）72000 千牛减隔震装置检测试验系统：72000 千牛减隔震装置检测试验系统通过大载荷与大位移下关键装备设计、大流量需求下动态伺服液压控制与优化技术、动态力检测与补偿技术，实现大型电液伺服动态压剪试验系统的研制。72000 千牛减隔震装置检测试验系统如图 5-5-3 所示。

（2）10000 千牛多功能动静态物理性能测试系统：10000 千牛多功能动静态物理性能测试装备能够完成 10000 千牛的静态拉伸试验和 8000 千牛疲劳试验、主要研究内容包括多功能动静态物理性检测装备主机、双驱动双出杆耦合作动器、双驱动双出杆耦合作动器组用蓄能器组、多功能动静态物理性检测装备所需配备的液压站系统、多功能动静态物理性检测装备内移动部件的气动支撑部分，同时研发多功能动静态物理性检测装备所配备的多种夹具，可用于钢棒、螺栓、螺栓球杆件、钢筋、钢丝绳、索具、精轧螺纹钢筋等材料拉伸强度和破坏形式的研究及对上述材料进行动态疲劳加载试验的研究。10000 千牛多功能动静态性能检测系统如图 5-5-4 所示。

图 5-5-3 72000 千牛减隔震装置检测试验系统

图 5-5-4 10000 千牛多功能动静态性能检测系统

（三）关键工艺设备

连续多年重型检测装备的投入为工程质量保驾护航，中心先后配备了 7200 吨国内综合检测能力最强的动剪试验机、10000 千牛多功能动静态性能检测系统、桥梁检测车、扫描电镜（蔡司）、气相色谱质谱联用仪、双工位框架电液伺服疲劳试验系统、多工位脉动疲劳试验机、250 吨应力松弛试验机、200 吨超高行程电液伺服疲劳试验机、5 吨五工位万能试验机、1500 吨锚具超低温静载试验机等检测仪器设备 2796 台（套），另有进口设备 64 台（套），涉及化学分析、复杂物理性能、燃烧、声学等检验检测服务。

（1）扫描电子显微镜（德国卡尔蔡司）：具有超高分辨力、高检测效率的特征，检测对象主要为金属与钢材、矿物及成分、半导体产品与电子产品等（见图 5-5-5 左）。

（2）火花发电直读光谱仪：测样迅速，数据精准，安全、环保、高效，主要用于铁基体、铝基体、铜基体化学元素含量的检测（见图 5-5-5 右）。

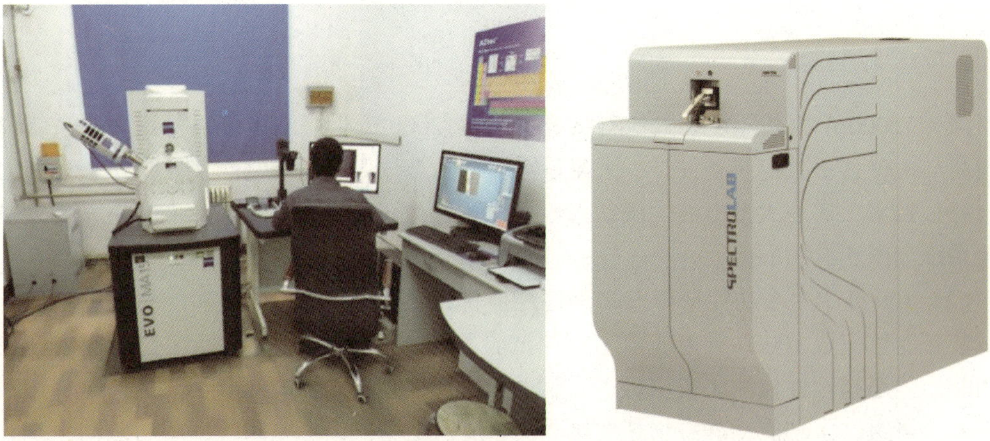

图 5-5-5 扫描电子显微镜（左）和火花发电直读光谱仪（右）

（3）GC-MS 气质联用仪（美国安捷伦）：具有高灵敏度性、优异的工作流程和简便的操作软件，主要用于涂料、胶黏剂、油漆中苯系物、游离异氰酸酯、乙二醇醚及醚酯、多溴联苯多溴联苯醚等有害物质含量的测定（见图 5-5-6 左）。

（4）同步热分析仪（瑞士梅特勒）：试验最高温达 1600 ℃，具有高精度、高效率和大范围等特点，主要用于金属材料、塑料、橡胶的热稳定性、含胶量、炭黑含量和熔点等分析试验（见图 5-5-6 右）。

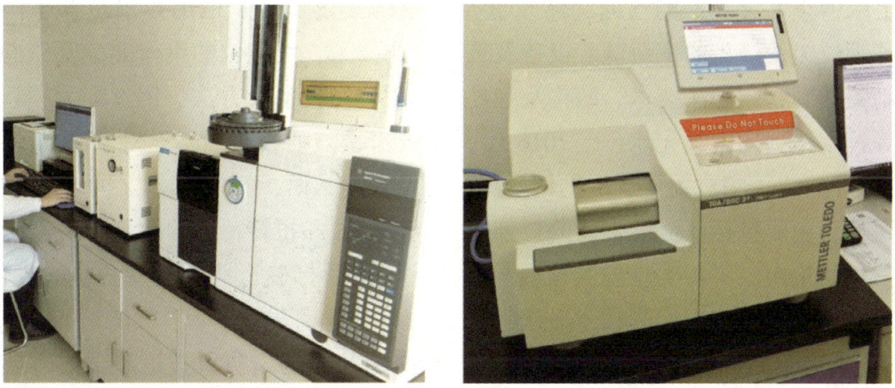

图 5-5-6 GC-MS 气质联用仪（左）和 同步热分析仪（右）

（5）电感耦合等离子体原子发射光谱仪（美国 Thermo）：集小型化、集成化、人性化和智能化于一身，具有长时间优异的稳定性和更高的工作效率，对元素周期表中多数元素均有较好的检出限、较好的精密度，基体效应低，可同时测定几十种元素含量，主要用于金属材料、无机材料元素含量分析。电感耦合等离子体原子发射光谱仪如图 5-5-7 所示。

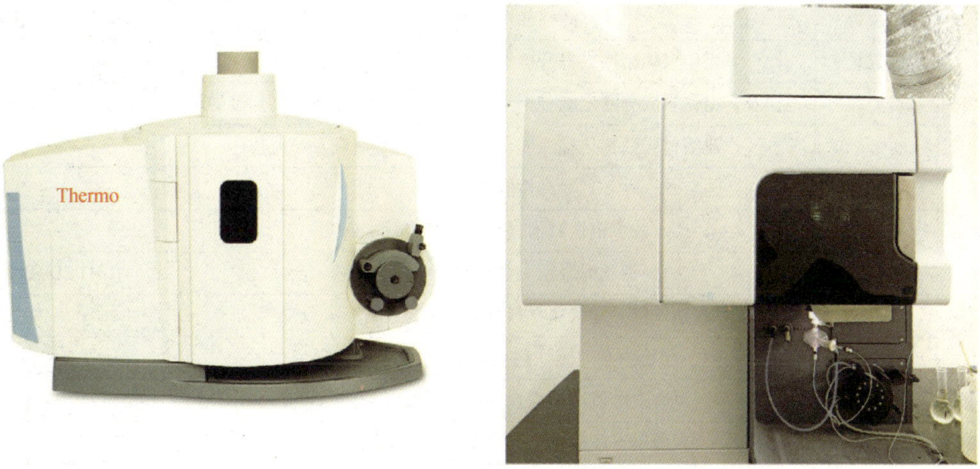

图 5-5-7 电感耦合等离子体原子发射光谱仪

四、主要成就

（一）重大科技项目

质检中心 2013 年参与国家安全生产监督管理局组织“安全生产重大事故防治关键技

术科技项目”，在煤矿多绳摩擦式提升机平衡尾绳失效分析及安全防护方面取得重大突破。2014 年参与的“高速铁路补偿用钢丝绳的研制”项目通过河南省科技厅组织的成果鉴定，获中钢集团科技进步奖二等奖；2015 年主持完成的“钢丝绳服役安全检验检测示范工程”获评郑州“高技术服务业科技示范工程”，项目在重要用途用钢丝绳的特殊性能检测的技术难题上取得重大突破，钢丝绳旋转角度及扭矩的测量设备及检测技术填补了国内的空白；特种钢丝绳及接头的疲劳试验设备及装置检测技术、大吨位的钢丝绳破断试验机及新型样品制备的套管压制法技术、结构及弹性伸长的检测技术及方法、钢丝绳无损检测及寿命评估等技术达到国内领先水平。2016 年参与国家重点研发项目“先进钢铁结构材料关键技术标准研究”，完成关键子课题钢丝绳验收及缺陷术语，实现了对 2000 兆帕级桥索钢丝特性评价，主要包括高强度钢丝的拉伸、缠绕、弯曲和扭转特性的检测与评价。

近三年质检中心不断实现检验检测技术迭代，先后打破行业技术壁垒，引入信息化、自动化等先进技术，实现检测技术升级和检测效率的显著提升。其中 2021 年主导研发的“高速铁路关键金属材料测试技术与装置研发及应用”获河南省科技进步奖二等奖及第十一届中国技术市场协会金桥奖优秀项目。2020 年至今持续开展课题项目研发数项建筑材料数智化检测装备，2023 年以已有项目技术为基础申报获批河南省重大科技专项项目。质检中心承担的部分关键课题项目见表 5-5-1。

表 5-5-1　质检中心承担的部分关键课题项目

序号	级别	课题名称	课题编号
1	国家级	“钢丝绳验收及缺陷术语”先进钢铁结构材料关键技术标准研究	2016YFF0202201
2	国家级	高性能桥梁用钢开发	2017YFB0304800
3	国家级	煤矿多绳摩擦式提升机平衡尾绳失效分析及安全防护	Henan-071-2013AQ
4	行业级	钢铁及合金化学成分测定耦合等离子体原子发射光谱法系列标准的制定	—
5	省部级	建筑材料数智化检测成套装备关键技术研究及产业化	—
6	省部级	高性能桥梁用钢	—
7	省部级	先进钢铁结构材料关键技术标准研究	—
8	市级	钢丝绳服役安全检验检测示范工程	131PZDGC081
9	院级	高速铁路关键金属材料测试技术与装置研发及应用	—
10	院级	质检中心“互联网+检测”信息化建设项目	—
11	院级	风力发电机组用高强螺栓紧固性能检测的研究	—
12	院级	减隔震支座极端工况检测能力建设及应用研究	—

（二）关键技术平台建设及奖项情况

质检中心先后建设了金属制品产业技术基础公共服务平台、智能制造优秀场景、河南省减隔震工程技术研究中心、郑州市大型科导仪器设施共享平台等关键技术平台，为关键技术研发提供完备的基础设备设施、专业全面的研发人员和健全的研发制度体系。关键技术平台建设及奖项情况见表 5-5-2。

表 5-5-2　关键技术平台建设及奖项情况

序号	项目	级别	获奖年度	授予/批准单位
1	检验检测促进经济社会创新发展优秀案例	国家级	2021	国家市场监管总局
2	2022 年度智能制造优秀场景：智能在线检测	国家级	2022	工业和信息化部装备工业一司
3	高速铁路关键金属材料测试技术与装置研发及应用	省级	2021	河南省科技厅
4	金属制品产业技术基础公共服务平台	省级	2021	工信部
5	河南省级服务型制造示范企业	省级	2022	河南省工业和信息化厅
6	河南省减隔震工程技术研究中心	省级	2022	河南省科技厅
7	建设工程质量检测机构 2021 年度信用示范单位	省级	2022	河南省建设工程质量监督检测行业协会
8	郑州市减隔震装置检测工程技术研究中心	市级	2021	郑州市科技局
9	郑州市工程结构缺陷检测与评估重点实验室	市级	2021	郑州市科技局
10	郑州市大型科导仪器设施共享平台	市级	2021	郑州市科技局
11	郑州市减隔震技术工程研究中心	市级	2021	郑州市发改委
12	2021 年度郑州市重点产业急需紧缺人才	市级	2021	郑州市人力资源和社会保障局
13	郑州市绿色环保涂料检测与应用技术重点实验室	市级	2022	郑州市科技局
14	2022 年郑州市制造业高质量发展专项资金第二批项目	市级	2022	郑州市工业和信息化局
15	中国认证认可协会会员	协会	2022	中国认证认可协会
16	中国土工合成材料工程协会会员单位	协会	2022	中国土工合成材料工程协会
17	第十一届中国技术市场协会金桥奖优秀项目	协会	2022	中国技术市场协会
18	2022 年度郑州市大型科学仪器设施共享双向奖补拟支持名单	市级	2023	郑州市科技局
19	2023 年度郑州市中小企业公共服务示范平台	市级	2023	郑州市工信局

（三）制修订标准实施情况

质检中心近年来主持制修订金属制品相关部分关键国家、行业标准和计量技术规范信息见表 5-5-3。

表 5-5-3　质检中心近年来主持制修订金属制品相关部分关键国家、行业标准和计量技术规范信息

序号	标准号	标准中文名称	类型	发布日期	实施日期
1	GB/T 8358—2023	钢丝绳　破断拉力测定方法	国标	2023 年 5 月 23 日	2023 年 12 月 1 日
2	GB/T 223. 54—2022	钢铁及合金　镍含量的测定　火焰原子吸收光谱法	国标	2022 年 7 月 11 日	2023 年 2 月 1 日
3	ISO 4344：2022	电梯用钢丝绳　最低要求	国际	2022 年 12 月 1 日	2022 年 12 月 1 日
4	GB/T 223. 90—2021	钢铁及合金　硅含量的测定　电感耦合等离子体原子发射光谱法	国标	2021 年 8 月 20 日	2022 年 3 月 1 日
5	YB/T 4933—2021	电梯钢丝绳用钢丝　维氏硬度试验方法	行标	2021 年 12 月 2 日	2022 年 4 月 1 日

续表 5-5-3

序号	标准号	标准中文名称	类型	发布日期	实施日期
6	GB/T 228.1—2021	金属材料 拉伸试验 第1部分：室温试验方法	国标	2021年12月31日	2022年7月1日
7	T/CSM 36—2021	磷生铁元素的测定 微波消解-等离子体发射光谱法	团标	2021年12月20日	2021年12月20日
8	GB/T 21965—2020	钢丝绳 验收及缺陷术语	国标	2020年7月21日	2021年2月1日
9	GB/T 2976—2020	金属材料 线材 缠绕试验方法	国标	2020年12月14日	2021年7月1日
10	GB/T 38803—2020	钢丝绳失效分析规范	国标	2020年6月2日	2020年12月1日
11	GB/T 38898—2020	无损检测 涂层结合强度超声检测方法	国标	2020年6月2日	2020年12月1日
12	GB/T 38952—2020	无损检测 残余应力超声体波检测方法	国标	2020年6月2日	2020年12月1日
13	GB/T 351—2019	金属材料 电阻率测量方法	国标	2019年3月25日	2020年2月1日
14	ISO 7801	金属材料 线材 反复弯曲试验方法	国际	—	立项
15	ISO 9649	金属材料 线材 双相扭转试验方法	国际	—	批准
16	ISO 3444	不锈钢丝绳	国际	—	批准

（四）知识产权专利情况

2020~2023年底，质检中心已获授权的知识产权和软件著作权共计193项，其中发明专利14项，实用新型专利159项，软件著作权20项。部分金属制品相关知识产权及软件著作权信息见表5-5-4。

表 5-5-4 部分金属制品相关知识产权及软件著作权信息

申请号	专利名称	类型	申请日期	授权日期
CN202110678713.3	一种适用于钢丝绳实际破断力试验的新型试样制备方法	发明	2021年6月18日	2023年7月28日授权通知
CN201611081010.8	一种测定钢丝绳绳芯动态挠曲性能的装置	发明	2016年11月30日	2023年8月11日
CN201710593831.8	一种快速准确测定耐热钢中铌元素含量的ICP-AES法	发明	2017年7月20日	2020年12月25日
CN201810063326.7	一种适用于锚具连接器进行疲劳性能测试的装置及其方法	发明	2018年1月23日	2020年7月14日
CN201910024076.0	一种进行钢帘线破断拉伸试验的方法	发明	2019年1月10日	2021年9月24日
2021SR1478817	拉力试验机试验数据全自动采集软件［简称：拉力机数据采集软件］V1.0	软著	2021年4月28日	2021年10月9日

续表 5-5-4

申请号	专利名称	类型	申请日期	授权日期
2021SR1418886	碳硫试验机试验数据采集软件［简称：碳硫数据采集软件］V1.0	软著	2021 年 3 月 30 日	2021 年 9 月 23 日
2021SR1418887	编号生成软件 V1.0	软著	2021 年 3 月 30 日	2021 年 9 月 23 日
2021SR1211189	测量试验数据采集软件［简称：手工录入软件］V1.0	软著	2021 年 3 月 30 日	2021 年 8 月 16 日
2021SR1587323	预应力用钢材试验检测记录表生成软件 V1.0	软著	2021 年 6 月 20 日	2021 年 10 月 28 日
2021SR2060417	中钢国检在线商城用户后台管理系统［简称：中钢国检用户后台］V1.0	软著	2021 年 8 月 15 日	2021 年 12 月 15 日
2021SR2060418	中钢国检在线商城管理后台运营系统［简称：中钢国检运营后台］V1.0	软著	2021 年 8 月 15 日	2021 年 12 月 15 日
2022SR0344499	试验机智能校准系统 V1.0	软著	2022 年 1 月 5 日	2022 年 3 月 14 日
2020SR1525608	拉力试验机试验数据全自动采集软件［简称：拉力机数据采集软件］V1.0	软著	2020 年 6 月 30 日	2020 年 10 月 28 日
2023SR0414020	中钢集团质检中心实验室设备使用电子记录系统［简称：设备使用电子记录系统］	软著	2022 年 8 月 20 日	2023 年 3 月 29 日
CN202222456353.5	一种螺栓及螺栓螺母组件	实用新型	2022 年 9 月 16 日	2023 年 3 月 3 日
CN202320359431.1	一种螺栓连接副高频疲劳测试装置	实用新型	2023 年 3 月 1 日	2023 年 7 月 28 日
CN201921986526.6	一种用于钢纤维破断拉伸试验的工装	实用新型	2019 年 11 月 18 日	2020 年 7 月 7 日

注：另有混凝土、桥梁、水泥等检测相关知识产权及软件著作权 40 余项。

部分工艺技术及试验设备的成果已转化为专利。部分技术介绍及成果见表 5-5-5。

表 5-5-5　部分技术介绍及成果

序号	发明专利名称/专利号	主要技术内容简述	专利证书图
1	一种快速准确测定耐热钢中铌元素含量的 ICP-AES 法 CN201710593831.8	本方法缩短样品前处理时间，同时无需高氯酸发烟，加入硼酸络合消除氢氟酸的影响，解决了现有分析方法步骤烦琐、试剂消耗量大和造成环境污染等问题	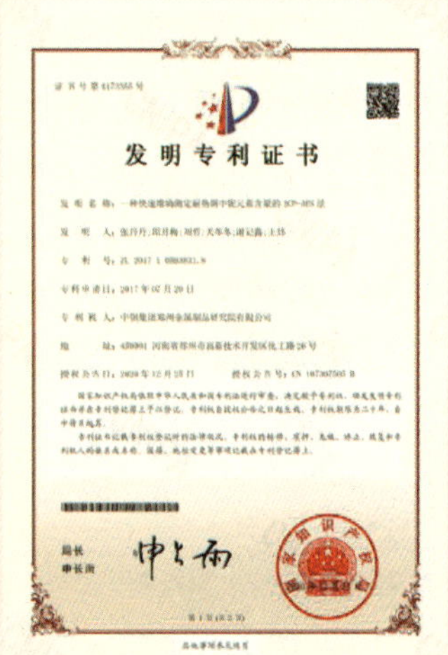

续表 5-5-5

序号	发明专利名称/专利号	主要技术内容简述	专利证书图
2	一种进行钢帘线破断拉伸试验的方法 CN201910024076.0	设计了一种能够快速、准确、可靠、简单、便捷地测定多种规格钢帘线实际破断力的方法	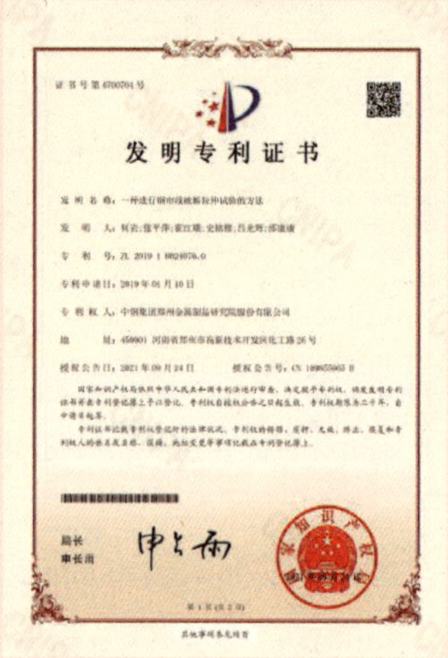 发明专利证书 局长 申长雨

注：另有材料检测相关知识产权及软件著作权 40 余项。

部分软件著作权证书等近 20 项，如图 5-5-8 所示。

中华人民共和国国家版权局

计算机软件著作权登记证书

证书号：软著登字第8201443号

软件名称：拉力试验机试验数据全自动采集软件
[简称：拉力机数据采集软件]
V1.0

著作权人：中钢集团郑州金属制品研究院股份有限公司

开发完成日期：2021年04月28日

首次发表日期：2021年04月28日

权利取得方式：原始取得

权利范围：全部权利

登记号：2021SR1478817

根据《计算机软件保护条例》和《计算机软件著作权登记办法》的规定，经中国版权保护中心审核，对以上事项予以登记。

No. 09013777

2021年10月09日

中华人民共和国国家版权局

计算机软件著作权登记证书

证书号：软著登字第8141512号

软件名称：碳硫试验机试验数据采集软件
[简称：碳硫数据采集软件]
V1.0

著作权人：中钢集团郑州金属制品研究院股份有限公司

开发完成日期：2021年03月30日

首次发表日期：2021年03月30日

权利取得方式：原始取得

权利范围：全部权利

登记号：2021SR1418886

根据《计算机软件保护条例》和《计算机软件著作权登记办法》的规定，经中国版权保护中心审核，对以上事项予以登记。

No. 08940792

2021年09月23日

中华人民共和国国家版权局
计算机软件著作权登记证书
证书号：软著登字第7933815号

软件名称：测量试验数据采集软件
[简称：手工录入软件]
V1.0

著作权人：中钢集团郑州金属制品研究院有限公司

开发完成日期：2021年03月30日
首次发表日期：2021年03月30日
权利取得方式：原始取得
权利范围：全部权利
登记号：2021SR1211189

根据《计算机软件保护条例》和《计算机软件著作权登记办法》的规定，经中国版权保护中心审核，对以上事项予以登记。

2021年08月16日

中华人民共和国国家版权局
计算机软件著作权登记证书
证书号：软著登字第8309949号

软件名称：预应力用钢材试验检测记录表生成软件
V1.0

著作权人：中钢集团郑州金属制品研究院股份有限公司；吉林省正达交通建设检测有限公司

开发完成日期：2021年06月20日
首次发表日期：2021年06月20日
权利取得方式：原始取得
权利范围：全部权利
登记号：2021SR1587323

根据《计算机软件保护条例》和《计算机软件著作权登记办法》的规定，经中国版权保护中心审核，对以上事项予以登记。

2021年10月28日

图 5-5-8　部分软件著作权证书

（五）论文著作情况

质检中心在金属材料性能分析、理化性能检测和试验装备研制等方面发表多篇具有行业影响力的论文著作。随着检验检测与信息化和自动化等先进技术的融合，在大规格复杂设备的研制和数智化检测技术研究方向也取得数项成果。论文著作情况见表 5-5-6。

表 5-5-6　论文著作情况

序号	题名	作者	文献来源	发表时间
1	钢丝绳安全评价方法研究	张钫、张平萍、张俊龙	《金属制品》	2023 年 6 月 25 日
2	金属制品力学实验数据采集应用	李鹏举、王华斌	《金属制品》	2022 年 12 月 25 日
3	钢丝绳捻制过程钢丝断裂原因分析	郭磊、尹亚豪、苏建锋、岳晓灿	《金属制品》	2022 年 6 月 25 日
4	金属材料全自动洛氏硬度测试系统设计应用	李鹏举、张平萍、史铭楷、何岩	《金属制品》	2022 年 10 月 25 日
5	微波消解-电感耦合等离子发射光谱法测定磷生铁中硅、锰、磷含量	张丹丹、刘哲	《铁合金》	2022 年 12 月 28 日
6	30CrNiMo 铸钢件冲击性能不合格原因分析	尹亚豪、郭磊、苏建锋、岳晓灿	《金属热处理》	2022 年 5 月 25 日

续表 5-5-6

序号	题名	作者	文献来源	发表时间
7	刍议桥梁缆索无损检测技术综合分析	吴彬林、何岩、王敏、姜克平、张菡	《科学与技术》	2022 年 9 月
8	72A 钢丝绳钢丝断裂原因分析	郭磊、尹亚豪、苏建锋、岳晓灿	《金属制品》	2021 年 11 月 25 日收录
9	锚垫板锚固区传力试验-钢筋混凝土构件裂缝扩展技术研究	周振兴、王俊华、王超奇	《科技创新导报》	2021 年 7 月 11 日
10	微波消解-电感耦合等离子体原子发射光谱法测定焊剂中磷含量	刘光学、王春营	《中国科技期刊数据库 工业 A》	2021 年 4 月
11	接触网立柱 Q355B 地脚螺栓断裂失效分析	苏建锋、尹亚豪、李俊鹤	《金属制品》	2021 年 12 月 25 日
12	国家标准《钢丝绳失效分析规范》解读	张平萍、苏建锋、史铭楷、尹亚豪	《金属制品》	2021 年 4 月 25 日
13	42CrMo 钢连轴杆开裂原因分析	王鹏举、郭磊、陈占杰、尹亚豪	《金属制品》	2021 年 10 月 25 日
14	Ti-TiCN 细化剂的含量对 Al-Mg-Si 合金组织和性能的影响	项雁玲、钱平平	《科技风》	2021 年 3 月 29 日
15	预应力混凝土桥梁检测与加固技术研究	付向斌	《工程技术研究》	2020 年 10 月 10 日
16	2000 兆帕级高强度桥索钢丝扭转性能分析	张平萍、苏建锋、尹亚豪、何岩	《热加工工艺》	2020 年 8 月 28 日
17	检测全过程样品的电子编码应用	李鹏举、张平萍	《中国检验检测》	2020 年 7 月 26 日

（六）经济效益和社会效益

质检中心 2022 年度营业额达到 4.57 亿元，较 2021 年增长 0.42 亿元，增长率为 10.1%，共计为社会出具各类检测检验报告和校准证书 157708 份，较于 2021 年的 132310 份报告增加 25398 份，增长率为 20%。电商领域累计业务量达到 3020 万元，较 2021 年增长 820 万元，增长率为 36.58%。

国内方面中心为渝昆高铁、济莱高铁、郑万高铁、鲁南高铁、沈白高铁等数十条高铁线路提供上万余次技术检测服务；为成昆铁路、川藏铁路、大瑞铁路、玉磨铁路、莱荣铁路等数十条普通铁路线路提供近万次试验检测服务；同时还为平武高速、湖杭高速、杭宁高速、大新高速、云临高速、隰吉高速等数十条高速公路项目提供试验检测服务；为陆丰核电、霞浦核电、三奥核电、田湾核电、石岛湾核电、徐大堡核电、射阳电厂、阳江海上风电、长乐海上风电、嘉兴海上风电等国家重点能源基础设施工程检测做出巨大贡献。

国际方面 2022 年中心继续积极投入“一带一路”建设，先后为雅万高铁、孟加拉国卡纳普里河底隧道项目和援老挝人民革命青年团中央活动中心项目提供数百次技术服务，彰显我国雄厚技术实力和优质服务水平。

五、发展目标

总体目标：朝着“检测专业覆盖面一流，检测手段、环境一流，区域覆盖一流，业绩一流，企业文化一流”五个一流目标奋进，进而实现检测产业“国内领先　国际一流”的目标。

经营领域目标：将继续扩大铁路、公路、市政市场，提高结构检测占比，全面提升服务能力，实现从工程材料到工程结构，从材料到环境，从工业领域到环境、生命科学领域全覆盖。

第六章 国家建筑钢材质量检验检测中心

一、概述

国家建筑钢材质量检验检测中心（以下简称国检中心）成立于1988年，隶属于中冶检测认证有限公司（以下简称中冶检测），是我国专业从事建筑用钢产品质量评价的国家级质量检验检测机构。国检中心坚持“科技优先，技术引领”的发展理念，致力于我国建筑用钢产业的整体质量提升和转型发展。

预应力钢材是用量仅次于热轧钢筋的一种建筑用钢，广泛应用于铁路、水利、桥梁、城市高架、轨道交通线、机场建筑结构、核电站安全壳等重要工业和民用建筑中，其质量直接关系到人民生命财产安全。国检中心充分发挥在检验检测、应用评价等方面的历史底蕴和科研成果，深耕建筑用钢领域的技术服务市场，在预应力钢材检验检测、政策咨询、标准及科研、产品研发与应用推广等方面开展了大量工作，为我国预应力钢材产品质量的提升、产业政策的贯彻、标准体系的构建、先进成果的转化提供了技术保障，是促进我国建筑用钢质量稳中有升、助推中国钢铁企业参与国际市场竞争、助力大国钢铁实现跨越式发展的中坚力量。

（一）资质

国检中心是由原国家技术监督局批准成立的第一批国家级质量检验检测中心，是建筑用钢领域最权威的检验检测实验室。国检中心于1988年首次通过中国合格评定国家认可委员会（CNAS）实验室认可，1998年通过机构审查、实验室、国家计量认证（CMA）三合一认可，2005年通过中国合格评定国家认可委员会（CNAS）检查机构认可。

目前，国检中心通过CNAS认可的检测标准（方法）超过2600余项，具有含预应力钢材形式试验在内的全项目检测能力，包括常见的化学成分元素分析，屈服力、弹性模量、最大力总伸长率、断面收缩率等力学性能检测，弯曲、反复弯曲、线材扭转、缠绕、疲劳、应力松弛、应力腐蚀、金属涂镀层检测等。国检中心的认可范围包含ISO、美国、英国、德国、欧盟、日本、俄罗斯、巴西、新加坡、马来西亚、巴西、泰国、澳大利亚、新西兰等多个国家和地区建筑用钢的多项目检测能力，服务客户遍及北美、欧洲、东南亚及中东地区，是我国钢铁领域国际化程度最高的检测实验室之一。预应力钢材应力腐蚀和偏斜检测等检验技术水平处于国际领先水平，在世界钢铁检测评价领域也享有盛誉。

为适应新型工业化发展，加强我国工业产品质量基础工作，提高我国建筑用钢产品质量水平，2012年工业和信息化部开展了首批工业产品质量控制和技术评价实验室的评选工作，国检中心被确定为工业产品（建筑用钢材）质量控制和技术评价实验室。多年来，国检中心持续跟踪国际先进质量控制技术发展趋势和技术、贸易政策动向，及时为工信部提供相关领域技术发展报告和政策性建议，评估国内预应力钢材等建筑用钢产品质量状况，分析国内外产品技术质量水平和差距，为我国建筑用钢行业质量管理和解决重大质量安全问题提供了技术依据，在推动产业开发预应力钢材品种、提升质量、创建品牌、改善服务中发挥了积极作用。

2014 年国检中心认证能力首获 CNAS 认可，成为我国首个专业从事冶金产品认证的第三方权威机构。2018 年 7 月，经认监委批准，国检中心获得了质量管理体系、环境管理体系、职业健康安全管理体系认证资质，成为体系及产品认证为一体的认证机构，可为预应力钢材企业提供一站式服务。目前，国检中心已完成在认证领域的资质布局，能够为相关企业提供批次认证、二方认证等服务，有力助推了预应力钢材生产企业的品牌建设，为预应力钢材产品的高质量发展提供了有力的技术支撑。

2017 年，国检中心成为全国第一批国家级标准验证检验检测试点单位，并于 2023 年顺利通过国家标准化管理委员会考核验收，正式成为建筑用钢铁环保低碳领域的国家级标准验证点（第一批），为预应力钢材等建筑用钢产品在环保低碳领域标准的核心技术内容、关键技术指标提供试验验证，提高技术标准的科学性、适用性和通用性。

2020 年，国检中心与英国 CARES 认证达成协议，正式成为其指定亚洲检验实验室，也是中国大陆唯一指定检验实验室，可以为亚太地区钢铁企业出口英国、欧洲及世界其他地区提供 CARES 认可的检验检测服务，这将极大地便利中国预应力钢材等钢铁产品进入国际市场，提高大国钢铁世界核心竞争力。

（二）人才

国检中心高度重视专业人才培养和人才梯队建设，数十载秣马厉兵、砥砺前行，涌现出以朱建国同志为代表的多名行业知名专家学者，为行业的高质量发展贡献了大量高端人才。国检中心现有人员 50 余人，其中正高级工程师 10 余人、副高级工程师 20 余人，博士研究生 5 人、硕士研究生 20 余人，享受国务院政府特殊津贴人员 1 人、中国五矿首席技术专家 1 人、北京市科协高性能建筑用钢团队负责人 1 人、国家市场监督管理总局“十四五”规划技术专家 1 人、全国钢标准化技术委员会副主任委员 1 名、全国钢标准化技术委员会及其分技术委员会委员 15 名、国际标准化组织技术专家 3 名、中国钢结构协会围护系统分会理事长 1 人、中国钢铁工业协会理事 1 名、中国金属学会理事 1 名、中国工程建设标准化协会混凝土结构委员会委员 1 名、中国钢结构协会钢结构质量安全检测鉴定专业委员会常务理事 1 名、中国合格评定国家认可委员会（CNAS）实验室评审专家 5 名、中国合格评定国家认可委员会（CNAS）检验机构评审专家 5 名、国家科学技术奖评审专家 1 名、国家重点研发计划评审专家 1 名、中国标准创新贡献奖评审专家 1 名。强大的人才队伍极大地促进了国检中心在建筑用钢领域技术优势的积累与传承，有力保障了我国建筑用钢的质量稳定和行业健康发展，为推动人民福祉和高质量发展做出了巨大贡献。

（三）设备

经过长期建设，国检中心拥有先进的检验仪器设备，为预应力钢材等建筑用钢产品的检验检测提供了良好的硬件条件。国检中心拥有检验检测设备超过 150 台（套），其中 20%为国外进口，力学及疲劳检测类设备包含 Zwick 电子万能试验机、Instron 大规格万能试验机、Instron 疲劳试验机、Sincotec 疲劳试验机等；化学检测类设备包含国内引进的第一台美国 LECO 红外碳硫仪、QSN750 直读光谱仪、LAB M12 直读光谱仪、Thermo 电感耦合等离子体发射光谱仪等；分析类设备包含 Quanta 扫描电子显微镜、金相显微镜等。

在长期的检测技术能力建设过程中，除进口大量先进仪器设备外，国检中心与建筑用钢技术发展历程紧密结合，将科学研发成果应用到生产、检测、应用全环节，自主研发了国内首台（套）应力松弛腐蚀一体机、应力腐蚀试验机、偏斜拉伸试验机、松弛试验机等多种具有自主知识产权的预应力钢材性能测试设备，如图 5-6-1 所示。自主研发的检验检测设备解决了预应力钢材因为缺乏评价手段而导致国内无法大规模应用的关键难题，为预应力钢材的应用和推广提供了良好的技术保障，也为开拓相关检验检测业务国际市场提供了坚实的硬件基础。

图 5-6-1　国检中心部分自主研发的检验检测设备

a—应力松弛腐蚀一体机；b—应力腐蚀试验机；c—偏斜拉伸试验机；d—松弛试验机

二、服务预应力钢材行业情况

（一）生产许可相关工作

1988年，国检中心成为国家技术监督局批准的首批建筑用钢筋生产许可发证检查及样品检验单位。根据国家技术监督局和冶金部计划安排，1990年起，国家对预应力混凝土用钢丝、钢绞线等产品实施生产许可证管理。与此同时，受冶金部质量标准司委托，国检中心结合预应力混凝土用钢丝、钢绞线产品的特点，主编起草了“预应力混凝土用钢丝、钢绞线生产许可证实施细则和考核办法”等文件，在广泛征求预应力钢材生产企业意见的基础上，完成了上述细则及考核办法的编制工作，为预应力钢材产品生产许可的实施提供了详实统一的操作指南。同年，国检中心还正式获批成为首批预应力钢材生产许可发证检查及样品检验单位，并对54批预应力混凝土用钢丝、钢绞线产品样品进行了生产许可检测，其中包括19家企业的36批冷拉钢丝产品、7家企业的12批矫直回火钢丝产品、5家企业的6批钢绞线产品。根据企业实际生产情况和产品检验结果，最后为16家生产企业发放了生产许可证。

1992年，由于主管部门职能调整，预应力钢材生产许可证发放工作暂停，并于1993年再次恢复。多年来，全国工业产品生产许可证办公室钢筋混凝土用预应力钢材生产许可证审查部一直设在国检中心，协助全国工业产品生产许可证办公室开展生产许可相关审查工作。根据国家生产许可相关主管部门的需求和工作安排，国检中心先后主编完成了多版预应力钢材等重要产品的生产许可证实施细则等重要技术文件，并在全国范围内组织了多次预应力钢材生产许可证审查员培训。

近年来，随着“简政放权”政策的深入推进，2017年预应力钢材的生产许可证发放审批权限下放至省级人民政府质量技术监督部门，国检中心也不再担任预应力钢材生产许可证审查等技术工作。2018年，国检中心组织编写了最后一版预应力钢材的生产许可实施细则及实地核查办法，涵盖了预应力混凝土用钢丝、钢棒和钢绞线3个产品单元，共18个预应力钢材品种，为省级监督部门进行许可证审查提供了强有力的技术支持。2019年，国务院发布了《国务院关于调整工业产品生产许可证管理目录加强事中事后监管的决定》（国发〔2019〕19号），正式宣布取消预应力混凝土用钢材生产许可证管理，并要求通过构建以标准引领、企业履责、政府监管为基础的管理体系等手段，确保预应力钢材产品质量安全。

生产许可证管理制度的实施，对在预应力钢材行业内落实国家产业政策、推动技术进步、提高产品质量、促进产业结构调整、严格市场准入、规范市场经营行为、保障使用安全等多个方面都起到了重要作用，有效促进了国内预应力钢材生产企业生产水平的提升，从供给侧确保了预应力钢材的产品质量，为国内预应力钢材行业的发展奠定了坚实的基础。国检中心也在陈录如、赵丕华、刘军、李成江、张克球、朱建国等历任中心主要负责人的带领下，凭借在预应力钢材生产许可审查工作中的出色表现，多次被相关部门授予技术监督工作先进单位、全国打击生产和经销假冒伪劣商品违法行为先进单位等荣誉称号。

（二）产品质量监督

早在1985年，国检中心就开始承担建筑用钢国家产品质量监督抽查任务，对预应力钢材产品也多次开展过相关抽查。以预应力混凝土用钢绞线产品为例，2019年是最近的一次预应力混凝土用钢绞线产品质量国家监督抽查，涉及天津、河北、山西、辽宁、吉林、江苏、浙江、安徽、江西、山东、河南、湖北、湖南、重庆、贵州、云南、甘肃、宁夏18个省（自治区、直辖市），实际抽查了57家企业的59批产品，抽查企业数量约为当年获得生产许可证企业数量的75%，合格率为100%。预应力混凝土用钢绞线历次国家监督抽查企业数量及合格率情况如图5-6-2所示，可以看到历年合格率均在97%以上，产品质量比较稳定。分析历年来的不合格项目，可以发现多是松弛性能不满足标准规定，影响因素主要是原料及稳定化处理工艺。为了提高产品质量，生产企业应加大对原材料的质量控制，尽量选择质量稳定、性能优越的产品进行加工，优化稳定化处理工艺从而保证松弛性能指标满足标准要求。

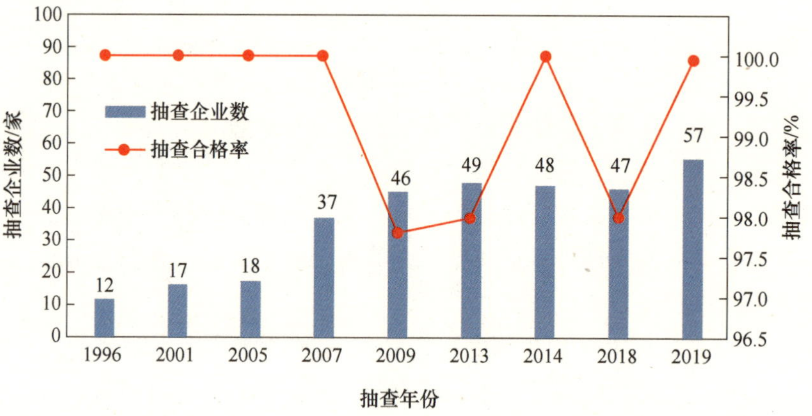

图5-6-2 1996~2019年预应力混凝土用钢绞线产品国家监督抽查数量及合格率情况

产品质量国家监督抽查作为监管预应力钢材产品质量的重要手段，一方面为国家和省级监管部门提供了较为准确的产品质量数据，较为真实地反映了预应力钢材企业的生产水平和质量控制能力，有助于相关行业监管部门动态掌握预应力钢材行业的整体质量状况和制定精准、有效的监管策略；另一方面，抽查工作也有效推动了预应力钢材生产企业加强内部管理、改进生产工艺、提高产品质量意识，正向推动行业整体质量水平的提升。除此之外，抽查工作的开展，还有利于维护预应力钢材产品的市场交易秩序，促进公平竞争，防止不合格产品流入市场，最终保护了消费者的合法权益，推动了整个行业的健康发展。

（三）风险监测

2019年取消预应力钢材产品生产许可证管理制度后，为贯彻落实国务院关于开展质量提升行动的指导意见，做好预应力混凝土用钢材产品生产许可证改革的衔接工作，实现许可证改革的平稳过渡，维护好预应力钢材产品行业和市场的正常秩序，国检中心受国家市场监督管理总局的委托，多次开展了预应力钢材产品质量安全风险监测工作。通过风险监测工作，国检中心调查分析了预应力钢材的行业概况、技术发展特点、上下游产业链的应用情况，并结合产品采样检测结果，确定了预应力混凝土用钢材产品的行业、质量、安全风险点，为国家市场监管部门和预应力钢材生产及应用企业提供了准确的数据分析结果和有力的技术支持。

（四）检验检测

多年来，国检中心不断巩固传统主营业务，创新发展新型检测业务，开创了含预应力钢材等产品在内的国家指令性任务检验、第三方委托检验、质量争议仲裁等多种服务模式。随着国检中心检验资质认可范围的扩大，检验能力也从化学成分、力学性能、工艺性能等传统检测项目向腐蚀、疲劳、高低温等功能性检测项目扩展，检测对象从单一产品不断向功能复合材料和长期服役性能评价方向发展，预应力混凝土用钢丝、钢绞线形式试验、多功能特种材料表征评价等检测能力持续增强。2023 年国检中心共计为 124 家企业提供了预应力钢材相关检测服务，其中检测样品包含钢丝、钢绞线、冷拉钢丝、刻痕钢丝等预应力钢材基础产品，也有镀铝合金钢丝、环氧涂层钢绞线、无黏结钢绞线、缓黏结钢绞线、PE 护套预应力热镀锌钢绞线等复合型预应力钢材，为我国预应力钢材检测行业的发展做出了重要贡献。

（五）质量认证工作

1986 年，国检中心受冶金部委托开展了预应力混凝土用钢丝、钢绞线和预应力混凝土用热处理钢筋等建筑用钢的质量认证工作。在这项工作中，国检中心通过对申报单位的生产工艺、设备、检测、原材料和标准执行情况进行检查，对申报产品的原始生产记录和各种数据进行核查分析，最终对企业生产预应力钢材产品的实际质量及其稳定程度做出评价。2006 年，国检中心受中国质量协会冶金工业分会委托，承担了金杯奖冶金产品实物质量认定的实物抽查取样和产品实物检验工作。此后，在中国钢铁工业协会的组织下，国检中心多次承担了实物质量认定（金杯奖）的工厂核查、实物抽样和实物检验相关工作，推动了钢铁行业高质量发展，提高品牌产品培育的积极性。

三、成就

（一）构建预应力钢材产品标准体系

国检中心三十余年来一直积极开展建筑用钢领域标准化工作，主导构建了适应我国钢铁发展情况的建筑用钢标准体系，形成了标准引领行业、检测促进质量提升的良性互动机制，在促进自身检测水平提高和规范的同时，也为主管部门科学决策提供了技术支撑和保障。

在预应力钢材标准方面，国检中心做了大量工作，主参编了历版 GB/T 5223《预应力混凝土用钢丝》、GB/T 5224《预应力混凝土用钢绞线》、GB/T 20065《预应力混凝土用螺纹钢筋》、GB/T 30828《中强度预应力混凝土用钢丝》、GB/T 21839《预应力混凝土用钢材试验方法》等产品及方法标准，实现了预应力钢材产品及方法标准与 GB 50010《混凝土结构设计规范》等建筑应用规范相统一，攻克了生产与应用的技术壁垒，解决了产品应用障碍，促进了冶金和建筑行业的深度跨界融合。国检中心参与预应力钢材相关标准制修订情况如表 5-6-1 所示。

表 5-6-1　国检中心参与预应力钢材标准制修订情况

序号	标准名称	参加方式
1	GB/T 20065—2006《预应力混凝土用螺纹钢筋》	主编
2	GB/T 21839—2008《预应力混凝土用钢材试验方法》	主编
3	GB/T 5223—2014《预应力混凝土用钢丝》	主编
4	GB/T 30828—2014《中强度预应力混凝土用钢丝》	主编
5	GB/T 20065—2016《预应力混凝土用螺纹钢筋》	主编
6	GB/T 21839—2019《预应力混凝土用钢材试验方法》	主编
7	GB 50010—2010《混凝土结构设计规范》	参编
8	GB 50666—2011《混凝土结构工程施工规范》	参编
9	GB/T 5224—2014《预应力混凝土用钢绞线》	参编
10	GB/T 34106—2017《桥梁主缆缠绕用 S 形热镀锌或锌铝合金钢丝》	参编
11	GB/T 18579—2019《高碳铬轴承钢丝》	参编
12	GB/T 17101—2019《桥梁缆索用热镀锌或锌-铝合金钢丝》	参编
13	GB/T 223.88—2019《钢铁及合金　钙和镁含量的测定　电感耦合等离子体原子发射光谱法》	参编
14	GB/T 24242.1—2020《制丝用非合金钢盘条　第 1 部分：一般要求》	参编
15	GB/T 24242.2—2020《制丝用非合金钢盘条　第 2 部分：一般用途盘条》	参编
16	GB/T 24242.4—2020《制丝用非合金钢盘条　第 4 部分：特殊用途盘条》	参编
17	GB/T 223.54—2022《钢铁及合金　镍含量的测定　火焰原子吸收光谱法》	参编
18	GB/T 223.63—2022《钢铁及合金　锰量的测定　高碘酸钠（钾）分光光度法》	参编
19	GB/T 5224—2023《预应力混凝土用钢绞线》	参编
20	YB/T 4451—2015《预应力混凝土用刻痕钢绞线》	参编
21	YB/T 124—2017《铝包钢绞线》	参编
22	YB/T 123—2017《铝包钢丝》	参编
23	YB/T 4730—2019《钢丝无酸洗拉拔预处理技术要求》	参编

（二）重点科研技术创新

20 世纪 80 年代末期，受冶金部委托，国检中心作为牵头单位，首钢、唐钢、鞍钢以及天津冶金局等作为参与单位，共同进行了中、高强预应力钢丝的研发工作，研制出的 ϕ5.0 毫米中强钢丝强度达到 800 兆帕，已应用于北京港湾公司和北京百货公司的高层住宿楼，打破了国内预应力混凝土构件普遍采用冷拔低碳钢丝造成建筑连续倒塌的困局。

国检中心联合天津冶金局等单位在 1987 年还研制出了 ϕ5.0 毫米的 1670 兆帕和 1770

兆帕的普通松弛级预应力钢丝，应用于辽宁省第二建筑公司构件厂和南京市金陵石化总厂示范工程，攻克了国内普通松弛级钢丝应力松弛率高达 10%～12%的技术难题，填补了国内高强钢丝空白，赶超了当时国际高强钢丝的生产水平。鉴于该项目技术成果对于国家预应力钢材行业发展的重大贡献，1992 年冶金部授予《中、高强预应力钢丝研制》项目科学技术进步奖二等奖。

21 世纪初期，随着预应力钢材检测技术的不断完善，国内、国外标准均要求进行钢材应力条件下的腐蚀检测。但当时国内大部分生产企业和检验机构都没有钢材应力松弛检验设备，不具备检测能力，无法开展预应力钢材的应力腐蚀敏感性检测。2002 年，国检中心主持实施了国家科技支撑计划《预应力混凝土用钢材应力腐蚀试验设备》项目，依据应力腐蚀试验原理，自主设计开发了预应力钢材应力腐蚀试验设备。该设备测量精度高、操作方便、易于维护，填补了国内应力腐蚀检测设备空白，符合预应力钢材发展方向，有效促进了我国预应力钢材检测水平的提升。

2016 年国检中心承担了《预应力钢绞线开发及在北京市重大工程的示范应用》课题，以高性能预应力钢绞线及钢筋产品为研究对象，通过优化生产工艺技术，开展钢绞线的形式检验及特征值检验研究，提高钢绞线的质量稳定性，最终形成了完善的原料选择、生产工艺、结构设计及施工等全流程技术，并在北京新机场进行了示范应用，为国内高性能预应力钢绞线的推广使用提供了技术支撑。

（三）成果转化

国检中心充分利用在冶金、建筑跨行业跨领域的技术优势，将科研成果与生产实践紧密结合，开发了以应力腐蚀试验机等为代表的预应力钢材检测关键设备，并申请了相关专利，部分专利情况见表 5-6-2。

表 5-6-2　国检中心关于预应力钢材的部分授权专利

序号	专利名称	专利类型
1	一种疲劳试验机夹持金属测试样品的方法	发明
2	预应力钢筋的疲劳–应力松弛测试装置	发明
3	一种预应力混凝土安全壳抗震安全风险概率评估方法	发明
4	金属线材矫直机以及矫直弯曲的金属线材的方法	发明
5	一种应力松弛腐蚀试验一体机及试验方法	发明
6	偏斜试验机用夹具	实用新型
7	松弛试验机用夹具	实用新型
8	疲劳试验机用夹具	实用新型
9	一种检测钢绞线偏斜性能用夹具	实用新型
10	一种用于预应力拉力机夹具	实用新型
11	一种应力松弛腐蚀试验一体机	实用新型
12	一种用于应力腐蚀试验机的自动放液装置	实用新型
13	用于螺纹钢预应力试验的拉力试验机夹具	实用新型

国检中心多年来持续增加预应力钢材方面的科技研发投入力度，通过科研课题的深入研究，取得了一系列技术水平先进的科研成果，相关获奖情况如表 5-6-3 所示。这些科技成果在全国范围内得到了一定的推广应用，在生产、评价和应用环节都创造了十分良好的社会效益和经济效益，有力地推动了我国的预应力钢材应用技术水平的提升，增强了我国在该检测领域的国际核心竞争力。

表 5-6-3 国检中心关于预应力钢材的部分获奖情况

序号	项目名称	奖项名称	授奖部门
1	中、高强预应力钢丝研制	冶金工业部科学技术进步奖	冶金工业部
2	突出贡献奖（个人）	中国标准创新贡献奖	国家质量监督检验检疫总局 国家标准化管理委员会
3	GB/T 21839—2008《预应力混凝土用钢材试验方法》	中国标准创新贡献奖	国家质量监督检验检疫总局 国家标准化管理委员会
4	GB/T 5223—2014《预应力混凝土用钢丝》等 3 项标准	中国标准创新贡献奖	国家质量监督检验检疫总局 国家标准化管理委员会
5	XL-1000 型偏斜拉伸试验机	冶金科学技术奖	中国钢铁工业协会 中国金属学会
6	缓黏结预应力钢绞线用黏结剂	北京市自主创新产品	北京市科信技术委员会 北京市发展和改革委员会 北京市住房和城乡建设委员会 北京市经济和信息化委员会 中关村科技园区管理委员会
7	资源节约型煤矿用锚杆钢研究开发	安徽科学技术研究成果	安徽省科技厅
8	混凝土用预应力钢丝应力腐蚀试验机	中冶集团科学技术奖	中国冶金科工集团有限公司

四、展望未来

国检中心将持续提升科技支撑力量，重点围绕混凝土和钢结构用建筑钢材，以高端预应力钢材等产品为特色，重点发展高性能功能性钢材，结合高端化、智能化、绿色化等发展方向，开展产品研发及技术服务；立足于行业发展前沿，引进及研发国内外先进检测设备，结合科研和国内外重点工程检测需求，开发及完善相关的检测方法。

在预应力钢材等建筑用钢领域检验检测认证工作的丰富经验积累的基础上，国检中心将聚焦于技术服务、检验检测和认证业务三大板块，深耕质量技术和质量成本的优化建设，拓宽国内外钢铁企业服务面及服务层次，全面提升技术实力、扩展业务范围，为冶金、建筑行业的高质量发展提供全链条的服务保障，积极推动冶金行业的转型升级，助力钢铁强国高质量发展。

第七章 国家钢丝绳产品质量检验检测中心

国家钢丝绳产品质量检验检测中心（以下简称中心）成立于2011年，是全国市场监督管理系统内专业从事钢丝、钢丝绳及相关金属制品检验检测的国家级检验机构，挂靠在南通市产品质量监督检验所，为全民所有制事业单位，隶属于南通市市场监督管理局。

中心现有专业检验检测人员52名，其中博士1人、硕士10人、本科38人，高级职称以上人员12名（其中正高5名）。中心有2人入选江苏省“333高层次人才培养工程”，5人入选江苏省质量技术监督“352专业技术人才培养工程”，9人入选南通市“226高层次人才培养工程”，多人加入全国钢标准化技术委员会（包括力学、化学、金相、钢丝绳、盘条与钢丝、腐蚀、钢板、钢筋、钢管、铸铁管等分委会），承担全国钢标委钢丝绳检测方法工作组秘书处工作。

中心是江苏省经信委认定的中小企业四星级公共服务平台，江苏省经信委、江苏省科技厅认定的中小企业公共技术服务示范平台，南通市钢丝绳公共技术服务中心，南通市经信委认定的行业技术服务中心，江苏省教育厅、科技厅认定的研究生工作站。

一、检测能力

作为独立的第三方公正检验机构，中心不仅承担各级政府部门下达的钢丝绳等产品的监督检验任务，还为社会各界提供专业的金属制品检测服务。中心检测业务涵盖了钢丝绳、钢丝等全部金属制品的检测（包括钢丝绳大吨位拉力试验、疲劳试验、无损探伤、钢丝绳失效分析等），金属材料的理化、金相、无损、腐蚀、失效分析等。检验检测标准包括国家标准、行业标准、国际标准及美欧日等多国标准。

中心拥有一系列先进的检测仪器，如德国蔡司电子扫描显微镜、研究级德国蔡司光学倒置金相显微镜、美国赛默飞4460直读光谱仪、美国LECO氧氮分析仪、美国威尔逊全自动维氏硬度计、美国PE电感耦合等离子发射光谱仪、美国PE紫外分光光度计、100牛~20000千牛拉力试验机（12台）、冲击试验机（3台）、弯曲试验机（3台）、扭转试验机（4台）、钢丝绳疲劳试验机（3台）、应力松弛试验机（3台）、钢丝高频疲劳试验机（2台）、2000千牛低频疲劳试验机等300多台（套）大型仪器设备。

中心特色业务能力包括：

（1）超高强度桥梁钢丝研制与试验方法研究；

（2）钢丝绳在线无损检测技术研究；

（3）钢丝绳及索具疲劳试验研究；

（4）钢丝绳纤维芯检测方法研究；

（5）金属材料失效与疲劳性能试验研究。

部分设备展示如图5-7-1~图5-7-9所示。

图 5-7-1 2000 吨卧式拉力机
（可完成 100 米长度试件的拉伸试验）

图 5-7-2 400 吨卧式拉力试验机
（可完成 6 米长度试件的拉伸试验）

图 5-7-3 200 吨钢丝绳拉伸疲劳试验机
（可进行钢丝绳或钢丝绳索具等幅轴向疲劳性能试验）

图 5-7-4 电梯钢丝绳疲劳试验机
（为符合 GB/T 8903、YB/T 4288 电梯用钢丝绳标准试验方法的检测设备，由本中心独立研发制造，为国内首台）

图 5-7-5　全自动维氏硬度计

（可按程序设置好路径对试样自动进行维氏硬度试验并得出结果）

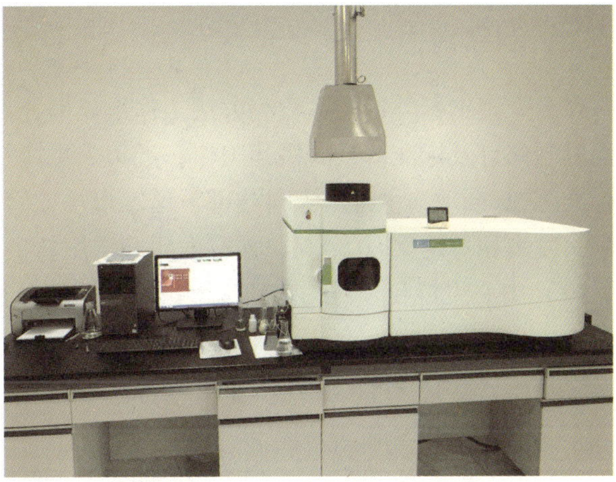

图 5-7-6　电感耦合等离子发射光谱

（可针对不同金属材料，将样品转化为高温等离子体，利用分光仪检测样品中元素的种类和含量）

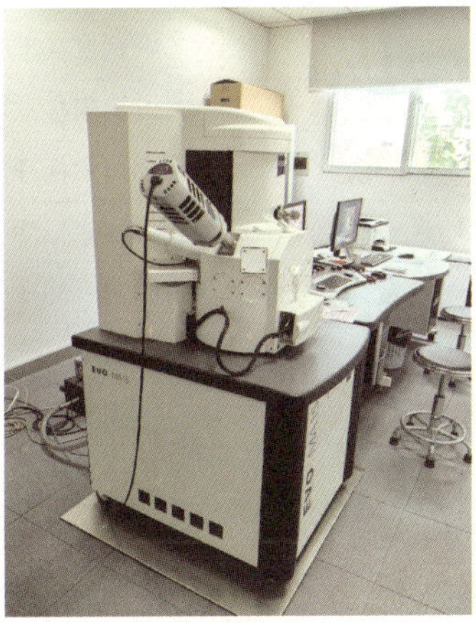

图 5-7-7　扫描电镜及能谱仪

（最大 10 万倍放大倍数，观察和检测样品微观形貌和成分）

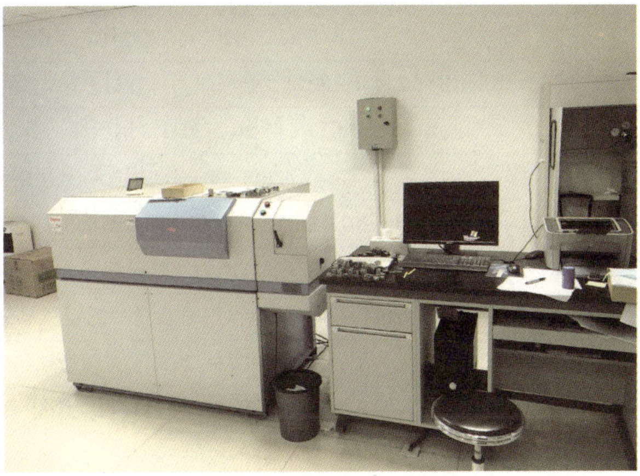

图 5-7-8　光电直读光谱仪

（通过测量样品被激发时发出代表各元素的特征光谱的强度对样品中元素进行定量分析）

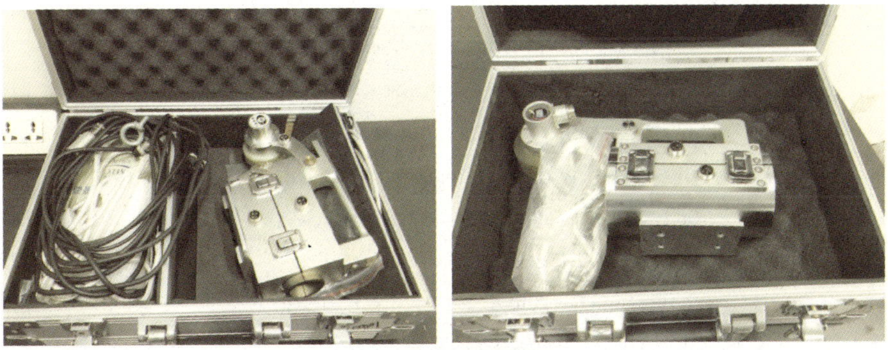

图 5-7-9　钢丝绳无损探伤仪

（采用磁通、漏磁原理，可检测铁磁性钢丝绳、钢缆索局部损伤和金属截面积变化，直径检测范围最大可至 120 毫米）

二、科研能力

作为全国钢标委钢丝绳检测方法工作组秘书处承担单位，中心积极参与金属制品相关标准的制修订及标准体系的搭建工作，近年来主持及参与起草了国际标准、国家标准、行业标准等50余项，主持国家科技部、国家市场监管总局、省市场监管局及市科技项目60余项，发表相关论文80余篇，授权发明和实用新型专利70余项。

（1）中心主持和参与制定的部分国际、国家及行业标准见表5-7-1。

表5-7-1 中心主持和参与制定的部分国际、国家及行业标准

序号	标准名称	类型
1	ISO 4345《Steel wire ropes—Fibre main cores—Specification》	国际标准
2	ISO 8794：2020《Steel wire ropes—Spliced eye terminations for slings》	国际标准
3	ISO 3108：2017《Steel wire ropes—Test method—Determination of measured breaking force》	国际标准
4	GB/T 21837—2023《铁磁性钢丝绳电磁检测方法》	国家标准
5	GB/T 43357—2023《钢丝绳一般性能试验方法》	国家标准
6	GB/T 8358—2023《钢丝绳　破断拉力测定方法》	国家标准
7	GB/T 239. 1—2023《金属材料　线材　第1部分：单向扭转试验方法》	国家标准
8	GB/T 43491—2023《钢丝绳　蠕变试验方法》	国家标准
9	GB/T 42901—2023《钢筋机械连接件试验方法》	国家标准
10	GB/T 223. 63—2022《钢铁及合金　锰含量的测定　高碘酸钠（钾）分光光度法》	国家标准
11	GB/T 40342—2021《钢丝热镀锌铝合金镀层中铝含量的测定》	国家标准
12	GB/T 223. 90—2021《钢铁及合金　硅含量的测定　电感耦合等离子体原子发射光谱法》	国家标准
13	GB/T 24202—2021《光缆增强用碳素钢丝》	国家标准
14	GB/T 2976—2020《金属材料　线材　缠绕试验方法》	国家标准
15	GB/T 21965—2020《钢丝绳　验收及缺陷术语》	国家标准
16	GB/T 38803—2020《钢丝绳失效分析规范》	国家标准
17	GB/T 38814—2020《钢丝绳索具　疲劳试验方法》	国家标准
18	GB/T 39041—2020《钢筋混凝土用碳素钢-纤维增强复合材料复合钢筋》	国家标准
19	GB/T 36915—2019《钢丝及钢丝制品　通用试验方法》	国家标准
20	GB/T 38232—2019《工程用钢丝绳网》	国家标准
21	GB/T 38235—2019《工程用钢丝环形网》	国家标准
22	GB/T 17101—2019《桥梁缆索用热镀锌或锌铝合金钢丝》	国家标准
23	GB/T 223. 89—2019《钢铁及合金　碲含量的测定　氢化物发生-原子荧光光谱法》	国家标准
24	GB/T 2972—2016《镀锌钢丝锌层硫酸铜试验方法》	国家标准
25	GB/T 33159—2016《钢帘线试验方法》	国家标准
26	GB/T 25833—2010《公路护栏用镀锌钢丝绳》	国家标准
27	YB/T 6079—2022《胎圈钢丝试验方法》	行业标准
28	YB/T 4933—2021《电梯钢丝绳用钢丝维氏硬度试验方法》	行业标准

续表 5-7-1

序号	标准名称	类型
29	YB/T 4748—2019《钢芯铝绞线用锌-5%铝-镁合金镀层钢丝》	行业标准
30	YB/T 4749—2019《工程机编钢丝网用锌-5%铝-镁合金镀层钢丝》	行业标准
31	YB/T 4750—2019《锌-5%铝-镁合金镀层钢绞线》	行业标准
32	YB/T 4507—2017《钢丝绳索具拉力试验方法》	行业标准
33	YB/T 4537—2016《通风管用镀锌钢丝》	行业标准
34	YB/T 4539—2016《钢板连接钉用钢丝》	行业标准
35	YB/T 4540—2016《抛丸用钢丝》	行业标准
36	YB/T 4288—2012《电梯用钢丝绳弯曲疲劳试验方法》	行业标准

（2）近年部分科技项目见表 5-7-2。

表 5-7-2　近年部分科技项目

序号	项目名称	项目等级
1	NQI 课题：钢铁领域国际标准研究	国家科技部
2	电梯钢丝绳疲劳试验方法研究	国家质检总局
3	钢丝绳失效机理研究	国家质检总局
4	钢产品电镀锌与热镀锌鉴定试验方法	省级
5	镀层中 Zn-Fe 合金层对船舶工程用钢丝性能影响研究	省级
6	钢丝绳横向刚度检测方法的研究与数值模拟	省级
7	海洋工程装备用钢丝绳无损判定规则及寿命预估	省级
8	沪通长江大桥桥梁用高强度钢丝试验方法研究	省级
9	桥梁缆索用锌铝镁合金镀层钢丝机理性能与试验方法研究	省级
10	钢丝绳索具疲劳试验方法研究	省级
11	桥梁缆索用锌镁铝合金镀层耐腐蚀钢丝	省级
12	钢基表面锌铝镁合金镀层检测方法的研究	市级
13	不锈钢钢丝绳耐腐蚀性能试验方法研究	市级
14	钢丝绳横向刚度检测方法与其技术要求的研究	市级
15	海洋工程装备用钢丝绳无损检测判废规则及剩余强度预测	市级
16	钢丝绳疲劳试验与分析方法研究	市级

（3）近年部分专利见表 5-7-3。

表 5-7-3　近年部分专利

序号	专利名称	状态
1	基于多样本的海洋工程装备用钢丝绳可靠寿命计算方法	发明授权
2	一种钢丝绳失效现场分析试验方法	发明授权
3	一种抗弯试验用放置架	发明授权

续表 5-7-3

序号	专利名称	状态
4	一种拉力试验机钳口	实用新型授权
5	一种高强度螺栓连接摩擦面抗滑移系数检测一体试验机	实用新型授权
6	金属材料化学成分检测用电离装置	实用新型授权
7	桥梁钢丝腐蚀试验用恶劣环境模拟装置	实用新型授权
8	桥梁钢丝腐蚀试验用加热装置	实用新型授权
9	一种用于测定钢筋黏着力装置	实用新型授权
10	一种不锈钢电解腐蚀装置	实用新型授权
11	一种钢丝绳松弛腐蚀试验用防护装置	实用新型授权
12	一种钢丝绳无损检测固定装置	实用新型授权
13	一种高效率钢丝检验装置	实用新型授权
14	一种桥梁钢丝防腐性能试验装置	实用新型授权
15	一种线材扭力试验机钳口	实用新型授权

三、行业贡献示例

中心多年来一直承担并数次作为牵头单位承担了国家市场监督管理总局的钢丝绳产品国家监督抽查任务。中心不仅以此为契机做好自身检验检测综合能力的建设工作，还为国家市场监督管理总局提供分析报告，为不合格生产企业提供技术帮扶，从工艺、检测、标准等方面提出整改建议，以实际行动为钢丝绳产品科学监管、依法监管提供强有力的技术支撑，为推动钢丝绳行业高质量发展贡献力量。

钢丝绳产品在 2019 年前为实施工业产品生产许可证管理的产品，鉴于其产品质量安全现状，2024 年国家即将恢复对钢丝绳产品生产许可证管理。中心作为政府机构的重要技术支撑，为制修订《钢丝绳产品许可证实施细则》献计献策，多次举办钢丝绳标准及许可证实施细则宣贯会，为钢丝绳产品生产和销售的监管落实“守牢安全底线”，工业产品质量安全主体责任、质量安全追溯等有关政策做出重大贡献。

随着桥梁行业的高速发展，目前千米以上的特大跨度桥梁全部为悬索桥或斜拉索桥，高强度钢丝组成的桥梁缆索系统是悬索桥、斜拉桥主要承重传力结构。沪苏通长江大桥是目前世界已建成通车桥梁中钢丝强度最高的大桥，中心承担了沪苏通长江大桥所用 2000 兆帕桥梁钢丝的检测工作。中心在当时没有成熟产品标准的情况下攻克检测难关，不仅为桥梁钢丝的检测提供了非常多的宝贵数据，更是在钢丝研发和制造过程中提出了建设性意见，将桥梁钢丝强度和锌层均匀性不稳定的情况彻底改善。中心因此得到沪苏通长江大桥指挥部的认可，被评为“标准化管理优秀项目部”。

中心一直以来重视标准化工作，致力于产品标准化创新，积极参与国内国际各项标准的制修订，特别是金属制品检测方法标准的研制。中心牵头制定的 YB/T 4288—2012《电梯用钢丝绳弯曲疲劳试验方法》标准填补了国内空白，打破了长期依赖国外标准检测的困境。中心牵头修订的 GB/T 21837—2023《铁磁性钢丝绳电磁检测方法》标准解决了检测方法不统一、检测结果不一致的问题。目前中心正在牵头修订的 ISO 4345《Steel wire ropes—Fibre main cores—Specification》国际标准，填补了该领域国际标准制修订的空白，攻克了关键战略性技术难题，在国际钢丝绳领域争取更多的话语权，提高国内产品质量水平。

四、经济效益和社会效益

中心紧紧围绕钢丝、钢丝绳及相关产品高质量发展，服务金属制品行业，提升新质生产力，取得了良好的经济效益和社会效益。

中心在钢丝绳领域与国内众多钢丝绳生产企业常年保持业务联系，如贵州钢绳、咸阳宝石、河北巨力、天津高盛、狼山钢绳、江苏赛福天等大型企业，与中海油签订了独家钢丝绳无损检测协议。

目前中心在桥梁缆索用钢丝及制品的检验工作上已参加了五峰山长江特大桥、平潭海峡公铁两用大桥、湖南省邵阳市桂花大桥、商杭合芜湖长江公铁大桥、通沪铁路沪通长江大桥主航道桥的桥梁缆索用钢丝的三检检验；参加了湛江东海岛至雷州高速公路工程通明海大桥、浦仪公路西段工程跨江大桥、遵义至余庆高速公路 TJ-Ⅶ标（湘江大桥）、棋盘洲长江公路大桥、宁波舟山港主通道（鱼山石化疏港公路）公路工程、湖北省武穴长江公路大桥、青龙洲大桥、六安高速花江峡谷大桥等项目的钢丝检验。

近年来，中心还着重发展了风电新能源、海工装备等领域的理化、金相、失效、无损等方面检测业务，服务于振华重工、中远船务、金风科技、江苏润邦、江苏海力、韩通赢吉、泰胜蓝岛等重点企业，为地方经济高质量发展提供技术支撑。

五、中心目标

检验检测是国家质量基础设施的重要组成部分，在构建国内大循环为主体、国内国际双循环相互促进的发展格局下，中心将立足钢丝、钢丝绳及相关产品专业检测机构定位，提升检验检测综合能力，通过平台对接、资源整合等手段做专、做优、做精、做强，赋能产业，聚力产业升级，提升行业新质生产力。

第八章　冶金金属制品行业生产力促进中心

一、简介

国家冶金工业局〔2000〕冶发科字第028号文、国家科技部国科高字〔2000〕018号文同意中钢制品院成立冶金金属制品行业生产力促进中心。

2000年6月13日，冶金工业部金属制品研究院发文“关于成立冶金金属制品行业生产力促进中心”的通知（冶研院字〔2000〕第043号），冶金金属制品行业生产力促进中心办公室设在金属制品研究院信息中心，按照科技部《关于生产力促进中心管理办法》，结合金属制品信息网的活动开展工作，“金属制品行业生产力促进中心”（简称金属制品生促中心）要尽快运行，介入行业的科技进步和技术创新，建立规范运作的工作章程。

2000年8月1日，中钢制品院信息中心依靠“一套人马两块牌子”完成金属制品生促中心体系建设，并开始依照《冶金金属制品行业生产力促进中心工作章程》开展工作，章程分总则、功能与任务、组织机构、工作模式、经费来源及附则6部分，细则10条。

2003年5月23日，申请加入“中国生产力促进中心协会”，同年9月获批，成为正式会员。

冶金金属制品行业生产力促进中心的基本功能和任务是组织社会力量为金属制品企业提供科技、经济、人才、政策、管理、信息咨询、标准制修订、行业可行性研究报告等方面的综合服务，协助企业导入新技术、新产品和新工艺，开拓国际合作渠道，促进企业科技进步，推动金属制品行业科技进步与绿色生产，提高生产力；目的在于深化科技体制改革，建立、健全适应金属制品企业发展的社会化技术创新服务体系，大力推动企业科技进步，大幅度提高生产率，提高产品质量和经济效益。

二、历任领导

2000年6月，（组建）主任：郑申；常务副主任兼办公室主任：宋为；副主任：李研；

2005年，主任：庄健；

2010年，主任：李中山；

2016年，主任：杨永红。

三、获奖

（1）2020年10月，获得2019年度“生产力促进奖（服务贡献）”。

（2）2020年10月，获得“生产力促进奖（创新发展）”二等奖，获奖项目名称为：

环保高效盐酸酸洗技术装备研发；获奖者：宋为、汪凯、杨永红、王宝玉、崔昊等 7 人。荣誉证书如图 5-8-1 所示。

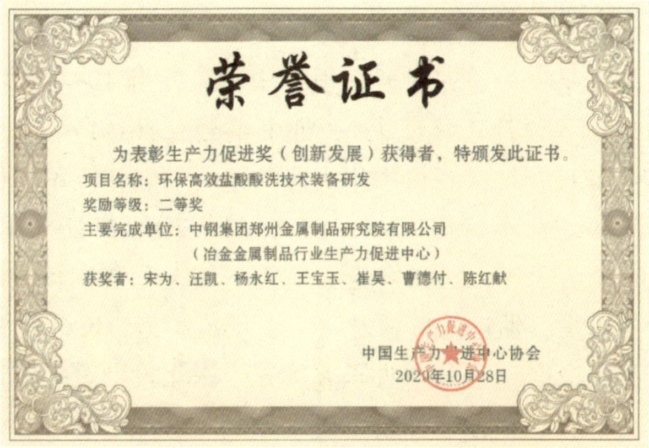

图 5-8-1　荣誉证书

（3）2020 年 9 月，在中国生产力促进中心协会成立 25 周年之际，王宝玉同志被授予“突出贡献者奖”。

（4）2021 年度“生产力促进奖（创新发展）”三等奖，获奖项目名称为：大型海洋油气田输送柔性管关键部位用 S 形扁钢的研制和开发；获奖者：支怀峰、郑风美、李中山、张德龙、张理想等 8 人；证书编号：2022-SCL-CXFZ-3-0034【国科奖社证字第 0083 号】。

（5）2022 年度“生产力促进奖（创新发展）”二等奖，获奖项目名称为：新能源汽车用异型弹簧钢丝关键技术及应用项目；获奖者：魏绍康、闫远、王宝玉、刘小鹏、李居强等 15 人；证书编号：2023-SCL-CXFZ-2-0029【国科奖社证字第 0083 号】。获奖证书如图 5-8-2 所示。

图 5-8-2　获奖证书

四、服务

（一）行业技术咨询服务

作为国内金属制品行业唯一一家科研院所，中钢制品院1984年以行政事业资格获得国家建设部金属制品“工程设计乙级证书”，证书编号【161017-sy】，并开始进行工程咨询服务；2004年12月10日，初次获得中华人民共和国发展和改革委员会颁发的“工程咨询甲级资格证书”，证书编号【工咨甲2031821002】，2008年证书编号变更为【工咨甲22020080003】，有效期均为5年；2016年起，为加强对工程咨询行业的管理，规范从业行为，保障工程咨询服务质量，促进投资科学决策、规范实施，发挥投资对优化供给结构的关键性作用，中钢制品院根据《中共中央国务院关于深化投融资体制改革的意见》（中发〔2016〕18号）、《企业投资项目核准和备案管理条例》（国务院令第673号）及有关法律法规，积极进行工程咨询公司备案和工程咨询单位乙级资信证书的申领，证书编号【914101004158021605-18ZYY18】。

作为金属制品行业唯一具有专业工程（投资）咨询资质的单位，中钢制品院工程（投资）咨询服务以咨询业务专业性，行业产品、技术、市场专业性为行业企业的投资、发展做出了方向性、指导性、可行性的贡献，积极参与到了国家金属制品行业部分产品、装备大发展的历程中，如子午线轮胎中的钢帘线和胎圈钢丝、高性能悬架簧用弹簧钢丝、预应力钢丝钢绞线、高强度气保焊丝、高端海洋钢丝绳。中国钢帘线产品的发展与汽车产业子午化率的快速发展密不可分，从2001年后开始进入快速发展期，2003年山东天轮钢帘线、西水华帘钢帘线项目，2004年胜通钢帘线项目，2005年山东天轮胎圈钢丝，2006年新乡八一钢帘线项目，2007年恒星钢帘线项目，2008年福星科技钢帘线扩产、技改项目，2010年山西鑫升腾升钢帘线、河北坤辉钢帘线项目等，以及以上部分企业的二期、三期、扩产、技改项目等可研的编制均由中钢制品院完成；2005年也开始参与到了中国预应力钢绞线投资爆发的服务，如奥盛新材料8万吨预应力钢绞线项目、河南开元金属制品15万吨PC钢绞线项目、河南恒丰钢缆18万吨高性能PC钢绞线项目、重庆隆泰新材料12万吨钢绞线项目、河南恒星钢缆年产30万吨预应力钢绞线项目、河南恒星钢缆（钦州）年产20万吨预应力钢绞线项目等，为中国高速公路和高铁桥梁隧道快速发展做出了应有贡献。

依托咨询（投资）专业服务资质、资格，从2001~2022年的21年间，完成金属制品行业项目规划、可行性研究报告共105项，服务单位550余家，服务对象主要在山东、江苏、河南等金属制品企业发达地区，包括中钢制品院、河南铂思特、河南蒲光、河南松林、济源虎岭产业集聚区、江苏高和机电、南通经济开发区、江苏狼山钢绳、河南力辉钢绳、河南恒星（上市公司002132）、湖北福星科技（000926）、宝钢股份（600019）、宁夏恒力（600165）、贵绳股份（600992）、马鞍山鼎泰新材（002352）、攀成钢钒（000629）、江苏高和（831787）、赛福天索具股份（603028）、山东大业（603278）、无锡常欣（831285）、河南恒丰、山东胜通、河北金宝、四川国龙、河南奥福特等单位委托的可研报告，项目均为技术含量高、附加值高的金属制品热门产品，满足市场需求发挥了重要作用，产生了良好的经济效益和社会效益。

2000~2023 年，中钢制品院有 13 名同志考取了“工程咨询证书”，为行业快速发展奠定了基础，且《山东胜通天轮钢帘线有限公司年产 10000 吨子午线轮胎用钢帘线项目可行性研究报告》获得中国工程咨询协会 2006 年度冶金行业“优秀工程咨询成果二等奖”（见图 5-8-3），随后《巩义市恒星金属制品有限公司年产 4 万吨镀锌钢绞线项目可行性研究报告》和《江苏狼山钢绳股份有限公司年产 6 万吨高档钢丝绳项目可行性研究报告》分别获得中国工程咨询协会 2008 年度和 2009 年度冶金行业“优秀工程咨询成果三等奖”（见图 5-8-4）。

图 5-8-3 优秀工程咨询成果二等奖证书

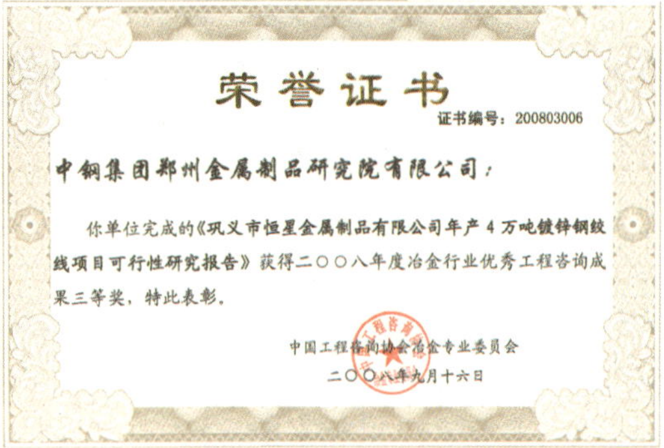

图 5-8-4 优秀工程咨询成果三等奖证书

（二）行业产品生产技术状况调研服务

2001~2023 年，共完成近 30 项调研工作，先后完成上海冶金设计院、北京钢铁设计研究总院、宝钢集团、安阳钢铁、攀枝花新钒钢股份有限公司线材厂、江阴兴澄特种钢铁有限公司、山东石横特钢有限公司、首钢通钢集团、南通经济技术开发区、鞍钢集团、济源虎岭产业园区、陕钢集团、中天钢铁、韶钢松山股份公司等 18 家单位委托的金属制品行业产品及其发展趋势、线材质量及市场状况等方面的咨询调研服务，为金属制品用高档次线材产能、质量提升和市场供应发挥了重要作用。

（三）标准化服务

2001~2022 年，金属制品行业生产力促进中心依托中钢制品院及行业专家，为行业进行了多项标准的制修订工作，规范市场，引领行业技术进步，如牵头制定 GB/T 18983—2003《油淬火-回火弹簧钢丝》和 YB/T 4397—2014《切割硅片用电镀黄铜钢丝》，牵头修订 GB/T 24191—2009《钢丝绳实际弹性模量测定方法》、GB/T 9944—2015《不锈钢丝绳》、YB/T 5183—2023《汽车附件、内燃机、软轴用异型钢丝》和 YB/T 135—2018《镀铜钢丝镀层重量及其组分试验方法》；参与 GB/T 238—2002《金属材料 线材 反复弯曲试验方法》、GB/T 20067—2006《粗直径钢丝绳》、GB/T 341—2008《钢丝分类及术语》、

GB/T 14450—2016《胎圈用钢丝》、YB/T 4298—2012《卷钉连接用钢丝》、YB/T 6104—2023《线材用砂带除锈机技术规范》、YB/T 4643—2018《制绳用异型钢丝》、YB/T 5005—2014《辐条用钢丝》、YB/T 4643—2018《制绳用异型钢丝》等国标或行标的修订。

作为中国金属学会“钢材深加工及应用服役标准化技术委员会”秘书处单位，制修订一批团体标准，如 T/CSM 34—2021《钢丝拉拔用粉粒状润滑剂》、T/CSM 36—2021《磷生铁 元素的测定 微波消解-等离子体发射光谱法》等；满足国发〔2015〕28 号《中国制造 2025》的“战略任务和重点”中提出的“全面推行绿色制造，加快制造业绿色改造升级”；服务国家《2025 中国制造》推进“四基”发展的战略重点任务。

从 1985~2023 年底，金属制品研究院牵头制修订国家标准 30 余项，牵头行业标准超 15 项，参与 6 项国际标准的制修订，国家钢标委委员 9 名。

（四）产品数据信息统计

作为行业协会服务的一项重要工作，行业产品数据信息统计一直得到中钢制品院的较大重视，每年年初开始专人负责，用 3~5 个月的时间，通过电话访谈的形式统计行业企业上年生产情况，并以信息网年会的 3 年一届为周期出版行业的企业名录，随之刊登企业的产品产能产量情况，形成具有中钢制品院特色数据库，数据精准，指导行业健康有序稳定发展。每年的产品产能产量信息以橡胶骨架材料、PC 制品、焊材、钢丝绳、镀锌钢丝钢绞线、弹簧钢丝、不锈和轴承钢丝等特钢、低碳钢丝、冷镦钢丝、其他钢丝等 10 大类产品进行数据统计分析；有全部分类统计数据的时间从 2005 年开始，部分分类产品数据可追溯到 2002 年。入录的企业基本上在 450 家以上，涵盖制品生产、装备、服务企业或机构，以全国金属制品信息网的活跃网员为基本单位，代表了金属制品行业的企业状况。

这些数据，从产品热点发展、转型、装备技术提升、产业结构调整、产品产能产量省市地区分布、企业规模发展等多角度对金属制品行业进行了详细解读说明，指导行业可持续发展。

第九章 《金属制品》期刊

一、简介

《金属制品》是我国金属制品行业国内外公开发行的国家级优秀专业科技期刊。其报道的专业范围是金属丝绳及其制品（钢丝、合金丝、有色金属丝，钢丝绳、钢绞线、PC制品、橡胶骨架材料、金属缆绳、金属纤维、金属丝网、铁钉、焊材、紧固件、弹簧等）以及金属表面处理（金属物件表面电镀、镀层、抛光、喷涂、着色）和热处理加工等工艺技术，金属制品生产设备和原辅材料的开发应用。本刊为大16开印刷，正文64页，双月底出版。国际刊号：ISSN 1003-4226。国内刊号：CN 41-1145/TG。

自1972年创刊以来，本刊深受广大读者的喜爱和支持，多次得到国家和省、部期刊管理部门的表彰，是中国期刊方阵“双百”重点期刊，河南省自然科学期刊综合质量检测一级期刊、自然科学“二十佳期刊”，是国家新闻出版广电总局首批认定的科技类学术期刊。以期刊为依托成立的编委会吸纳国内40多家金属制品相关的知名企业、10多家科研院所和知名高校作为期刊的编委单位，在行业的信息传递和促进行业快速发展中具有举足轻重的作用。

《金属制品》以宣传报道金属制品行业新产品、新技术、新工艺和新设备为重点，充分发挥期刊对行业的导向作用，促进行业提高自主创新能力；紧跟国家产业政策，结合国家关于产业升级和高质量发展的总体要求，跟踪行业发展热点，先后设置了综述、生产工艺技术研究、金属表面处理及热处理加工、产品开发、设备研制与应用、原辅材料生产与应用、标准与检测、其他金属制品等栏目，顺应行业发展要求，还设置了弹簧材料与工程、实践与经验、用户论坛与市场、节能·降耗·环保、企业管理、技术讲座、国外金属制品、国内外信息、争鸣研讨园地、简讯、人物专栏等栏目。期刊读者对象为金属制品行业及相关行业的科研人员、技术人员、管理人员，研究院所的研究人员、大专院校师生，对市场营销人员也有一定的参考价值。

为了保证期刊质量，编辑部坚持实施“三审制”和专家审核、排版后进行“三校一通读”等编校规范，对审、编、校、印、发行进行全流程制度管理，也充分利用电脑、互联网的优势，如对来稿进行学术不端检测，校对后采用黑马校对软件进一步对稿件查错补缺，2019年引入腾云采编系统，增加OSID开放科学二维标识码方便读者和作者交流。

至2023年，期刊共发表论文5400多篇，其中90%以上为技术类文章。为努力使期刊达到创新性、实用性、系统性和导向性的完美结合，期刊对行业的热点、难点、焦点技术给以重点报道，例如部分钢丝绳国际标准的修订、钢丝绳空间模型微分几何、钢丝绳螺旋钢丝数学模型、特高强度压实股钢丝绳研制、胎圈钢丝热处理过程数值模拟与工艺分析、超细超高强韧金刚线母线研发、绿色环保型水浴淬火介质的应用研究、石墨烯改性润滑剂在镀铐钢丝拉拔中的应用、高强特种焊丝盘条的研发、超高强度帘线钢盘条开发等。有关节能环保、高效生产、提高产品性能的报道，紧跟行业热点，又促进了行业技术进步和高质量发展，例如以水代铅热处理技术、无酸洗拉拔技术、感应加热技术、涡流探伤技术、电磁抹拭技术、锌铝合金镀层技术、钢丝生产装备智能化控制技术、捻股成绳恒张力控制技术、平行捻钢丝绳和压实股钢丝绳生产技术等，这些得到重视的新技术、新工艺在行业达成共识，成为技改和产业技术升级及企业产品升级的选择。

同时，期刊紧跟国家政策，通过期刊论文的定向约稿、编委会报道方向的调整，引导行业的健康有序发展。如国家的“碳达峰、碳中和”目标，引导行业淘汰落后产能，将发展方向定位新兴领域、创新领域，创造新的经济增长点。国家把节能环保产业列为新兴战略产业，提出了高效节能产业、高效节能锅炉窑炉、先进环保产业的理念，既体现在期刊中节能改造、绿色生产处理的文章数量上，也体现在行业中热处理炉窑的节能环保改造、绿色表面处理等先进技术的应用上；国家把太阳能产业作为新兴战略产业，同时硅片切割用金刚线又是金属制品中近年的明星产品。

标准宣贯则立足于《金属制品》期刊的技术信息优势，对金属制品行业涉及的国际标准、国家标准等相关标准进行宣贯、解读，从标准角度对行业技术进步进行引领，如桥梁缆索用钢制品国际标准研制、金刚线基线用钢丝标准化研究、起重机用钢丝绳国家标准解读、ISO 8794：2020《钢丝绳索具插编索扣》新标准解析、悬索桥吊索用钢丝绳国家标准的研制、海洋工程系泊用钢丝绳国家标准的研制等。

近年来，期刊紧跟时代发展，综合利用《金属制品》的读者、作者群，中国金属学会金属材料深加工分会、中国金属学会钢材深加工及应用服役标准化技术委员会、全国金属制品信息网等各方行业技术资源，积极利用金属制品行业微信公众号、金属制品网网站、行业技术交流微信群等多媒体平台，建立学术、技术、交流、服务平台，积极为行业提供论文发表、技术咨询、调研、可研、标准制修订、技术装备信息交流展示等服务，促进科技成果向生产力转化，推动行业科技进步、产业升级和高质量发展。

为了顺应媒体电子化，2002 年即开始策划制作期刊电子合订本，并于 2002 年、2012 年和 2022 年分别制作了期刊 30 周年、40 周年和 50 周年电子合订本。从 2002 年和 2012 年的光盘版到 2022 年的 U 盘版，从原来的只有正文到 2022 年的期刊封面、封底、目录和版权页等的进一步完善，从早期的透明电子文件到目前的上网密码验证，文件、数据库加密等具备一定的知识产权保护能力，期刊电子合订本既体现了既有期刊资料的整理保存，又对论文技术传播方式进行了补充。同时，在互联网科技的迅猛发展下，传播渠道越来越多样化，新媒体发展迅速、节奏较快，以期刊编辑部为主导，开通了全国金属制品信息网网站，开通了徽信公众号，建立了 10 多个行业微信交流群，通过扩大、开发行业有效的新媒体渠道来进行期刊、教材、资料汇编类产品及行业信息技术交流活动推广。

二、发展历史

1972 年，遵义金属制品研究所创办《国外金属制品》，1972 年 7 月出版，内部发行，全年出版 1 期，内容主要为翻译或编译国外金属制品文章。

1973 年 8 月，《国外金属制品》更名为《金属制品》，仍为内部刊物。该年度出版 1 期，共 12 篇文章和技术信息，其中 2 篇为国内技术信息，只有 1 篇国内技术文章，是无锡钢丝绳厂技检组撰写的《磷化生产概述》，其余为翻译和编译国外文章。1972 年和 1973 年的 2 期文章合并为《金属制品》第一卷。

1974 年，休刊 1 年。

1975 年，复刊，更名为《钢丝与钢绳》，刊期为季刊，全年出版 4 期。

1976 年，期刊主办单位变更为冶金部金属制品科技情报网。1976 年第 1 期正式出现总期次，为总第 6 期。

1979 年，期刊改为双月刊。1979 年第 3~6 期，主办单位改为冶金工业部《钢丝与钢绳》编辑部。

1972~1979 年，8 年间期刊共出版 23 期，发表论文 293 篇。

1979 年 4 月 16 日，国家科委【(79) 国科发条字 247 号】批准《钢丝与钢绳》易名为《金属制品》，成为正式期刊，国内公开发行，邮发代号 48-34，刊期为双月刊。

1980 年 2 月，第 1 期为总第 24 期，期刊正式易名为《金属制品》，主办单位更名为冶金工业部金属制品研究所。

1982 年，主办单位由遵义迁到郑州，期刊登记证“豫刊证字第 69”。

1988 年 6 月，第 3 期《金属制品》有了国内统一刊号：CN 41-1145/TG。

1989 年 2 月，第 1 期开始期刊增加英文目次页。

1989 年 4 月，第 2 期开始主办单位由冶金部金属制品研究所更名为冶金工业部金属制品研究院。

1991 年 4 月，第 2 期开始期刊版权页增加编委会成员名单。

1991 年 8 月，第 4 期《金属制品》有了国际统一刊号：ISSN 1003-4226。

1994 年 2 月，第 1 期（总第 111 期）开始增加条形识别码，同时增加英文摘要。

1999 年 2 月，第 1 期起增加英文刊名“Steel Wire Products”，同期，版本改为国际标准大 16 开。

2002 年，推出（第一版）光盘版《金属制品》期刊 30 年合订本。

2009 年，《金属制品》外文刊名由“Steel Wire Products”改为“Metal Products”。

2012 年，推出（第二版）光盘版《金属制品》期刊 40 年合订本。

2019 年，引入腾云采编系统，加入 OSID 开放科学二维标识码。

2022 年，推出（第三版）U 盘版《金属制品》期刊 50 年合订本；合订本中加入网上查询验证码、文件名加密、数据库加密等产权保护措施。

三、编辑部与编辑

1972 年，编辑：谢崇峻。

1973 年 8 月，编辑部负责人：谢崇峻；成员：景玉华、杜鸿林。

1975 年，编辑部负责人：谢崇峻、王中栋；成员：景玉华、杜鸿林、文一元等。

1980 年，编辑部负责人：王中栋、谢崇峻；成员：文一元、贺庆生、肖建立。

1982 年，编辑部负责人：王中栋；成员：文一元、贺庆生、李汶吉、郭寒冰。

1983 年，编辑部负责人：金涛；成员：文一元、贺庆生、肖建立。

1985 年，编辑部主任：周良；成员：文一元、贺庆生、黄颖、肖建立。

1987 年，编辑部主任：关晓成；贺庆生调出编辑部。

1991 年，编辑部主编：戴宝昌；负责人：文一元；常务编辑：肖建立、宋为、张传军；编委：马凌肃、王中栋、朱永刚、关晓成、周浩章、郭平、曹伟中。

1994 年，1994 年第 3 期，主编：文一元；成员：关晓成、郭寒冰、宋为、肖建立、张传军、谢景等。

1996 年，编辑部主任：宋为（调整）。

2000 年，主编：宋为；编辑部主任：窦光聚；成员：陈金晟、谢景、李根山、张传军。

2005 年，编辑部成员：（增加）陈红献、陈卫东、赵燕、沈献民、关立。

2010 年，编辑部副主任：陈卫东（增加）。

2016 年，编辑部副主任：沈献民（调整）。

2018 年，编辑部主任：沈献民；成员：曹德付、张传军、陈红献、赵燕。

2019 年，主编：汪凯；编辑部主任：沈献民；成员：曹德付、张传军。

四、编委会及其组成

第一届：20 世纪 70 年代成立，成员主要是遵义金属制品研究所科技人员。

第二届：1986 年 3 月 20 日成立，成员由郑州金属制品研究院有关领导和各科室技术骨干组成。

第三届：1991 年 3 月 30 日在无锡成立，期刊编委会由 69 人组成，其中顾问委员 10 人、主任委员 1 人、副主任委员 13 人、委员 48 人，主任委员吴中萱，主编戴宝昌。

第四届：1994 年 5 月 13 日成立，编委会共 71 人，其中顾问委员 7 人、主任委员 1 人、副主任委员 9 人、委员 54 人，主任委员戴宝昌。

第五届：1996 年 11 月 8 日成立，编委会成员数量和上届相同，副主任委员和委员作了部分调整；1998 年 11 月 20 日，编委会五届二次会议在江阴召开，会议对编委会作了改组，编委会由顾问委员 10 人、主任委员 1 人、副主任委员 13 人、委员 52 人共 76 人组成，主任委员郑申。

第六届：2001 年 10 月在无锡成立，其中顾问委员 11 人、主任委员 1 人、副主任委员 15 人、委员 56 人，主任委员郑申。

第七届：2004 年 11 月 3 日在苏州成立，顾问委员 13 人、主任委员 1 人、副主任委员 12 人、委员 51 人，主任委员庄健。

第八届：2007 年 11 月 10 日在江苏镇江成立，顾问委员 12 人、主任委员 1 人、副主任委员 12 人、委员 55 人，主任委员李中山。

第九届：2010 年 10 月 18 日在福建武夷山成立，顾问委员 12 人、主任委员 1 人、副主任委员 13 人、委员 67 人，主任委员李中山。

第十届：2013 年 10 月 15 日在江苏无锡成立，顾问委员 13 人、主任委员 1 人、副主任委员 13 人、委员 67 人，主任委员李中山。

第十一届：2016 年 10 月 26 日在江苏常州成立，顾问委员 15 人、主任委员 1 人、副主任委员 16 人、委员 61 人，主任委员李中山。

第十二届：2019 年 10 月 21 日在河南济源成立，顾问委员 16 人、主任委员 1 人、副主任委员 17 人、委员 61 人，主任委员毛海波。

第十三届：2022 年 9 月 18 日在河南郑州成立，顾问委员 17 人、主任委员 1 人、副主任委员 14 人、委员 63 人，主任委员毛海波。

五、荣誉与奖项

（1）冶金部 1990~1991 年度科技期刊三等奖。

（2）冶金部 1992~1993 年度科技期刊三等奖。

（3）冶金部 1994~1995 年度科技期刊二等奖。

（4）冶金部 1996~1997 年度科技期刊二等奖，

（5）中华人民共和国新闻出版署第二届全国优秀科技期刊二等奖（1997 年）。

（6）1998~1999 年度冶金期刊三等奖（1999 年）。

（7）河南省第二届科技期刊评比一等奖（1996 年）。

（8）获河南省第三届科技期刊评比一等奖（1998 年）。

（9）2001 年被国家科技部和新闻出版总署评为中国期刊方阵双百期刊。

（10）中国钢铁工业协会 2001~2002 年度冶金优秀科技期刊二等奖。

（11）《金属制品》被中国核心期刊（遴选）数据库、中国期刊全文数据库（CJFD）、中国学术期刊综合评价数据库（CAJCED）、中国科技期刊精品数据库、中文科技期刊数据库（SWIC）、中文科技期刊数据库（全文版）等收录。

（12）2011 年被中国科技论文统计源期刊数据库收录，成为中国科技核心期刊。

（13）中国钢铁工业协会 2001~2002 年度冶金优秀科技期刊二等奖。

（14）河南省第四届优秀科技期刊一等奖。

（15）河南省第五届优秀科技期刊一等奖。

（16）河南省第六届优秀科技期刊一等奖。

（17）河南省第一届自然科学二十佳期刊（2008 年）。

（18）河南省第一届自然科学期刊综合质量检测一级期刊（2008 年）（见图 5-9-1）。

（19）河南省第二届自然科学二十佳期刊（2010 年）。

（20）河南省第二届自然科学综合质量检测一级期刊（2010 年）。

（21）河南省第三届自然科学二十佳期刊（2013 年）。

（22）河南省自然科学综合质量检测一级期刊（2013 年）。

（23）河南省第三届自然科学二十佳期刊（2014 年）（见图 5-9-2）。

（24）河南省自然科学综合质量检测一级期刊（2015 年）。

（25）河南省自然科学综合质量检测一级期刊（2017 年）。

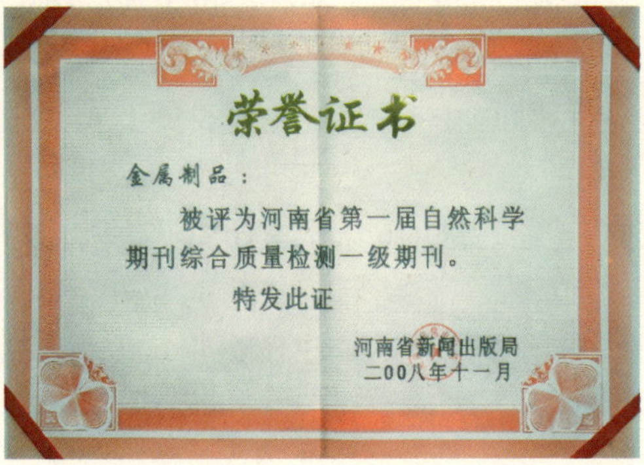
荣誉证书

金属制品：

被评为河南省第一届自然科学期刊综合质量检测一级期刊。

特发此证

河南省新闻出版局

二00八年十一月

图 5-9-1　河南省第一届自然科学期刊综合质量检测一级期刊证书

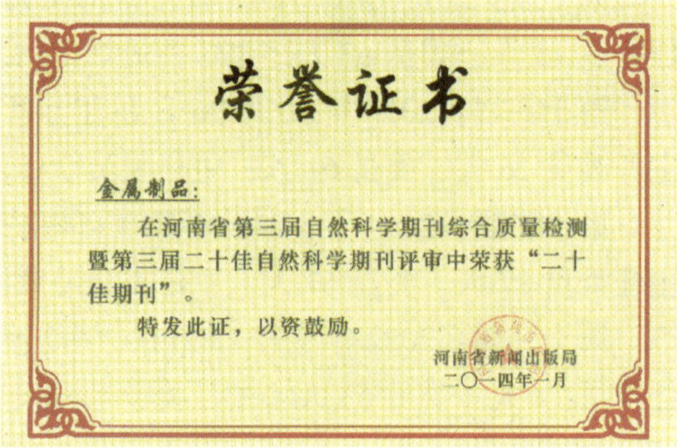
荣誉证书

金属制品：

在河南省第三届自然科学期刊综合质量检测暨第三届二十佳自然科学期刊评审中荣获“二十佳期刊”。

特发此证，以资鼓励。

河南省新闻出版局

二〇一四年一月

图 5-9-2　二十佳期刊证书

（26）2019 年北京国际图书博览会（BIBF）“庆祝中华人民共和国成立 70 周年精品期刊展”（见图 5-9-3）。

荣誉证书

金属制品：

贵刊入选 2019 年北京国际图书博览会（BIBF）“庆祝中华人民共和国成立 70 周年精品期刊展”。

特发此证，以兹鼓励。

中国期刊协会

二〇一九年八月二十日

证书编号：2019CPAJP442

图 5-9-3　入选“庆祝中华人民共和国成立 70 周年精品期刊展”证书

六、出版发行

截至 2023 年，《金属制品》期刊共出版 49 卷 297 期；发表论文 5407 篇，约 2000 多万字。

《金属制品》自从 1981 年开始刊登企业广告，到 2023 年 8 月共发布广告 9000 多版，累计服务企业数量 380 家。

第十章 《线材制品》期刊

一、概述

《线材制品》创刊初期名称为《线材制品通讯》，是中国钢结构协会线材制品行业协会内部刊物，于1990年7月30日正式创刊。

《线材制品通讯》在创刊之际，受到冶金部有关司局领导、天津市冶金局领导、天津市线材制品协会的大力支持和帮助。作为中国线材制品行业协会内部刊物，每月一期，固定版面为16开8版，由协会秘书处设立的编辑部负责编辑、出版、发行等期刊日常工作，并聘请相关专业的专家、学者对《线材制品通讯》期刊政策导向、企业管理、技术发展、文字编辑等进行审核。

《线材制品通讯》主要栏目包括：综合信息、协会工作、企业家论坛、制品天地、线材世界、论文集萃、相关行业、市场纵横、国际链接、统计资料、企业漫谈等。

会员企业选派专业人员作为本期刊的通讯员，及时提供行业、企业的相关信息和专题报道。同时邀请行业主管部门的领导、专家、学者为期刊约稿，发表指导行业发展的讲话、宏观经济报告、专题报告、专业讲座；邀请行业内外的专家、学者为期刊约稿，发表指导行业发展的专题报告等。

《线材制品通讯》以报道线材制品行业、企业、专业技术、技术经济发展为主；并且及时报道与线材制品、与国内制造业相关的党和国家的方针、政策和法律法规，以及国家宏观经济形势；同时注重报道线材制品上下游产业链的相关内容；注重企业发展战略的报道，注重企业管理、企业文化的宣传和介绍；注重与国际链接，及时了解、借鉴、学习国外的先进技术和管理经验。

《线材制品通讯》不但注重报道行业内优质钢丝、钢丝绳、钢绞线、钢帘线各专业方面的论述，还注重报道行业内领头企业、领军专家有关行业、企业、专业发展方面的专题论述，引导、指导、帮助行业、企业制定战略发展规划、落实发展计划、调整产品结构、确定重点发展方向、瞄准市场定位，使得企业不断发展壮大，形成一批领军企业、知名企业，呈现出一批名牌产品、拳头产品，最大限度满足国民经济有关部门、有关领域的需求。

二、编委会、编辑部

《线材制品通讯》以中国钢结构协会线材制品行业协会理事长、副理事长、秘书长组成编委会，以理事会秘书处为骨干成立了编辑部。文一元、宋大莱、徐虎格、张泽洪、张建国、纪执鲤先后担任编辑部主编、责任编辑。之后，为适应行业报道将《线材制品通讯》更名为《线材制品》。

三、受托完成重点工作

《线材制品通讯》接收有关部门和单位的委托做行业调研、形成报告，在《线材制品通讯》上分期发布，向有关部门反馈信息、向有关行业通报情况、引导企业高质量发展。主要工作如下：

（1）受托做调研并陆续连载发表。《线材制品通讯》编辑部，受托了解国内有关行业对国内线材制品产品品种、数量的消耗情况，对在京的煤炭部等 14 个部委、总公司进行了专题走访调研，初步得到一些消耗情况。为及时将各部委、总公司对线材制品需求情况介绍给各生产企业，在《线材制品通讯》刊物上陆续连载有关部委需求或消耗情况，以便企业在安排生产时及时调整品种结构。具体部委、总公司包括：中国统配煤矿总公司（原煤炭部）、中国石油天然气总公司（原石油部）、机械电子部、交通部、铁道部、化工部、林业部、物资部、中国船舶总公司、轻工部、农业部水产司、纺织部、航空航天工业部、水利部。

（2）受托配合做调研并陆续连载发表。《线材制品通讯》编辑部，受托配合中国钢结构协会线材制品行业协会、冶金部有关司局，对有关部委、行业，开展一次线材制品供需情况的全面调研工作。将相关部委、行业对线材制品的需求情况调查报告，陆续在《线材制品通讯》上发布，指导大专院校、科研院所做好技术研发和储备、引导生产企业做好产品结构调整和发展规划。具体部委、行业包括：中国有色金属工业总公司、铁道部、开滦矿务局、天津飞鸽自行车集团公司、中国统配煤矿总公司、林业部、船舶工业总公司、电子工业部、山西省煤炭管理局、太原重型机械厂、中国水利电力物资总公司、轻工业部、石油工业部、交通部、邮电部、兵器工业总公司、广播电视部、纺织工业部、建材部。

（3）受托编制产品目录并发表。《线材制品通讯》编辑部受托编制《线材制品产品目录》，并在《线材制品通讯》上发布，指导线材制品下游行业、企业的使用。

（4）受托做行业调研并发表。《线材制品通讯》编辑部受托对国内线材制品企业生产情况进行调查、整理，编辑了国内线材制品主要企业（230 多家）基本概况、主要设备、引进设备、技术水平、基建技改、生产经营等方面的资料，形成《“八五”期间线材与线材制品企业基本情况汇总》在《线材制品通讯》上发布，以供各有关部门、行业和企业决策时参考。

（5）受托编修产品统计体系并送审发表。《线材制品通讯》编辑部受托承担“钢丝及其制品”统计指标体系修订工作和编写《工业产品行业划分工作手册》中的文字部分，并将送审稿提交中国钢铁工业协会组织的“指标修订第二次会议”审查、发布。

四、各界纪念《线材制品通讯》出刊第 100 期

在《线材制品通讯》出刊第 100 期之际，原冶金部等上级管理部门、行业内外企业、行业内外专家学者及生产一线工程技术人员均给予高度评价，各界朋友发来热情洋溢的庆贺。协会秘书处先后收到了部分领导、会员单位及各界朋友写来的热情洋溢的文章和信函，对编辑部给予极大的关心和爱护，提出宝贵的意见和建议，我们深受鼓舞和鞭策。

在《线材制品通讯》出刊第100期之际，《线材制品通讯》编辑部要向始终关心和支持我们的各级领导、协会各成员单位及各界朋友说一声谢谢！向积极为我们撰写文章的作者、各团体会员单位的通讯员、踊跃投稿的信息员表示衷心的感谢！亲爱的读者、辛勤的作者请接受编辑部的致意！让我们把手握得更紧，让我们把心贴得更近，我们愿与会员单位的朋友结伴同行，共同走向新的世纪，创造《线材制品通讯》更加灿烂的明天，创造新的辉煌！

在《线材制品通讯》出刊第100期之际，国家冶金工业局行业管理司、规划发展司，冶金科技发展中心给中国钢结构协会线材制品行业协会致函，热烈祝贺《线材制品通讯》出刊100期。祝愿线材制品行业协会及《线材制品通讯》进入21世纪后，在市场经济中更好地发挥行业协会的作用，为线材制品行业和钢铁工业做出更大的贡献。

在《线材制品通讯》出刊第100期的大喜日子里，协会理事长、鞍钢集团钢丝绳厂厂长隋利贺以“办好协会刊物，为全行业服务”为题撰文表示庆贺；协会常务副理事长、天津市第一钢丝绳公司董事长、总经理刘士魁以“办好协会刊物、开创行业新世纪”为题撰文表示庆贺；协会副理事长、宁夏恒力钢铁集团公司董事长、总经理刘京喜以“办好《线材制品通讯》引领行业健康发展”为题撰文表示庆贺；原冶金部科技司主任工程师谢仕柜以“百尺竿头、再创辉煌”为题撰文表示庆贺；中国煤炭物产集团金属材料部副经理赵忠海以“祝愿《线材制品通讯》新的起点”为题撰文表示庆贺；中国金属学会轧钢分会金属制品学术委员会、郑州金属制品研究院信息中心来函电表示祝贺。

在《线材制品通讯》出刊第100期的大喜日子里，中国钢结构协会给线材制品行业协会致函，谨致以衷心的祝贺和对线材制品协会秘书处工作人员致以诚挚的问候和感谢。该刊物不仅满足了行业的发展需要，而且对全行业的经济、技术、管理和宣传贯彻国家有关的方针政策等方面发挥了积极作用。近十年的辛勤耕耘，充分说明了广大编著者及通讯员为行业的发展兴旺、为刊物的质量和生命力、为协会的发展和树立行业的地位做出积极无私的奉献。从100期开始将《线材制品通讯》改版为《线材制品》。希望从100期开始，作为新起点，为线材制品行业的腾飞再立新功。

五、助力行业不断发展

《线材制品》创刊三十多年来，时光荏苒，经过几代人的辛勤耕耘，继承发扬了办刊单位和老一辈编辑人员优良传统，期刊栏目不断丰富，发行范围不断扩大，期刊专业篇内容不断增加、专业深度不断提升、理论水平不断提高，到2020年累计出版338期。

《线材制品》创刊三十多年来，成为我们线材制品行业各专业人士汲取营养的专业刊物，使得我们行业累计获得各级技术进步奖或成果奖180项、累计起草或参与起草制（修）订各类标准362项。它助力了线材制品企业的技术不断进步、装备不断升级、产品不断更新、产量不断增加、信息化水平不断升级；它推动了企业的产品应用领域不断拓展和提升，满足了国民经济各领域不断提高的需求；它成就了一批又一批技术、管理等专业人员不断成长和进步，涌现出一批又一批专业骨干、专家、学术带头人、技术领衔人和企业家；在纪念协会成立30年之际，表彰了30名杰出企业家、58名杰出技术专家；它极大地推动了行业安全发展、高质量发展；它是我们线材制品行业不可或缺的生产力。

第十一章 全国金属制品信息网

全国金属制品信息网是中国金属制品行业协会服务组织，由中钢集团郑州金属制品研究院股份有限公司任网长单位，信息网秘书处设在中钢制品院信息中心，目前拥有600余家活跃的网员单位，主要职责是促进行业技术的进步与传播，加强行业的联络和交流；特色是每年举办行业信息技术交流会，参会人员主要为行业嘉宾、企业的领导、技术专家。

一、简介

1974年11月，原冶金部在武汉召开第8届金属制品技术交流会，经与会代表协商，冶金部决定成立金属制品科技情报网，加强全国金属制品行业的联络和交流，共同促进行业的发展，湖南湘潭钢铁厂任组长单位；1977年，信息网改由遵义金属制品研究所（中钢集团郑州金属制品研究院股份有限公司前身）任网长单位；1993年根据《冶金部科技司〔1993〕科技字第009号文件》，冶金部金属制品科技情报网更名为“冶金部金属制品信息网”，原情报网各专业分网也相应更名；冶金部和国家冶金局撤销后，2000年，其所属的各专业信息网更名为“全国××信息网”，并按市场机制运作，“冶金部金属制品信息网”更名为“全国金属制品信息网”，并征文设计了“会徽”。

为规范信息网的活动，建立完善的管理机制，更好地保障网源单位的权利和义务，信息网于1978年在江阴召开的第10届全国金属制品技术交流会上，讨论通过了《冶金部金属制品科技情报网暂行管理办法》。1982年在鞍山召开的第12届年会上正式通过《冶金部金属制品科技情报网组织章程》并根据《冶金部（80）冶情字2869号文》及网章规定，从1983年起在全网成员中收缴网费。之后，为适应社会发展和改革的需要，信息网先后在第14届、第15届、第20届、第24届全国技术信息交流会网长工作会议上，与时俱进，根据当时的实际发展情况对章程分别进行了修改。

2000年11月的无锡网长会研究决定在全信息网范围内征集全国金属制品信息网网徽，经广泛征集，2001年5月在贵阳召开的第22届网长工作会议讨论了由宁夏恒力钢铁集团有限公司刘西太高工设计的网徽，又就其方案征询了业内人士的意见，最终确定了信息网网徽。

图5-11-1 全国金属制品信息网网徽

自此，以抽象的钢绳断面为网徽主要元素的全国金属制品信息网网徽（见图5-11-1）成为信息网标志之一。

全国金属制品信息网秉承服务行业、搭建技术信息交流平台的宗旨，时刻把握国家经济的发展动向，为行业整体发展出谋划策，在技术创新、节能环保、产业调整、维持行业持续健康发展方面做了以下几项主要工作：

（1）组织全国性金属制品行业技术交流会，目前固定为3年一届年会，每年一次技术交流会；

（2）出版信息网的内部交流刊物《制品信息》，主要栏目有行业纵横、网内活动、市场分析、海外动态、线材经纬、技术交流、标准检测、指标统计、信息集锦；

（3）整理出版专业技术资料，以资料汇编、专业著作、会议文集、标准汇编及译文集、企业名录为主；

（4）统计收集行业生产数据、企业信息；

（5）开展技术咨询服务，主要服务为项目规划、建议书、可行性研究报告和评估（具有专业投资咨询资格），行业生产、技术、市场状况调研。

二、组织机构

1974年11月，冶金部在武汉召开第8届金属制品技术交流会，成立金属制品科技情报网；由湖南湘潭钢铁厂任组长单位，遵义金属制品研究所和重庆钢铁设计院等8个企事业单位任副组长单位，分片负责全国各大地区金属制品专业的技术交流。

1977年，信息网改由遵义金属制品研究所任网长单位，天津五金线材公司和鞍钢钢绳厂等5个单位任副网长单位，下设东北、华北、西北、华东、中南、西南等6个片区网。

1978年，增设特钢专业网，并将西北网与华北网合并，命名为华北西北网。

1980年，撤销西南网，原西南网与中南网合并，命名为中西南网。

至此，情报网下设东北、华北西北、华东、中西南等4个片区网和特钢专业分网。

1993年，根据《冶金部科技司〔1993〕科技字第009号文件》，冶金部金属制品科技情报网更名为“冶金部金属制品信息网”，原情报网各专业分网也相应更名。

1998年，以地区网为主的工作方式逐渐显现出不足，信息网将组织机构进行调整，将以地区网为主改为以专业网为主、专业与地区结合的方式，按专业划分为钢丝钢绞线、橡胶骨架材料、PC制品、特钢、低碳制品、南钢绳、北钢绳7个分网。

2000年，冶金部和国家冶金局撤销，冶金部和国家冶金局所属的各专业信息网更名为“全国××信息网”，并按市场机制运作，“冶金部金属制品信息网”易名为“全国金属制品信息网”。

三、网长及负责人

（1）主管负责人、网长：

1974~1977年5月，由时任湘钢科技处处长的刘学主管信息网工作（后一段由徐国武处长主管）；

1977年6月~1984年，由遵义金属制品研究所赵振邦所长主管信息网工作；

1985~1997年，由中钢制品院戴宝昌副院长担任网长（期间1989~1990年由中钢制品院吴中萱院长主管信息网工作）；

1998~2004 年 6 月，由中钢制品院郑申副院长担任网长；

2004 年 7 月~2007 年，由中钢制品院庄健副院长担任网长；

2008~2015 年，由中钢制品院李中山副院长担任网长；

2016 年至今，由中钢制品院杨永红副院长担任网长。

（2）工作负责人、秘书长：

1974~1977 年 5 月，由湘钢科技处张景南负责情报网工作；

1977 年 6 月~1978 年，由遵义金属制品研究所谢崇俊、王中栋负责情报网工作；

1979~1984 年，由王中栋负责情报网工作；

1985~1988 年，由中钢制品院朱永刚负责情报网工作；

1989 年，由时任中钢制品院科办主任的王中栋兼管情报网工作；

1990~1991 年，由中钢制品院曹伟中负责情报网工作；

1992 年 2 月~1993 年 2 月，由中钢制品院李汶吉负责情报网工作；

1993 年 2 月~1999 年 12 月，由中钢制品院《金属制品》编辑部主编、信息中心主任文一元担任总网秘书长；

2000~2018 年 12 月，由中钢制品院《金属制品》编辑部主编、信息中心主任宋为担任总网秘书长；

2019 年至今，由中钢制品院《金属制品》编辑部主编、信息中心主任汪凯担任总网秘书长。

四、会议交流与沟通

金属制品行业历来有开展技术交流的好传统，自 1958 年起，由鞍钢钢绳厂、大连钢厂、天津第一钢绳厂等单位发起，先后在鞍山、天津、上海、湘潭等地召开过 6 次不同规模的技术交流会，并就行业共同关心的问题进行讨论和研究。这种行业技术交流会在“文革”时中断，于 1973 年恢复。为考虑行业年会的连续性，年会的届数仍依之前的顺序续排。全国性的技术交流会原定每年召开 1 次，随着网员单位的增加，参加会议的人数增多，自 1976 年起改为每 2 年召开 1 次，1986 年第 14 届年会后改为每 3 年召开一次全国性技术交流年会。信息网自成立以来，先后召开过 26 届全国性金属制品技术信息交流年会。2006 年以后，随着信息网工作思路的调整，总网每年召开 1 次全国性的技术交流会，年会仍为每 3 年 1 次。2019 年全国金属制品信息网年会（济源）会议现场如图 5-11-2 所示。

据不完全统计，建网 50 年来，全国金属制品信息网组织的各种会议，有记录的共计 189 次。这些会议中 119 次会议有参会人数记录，记录参会总人数为 10933 人次，70 次会议有收到论文记录，共收到论文 2276 篇。

按照各种会议的平均参会人数和平均论文篇数推算，所有会议的参会人数估计达 17500 余人次，所有会议总计收到论文估计达 5370 余篇。金属制品行业会议分类统计表见表 5-11-1。

图 5-11-2 2019 年全国金属制品信息网年会（济源）会议现场

表 5-11-1 金属制品行业会议分类统计表

序号	会议分类	会议场次/次	有人数统计场次/次	参会人数/人	收录论文/篇
1	网长会	34	21	599	0
2	年会	21	16	4426	811
3	年会筹备会	3	1	20	0
4	总网交流会	39	30	4505	735
5	分网活动	93	52	2841	783

2022 年《金属制品》成立 50 周年（黄河迎宾馆）会议现场如图 5-11-3 所示。

图 5-11-3 2022 年《金属制品》成立 50 周年（黄河迎宾馆）会议现场

五、《制品信息》——网员沟通的桥梁

《制品信息》是全国金属制品信息网的内部交流刊物，具有一定的实用性、准确性、及时性，深受金属制品行业管理人员和科技人员的喜爱，有着一批较为稳定的读者群。《制品信息》自创办以来，为金属制品行业的发展起着重要的作用，见证了我国金属制品

行业的快速发展过程，是一套集实用性、历史性、档案性为一体的资料。

1974~1978 年，信息网的期刊为《钢丝与钢绳》，当时为季刊，在网内赠阅并发行。1979 年，经国家科委批准，《钢丝与钢绳》更名为《金属制品》，由季刊改为双月刊，并成为公开发行的科技期刊。

1984 年，信息网又创办了内部刊物《制品情报》；1991 年，《制品情报》更名为《制品信息》，并由季刊改为月刊，同时开始用卷、期来记录其总的出版量。2007 年，《制品信息》全新改版，由小 16 开改为国际标准 16 开，整个版面也作了适当的调控。改版后的《制品信息》，加大了国外金属制品最新技术动态和市场动态，拓展了制品行业的报道范围。主要栏目有行业纵横、网内活动、市场分析、海外动态、线材经纬、技术交流、标准检测、指标统计、信息集锦等。

随着信息化进程的加快，信息量呈几何级数增长，为适应信息存储和查询的新要求，信息网以《制品信息》资料为原始数据，开发《制品信息》资料数据库。同时，该数据库作为中钢制品院经费支持的院级课题，于 2007 年顺利通过结题验收。该数据库汇集了《制品信息》2001 年以来的所有内容，可通过关键词在文章题目或全文中查询、按期查询、按栏目查询，检索信息方便、快捷。每期按期录入，有利于资料的保存和应用。

1991 年 1 月~2023 年 8 月，网刊《制品信息》共出版 32 卷 388 期，发布、转载信息文章近 2 万余篇，发行 40 余万册。

六、网员数量逐年增长

1993 年之前，无记录；

1993 年，45 家；

2000 年，113 家；

2014 年，319 家；

2023 年，627 家。

七、金属制品网——行业网站标杆

中国金属制品网（https：//www. cswpn. com）自 2001 年 8 月运行以来受到业内人士的普遍关注和好评。2007 年、2009 年、2016 年、2021 年对网站进行了阶段性的改版，主要从版面、网站语言、服务功能等角度进行改版。

目前版本的网站是全新改版。改版后的网站以蓝色元素为基础，以信息网为依托，结合《金属制品》和《制品信息》的技术信息优势，增添了一些技术信息资料栏类目，同时将网站延伸至手机端、平板短，目前所有电脑、移动工具均可正常浏览。改版后，栏目设置更加合理、页面美观大方，内容以“信息资讯”为基础，新增“行业百科”“行业学术”“视频展示”等栏目，从人物、企业、产品、工艺、装备、政策法规、技术文献、书刊资料、视频等方面对行业进行多角度、多方位展示，同时加强了一些网上方便、服务栏目，力争将网站建成网上的行业资料数据库，一站全面描绘中国金属制品行业。

第十二章　中国线材制品网

2006 年 11 月 30 日中国钢结构协会线材制品行业分会（以下简称分会）主办的行业网站“中国线材制品网”（http：//www. chinawire. org. cn），开始试运行。

中国线材制品网注册的中文名称为“中国线材制品网”；英文域名为“chinawire. org. cn”。中国线材制品网是分会会员单位自己的网站。网站的建立为线材制品行业提供了信息查询、咨询平台，信息沟通、传递的平台，信息交流、互动的平台，更为行业分会提供了服务于会员单位、服务于行业、促进行业整体健康发展的平台。

2006 年 11 月 30 日运行以来，得到线材及线材制品会员企业和相关人士的浏览、关注、关心，并不断受到好评和赞誉。

2015 年以来对网站进行了不断的更新改版，主要从版面设计、栏目设置、服务功能等进行了调整。一是注重宣传党和国家政策法规，并且注重有关政策学习和专家解读的转载和报道。二是在专业技术论文的基础上，增添了行业、专业发展历程论述。三是在相关行业新闻转载的基础上，增添了相关行业发展论述。四是增添并调整了发布线材制品生产统计信息、进出口统计信息。五是在会员企业索引按地域分布基础上，增加会员企业索引按专业分布介绍，便于下游企业按照所需专业查找。六是增添了企业风采栏目，注重介绍宣传企业的优势和特点，并将企业自己制作推介内容搬上网站。七是加快了发布协会及企业活动动态报道的节奏，让行业内外人士及时了解行业、企业动态。

自 2019 年起分会根据服务企业的发展规划，对分会的官方网站进行了较大程度的改版，提升改造工作按照方案分步实施。首先对现有网站的各项功能模块进行了认真的分析，结合现有服务企业的业务需求，找出不足和需提升改进的部分。其次分会领导和工作人员针对服务型行业网站的功能服务定位进行了大量的走访调研，切合实际地根据企业的需要，找出了适合自身业务发展的技术解决方案，并于 2021 年 9 月启动了提升改造工程。

网站提升改造工程主要包括版面视觉优化、栏目功能设置、服务端口接入、系统管理高效、信息安全保障等方面。通过完善制品生产统计信息和进出口统计信息模块，为会员企业提供了及时准确的行业数据信息；通过完善会员企业推介模块，丰富地展现了各会员企业的企业风采、企业地域分布、企业专业分类、企业产品产能规模等内容，将会员单位全方位立体地呈现在行业内外的公众面前；通过完善政策法规模块，第一时间将国际、国内及各个地区的政策法规推送给各会员单位，为企业的生产决策提供了及时的政策依据；通过完善协会和会员企业动态模块，将线材制品行业的社会、生产等动态实时发布出来，把线材制品的行业精神、行业宗旨、行业的发展方向展现给网络大众。

同时顺应时代变革，网站增加了移动端，更好地提升了网站用户的访问体验。由于移动端使用了网页加载速度优化技术，显著减少了网页加载时间，较大提高了访问速度。移动端网站的建成可以更好地为会员单位提供个性化的推荐内容和更为便捷的优质服务。

网站提升改造工程自2021年9月起至2022年1月完成正式上线运营，提升改造后月均访问量保持稳步增长，累计访问量取得较大突破，并不断吸引了更多的行业内外关注者，充分反映了提升改造工程的成效。

我们将中国线材制品门户网站，建成中国线材制品行业网上的资料库、信息库；建成服务政府、服务行业、服务企业的信息平台；建成行业内外企业查询、交流、对接的平台；建成国内外线材制品行业、企业交流的大舞台；为中国的线材制品不断地高质量发展，增添腾飞的翅膀。

第六篇

行业协会

第一章　第一届理事会
（1989 年 11 月～1995 年 12 月）

顾　　　问　（排序不分先后）
邱宣恺　冶金部生产领导小组副组长
张乃平　冶金部科技司副司长
谢仕柜　冶金部科技司主任工程师
辛月斋　中国冶金钢材加工公司副总经理
吴中萱　冶金部金属制品研究院院长
王克昌　天津市冶金工业局局长
名誉理事长　王建英　冶金部生产司副司长
理　事　长　李光仁　鞍钢钢绳厂厂长
☆　李兴涛　鞍钢钢绳厂厂长
副理事长　杨富国　石嘴山钢铁厂书记、厂长
☆　刘京喜　石嘴山钢铁厂副厂长
林秀山　上海第二钢铁厂厂长
☆　张跃庭　上海第二钢铁厂厂长
张书久　天津市第一钢丝绳厂厂长
☆　刘士魁　天津市第一钢丝绳有限公司总经理
常务理事单位　贵州钢绳厂
天津市第二钢丝绳厂
冶金部生产协调司品种处
湘钢金属制品厂
天津市预应力钢丝一厂
马钢高速线材厂
江阴钢绳厂
广州镀锌铁丝厂
中国国际钢铁制品有限公司
鞍钢线材股份有限公司
秘　书　长　张若培
☆　沈世续
（有☆者为届中调整后任职）

1989 年

朱镕基总理到江阴钢绳厂（现法尔胜泓昇集团）视察

1989 年 3 月 11 日，原中共中央政治局常委、国务院总理朱镕基在任上海市长期间视察江阴钢绳厂。

线材制品行业协会在广州成立

1989 年 11 月 27 日，中国钢结构协会线材制品行业协会在冶金部生产司、科技司等有关司局、院所及中国钢结构协会的热心帮助支持下，在原金属制品厂长联谊会的基础上，经全体理事单位的共同努力和协商在广州正式成立。经第一次理事会决定，在天津市冶金工业局的大力支持下，协会基础建设完成了中国钢结构协会线材制品行业协会社会组织的请示和报备；在天津设立了常设办事机构秘书处，完成了用房、银行账号、长途电话等办公准备；完成了秘书处工作人员的抽调和协会基本制度的建立；完成了协会理事会成员的确定和顾问、名誉理事长、特聘理事的聘请。协会组建了六个专业组，即生产经营及出口工作协调组、价格及成本协调研究组、工艺技术及科技情报专业组、质量标准工作专业组、企业管理研究组和统计信息研究组。协会秘书处设立了三个工作部，即经济部、技术部、管理部。

中国钢结构协会线材制品行业协会制定管理制度

1989 年 12 月 26 日，中国钢结构协会线材制品行业协会以中钢线协筹字（89）1 号，下发“关于审订协会工作制度召开常务理事会议的函”。根据协会第一届理事会第一次全体会议确定的工作内容，现将有关协会秘书处工作的各项制度（讨论稿）发送给你们，请审阅。

附：

（1）协会秘书处工作守则；

（2）协会秘书处财务管理制度；

（3）协会秘书处工作人员轮换制度；

（4）协会秘书处工作人员标准。

1990 年

启用中国钢结构协会线材制品行业协会印鉴

1990 年 1 月 20 日，中国钢结构协会线材制品行业协会以中钢线协（90）第 01 号，下发“关于中国钢结构协会线材制品行业协会启用新章的通知”（见图 6-1-1）。根据中国钢结构协会（90）钢协第 01 号“关于同意成立线材制品行业协会”（1990 年 1 月 4 日下发）的函和 1989 年广州会议精神，经过一阶段准备，协会秘书处将于 1990 年 2 月正式组建并开展工作。为了便于联系，协会公章于 1990 年 1 月 20 日正式启用，该文件抄报中国钢结构协会；抄送冶金部生产司、科技司、质量标准司、建设司、人事司，天津市冶金局。

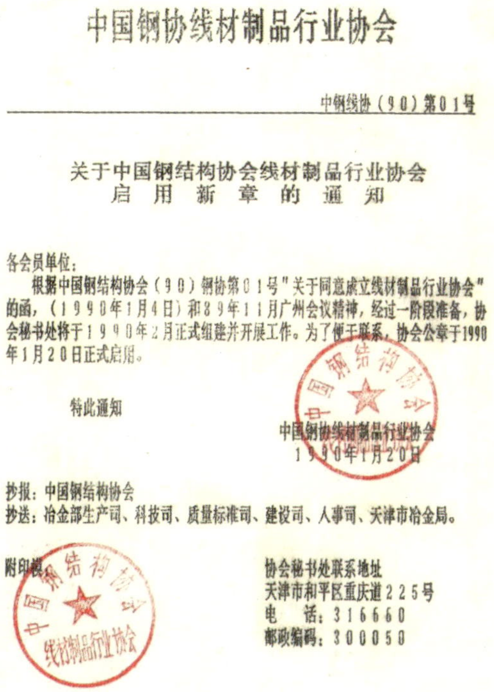

中国钢协线材制品行业协会

中钢线协（90）第01号

关于中国钢结构协会线材制品行业协会
启　用　新　章　的　通　知

各会员单位：

根据中国钢结构协会（90）钢协第01号"关于同意成立线材制品行业协会"的函，（1990年1月4日）和89年11月广州会议精神，经过一阶段准备，协会秘书处将于1990年2月正式组建并开展工作。为了便于联系，协会公章于1990年1月20日正式启用。

特此通知

中国钢协线材制品行业协会
1990年1月20日

抄报：中国钢结构协会
抄送：冶金部生产司、科技司、质量标准司、建设司、人事司、天津市冶金局。

附印模：

协会秘书处联系地址
天津市和平区重庆道225号
电　话：316660
邮政编码：300050

图 6-1-1　关于中国钢结构协会线材制品行业协会启用新章的通知

召开各专业组首次联席会议

1990 年 5 月 29 日，中国钢结构协会线材制品行业协会以中钢线协（90）第 04 号，下发“关于召开协会各专业组首次联席工作会议的通知”。

为贯彻落实今年三月在天津召开的“协会第一届理事会第二次全体（扩大）会议”决定，在行业内部建立生产经营及出口工作协调组、价格及成本协调研究组、工艺技术及科技情报专业组、质量标准工作专业组、企业管理研究组、统计信息研究组等六个专业组织。

会议将全面研究协会各专业组的工作，确定工作方向和重点，建立专业网络和传递系统等项具体内容。此次会议还邀请了部分特聘单位理事和上级有关部门的领导同志莅临指导。会议时间：1990 年 6 月 12~14 日。会议地点：江阴钢绳厂。

秘书处由重庆道迁移到赤龙南里

1990年6月20日，中国钢结构协会线材制品行业协会以中钢线协（90）第05号，下发“关于协会秘书处迁入新址的通知”。

在协会秘书处所在地天津市冶金工业局的支持和帮助下，于1990年一季度为协会秘书处解决了办公用房两间。并在邮电局和天津有关制品企业的协助下，安装了秘书处专用电话，申请了电报挂号。目前协会秘书处办公新址已具备条件，将于1990年7月1日正式迁入办公。原天津市和平区重庆道225号（天津市冶金工业局线材制品协会）保留做辅助使用。今后与协会秘书处联系请用新址。即天津市南开区三纬路赤龙南里5号，邮政编码：300100，电话：022-223476，电报挂号9024。

秘书处增设三个部并启用印鉴

1990年7月17日，中国钢结构协会线材制品行业协会以中钢线协（90）第07号，下发“关于协会秘书处增设经济部、技术部、管理部并启用新章的通知”。

为适应协会加强行业管理及尽快全方位开展工作的需要，经秘书处7月17日工作会议研究决定，秘书处内部增设经济部、技术部、管理部等三个专业工作部门。从即日起开始工作并启用新章。

经济部：负责行业协会有关经济方面的工作，并负责生产经营及出口工作协调组和价格及成本研究组。经济部部长由陈启泰副秘书长兼任。

技术部：负责行业协会有关技术方面的工作，并负责工艺技术及科技情报专业组和质量及标准工作专业组。技术部部长由缑庆林副秘书长兼任。

管理部：负责行业协会有关的企业管理和基础管理工作，并负责企业管理研究组和统计信息研究组。管理部部长由王御龄秘书长助理兼任。

各部对协会和秘书处负责。在秘书处的统一领导和协调下分工负责，密切配合，共同完成协会理事会交与秘书处的工作任务。凡各部对各会员单位和有关方面的专业事务，请大力协助并予以支持。

对煤炭部等14部、总公司做需求调研

中国钢结构协会线材制品行业协会秘书处经济部为摸清国内有关行业对国内线材制品产品品种、数量的需求，于1990年7月16日~8月1日，对在京的煤炭部等14部、公司进行了专题走访调研，初步摸到一些情况。为及时将各部、公司对线材制品需求情况介绍给各企业，以便在调整品种结构时参考，我们将在刊物上陆续连载。具体包括：

（1）中国统配煤矿总公司（原煤炭部）主要消耗制品品种；

（2）中国石油天然气总公司（原石油部）主要消耗制品品种；

（3）机械电子部主要消耗制品品种；
（4）交通部主要消耗制品品种；
（5）铁道部主要消耗制品品种；
（6）化工部主要消耗制品品种；
（7）林业部主要消耗制品品种；
（8）物资部主要消耗制品品种；
（9）中国船舶总公司主要消耗制品品种；
（10）轻工部主要消耗制品品种；
（11）农业部水产司主要消耗制品品种；
（12）纺织部主要消耗制品品种；
（13）航空航天工业部主要消耗制品品种；
（14）水利部主要消耗制品品种。

创办《线材制品通讯》

中国钢结构协会线材制品行业协会内部刊物《线材制品通讯》经过一阶段的准备，于 1990 年 7 月 30 日正式出刊。

该刊是根据协会理事会第一次全体会议精神创办的。根据目前协会的人、财、物情况，经研究确定为月刊每月一期。固定版面为 16 开 8 版。由协会秘书处负责编辑、出版、发放。

《线材制品通讯》在创刊之际，受到冶金部有关司局领导的支持和鼓励。

戚元靖部长到天津调研对制品提出殷切希望

1990 年 8 月 15~18 日，冶金部部长戚元靖和中顾委委员李东冶，带领有关司局领导到天津调研，与天津市市长聂璧初、常务副市长张立昌、副市长李慧芬就天津市冶金工业的生产建设和远景规划交换了意见。

戚元靖部长、李东冶委员在听取天津市冶金局领导汇报，慰问、查看企业后，充分肯定了天津冶金工业在国家没有给多少投资的情况下，依靠老企业挖潜改造，使生铁、钢材、金属制品等产量和品种已具规模，做到了投入少、产出多，为天津建设和钢铁工业的发展做出了重要贡献。

就如何发展天津冶金工业的问题，戚元靖部长指出，天津冶金工业应在现有条件下，利用港口有利条件进一步发展，走多品种、高质量效益型的道路。天津是我国金属制品生产的基地，金属制品的数量和品种都多于各地。要发挥天津这个优势，提高配套水平，加快高速线材项目的投入，还要解决好天津冶金工业二次化铁炼钢的问题。这是一项重大的节能措施，要尽早实现。

组建了“线材制品工贸联合办公小组”

冶金部生产司、中国冶金进出口总公司、中国钢结构协会线材制品行业协会 1990 年 9 月 10 日在天津召开出口经营工作会议，中国冶金进出口总公司和中国钢结构协会线材制品行业协会共同组建了“线材制品工贸联合办公小组”，为配合出口工作协会经济部在北京设立了出口经营办事组。

在上海召开理事长会议

1990 年 10 月 10~12 日，中国钢结构协会线材制品行业协会在上海组织召开理事长会议。协会理事长李光仁，副理事长林秀山、张书久，秘书长张若培和协会秘书处工作人员参加了会议。

会议听取了秘书处自 1990 年 3 月在天津召开的第二次理事会以来工作情况汇报和年会准备情况，对协会 1991 年工作设想做了认真研究。

协助冶金部在天津召开制品价格调整座谈会

1990 年 11 月 6 日，冶金部钢铁产品调整价格会议后，由冶金部经调司价格处主持，天津市冶金局、中国钢结构协会线材制品行业协会协办的“冶金部制品调价座谈会”1990 年 11 月 6~7 日在天津召开。参加座谈会的有贵州、宁夏、鞍钢、湘钢、上海和天津有关制品企业。会议认真分析、讨论了有关制品调整出厂价格的品种比价和规格比价，并就调整后企业经营和效益等问题进行了分析和探讨。

制品行业研讨座谈会在北京召开

由冶金部生产司通知召集冶金部有关司局和中国钢结构协会线材制品行业协会共同组织的“全国金属制品行业‘七五’回顾、‘八五’设想研讨座谈会”于 1990 年 10 月 25~26 日在北京召开。

冶金部生产领导小组副组长邱宣恺同志自始至终参加了座谈会并讲了话。座谈会由生产司王建英副司长主持，冶金部各司局、重庆钢铁设计院、郑州金属制品研究院、特钢企业协会以及鞍钢、湘钢、上钢二厂、天津一绳、天津二绳、天津预一、大连、贵州、宁夏、江阴、南通等企业的厂长、总工、科长，特邀到会的天津市冶金局宋承汤、天津一绳赵恩魁、马鞍山钢铁设计院李寿柏、中国冶金进出口总公司陆文治等制品专家们不同层次的代表出席了会议。出席座谈会的共 23 个单位 40 名代表。

会后，秘书处以“顾后瞻前话制品”为题，分两部分分别在两期《线材制品通讯》中做了报道。

配合冶金部做好召开金属制品会议的准备工作

1990年12月1日，中国钢结构协会线材制品行业协会以中钢线协（90）第09号，下发“关于做好冶金部金属制品工作会议准备的通知”。

冶金部拟在1991年3月召开金属制品行业工作会议，就金属制品行业“七五”发展和“八五”方向进行总结和讨论。为了开好这次工作会议，冶金部安排进行一次行业情况调查。凡属部管厅局企业，由冶金部下文直接通知下达。根据我们掌握，贵单位系冶金部外制品企业，经研究由我协会向您单位发文。如是，希望能按照冶金部文件要求，认真填写表格和文字总结，按时报送给冶金部生产司品种处，以便及时汇总安排会议名额，参加金属制品工作会议。

1991年

首次线材制品工作会议在无锡召开

由冶金部生产司、科技司联合召开的首次线材制品工作会议于1991年3月29日~4月1日在江苏省无锡市水秀饭店召开。冶金部计划司、质标司、规划院、重庆钢铁设计研究院、金属制品研究院、情报标准总所、中国钢结构协会、中国钢结构协会线材制品行业协会、中国冶金统计学会金属制品分会、钢材加工公司、中国冶金进出口公司、部分省市冶金厅局的有关同志以及73家线材制品企业的主要负责同志，合计150名代表出席了会议。

冶金部生产领导小组副组长邱宣恺以“以质量、品种、效益为中心，推动线材制品行业的发展”为题做了讲话。他说：我们这次工作会议是在党的十三届七中全会胜利闭幕之后，“七五”刚刚过去“八五”已经到来之际召开的，是我们线材制品行业第一次工作会议。会议人数之多、规模之大，在线材制品行业中是第一次。这次会议在无锡召开主要是江阴钢绳厂是制品行业的先进单位，我们可以利用这次机会学习他们的经验。接着讲了三个问题，一是回顾“七五”，形势喜人，列举了河北故城钢丝绳厂、贵州钢丝绳厂、天津一绳、天津二绳、鞍钢钢绳、江阴钢绳厂、上钢二厂、宁夏石嘴山、天津预一、新余钢铁、首特公司、无锡钢丝绳厂、大连特钢、天津焊丝厂、天津大成五金、江西钢厂、重庆钢丝绳厂、陕西咸阳石油钢管钢丝绳厂、南通钢丝绳厂、哈尔滨钢丝绳厂、湖南长沙金属制品厂等企业取得的成绩；二是“七五”线材制品行业发展的基本思路，提出做好5方面工作；三是做好1991年的几项工作。

冶金部科技司主任工程师谢仕柜以“金属制品行业技术进步及存在的差距”为题，做了讲话。她梳理了九方面的差距，提出了三方面的措施。中国钢结构协会线材制品行业协会李光仁理事长做了总结发言。

一届三次会员大会在无锡召开

1991 年 3 月 31 日，在首次线材制品工作会议同期召开了线材制品行业协会第一届理事会第三次全体会员大会。协会理事长李光仁、副理事长张书久、顾问吴中萱出席了会议。会议邀请了冶金部有关司局领导、有关院所参加会议。44 家会员企业代表出席了会议。会议审议通过了 1990 年工作总结、1991 年工作计划、会费收支情况报告、接纳新会员、张若培要求辞去秘书长职务聘为理事、沈世续为秘书长的建议、王御龄为副秘书长的建议以及会费调整议案。会议选举产生了第一届理事会名单。

开展供需情况调研

1991 年 6 月中国钢结构协会线材制品行业协会配合冶金部有关司局，组织有关企业及院所，开展一次线材制品供需情况的全面调研工作。7 月 30 日按照冶金部有关司局抽借调研人员的要求，由 11 个单位抽借 12 名人员包括秘书处组成 4 个调研组，驻北京各部委及总公司分两步进行工作。9 月 5 日开始分组调研，计划 11 月初结束。此次调研工作是在冶金部生产司费绿叶工程师、科技司徐寅工程师、规划院刘朝建工程师直接领导下，由协会具体组织进行的。

相关行业对线材制品的需求情况调查报告陆续发布。

（1）《对中国有色金属工业总公司线材制品需求情况的调查》报告发布。

（2）《对铁道部线材制品需求情况的调查》报告发布。

（3）《对开滦矿务局线材制品需求情况的调查》报告发布。

（4）《对天津飞鸽自行车集团公司线材制品需求情况的调查》报告发布。

（5）《对中国统配煤矿总公司线材制品需求情况的调查》报告发布。

（6）《对林业部线材制品需求情况的调查》报告发布。

（7）《对船舶工业总公司线材制品需求情况的调查》报告发布。《对电子工业部线材制品需求情况的调查》报告发布。

（8）《对山西省煤炭管理局线材制品需求情况的调查》报告发布。

（9）《对太原重型机械厂线材制品需求情况的调查》报告发布。

（10）《对中国水利电力物资总公司线材制品需求情况的调查》报告发布。

（11）《对轻工业部线材制品需求情况的调查》报告发布。

（12）《对石油工业部线材制品需求情况的调查》报告发布。

（13）《对交通部线材制品需求情况的调查》报告发布。

（14）《对邮电部线材制品需求情况的调查》报告发布。

（15）《对兵器工业总公司线材制品需求情况的调查》报告发布。

（16）《对广播电视部线材制品需求情况的调查》报告发布。

（17）《对纺织工业部线材制品需求情况的调查》报告发布。

（18）《对建材部门线材制品需求情况的调查》报告发布。

《线材制品产品目录》编辑工作在宁波启动

1991 年 6 月 30 日《线材制品产品目录》编辑工作在浙江省宁波市启动并紧张进行。该目录的编辑参照了 1980 年由冶金部钢材加工公司编印的产品目录及冶金产品技术标准等有关资料，本着扩大信息量和方便实用的原则进行编辑。本次编辑工作得到了宁波拉丝厂、宁波渔业钢丝绳厂、上海二钢、河北故城、武钢汉阳冷拔厂、马钢高速线材厂、中国国际钢铁制品公司等单位和抽调人员的支持。连同协会两位副秘书长、一位常务秘书共 10 余人，紧张地编汇了半个月时间，为行业做出了贡献。

在鞍山市召开常务理事会

1991 年 8 月 20～22 日中国钢结构协会线材制品行业协会在辽宁省鞍山市召开常务理事会。鞍钢钢丝绳厂、天津一绳厂、湘钢金属制品厂、江阴钢丝绳厂、大连钢厂钢丝分厂、上海二钢、宁夏石嘴山钢铁厂、马钢高速线材厂等企业参加了会议。会议针对当前线材制品行业普遍关注的价格问题作为主要内容之一进行了充分的讨论，互通了情况，研究、分析了相关问题。大家的看法是一致的、认识是统一的，并决定将这些看法和有关建议尽快书面汇报给冶金部有关司局，以供决策参考。

线材制品企业发展外向型经济座谈会在天津召开

由中国冶金进出口总公司提议，中国钢结构线材制品行业协会配合，两家联合组织的“部分制品企业发展外向型经济座谈会”于 1991 年 12 月 21～23 日在天津召开。来自鞍钢、湘钢、上海、天津、宁夏、广东、大连、无锡、江阴、南通、青岛、长沙、宁波、重庆等全国各地 20 多家制品生产企业的代表出席了会议。中国冶金进出口总公司郭青昔、顾问陆文治同志，业务五部负责线材制品出口工作的杜建钢等 12 名同志出席了会议。冶金部计划司、质量标准司有关同志到会指导工作。中国钢结构协会线材制品行业协会副理事长张树久、秘书长沈世续及秘书处有关同志，天津冶金局有关处室，中国冶金进出口天津分公司副总经理李新凯出席了会议，出席会议共计 50 余人。

天津钢绞线厂厂长吴建章等企业代表和冶金进出口总公司业务五部杜建钢等先后做了发言。冶金部质量标准司和计划司联合发言提出，希望线材制品行业各企业注重整体素质的提高，以适应外向型经济发展的需要，预祝明年出口工作打出新水平。

协会认为，通过这次会议，在出口工作方面工贸双方都对协会今后的工作提出了更高的要求，协会为促进行业出口工作的发展，将尽最大努力做好服务与协调，把有关工作纳入明年工作计划，提交常务理事会讨论，以尽快落实。

1992 年

宝钢硬线坯座谈会在福州召开

冶金部生产司于 1992 年 5 月 6~7 日，在福建省福州市召开了“宝钢硬线坯座谈会”。参加会议的有宝钢生产部、技术部、福建省冶金厅生产处、中国国际钢铁制品有限公司的负责同志，中国冶金钢材加工公司的代表及贵州钢丝绳厂、江阴钢丝绳厂、新华金属制品有限公司等 16 家线材制品生产企业的代表。

李鹏总理为江阴钢丝绳厂题词

1992 年 5 月 24 日，晴空万里，阳光灿烂。下午五点二十分，时任国务院总理李鹏在江苏省委书记沈达人、省长陈焕友和无锡市领导的陪同下，来到了江阴钢丝绳厂视察。李鹏总理十分关心该厂的钢帘线生产和外向型经济的发展，边看边问。当工厂领导汇报到钢帘线主要供上海正泰厂、大中华厂、辽宁轮胎厂、桦林橡胶厂，产品已出口 64 个国家和地区，最近已被经贸部批准为自行进出口企业时，李鹏总理高兴地点点头，欣然为江阴钢丝绳厂挥毫题词“科技立厂、开拓未来”。

线材制品行业工作会议在哈尔滨市举行

由冶金部组织召开的全国线材制品行业工作会议于 1992 年 7 月 10~12 日，在哈尔滨市举行。

出席这次会议的单位有来自全国各地的冶金、化工、林业、渔业、石油等跨系统的线材制品行业企业 72 个。有冶金部生产司、科技司、质量司、计划司、规划院，辽宁、吉林、黑龙江、江苏冶金厅，天津市冶金局、哈尔滨市冶金总公司、中国冶金钢材加工公司、中国冶金进出口总公司、建设部中国建筑研究院、中国铁路物资总公司、煤炭部物资供应局、郑州制品研究院、重庆钢铁设计研究院、北京冶金设备研究院、东北工学院、北京科技大学、中国钢结构协会线材制品协会、浙江省金属学会、中国冶金统计学会制品分会、冶金部金属制品情报网等总共出席会议的企事业单位 99 个，代表 130 余名。

会议由冶金部生产司副司长王建英主持。冶金部总工程师吴溪淳出席会议并作了题为“面向市场、调整结构再上新台阶”的报告。冶金部科技司主任工程师谢仕柜，就线材制品行业科技进步方面存在的问题和今后发展方向讲了话。中国统配煤矿总公司物资供应局赵忠海以“煤炭行业金属制品的使用现状及其预测”为题做了发言。

会上，天津市第三金属制品厂杨春江厂长以“以质取胜占领市场，内部挖潜增效”为题、江阴钢丝绳厂朱鼎明厂长以“面向三个市场，走多元化发展道路”为题、鞍山钢丝厂王志安厂长以“坚持高起点开发新产品，保证企业在困难中求生存求发展”为题，介绍了本单位经验，受到与会代表的欢迎。

中国钢结构协会线材制品协会理事长李光仁以“线材制品品种供求现状及发展的建议”为题的讲话，由于会议时间所限未能在大会上发表，做了资料交流。

冶金部科技司副司长张乃平在闭幕式上做了总结发言，分析了线材制品行业面临的形势，对线材制品行业如何适应改革开放、适应市场经济提出了具体要求，认为会议达到了预期的效果。

一届六次常务理事会在哈尔滨召开

中国钢结构协会线材制品行业协会第一届第六次常务理事会于1992年7月9日晚上，在哈尔滨市丁香大厦召开。

鞍钢钢丝绳厂李光仁厂长、天津市第一钢丝绳厂张树久厂长、湘钢金属制品厂刘凡保厂长、天津市预应力一厂李富祥厂长、马钢高速线材厂李德奎厂长、上钢二厂邓雅颂副厂长、江阴钢丝绳厂朱鼎明副厂长、大连钢厂钢丝分厂张汉文副厂长、石嘴山钢铁厂刘汉文处长出席了会议。

协会名誉理事长、冶金部生产司副司长王建英出席了会议，协会秘书长沈世续，副秘书长费绿叶、王御龄、陈启泰及常务秘书参加了会议。

会议由李光仁理事长主持，会议审议通过了工作报告、财务报告、换届建议、增补两名副秘书长、接收新会员等议案。

一届四次理事扩大会在哈尔滨召开

中国钢结构协会线材制品行业协会第一届第四次理事会（扩大）会议，在全国线材制品工作会议召开期间，于1992年7月12日下午，在哈尔滨市丁香大厦召开。

第一届第四次理事会应出席的理事单位39家，实际到会35家。参加全国线材制品行业工作会议的协会特聘理事出席会议。协会名誉理事长王建英、协会顾问张乃平、谢仕柜也出席了会议。王建英、张乃平在会上发表了热情洋溢的讲话。

会议由李光仁理事长主持，会议审议通过了工作报告、财务报告、换届建议、增补两名副秘书长、接收新会员等议案。

全国线材制品企业商标汇集

1992年10月，全国28个省、自治区、直辖市（除西藏、海南）统计共有271个注册商标，其中江苏46个，为线材制品行业之冠；其次是河南22个，四川20个，辽宁20个，天津17个，湖北16个，河北、湖南各11个。

冶金部颁发第一批圆股钢丝绳许可证

1992年11月1日，冶金部以（1992）冶质字第755号文，公布了第一批32家企业取得圆股钢丝绳生产许可证的名单，它们是：上海第二钢铁厂、江阴钢丝绳厂、南通县钢丝绳厂、镇江神威钢丝绳厂、南通钢丝绳厂、马鞍山钢丝绳厂、无锡县钢丝绳厂、南通市交通钢丝绳厂、杭州塘栖钢丝绳厂、南通长江钢丝绳厂、张家港市钢丝绳厂、东台市钢丝绳厂、靖江金属制品总厂、南通县神力钢丝绳厂、无锡市钢丝绳厂、江苏沙洲钢丝绳厂、南通江海钢丝绳厂、南通如东县钢丝绳厂、南通吴县钢丝绳厂、宁波东方线材制品总厂、上钢二厂马陆分厂、无锡县第二钢丝绳厂、吴县第二钢丝绳厂、太仓钢丝绳厂、江阴特种钢丝绳厂、南通电力线路器材厂、南通县金属制品厂、杭钢小型轧钢分厂、南通县第三钢丝绳厂、南通市开发钢丝绳厂、南通市先锋钢丝绳厂、宁波渔业钢丝绳厂。文件规定生产许可证有效期为5年，自1992年11月1日算起。

1993年

江阴与贝卡尔特合资建设钢帘线项目

1993年1月8日上午，由江苏江阴钢丝绳厂和比利时贝卡尔特钢铁有限公司共同投资5000万美元兴办的中国贝卡尔特钢帘线有限公司在上海希尔顿饭店正式签约，双方各投资50%。其引进外资之多、项目之大在我国金属制品行业属首家。项目总设计能力为6万吨，第一期年产能力2万吨，整个项目计划3~5年建成。

线材制品产品目录在上海初稿完稿

1993年2月15日，中国钢结构协会线材制品行业协会受冶金部生产司之托，并在其指导下，由协会经济部在上海于1992年12月组织部分人员在1991年7月份初稿基础上开始目录资料的整理工作，秘书处派出人员协助经济部完成了目录的初稿编辑工作，1993年2月中旬有关人员已初步审定了初稿，目前初稿已基本完稿，即安排印刷工作。预计5月份发行。

宝钢召开锅炉、汽车、金属制品用钢探讨会

宝山钢铁总厂1993年4月12~14日在苏州召开了高压锅炉管、汽车、金属制品用钢发展研讨会。来自全国锅炉、汽车、金属制品三个行业的代表、专家及宝钢生产部、技术部、销售公司等有关部门的代表近200人出席了会议。冶金部副部长、宝钢钢铁总厂厂长黎明、宝钢党委书记朱尔沛等宝钢主要领导出席了会议。

中国钢结构协会线材制品行业协会、上钢二厂、金属制品研究院、中国国际钢铁制品公司、马钢高速线材厂、贵州钢丝绳厂、天津市预应力钢丝一厂、青岛钢丝绳厂、湖北钢丝绳厂、咸阳石油钢管钢丝绳厂、上海钢丝厂、长沙金属制品总厂、新华金属制品公司、宁波渔业钢丝绳厂、上海金属针布厂等线材制品企业应邀出席了会议。

线材制品行业协会张书久副理事长在大会上做了题为“增产优质硬线，支持制品发展”的发言，并向黎明副部长详细汇报了改革开放以来线材制品行业的发展及现状，并就发展中高档次制品得到稳定的供料渠道，黎明副部长和宝钢有关部门的负责同志，对制品行业的希望与要求表示理解，但是目前生产能力尚不能满足制品行业的需求给予理解。

一届七次常务理事会在天津召开

1993 年 5 月 12 日，中国钢结构协会线材制品行业协会第一届第七次常务理事会于 1993 年 5 月 12 日在天津金龙宾馆召开。出席会议的有 10 家常务理事单位的 7 家、冶金部生产司品种处处长刘福州、秘书处部分成员。中国钢结构协会秘书长汪奎田代表钢结构协会出席了会议并就协会工作及发展讲了话。会议由副理事长张书久主持。

一届二次理事长会议在天津召开

中国钢结构协会线材制品行业协会第一届理事会第二次理事长会议于 1993 年 9 月 9~10 日在天津召开。协会理事长李光仁、副理事长张书久、副理事长林秀山的特派代表陈启泰、秘书长沈世续、副秘书长王御龄及秘书处的有关工作人员参加了会议。

会议由理事长李光仁主持。会议听取了沈世续秘书长的工作汇报，理事长对秘书处前一段的工作给予了充分肯定，对秘书处工作人员为行业的辛勤劳动表示感谢。会后，理事长、秘书长专程赴京向生产司有关领导进行了汇报。生产司副司长王兴洁、科技司副司长王建英，同意理事长会议的意见并表示给予大力支持，殷切希望第五次理事会召开成功。

一届五次理事会议在鞍山召开

中国钢结构协会线材制品行业协会第一届第五次理事会于 1993 年 11 月 9~11 日在鞍山市召开。应出席理事会单位 39 个，实际出席会议 32 个，80 余人出席了会议。

冶金部生产司副司长王兴洁、协会顾问谢仕柜、生产司品种处黄盼可副处长、科技司轧钢处徐寅工程师应邀出席了会议。王兴洁副司长、谢仕柜顾问在会上发表了指导讲话。中国钢结构协会副秘书长刘万忠代表上一级协会出席了会议并就协会工作发表了热情的讲话。会议主办单位鞍钢钢丝绳厂党委书记王兆润致辞。

会议审议通过了协会四年工作总结、经费收支情况、审计报告、修改协会章程的建议等议案。会议选举了 13 个单位为常务理事会单位，同期召开了协会第九次常务理事会，在中国钢结构协会副秘书长刘万忠和冶金部科技司轧钢处徐寅工程师的组织和监督下，选举了副理事长和理事长，鞍钢钢绳厂厂长李光仁当选为理事长，天津市第一钢丝绳厂厂长张书久、上海第二钢铁厂厂长林秀山、宁夏石嘴山钢铁厂厂长刘京喜当选为副理事长。随后在李光仁理事长主持下，经常务理事会决定秘书处设在天津，挂靠天津冶金局。经理事长聘任，由天津冶金局线材制品协会秘书长任中国钢结构协会线材制品行业协会秘书长。经沈世续秘书长提议并经常务理事会通过，由鞍钢钢丝绳厂、上钢二厂、宁夏石嘴山钢铁厂、湘钢金属制品厂，各指派一名同志担任副秘书长。特聘冶金部有关部门三名同志任兼职副秘书长，秘书处工作人员由秘书长聘任报理事长通过。

会议上，冶金部金属制品研究院副院长戴宝昌做了《关于加速发展“三化”组合优化技术，促进线材制品行业跃上新台阶》的发言；中国铁路物资总公司金属处处长赵传学以“关于铁路建设发展形势及铁路对线材制品的使用情况”做了发言；冶金部建筑研究总院副总工程师李行宣以“建筑钢材的现状和发展”为题做了发言；机械部北京起重运输设备研究所主任万力以“对我国起重机械用钢丝绳现状及存在问题的初步探讨”为题做了发言；交通部上海船舶运输科学研究所陈国虞以“钢丝绳压接技术在国际上应用及其对金属制品行业的作用”为题做了发言；中国国际钢铁制品公司总经理罗少强以“开拓新产品、开拓新市场提高企业经济效益”为题做了发言；江阴钢丝绳集团公司副总经理赵昌信以“联合起来、走向明天、走向国际”为题做了发言。

1994 年

配合冶金部做好线材调查

1994 年 5 月，冶金部生产司以（1994）冶生材字第 065 号下达“关于填报线材产量、品种调查的通知”，要求各省市生产线材的企业认真、准确填报。中国钢结构协会线材制品行业协会全力配合冶金部生产司做好这次调研工作。

预应力钢丝及绞线生产协调会议在天津召开

中国钢结构协会线材制品行业协会于 1994 年 6 月 26~28 日，在天津市蝶桥宾馆组织召开了“全国低松弛预应力产品生产企业协调会”。会议由天津市预应力钢丝一厂资助承办。

出席会议的有：鞍山钢丝厂、秦皇岛金属制品厂、秦皇岛预应力钢绞线联营公司、天津市预应力钢丝一厂、天津市预应力钢丝二厂、马鞍山市马钢合力金属制品公司、江阴华新钢缆公司、上海申佳金属制品公司、新华金属制品有限公司、江西新余钢铁总厂金属制品厂等 10 家生产企业的厂长、副厂长、总经理、副总经理和企业经营负责人。中国钢结构协会线材制品行业协会理事长李光仁、秘书长沈世续、副秘书长王御龄及秘书处有关人员近 30 人参加会议。

会议由沈世续秘书长主持，首先沈世续秘书长做了主旨发言，与会代表进行了热烈的讨论和交流，在组织共建、市场共打、价格共商、原料共筹、技术共进等五方面取得了共识，并且一致同意在行业协会领导下，成立以10家企业为发起单位的“预应力产品专业组织”。

在理事长的主持下，经民主协商推选出未来成立“专业组织”的筹备组，组长单位是：天津市预应力钢丝一厂，副组长单位是：鞍山钢丝厂、上海申佳金属制品公司。会后，筹备组积极做好前期的准备工作

一届十次常务理事会在宁夏召开

1994年8月28日，中国钢结构协会线材制品行业协会第一届第十次常务理事会于1994年8月28~30日在宁夏石嘴山钢铁厂召开。会议由宁夏石嘴山钢铁厂承办。

出席会议的有：理事长鞍钢钢丝绳厂厂长李光仁，副理事长上海第二钢铁厂厂长张耀庭、天津第一钢丝绳厂厂长张书久、石嘴山钢铁厂厂长刘京喜、天津第二钢丝绳厂厂长王允庆、湘钢金属制品厂厂长刘凡保、天津市预应力钢丝一厂厂长李富祥，沈世续秘书长以及中国国际钢铁制品公司党委书记、副总经理邱连祥，江阴钢丝绳厂副总工程师王志荣、鞍钢线材公司主任赵玉强。冶金部生产司钢材处副处长黄盼可、钢材处处长刘福州出席了会议。另外，副秘书长鞍钢钢绳厂王御龄、石嘴山钢铁厂进出口公司缑庆林、上海第二钢铁厂销售部孙懋章、湘钢金属制品厂张韧、金属制品研究院关晓成以及秘书处工作人员参加了会议。

会议由理事长李光仁主持。会议组织学习了冶金部及国家部委领导有关协会工作的讲话精神，会议总结回顾了协会工作，提出了协会下一步工作安排。

会议期间，受冶金部科技司委托，组织与会企业召开了“九五”金属制品科技进步规划意向座谈会。座谈会由冶金部规划院轧钢处副处长刘朝建、秘书长沈世续主持。与会企业家以高度负责的精神对行业“九五”科技进步规划提出了中肯的建议。会议组织与会代表参观了石嘴山钢铁厂。

一批线材制品企业纳入预应力技术联络网

1994年12月19日，挂靠于北京中建建筑科学技术院的预应力技术联络网，截至1994年12月19日统计已接纳含预应力产品生产、设计、研究、施工等类单位83个。网员单位分布于全国19个省、自治区、直辖市。秦皇岛金属制品厂、鞍山钢丝厂、天津市预应力钢丝一厂、天津市预应力钢丝二厂、江西新华金属制品公司等5个单位已入网活动。

1995年

无锡钢丝绳厂率先通过9000认证

1995年2月，无锡市钢丝绳厂质量体系，经中国船级社专家严格审核，一举通过

ISO9002 国际认证，1995 年 2 月领取了登记注册证书，成为我国金属制品行业第一家通过该项认证的企业，获得了一张产品向国际市场进军的通行证。

一届十一次常务理事会在湖南召开

中国钢结构协会线材制品行业协会第一届第十一次常务理事会于 1995 年 5 月 31 日~6 月 2 日在湖南召开。本次会议由湘钢金属制品厂承办。线材制品行业协会 13 家常务理事单位中 9 家出席了会议。冶金部生产司、科技司及中国钢结构协会的代表参加了会议。

这次会议的主要议题是：如何按照协会章程做好今年年底前的换届工作，结合换届工作特别是换届后如何把协会工作的深度和广度进一步加强，以适应逐步建立的社会主义市场经济体制及深化改革中政府职能的转变，以求得行业协会自身建设的加强和发展。

预应力专业委员会成立大会在天津召开

1995 年 7 月 8 日，中国钢结构协会线材制品行业协会预应力专业委员会（以下简称专业委员会）成立大会暨第一次全体委员会会议，于 1995 年 7 月 8~9 日在天津市蝶桥宾馆召开。

出席会议的有：天津市预应力钢丝一厂、鞍山钢丝集团公司、上海申佳金属制品公司、新华金属制品公司、天津市预应力钢丝二厂、江阴华新钢缆公司、新余钢铁公司金属制品厂、马钢合力金属制品公司、河北省秦皇岛预应力钢丝总厂、秦皇岛预应力钢绞线联营公司、长沙金属制品总厂、江苏无锡县预应力钢丝总厂、威海银兴金属制品公司、沈阳中辽国际培新预应力钢棒公司等 14 个企业的法定代表人或主要负责人；中国钢结构协会线材制品行业协会秘书长沈世续及秘书处有关人员出席了会议。

协会秘书长沈世续主持会议，并受“专业委员会”组建筹备组的委托，介绍了拟组建“专业委员会”的 背景，冶金部生产司、中国钢结构协会批复同意成立委员会的意见及筹备工作情况。

14 家企业代表同意参加“专业委员会”并选举天津市预应力钢丝一厂厂长李富祥任主任委员，上海申佳金属制品公司董事长蒋永康、鞍山钢丝集团公司总经理王志安任副主任委员。至此，中国钢结构协会线材制品行业协会预应力专业委员会正式成立。之后，在主任委员、副主任委员主持下，召开了第一次全体委员会议。经过充分讨论，通过了章程，决定秘书处设在天津，聘任沈世续为秘书长，李熊光、周国梁为副秘书长。

中国钢结构协会线材制品行业协会预应力专业委员会组成名单

主任委员：李富祥　天津市预应力钢丝一厂厂长

副主任委员：王志安　鞍山钢丝集团有限公司总经理

蒋永康　上海申佳金属制品有限公司董事长

委　　员：王维邦　新华金属制品有限公司总经理

李广祥　天津市预应力钢丝二厂厂长
考伟廷　江阴华新钢缆有限公司总经理
凌建平　新余钢铁有限责任公司金属制品厂厂长
杨传波　马钢合力金属制品有限公司总经理
王松年　河北省秦皇岛预应力钢丝总厂厂长
张利民　秦皇岛预应力钢绞线联营有限公司总经理
巴福盛　威海银兴金属制品有限公司总经理
张伟伦　江苏无锡县预应力钢丝总长厂长
龙求云　长沙金属制品总厂厂长
俞健荣　沈阳中辽国际培新预应力钢棒有限公司总经理
秘　书　长：沈世续　中国钢协线材制品行业协会秘书长
副秘书长：李熊光　秦皇岛预应力钢丝总厂副厂长
周国梁　新华金属制品有限公司经营部经理

东北地区会员大会在霍林郭勒市召开

中国钢结构协会线材制品行业协会东北地区会员大会，按照一届十一次常务理事会决议安排，由鞍钢钢丝绳厂牵头组织，于 1995 年 7 月 16～18 日在霍林郭勒市召开。会议由鞍钢钢丝绳厂和通辽通鞍线材制品联营厂承办。

出席会议的有：鞍钢钢丝绳厂、鞍钢线材股份公司、鞍山钢丝集团公司、鞍钢附属企业公司钢丝绳厂、大连钢丝绳公司、哈尔滨钢丝绳厂、沈阳长城钢绳厂、通辽通鞍线材制品联营厂、沈阳中辽国际培新预应力钢棒公司等 9 个会员单位。秘书长沈世续及秘书处有关工作人员出席了会议。

会议由中国钢结构协会线材制品行业协会理事长、鞍钢钢丝绳厂厂长李兴涛主持，会议选举了新的理事单位 7 个，推举 3 个 理事单位为新的常务理事候选单位。

华北、西北地区会员大会在咸阳市召开

中国钢结构协会线材制品行业协会华北、西北地区会员大会，按照一届十一次常务理事会决议安排，由天津市第一钢丝绳厂牵头组织，于 1995 年 9 月 1～3 日在咸阳市秦苑宾馆召开。会议由咸阳石油钢管钢丝绳厂承办。

出席会议的有：天津市第一钢丝绳厂、宁夏石嘴山钢铁厂、天津市第二钢丝绳厂、天津市预应力钢丝一厂、太原钢铁集团公司线材厂、首钢特殊钢公司拔丝厂、天津钢丝厂、天津市大成五金厂、河北钢丝绳厂、天津市焊丝厂、天津市钢绞线厂、集宁市钢丝绳厂、天津市预应力钢丝二厂、天津市金属制品实验厂、天津市中山钢业公司、天津钢厂、秦皇岛预应力钢丝总厂、咸阳石油钢管钢丝绳厂、陕西钢厂、酒泉钢铁公司、青海钉丝厂、汉中地区五金厂等 22 个会员单位。秘书长沈世续、副秘书长孙懋章、缑庆林及秘书处工作

人员出席了会议。

会议由副理事长、石嘴山钢铁厂厂长刘京喜主持，副理事长、天津市第一钢丝绳厂厂长刘士魁代表常务理事会讲话，秘书长沈世续对协会近6年来的工作进行了全面总结。

秘书长沈世续、副秘书长孙懋章主持了新理事单位的选举。华北地区新理事单位9个，新的常务理事候选单位4个。西北地区新理事单位5个，新的常务理事候选单位2个。

预应力价格协调会议在鞍山召开

中国钢结构协会线材制品行业协会预应力专业委员会第一次价格协调会，按预应力专业委员会第一次全体会议决议安排，由鞍山钢丝集团公司主办，由价格协调组组长李熊光牵头组织，于1995年9月20~21日在鞍山市环球大酒店如期召开。

参加会议的有：鞍山钢丝集团公司、天津市预应力钢丝一厂、上海申佳金属制品公司、江阴华新钢缆公司、河北省秦皇岛预应力钢丝总厂、秦皇岛预应力钢绞线联营公司、新余钢铁公司金属制品厂、马钢合力金属制品公司、天津市预应力钢丝二厂、新华金属制品公司、威海银兴金属制品公司、长沙金属制品总厂、沈阳中辽国际培新预应力钢棒公司等13个单位的代表。专业委员会秘书长沈世续及秘书处有关人员出席了会议。

会议由王志安副主任委员主持，秘书长沈世续就专业委员会成立以来的工作做了总结。成员单位表示，要以自我约束、自我保护、自我发展为原则，自觉遵守行约，对违约行为要按行约严格处理。

华东地区会员大会在上海市召开

中国钢结构协会线材制品行业协会华东地区会员大会，按照一届十一次常务理事会决议安排，由上海二钢公司牵头组织，于1995年9月27~29日在上海市长阳饭店召开。会议由上海二钢公司承办。

出席会议的有：上海二钢公司、马钢高速线材厂、江阴钢绳厂、中国国际钢铁制品公司、无锡市钢丝绳厂、青岛钢丝绳厂、宁波东方线材制品总厂、新余钢铁公司金属制品厂、宁波渔业钢丝绳厂、上海钢丝厂、锡山市钢丝绳厂、南通市开发钢丝绳厂、马钢合力金属制品公司、杭州万胜钢缆集团公司、上海三联金属制品厂、江苏金柳集团张家港钢丝绳厂、威海银兴金属制品公司、通州市钢丝绳厂等18个会员单位的代表。秘书长沈世续、副秘书长孙懋章、副理事长刘京喜的代表朱公录主任及秘书处工作人员出席了会议。

会议由副秘书长孙懋章主持。副理事长张耀庭做了讲话，秘书长沈世续对协会近6年来的工作进行了全面总结。

朱公录主任主持了新理事单位的选举。新理事单位13个，新的常务理事候选单位5个。

一届十二次常务理事会在天津召开

中国钢结构协会线材制品行业协会第一届第十二次常务理事会议，于 1995 年 12 月 7 日晚上八点，在天津市金桥饭店举行。

出席会议的有：理事长李兴涛（鞍钢钢丝绳厂厂长），副理事长刘京喜（宁夏石嘴山钢铁厂厂长）、刘士魁（天津市第一钢丝绳厂厂长）、张耀庭（上海二钢公司董事长），常务理事李富祥（天津市第一预应力钢丝一厂厂长）、梁晓军（湘钢钢丝绳厂厂长）、李德奎（马钢高速线材厂厂长）、陈永雅的代表丁海星（中国国际钢铁制品公司副总经理）、周建松的代表顾澄治（江苏钢丝绳集团公司供应处长）、王允庆的代表王子先（天津市第二钢丝绳厂副厂长），刘福州（冶金部生产司主任工程师），秘书长沈世续。

出席会议的还有：中国钢结构协会秘书长汪奎田、副秘书长刘万忠、协会原理事长李光仁、原常务理事刘凡保，副秘书长徐寅（冶金部科技司轧钢处）、王御龄（鞍钢钢丝绳厂总工）及秘书处有关人员参加了会议。

会议由理事长李兴涛主持，沈世续秘书长汇报了协会工作，包括成立预应力专业委员会、协助成立钢丝绳索具专业委员会等，汇报了分地区召开会员大会推选理事单位、常务理事候选单位等情况。

一届六次全体理事会在天津召开

中国钢结构协会线材制品行业协会第一届第六次全体理事会议，于 1995 年 12 月 8 日在天津市金桥饭店举行。会议应出席理事单位 37 家，实到 33 家。

冶金部生产司主任工程师刘福洲、中国钢结构协会秘书长汪奎田、副秘书长刘万忠出席了会议。汪奎田秘书长代表中国钢结构协会发表了重要讲话，协会原理事长李光仁、原常务理事刘凡保应邀出席了会议。秘书长沈世续、副秘书长王御龄、徐寅、孙懋章、张韧、文一元及秘书处有关工作人员参加了会议。

会议由理事长李兴涛主持，副理事长刘士魁受常务理事会委托，代表第一届理事会做了工作总结报告，秘书长沈世续做了第一届理事会期间财务报告。

会议听取了沈世续秘书长关于换届选举第一阶段工作，即分片召开会员大会民主选举新理事单位、常务理事候选单位等情况介绍。

第二章　第二届理事会

（1995年12月~2000年10月）

理　事　长	李兴涛	鞍钢钢绳厂厂长
☆	隋利贺	鞍钢钢绳厂厂长
常务副理事长	刘士魁	天津市第一钢丝绳有限公司总经理
副 理 事 长	刘京喜	石嘴山钢铁厂厂长
	张跃庭	上海第二钢铁厂厂长
☆	谢毛弟	宝钢集团上海二钢有限公司董事长
	梁晓军	湘钢金属制品厂厂长
☆	付百子	湘钢金属制品厂厂长
☆	王青元	湘钢金属制品厂厂长
常务理事单位	天津市大成五金厂	
	天津市第二钢丝绳厂	
	鞍山钢丝集团有限公司	
	河北钢丝绳厂	
	马钢高速线材厂	
	天津市预应力钢丝一厂	
	湖北钢丝厂	
	中国国际钢铁制品有限公司	
	广州镀锌铁丝厂	
	江苏钢绳集团	
	鞍钢线材股份有限公司	
	无锡市钢丝绳厂	
	贵州钢绳厂	
	咸阳石油钢管钢绳厂	
秘　书　长	沈世续	
	（有☆者为届中调整后任职）	

1995年

二届一次全体理事会在天津召开

中国钢结构协会线材制品行业协会第二届第一次全体理事会议，于1995年12月8~

10 日在天津市金桥饭店举行。新当选的 41 家理事单位，实到 35 家。

会议首先由汪奎田、徐寅主持了常务理事单位的选举工作。选举产生了 17 家常务理事单位。常务理事会产生后，相继召开了二届一次常务理事会和二届一次理事长会议。

12 月 10 日到会的 35 个理事单位的理事或代表，复会继续召开二届一次全体理事会，会议由二届副理事长刘京喜主持。中国钢结构协会秘书长汪奎田宣布了选举的二届理事会、理事长、副理事长组成名单。

副理事长张耀庭代表新一届常务理事会，提出第一次常务理事会及第一次理事长会议一致形成的六点意见。与会的理事或代表，一致通过了以上决定。最后，二届理事会理事长李兴涛，代表二届常务理事会发表了讲话。

与会代表对天津市冶金局、天津市线材制品行业协会、天津市第一钢丝绳厂、天津市第一预应力钢丝一厂、天津钢厂、天津市大成五金厂、天津市钢绞线厂、天津钢丝厂以及酒泉钢铁公司等单位给予会议的支持与资助，表示衷心的感谢。

1996 年

协会预应力专业委员会第二次会议在上海召开

中国钢结构协会线材制品行业协会预应力专业委员会（以下简称专业委员会）第二次全体专业委员会暨第三次价格协调会议，于 1996 年 1 月 23~24 日在上海市长阳饭店举行。

出席本次会议的有天津市第一预应力钢丝公司董事长李富祥、鞍山钢丝集团公司董事长王志安、上海申佳金属制品公司董事长蒋永康、新余钢铁公司金属制品厂厂长凌建平、天津市第二预应力钢丝公司总经理孙国玺、长沙金属制品总厂厂长龙求云、马钢合力金属制品公司总经理杨传波、鞍钢烟台钢绞线厂厂长卢振民、秦皇岛预应力钢绞线联营公司副总经理王建瑞、威海银兴金属制品公司副总经理范振宝、江阴华新钢缆公司副总经理刘家豫、无锡县预应力钢丝厂副厂长韩兆惠、深圳华油五金制品公司副总经理王建东、新华制品公司经营部经理周国梁等企业的法人代表或主要负责人和经营负责人。16 个专业委员会成员单位，14 个单位出席了会议。

会议由专业委员会主任委员李富祥主持。上海申佳金属制品公司总经理林秀山致了欢迎词，沈世续秘书长总结了专业委员会自 1995 年 7 月 8 日成立以来的工作。与会代表对专业委员会的工作给予充分肯定，并形成五点共识。会议希望尚未加入专业委员会的同行业尽快加入，为维护行业的共同利益而努力。

秘书处迁址的通知

1996 年 4 月 30 日中国钢结构协会线材制品行业协会，向各会员企业、有关部门和相关单位，发出协会秘书处迁址的通知。自 1996 年 5 月 1 日起，协会秘书处迁移到新址办公。即天津市和平区重庆道 225 号，邮政编码 300050，电话 022-23316660，电挂：天津

9024。有关信函信息、资料及交换材料，请按新地址邮寄。预应力专业委员会秘书处、《线材制品通讯》编辑部及行业协会《价格信息》网，随之迁至新址。

预应力专业委员会第三次会议在新余召开

中国钢结构协会线材制品行业协会预应力专业委员会（以下简称专业委员会）第三次全体专业委员会会议，于1996年5月22~25日在江西新余市召开。

会议由专业委员会主任委员李富祥主持。东道主新华金属制品公司总经理王维邦致欢迎词，秘书长沈世续对前一段工作进行了总结，对下一阶段工作方向及内容提出了建议，提请会议进行研究。

经审议通过了湖南湘辉金属制品公司和九江钢铁公司钢绞线厂两单位为 预应力专业委员会成员单位。

优质硬线国产化座谈会在酒钢召开

中国钢结构协会线材制品行业协会受冶金部生产司、科技司的委托，于1996年7月16~18日在酒泉钢铁公司组织召开了优质硬线国产化座谈会。

鞍钢线材公司、上海二钢公司、马钢高速线材厂、天津天钢集团公司、湘潭钢铁公司、中国国际钢铁制品公司、唐山钢铁公司、酒泉钢铁公司等8家国内部分优质硬线生产企业出席了会议。

鞍钢钢丝绳厂、天津市第一钢丝绳公司、宁夏石嘴山钢铁厂、贵州钢丝绳厂、江苏钢绳集团公司、咸阳石油钢管钢绳厂、天津市第二钢丝绳厂、湘钢钢丝绳厂、天津市第一预应力钢丝公司、鞍山钢丝集团公司、天津市大成五金厂、酒钢钢丝绳厂等10家国内具有代表性的制品企业参加了会议。

冶金部生产司钢材配置处黄盼可处长、科技司轧钢处徐寅副处长、冶金部金属制品研究院杨建华院长、中国钢结构协会刘万忠副秘书长等领导同志，以及协会秘书处有关工作人员共计50余人出席了会议。

会议由协会秘书长沈世续主持。李兴涛理事长代表行业协会就配合冶金部开好这次座谈会的意义讲话；黄盼可处长介绍了全国冶金行业上半年生产形势，对下半年发展做了分析预测；徐寅副处长介绍了国内优质硬线近几年的发展情况，强调了提高国产优质硬线索氏体化程度的重要意义；杨建华院长就推进科技产业化进程，进一步做好信息、质检等工作，发表了热情洋溢的讲话。

二届二次常务理事会在嘉峪关市召开

中国钢结构协会线材制品行业协会第二届理事会第二次常务理事会，于1996年7月17日在嘉峪关市酒钢宾馆召开。会议期间，酒泉钢铁公司马鸿烈总经理看望了会议代表。

出席本次会议的有：鞍钢钢丝绳厂厂长李兴涛、天津市第一钢丝绳公司总经理刘士魁、宁夏石嘴山钢铁厂厂长刘京喜、上海二钢公司董事长张耀庭、天津市第一预应力钢丝公司董事长李富祥、鞍山钢丝集团公司董事长总经理王志安、天津市第二钢丝绳厂副厂长王子先、天津市大成五金厂副厂长周宏、咸阳石油钢管钢绳厂总工程师胡坚石、中国国际钢铁制品公司副经理陈能主、湘钢钢丝绳厂副厂长陈达、江苏钢绳集团公司供应处长顾澄治、鞍钢线材公司工程师伊一、马钢高速线材厂工程师杨鸣、贵州钢丝绳厂工程师刘继云等 15 个单位代表。

冶金部生产司钢材配置处黄盼可处长、科技司轧钢处徐寅副处长、中国钢结构协会刘万忠副秘书长等领导同志，以及协会秘书处有关工作人员出席了会议。

会议由理事长李兴涛主持。秘书长沈世续汇报了二届一次理事会以来的工作，并对秘书处副秘书长的人选及会费缴纳情况进行了汇报。

会议同意沈世续秘书长提出以下人员为副秘书长：

殷　淼　鞍钢钢丝绳厂厂长助理高级工程师

缑庆林　宁夏石嘴山钢铁厂科技处主任工程师

杨铮儿　上海二钢公司工程师

张　韧　湘钢钢丝绳厂高级工程师

徐　寅　冶金部科技司轧钢处副处长

文一元　冶金部金属制品研究院信息中心主任、高级工程师

硬线盘条索氏体检验标准专题研讨会在天津召开

中国钢结构协会线材制品行业协会受全国钢标准化技术委员会的委托，于 1996 年 10 月 25~26 日在天津召开了“硬线盘条索氏体含量检验标准专题研讨会”，由天钢集团公司承办。

冶金部质量司主任工程师吴可秋、科技司轧钢处副处长南振卿、冶金部标准信息研究院唐岚出席了会议。线材企业和制品企业的部分有代表性企业的专家、总工程师、工程技术人员出席了会议。出席会议的还有天津市冶金工业总公司副总工程师宋瑶缄及行业协会秘书处的有关工作人员，共计 20 余人。

会议由秘书长沈世续主持。吴可秋、南振卿提出了要求和意见，与会代表针对当前硬线索氏体含量实际水平及检测方法，充分发表了意见和建议，并取得了共识。

钢丝绳索具专委会成立大会在上海召开

经中国钢结构协会批准，中国钢结构协会线材制品行业协会钢丝绳索具专业委员会成立大会，于 1996 年 11 月 11~12 日在上海市召开。

出席会议的有：青岛四方机厂索具厂、沈阳长城吊装索具厂、青岛巨利实业公司、江苏神威集团公司、江阴艺林索具公司、宁波异型钢丝弹簧材料厂、上海宏建钢索具公司、

上海强春五金索具厂、盐城世海钢丝绳索具公司、杭州杭欧钢丝绳公司、上海通海工索具厂等企业的代表。

上海港务局、上海市劳动局、上海市技术监督局、海军装备部、物料搬运协会、中国港口协会、机械部北京起重运输机械研究所、交通部一航局等单位应邀出席了会议。中国钢结构协会线材制品行业协会及筹备组有关人员共30余名代表出席了会议。

会议由筹备组副组长、上海通海工索具厂厂长方锡康主持。上海港军工路工贸公司总经理代表东道主致欢迎词。筹备组组长单位、青岛四方机厂索具厂王松源书记代表筹备组汇报了一年来行业组织即钢丝绳索具专业委员会的筹备工作。

会上，中国钢结构协会线材制品行业协会秘书长沈世续，代表中国钢结构协会线材制品行业协会宣布“钢丝绳索具专业委员会”正式成立，对钢丝绳索具专业委员会的成立表示祝贺，并对今后的工作提出了专委会的宗旨应该是：自我约束、相互协调、共同发展。

会上，上海港务局、上海市劳动局、上海市技术监督局、海军装备部、物料搬运协会、中国港口协会等单位的代表，对钢丝绳索具专业委员会的成立表示祝贺，并发表了热情洋溢的讲话，提出了工作要求和建议。

会上，钢丝绳索具专业委员会第一批16个成员单位，经到会的11个成员单位代表的充分酝酿和民主协商，一致推选青岛四方机厂索具厂、上海通海工索具厂、沈阳长城吊装索具厂3家为主任和副主任委员单位。经3家单位协商，沈阳长城吊装索具厂为主任委员单位，上海通海工索具厂、青岛四方机厂索具厂为副主任委员单位。

会议同期召开了钢丝绳索具专业委员会第一次全体委员会议。中国钢结构协会线材制品行业协会钢丝绳索具专业委员会第一批成员单位名单为：上海通海工索具厂、上海宏建钢索具厂、江苏盐城世海钢丝绳索具公司、江阴艺林索具公司、青岛四方机厂索具厂、青岛船用索具厂、沈阳长城吊装索具厂、沈阳建筑机械金属结构厂、青岛巨利实业公司、青岛索具公司即墨市二厂、河北徐水吊装索具集团、上海强春五金索具厂一分厂、镇江神威钢丝绳厂、深圳普斯顿五金机械公司、杭州杭欧钢丝绳公司、宁波异型钢丝弹簧材料厂。

1997年

协会预应力专业委员会一届四次会议在无锡召开

中国钢结构协会线材制品行业协会预应力专业委员会（以下简称专业委员会）第一届四次全体专业委员会会议，于1997年4月28~30日在江苏省无锡市召开。会议会务工作由金羊集团公司承办。

16家委员单位的法定代表人或委托代理人出席了会议。协会秘书长及秘书处有关工作人员参加了会议。

冶金部科技司原主任工程师谢仕柜、生产司钢材配置处处长黄盼可、中国钢结构协会副秘书长刘万忠、冶金部金属制品研究院信息中心主任文一元、锡山市冶金工业公司经理胡亦平等出席了会议。

会议分阶段分别由主任委员李富祥、副主任委员蒋永康、王志安主持。会议开幕式上，江苏省锡山市冶金工业公司经理胡亦平、东道主金羊集团公司董事长王锡铭致欢迎词，李富祥主任委员就本次会议召开的目的意义讲了话，谢仕柜做了简练热情的发言，刘万忠代表中国钢结构协会就行业协会发展及工作任务发表了讲话。秘书长沈世续就专业委员会一年来的工作情况进行了回顾，并就财务收支情况进行了说明。黄盼可处长就“替代进口”这一工作讲了话，她希望通过这次会议把国产 PC 钢材用料存在的问题搞清，冶金部拟组织专题会议研究落实优质硬线国产化工作。会议就行业相关工作作出了八项规定。

会议期间组织参观了江苏金羊集团、江阴华新钢缆公司和无锡中冶钢缆公司等三个企业。与会代表对金羊集团公司董事长王锡铭、孙裕忠、副总经理汤惠明及会务组工作人员表示衷心的感谢。

二届三次常务理事会在宁夏召开

中国钢结构协会线材制品行业协会第二届理事会第三次常务理事会，于 1997 年 7 月 28 日在宁夏石嘴山市恒力钢铁集团公司召开。

15 家常务理事单位法定代表人或委托代表出席了会议。他们是：鞍钢钢丝绳厂厂长隋利贺、宁夏恒力钢铁集团公司董事长总经理刘京喜、天津市第一预应力钢丝公司董事长总经理李富祥、鞍山钢丝集团公司董事长总经理王志安、无锡市钢丝绳厂厂长高国兴、咸阳石油钢管钢丝绳厂厂长曹家鳞、天津市第一钢丝绳公司党委书记郭继富、天津市第二钢丝绳厂副厂长王子先、上海二钢公司技术开发部部长王嘉琪、天津市大成五金厂副厂长王会清、河北金宝钢丝绳集团公司副总经理王建新、湘潭钢铁公司钢丝绳厂高级工程师翟韵娟、马钢股份公司高速线材 厂技术科科长史俊元、贵州钢丝绳厂一分厂厂长黄忠渠、江苏钢绳集团公司物资供应部经理顾澄治及常务理事、秘书长沈世续。

冶金部生产司副司长刘福州、科技司副司长李世俊、质量监督司副司长王成永、生产协调司黄盼可处长、质量监督司胡文美处长、中国钢结构协会副秘书长刘万忠等领导应邀出席了会议。出席会议的还有天津市冶金工业总公司副总工程师宋瑶缄。线材制品行业协会副秘书长殷森、缑庆林、张韧、文一元及秘书处有关工作人员参加了会议。

刘福州副司长代表冶金部生产协调司、科学技术司、质量监督司对线材制品协会二届三次常务理事会议表示祝贺，对协会工作给予肯定；刘万忠副秘书长代表上级协会对线材制品协会二届三次常务理事会议表示祝贺，传达了钢结构协会近期召开的中国钢结构协会二届理事会的有关情况，并祝贺线材制品协会以优异的工作成绩被授予“中国钢结构协会 1991~1996 年度协会工作先进集团称号”，协会秘书处宋大莱、何俊仁、徐寅三位同志被评为协会先进工作者。

隋利贺理事长做了“配合政府、服务行业、多方协调，致力做好协会工作”的工作总结，并就行业协会工作的团结性、服务性、参与性、先进性发表了讲话。会议就协会下半年工作和有关事宜进行了研究并作出了若干决议。

会议期间，与会代表参观了宁夏恒力集团公司展览室和生产车间，并对宁夏恒力集团公司为会议提供的方便表示衷心的感谢。

专用优质硬线国产化会议在宁夏召开

中国钢结构协会线材制品行业协会，为进一步落实冶金部党组有关“优质硬线国产化”要求及目标，受冶金部生产协调司、科学技术司、质量监督司的委托，于1997年7月29~31日在宁夏石嘴山市恒力钢铁集团公司召开“专用优质硬线国产化意向会议”。

出席会议的领导有：冶金部生产司副司长刘福州、科技司副司长李世俊、质量司副司长王成永、生产司黄盼可处长、质量司胡文美处长、中国钢结构协会副秘书长刘万忠、冶金部金属制品研究院信息中心主任文一元等。

包括线材制品行业协会15家常务理事单位在内的国内10家钢铁（高线）企业和近15家重点骨干制品企业的代表出席了会议。

出席会议的还有制品行业的部分专家，他们是：天津市冶金工业总公司副总工程师宋瑶緘、天津市第二预应力钢丝公司副总经理朱龙、上海申佳金属制品公司总工程师孙金茂、山东荣成钢帘线工程指挥部总工程师王天冲。

会议由中国钢结构协会线材制品行业协会常务理事、秘书长沈世续主持。冶金部生产司刘福州、科技司李世俊、质量司王成永，三位副司长围绕本次会议的议题做了重要讲话（在期刊上发表）。会上，10家钢铁（线材）企业、15家重点骨干制品企业、部分制品行业专家先后做了发言。会议通过研讨，形成四点共识。冶金部生产司刘福洲副司长、线材制品行业协会隋利贺理事长，对会议做了总结发言。

1998年

“八五”期间线材与线材制品企业基本情况汇总5月份出版发行

1998年5月份出版发行《“八五”期间线材与线材制品企业基本情况汇总》。中国钢结构协会线材制品行业协会为了便于各级领导和有关人员了解我国线材的供求情况，了解和掌握线材（盘条）及线材制品（各种钢丝、钢绞线、钢丝绳产品）行业的面貌以及“八五”期间线材制品行业发展状况，根据冶金部生产协调司冶生材（1996）066号文，对企业生产状况的调查、收集整理，编辑了国内线材制品行业专业主要企业（230多家）基本概况、生产经营、主要设备、基建技改及引进设备、技术等方面的资料，形成《“八五”期间线材与线材制品企业基本情况汇总》，以供各级领导和企业决策参考。

本资料内容包括：

（1）“八五”期间线材制品各企业基本情况；

（2）“八五”期间线材制品各企业主要经济指标完成情况；

（3）“八五”期间线材制品主要产品产量；

（4）线材企业1995年底主要轧机设备状况和钢坯用料情况；

（5）制品企业 1995 年度干式及水箱拉丝机，股、绳、绞线机，热处理和表面镀层设备情况；

（6）“八五”期间线材及制品企业基建、技改情况；

（7）“八五”期间线材及制品企业引进设备、技术情况。

本资料对回顾“八五”期间发展，制定今后发展规划，有其重要意义。特别是线材（盘条）生产企业了解其用户及制品企业了解原料生产情况具有现实指导意义，也是一本难得的具有一定保存收藏价值的资料。

预应力专业委员会一届五次会议在秦皇岛召开

中国钢结构协会线材制品行业协会预应力专业委员会第一届委员会第五次全体委员会议于 1998 年 8 月 13~15 日在秦皇岛市召开。

出席会议的成员单位有：天津市第一预应力钢丝公司、上海申佳金属制品公司、鞍山钢丝集团公司、天津市第二预应力钢丝公司、沈阳培新钢筋公司、秦皇岛预应力钢绞线联营公司、秦皇岛预应力钢丝总厂、新钢金属制品公司、鞍钢烟台钢绞线厂、威海银兴金属制品公司、新华金属制品股份公司、无锡中冶钢缆公司、无锡金羊金属制品公司、深圳华油五金制品公司、马钢合力金属制品公司、江阴华新钢缆公司等 16 个委员单位的法定代表人或委托代表。

中国钢结构协会线材制品行业协会常务理事、秘书长沈世续、专业委员会技术服务组组长朱龙、副组长孙金茂及秘书处有关工作人员出席了会议。

中国钢结构协会副秘书长刘万忠出席了会议，对协会预应力专业委员会的工作给予了充分肯定，并对专业委员会工作给予工作指导。

会议由专业委员会主任委员李富祥主持。沈世续秘书长做了委员会一年多来的工作报告。各单位介绍了本单位生产经营情况，对市场及价格走势进行了分析。与会委员对专业委员会的工作报告给予了充分肯定。

会议认为，协会预应力专业委员会成立三年多时间里在联络感情、沟通信息、开拓市场、开展产品价格协调等方面所做的工作是有益的，完全可以说专业委员会成立是及时的，存在是必要的，发展是必然的。与会委员对专业委员会今后工作意向形成了若干决议；同时对秘书处工作给予了肯定，并表示感谢！

理事长会议在鞍山市召开

中国钢结构协会线材制品行业协会理事长工作会议于 1998 年 12 月 11~12 日在鞍山市召开。会议期间，鞍钢集团公司副总经理、总工程师林滋泉看望了与会代表。

出席会议的有：协会理事长、鞍钢集团公司钢丝绳厂厂长隋利贺，常务副理事长、天津市第一钢丝绳公司董事长、总经理刘士魁，副理事长、宁夏恒力钢铁集团公司董事长、总经理刘京喜，副理事长、湘钢钢丝绳厂厂长付百子，副理事长、上海二钢公司董事长谢毛弟请假，并派上海二钢公司副总经理王嘉琪出席了会议。协会秘书长沈世续及秘书处部分成员出席了会议。

应邀出席会议的有中国钢结构协会副秘书长刘万忠、国家冶金局冶金科技发展中心副处长徐寅。

预应力专业委员会主任委员李富祥、副主任委员王志安、副主任委员蒋永康列席了会议。

刘万忠对线材制品行业协会的工作给予肯定并提出了进一步适应市场经济发展的要求与希望。徐寅转达了规划发展司李世俊副司长、行业管理司副司长对这次会议召开的关心，希望协会工作进一步解放思想、放手工作，在多年来良好的工作基础上，进一步增强凝聚力、影响力，以促进行业的健康发展。

预应力专业委员会主任会议在鞍山市召开

中国钢结构协会线材制品行业协会预应力专业委员会主任委员会议于1998年12月12日在鞍山市召开。

出席会议的有：预应力专业委员会主任委员、天津市第一预应力公司董事长、总经理李富祥，副主任委员、鞍山钢丝集团公司董事长、总经理王志安，副主任委员、上海申佳金属制品公司董事长蒋永康，预应力专业委员会技术服务组顾问、沈阳培新钢筋公司总经理俞健荣，秘书长沈世续及秘书处有关工作人员参加了会议。

会议由主任委员李富祥主持，会议对专业委员会一届五次全体委员会以来的工作进行了回顾和总结，肯定了专业委员会价格协调工作的成绩；对1998年下半年低松弛预应力钢丝、钢绞线、PC钢棒和原材料市场及价格走势进行了分析。会议认为，进一步加强行业内部团结，自我约束，进一步协调好行业价格，防止“不正当”竞争，保护行业利益，以促进行业健康发展。

1999年

1998年度钢丝绳产量超5000吨企业

根据秘书处目前掌握的情况，1998年度钢丝绳产量5000吨以上的生产企业共19家，其产量合计近30万吨，约占取得钢丝绳生产许可证125家生产总量的70%，在产量规模、品种、质量等方面均占主导地位。这些企业是：

法尔胜集团公司	47134吨
湖北汉川钢丝绳股份公司	45036吨
贵州钢丝绳厂	40349吨
宁夏恒力钢铁集团公司	21208吨
鞍钢集团钢丝绳厂	14006吨

无锡市钢丝绳厂	13158 吨
湘潭钢铁公司钢丝绳厂	12344 吨
咸阳石油钢管钢丝绳厂	11079 吨
南通钢丝绳集团公司	9543 吨
宁波渔业钢丝绳厂	9133 吨
天津市第一钢丝绳公司	8775 吨
江苏神威集团公司	8000 吨
河南松林集团公司	7900 吨
锡山市钢丝绳厂	6929 吨
重庆钢丝绳厂	6235 吨
中水荣成渔业钢丝绳厂	5606 吨
上海二钢公司	5573 吨
宁波东方线材制品总厂	5400 吨
河北金宝钢丝绳集团公司	5100 吨

二届四次常务理事会在湘潭市召开

中国钢结构协会线材制品行业协会第二届理事会第四次常务理事会议于 1999 年 6 月 11~13 日在湖南湘钢集团公司钢丝绳厂召开。

19 家常务理事单位的 14 家单位领导或代表出席了会议。他们是：鞍钢集团公司钢丝绳厂厂长隋利贺、天津市第一钢丝绳公司董事长总经理刘士魁、宁夏恒力钢铁集团公司董事长总经理刘京喜、湘钢集团公司钢丝绳厂厂长付百子、上海二钢公司董事长谢毛弟的委托代表龚安康、天津市第一预应力钢丝公司董事长总经理李富祥、鞍山钢丝集团公司董事长总经理王志安、天津市大成五金厂厂长张书久、中国国际钢铁制品公司总经理陈永骓、马钢股份公司高速线材厂厂长王卫东的委托代表副厂长钱海帆、无锡市钢丝绳厂厂长滕洪健的委托代表副厂长薛建钢、贵州钢丝绳厂副厂长刘盟利、鞍钢新轧钢股份公司和天津市第二钢丝绳厂分别委托隋利贺和刘士魁为他们的代表出席会议。常务理事、秘书长沈世续出席会议。

应邀出席会议的有：国家冶金局行业管理司原副司长刘福州、发展规划司李忠娟处长、冶金科技中心徐寅处长、天津市冶金工业总公司副总经理曾小平、中国钢结构协会副秘书长刘万忠。

湘钢集团公司总经理林武、副总经理梁晓军到会表示祝贺，林武总经理致欢迎词。

会议由理事长隋利贺、秘书长沈世续主持。会上，沈世续秘书长回顾了协会成立近十年来所做的工作，与会代表就如何在政府转变职能的新形势下更好地发挥协会职能，提高协会影响力、凝聚力，以促进行业健康发展及协会近两年的工作重点进行了认真研讨。并就行业协会工作的价格协调、信息交流、行业发展导向，积极参与标准、规范、生产许可证发放、产品质量监督等工作达成一致意见。对协会换届等工作做了具体安排部署，对行业协会有关若干具体工作形成了决议。

会上，刘福州、李忠娟和刘万忠等三位领导做了指导讲话，曾小平副总经理代表秘书处挂靠单位即天津冶金工业总公司表示，将一如既往对协会秘书处工作给予大力支持。与会代表对湘钢集团公司对本次会议给予的大力支持和热情接待表示衷心的感谢！

金属制品“十五”科技发展研讨会在郑州召开

由中国钢结构协会线材制品行业协会、中国金属学会轧钢学会金属制品学术委员会、冶金部金属制品研究院三个单位联合举办的“金属制品行业深化改革‘十五’科技发展研讨会”于1999年6月15~16日在郑州市召开。

会上，金属制品行业的专家、教授、企业家们坐在一起通过认真讨论、广泛交流，对我国金属制品行业深化改革“十五”科技发展提出了许多建议和意见，并对“十五”金属制品科技发展建议进一步修改、补充、完善。此项工作是全行业一件大事，为少走弯路，为全行业的发展与腾飞，此项建议将起到指导性作用。

预应力专业委员会一届六次全体委员会议在烟台市召开

中国钢结构协会线材制品行业协会预应力专业委员会第一届委员会第六次全体委员会议于1999年7月23~25日在烟台市举行。

全部委员单位（共19家）代表出席了会议。他们是：主任委员天津市第一预应力钢丝公司董事长、总经理李富祥，副主任委员上海申佳金属制品公司董事长将永康、鞍山钢丝集团公司董事长王志安，成员单位是：沈阳培新钢筋公司总经理李岗成、秦皇岛预应力钢丝总厂厂长刘基华、秦皇岛预应力钢绞线联营公司总经理李树海、天津市第二预应力钢丝公司总经理孙国玺、鞍钢烟台钢绞线厂厂长周文光、新华金属制品股份公司总经理王维邦、马钢合力金属制品公司总经理郑纷内、新钢金属制品有限责任公司董事长、总经理凌建平、无锡金羊金属制品公司董事长、总经理王锡铭、湖南湘辉金属制品公司总经理刘利军、长沙金属制品总厂厂长雷鸣宇、深圳华油五金制品公司杨静华、威海银兴金属制品公司常务副总经理张震国、无锡中冶钢缆公司有限责任公司副总经理韩兆惠、九江天龙镀锌钢绞线公司副总经理游胜意、江阴华新钢缆公司业务部经理王胜，秘书长沈世续及秘书处有关工作人员出席了会议。

出席会议的还有提出加入预应力专业委员会申请的四家代表，即沈阳铁路通达钢丝厂厂长杨久龙、唐山市阳光实业公司董事长刘玉莲、江阴法尔胜钢铁制品公司副总经理夏建华、湖北汉川钢丝绳股份公司副总经理张守才。

会议由鞍钢烟台钢绞线厂、威海银兴金属制品公司联合承办。

专业委员会主任委员李富祥主持会议。与会各委员单位代表分别介绍了生产经营情况，并对市场进行了分析和预测，经过交流和认真讨论达成了共识。

热烈祝贺《线材制品通讯》100 期

《线材制品通讯》创刊于 1990 年 7 月以来，作为中国钢结构协会线材制品行业协会内部刊物，1999 年 7 月 30 日，在《线材制品通讯》第 100 期出刊前夕，协会秘书处收到了部分领导、会员单位及各界朋友写来的热情洋溢的文章和信函，对协会秘书处和编辑部给予极大的关心和爱护，提出来宝贵的意见和建议，我们深受鼓舞和鞭策，为此表示衷心的感谢！

《线材制品通讯》创刊于 1990 年 7 月以来，作为中国钢结构协会线材制品行业协会内部刊物，至今已经历了十个年头，至本期已出版整 100 期了。当此之际，我们要向始终关心和支持我们的各级领导、协会各成员单位及各界朋友，说一声谢谢！向积极为我们撰写文章的作者，各团体会员单位的通讯员，踊跃投稿的信息员表示衷心的感谢！

亲爱的读者、辛勤的作者请接受编辑部的致意！让我们把手握得更紧，让我们把心贴得更近，我们愿与会员单位的朋友结伴同行，共同走向新的世纪，创造《线材制品通讯》更加灿烂的明天，创造新的辉煌！

在《线材制品通讯》出刊第 100 期的大喜日子里，协会理事长、鞍钢集团钢丝绳厂厂长隋利贺以“办好协会刊物，为全行业服务”为题撰文表示庆贺；协会常务副理事长、天津市第一钢丝绳公司董事长、总经理刘士魁以“办好协会刊物、开创行业新世纪”为题撰文表示庆贺；协会副理事长、宁夏恒力钢铁集团公司董事长、总经理刘京喜以“办好线材制品通讯引领行业健康发展”为题撰文表示庆贺；原冶金部科技司主任工程师谢仕柜以“百尺竿头、再创辉煌”为题撰文表示庆贺；中国煤炭物产集团金属材料部副经理赵忠海以“祝愿线材制品通讯新的起点”为题撰文表示庆贺；中国金属学会轧钢分会金属制品学术委员会、郑州金属制品研究院信息中心来函电表示祝贺。

同时，将《线材制品通讯》版面做了调整，突出了线材制品。

国家冶金局等祝贺《线材制品通讯》出刊 100 期

1999 年 8 月 6 日，国家冶金工业局行业管理司、规划发展司，冶金科技发展中心给中国钢结构协会线材制品行业协会致函，热烈祝贺《线材制品通讯》出刊 100 期。祝愿线材制品行业协会及《线材制品通讯》进入 21 世纪后，在市场经济中更好地发挥行业协会的作用，为线材制品行业和钢铁工业做出更大的贡献。

中国钢结构协会给线材制品行业协会致函，谨致以衷心的祝贺和对线材制品协会秘书处工作人员致以诚挚的问候和感谢。该刊物不仅满足了行业的发展需要，而且对全行业的经济、技术、管理和宣传贯彻国家有关的方针政策等方面发挥了积极作用。近十年的辛勤耕耘，充分说明了广大编著者及通讯员为行业的发展兴旺、为刊物的质量和生命力、为协会的发展和树立行业的地位做出了积极无私的奉献。希望从 101 期开始，作为新起点，为线材制品行业的腾飞再立新功。

发布“十五”金属制品科技发展建议

1999年10月30日，由中国钢结构协会线材制品行业协会、中国金属学会轧钢学会金属制品学术委员会、冶金部金属制品研究院三个单位联合编制的“‘十五’金属制品科技发展建议”（简称建议），经广泛征求制品行业企业家、工程技术人员、专家、学者及相关人员的意见，四易其稿始成，今本刊全文发表。

该建议是由中国金属学会编制的冶金行业“十五”科技发展规划中的一部分，是国家政府部门制定“十五”期间相关政策的参考依据。

预应力专业委员会主任会议在天津召开

中国钢结构协会线材制品行业协会预应力专业委员会主任委员会议于1999年11月9日在天津召开。出席会议的有主任委员李富祥、副主任委员王志安、蒋永康、秘书长沈世续及秘书处有关工作人员。

会议对目前我国预应力行业的两个市场，即原料市场、产品市场进行了全面、细致的分析，通过认真研究达成共识。

盛华仁考察天津冶金工业时对金属制品给予肯定

1999年12月4日国家经贸委主任盛华仁、副主任王万宾和国家冶金局副局长单亦和等领导，就天津冶金工业改革调整和发展问题专程到天津调研，考察了天津冶金工业发展的情况。天津市委书记张立昌，市委副书记、市长李盛霖，常务副市长杨新成，副市长梁肃及有关部门负责同志陪同考察。

盛华仁等领导先后到天钢集团、天津市第一预应力钢丝公司、天津市大成五金厂、天津市第一钢丝绳公司、冷轧薄板厂实地考察，对天津金属制品行业的技术水平和广阔前景给予了肯定。

2000年

协会组织知名专家研讨天津线材制品发展规划

2000年5月12~13日，中国钢结构协会线材制品行业协会与天津市冶金工业总公司共同，在武警天津市总队第一招待所（原奥兰宾馆），组织国内知名专家研讨由冶金工业总公司编写的“天津市线材制品行业‘十五’规划发展思路”。

会议邀请的专家包括：原冶金部科技司主任工程师谢世柜教授高工、国家冶金局科技发展中心徐寅处长、冶金规划研究院轧钢处刘朝建处长、浙江工业设计院蒋冶鑫教授高工、中辽国际公司俞建荣高工、郑州金属制品研究院文一元教授高工、冶金部包头钢铁设计研究院秦皇岛分院曹士一副总工、北京钢铁设计研究总院杨柏青高工、冶金部包头钢铁设计研究院刘占文高工等 9 位外地专家；邀请了市计委工业处的董来兴副处长、王国强工程师 2 位参加；冶金总公司的张绪绶总经理、曾小平副总经理、宋瑶缄原副总工，中国钢结构协会线材制品行业协会的李富祥、刘士魁、朱龙、沈世续，以及天津制品企业的马志先、王正人、莫璋、孙国玺、戴荣贵、李自刚等董事长和技术专家。

与会专家对天津线材制品过去的辉煌、近年优势的削弱、在千禧之际重振雄风等方面坦诚献言。曾小平副总经理表示，此次研讨会将会对天津金属制品行业的发展起到积极的推进作用。

二届五次常务理事会会议在上海召开

中国钢结构协会线材制品行业协会二届五次常务理事会会议于 2000 年 5 月 26~27 日在上海二钢公司召开。19 家常务理事单位中，16 家企业的主要负责人出席了会议。会议由上海二钢公司承办。

国家冶金局规划发展司副司长李世俊、中国钢结构协会副秘书长刘万忠、天津市冶金工业总公司副总经理曾小平、国家冶金局科技发展中心一处处长徐寅等有关领导和协会秘书长、副秘书长及有关工作人员出席了会议。

会议由隋利贺理事长、沈世续秘书长主持。李世俊副司长做了“关于冶金行业发展趋势及冶金企业面对的五个方面挑战的相应对策”的报告；刘万忠副秘书长介绍了国家支持行业协会发展的意见和相应措施对线材制品行业协会的工作给予充分肯定，并提出了希望；曾小平副总经理表示，天津冶金公司对行业协会秘书处的工作将一如既往地给予支持。

会议期间，与会代表参观了宝钢集团条钢部线材工厂高线、上海申佳金属制品公司、上海贝卡尔特-二钢公司等单位，受到了参观单位领导的欢迎。

协会应邀谈 PC 制品企业关注的热点问题

2000 年 6 月，中国钢结构协会线材制品行业协会秘书长沈世续应 PC 信息分网网长单位的邀请，出席了在北京首钢召开的“2000 年 PC 分网年会”，并就目前 PC 制品企业共同关注的热点问题，谈了以下三方面的意见：一是我国 PC 线材制品发展、影响及存在的问题；二是介绍铁道部对直径 7.0 毫米螺旋肋轨枕钢丝检查情况；三是对近期线材涨价的看法。

会员大会暨三届一次会议在天津召开

中国钢结构协会线材制品行业协会年会（以下简称协会）会员代表大会于 2000 年 10

月26日在天津市华富宫大饭店举行。由协会主办、中国金属学会轧钢分会金属制品学术委员会协办的2000年全国线材制品行业年会同期举行。

中国钢结构协会会长、原冶金部副部长毕群，中国钢结构协会常务副会长陈禄如、秘书长汪奎田，天津市冶金总公司副总经理曾小平出席了会议。

会议通过了二届理事长隋利贺做的五年工作总结报告、秘书长沈世续做的协会《章程》修改说明的报告和协会会费收支情况的报告。

在中国钢结构协会的监督下，通过逐级民主选举产生了由45家会员单位组成的第三届理事会，19家理事单位和秘书长组成的第三届常务理事会，8家企业的主要负责人和秘书长任协会第三届理事会正、副理事长。

会议决定协会秘书处继续设在天津市冶金工业总公司，并对天津市冶金工业总公司10年来对协会秘书处工作给予的支持表示感谢！

中国钢结构协会常务副会长陈禄如、秘书长汪奎田在会上发表了讲话，天津市冶金工业总公司副总经理曾小平对会议表示祝贺，并表示一如既往对协会秘书处工作给予支持。

新当选的第三届理事会理事长隋利贺，代表第三届理事会在总结发言中就我国线材制品行业的发展方向和协会今后的工作讲了6点意见。

2000年全国线材制品行业年会在天津召开

由中国钢结构协会线材制品行业协会主办、中国金属学会轧钢分会金属制品学术委员会协办的2000年全国线材制品行业年会于2000年10月27~28日在天津市华富宫大饭店举行。来自全国的近200家线材制品企业及设备、辅机、辅料相关企业的近400名代表出席了大会，是线材制品行业一次规模空前的盛会。

中国钢结构协会会长、原冶金部副部长毕群，国家冶金局规划司司长王晓齐、副司长李世俊，中国钢结构协会常务副会长陈禄如、秘书长汪奎田，中国金属学会轧钢学会常务副理事长赵林春，天津市冶金总公司总经理张绪绶、副总经理曾小平，国家冶金局有关部门的苗治民处长、李忠娟处长、王鉴利处长、段永生处长、徐寅处长等有关领导出席了会议。

会议还邀请了国家客运索道安全检验中心主任工程师吴鸿启，国家焊接材料质量监督检验中心常务副主任李春范，国家建筑钢材质量监督检验中心主任张克球，中国橡胶协会轮胎分会副秘书长谈玉坤，中国煤炭物产集团公司二业务部经理赵忠海，冶金信息标准研究院副主任封文华，以及原冶金部科技司主任工程师谢仕柜，原国家冶金局行业管理司副司长刘福州、品种处处长黄盼可，冶金部金属制品研究院原副院长戴宝昌，北京科技大学教授袁康，浙江工业设计院原副院长蒋冶鑫等。

钢结构协会毕群做了重要讲话，国家冶金局王晓齐传达了国家领导人对今后冶金工业发展的重要指示和我国“十五”期间冶金工业发展规划的编制构想，国家冶金局李世俊做了题为“跟着用户走，开发新产品、发展利润区”的报告，轧钢学会赵林春、天津市冶金总公司张绪绶分别做了专题报告。大会期间天津大成五金厂张书久、莫璋的“铝包钢丝制品产品特性、工艺特点及市场展望”、上海申佳金属制品公司孙金茂的“杞人忧天——为无黏结钢绞线制造而作”、天津市第二预应力钢丝公司朱龙的“我国预应力钢材市场的思考”、宁夏恒力刘京喜的“树立‘大科技’观念，走科技兴起企之路”、天津市第一预应力钢丝公司李富祥的“品牌创立和品牌经营”、上海二钢公司谢毛弟的“上海二钢公司‘十五’制品发展的思考”、湘钢钢绳厂王青元的“我国入市对线材制品的影响”、马钢高速线材厂李德奎的“关于高线生产技术更新换代的一些思考”、首钢公司王振兴“优质硬线盘条生产实践”、武钢集团公司张翔的“武钢优质线材的开发”以及焊接协会李春范的“我国 CO 气体保护层焊丝的现状及发展前景”、天钢集团公司王克杰的“无扭控冷高线热轧高碳钢盘条索氏体含量金相检测方法研究”、轮胎协会谈玉坤的“我国轮胎工业‘十五’期间对胎圈钢丝和钢帘线的需求”等大会发言融技术和经济为一体，显示出相当高的专业技术水准。

2000 年全国线材制品行业年会，得到了包括国家机关、相关行业协会、科研院所、监督检查单位及相关企业等 168 家单位的祝贺，收到了 30 家单位发来的贺词。大会上，发布了由线材制品协会组织会员企业收集、整理、审查、编辑出版的《2000 全国线材制品行业年会论文集》。

对本次会议，中国冶金报社，《中国冶金报》华北记者站、天津记者站，天津电视台，给予了高度重视和关注支持，及时地对会议进行了报道。

第三章 第三届理事会

（2000 年 10 月~2004 年 10 月）

理　事　长 隋利贺　鞍钢钢绳厂厂长
☆ 赵博鸿　鞍钢钢绳厂厂长
副 理 事 长 刘京喜　宁夏恒力钢铁集团有限公司党委书记
李福祥　天津钢线钢缆集团有限公司董事长
何胜云　贵州钢绳集团有限责任公司董事长
刘士魁　天津市第一钢丝绳有限公司总经理
☆ 郭继富　天津市第一钢丝绳有限公司总经理
谢毛弟　宝钢集团上海二钢有限公司董事长
☆ 赵之玉　宝钢集团上海二钢有限公司总经理
周建松　法尔胜集团公司董事长
王青元　湘潭钢铁集团有限公司钢丝绳厂长
常务理事单位 鞍山钢丝集团有限公司
天津市大成五金厂
天津市第二预应力钢丝有限公司
首钢总公司
马鞍山钢铁股份有限公司高速线材厂
中国国际钢铁制品有限公司
无锡市赛福天钢绳有限责任公司
新华金属制品股份有限公司
长沙金属制品总厂
武钢集团钢丝绳厂
中钢集团金属制品研究院
秘　书　长 沈世续
（有☆者为届中调整后任职）

2001 年

协办《沙钢线材》

今年初，线材制品行业协会到沙钢走访，受到沙钢总裁沈文荣、副总经理龚盛及副总工程师倪根来的接待，并同沙钢达成了一项由线材制品行业协会和中国期刊学会冶金期刊分会协助创办沙钢自己的期刊——《沙钢线材》的协议。

由沈文荣出任编委会主任，聘请北京冶金标准信息研究院院长杨德泽、中国钢结构协会线材制品行业协会副理事长兼秘书长沈世续、中国钢铁工业协会科技环保部处长徐寅等三位专家为期刊的顾问，聘请线材制品行业协会副秘书长文一元为编委会副主任。

三届二次常务理事会在江阴召开

中国钢结构协会线材制品行业协会第三届理事会第二次常务理事会会议，于 2001 年 4 月 11~12 日在江阴法尔胜集团召开。会议由法尔胜集团公司承办。

19 家常务理事单位中 17 家企业主要负责人或委派代表出席了会议。鞍钢钢绳厂厂长隋利贺，天津市第一钢丝绳有限公司董事长、总经理刘士魁，上海二钢公司董事长谢毛弟，宁夏恒力钢铁集团公司党委书记刘京喜，湘钢钢丝绳厂厂长王青元，法尔胜集团公司总裁周建松，天津市第一预应力钢丝公司董事长、总经理李福祥，鞍山钢丝集团公司董事长王志安，天津市大成五金厂厂长张书久并代表天津市第二预应力钢丝公司总经理孙国玺，新华金属制品股份公司总经理姚红江，马钢高速线材厂党委书记李德奎，武钢集团钢丝绳厂党委书记陈炎坤，无锡赛福天钢绳公司副总经理杨岳民，长沙金属制品总厂总工周越辉，首钢总公司车金平处长，中钢集团金属制品研究院宋为主任，秘书长沈世续等出席了会议。

中国钢结构协会秘书长汪奎田、秘书处挂靠单位天津市冶金总公司副总经理曾小平应邀出席了会议。

会议邀请了宝钢、武钢、沙钢 3 家线材企业列席了会议。协会副秘书长徐寅、文一元、缑庆林、邢永晟、杨正旺、张文才、冯平及秘书处有关工作人员共 40 余人出席了会议。

会议由隋利贺、刘士魁和沈世续分别主持。法尔胜集团总裁周建松代表东道主致欢迎词，汪奎田做指导讲话，徐寅做了介绍性发言。会议围绕第三届理事会的工作思路，研究确定了三届理事会工作计划和 2001 年度协会的工作安排。会上，首钢、马钢、宝钢、武钢、沙钢 3 家线材企业与制品企业就有关技术、质量、品种、供货、服务等内容进行直接对话交流。

会议期间，宁夏恒力刘京喜、上海二钢谢毛弟、无锡赛福天杨岳民、新华制品股份姚红江、湘钢王青元、法尔胜周建松等企业家就企业的发展、“十五”发展规划、企业的改制、加强行业自律、促进行业进步、改造和发展老企业以及开发品种、资本运营等进行了专题交流。

会议期间，与会代表分别参观了法尔胜新日制铁缆索公司、江阴法尔胜钢铁制品公司，部分代表参观了沙钢集团公司。

预应力专委会技术组工作会议在廊坊召开

中国钢结构协会线材制品行业协会预应力专业委员会技术组工作会议，于 2001 年 4

月 21~22 日在廊坊市京津花园召开。预应力专业委员会及相关单位 23 个单位的 28 名代表出席了会议。

中国建筑研究院陶学康研究员、徐友邻博士、程志军博士，中钢钢铁工业协会科技环保部徐寅处长，冶金信息标准研究院唐岚工程师应邀出席了会议。

会议由预应力专委会技术组组长朱龙主持。中钢钢结构协会线材制品行业协会副理事长兼秘书长沈世续到会并发表讲话，徐寅做了专业发言，朱龙做了有关《砼结构规程》编写情况等专业介绍。

与会代表围绕中强螺旋肋钢丝砼结构规程编写及经费的筹集、引进设备的备品备件统筹国产化等预应力专业委员会相关工作进行了研讨，达成了共识，形成了一致意见。会议期间，中国建筑研究院的三位专家从技术角度分析了当前预应力钢材的应用状况，并对预应力钢材提出了质量要求，与各生产企业的代表进行了广泛的沟通与交流。

预应力专委会一届七次会议在湖北汉川召开

中国钢结构协会线材制品行业协会预应力专业委员会一届七次全体委员会会议，于 2001 年 5 月 22~23 日在湖北汉川湖北福星科技股份公司召开。

参加会议的有：天津第一预应力钢丝公司董事长李富祥、上海申佳金属制品董事长蒋永康、鞍山集团公司董事长王志安、湖北福星科技股份公司董事长谭功炎、新华制品股份公司常务董事长王维邦、秦皇岛预应力钢绞线联营公司总经理李树海、江阴华新钢缆公司总经理刘宜仁、威海银兴公司董事长郝凡森、烟台鞍钢斯凯特钢丝公司总经理卢振民、无锡金羊集团公司董事长王锡铭、湖南湘辉金属制品公司总经理刘利军、九江天龙镀锌钢绞线公司董事长陈南桥、无锡中冶钢缆公司副总经理韩兆惠、江阴法尔胜钢铁制品公司副总经理夏建华、辽宁通达建材实业公司董事长杨久龙、长沙金属制品总厂副厂长周越辉、唐山市阳光实业公司董事长刘玉莲、马钢合力金属制品公司常务副总经理陈中及协会副理事长兼秘书长沈世续、秘书处有关工作人员。

应邀出席会议的还有：中国钢铁工业协会科技环保部徐寅，湖北省汉川市市委、市政府的领导。

会议由副主任委员王志安、蒋永康分别主持。湖北省汉川市副市长胡腊兵代表东道主致欢迎词，徐寅处长介绍了冶金行业近三年来的改革情况，李富祥主任委员阐述了本次会议的目的意义。

沈世续做了重点发言，他总结了预应力专业委员会一年多来的工作，分析了行业发展趋势。与会代表广泛交流，各自发表意见并提出建议。会议期间，全体代表参观了湖北福星科技股份公司，并进行了座谈交流。

联合出版《中国线缆及线材制品年检》

2001 年 7 月，英国 GOLDENLINK 公司联合中国钢结构协会线材制品行业协会隆重推出《线缆丝绳购买指南—中国市场年鉴》，并于 2001 年中国线缆丝绳行业会议 9 月份新加坡线缆展览会和 2002 年 4 月份德国杜塞尔多夫线缆展上出版发行，旨在更好地为中国线材、钢丝、钢丝绳和电缆生产行业及全世界用户服务。

英国 GOLDENLINK 公司聘请文一元女士为《线缆丝绳购买指南—中国市场年鉴》主编，聘请中国钢结构协会秘书长汪奎田、线材制品行业协会秘书长沈世续、中国钢铁工业协会科技环保部处长徐寅为本《年鉴》顾问。

与设备制造等配套企业交流

2001 年 11 月，行业协会秘书处先后与无锡市新科自动控制研究所、无锡金顶自动化科技公司、无锡市六通机械集团、无锡鑫润机电公司、江阴南菁机械公司、江苏泰隆金属制品成套设备公司、杭州天海新材料科技公司、鹤壁华新重型机器公司、北京南望世纪科技发展公司、昆明重工拉丝成套设备制造公司、西安恒通拉丝机厂、西安鑫钢制品成套设备制造公司、青岛鑫钢金属制品科技开发公司、辽宁海城钢丝设备厂、包头田力机械制造公司、包头冶金矿山机械制造公司、包头市北恒冶金矿山机械厂、天津市东亚工业公司、吴江市松陵润滑剂厂、山西店头排线器厂、江苏武进市特种塑料制品厂、上海世精钢帘线公司等设备制造及配套企业就其产品质量、市场和企业发展等共同关心的问题进行了直接对话。

希望这些企业进一步与协会加强联系与合作，为了整体提高我国线材制品相关行业水平，应该打破过去那种“小而全、大而全”、封闭式自行开发模式，应该借鉴国外同类企业优势互补、联合开发市场的做法。协会愿意在这方面做好服务、协调工作。

参加沙钢组织的线材与制品企业座谈会

2001 年 11 月 15 日，沙钢集团公司在沙钢宾馆组织召开了沙钢线材新用户座谈会。来自全国各地 80 多个线材制品生产企业的 100 多名代表参加了会议。沙钢集团公司副总经理龚盛、沈文明、徐林芳到会介绍了沙钢近年线材的生产经营情况及今后几年的发展规划。线材制品行业协会秘书长沈世续、副秘书长文一元应邀出席会议并发表讲话。

秘书长沈世续提出了两点建议，副秘书长文一元在讲话中向与会代表介绍了她同沙钢及其用户多年接触后的感想，感谢沙钢近几年来大力发展高线生产，为制品行业提供优质原料所做的努力和贡献，充分肯定了沙钢对待线材制品行业所具有的“八心”，即对线材质量诚心、用心，为用户服务热心、细心，听取意见虚心、耐心，对合作前景恒心、信心。

轮胎用钢丝及钢帘线研讨会在北京召开

由中国钢结构协会线材制品行业协会发起，中国钢铁工业协会科技环保部、中国橡胶工业协会轮胎分会和线材制品行业协会共同组织的汽车轮胎用钢帘线及胎圈钢丝供需情况及技术研讨会，于2001年12月8~9日在北京召开。来自轮胎行业和线材制品行业20家企业近40名代表出席了会议。

国家经贸委行业规划司、中国钢铁工业协会科技环保部、线材制品行业协会、中国橡胶工业协会轮胎分会的有关领导应邀出席了会议。

双方就相关情况进行了专题研讨。国家经贸委行业规划司的有关领导对由行业协会组织的这种形式的活动给予充分肯定，并希望今后进一步发挥行业协会的作用，更好地起到企业与企业、行业与行业、行业与政府之间的桥梁和纽带作用。

协办国际金属及线缆线材展览会

由中国钢结构协会、深圳市建设局主办，线材制品行业协会、广东省经贸委等5家单位协办的首届中国国际金属及线缆线材展览会，于2001年12月20~23日在深圳举行。线材及线材制品企业20余家参加了展览会。线材制品行业协会秘书长沈世续代表线材制品行业协会在大会上做了题为“当前线材制品行业发展中值得注意的几个问题”的报告。

活动期间，协会秘书处及线材制品部分企业代表专程参观了深圳华油五金塑料制品有限公司新上的国产低松弛预应力钢绞线生产线，并同公司领导和有关技术人员进行了座谈与交流。

2002年

胎圈钢丝市场及价格研讨会在天津召开

2002年1月18~19日在天津市华富宫大饭店组织召开胎圈钢丝市场及价格研讨会。国内部分胎圈钢丝生产企业主要负责人出席了会议，他们是贵州钢绳集团有限责任公司董事长何胜云、黑龙江天懋集团董事长曹波、张家港港达金属制品公司董事长周满林、湖北钢丝厂厂长孙涛清、杭州天伦集团公司董事长咸天伦、河北金宝集团轮胎钢丝制品公司董事长黄明涛、湖北福星科技股份有限公司副总经理张守才、河南松林集团公司副总经理王全平、山东荣成成山钢帘线公司副总经理于涛楠、淄博创大集团公司副总经理杜希德、张家港市华光金属制品公司副总经理邵建忠、张家港沙洲钢绳公司副总经理邵培忠、衡水永利钢丝公司王建新。中国价格协会冶金分会秘书长江光建、中国钢铁工业协会科技环保部徐寅处长应邀出席会议。协会秘书长沈世续、副秘书长文一元及秘书处工作人员出席了会议。

会议由线材制品行业协会副理事长、秘书长沈世续主持。他介绍了会议召开的背景及行业近期发展动态，希望通过这次会议加强企业间的合作、沟通与协调，实现价格自律。中国价格协会冶金分会江光建秘书长介绍了钢铁企业加强协调，实现价格自律的做法和取得的经验。他说：“我们既要反对损害行业利益的不公平的价格欺诈和价格垄断行为，也要反对无序的杀价竞争和低于成本售价倾销的不正当行为。”

13 家与会代表客观分析了我国胎圈钢丝生产的发展过程，市场、价格现状及发展趋势，发表了各自的意见。经过充分的研讨，就企业间加强协调、团结、自律，采取相应措施以促进行业健康发展等方面达成共识，形成了几条意见。

媒体转载协会对行业发展的建议

2002 年 3 月 12 日《冶金经济内参》第 8 期的“专家论坛”栏目，刊登了线材制品行业协会秘书长沈世续、副秘书长文一元共同撰写的“当前我国线材制品行业发展中值得重视的几个问题”。3 月 30 日《中国冶金报》在“钢铁大市场”专栏的头版头条以“理性投资、正视市场”的大字标题，再次摘要发表了“当前我国线材制品行业发展中值得重视的几个问题”。

三届三次常务理事会在鞍山召开

2002 年 4 月 26~27 日，中国钢结构协会线材制品行业协会第三届理事会第三次常务理事会议在鞍山市鞍钢集团钢绳厂召开。

20 个常务理事，17 位出席。19 家常务理事单位中，16 家企业的主要负责人或委托代表出席了会议。出席会议的常务理事单位及人员有：鞍钢集团钢绳厂厂长赵博鸿、天津第一钢丝绳公司董事长郭积富、宁夏恒力钢铁集团公司党委书记刘京喜、宝钢集团上海二钢公司董事长谢毛弟、天津钢线钢缆集团公司董事长李富祥、鞍山钢丝集团公司董事长王志安、新华金属制品公司总经理姚红江、天津市第二预应力钢丝公司董事长范锡华、武钢集团钢丝绳厂厂长曹万国、长沙金属制品总厂厂长雷鸣宇、无锡市赛福天钢绳公司党委书记陆振华、贵州钢绳集团公司副总经理刘盟利、天津大成五金厂副厂长卢瑞杰、法尔胜集团公司冯平副部长、首钢总公司王全礼主任、中钢集团金属制品研究院宋为主任、协会副理事长兼秘书长沈世续出席了会议。中国国际钢铁制品总经理方振海因病请假、湘钢集团公司钢丝绳厂厂长王青元因事请假、马钢股份有限公司高速线材厂厂长王卫东未能到会。

应邀出席会议的领导同志有：中国钢铁工业协会会长吴溪淳，中国钢铁工业协会科技环保部主任李世俊、副主任徐寅，中国钢结构协会秘书长汪奎田。协会副秘书长文一元、邢永晟、杨正旺、冯平、景清学、毛爱菊、张文才及秘书处有关工作人员共 30 余人出席了会议。

会议由赵博鸿理事长、刘京喜副理事长、沈世续副理事长兼秘书长分别主持。首先由鞍钢集团钢绳厂厂长赵博鸿代表东道主致欢迎词。鞍钢集团党委副书记、副总经理唐复平，鞍钢集团公司科技质量部黄晓煜部长出席会议并讲话。沈世续秘书长做了 2001 年度协会工作总结的报告；汇报了 2001 年度协会财务收支情况；就 2001 年度协会工作计划中有关工作的落实和完成情况进行了汇报，并就秘书长工作会议提出的 2002 年度协会工作计划（草）进行了说明，请各位常务理事审议。

本次会议的议题是“入世、市场、价格”。与会的常务理事及代表针对本次会议议题，结合2001年协会工作完成情况，以及2002年度协会工作计划，进行了热烈的讨论，充分发表了各自的意见和建议，经过深入探讨，就行业现状和关系行业发展的热点问题进行了认真研究并达成共识。会议对协会2001年度秘书处工作给予了充分肯定。会议审议通过了2001年度工作总结报告和财务收支情况的报告；通过了2002年度工作计划；并进一步明确了四项重点工作，即（1）按照中国钢铁工业协会的要求，尽快把线材制品行业的几项主要经济技术指标的统计工作开展起来，这是沟通行业信息的需要，更是在中国加入WTO后，维护行业利益、建立预警机制的需要；（2）进一步做好重点品种的调研工作，这是关系行业发展导向的基础工作；（3）代表行业向有关主管部门反映生产许可证发放工作的建议和意见；（4）依靠全体会员单位的支持，调动各方面力量，精心组织好“2002全国线制品行业年会”和“首届全国线材制品展示洽谈会”，各常务理事单位在这项工作中要起带头表率作用，全力支持秘书处工作。

会议期间，中国钢铁工业协会会长吴溪淳发表了重要讲话，吴会长讲了当前冶金行业面临的形势和应对“入世”后协会的任务；对线材制品行业协会十几年来的工作给予了充分肯定。特别是对线材制品行业协会近几年抓了“上游原料”和“下游用户”的作法表示欣赏。对线材制品行业协会的建设提出了要求，特别是应尽快把行业的主要经济技术指标定期的统计工作开展起来，这是行业管理的一项基础工作，特别是加入WTO后，对建立预警机制至关重要。这项工作应当由行业协会承担。吴会长对这项工作，提出了具体要求和希望。各企业应主动配合做好这项工作。

会议期间，中国钢铁工业协会科技环保部主任李世俊、副主任徐寅，中国钢结构协会秘书长汪奎田分别就当前冶金工业面临的形势，开拓市场、降低成本、应对“入世”及协会的组织发展和建设、发挥行业协会职能、做好双向服务等工作发表了重要讲话。

会议期间，与会代表参观了鞍钢集团钢绳厂、鞍钢新轧钢股份有限公司、辽宁通达建材实业有限公司、鞍山钢丝集团有限公司，受到了各单位领导和职工的热烈欢迎。

组织企业对实施“生产许可证”征集建议

2002年5月8日，根据中国钢结构协会线材制品行业协会三届三次常务理事会决定：“协会应对生产许可证发放工作主动参与，提出我们的建议和意见，以使这项工作有利于行业的健康发展”。此决定得到了中国钢铁协会会长吴溪淳和科技环保部的支持。

鉴于钢丝绳和PC钢材两大品种的生产许可证发放工作正在由有关主管部门准备中，请各位相关企业抓紧时间将对这方面工作的具体建议和意见（检查程序、内容、评判标准、形式等方面）以书面形式于5月25日前报告给协会秘书处，秘书处将对各单位提出的建议和意见进行汇总、整理、归纳后以行业协会的名义报告中国钢铁工业协会及有关主管部门，以利于这项工作的进行。望你单位能主动配合秘书处完成此项工作。

对钢丝绳、PC 钢丝钢绞线产品实施生产许可证向有关部门反映几点建议

2002 年 6 月 18 日，分会在向有关生产企业征集意见的基础上，对钢丝绳、PC 钢丝钢绞线产品实施生产许可证向中国钢铁工业协会质量标准化工作委员会、中国钢铁工业协会科技环保部反映几点建议。

多年来我国对线材制品行业中两大类产品，即钢丝绳和预应力钢丝钢绞线实行生产许可证管理制度。这两大类产品总量已超过中高碳线材制品总量的 50%，且大部分应用于相关行业的重点部位，直接涉及安全问题。生产许可证制度对保证这两类产品质量和使用的安全性、可靠性起到了一定的保证和推动作用。近两年来由于某些原因，这项工作一度出现了中断，然而市场（用户）又以“许可证”作为供货的过门条件，因此大部分企业只能依靠所在地技术监督部门发放的“临时许可证”进入市场，从而造成市场竞争的进一步混乱。为此生产企业呼吁：在我国尚未与国际接轨实行产品认证制度的现阶段仍实行生产许可证制度的情况下，应把这项工作尽快严肃认真地开展起来。线材制品行业协会依据大部分企业的呼声和反映的意见，对这项工作提出以下几点建议：

（1）鉴于我国已经加入 WTO 和国家整顿经济秩序、规范市场行为的力度不断加大，希望通过这次生产许可证发放工作，利用必要可行的“技术政策”起到淘汰劣质产品混进市场、限制不具备条件的生产企业发展的有效作用。

（2）应当发挥行业组织的作用，希望主管此项工作的部门吸纳线材制品行业协会参与这项工作。

（3）提高工作效率，抓紧时间以确保此项工作在年内完成，为企业创造良好的条件。

（4）保证这项工作从组织到实施的严肃性、科学性、先进性、公正性。1）要杜绝生产许可证发放工作中的不正之风，防止给企业造成不必要的负担；2）检查的内容、标准、形式和方法等方面，要做到严谨和科学。建议将通过 GB/T 19002-ISO9002 质量体系认证、主要工序和必要的检测手段齐全、安全环保达标、企业信誉良好等作为过门条件；3）由于近几年来行业的技术进步较快和现代化管理水平不断提高，所以检查标准应较过去有相应的提高，以通过检查进一步促进行业技术管理的进步；4）对不同类型、不同规格的企业，应一视同仁；5）保证检查组人员（专家）的公正性和权威性；6）检查中应尊重和保护企业的自主知识产权。

（5）近年来部分线材制品用户，如煤炭、石油、电力、铁道、建筑等行业，对其使用的部分线材制品品种实行了“准入证制度”。线材制品企业为了其产品进入这些市场，既无奈又积极地花费一定力量对待这项工作。我们认为国家发放的生产许可证是最具权威性的，而部分行业发放的“产品准入证”应当服从于生产许可证，衷心希望国家有关主管部门就这两项工作进行协调，统一说法，以减轻企业负担。

受中钢协委托开展制品统计体系修订和编写手册

2002年7月，中国钢铁工业协会以（2002）43号文下达关于开展钢铁工业统计指标体系修订工作和编写《工业产品行业划分工作手册》的通知。中国钢铁工业协会授权线材制品行业协会具体组织修订现行的冶金工业部1989年版《冶金工业生产指标填报目录及说明》和《钢铁工业生产指标计算方法》中有关“钢丝及其制品”的内容，同时组织行业编写《工业产品行业划分工作手册》中有关部分。

为此，行业协会秘书处组建了修订和编写专业工作组。天津钢线钢缆集团公司任组长，宁夏恒力钢铁集团公司任副组长，成员包括，鞍钢集团钢绳厂、宝钢上海二钢公司、法尔胜集团公司、贵州钢绳集团公司、新华金属制品股份公司、大钢集团三大特殊钢公司等，工作组成立后紧锣密鼓地开展工作。

“钢丝及其制品”统计指标体系修订和编写手册首捷

“钢丝及其制品”统计指标体系修订工作和编写《工业产品行业划分工作手册》专业组会议，于2002年8月18~22日在天津召开。组长、副组长及成员单位，以及中国统计学会冶金分会金属制品分会副会长郭积富、吴建章一同参加讨论会。与会人员对编写初稿进行了认真、充分、广泛的讨论和修订，一致认为：此项工作适应市场经济发展的需要；适应我国加入WTO与国际接轨的需要；满足国民经济核算、钢铁行业管理、企业生产经营管理的需要；保证体系指标的适用性和实用性，确保可操作性；这次修订基本反映了行业特点和企业实际。协会秘书处信息统计部负责人何俊仁及有关专业人员莫璋、张文才、展俊玲、邢钰玲等人进行撰稿、整理。8月25日完成初稿。8月29日送审稿提交中国钢铁工业协会组织的“指标修订第二次会议”审查完善，并顺利通过了总纂定稿。

完成全国线材制品行业协会服务标识设计并使用

按照中国钢结构协会线材制品行业协会工作计划，线材制品行业协会2002年11月5~7日，在中国南京市人民会堂与中国钢铁工业协会共同组织召开“2002全国线材制品行业年会”同时与中国国际贸易促进委员会江苏省分会在南京文化艺术中心联合主办“中国（南京）首届线材制品展示洽谈会”。同期将发行《2002全国线材制品行业年会论文集》和《线材制品行业指南》。同期还将组织线材制品重点品种的市场、品种、质量及生产技术专题研讨，深加工用优质线材品种、质量、市场研讨，相关行业信息发布，国内外技术装备讲座等活动。

这次会议是线材制品行业一次盛会，受到各界领导、专家和企业的重视和期待。为此，2002年10月线材制品行业协会常务理事会及大会组委会，责成线材制品行业协会秘书处为大会设计大会会标或服务标识。

会标由时任宁夏恒力钢丝绳股份有限公司综合管理部部长、线材制品行业协会副秘书长刘西太同志设计（图 6-3-1）。设计稿经广泛征求大会组委会、协会、协会常务理事单位领导同志的意见，得到了高度认可，一致认为该标志的设计与行业自身的性质十分贴切，其内涵明了深刻，符合标志设计个性化的内在要求，完全适合线材制品行业协会作为自身的标志使用。出于协会对于标志使用的需求，在意见高度统一的基础上，南京开会过后，正式做出了确定将这一会标作为全国线材制品行业协会的标志投入使用的决定。

图 6-3-1 全国线材制品行业年会会标

2002 年全国线材制品行业年会暨中国（南京）线材制品展示洽谈会

2002 年 11 月 5~7 日中国钢结构协会线材制品行业协会与中国钢铁工业协会科技环保部在南京市人民会堂组织召开“2002 全国线材制品行业年会”，同时与中国国际贸易促进委员会江苏省分会在南京文化艺术中心联合主办“中国（南京）首届线材制品展示洽谈会”。同期将发行《2002 全国线材制品行业年会论文集》和《线材制品行业指南》。大会期间还将组织线材制品重点品种的市场、品种、质量及生产技术专题研讨，深加工用优质线材品种、质量、市场研讨，相关行业信息发布，国内外技术装备讲座等活动。

在大会主席台上就座的有中国钢铁工业协会副秘书长、科技环保部主任李世俊，中国钢结构协会副秘书长、中国钢铁工业协会科技环保部副主任徐寅，中国钢铁工业协会信息部副主任刘玉，原冶金工业部生产协调司副司长刘福洲，中国金属学会轧钢学会秘书长周积智，中国钢结构协会线材制品行业协会理事长、鞍钢钢绳厂厂长赵博鸿，副理事长、上海二钢总经理赵之玉，副理事长、天津钢线钢缆集团董事长李富祥，副理事长、湘钢钢绳厂厂长王青元，副理事长、天津一绳董事长郭积富，副理事长、宁夏恒力钢丝绳公司总经理高小平，线材制品行业协会秘书长沈世续，江苏省经贸委朱玉加处长和江苏省冶金资产管理有限公司副董事长、江苏省冶金工业协会会长黄旭芒、南京钢铁集团公司总工吴小江等领导。

沈世续秘书长主持了大会开幕式；赵博鸿理事长发表了热情洋溢的开幕词；徐寅代表

中国钢铁工业协会和中国钢结构协会对大会的胜利召开表示衷心的祝贺；朱玉加处长和黄旭芒会长分别致辞向大会的胜利召开表示热烈祝贺并介绍了江苏冶金工业情况；周积智秘书长向大会代表介绍了我国冶金行业以及轧钢行业发展的最新动向。在会场前排就座的还有中国钢结构协会线材制品行业协会常务理事和谢仕柜、袁康、宋瑶缄等行业知名人士。

开幕式后的大会发言继续由协会秘书长沈世续主持；下午安排 7 位代表发言，由协会理事长赵博鸿主持；之后由副理事长赵之玉主持了产品技术信息发布会，4 家线材制品相关企业发布了产品技术信息。全天大会紧张有序，圆满地完成了当天所有议程。这次以“与行业共发展，拓市场争双赢”为主题的“2002 年全国线材制品行业年会”来自全国各地的近 300 家线材制品企业及相关行业的代表近 500 人出席了这次盛会。

这次年会分别召开了钢丝绳、预应力钢材、电力用镀锌钢丝钢绞线、橡胶骨架用线材制品等 4 类产品的市场、价格与发展专题研讨会；组织了一次国外新技术交流会；还同江苏省国际展览公司联合举办了“全国线材制品展示洽谈会”。

14 位代表在大会上的发言吸引了与会代表，大会发言内容涉及面广、针对性强，既有对当前线材制品行业内存在的无序、低价位竞争的评述，也有对行业标准、统计工作的反思与展望；既有对几种重要线材制品品种生产现状及发展方向的论述，也有电力、建筑、轮胎、架空索道等用户行业对制品产品的需求分析。

在大会上发言交流的分别是：中国钢铁工业协会副秘书长、科技环保部主任李世俊做了题为“价格竞争是低层次竞争——线材制品行业亦喜亦忧”的专题报告；华东预应力技术中心吴京博士做了题为“土木工程领域预应力技术发展对钢材的质量要求”的报告；上海电缆研究所副总工程师毛庆传做了题为“我国高压输电网对金属线材制品的需求”的报告；国家客运索道安全监督检验中心前主任吴启鸿做了题为“我国架空索道现状及发展前景”的报告；中国橡胶协会轮胎分会副秘书长谈玉坤做了题为“我国轮胎工业对线材制品的需求”的报告；中国钢铁工业协会信息部副主任刘玉做了题为“如何做好和加强行业统计工作”的报告；中国冶金信息标准研究所标准研究所所长张宇春做了题为“我国线材制品标准现状与适应入世对策”的报告；线材制品行业协会副秘书长文一元做了题为“对我国钢绳生产发展的思考”的报告；天津钢线钢缆集团公司理事长李富祥做了题为“对我国预应力线材制品发展的看法”的报告；杭州华浙实业有限公司总工程师俞建荣做了题为“我国 PC 钢棒的发展与市场”的报告；天津天钢集团公司高速线材厂原总工程师任朝理做了题为“线材制品工业的全流程一体化发展战略”的报告；中国特殊钢协会不锈钢企业分会顾问杨慧英做了题为“我国不锈钢生产与市场”的报告；宝钢技术中心产品研究所高工张驰做了题为“宝钢高线产品的现状与展望”的报告；江苏沙钢集团有限公司总工程师倪根来做了题为“关注顾客需求、持续改进质量与服务”的报告。

会议期间，协会副理事长赵之玉在南京市人民会堂主持了技术及产品信息发布会。日本共荣社化学株式会社安田修先生、南京钢铁集团公司代表、西安忠义金属制品设备公司总经理李卫红、无锡常欣机电科技有限公司营销部部长马克联等 4 家企业的代表在大会上发布了企业产品技术信息。

全国线材制品行业产品展示及洽谈会是行业协会为制品同仁们搭起的展示企业风貌、

贴近用户需求的舞台，80多家企业在展示会上推广先进技术、推销优质产品，来自全国各地的线材及其制品企业、用户行业及其企业前来参观。

“2002全国线材制品行业年会”召开前夕，《中国冶金报》总编辑助理、《冶金经济内参》主编抵达天津，就目前我国线材制品行业的现状及存在问题，以及即将在南京市召开的“2002全国线材制品行业年会”暨“线材制品产品展示及洽谈会”的筹备情况，对行业协会秘书长沈世续进行了专访；并在10月19日《中国冶金报》“钢铁大市场”上，以“我国优质线材及制品亦喜亦忧”为题，进行了大篇幅报道。“2002全国线材制品行业年会”在南京召开期间，《中国冶金报》《冶金经济内参》记者就年会及展示会的内容、形式、效果等，再次采访了沈世续秘书长。在近两个月的时间里，记者多次将了解到和采访的内容在《中国冶金报》上发表，引起了业内人士对我国线材制品行业的高度关注。

预应力专委会参加预应力结构专业交流会议

2002年11月15~17日中国钢结构协会线材制品行业协会参加中国钢结构协会预应力结构分会在重庆市召开的一届二次大会暨第二届全国预应力结构理论及工程应用学术交流会。中国钢结构协会线材制品行业协会预应力专业委员会技术组组长、天津钢线钢缆集团总工程师朱龙出席了这次大会。会上交流了预应力试验研究、工程设计、工程施工及预应力在工程加固、改造、修复中的应用等方面的经验。会上发表的论文超过100篇，上海同济大学陆光闾教授向与会代表介绍了2002年10月在日本大阪召开的国际FIB会议的盛况。这次大会将对我国预应力技术的发展、应用起到一定的推动作用。

中国钢结构协会预应力结构分会还表示要与中国钢结构协会线材制品行业协会在开拓预应力技术应用领域、研制新型预应力材料、起草制定预应力技术应用规程和施工指南等方面加强协作，共同举办各种研讨会，使我国预应力技术发展到一个新阶段。

预应力、钢丝绳专业会议在北京召开

2002年12月26~27日中国钢结构协会线材制品行业协会在北京礼士宾馆组织召开低松弛预应力钢绞线、重要用途钢丝绳等产品的市场价格研讨会。出席会议的代表是：鞍钢钢绳厂厂长赵博鸿、宁夏恒力钢丝绳公司总经理高小平、贵州钢绳集团董事长何胜云、天津钢线钢缆集团董事长李富祥、天津高力预一预应力钢绞线公司总经理李明远、天津第二预应力钢丝公司董事长范锡华、鞍山钢丝集团公司董事长王志安、上海申佳金属制品公司董事长蒋永康、辽宁通达建材实业公司董事长杨久龙、通钢集团四平新型钢绞线公司厂长程宇光、天津轧三钢绞线公司总经理张宏强、秦皇岛预应力钢绞线联营公司总经理陈静华、威海银兴金属制品公司董事长郝凡森、总经理张震国、江阴法尔胜钢铁制品公司总经理张华兴、江阴华新钢缆公司总经理刘宜仁、无锡金羊金属制品公司副总经理沈弦、无锡中冶钢缆公司副总经理韩兆惠、马钢合力金属制品公司总经理陈中、新华金属制品公司总经理姚红江、湖北福星科技公司副总经理张守才、武钢集团钢绳厂厂长曹万国、副厂长董德昌、宝钢集团上海二钢销售部滕部长等。中国钢铁工业协会副秘书长、财务资产部主任戚向东专程帮企业出谋划策。

2003 年

低松弛预应力钢绞线市场研讨会在北京召开

2003 年第一次预应力专业委员会低松弛预应力钢绞线价格研讨会，于 2 月 25～26 日在北京召开。21 家生产低松弛预应力钢绞线的企业领导以及协会秘书处有关人员参加了会议。

会议由预应力专业委员会主任委员李富祥主持。秘书长沈世续对前一段预应力专业委员会的工作作了全面总结。与会代表在总结成绩的同时，坚定了搞好协调自律工作的决心，对已制定的行约行规进行了必要的修改和补充完善。经过认真讨论、研究，形成了八条自律性决定，并于 2003 年 3 月 1 日起执行。会议要求全行业严格自律、加强协调、巩固成果、团结同进。

受托开展预应力钢材现状调研

根据中国钢铁工业协会〔2003〕38 号文件“关于对中国钢铁工业发展现状开展调研工作的通知”精神，中国钢铁工业协会正式下文委托线材制品行业协会负责我国预应力钢材现状调研工作。2003 年 4 月 4 日，中国钢结构协会线材制品行业协会、预应力专业委员会秘书处在津组织召开了“我国预应力钢材现状调研工作会议”。来自全国 8 家预应力钢材生产企业的代表及协会有关专家和秘书处人员出席了本次会议。沈世续秘书长提出了调研方式及内容，宣布了组织机构和分片区调研的安排。

预应力钢绞线价格研讨会在江阴召开

2003 年第二次预应力专业委员会低松弛预应力钢绞线价格研讨会，于 4 月 13～14 日在江阴召开。22 家生产低松弛预应力钢绞线的企业领导以及行业协会有关人员参加了本次会议。

会议由预应力专业委员会主任委员李富祥主持。秘书长沈世续做大会发言，他对自 2003 年 2 月第一次预应力专业委员会低松弛预应力钢绞线价格研讨会召开以来，行业协会及各区域协调组所做的工作做了全面总结，并提出了本次会议应重点解决的几个问题。与会代表本着“巩固成绩、正视问题、统一认识、加强团结、增强信心、促进发展”的宗旨，进行了热烈讨论，并达成共识，形成了几项必须共同遵守的决议。

会议期间，法尔胜集团公司领导刘礼华、唐菊芬看望了代表。与会代表对江阴法尔胜钢铁制品公司对会议提供的服务表示衷心的感谢。

应邀参加宝钢预应力钢绞线用户座谈会

中国钢结构协会线材制品行业协会副理事长、预应力专业委员会主任委员李富祥、秘书长沈世续、预应力专业委员会副主任委员王志安、线材制品行业协会副秘书长文一元、预应力专业委员会常务副秘书长何俊仁等应邀出席了宝钢股份公司于 4 月 15~16 日在杭州市组织召开的预应力钢绞线重点用户座谈会暨新产品推广会。应邀出席会议的还有天津钢线钢缆集团有限公司、新华金属制品股份有限公司、江阴华新钢缆有限公司、江阴法尔胜钢铁制品有限公司、上海申佳金属制品有限公司、湖北福星科技股份有限公司、宁夏恒力钢丝绳股份有限公司、无锡金羊金属制品有限公司、湖南湘辉金属制品有限公司、秦皇岛预应力钢绞线联营公司等低松弛预应力钢绞线生产企业的代表。宝钢线材生产的有关专业人员介绍了该公司线材新产品开发情况、82B 线材生产工艺及质量控制，以及钢铁市场的分析；线材制品行业协会秘书长沈世续代表全国低松弛预应力钢绞线生产企业，以“低松弛钢绞线生产现状及对所用线材的需求”为题作大会发言；新华金属制品股份有限公司总经理姚红江以“共同合作、共同提高、共创辉煌”为题，介绍了与宝钢密切合作、共同发展的情况，并就供货周期、扩产 82B 优质线材、价格合适定位、对客户实行信用等级管理、加强技术交流等方面提出有益的建议。新华金属制品股份有限公司副总经理米国宝、上海申佳金属制品有限公司供应处长冯保英、江阴法尔胜钢铁制品有限公司总经理助理薛文虎、江阴华新钢缆有限公司副总经理李一心、无锡金羊金属制品有限公司副总经理沈弦等代表在发言中，结合使用宝钢线材情况和需求，肯定了宝钢线材的质量和对我国预应力钢绞线生产发展的贡献，提出了需进一步提高产品质量，尤其镀锌钢丝、高强度钢绞线用线材质量，保持合适价位，继续发挥优势等问题。他们的发言得到了宝钢有关领导的高度重视，并表示将继续与制品行业合作，以达“共赢”的愿望。

完成钢丝绳企业调查

受中国钢铁工业协会委托，线材制品行业协会于今年 3 月份开始对我国钢丝绳企业 2002 年产能、产量等情况进行了调研。2003 年 5 月已完成调研，近日上报中国钢铁工业协会，并按照提供信息资源共享的原则，将相关资料与参与调研企业共享。调查结果基本情况如下：一是企业情况，接受调查的国内主要的钢绳生产企业 50 家，钢丝绳生产的企业能力 5000 吨以上 36 家，其中国企占 22%，股份制企业占 25%，民营企业占 36%，合资及未改制的集体企业 10%；二是产能，36 家钢丝绳企业产能总计 70.4 万吨，其中镀锌钢绳产能为 25.6 万吨；三是产量，36 家钢绳企业 2002 年总产量 49.7 万吨，占全国钢绳总量 80%左右。

预应力专委会主任扩大会在北京召开

2003 年 7 月 14~15 日，中国钢结构协会线材制品行业协会预应力专业委员会主任委员扩大会议在京召开。主任委员、副主任委员、区域协调组正副组长及协会秘书处有关人员出席了会议。

会议由主任委员李富祥主持，预应力专业委员会副秘书长何俊仁汇报了近几个月价格协调工作情况，会与代表就目前的具体问题进行了认真讨论，并基本达成共识。

代表行业向国家反映诉求

2003 年 8 月 8 日中国钢结构协会线材制品行业分会，根据线材制品行业中的预应力钢丝及预应力钢绞线产品的技术现状，对国家将其列入《鼓励外商投资高新技术产品目录》，通过中国钢铁工业协会、中国钢结构协会向国家有关部门提出建议。具体如下：

2003 年 6 月 2 日国家科学技术部、商务部以国科发计字〔2003〕179 号文件发布了《鼓励外商投资高新技术产品目录》，该目录中将线材制品行业中的两个产品即：高性能预应力钢丝（金属材料类 12 号）和高强度及低松弛预应力钢绞线（金属材料类 13 号）列入。我们认为不应将这两个产品列入《目录》中，其理由是：

（1）高性能预应力钢丝和高强度及低松弛预应力钢绞线两个产品是我国近十几年来线材制品产品中发展最快的两个产品，随着对引进国外先进工艺装备和技术的消化吸收，其产品品种、质量在“九五”期间就已达到了国际先进水平，完全取代了进口产品。

（2）目前国内共有高强度及低松弛预应力钢绞线生产线 39 条，其中引进线 33 条，总生产能力达到 85 万吨/年，2002 年国内该产品需求量为 54 万/吨；高性能预应力钢丝生产线 65 条，其中引进线 11 条，总生产能力达到 63 万吨/年，2002 年该产品国内需求量为 32 万吨。这两个产品国内目前均呈现严重供过于求之势。

（3）由于国内这两个产品的严重供过于求，市场竞争已成白热化，价格一降再降，大部分企业处于保本乃至亏损状况。因此线材制品行业协会已从 2001 年开始就多次向国家主管部门呼吁加强宏观调控，“十五”期间不应再上该两种产品的新项目。否则，通过十几年的发展，已达到当代国际水平的我国预应力钢材行业必将受到致命的冲击，陷入难以为继的严重局面，同时也是对国家资源和资金的严重浪费。

2003 年四次预应力价格研讨会在天津召开

2003 年 9 月下旬，2003 年第四次低松弛预应力钢绞线市场价格研讨会在天津召开。20 名企业负责人出席了会议。

预应力专业委员会主任委员李富祥、副主任委员王志安主持会议。秘书长沈世续就前一段的工作进行了总结，并结合当前形势进行了客观、全面的分析。与会代表通过认真研讨，对前一段行业自律行为的指导思想、内容、办法等进行了必要的调整、修订和完善，为下一步的协调自律工作打下良好基础。

三届四次常务理事会在贵阳召开

2003 年 11 月 21~23 日中国钢结构协会线材制品行业分会在贵阳市黄果树大酒店组织召开三届四次常务理事会。会议邀请了中国钢铁工业协会科技环保部副主任徐寅、中国钢结构协会副秘书长刘万忠出席会议。

18 家常务理事单位包括鞍钢集团钢绳厂厂长赵博鸿、天津钢线钢缆集团董事长李有新、天津高力预一预应力钢绞线有限公司执行董事李富祥、宁夏恒力钢丝绳股份有限公司总经理高小平、贵州钢绳集团有限责任公司董事长何胜云、宝钢集团上海二钢有限公司总经理赵之玉、湘钢集团钢丝绳厂厂长王青元、协会秘书长沈世续、鞍山钢丝集团有限公司董事长王志安、新华金属制品股份有限公司总经理姚红江、长沙金属制品总厂厂长雷鸣宇、武钢集团钢丝绳厂厂长曹万国、法尔胜集团公司冯平、郑州金属制品研究院代表信息中心主任宋为、无锡赛福天钢绳有限责任公司总工程师过惠成、首钢总公司技术研究院技术管理处处长车金萍、马钢股份公司高速线材厂代表办公室主任杨鸣、天津大成五金厂和天津市第二预应力钢丝有限公司委托李有新代表出席。

协会副秘书长文一元、邢永晟、景清学、杨正旺、胡正中、向灿阳以及秘书处常务秘书何俊仁、宋大莱出席了会议。

会议由协会副理事长高小平主持。理事长赵博鸿做了简短讲话；副理事长何胜云代表东道主致欢迎词。中国钢铁工业协会科技环保部副主任徐寅、中国钢结构协会副秘书长刘万忠做了重要讲话。沈世续秘书长做了 2002 年度协会工作总结报告及 2003 年已开展工作情况介绍，做了 2002 年度协会会费收支情况的报告，通报了协会成员单位变更的有关情况。

刘万忠代表中国钢结构协会传达了国家有关协会工作的政策，并明确按照国家关于整顿社会团体并重新登记的有关规定，民政部社团管理局已正式批准了线材制品行业协会为合法的二级协会，自即日起以“中国钢结构协会线材制品行业分会”名称开展工作，并对今后滥用社团名称的及二级以下的机构进行查处，希望线材制品行业分会在原有工作基础上进一步开拓思路，大胆开展工作，以促进行业健康发展。

徐寅副主任代表中国钢铁工业协会科技环保部主任李世俊对本次会议召开表示祝贺，通报了去年及今年 1~10 月我国钢铁工业生产及进出口情况；对线材制品行业分会今后的工作的思路、定位及拓展工作范围等方面提出了三条建议。

会议审议并通过了 2002 年协会工作总结报告；通过了 2002 年会费收支报告；同意协会秘书处挂靠单位由天津冶金工业总公司变更为天津钢线钢缆集团；天津市第一钢丝绳有限公司因体制改革，资产划归天津钢线钢缆集团，同意其协会副理事长单位变更为天津钢线钢缆集团，天津钢线钢缆集团董事长李有新相应担任协会常务副理事长；天津市第一预应力钢丝有限公司因主要资产与香港高力集团合资，同意其协会副理事长单位变更为天津高力预一预应力钢绞线有限公司，该公司执行董事李富祥继续担任协会副理事长。会议同意申请入会的 4 家线材制品企业为新会员单位（通知另发）；对不履行会员单位义务的 7

家企业做出了有关处理决定。

本次会议期间，以三届四次常务理事会名义向全国制品企业发出了“适应市场，相关性调整制品产品价格，努力做到现款现货的紧急呼吁书”。在换届前继续完成由宁夏恒力钢丝绳股份有限公司牵头组织编写的《钢丝绳使用指南》和由鞍钢集团钢绳厂牵头组织调研并编写《重要用途钢丝绳产需现状及发展的调研报告》两项课题。会议期间，与会代表参观了贵州钢绳集团有限责任公司的部分生产车间和厂区。

成为民政部社团局批准的二级协会
以“分会”名称开展工作并启用新印章

中国钢结构协会线材制品行业协会在贵阳市黄果树大酒店组织召开的三届四次常务理事会议上，刘万忠副秘书长代表中国钢结构协会传达了国家有关协会工作的政策，并明确按照国家关于整顿社会团体并重新登记的有关规定，经民政部社团管理局已正式批准，线材制品行业协会为二级协会，其名称变更为“中国钢结构协会线材制品行业分会”。自2003年11月25日启用“中国钢结构协会线材制品行业分会”新印章，原“中国钢结构协会线材制品行业协会”印章同时作废。刘万忠副秘书长希望线材制品行业分会在原有工作基础上进一步开拓思路，大胆开展工作，以促进行业健康发展。

秘书处挂靠单位调整到天津钢线钢缆集团

协会自1989年成立以来，秘书处一直挂靠在天津市冶金集团控股有限公司（原天津市冶金工业局）。为了更有利于秘书处开展工作，经天津市冶金集团控股有限公司与其下属的天津钢线钢缆集团有限公司研究，并报中国钢结构协会批准同意，经2003年11月21~23日协会三届四次常务理事会通过，从2003年12月份起协会秘书处挂靠单位调整为天津钢线钢缆集团有限公司。该公司对协会秘书处给予了多方面的支持，更有利于协会工作的开展。

预应力专委会第五次价格研讨会在北京召开

2003年协会预应力专业委员会第五次低松弛钢绞线市场价格研讨会于2003年12月17日在北京召开。全国引进国外先进设备的生产预应力钢绞线的21家企业的负责人出席了会议。

会议由协会预应力专业委员会主任委员李富祥主持。预应力专业委员会何俊仁常务副秘书长对近一年来所做的行业自律工作进行了总结。与会代表一致认为通过一年的工作取得了一定的成绩，增强了行业的凝聚力和影响力。

沈世续秘书长受主任委员扩大会议的委托提出了2004年市场价格协调自律的思路和要点，会议通过认真讨论，决定2004年行业自律协调工作重点是：以反倾销为重点做好价格协调自律工作；严格执行行业现款现货管理办法；坚决抵制不公平的招标行为；协会组织企业自愿参与，争取实行原料共筹；加强信息沟通，定期组织信息交流，建立健全统计制度。

参加钢铁企业下游用户座谈会反映现状和诉求

中国钢铁工业协会于 2003 年 12 月 29 日在北京组织召开钢铁行业相关行业用户座谈会，来自机械、煤炭、铁道、石化、船舶、汽车、家电、包装、轻工、集装箱、房地产、钢结构、有色等行业协会的代表出席了会议。

中国钢铁工业协会吴溪淳会长，传达了国家经济工作精神，介绍了我国钢铁工业发展情况，提出了近年发展方向。本次会议主要是听取钢铁行业用户对钢铁工业发展的意见。

沈世续副理事长兼秘书长代表线材制品行业分会应邀做了发言，他介绍了我国线材制品行业现状，提出了线材的发展方向。

2004 年

预应力专委会第一次价格研讨会在北京召开

2004 年中国钢结构协会线材制品行业分会第一次预应力专业委员会低松弛钢绞线价格研讨会，于 2004 年 2 月 7 日在北京召开。全国主要生产预应力钢绞线的 17 家企业的负责人出席了会议。会议由预应力专业委员会主任委员李富祥主持。

与会代表就如何加强原料市场分析、如何制订出有益行业生存发展的策略、如何有效落实行业自律规定、进一步抵制不合理市场行为等问题讨论研究。一致认为，要抓住当前机遇，团结一致，携手并进，坚决做到“现款现货”，坚决抵制不合理的市场行为，使行业步入健康发展轨道。

换届领导小组第一次会议在银川召开

2004 年 4 月 21～22 日在宁夏银川市世纪大厦召开了中国钢结构协会线材制品行业分会换届领导小组第一次工作会议，研究、确定换届工作计划。

中国钢结构协会秘书长刘毅、中国钢铁工业协会科技环保部副主任徐寅、换届领导小组顾问刘福洲、中国钢结构协会秘书处办公室主任李秀玲等上级领导应邀出席了会议。

会议由理事长赵博鸿主持。宁夏恒力集团党委书记刘京喜代表东道主致欢迎词；中国钢结构协会秘书长刘毅对会议的召开表示祝贺，对分会的换届工作给予了指导性发言。

协会秘书长沈世续对本次换届的前期筹备工作做了详细汇报，与会代表进行了认真讨论，形成了以下决定：（1）原则同意《章程》修改草案稿，提交会员代表大会通过。（2）原则同意分区推荐协会新一届理事、常务理事候选单位的办法，但应在领导小组第二次工作会议上进行审定并做必要的补充调整。(3) 第四届理事会秘书处挂靠在天津钢线钢缆集团有限公司，在第二次工作会议上由挂靠单位提出新一届秘书长候选人，由领导小组确定。(4) 新一届理事会继续设置必要的专业委员会。(5) 新一届理事会设顾问，顾问名单由秘书长和上级协会、中国钢铁工业协会等有关领导共同商议提出，由领导小组第二次工作会议确定。(6) 同意换届工作领导小组提出的召开全体会员代表大会的意见，并决定将于今年 10 月 20 日左右在济南（或武汉）召开会员代表大会。(7) 定于今年 9 月上、中旬在鞍山市召开换届工作领导小组第二次工作会议，由鞍钢新轧钢股份有限公司线材厂负责承办。

预应力专委会第二次价格研讨会在四平市召开

2004 年第二次预应力专业委员会低松弛钢绞线市场价格研讨会于 2004 年 5 月 14 日在四平市召开。

天津钢线钢缆集团公司、鞍山钢丝集团公司、上海申佳金属制品公司、新华金属制品股份公司、威海银兴预应力线材公司、贵州钢绳集团公司、天津高力预一预应力钢绞线公司、烟台鞍钢斯凯特钢丝公司、通化四平新型钢绞线公司、秦皇岛预应力钢绞线联营公司、武钢集团钢绳厂、湖北福星科技股份公司、江阴华新钢缆公司、江阴法尔胜钢铁制品公司、无锡金羊金属制品公司、九江天龙镀锌钢绞线公司、宝钢集团上海二钢公司、辽宁通达建材实业公司、天津轧三金属材料科技公司等 19 家企业代表、分会兼预应力专业委员会秘书长沈世续、预应力专委会副秘书长何俊仁参加了本次会议。

会议由主任委员李富祥主持，会议就低松弛预应力钢绞线行业平均成本价（即反倾销价）、企业在工程招标中坚决执行“三不投”原则、恢复区域价格协调制度并进一步细化协调程序、进一步加强行业自律、为行业进一步发展做好必要的基础工作等方面形成了数项决议。

会议期间，四平市委市政府的主要领导看望了与会代表，共同交流了有关行业管理的经验。代表对会议东道主通化四平新型钢绞线公司热情周到的服务表示衷心感谢。

预应力专委会第三次价格研讨会在威海市召开

2004 年第三次预应力专业委员会低松弛钢绞线市场价格研讨会于 2004 年 7 月 6 日在威海市召开。20 家国内引进预应力钢绞线生产设备企业主要负责人出席了本次会议。会议由预应力专业委员会主任委员李富祥主持，秘书长沈世续就原料和市场及行业现状进行了分析。预应力钢绞线行业经过一年多来的强化行业自律行为，扭转了行业亏损局面，通过坚持现款现货的合理市场行为，使行业初现生机。会议对协调自律工作进一步细化，决定对原有技术服务组充实和加强，针对行业技术难点、热点问题，拟定课题，定期组织开展活动，计划年内组织开展一次对国产 82B 线材的质量现状评价活动，以促进线材生产企业和预应力钢绞线生产企业产品质量的共同提高。

会议要求全行业团结一致，坚定信心，继续抵制不合理的市场行为，坚持现款现货，巩固成绩，诚信自律，为行业的可持续发展共同努力，争取新的成绩。

2004线材制品行业年会暨换届大会在武汉召开

2004年10月26~27日“中国钢结构协会线材制品行业分会会员代表大会暨2004年行业年会”在武汉市汉口滨江饭店召开。出席大会的有：中国钢结构协会线材制品行业分会的87家会员单位的代表和中国钢铁工业协会、中国钢结构协会的有关领导；冶金信息标准研究院、中国钢结构协会预应力结构分会、国家建筑钢材质检中心、国家金属制品质检中心等单位的主要领导和专家，以及线材制品相关产业的26家国内外企业代表，共170余人出席了大会。大会顺利完成了各项预定内容，取得了圆满成功！

大会召开前，10月25日召开了第三届常务理事会第五次会议，作为大会预备会议通过了本次大会的议程和对有关人员的表彰决定；明确了本次代表大会的任务是：(1) 总结第三届理事会工作；(2) 民主选举第四届理事会、常务理事会、理事长、副理事长、秘书长；研究安排新一届理事会工作；(3) 请有关权威部门和机构就线材制品行业现状及发展提出意见和建议；(4) 请国内外线材制品行业的相关企业介绍先进应用技术的现状和发展。

在年会上，理事长赵博鸿同志做了“中国钢结构协会线材制品行业分会第三届理事会工作报告”。

在上级协会的主持并监督下，按照行业协会《章程》规定的民主程序，经过层层无记名投票选举，产生了以下结果：(1) 经会员代表大会选举产生了由70名理事组成的“中国钢结构协会线材制品行业分会第四届理事会”。(2) 由第四届理事会选举产生了由29名常务理事组成的“中国钢结构协会线材制品行业分会第四届常务理事会”；刘士魁同志任协会秘书长。(3) 由第四届常务理事会选举产生了“中国钢结构协会线材制品行业分会第四届理事会理事长、副理事长”。

根据选举结果，秘书处分别向理事长单位、常务副理事长单位、副理事长单位、常务理事单位、理事单位和各会员单位颁发了“证书”。

会议期间，国内有关专家做了专题报告，包括中国钢铁工业协会副秘书长、科技环保部主任李世俊做了“我国线材制品的发展”的报告，国家建筑钢材质检中心副主任高建忠做了“我国预应力钢材质量现状及发展建议”的报告，预应力结构分会秘书长张乃荣做了“我国预应力钢材使用现状及发展”的报告，冶金信息标准院院长张宇春做了“产品标准与市场经济的关系”的报告，国家金属制品质检中心主任毛海波做了“我国钢丝绳产品质量现状及建议”的报告，江阴南菁机械公司、无锡常欣机电科技公司、无锡新科自动控制研究所、河北工业大学泽础公司、比利时FIB工业炉窑公司、美国阿勒格尼公司等国内外相关企业也在会上介绍了他们的新产品、新技术。

四届一次常务理事会议在武汉召开

2004年10月27日在武汉市中国钢结构协会线材制品行业分会召开第四届第一次常务

理事会。29位新的一届常务理事中有28位常务理事或代表出席了会议，中国钢铁工业协会科技环保部副主任徐寅、中国钢结构协会原秘书长汪奎田应邀出席了会议。

会议由第四届理事会理事长赵博鸿主持。会议对线材制品行业分会在今后的市场经济中如何发挥更大的作用进行了认真探讨。会议认真研究并确定了行业分会的组织机构，以进一步加强新一届理事会的组织建设，为今后更好地开展工作打下良好基础。会议形成决议如下：

(1) 会议同意秘书长刘士魁提出的新一届理事会要以“改革、调整、加强、发展”为指导思想，以保护行业整体利益使行业可持续发展为目的，开展行业工作的具体思路。

(2) 按照协会前三届惯例，为有利于协会日常工作的开展，秘书处的挂靠单位为协会常务副理事长单位。会议决定：第四届理事会的挂靠单位天津钢线钢缆集团有限公司为常务副理事长单位，其法定代表人李有新为本届理事会的常务副理事长。

(3) 为了更有利于协会工作的延续性，经常务理事会民主选举通过的原秘书长沈世续为第四届理事会专务副理事长，其主要职责是指导协会秘书处工作。

(4) 为了加强和更有利开展秘书处工作，会议决定各正、副理事长单位按照秘书长提出的条件，提名一名兼职副秘书长，会上经秘书长确认，一致通过的本届副秘书长为：

何俊仁　线材制品行业分会（专职）
邢永晟　鞍钢集团钢绳厂总工
杨正旺　宝钢集团上海二钢有限公司部长
朱维军　法尔胜集团公司科技处处长
胡正中　贵州钢绳集团有限责任公司技术质量部部长
刘西太　宁夏恒力钢丝绳股份有限公司综合部副部长
杨建军　湘钢集团有限公司钢丝绳厂副厂长
宋　为　郑州金属制品研究院信息中心主任
王作超　天津高力预一预应力钢绞线公司市场部部长
车金萍　首钢技术质量部技术处处长
任玉辉　鞍钢新轧股份有限公司线材厂副厂长
郭齐生　新华金属制品股份有限公司品质部副部长

(5) 为了进一步加强对协会工作的指导，会议决定聘请行业公认的、对行业具有影响力的四位有关领导和专家为第四届理事会的顾问。

聘请的顾问是：李世俊　中国钢铁工业协会副秘书长
刘福州　原冶金工业部生产司副司长
徐　寅　中国钢铁工业协会科技环保部副主任
汪奎田　中国钢结构协会原秘书长

第四章　第四届理事会
（2004 年 10 月 ~ 2009 年 11 月）

顾　　　问　（排序不分先后）
李世俊　中国钢铁工业协会常务副秘书长
刘福洲　原冶金工业部生产司副司长
汪奎田　中国钢结构协会原秘书长
徐　寅　中国钢铁工业协会发展与科技环保部副主任
理　事　长　赵博鸿　鞍钢钢绳有限责任公司董事长
常务副理事长　李有新　天津钢线钢缆集团有限公司董事长
专务副理事长　沈世续
副 理 事 长　高小平　宁夏恒力钢丝绳股份有限公司总经理
赵之玉　宝钢集团上海二钢有限公司总经理
☆ 张　健　宝钢集团上海二钢有限公司总经理
周建松　法尔胜集团公司董事长、总裁
王青元　湘潭钢铁集团有限公司钢丝绳厂厂长
☆ 吴大群　湘潭钢铁集团有限公司钢丝绳厂厂长
何胜云　贵州钢绳（集团）有限责任公司董事长
☆ 黄忠渠　贵州钢绳（集团）有限责任公司董事长
杨建华　中钢集团郑州金属制品研究院院长
李明远　天津高力预一预应力钢绞线有限公司总经理
姚红江　新华金属制品股份有限公司总经理
☆ 杨三根　新华金属制品股份有限公司总经理
李永东　首钢总公司技术研究院副院长
洪树利　鞍钢新轧钢股份有限公司线材厂厂长
☆ 任玉辉　鞍钢新轧钢股份有限公司线材厂厂长
秘　书　长　刘士魁
常务理事单位　鞍钢钢绳有限责任公司
鞍钢新轧钢股份有限公司线材厂
鞍山钢丝集团有限公司
东北特殊钢集团大连钢丝制品有限公司
天津钢线钢缆集团有限公司
天津高力预一预应力钢绞线有限公司

首钢总公司技术研究院
天津市第二预应力钢丝有限公司
天津高力一绳钢丝绳有限公司
天津市大成五金厂
宝钢集团上海二钢有限公司
法尔胜集团公司
新华金属制品股份有限公司
江苏沙钢集团有限公司
宝山钢铁股份有限公司条钢厂
上海申佳金属制品有限公司
无锡金羊金属制品有限公司
无锡市赛福天钢绳责任公司
南通钢丝绳集团有限公司
法尔胜钢铁制品有限公司
湘潭钢铁集团有限公司钢丝绳厂
郑州金属制品研究院
武钢集团钢丝绳厂
湖北福星科技股份有限公司
贵州钢绳集团有限责任公司
宁夏恒力钢丝绳股份有限公司
咸阳石油钢管钢绳有限责任公司
(有☆者为届中调整后任职)

2005 年

预应力专委会第一次会议在北京召开

中国钢结构协会线材制品行业分会预应力专业委员会 2005 年第一次会议于 2005 年 1 月 6 日在北京召开。国内低松弛预应力钢绞线 21 家生产企业的主要领导参加了会议。线材制品行业分会秘书长刘士魁、副秘书长何俊仁出席了会议。

会议由专务副理事长沈世续主持。会议在总结以往的基础上对 2005 年低松弛钢绞线市场价格进行了研讨，取得了广泛共识。会议通过认真讨论，形成有关行业自律工作的八项决议。

预应力专委会第二次会议在天津召开

中国钢结构协会线材制品行业分会预应力专业委员会 2005 年第二次会议暨低松弛钢

绞线市场价格研讨会，于 2005 年 3 月 14 日在天津召开。23 家国内低松弛预应力钢绞线生产企业的主要领导参加了会议。

会议由预应力专委会主任委员李有新主持。中国钢铁工业协会市场调研部侯颖处长做的预防反倾销专题报告。副主任委员蒋永康、姚红江分别对目前市场环境进行了深入分析，副主任委员王志安对行业自律工作近期出现的问题进行了通报和分析并相应提出了加强自律的意见。与会代表充分讨论并形成共识。

四届二次常务理事会在北京召开

中国钢结构协会线材制品行业分会四届二次常务理事会，于 2005 年 4 月 26 日在北京龙泉宾馆召开。专务副理事长沈世续等 29 位常务理事或常务理事单位的代表出席了会议。

会议由理事长赵博鸿主持。会议通过了中国钢结构协会线材制品行业分会 2004 年度工作总结及 2005 年度工作计划报告、2004 年财务报告、完善行业统计工作、办好期刊、依规取消会员资格、依规吸收新会员以及吸纳相关的服务型企业入会七项决议。

国产深加工用线材品种质量研讨会在北京召开

2005 年 4 月 27 日在北京龙泉宾馆召开了“国产深加工用线材品种质量研讨会”，线材制品行业分会的部分线材生产企业、部分重要用途钢丝绳、预应力产品、钢帘线生产企业的技术负责人或专家以及中冶集团建筑研究总院焊接研究所、嘉兴东方钢帘线有限公司、紧固件行业协会到会并演讲论文，会议期间共交流论文 17 篇。

在研讨会上，听取了商务部推荐的北京金诚同达律师事务所主任田雨律师作的“国际贸易反倾销调查应对措施”的专题报告，为会员单位在全球一体化的国际贸易中学会“游泳”，即既要遵守国际贸易的游戏规则，尽量避免贸易摩擦；又要敢于迎接挑战，敢于变挑战为机遇，争取不断扩大出口做了很好的引导。

受中钢协委托完成专题调查报告

2005 年 7 月，分会协会秘书处受中国钢铁工业协会的委托，对全行业近三年来向美国出口低松弛预应力钢绞线的情况作了全面调查，并及时向钢铁工业协会作了汇报，为应对可能出现的贸易摩擦提供必要的准备。

《线材制品通讯》通讯员会议在无锡召开

2005 年 5 月 28～29 日，在无锡市召开了线材制品行业分会主办的《线材制品通讯》首次通讯员工作会议，代表着部分常务理事单位、理事单位和部分会员单位的 17 个单位的通讯员出席了会议。会议提出了当前工作任务，进行了新闻写作业务研讨；通过了《通讯员守则》，建立了通讯员网络。

预应力专委会主任扩大会议在上海召开

中国钢结构协会线材制品行业分会预应力专业委员会主任扩大会议，于2005年7月28日在上海召开。

出席会议的有：主任委员李有新，副主任委员蒋永康、王志安，副主任委员代表米国宝，第一区域协调组长天津轧三制品张宏强，第二区域协调组长法尔胜钢铁张华兴，第三区域协调组长代表贵绳销售公司谢贤陆，专务副理事长沈世续，秘书长刘士魁，副秘书长何俊仁。

会议由预应力专委会主任委员李有新主持。会议总结分析了过去两个月来市场动态及原料价格变化的情况，对今后一个时期市场发展进行了分析预测。会议对今后工作进行了安排，要采取有力措施，维护行业整体最大利益，促进行业健康发展。

首次统计工作会议在大连召开

2005年8月21~24日，中国钢结构协会线材制品行业分会在大连农垦宾馆召开了首次统计工作会议（见图6-4-1）。参加会议的有：27个常务理事单位的23家企业的领导和统计工作者，分会秘书长刘士魁及秘书处相关人员等38人出席了会议。

图6-4-1 中国钢结构协会线材制品行业分会首次统计工作会议代表合影

会议邀请了中国钢铁工业协会信息统计部主任刘玉出席会议。

会议由秘书处徐虎格主持，东道主东北特钢集团大连钢丝制品公司总经理于肇发致欢迎词，秘书长刘士魁对统计工作提出原则要求。会议期间，刘玉主任做了专题发言，秘书处统计负责人王晓青做了有关统计指标体系的解释和填表程序规范要求的说明。

带队参加新加坡国际线材贸易展览会

2005 年 9 月 20~21 日，中国钢结构协会线材制品行业分会组织部分线材制品企业和设备制造企业一行 15 人，专程赴新加坡参加新加坡国际线材贸易展览会。本次展览会有 31 个国家和地区的 285 个参展企业，吸引了 66 个国家的 4502 名专业观众云集此处。参观的企业代表一致希望行业协会多组织参加一些类似的国内外展会，打造多种形式的平台。

理事单位统计工作会议在天津召开

2005 年 12 月 16~17 日，中国钢结构协会线材制品行业分会理事单位统计工作会议在天津召开。本次会议是按照常务理事会关于统计工作分部进行安排，在建立了常务理事会单位统计工作之后的工作递进。理事单位中的 22 家企业的有关领导和代表出席了会议。专务副理事长沈世续、秘书长刘士魁出席了会议。

会议由副秘书长何俊仁主持。专务副理事长沈世续、秘书长刘士魁分别阐述了统计工作的重要性及对统计工作提出原则要求；秘书处统计负责人王晓青做了有关统计指标体系的解释和填表程序规范要求的说明。

2006 年

应邀参加南通钢绳集团 50 周年纪念活动

2006 年 4 月 8 日中国钢结构协会线材制品行业分会专务副理事长沈世续、秘书长刘士魁应邀参加南通钢绳集团公司建厂 50 周年纪念大会，表示庆贺并发表致辞。刘士魁秘书长在致词中说，南通钢绳集团公司的迅速崛起，有力地带动了周边同业集群化发展，促进了地缘经济良性提升，在全国线材制品行业内形成了令人瞩目和赞誉的“南通现象”。这一现象的核心概括为：科学决策、抓住机遇、发挥优势、理性投资、资本运作、快速发展。对全国线材制品行业有着广泛的指导意义。

四届三次常务理事会扩大会议暨线材制品经贸及节能研讨会在南通召开

2006 年 5 月 17~19 日四届三次常务理事（扩大）会暨全国线材制品行业经济贸易及节能研讨会在江苏省南通市文峰饭店召开（见图 6-4-2）。

本次会议得到了各有关方面的高度重视，南通市副市长吴晓春、中国钢铁工业协会市场调研部主任董志洪、中国钢铁工业协会科技环保部副主任徐寅、中国钢结构协会副秘书长刘万忠应邀出席了会议；理事长赵博鸿、专务副理事长沈世续、常务副理事长李有新、

图 6-4-2　全国线材制品行业经济贸易及节能研讨会会场

秘书长刘士魁和各位副理事长（或副理事长代表）全部到会；常务理事单位、理事单位、相关设备制造企业会员等，共有 83 人出席了会议。

吴晓春副市长市发表了热情洋溢的讲话。赵博鸿理事长代表行业协会致辞。上级协会有关领导董志洪、徐寅、刘万忠和专务副理事长沈世续在会上作了精彩的报告。大会由常务副理事长李有新主持。

在经济贸易及节能研讨会上，有 11 个线材制品企业和 6 个相关设备企业，从出口贸易、节约能源、实现线材和线材制品企业产业链联盟的必要性和可行性等方面进行了研讨，并对节能新技术、新工艺进行了介绍。

分会提出组建线材制品（钢丝及其制品）行业出口协调组的意见

近年来我国钢铁产品进出口贸易增长较快。为了进一步加快出口贸易的发展，预防国际贸易摩擦的发生，同时也防止一些国家对我国低价倾销钢材，中国钢铁工业协会先后组织成立了冷板、热板、中厚板、管材、长材（螺纹钢和线材）等五个进出口贸易协调组，每个协调组分别由各对口专业生产企业组成，业务主管部门为中国钢铁工业协会。

近年来随着我国线材制品（钢丝及其制品）行业的不断发展，我国已由线材制品大国开始迈入强国之列。许多产品不仅产能迅速增长，其产品质量也在不断提高，有的产品已达到或接近世界先进水平，完全具备出口条件。特别是近年来我国钢丝绳、预应力钢绞线出口量迅速增长，有条件的企业都在努力扩大出口，线材制品行业产品出口企业逐渐增多，出口的潜能正在逐步释放。

目前线材制品产品出口还存在一定的问题，表现在：(1) 出口的大部分产品的价格远远低于同类产品国际市场价格。(2) 线材制品产品（钢丝及其制品）出口中的贸易摩擦时有发生。为了有效地扩大线材制品的出口贸易，拓宽国际和国内市场，提高企业经济效益，同时防止被国外反倾销和抵制国外对我们的倾销行为，应对难免发生的贸易摩擦，协会秘书处通过积极争取，取得了中国钢铁工业协会的大力支持，同意成立线材制品（钢丝及其制品）行业出口协调组，并授权中国钢结构协会线材制品行业分会负责组建工作。

中国钢结构协会线材制品行业分会通过认真研究，2006 年 5 月 18 日提出组建意见如下：

（1）成立出口贸易协调机构。机构名称：线材制品（钢丝及其制品）行业出口贸易协调组。1）主管部门：中国钢铁工业协会；2）组长：中国钢结构协会线材制品行业分会；3）副组长建议由钢丝绳产品出口量较大、时间较长、在国内同行业有一定影响力的法尔胜集团有限公司和预应力钢绞线产品的行业组织——预应力专业委员会担任；4）组员：有出口产品的企业。

（2）出口贸易协调的产品。为了积极稳妥地做好此项工作，近期内先选取出口量较大的两个品种——钢丝绳、预应力钢绞线开展出口贸易协调工作，取得进展和经验后逐步扩大到其他产品。

（3）做好协调的日常基础工作。主要包括：1）制定出口贸易协调的管理办法；2）建立出口贸易协调统计信息系统；3）建立日常协调工作出口月报表制度；4）建立企业和行业产品最低成本核算动态管理制度；5）建立反倾销应对机制。

（4）建立出口贸易协调机制。1）建立专人负责的日常出口贸易协调工作机制；2）建立定期召开出口贸易协调工作会议制度。

以上关于组建线材制品（钢丝及其制品）行业出口贸易协调组的意见，请中国钢铁工业协会审阅并提出意见，修订后确认。

行业统计工作会议在鞍山召开

2006 年 7 月 20 日，中国钢结构协会线材制品行业分会 2006 年统计工作会议在鞍山市千山积翠宾馆召开。出席会议的行业协会领导有专务副理事长沈世续、秘书长刘世魁，常务理事、预应力专业委员会副主任、鞍山友谊预应力钢丝制品集团公司总经理王志安，副秘书长、鞍钢新轧线材厂副厂长任玉辉，副秘书长、鞍钢钢绳有限责任公司副总经理邢永晟。

出席会议的有关企业领导有烟台斯凯特钢丝有限公司总经理马礼述、烟台斯凯特钢丝有限公司副总经理沈希民、天津市华源工业公司副总经理王立成、天津市第二钢丝绳厂厂长杜冬生、巨力天威吊装带有限公司副经理宋涛、青海省平安县钢网厂厂长助理周兆伟，有近 40 名会员单位部门负责人及统计工作者出席会议。

信息通讯工作会议在宁波召开

2006 年 9 月 23 日行业信息通讯工作暨秘书处工作座谈会议在宁波市召开。参加本次会议的企业领导有：宁波贝时特钢丝绳有限公司总经理张浩龙、天津市第二预应力钢丝有限公司董事长范锡华、天津钢线钢缆集团有限公司总工程师王文喜、天津钢线钢缆集团有限公司顾问朱龙、通化钢铁集团四平新型钢绞线有限公司厂长程宇光、天津高力预一钢绞线有限公司总经理助理王作超、天津全友钢丝绳有限公司副总经理高则永、天津全友钢丝绳有限公司副总工程师缑庆林、江苏神王金属制品有限公司副总经理黄建明、溧阳市南方工字轮制造有限公司厂长徐火明、包头田力金属制品有限责任公司总经理助理田禹，以及部分副秘书长和代表部分常务理事单位、理事单位和会员单位的信息通讯工作者共计 44 人出席了会议。

应邀出席钢帘线用盘条技术标准研讨会

中国钢结构协会线材制品行业分会专务副理事长沈世续、秘书长刘士魁，于 2006 年 10 月 21~22 日应邀出席了由冶金工业信息标准研究院主办、埃圣玛（上海）公司协办的"钢帘线专用盘条国产化技术交流及标准研讨会"暨由协会会员企业鞍钢股份线材厂为主起草的"钢帘线用盘条标准（草案）讨论会"。国内主要盘条生产企业和钢帘线制造企业及钢材经销企业的代表共 100 余人出席了会议。

会上，沈世续专务理事长代表线材制品行业协会，对我国钢帘线生产现状及钢帘线专用盘条国产化进行了分析，并对钢帘线专用盘条标准修改及标准制订的先进性、实用性、可行性做了重要发言。

"中国线材制品网" 网站开始运行

2006 年 11 月 30 日中国钢结构协会线材制品行业分会主办的行业网站"中国线材制品网"，成功上传入网开始试运行。

中国线材制品网注册的中文名称为"中国线材制品网"；英文域名为"chinawire. org. cn"。中国线材制品网是协会会员单位自己的网站。网站的建立为线材制品行业提供了信息查询、整合平台，信息沟通、传递的平台，信息交流、互动的平台，更为行业协会提供了服务于会员单位、服务于行业，促进行业整体健康发展的平台。

2007 年

召开四届四次常务理事扩大会议

2007 年 4 月 19~20 日，在江阴法尔胜集团组织召开中国钢结构协会线材制品行业分会四届四次常务理事会会议（见图 6-4-3、图 6-4-4）。

中国钢铁工业协会原生产司副司长、行业协会顾问刘福州，中国钢铁工业协会发展与科技环保部副主任、行业协会顾问徐寅，中国钢结构协会原秘书长、行业协会顾问汪奎田，中国钢结构协会常务副秘书长刘万忠、中国钢结构协会办公室主任李秀玲出席了会议；理事长赵博鸿、专务副理事长沈世续、秘书长刘士魁和各位副理事长、常务理事（或

图 6-4-3　线材制品行业分会四届四次常务理事会会场

图 6-4-4　线材制品行业分会常务理事会代表合影

单位代表），共有 60 人出席了会议。赵博鸿理事长、刘士魁秘书长、沈世续专务副理事长分别主持了大会。

赵博鸿理事长代表行业协会致辞。刘礼华总经理代表江苏法尔胜集团发表了热情洋溢的致辞。中国钢结构协会常务副秘书长刘万忠作了重要讲话。

大会听取并通过了刘士魁秘书长作的《2006 年工作总结及 2007 年工作安排》的报告和何俊仁副秘书长作的《2006 年秘书处会费收支情况的说明》。

刘士魁秘书长在总结了2006年行业协会主要工作后说："2007年行业协会的工作总体思路是：坚持以科学发展观统领行业发展全局，继续着力调整和优化结构，努力促进增长方式转变。坚持以销定产的方针，防止盲目扩大产能，积极开拓国际国内两个市场，切实加强节能降耗和环境保护，努力实现速度、质量和效益相协调，真正做到又好又快地发展。"

法尔胜集团党委副书记、副总裁周江先生作了题为《不惑征程一路歌，百年长兴从头跃》的演讲，全面介绍了法尔胜集团43年发展历程和展望未来。法尔胜恢宏的事业感动了与会人员。

中国钢铁工业协会发展与科技环保部副主任、行业协会顾问徐寅作了题为《2006年我国钢铁工业及线材制品概况》的演讲。他运用大量数据分析了2006年我国钢铁工业及线材制品行业情况，并预测分析了2007年以及"十一五"发展趋势，对行业发展具有科学的、深远的导向意义。

沈世续专务副理事长主持了大会讨论。他结合行业发展特点，特别是出口退税政策调整等热点问题引导讨论，他说："2006年全行业出口以60%以上的速度大幅提高：线材产品出口555万吨，同比提高73.44%，净出口达485万吨；制品产品出口总量约占行业总产量的10%，并且品种、质量档次也有很大提高，缓解了业内产能过剩的矛盾。"另外，他还强调了线材企业直供、钢丝绳企业协调、节能降耗环保、投资取向问题应引起各企业高度关注和深入研讨。

有8家企业负责人在大会上发言，他们是：鞍钢钢丝绳有限责任公司董事长赵博鸿、宝山钢铁股份有限公司钢条厂厂长张卫兵、湖北福星科技股份有限公司副总经理汪益洪、天津华源工业公司董事长王立福、贵州钢丝绳集团有限责任公司董事长黄忠渠、东北特钢集团大连钢丝制品有限公司总经理于肇发、武钢集团钢丝绳厂厂长陆君、湘潭钢铁集团有限公司钢丝绳厂厂长吴大群、新华金属制品股份有限公司总经理姚红江。大家结合企业情况充分发表了今后发展预期和共建和谐环境的愿望。

中国钢铁工业协会市场调研部出口处处长侯颖，作了《应对国外反倾销和出口退税情况分析》的报告。

法尔胜集团进出口有限公司总经理陆灏松作了题为《探讨行业协会在应对国外反倾销中的作用》的演讲，具体介绍了在应对国外反倾销调查及诉讼中成功经验和体会。

法尔胜集团党委书记、董事长、总裁周建松先生作了《关于线材制品行业发展的思考和建议》的报告，主要内容是：一个梦想，二种体制，三足鼎立，四轮驱动，五行相生，六大帮助，七个特点，八大建议。

赵博鸿理事长在作大会总结讲话中指出："紧张的议程和内容丰富的会议，有讲座、有参观、有座谈，给我们带来了丰富的信息和启示，明确了今年行业整体工作和思路。会议取得了圆满成功。让我们继续用科学发展观指导，趋利避害，在行业内共建和谐环境，走可持续发展的道路，为提高我国线材制品行业整体水平和竞争力，作出我们新的贡献！"

会议期间，与会代表参观了法尔胜的光子、不锈丝等子公司以及与贝卡尔特的合资公司，对企业以科技引领发展取得的成就表示非常赞赏。

征询对国家实行出口许可证管理的意见

根据商务部、海关总署 2007 年第 41 号公告《对部分钢材出口实行出口许可证管理》的要求和行业具体情况，2007 年 5 月 9 日中国钢结构协会线材制品行业分会发出通知，征询对实施该通知的意见和建议。继 2007 年 4 月 9 日财政部和国税总局《关于调整钢材出口退税率的通知》（财税 2007 年 64 号）之后，4 月 30 日商务部、海关总署又颁布了 2007 年第 41 号公告《对部分钢材出口实行出口许可证管理》，调整出口格局。线材制品行业分会向会员企业广泛征求意见，汇总后向中国钢铁工业协会及国家有关部门反映。

参加镀锌－铝合金钢丝国标审查会

2007 年 6 月 20 日分会专务副理事长沈世续，参加由冶金信息标准研究院院长张宇春、钢协徐寅副主任、江西蒋冶鑫、原大成五金厂顾乃建等专家组成的专家组，在天津食品街饭店，对天津钢丝厂起草的镀锌－铝合金钢丝国家标准进行审查（见图 6-4-5）。

图 6-4-5　参加镀锌－铝合金钢丝国标审查会专家合影

参加高线生产技术交流会并作专题报告

2007 年 9 月 6～8 日，2007 年全国高速线材生产技术交流会在邢台晨光大酒店召开。

会议由中国金属学会主办，河北省冶金学会、中国金属学会轧钢分会、中国钢结构协会线材制品分会、中国金属学会高速线材及装备分会协办，邢台钢铁公司承办。

邢台钢铁公司董事长总经理袁世秦、副总经理孔俊其，中国金属学会副秘书长毛素英，河北省冶金学会秘书长陈冬，中国金属学会轧钢分会秘书长陈其安，中国钢结构协会线材制品分会专务副理事长沈世续，中国金属学会高速线材及装备分会秘书长陶仲毅，中国通用机械零部件协会副会长丁海军，以及来自全国各地线材生产、研究与应用的企业代表近120人参加了会议。

线材制品行业分专务副理事长沈世续在报告中，希望线材行业继续开发品种、满足需求，提高质量的稳定性，打造精品名牌；调整经营策略，扩大直供，以稳定供需并稳定价格；结合自己的品种定位，选定下游骨干企业，加强技术合作，开发品种，提高质量；尽快解决大规格高碳钢线材时效中存在的问题，努力做到“经济时效期”。最后，指出我国线材深加工产品绝大部分品种产能过剩，市场竞争十分激烈，希望钢厂理性涉足线材深加工行业，如果有延伸加工的意向，建议考虑与下游行业的多种形式合作。

重要用途钢丝绳市场与发展研讨会在北京召开

2007年12月10日，中国钢结构协会线材制品行业分会组织国内十家重要用途钢丝绳生产企业主要领导在北京召开了第二次“重要用途钢丝绳市场与发展研讨会”。与会代表认真分析了当前我国钢丝绳供需形势，一致认为改革开放以来我国钢丝绳行业持续快速发展，取得了令人瞩目的成绩。同时也应看到不规范的市场行为、无序竞争在某些方面严重存在，制约了行业的健康发展。因此，坚持反倾销和反垄断、加强行业自律、保持行业健康发展是全行业的一项重要任务。为此在形成共识的基础上达成如下决议：

（1）成立由10家企业自愿组成的“重要用途钢丝绳市场协调小组”，黄忠渠任组长，顾其林、高小平任副组长，并近期内每季度召开一次主要负责人出席的协调会议。

（2）对以招标形式采购钢绳的情况，各投标单位不允许业主拖欠货款，即不付定金不投产、不付全款不发货、不设质保金。此办法从2007年11月1日起执行。

（3）抵制不公平采购行为，特别是业主要求供方以仓储形式供货方式予以坚决抵制，各企业不得在需方设库仓储。此办法从2008年1月1日起执行。

（4）对违反以上（2）（3）条款的企业，其他企业均有权向协会秘书处投诉，但必须是以法人代表签字加盖公章的书面方式投诉，其他方式不予受理。秘书处接到投诉后可予以调查，核实后召开协调组会议研究处理。

2008年重要用途钢丝绳市场协调小组先后四次召开会议，开展了富有成效的协调工作，取得了很好的成果，得到了行业的认同。在谋求共同发展，共同抵制、减少上下游企业对钢丝绳行业的损害方面取得了可喜的尝试，为行业发展起到了不可或缺的推动作用。

2008 年

召开热镀锌电磁抹拭技术发布会

2008 年 4 月 8 日，行业协会在天津市召开了“热镀锌电磁抹拭技术发布会”，听取了新西兰太平洋金属丝技术有限公司的详细介绍，并参观了应用生产线现场，对该产品有了全面了解，发布会取得圆满成功。

刘士魁秘书长主持了会议，全国有 20 家企业的总经理、总工、工艺技术和设备负责人，共 44 名代表到会，会议邀请新西兰太平洋金属丝公司技术总监尼尔·斯班瑟介绍其电磁抹拭工艺技术。

新西兰太平洋金属丝公司（PWT 公司）早在 1993 年，研制并开始设计开发电磁抹拭工艺。工程师、管理人员和操作人员都参与了设计工作。到 2000 年，它已经有了一个完善的操作系统，但是要想继续改进技术，还需使它商品化。

2004 年电磁抹拭系统被引进到国际市场，截至目前，已经有 23 台电磁抹拭系统远销加拿大、美国、中国、日本和韩国。电磁抹拭系统可用于现存或者新建的生产线并为其设计适合的尺寸。

召开四届五次常务理事会会议

2008 年 5 月 15 日，在青岛市召开了中国钢结构协会线材制品行业分会四届五次常务理事会会议（见图 6-4-6）。会议应到常务理事单位 27 家，实到 24 家。上级协会相关领导及协会顾问，协会理事长、常务副理事长、专务副理事长、副理事长、常务理事，协会秘书长、副秘书长及相关人员共 43 人出席了会议。

图 6-4-6　线材制品行业分会四届五次常务理事会现场

中国钢铁工业协会常务副秘书长、中国钢结构协会线材制品行业分会顾问李世俊，中国钢结构协会秘书长刘毅、秘书处办公室主任李秀玲，中国钢结构协会原秘书长、中国钢结构协会线材制品行业分会顾问汪奎田，中国钢结构协会线材制品行业分会理事长、鞍钢钢绳有限责任公司董事长赵博鸿，中国钢结构协会线材制品行业分会常务理事长、天津冶金钢线钢缆集团有限公司董事长李有新，中国钢结构协会线材制品行业分会专务副理事长沈世续出席会议。

会议由常务理事长李有新、理事长赵博鸿先后主持。理事长赵博鸿、中国钢结构协会秘书长刘毅先后致辞。秘书长刘士魁向常务理事会做《2007 年工作总结和 2008 年工作思路》的报告。副秘书长何俊仁做了《2007 年协会会费使用情况》的报告。黄忠渠、杨三根、李永东、张建的代表周代义、张华兴、张正基、王志安先后发言。

与会人员结合秘书长的工作报告进行了充分讨论，大家肯定了 2007 年度线材制品行业分会四届理事会和秘书处的工作成绩，对 2008 年度工作提出中肯的意见和新的希望。会议通过了《2007 年工作总结和 2008 年工作思路》及《2007 年协会会费使用情况》的报告；研究批准了新会员发展等工作；研究产生了“五届理事会换届领导小组”和“换届工作小组”。

中国钢铁工业协会常务副秘书长、中国钢结构协会线材制品行业分会顾问李世俊向全体与会人员作了《中国钢铁工业发展形势分析》的精彩演讲。

会议期间换届领导小组专题研究了换届工作，对协会《章程》的修订、新一届理事会选举产生办法及名额分配、会员单位代表大会召开的时间地点及其内容进行了磋商和研究。会议取得圆满成功。

预应力钢绞线行业信息交流会在九江召开

2008 年 5 月 29 日在九江市分会组织召开预应力专业委员会 2008 年第一次预应力钢绞线行业发展信息交流会。国内 19 家预应力钢绞线重点生产企业的主要领导出席了会议。

会议由预应力专业委员会主任委员李有新主持。应与会代表的要求沈世续秘书长简要总结了今年以来预应力钢绞线行业上下游两个市场即原料市场和产品市场基本情况，面对两个垄断性的市场全行业十分艰难的在其夹缝中生存。造成钢绞线行业严重供大于求，且在一定时期内不会改变。其结果是钢绞线市场竞争十分激烈。促使全行业要积极扩展国内应用领域，尤其在工民建应用领域的推广应用。我们的钢绞线产品在国际市场应用广泛，技术质量完全能够满足国际市场的需求，为此缓解了国内市场的部分压力。会议深入探讨了我国预应力钢绞线行业的现状与发展前景，广泛交流了行业信息。

会议在求同存异的基础上，达成如下共识：（1）将行业发展基金（前期为信誉保证金）于 2008 年底全部退还缴纳企业（扣除拖欠会费）；（2）加强协会组织机构建设，使之更好地发挥应有作用，确保预应力专业委员会各项工作的具体落实；（3）为了规避原料无序震荡所造成的影响，建立行业信息价格制度，每个月初定期向全行业发布一次行业信息价格，发布行业信息价格的依据是行业内各企业讲实际执行的价格，秘书处综合统计汇总后，发向全行业；（4）为了抵制不合理招标行为，全行业应取相应措施，严格执行三不投原则。一是不是现款现货的不投，二是不是开口合同的不投，三是有严重歧视条款的不投；（5）对非招投标工程同样执行现款现货；（6）对近期北方工程招标由第一组组长负责召集协调，秘书处积极配合，所有参加投标的企业应自觉合作认真遵照执行；（7）努力开发产品市场是全行业长久重点工作。由于目前发生涉及8个省市的地震灾害，损坏了大量建筑设施，同时也是钢绞线产品推广应用的机会。秘书处将组织有关专家向国家有关部门提出建议，以加快推广应用进程。

庆贺江阴南菁公司五十华诞并发表贺词

2008年6月10日线材制品行业协会刘士魁秘书长在南菁机械有限公司五十华诞庆典大会上发表贺词，代表中国钢结构协会线材制品行业分会，并以个人名义，向大会表示衷心的祝贺！

统计工作会议在湖南召开

2008年8月20~22日行业统计工作会议在湖南张家界市召开，业内部分企业领导和企业统计员出席了会议。会议由线材制品行业协会副秘书长何俊仁主持，协会秘书处统计工作负责人王晓青作了工作总结。会议全面回顾了三年来行业统计工作的发展历程。会议认为2005年4月以来，遵照行业协会四届二次常务理事会议关于“从2005年下半年起在全行业范围内建立企业经济活动状况统计报告制度”的决定，协会秘书处本着双向互动、信息共享、分步骤实施的原则，在行业协会内逐步建立起统计系统。三年来，协会秘书处以努力健全统计基础工作、确保数据质量为重点，逐步、扎实地推进了统计工作。

截至年底，参加行业统计工作的单位已有83家（其中线材制品企业69家，线材企业14家），占应参加行业统计会员的75%。

会议重点研究了下一步行业统计工作要点。切实做好2008年定期报表基础统计工作。会议重申了2008年定期报表统计制度。要求各企业《主要经济指标月报表》务必于每月20日前上报秘书处。并注意着重解决好时效性和数据质量的问题。努力开展工作，不断吸收行业协会会员单位参加行业统计中来。提高行业统计的权威性。按照落实科学发展观的要求充实统计内容，增强可操作性和实用性。加强统计队伍建设，提高统计人员素质，不断提高统计人员业务水平。

2008年全国线材制品行业协会统计工作会议现场见图6-4-7。

图 6-4-7　2008 年全国线材制品行业协会统计工作会议现场

2009 年

四届理事会换届暨第五届一次大会在天津召开

中国钢结构协会线材制品行业分会第五届会员代表大会（图 6-4-8）于 2009 年 7 月 15 日在天津友谊宾馆召开。来自全国各地的 94 个会员单位的代表参加了大会。应大会邀请天津市冶金集团公司副总经理王开建、王会清，中国钢结构协会秘书长刘毅、常务副秘书长刘万忠，中国钢铁工业协会发展和科技环保部副主任徐寅以及线材制品行业分会顾问汪奎田等领导同志出席了会议。

图 6-4-8　线材制品行业分会五届一次会员代表大会现场

理事长赵博鸿同志做《第四届理事会工作报告》；常务副理事长李有新同志宣布关于行业分会《章程》更名为《条例》的决定，并作管理《条例（草案）》修改的说明；秘书长刘士魁同志作关于财务收支情况的说明；副理事长任玉辉同志做关于换届工作前期准备情况的报告。

根据换届工作领导小组的推荐意见，在通过了徐寅同志为换届选举工作的总监票人以及其他监票人、记票人以后，经过民主程序，在大会上选举产生了第五届理事会领导机构。第五届理事会由 69 个理事单位组成，常委理事会由 28 个常委理事组成。同时，选举沈世续同志为专务副理事长、李有新同志为秘书长。在第五届常务理事会第一次会议上，选举产生了正、副理事长单位。

专务副理事长沈世续主持了下午的大会。会上通过了《第四届理事会工作报告》，关于财务收支情况的说明，《中国钢结构协会线材制品行业分会管理条例》。宣布了第五届理事会理事长、副理事长、秘书长名单；宣布了聘任李世俊、汪奎田、刘福洲、徐寅、罗凯声为第五届理事会顾问的决定；宣布了《关于修改会费标准及会费交纳的几点规定》。随后，新当选的秘书长李有新、理事长赵博鸿同志讲话。

李有新同志在讲话中首先感谢全体代表和理事会对他的信任，他表示决心在理事会的领导下，在全体会员单位的支持、帮助和监督下，全身心的拼搏工作，从积极开展调查研究，充分发挥行业协会的优势，会同政府和上级协会有关部门、相关科研院所和企业研究和推进全行业发展，并提供导向性的意见和建议最后，他恳请全体会员对他今后的工作多提意见和建议，共同努力做好行业分会的工作。

赵博鸿同志在讲话中首先代表新当选的行业分会第五届理事会、常务理事会，对大会、各位代表及全行业广大同仁给予的信任表示衷心的感谢；对选举他继续担任线材制品行业分会第五届理事会理事长职务表示衷心的感谢。

他表示，新一届理事会决不辜负各位代表、各会员单位和全国线材制品行业同仁们的信任和希望，认真履行职责，充分发挥行业协会的桥梁与纽带作用，为全国线材制品企业的共赢，为全国线材制品行业的不断进步和繁荣发展而努力工作。

最后中国钢结构协会秘书长刘毅同志对大会作了重要讲话，他完全同意赵博鸿理事长、李有新秘书长的讲话。他衷心地希望在新一届理事会的领导下，线材制品行业分会对全国线材制品行业的发展继续作出更大的贡献。

第二次预应力钢绞线信息交流会在北京举行

2009 年 8 月 14 日，中国钢结构协会线材制品行业分会预应力专业委员会在北京崇文门饭店召开了 2009 年全国第二次预应力钢绞线行业发展信息交流会。预应力专业委员会 22 家企业出席了会议。预应力专业委员会主任委员、天津冶金钢线钢缆集团有限公司董事长李有新同志主持了会议。

会上，预应力专业委员会秘书长沈世续同志就当前经济形势下，全国预应力钢绞线行业的发展状况及市场走势做了发言，提出了应该引起行业注意的问题。围绕着沈秘书长的发言，与会的同志们热烈讨论，分析形势，发表见解，交流工作和信息，提出应对困难的措施和办法。在充分讨论的基础上，会议就建立和加强统计制度、加强行业自律、充分发挥专业委员会和区域组长的作用，坚持做好协调工作以及2009年全国第三次预应力钢绞线行业发展信息交流会于今年10月份召开等工作达成共识。

重要用途钢丝绳市场与发展研讨会在上海召开

2009年第二次全国重要用途钢丝绳市场与发展研讨会于2009年9月8日下午在上海召开。中国钢结构协会线材制品行业分会所属全国13家重要用途钢丝绳生产企业的主要领导出席了会议。会议由中国钢结构协会线材制品行业分会重要用途钢丝绳市场与发展协调组组长、贵州钢绳集团有限责任公司董事长黄忠渠同志主持。

与会全体同志认真分析了当前重要用途钢丝绳的市场情况，与会各企业的代表介绍了应对市场的招法和经验以及后续发展的设想。大家普遍认为：在当前经济形势下，重要用途钢丝绳的价格不应受上游原料波动的影响，要把价格调整的关注点放在用户的发展和需求上。因此，纷纷表示，在做好增值服务的同时，协调组内部各单位应团结起来，坚决抵制低价倾销和不公平竞争的行为，并坚决认真执行、维护行业利益的各项制度和措施。

经过与会全体同志的认真讨论研究，会议就维护重要用途钢丝绳市场的秩序达成了一致意见。与会全体同志希望行业分会在下次专业会议前要广泛征求意见，使工作更具针对性、权威性和指导性。

宝钢集团上海二钢有限公司领导暨有关同志为此次会议提供了支持和服务。

预应力钢绞线统计信息工作会议在郑州召开

为了落实2009年第二次预应力钢绞线行业发展信息交流会的要求，经预应力专业委员会主要领导研究决定，全国预应力钢绞线行业统计信息工作会议于2009年8月28日在郑州市召开。行业内12家骨干企业的统计工作人员参加了会议。会议由预应力专业委员会副秘书长何俊仁主持。

会上，首先由何俊仁传达了2009年第二次预应力钢绞线行业发展信息交流会议的精神。然后，就如何建立行业统计制度、研究确定行业统计的具体内容、如何更好地落实行业统计工作的要求、确保行业统计工作的顺利开展等议题进行了广泛的交流。与会同志们认真研究，各抒已见。经过共同努力，顺利完成了《预应力钢绞线行业统计月报表》的设计，并就做好月报统计工作达成了一致意见。

第三次预应力钢绞线信息交流会在江阴市召开

2009年10月30日，中国钢结构协会线材制品行业分会预应力专业委员会在江苏省江阴市泓昇苑酒店召开了2009年全国第三次预应力钢绞线行业发展信息交流会。

出席会议的有预应力专业委员会主任委员、天津冶金钢线钢缆集团有限公司董事长李有新，预应力专业委员会秘书长沈世绫，预应力专业委员会副主任委员、鞍山友谊预应力制品有限责任公司董事长王志安，预应力专业委员会副主任委员的代表、江西新华金属制品股份有限公司副总经理米国宝暨 21 家预应力专业委员会委员单位，天津市线材制品行业协会秘书长戴荣贵，预应力专业委员会副秘书长何俊仁。

此次会议由江阴法尔胜钢铁制品有限公司承办，法尔胜集团公司副总裁刘翔、总裁助理魏明出席了会议。刘翔代表法尔胜集团公司致辞，对会议的召开表示热烈祝贺，对与会各企业同仁表示热烈欢迎。

主任委员李有新主持了会议。李有新首先就申佳公司已成为宝钢集团上海二钢有限公司全资子公司，其原担任的预应力专业委员会副主任委员单位顺理由宝钢集团上海二钢有限公司接任并由总经理张建担任副主任委员的情况向会议作了说明，会议一致通过。然后，李有新介绍了行业分会及专业委员会近期的工作情况。副秘书长何俊仁进一步说明和布置了加强统计工作的安排和要求。

与会各企业交流了今年生产经营情况，预测分析了明年的形势。会议普遍认为，今年以来虽然全球经济危机和反倾销反补贴给预应力行业造成了巨大的压力。预应力专业委员会要求各企业要进一步抓住抓好抓牢各种机遇，再创新成绩。

专业委员会秘书长沈世续讲话中，综合分析了全行业的情况，提出了他对形势的看法，并提示各企业既要抓住当前大好时机，同时还要下苦功夫，做艰苦细致的工作，不断拓展预应力钢绞线的应用领域和市场。全行业要加强团结，加强自律，共图发展，在 2010 年做出新的成绩。

最后，李有新总结了与会各企业的发言，归纳了会议形成的六个方面的共识，得到了全体与会人员的一致通过。

为了开好本次会议，秘书处在做好准备工作后，预应力专业委员会于 2009 年 10 月 29 日下午召开了主任、副主任委员暨区域片长企业参加的预备会，研究确定了全体会议的议题，保证了本次会议的顺利举行。

冶金部领导为线材制品分会成立 20 周年庆贺

原冶金工业部副部长、中国钢铁工业协会党委书记、副会长吴建常的贺信见图 6-4-9。

贺　　信

中国钢结构协会线材制品行业分会：

值此线材制品行业分会成立 20 周年之际，我代表中国钢铁工业协会并以我个人的名义表示热烈的祝贺！

线材制品行业分会成立 20 年来，在上级协会的领导下，团结全国线材制品企业，切实履行服务企业至上的宗旨，加强行业内部的协调和自律工作，充分发挥桥梁和纽带作用，为促进全国线材制品行业协调、有序、健康的发展，做了大

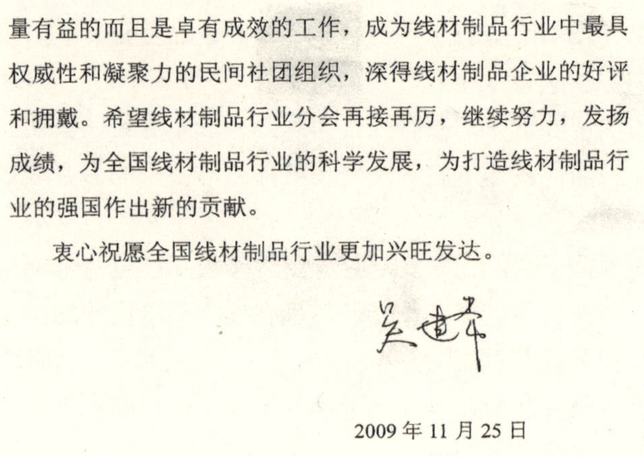

量有益的而且是卓有成效的工作，成为线材制品行业中最具权威性和凝聚力的民间社团组织，深得线材制品企业的好评和拥戴。希望线材制品行业分会再接再厉，继续努力，发扬成绩，为全国线材制品行业的科学发展，为打造线材制品行业的强国作出新的贡献。

衷心祝愿全国线材制品行业更加兴旺发达。

吴建常

2009 年 11 月 25 日

图 6-4-9　原冶金工业部副部长吴建常的贺信

原冶金工业部生产司司长邱宣恺的题词见图 6-4-10。

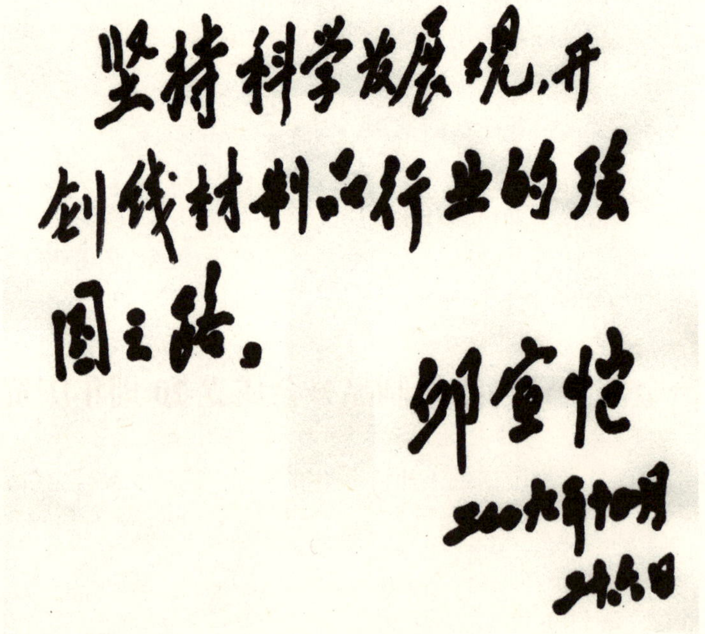

图 6-4-10　原冶金工业部生产司司长邱宣恺的题词

成立 20 周年座谈会在北京举行

2009 年 11 月 26 日，中国钢结构协会线材制品行业分会成立 20 周年座谈会在北京举行。原冶金工业部副部长、中国钢铁工业协会党委书记、副会长吴建常写信表示祝贺。原冶金工业部生产司司长邱宣恺，原冶金建筑研究总院副院长、中国钢结构协会常务副会长陈禄如，原中国钢结构协会秘书长汪奎田，原中国钢结构协会副秘书长刘福洲等老领导应邀出席了会议。

中国钢铁工业协会常务副秘书长李世俊，中国钢结构协会秘书长刘毅、常务副秘书长刘万忠，中国钢铁工业协会发展与科技环保部副主任兼中国钢结构协会副秘书长徐寅等领导应邀出席了会议。线材制品行业分会的历届老领导张书久、张耀庭及糇庆林应邀出席了会议。应邀出席会议的还有兄弟协会——中国钢结构协会钎钢钎具行业分会秘书长董鑫业。

线材制品行业分会部分主要骨干企业的领导：鞍钢钢绳有限责任公司董事长赵博鸿，天津冶金钢线钢缆集团公司董事长李有新，贵州钢绳集团有限责任公司董事长黄忠渠、副总经理张建平，宝钢集团上海二钢有限公司总经理张建，郑州金属制品研究院院长杨建华、信息中心主任宋为，天津市高力预一预应力钢绞线有限公司总经理李明远、副总经理王作超，首钢技术研究院副院长李永东，法尔胜集团公司副总裁董东，宁夏恒力钢丝绳股份有限公司副总经理白永福，鞍钢股份有限公司生产技术室副主任赵学博，天津华源工业公司董事长王立福，咸阳宝石钢管钢绳有限公司总经理吴根柱，湖北福星科技公司副总经理张运华出席了会议。专务副理事长沈世续，副秘书长戴荣贵暨秘书处有关人员出席了会议。

座谈会分别由理事长赵博鸿、副理事长黄忠渠主持。首钢总公司总工程师张功焰到会并致欢迎词。

会上，副理事长张建宣读了吴建常的贺信。贺信说：线材制品行业分会成立 20 年来，“团结全国线材制品企业，切实履行服务企业至上的宗旨，加强行业内部的协调和自律工作，充分发挥桥梁与纽带作用，为促进全国线材制品行业协调、有序、健康的发展，做了大量有益的而且是卓有成效的工作，成为线材制品行业中最具权威性和凝聚力的民间社团组织，深得线材制品企业的好评和拥戴。希望线材制品行业分会再接再厉，继续努力，发扬成绩，为全国线材制品行业的科学发展，为打造线材制品行业的强国做出新的贡献。”

中国钢结构协会秘书长刘毅在会上作了重要讲话，他说：线材制品行业 20 年来发展非常迅速，一是代表性的产品应用的领域越来越广泛；二是线材制品行业分会会员单位已从原来的 58 家企业发展到 140 多家。线材制品行业分会成立 20 年来，按照民政部的要求，坚持四项服务的宗旨，发挥桥梁和纽带作用，坚持每年利用学术年会、各种专业会议，研究讨论行业发展等企业关心的问题，既为企业提供了帮助，又解决了行业发展中的问题。

中国钢铁工业协会常务副秘书长李世俊作了《当前钢铁工业的形势和对策》的报告。邱宣恺老司长在讲话中首先祝贺线材制品行业分会 20 年来做了大量的工作，取得了很好的成绩，他希望线材制品行业要取得更大的发展，同时要加强宣传。他深情地表示，在身体允许的情况下，再到天津，到线材制品企业去看一看。邱司长还欣然提笔为全行业题词“坚持科学发展观，开创线材制品行业的强国之路”，代表了这些老领导的心声。

中国钢结构协会常务副秘书长刘万忠在讲话中说，20 年来，线材制品行业分会的凝聚力越来越强了，在协会二十几个分会中是最好的。对行业的发展，特别是对硬线的国产化做出了突出的贡献。钎钢钎具行业分会秘书长董鑫业代表兄弟协会对线材制品行业分会成立 20 周年表示祝贺，同时还表示了要互相支持互相帮助共同发展，为国民经济做出贡献的良好祝愿。

专务副理事长沈世续在座谈中回顾了线材制品行业分会在历届领导的关心、支持、帮助下，成长、壮大、发展的历史，提出了行业中存在并需要认真解决的问题，引起了与会领导和企业界的关注。秘书长李有新在座谈会上提出了今年工作总结和明年工作的打算，并向与会各企业征求意见。

最后，宁夏恒力钢丝绳股份有限公司副总经理白永福、法尔胜集团公司副总裁董东、天津华源工业公司董事长王立福、咸阳宝石钢管钢绳有限公司总经理吴根柱、郑州金属制品研究院院长杨建华、首钢技术研究院副院长李永东分别代表本企业宣读了纪念论文。会后与会各企业集体参观了首钢公司一线材分厂，受到了一线材广大职工的热烈欢迎。

五届一次理事长会议审定 8 名分会副秘书长

根据《中国钢结构协会线材制品行业分会管理条例》的规定，经秘书长提名，报经第五届一次理事长会议审议决定，任命以下 8 名同志为中国钢结构协会线材制品行业分会副秘书长：

戴荣贵　天津冶金钢线钢缆集团公司副总经理
纪执鲤　天津冶金钢线钢缆集团公司办公室主任
刘德安　鞍钢钢绳有限责任公司办公室主任
胡正中　贵州钢绳集团有限责任公司技术质量部部长
刘西太　宁夏恒力钢丝绳股份有限公司办公室主任
周代义　宝钢集团上海二钢有限公司技术质量部部长
宋　为　中钢集团郑州金属制品研究院信息中心主任
车金萍　首钢总公司质量监督总站总站长

第五章　第五届理事会
（2009 年 11 月 ~2013 年 12 月）

顾　　问（排序不分先后）

罗凯声　天津市冶金集团（控股）有限公司董事长、总经理
李世俊　中国钢铁工业协会常务副秘书长
刘福洲　原冶金工业部生产司副司长
汪奎田　中国钢结构协会原秘书长
徐　寅　中国钢铁工业协会发展与科技环保部副主任

理　事　长　赵博鸿　鞍钢钢绳有限责任公司董事长
☆　李建方　鞍钢钢绳有限责任公司董事长

专务副理事长　沈世续

副理事长　李有新　天津冶金钢线钢缆集团有限公司董事长
☆　郭　鑫　天津冶金钢线钢缆集团有限公司董事长
黄忠渠　贵州钢绳集团有限责任公司董事长
高小平　宁夏新日恒力钢丝绳股份有限公司董事长
张　建　宝钢集团南通线材制品有限公司总经理
周　江　法尔胜泓昇集团有限公司董事长、总裁
向灿阳　湘潭钢铁集团有限公司钢丝绳厂厂长
☆　王青元　湘潭钢铁集团有限公司钢丝绳厂厂长
杨建华　中钢集团郑州金属制品研究院院长
☆　毛海波　中钢集团郑州金属制品研究院院长
李明远　天津高力预一预应力钢绞线有限公司总经理
☆　张宏强　天津冶金集团中兴盛达钢业有限公司总经理（高力预一并入中兴盛达）
杨三根　江西新华金属制品有限责任公司总经理
李永东　首钢总公司技术研究院副院长
任玉辉　鞍钢股份有限公司线材厂厂长

秘　书　长　李有新

常务理事单位　鞍钢钢绳有限责任公司
鞍钢股份有限公司线材厂
东北特殊钢集团大连钢丝制品有限公司
天津冶金钢线钢缆集团有限公司

首钢总公司技术研究院
天津冶金集团中兴盛达钢业有限公司
天津华源工业公司
巨力索具股份有限公司
宝钢集团南通金属制品有限公司
法尔胜泓昇集团有限公司
江西新华金属制品有限责任公司
江苏沙钢集团有限公司
宝山钢铁股份有限公司条钢厂
无锡金羊金属制品有限公司
江苏神王集团有限公司
江苏狼山钢绳股份有限公司
法尔胜钢铁制品有限公司
湘潭钢铁集团有限公司钢丝绳厂
中钢集团郑州金属制品研究院
武钢集团钢丝绳厂
湖北福星科技股份有限公司
贵州钢绳集团有限责任公司
宁夏恒力钢丝绳股份有限公司
咸阳宝石钢管钢绳有限公司
(有☆者为届中调整后任职)

2010 年

预应力专委会主任委员扩大会议在北京召开

中国钢结构协会线材制品行业分会预应力专业委员会（以下称预应力专业委员会）2010 年第一次主任委员（扩大）会议于 2010 年 2 月 26 日在北京召开。线材制品行业分会副理事长、预应力专业委员会主任委员李有新，线材制品行业分会副理事长黄忠渠，专务副理事长、预应力专业委员会秘书长沈世续及预应力专业委员会副主任委员、各区域协调组正副组长单位出席了会议。线材制品行业分会副秘书长戴荣贵暨秘书处有关人员参加了会议。

会议由沈世续主持。会议首先回顾了预应力专业委员会成立以来，根据各个不同时期的形势，确定不同的工作重点，为保证和促进预应力行业的健康发展做了大量有益的工作。

会议认真地分析了今年原料市场和产品销售的形势，交流了信息。对进一步发挥预应力专业委员会的协调作用、开好全体委员会、搭建预应力专业委员会内部的信息交流平台、建立切实可行的内部统计制度、组织专业技术力量加大预应力应用领域和新品开发的力度、如何把握当前预应力钢绞线的市场走势等问题进行了广泛深入的讨论，研究并确定了近年来随着国民经济的发展，预应力行业也在不断地加快发展的形势下，今年乃至今后几年的工作重点，形成了一致意见。

会议决定，根据当前的形势，4 月底召开 2010 年第一次预应力专业委员会工作会议。

会议再次强调，为搭建好预应力专业委员会内部信息交流的平台，根据中国钢结构协会关于“协会必须做好统计工作”的要求和“向协会报送统计数据是协会会员的义务”的规定，必须做好统计工作的要求。再次强调，为维护行业及本企业的利益，各委员单位要规范行为，坚持自律，自觉抵制低价招投标等霸王条款和不正当竞争的行为的要求。会议要求，各区域协调组正副组长要积极认真地发挥好协调作用。

预应力专委会工作会议在北京召开

根据中国钢结构协会线材制品行业分会预应力专业委员会扩大会议的决定，2010 年 4 月 28 日在北京召开了 2010 年预应力专业委员会工作会议。主任委员李有新，副主任委员及代表王志安、张健、米国宝，秘书长沈世绫，线材制品行业分会副秘书长戴荣贵以及 21 家委员单位出席了会议。由于健康的原因，沈世续秘书长委托戴荣贵主持了会议。

会上，首先由李有新主任委员报告工作。在报告中李有新客观地总结了 2009 年专业委员会的工作，肯定了成绩，指出了不足。在谈到今年工作时，他向大会报告了专业委员会主任委员扩大会议确定的今年的工作，并与会人员逐一进行了讨论，形成了一致的意见。主要包括：做好统计工作，成立技术专家组，加大上下工序衔接的产业链建设。利用多种宣传形式，特别是《线材制品通讯》杂志和《中国线材制品》网，加大宣传力度。继续发挥区域协调组的协调作用，继续加强行业自律工作，维护行业的利益，维护行业的发展。

为了开好这次工作会议，会前专业委员会召开了主任委员，各副主任委员，各区域协调组正副组长参加的预备会议。在预备会议上，研究了会议的各项工作，通过了接收秦皇岛众拓预应力钢绞线有限公司为委员单位的决定。

成立胎圈钢丝专业工作委员会并开展工作

经上级协会同意，中国钢结构协会线材制品行业分会胎圈钢丝专业工作委员会于今年 5 月成立，并已开展工作。

胎圈钢丝专业工作委员会是由贵州钢绳集团有限公司、湖北福星科技股份有限公司、浙江天伦实业集团有限公司等十余家生产胎圈钢丝的企业自愿发起并组建成立的，筹备至成立期间始终得到行业分会的支持和帮助。

该专业工作委员会隶属于中国钢结构协会线材制品行业分会，并按照行业发展的要求，在引领胎圈钢丝生产企业和市场的发展上发挥积极的作用，为全国线材制品行业作出贡献。

组织专家论证天津发展线材制品项目

2010年7月9日，天津冶金集团按照市经信委、市国资委编制“十二五”发展规划纲要的总体要求，结合天津线材制品行业目前的基础条件和优势，提出发展高档线材制品的思路，请中国钢结构协会线材制品分会组织国内专家、学者召开专家论证会。会议邀请了中国钢铁工业协会常务副秘书长、分析师李世俊，中国钢铁工业协会发展与科技环保部副主任徐寅，中国钢铁研究总院研究室主任冯光宏，中国冶金规划设计研究院总设计师刘朝建，北京科技大学冶金学院副总工程师侯建新，宁夏恒力集团原党委书记，董事长刘京喜，中国钢结构协会线材制品分会专务副理事长沈世续，天津焊接材料公司原总工程师马志先，天津大成五金厂副厂长莫璋，天津冶金钢线钢缆集团公司总工程师朱龙等10位专家组成专家组。论证会议上午九点在冶金集团公司后楼六号会议室召开。与会专家对天津冶金集团提出的“天津发展高档线材制品项目”进行了充分、详细的论证。

预应力专委会全体委员会在北京召开

2010年11月19日，预应力专业委员会全体委员会在北京大悦城酒店召开。会议由副主任委员王志安主持，主任委员李有新、秘书长沈世续分别就关于制定《预应力专业委员会关于加强行业自律的若干规定》作说明。李有新说：上海会议后，秘书处邀请了有关法律专家、律师就如何规范市场公平、公正竞争、制止不正当竞争等问题进行了比较深入细致的法律咨询。在此基础上专业委员会召开了第二次主任委员扩大会，再请专家就上海会议提出的问题进行了法律讲座和答疑。各副主任、各区域协调组正副组长就如何发挥协会的作用进行了咨询和讨论。

主任扩大会认为，根据当前我国有关法律的规定和行业协会的职能，专业委员会在立足于加强行业自律的前提下，制定一个以“自觉维护行业的整体利益，坚持守法经营，坚决反对和抵制以低于成本的价格投标、竞标和销售产品，违反商业道德，损害其他经营者的合法权益，扰乱市场秩序的不正当竞争的行为”为核心的有一定约束力的规定，在行业内共同遵照执行是有必要的。因此，秘书处起草了《预应力专业委员会关于加强行业自律的若干规定》。

随后，全体与会人员对《预应力专业委员会关于加强行业自律的若干规定》进行充分的讨论，并一致通过。

会员大会暨线材供需交流会在天津召开

2010年12月15日，中国钢结构协会线材制品行业分会会员大会暨“十二五”期间深加工用优质线材供需信息交流会在天津市美都大酒店隆重召开。全国线材制品行业协会会员及有关单位的代表120余人参加了大会。

在大会主席台上就座的领导有：中国钢铁工业协会副秘书长李世俊，中国钢结构协会秘书长刘毅，天津冶金集团董事长、总经理曾小平，天津市钢铁工业协会会长罗凯声，行业协会理事长赵博鸿，副理事长、秘书长李有新，副理事长黄忠渠、向灿阳、毛海波、李明远、李永东、任玉辉，专务副理事长沈世续，“我的钢铁网”董事长朱军红，行业协会顾问汪奎田、刘福洲。

会议分两个阶段进行。首先由理事长赵博鸿主持，进行行业协会会员大会。赵博鸿宣布大会开幕后，天津冶金集团董事长、总经理曾小平向大会致辞。副理事长毛海波代表行业协会对天津冶金系统全体职工、历届领导，特别是曾小平董事长、总经理多年来对行业协会工作的支持表示衷心的感谢，对协会成立以来始终挂靠在天津的行业协会秘书处的关心、指导表示衷心的感谢。

理事长赵博鸿向大会作行业协会 2010 年工作总结和 2011 年工作安排的报告。对 2011 年的工作，赵理事长强调，要把加强行业团结作为一个主题，贯穿于各项工作的全过程。他说，2011 年是我国实施“十二五”规划的第一年，行业协会的工作，要紧扣经济发展和结构调整的主题，继续以为行业、为企业服务为宗旨，做好三方面工作。“我的钢铁网”董事长朱军红向大会致辞并介绍了“我的钢铁网”在全国网络系统宣传、推广冶金工业及产品，特别是线材制品产品方面所做的工作，表达了继续为全国线材制品行业的发展做好服务的意愿。

中国钢结构协会秘书长刘毅在讲话中对行业协会的工作给予了充分的肯定。对协会在“十二五”期间，特别是 2011 年继续坚持服务宗旨，进一步做好工作提出了要求。

副理事长、秘书长李有新主持了第二阶段的会议。会议转入“十二五”期间深加工用优质线材供需信息交流。会上，中国钢铁工业协会副秘书长李世俊针对“十二五”期间全国钢铁工业，特别是线材制品行业的发展作了重要报告。专务副理事长沈世续针对如何在“十二五”期间进一步地推动全行业的发展，积极主动地加强行业协会内部上下工序的衔接，以实现深加工用优质线材信息对称、供需平衡，作了大会发言。“我的钢铁网”首席分析师贾良群结合“十二五”期间钢铁工业的规划、发展，做了今后一个时期钢铁市场走向的分析报告。

贵州钢绳集团有限责任公司、天津冶金中兴盛达钢业有限公司、宝钢集团南通线材制品有限公司、天津华源工业公司代表线材制品企业，鞍钢股份有限公司线材厂、天津钢铁集团公司、首钢总公司、邢台钢铁有限责任公司代表优线生产企业进行了供需信息交流。

最后，理事长赵博鸿对大会进行了总结，他说，一年来行业协会的工作成果是巨大的，是全体会员单位的信任和支持的结果。这次会议上，一部分企业在会上进行了交流，大家汇集一堂为行业的发展建言献策，共商“十二五”期间行业的发展大计，可以说这是一次具有凝聚力的会议，体现了团结共赢的主题。大会在热烈的掌声中闭幕。

五届二次常务理事会议在天津召开

2010 年 12 月 14 日下午，中国钢结构协会线材制品行业分会在天津市美都大酒店召开了五届二次常务理事会议。18 家常务理事单位的代表、行业协会的顾问汪奎田、刘福洲出席了会议。会议由理事长赵博鸿主持。

会议首先由理事长赵博鸿作行业协会 2010 年工作总结和 2011 年工作安排的报告。副理事长、秘书长李有新向常务理事会报告了 2010 年度会费收支情况和组织工作情况。副秘书长纪执鲤报告了有关变更事项。

在赵博鸿的主持下，全体与会人员对上述三个报告进行了充分热烈的讨论。在对工作报告提出个别修改意见的前提下，经过表决，一致通过了三个报告，并同意在 2010 年 12 月 15 日上午的行业协会会员大会上，由理事长赵博鸿作 2010 年工作总结和 2011 年工作安排的报告。

会议决定，聘请天津冶金集团董事长、总经理曾小平为行业协会的顾问。

2011 年

设备生产企业座谈会在苏州召开

2011 年 3 月 25 日，中国钢结构协会线材制品行业分会组织的线材制品生产设备企业座谈会在苏州竹辉饭店召开（见图 6-5-1）。江阴南菁机械有限公司、包头田力机械制造有限责任公司、天津工大镀锌设备有限公司、江阴三联机械制造有限公司、无锡通成工业窑炉有限公司、法尔胜集团泓昇机械厂、苏州新凌电炉有限公司等 17 个单位及中国钢结构协会线材制品行业分会秘书处和上海申仕展览服务有限公司的领导和代表共 20 多人参加了会议。

图 6-5-1 线材制品行业分会线材制品生产设备企业座谈会代表合影

副秘书长戴荣贵主持了会议。会议围绕如何为线材制品行业和企业的发展提供高质量、高效率、低能耗、绿色环保的生产设备和生产技术支持；如何向国内外推介宣传我国线材制品装备的现状和发展水平，以期进一步扩大国际市场；对行业协会有什么要求等事项进行了广泛而热烈的讨论。

秘书长李有新感谢与会各位领导和业内同仁多年来对行业协会秘书处工作的信任和支持，并就“沟通、桥梁、信息、服务”8 个字，重申了行业协会的职能和宗旨。对当前线材制品行业的经济形势，李有新秘书长通过几组数据，分析了近年来线材生产和线材制品生产的发展轨迹以及深加工用线材与线材制品之间量的关系；展望了“十二五”期间，线材制品行业在产品总量、品种规格、质量需求的发展前景；对部分产品在总量和质量上的发展充满憧憬；对个别产品的供大于求和过超前发展提出预警。秘书长李有新相信，在业内同仁的共同努力下，中国线材制品行业一定会尽快实现由线材制品大国向线材制品强国的转变。

上海申仕展览服务有限公司总经理曹祥军介绍了将于 2011 年 9 月 26 日开幕的“2011 国际线材制品及设备展”的筹备及招商进度。总经理曹祥军强调，“2011 国际线材制品及设备展”顺应当前形势，旨在为线材制品行业搭建一个有效的、高规格的交流平台，促进线材制品企业与采购商之间的深度接触。在业内同仁的共同参与下，该展会将成为 2011 年线材制品行业不可或缺的商务平台。

五届三次常务理事会议在天津召开

2011 年 11 月 23 日上午，中国钢结构协会线材制品行业分会五届三次常务理事会议（图 6-5-2）在天津市和平宾馆召开。行业协会顾问、天津市冶金集团公司董事长、总经理曾小平，中国钢结构协会副理事长刘毅，行业协会顾问汪奎田、刘福洲、徐寅出席了会议，20 家常务理事单位的代表参加了会议。会议由协会副理事长、宝钢集团南通线材制品公司总经理张建主持。

图 6-5-2　线材制品行业分会五届三次常务理事会议现场

会议首先由理事长赵博鸿作行业协会2011年工作总结报告。赵博鸿在报告中说，2011年在打好“十二五”开局头一年、寻求发展的过程中，行业协会按照为全行业、为各企业服务的宗旨要求，紧扣经济发展和结构调整的主题，做了大量的工作。

赵博鸿认为，今年协会的工作取得了一定的成效。但是由于协会的工作点多面宽，在统筹各方工作上仍有不足，需要我们今后工作中继续努力地克服和改进，以利于行业协会立足于加强自身建设，进一步提高工作水平，再接再厉，尽职尽责，努力发挥作用，为全行业的发展继续努力奋斗，再作新贡献。

协会秘书长李有新向会议报告了2012年行业协会的工作安排。专务副理事长沈世续、副秘书长戴荣贵分别作了《关于协会人事、组织调整》的报告和《关于协会2011年度会费预计收支情况》的报告。

会议对上述报告进行了充分的讨论，表决通过了行业协会《2011年工作总结》《2012年工作安排》《关于协会人事、组织调整》《关于协会2011年度会费预计收支情况》四个报告。会议要求协会秘书处要根据会议提出的要求和意见，进一步充实细化《2012年工作安排》。

最后，理事长赵博鸿代表行业协会衷心地感谢天津冶金集团对行业协会工作的支持，衷心感谢协会的各位顾问、老领导对协会工作的关心和帮助。他要求秘书处要根据会上提出的意见进一步充实完善2012年的工作安排。他希望全行业各企业在升级转变、突飞猛进的发展中，要广泛联系，携手共进，共克难关，共同进步，共同担负起加快民族工业发展的责任。

2012年

中国线材制品行业应对美国对中国出口的镀锌钢丝损害调查终裁取得胜利

2012年4月23日美国国际贸易委员会作出终裁，认定我国出口美国的镀锌钢丝产品没有对其相关产业造成实质性的损害和威胁，因此美国商务部不能要求海关对此类产品征收“反倾销、反补贴”关税。这是中国线材制品行业在国际贸易摩擦中反损害调查的首场胜利，体现了我国线材制品行业的团结、智慧和力量。

自去年4月份以来，美国国际贸易委员会（ITC）和商务部（DOC）相继立案对此类产品进行损害调查和“反倾销、反补贴”调查，中国钢结构协会线材制品行业分会（以下简称协会）得到消息后，感觉到有责任帮助企业并召集企业进行行业抗辩，共同维护行业和企业的利益。于2011年4月7日召集相关企业在北京中国钢铁工业协会召开会议，了解损害调查和“反倾销、反补贴”调查的程序，统一思想、商讨应对策略，此举得到了以天津华源公司为代表的相关企业的积极响应和通力配合，同时，商务部领导、中国钢铁工业协会职能部门的领导和我们上级协会的领导到会，对此项工作给予了大力指导帮助，中国钢铁工业协会职能部门的领导为我们进行行业抗辩推荐了律师。特别是我们协会的挂靠单位天津冶金集团，一直以来给予了我们协会财力、人力等方面的大力支持，此次抗辩工作也给予了支持和帮助。4 月初中国钢结构协会下发授权书，授权中国钢结构协会线材制品行业分会以中国钢结构协会法人身份全权代表中国镀锌钢丝行业进行应诉抗辩。

2011 年 4 月 10 日，协会召集企业和委托律师召开专题会议，指导企业填写调查问卷，沟通应诉程序信息，与委托律师事务所签订了应诉抗辩的委托协议。

2011 年 5 月 6 日在美国国际贸易委员会（ITC）的初裁尚未出来之前，协会再次召集应诉企业和委托律师沟通答卷及商讨下一步应诉工作。商务部的吴丹处长、中国钢铁工业协会侯颖处长到会为大家分析形势、指导工作，并对协会和企业高效率应诉工作给予了充分的肯定。此前 4 月 21 日华源公司和宝章公司派人参加了美国听证会，宝章公司代表应诉方发表了陈辞，发挥了很好的作用。

2011 年 5 月 16 日，美国国际贸易委员会（ITC）初裁损害成立（6∶0），2011 年 6 月 3 日，协会及时召集应诉企业和律师商讨今后的工作，同时，协会为今后企业应对美国商务部“双反”工作鼓劲、加油，会上协会明确表示将一如既往地和企业团结、战斗在一起。

2011 年 10 月 28 日美国商务部对反补贴初裁，对中国应诉企业征收个别税率，对华源公司征收惩罚性税率 235%。为此，协会和华源公司向中钢协和商务部反映情况，商务部于 2011 年 11 月 1 日在北京紧急召开会议，倾听协会和华源公司意见，并作出具体应对意见。

此次抗辩工作历时一年多，虽然美国国际贸易委员会（ITC）去年 5 月份初裁损害成立，以及今年 3 月份美国商务部（DOC）终裁倾销和补贴税率分别高达 235% 和 223. 27%，但是美国国际贸易委员会（ITC）的终裁（4∶2）认定对其损害为否定性的。我们认为美国国际贸易委员会（ITC）最终裁决是合理、公正、公平的，是尊重事实的裁决。这一裁决不仅维护了我国行业企业的合理合法利益，也维护了美国进口商的利益。为今后我们行业解决国际贸易摩擦，开展自由、开放、公正、公平的中美贸易乃至国际贸易，具有深远的历史意义。

通过此次对美国抗辩工作，我们深深感到：第一，协会和企业是团结的，工作是高效有序的，体现了我们的团队素质和精神；第二，各级领导和上级协会的领导对协会的各项工作给予了及时的指导和帮助，企业对协会的所有工作是支持和配合的；第三，我们行业企业有永不言败、锲而不舍、战斗到底的精神。所以，我们才取得了应诉抗辩的最终胜利。

总之，自我国加入 WTO 以来，协会一直倡导会员企业，自觉遵守贸易规则，进行合理合法的国际贸易和国内营销，开展了许多有成效的工作和活动。总之，我们协会将以此次应诉抗辩为契机，更好地为行业企业做工作，服务好。在此感谢对我们工作给予指导和帮助的各级领导和我们上级协会的领导。同时，预祝我们行业和企业永远进步，健康发展。

中国线材制品行业应对美国镀锌钢丝损害调查总结会议在天津召开

2012 年 4 月 23 日，美国国际贸易委员会对我国出口的镀锌钢丝损害调查终裁没有对其相关产业造成实质性的损害和威胁，结束了中国线材制品行业历时一年多应诉抗辩工作。

中国钢结构协会线材制品行业分会（以下简称行业协会）于2012年4月27日，在天津宾馆组织召开中国线材制品行业应对美国镀锌钢丝损害调查总结会议（图6-5-3），中国商务部公平贸易局刘丹阳副局长、吴丹处长，中国钢铁工业协会市场部侯颖主任，中国钢结构协会原会长刘军、戴长河主任，天津市商务委赵义轩处长，天津市经信委梁玉桂处长，静海县商务委郭文江主任、冉庆峰副主任，天津冶金集团王会清副总经理，中国钢结构协会线材制品行业分会李有新秘书长、戴荣贵副秘书长、纪执鲤副秘书长，格德莱西克（GDLSK）律师事务所弗朗西斯·赛勒、郑和律师，华源集团董事长王立福及16家应诉企业的代表出席了会议。会议由协会专务副理事长沈世续主持。

图6-5-3 线材制品行业应对美国镀锌钢丝损害调查总结会现场

会上，首先由格德莱西克（GDLSK）律师事务所弗朗西斯·赛勒律师向与会人员通报了律所在损害调查应诉抗辩各阶段工作情况。

赵义轩处长代表天津市商务委对此次我国线材制品行业应对美国镀锌钢丝损害调查取得胜利表示祝贺，对此次从全国各地来津参加应对美国镀锌钢丝损害调查总结会议的各级领导、协会和企业表示了衷心的感谢和欢迎。

应诉企业天津华源集团王立福董事长、天津全友公司总经理高梦云、上海宝章公司刘青朕主任代表16家应诉企业先后发言。他（她）们在发言中诚挚感谢商务部、中钢协、钢结构协会、天津市（县）商务委、行业协会等各级领导对应诉抗辩工作给予的支持、指导和帮助；倡议行业内企业加强团结，以行业协会为平台，以华源集团为榜样，关键时刻敢于站出来，共同维护行业、企业的尊严、权利和市场。

行业协会李有新秘书长回顾总结了自去年4月份至今，一年多来行业协会和企业应诉美国国际贸易委员会对我国出口的镀锌钢丝损害调查应诉抗辩所做的具体工作。此次抗辩工作历时一年多，虽然美国国际贸易委员会（ITC）去年5月份初裁损害成立，以及今年3月份美国商务部（DOC）终裁倾销和补贴税率分别高达235%和223.27%，但是美国国际贸易委员会（ITC）的终裁（4：2）认定对其损害为否定性的。我们认为美国国际贸易委员会（ITC）最终裁决是合理、公正、公平的，是尊重事实的裁决。这一裁决不仅维护了我国行业企业的合理合法利益，也维护了美国进口商的利益。为今后我们行业解决国际贸易摩擦，开展自由、开放、公正、公平的中美贸易乃至国际贸易，具有深远的历史意义。通过应诉抗辩的艰难、曲折的历程，他谈了三个方面的感想：第一，协会和企业是团结的，工作是高效有序的，体现了我们的团队素质和精神；第二，各级领导和上级协会的领导对协会的各项工作给予了及时的指导和帮助，企业对协会的所有工作是支持和配合的；第三，我们行业企业有永不言败、锲而不舍、战斗到底的精神。所以，我们才取得了应诉抗辩的最终胜利，维护了行业、企业的合理权益和尊严。

中国钢铁工业协会侯颖主任在发言中指出：此次应诉抗辩胜利的取得，一是行业协会组织得力、有方，工作效率高；二是商务部相关领导给予了大力支持和帮助；三是以华源集团为代表的应诉企业有坚持不懈、奋斗到底的决心和毅力。因此要认真总结，在今后的经营活动中，要尊重市场规律，充分考虑出口产品的数量、价格的均衡性。中钢协将一如既往为政府和企业搭建平台，反映企业诉求，为企业服务好。

中国钢结构协会原会长刘军在发言时表达了对应诉抗辩胜利的祝贺和感谢，认为此次胜利的取得主要是三个方面的因素：第一，国家、天津市和中钢协全力支持和配合；第二，以华源集团为首的应诉企业的团结和相互支持；第三，行业协会全体同仁的共同努力。伴随着我国的改革开放世界贸易中的“双反”几率会更多，要将应对“双反”作为行业协会的主要工作。中国钢结构协会将尽全力为保障行业健康发展作出贡献。

商务部公平贸易局刘丹阳副局长祝贺应诉抗辩取得胜利，他指出：此案虽然涉案数量不大，但是体现了我们大家的高度重视和工作劲头，此案的胜诉，一是当时的大环境严峻，美方最初的做法是非常畸形的，为了不让其蔓延，国家将此案摆到了中美高级别议事议程上，结果是非常不容易的；二是成绩的取得充分发挥了政府、协会、企业、律师四体联动的作用，大家都做了许多工作。抗辩取胜了，大家要认真总结，从长远考虑，要有忧患意识，首先是要避免类似案子的发生，而不是仅仅考虑如何打好官司，因此，要认真查找我们在工作中的不足，加强经营管理、财务管理、规范自律，维护市场和产业发展的可持续性。

行业协会挂靠单位天津冶金集团王会清副总经理在发言时指出：一是应对美国对中国出口的镀锌钢丝损害调查数额虽然不多，但是非常值得庆贺。国家商务部、中钢协、钢结构协会、天津市（县）商务委给予了支持、指导和帮助，行业内的应诉企业也在各个方面付出了努力。二是行业协会在代表企业历时一年多应诉中付出了很多辛苦，近几年来行业协会从编制行业规划，加强与企业沟通、服务到不断壮大行业队伍都做了大量工作，这次抗辩的胜利体现了行业协会工作能力和服务水平的不断提升。

自我国加入 WTO 以来，行业协会一直倡导会员企业，自觉遵守贸易规则，进行合理合法的国际贸易和国内营销，开展了许多有成效的工作和活动。总之，行业协会将以此次应诉抗辩为契机，更好地为行业企业做工作，服务好。在此感谢对我们工作给予指导和帮助的各级领导和我们上级协会的领导。同时，预祝我们行业和企业永远进步，健康发展。

中国钢结构协会线材制品分会致行业企业的一封信

尊敬的各企业领导：

首先，向在应对美国镀锌钢丝损害调查抗辩中取得全面胜利的中国生产、经营镀锌钢丝企业表示热烈的祝贺，对你们不畏强权、奋力抗争的民族精神表示诚挚的敬意，对各企业全力配合协会工作表示衷心的感谢！

下面就美国双反案行业抗辩作如下说明。

一、案子基本情况

2011 年 3 月 31 日，美国国际贸易委员会发布公告，宣布对我国出口到美国市场的镀锌钢丝产品进行行业损害调查。这是美国对华第 28 起“双反”案件，涉案总金额 5800 万美元。

2011 年 5 月 16 日，美国国际贸易委员会发布初裁公告，以 6∶0 的投票表决结果，认定原产于中国的镀锌钢丝产品对于美国内产业造成损害。

2012 年 4 月 23 日，美国国际贸易委员会发布终裁公告，以 4∶2 的投票表决结果，认定原产于中国的镀锌钢丝产品未对美国内产业造成损害。至此，中国镀锌钢丝行业抗辩工作胜诉。

这是今年以来被美国国际贸易委员会否决的第二例“双反”案件。这一案件的胜利，对于我国镀锌钢丝行业以及企业的发展，将产生积极深远的影响和重大的发展意义：只要我们团结起来，小行业也能办大事情，也能取得大成果，此举增强了国家对行业的关注和国人对线材制品人的注目；进一步为行业、为企业拓展了市场空间和发展空间；进一步积累了企业运作国际市场和应对国际贸易复杂环境的宝贵经验；进一步加强了企业与政府部门、协会组织的紧密关系，以及线材制品行业的合作基础。

二、主要工作情况

2011 年 3 月 31 日，美国国际贸易委员会发布公告的当天，天津华源集团就与中钢协侯颖副主任、中国钢结构协会线材制品行业分会（以下简称行业协会）沈世续专务副理事长取得了联系，约定于 4 月 1 日下午两点在天津某茶社召开专项协调会议，天津华源集团董事长王立福先生、集团总办主任邢淑静女士、营销部长王琪女士参加了协调会议。会上，首先由侯颖副主任介绍了案件的基本情况，并进行了技术性的指导，深入分析了国际贸易环境的复杂性和案件的艰巨性；第二达成了共识，天津华源集团是行业协会常务理事单位，牵头全力推进行业抗辩工作，将“双反”案件应诉进行到底，中钢协全力支持，行业协会全力组织行业抗辩工作；第三安排工作，定于 4 月 7 日在北京中钢协召开本行业涉案企业第一次会议，委托侯颖副主任帮助聘请律师和协调商务部领导的工作，沈副理事长协调行业协会组织工作，华源集团负责与行业涉案企业协调和联系工作。

2011 年 4 月 7 日，在中钢协召开了第一次会议，商务部、中钢协、钢结构协会、行业协会领导出席了会议，天津华源、上海宝章等 18 家涉案企业负责人参加了会议，深入分析了案件对我国行业企业的影响和案件的复杂情况，一是美国是世界最大的经济体、大市场，是企业发展的需要；二是如不进行主动应诉，将出现连锁反应，会失去国际市场；三是国际贸易保护主义泛滥的大环境下，行业抗辩应诉工作具有一定挑战性。与会人员一致认为：虽然我们的行业小，但是我们要肩负起国人的荣誉和行业的责任，行业协会组织、华源集团牵头、政府支持、应诉各企业积极配合，全力推动行业抗辩工作的有效进行，力求胜诉。

2011 年 4 月 10 日上午，在天津水晶宫饭店召开行业第二次会议，聘请了律师人员，确定了律师费用额度及费用分摊方式，培训了行业抗辩答卷和“双反”应诉准备工作，并对各企业提出了具体工作要求。

2011 年 4 月 22 日，华源集团营销部长王琪女士和宝章公司章吉吉先生赴美与受聘美国律师出席了美国国际贸易委员会举办的听证会，发表陈述意见和观点，进一步掌握了一手案件材料和信息。

2011 年 4 月 27 日，华源集团董事长与宝章公司董事长在上海就出席听证会情况做了深入交流，并对下一步工作进行了沟通。

2011 年 5 月 5 日，行业协会在水晶宫召开了第三次会议，就前一阶段工作和费用收支情况向应诉企业作了通报，同时针对美国商务部（DOC）发起的“双反”调查对企业进行了技术性的指导。

2011 年 6 月 3 日，针对初裁结果，行业协会组织召开了第四次会议，听取了美国国际贸易委员会初裁结果的律师报告，与会人员就关心的事项向律师代理人提出了强烈的质疑和不满，认为美国律师对受理案件的美官员政治倾向没有进行调查，没有来中国进行案件技术指导，工作计划不完善，初裁结果拖延了一个多月才向线材制品协会和企业汇报，重视程度和工作效果对于初裁结果造成一定的负面影响。

2011 年 9 月 10 日，华源集团董事长王立福先生、副总裁王钺涵先生、总办主任邢淑静女士、营销部长王琪女士，在北京约见了商务部公平贸易局刘丹阳副局长、吴丹一秘、中钢协侯颖副主任，汇报了案子的进展情况，提出了美国政府在本案中种种不合常规的做法，提请商务部给予关注。商务部领导介绍了本案的背景，指出本案件是中国轮胎案在世贸组织对美胜诉之后的第一个报复性案件，美国政府很有可能将此案办成一个政治案件，后面的应对工作可能会更加复杂，企业要做好思想准备。商务部将对此案给予高度重视，采取一定的措施，并研究好下一步的工作。

2011 年 11 月 2 日，在北京商务部召开了镀锌钢丝案件的专题会议，商务部公平贸易局刘丹阳副局长主持了会议，商务部公平贸易局邓德雄处长、条法司于方副处长、吴丹一秘，中钢协侯颖副主任、吴晶晶处长，行业协会沈世续专务副理事长，华源董事长王立福先生、总办主任邢淑静女士、营销部长王琪女士参加了会议。会上代理律师介绍了案件的基本情况，王立福董事长发表了对案件的看法和意见，指出美国国际贸易委员会初裁结果是不正确的，中国出口到美国的镀锌钢丝产品总量是下降的，行业损害是不成立的。对于近一个月来美国政府在“双反”调查中的强盗逻辑和一系列不公正、不合法的做法提出强烈的抗议，并指出，如果任其嚣张蔓延，中国所有的出口企业将会在美国的“双反”调查中面临灾难性的危险。恳请商务部领导采取强有力的措施，给予坚决制止。侯副主任和沈副理事长就本案发表了观点和看法。

王立福董事长的发言引起了商务部领导的高度重视，刘副局长表示，有企业的团结努力和决心，政府一定会采取措施纠正美国的错误做法，保护企业合法利益：一是将此案列入中美经贸工作对话专项内容（当晚九点就与美方进行了司局级电话会议）；二是在11月底，在中美战略与经济对话列入专项内容（副总理和商务部长级别）；三是研究对美反制措施。本次会议刘副局长的表态与意见，体现着政府为企业解困和为民办事的真诚态度，让我们与会人员非常感动。

整体行业抗辩工作历时400余天，通过艰苦卓绝的不懈努力，最终实现了我们的胜诉，在行业抗辩和“双反”过程中，政府、各级协会领导给予巨大的支持和帮助，各企业给予了战友般的通力配合。

政府领导：中央和地方有关部门对本案给予了高度关注，做了大量工作。商务部公平贸易局刘丹阳副局长亲自主持专题会议，提出了关键性的意见措施，协调有关部门和企业间的工作，推动中美政府间对话，解决了关键性问题。吴丹一秘多次参加应对“双反”调查的专题会议，讲意见、作指导、协调答卷和有关工作，促成了商务部专题会议。政府的关注和强有力的措施，在应对本次贸易摩擦中发挥了关键性的作用，通过这个案件可以看出，政府是企业坚强有力的后盾。

协会领导：中钢协侯颖副主任是应对国际贸易纠纷的专家，第一时间研究案件的应对方案，组织中钢协的第一次涉案企业会议，协调律师工作，10余次研究指导案件关键环节的重要工作。全国线材制品行业协会李有新秘书长亲自组织制订行业抗辩工作计划，与代理律师洽谈协议条款，与企业协调工作，为企业节省费用，推进了整体工作的有效进行。沈世续专务副理事长是德高望重的业内资深专家，怀着对行业和企业的深厚感情，第一时间研究对案件的应对方案，推动在中钢协召开的行业抗辩第一次会议，多次赴京协调工作，研究案件的应对方案，推动行业抗辩工作顺利开展。纪执鲤副秘书长围绕着行业抗辩开展工作，企业协调、律师协调、资料准备、会议准备，一年多来上千次的电话、收发邮件进行沟通联络，保障了行业抗辩基础性工作的顺利进行。通过行业抗辩工作让企业深深感受到了协会具有家的温暖和力量。

各企业肩负着国人的荣誉和行业的责任，积极应对行业抗辩，全力配合协会组织工作，认真完成答卷工作，按计划承付律师费用及会务费用，按时参加专项会议。天津华源集团组建了以王立福董事长为组长的内部专项领导小组，肩负着行业牵头人的责任，全力推动行业抗辩和“双反”案件工作的进展，全力参与研究行业抗辩工作计划与措施。线材制品行业的有志之士表现出了空前的团结和凝聚力，他们立场坚定、信心十足、坚持不懈，为案件的最终胜诉打下了良好的有力基础，为我国在应对国际贸易纠纷案件方面树立了典范。

对于以下参与行业抗辩的企业，致以崇高的敬意：天津华源线材、天津华源时代、天津天欣金属、天津国盛金属、天津银山工贸、天津全友钢丝绳、上海宝章实业、安徽宝章实业、石家庄金纬金属、法尔胜集团进出口、北京麦士特、陕西新迈特国际贸易、青岛东安特、河北明迈特贸易、安平阳光、天津亿城金属。

以上参与行业抗辩的各个企业，怀着国人的荣誉和行业的责任，胸怀大局，不计得失，坚定信念，一往无前，直至赢得最终胜诉。建议并希望没有参加抗辩行业的企业，要向以上的企业学习，谨记国家荣誉和行业责任，主动维护行业利益，在今后的工作中争取为国家和行业作出贡献。

历时一年多的行业抗辩工作，我们取得了最终的胜诉，这是商务部领导、中钢协领导、钢结构协会领导、行业协会挂靠单位天津冶金集团领导帮助和支持的结果；是全国线材制品协会有效组织的结果；是参加行业抗辩的全体企业团结一致和积极配合的结果。在此，行业协会、天津华源集团向各位领导和同仁们表示崇高的敬意和衷心的感谢！

三、体会与倡议

对本次行业抗辩工作有四点体会：

（1）全球贸易保护主义有泛滥之势，必须高度警惕，旗帜鲜明地加以反对。对于企业而言，一旦遭遇国外反倾销立案，我们应该转变观念，要积极主动地应对、应诉，只有这样才能最大化维护自身的权益。

（2）参与行业抗辩的企业，从始至终不计较没有参加行业抗辩的企业，因为我们拥有共同的使命和目标，胸怀着国人的荣誉和行业的责任，随着我们的胜利，相信他们对于中国人的尊严和行业的责任问题是一定会提升的。

（3）政府、上级协会的大力支持和行业协会有效组织是这次行业抗辩的关键因素。特别是线材制品协会作为行业内的企业组织，在预防和应诉国外反倾销中处于主导地位，所有企业应当聚在行业的平台上，整合资源、共享信息，共同全力应对。

（4）团结就是力量，应对国际贸易纠纷，全行业必须团结。大企业牵头、相关企业全力配合是应对行业抗辩的决定因素。

本次应对美国镀锌钢丝“双反”调查，企业、行业、协会、政府，四方力量凝聚在一起，形成了一股强大的气势，企业决心大，行业团结，协会组织，政府支持，从各个方面、各个渠道、各个层面向美国政府、原告施加压力，据理力争才有了今天的胜利。

四点倡议：

（1）坚持为社会、为地区、作贡献，争取政府、合作伙伴和客户的支持和拥护。

（2）坚持行业自律，推动成立协会专委会，防止无序竞争，否则吃亏的是企业。

（3）坚持积极加入行业协会，协会是为行业争取利益的枢纽和平台，能够分享技术、市场和政策资源，有效组织应对国际贸易纠纷等。

（4）坚持规范管理。企业在日常经营活动中要逐步实行符合国际规范的财务制度，避免无序销售、倾销行为。

恳请各企业同仁对一年来的行业抗辩工作提出宝贵意见和建议。

2012年5月18日

应邀参加紧固件暨线材产业链论坛会

2010年5月25日，由浙江省紧固件行业协会、闽山海钢铁联合采购平台及上海钢联电子商务股份有限公司（即“我的钢铁网”）联合主办的“2012紧固件暨工业线材产业链高峰论坛”在浙江省嘉兴市海盐县举行。

国内外优特钢生产钢厂、贸易企业、紧固件拉丝企业、生产设备供应企业、汽车船舶下游需求企业等400多名来自工业线材产业链上的精英人士参加了会议。会议由浙江省紧固件行业协会常务副会长徐德仁主持。

中国钢结构协会线材制品行业分会专务副理事长沈世续应邀参加会议，并在会上发言，他建议国内工业线材生产企业要主动打造精品。

沈世续介绍，2010年线材产量为1.05亿吨，2011年为1.226亿吨，但这么高的线材产量其中70%为建筑材，而不是工业深加工材，“而发达国家的线材深加工量在50%甚至70%”“如果建筑材提高级别，可以节约能源和资源，这有待决策和思想的转型，希望盘条产量中70%用于建筑材的比例今后会降下来”。

沈世续随后讲解了线材深加工产品的分类，并回顾了我国高线行业从无到有、从有到多、从多到好、从好到优的四个发展阶段。

沈世续表示，我们高线行业以后的发展方向是打造精品，从“十二五”期间乃至更长时间，高线、优线行业将是“从优到精”的过程。他建议高线企业做好定位，打造出有稳定市场需求、质量稳定、质量有个性化、深受用户欢迎的精品。“产品质量稳定性不光是技术问题，更多是管理和细节问题，这需要高线企业继续努力”。

常务理事会暨预应力专委会会议在北京召开

2012年6月7~8日，中国钢结构协会线材制品行业分会（以下简称分会）在北京大悦城酒店组织召开分会五届四次常务理事会议和预应力专业委员会会议。

6月7日下午分别召开了分会理事长、副理事长单位预备会议和预应力专业委员会主任委员和副主任委员预备会议。

分会常务理事会议于6月8日上午召开，中国钢结构协会刘万忠秘书长、汪奎田顾问，分会徐寅顾问、李建方理事长、李有新秘书长、沈世续专务副理事长、副理事长、常务理事共17家单位出席会议，分会秘书处相关工作人员参加会议。3家单位请假，5家单位缺席。会议由李有新秘书长主持。

（1）会议表决通过了鞍钢钢绳有限责任公司李建方总经理担任分会理事长、鞍山友谊预应力制品有限责任公司退出分会、退出预应力专业委员会和辞去相关职务的意见。

（2）纪执鲤副秘书长宣读了《线材制品行业“十二五”期间科技发展的建议》（讨论稿）。与会的代表、专家、顾问就产品结构调整、提高线材制品行业装备水平、提升产品实物质量、加强节能环保等方面提出许多中肯的意见和建议。

（3）李有新秘书长详细介绍了中国线材制品行业应对美国镀锌钢丝行业损害调查抗辩中取得最终胜利的情况。

结合行业协会的工作谈了四点体会：一是全球贸易保护主义有泛滥之势，必须高度警惕，旗帜鲜明地加以反对。二是参与行业抗辩的企业，从始至终不计较得失，因为大家胸怀着国人的荣誉和行业的责任。三是政府、上级协会的大力支持和行业协会有效组织是这次行业抗辩取胜的关键因素。四是团结就是力量，应对国际贸易纠纷，全行业必须团结。

大企业牵头、相关企业全力配合是应对行业抗辩的决定因素。

同时提出四点倡议：一要坚持为社会、为地区做贡献，争取政府、合作伙伴和客户的支持和拥护。二要坚持行业自律，防止无序竞争，否则吃亏的还是企业。三要坚持规范管理。企业在日常经营活动中要逐步实行符合国际规范的财务制度，避免无序销售、倾销行为。四要将行业协会作为枢纽和平台为行业企业争取利益，共同分享技术、市场和政策资源，有效组织应对国际贸易纠纷，同时，以此次抗辩取得胜利为契机，成立相应的专业委员会，有针对性和专业性地做好行业协会的各项工作。

会议表决通过了由天津华源公司牵头筹建成立有关防腐镀层专业委员会的建议。

沈世绩专务副理事长在回顾应对美国镀锌钢丝行业损害调查抗辩工作时说，应诉抗辩取得胜利，体现了行业协会和企业的同心、信心、决心和耐心。近年来行业协会相继成立几个专业委员会，开展了卓有成效的工作，面对当前的困难时期，更需要大家团结，相互支持，使我们的整个行业不断发展、壮大。

中国钢结构协会刘万忠秘书长在发言时指出：应对美国镀锌钢丝行业损害调查抗辩中取得最终胜利是一件很了不起的事，体现了行业内的团结和以华源公司为代表的应诉企业勇于承担的精神。对行业协会下一步的工作提出了三点要求：一是新任理事长已到位，要在做好日常工作的同时，为明年的换届做好筹备工作；二是制品行业要向上游企业提出我们的需求，提高产品的实物质量，不断拓展应用领域，同时，推动钢铁行业的发展；三是大家关心的酸洗环保问题，要参考新技术对我们行业是否可行，用技术进步带动行业实现科学发展。

李建方理事长在总结发言时指出：第一，《线材制品行业“十二五”期间科技发展的建议》（讨论稿）很全面，提出了行业今后要做什么、怎么做。目前，国内行业与国外比有差距，“十二五”建议中提出了瞄准、达到国际先进水平，提法很高，具有引领作用，秘书处要参考大家的建议进一步充实丰富内容。第二，在环境保护方面我们是有许多工作可以做的，要从爱护员工、负责社会出发，推广采用国内外的环保新技术，加大投入，实现防护、治理并举。第三，现实证明，靠一个企业单打独斗，很难支撑整个行业，要由行业协会牵头，加强相互交流，在倡导信息化管理、精细化管理等方面发挥作用，为行业发展提供服务和支撑。

6 月 8 日下午，召开了预应力专业委员会，出席会议的有：主任委员李有新、沈世绩秘书长，张建副主任委员因紧急事情未能出席，特发来信息，表示完全同意会议的决定。杨三根副主任委员的代表及 14 家会员单位的领导及代表参加会议。3 家会员单位请假，经电话征求意见，同意专业委员会的相关决定。缺席 5 家单位。会议开始由李有新主任委员主持。

李有新主任委员在发言时指出：(1) 由于本人已经退休，按照章程，主任委员应在行业生产企业中选举产生，因此，提出辞去主任委员职务。经征求协会挂靠单位领导意见，建议推荐由天津冶金集团中兴盛达钢业有限公司总经理张宏强担任主任委员；(2) 鞍山友谊预应力制品有限责任公司由于企业转产，书面提出退出预应力专业委员会并辞去相关职务。以上提交会议讨论通过。

7 年来，在大家的支持、配合下，专业委员会做了许多工作，要坚定信心，越是困难时期越要团结一致，共渡难关，相信通过大家共同努力，行业会有更好的明天。

与会的代表对 7 年来预应力专业委员的工作给予了充分肯定并一致表示，同意依照章程，由天津冶金集团中兴盛达钢业有限公司总经理张宏强担任预应力专业委员会主任委员，同意鞍山友谊预应力制品有限责任公司退出预应力专业委员会并辞去相关职务。

之后，会议由张宏强主任委员主持。在交流发言时代表们表示通过时间的磨炼，大家的思路更加清晰，将在新一届专业委员会的带领下，一如既往，团结在一起，形成默契，全力支持专业委员会的工作，认真履行权利和义务，共创行业的辉煌。

张宏强主任委员首先感谢大家的信任和对预应力专业委员会工作的支持。他指出：协会是我们的大家庭，是产品把大家连在了一起，上一届专业委员会在李有新主任委员的带领下，做了许多工作。面对当前严峻的市场形势，我们要像绞线一样团结在一起，协会不是万能的，要靠大家共同努力，集思广益把专业委员会的工作做好。他提名沈世续同志继续担任专业委员会的秘书长的建议，得到了与会代表的一致同意。

发布行业“十二五”期间科学发展的建议

实现线材制品行业“十二五”期间科学发展的建议（以下简称“建议”）是根据 2011 年末中国钢结构协会线材制品行业分会常务理事会议精神，由中国钢结构协会线材制品行业分会秘书处牵头，广泛征求了行业内企业家、专家、顾问、工程技术人员的建议，召集了部分企业的专家进行了座谈讨论，经协会常务理事会议审议，2012 年 6 月报经上级协会同意。此“建议”旨在为行业内企业“十二五”期间实现科学发展提供参考。

五届五次常务理事会议在上海召开

2012 年 12 月 13 日，中国钢结构协会线材制品行业分会五届五次常务理事会议在上海延安饭店召开。李建方理事长、李有新秘书长、副理事长单位、常务理事单位的领导或代表以及会议协办单位上海申仕展览服务有限公司，共 22 家单位出席会议。2 家单位请假，2 家单位缺席。会议由张建副理事长主持。按照安排会议进行了以下议程：

李建方理事长向常务理事会作了《2012 年中国钢结构协会线材制品行业分会工作总结》的报告。李理事长详细回顾了 2012 年协会五个方面的主要工作，李有新秘书长向常务理事会作了《2013 年中国钢结构协会线材制品行业分会工作安排》的报告。戴荣贵副秘书长向常务理事会作了《2013 年中国钢结构协会线材制品行业分会财务收支预算》的报告。

参加常务理事会议的 22 家企业的领导或代表在讨论发言中一致认为：今年的工作总结全面，一年来，协会做了很多工作，有许多亮点，诸如取得了应对美国对我们出口到美国的镀锌钢丝进行损害调查终裁的胜利；制订发布了行业“十二五”期间实现科学发展的建议；行业期刊、网站及时报道行业动态、数据信息、专业论文、法律法规等。明年的工作安排具体，量化了每一项工作，突出重点。大家表示要积极参加协会组织的各项活动，全力支持、配合协会工作，认真履行会员单位的义务。

结合明年的工作与会代表畅谈了想法和建议。主持人张建副理事长对大家发言给予了肯定，与会代表举手通过了两个报告，他请协会秘书处尽快整理，发到与会的各企业。

上海申仕展览服务有限公司曹祥军总经理回顾了 2011 年第一届上海国际线材制品及设备展览会情况。然后详细介绍了 2013 年第二届上海国际线材制品及设备展览会筹备情况，他表示：上海申仕展览服务有限公司将和协会共同办好展会，为线材制品的发展搭建好平台。

李有新秘书长在发言时首先感谢一年来各单位对协会工作的支持，各位代表的发言是我们今后的工作动力，我们抓紧行动起来。建议今天参会的企业积极参展。他对于上海申仕展览服务有限公司对中国钢结构协会线材制品行业分会五届五次常务理事会议的大力支持表示衷心感谢。预祝大家在新的一年取得更大进步。

李建方理事长在总结发言时指出：首先感谢参加会议的各位代表，协会常务理事单位的队伍还要壮大，建议各常务理事单位的主要领导今后亲自参会。市场竞争是永恒的，我们企业也要练内功，从降低成本、技术进步等方面入手，渡过难关，实现发展。刚刚闭幕的十八大为我们指明了发展方向，我们要从提高工艺装备水平、加强节能环保入手，通过大家的共同努力，在新的一年取得更好的进步和发展。

设备企业和线材制品企业座谈会在上海召开

2012 年 12 月 13 日，由中国钢结构协会线材制品行业分会组织的“中国线材制品设备生产企业和线材制品生产企业座谈会”在上海召开。近 30 家线材制品生产企业和设备制造企业参加了会议。

座谈会由协会副秘书长戴荣贵主持。本次座谈会紧紧围绕“节能、环保”主题，对线材制品行业的铅浴和酸洗两大工艺难题进行了充分的分析和讨论。

上海埃圣玛钢铁贸易集团有限公司技术总监杨正旺着重介绍了欧洲和日本在铅工艺和酸工艺上的有效控制以及后期治理铅污染和酸污染上的一些有效手段，对国内采用的高频热处理工艺和水淬火工艺存在的问题进行了分析。

上海佳捷科技有限公司总工金一凡详细介绍了超声波清洗工艺以及该工艺推行过程中存在的问题。

贵州钢绳、湘钢钢绳、宁夏新日恒力、武钢钢绳、湖北福星科技、江苏神王、黄山神力、江阴三联、包头矿机、无锡常欣、天津恒久通达等企业也从不同角度对线材除锈工艺和钢丝热处理工艺以及液体和固体废弃物的后期治理问题发表了各自的见解。

通过讨论，大家一致认为，当前线材制品企业人工成本和环保成本大幅度提高，设备制造企业应进一步提高设备的自动化和半自动化水平，以降低制品企业的生产成本。同时，线材制品行业要保持住持续不断发展的态势，也必须解决好行业内铅污染和酸污染的问题。大家对南通地区钢丝绳行业开始集中整治，推行无铅处理的做法表示赞赏。针对当前铅作为热处理工艺中最稳定的一个介质，铅浴工艺仍被制品企业广泛采用的一个现实，大家对铅工艺的有效控制和铅污染的后期治理工作更感到是当前亟待解决的问题。并希望制品企业和设备企业携起手来，由协会牵头共同攻关，解决这一顽疾。

座谈会后，上海申仕展览服务有限公司曹祥军总经理向大家汇报了由中国钢结构协会线材制品行业分会主办，上海申仕展览服务有限公司、汉诺威米兰展览（上海）有限公司承办，2013 年 6 月 4 日开幕的“第二届上海国际线材制品及设备展览会”筹备情况，并希望广大同仁踊跃参展，再续华章。

2013 年

组织参加上海国际线材制品及设备展

2013 年 6 月 4~6 日，由中国钢结构协会线材制品行业分会主办、上海申仕展览服务有限公司承办的“第二届上海国际线材制品及设备展览会”，在上海新国际博览中心开幕。展会以“更好的钢铁、更好的生活”为主题，与“第十七届上海国际冶金工业展览会”同期举行。

展会汇聚了 20 个国家和地区的 589 家参展企业，在 3 天的展会期间，国内外 16579 名业内人士到场参观。本届展会展示了我国钢铁工业各领域的发展成果和国外先进的冶金技术和设备；加强了国内外同行及行业上下游之间的交流、沟通、合作，实现企业与用户广泛接触。本届展会为我国钢铁行业战胜危机、打造绿色钢铁，实现行业科学发展搭建了良好的平台。展会由协会主办，上海申仕展览服务有限公司承办。此展会两年一届，现已成为亚洲最大的钢铁盛会。

在天津召开预应力专业扩大会议

2013 年 8 月 15 日，由中国钢结构协会线材制品行业分会在天津冶金集团中兴盛达钢业有限公司组织召开预应力专业委员会主任委员扩大会议。会议由主任委员、天津冶金集团中兴盛达钢业有限公司张宏强主持，江西新华金属制品有限责任公司、贵州钢绳集团有限责任公司、宝钢金属有限公司金属制品运营中心、江阴法尔胜钢铁制品有限公司等企业参加。会议充分研讨了预应力专业委员会的重点工作、交流行业信息、拟定行业重点发展方向。

在巩义召开预应力专业会议

2013 年 9 月 25 日中国钢结构协会线材制品行业分会在河南省巩义市华裕国际酒店召开了预应力专业委员会全体委员会议。15 家委员单位出席会议，3 家委员单位请假，5 家委员单位缺席。分会李有新秘书长及秘书处相关工作人员出席会议。

会议由沈世续主持。会议开始前河南恒星钢缆有限公司谢宝万董事长首先致欢迎辞，向与会代表表示热烈的欢迎，并预祝会议圆满成功。

会议表决通过了天津冶金钢线钢缆集团有限公司为副主任委员单位、河南恒星钢缆有限公司为北方片市场协调组副组长单位。表决通过了专业委员会的会费由原来的 10000 元/年，调整为 6000 元/年（中国钢结构协会线材制品行业分会的会费不再减半）。

与会代表通报了本企业去年的生产经营情况及对今年产销量的预测，对行业市场进行了分析和相关信息的交流，并就预应力专业委员会的近期工作、行业发展方向畅谈了感想和建议。大家一致认为要着力扭转目前行业增产不增收的被动局面，实现以销定产、稳定发展的行业局面；要在清收应收账款上采取有效办法和措施，保证企业的正常生产经营活动，多渠道挖掘企业合法创效的渠道；要在协会的带领下，加强与产品应用设计部门的联系沟通，例如在建设产品应用的示范工程、推广预应力产品在民用建筑等领域的应用，不断拓宽国内、国际市场。

沈世续秘书长在发言中指出：目前国内市场趋于稳定发展，扭转产能过剩的局面，淘汰落后才能实现产品结构调整，要以环境保护和技术进步为依托。他建议：一要积极应对国际贸易中的“双反”调查，切忌单兵独斗，有信心和勇气，团结起来共同应对，维护我们行业在国际贸易中的合法利益，实现反倾销和反垄断并举。二要积极应对共同抵制不公正、不公平的招投标行为，维护良好的市场秩序。三要积极应对国内市场营销工作中的摩擦，采取强有力的措施，保护企业的财产不受损失。四要积极开拓国内国际市场，在拓展产品应用领域、建设示范工程方面共同努力，展示行业风采，实现行业稳健发展。各区域协调组要勤沟通、多联系，协会秘书处将一如既往全力支持配合，共同把行业的工作做好，把行业的事情办好。

任义智主任委员在总结发言中指出，十几年来专业委员会在协调工作、解决问题、服务企业等方面做了大量工作，取得了很好的成效，预应力产品虽然是高效节能的产品，但是面对当前产能过剩的不利局面更需大家加强团结。就今后行业工作畅谈了想法：一是我们委员单位占全国 75%的产能和产销量，当前，产能过剩、无序竞争以及营销工作中的霸王条款是我们所面临的事实，要加强团结，才能谋求生存，取得发展。二是要支持公平诚信自律，坚决反对和抵制不公平和无序竞争，加强与上下游供应商、用户沟通联络，实现公平共赢。三是国家对环境保护工作的力度在不断加大，加大对污染治理的投入，支持绿色环保，实现可持续发展，是我们共同的义不容辞的职责。

五届六次常务理事会在南通召开

2013 年 10 月 30 日，中国钢结构协会线材制品行业分会五届六次常务理事会，在江苏南通华通大酒店召开。会议邀请了中国钢结构协会刘万忠秘书长、李秀玲主任、戴长河部长参加，分会顾问汪奎田、徐寅参加会议。分会专务副理事长沈世续、秘书长李有新参加会议。鞍钢钢绳有限责任公司总经理、分会理事长李建方主持会议。

首先由会议协办单位江苏狼山钢绳股份有限公司顾其林董事长致欢迎辞。中国钢结构协会刘万忠秘书长在讲话中对分会提出两点工作要求：一是要严格按照规定做好换届工作；二是要不断提升能力，为广大会员单位及政府做好服务。

天津市冶金集团（控股）有限公司刘喆副总经理介绍了多年来对协会秘书处工作给予全力支持的情况，他表示作为秘书处挂靠单位将继续对协会工作给予鼎力支持。

会议审议通过了2013年分会工作报告；审议通过了宝钢金属有限公司金属制品营运中心替代宝钢集团南通线材制品有限公司担任协会副理事长单位；宝山钢铁股份有限公司条钢厂不再担任常务理事单位，退出协会。

与会企业代表就线材制品行业在线“铅浴热处理”工序，结合本单位的实际情况畅谈了政府有关部门对此的限制规定和企业的建议。会议要求与会的企业将本企业的现状与治理防护措施等相关资料提交到协会秘书处，协会将据此结合行业、企业的实际情况，形成文字材料，客观地、实事求是地向或通过中国钢铁工业协会、中国钢结构协会向有关职能部门提交书面报告，反映行业现状、诉求和建议。

会议审议通过了增补天津冶金集团公司、江苏狼山钢绳股份有限公司为副理事长单位。会议一致同意，成立以理事长李建方为组长、沈世续、李有新为副组长、各位副理事长单位为成员的换届领导小组，成立以李有新为组长、沈世续为副组长、秘书处成员为工作人员的换届工作小组。换届大会初步定于2013年11月底或12月初在天津召开。

会议一致推荐天津冶金集团公司为六届理事长候选单位，天津冶金集团公司董事长曾小平为理事长候选人，推荐天津冶金集团公司副总经理刘喆为秘书长候选人。

五届换届暨六届一次会员代表大会在天津召开

2013年12月9~10日，在天津水晶宫饭店中国钢结构协会线材制品行业分会组织召开换届大会，暨五届会员代表大会、六届一次会员代表大会。57家理事单位、100多位代表参加了会议。

会议邀请了中钢协发展与科技环保部黄导主任，冶金工业规划研究院总设计师刘朝建，冶金标准院、全国钢标委盘条技术委员会秘书长王玲君参加会议。会议邀请了中国钢结构协会秘书长刘万忠、分会顾问徐寅参加会议。会议还邀请了原冶金部科技司副司长、中钢协首席分析师李世俊，原冶金部生产司副司长刘福州，中国钢结构协会顾问汪奎田参加会议。

在换届大会前，即9日下午召开五届七次常务理事会，会议审议通过了换届大会选举规则、程序，审议通过了换届领导小组推荐的六届理事会候选单位和个人。

10日上午召开换届大会，天津市冶金集团（控股）有限公司曾小平董事长发表了热情洋溢的欢迎辞，中国钢结构协会刘万忠秘书长，结合学习贯彻十八届三中全会精神，阐述了行业协会工作的重要性。

与会代表审议通过了李建方理事长代表五届理事会作的五届理事会工作报告，李有新秘书长作的五届理事会财务审计报告。

分会顾问徐寅主持换届选举。会议通过了选举总监票人、监票人、总计票人、计票人的提名。在总监票人徐寅同志主持并监督下，大会选举产生了六届理事会、六届理事会常务理事单位和六届理事会秘书长。冶金集团公司当选理事长单位，曾小平当选理事长，冶金集团公司刘喆当选秘书长。大会为常务理事单位授牌。

会上，中钢协黄导主任作了“中国钢铁工业节能环保挑战对线材制品的影响”专题报告，规划院刘朝建总设计师作了“钢铁行业形式与线材制品可持续发展问题”专题报告，标准院王玲君秘书长作了“线材制品标准现状及发展趋势”专题报告。

会议期间，天津冶金轧三钢铁公司、首钢长治钢铁公司、新西兰 PWT 公司先后作了交流发言。会后，与会代表到天津冶金中兴盛达钢业公司的生产车间参观并座谈交流。

线材制品行业分会全体理事大会代表合影见图 6-5-4。

图 6-5-4 线材制品行业分会全体理事大会代表合影

第六章　第六届理事会

（2013 年 12 月～2017 年 12 月）

顾　　问	（排序不分先后）		
		李世俊	中国钢铁工业协会常务副秘书长
		刘福洲	原冶金工业部生产司副司长
		汪奎田	中国钢结构协会原秘书长
		徐　寅	中国钢铁工业协会发展与科技环保部副主任
理　事　长		曾小平	天津市冶金集团（控股）有限公司董事长
	☆	刘玉全	天津市冶金集团（控股）有限公司董事长
专务副理事长		沈世续	
副理事长		李建方	鞍钢钢绳有限责任公司董事长
	☆	李宝杰	鞍钢钢绳有限责任公司董事长
		黄忠渠	贵州钢绳集团有限责任公司董事长
		张　建	宝钢金属有限公司总经理
	☆	贾砚林	宝钢金属有限公司董事长
		周　江	江苏法尔胜泓昇集团有限公司董事长、总裁
		王青元	湘潭钢铁集团有限公司钢丝绳厂厂长
	☆	唐庆军	湘潭钢铁集团有限公司钢丝绳厂厂长
		毛海波	中钢集团郑州金属制品研究院有限公司院长
		郭　鑫	天津冶金钢线钢缆集团有限公司董事长
	☆	王雅志	天津冶金钢线钢缆集团有限公司总经理
		任义智	天津冶金集团中兴盛达钢业有限公司董事长
	☆	李金锁	天津冶金集团中兴盛达钢业有限公司总经理
		杨三根	江西新华金属制品有限责任公司总经理
	☆	丁来安	江西新华金属制品有限责任公司总经理
		肖家守	宁夏新日恒力钢丝绳股份有限公司董事长
		李永东	首钢总公司技术研究院副院长
	☆	刘晶志	首钢总公司技术研究院副院长
		任玉辉	鞍钢股份有限公司线材厂厂长
	☆	赵学博	鞍钢股份有限公司线材厂厂长
		顾其林	江苏狼山钢绳股份有限公司董事长
秘　书　长		刘　喆	天津市冶金集团（控股）有限公司副总经理

常务理事单位　鞍钢钢绳有限责任公司
东北特钢集团大连特殊钢丝有限公司
鞍钢股份有限公司线材厂
天津市冶金集团（控股）有限公司
天津冶金钢线钢缆集团有限公司
天津冶金集团中兴盛达钢业有限公司
天津市华源工业公司
巨力索具股份有限公司
天津高盛钢丝绳有限公司
首钢总公司技术研究院
宝钢金属有限公司
江苏法尔胜泓昇集团有限公司
江西新华金属制品有限责任公司
江苏狼山钢绳股份有限公司
无锡金羊金属制品有限公司
江阴法尔胜钢铁制品有限公司
江苏神王集团有限公司
江苏沙钢集团有限公司
湘潭钢铁集团有限公司钢丝绳厂
武钢集团钢丝绳厂
中钢集团郑州金属制品研究院有限公司
湖北福星新材料科技有限公司
贵州钢绳（集团）有限责任公司
宁夏新日恒力钢丝绳股份有限公司
咸阳宝石钢管钢绳有限公司
(有☆者为届中调整后任职)

2014 年

六届二次常务理事会在北京召开

2014 年 5 月 15~16 日，中国钢结构协会线材制品行业分会在北京大悦城酒店组织召开六届二次常务理事会。会议邀请了中国钢铁工业协会分析师、分会顾问李世俊，中国钢铁工业协会常务副秘书长、冶金规划研究院院长李新创，中国钢结构协会原秘书长刘万忠及分会顾问汪奎田、刘福洲、徐寅参加会议。

出席会议的有分会理事长、天津市冶金集团董事长曾小平，分会秘书长、天津市冶金集团副总经理刘喆，分会专务副理事长沈世续；出席会议的还有鞍钢股份公司线材厂任玉辉厂长，江苏狼山钢绳股份公司顾其林董事长，湘钢集团钢丝绳厂刘利军书记，武钢集团钢丝绳厂刘时金厂长，东北特钢集团大连特钢谢亚平副总经理，天津钢线钢缆集团卢瑞杰总经济师，天津中兴盛达公司王作超副总经理，贵绳股份任晓波副总经理、贺孝宇厂长，天津华源公司胡治国副总经理，首钢总公司王立峰所长，宝钢金属周代义部长，江西新华制品廖星辉总经理助理，江阴法尔胜泓昇及法尔胜钢铁制品薛文虎副总经理，咸阳宝石钢管钢绳支玉堃总工程师，江苏神王集团黄玮颉副总经理、黄志伟部长，江苏沙钢集团王科部长，郑州制品院宋为主任，宁夏新日恒力钢丝绳股份叶敏，天津高盛钢丝绳王昕。

会议由秘书长刘喆主持。会议研究确定了年度工作计划和重点工作。与会代表表决通过了天津市宇恒预应力钢绞线制造有限公司、聊城市鑫大地节能材料科技有限公司、天津冶金集团轧三钢铁有限公司、安徽金星预应力工程技术有限公司、中冶东方工程技术有限公司秦皇岛研究设计院加入分会。曾小平理事长作了总结发言。

会议期间，李新创院长作了题为“关于中国钢铁产业及线材制品行业发展的认识和探讨”的报告，李世俊作了题为“两个阶段的过剩，做好三件事情”的报告，中国钢结构协会原秘书长刘万忠作了题为“化解钢铁产能过剩推广钢结构在建筑领域的应用”的报告。

行业统计工作会议在青岛召开

2014 年 7 月 23~25 日，中国钢结构协会线材制品行业分会在青岛组织召开了各生产型企业统计员工作会议（图 6-6-1 和图 6-6-2）。

图 6-6-1　线材制品行业协会统计工作会议现场

近几年由于企业组织结构、产品结构在不断的调整，统计人员也在不断的变化，各生产型企业归集到分会的统计数据参差不齐，没有客观反映行业情况。为加强统计工作，秘书处根据行业新特点和以往报表的格式并且按照能够体现行业基本情况、能够满足行业内企业交流需要、企业自身又便于提供的原则，拟定了“生产型会员单位统计人员信息表”和“生产型会员单位主要经济指标统计报表”。经过与会代表充分讨论、修改后，提交常

图 6-6-2　线材制品行业协会统计工作会议代表合影

务理事会审定后实施。

与会代表一致认为，一是行业的数据统计工作对企业、行业乃至国家都很重要，分会通过行业统计为行业内搭建了沟通、交流的平台；二是统计的内容要符合行业和企业的实际，要客观反映行业情况，企业之间交流需要什么，而企业又能提供什么是我们统计工作的出发点和落脚点，只有了解和掌握行业基础数据，才能为企业发展提供决策依据，才能使行业健康发展。

秘书处组织盛达公司编纂“铅浴课题”报告

2014 年 8 月 4 日，天津冶金中兴盛达公司总工程师王文喜带领技术中心的杨志强，携带他们草拟的报告，与分会专务副理事长沈世续、秘书长刘喆、副秘书长纪执鲤、王晓青共同研讨、商定“铅浴课题”报告的框架、内容等具体编写工作。8 月 8 日，中兴盛达公司总工程师王文喜、技术中心杨志强，又来到分会秘书处，在上次商讨原则、内容的基础上，做了增加、补充、完善的修改，再次与秘书处研讨编写“铅浴课题”报告。

中兴盛达公司完成“铅浴课题”报告草稿

2014 年 9 月 1 日，天津冶金中兴盛达钢业公司总工程师王文喜、技术中心杨志强到协会秘书处，递交了“铅浴课题”报告讨论稿。秘书处向相关企业传送该征求意见的“讨论稿”，并请相关企业两周内提出修改意见和建议。

“铅浴课题”研讨会在南通召开

2014 年 9 月 25~27 日，中国钢结构协会线材制品行业分会到南通组织线材制品行业相关企业召开“铅浴”课题研讨会。参加本次会议的有分会秘书长刘喆，冶金工业信息标准研究院王玲君教授，南通市经信委范苏予处长，江苏狼山钢绳股份有限公司顾其林总经理，邓海燕副总经理，江苏神王集团黄玮颉副董事长，桑华强总工程师，江苏法尔胜泓昇集团陆建丰技术总监、季斌技术专员，天津中兴盛达公司王文喜总工程师、杨志强科长，天津钢线钢缆集团王雅志总工程师，赵国华副总经理，宁夏新日恒力钢丝绳股份毕志强副总工程师，贵绳股份陆萍高级工程师，鞍山钢绳赵宪海科长，天津高盛钢丝绳刘艳工程师，分会秘书处纪执鲤、王晓青等人员。按照清理兼职要求，分会专务副理事长沈世续没有参加会议。会议由秘书长刘喆主持。会议协办单位江苏狼山钢绳股份有限公司顾其林总经理首先致欢迎辞。

秘书处在先后组织召开专题会议和相关会议、征求相关使用铅浴处理企业的意见和建议、行业相关企业提出了书面意见和建议的基础上，与天津冶金集团中兴盛达钢业公司共同进行汇总整理，完成了调研报告初稿。

这次会议，邀请行业相关专家对调研报告进行了审议，根据专家的意见和建议对调研报告进行修改和完善，提交分会理事会议审定，形成行业的最终意见，报送相关主管部门。

审议会议结束后，与会代表参观了狼山钢绳股份有限公司生产现场。然后，大家围绕行业产能过剩、新技术和新产品研发、拓展产品的应用领域等内容畅谈了感受和想法。

预应力专业会议在天津召开

2014 年 10 月 24 日，中国钢结构协线材制品行业分会在天津北辰万源龙顺度假庄园组织召开预应力专业会议（图 6-6-3）。会议由江西新华杨三根主持，天津钢线钢缆集团承办。承办单位天津冶金钢线钢缆集团有限公司党委书记李植达致欢迎辞。14 家委员单位出席会议。

图 6-6-3　线材制品行业预应力专业会议现场

与会人员通报了企业 2013 年的生产经营情况，对 2014 年产销量进行了预测，介绍了企业近年来在生产经营活动中取得的经验与教训，交流分析国内外市场相关信息。代表达成了共识：一是要理性地对待行业产能过剩的现实，实行以销定产、减少库存，降低资金压力，以保证企业稳定的发展；二是在清收应收账款方面采取行之有效办法和措施，降低资金压力，确保企业的生产经营活动正常进行；三是加强行业企业之间的信息沟通以及团结合作，谋求共同发展；四是与行业上下游沟通对接，建立稳定原料供应渠道和客户群；五是加强与设计部门的联系沟通，拓宽预应力产品的应用领域，不断拓展国内外市场，行业内的企业要积极配合；六是要关注产品质量，健全营销档案，预防假冒伪劣产品对企业造成损害。

杨三根副主任委员代表与会全体人员，对天津冶金钢线钢缆集团有限公司给予本次会议的大力支持表示衷心感谢。

会议期间与会代表参观了天津冶金钢线钢缆集团有限公司钢丝绳、热处理和镀锌的生产现场。

2015 年

在武汉召开六届二次理事（扩大）会议

2015 年 1 月 11 日，中国钢结构协会线材制品行业分会在武汉武钢宾馆组织召开六届二次理事（扩大）会议（图 6-6-4）。

图 6-6-4　线材制品行业分会六届二次理事（扩大）会议现场

会议邀请了北京科技大学米振莉教授、中国钢结构协会副秘书长李宁、全国钢标委盘条与钢丝分技术委员会王玲君秘书长参会。

会议通过了冶金集团公司董事长刘玉全接替冶金集团公司曾小平担任分会理事长的议案，通过了冶金集团公司副总经理刘喆担任常务副理事长职务的议案。

会议期间，北京科技大学米振莉教授做了“结构调整的途径—材料深加工和服务化转型”专题报告。贝卡尔特（上海）公司张毓滨以“钢帘线产品对线材的要求及发展趋势”为题作了报告。郑州制品研究院宋为以“钢丝水浴淬火技术简介”为题作了交流。天津中兴盛达总工程师王文喜以“钢丝铅浴热处理调研课题”进展情况为主线作了有关钢丝铅浴热处理的专题报告。天津工大镀锌公司介绍了一种新型镀锌工艺技术。

会员企业结合北京科技大学米振莉教授的报告和三个专业报告及介绍，积极发言交流。

会后，与会代表合影留念（图 6-6-5）。

图 6-6-5 与会代表合影

1 月 12 日应武钢江北金属制品公司总经理赵昌旭邀请，会议安排了参观武钢江北钢材深加工生产基地。

统计工作会议在上海召开

2015 年 5 月 22 日中国钢结构协会线材制品行业分会在上海云峰宾馆召开线材制品行业统计员工作会议。出席会议的有秘书处纪执鲤、王晓青、王譞，18 家会员单位的近 30 名统计人员及相关负责人。会议由副秘书长纪执鲤主持。会议协办单位上海宝章实业有限公司刘青朕主任代表公司对与会人员表示热烈欢迎。

六届四次常务理事会在鞍山召开

2015 年 7 月 16~18 日，中国钢结构协会线材制品行业分会在辽宁鞍山组织召开六届四次常务理事会议（图 6-6-6）。

中国钢结构协会戴长河部长，冶金工业规划研究院刘朝建副总设计师，冶金标准院王玲君教授、任翠英副秘书长及协会 24 家常务理事单位共计 50 余名代表参加了会议。

会上，李宝杰董事长首先代表本次会议协办单位鞍钢钢绳有限责任公司、鞍钢股份有

图 6-6-6　线材制品行业分会六届四次常务理事会议现场

限公司线材厂致辞。刘喆秘书长总结了 2015 年协会上半年所做四个方面主要工作和下半年要努力做好的五项工作。会议审议通过了王晓青常务秘书所做的调整事项。分会邀请与会领导，为获得六届理事会专家库的专家颁发了证书（图 6-6-7 和图 6-6-8）。

图 6-6-7　为专家颁发证书（一）

图 6-6-8　为专家颁发证书（二）

会上，刘朝建总设计师做了“我国线材制品‘十三五’发展需要关注的战略问题”的报告，冶金标准院任翠英做了“国内外标准化工作介绍”的报告。会上贵绳任晓波以“合理安排生产计划，实现限产增效”为题进行了交流，江西新华廖星辉以“调整经营模式，改善供求关系”为题进行了交流，狼山钢丝绳顾其林以“抓住一带一路机遇，开发国内外市场”为题进行了交流，武钢制品刘时金以“降低资金压力，及时清收货款”为题进行了交流，鞍钢线材任玉辉以“以用户需求为目标，加强上下游企业有机衔接”为题进行了交流。与会企业代表也进行了交流发言。

会后，与会代表合影留念（图 6-6-9）。

图 6-6-9　与会代表合影留念

7 月 18 日上午，与会代表参观了建成不久的鞍钢展览馆和鞍钢股份有限公司线材厂生产现场。

预应力专业会议在天津召开

2015 年 10 月 22~23 日，中国钢结构协会线材制品分会在天津和平宾馆组织召开线材制品分会预应力专业委员会会议（图 6-6-10）。会议由张宏强主任委员主持。首先中国钢结构协会线材制品行业分会常务副理事长、秘书长刘喆致辞，他代表协会向来自全国各地的参会代表表示热烈的欢迎，并预祝本次会议圆满成功。

会议邀请中国建筑科学研究院冯大斌教授做了“预应力产品在建筑领域应用现状、存在的问题，今后改进及发展方向”的专题讲座。威海银兴的董事长郝凡森以“制品行业的革命性创新”为题，图文并茂地介绍了他们公司研发的机械除锈工艺及装备。下午与会代表到威海银兴在天津静海的工厂参观。

线材制品行业的专家朱龙先生做了“预应力专业形势分析”的专题报告，并与代表们就一些关键技术问题进行交流。

图 6-6-10　预应力专业委员会会议现场

设备专业会议在江阴召开

2015 年 12 月 5 日，中国钢结构协会线材制品行业分会在江阴市长寿度假村召开“线材制品行业设备企业技术信息交流会”（图 6-6-11）。出席会议的有特邀专家缑庆林，分会常务副理事长、秘书长刘喆，江阴市科技局局长赵志军，江苏省工商联秘书长刘礼华，江阴市周庄镇人民政府副镇长徐韶润，江阴市华方机电科技公司总经理李国府，江阴市南菁机械公司董事长范时荣、总经理范里，无锡市鑫润工业炉公司总经理张镭，江阴市南青科技公司总经理宦勤贤，无锡平盛科技公司总经理顾康建，江阴市科宇电器公司总经理黄国

图 6-6-11　线材制品行业设备企业技术信息交流会代表合影

清、经理周佳，江阴市三联机械制造公司总经理沈新驭，新西兰 PWT 公司常务董事 Neil Spencer、业务经理郝晓光，无锡市常欣科技股份公司销售部长赵海军、戴晓成，江苏金泰隆机电设备制造厂销售经理唐志平，中冶东方工程技术公司秦皇岛研究设计院工程师李宁、项目经理王军，天津冶金集团中兴盛达公司总经理金庆波、张庆华，天津华源线材制品公司常务副总于喜彬，无锡康斯达机械电器公司销售经理廖世璜，郑州宇跃金属制品科技公司董事长于保兴，江阴市祥乐机械制造公司总经理包小祥，苏州谦通仪器设备公司经理姜李利、伍丽娟，江苏兴龙金属制品股份技术科张杰，以及天津市线材制品行业协会秘书长张建国和秘书处相关工作人员。

会议由秘书长刘喆主持。会议承办单位华方总经理李国府首先致辞，代表主办方向来自全国各地的与会代表表示热烈的欢迎，并预祝会议圆满成功。会议得到了江苏省工商联、江阴科技局和周庄镇领导的祝贺与大力支持。

业内专家缑庆林做了“同舟共济，创建世界线材制品生产强国”的讲座。参会代表结合专家的讲座，交流目前生产经营中的主要问题及发展思路；介绍了企业近年来在生产经营活动中取得的经验与教训，交流分析了国内外市场相关设备信息，并结合设备企业特点，就行业发展畅谈了感想，提出了诚恳的建议。

会议指出设备是线材制品企业的保证，装备不创新是不行的。国家改革开放后 30 多年，设备产能的发展已经过剩，只有不断创新产品，才能与制品企业协同发展，共渡难关。

2016 年

六届会员代表大会在南京召开

2016 年 1 月 8~10 日，中国钢结构协会线材制品分会在南京东南大学柳园宾馆组织召开会员大会（图 6-6-12）。会前主持召开了六届五次常务理事会，审查通过了 2015 工作总结、2016 年工作计划、财务收支、会员调整的议案。东南大学建筑工程系主任吴京作了欢迎辞。

图 6-6-12　线材制品行业分会会员代表大会会场

大会邀请了钢结构协会副秘书长李宁，冶金规划研究院副总设计师姜晓东，北科大韩静涛教授，中国机械通用零部件工业协会紧固件分会、上海市紧固件工业协会沈德山，安平县丝网商会副会长、秘书长周表星等单位的专家教授参加会议。

会议期间，姜晓东总设计师作了“学习国家‘十三五’规划，制定企业发展战略”报告，韩静涛教授作了“无酸水射流钢丝表面处理技术”交流，紧固件分会沈德山专家作了“与线材行业交流，实现共同发展”的交流，丝网商会周表星作了“我国丝网产业现状与发展”的交流。

鞍钢线材赵学博以“变革中的鞍钢线材”为题作了交流发言，江苏神王黄伟颉以“互联网时代商业模式展望”为题作了交流发言，威海银兴郝凡森以“无酸性拉拔工艺及设备”为题作了交流发言。会后，与会代表合影留念（图 6-6-13）。

图 6-6-13　与会代表合影留念

受聘参加贵绳规划方案论证会

2015 年 12 月 19 日，中国钢结构协会线材制品行业分会受贵州省国资委邀请，作为专家组成员，参加对“贵绳集团创新发展、转型升级、做强做优做大的战略发展策略与实施路径”项目论证会。分会派副秘书长纪执鲤参会，并结合线材制品行业现状和发展方向，对该公司的项目方案提出建设性意见。

六届六次常务理事会在郑州召开

2016 年 5 月 14 日，中国钢结构协会线材制品分会在河南郑州组织召开六届六次常务理事会（图 6-6-14）。会议邀请了中钢协副会长、副秘书长迟京东，中国钢结构协会秘书长李宁参加会议。

会议研究确定年度工作计划和重点工作。会上副秘书长纪执鲤发布了“线材制品行业‘十三五’规划建议纲要”“中国钢结构协会线材制品行业分会会员企业名录”“线材制品科技成果奖励条例（草案）”。

图 6-6-14　六届六次常务理事会会场

会议期间，迟京东副会长作了“钢铁行业发展趋势与化解过剩产能实现脱困升级的思考”专题报告，中钢集团郑州制品研究院院长毛海波作了“依托科技创新，推荐金属制品绿色制造”重点发言。钢结构协会副秘书长李宁作了指导讲话。会后，与会代表合影留念（图 6-6-15）。

图 6-6-15　与会代表合影留念

分会秘书处办公地点变更到常德道

2016 年 5 月 16 日，分会秘书处在天津市和平区重庆道 225 号的办公场所要进行修缮和调配管理，为了不影响工作，也为了更便于秘书处对外的迎来送往，冶金集团决定请协会秘书处搬迁到冶金集团公司总部院内的小洋楼内，即天津市和平区常德道 57 号 4 号楼 201~203。

受邀参加赛福天公司上市庆典

2016 年 5 月，中国钢结构协会线材制品行业分会应邀参加江苏赛福天钢索股份有限公司在无锡举办的公司上市庆典仪式，分会副秘书长纪执鲤、王晓青出席庆典仪式，并代表分会发表热情洋溢的贺词，对无锡赛福天公司的成功上市表示祝贺，为线材制品行业发展壮大作出贡献。

钢丝绳专业会议在南通召开

2016 年 7 月 2 日，中国钢结构协会线材制品行业分会在南通华通酒店组织召开钢丝绳专业会议（图 6-6-16）。会议邀请了中国电梯协会的张乐祥秘书长参加会议。

图 6-6-16　钢丝绳专业会议会场

会议期间，张乐祥秘书长做了专题讲座。会后，与会代表在华通酒店门前合影留念（图 6-6-17）。应江苏狼山钢绳公司邀请，与会代表参观了江苏狼山钢绳公司的生产现场，并在公司办公大楼前合影留念（图 6-6-18）。

图 6-6-17　与会代表在华通酒店门前合影留念

图 6-6-18　与会代表在江苏狼山钢绳公司办公大楼前合影

接待江苏金属制品商会到天津来访

2016 年 7 月 18 ~ 20 日，江苏省金属制品商会副会长单位法尔胜集团的副总裁刘礼华带队到津交流。分别到静海区天洋发、华源集团公司、中兴盛达公司，北辰区的钢线钢缆集团公司、银龙股份公司和武清区的银鹤公司等企业参观座谈（图 6-6-19 ~ 图 6-6-22）。

图 6-6-19　江苏商会团队到天洋发线材公司考察合影

图 6-6-20　江苏商会团队到华源公司考察合影

图 6-6-21　江苏商会团队到中兴盛达公司考察合影

图 6-6-22 江苏商会团队到钢线钢缆集团公司考察合影

接待贝卡尔特公司到天津考察洽谈合作

2016 年 8 月 28 日，分会秘书处接待比利时贝卡尔特（上海）亚洲总部、贝卡尔特管理（上海）有限公司北亚区工业与特种钢丝部副总裁 Steven Parewyck 带队，发展部总经理张毓滨、孙辉、黄伟林、沈卫、李沫等六人到津，为贝卡尔特公司下一步合作发展钢丝绳产品作前期考察调研。他们先后到天津冶金中兴盛达公司（图 6-6-23）、天津冶金钢线钢缆集团公司和天津冶金集团轧三钢铁公司座谈交流并参观了企业的生产车间。天津市冶金集团公司总经理胡凌冰参加了交流。

图 6-6-23 贝卡尔特（上海）公司负责人到中兴盛达公司交流合影

统计工作会议在大连召开

2016 年 9 月 7 日，中国钢结构协会线材制品行业分会在大连组织召开生产型企业统计工作专题会议。参加会议的有企业统计工作人员、负责统计工作的领导以及协会秘书处工作人员，共计 30 余人。会议由协会秘书处常务秘书王晓青主持。

副秘书长纪执鲤介绍了分会全年的工作安排，传达了上级协会对统计工作要求，通报了 2016 年协会各项工作进展情况及对行业统计工作的相关要求。

在各会员单位的大力支持下，报表单位由 2014 年的 31 家增加到 44 家，统计工作正在不断地提高质量和水平，能够较为客观反映行业实际情况，这是大家共同努力的结果，感谢工作在行业统计岗位各位同仁的积极配合。秘书处王譞对 2015 年会员单位主要经济指标统计情况进行了分析，对统计工作主要指标进行了说明和讲解，并通报了近期对线材制品集中地区摸底统计情况。

与会代表也分别介绍了本单位的经济工作和统计工作情况，并结合协会报表工作进行了广泛的讨论交流。

受邀参加贝卡尔特（中国）检验测试中心揭牌仪式

2016 年 9 月 27 日，中国钢结构协会线材制品行业分会应邀参加在江阴市贝卡尔特亚洲研发中心举办的“贝卡尔特（中国）技术研发有限公司成为中国橡胶工业协会签约实验室暨授权检验测试中心”揭牌仪式。分会副秘书长纪执鲤、王晓青参加揭牌仪式，并代表分会对贝卡尔特（中国）技术研发有限公司成为中国橡胶工业协会签约实验室表示祝贺。

预应力专业会议在北京召开

2016 年 10 月 23 日，中国钢结构协会线材制品行业分会在北京京泰龙国际大酒店组织召开预应力专业会议（图 6-6-24、图 6-6-25）。会议特邀中冶建筑研究总院有限公司、国

图 6-6-24　预应力专业委员会会场

图 6-6-25 与会代表会后合影

家工业建筑诊断与改造工程技术中心工程结构与防灾减灾研究所尚仁杰博士、教授级高级工程师张利军出席。行业内 17 家会员企业、28 位代表参加了会议。会议由预应力专业委员会主任委员单位天津冶金集团中兴盛达钢业有限公司张宏强董事长主持。

会上，尚仁杰博士作了题为《工程项目施工中对预应力钢材（钢丝、钢绞线）的技术要求及发展趋势》的报告。与会代表结合行业、企业实际情况围绕预应力钢绞线检测、防腐，铝包钢绞线、缓黏结预应力钢材、高钒索等材料的应用，预应力钢绞线的智能应用等问题与尚仁杰、张利军两位特邀专家进行了探讨交流。

会议期间，张利军高级工程师带领与会代表参观了建设中的北京大兴国际机场施工现场并合影留念（图 6-6-26）。

图 6-6-26 与会代表参观了建设中的北京大兴国际机场施工现场并合影留念

设备专业会议在无锡召开

2016 年 11 月 11~13 日，中国钢结构协会线材制品分会在无锡鼎尚皇冠酒店组织召开装备制造企业专题交流会议（图 6-6-27）。出席会议的有分会常务副理事长、秘书长刘喆，江阴市科宇电器总经理黄国清、经理周佳，上海效玄机电科技总经理盛遵义、副总经理李明静，无锡峰东机械设备厂总经理徐向东，意欧洛士机械（上海）公司市场经理巴岩，贝卡尔特管理（上海）有限公司战略与发展总经理张毓滨，天津钢线钢缆集团董事长张建国、副总经理赵国华，天绳分公司总工程师臧玉祥，江阴市华方机电科技总经理李国府，江阴市南菁机械总经理范里，无锡市鑫润工业炉总经理张镭、经理赵斌，无锡市常欣科技股份总经理马克联、业务经理戴小成，江阴市南青科技总经理宦勤贤，无锡平盛科技顾问吴文晨，新西兰 PWT 公司业务经理郝晓光，无锡康斯达机械电器厂长廖世璜，南通玛盛环保科技总经理施兵、销售经理杨树青，江苏法尔胜泓昇重工公司总经理王晖，天津凯东机械项目经理孙贺功及秘书处相关工作人员。会议由秘书长刘喆主持。首先会议承办单位江阴市科宇电器有限公司总经理黄国清致辞。

图 6-6-27　线材制品行业装备制造企业专题交流会议会场

会议期间，意欧洛士机械（上海）公司巴岩经理作了“中国制造如何跨越与国外品牌产品的技术‘时差’”的报告、上海效玄机电科技公司李明静副总经理作了“物联网网站介绍”的报告、江阴市科宇电器公司周佳经理作了“面向国际市场，增强国际竞争力”的报告、无锡峰东机械设备厂徐向东总经理作了“发扬工匠精神，不能输给外国人”的报告。与会企业围绕四个专题讲座进行了讨论。

会议指出，大家展示了在行业装备制造方面各自的创新亮点和特色，走优势互补共同发展的道路，预防同行内部的无谓竞争，形成分类清晰、分工明确、特点鲜明的专业化装备制造业；作为线材制品行业的装备制造业，应该不断加大技术研发投入和创新体系建设，逐步实现产品的信息化、智能化，从而实现由中国制造到中国创造的战略目标；在了解线材制品行业各类产品生产工艺的基础上，把装备做精，达到提高制造业的效率、效益、效果，全面提升行业装备制造水平；在出口产品时要注重产品+服务的经营模式，形成质量和价格的特色优势。

会后，与会代表合影留念（图 6-6-28）。

图 6-6-28 与会代表合影留念

六届三次理事会扩大会议在上海召开

2016 年 12 月 17 日，中国钢结构协会线材制品分会在上海万和亚隆国际酒店组织召开中国钢结构协会线材制品分会六届三次理事会扩大会议（图 6-6-29）。行业内 47 家企业的领导、专家、代表及秘书处工作人员共计 69 人参加了会议。会议分别由分会顾问徐寅和秘书长刘喆主持。会议协办单位上海效玄机电科技有限公司李启发董事长发表欢迎辞。

图 6-6-29 线材制品分会六届三次理事扩大会议会场

会议邀请了原国务院国资委改革局副局长、中国企业改革与发展研究会副会长周放生，邀请了中钢协科技环保部姜尚清副主任，分会顾问徐寅。

会议通过了 2016 年工作总结、2017 年工作计划、财务收支报告、入会申请等议案。

会议期间，周放生副会长作了“企业改革研讨”的专题报告，姜尚清副主任作了专题报告。分会顾问徐寅指导讲话。

江苏法尔胜杨军瀚以“融合创新，多元发展”为题进行交流发言，咸阳宝石公司支宇堃以“制造+服务助推企业升级”为题进行交流发言，贝卡尔特（上海）公司张毓滨刚从欧洲参加国际会议后赶到上海会议会场，以“创新发展促进行业升级”为题进行交流发言，天津中兴盛达张宏强以“推荐精益管理改善项目的几点收获”为题进行交流发言，天津华源邢淑静以“把握产品定位，努力做好国际市场”为题进行交流发言，上海效玄盛遵义以“伺服直驱拉丝机”为题进行交流发言。

意欧洛士（上海）公司代表、中国集团郑州制品院毛海波院长、武钢江北公司总经理刘时金做了现场交流发言。会议期间，代表们参观了上海效玄机电科技有限公司生产现场。2016 年 12 月 18 日，与会代表到上海效玄伺服直驱拉丝机设备现场参观。

会后，与会代表合影留念（图 6-6-30）。

图 6-6-30　与会代表合影留念

2017 年

组织天津制品企业到江苏考察

2017 年 3 月 22~24 日，中国钢结构协会线材制品分会会同天津市线材制品行业协会，组织天津的制品企业到江苏考察。江苏江阴的法尔胜集团公司作为牵头接待企业，先后到江阴法尔胜集团精密仪器公司、华方科技（设备）公司、江阴贝卡尔特工厂、江阴恒丰钢丝绳公司、法尔胜特钢公司、靖江友谊金属制品公司、江苏南通狼山钢绳公司、江苏神龙钢丝绳公司、江苏帅龙钢丝绳公司、巨力钢丝绳公司、无锡神王公司等企业参观座谈交流（图 6-6-31～图 6-6-37）。

图 6-6-31　天津制品企业团队到法尔胜集团公司参观合影

图 6-6-32　天津制品企业团队到法尔胜总部参观合影

图 6-6-33　天津制品企业团队到华方科技公司参观合影

图 6-6-34　天津制品企业团队到贝卡尔特公司工厂考察合影

图 6-6-35　天津制品企业团队到南通狼山钢绳公司参观合影

图 6-6-36　天津制品企业团队到神龙钢绳公司参观合影

图 6-6-37 天津制品企业团队到无锡神王公司参观合影

受聘参加贵绳承担的国家级项目的验收

2017 年 3 月 31 日，中国钢结构协会线材制品行业分会应贵州省科技局邀请，作为专家组成员对贵州钢绳股份有限公司在科技部立项的制造业领域船体建造关键技术及工艺装备研制项目中子项“海洋用绳制造关键技术及装备研发与应用课题”进行验收。分会副秘书长纪执鲤参加专家组在遵义组织的验收会议。

六届七次常务理事会暨换届领导小组会在北京召开

2017 年 5 月 13 日，中国钢结构协会线材制品分会在北京京泰龙大酒店组织召开六届七次常务理事会暨换届领导小组第一次会议。

会议邀请了中国钢结构协会刘毅副会长、中国钢铁工业协会黄导主任出席会议，参加会议的有分会常务副理事长、秘书长刘喆，分会顾问徐寅，鞍钢钢绳李宝杰董事长，郑州制品院毛海波院长，天津冶金中兴盛达张宏强董事长，鞍钢股份线材厂赵学博厂长，天津市华源王立福董事长、邢淑静副总经理，武钢江北集团刘时金总经理，贝卡尔特管理（上海）有限公司战略与发展总经理张毓滨，咸阳宝石钢管钢绳王渝怀总经理，江苏狼山钢绳邓海燕副总经理，贵绳王朝义副总经理，江西新华首席工程师何玉明，江苏法尔胜泓昇集团薛文虎副总经理，首钢技术研究院孙齐松所长，湘钢钢丝绳厂刘德富副总工，宁夏新日恒力钢丝绳胡钦刚总经理助理，宝钢南通线材制品周代义营销总监，天津钢线钢缆集团李忠新主任，江苏沙钢集团金玉静主任，湖北福星李龙彪主任，天津高盛钢丝绳张英部长，巨力索具股份周建恒销售总监及分会秘书处纪执鲤、王晓青。

会议充分研讨了推选六届理事会先进单位、先进个人方案，与会代表充分研讨了制品行业起草团标的管理办法；审议通过了贵州水钢同鑫晟金属制品有限公司和香港信和国际发展有限公司加入行业分会的申请。

与会代表一致同意成立三十年纪念活动筹备组，拟定编制纪念册及框架内容，包括专业发展历程、在典型工程上的应用、各骨干企业发展回顾、企业荣获的省部级以上奖项、起草或参与国标、行标及国际标准的制定修订等工作，涌现出的专家学者型杰出人物、企业家型杰出人物、协会优秀工作者等。

黄导主任以“钢铁去产能大背景下的线材制品绿色发展转型升级”为题作了专题报告，常务副会长刘毅作指导讲话。分会顾问徐寅在回顾行业分会发展历程后，向代表们谈了筹备线材制品行业分会成立三十年纪念活动的思路和建议。会后，与会代表合影留念（图 6-6-38）。

图 6-6-38　与会代表合影留念

统计会议在成都召开

2017 年 6 月 14 日，中国钢结构协会线材制品行业分会在成都组织召开生产型企业统计工作会议。参加会议的有企业统计工作人员，负责统计、生产、技术和经营工作的领导以及协会秘书处工作人员。会议由协会秘书处常务秘书王晓青主持。

纪执鲤副秘书长首先对去年行业会员单位统计情况进行了回顾，希望继续得到广大会员单位的支持，以便及时、准确、全面地掌握行业信息，协会将会把统计汇总情况及时反馈会员单位，实现信息资源共享，使协会更好地为会员单位服务。然后他向参会代表介绍了协会全年的主要工作安排。会上，代表们围绕如何做好行业统计工作进行了座谈交流。

会议期间，部分代表参观了四川国龙集团金属制品有限公司生产现场，并进行了交流。本次会议得到了以赵中彬董事长为首的四川国龙集团金属制品有限公司的大力支持，特此鸣谢。

会后，与会代表合影留念（图 6-6-39）。

图 6-6-39 与会代表合影留念

接待贝卡公司到天津考察

2017 年 6 月 17 日，秘书处接待贝卡尔特管理（上海）有限公司工业与特种钢丝北亚区副总裁于达明、前任北亚区副总裁工业产品和特种钢丝部 Steven Parewyck、战略发展部总经理张毓滨、北亚区工业产品钢丝部商务总经理刘海蓉、市场推广专员李茉 5 人到津考察、座谈交流、研讨合作。期间先后参观了天津冶金集团中兴盛达钢业有限公司（图 6-6-40）和华源线材制品有限公司及华源时代金属制品有限公司的生产车间。

图 6-6-40　贝卡尔特公司到中兴盛达考察

常务理事会和换届领导小组会在湘钢召开

2017 年 6 月 23~25 日，中国钢结构协会线材制品分会到湖南湘潭湘钢组织召开六届八次常务理事会、换届领导小组第一次会议（图 6-6-41）。会议确定了六届理事会换届选举办法、选举程序。与会代表一致同意秘书处仍设在天津冶金集团，推荐冶金集团刘喆为理事长候选人，推荐中兴盛达张宏强为秘书长候选人，与会代表一致同意推选六届理事会的先进单位和个人，会议确定协会牵头编写《协会成立 30 年纪念册》，召开纪念大会。

图 6-6-41　线材制品行业分会六届理事会换届领导小组会议会场

湘钢集团钢丝绳公司总经理唐庆军、书记雷灿、副总经理曾智宇、昌发祥及办公室张献文、王丽萍接待，在湘钢集团展览厅前合影（图 6-6-42）。会前，秘书处一行参观了湘钢钢丝绳车间。

图 6-6-42 与会代表在湘钢集团展览厅前合影

会后参观了泰富重装公司生产车间（图 6-6-43）。泰富重装集团总部副总经理谭湘红、燕开文接待、交流。

图 6-6-43 与会部分代表在泰富重装集团总部合影

钢丝绳专业会议在银川召开

2017 年 9 月 9 日，中国钢结构协会线材制品分会在宁夏银川组织召开线材制品分会钢丝绳专业会议（图 6-6-44、图 6-6-45）。会议邀请中国建筑科学研究院廊坊分院院长、电梯协会会长李守林参加会议。近 20 家钢丝绳骨干企业的 22 名代表参加会议。会议由副秘书长纪执鲤主持。首先，会议协办单位宁夏中能恒力钢丝绳有限公司邢文胜部长代表公司致欢迎辞。

图 6-6-44　钢丝绳专业会议会场

图 6-6-45　与会代表在银川会议楼前合影

会上，中国建筑科学研究院建筑机械化研究分院李守林院长，从钢丝绳在塔式起重机、汽车吊、缆索装置、曳引装置、电梯等设备上使用情况，对钢丝绳质量的评价和建议，以及展望机械行业用绳索发展方向等三方面做了专题报告。

代表们结合专家的报告进行了充分的交流，一致认为：第一，专家的报告给了我们很好的启发，要与下游行业使用、设计部门沟通，在了解用户的关键需求的基础上，加强钢丝绳企业之间联合，细分市场需要，营造良好的钢丝绳研发氛围，共享技术研发成果；第二，加强行业自律，从自身做起，自觉规范、维护、营造良好的市场秩序；第三，维护行业、企业合法权益，坚决抵制不合理、不公平的贸易行为。忍住阵痛，下大力气改变两头受压、自己难受的窘境，在营销工作中有话语权，使企业的生产经营、资金运转实现良性循环。

纪执鲤副秘书长代表全体参会代表，对本次会议协办单位宁夏中能恒力钢丝绳有限公司的大力支持表示衷心感谢。

受聘参加制造业单项冠军评审

2017 年 9 月 20~21 日，中国钢结构协会线材制品行业分会受中国工业经济联合会聘请作为“制造业单项冠军”评审专家，参加由工业和信息化部产业司、中国工经联在北京召开的第二批制造业单项冠军评审会。分会副秘书长纪执鲤应邀参加评审。

预应力专业会议在青岛召开

2017 年 9 月 23 日，中国钢结构协会线材制品分会在青岛金沙滩酒店组织召开预应力专业会议（图 6-6-46）。行业内 22 家企业、30 位代表参加会议。会议由专业委员会主任委员单位天津中兴盛达公司张宏强董事长主持。

图 6-6-46　预应力专业会议会场

中国钢结构协会线材制品行业分会常务副理事长、秘书长刘喆出席会议并从装配式建筑、地下管廊建设、八纵八横高铁线路规划三个方面介绍了预应力钢材的应用前景。威海银兴预应力线材公司于建军主任介绍了《钢丝无酸洗生产技术规范》行标起草的缘由、效果、进度等情况。

与会代表根据当前的经济形势，结合企业经营情况进行了交流发言，代表们认为，一要抓住当前利好的形势，从根本上改变生产经营过程中两头受压、中间难受的被动局面；二要在下大力量清收巨额应收账款的同时，采取款到发货、预付款排产等公平的营销模式，使资金运行进入良性循环；三要坚决抵制不合理的招投标行为，不签带有霸王条款的不合理、不平等合同，共同维护全行业的合法利益；四要从每个企业自身做起，形成共识，加强自律，合法经营，理性竞争。通过协会搭建平台，企业共同努力，共同营造良好的市场氛围和营销秩序。

会议期间代表们参观了中国·红岛国际会议展览中心施工现场（图 6-6-47），项目设计单位上海建筑科学研究院技术部郑钧雅经理介绍了项目建设情况及各类预应力钢材在工程上如何使用。会后，与会代表合影留念（图 6-6-48）。

图 6-6-47　与会代表到青岛红岛国际会议展览中心施工现场参观

图 6-6-48　与会代表在会议楼大厅合影留念

六届九次常务理事会在天津召开

2017 年 12 月 9 日，分会在天津津利华酒店召开了六届九次常务理事会（图 6-6-49）。会议审议通过了换届选举的相关规则、程序，审议通过了推荐的理事会、负责人候选人。

图 6-6-49 六届九次常务理事会会场

六届换届暨七届一次大会在天津召开

2017 年 12 月 10 日，中国钢结构协会线材制品行业分会在天津津利华酒店组织召开换届（六届换七届）大会（图 6-6-50）。会议邀请中钢协科技环保部黄导主任、中国钢结构协会刘毅副会长、戴长河秘书长、分会顾问徐寅、冶金标准信息研究院王玲君、工业和信息化部赛迪院原材料所王本力博士、方正证券股份公司研究所武珣教授、天津市环科院冯海军教授等参加会议。会议还邀请了天津市商务委投资处葛楠处长、天津钢铁工业协会副会长苗振元、副秘书长时东升等参会。

图 6-6-50 换届大会会场

大会通过了六届理事会工作总结、财务收支情况和换届工作报告，大会表彰了六届理事会先进单位和个人，并颁发奖励证书（图 6-6-51、图 6-6-52）。大会推选了总监票人、监票人、计票人。在总监票人徐寅主持下选举产生了七届理事会、常务理事会、副理事长及负责人。刘喆被选任为七届理事会理事长，张宏强被选任为七届理事会秘书长。

图 6-6-51　与会领导为六届理事会先进单位代表颁发证书

图 6-6-52　与会领导为六届理事会先进个人代表颁发证书

分会副理事长张建国主持七届理事会一次会议。理事长做了七届理事会工作思路的报告；秘书长提名副秘书长，并做了 2018 年工作计划安排；首钢研究院、鞍钢钢绳两家副理事长单位代表分别提出了“分会管理条例修改”“分会会费标准”两个议案。中钢协黄导主任、钢结构协会刘毅副会长分别做了指导讲话。

会议期间，赛迪院原材料所王本力博士作了“制造业与互联网融合发展”专题报告，方正证券武珣教授作了“供给侧改革背景下，线材制品行业与资本市场”专题报告，环科院冯海军教授作了“钢铁行业废酸与酸洗污泥资源化利用技术集成与工程示范”专题报告。苏州易恒智行公司钱雪平以“线材制品行业智能制造服务平台探索实践”为题进行交流。

会后，与会代表合影留念（图 6-6-53）。2017 年 12 月 11 日，与会代表应邀到天津滨海新区参观了天津空客 320 总装生产现场。

图 6-6-53 与会代表合影留念

第七章　第七届理事会
（2017 年 12 月~2021 年 12 月）

理　事　长	刘　喆	天津市冶金集团（控股）有限公司副总经理
副 理 事 长	邢永晟	鞍钢钢绳有限责任公司董事长
	赵学博	鞍钢股份有限公司线材厂厂长
	贾研林	宝钢金属有限公司董事长
	董　东	法尔胜泓昇集团有限公司总经理
	黄忠渠	贵州钢绳集团有限责任公司董事长
	顾其林	江苏狼山钢绳股份有限公司董事长
	丁来安	江西新华金属制品有限责任公司总经理
	胡钦刚	宁夏中能恒力钢丝绳股份有限公司总经理
	刘晶志	首钢集团有限公司技术研究院副院长
	张建国	天津冶金钢线钢缆集团有限公司董事长
	李金锁	天津冶金集团中兴盛达钢业有限公司总经理
☆	张宏强	天津冶金集团中兴盛达钢业有限公司董事长
	唐庆军	湖南湘钢钢丝绳有限公司总经理
	毛海波	中钢集团郑州金属制品研究院有限公司院长
秘　书　长	张宏强	天津冶金集团中兴盛达钢业有限公司董事长

常务理事单位
鞍钢钢绳有限责任公司
鞍钢股份有限公司线材厂
宝钢金属有限公司
贝卡尔特沈阳精密钢制品有限公司
东北特钢集团大连特殊钢丝有限公司
法尔胜泓昇集团有限公司
贵州钢绳集团有限责任公司
湖北福星新材料科技有限公司
巨力索具股份有限公司
江苏狼山钢绳股份有限公司
江阴法尔胜钢铁制品有限公司
江西新华金属制品有限责任公司
江苏神王集团有限公司
江苏沙钢集团有限公司

宁夏中能恒力钢丝绳股份有限公司
首钢集团有限公司技术研究院
天津市冶金集团（控股）有限公司
天津冶金钢线钢缆集团有限公司
天津冶金集团中兴盛达钢业有限公司
天津市华源工业公司
天津高盛钢丝绳有限公司
武汉钢铁江北集团金属制品有限公司
咸阳宝石钢管钢绳有限公司
湖南湘钢钢丝绳有限公司
中钢集团郑州金属制品研究院有限公司
（有☆者为届中调整后任职）

2018 年

访问日本铁钢联盟

2018 年 1 月 24 日，通过中钢协联系，应日本铁钢联盟驻北京事务所曹艳女士邀请，分会副秘书长纪执鲤、王晓青应邀到日本铁钢联盟驻北京事务所（建国门外大街 24 号京泰大厦 901）拜访。事务所草地资文（日本人）和曹艳女士接待。行业分会表达了拟与日方进行技术交流和协会管理方面交流的意愿，草地资文表示，目前中国线材制品技术发展得很快，双方做技术交流不是重点，我们日方欢迎你们线材制品协会到日本就协会管理方面进行交流。

在宁波召开设备专业会议

2018 年 5 月 5 日，中国钢结构协会线材制品行业分会装备制造专业专题交流会议在宁波召开。会议特邀了工业和信息化部赛迪研究院装备研究所所长左世权、宁波市经信委产业投资与技术改造处处长管大年出席会议。

参加会议的代表有：宁波凯特机械有限公司董事长包冠宁，武汉市超禾鑫科技有限公司高级合伙人张良通，宁波市鄞州申港塑编有限公司总经理陈德忠，天津凯东机械有限公司董事长王树义、经理杨有林，江阴市南菁机械有限公司总经理范里，宁波远创机械有限公司总经理徐才滨，苏州市易恒智行信息科技有限公司总经理钱雪平，江阴市三联机械制造有限公司总经理沈宇，天津冶金钢线钢缆集团有限公司副总经理李桂林、经理张杰，天津市华源工业（集团）公司副总工程师王彦全，浙江汉邦科技股份有限公司副总经理文跃斌，法尔胜集团有限公司部长杨军翰，天津市工大镀锌设备有限公司销售经理陈征，上海效玄机电科技有限公司经理牛晓辉，新西兰 PWT 有限公司中国代表处经理郝晓光，上海钢联电子商务股份有限公司经理温小娟，天津冶金集团中兴盛达钢业有限公司高工邱建和秘书处相关工作人员。

会议由副秘书长纪执鲤主持。首先由会议协办单位宁波凯特机械有限公司董事长包冠宁致辞，向来自全国各地的同行表示热烈的欢迎，并预祝会议圆满成功。

工业和信息化部赛迪研究院装备研究所左世全所长以“智能制造发展趋势与对策”为题做了专题报告。宁波市经信委产业投资与技术改造处管大年处长以“宁波市智能制造政策和经验”为题做了报告。

与会代表结合上述报告和企业实际进行了认真的交流发言。同时与会代表中部分赴德国参加“杜塞尔多夫管线展会”的企业代表分享了参展的感受。

副秘书长纪执鲤对编制《行业分会成立三十年纪念册》，其中装备制造及配套产品发展历程章节的相关内容，与相关企业代表进行了沟通和交流。

在天津组织召开七届一次常务理事会议

2018 年 5 月 30 日，中国钢结构协会线材制品分会在天津和平宾馆组织召开七届一次常务理事会议（图 6-7-1）。会议邀请了工信部原材料司骆铁军司长、原材料司钢铁处赵宏处长，天津市工信委王景良副主任，天津市发改委工业处王国强处长，天津钢铁工业协会苗振元副会长，冶金标准信息研究院、钢标委盘条技术分委员会王玲君秘书长，线材制品分会顾问、原中钢协科技环保部徐寅副主任参加会议。

图 6-7-1　七届一次常务理事会议会场

会上，贝卡尔特管理（上海）有限公司、天津钢线钢缆集团公司、鞍钢钢绳公司、江苏法尔胜集团公司、郑州制品研究院、武钢江北金属制品公司、东北特钢公司、江西新华、贵绳集团公司等企业从不同角度，进行了充分的交流、研讨。钢标委王玲君秘书长，介绍我国线材制品行业的现状、限制环节、发展潜力、发展方向做了发言。分会徐寅顾问，从关注度小、品种多、国民经济各行业又不可缺、所有制特点突出、抗风险能力弱、原始创新能力弱、跟跑特点明显等目前线材制品行业的现状和特点分析，提出了希望国家有关部门对线材制品行业给予关注，国家相关部门的产业政策给予倾斜，调整有关政策“一刀切”的现象。

工信部原材料司骆铁军司长，从国家对工业、对中国制造2025、对钢铁行业的规范管理和对下游深加工行业的鼓励、支持做了专题报告。

下午，国家钢标委盘条分技术委员会秘书长王玲君做了国标制定实施的规范的专业技术讲座，天润一舟电缆公司沈时迪总经理做了有关利用网络平台做销售的专业探讨。与会代表对编写协会30年纪念册的基本框架、内容给予充分肯定，同时也提出了很好的意见和建议，秘书处将再不断修改完善，7月份发布编写方案，请各有关企业和人员提供材料、组织编纂。

与会代表同意《关于企业申请入会和会员资格调整的议案》，即武汉市超禾鑫科技有限公司、锦州红日镀锌设备有限公司为行业分会正式会员；福建三钢（集团）有限责任公司由团体会员单位成为理事单位。

会后，与会代表合影留念（图6-7-2）。

图6-7-2 参加七届一次常务理事会议的与会代表合影留念

在重庆召开行业统计工作会议

2018 年 6 月 13 日，中国钢结构协会线材制品行业分会在重庆组织召开行业统计工作会议。有 19 家企业、26 位代表出席。会议由行业分会王晓青常务秘书主持。

会议首先由协办单位重庆市春鹏预应力钢绞线有限公司肖涛经理致欢迎辞。会上表彰了六届理事会期间对行业统计工作一贯支持、积极配合的二十余家企业。纪执鲤副秘书长代表行业分会对各位工作在统计战线上的行业同仁的辛勤工作表示感谢，希望大家保持沟通、联络的畅通，及时反馈好的意见和建议，有行业统计工作经验同志做好传帮，使行业的统计工作在客观、科学反映行业风采的同时，为各企业能够争取享受到国家新材料、出口退税等经济政策做好基础工作；然后他向代表们介绍了年内行业分会的各项主要工作。与会代表们建议，要在行业分会引领下，提高企业领导对统计工作重要性的认识，调动统计工作者积极性、主动性，共同营造主动配合、资源共享的良好氛围。

在沈阳召开预应力专业会议

2018 年 9 月 16 日，中国钢结构协会线材制品行业分会在沈阳香格里拉今旅酒店组织召开预应力专业会议。行业内 26 家企业、40 位代表参加会议。会议由行业分会张宏强秘书长主持。会议协办单位辽宁通达建材实业有限公司杨楠总经理和贝卡尔特管理（上海）有限公司战略发展总经理张毓滨致欢迎辞。

中国建筑科学研究院建筑结构所冯大斌副所长围绕预应力技术原理、预应力技术的拓展、建筑工程中的应用及对预应力产品的要求四个方面，作了题为“建筑工程中的预应力技术”的专题报告。与会代表根据报告，结合行业、企业的实际情况，就如何拓展、加快预应力类产品在民用及其他领域的应用与冯所长进行了咨询、探讨。

会议还为编写好《中国钢结构协会线材制品行业分会成立 30 年纪念册》进一步落实了工作内容和时间节点。会议代表一致倡议加强行业自律，从自身做起，不怨天尤人，自觉抵制不正当竞争，共同维护行业良性发展。

会议期间，与会代表参观了辽宁通达建材实业有限公司生产现场，杨久龙董事长和大家进行了座谈交流。9 月 17 日上午，代表参观了沈阳新松机器人有限公司的机器人制造、应用演示，为加快行业绿色制造、智能制造提振了信心。

会后，与会代表合影留念（图 6-7-3）。

图 6-7-3 参加预应力专业会议的与会代表合影留念

在无锡召开钢丝绳及设备专业会议

2018 年 11 月 10 日，中国钢结构协会线材制品行业分会在无锡组织召开钢丝绳和设备专业会议。邀请中国矿山协会姜圣才秘书长、中国平安财产保险股份有限公司区域重客经纪业务部孙爱惠总监出席会议。近 30 家钢丝绳和设备企业的 35 名代表参加会议。会议由张宏强秘书长主持。

会议期间，受邀出席会议的中国冶金矿山企业协会姜圣才秘书长，针对钢丝绳在采矿业的应用特点及展望做了专题报告。中国平安财产保险股份有限公司区域重客经纪业务部孙爱惠总监为代表们分别介绍了国家对制造业中的首台（套）设备、新材料的扶持政策及申报程序。随后，孙爱惠总监与代表们就如何能争取到国家的优惠政策进行了解答、交流。

会上，贝卡尔特管理（上海）有限公司战略合作与发展张毓滨总经理，为大家介绍了 2018 年 11 月 5~10 日在上海举办的中国国际进口博览会的盛况。贵绳公司严志远主任针对《中国钢结构协会线材制品行业分会成立 30 年纪念册》其中钢丝绳发展历程篇的编写工作向大家做了汇报，并与提供专业素材的企业代表进行了交流，商定了具体工作时间节点。秘书处与参会的装备制造企业的代表交流了“装备及配套产品”专业编写具体事宜，并商定了工作时间节点。

会议要求各单位要继续加强行业自律，从自身做起，自觉抵制不正当竞争，共同维护好行业内营销秩序；加强对行业上下游了解，包括加强行业中各专业内部的沟通，互通有无，优势互补，实现全行业在新形势、新时期的更好发展。同时要求各单位按照商定的时间节点，集中集体智慧，为编写好《中国钢结构协会线材制品行业分会成立 30 年纪念册》提供钢丝绳和设备两个专业发展历程方面的素材。

会后，与会代表合影留念（图 6-7-4）。

图 6-7-4　参加钢丝绳专业会议及设备专题会议的与会代表合影留念

在哈尔滨召开七届理事会扩大会议

2018 年 12 月 14~16 日，中国钢结构协会线材制品分会在哈尔滨工业大学土木工程学院报告厅组织召开七届理事会扩大会议（图 6-7-5）。会议邀请了中央党校（国家行政学院）经济学部陈宇学教授、中钢协市场部蒋璇芳处长、中国钢结构协会刘毅副会长参加会议。

图 6-7-5　七届理事会扩大会议会场

会议由张宏强秘书长主持，首先混凝土组合结构分会郭兰慧秘书长发表热情洋溢的欢迎辞，郭秘书长代表哈尔滨工业大学土木工程学院和中国钢结构协会混凝土组合结构分会对参会的领导和嘉宾表示欢迎并作了相关的介绍。

会议期间，中央党校陈宇学教授以“我国经济发展趋势与宏观政策”为题进行专题讲座，中钢协蒋璇芳处长以“中国钢铁工业运行情况及中美贸易摩擦对钢铁行业的影响”为题做了专题报告。

获得工信部制造业单项冠军的江苏法尔胜鸿昇集团公司、贵州钢丝绳股份公司、巩义市恒星金属制品公司等三家企业进行交流。

中国钢结构协会刘毅常务副会长指出：在伴随着改革开放四十年的时间里，各级协会不断地发展壮大，相关分会之间的合作沟通交流很好，也可以跨行业进行交流为会员企业搭建更大的平台，通过行业协会把不同领域、不同企业性质、不同区域的会员企业团结在一起，不断地促进行业和协会的发展。

会后，与会代表在哈尔滨工业大学土木工程学院教学楼前合影留念（图 6-7-6）。

图 6-7-6 与会代表在哈工大土木工程学院教学楼前合影留念

2019 年

秘书处迁址到陈塘科技园青林大厦

2019 年 3 月 2 日，分会理事长单位进行混合所有制改革，常德道办公场所将纳入资产调整范围，秘书处搬迁到天津市河西区行政许可中心旁的科技园内的青林大厦办公。

在江阴召开七届二次常务理事会议

2019 年 5 月 17 日，中国钢结构协会线材制品分会在江阴组织召开七届二次常务理事会议。会议邀请了全联冶金商会副秘书长王连忠，线材制品分会秘书长、天津中兴盛达总经理张宏强，法尔胜集团董东总经理、杨军瀚主任，江苏狼山钢绳顾其林总经理、邓海燕总工程师，天津钢线钢缆集团张建国总经理，贝卡尔特管理（上海）有限公司战略发展总经理张毓滨，武钢江北集团金属制品刘时金总经理，天津高盛总经理田庄强、于克勇总工程师，天津市华源集团王铖涵总经理，贵州钢绳（集团）陈建辉副总经理，湖北福星徐志雄总工程师，郑州金属制品研究院院长助理宋为，江西新华总经理助理张建春，巨力索具总裁助理亢剑、王晋蒙副总工程师，鞍钢线材厂技术总监韩立涛，江苏神王集团生产副总经理张杰，鞍钢钢绳邵宏宇部长及秘书处纪执鲤、王晓青、李安参加会议。会议由张宏强秘书长主持。

秘书处向常务理事会议汇报了《行业分会成立 30 周年纪念册》各章节汇总、编辑情况后，会议讨论通过了编写的相关事宜，一是收录入册的企业要有 20 年以上的发展历史（可以包括改革调整及名称变更期）；二是报送的杰出企业家人物要在本企业担任主要负责人 6 年以上，且使企业发生显著进步；三是杰出技术专家人物至少曾获一项省部级以上成果奖励；四是荣获的各级技术进步、成果必须是省部级以上；五是企业报送各类材料的截止时间为 2019 年 5 月 31 日；六是增加线材制品行业智能制造展望篇；七是《纪念册》编辑、印刷册数等相关费用，经秘书处进行测算后，由收录入册的企业分担；八是其他章节的内容由秘书处和聘请的编辑人员按《纪念册》编写方案要求收录、编辑。

秘书处传达学习了《中国钢结构协会会费管理办法》《中国钢结构协会分支机构工作条例》（按民政部统一要求）《中国钢结构协会团体标准管理规定》《中国钢结构协会团体标准制修订工作细则》等上级协会文件精神。

会议审议了“关于沈阳帕卡濑精有限总公司申请入会的议案”，同意该公司为协会正式会员企业。

会议期间，全联冶金商会王连忠常务秘书长作了“科学认识新形势下的新问题，进一步推动钢铁工业高质量发展”的专题报告，与会的各位常务理事根据王秘书长的报告，结合企业情况、行业分会工作做了交流发言。

会议指出，我们要乘中华人民共和国成立七十周年和改革开放四十年的东风，以行业分会成立三十年为契机，加快由线材制品大国向强国迈进的步伐；加强与行业的上下游沟通、联络，跟上时代步伐，促进行业高质量发展；抓紧《纪念册》编辑工作，尽快形成初稿，向相关企业征求意见，不断完善内容；秘书处测算出编写《纪念册》所需的费用，反馈给入册企业，本着大家的事情大家办原则，共同做好此项工作。会后，与会代表合影留念（图 6-7-7）。

会议期间，与会代表们冒雨参观了法尔胜集团有限公司、参观了贝卡尔特江阴公司的生产工厂。会后，与会代表到贝卡尔特亚洲研发中心参观（图 6-7-8）。

图 6-7-7 七届二次常务理事会议代表合影留念

图 6-7-8 与会代表参观贝卡尔特亚洲研发中心

在张家港组织召开预应力专业会议

2019 年 10 月 26 日，中国钢结构协会线材制品行业分会在江苏省张家港组织召开预应力专业会议。本次会议有 31 家企业近 50 名代表出席，会议由张宏强秘书长主持。江西新华金属制品有限责任公司丁来安总经理首先代表会议协办单位，向来自全国各地的专家、行业同仁表示热烈欢迎。

会议邀请中国勘察设计协会结构设计分会预应力专家委员尚仁杰博士作了“预应力钢

材（丝及绞线）在新领域的应用及展望”专题报告。参会代表根据尚博士的报告，围绕拓展预应力类产品应用进行了充分交流。

一是国家和地方相继出台的经济政策，明显改观了工程款拖欠问题；二是遵纪守法、团结协作、自我保护意识增强，大家能够做到理性的参与招投标，自觉抵制不良的营销行为；三是环境保护的要求越来越严格，工艺改进、环保投入势在必行。

会议指出，大家要珍惜把握住当前的利好形势，使生产经营工作进入良性循环，以此推动行业更好的发展；树立团结共赢的理念，共同抵制害群之马和不合理、不合法营销行为，维护行业、企业共同的利益；环境保护是国家的大政方针，尽快尽早实施环保投入是明智之举，也是造福子孙万代、实现绿色发展必由之路。

会后，与会代表合影留念（图 6-7-9）。最后，代表们参观了张家港新华公司和沙钢集团高线生产现场。

图 6-7-9　参加预应力专业会议的代表合影留念

参加制定行业标准

山东威海银兴预应力钢绞线公司针对制品行业对线材表面处理采用酸洗方法的不足，研发了钢丝无酸洗拉拔预处理技术。为了便于将其工艺技术及装备的稳定化、标准化，分会积极给予支持并明确纪执鲤、王晓青负责协调、参与标准的起草。

以山东威海银兴预应力钢绞线公司牵头，中国钢结构协会线材制品行业分会、广东坚宜佳五金制品公司等单位参加起草了冶金行业推荐标准 YB/T 4730—2019《钢丝无酸洗拉拔预处理技术要求》，并于 2019 年 11 月由工信部发布实施。

在天津召开七届二次会员代表大会暨分会成立三十周年纪念会

2019 年 12 月 7~9 日，分会在津梅江大酒店组织召开七届二次会员代表大会暨分会成立三十周年纪念会（图 6-7-10）。

图 6-7-10 七届二次会员大会会场

会议邀请了原冶金部科技司副司长李世俊，原中钢协科技环保部副主任、分会顾问徐寅，中国钢结构协会副秘书长戴长河，冶金规划研究院总设计师刘朝建，全国钢标委盘条分技术委员会秘书长王玲君，原国铁集团工程管理中心副主任、总工程师、现任中国铁路 BIM 联盟常务副理事长、秘书长盛黎明女士，天津市政工程设计研究院总工程师、全国勘察设计大师刘旭锴院长，中国铁建物资集中采购北京中心主任张书强，集中采购北京中心部长焦伟，中国橡胶工业协会骨架材料专业委员会秘书长于涛，天津市发改委大项目处处长王国强，天津市工信局原材料处处长李学杰，天津钢铁工业协会副秘书长时东升。天津市线材制品行业协会会长张建国、天津线材制品行业老专家朱龙、老同志张泽洪及线材制品分会副秘书长纪执鲤、王晓青和秘书处工作人员参加了会议。会议由线材制品分会秘书长张宏强主持。

大会回顾了分会 30 年发展历程，向与会代表分发了《三十周年纪念册》，向为行业发展做出贡献的杰出企业家、杰出技术专家的代表颁发奖励证书。获奖代表天津线材制品专家朱龙、贵州钢丝绳公司贺孝宇、江苏法尔胜公司董东、贝卡尔特（上海）公司张毓滨做了获奖发言。大会宣读了国家发改委 2019 年 10 月 30 日发布的《产业结构调整指导目录》中，有关吸纳分会对淘汰类目中“铅浴”热处理工艺使用的调整内容。

应邀参会的盛黎明女士、刘旭锴院长、张书强主任、于涛秘书长等先后做了专业性的发言，对线材制品行业 30 年突飞猛进的发展给予肯定，同时为后续发展提出了很好的意见和建议。参会的天津市发改委、天津市工信局领导做了指导性发言，中国钢铁工业协会、中国钢结构协会领导做了指导讲话。

分会副秘书长纪执鲤，副秘书长、郑州制品院院长助理宋为，先后汇报了秘书处工作。南京派诺金属、沈阳帕卡濑精、上海效玄等 25 家企业，在会上进行了充分和热烈的交流。

会后，与会代表合影留念（图 6-7-11）。

图 6-7-11 七届二次会员大会代表合影留念

2020 年

线上召开七届三次常务理事会议

2020 年 6 月 23 日上午十点到十一点，在中国钢结构协会线材制品分会秘书处会议室组织召开中国钢结构协会线材制品分会七届三次常务理事会议。分会秘书长张宏强主持会议。分会副理事长张建国、副秘书长纪执鲤、王晓青等线下参会，常务理事单位基本在线参会。

会前秘书处将会议资料“电子版”提前发给了各位常务理事，以便提高会议效率。出席会议企业领导或代表有唐庆军、顾其林、杨永红、金庆波、陈建辉、孙齐松、杨军瀚、周代义、邵宏宇、何玉明、车安、何晓红、张毓滨、王钺涵、刘时金、黄玮颉、白成海、张英、麻晗，三家常务理事单位请假，其余全部出席。

会议审议通过了以下两个议案：(1) 天津华源工业公司申请担任副理事长单位；天津银龙预应力材料股份有限公司申请担任常务理事单位；江阴法尔胜钢铁制品有限公司因集团内部调整，申请不再担任常务理事单位；鞍钢钢绳有限责任公司担任副秘书长的赵宏宇部长变更为赵宪海副总经理。(2) 淮南泰隆机械制造有限公司、天津三一朗众环保科技有限公司、天津市万达远扬科技有限公司、中山市永堂再生物资有限公司、马克思环保设备（上海）有限公司五家单位申请加入行业分会的申请。

与会代表结合本企业实际，围绕行业 2020 年工作计划，就特殊时期企业发展的思路、方式、方法畅谈了想法和建议。一是线上召开相关会议，是疫情防控期间加强沟通实用、重要的手段，作为行业的骨干企业，更应该加强团结，互相学习借鉴，共克时艰。二是在做好防疫生产两不误的同时，加强与政府职能部门、行业专业机构、行业上下游沟通，科学制定本行业、企业“十四五”发展规划。三是采取多种有效手段化解出口受阻、运输成本增高、市场无序竞争、资金压力、劳动力流失等困难。四是针对行业目前信息化、智能化以及制造装备参差不齐的现状，依靠行业组织搭建平台，加强内部、外部沟通交流，学习借鉴，使行业早日实现高质量发展。五是遵守国际贸易规则，加强与政府职能部门及行业组织的沟通，维护行业、企业合法权益，有理有据地应对“反倾销”调查。

会议指出，疫情防控期间，各企业积极应对，不仅主动向疫情严重地区和当地防疫部门捐款、捐物，而且在做好防疫的同时，稳妥地做好复工复产工作，努力减小损失。秘书处在做好日常工作的同时，主动与企业、上级协会沟通，传递国家及地方政府的优惠企业相关政策。下一步要努力做好以下工作：一要加强与企业、上级协会、政府职能的沟通，主动应对各类“反倾销”调查，遵守国际贸易规则，建立常态化的预警机制。二要在向企业传递国家相关政策的同时，代表企业及时向政府反馈合理的共性诉求、意见、建议。三要遵纪守法，坚持做好行业自律，产能过剩不能价格无序、质量无度，共同抵制行业内外不良的市场竞争。四要努力做好各项基础工作，提升服务质量和水平，相信在全体会员企业的支持、配合下，线材制品行业会实现更好的发展。

新冠疫情爆发以来，行业分会的广大会员企业认真贯彻执行党中央、国务院决策部署，在做好自身防疫的同时，主动承担社会责任，为抗击疫情献出了关爱之心。行业分会(秘书处)、法尔胜泓昇集团、广东坚朗五金制品股份公司、天津华源集团、天津银龙股份公司、河南恒星科技股份公司、辽宁通达建材实业公司等会员单位，分别向武汉火神山医院、属地医院、红十字会、政府疫情防控应急指挥部等相关部门捐献款（物），充分体现了疫情无情，人间有爱。

在新冠疫情严重时期，行业分会坚持防疫和日常工作“两不误”，保持与企业、上级协会的沟通联络，及时传达、传递国家、地方政府出台的抗击疫情、复工复产相关政策，帮助企业早日恢复生产、生活的正常秩序，为抗击疫情献计出力。

向中钢协提出入会申请

2020 年 6 月 30 日，中国钢结构协会线材制品分会秘书处提议，为了便于了解钢铁行业发展动态、便于中钢协的领导对分会工作的支持和帮助，我们线材制品分会有意愿加入中钢协成为会员单位。秘书处将此意愿向理事长做了汇报，理事长征得了主要副理事长和常务理事单位的同意。

随后向中钢协提出线材制品分会加入中钢协的意愿，填写入会申请材料，报给中钢协综合办。

赴张家港参加中钢协六届二次会员大会

2020 年 7 月 30~31 日，中国钢结构协会线材制品分会到江苏张家港参加中钢协六届二次会员大会，大会通过了中国钢结构协会线材制品行业分会的入会申请，成为中国钢铁工业协会会员单位。

在汉中与标准院联办预应力专业会议

2020 年 9 月 3 日，中国钢结构协会线材制品行业分会与冶金工业信息标准研究院联合举办、陕钢集团产业创新研究院有限公司承办的预应力制品行业发展高峰论坛暨重点标准应用技术交流会（图 6-7-12）在陕西汉中市勉县成功召开。来自预应力产品制造、检验检测机构、科研院所等 60 余家单位的 180 多名企业家、专家及相关领导参加了会议并进行了热烈讨论，对预应力制品未来的应用、发展和技术方向建言献策，做好谋划，共同推动预应力制品高质量发展。

图 6-7-12　预应力专业会议会场

信息标准院、汉中市人民政府、陕钢集团、汉钢公司、龙钢公司、线材制品行业的领导到会并致辞。勉县人民政府、陕钢创新研究院的领导进行了招商推介。中国铁道科学研究院集团有限公司陈胜利副研究员作了题为“铁路预应力技术发展及创新”的报告。建研（北京）结构工程有限公司聂永明总经理作了“预应力技术在建筑领域的应用及展望”的主题报告。北京宝维森新材料科技发展有限公司李佩勋董事长作了“预应力混凝土用超高强钢绞线国内外发展现状”的主题报告。中国钢结构协会线材制品行业分会副理事长张建国作了“预应力行业发展状况及汉中预应力生产企业介绍”的主题报告。上午的会议由信息标准院院长助理戴强主持。与会代表下午还分别参加了重点标准应用交流会和线材制品行业预应力专业会议。

中国钢结构协会线材制品行业分会副理事长张建国主持了下午召开的线材制品行业预应力专业会议。与会的企业家和企业代表首先对 2019 年和 2020 年前三季度生产经营情况进行了通报；随后大家围绕产能过剩、行业自律、高质量发展等提出了意见和建议。会上，陕钢创新研究院严鹏霄董事长、尚巍巍院长及相关部室的负责人介绍了陕钢集团产品结构、产品定位及相互合作与行业内的企业代表进行互动交流。张宏强秘书长指出：第一，新冠疫情给行业生产经营造成了很大影响，行业内很多企业积极献出爱心，克服各种困难复工复产。行业分会主动走访，了解情况传递国家相关政策，努力做好服务指导；第二，大家要认真反思这些年行业自律取得的成效和差距，加强团结，维护企业行业利益，抵制不合理、不平等招投标；第三，加强与陕钢创新研究院进一步沟通，争取更多的多种形式的广泛合作。张建国副理事长倡议：一是正确对待面临的形势，加强企业之间的沟通，自律从自身做好；二是相互学习练内功，大家要在自强的基础上，正确处理好竞争与合作的关系；三是借助、用好行业组织为大家搭建的平台，加强沟通交流，为企业壮大、行业发展努力；四是代表行业的全体参会代表，感谢陕钢集团产业创新研究院对会议的大力支持。

信息标准院正高工、全国钢标委盘条与钢丝分技术委员会秘书长王玲君主持了下午的重点标准应用技术交流会。信息标准院任翠英高工作了题为“预应力钢材国内外技术及标准体系发展”的报告，正高工张莹作了题为“GB/T 21839—2019 预应力混凝土用钢材试验方法”的报告，与会代表对这项标准进行了研讨和交流。

2020 年 9 月 4 日上午，参会代表参观了陕钢集团产业创新研究院生产基地和陕钢集团汉钢公司工业区，实地了解产线情况和综合生产能力。

会后，部分与会代表合影留念（图 6-7-13）。

图 6-7-13 部分与会代表合影留念

到苏州与易恒智行签订合作协议

2020 年 10 月 20 日中午，中国钢结构协会线材制品行业分会理事长带领秘书处一行 4 人，到苏州易恒智行科技公司与公司总经理钱雪平举行签订合作协议的仪式（图 6-7-14）。

图 6-7-14　与易恒智行签订合作协议后合影留念

拜访冶金培训中心

2020 年 11 月 6 日，中国钢结构协会线材制品分会副秘书长纪执鲤、王晓青一行 3 人，到冶金培训中心拜访林红主任（图 6-7-15）。培训中心介绍了可为企业培训的内容、形式并且其培训资格已被人社部认可。我们介绍了会员企业职工培训的现状及需求，特别是一线职工需培训的紧迫性。双方充分探讨了对职工培训的思路、方法和路径。

图 6-7-15　拜访冶金培训中心

七届二次理事扩大会议在西宁召开

2020 年 12 月 15 日，中国钢结构协会线材制品行业分会在青海西宁新华联索菲特酒店组织召开中国钢结构协会线材制品行业分会七届二次理事扩大会议。会议邀请了中国钢铁工业协会副秘书长黄导，中国钢结构协会常务副会长刘毅、副秘书长戴长河，原鞍钢党委书记、总经理、国际钢标委主席张晓刚，南开大学经济学院刘刚教授，商务部贸易救济局出口二处石易博士，冶金人才培训中心蔡林棚等领导出席了会议。会议由张宏强秘书长主持。

会上，国际钢标委主席张晓刚做了“新形势下实现高质量发展”专题报告，南开大学经济学院刘刚教授作了“数据经济与企业数据化转型”专题报告。冶金人才培训中心蔡林棚作了“创新企业员工培训为企业提供动力”专题报告。

会议期间，郑州制品院毛海波院长以“制品研究院助力行业高质量发展”为题、神王公司总经理黄伟颉以“行业企业发展壮大的思考”为题、天津工大周宗才以“装备制造创新推动行业发展”为题、易恒智行钱雪萍以“网站建设为行业发展服务”为题做了交流发言。会上，秘书处组织与会代表学习宣贯了工信部组织申报单项冠军的通知，支持和鼓励会员企业积极申报。

会上，黄导副秘书长、刘毅常务副会长分别做了指导讲话。会后，与会代表合影留念（图 6-7-16）。

图 6-7-16　七届二次理事扩大会议代表合影留念

2021 年

组织参加商务部线上会议

2021 年 3 月 3 日，中国钢结构协会线材制品行业分会组织江阴法尔胜公司、天津银龙公司，参加了商务部贸易救济局就英国脱欧后的贸易救济案举办的专题线上会议。商务部贸易救济局调查部吕江专员、何双奇处长、石易研究员出席会议，中钢协、贸促会、律师和线材制品行业分会副秘书长纪执鲤等共 10 多名代表出席会议。石易研究员主持会议，并作了主题发言。

何双奇处长就英国脱欧之后保留和继续实施的贸易救济措施，表明了我们的主张，英方应该放弃与欧盟原有贸易救济措施相关的所有权利或者权益，终止所有未按照世贸组织相关规定启动的涉及中国进口产品的过渡审查案件。英方国内法对过渡审查如何进行的相关规定，并不能影响英国同时遵守世贸规则。

吕江专员指出：第一，英方要明确脱欧后他跟之前欧盟贸易救济措施之间没有任何的权利义务或者是继承或者继续使用的这样的一个关系；第二，终止所有的现在已经启动的所谓过渡复审；第三，退出征收的所有违规税款。呼吁中英双方加强多领域的对话、沟通及合作，在共同遵守国际法和世贸规则的前提下，维护好中英之间稳定的经贸关系。

会议期间，中钢协、贸促会和线材制品行业分会代表纪执鲤分别进行了交流发言。涉案企业江阴法尔胜公司、天津银龙公司的代表就具体的涉案产品进行了咨询、交流发言。

召开编写“十四五”规划专家研讨会

2021 年 3 月 18 日，按照钢结构协会刘毅常务副会长要求，分会事前已与中钢集团郑州金属制品研究院商定，由制品院牵头组织行业专家和相关企业编写行业发展规划。今天在天津和平宾馆组织召开中国钢结构协会线材制品行业分会，编制“十四五”行业发展规划纲要专家研讨会。会上，制品院将拟定出的编写发展规划纲要的框架提供会议讨论，各位专家特别是天津的老专家、各位重点企业代表，进行了充分的研讨，提出了许多很好的意见和建议。会议确定了编写方向和主要内容及工作时间表和路线图。会后，与会代表合影留念（图 6-7-17）。

图 6-7-17　参加专家研讨会代表合影留念

在上海组织召开七届四次常务理事会议

2021 年 5 月 18~21 日，中国钢结构协会线材制品行业分会在上海南京东路的上海国际酒店组织召开七届四次常务理事和换届领导小组第一次会议。22 家常务理事单位共 32 人出席本次会议，3 家常务理事单位请假，符合行业分会相关规定。

5 月 18 日下午召开了换届领导小组第一次工作会议，会议通报了换届工作小组的筹备工作进展情况，张宏强秘书长组织代表讨论通过了第八届理事会换届选举工作方案，一致同意按照上级协会规定要求进行换届工作。

常务理事会议宣贯了中国钢结构协会章程的管理制度，特别学习了对分会的管理制度。会上审定了《线材制品行业“十四五”发展建议纲要》，再做文字性修改完善后上报、发布。

会议期间邀请了上海市委党校（行政学院）经济学教研部、复旦大学、交通大学、上海财大兼职教授，上海国资委研究室副主任陈勇鸣教授等做了针对上海发展的《上海“十四五”发展战略》专题报告。会后，与会代表合影留念（图 6-7-18）。

图 6-7-18　参加七届四次常务理事会议代表合影

5 月 20 日上午与会部分代表应邀参观上海大众汽车生产线三车间（图 6-7-19）。下午应邀到上海钢联公司总部访问，公司总裁助理、钢材事业部总经理任竹倩，钢材事业部副总经理魏波带队接待。

图 6-7-19　参观上海大众汽车生产线后合影

上报并发布行业“十四五”规划

2021 年 5 月 30 日分会完成线材制品行业“十四五”发展建议纲要的编制并通过常务理事会审议，上报中钢协、中国钢结构协会后，在线材制品行业内外发布。

2021 年喜逢中国共产党百年华诞，也是国家“十三五”收官及“十四五”开局之年，按照年度工作计划和上级协会的要求，分会委托中钢集团郑州金属制品研究院牵头，组织行业内多家企业、多位行业知名专家，召开专题研讨会、评议会，完成了《线材制品行业“十四五”发展建议纲要》送审稿，聘请中钢协高文平副秘书长、原中钢协徐寅副主任、冶金工业规划研究院刘朝建总经济师、中冶建研院刘毅副院长、冶金标准院王玲君教授等专家审议，经中国钢结构协会线材制品行业分会常务理事会审定后报上级协会，并在行业内外发布。同时，此《纲要》以“建设国际一流线材深加工行业”为题目，在《中国冶金报》上刊登。

拜会铁科院

2021 年 6 月 30 日，分会理事长刘喆、秘书长张宏强、副秘书长纪执鲤与标准院王玲君教授、任翠英秘书长、冷明鉴，到中铁铁科院与铁道建筑所桥梁与结构工程事业部拜访（图 6-7-20），针对铁科院对我们线材制品行业的预应力钢绞线产品，进入铁道路基项目提出的认证条件中相关条款进行了充分的交流、研讨，提出下一步工作方向。

图 6-7-20　走访铁道科学研究院

赴青岛联办预应力钢绞线产业高峰论坛会

2021 年 9 月 22~23 日，分会理事长、秘书长、秘书处相关人员到山东青岛瓯海花园酒店与上海钢联共同举办“2021 全国钢绞线产业高峰论坛会议”，暨中国钢结构协会线材制品行业分会预应力专业会议（图 6-7-21）。会议分两部分，上午以预应力专业会议为主题，邀请标准院任翠英做了专题报告，然后线材方面的上游企业和制品方面的下游企业的代表先后进行了发言，并进行了研讨。下午以钢绞线产业高峰论坛会议为主题，邀请有关专家做了专题报告，与会代表做了专题发言。

图 6-7-21　参加预应力专业会议的代表合影留念

到钢管分会走访

2021 年 11 月 12 日，线材制品行业分会秘书长张宏强、副秘书长纪执鲤、王晓青一行 4 人，到天津东丽区访问在天津钢管集团办公的中国钢结构协会钢管分会，钢管分会理事长郑贵英、秘书长张俊鹏、庄钢顾问、副秘书长李霞、杨文晨 5 位领导接待。双方就联合举办“管线”展览会是发展方向和趋势，取得一致认同，就具体工作进行了充分的分析研判。

接待冶金标准院到天津访问

2021 年 12 月 14 日，冶金信息标准研究院党委书记、院长张龙强带领王玲君、任翠英一行 3 人到天津访问分会。分会刘喆理事长、张宏强秘书长、纪执鲤、王晓青副秘书长接待（图 6-7-22）。双方就多方面开展合作进行了广泛、深入、友好的交流，对下一步拟开展的具体工作达成一致意见。

图 6-7-22　接待冶金标准院到天津访问

七届三次暨八届一次会员代表大会在天津召开

2021 年 12 月 14~15 日，在天津河东区富力万达文华酒店中国钢结构协会线材制品行业分会组织召开换届大会，即七届三次会员代表大会和八届一次会员代表大会。由于疫情尚未稳定，大会采取“线上线下”同时举行。会议邀请了冶金信息标准研究院党委书记、院长张龙强，工业和信息化部赛迪研究院原材料所所长肖劲松，原中国钢铁工业协会科技环保部徐寅副主任，全国钢标委盘条与钢丝分委会王玲君副主任、任翠英秘书长，《中国冶金报》资深主任记者蔡立军，还邀请了天津市工信局原材料处王金刚处长，天津市钢铁工业协会常务副秘书长时东生、林崧副秘书长、苏培副秘书长，天津市节能协会常务副会长、秘书长刘立全等嘉宾到现场参会。会议线上邀请了冶金规划研究院刘朝建总设计师、中钢协副秘书长黄导、钢结构协会常务副会长刘毅参加会议。

线材制品行业分会顾问徐寅主持了换届选举。大会选举产生了八届理事会及负责人。八届理事会秘书长主持了八届一次会员代表大会。

大会之前，分会理事长组织召开了七届五次常务理事会，通过了分会管理条例的修改、会员企业调整、提名副秘书长、七届工作总结、八届工作设想等议案。这次七届三次会员代表大会和八届一次会员代表大会一致审议通过上述议案。

会议期间冶金信息标准研究院党委书记院长张龙强做了《双碳背景下中国钢铁工业低碳发展形势即技术创新实践》专题报告。赛迪研究院原材料所所长肖劲松做了《“十四五”新材料产业发展重点与政策》专题报告。

冶金规划研究院刘朝建总设计师传过来书面发言，中钢协副秘书长黄导发来贺词，钢结构协会常务副会长刘毅做了指导讲话。

会后，与会代表合影留念（图 6-7-23）。

图 6-7-23 七届三次暨八届一次会员代表大会与会代表合影

第七篇

中国线材制品行业大事记

1905～1946 年

1905 年

东北特钢大连钢丝厂始建于 1905 年，堪称中国特种钢丝的“摇篮”。

1908 年

1908 年，民族资本投资白银一万两引进日本拔丝制钉设备和技术，建立了天津铁丝铁钉厂，生产黑铁丝。

1916 年

1916 年，东北特钢大连钢丝厂前身进和商会在大连千代田町三十三番地开设工厂，生产道钉、铆钉。

1929 年

1929 年，大连钢丝厂前身进和商会从日本和美国引进制钉机、拔丝机等设备生产圆钉、钢丝。

1936 年

1936 年，天津已具有线材制品业的多家私营厂、小作坊，主要产品为圆钉、黑铁丝、铜丝、罗底等。

1936 年，天津市第五金属制品厂由中山钢业所小型部的拉丝、制钉、镀锌三个车间组成。

1937 年

1937 年，中国弹簧制造有限公司成立；中国弹簧钢丝产品正式开始生产试用。

1938 年

1938 年 4 月，天津市第一金属制品厂前身私营铁丝厂成立。

1938 年 9 月，鞍钢钢绳有限责任公司前身满洲制钢株式会社建厂，是全国金属制品行业大型骨干企业之一。

1939 年

1939 年，天津市大成五金厂前身私营大成贸易行成立。

1939 年，日本军人石川爱三郎创办兴亚钢业株式会社，生产刺丝、圆钉、木螺丝和少量钢丝绳，是天津市第一钢丝绳厂前身，是国内钢丝绳生产的源头企业。

1942 年

1942 年，创建上海第二钢铁厂，是国内第一家线材生产企业，被称为“中国线材工业的摇篮”。

1945 年

1945 年，日本投降后，兴亚钢业株式会社（天津市第一公司绳厂前身）由国民党经济部接管，并入中央机械有限公司所属天津机械厂，更名为天津机械厂二分厂。

1946 年

1946 年，国民党政府接管鞍山钢铁有限公司，钢丝绳厂改名管线所钢绳厂。

1950~1959 年

1950 年

1950 年，中国人民解放军 19 兵团后勤机构组建西华铁工厂，即后期的天津市金属制品实验厂。

1950 年，天津第一钢丝绳厂为我国盐都——自贡市试制、生产出第一根盐井用钢丝绳，结束了依赖进口的历史，打破了帝国主义对我国盐井用绳的经济封锁。

1951 年

1951 年，陈祖沛等人投资 240 万元，在天津大沽南路 1249 号创建天津大成五金机械厂，生产镀锌铁丝、钢钉并加工拔丝机和制钉机。

1952 年

1952 年，天津第一钢丝绳厂为我国国防空军生产出第一根航空用钢丝绳。

1954 年

1954 年，天津第一钢丝绳厂生产的航空用钢丝绳，被江西机场首先组装在我国自制初教六号教练机的发动机油门操纵系统中。

1956 年

1956 年，天津市五金线材工业公司成立，将公私合营初期的 169 个厂合并为 32 个厂，主要产品有黑铁丝、镀锌铁丝、镀锌刺丝、电焊条、中高碳钢丝、钢丝绳、铜丝、铜网、窗纱、罗底、各种圆钉。

1957 年

1957 年 1 月，天津第一钢丝绳厂派出生产骨干 10 人到苏联别劳列茨市钢铁厂学习。

1957 年，天津第一钢丝绳厂先后从匈牙利、德国引进了雪茄式捻股机、水箱拉丝机、角度仪，钢丝绳产品完全达到苏联 ГОСТ 2172—43 标准。

1957 年，天津焊丝厂开发架空通讯用镀锌钢丝。

1958 年

1958 年 2 月 12 日，天津市第四金属制品厂成立，由中和溶接器材厂和公私合营第一拔丝镀锌厂合并而成。

1958 年 11 月 1 日，天津市钢丝绳厂成立，由天津市地方国营第二铁丝厂和公私合营的钢丝合股厂合并而成。

1958 年，天津市第八金属制品厂成立，由公私合营的锦华拔丝厂接收而来。

1958 年，宁夏石嘴山钢铁厂建立。

1958 年，天津第一钢丝绳厂由铁道部、建设部联合投资，建成全国第一个预应力钢丝生产车间，解决了交通运输、建筑工业制作水泥、轨枕和水泥管等对预应力钢丝的需求。

1959 年

1959 年，大连钢丝厂的合金钢丝扩产后，生产弹簧、碳工、焊接、不锈、结构、电阻、滚珠、针布、冷顶、磨光十大类钢丝 19475 吨，是我国最早的特殊钢钢丝生产基地。

1960~1969 年

1960 年

1960 年 3 月，天津钢厂下属以生产密封钢丝绳为主要产品的专业厂——天津钢厂密封分厂成立，后期为天津市第六金属制品厂。

1960 年，天津市第四金属制品厂研制、生产军用通讯被覆线钢丝。

1960 年，天津市金属制品实验厂研制、生产高压胶管钢丝。

1962 年

1962 年，天津市红旗线材厂建厂。

1962 年，天津市焊丝厂试制、生产出第一批 H08Mn2Si 焊丝。

1962 年，天津市第一钢丝绳厂先后试制成功扫雷用钢丝绳、水雷用绳、飞机用 KO 低碳钢丝、0.3 毫米高强度钢丝、潜艇用三捻钢丝绳和包麻钢丝绳等产品。

1963 年

1963 年，天津市金属制品实验厂研制、生产弹性针布钢丝。

1964 年

1964 年，天津市第一钢丝绳厂试制成功了深海探测所需超长阶梯钢丝绳，每根绳的长度 13700 米，比太平洋最深处还长 1700 米，不仅填补了国内空白，而且达到了国际先进水平。

1965 年

1965 年，天津市第一预应力钢丝厂的回火矫直预应力钢丝首次在国家重点工程“南京长江大桥工程”中采用。

1965 年，宁夏恒力钢丝绳公司成立。

1966 年

1966 年初，根据冶金部的决定，将天津市第六金属制品厂一多半职工和绝大部分生产设备迁往宁夏石嘴山钢铁厂。

1968 年

1968 年，江西钢厂丝带车间投产，新余钢铁厂钢丝车间投产。

1969 年

1969 年，天津第一钢丝绳厂、天津冶金材料研究所抽调技术工人 104 名，支援贵州八七厂筹建制品研究所。

1970~1979 年

1970 年

1970 年，天津钢厂解体，更名为天津钢丝绳厂，直属天津市冶金工业局领导。

1971 年

1971 年，天津第一钢丝绳厂试制成功氢气球用钢丝绳、超长镀锌钢丝绳、胶带钢丝绳和多股不旋转钢丝绳。

1972 年

1972 年，《国外金属制品》创刊。

1972 年，天津冶金材料研究所研制、生产不锈焊丝。

1972 年，天津钢厂研制、生产 48Si2Mn 热处理钢丝。

1973 年

1973 年 5 月，中钢制品院前身“遵义金属制品研究所”成立，归属贵州省冶金局管理。

1973 年 8 月，《国外金属制品》更名为《金属制品》。

1974 年

1974 年 11 月，成立金属制品科技情报网。

1975 年

1975 年，《金属制品》更名为《钢丝与钢绳》，刊期为季刊，全年出版 4 期。

1976 年

1976 年，《金属制品》期刊主办单位变更为冶金部金属制品科技情报网。

1976 年，江苏神王集团钢缆有限公司成立，原厂名为藏书社光拉丝厂，是一个村办企业，以生产钢丝为主。

1977 年

1977 年，冶金部金属制品科技情报网下设东北、华北、西北、华东、中南、西南 6 个片区网。

1978 年

1978 年，冶金部金属制品科技情报网增设特钢专业网，并将西北网与华北网合并，命名为华北西北网。

1979 年

1979 年 4 月，遵义金属制品研究所划归冶金工业部管理，更名为冶金工业部金属制品研究所。

1979 年 4 月 16 日，《钢丝与钢绳》易名为《金属制品》，成为正式期刊，国内公开发行，邮发代号 48-34，刊期为双月刊。

1980~1989 年

1980 年

1980 年，《金属制品》主办单位更名为冶金工业部金属制品研究所。

1980 年，冶金部金属制品科技情报网撤销西南网，原西南网与中南网合并，命名为中西南网。

1980 年，天津第一钢丝绳厂的“金鼎”牌航空钢丝绳产品获得国际银质奖。

1981 年

1981 年，天津大成五金厂先后研发了麻花钉、四方钉、水泥钉、骑马钉、无头钉等新产品。

1982 年

1982 年 1 月，冶金工业部金属制品研究所从贵州遵义市整体搬迁到河南郑州市，与郑州市第二钢厂合并。

1982 年 1 月，《金属制品》期刊申领登记证“豫刊证字第 69 号”。

1984 年

1984 年，冶金工业部金属制品研究所以行政事业资格获得工程咨询（投资）资格并开始进行工程咨询服务。

1984 年，天津大成五金厂开始研究开发铝包钢丝产品，1991 年通过广播电视部技术鉴定。

1984 年，天津市第一预应力钢丝厂研制高强度、低松弛预应力钢丝、钢绞线。

1985 年

1985 年，冶金工业部金属制品研究所筹建成立国家金属制品质量检验检测中心。

1985 年 2 月 9 日，天津市第一预应力钢丝厂改制为天津市第一预应力钢丝有限公司。

1985 年，上海二钢从美国引进的高速线材轧机投产，开创了中国线材生产自动化、高速化的先河。

1985 年，天津第五金属制品厂从德国、意大利引进的年产 5000 吨气保焊丝生产线投产。

1986 年

1986 年 8 月 1 日，江泽民任上海市市长期间视察上海二钢，并题字“加速技术进步 发展线材生产”。

1987 年

1987 年，中外合资新华金属制品有限公司成立。

1988 年

1988 年 6 月，《金属制品》申领国内统一刊号：CN 41-1145/TG。

1988 年，国家金属制品质量检验检测中心通过“计量认证，审查认可”，获得 CMA 计量认证证书。

1989 年

1989 年 2 月，《金属制品》期刊增加英文目次页。

1989 年 3 月，冶金工业部金属制品研究所更名为冶金工业部金属制品研究院。

1989 年 3 月 11 日，原中共中央政治局常委、国务院总理朱镕基在任上海市长期间视察江阴钢绳厂。

1989 年 11 月 27 日，中国钢结构协会线材制品行业协会在冶金部生产司、科技司等有关司局、院所及中国钢结构协会的热心帮助支持下，在原金属制品厂厂长联谊会的基础上，经全体理事单位的共同努力和协商在广州正式成立。

1990~1994 年

1990 年

1990 年 3 月，中国冶金进出口总公司和中国钢结构协会线材制品行业协会共同组建了线材制品工贸联合办公小组，为做好出口工作，协会在北京设立了出口经营办事组。

1990 年 6 月 10 日，由冶金部科技司、机动司、生产司联合主办的高速线材生产技术及备件国产化会议在北京召开。冶金部殷瑞钰副部长出席会议并做了重要讲话。

1990 年 7 月 16 日~8 月 1 日，中国钢结构协会线材制品行业协会对在京的煤炭部等 14 部、公司对线材制品需求情况进行了专题走访调研，形成报告。

1990 年 7 月 30 日，中国钢结构协会线材制品行业协会内部刊物《线材制品通讯》正式出刊。

1990 年 8 月 15~18 日，冶金部戚元靖部长和中顾委委员李东冶带领有关司局领导到天津调研，与天津市长聂璧初、常务副市长张立昌、副市长李慧芬就天津市冶金工业的生产建设和远景规划交换了意见，要求天津市充分发挥金属制品基地作用，走多品种、高质量、效益型道路。

1990 年 8 月 23~26 日，华北、西北地区 1990 年金属制品情报网技术研讨会在宁夏石嘴山钢铁厂召开。

1990 年 8 月 21 日，全线试通车的国家重点工程——沈大高速公路普兰店跨海湾大桥上，使用了天津市预应力钢丝一厂“金弓”牌预应力钢丝，替代了原计划采用的进口产品。

1990 年 10 月 10~12 日，中国钢结构协会线材制品行业协会理事长会议在上海召开。

1990 年 10 月 22~25 日，中国冶金统计学会金属制品分会 1990 年学术年会在遵义贵州钢丝绳厂召开。

1990 年 10 月 25~26 日，由冶金部生产司召集有关司局和线材制品行业协会组织召开全国金属制品行业“七五”回顾、“八五”设想研讨座谈会在北京召开。

1990 年 10 月 31 日，天津市焊丝厂生产的“金山”牌气体保护焊丝，经过德国劳埃德船级社和中国船检局的联合复查，获得国际权威机构认证。

1990 年 11 月 6~7 日，冶金部经调司主办，天津市冶金工业局、中国钢结构协会线材制品行业协会协办的冶金部制品调价座谈会在天津召开。

1990 年 11 月 26 日，石嘴山钢铁厂“增产矿用、密封钢丝绳、异型钢丝项目”的初步审计方案，通过了冶金部计划司组织的专家审查。

1990 年 12 月 20 日，天津第二钢丝绳厂扩建 4 万吨钢丝绳初步设计方案通过了国家原材料投资公司和天津市建委联合组织的专家审查。

1991 年

1991 年 3 月 29 日~4 月 1 日，由冶金部生产司、科技司联合召开了首次线材制品工作会议，冶金部生产领导小组副组长邱宣恺出席了会议并做了重要讲话。

1991 年 4 月，《金属制品》期刊版权页增加编委会成员名单。

1990 年 6 月，中国钢结构协会线材制品行业协会配合冶金部有关司局，组织有关企业及院所，开展了一次线材制品供需情况的全面调研工作。

1990 年 7 月 30 日，按照冶金部有关司局抽借调研人员的要求，由 11 个单位抽借 12 名人员包括秘书处组成 4 个调研组，驻北京各部委及总公司分两步进行工作。9 月 5 日开始分组对相关行业对线材制品的需求情况进行调研，形成 18 个调查报告并陆续发布。

1991 年 8 月，《金属制品》期刊申领国际统一刊号：ISSN 1003-4226。

1991 年 8 月 20~22 日，中国钢结构协会线材制品行业协会常务理事会在辽宁鞍山市召开。

1991 年 9 月 17 ~ 19 日，华北、西北地区金属制品情报网技术交流会在河北省故城召开。

1991 年 10 月 10 ~ 12 日，冶金部生产司组织的计划外硬线定点会议在福建召开。8 家硬线生产企业和 32 家制品企业的代表参加了会议。

1991 年 10 月 14 日，《中国金属制品统计年鉴》首发仪式在杭州塘栖钢丝绳厂召开。

1991 年 11 月 25 日，由冶金部郑州金属制品研究院组织的全国金属制品涂镀层学术交流会在广西桂林召开。

1991 年 12 月 21 ~ 23 日，由中国冶金进出口总公司、中国钢结构协会线材制品行业协会联合组织的部分制品企业发展外向型经济座谈会在天津召开。

1992 年

1992 年 4 月 29 日，国家对外经济贸易部批准江阴钢丝绳厂为国家一级企业，获得经营进出口业务权，是我国线材制品行业中的第一家。

1992 年 5 月 6~7 日，冶金部生产司组织有关部门、相关企业在福建省福州市召开了宝钢硬线坯座谈会。

1992 年 5 月 24 日，时任国务院总理李鹏，在江苏省委书记沈达人、省长陈焕友和无锡市领导的陪同下，来到江阴钢丝绳厂（法尔胜前身）视察，并欣然为江阴钢丝绳厂挥毫题词“科技立厂　开拓未来”。

1992 年 7 月 9~12 日，由冶金部组织召开的全国线材制品行业工作会议在哈尔滨市丁香大厦举行。冶金部总工程师吴溪淳出席会议并发表重要讲话。

1992 年 9 月 22~24 日，中国统配煤矿总公司物资供应局联合鞍钢钢丝绳厂、石嘴山钢铁厂、贵州钢丝绳厂、湘潭钢铁公司金属制品厂、鞍钢附属企业的钢丝绳厂等 6 个单位代表，在北京召开专题会议，研究成立“中国矿用钢丝绳集团公司”并通过了章程。

1992 年 11 月 1 日，冶金部以（1992）冶质字第 755 号文，公布了第一批 32 家企业取得圆股钢丝绳生产许可证的名单，文件规定生产许可证有效期 5 年，自 1992 年 11 月 1 日算起。

1992 年，天津大成五金厂联合天津钢厂在国内首先开发、生产了直径 2.8 毫米、4.2 毫米的棉花打包钢丝，占新疆棉包市场近 40%。

1992 年，天津市预应力钢丝一厂引进意大利的低松弛预应力钢丝、钢绞线生产线。

1993 年

1993 年 1 月 8 日，由江苏江阴钢丝绳厂和比利时贝卡尔特钢铁有限公司共同投资 5000 万美元兴办的中国贝卡尔特钢帘线有限公司在上海希尔顿饭店正式签约，双方各投资 50%。设计能力为 6 万吨，第一期年产 2 万吨，整个项目计划 3~5 年建成。

1993 年 3 月 9 日，天津银龙研发成功螺旋肋预应力钢丝模具，拉拔出世界上第一根螺旋肋预应力钢丝。1995 年申报专利，并纳入 GB/T 5223—1995《预应力混凝土用钢丝》标准。

1993 年 4 月 12~14 日，在宝钢总厂召开高压锅炉管、汽车、金属制品用钢发展研讨会。冶金部副部长、宝钢总厂厂长黎明等领导出席会议。

1993 年 4 月 13 日，上海二钢与香港恒辉世纪有限公司合资成立上海申佳金属制品有限公司，主要生产预应力钢绞线、镀锌钢丝等产品。

1993 年 4 月 16 日，国家对外经济贸易部以“关于同意宁夏石嘴山钢铁厂经营进出口业务的批复”的文件，批准了石钢经营进出口业务权。

1993 年 5 月 12 日，中国钢结构协会线材制品行业协会一届七次常务理事会在天津金龙宾馆召开。

1993 年 6 月 12~15 日，在宁波冶金大厦召开冶金部金属制品统计信息研讨会暨中国冶金统计学会制品分会学术年会。

1993 年 8 月 16~18 日，金属制品信息网东北分网第九届技术信息交流会在秦皇岛市新兴宾馆召开。

1993 年 11 月 9~11 日，中国钢结构协会线材制品行业协会第一届第五次理事会在鞍山市召开。

1993 年 12 月 11 日，江阴华澄钢缆公司的建设项目竣工投产。

1993年12月19日，天津市第三金属制品厂、天津市第四金属制品厂合并为天津钢丝厂。

1993年12月31日，由通州市钢丝绳厂、通州市金利钢丝绳公司和香港永昌装饰公司三家共同投资的南通金昌钢丝绳公司正式开业。

1993年，冶金部金属制品科技情报网更名为冶金部金属制品信息网。

1993年，天津大成五金厂生产的1×19、ϕ2.5毫米铝包钢绞线被北京电力局在北京沙-昌二回路线路500千伏·安地线上使用。

1994年

1994年2月，《金属制品》期刊开始增加条形识别码，同时增加英文摘要。

1994年2月3日，江苏沙钢集团公司与美国摩根工程公司、德国西门子电器公司签订高速线材轧机引进合同。

1994年5月8日，天津市预应力钢丝二厂引进德国的低松弛预应力钢绞线生产线试车成功。

1994年6月26~28日，由中国钢结构协会线材制品行业协会组织的全国低松弛预应力产品生产企业协调会在天津市蝶桥宾馆召开。

1994年7月3日，湖南长沙金属制品总厂与德国公司签订引进低松弛预应力钢绞线生产成套设备的合同。

1994年7月11~14日，冶金部金属制品信息网华北、西北分网1994年年会在安徽黄山市召开。

1994年8月3~5日，冶金部金属制品信息网东北分网1994年工作会议在黑龙江省牡丹江市召开。16个单位28余名代表出席。

1994年8月28~30日，中国钢结构协会线材制品行业协会一届十次常务理事会在宁夏石嘴山钢铁厂召开。

1994年9月29日，无锡中冶钢缆公司从德国Herborn公司引进低松弛预应力钢绞线生产线成套设备合同在北京签约。

1994年10月16~18日，中国冶金统计学会金属制品分会第二次会员代表大会在武汉召开。

1994年，天津大成五金厂引进英国BWE公司和霍尔顿公司两条铝包钢丝挤压生产线、先镀后拔工艺设备，可生产铝包钢丝、光纤复合架空地线等产品。

1995~1999年

1995年

1995年1月18日，杭州塘栖钢丝绳厂与浙江杭欧钢丝绳公司、余杭市航盛工贸实业总公司、余杭市中盛贸易公司、海口市广济经贸实业公司等15家企业，正式组建杭州万胜钢缆集团公司。

1995 年 2 月，无锡市钢丝绳厂质量体系经中国船级社审核，通过 ISO 9002 国际认证，成为我国金属制品行业第一家通过该项认证的企业。

1995 年 5 月 31 日~6 月 2 日，中国钢结构协会线材制品行业协会一届十一次常务理事会在湖南召开。

1995 年 6 月 21 日，天津钢厂高速线材轧机生产线热负荷试车成功。冶金部副部长吴溪淳、天津市常务副市长李盛林到会祝贺并发表讲话。

1995 年 7 月 8~9 日，预应力专业委员会成立大会暨第一次全体委员会会议在天津市蝶桥宾馆召开。

1995 年 7 月 17~19 日，由冶金部郑州金属制品研究院与铁道部四方机厂索具厂共同组织的钢丝绳索具研讨会在山东青岛召开。

1995 年 8 月 2 日，湘潭钢铁公司金属制品厂更名为湘潭钢铁公司钢丝绳厂。

1995 年 8 月 18 日，运行了 53 年的上海第二钢铁厂改制为上海二钢有限责任公司的铜质招牌揭幕。

1995 年 9 月 20~21 日，中国钢结构协会线材制品行业协会预应力专业委员会第一次价格协调会在鞍山市环球大酒店召开。

1995 年 12 月 7~10 日，中国钢结构协会线材制品行业协会一届十二次常务理事会、一届六次全体理事会议、二届一次全体理事会议在天津市金桥饭店举行。

1995 年，天津市预应力钢丝一厂引进法国的预应力混凝土用钢棒生产线。

1996 年

1996 年 1 月 23~24 日，中国钢结构协会线材制品行业协会预应力专业委员会第二次全体专业委员会暨第三次价格协调会议在上海市长阳饭店举行。

1996 年 3 月 13~14 日，钢丝绳索具专业委员会筹备领导小组第二次筹备工作会议在山东青岛召开。

1996 年 4 月 30 日，中国钢结构协会线材制品行业协会协会秘书处，自 1996 年 5 月 1 日起迁移到天津市和平区重庆道 225 号。预应力专业委员会秘书处、《线材制品通讯》编辑部及行业协会《价格信息》网，随之迁至新址。

1996 年 5 月 22~25 日，预应力专业委员会第三次全体专业委员会会议在江西新余市召开。

1996 年 7 月 16~18 日，中国钢结构协会线材制品行业协会受冶金部生产司、科技司的委托，在酒泉钢铁公司组织召开了优质硬线国产化座谈会，同期召开二届二次常务理事会。

1996 年 10 月，沙钢首条高速线材贯通出材。设计年产量 63 万吨，主要生产普碳钢线材产品。

1996 年 10 月 25~26 日，中国钢结构协会线材制品行业协会受全国钢标准化技术委员会的委托，在天津召开了硬线盘条索氏体含量检验标准专题研讨会。

1996 年 11 月 11~12 日，经中国钢结构协会批准，中国钢结构协会线材制品行业协会钢丝绳索具专业委员会成立大会在上海市召开。

1996年，江苏藏书社光拉丝厂由乡镇企业开始转制为民营企业，成立苏州市神王钢绳有限公司。

1996年，中钢集团金属制品研究院进口加拿大R. D公司燃油管式炉加热—油淬火—低温流动粒子炉回火生产线，随后天津棣华和湖南斯普菱各建成1条感应加热淬回火连续生产线，南京东吴和上海银淞两家金属制品生产企业也利用国产装备各组建1条感应加热淬回火钢丝生产线，实现了真正意义上的近现代油淬火钢丝生产；同期（1996~2006年），宝钢率先解决了钢质纯净度和表面质量问题，使国产弹簧钢盘条质量得到较大改善，初步满足了国内弹簧钢材料方面的大部分需求。

1996年，新华股份在上海证券交易所上市，代码600782。

1997年

1997年4月28~30日，中国钢结构协会线材制品行业协会预应力专业委员会一届四次全体专业委员会会议在江苏省无锡市召开。

1997年5月18日，宁夏石嘴山钢铁厂改制为宁夏石嘴山钢铁（集团）有限公司，举行挂牌仪式。

1997年6月，上海二钢公司与比利时贝卡尔特公司合资成立贝卡尔特（上海）二钢有限公司，主要生产钢纤维。

1997年7月28~31日，受冶金部有关司局委托，中国钢结构协会线材制品协会主办、宁夏恒力钢铁集团公司承办，在宁夏石嘴山市召开专用优质硬线国产化意向会议。

1997年10月，上海二钢公司与比利时贝卡尔特公司合资组建上海贝卡尔特-二钢公司混凝土用钢纤维项目部。1998年6月19日，该项目在上海外高桥保税区建成投产。

1997年10月30日~11月1日，由中国金属学会轧钢学会线材学术委员会组织的1997年全国线材学术交流会议在湖南湘潭市湘钢公司召开。

1997年，天津市第一钢丝绳厂生产的电梯用钢丝绳为国内首家通过美国奥的斯总部法明顿工程试验中心疲劳试验及SQA认证委员会认证。

1997年，沙钢开发硬线产品，产品从普碳钢向优质碳素钢发展，主要产品有伞骨钢、中高碳钢、按日本标准生产的优质碳素钢、预应力钢丝钢绞线用钢、钢棉钢、焊条钢、弹簧钢等。

1997年，“沙钢牌”钢棉钢用盘条、SWRH82B钢绞线用盘条获江苏省冶金行业科技进步奖一等奖，“沙钢牌”低碳钢盘条被冶金部授予冶金产品实物质量金杯奖。

1998年

1998年2月，江苏兴达钢帘线股份有限公司创建，拥有资产总额50亿元，员工6000人，研究开发人员373人。

1998年5月，出版“八五”期间线材与线材制品企业基本情况汇总。根据冶金部生产协调司冶生材（1996）066号文，对企业生产状况的调查、收集整理、编辑了国内线材制品行业专业、主要企业（230 多家）基本概况、生产经营、主要设备、基建技改及引进设备、技术等方面的资料，形成“八五”期间线材与线材制品企业基本情况汇总。

1998 年 5 月 8 日，螺旋肋预应力钢丝被原铁道部推荐为铁路轨枕优选预应力筋，大批量应用于铁路建设。

1998 年 5 月 29 日，宁夏恒力钢丝绳股份有限公司在上海证券交易所上市，是中国钢丝绳生产厂家中的第一家股票上市公司。

1998 年 7 月，沙钢高速线材连轧生产线被评为省级“青年文明号”生产线。

1998 年 8 月 13~15 日，中国钢结构协会线材制品行业协会预应力专业委员会一届五次全体委员会议在秦皇岛市召开。

1998 年 10 月，上海二钢在上钢、梅钢、宝钢大联合中进入宝钢集团，成为宝钢集团下属全资子公司。

1998 年 12 月 11~12 日，中国钢结构协会线材制品行业协会理事长工作会议、预应力专业委员会主任委员会议在鞍山市召开。

1998 年，比利时贝卡尔特公司在中国沈阳建立了第一家合资企业——贝卡尔特-沈阳钢帘线有限公司（BSSC）。

1998 年，冶金部金属制品信息网组织机构调整，将以地区网为主改为以专业网为主、专业与地区结合的方式，按专业划分为钢丝钢绞线、橡胶骨架材料、PC 制品、特钢、低碳制品、南钢绳、北钢绳 7 个分网。

1998 年，国家金属制品质量检验检测中心通过实验室认可、计量认证、审查认可“三合一”评审。

1999 年

1999 年 1 月 30 日，据线材制品行业协会统计 1998 年度钢丝绳产量 5000 吨以上的生产企业共 19 家，其产量合计近 30 万吨，约占取得钢丝绳生产许可证 125 家生产总量的 70%，其产量规模、品种、质量等方面均占主导地位。

1999 年 2 月，《金属制品》期刊增加英文刊名“Steel Wire Products”，版本改为国际标准大 16 开。

1999 年 6 月 11~13 日，线材制品行业协会二届第四次常务理事会议在湖南湘钢集团公司钢丝绳厂召开。

1999 年 6 月 15~16 日，中国钢结构协会线材制品行业协会、中国金属学会轧钢学会金属制品学术委员会、冶金部金属制品研究院联合举办的金属制品行业深化改革“十五”科技发展研讨会在郑州市召开。

1999 年 6 月 18 日，湖北福星科技股份公司在 A 股上市。

1999 年 7 月，冶金工业部金属制品研究院整体转制为科技型企业，正式划入中国钢铁工贸集团公司管理。

1999 年 7 月 23~25 日，中国钢结构协会线材制品行业协会预应力专业委员会一届六次全体委员会议在烟台市举行。

1999 年 7 月 30 日，在《线材制品通讯》第 100 期之际，在收到了有关领导、会员单位及各界朋友发来热情洋溢的祝贺、在收到宝贵的意见和建议之际，对《线材制品通讯》的刊头字体做了调整，突出线材制品。

1999 年 8 月 6 日，国家冶金局行业管理司、规划发展司、冶金科技发展中心联合致函热烈祝贺《线材制品通讯》出刊 100 期。同期，中国钢结构协会也致函祝贺并希望为线材制品行业的腾飞再立新功。

1999 年 8 月 30 日，宝钢集团下设成立南京宝日钢丝制品有限公司，引进了日本、德国先进成套设备，专业生产高等级冷镦钢丝，填补了国内空白。

1999 年 10 月 30 日，中国钢结构协会线材制品行业协会、中国金属学会轧钢学会金属制品学术委员会、冶金部金属制品研究院联合编制的“‘十五’金属制品科技发展建议”全文发表。

1999 年 11 月 9 日，中国钢结构协会线材制品行业协会预应力专业委员会主任委员会议在天津召开。

1999 年 12 月 4 日，国家经贸委主任盛华仁、副主任王万宾和国家冶金局副局长单亦和等领导到天津调研，先后到天钢集团、天津市第一预应力钢丝公司、天津市大成五金厂、天津市第一钢丝绳公司、冷轧薄板厂实地考察，对天津金属制品行业的技术水平和广阔前景给予了肯定。

1999 年，天津市第一钢丝绳厂为国内第一家通过奥的斯电梯公司 Q-plus 三级认证，获得奥的斯全球供应商资格认证，成为奥的斯全球认定的 APA 地区唯一六家电梯绳供应商之一。

2000~2004 年

2000 年

2000 年 1 月 25 日，江阴贝卡尔特钢丝制品有限公司在江苏省江阴市经济开发区成立。

2000 年 5 月 12~13 日，天津冶金集团线材制品“十五”规划方案专家研讨会在天津召开，来自中钢协、冶金规划研究院、全国各地知名线材制品行业专家以及天津市政府有关部门参加研讨会。

2000 年 5 月 26~27 日，中国钢结构协会线材制品行业协会二届五次常务理事会会议在上海二钢公司召开。

2000 年 5 月 27 日，上海二钢董事长提出了上海二钢公司“十五”期间要瞄准国内、国际两个市场，重点发展高附加值产品，把上海二钢公司建成宝钢集团线材制品精品基地。

2000 年 6 月，冶金金属制品行业生产力促进中心成立，中心办公室设在中钢集团郑州金属制品研究院信息中心，按照科技部《关于生产力促进中心管理办法》，结合金属制品信息网的活动开展工作。

2000 年 10 月 19 日，国家科技部部长朱丽兰在江苏省科技厅厅长王永顺，无锡市委副书记、江阴市委书记袁静波，江阴市市长王伟成等省市领导陪同下，到法尔胜集团建设工地视察。

2000 年 10 月 25 日，原冶金部副部长、中国钢结构协会会长毕群为行业年会题词“线材制品行业日新月异”。冶金局规划司司长王晓齐、科技司副司长李世俊、天津市冶金总公司总经理张绪绶等领导分别做了讲话。

2000 年 10 月 26~28 日，中国钢结构协会线材制品行业协会年会会员代表大会、三届一次大会，在天津市华富宫大饭店举行。

2000 年 10 月 26~28 日，同地举行由协会主办、中国金属学会轧钢分会金属制品学术委员会协办的 2000 年全国线材制品行业年会。同期出版发行《2000 全国线材制品行业年会论文集》。

2000 年 12 月 28 日，经天津市人民政府批准，由第一预应力钢丝公司、第二预应力钢丝公司、第一钢丝绳公司、大成五金厂等四家骨干企业合并组建天津市钢线钢缆集团公司。天津市常务副市长杨新成出席成立大会并为公司揭牌。

2000 年，冶金部金属制品信息网易名为全国金属制品信息网。

2001 年

2001 年 3 月 22 日，美国国际贸易委员会就中国钢丝绳反倾销案进行了最终裁决，决定终止此案调查程序，不采取反倾销措施，此举意味着中国企业在此案应诉中取得了全胜。这是中国五矿组织对美出口量较大的江苏法尔胜集团公司、江苏南通中德钢丝绳公司、江苏南通钢丝绳厂等企业应诉结果。

2001 年 4 月 11~12 日，中国钢结构协会线材制品行业协会三届二次常务理事会在江阴法尔胜集团召开。

2001 年 4 月 21~22 日，中国钢结构协会线材制品行业协会预应力专业委员会技术组工作会议在廊坊市京津花园召开。

2001 年 5 月 22~23 日，中国钢结构协会线材制品行业协会预应力专业委员会一届七次全体委员会会议在湖北汉川湖北福星科技股份公司召开。

2001 年 6 月 6 日，天津钢丝厂在津承办了镀锌铝-合金钢丝即“GALFAN”系列产品标准审查、推荐、洽谈会，冶金信息标准院等镀层行业专家莅临会议。

2001 年 7 月，英国 GOLDENLINK 公司联合中国钢结构协会线材制品行业协会推出《线缆丝绳购买指南——中国市场年鉴》，并于 2001 年中国线缆丝绳行业会议 9 月份新加坡线缆展览会和 2002 年 4 月份德国杜塞尔多夫线缆展上出版发行。

2001 年 12 月 8~9 日，由中国钢铁工业协会科技环保部、中国橡胶工业协会轮胎分会和中国钢结构协会线材制品行业协会共同组织的汽车轮胎用钢帘线及胎圈钢丝供需情况及技术研讨会在北京召开。

2001 年，“沙钢”牌优质碳素钢、低碳钢、焊丝钢和钢筋混凝土用盘条获冶金实物质量金杯奖。

2002年

2002年1月，香港高力集团与天津钢线钢缆集团一绳电梯专用钢丝绳有限公司合资控股，成立天津高力一绳钢丝绳有限公司。

2002年1月18~19日，中国钢结构协会线材制品行业协会组织的胎圈钢丝市场及价格研讨会在天津市华富宫大饭店召开。

2002年4月6日，中国钢结构协会线材制品行业协会组织线材制品相关企业参加2002年德国杜塞尔多夫举办的国际管线展览会。

2002年4月26~27日，中国钢结构协会线材制品行业协会三届三次常务理事会议在鞍山市鞍钢集团钢绳厂召开。

2002年5月28日，中国钢结构协会线材制品行业协会应邀参加上海正方形钢铁公司举办的公司成立五周年庆典活动，发表了热情洋溢的讲话。

2002年6月21日，天津高力预应力钢绞线有限公司成立。

2002年8月18~22日，钢丝及其制品统计指标体系修订工作和编写《工业产品行业划分工作手册》专业组会议在天津召开。8月25日完成初稿，8月29日将送审稿提交中国钢铁工业协会组织的指标修订第二次会议审查完善，并顺利通过了总纂定稿。

2002年10月，时任宁夏恒力钢丝绳股份有限公司综合管理部部长、线材制品行业协会副秘书长刘西太同志受托，设计了11月份协会大会会标，设计稿得到了大会组委会、协会常务理事单位领导同志们的高度认可，并决定将这一会标作为全国线材制品行业协会的标志或服务标识。

2002年11月5~7日，中国钢结构协会线材制品行业协会、中国钢铁工业协会科技环保部在南京市人民会堂组织召开2002全国线材制品行业年会，同时与中国国际贸易促进委员会江苏省分会在南京文化艺术中心联合主办中国（南京）首届线材制品展示洽谈会。

2002年12月26~27日，线材制品行业协会在北京礼士宾馆组织召开低松弛预应力钢绞线、重要用途钢丝绳等产品的市场价格研讨会。

2002年，国家金属制品质量检验检测中心获得全国工业产品生产许可证办公室钢丝绳审查部和检验机构授权。

2002年，推出第一版光盘版《金属制品》期刊30年合订本。

2002年，“沙钢”牌无扭控冷热轧盘条被美国国际品质认证委员会评为“高品质产品”，被美国亚洲经济贸易合作委员会列为“国际贸易推荐产品”，被评为“江苏省重点名牌产品”。

2003年

2003年2月25~26日，预应力专业委员会第一次低松弛预应力钢绞线价格研讨会在北京召开。

2003年4月4日，预应力专业委员会在天津组织召开了我国预应力钢材现状调研工作会议。

2003 年 4 月 13~14 日，预应力专业委员会第二次低松弛预应力钢绞线价格研讨会在江阴市召开。

2003 年 4 月 15~16 日，线材制品行业协会、预应力专业委员会主任委员应邀出席了宝钢股份公司在杭州市组织召开的预应力钢绞线重点用户座谈会暨新产品推广会。

2003 年 7 月 14~15 日，预应力专业委员会主任委员扩大会议在北京召开。

2003 年 9 月 20 日，低松弛预应力钢绞线第四次市场价格研讨会在天津召开。

2003 年 11 月 21~23 日，中国钢结构协会线材制品行业协会在贵阳市黄果树大酒店组织召开三届四次常务理事会。会上，中国钢结构协会传达了民政部社团管理局的批准，中国钢结构协会线材制品行业协会名称变更为中国钢结构协会线材制品行业分会。自 2003 年 11 月 25 日起，中国钢结构协会线材制品行业分会启用新印章，原中国钢结构协会线材制品行业协会印章同时作废。

2003 年 12 月 1 日起，中国钢结构协会线材制品行业分会秘书处挂靠单位从 2003 年 12 月份起调整为天津钢线钢缆集团有限公司。协会自 1989 年成立以来，秘书处一直挂靠在天津市冶金集团控股有限公司（原天津市冶金工业局）。

2003 年 12 月 17 日，中国钢结构协会线材制品行业分会预应力专业委员会第五次低松弛钢绞线市场价格研讨会在北京召开。

2003 年，国家金属制品质量检验检测中心被最高人民法院授予金属质量司法鉴定单位。

2003 年，“沙钢”牌无扭控冷热轧盘条被国家质量监督检验检疫总局评为“国家质量免检产品”。

2003 年，“沙钢”牌热轧盘条产品获评“江苏省名牌产品”。冷镦用碳素钢无扭控冷热轧盘条获评 2002 年度冶金产品实物质量金杯奖。

2003 年，贝卡尔特在威海成立独资子公司——贝卡尔特（山东）钢帘线有限公司，生产子午线轮胎用钢帘线产品。

2023 年，藏书社光拉丝厂更名为江苏神王金属制品有限公司。

2004 年

2004 年 2 月 7 日，预应力专业委员会第一次低松弛钢绞线价格研讨会在北京召开。

2004 年 5 月 14 日，贵州钢绳股份公司在上海证券交易所上市（代码 600992）。

2004 年 5 月 14 日，预应力专业委员会第二次低松弛钢绞线市场价格研讨会在四平市召开。

2004 年 7 月 6 日，预应力专业委员会第三次低松弛钢绞线市场价格研讨会在威海市召开。

2004 年 8 月，上海二钢生产的镀锌钢丝首次成功应用于广西柳州红光桥，开创了中国悬索桥主缆用 1770 兆帕镀锌钢丝先河。

2004 年 10 月 26~27 日，中国钢结构协会线材制品行业分会会员代表大会暨 2004 年行业年会在武汉市汉口滨江饭店召开，同期召开四届一次常务理事会。

2004 年 12 月 10 日，冶金工业部金属制品研究院初次获得中华人民共和国发展和改革委员会颁发的工程咨询甲级资格证书。

2004 年，比利时贝卡尔特与中国法尔胜合资，成立了江阴贝卡尔特合金材料有限公司，生产用于清洁能源、光电行业的高新合金材料产品以及子午线轮胎用钢帘线、胎圈丝产品等。

2004 年，天津高力一绳公司为张家界百龙天梯提供特殊结构的高速梯钢丝绳，与百龙天梯一道进入吉尼斯世界纪录。

2004 年，与东南大学联合开发江苏省成果转化项目——1860 兆帕级 PC 钢绞线用热轧盘条，该项目于 2007 年结题并成为国家级火炬计划项目。

2005~2009 年

2005 年

2005 年 1 月 6 日，预应力专业委员会 2005 年第一次会议在北京召开。

2005 年 3 月 14 日，预应力专业委员会 2005 年第二次会议暨低松弛钢绞线市场价格研讨会在天津召开。

2005 年 4 月 26~27 日，中国钢结构协会线材制品行业分会四届二次常务理事会在北京龙泉宾馆召开，同期召开了国产深加工用线材品种质量研讨会。

2005 年 5 月 28~29 日，中国钢结构协会线材制品行业分会主办的《线材制品通讯》期刊，首次通讯员工作会议在无锡市召开。

2005 年 7 月 10 日，中国钢结构协会线材制品行业分会受中国钢铁工业协会的委托，对全行业近三年来向美国出口低松弛预应力钢绞线的情况，作了全面调查并形成调研报告。

2005 年 7 月 28 日，预应力专业委员会主任扩大会议在上海召开。

2005 年 9 月 20~21 日，中国钢结构协会线材制品行业分会组织部分生产企业和设备制造企业，赴新加坡参加新加坡国际线材贸易展览会。

2005 年 12 月 30 日，天津市线材制品行业协会二届二次理事会在天津市全友钢丝绳有限公司隆重召开。

2005 年，英国布顿钢丝绳注资并控股天津高力一绳，更名为布顿（天津）钢丝绳有限公司。

2005 年，比利时贝卡尔特公司又继续在沈阳投资成立了第二家独资企业——贝卡尔特沈阳精密钢制品有限公司（BSAP）。

2005 年，组织开发胶管钢丝、帘线钢。

2006 年

2006 年 1 月，“沙钢” 牌预应力钢丝钢绞线用无扭控冷热轧盘条荣获 2005 年度冶金产品实物质量金杯奖。

2006 年 4 月 8 日，南通钢绳集团公司建厂 50 周年召开纪念大会。中国钢结构协会线材制品行业分会应邀参加表示庆贺并发表致辞。

2006 年 5 月 5 日，天津银龙生产的螺旋肋热处理预应力钢材成功应用于我国第一条高速铁路——京津城际客运专线工程建设。

2006 年 5 月 17~19 日，中国钢结构协会线材制品行业分会四届三次常务理事（扩大）会暨全国线材制品行业经济贸易及节能研讨会，在江苏省南通市文峰饭店召开。

2006 年 5 月 18 日，中国钢结构协会线材制品行业分会授权组建线材制品（钢丝及其制品）行业出口协调组。

2006 年 8 月 23 日，聘请中国钢协、中钢集团郑州金属制品研究院、中国钢结构协会线材制品分会、包头钢铁设计院秦皇岛分院及有关专家，在天津冶金集团召开了在天津建设 100 万吨高档金属制品基地项目专家评议论证会。

2006 年 9 月，沙钢热轧盘条产品荣获“2006 年全国用户满意产品”称号。11 月，“沙钢”牌高强度冷镦钢用无扭控冷热轧盘条、胶管钢丝用无扭控冷热轧盘条被认定为“2006 年度江苏省高新技术产品”。

2006 年 11 月 30 日，中国钢结构协会线材制品行业分会主办的行业网站“中国线材制品网”开始运行。

2006 年，国家金属制品质量检验检测中心获“国家安全生产检测检验机构资质证书”甲级资质。

2007 年

2007 年 4 月 19~20 日，中国钢结构协会线材制品行业分会四届四次常务理事会会议在江阴法尔胜集团组织召开。

2007 年 4 月 27 日，河南巩义恒星科技股份公司在深圳主板上市。

2007 年 5 月 1 日，天津荣钢第一条精品高速线材生产线开工建设，第二条精品高速线材工程签订总承包合同。产品规格为 ϕ5.0~25 毫米，盘重最大达 3.08 吨，主要产品为深加工线材。

2007 年 9 月，“沙钢”牌优质碳素钢热轧盘条获“中国名牌产品”，11 月，“沙钢”牌 SWRH 系列热轧盘条获“出口免验商品”，

2007 年 9 月 6~8 日，2007 年全国高速线材生产技术交流会在邢台晨光大酒店召开。

2007 年 11 月，沙钢大盘卷建成投产，该产线定位为生产 ϕ16~45 毫米大规格高级别冷镦钢、合金结构钢等产品，年设计能力 100 万吨，实现单线无扭轧制，采用无张力和微张力的控轧技术，采用低温轧制和在线水冷风冷的控冷技术。

2007 年 11 月 20 日，由中国建筑科学研究院牵头，天津冶金钢线钢缆集团有限公司和柳州欧维姆预应力机械有限公司组成课题组完成的“QMV22 系列钢绞线张拉锚固体系研究与开发”通过了中国建筑科学研究院组织专家委员会对课题的验收。

2007 年 12 月 10 日，中国钢结构协会线材制品行业分会组织国内十家重要用途钢丝绳

生产企业主要领导在北京召开了第一次重要用途钢丝绳市场与发展研讨会。

2007 年 12 月 21 日，江苏兴达钢帘线股份有限公司在香港联交所上市。兴达股票开盘后一路飙升，股价涨幅超过 20%。目前已成为亚洲第一、全球第三大钢帘线生产基地。

2007 年，中钢制品院率先在国内实现在线涡流探伤国产化、产业化，水代油的清洁化淬火生产获批专利，实现产业化应用，实现了弹簧钢丝产品的国产替代到部分产品超越的并跑+领跑。

2007 年，国家金属制品质量检验检测中心被授予河南进出口检验检疫局指定实验室。

2007 年，江苏神王与德国、中国香港合资公司开业。

2008 年

2008 年 3 月，中钢集团郑州金属制品研究院更名为中钢集团郑州金属制品研究院有限公司。

2008 年 4 月 8 日，由新西兰太平洋线材技术有限公司（PWT Limited）研制的热镀锌电磁抹拭技术发布会在天津召开。

2008 年 4 月 18 日上午 10 时 5 分，由巨力索具股份公司提供配套吊索具的号称“世界第一吊”的“泰山”巨无霸起重机，将一艘 110 米长、65 米宽、型深 8 米、重量达 20000 吨的“德浮二号”驳船成功吊起。

2008 年 5 月 15 日，中国钢结构协会线材制品行业分会四届五次常务理事会会议在青岛市召开。

2008 年 5 月 16 日，江阴市南菁机械有限公司五十华诞庆典大会在美丽的滨江城市——江阴市的暨阳山庄隆重举行。当地政府和来自海内外制品行业的近百家用户共 220 多位代表参加了庆典活动。

2008 年 5 月 29 日，中国钢结构协会线材制品行业分会预应力专业委员会 2008 年第一次预应力钢绞线行业发展信息交流会在九江市召开。

2008 年 6 月 8 日，鞍钢集团与比利时贝卡尔特公司在重庆市举行“重庆市钢帘线项目”签约仪式。鞍钢集团、鞍钢钢绳公司和比利时贝卡尔特执行副总等参加，重庆市委常委、常务副市长黄奇帆及重庆市政府副秘书长涂经平等出席签字仪式。这将是贝卡尔特在中国的第 6 家钢帘线工厂。预计 2009 年建成，产能 10 万吨。

2008 年 6 月 25 日，位于阳逻经济开发区的武钢维尔卡钢绳制品有限公司正式投产。武钢集团总经理助理刘新权、维尔卡世界集团总裁 Ira Glazer 及中美双方全体董事一行亲临现场指导工作。

2008 年 6 月 25 日，贵州钢绳股份有限公司通过海军装备承制单位质量管理体系审核。

2008 年 6 月 30 日，江阴华新钢缆有限公司研制的具有自主知识产权的“环氧树脂涂层预应力钢绞线”和“ϕ21.6 毫米大规格 7 丝预应力钢绞线”通过了省级科技成果和新产品鉴定。

2008 年 6 月 30 日，被誉为我国建桥史上建筑标准最高、技术最复杂、科技含量最高的苏通大桥正式通车。577 米最长斜拉索和 300 多根斜拉索用钢丝全部采用了由宝钢集团上海二钢有限公司自主研发的超高强度镀锌钢丝。

2008 年 7 月，新华金属制品有限责任公司为世界第一高铁塔安装工程提供 37 丝钢绞线，铁塔用于宁波凉帽山岛和舟山大猫山岛之间的 220 千伏输电线路，高度达 370 米，重达 5710 吨，其高度和重量均为世界之最。新华公司为此工程提供了一根重达 9.3 吨、直径 24.5 毫米的钢绞线，整根拉断力在 500 千牛以上。

2008 年 9 月 11 日，沙钢胶管钢丝用无扭控冷热轧盘条荣膺“国家火炬计划项目”。

2008 年 10 月 6 日，中国航天科技集团公司贺电感谢郑州金属制品研究院研制的钢丝绳产品在神舟七号载人运输飞船圆满回收任务中作出的贡献，保证了神舟七号飞船飞行试验及出舱实验的圆满成功。

2008 年 11 月 24 日，中国航天科技集团公司在北京召开了神舟七号载人航天飞行任务物资配套单位答谢会。大连钢丝制品有限公司受到表彰。

2008 年 12 月 10 日，天津冶金钢线钢缆集团承担的“高速铁路用 PC 钢绞线产品”开发，填补了我国高速铁路用钢材的空白，达到国际先进水平。

2008 年，国家金属制品质量检验检测中心开始进入京沪高铁服务市场。

2008 年，沙钢冷镦钢产品系列化，广泛应用于汽车紧固件制造，产品等级涵盖 4.8~12.9 级，规格也可以达到全覆盖（5~38 毫米）。

2008 年，贝卡尔特在江阴建立了贝卡尔特（江阴）超硬复合新材料有限公司，生产用于清洁能源、光电行业的高新合金材料产品以及子午线轮胎用钢帘线、胎圈丝产品等。

2009 年

2009 年 1 月 19 日，国家电网公司发来感谢信，感谢新华金属制品有限责任公司为我国自主研发、设计和建设的第一项 1000 千伏交流输变电工程（晋东南—南阳—荆门特高压交流试验示范工程）提供的铝包钢绞线产品，顺利通过了试运行阶段的各种检验。

2009 年 4 月 23 日，武钢江北公司与武汉电缆集团签订了“交互式”战略合作协议，便于双方更广泛深入的合作。

2009 年初，宝钢集团公司正式批复，以宝钢集团上海二钢有限公司为基础、以宝钢金属公司为投资主体，成立宝钢集团南通线材制品有限公司。

2009 年 5 月 30 日，法尔胜集团召开第十一届科技创新大会。成立了集团公司技术委员会和知识产权办公室。

2009 年 6 月 25 日，宝钢集团南通线材制品有限公司奠基仪式在南通市港闸区举行。

2009 年 7 月 15 日，中国钢结构协会线材制品行业分会四届会员代表换届大会、五届一次会员代表大会在天津市友谊宾馆召开。

2009 年 7 月 18 日，由河北坤辉金属线网公司投资兴建、年产 20 万吨钢帘线、分 3 期 5 年建成的河北坤辉钢帘线项目奠基仪式在饶阳县新城区隆重举行。

2009 年 8 月 5 日，科技部在法尔胜集团公司组织召开了国家金属线材制品工程技术研究中心可行性论证会。会议由科技部高新司主持，科技部计划司相关领导出席会议。江苏省科技厅蒋跃建副厅长、江阴市费平副市长到会并讲话。

2009年8月14日，中国钢结构协会线材制品行业分会预应力专业委员会在北京崇文门饭店召开了2009年全国第二次预应力钢绞线行业发展信息交流会。

2009年8月31日，法尔胜集团召开首届企业文化高层论坛，发布企业公民责任报告，用文化这一特殊载体来庆祝自己的45岁“生日”。

2009年9月8日，第二次全国重要用途钢丝绳市场与发展研讨会在上海召开。同期线材制品行业分会召开第五届一次理事长会议。

2009年9月18日，江苏东台磊达钢帘线三分厂项目开工仪式在东台市经济开发区隆重举行。

2009年10月，中钢集团郑州金属制品研究院开发的“展开式钢丝流态化床热处理技术与装备研究”项目通过专家鉴定，填补了国内金属制品行业高温流态化床热处理炉研制的空白。

2009年10月7日下午，在中国国家副主席习近平和比利时王国首相范龙佩的见证下，鞍钢集团与比利时贝卡尔特集团在比利时首都布鲁塞尔签署合作备忘录，就深化战略合作、加快60万吨线材深加工基地和10万吨镀锌钢丝项目建设达成共识。

2009年10月28日，贵州钢绳股份有限公司再次成功生产特重钢丝绳，单件净重120.632吨，创国内生产最重钢丝绳的新纪录。这是近3年来贵绳公司第3次刷新国内生产最重钢丝绳纪录。第1次是2007年的71.8吨，第2次是2008年的93.605吨。

2009年10月28日，天津华源顾客联谊会暨华源时代开业庆典仪式在天津华源时代金属制品有限公司隆重举行。

2009年10月30日，由中国钢结构协会线材制品行业分会预应力专业委员会主办的2009年全国第三次预应力钢绞线行业发展信息交流会在江苏省江阴市泓昇苑酒店举行。

2009年11月7日，在中国企业联合会、中国企业家协会发布的第十四批中国企业新纪录名单中，咸阳宝石钢管钢绳有限公司的“12000米钻机用钻井钢丝绳”“压实股石油钻井钢丝绳”两项成果入选。

2009年11月11日，首长宝佳集团滕州东方第一期钢帘线项目竣工典礼在山东滕州宾馆隆重举行。

2009年11月14日，在四川举行的中国索道协会第二届全国会员大会上，鞍钢钢绳有限责任公司被推选为副理事长单位，钢绳公司董事长赵博鸿被推选出任协会第二届理事会副理事长。作为唯一一家生产企业当选，足以证明钢绳公司在全国索道行业内举足轻重的地位。

2009年11月26日，中国钢结构协会线材制品行业分会成立20周年座谈会在北京举行。原冶金工业部副部长、中国钢铁工业协会党委书记、副会长吴建常写信表示祝贺。原冶金工业部生产司司长邱宣恺出席会议并题词。原冶金建筑研究总院副院长、中国钢结构协会常务副会长陈禄如，原中国钢结构协会秘书长汪奎田，原中国钢结构协会副秘书长刘福洲等老领导应邀出席了会议。

2009年12月10日，在国内输变电线路最长的舟山跨海工程中，江西新华金属制品有限责任公司生产的铝包钢绞线导线一举中标。中标的铝包钢绞线导线长度为6500米（此前国内最长导线为 2000 余米的跨长江导线)，重量达 17 吨，长度、重量均为世界第一。

2009 年 12 月 26 日，江苏省科技厅主持召开了由法尔胜集团承担的“江苏江阴金属材料检测与服务平台”验收会。

2009 年，沙钢帘线用无扭控冷热轧盘条荣获“江苏名牌产品”称号。优质低碳钢无扭控冷热轧盘条和冷镦钢热轧盘条被中国钢铁工业协会认定为 2008 年度“冶金产品实物质量达国际先进水平金杯奖”。

2009 年，《金属制品》外文刊名由“Steel Wire Products”改为“Metal Products”。

2009 年，香港高力集团再次增资至控股，布顿（天津）更名为天津高盛钢丝绳有限公司。

2009 年，江苏神王金属制品成立江苏神王集团，获苏州市知名字号、江苏省著名商标、苏州市知名商标。

2010~2014 年

2010 年

2010 年 1 月 18 日上午，受河北省知识产权局委托，由保定市科技局主持对巨力索具股份有限公司 2008 年承担的“巨力索具股份有限公司知识产权基本制度建设项目”进行验收。鉴定委员会成员一致同意通过验收。

2010 年 2 月 26 日，预应力专业委员会 2010 年第一次主任委员会议在北京召开。

2010 年 4 月 27 日，华源工业（集团）公司董事长王立福在人民大会堂参加了 2010 年全国劳动模范和先进工作者表彰大会。在会上，王立福被授予了“全国劳动模范”光荣称号，受到党和国家领导人的亲切接见。

2010 年 4 月 28 日，2010 年预应力专业委员会工作会议在北京召开。

2010 年 5 月，中国钢结构协会线材制品行业分会胎圈钢丝专业工作委员会成立并开展工作。

2010 年 7 月 6 日，东北特钢集团在建的精品特殊钢生产基地第一条生产线——高合金钢高速线材生产线正式投产。

2010 年 7 月 9 日，聘请的中国钢协、中国钢研集团、冶金规划研究院、宁夏恒力钢铁集团、中国钢结构协会线材制品行业分会及天津制品专家共计 10 位专家论证天津“十二五”期间发展高档金属制品的规划思路。

2010 年 9 月 21 日，比利时贝卡尔特集团公司收购新余钢铁股份有限公司（新钢股份）下属一家从事弹簧钢丝及架空导线业务的新余贝佳金属制品有限公司 75%的股份，协议签字仪式在春龙国际大酒店举行。

2010 年 11 月 19 日，预应力专业委员会全体委员会在北京大悦城酒店召开。

2010 年 11 月 25 日，鞍钢股份有限公司线材厂 60 万吨精品线材生产线热负荷试车一次获得成功。这条新产线的投产，为鞍钢打造国内线材深加工的原料精品基地夯实了基础。

2010年11月30日，科技部公示了2010年第二批拟认定高新技术企业名单，山东胜通钢帘线有限公司榜上有名。

2010年12月9日，首钢水城钢铁（集团）有限责任公司与贵州钢绳（集团）有限责任公司举行了战略合作签字仪式。

2010年12月14~15日，中国钢结构协会线材制品行业分会会员代表大会暨“十二五”期间深加工用优质线材供需信息交流会在天津市美都大酒店隆重召开，同期召开了分会五届二次常务理事会议。

2010年12月22日，全国工商联十届四次执委会会议在安徽省合肥市召开，会上，法尔胜集团缆索公司的“超高强度平行钢丝耐久型拉索体系”项目被授予2010年度中华全国工商业联合会科技进步奖一等奖。

2010年12月25日，河南巩义恒星科技股份公司研发的“硅片切割用超精细钢丝”通过河南省省级科技成果鉴定。

2010年，国家金属制品质量检验检测中心获河南省住房和城乡建设厅“建筑工程质量检测钢结构工程检测资质证书”。

2010年，比利时贝卡尔特收购原普利司通（惠州）钢丝帘线有限公司，成立贝卡尔特（惠州）钢帘线有限公司。

2010年，比利时贝卡尔特公司收购贝卡尔特-沈阳钢帘线有限公司（BSSC）全部中方股份，至此两家公司全部成为贝卡尔特独资企业。

2011年

2011年1月30日，鞍钢股份有限公司线材厂新建的2号生产线，成功轧制出线材产品中规格最小的ϕ5.0毫米（SWRH72A）高碳钢拉丝材，一举打破国外企业垄断这种极限规格产品的局面，填补了国内线材产品规格空白。

2011年3月10日，由中钢集团郑州金属制品研究院信息中心承担的“钢丝连续式水浴热处理生产技术开发”项目，获得2010年度冶金科学技术奖三等奖。

2011年3月10日，宣钢承担的“预应力钢丝及钢绞线用钢77B、82B盘条的生产工艺研究”等5项科技成果荣获河北省冶金科技进步奖三等奖。

2011年3月18日，山东胜通集团15万吨/年钢帘线项目奠基仪式隆重举行。

2011年3月25日，中国钢结构协会线材制品行业分会设备生产企业座谈会在苏州竹辉饭店召开。

2011年4月8日，受江苏省经信委委托，江阴市经信委组织专家对法尔胜泓昇集团公司研发的“桥梁用智能型缆索（拉索）”完成了新产品鉴定。

2011年4月29日，天津高盛钢丝绳有限公司在位于天津静海开发区的新厂址举行了新工厂落成暨用户交流会。

2011年5月25日，青钢集团与河南恒星科技股份公司举行“切割丝用钢”战略合作框架协议签字仪式。

2011 年 5 月 27 日，江苏法尔胜泓昇集团公司举行第十三届科技创新大会暨与南京理工大学全面战略合作协议签约仪式。

2011 年 6 月 8 日，冶金工业信息标准研究院与天津冶金集团有限公司在冶金工业信息标准研究院签署了战略合作协议。

2011 年 6 月 18 日，首钢长钢公司在新区隆重举行 110 万吨精品线材项目开工建设奠基仪式。

2011 年 6 月 27 日，天津冶金集团中兴盛达钢业有限公司被认定为天津市第 18 批市级企业技术中心。

2011 年 7 月 18 日，比利时贝卡尔特公司与韩国线材株式会社签署协议，收购其位于中国山东省青岛市的青岛韩线钢铁有限公司。

2011 年 8 月 19 日，天津冶金钢线钢缆集团公司与日本日亚钢业株式会社合资组建以生产高档镀锌钢丝为主的天津天冶日亚钢业公司合资企业合同签字仪式在天津冶金集团举行。

2011 年 9 月 6 日，由中冶天工集团机电安装分公司承建的天津钢铁集团 20 万吨钢绞线及 10 万吨焊丝线项目配套酸再生工程全面进行设备安装。

2011 年 9 月 22~24 日，由江苏赛福天钢索股份有限公司主办的 2011 年全国港口钢丝绳安全技术交流会暨合作论坛在无锡召开。

2011 年 9 月 29 日，江苏常州武进恒通金属钢丝有限公司超细金属纤维项目开工。

2011 年 11 月 22 日，贝卡尔特公司与新钢股份合资的贝卡尔特（新余）金属制品有限公司成立。

2011 年 11 月 23 日，中国钢结构协会线材制品行业分会五届三次常务理事会议在天津市和平宾馆召开。

2011 年 12 月 27 日，江苏宝钢精密钢丝一期工程在江苏海门港工贸区工业园举行了开工仪式。

2011 年，江苏神王集团钢缆有限公司在江苏泰州姜堰举行开工典礼仪式。

2012 年，沙钢 120 吨电炉、精炼、真空脱气、连铸及配套的高速线材生产线建成投产。

2012 年

2012 年 3 月 10 日，无锡市新科冶金设备有限公司研发钢丝热处理明火加热炉，被列入无锡市重点推广节能产品，又荣获江苏省高新产品证书。

2012 年 3 月 28 日，宝钢集团新疆八一钢铁有限公司在新疆喀什市和巴楚县两地金属制品深加工项目开工建设。

2012 年 4 月 1 日，天津冶金集团中兴盛达钢业有限公司取得了日本 JIS 认证证书。

2012 年 4 月 23 日，美国国际贸易委员会作出终裁，认定我国出口美国的镀锌钢丝产品没有对其相关产业造成实质性的损害和威胁，因此美国商务部不能要求海关对此类产品征收“反倾销、反补贴”关税。这是中国线材制品行业在国际贸易摩擦中反损害调查的首场胜利。这是中国钢结构协会线材制品行业分会组织相关企业，在中钢协、商务部等相关部门和机构通力努力下取得的胜利。

2012 年 5 月 10 日，法尔胜召开七届十一次董事会，审议通过向参股子公司江阴贝卡尔特钢丝制品有限公司增资的议案。

2012 年 6 月，线材制品行业分会组织起草的《线材制品行业“十二五”期间科学发展建议》发布。

2012 年 6 月 7~8 日，线材制品行业分会五届四次常务理事会议和预应力专业委员会会议在北京大悦城酒店召开。

2012 年 6 月 24 日，天津冶金集团中兴盛达钢业有限公司，顺利完成了国产弹簧钢丝机组搬迁安装调试，成功生产第一卷 ϕ11.5 毫米弹簧钢丝。

2012 年 7 月 20 日，江苏省工商联十届一次执委会在南京召开，会上法尔胜泓昇集团有限公司党委书记、总裁周江当选为江苏省商会副会长。

2012 年 9 月 3 日，由东北特钢集团投资新建的拥有国内先进装备水平的特殊钢丝油淬火回火炉，在大连基地钢丝公司首次带料试生产。

2012 年 9 月 19 日，天津银龙参与研发的具有国际先进水平的高铁 CRTSⅢ型轨道板，受力主筋都采用 ϕ10.0 毫米、1570 兆帕螺旋肋钢丝，为我国铁路事业发展作出突出贡献。

2012 年 10 月 12 日，青钢集团与江苏兴达钢帘线股份公司在青岛海尔洲际酒店举行了战略合作签约仪式。

2012 年 10 月 21 日，巨力索具股份有限公司研发的“建筑结构用锌-5%铝-混合稀土合金镀层拉索”通过科技成果鉴定。

2012 年 11 月 3 日，江阴兴澄特钢与中国台湾华新丽华签订不锈钢线材轧制及深加工项目框架协议。

2012 年 11 月 8 日，天津冶金集团金属制品研究院正式挂牌并启动运行，这标志着天津冶金制品行业在科技引导发展战略的实施上迈出了坚实的一步。

2012 年 11 月 9 日，江苏省工商联金属制品商会第二次会员大会在法尔胜泓昇集团总部大楼举行。会议选举产生了商会第二届领导班子，法尔胜泓昇集团党委书记、总裁周江当选为会长。

2012 年 11 月 20 日，咸阳宝石钢管钢绳有限公司粗直径钢丝绳生产线竣工投产仪式在江苏省海门市举行。

2012 年 12 月 13 日，中国钢结构协会线材制品行业分会五届五次常务理事会议在上海延安饭店召开，同期召开线材制品设备生产企业和线材制品生产企业座谈会。

2012 年 12 月 19~20 日，天津冶金集团中兴盛达钢业有限公司顺利通过中、美、英、法、德、意、挪、日、韩 9 国船级社对中兴盛达公司旗下焊丝产品的认证初审工作。

2012 年，推出第二版光盘版《金属制品》期刊 40 年合订本。

2012 年，国家金属制品质量检验检测中心获铁道部工程质量安全监督总站“铁路工程质量监督检测机构”授权。

2012 年初，贝卡尔特将在沈的贝卡尔特-沈阳钢帘线有限公司、贝卡尔特沈阳精密钢制品有限公司，两家企业合并为一家公司运营，名称为贝卡尔特沈阳精密钢制品有限公司。

2013 年

2013 年 1 月 22 日，由天津冶金钢线钢缆集团公司与日本日亚钢业株式会社共同投资组建的天津天冶日亚钢业有限公司举行开业庆典仪式。天冶日亚钢业公司是专业生产锌镀层钢丝、锌-10%铝-混合稀土合金镀层钢丝等高档线材制品的企业。

2013 年 3 月 18 日，一卷 5.0 毫米高碳钢拉丝线材在鞍钢股份有限公司线材厂 2 号线轧制下线。这标志着鞍钢线材厂打破国外企业对极限规格线材产品的垄断局面，已具备批量生产国内最细高碳钢拉丝线材的能力。

2013 年 4 月 7 日，江苏省工商联金属制品商会二届二次理事（扩大）会议在兴化市戴南镇兴达会议中心召开。会议由江苏省工商联金属制品商会常务副会长、秘书长刘礼华主持。

2013 年 4 月 26 日，国家矿用产品安全标志中心监督审核组对贵州钢绳股份有限公司申办 MA 安全标志的 108 种结构钢丝绳产品进行了年度监督审核，为矿用钢丝绳产品的生产、销售提供了“通行证”。

2013 年 4 月 28 日，湘钢钢材深加工产业园电梯绳生产线竣工投产典礼在湘潭市高新区双马工业园举行。

2013 年 4 月 28 日，凡登（常州）新型金属材料有限公司董事长兼总经理钱海鹏成为我国第九批“千人计划”入选者，这是该市成功入选国家“千人计划”的第一人，并获中央财政给予的 100 万元资助。

2013 年 5 月 23 日，江苏宝钢精密钢丝一期项目在江苏南通海门市海宝工业园区建成投产。宝钢集团公司董事长徐乐江、南通市市长张国华、中国橡胶工业协会会长邓雅俐等出席了投产仪式暨产品推介会。

2013 年 5 月 26 日，江苏法尔胜泓昇集团有限公司承担的省科技成果转化专项资金支持“特大桥梁用超高强度、耐久型缆索材料研究及产业化”项目顺利通过验收。

2013 年 6 月 4~6 日，由中国钢结构协会线材制品行业分会主办、上海申仕展览服务公司承办的第二届上海国际线材制品及设备展览会在上海新国际博览中心开幕。

2013 年 8 月 5 日和 8 月 9 日，江苏法尔胜股份有限公司分别收到了港珠澳大桥主体工程桥梁工程土建工程斜拉索采购（CB-XLS-01 合同段）和（CB-XLS-02 合同段）中标通知书，法尔胜将为港珠澳大桥提供高科技、高质量、高性能的斜拉索产品。

2013 年 8 月 15 日，中国钢结构协会线材制品分会预应力专业委员会主任委员扩大会议在天津冶金集团中兴盛达钢业有限公司召开。

2013 年 9 月 25 日，中国钢结构协会线材制品分会预应力专业委员会全体委员会议在河南省巩义市华裕国际酒店召开。

2013 年 10 月 30 日，中国钢结构协会线材制品行业分会五届六次常务理事会在江苏南通华通大酒店召开。

2013 年 11 月，贵州钢丝绳集团公司获国家级企业技术中心认证。

2013 年 12 月 9~10 日，中国钢结构协会线材制品行业分会换届大会暨五届会员代表大会、六届一次会员代表大会在天津水晶宫饭店召开。

2013 年，国家金属制品质量检验检测中心获“安全标志产品技术审查和检验机构”授权。

2013 年，江苏神王姜堰厂区第一条热处理线点火启动。

2014 年

2014 年 5 月 15~16 日，中国钢结构协会线材制品行业分会六届二次常务理事会在北京大悦城酒店召开。

2014 年 9 月 25~27 日，中国钢结构协会线材制品行业分会组织相关企业在江苏南通召开“铅浴课题”研讨会。

2014 年 10 月 24 日，中国钢结构协会线材制品行业分会预应力专业会议在天津北辰万源龙顺度假庄园召开。

2014 年 11 月 13 日，南京宝日钢丝制品有限公司南通分公司正式成立。

2014 年，天津高盛荣获香港电梯业总工会颁发的“业界翘楚”荣誉奖牌；同年 4 月荣获中国合格评定国家认可委员会 CNAS 实验室认可证书。

2014 年，沙钢胎圈钢丝用热轧盘条、钢帘线、弹簧钢和冷镦钢通过了国际汽车 ISO/TS 16949 体系认证。

2014 年，根据山东大业需求，采用个性化生产工艺，沙钢胎圈钢丝用盘条较好满足了用户的使用要求，并成为大业胎圈类盘条最大的供应商。

2014~2016 年，沙钢特钢转炉项目相继建成投产，年设计能力 300 万吨。

2015~2019 年

2015 年

2015 年 1 月 11 日，中国钢结构协会线材制品行业分会六届二次理事扩大会议在武汉武钢宾馆召开。会议审议通过了“铅浴课题”调研报告。

2015 年 2 月 27 日，银龙股份在上海证券交易所上市，成为天津市第一家金属制品企业主板上市公司。

2015 年 3 月 18 日，中国钢结构协会线材制品行业分会将铅浴热处理工艺调研报告和对产业指导目录修改建议，报送中国钢铁工业协会、中国钢结构协会。

2015 年 7 月 16~18 日，中国钢结构协会线材制品行业分会六届四次常务理事会在辽宁鞍山召开。

2015 年 8 月 13 日，天津冶金集团中兴盛达钢业公司董事长与新西兰雅森公司董事长签订“镀锌钢丝项目”双方合资意向书。

2015 年 8 月 17 日，中国钢结构协会线材制品行业分会秘书处到国家发展和改革委员会产业协调司冶金建材处，对线材制品行业目前所使用的在线铅浴热处理工艺进行专题汇报，并呈送“铅浴课题”报告。

2015 年 12 月，沙钢预应力钢丝及钢绞线用热轧盘条被评为 2015 年度“全国用户满意产品”，橡胶骨架类钢丝用盘条产品获“冶金行业品质卓越产品”称号。

2015 年 12 月 5 日，中国钢结构协会线材制品行业分会线材制品行业设备企业技术信息交流会在江阴市长寿度假村召开。

2015 年 12 月 8 日，天津冶金集团中兴盛达钢业公司被认定为“国家高新技术企业”。

2015 年 12 月 31 日，天津冶金集团中兴盛达钢业公司技术中心被国家发展和改革委员会等 5 部委认定为“第 22 批国家认定企业技术中心”。

2015 年，江苏神王集团钢缆公司泰州新厂奠基开工。

2016 年

2016 年 1 月 8~10 日，中国钢结构协会线材制品分会六届五次常务理事会、六届会员代表大会在南京东南大学榴园宾馆召开。

2016 年 1 月 28 日，贵州省国资委对“贵绳集团创新发展、转型升级、做强做优做大的战略发展策略与实施路径”项目组织论证会，线材制品行业分会受邀作为专家组成员参加论证会。

2016 年 5 月 13~14 日，中国钢结构协会线材制品分会六届六次常务理事会在河南郑州召开。会议审议通过了《线材制品行业“十三五”规划建议纲要》，随后报送上级协会，并在行业发布。

2016 年 5 月，江苏赛福天钢索股份有限公司在无锡举办公司上市庆典仪式。中国钢结构协会线材制品行业分会应邀参加并发表热情洋溢的贺词。

2016 年 5 月 16 日，中国钢结构协会线材制品分会秘书处办公场所由天津市和平区重庆道 225 号调整到到天津市和平区常德道 57 号冶金集团公司总部院内。

2016 年 7 月 17~20 日，江苏省金属制品商会副会长单位、法尔胜集团的副总裁刘礼华带队到天津交流。在天津分别到天洋发公司、华源集团公司、中兴盛达公司，钢线钢缆集团公司、银龙股份公司和银鹤公司等企业参观座谈。

2016 年 9 月 27 日，江阴市贝卡尔特亚洲研发中心举办“贝卡尔特（中国）技术研发有限公司成为中国橡胶工业协会签约实验室暨授权检验测试中心”揭牌仪式。中国钢结构协会线材制品行业分会应邀参加，副秘书长纪执鲤、王晓青参加揭牌仪式，并代表分会对贝卡尔特（中国）技术研发公司成为中国橡胶工业协会签约实验室表示祝贺。

2016 年 10 月 18 日，天津冶金钢线钢缆集团公司与陕钢集团汉钢公司合作建立预应力钢丝及绞线项目、天津冶金集团中兴盛达钢业公司与新西兰雅森公司合资建立高档镀锌钢丝项目签字仪式在天津市政府迎宾馆举行。在市政府常务副市长段春华、市政协副主席王志平、陕西省副省长冯新柱、汉中市市委副书记市长王建军、汉中市市委副书记权检、汉中市人大副主任李林华（女）等领导的支持和见证下，在天津市国资委副主任杨宏彦主持下，双方签订合资意向书。签字仪式前，天津市市长王东峰会见了陕西省副省长冯新柱等来宾。

2016 年 10 月 23 日，中国钢结构协会线材制品分会预应力专业会议在北京京泰龙国际大酒店召开。

2016 年 11 月 11~13 日，中国钢结构协会线材制品分会设备制造企业技术及装备专业会议在无锡鼎尚皇冠酒店召开。

2016 年 12 月 17 日，中国钢结构协会线材制品分会六届三次理事会扩大会议在上海万和亚隆国际酒店召开。

2016 年，中钢集团郑州金属制品研究院有限公司申领工程咨询单位乙级资信证书。

2016 年，英国布顿集团与比利时贝卡尔特集团的钢丝绳和帘线业务合并，在杭州成立了布顿（杭州）钢丝绳有限公司。

2016 年，江阴贝卡尔特合金材料有限公司并购吸纳了贝卡尔特（江阴）超硬复合新材料有限公司，合并为江阴贝卡尔特合金材料有限公司。

2017 年

2017 年 3 月 22~24 日，中国钢结构协会线材制品分会会同天津市线材制品行业协会，组织天津的制品企业到江苏考察。先后到江阴法尔胜集团精密仪器公司、华方科技（设备）公司、江阴贝卡尔特工厂、江阴恒丰钢丝绳公司、法尔胜特钢公司、靖江友谊金属制品公司、江苏南通狼山钢绳公司、江苏神龙钢丝绳公司、江苏帅龙钢丝绳公司、巨力钢丝绳公司、江苏神王公司等企业参观座谈交流。

2017 年 3 月 31 日，贵州钢绳股份有限公司承担的科技部制造业领域船体建造关键技术及工艺装备研制项目中子项“海洋用绳制造关键技术及装备研发与应用课题”贵州省科技局受托组织验收。分会副秘书长纪执鲤应邀作为专家组成员参加验收会议。

2017 年 6 月，中钢集团郑州金属制品研究院有限公司经证监会核准，以资产重组的形式进入上市公司中钢天源。

2017 年 6 月 23~25 日，中国钢结构协会线材制品分会六届八次常务理事会在湖南湘潭湘钢召开。

2017 年 9 月 9 日，中国钢结构协会线材制品分会钢丝绳专业会议在宁夏银川召开。

2017 年 9 月 20~21 日，中国钢结构协会线材制品分会副秘书长纪执鲤受中国工业经济联合会聘请作为“制造业单项冠军”评审专家，参加由工业和信息化部产业司、中国工经联组织在北京召开的第二批制造业单项冠军评审会。

2017 年 9 月 23 日，中国钢结构协会线材制品分会预应力专业会议在青岛金沙滩酒店召开。

2017 年 11 月 7 日，天津冶金集团中兴盛达钢业公司主持起草的行业标准 YB/T 123—2017《铝包钢丝》和 YB/T 124—2017《铝包钢绞线》发布，并于 2018 年 4 月 1 日起实施。

2017 年 12 月 10 日，中国钢结构协会线材制品行业分会六届会员代表大会、七届一次会员代表带大会在天津津利华酒店召开。

2017 年，国家金属制品质量检验检测中心获河南省住房和城乡建设厅“建筑工程质量检测见证取样和主体结构资质证书”。

2017 年，“沙钢高端线材全流程智能制造新模式应用”入选工业和信息化部智能制造综合标准化与新模式应用项目。

2018 年

2018 年 1 月 24 日，中国钢结构协会线材制品行业分会应邀到日本铁钢联盟驻北京事务所拜访，磋商互访交流事宜。

2018 年 5 月 5 日，中国钢结构协会线材制品行业分会装备制造专业专题交流会议在宁波召开。

2018 年 5 月 30 日，中国钢结构协会线材制品分会七届一次常务理事会在天津和平宾馆组织召开。

2018 年 7 月 5 日，由沙钢钢铁研究院自主研发的桥梁缆索镀锌钢丝用盘条 SWRS87B-T 顺利通过中铁大桥局验收，并取得平潭大桥业绩证明，标志着沙钢优质线材正式进入桥梁缆索领域。

2018 年 9 月 16 日，中国钢结构协会线材制品行业分会预应力专业会议在沈阳香格里拉酒店召开。

2018 年 9 月 20~21 日，中国钢结构协会线材制品行业分会副秘书长纪执鲤受中国工业经济联合会聘请作为“制造业单项冠军”评审专家，参加由工业和信息化部产业司、中国工经联组织在北京召开的第三批制造业单项冠军评审会。

2018 年 11 月 10 日，中国钢结构协会线材制品行业分会钢丝绳和设备专业会议在无锡召开。

2018 年 12 月 14~16 日，中国钢结构协会线材制品分会七届理事会扩大会议在哈尔滨工业大学土木工程学院报告厅召开。

2018 年，江苏神王集团在姜堰经济开发区建立第三生产厂区。

2019 年

2019 年 5 月 17 日，中国钢结构协会线材制品分会七届二次常务理事会在江阴市召开。

2019 年 9 月 8 日，中国钢结构协会线材制品行业分会副秘书长纪执鲤受中国工业经济联合会聘请作为“制造业单项冠军”评审专家，参加由工业和信息化部产业司、中国工经联组织在北京召开的第四批制造业单项冠军评审会。

2019 年 10 月，中国钢结构协会线材制品行业分会加入全联冶金商会，成为全联冶金商会第三届团体会员单位。

2019 年 10 月 26 日，中国钢结构协会线材制品行业分会预应力专业会议在江苏省张家港召开。

2019 年 10 月 30 日，国家发改委发布的《产业结构调整指导目录》中，吸纳了分会提出的建议，对淘汰类目中“铅浴”热处理工艺的使用做了调整。

2019 年 12 月 7~9 日，中国钢结构协会线材制品行业分会七届三次会员代表大会暨线材制品行业分会成立 30 周年纪念大会在天津梅江大酒店召开。

2019 年，《金属制品》期刊引入腾云采编系统，加入 OSID 开放科学二维标识码。

2019 年，沙钢开发了免酸洗盘条，满足了下游用户机械剥壳要求，重点用户有江苏法尔胜、江苏狼山、江苏巨力、贵州钢绳、咸阳宝石等。

2019 年，沙钢开发了免酸洗焊丝盘条，满足了国内最大的焊丝用户无锡金桥的机械剥壳要求。CrMo 系焊丝钢占国内 70% 以上市场份额，已成功应用于哈尔滨锅炉厂的多项重要项目。沙钢已成为国内高端焊丝钢的研发生产基地。

2020~2023 年

2020 年

2020 年 6 月 23 日，中国钢结构协会线材制品分会七届三次常务理事会在线上召开。

2020 年 7 月 22 日，天津市新天钢中兴盛达有限公司主持起草的团体标准 T/CISA 042—2020《压水堆核电厂安全壳用预应力钢绞线》发布，并于 2020 年 8 月 20 日起实施。该标准被工业和信息化部列入“2021 年百项团体标准应用示范项目”。

2020 年 7 月 30~31 日，中国钢结构协会线材制品分会到江苏张家港参加中钢协六届二次会员大会，大会通过了中国钢结构协会线材制品行业分会的入会申请，成为中国钢铁工业协会会员单位。

2020 年 9 月 3 日，中国钢结构协会线材制品行业分会与冶金工业信息标准研究院联合举办的预应力制品行业发展高峰论坛暨线材制品行业预应力专业会议在陕西汉中市勉县成功召开。

2020 年 9 月 27~28 日，中国钢结构协会线材制品行业分会副秘书长纪执鲤受中国工业经济联合会聘请作为“制造业单项冠军”评审专家，参加由工业和信息化部产业司、中国工经联组织在北京召开的第五批制造业单项冠军评审会。

2020 年 12 月 15 日，中国钢结构协会线材制品分会七届二次理事扩大会议在青海西宁新华联索菲特酒店召开。

2020 年，国家金属制品质量检验检测中心获河南省工业和信息化厅“安全生产检测检验机构资质证书”。

2020 年，沙钢开发了免退火 SWRCH35K-M，并在东风公司、常标进行推广。

2020 年，沙钢帘线钢销量达到 30 万吨，成为贝卡尔特全球最大的帘线钢供应商。

2021 年

2021 年 3 月，中钢制品院以增资扩股的方式通过上海联合产权交易所挂牌。

2021 年 3 月 3 日，中国钢结构协会线材制品行业分会组织江阴法尔胜公司、天津银龙公司，参加了商务部贸易救济中国钢结构协会局就英国脱欧后的贸易救济案举办的专题线上会议。

2021 年 4 月 30 日，天津市新天钢中兴盛达有限公司主持起草的国家标准 GB/T 40029—2021《液化天然气储罐用预应力钢绞线》发布，并于 2021 年 11 月 1 日起实施。

2021 年 5 月，沙钢线材产品顺利通过 DNV · GL 船级社认证并获得了认证证书，成为国内首家盘条生产商通过 DNV 船级社工厂认可的企业。

2021 年 5 月 18~21 日，中国钢结构协会线材制品分会七届四次常务理事和换届领导小组第一次会议在上海国际酒店召开。

2021 年 5 月 30 日，中国钢结构协会线材制品分会完成线材制品行业“十四五”发展建议纲要的编制并通过常务理事会审议，上报中钢协、中国钢结构协会后，在线材制品行业内外发布。

2021 年 6 月，中钢制品院完成股改，更名为中钢集团郑州金属制品研究院股份有限公司。

2021 年 6 月，沙钢《一种高碳钢线材及其制备方法》获中国优秀专利奖。

2021 年 9 月 22~23 日，中国钢结构协会线材制品分会与上海钢联共同举办的 2021 全国钢绞线产业高峰论坛会议暨中国钢结构协会线材制品分会预应力专业会议在山东青岛颐海花园酒店召开。

2021 年 9 月 27 日，中国钢结构协会线材制品行业分会副秘书长纪执鲤受中国工业经济联合会聘请作为“制造业单项冠军”评审专家，参加由工业和信息化部政法司、中国工经联组织在北京召开的第六批制造业单项冠军评审会。

2021 年 12 月 14~15 日，中国钢结构协会线材制品分会换届大会暨七届三次会员代表大会和八届一次会员代表大会在天津河东区富力万达文华酒店召开。

2021 年，国家金属制品质量检验检测中心正式进军环境检测市场。

2021 年，沙钢线材盐浴线实现了连续稳定生产，开发了新品 96Si 盐浴缆索钢，首批 40 吨在法尔胜成功试制出世界最高强度 2100 兆帕镀锌钢丝。

2021 年，沙钢“橡胶骨架类钢丝用热轧盘条”获评“冶金产品实物质量金杯优质产品”。

2021 年，江苏神王荣获国家级专精特新“小巨人”企业、江苏省博士后创新实践基地，高速电梯绳获江苏省专精特新产品称号。

2022 年

2022 年 2 月，沙钢 55SiCr 产品使用强度由 1860 兆帕级别向 1960 兆帕高强度级别提档升级，并得到浙江华纬的批量使用。

2022 年 4 月，沙钢开发小方坯 50B30-L（规格≤16 毫米）产品，与大方坯 50BV30 形成优势互补，首次完成东风免退火 10B21 调试生产，自检 1/4 冷镦全部合格。

2022 年 8 月，沙钢高碳线材（SWRH82B、SWRH77B）首次通过英国 CARES 认证。

2022 年 11 月，沙钢“制品原料用高速线材（硬线）”获评制造业单项冠军产品。

2022年12月，沙钢《制丝用非合金钢盘条系列标准与关键质量指标检测标准的研究与应用》和《“免酸洗”盘条开发及推广》分获江苏省金属学会科学技术进步奖二等奖、三等奖。

2022年，天津高盛主导修订了ISO 4344：2022《电梯用钢丝绳国际标准》。

2022年，天津高盛荣获国家级制造业单项冠军示范企业。

2022年，《金属制品》期刊推出第三版U盘版期刊50年合订本；合订本中加入网上查询验证码、文件名加密、数据库加密等产权保护措施。

2022年，国家金属制品质量监督检验中心正式更名为国家金属制品质量检验检测中心。

2022年，沙钢冷镦和冷挤压用热轧盘条获评“冶金产品实物质量金杯优质产品”。

2023年

2023年8月9日，天津市新天钢中兴盛达有限公司牵头修订的国家标准GB/T 5224—2023《预应力混凝土用钢绞线》由国家市场监督管理总局（国家标准委）批准发布。

2023年，江苏神王荣获2021~2022年全国通信光电材料设备最佳潜力奖。